PCR最新技术原理、方法及应用

第三版

Current PCR Technology
Fundamentals, Methods and Applications

王恒樑　主　编
刘先凯　袁　静　侯利华　副主编

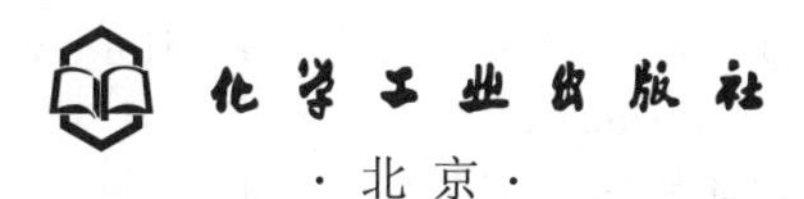

·北京·

内 容 简 介

《PCR 最新技术原理、方法及应用》（第三版）系统介绍各种 PCR 技术及其在各个领域中的应用，涵盖了最新发展的技术。第三版对第二版进行了修订和补充。例如，在方法方面增加了恒温 PCR，该方法在一个温度下即可完成 PCR，不需要昂贵的 PCR 仪，适用于现场作业；增加了微流控微滴数字 PCR 方法，该法的优点是使用的样本极少，定量比常规的实时荧光定量 PCR 更精确，而且灵敏度高。在应用方面，新版包括了 PCR 技术在植物学、大家畜和水生动物方面的应用，以及在转基因动物方面的应用。

本书是关于 PCR 技术的全面实验手册，可供所有从事生命科学研究的科技工作者、教师和研究生阅读参考。

图书在版编目（CIP）数据

PCR 最新技术原理、方法及应用/王恒樑主编. —3 版

. —北京：化学工业出版社，2021.6（2023.1重印）

ISBN 978-7-122-38735-6

Ⅰ.①P… Ⅱ.①王… Ⅲ.①聚合酶链式反应 Ⅳ.①Q55

中国版本图书馆 CIP 数据核字（2021）第 047213 号

责任编辑：傅四周 郎红旗 文字编辑：刘洋洋 陈小滔

责任校对：王 静 装帧设计：王晓宇

出版发行：化学工业出版社（北京市东城区青年湖南街 13 号 邮政编码 100011）

印 装：盛大（天津）印刷有限公司

787mm×1092mm 1/16 印张 37¾ 彩插 3 字数 882 千字 2023 年 1 月北京第 3 版第 2 次印刷

购书咨询：010-64518888 售后服务：010-64518899

网 址：http://www.cip.com.cn

凡购买本书，如有缺损质量问题，本社销售中心负责调换。

定 价：299.00 元

编写人员名单

主　编　王恒樑

副主编　刘先凯　袁　静　侯利华

编校者　（以姓氏笔画为序）

马清钧　王　芃　王　荣　王　娜　王　涛
王　慧　王友亮　王玉飞　王东澍　王华贵
王恒樑　王艳春　王雪芳　王雪松　王淑娟
卢柏松　叶华虎　叶棋浓　田仁茂　史兆兴
白杰英　冯尔玲　吕宇飞　朱　力　朱建华
任静晓　刘　威　刘大伟　刘先凯　刘秀丽
刘纯杰　孙洪磊　苏国富　李　娜　李　想
李　霆　李丽莉　李凌凌　杨志新　张　进
张小飞　张宝中　张部昌　张惟材　陈　蒙
陈宣男　周晓巍　赵洪庆　赵莉霞　钟宜科
侯利华　姜　娜　姜　涛　姜　铮　袁　静
袁菊芳　袁盛凌　高亚兵　高荣凯　郭虹敏
郭艳红　展德文　黄留玉　营孙阳　崔　芳
彭瑞云　蒋世卫　程　龙　童贻刚　曾　林
熊福银　黎　婷

前　言

从《PCR最新技术原理、方法及应用》一书第二版出版以来，已经过去了十个年头了。在此期间随着生命科学技术的发展，又衍生了一些新的PCR方法，这次再版的目的是想及时地将它们介绍给读者。在这版中对上一版的部分章节进行了修改和补充。在方法方面，增加了恒温PCR一章，该方法的优点是在一个温度下即可完成PCR，不需要常规PCR的变性、复性和延伸三个温度，不需要昂贵的PCR仪，适用于现场作业。另外，对第二版第九章进行了改写，其中补充的微流控微滴数字PCR方法的优点是使用的样本极少，定量比常规的实时荧光定量PCR更精确，而且比以往任何的PCR方法灵敏度高。在应用方面，也进行了扩展，上两版主要集中在人类和动物方面的应用，本版的内容包括了在植物学、大家畜（猪、牛、羊）以及水生动物方面的应用，还增加了PCR在转基因动物方面的应用。

本书仍按照前两版的编排方式，前面部分分别介绍各个PCR方法，后面部分介绍各PCR方法在各个领域中的应用。读者在寻找符合自己实验目的的方法时，可分别在方法部分和应用部分寻找，因为有的PCR方法在前面部分并没有单独进行详细介绍，但在应用部分进行了介绍。

为了使读者能更好地掌握PCR方法，我们在编写时力图使提供的方法尽可能详细，对每一种方法提供了详细的反应体系和反应条件，但读者在具体应用时，也不宜照本宣科，应在实验过程中因势制定，对实验条件进行必要的优化。本书适用于所有从事生命科学的工作者。

本书由军事科学院军事医学研究院生物工程研究所、微生物流行病研究所，首都儿科研究所，中国食品药品检定研究院，海军总医院和中国疾病预防控制中心传染病预防控制所等机构的中青年科技工作者和博士研究生撰写，尽管他们工作在第一线，但毕竟年轻、水平有限，加上时间仓促，书中难免有疏漏和不妥之处，恳请读者指正。

王恒樑

军事科学院军事医学研究院生物工程研究所

目　　录

第一章
绪　论

聚合酶链式反应（polymerase chain reaction，PCR）是体外扩增DNA序列的技术。它与分子克隆和DNA序列分析方法几乎构成了整个现代分子生物学实验的工作基础。在这三种实验技术中，PCR方法在理论上出现最早，也是目前在实践中应用得最广泛的。PCR技术使微量的核酸（DNA或RNA）扩增操作变得简单易行，同时还可使核酸研究脱离于活体生物。PCR技术的发明是分子生物学的一项革命，极大地推动了分子生物学以及生物技术产业的发展。

第一节　PCR发展简史

核酸研究已有100多年的历史，20世纪60年代末、70年代初，人们致力于研究基因的体外分离技术，但由于核酸的含量较少，在一定程度上限制了DNA的体外操作。Khorana于1971年最早提出核酸体外扩增的设想："经过DNA变性，与合适的引物杂交，用DNA聚合酶延伸引物，并不断重复该过程便可合成tRNA基因。"但由于基因序列分析方法尚未成熟，热稳定的DNA聚合酶尚未报道，以及寡聚核苷酸引物合成还处在手工及半自动合成阶段，这种想法似乎没有实际意义。

1983年美国科学家Kary Mullis驱车在蜿蜒的州际高速公路上行驶时，孕育出了PCR的基本构想。经过两年的努力，他在实验上证实了PCR的构想，并于1985年申请了有关PCR的第一个专利，在《科学》（*Science*）上发表了第一篇PCR的学术论文。从此PCR技术得到了生命科学界的普遍认同。Kary Mullis也因此获得了1993年的诺贝尔化学奖。但Mullis最初使用的DNA聚合酶是大肠杆菌DNA聚合酶Ⅰ的Klenow片段，这虽然较传统的基因扩增具备许多突出的优点，但由于Klenow酶不耐热，在DNA模板进行热变性时，会导致此酶钝化，每加入一次酶只能完成一个扩增反应周期，给PCR技术操作程序添了不少困难。这使得PCR技术成了一种笨拙的中看不中用的实验室方法。

1988年初，Keohanog改用T4 DNA聚合酶进行PCR，其扩增的DNA片段很均一，真实性也较高，只有所期望的一种DNA片段。但每循环一次，仍需加入新酶。

1988年Saiki等从温泉中分离出的一株水生嗜热杆菌（*Thermus aquaticus*）中提取到一种耐热DNA聚合酶。此酶耐高温，在热变性时不会被钝化，不必在每次扩增反应后再加新酶，从而极大地提高了PCR扩增的效率。为与大肠杆菌聚合酶Ⅰ Klenow片段区别，将此酶命名为*Taq* DNA聚合酶（*Taq* DNA polymerase）。此酶的发现使PCR方法得到了广泛的应用，也使PCR成为遗传与分子分析的根本性基石。

在以后的10多年里，PCR方法不断地被改进。例如，应用具有3′-5′修复活性的热稳定DNA聚合酶代替不具3′-5′修复活性的*Taq* DNA聚合酶，减少了在扩增过程中产生的错误配对，大大提高了在复制过程中的真实性。后来发现了几种具有高保真性的*Taq* DNA聚合酶，在常规PCR成熟之后，又衍生出很多适用于其它目的的PCR方法。原来的PCR只能扩增两段已知序列之间的DNA，现在可以扩增到已知序列两侧的未知序列（染色体步移法）[1]，甚至可以扩增到序列未知的新基因[2]。PCR的模板也从原来要用的DNA发展到直接用RNA作为模板，即反转录PCR，这就使得从真核生物中扩增目的基因变得很容易。PCR原本是一种定性的方法，只能回答样品中有无目的基因存在，现在已经可以用来定量[3]，即回答样品中原始模板的确切数目，这就是所谓的实时定量PCR。基于完整的基因组DNA，PCR扩增的片段也从原先只能扩增几个千碱基对的基因到目前已能扩增长达几十个千碱基对的DNA片段[4]。PCR也从单纯用来扩增基因到能将两个以上的基因连接起来，省去了限制性内切酶消化和用连接酶连接，这就是所谓的克隆PCR[5]。再加上PCR方法与其它方法联合应用，到目前为止已报道的衍生PCR方法有几十种之多。目前实时荧光定量PCR被广泛应用，因为它不仅可以定性而且可确定原始样品的量。为了适合于大样本的检测，又建立了芯片PCR。还可将PCR的结果用数字来表示，这就是所谓的数字PCR（digital PCR）。常规PCR（即早期发明的PCR），要三步完成一个循环，即第一步变性，使双链DNA打开；第二步复性，让单链DNA与引物特异结合；第三步延伸，但每步的温度是不同的。后来又出现了恒温PCR，用一个温度就可完成PCR，大大缩短了时间。最近又发明了微滴数字PCR，若将最初发明的常规PCR称为第一代PCR，实时荧光定量PCR称为第二代PCR，那么微滴数字PCR就可称作第三代PCR，本书将用专门的一章介绍。

总之，自PCR方法建立以来，在30多年的时间里，发展很快，已有一系列PCR方法被设计出来，并广泛应用于遗传学、微生物学乃至整个生命科学研究中。PCR的建立大大地推动了生命科学的发展。由于PCR的实用性和极强的生命力，PCR方法还将会被不断完善，进一步在生命科学研究中发挥更大的作用。

第二节　PCR技术的基本原理和操作

一、PCR的基本原理[6]

PCR的基本工作原理是以拟扩增的DNA分子为模板，以一对分别与两条模板链互补的寡核苷酸片段为引物，在DNA聚合酶的作用下，按照半保留复制的机制沿着模板链延伸直至完成新的DNA合成。不断重复这一过程，可使目的DNA片段得到扩增。因为新合成的DNA也可以作为模板，因而PCR可使DNA的合成量呈指数增长（图1-1）。

二、PCR的基本成分

PCR包括7种基本成分：模板、特异性引物、热稳定DNA聚合酶、脱氧核苷三磷酸、二价阳离子、缓冲液及一价阳离子。

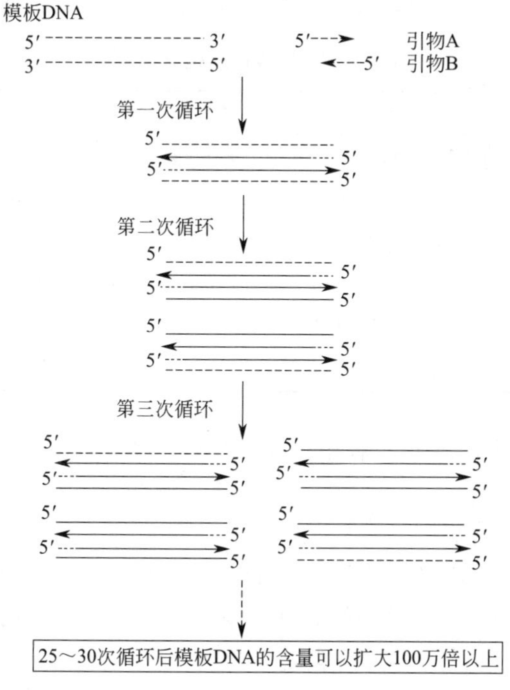

图 1-1 PCR 工作原理

1. 模板

模板是待扩增序列的核酸。基因组 DNA、质粒 DNA、噬菌体 DNA、预先扩增的 DNA、cDNA 和 mRNA 等几乎所有形式的 DNA 和 RNA 都能作为 PCR 反应的模板。虽然 PCR 反应对模板的纯度要求不是很高，经过标准分子生物学方法制备的样品并不需要另外的纯化步骤，但样品中的有些成分（如菌种保护剂等）会影响 PCR 反应。尽管模板的长度不是影响 PCR 扩增效率的关键因素，但小片段模板的 PCR 效率要高于大片段分子。除了纯化的 DNA 外，PCR 反应还可以直接以细胞为模板。

2. 特异性引物

引物是与靶 DNA 3′端和 5′端特异性结合的寡核苷酸片段。这是决定 PCR 特异性的关键。只有当每条引物都能特异性地与模板 DNA 中的靶序列复性形成稳定的结构，才能保证其特异性。一般来说，引物越长，对靶序列的特异性也越高。以下公式可以计算一段寡核苷酸与一条线性的、随机排列的 DNA 序列中的某一段完全配对的概率：

$$K=[g/2]^{G+C}\times[(1-g)/2]^{A+T}$$

式中，K 是该寡核苷酸出现在 DNA 序列中的频率；g 是该 DNA 序列分子的（G+C）含量；G、C、A、T 是特定的寡核苷酸中相应的核苷酸的数目。

对于一个大小为 N（N 为核苷酸数）的双链基因组，它与特定的寡核苷酸互补的位点数目 n 可用公式 $n=2NK$ 计算。

由于密码子的偏爱性以及基因组中存在大量的重复序列和基因家族，上述计算并不完全反映实际情况。为了尽量减少非特异性复性问题，建议使用比计算得来的最短序列长的寡核苷酸引物。在引物合成前最好在 DNA 数据库中进行扫描，以确保引物序列的特异性。

表 1-1 列出了一些关于常规 PCR 中寡核苷酸引物设计的信息。

表 1-1 引物特性及优化设计

特 性	优 化 设 计
碱基组成	(G+C)含量应在 40%～60%,4 种碱基要分配均匀
长度	一般为 18～25 个核苷酸长度。上下游引物长度差别不能大于 3bp
重复和自身互补序列	不能有大于 3bp 的反向重复序列或自身互补序列存在
上下游引物的互补性	一个引物的 3′末端序列不能结合到另一个引物的任何位点上
解链温度(T_m)	两个引物的 T_m 值相差不能大于 5℃,扩增产物与引物的 T_m 值相差不能大于 10℃
3′末端	尽可能使每个引物的 3′末端碱基为 G 或 C,但不能使 3′末端有 NNCG 或 NNGC 序列

为了节省时间和减少 PCR 过程中的问题，可以使用计算机程序对引物进行设计、选择和优化。

3. 热稳定 DNA 聚合酶

热稳定 DNA 聚合酶是 PCR 技术实现自动化的关键。热稳定 DNA 聚合酶是从两类微生物中分离得到的：一类是嗜热和高度嗜热的真细菌，它的大量 DNA 聚合酶类似于中温菌的 DNA 聚合酶Ⅰ；另一类是嗜热古细菌，其主要的 DNA 聚合酶属于聚合酶 α 家族。*Taq* DNA 聚合酶是从嗜热古细菌 *Thermus aquaticus* 中分离到的，也是最先被分离、了解最透彻和最常用的 DNA 聚合酶。但对于要求更高保真度、扩增的片段超过几千个碱基对或者进行反转录 PCR（reverse transcription-PCR）时，最好选用其它的一些热稳定 DNA 聚合酶。许多种热稳定 DNA 聚合酶已经商品化。现在，也有几家制造商将几种热稳定 DNA 聚合酶混合而成“鸡尾酒”，这种产品能把几种不同 DNA 聚合酶的特点组合起来。

4. 脱氧核苷三磷酸

标准 PCR 反应体系中包含 4 种等物质的量浓度的脱氧核苷三磷酸（dNTP），即 dATP、dTTP、dCTP 和 dGTP。脱氧核苷三磷酸要有一定的浓度，在常规 PCR 反应液中，每种 dNTP 的浓度一般在 200～250μmol/L 之间。在 50μL 反应体系中，这种 dNTP 浓度能够合成 6～6.5μg 的靶基因 DNA。但高浓度的 dNTP（>4mmol/L）对扩增反应有抑制作用。dNTP 已经商品化，公司销售的 dNTP 原液中除去了可能抑制 PCR 反应的磷酸盐，并将 pH 调整到了 8.1，以防止原液在冷冻与融化时损坏 dNTP 的分子结构。尽管如此，对于买来的 dNTP 原液（100～200mmol/L）最好分装成小份于−20℃保存，以避免反复冻融。

5. 二价阳离子

所有的热稳定 DNA 聚合酶都要求有游离的二价阳离子。常用的是 Mg^{2+} 和 Mn^{2+}，一般来说前者优于后者。dNTP 和寡核苷酸都能结合 Mg^{2+}，因此反应体系中阳离子的浓度必须超过 dNTP 和引物来源的磷酸盐基团的浓度。基于二价离子浓度的重要性，其最佳浓度必须通过结合不同的引物与模板用实验方法进行确定。

6. 缓冲液

要维持 PCR 反应体系的 pH，必须用 Tris-HCl 缓冲液。标准 PCR 缓冲液中的浓度为 10mmol/L，在室温将 PCR 缓冲液的 pH 值调至 8.3～8.8 之间。

7. 一价阳离子

标准的 PCR 缓冲液中包含 50mmol/L 的 KCl，它对于扩增长度大于 500bp 的 DNA 片段是有益的，提高 KCl 浓度到 70～100mmol/L，对改善扩增较短的 DNA 片段也是有益的。

三、PCR 的基本操作

PCR 是一种级联的反复循环的 DNA 合成反应过程。PCR 的基本反应由三个步骤组成：①变性。通过加热使模板 DNA 完全变性成为单链，同时引物自身和引物之间存在的局部双链也得以消除。②退火。将温度下降至适宜温度，使引物与模板 DNA 退火结合。③延伸。将温度升高，热稳定 DNA 聚合酶以 dNTP 为底物催化合成新生 DNA 链延伸。以上三步为一个循环，新合成的 DNA 分子又可以作为下一轮合成的模板，经多次循环后即可达到扩增 DNA 片段的目的。

1. 变性

双链 DNA 模板的变性温度由其（G+C）含量来决定，模板 DNA 的（G+C）含量越高，熔解温度也越高。变性的时间由模板 DNA 分子的长度来决定，DNA 分子越长，两条链完全分开所需的时间也越长。如果变性温度过低或时间太短，模板 DNA 中往往只有富含 AT 的区域被变性，这样在后续的反应中，随着温度的降低，模板 DNA 将会重新复性变成天然结构。

在应用 *Taq* DNA 聚合酶进行 PCR 反应时，变性往往在 94～95℃条件下进行。为了使大分子模板 DNA 充分变性，有人在 PCR 的第一个循环中把变性时间延长为 5min。但也有人认为对于线性 DNA 来说，这种延长不但没有必要，有时还会有害。因此，对于（G+C）含量≤55%的线性 DNA 模板，常规 PCR 的变性条件是 94～95℃变性 45s。当模板 DNA 的（G+C）含量>55%时要用更高的变性温度。

2. 退火

退火是使引物和模板 DNA 复性。复性过程采取的温度（T_a）至关重要。复性温度过高，引物不能与模板很好地复性，扩增效率很低。复性温度太低，引物将产生非特异复性，导致非特异性的 DNA 片段的扩增。虽然退火温度可以通过理论计算出来，但没有一个公式适用于所有长度和不同序列的寡核苷酸引物。最好在比两条寡核苷酸引物的熔解温度低 2～10℃的范围内进行系列预实验来对复性条件进行优化，或者通过控制 PCR 仪在连续的循环中逐渐降低复性温度来确定最佳退火温度。一般来说，退火温度通常在比理论计算的引物和模板的熔解温度低 3～5℃的条件下进行。

3. 延伸

延伸即寡核苷酸引物的延长。常在热稳定 DNA 聚合酶的催化、DNA 合成的最适温度下进行，对于 *Taq* DNA 聚合酶，最适的温度一般为 72～78℃。在这一温度下，*Taq* DNA 聚合酶的聚合速率约为 2000bp/min。

4. 循环数目

PCR 扩增所需的循环数取决于反应体系中起始的模板拷贝数以及引物延伸和扩增的效率。一旦 PCR 反应进入几何级数增长期，反应会一直进行下去，直至某一成分成为限制因素。对于 *Taq* DNA 聚合酶，在一个含有 10^5 个拷贝的靶序列的反应体系中进行 30 次循环后就能达到上述的理想情况。

5. 检测

对于 PCR 的产物通常使用琼脂糖凝胶电泳或聚丙烯酰胺凝胶电泳检测，还可通过荧光仪检测，甚至可将 PCR 结果转化为数字。

第三节 PCR 的主要应用

最初建立 PCR 是为了扩增已知序列的靶基因，因为在 PCR 方法问世以前，要获得一个靶基因，必须建立基因组文库，然后从成千上万的菌落中通过 Southern blot 杂交筛选含有靶基因的克隆，有时甚至要通过免疫学方法筛选，既费时又费钱，特别是在克隆真核基因时难度更大。建立了 PCR 方法以后，克隆已知序列的基因变得很容易。为了适应分子生物学的快速发展，PCR 方法也得到了不断发展，现在通过 PCR 方法可以克隆已知序列基因，甚至可以扩增新基因。PCR 现已应用于生命科学的各个领域，概括起来讲，PCR 方法主要应用于以下几个领域。

一、基础研究方面的应用

目前从事分子生物学实验的研究人员，几乎每天都在使用 PCR，可以说几乎没有一个分子生物学家没有使用过 PCR。因此，PCR 与分子克隆一样是分子生物学实验室的常规方法，可用于达到以下几个方面的目的。

1. 扩增目的基因和检定重组子

科研人员为了研究某一个基因的功能、生产基因工程药物或研制 DNA 疫苗等，都是先用 PCR 方法获得目的基因，然后将其克隆至合适的载体。在进行转基因植物和转基因动物研究时，最后要检定被转入植物或动物是否获得了外源基因，并且还得知道这些外源基因插在基因组的位点，也需用 PCR 进行检定。

2. 克隆基因

常规的 DNA 克隆技术必须要用合适的限制性内切酶分别对目的基因和载体进行切割，然后用 DNA 连接酶进行连接。但是在实际中发现有的待克隆基因找不到合适的酶切位点，面对这种情况，常规的 DNA 克隆法束手无策。但克隆 PCR 就能解决这一难题，它无需用限制性内切酶和连接酶就能将待克隆的两个以上的 DNA 片段连接起来[7]。

3. 基因功能和表达调控研究

例如通过 PCR 对待研究基因进行致突变，就可得知待研究基因的功能，如它是否是毒力相关基因、保护性抗原基因等。在基因表达调控研究中，用 PCR 构建突变体亦可用来研究待研究基因的表达受哪些基因调控。快速反转录 PCR 用来在 mRNA 水平上快速检测基因表达。

4. 基因组测序

在对某个生物体进行基因组测序过程中，在最后拼接时总是存在一些“缺口”(Gap)，现在常用来补缺口的方法是基因组步移法，此方法有很多种：反向 PCR、锚定 PCR、RACR-cDNA 末端的快速扩增、连接介导的 PCR 和 Bubble-PCR 等。

常规 PCR 扩增的产物是双链 DNA，但用乳化液 PCR（emusion PCR）和不对称 PCR 扩增出来的产物是单链 DNA[8]，可直接用作测序的模板。

5. 致突变

PCR 的首要用处是扩增基因，第二个用处算得上是构建基因的突变体。最早的突变体都是自发突变体，后来用亚硝基胍处理或用紫外线照射获得突变体，这些突变体都是单碱基突变体，而且突变频率很低。20 世纪 80 年代发明了用单链丝状噬菌体 M13 进行定向突变技术使 DNA 诱变向前迈进了一大步，但其诱变频率还是比较低。现在常用 PCR 构建 DNA 的突变体。在通常意义上讲 PCR 扩增 DNA 的原则是忠实于模板，保持复制产物与原始模板的一致性，而用 PCR 方法构建突变体是反其道而行之。用 PCR 引入突变有两种方法。一种方法是由酶引起的随机诱变，因为用缺乏 3′-5′修复活性的 *Taq* DNA 聚合酶本身就会在扩增过程中产生错误配对而引起突变，再通过改变反应条件使反应朝错配频率增加的方向发展，从而可以增加突变频率，但这种方法引起的突变是随机突变，主要用来构建突变体库，从中筛选出具有特殊性质的个体。第二种方法是定向突变[9]，使突变发生在 DNA 模板上预先确定的位置，这种突变方法目前应用比较广泛，其诱变信息都包含在设计的 PCR 引物之中，该方法不仅可以引起点突变，而且可以引起嵌入或缺失突变。PCR 介导产生突变体可以使用双链 DNA 分子作模板，不必制备单链 DNA，实验程序更简单，所需时间也更短。目前致突变 PCR 主要应用于基因功能和表达调控、抗体工程、酶工程、疫苗工程和环境保护等领域。

二、临床上的应用

1. 在遗传性疾病诊断上的应用

人类的遗传性疾病是因为某一基因的碱基序列发生了突变，使之缺失或形成某一限制性内切酶的识别位点，通过 PCR 结合限制性片段长度多态性分析（PCR-RFLP），就可以从基因水平对遗传性疾病进行分析。血友病是一种常见的遗传性出血性疾病，患者体内缺乏一种血液凝固初期必需的凝血因子（FVⅢ）。这是由于基因第 14 个外显子的第 336 位氨基酸的编码基因发生了突变，产生了一个新的 *Pst* Ⅰ酶切位点，因此可以用 PCR-RFLP 对血友病进行诊断。PCR 还可用来检测遗传性耳聋[10] 和 Leber 遗传性视神经病。

1988 年 Chamberlain 等[11]首次将多重 PCR 应用于杜氏肌营养不良症（Duchenne muscular dystrophy，DMD）的检测，后来用于 Becker 型肌营养不良症的检测。Newton 等最早提出了用等位基因特异 PCR（allele-specific PCR）检测人抗胰岛素基因缺陷。缺口 PCR（Gap PCR）可用于地中海贫血的筛查。PCR 还广泛应用于怀孕早期诊断，防止有遗传性疾病婴儿出生，有利于优生优育，提高人口质量。

2. 在肿瘤研究中的应用

PCR 也已广泛应用于肿瘤的病因与发病机制研究以及肿瘤诊断与治疗研究。例如用差异显示 PCR 能针对不同肿瘤寻找其特异而敏感的标志物用于早期诊断、判断预后及疗效评估。化学治疗、放射治疗和骨髓移植使癌症患者的存活率明显提高，不过，复发的风险仍然是完全治愈的显著障碍。这样，用定量 PCR 检测微小残留病灶成为进一步改进治疗方案的关键步骤。对于检测这类复发在分子水平上产生的变化，以致能根据不同病人在分子水平上出现的反应作出治疗决定。癌症的起因最终也可归结于单个细胞的分子发生改变，从而引起细胞的正常生理发生改变，导致细胞的异常增殖。单细胞 PCR 能找到单个细胞内的分子改变情况，从而促进了对肿瘤的病因及发病机制的研究[12]。PCR 还可用于肿瘤耐药基因表达研究。对化疗药物的耐药是治疗肿瘤的主要障碍，现在可用实时定量 PCR 了解肿瘤的耐药，是指导临床治疗策略的有效手段。

3. 检测病原体

PCR 在临床上的应用主要是检测病原体，包括患者是否受到某种病原体的感染，食物中各种病原体的含量是否超标。有多种 PCR 方法可以用来检测病原体，原则上讲凡是已知有特异标记的病原体都可用 PCR 进行鉴定。可用 PCR 检测的病原体包括各种细菌、病毒、沙眼衣原体、支原体、寄生虫等。

4. 在基因分型中的应用

序列特异性寡核苷酸多态性 PCR（PCR-sequence specific oligonucleotide polymorphism，PCR-SSOP）常用于对人类白细胞抗原（human leukocyte antigen，HLA）进行分型[13]。当患者需要进行骨髓或器官移植时，首先必须进行组织配型工作。如果捐受双方的遗传基因型相符合，那么受者发生“排斥反应”的概率减小，移植的成功率也相对提高。因此捐受双方遗传基因型检测的准确度是关键。PCR-SSOP 法可提供精确配型，使骨髓移植成功率急速跃升。PCR-限制性片段长度多态性（PCR-RFLP）也可用于 HLA 的分型，用于器官移植免疫学。PCR 除了用于对人类白细胞抗原进行基因分型外，还广泛应用于微生物、昆虫、植物和动物。微生物分型可用于流行病学调查。对动植物的基因分型可对物种亲缘关系进行鉴定。Black 等率先将任意引物 PCR 技术应用于 4 种蚜虫的鉴别比较，他们用 10 个碱基的任意引物对 4 种蚜虫进行任意引物 PCR，结果表明，根据电泳图谱能明确区分这 4 个种。PCR-单链构象多态性（PCR-SSCP）是一类更为精细的技术，该技术可以区分某一个基因内单个核苷酸的差异，被广泛应用于细菌、病毒及寄生虫等的分类，不仅可区分不同的种，而且能把同一种的不同株区分开来。

三、在法医学中的应用

最早发现的 DNA 多态性是由单碱基变化造成的限制性片段长度多态性，于是人们就将 PCR-RFLP 用于法医学个体识别和亲子鉴定。后来发现 DNA 特别是非编码 DNA 有着丰富的多态性，例如短串联重复序列存在于真核生物基因组的编码序列区和非编码序列区中，其重复次数在个体内存在差异。因此，大多数短串联重复序列具有多态性，可作为重要的遗传标记，因此可使用短串联重复 PCR 对短串联重复序列多态性进行检测[14]，应用于法医学中的个体识别和亲子鉴定。应用 PCR 做法医学鉴定的优点是样品用量小，只需要 ng 级，甚至 pg 级的 DNA 模板。由于短串联重复的片段较短，很容易通过 PCR 扩增、电泳分型，更适用于对高度降解检材的检测。可变数目串联序列（variable number tandem repeat，VNTR）PCR 也可用于法医学中的个体识别和亲子鉴定。

四、在其它方面的应用

PCR 在流行病学研究中的应用，用于确定病原体和传染源，从而切断传播途径，控制疾病的传播。PCR 还常用于动物检疫和环境微生物的检测。

以上只列举了 PCR 的一些主要应用，在生命科学领域中的其它应用见表 1-2。

表 1-2 PCR 技术的应用

研究内容	一般应用	特殊应用
DNA 扩增	普通分子生物学研究	基因库扫描
制备/标记	基因探针制备	杂交或印迹
RT-PCR	RNA 分析	活动性的隐性病毒感染
犯罪检测	法医学	血迹 DNA 分析
微生物检测	感染或疾病检验	菌株分型或分析
循环测序	序列分析	快速 DNA 测序
基因组参照点	基因作图研究	序列标记位点
mRNA 分析	基因发现	表达序列标签
已知突变检测	基因突变分析	囊性纤维化检测
定量 PCR	定量分析	5′-核酸酶检测
未知突变检测	基因突变分析	基于凝胶的 PCR 方法
产生新蛋白质	蛋白质工程	PCR 诱变
追溯性研究	分子考古学	恐龙 DNA 分析
性别或细胞突变点	单细胞分析	胎儿性别鉴定
冷冻切片研究	原位分析	DNA 或 RNA 定位

注：引自文献［15］。

参考文献

［1］ Huang S H，Jong A Y，Yang W，et al. Amplification of gene ends from gene library by PCR with single-sided specificity. Methods Mol Biol，1993，15：357-363.

［2］ Pitzer C，Stassar M，Zoller M. Modification of renal-cell-carcinoma-related cDNA clones by suppression subtractive hybridization. J Cancer Res Clin Oncol，1999，125（8-9）：487-492.

［3］ Wang X，Li X，Currie R W，et al. Application of real-time polymerase chain reaction to quantitative induced expression of interleuckin-1 beta mRNA in ischemic brain tolerance. J Neurosci Res，2000，59（2）：238-246.

［4］ Cheng S，Fockler C，Barnes W M，et al. Effective amplification of long targets from cloned inserts and human genomic DNA. Proc Natl Acad Sci USA，1994，9（12）：5695-5699.

［5］ Aslanidis C，Delong PJ. Ligation-independent cloning of PCR products（LIC-PCR）. Nucleic Acids Res，1990，18：6069-6074.

［6］ 迪芬巴赫 C W，德维克斯勒 G S. PCR 技术实验指南. 黄培堂，俞炜源，陈添弥，等译. 北京：科学出版社，1998.

［7］ Jayakumar A，Huang W Y，Raetz B，et al. Cloning and expression of the multifunctional human fatty acid synthase and its subdomains in *Escherichia coli*. Proc Nat Acad Sci USA，1996，93：14509-14514.

［8］ Gyllensten U B，Erlich H A. Generation of single-stranded DNA by the polymerase chain reaction and its application to direct sequencing of the HLA-DQA locus. Proc Natl Acad Sci USA，1988，85（20）：7652-7656.

［9］ Alavantic D，Glisic S，Radovanovic N，et al. A Simple PCR with different 3′ends of the third primer for detection of defined point mutations：HCV genotyping as an example. Clin Chem Lab Med，1998，36：587-588.

［10］ Prezant T R，Agapian J V，Bohlman M C，et al. mitochondrial ribosome RNA mutation associated with both antibiotic-induced and non-syndromic deafness. Nat Genet，1993，4（3）：289-294.

［11］ Chamberlain J S，Gibbs R A，Ranier J E，et al. Deletion screening of the Duchenne muscular dystrophy locus via multiplier DNA amplification. Nucleic Acids Res，1988，16：11140-11156.

［12］ Braeuninger A，Küppers R，Strickler J G. Hodgkin and Rced-Sternberg cell in lymphocyte predominant Hodgkin disease represent clonal population of germinal center-derived tumor B cell. Proc Natl Acad Sci USA，1997，94：9337-9342.

[13] 翟宁，韩秀萍，贺卫东，等. 地高辛标记 PCR-SSOP 法进行 HLA-AD2 等位基因检测. 中国医科大学学报，2000，29 (13)：215-219.

[14] Edwards A L，Civitello A，Hammond H A，et al. DNA typing and genetic mapping with trimetric and tetrametric tandem repeats. Am J Hum Genet，1991，49：746-756.

[15] 沃克 J M，拉普勒 R. 分子生物学与生物技术. 谭天伟，黄留玉，苏国富，等译. 北京：化学工业出版社，2003：35.

第二章
扩增已知序列两侧 DNA 的 PCR

常规的 PCR 技术是用于指数扩增两段已知序列之间的 DNA，但实际工作中常常仅知道基因上一小段序列信息，在这种情况下就难以通过常规的 PCR 扩增到其邻近的序列。虽然研究人员曾想出了一些获得已知基因两侧序列的方法，但都不理想。后来，科学家们在常规 PCR 的基础上发明了获得已知序列两侧 DNA 的 PCR 方法，包括反向 PCR、锚定 PCR、RACE-cDNA 末端的快速扩增和连接介导的 PCR、Bubble-PCR、T-接头 PCR 等，统称基因组步移 PCR。

第一节　反向 PCR

一、引言

常规的 PCR 技术是用于扩增两段已知序列之间的 DNA 片段，而对于已知序列侧翼的未知 DNA 序列的扩增，则毫无办法。但是，在很多时候，人们又非常渴望了解某些特征性遗传标记侧翼的序列，如转座子或病毒是整合至基因组的什么位点、某一缺失基因丢失了哪一部分、某一 cDNA 的启动子是什么等。在反向 PCR 技术出现以前，对上述问题的解决办法是：一般首先用 λ 噬菌体及其衍生物作载体构建相应的基因组文库，接着用杂交的办法获得相应的阳性克隆，然后用多拷贝质粒构建次级文库，再进行杂交，最后进行测序。整个过程工程庞大。正是基于这些原因，Triglia T 和 Ochman H 等人[1,2] 在常规 PCR 的基础上建立了反向 PCR 技术（inverse polymerase chain reaction，IPCR），大大减少了实验的工作量，加快了实验进程。

二、基本原理

由于 IPCR 是用于扩增已知序列侧翼的 DNA 片段，其一对引物尽管与常规 PCR 引物一样与已知序列互补，但方向却是相反的（常规 PCR 引物的方向是相对的）。用这样一对引物进行常规 PCR 扩增，是无法得到足够的产物的，因为其每个引物只能对各自的模板线性扩增，无法进行指数级增长。所以，对用 IPCR 进行扩增的 DNA 模板必须先经过酶切，然后连接环化，使其引物方向相对，故 IPCR 主要包括：酶切、自身连接环化、PCR 扩增、直接序列分析或克隆后再测序。过程如下，见图 2-1。

① 提取基因组 DNA，用适宜的限制性内切酶 X 进行切割。黑框部分表示已知序列。

② 用连接酶将酶切片段进行自身连接，形成一环状结构，从而使引物处于一个相对的位置。

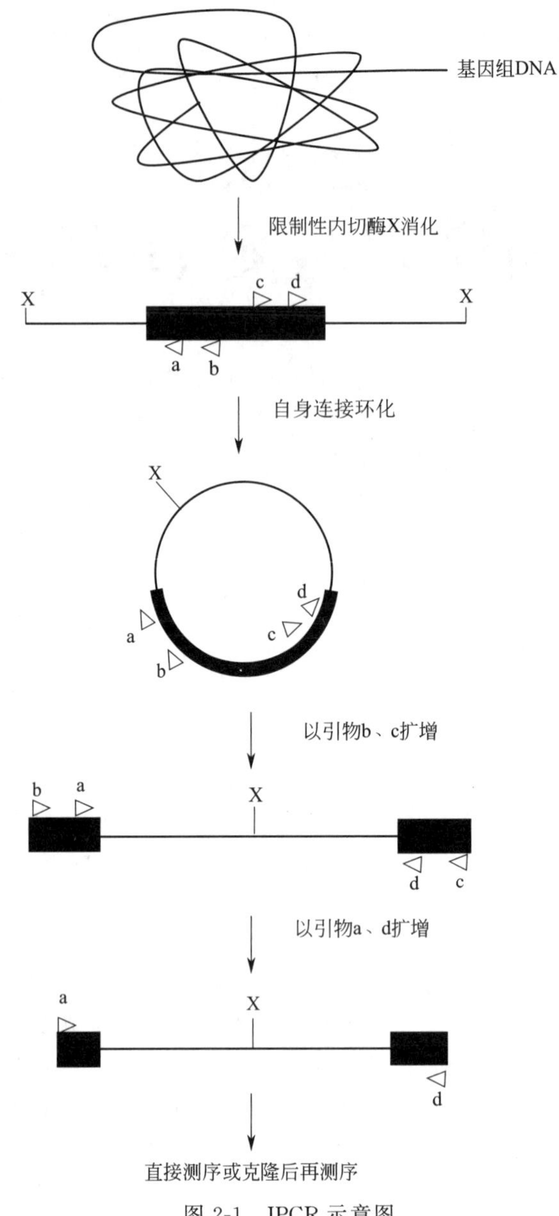

图 2-1　IPCR 示意图

③ 先用嵌套引物的内引物 b 和 c 进行首轮 PCR，然后以其 PCR 产物为模板利用外引物 a 和 d 进行二轮 PCR，增加 PCR 产物的特异性和成功率。

④ 两轮 PCR 产物纯化后可直接进行序列分析或克隆后再进行序列分析。如果要得到更多的外缘片段信息，可以获得的新序列为基础，搜索新的酶切位点，进行再一轮的 IPCR。

三、材料

① 基因组 DNA（见“五、注意事项”①）。

② TE 缓冲液（10mmol/L Tris，pH 8.0，1mmol/L EDTA）。

③ 乙酸钠（3mol/L，pH5.2）。

④ 乙醇（100%和 70%）。

⑤ 酚-氯仿（1∶1，体积比）。

⑥ 氯仿。

⑦ 适宜的限制性内切酶及其 10×缓冲液。

⑧ T4 DNA 连接酶及其 10×缓冲液（含 ATP）。

⑨ 热稳定 DNA 聚合酶及其 10×缓冲液。

⑩ 寡核苷酸引物 a、b、c、d（20μmol/L）。

⑪ 10mmol/L dNTP。

四、方法

1. 引物设计

用于 IPCR 的引物除了在模板 DNA 上的设置方向与常规 PCR 引物不同外，其设计原则符合常规标准。但是，也有研究者[3]指出，为了 PCR 扩增的有效性，引物 b、c 的 5′末端之间至少应相距 100bp，这样在首轮 PCR 的最初几个循环中产生的扩增产物中该区域缺失的分子将是大多数，而这些分子才能进一步作为模板利用引物 b、c 进行 PCR 后程扩增。

2. 模板制备

① 取 5μg 基因组 DNA，用适宜的限制性酶进行切割（见“五、注意事项”②），总反应体积为 50μL。反应要彻底。

② 65℃、15min 条件将限制性酶热失活，若无法用热失活，则补无菌水至 400μL，然后分别用酚-氯仿和氯仿抽提。加入 1/10 体积 3mol/L 乙酸钠和 2.5 倍体积无水乙醇，−20℃放置 30min 或−80℃放置 15min 进行沉淀，室温 12000r/min 离心 15min 以回收 DNA 样品，经 70%乙醇洗涤后 12000r/min 离心 5min，去上清液，风干沉淀，最后溶解于 20μL TE 缓冲液或水中（见“五、注意事项”③）。

③ 取 4μL 上述消化片段（见“五、注意事项”④），加入 5U T4 DNA 连接酶，加入 20μL 10×连接缓冲液，加水至 200μL，16℃水浴放置 12～16h（见“五、注意事项”⑤）。

④ 补无菌水至 400μL，用酚-氯仿和氯仿各抽提一次，加入 1/10 体积 3mol/L 乙酸钠和 2.5 倍体积无水乙醇，−20℃放置 30min 或−80℃放置 15min 进行沉淀，室温 12000r/min 离心 15min 以回收 DNA 样品，经 70%乙醇洗涤后高速离心 5min，去上清液，风干沉淀，最后溶解于 20μL TE 或水中。

3. 反应体系

按下列次序将各种试剂加入到 0.5mL 的离心管中。

10×聚合酶缓冲液	5μL	环化 DNA 做模板(见“五、注意事项”⑥)	5μL
10mmol/L dNTP	2μL	H_2O	32μL
引物 b	2.5μL	总体积	50μL
引物 c	2.5μL		
1～5U/μL *Taq* 酶	1μL		

4. 反应条件

PCR 条件为：94℃预变性 5min；94℃、30s，55℃、30s，72℃、3min，35 个循环；72℃延伸 10min（见“五、注意事项”⑦）。

5. 产物的检测和分析

① 取 5μL 扩增样品进行琼脂糖电泳分析，用 DNA 分子量标记判断其大小。

② 取 1μL 首轮 PCR 的原液、10 倍稀释液、100 倍稀释液作模板，以寡核苷酸 a、d 作引物，按上述条件加水至 50μL，进行二轮 PCR（见五、注意事项⑧）。

③ 重复步骤①。若产物特异性很好，可直接用 T 载体进行克隆并测序，或者用引物 a 和 d 直接对 PCR 产物进行测序；假如产物特异性较差，可先用琼脂糖电泳纯化回收后，再进行克隆或测序（见“五、注意事项”⑨）。

五、注意事项

① 分离的基因组 DNA 应达到一定的纯度，以便能很好地进行随后的酶切、连接和 PCR。同时，对于基因组的复杂度也有一定的限制，对大于 10^9 bp 的基因组需构建小一些的基因文库[4]。

② 对限制性酶的选择是非常重要的，因为适宜的限制性酶切位点应是在已知序列中不存在（如果只要获得已知片段一端的 DNA 信息——见下文“六、应用 3. 用 IPCR 定点诱变 DNA”，则另当别论），并且其完全决定了所获得片段的大小。由于 PCR 扩增长度的局限性，尽管到目前为止，长片段的扩增有时可达数十千碱基对，但对 IPCR 来说还很难达到这种境地。为了增加试验的成功率，将 IPCR 扩增的长度限制在 2～3kb 是比较理想的（太短的话，将无法得到足够的信息），并且为了便于连接，能产生 4 个碱基黏性末端的限制性酶将是优先选择目标。所以，有必要在正式实验前，先进行预试验：选用多种酶进行切割，然后用 Southern blot 来确定各酶切片段的大小，从而确定适宜的内切酶。一般来说，用 5 种酶切割，总有 1～2 种符合要求[5]。如果在选择限制性酶之前，提前考虑到基因组模板的（G+C）含量，则是最好不过的了，因为限制性酶对（G+C）含量也有一定的要求［如 *Eco*R Ⅰ的（G+C）含量较低］，若有意识地选用与基因组模板具有相似（G+C）含量的限制性酶，则预试验成功的可能性就更大。可是，在试验中会碰到各种各样的问题，有时可能根本找不到一种酶切片段大小在一个合适范围内的限制性酶，这时可选用两种限制性酶来产生酶切片段[2]，但在连接前必须平末端化，而平末端的连接效率比黏末端低多了，因此在非不得已的情况下，尽量避免双酶切。

③ 在很多时候，常根据 Southern blot 结果，用电泳来纯化和回收合适大小的酶切片段，减少随后连接体系中 DNA 的复杂性，从而更有利于目的片段的环化。无论用何种方法回收酶切片段，DNA 中的乙醇必须去除干净，痕量的乙醇也会对随后的连接产生不利影响[5]。但是，在很多时候，回收片段是没有必要的，甚至酶切后不需乙醇沉淀，只要将限制性酶失活，直接取反应液进行连接。由于随后的连接反应体系的成倍放大，酶切缓冲液中的盐成分不会影响连接体系。

④ 在连接反应中，从理论上可以列出许多有利于线性 DNA 自身环化的条件，但是在实践中要达到这些条件还是相当困难的。总的原则是，需自身环化的消化 DNA 片段在连接体系中的终物质的量浓度（mol/L）应较低。一般来说，消化 DNA 的浓度应为＜3ng/μL[3]，但也有资料将该浓度定为 50ng/μL[6]。由于目的 DNA 的长度不一致，上述浓度值是很难定的。最好的情况是建立系列连接反应，找出各目的 DNA 的最佳自身环化条件[7]。有文献[8] 指出，能进行自身环化的最佳片段长度为 2～3kb，这与 PCR 模板的适宜长度相吻合。

⑤ 虽然这种过夜连接条件是大多数参考文献所采用的，但也有文献[8] 用 16℃放置 1h 来取代该条件，其理由是 1h 孵育时间更倾向于自身环化而不是串联体。

⑥ 为了提高 IPCR 的效率，有时将环化模板再次线性化会有利于扩增。可在已知序列的引物 b、c 之间寻找一合适的酶切位点，而在待研究的侧翼未知序列上不存在，用相应的限制性酶消化，即可获得线性化的模板。环状分子线性化的另一种方法是，在扩增前对样品 100℃加热 15min，但这种方法效率较低。

⑦ PCR 条件应根据不同的试验作出相应的改变，并以水作模板设置阴性对照。

⑧ 大多数情况下，在 IPCR 试验中只进行一轮 PCR 是不够的，往往需进行嵌套 PCR。但是，嵌套 PCR 在很多时候并不需要另外两个全新的引物，只要其中一个新引物（a 或 d）就足够了，它可与引物 b 或 c 配对进行二轮 PCR。而在首轮 PCR 后，可以如“四、方法”中所述直接进行二轮 PCR；也可用乙醇沉淀 PCR 产物，然后溶于无菌水中，取部分或全部作模板进行二轮 PCR；或者用琼脂糖电泳对 PCR 产物进行纯化，以除去引物 b、c，再作为二轮 PCR 的模板，将有利于获得特异性的目的片段。在实验中可根据具体情况采取不同的步骤。

⑨ 若不用 T 载体进行克隆（T 载体只能克隆 *Taq* 酶获得的 PCR 产物），则需在引物 a 和 d 的 5′端引入合适的酶切位点，从而将 PCR 产物用相应的限制性酶消化后插入相应的载体中。

六、应用

如果说 Ochman H 和 Triglia T 等人最初建立 IPCR 的目的是为了获得天然存在的转座子、病毒等在基因组中整合位点相关遗传信息的话，那么在当今后基因组时代，IPCR 的应用范围就大大拓宽了。

1. 用 IPCR 克隆连续的基因组 DNA 大片段

从理论上讲，如果知道了某一段 DNA 的序列，利用 IPCR 技术就可以无限制地克隆其侧翼的序列，即可用于连续的基因组 DNA 大片段的克隆。这一点可被很好地应用于基因组测序过程中。鸟枪法测序是当今基因组分析中最快速有效的方法之一，但是通过这种方法获得的基因组序列将不可避免地留下一些缺口（gaps），而 IPCR 技术将是补平这些缺口很好的方法之一。当然，这种大片段缺口的补平需经过多轮 IPCR。

2. 用 IPCR 获得启动子序列

在后基因组时代，产生了大量的 EST 及完整的 cDNA 序列，但是作为一个基因，它们是不完整的。它们缺乏启动子等调控序列，这对研究它们的表达调控和功能极为不利。正如引言中提到的，通过构建文库和杂交的方法来筛选是非常困难的。通过 IPCR 来获取启动子可大大降低工作量。但是，用 IPCR 克隆启动子与一般的 IPCR 的差别在于：它只要克隆已知序列单一方向的外缘片段。因此，对消化基因组 DNA 的限制性酶的选择就有所不同，该限制性酶的识别位点可位于已知序列上，但不能在引物之间。

3. 用 IPCR 定点诱变 DNA

除了克隆未知的基因组序列外，IPCR 方法还可应用于 DNA 诱变，其整个过程如图 2-2：①按照靶基因的序列，在即将引入突变的位点处，先合成一对尾尾（tail-to-tail）相对的引物，但其中一个引物具诱变功能；②用上述引物扩增含靶基因的整个双链质粒；③用连接酶连接双链 PCR 产物的两个平末端，进行自身环化；④转化大肠杆菌。由于PCR产物要进行自身环化，故要求引物事先进行5′磷酸化或PCR产物的5′磷酸化。另外，若在两个引物的5′端引入限制性酶的识别位点，则不需要引物或模板的5′磷酸化，不需要增加自身环化的效率。但是，这时必然要用到密码子的简并性，使在获得限制性酶切位点的同时，又不改变氨基酸的组成。

在本实验中一对引物的5′端直接相邻，因此它与经典的IPCR有一些差异，后者的引物间最好要相距一段距离（见“五、注意事项”③）。正是因为本实验中两个引物间没有其它碱基隔开，所以产生的线性PCR两端有重叠序列。这样的PCR产物转化宿主感受态细胞后，将在胞内进行分子内重组从而产生环状分子，故线性PCR产物不需连接，转化后也能获得阳性转化子（这对能降解线性DNA分子的宿主并不合适）。但是，转化前PCR产物的不同处理对于得到的结果是不同的：先变性再退火然后转化所获得的阳性转化子的比例比直接转化高2～10倍，原因在于前者有利于体内重组。

由于模板质粒的干扰，用IPCR技术获得的突变体假阳性较高。解决的办法有：①尽量降低模板的量；②使用碱变性质粒模板，碱变性后的质粒不仅模板效果好而且不容易转化；③*Dpn* Ⅰ处理，降解甲基化的模板质粒。

用IPCR来进行DNA诱变是一个简单有效的方法，现在最大的瓶颈在于PCR扩增长度的限制。一般来说质粒在3.1kb以下，该方法是相当有效的。但是，随着长而精确的PCR扩增体系的建立，这种局限性被不断地突破，到目前为止利用IPCR来进行诱变获得成功的质粒长达11.5kb。

4. 用反向PCR诱变技术产生带附加表位的蛋白

获得带附加表位的融合蛋白，对越来越多的实验室来说已不是难事。常规的做法是，将靶蛋白的cDNA顺框（in-frame）插入已含附加表位序列的载体中。尽管这种方法简单而应用广泛，但是其同样存在一些不利因素：①这类载体通常只含有一个单一方向的多克隆位点，只允许附加表位插入靶蛋白的N端或C端；②要求使用在插入cDNA上没有识别位点的特异性限制性酶；③当使用不同的表达系统时，常必需数个不同的较为昂贵的质粒载体；④包括PCR、限制性酶消化、亚克隆、细菌转化和筛选等多个步骤。

为了克服上述缺点，Gama L等人利用反向PCR诱变（IPCRM）技术将短肽序列插入靶蛋白的任何位点。IPCR在这方面的应用最初是将克隆至载体的DNA进行点突变或缺失（即DNA诱变），在稍加改进后用于产生带附加表位的融合蛋白（见图2-3），图中以FLAG标签作为附加表位进行举例说明。它与DNA诱变不同之处在于通常其一对引物的5′端带有大约一半的表位序列，其余几乎与上述DNA诱变没有差别。由于受引物合成和PCR引物的条件所限，一般插入表位为5～10个氨基酸。而在表位的添加过程中，常会碰到表位是重复序列的情况（如His_6），则在引物设计时就需将整个表位序列纳入一个引物中，从而避免引物间的互补。另外为了增加最后阳性克隆的筛选效率，需要注意以下几点：①在磷酸化过程中引物不要过量，而在连接过程中PCR产物不要过量，否则高水平的未连接的线性PCR产物将极大地影响转化率，连接的PCR产物≤0.5μg时，将获得良好的结果；②正如在上文3.中提到过，*Dpn* Ⅰ处理可降解模板质粒，减少假阳性，但超螺旋的DNA对限制酶消化具很强的抗性，建议进行过夜消化；③在引物设计时利用密码子简并性尽可能在其中一个引物中引入一个限制性酶切位点，这样有利于阳性克隆的鉴定，但这种情况并不是一定都能实现的。

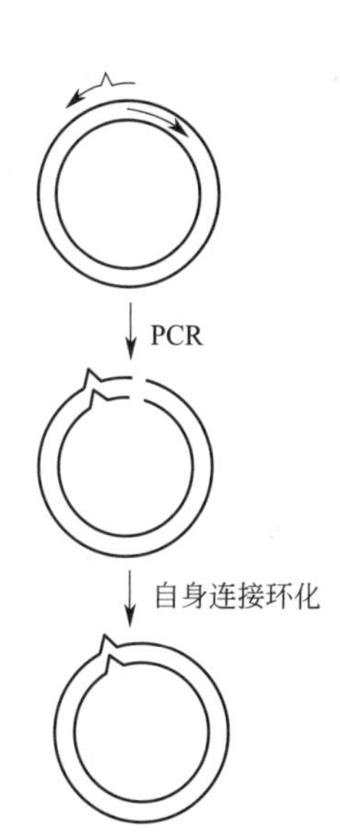

图 2-2　用 IPCR 进行 DNA 定点诱变

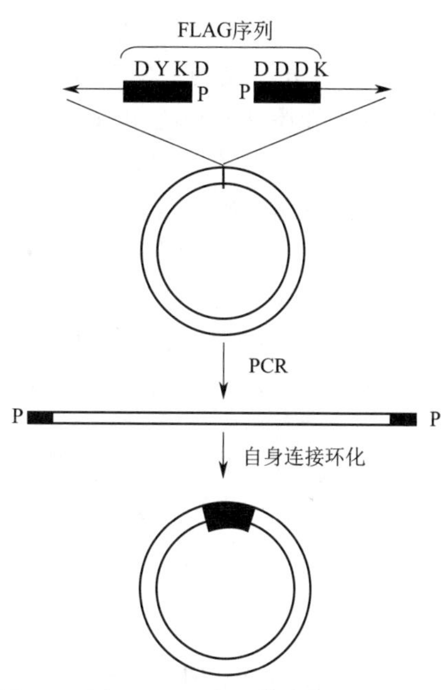

图 2-3　用 IPCRM 产生带附加表位的蛋白质

5. 用 IPCR 鉴定插入失活基因

在大规模的微生物功能基因组研究中，其中一个很重要的方法是利用转座子随机插入构建庞大的微生物突变体库，随后对突变体进行功能筛选和表型鉴定，在这方面的一个典型例子就是对生殖道支原体这一最小基因组的功能研究。当获得了某种功能或表型的突变体时，必须鉴定该突变体插入失活的是哪一个基因，这时候就需用到 IPCR 技术。除了用转座子构建突变体库，还可将基因组随机片段插入自杀载体，然后导入相应的菌株内，通过同源重组构建突变体库，当然最后也需用 IPCR 来获得插入失活基因。可是，在某些情况下，由于 IPCR 的成功率也并非 100%，当用转座子来构建突变体时，完全可通过转座子所携带的抗性基因直接进行筛选，其成功率也是很高的；当用自杀质粒构建突变体库时，可先让整合的自杀质粒重新环化再经辅助质粒的帮助诱导转移回收。上述方法在致病微生物毒力基因或毒力相关基因研究中是比较常见的，如信号标签诱变技术（signature-tagged mutagenesis，STM）、体内表达技术（*in vivo* expression technology，IVET）等。

在植物基因组功能研究中，常利用根瘤杆菌的 T-DNA 进行基因的插入失活，然后用 IPCR 鉴定相关基因。

七、小结[9-11]

在后基因组时代，基因组序列信息迅猛发展，仅微生物方面完成全基因组测序的就有 70 多种（不包括病毒）。进行系统诱变和功能评价是功能基因组研究的一个重要策略与方法，而 IPCR 在其中将扮演重要的角色。但是，对 IPCR 技术的发展并不能让人满意，在靶序列的分离中尚无法保证成功，它仍是分子克隆中还存在许多问题的实验技术之一，尽管它并不复杂。一个重要的原因是连接获得的环状模板无论是在质量上还是在数量上都得不到保证，对于基因组复杂度大于 10^9 的动植物，成功的概率较低；另一个原因在于，PCR 扩增长度的限制，无论是在克隆侧翼未知序列方面还是在DNA诱变中的应用上，能有效进行IPCR的一般小于4kb。

TaKaRa公司推出的LA PCR体外克隆试剂盒（DDR015）可以说是与IPCR技术克隆侧翼未知序列的功能相似。不同之处在于：前者取代了酶切片段的自连环化过程，代之以用特异性接头与酶切片段相连，然后用与酶切片段中已知序列同源的引物和与接头同源的引物配对进行首轮PCR，随后进行嵌套PCR增加特异性。利用该试剂盒比常规的IPCR克隆侧翼未知序列的成功率高。

虽然IPCR的产生相对于PCR来说，算不了什么，但是它对克隆侧翼未知DNA序列确实快速有效，是常规PCR技术的重要补充，是分子生物学技术的重要方法之一。尽管IPCR还有一些不足之处，但随着分子生物学其它技术的发展，也必将得到不断的完善。

第二节　锚定PCR

一、引言

常规PCR技术的一个基本条件是在待扩增片段的两翼各有一段已知序列。在实际工作中常常仅知道基因上一小段序列信息，在这种条件下就难以通过常规PCR技术扩增得到邻近的片段。随着PCR技术的发展，出现了一些根据一小段序列信息快速扩增已知序列相邻片段的技术，其中之一就是锚定PCR（anchored PCR）或锚式PCR（anchor PCR）技术，在有些文献中也称之为单侧特异引物PCR（single-specific sequence primer PCR，SSP-PCR）。在锚定PCR中，一条引物为根据已知序列设计的序列特异性引物，另一条则是根据序列的共同特征设计的非特异性引物。这种非特异性的通用引物起到在其中一端附着的作用，故称为锚定引物，与锚定引物结合的序列则称为锚定序列。

一种常用的锚定PCR技术是以DNA文库中载体上的一小段序列作为锚定序列。还可把通过人工合成的特定序列连接到DNA片段上作为锚定序列，这种技术称为连接锚定PCR（ligation anchored PCR）。同聚物也是锚定PCR中常用的锚定引物，由于在成熟mRNA 3′端大多有一段poly(A)尾巴，可以利用这一序列特征设计一段oligo(dT)作为锚定引物，以cDNA为模板通过锚定PCR扩增特定基因。这种以cDNA为模板的锚定PCR技术称为互补锚定PCR（complementary anchored PCR）。

二、原理

通过锚定PCR从基因文库中扩增已知序列相邻基因的方法是Huang等[12]提出来的，其原理如图2-4所示。在该方案中两条特异引物是根据基因上部分已知序列设计的正反向序列特异性引物（GSP），分别用于扩增其3′和5′端的未知序列。另外两条引物是根据载体的序列设计的，这两条引物的靶序列是文库中共有的，对文库中插入的外源DNA序列不具选择性，因此称为非特异性引物（NSP）。在锚定PCR中就是分别利用一条序列特异性引物和载体上的非特异性引物进行PCR扩增。锚定PCR操作一般包括三轮PCR扩增，第一轮采用不对称PCR的方法。不对称PCR是在PCR扩增时使用的两种引物浓度不同，一般高浓度引物与低浓度引物的浓度比为(50～100)∶1，不对称PCR的目的是生成供测序用的单链DNA模板。在不对称PCR中最初10～15个循环的产物主要是双链DNA，待低浓度引物耗尽后，继续由高浓度引物介导产生大量单链 DNA。在本实验中采用了高浓度特异性引物与低浓度非特异性引物（两者浓度比为 20∶1），从而增加第一轮 PCR 扩增的特异性。将第一轮 PCR 产物稀释作第二轮 PCR 的模板，引物为相同浓度的特异性引物和非特异性引物，通过这一轮 PCR 扩增即可得到双链 DNA。第三轮 PCR 目的主要是检测所得 PCR 产物是否为预期产物。

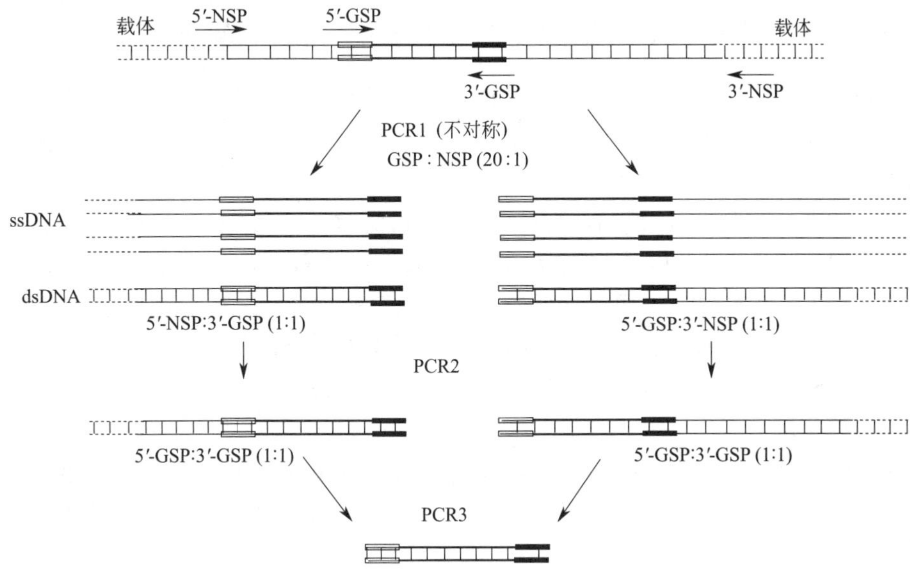

图 2-4　通过连接锚定 PCR 从基因文库中快速扩增已知序列两翼片段

借助大多数天然 mRNA 所带有的 poly(A) 尾，可以采用人工合成的 oligo(dT) 作为锚定引物，以 cDNA 为模板扩增特定基因。在有些文献中称这种方法为互补锚定 PCR（complementary anchored PCR），其原理如图 2-5 所示。已知特定序列下游端（3′）和上游端（5′）序列的扩增方法有所不同，相对来说前者操作较简便一些。

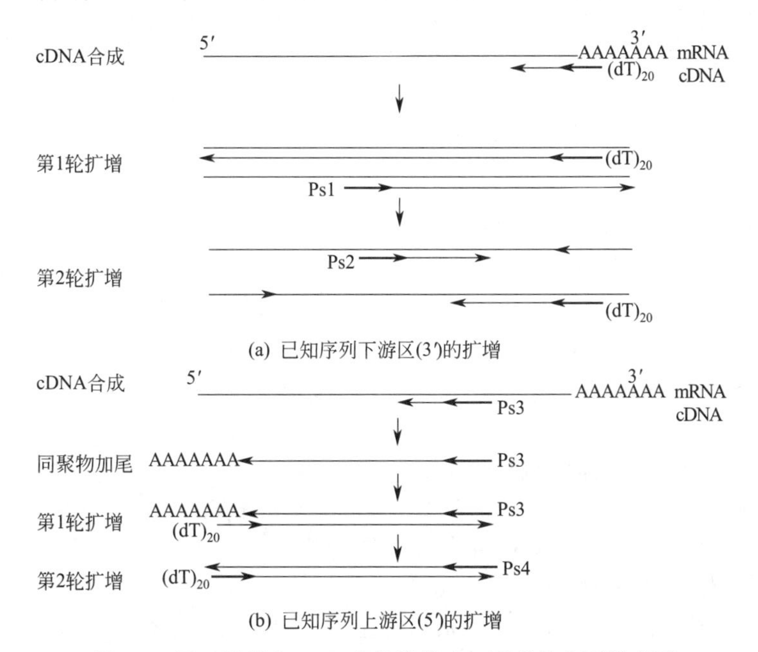

图 2-5　用互补锚定 PCR 直接扩增已知序列的上下游基因

已知特定序列下游端（3′）的扩增，首先是合成 cDNA，再分别以一段特异性引物和一段非特异性引物［在本实验中采用 oligo(dT)$_{20}$］扩增得到特定序列。扩增已知特定序列上游端（5′）序列时，首先需要根据已知序列设计序列特异性引物，并以此引导合成特异性的 cDNA，再通过末端转移酶在靶序列上添加一段人工合成的 poly(A)尾以提供第二条引物的退火位点。

三、用连接锚定 PCR 从基因文库中扩增已知基因侧翼序列

现以从 λgt11 酵母基因组文库中扩增天冬酰胺酶基因为例讨论用锚定 PCR 从基因文库中快速扩增已知序列侧翼基因的具体实验程序。该基因全长 1.7kb，根据已知序列设计了两条序列特异性引物 5′-GSP 和 3′-GSP，分别供已知序列 3′端和 5′端基因的扩增。这两条序列特异性引物之间有 353bp 的重叠区，从 5′-GSP 到基因的 3′端为 1.15kb，从 3′-GSP 到基因的 5′端起点为 0.9kb。根据载体的序列设计了两条非特异性引物 5′-NSP 和 3′-NSP。由于文库中外源片段有两种插入方向，因此在第一轮 PCR 中需要交叉使用这 4 种引物做 4 次 PCR（即分别以 5′-GSP 和 3′-NSP，5′-NSP 和 3′-GSP，5′-GSP 和 5′-NSP 以及 3′-GSP 和 3′-NSP 为引物进行 4 次 PCR 扩增）。

1. 材料和试剂

① PCR 缓冲液（10×）：500mmol/L KCl，67mmol/L Tris-HCl（pH 8.8），6.7mmol/L $MgCl_2$，30mmol/L DTT，170μL/mL 牛血清白蛋白（BSA），16.6mol/L 硫酸铵。

② dNTP 混合物：15mmol/L dATP，15mmol/L dCTP，15mmol/L dGTP，15mmol/L dTTP。

③ *Taq* 聚合酶（2.5U/μL，PE 公司）。

④ 二甲基亚砜（DMSO）。

⑤ λgt11 酵母基因组文库（约 1×10^7 pfu）。

⑥ 序列特异性引物 5′-GSP 和 3′-GSP（50pmol/μL，相当于 330ng/μL）。

⑦ 非特异引物 5′-NSP 和 3′-NSP（第一次扩增用 2.5pmol/μL，相当于 17ng/μL，第二次扩增用 50pmol/μL，相当于 340ng/μL）。

2. 方法

（1）第一轮 PCR 扩增

① 制备以下 50μL PCR 混合物：

λgt11 酵母基因组文库(约 1×10^7 pfu)	1μL	二甲基亚砜(DMSO)	5μL
		PCR 缓冲液(10×)	5μL
非特异引物 NSP(2.5pmol/μL)	1μL	PCR dNTP 混合物	5μL
序列特异性引物 GSP(50pmol/μL)	1μL	无菌去离子水	31μL
		Taq 聚合酶(2.5U/μL)	1μL

注意：在加入 *Taq* 聚合酶之前应将反应物于 94℃加热 3min，以破碎噬菌体颗粒。PCR 扩增可按下述条件进行：94℃ 1min，48℃ 30s，72℃ 8min，35 个循环。

② 通过琼脂糖凝胶电泳对产物进行检测。

（2）第二轮 PCR 扩增

③ 将第一轮扩增产物用去离子水稀释 10 倍，取 1μL 稀释的 PCR 扩增产物作为第二轮扩增的模板，按上述条件进行第二轮扩增，但第二次 PCR 扩增时非特异引物

的浓度为 50pmol/μL 的 NSP。第二轮 PCR 扩增得到的双链 DNA 可用于克隆。

④ 通过琼脂糖凝胶电泳对产物进行检测。

（3）第三轮 PCR 扩增

⑤ 进行第三轮 PCR 扩增的目的是对第二轮 PCR 扩增产物进行检验，确定已知基因上下游的两个片段是否来自同一基因。将第二轮 PCR 扩增所得产物用去离子水稀释 10 倍，取 1μL 作为模板，所用引物浓度为 50pmol/μL 的序列特异性引物 5′-GSP 和 3′-GSP，其余成分同上。PCR 扩增条件为：94℃ 30s，48℃ 30s，72℃ 4min，循环 35 次。

⑥ 通过琼脂糖凝胶电泳对产物进行检测，回收并纯化片段后进行测序分析。

确定两个片段来自同一个基因后，可将两条片段进行连接，得到完整基因。若重叠序列中有一个单一的限制性内切酶位点，可用该酶分别切割两条片段再进行连接，若没有合适的酶切位点也可根据测序结果设计全长基因的 PCR 扩增引物，重新从文库中扩增出全长基因来。

四、用互补锚定 PCR 直接扩增已知序列侧翼 cDNA 序列

互补锚定 PCR 是根据少量序列信息由 mRNA 扩增全长基因序列，一般采用的锚定引物是 oligo(dT)[13-15]。在扩增已知序列的 3′端时，这段寡核苷酸与成熟 mRNA 的 poly(A) 尾互补。在扩增已知序列的 5′端时，这段寡核苷酸则与在第一链合成后添加在目标 cDNA 末端的酶法合成的多聚物尾互补。理论上只要单个特异引物（17bp 或更长一些）就可以进行锚定 PCR 实验，而实际上，扩增一段同源产物往往需要做两轮 PCR，第二轮引物为一段嵌套特异引物。由于 oligo(dT) 是与天然 mRNA 中的 poly(A) 尾退火，因此对于不带 poly(A) 尾的 $poly(A)^-$ mRNA 如组蛋白 mRNA 则是行不通的。

通过两轮 PCR 扩增可获得一段均质的单一扩增产物，这段产物可以直接进行测序，也可以克隆到适当载体上供进一步分析。已经采用这种方法直接获得了斑马鱼（*Brachydanio rerio*）和欧洲普通蛙（*Rana temporaria*）的骨骼肌 α-原肌球蛋白全长 cDNA，并确定了大鼠膜结合磷酸酯酶 A_2 的序列。对这种方法加以修改还检测到磷酸酯酶 A_2 基因的转录起始位点。这种检测转录起始位点方法的灵敏度是常规引物延伸方法的 10 倍，因而在稀有 mRNA 的分析中特别有用。

（一）材料和试剂

① MoMLV（莫洛尼鼠类白血病病毒）反转录酶缓冲液（5×）：250mmol/L Tris-HCl（pH 8.3），375mmol/L KCl，50mmol/L DTT，15mmol/L $MgCl_2$。

② PCR 缓冲液（10×）：500mmol/L KCl，100mmol/L Tris-HCl（pH 8.8），15mmol/L $MgCl_2$，30mmol/L DTT，1mg/mL 牛血清白蛋白（BSA）。

③ dNTP 混合物：10mmol/L dATP，10mmol/L dCTP，10mmol/L dGTP，10mmol/L dTTP。

④ TdT 缓冲液（5×）：1mol/L 二甲基砷酸钾，125mmol/L Tris-HCl（pH 7.4），1.25μg/μL BSA。

⑤ poly(A) RNA（>100ng/μL）。

⑥ 放线菌素 D（500ng/mL）。

⑦ BSA（5μg/μL）。

⑧ MoMLV 反转录酶（＞200U/μL，宝灵曼生物化学公司）。

⑨ *Taq* 聚合酶（2.5U/μL，PE 公司）。

⑩ NaCl（1mol/L）。

⑪ 乙酸钠（3mol/L）。

⑫ Tris-HCl（pH 7.5，200mmol/L）。

⑬ 乙二胺四乙酸（EDTA，25mmol/L）。

⑭ 末端转移酶（25U/μL）。

⑮ $CoCl_2$（15mmol/L）。

⑯ dATP（1mmol/L）。

⑰ 序列特异性引物 Ps1（100pmol/μL，相当于 670ng/μL）。

⑱ 序列特异性引物 Ps2（100pmol/μL，相当于 670ng/μL）。

⑲ 序列特异性引物 Ps3（1fmol/μL，相当于 6.7pg/μL）。

⑳ 序列特异性引物 Ps4（100pmol/μL，相当于 670ng/μL）。

㉑ oligo(dT)$_{20}$（15pmol/μL，相当于 100ng/μL）。

（二）方法

1. 已知序列下游区（3′）的扩增

下述方案首先提供了制备 poly(A) RNA 的操作程序，在本实验中 poly(A) RNA 的用量取决于研究对象基因组的复杂性以及目标 mRNA 的相对丰度，一般对脊椎动物组织制备的 poly(A) RNA 而言，有 100～300ng 的总 poly(A) RNA 就足够了。通常情况下需要 3 条 PCR 引物。1 条序列特异性锚定引物（Ps1），另 1 条序列特异性嵌套引物（Ps2）供二次扩增用，以及 1 条与 mRNA 分子上 poly(A) 尾互补的 oligo(dT)$_{20}$。

（1）cDNA 的制备

① 制备 50～100ng poly(A) RNA（浓度＞100ng/μL）。制备如此高浓度的 mRNA，应使反转录酶反应物的终体积尽量小，最好＜10μL。如提取不成问题，可用多一些 poly(A) RNA（可多达 1μg）。若起始 mRNA 的量不足 100ng，就可能包含不下全部稀有 mRNA。

② 将 poly(A) RNA 于 65℃保温 2min，短暂离心，迅速置冰上。短时间保温能够破坏 mRNA 的二级结构，去除干扰 cDNA 合成的发夹和环状结构。

③ 以 oligo(dT)$_{20}$ 为引物，用 MoMLV 反转录酶由 poly(A) RNA 反转录合成 cDNA。在冰上制备下列反转录混合物：

MoMLV 反转录酶缓冲液(5×)	2μL	MoMLV 反转录酶(＞200U/μL)	1μL
BSA(5μg/μL)	1μL		
poly(A)RNA(＞100ng/μL)	1μL	oligo(dT)$_{20}$(100ng/μL)	1μL
dNTP 混合物	1μL	无菌去离子水	2μL
放线菌素 D(500ng/mL)	1μL		

④ 轻柔混合，在微型离心机上短暂离心，于 37℃保温 1h。这种保温条件能使 oligo(dT)$_{20}$ 与成熟 mRNA 的 poly(A) 尾退火，合成完整的 cDNA。

⑤ 保温之后，加 TE（10mmol/L Tris，pH 8.0，1mmol/L EDTA），使反应体

积至 50μL。

（2）cDNA 目标分子的特异扩增

⑥ 利用新合成的 cDNA 为模板进行 PCR 扩增，制备下列混合物：

cDNA 模板(自步骤④)	1μL	PCR dNTP 混合物	6μL
PCR 缓冲液(10×)	10μL	*Taq* 聚合酶(2.5U/μL)	1μL
oligo(dT)$_{20}$(100pmol/μL)	1μL	无菌去离子水	80μL
序列特异性引物(Ps1,100pmol/μL)	1μL		

PCR 扩增一般可按下述条件进行：1.5mmol/L $MgCl_2$（终浓度），退火温度 37～42℃，每条引物均为 100pmol，反应 30～40 个循环。镁离子浓度、退火温度和时间可依不同的特异引物随后进行改动，引物浓度可降至 30pmol/μL。

以上扩增结果可用琼脂糖凝胶电泳进行检测。仅仅 1 条特异性寡核苷酸引物所具有的特异性往往是不够的，第一次扩增得到的结果通常是在预计大小范围呈现涂抹状的成片条带，可根据扩增产物内侧序列再合成一段序列特异性寡聚物（Ps2），通过 Southern 印迹探测扩增产物中是否存在预计的产物，用第二条序列特异性引物重新扩增获得特异产物。

⑦ 移取 1μL 第一次扩增产物作为第二次扩增反应的模板，按步骤⑥的方法进行新一轮 PCR 扩增（30～40 个循环），引物分别为 40～100pmol/μL 的 oligo(dT)$_{20}$ 和第二条内侧序列特异性引物（Ps2）。

第二条嵌套引物可以紧邻（3′）引物 Ps1，甚至与 Ps1 部分重叠。这样只要在目标 mRNA 上已知 40 个核苷酸序列就足以保证两轮扩增的成功。

同样，第二轮扩增的产物需经琼脂糖凝胶电泳进行检测。在目标位点从序列特异性引物（Ps2）延伸至 cDNA 的 3′末端的扩增产物，在琼脂糖凝胶上应呈单一条带。

在某些情况下，第二次扩增得到的产物在琼脂糖凝胶上用溴化乙锭染色时仍呈现涂抹条带，出现这种现象是由于引物 oligo(dT)$_{20}$ 可与 poly(A) 尾的多个位点结合。在这种情况下可分离最大片段，用 oligo(dT)$_{20}$ 和 Ps1 为引物再进行一轮扩增。另外，还可像在 RACE（cDNA 末端快速扩增）实验方案中所做的那样，在合成的 oligo(dT)$_{20}$ 的 5′末端附加一段特异性序列，以降低退火的不精确性。这样，随后的重新扩增就可用这种合成的引物进行。再一个办法是在 oligo(dT)$_{20}$ 的 3′最末端位置引入简并碱基（G、A 或 C），使之与 poly(A) 尾的退火更为精确。

两轮扩增得到的产物可以克隆至适当载体，也可直接测序再加以鉴定。

2. 已知序列上游区（5′）的扩增

与上述实验方案不同，在本实验方案中序列特异性引物是用于启动特异 cDNA 的合成，然后再通过添加 poly(A) 尾对所得 cDNA 进行修饰。由两段相邻的序列特异性引物和一段与新合成的 poly(A) 尾互补的 oligo(dT)$_{20}$，通过 PCR 扩增得到所需产物。

（1）特异 cDNA 靶标物的合成

① 按常规方法制备至少 100ng poly(A) RNA，浓度＞100ng/μL。

② 制备下列 5μL 退火混合物：

序列特异性引物(Ps3,1fmol/μL)	1μL	EDTA(25mmol/L)	1μL
NaCl(1mol/L)	1μL	poly(A)RNA(＞100ng/μL)	1μL
Tris-HCl(pH7.5,200mmol/L)	1μL		

合成序列特异性靶标 cDNA 所需引物的量因目标 mRNA 的丰度而异。一般说来，分子数目超过目标模板量 5～10 倍时往往效果最好。

③ 退火混合物于 65℃保温 3min，短暂离心，迅速置冰上。短时间保温能够破坏 mRNA 的二级结构，去除干扰 cDNA 合成的发夹和环状结构。

④ 于 40℃保温 3～4h。

在相对较高退火温度下长时间保温以及采用低浓度引物都是为了提高引物-模板退火反应的特异性，退火时间也可缩短一些，但引物与模板之间退火就不够充分。同样，提高引物浓度可以加速反应，但特异性就可能差一些。

⑤ 加 15μL 100%冷乙醇，在干冰-乙醇浴上放置 10min，用微型离心机 4℃离心 10min。

⑥ 弃上清，加 50μL 70%（体积分数）乙醇，轻柔颠倒数次洗涤沉淀并使之脱盐（不要使用漩涡液体混合器!），用微型离心机离心 2min，去掉上清，短暂真空干燥。

⑦ 沉淀重悬于 10μL 无菌去离子水。

⑧ 于冰上制备下述反转录酶混合物：

MoMLV 反转录酶缓冲液(5×)	5μL	poly(A)mRNA/Ps3 混合物(来自步骤⑦)	10μL
BSA(5μg/μL)	2.5μL	无菌去离子水	1.5μL
dNTP 混合物	2.5μL		
放线菌素 D(500ng/mL)	2.5μL		

⑨ 加 1μL（>200U/μL）MoMLV 反转录酶，37℃保温 1h。

⑩ 按标准实验方案进行酚抽提去除反转录酶。

⑪ 离心分开两相，将上清液小心转移至一支新微型离心管中，加 2.5μL 3mol/L 醋酸钠（使醋酸钠终浓度至 0.3mol/L），再加 75μL 100%冷乙醇，于干冰-乙醇浴上放置 5min，用微型离心机 4℃离心 20min，去掉上清液。如用小量 poly(A)RNA，这一步可加 1～5μg 载体 tRNA 以助沉淀。

⑫ 沉淀重悬于 25μL TE（10mmol/L Tris-HCl，pH 8.0，1mmol/L EDTA）中，按上述方法重新进行乙醇沉淀，用 70%乙醇漂洗沉淀，用微型离心机离心 5min，弃掉上清液，短暂真空干燥。

（2）在 cDNA 的 3′端添加同聚物尾

⑬ 在用末端转移酶为 cDNA 加尾前，将沉淀重悬于 5μL 水，煮沸 2min 使 cDNA/RNA 杂种分子变性，短暂离心，迅速置冰上。

⑭ 在冰上制备以下末端转移酶混合物：

TdT 缓冲液(5×)	2μL
$CoCl_2$(15mmol/L,$CoCl_2$ 的终浓度为 1.5mmol/L)	1μL
dATP(1mmol/L,终浓度为 100μmol)	1μL

加 1μL 末端转移酶（25U/μL），37℃保温 30min。

⑮ 加尾反应完成后，于 65℃加热 2min 使酶失活。

⑯ 加尾的 cDNA 在 0.3mol/L 醋酸钠存在下按步骤⑪所述方法进行乙醇沉淀，同样，如用小量 poly(A)RNA，这一步可加 1～5μg 载体 tRNA 以助沉淀。漂洗并干燥沉淀。

（3）加尾靶标 cDNA 的 PCR 扩增

⑰ 沉淀重悬于 10μL 水，分别加 40～100pmol 特异引物（Ps3）和 $oligo(dT)_{20}$

以及 PCR 扩增所需的所有成分，使终体积至 50～100μL（见上述 cDNA 目标分子的特异扩增项下的步骤⑥），在 1.5mmol/L $MgCl_2$ 存在下扩增 35～40 个循环，退火温度应设在 40～42℃范围内，具体反应条件和退火温度可在特定模板下进行优化。

以上扩增结果在琼脂糖凝胶上用溴化乙锭染色可能无法检测到，但用一条扩增区域序列特异性寡核苷酸（Ps4）为探针通过 Southern 印迹反应可探测到。仅仅 1 条特异性寡核苷酸引物（在此情况下为合成 cDNA 链的引物）通常不能精确扩增出单一的均质产物，用第二条嵌套引物再进行一轮 PCR 扩增就可以解决这个问题。

⑱ 移取 1μL 扩增产物作为新一轮扩增反应的模板，分别用 40～100pmol 第二条内侧序列特异性引物（Ps4）和非特异的 oligo(dT)$_{20}$ 为引物在标准条件下进行 35 轮 PCR 扩增。

第二条内侧序列引物可以紧靠第一条特异引物，甚至与该引物部分重叠。由于锚定 PCR 可以不依赖 3′和 5′方向进行，序列特异性引物 Ps3 和 Ps4 可以是前述方案中引物 Ps1 和 Ps2 的互补序列（图 2-5）。

重新扩增所得产物从靶标位点延伸至 cDNA 的 5′端，在溴化乙锭-琼脂糖凝胶上应呈现单一条带，如条带仍呈涂抹状，可在涂抹条带上方切胶分离小份产物（见下述的问题及对策），用 Ps4 和 oligo(dT)$_{20}$ 重新扩增 20～25 个循环。

两轮 PCR 扩增所得单一产物可克隆至适当载体，也可直接测序再加以鉴定。

五、问题及对策

① 非特异性扩增是 PCR 实验中常见的问题，在使用单侧引物时这个问题更为严重。从理论上讲对于任何基因，只要有足够长度（20～40 个核苷酸）的已知序列，都可以成功地扩增其上游或下游序列。但实际上，单条序列特异性引物并不是总是具有足够选择性。这条引物可能结合在不适合的序列或者部分互补的序列上，扩增出不止一段序列来。如果这段唯一的特异性引物是从蛋白质部分测序结果反推得到或者是由同源的保守区确定的，这个问题就更为复杂。在这些情况下需要采用简并的（非均质的）序列特异性引物，使锚定 PCR 扩增的特异性进一步降低。使用简并引物的后果取决于扩增模板、简并程度和扩增条件。应尽量采用非简并的序列特异性引物，在简并引物非用不可时，常规 PCR 扩增方法中简并引物的设计原则在锚定 PCR 中同样适用。在一些多义位置使用脱氧次黄嘌呤降低引物的复杂性，也是减少非特异性扩增的一种有效办法[16]。

② 在锚定 PCR 的起始阶段很少会获得完全特异性的扩增。异质性的扩增产物在琼脂糖凝胶上呈现涂抹状条带，通过本方案获得的 PCR 产物应该用特异性的内侧寡聚物为探针通过 Southern 印迹进行检测。在本方案的开始阶段做这种检测尤其重要，从而确定扩增产物中有目标产物。

③ 增强锚定 PCR 中对靶标特异性的措施。用第二条序列特异性引物（嵌套引物）重新进行一轮 PCR 可在很大程度上减少非特异扩增产物。嵌套引物可以直接与第一条引物相连，这样有 40～50 个核苷酸的已知序列就足以进行这种两轮扩增的锚定 PCR。也可在琼脂糖凝胶上的涂抹状条带中分离出主条带，或者分离通过 Southern 杂交预先探知的目标条带，用这些按片段大小分离的产物作为第二轮 PCR 扩增的模板，以增加产物的特异性。若用低熔点琼脂糖凝胶分离第一轮扩增产物，可简单地切下所需条带，再把这些小凝胶块放在 PCR 混合物中，不需进一步纯化便可

直接进行下一轮的重新扩增。

④ 在互补锚定 PCR 中，mRNA 的质量和完整性以及合成 cDNA 模板的质量在很大程度上决定着实验的成败。在制备 mRNA 或 cDNA 时应当采取谨慎措施确保产物完整且产率高。此外，在这些实验方案中有许多步骤涉及单链核酸（mRNA 及 cDNA 第一链）的操作，最好使用硅化过的微型离心管和吸头。在互补锚锭 PCR 中另一个影响因素是 poly(A) 尾的长度，无论这条尾巴是天然的还是酶法添加上去的。poly(A) 尾较长则为非特异性引物 oligo(dT)$_{20}$ 的结合提供了大量可能的配对位点，因而所得 PCR 产物可能长短不一。如前所述，有多个解决这一问题的办法，包括合成一段杂合的寡核苷酸，其 3′端为多聚 T，5′端为具有特异性的非同聚序列。另外也可以在特异 cDNA 产物的 3′端连接一段特异寡核苷酸，这样就可以利用这些非均质的多聚物进行随后的 PCR 扩增。还可设计 3′端为简并碱基（A、G 或 C）的寡核苷酸，以助寡核苷酸在 poly(A) 的边界处退火，也可达到提高特异扩增的目的。

⑤ 经验证明[17]，在互补锚定 PCR 中，用于同聚物加尾的寡聚核苷酸过量会影响下一轮扩增，最好予以去除，但去除寡核苷酸引物时会导致 cDNA 损失，因此在 cDNA 合成时应控制好寡核苷酸引物的用量，并在反转录后通过乙醇沉淀收集合成的 cDNA。

⑥ 在从文库中扩增特定基因时，文库的质量是至关重要的。最好用已知序列对文库的质量进行检查，如果文库质量不好，应重新构建。由于在文库中不同重组克隆的生长速度差异很大，往往造成文库在扩增过程中的失真，在进行 PCR 扩增时最好使用原始文库。

⑦ 某些 DNA 靶标不能用标准的 PCR 条件有效地进行扩增。在这种情况下，可将低收率的 PCR 产物克隆至适当载体，然后通过菌落杂交分离适当克隆。倘若 *Taq* 聚合酶错误倾向较高，从 PCR 克隆获得的片段应通过多个克隆的分离和测序互相印证而加以确定。

六、小结

利用仅知的小段序列信息获得全长基因是基因分离和鉴定中常常遇到的问题，解决这种问题的常规方法是先制备基因文库或 cDNA 文库，根据已知序列合成特异探针对文库进行筛选，从文库中分离目的克隆，有时还要进行几次亚克隆，再进行测序。这种方案虽然可行，但步骤烦琐、周期较长，而且实验成功与否很大程度上取决于所构建文库的质量。一些早熟 cDNA 分子终止过早，不能反映全长 mRNA 信息，往往因此而影响 cDNA 文库的质量。此外，在制备文库过程中稀有 mRNA 也常常会全部丢失。而本章为解决这种问题提供了一个简便的实验方案，采用锚定 PCR 技术获得未知的全长基因一般 1～3 天可以完成。在锚定 PCR 方案中，只有 1 条引物是根据目标序列上的已知序列信息设计的序列特异性引物，另一条引物是根据序列的共同特征设计的非特异性引物，包括载体序列、连接上去的特定序列和寡核苷酸序列。目标序列的 PCR 扩增过程与常规 PCR 技术是相同的，非特异扩增问题在锚定 PCR 技术中尤显严重，常常通过采用不对称 PCR、使用嵌套引物等手段，加强对目标序列扩增的特异性。

第三节　RACE——cDNA 末端的快速扩增

一、引言

cDNA 末端的快速扩增（rapid amplification of cDNA ends，RACE）是一种基于 mRNA 反转录和 PCR 技术建立起来的，以部分的已知区域序列为起点，扩增基因转录本未知区域，从而获得 mRNA（cDNA）完整序列的方法[18,19]。

传统的获得 cDNA 序列的方法是建立 cDNA 文库，通过筛选来获得目的 cDNA 克隆，但这些克隆经常会缺失对应于 mRNA 5′末端的序列，因而需要筛选更多的克隆才能获得这些缺失的序列。建立所需的文库也是一项费时费力的工作，而且在建库时也可能丢失一些所需要的低丰度表达的 mRNA，使得信息丢失。RACE 由于应用了 PCR 技术而使得完整 cDNA 序列的获得显得更为简便、灵敏。

RACE 又不同于普通的 RT-PCR。普通 RT-PCR 反应体系需要两条序列特异的引物，所以需要预先获得目的 mRNA 的完整序列或待扩增区域两端的序列，以设计两条引物。但是在许多情况下，我们只知道 mRNA 一个有限区域内的序列，如只知道其蛋白质表达产物内某一区段的序列或其所属基因家族的一段高度保守区域的序列。而 RACE 只需要一条序列特异的引物，这条特异引物可以根据已知序列设计，并用于扩增未知区域。

RACE 也可以实现对多个序列的同时扩增，不像 cDNA 文库筛选每次只能筛选一个克隆。RACE 可同时对含有已知序列的所有 mRNA 进行扩增分析，可以应用于 mRNA 不同剪接方式、基因不同的转录起始位点及对同一基因家族不同成员的研究。

RACE 被用于扩增基因转录物 mRNA 内某一已知序列位点和其 3′或 5′末端之间的未知 cDNA 序列。根据目的 mRNA 内的一段已知序列，设计一条基因特异引物（gene specific primer，GSP）和另一条非特异引物［可与存在于 mRNA 3′的 poly（A）尾巴或与反转录产生的第一链 cDNA 3′末端附加的同聚尾互补退火］来扩增它们间的未知序列，从而获得由序列已知区域到序列未知末端的延伸。并通过 GSP 延伸方向的变化，有选择地扩增已知位点上游的 mRNA 未知序列（5′RACE）或已知位点下游的 mRNA 未知序列（3′RACE）。利用 RACE 法，可使延伸产物富集 10^6～10^7 倍，可产生较纯的 cDNA“末端”。随着在小鼠胚胎干细胞（ES 细胞）中进行基因诱捕（gene trapping）工作的开展，5′RACE 又成为确定陷阱载体插入位点的必要工具。

传统上，根据锚定序列引入方式的不同，RACE 可分为：①经典 RACE，锚定序列作为引物，在反转录时引入第一链 cDNA（3′RACE）或合成第二链时引入第二链 cDNA（5′RACE）；②新 RACE，锚定序列在反转录前以寡聚核苷酸 RNA 的形式连入带帽完整 mRNA 链。由于某些 RACE 方案的局限性，加之又有更好的方法出现，所以现在有些 RACE 方案就很少使用了。本节将就现在被更多使用的 RACE 方法［3′经典 RACE 和 5′新 RACE（或 5′RLM-RACE）］做主要介绍，对很少使用的方法只做原理性讲述。并按其扩增的区域的不同将 RACE 分为：①3′RACE，扩增 mRNA 已知序列 3′序列；②5′RACE，扩增 mRNA 已知序列 5′序列。

二、RACE 基本原理

（一） 3′ RACE

3′RACE 用于 mRNA 已知序列下游（即 3′端）未知序列的扩增，可分为两步。

1. 反转录获得 3′ 末端第一链 cDNA 序列

由于大多数真核 mRNA 的 3′端本身就具有 poly(A) 尾巴，这也就为 mRNA 3′序列的反转录提供了天然的引物互补退火位点。与一般的 mRNA 反转录相似，3′RACE 反转录引物也有 oligo(dT) 序列，用于与 poly(A) 尾巴的互补退火。但 3′RACE 反转录引物的两端还有特别的结构，在其 5′端有一特定序列，其特定序列又由外侧引物区 OP（outer primer）和内侧引物区 IP（inner primer）两部分组成，OP 和 IP 将为以后的两轮 PCR 扩增提供引物序列。为了降低扩增物中的同聚尾的长度，让反转录在紧接 poly(A) 尾巴交界处起始，可在 3′RACE 反转录引物的 3′端加入一个锚定核苷酸。3′RACE 反转录引物是一种杂合引物，又被称作锚定引物 AP（anchoring primer）（见图 2-6）。

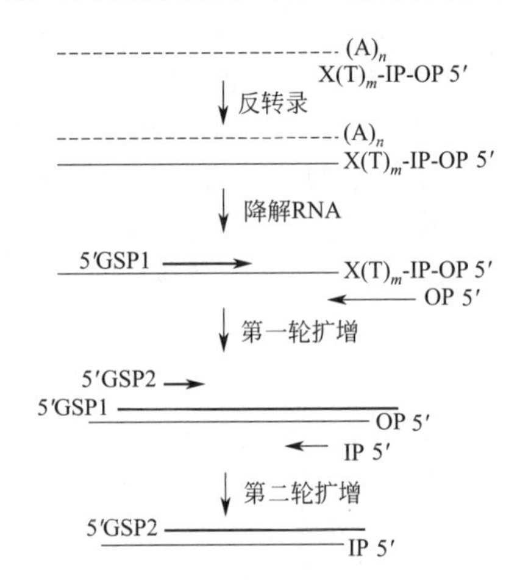

图 2-6 3′RACE

X(T)$_m$-IP-OP 5′—锚定引物 AP（或杂合引物）；OP—外侧引物；IP—内侧引物；X—锚定核苷酸；GSP1—基因特异引物 1（外侧基因特异引物）；GSP2—基因特异引物 2（内侧基因特异引物）

2. 第一链 cDNA 片段 3′ 末端的扩增

可根据目的基因的已知序列设计两条基因特异性引物 GSP1［又被称作外侧基因特异性引物 GSOP（gene specific outer primer）］和基因特异性引物 GSP2［又被称作内侧基因特异性引物 GSIP（gene specific inner primer）］，同时又由于在反转录过程中已经在 cDNA 的 5′端引入了外来的 OP 和 IP 序列，可以用来自目的基因的 GSP1 和来自锚定序列的外侧引物 OP 来进行第一轮 PCR 扩增。然后再用“嵌套”引物（IP 和 GSP2）进行二次 PCR 扩增循环，以减少非特异产物的扩增（见图 2-6）。

（二） 5′ RACE

5′RACE 用于扩增目的 mRNA 已知序列上游（即 5′端）的未知序列。mRNA 的 5′端不同于其 3′端，它没有天然的寡聚核苷酸尾巴，为此需要设计一种能够解决将锚定引物 AP 序列（或与其互补的序列）引入其 cDNA 的方法。

在经典 5′RACE 中，利用了脱氧核苷酸末端转移酶（TdT）能在 DNA 3′端添加寡聚脱氧核苷酸尾巴的活性，首先以已知序列的 GSP1 作为反转录引物，产生第一链 cDNA，并在 TdT 的作用下生成加尾 cDNA。然后进行与 3′RACE 相似的操作方法，通过与第一链加尾 cDNA 的多聚核苷酸尾巴互补，在生成第二链 cDNA 时引入锚定引物序列（见图 2-7）。

在经典 5′RACE 中会经常碰到一个令人头疼的问题，那就是在所得的 5′cDNA 库中，存在一些非全长片段。因为反转录酶的持续性有限，有时反转录还未到 cDNA 的真正末端，就过早脱落，从而形成一些“假全长 cDNA 片段”。而末端转移酶不能区分这些假全长片段与真全长片段，可同时对它们有效地加尾。这样就会导致非全长片段的回收，对脊椎动物基因操作时常遇到这个问题，这些基因通常在 5′末端（G+C）含量十分丰富，使得反转录过早终止。下面将要介绍的新 5′RACE 方法就可以有效解决这个问题。

与经典 5′RACE 引入锚定序列的方式不同，新 RACE 锚定引物序列在反转录之前就通过连接酶连接到了 mRNA 的 5′末端。反转录时，只有那些进行到目的 mRNA 5′末端的反应（即反转录反应通过了被连入的 mRNA 锚定序列的反应），互补锚定序列才会整合进第一链 cDNA 3′端，在以后的 PCR 扩增中，由于以锚定序列作为引物，也只有那些全长的 cDNA 才能被有效扩增。由于新 RACE 引入了连接酶，所以该技术又被称作 RNA 连接酶介导的 RACE（RNA ligase mediated RACE，RLM-RACE）。新 RACE 的设计目的就在于仅扩增全长、加帽的 mRNA。通常，PCR 后它将仅产生单一的条带。

新 RACE 反应可分为五步（见图 2-8）[20]。

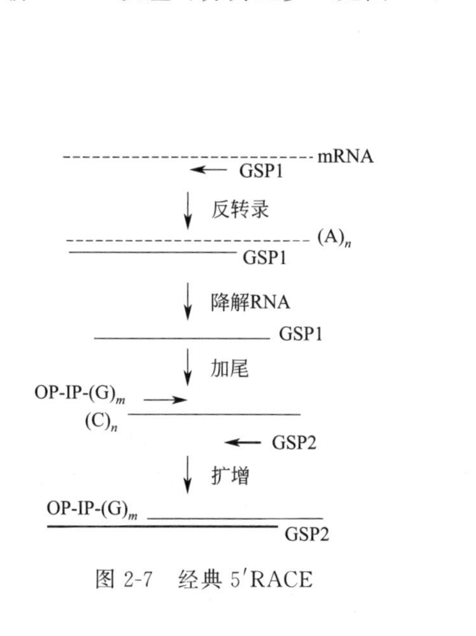

图 2-7　经典 5′RACE

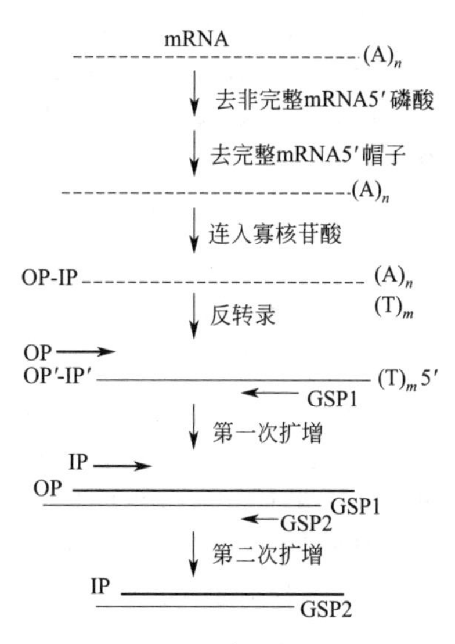

图 2-8　5′新 RACE

OP-IP—寡核苷酸 RNA；OP—外侧引物；IP—内侧引物；$(T)_m$—oligo(dT) 引物

1. 非完整 mRNA 的脱磷酸

用牛小肠碱性磷酸酶（CIAP）对 mRNA 进行处理，以脱掉它们的 5′磷酸基团。反应中全长 mRNA 由于其 5′端有帽子结构的保护作用，而不受任何影响，但末端无帽子结构的 RNA（rRNA 和 tRNA）或 5′端已降解脱帽的 mRNA 将发生脱磷酸化。

2. 完整 mRNA 的脱帽

用烟草酸性焦磷酸酶（TAP）继续处理，让全长的带帽 mRNA 脱帽，使其原被帽子结构保护而保存下来的 5′磷酸基团得以暴露出来。

3. RNA 寡核苷酸的连入

用 T4 RNA 连接酶将此经脱帽处理的 RNA 连接到一段短的具有锚定序列的 RNA 寡核苷酸上，形成全长 mRNA 与寡核苷酸共价相连的杂合体。在第一步中被脱磷酸化的非全长 RNA 分子不能发生反应。

4. 反转录

以 GSP1 为引物，反转录目的 mRNA 产生第一链杂合 cDNA。

5. 两轮 PCR 扩增

利用第一对外侧引物（GSP1 和外侧锚定引物 OP），以第一链 cDNA 为模板，对目的全长第一链杂合 cDNA 进行第一轮的 PCR 扩增。用第二对内侧引物（GSP2 和内侧锚定引物 IP），以第一轮扩增产物为模板，进行巢式 PCR 扩增，以增强其特异性。

新 RACE 方法也适用于合成 cDNA 3′末端，但最初需要以锚定序列作为反转录引物。

三、实验方案

（一） 3′ RACE

1. 试剂

① 5×反转录缓冲液：250mmol/L Tris-HCl（pH8.3），375mmol/L KCl，15mmol/L $MgCl_2$，50mmol/L DTT。

② M-MLV 反转录酶（200U/μL）。

③ RNasin。

④ DTT（0.1mol/L）。

⑤ RNase H。

⑥ *Taq* DNA 聚合酶。

⑦ dNTP 溶液（10mmol/L）。

2. 实验步骤

（1）反转录获得 3′末端 cDNA 库（第一链 cDNA）

① 将 1μL poly(A)$^+$RNA 或总 RNA 与 0.5μL oligo(dT) 锚定引物 AP 混合于一 Ep 管中，并加入 5μL DEPC 水，在 75℃加热 5min，然后置冰上迅速冷却，轻微离心。

② Ep 管中再分别加入：

5×反转录缓冲液	4μL	RNasin(共 10U)	0.25μL
dNTP(10mmol/L)	1μL	M-MLV 反转录酶(200U/μL)	1.0μL
DTT(0.1mol/L)	2μL		

加入 DEPC 水，补充体积至 20μL。

37℃温育 60min。

③ 75℃加热 10min 以失活反转录酶，然后轻微离心。

④ 加入 0.75μL RNase H（1.5U），37℃温育 20min，破坏 RNA 模板。

⑤ 用水（或 TE）将混合物体积补充至 1mL，于 4℃储存（获得 3′末端 cDNA 库）。

（2）3′末端 cDNA 库的两轮扩增

① 在 PCR 管中，依次加入：

10×反应缓冲液	5μL	GSP1 引物	25pmoL
dNTP(10mmol/L)	1μL	OP 引物	25pmoL
cDNA 库稀释液	1μL	DMSO(终浓度为 10%)	5μL

加水补充体积至 45μL。

② 离心混匀上述反应体系，加入 50μL 左右的矿物油，在热循环仪上于 98℃温育 5min 后冷却并保温在 80℃，再加入溶于 5μL 水中的 2.5U *Taq* 酶（具有热盖的热循环仪可省却加矿物油）。

③ 进行 PCR 扩增，一般可进行 30～35 个循环，通常的逐步程序为：

94℃	1min
52～60℃	1min
72℃	3min

最后在 72℃延伸 7min，然后冷却至 4℃。

④ 取第一次扩增产物 1μL，用去离子水（或 TE 液）稀释至 20μL。

⑤ 用引物 GSP2 和 IP，按第一次扩增的 PCR 热循环程序热启动 PCR，扩增 1μL 稀释产物，并用琼脂糖电泳检查扩增结果。

（二） 5′ RACE

1. 试剂

① 10 × CIAP 缓冲液：0.5mol/L Tris-HCl（pH9.3），10mmol/L $MgCl_2$，1mmol/L $ZnCl_2$，10mmol/L 亚精胺。

② 10×T4 RNA 连接酶缓冲液：500mmol/L Tris-HCl（pH 7.8），100mmol/L $MgCl_2$，100mmol/L DTT，10mmol/L ATP。

③ 10×TAP 缓冲液：500mmol/L 乙酸钠（pH6.0），10mmol/L EDTA，1% β-巯基乙醇（β-ME），1% Triton X-100。

④ 牛小肠碱性磷酸酶（CIAP）。

⑤ 蛋白酶 K。

⑥ 烟草酸性焦磷酸酶（TAP）。

⑦ T4 RNA 连接酶。

2. 实验步骤

（1）5′无帽 RNA 的去磷酸化

① 在一 Ep 管中分别加入：

10×CIAP 缓冲液	5μL	CIAP(1U/μL)	3.5μL
DTT(0.1mol/L)	0.5μL	RNA	50μg
RNasin(40U/μL)	1.25μL		

加入 DEPC 水补充至 50μL。

② 37℃温育 1h。

③ 加入终浓度为 5μg/mL 的蛋白酶 K，37℃温育 30min，以降解反应液中的蛋白。

④ 加入等体积的酚-氯仿抽提反应液，连续抽提两次。然后用 1/10 体积的 3mol/L 乙酸钠和 2.5 倍体积的乙醇沉淀 RNA，将 RNA 重悬于 40μL DEPC 水中。

⑤ 取适量重悬液进行琼脂糖凝胶电泳，观察去磷酸化后的 RNA 是否完整。

（2）有帽 mRNA 的去帽反应

① 在剩余的去磷酸化 RNA 重悬液中分别加入：

10×TAP 缓冲液	5μL	100mmol/L ATP	1μL
RNasin(40U/μL)	1.25μL	TAP(5U/μL)	1μL

加 DEPC 水补充至 50μL。

② 37℃温育 1h，然后加 DEPC 水补充至 200μL。

③ 同样用酚-氯仿法抽提，乙醇和乙酸钠沉淀，然后用 40μL DEPC 水悬浮 RNA。

④ 取适量重悬液进行琼脂糖凝胶电泳，观察去磷酸化后的 RNA 是否完整。

（3）脱帽全长 mRNA 与寡核苷酸 RNA 的共价连接

① 在一 Ep 管中分别加入：

10×T4 RNA 连接酶缓冲液	3μL
RNasin(40U/μL)	0.75μL
4μg RNA 寡核苷酸（较靶细胞 RNA 拷贝过量 3～6 倍）	2μL
去帽 RNA(约 10μg)	10μL
T4 RNA 连接酶(20U/μL)	1.5μL

加 DEPC 水补充至 30μL。

② 于 37℃温育 1h。

③ 可使用一些试剂盒产品纯化寡核苷酸-RNA 杂合体，按说明回收，最终用 DEPC 水洗脱，体积应小于 20μL（可根据对大小片段的吸附能力的不同进行分离）。

④ 取适量重悬液跑琼脂糖凝胶电泳，观察连接反应后的 RNA 是否完整。

注：RNA 寡核苷酸制备有两种方法：①利用某些表达载体（如 pT7 载体系列），在 RNA 聚合酶（如 T7、SP6、T3 等）作用下，以引物-模板机制直接合成寡聚 RNA 片段；②直接用化学合成法合成寡聚 RNA 片段[21]。相比之下，化学合成法可以获得更为均一的寡聚 RNA 片段。

（4）反转录获得第一链 cDNA

以 GSP1 作为引物，按获得 3′末端 cDNA 库的操作方法，反转录可产生与寡核苷酸-RNA 共价连接产物相对应的第一链杂合 cDNA，获得 5′末端寡核苷酸-cDNA 库。

（5）扩增

① 以 5′末端寡核苷酸-cDNA 库液 1μL 作为模板，GSP1 和外侧锚定序列 OP 作为引物，按与 3′RACE 第一次扩增相同的实验方案进行操作，可获得第一轮 PCR 扩增产物。

② 将 1μL 第一轮循环扩增产物用水（或 TE 液）稀释至 20μL。

③ 以第一轮循环扩增产物稀释液 1μL 作为模板，GSP2 和内侧锚定序列 IP 作为引物，按与 3′RACE 第二次扩增相同的实验方案进行操作，进行热启动。

3. 经典 5′RACE 的改进方案

某些反转录酶在进行到 RNA 末端时，会表现出末端转移酶的活性而将 3～5 个脱氧核苷酸残基（主要是 dC）添加到第一链 cDNA 的末端，而且只有到达末端时才显示这种活性。有些 5′RACE 试剂盒应用了这一现象，它具有以下优点：①保证了只有被完全反转录的 cDNA 末端才会被加上 poly(dC) 尾巴，从而减少了非全长 5′ cDNA 的生成；②省却了末端转移酶在第一链 5′末端加尾的步骤。如 Clontech 的“SMART™ RACE cDNA Amplification Kit”就是这种试剂盒。

（三） RACE 方案的 PCR 优化

由于 RACE 是一种基于 PCR 技术的实验方法，所以可以通过优化 PCR 来优化 RACE。

在实验中有时会碰到没有扩增产物，或有杂带（甚至弥散）的带型，分析其主要原因有以下几种情况。

无扩增产物或出现弥散条带的原因有：①RNA 提取物中无目的 RNA 片段；②待扩增目的片段过长；③使用了低严紧的 PCR 退火温度。可以通过提高 PCR 的严紧性（即提高退火温度），施行热启动 PCR 及降低镁离子的浓度来增高其特异性以减少弥散带型的产生。对于扩增片段过长的情况可通过使用高延续性高温 DNA 聚合酶得到解决。另外根据长度选择性地回收目的扩增条带，并进行多次巢式引物扩增（最多可进行三次巢式扩增）可以提高扩增的特异性。

复杂带型产生的可能原因有：①RNA 前体具有可变剪切方式；②目的基因隶属于一个多基因家族。可以通过选择更为特异性的引物解决这种问题，但需要获得更多的目的基因的已知序列。

PCR 或反转录条件可以通过设立阳性对照进行摸索，某些试剂盒就提供了这种对照。

四、RACE 的应用

正如本文引言中所述，RACE 由于引入了 PCR 技术，而使其具备灵敏、简便的特征。使用 RACE 技术，可以从有限的已知序列获得完整的目的基因序列，甚至可以获得序列完全未知的目的基因片段。

1. 从有限已知序列获得单个目的基因完整序列

在有些情况下，只能得到所要研究基因的部分序列，如：①由于蛋白质测序非常昂贵，而且一次所测多肽长度有限，经蛋白质测序一般只能获得目的基因蛋白质表达产物的部分氨基酸序列，据此氨基酸序列及物种密码子使用频率可以推测获得一个简并序列；②构建 cDNA 文库时由于反转录酶延续性有限，只得到目的基因的 3′部分序列的克隆；③知道目的基因所隶属的基因家族的共有序列或目的基因在不同物种中进化上的保守区域，例如参与果蝇体节发育的一系列同源异型基因都含有一个被称作同源异型框的高度保守区域。根据这些已知区域可以设计基因特异引物获得目的基因的完整序列。

2. 从有限已知序列同时获得一系列基因完整序列

有些基因可以从不同的起始位点开始转录或其转录物 mRNA 前体有不同的剪接方式，RACE 是研究这些问题的一种方式，通过 5′RACE 可以在一次 RACE 反应中获得目的基因的不同的转录起始方式，通过 RACE 也可以一次性地获得基因不同的剪接体。同样，RACE 还可以实现对含有保守序列的一系列基因的同时扩增，例如，根据 *O*-超家族芋螺毒素（*O*-superfamily conotoxins）都含有保守的信号肽编码保守区，扩增获得了共 8 条新的芋螺毒素编码序列[22]。

3. 利用 RACE 获得序列完全未知序列

可以向完全未知序列引入已知序列片段，然后根据已知序列片段设计特异引物，通过 RACE 可以对引入片段上游或下游的邻近序列进行扩增分析。基因诱捕（gene trapping）就是一种通过诱捕载体随机插入基因组而获得携带突变基因 ES 细胞的基因随机剔除的方法，可以高通量获得基因随机敲除的 ES 细胞，5′RACE 就为最终捕获基因的鉴定提供了一种方法[23]。

五、小结

RACE是一种获得完整cDNA序列的快捷方法，具有以往用cDNA文库获得目的基因编码序列所不具有的很多优点。实验者应根据具体的情况选择自己的引物及扩增延伸方向，并且由于PCR反应条件的可变性，可经过摸索获得自己的最佳实验条件，并注意设立阳性和阴性实验对照。

第四节　连接介导的PCR

一、引言

普通的PCR可以指数级扩增位于两个特定引物杂交位点之间的DNA片段，但是该技术要求知道被扩增基因两端的DNA序列。在分子生物学的研究过程中有时只知道DNA一端的序列，如何对未知一端的DNA进行测序呢？有时需要对体内基因的甲基化图谱进行分析，或者进行DNA印迹分析，选用常规的PCR是达不到此目的的。为解决这些问题，1989年Pfeifer[24]和Mueller等[25]在普通PCR过程中增加了连接的步骤，从而产生了一种新的PCR技术，即连接介导的PCR（ligation-mediated polymerase chain reaction，LM-PCR）。该技术在本质上，只需要一个引物退火位点的特异性，另一个引物是通过连接反应加上去的公共接头。通过接头引物和旁侧的基因特异性引物可以对任何DNA片段进行PCR的指数级扩增。该方法的高选择性和特异性来源于连接步骤和引物的选择。该法也具有高保真性。由于每个DNA片段上都加上一个确定的已知长度的序列，可以完整地扩增一些复杂的DNA群体，使DNA序列分辨率达到单碱基水平。

二、原理

在LM-PCR技术中，首先通过特异的酶或化学方法切割基因组中特定的DNA部位（图2-9）。不同的单链损伤DNA通过基因特异引物1进行退火和延伸，从而得到包括大量一端为平端的DNA片段的测序梯或印迹梯。这些片段的其中一端是由基因特异引物1决定的，所以是一致的，而另一端则由于不同的酶或化学切割部位而不同，每个片段是不一样的。为了将PCR应用至测序梯或印迹梯，这时引入连接步骤，即在特异引物1的上游（在碱基组成不同的那端）加上一个共同的核苷酸序列，即公共接头。然后通过公共接头引物和旁侧的第2个基因特异引物对测序梯或印迹梯进行PCR扩增。为测定这些PCR产物的序列，可将放射性标记的第3个引物掺入到PCR产物中去，对标记样品进行

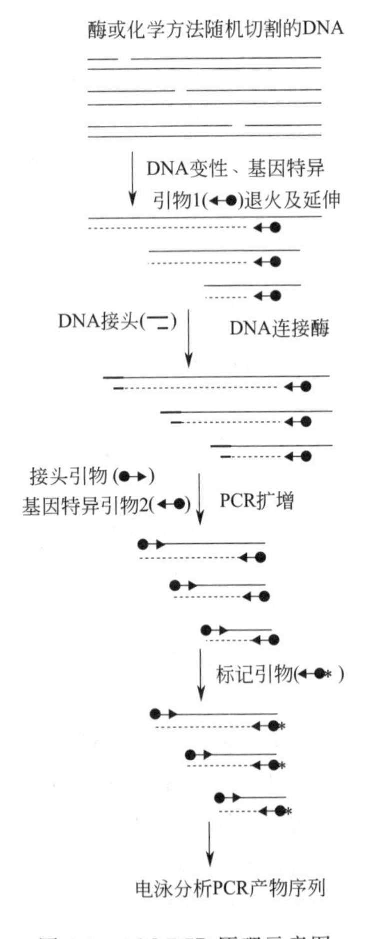

图2-9　LM-PCR原理示意图

变性聚丙烯酰胺测序胶电泳，胶干后，于－70℃对X线片放射自显影2～3d，对结果进行统计学分析。另外，也可用其它方法测定这些PCR产物的序列。

三、材料

(1) 5×第一链缓冲液

200mmol/L NaCl　　25mmol/L $MgSO_4$

50mmol/L Tris-HCl,pH8.9　　0.5g/L 明胶

(2) 连接酶稀释液

110mmol/L Tris-HCl,pH7.5　　50mmol/L DTT

17.5mmol/L $MgCl_2$　　125μg/mL BSA

(3) 连接酶缓冲液

10mmol/L $MgCl_2$　　3mmol/L ATP,pH7.0

20mmol/L DTT　　50μg/mL BSA

(4) 单向接头混合物

20μmol/L 寡聚单链核苷酸1　　250mmol/L Tris-HCl,pH7.7

20μmol/L 寡聚单链核苷酸2

制备混合物之前，应完成以下工作：①在变性聚丙烯酰胺凝胶上纯化寡聚单链核苷酸；②将两种寡聚单链核苷酸与Tris-HCl混合后加热至95℃，5min；③转移至70℃并逐渐冷却1h至室温；④室温1h，然后逐渐冷却至4℃。

(5) 5×扩增缓冲液

200mmol/L NaCl　　0.5g/L 明胶

100mmol/L Tris-HCl,pH8.9　　0.5%(体积分数)Triton X-100

25mmol/L $MgSO_4$

(6) 末端标记混合物

5×扩增缓冲液	1.0μL	H_2O	0.8μL
末端标记引物(1pmol/μL)	2.3μL	*Vent* DNA聚合酶(2U/μL)	0.5μL
25mmol/L dNTP混合物	0.4μL		

(7) *Vent* DNA聚合酶终止液

260mmol/L 乙酸钠,pH7.0　　4mmol/L EDTA,pH8.0

10mmol/L Tris-HCl,pH7.5　　68μg/mL 酵母菌tRNA

临用前配制。

(8) 加样缓冲液

80%去离子甲酰胺　　1mmol/L EDTA

45mmol/L Tris碱　　0.5g/L 溴酚蓝

45mmol/L 硼酸　　0.5g/L 二甲苯青

四、操作步骤[26]

LM-PCR可应用于DNA印迹、甲基化分析等，现举例说明DNA甲基化样品的制备及制备样品的LM-PCR操作步骤。

1. 体内甲基化

将生长至对数生长期的培养细胞（15cm组织培养皿）弃培养液。用37℃预热的PBS轻轻洗涤1次，尽量吸尽PBS。加入25mL含0.1%硫酸二甲酯（DMS）的37℃预热的培养液使之与细胞接触2min（DMS临用前才加至培养液中，DMS的浓度和温育时间可调整，从而得到最适的DMS的DNA足迹），之后吸尽0.1% DMS的培养液。轻轻加入PBS 25mL，轻轻洗涤，共3次，每次PBS在细胞上应停留30s左右。尽量吸尽PBS，然后加入1.5mL细胞裂解液［300mmol/L NaCl；50mmol/L Tris-HCl，pH8.0；25mmol/L EDTA，pH8.0；2g/L SDS（新鲜配制，临用前加）；0.2mg/mL蛋白酶K（新鲜配制，临用前加）］。轻轻摇动使裂解液与细胞充分接触。用一次性细胞刮子将细胞裂解物刮下，用吸管尽可能将裂解物全部转移至1个1.5mL聚丙烯管中，细胞裂解物在37℃温育3～5h，每隔30～60min混合一次。在温育过程中，蛋白酶K消化细胞蛋白质。温育结束后，样品可在－20℃长期保存，在使用之前应先融化并暖至室温。

2. 基因组DNA的提取

体内甲基化细胞和未经甲基化试剂处理的对照细胞基因组DNA的提取按常规方法进行。蛋白酶K消化后，饱和酚抽提两次，酚-氯仿-异戊醇抽提两次，氯仿-异戊醇抽提1次，乙醇沉淀DNA，样品溶于TE（pH8.0）中，紫外分光光度法定量，调整终浓度为1μg/μL。

3. 体外甲基化

将约75～175μg上述未经甲基化试剂处理的对照细胞基因组DNA加至一个硅化的1.5mL离心管中，加入TE缓冲液至175μL，再加入25μL 1% DMS溶液（DMS应试几个不同的浓度以确定与用于步骤4的体内条件最为匹配的条件），轻轻颠倒25s充分混匀。稍加离心，室温下温育2min，然后加入50μL冰冷的DMS终止缓冲液（1.5mol/L乙酸钠，pH7.0；1.0mol/L β-ME。过滤除菌，然后加入tRNA至终浓度100μg/mL）。立即加入750μL 4℃的无水乙醇，剧烈振动使其混合，将离心管插入碎干冰中，让样品在干冰上放置30min，按常规方法沉淀DNA，样品溶于TE（pH8.0）中。

4. 碱基特异裂解

利用只有甲基化的DNA才被烷化剂裂解的特点，制备用于LM-PCR的样品。向体内甲基化和体外甲基化的两种沉淀DNA样品中加入1mL 75%乙醇，在旋涡混合器上稍加振荡直至沉淀离开管壁。10000r/min，4℃离心10min，弃上清。往每种DNA沉淀中加入200μL 1mol/L哌啶，室温下温育以重溶DNA。仔细观察样品，以确定DNA已完全溶解，没有溶解的DNA在1mol/L的哌啶中将会形成清晰的漂浮状的小水珠（小心，应在通风橱中分装吸取哌啶）。当沉淀完全溶解，稍加离心。扣上管扣，在通风橱中90℃加热30min（使基因组DNA在甲基化的鸟嘌呤处断裂，使DNA变性并破坏污染的RNA）。稍加离心，打开管扣，置样品于干冰上冷却10min，用真空旋转蒸发器在室温下蒸发1～2h，除去哌啶。用360μL pH7.5的TE缓冲液重悬。加入40μL 3mol/L pH7.0的乙酸钠，振荡混匀；加入1mL 4℃的无水乙醇，振荡混匀，－20℃放置至少2h。样品于4℃、10000r/min离心15min，弃上清。以上沉淀用500μL pH7.5的TE缓冲液重悬，加入170μL 8mol/L乙酸铵，振荡混匀，加入670μL异丙醇，振荡混匀，－20℃放置至少24h以上。样品4℃、10000r/min离心

15min，弃上清，加入 500μL 75%乙醇，振荡混匀，样品 4℃、10000r/min 离心 15min，弃上清，并吸去残余的痕量乙醇。沉淀用 50μL 水重悬，然后在蒸发器中干燥 1h。用 TE 缓冲液重新溶解沉淀，使 DNA 终浓度为 1μg/μL。样品在室温离心 10min，将上清转移至一个新的经硅化的 1.5mL 离心管中，如有胶状沉淀弃之。对 DNA 进行定量，并用 pH7.5 的 TE 缓冲液将浓度调整至 0.4μg/μL，此时的样品可用于连接介导 PCR。

5. 连接介导的 PCR

① G-残基裂解的基因组 DNA 用作第一链合成的模板，基因特异引物 1 经退火及延伸合成一端为平端的 DNA 分子，按下列反应体系进行反应。

5×第一链缓冲液	6.0μL	*Vent* DNA 聚合酶(2U/μL)	0.25μL
1pmol/μL 寡核苷酸引物 1	0.3μL	碱基特异裂解的基因组 DNA (0.4μg/μL)	5.0μL
25mmol/L dNTP 混合物	0.24μL		

加无菌水至反应体积为 30μL。

用移液器将上述反应液轻轻混匀，再置于冰水浴中，样品管加上管扣以防在加热变性时管子裂开。DNA 在 95℃变性 5min，引物在 60℃退火 30min，然后 76℃延伸 10min，从而得到一个用于以后连接反应的平端。

② 按下列反应体系进行 DNA 分子平端与公共接头连接。

步骤①合成的平端 DNA	30μL	20μmol/L 单向接头混合物	5.0μL
连接酶稀释液	20μL	T4 DNA 连接酶(3U/μL)	1.0μL
连接酶缓冲液	25μL		

加无菌水至反应体积为 100μL。

③ 将②中连接产物按常规方法进行浓缩后再溶解于 70μL 去离子水中，按下列反应体系，以基因特异引物 2 和接头引物对序列梯进行 PCR 扩增。

连接产物	70μL	基因特异引物 2(10pmol/μL)	1.0μL
5×扩增缓冲液	20μL	25mmol/L dNTP 混合物	0.8μL
接头引物(10pmol/μL)	1.0μL	*Vent* DNA 聚合酶	1U

加无菌水至反应体积为 100μL。

用移液器小心混匀上述反应体系，4℃稍加离心，进行 18 个 PCR 循环。先变性应为 95℃、3～4min，随后的变性反应可为 1min；引物退火温度应高于 T_m 值 0～2℃（如果引物 2 和接头引物 T_m 不同，取较低的 T_m 值），退火 2min；76℃延伸 3min（最后一次循环延伸 10min）。反应毕，将样品置于冰水浴，4℃稍离心。

④ 利用 PCR 按下列反应体系对上述产物进行放射性标记。

末端标记混合物	5μL	步骤③所有扩增反应产物	100μL

上述反应混合物进行两轮 PCR 以标记 DNA，第 1 轮变性反应为 95℃、3～4min，第 2 轮变性为 95℃ 1min。末端标记引物的退火温度应高于其计算的 T_m 值 0～2℃，退火 2min；76℃延伸 10min。当第 2 轮延伸反应结束时，将样品置于冰水浴，然后转移至室温，迅速加入 295μL *Vent* DNA 聚合酶终止液，振荡混合，稍加离心，以收集粘于管壁和顶部的放射性液滴。加入 500μL 酚-氯仿-异戊醇，振荡混合均匀，室温离心 3～5min，将上层水相（约 400μL，避免混入界面物质）转移到一个干净的经硅化的 1.5mL 微量离心管中，稍加离心以收集管壁液滴。在每 94μL 水相中加入 235μL 无水乙醇，充分混匀，−20℃至少放置 2h，4℃离心 15min。用 75%乙醇

洗涤沉淀，沉淀干燥后用 7μL 加样缓冲液溶解。

⑤ 测序电泳。将上述样品在 85～90℃变性 5min 后，全部样品上样于 6%变性聚丙烯酰胺测序凝胶中进行电泳，35W，电泳 3h。干胶后，于－70℃对 X 线片放射自显影 2～3d（因为加入了接头，序列梯应比原始的足迹或测序物长）。

⑥ 结果统计。将干燥过的凝胶对 X 线片进行曝光，并对各个区带进行扫描定量，然后通过比较某一区带与体外甲基化的对照 DNA 的对应区带的强度来计算各个残基的相对反应性。将体外对照的强度定为 100%，同对照相比，如果某个碱基的反应强度差别界于±10%，认为两者间没有差别；差别为±10%至±40%间，认为有保护或反应增强；差别大于±40%的，认为有强保护或反应性高度增强。

五、注意事项

在 LM-PCR 方法中为了保证特异的、保真性高的结果的获得，每一步操作均应严格仔细，因为它是由众多步骤组合而成。在这些步骤中引物延伸和 PCR 指数扩增步骤尤其重要，因为它们是获得被分析 DNA 最初断裂位点分布的放射自显影条带的关键步骤。例如，如果所有单链 DNA 分子在同一核苷酸位置处有单链 DNA 断裂点(SSB)，或在引物延伸时未达到终点位置，相应的条带在放射自显影时将很弱或丢失。这里提出以下几点注意事项。

1. 引物的位置及纯度

在 LM-PCR 中，在基因的一侧共设计了三条引物，即基因特异引物 1、基因特异引物 2、末端标记引物 3，而引物间的相对位置非常重要，引物 2 须在引物 1 的 3′端，引物 3 又须在引物 2 的 3′端，且引物 2 必须与引物 3 重叠，相互重叠的引物可明显降低背景。此外，高纯度的引物是 LM-PCR 成功的前提。经过 HPLC 纯化的引物，仍要经 PAGE 胶纯化，以获得高纯度的引物。

2. 接头的稳定性

接头提供一个共同的序列，这样只需要知道基因一侧的序列，即可特异扩增基因，这是 LM-PCR 最有特色之处。由于该接头极不稳定，即使在室温下，也可降解。故在连接过程中，所有的操作须在 4℃低温下进行。

3. DNA 聚合酶的选择

为了获得最佳的结果，引物延伸时 DNA 聚合酶应满足以下几点。①具有耐热性；②无任何末端转移酶活性；③富含 GC 的 DNA 模板一样可进行；④能处理 DNA 特殊的二级结构。Angers 等将 *Taq* DNA 聚合酶应用到 PCR 指数扩增步骤中，比较了在引物延伸步骤中 *Pfu* exo$^-$ 和 Sequenase 2.0 的效率。结果 Sequenase 2.0 延伸得到的条带的一致性比 *Pfu* exo$^-$ 的差，在鸟嘌呤碱基处更是如此。结果提示 *Pfu* exo$^-$ 能对不同组成的 DNA 序列链进行有效延伸，得到有可连接末端的 DNA 分子。对于 *Pfu* exo$^-$ 而言，1U 的酶与 0.8μg DNA 的组合反应可产生理想的条带亮度，1.5U 酶与 1.6～2.4μg DNA 的组合也产生理想的条带。Garrity 等[27] 的研究显示，*Vent* DNA 聚合酶能产生正确的基因特异引物 1 介导的平端延伸产物，效率比 *Taq* DNA 聚合酶或改进的 T_7 DNA 聚合酶高，从而使 LM-PCR 在甲基化分析、体内 DNA 印迹、基因测序方面得到改善，因为其使所有条带呈现更强的亮度，使以前不易显示的部位呈现，减少伪带的出现。

4. 对于富含 GC 序列进行扩增时盐的控制

盐对于不常见的 DNA 二级结构起稳定作用。KCl 比 NaCl 更易于稳定 DNA 二级结构，不利于 PCR 扩增。Angers 等[28] 研究表明引物延伸时用 *Pfu* exo⁻ 酶，PCR 扩增用 *Taq* 酶，采用含 NaCl 的缓冲液，产生的结果最好，对于 DMS 处理的 DNA 尤其如此。*FMR1* 基因的第一外显子是富含 GC 的 DNA，其中 CGG 的重复子超过 250 个，这些特殊的 DNA 序列构成了复杂的体外二级结构。如果 DNA 聚合酶对这些结构不能予以处理，则 DNA 聚合酶延伸时生成较短的产物。通过调整 PCR 条件及 DNA 聚合酶缓冲液，如用含 NaCl 的缓冲液替代含 KCl 的缓冲液，可以提高 DNA 聚合酶对这些富含 GC 序列的扩增效率。

5. 断裂步骤对 LM-PCR 的影响

同样的 DNA 序列采用不同的断裂方法可影响到 LM-PCR 的引物延伸及 PCR 扩增。DNA 的处理方式至少可分为以下 4 类：①用热哌啶处理的高断裂频率（>1 断裂处/kb）；②用热哌啶处理的低断裂频率（<1 断裂处/kb）；③用酶处理的高断裂频率（>1 断裂处/kb）；④用酶处理的低断裂频率（<1 裂解处/kb）。在这些情况下，不同的 DNA 聚合酶在引物延伸及 PCR 扩增中的效率不一（表 2-1）。

表 2-1　不同的断裂频率下引物延伸及 PCR 扩增效率比较

DNA 聚合酶	哌啶处理		酶处理	
	高断裂频率	低断裂频率	高断裂频率	低断裂频率
Sequenase 2.0 用于引物延伸	+++	++	++	+
Pfu exo⁻ 酶用于引物延伸	+++	+++	+++	+++
Pfu exo⁻ 酶用于 PCR 扩增	++	++	++	+++
Taq 酶用于 PCR 扩增	+++	+++	+++	+++

注："+"表示好，"++"表示很好，"+++"表示非常好。

六、应用

至今为止，只有很少几种方法可定量地从单个核苷酸部位处显示 DNA 的损伤和染色质的结构。LM-PCR 就是其中一种，它是以常规 PCR 为基础分析这些结构的新的分子生物学方法。因为它结合了核苷酸水平的定位和 PCR 的敏感性，所以被广泛应用于基因甲基化图谱分析、氧化损伤图谱分析、DNA 印迹（DNA-蛋白质间相互作用）等的研究。

1. DNA 附加物分析

LM-PCR 方法首先要对待试的基因组 DNA 进行碱基的特异裂解。只要能在 DNA 链上带附加物的残基处特异地断裂，转变为带磷酸的 5′端单链，就可以采用 LM-PCR 法进行检测。目前开展比较多的检测包括如下几个方面。

（1）紫外线对 DNA 损伤的检测　Pfeifer 等[29] 利用 LM-PCR 在 DNA 水平分析了紫外光产物在人类特异基因上的分布和修复，检测了（6-4）光产物和环丁烷嘧啶二聚体。在检测紫外线对 DNA 的损伤中，LM-PCR 的敏感性较高，即使在 254nm 波长紫外线下剂量只有 10～20J/m^2 时，也可检测到环丁烷嘧啶二聚体修复情况。

（2）PAH 附加物检测　Tang 等[30] 采用多环芳烃（PAH）的 DNA 结合代谢物如苯并二醇环氧化物（BPDE）处理 DNA 或细胞，然后用大肠杆菌来源的 UvrABC 核酸酶复合物对 DNA 的碱基修饰处进行裂解。UvrABC 核酸酶可切开不能被 BPDE

修饰的嘌呤 5′端 6～7 个碱基，3′端 4 个碱基。在这种情况下，可定量 UvrABC 核酸酶对 BPDE-DNA 附加物的裂解。结果证实了 UvrABC 切割方法可用于分析 BPDE 对 DNA 序列结合的特异性。由于 UvrABC 核酸酶在 BPDE-DNA 附加物上的切割是位置特异的（如在附加物 3′端的 4 个碱基处），LM-PCR 法可在核苷酸水平上检测 BPDE 附加物的分布。

（3）DNA 其它附加物的检测　只要能从 DNA 附加物处将 DNA 链裂解开，就可以采用 LM-PCR 进行检测，表 2-2 列出了用 LM-PCR 检测过的各种 DNA 附加物。

表 2-2　可用 LM-PCR 检测的 DNA 附加物

附加物类型	裂解方法
环丁烷嘧啶二聚体	T4 核酸内切酶
(6-4)光产物	热哌啶
7-烷基鸟嘌呤	热裂解、碱
黄曲霉毒素 B1-N7-鸟嘌呤	热哌啶，大肠杆菌 UvrABC
3-烷基腺嘌呤，7-烷基鸟嘌呤	DNA 糖苷酶
其它附加物（即多环芳烃、杂环胺等）	大肠杆菌 UvrABC

2. DNA 氧化损伤检测

氧反应族（ROS）常引起几类不同的 DNA 损伤，包括单链断裂、双链断裂、碱基修饰和 DNA-蛋白质交联等。这些损伤形式具有重要的病理学意义，因为许多情况下，ROS 所致的碱基修饰是一种突变前状态，ROS 引起的 DNA 损伤已被证明与癌症和衰老有关。

过渡金属离子催化的过氧化还原反应已被作为有用的 ROS 损伤反应模型。在体内外由 Fe(Ⅱ) 或 Cu(Ⅰ) 引起的过氧化还原反应导致损伤的 DNA 碱基可通过多种技术方法进行定量分析，包括气相色谱、质谱、光谱或液相色谱分析等。这些技术可显示 ROS 引起的碱基修饰的类型和数量，但是不能显示它们在 DNA 序列中的分布。而 LM-PCR 是一种非常敏感的技术，故可在核苷酸水平检测 DNA 的断裂频率，即使在 DNA 上存在的断裂极少。

Cu(Ⅱ)/H_2O_2 介导的 DNA 氧化损伤被认为是通过与体内或体外的 DNA 形成 Cu(Ⅰ)-DNA-H_2O_2 复合物而实现的。动力学分析、抑制剂研究和 Cu 离子介导的对放射性同位素标记的小分子 DNA 的裂解研究等表明，Cu(Ⅰ)-DNA-H_2O_2 反应复合物引起位置特异的 DNA 氧化损伤。Rodriguez[31] 等选择两种能识别和裂解 DNA 氧化碱基的 Nth 和 Fpg 蛋白酶，采用 LM-PCR 方法检测了体内外 Cu/H_2O_2 引起的对男性成纤维细胞 *PGK-1* 基因处的 DNA 损伤。结果显示，Cu/H_2O_2 引起的基因组 DNA 损伤不是随机的，而表现为明显的序列依赖性。Cu 离子在 PGK-1 引起的氧化还原反应分布在该基因的启动子和第一个外显子处。

刘力等[32] 采用 LM-PCR，在大鼠肝细胞株 BRL-3A 暴露于 H_2O_2 形成氧化损伤后，研究了线粒体 DNA 常见断裂区段（8071～8190）内各核苷酸氧化损伤的频率及热点。结果表明，该区段存在 8181G 和 8182G 两个明显的氧化损伤热点，8108C 及 8096～8101 间也有明显损伤。

3. DNA 印迹分析

LM-PCR 法已成功地应用于 DNA 印迹研究中。体内 DNA 印迹法是研究真核基因表达调控机制中唯一能揭示体内真实存在的蛋白质和 DNA 相互作用的方法。DNA

印迹的原理是利用体内 DNA 与纯化的 DNA 在 DNA 修饰剂（如硫酸二甲酯、紫外线、DNA 酶Ⅰ）的作用下，局部反应性存在着差异的特点。例如在体内情况下，DNA 与蛋白质结合后常可改变 DMS 对 DNA 链上 A-残基和 G-残基的接触，而相应的纯化 DNA 是去除了蛋白质的，因此 DMS 对裸露的基因组 DNA 的 A-残基和 G-残基可产生甲基化损伤。然后用哌啶对上述两种 DNA 作用产物在甲基化的 A-残基、G-残基处进行定量裂解。通过对 LM-PCR 终产物的对比分析，可推断该部位是否有 DNA-蛋白质作用的存在。

如上所述，DNA 印迹最常分析的是 G-残基的反应性，DMS 甲基化 G-残基能力大于其甲基化 A-残基的能力，而且用吡啶进行裂解反应时，G-残基的反应性也强于 A-残基。G-残基常位于双链 DNA 的大沟中，常处于多数蛋白因子的结合基序中。在实际应用中，以 G-残基裂解为基础的 G-LM-PCR DNA 印迹通常能满足多数实验的要求。但对于某些特殊区域（如 G-残基含量较低或不含 G-残基的区域），G-LM-PCR DNA 印迹就显得力不从心。

Strauss 等[33] 应用 A＋G-LM-PCR DNA 印迹，便能够研究 G-残基含量较低或不含 G-残基区域上的 DNA-蛋白质间的相互作用。而且 A＋G-LM-PCR DNA 印迹的应用使原来只由 G-残基提供的信息改由 A-残基和 G-残基提供，显然扩大了信息量。Strauss 等应用该方法，对比研究了体内及体外红细胞内人珠蛋白位点控制区（locus control region，LCR）的 DNA 印迹。

纪新军等[34] 应用 LM-PCR 研究了 MEL 细胞诱导前后细胞中 β-珠蛋白基因簇中高敏位点 2 和 βmaj 启动子上 DNA-蛋白质间的相互作用。首先培养 MEL 细胞并用 DMSO 和 Hemin 诱导分化，用 DMS 对活细胞进行体内甲基化处理，化学法裂解后，进行体内足迹研究。结果表明，在 MEL 细胞诱导前后，β-珠蛋白位点控制区高敏位点 2 和 βmaj 启动子上 DNA-蛋白质间的相互作用状况都有明显改变。

4. 基因甲基化图谱分析

C_pG 二核苷酸在许多脊椎动物基因关键区域的甲基化可能部分构成了基因沉默的原因，与细胞分化、X 染色体的失活和基因印刻（imprinting）有关。DNA 甲基化改变发生于多种人类恶性肿瘤的发生、发展过程中。因此 DNA 甲基化在生物体内具有重要的生物学意义。常应用甲基化敏感的限制性核酸内切酶来测定体内甲基化图谱，但是该法只能分析所有 C_pG 二核苷酸中的一小部分。另一种甲基化分析方法是基因组测序，该法可保留在克隆过程中常被丢失的信息，如定位 5-甲基胞嘧啶和 DNA-蛋白质间的相互作用，但该法需要大量的放射性活性，并且要求较长的放射自显影时间。引物延伸法可使基因组测序变得简单，但它需要特别制备很高放射活性标记的引物，并且每个测序泳道需要多达 50μg DNA。而 LM-PCR 用于 DNA 甲基化分析克服了上述方法的缺点，使对甲基化检测的敏感性提高数百倍。该法同时使用甲基化敏感和不敏感的限制性内切酶裂解 DNA，使用基因特异的寡核苷酸特异引物进行延伸，之后连接接头，进行常规 PCR 扩增。Sleigerwald 等[35] 用该法，只需要 100 个细胞的 DNA（约 0.6ng）即可对 X-连锁的 C_pG 岛的甲基化进行定量分析，用 50ng DNA 达到了定量分析水平。结果显示，在女性血液来源的 DNA 中，人类磷酸甘油激酶基因（*PGK-1*）的主要转录开始部位下游 23bp 处甲基化程度为 52%，而在男性血液或 Hela 细胞来源的 DNA 中，未甲基化水平达 98%。Pfeifer 等[24] 采用 LM-

PCR 检测到人无活性状态的 X 染色体上的 *PGK-1* 基因的5′端17个 C_pG 二核苷酸被甲基化，而在活化的 X 染色体上的相应位置未被甲基化。

七、小结

LM-PCR 于1989年首先由 Pfeifer 和 Mueller 等创立。该技术在本质上，只需要一个引物退火位点的特异性，另一个引物是通过连接反应加上去的公共接头。通过接头引物和旁侧的基因特异性引物可以对任何 DNA 片段进行 PCR 扩增。该法具有高效、灵敏、特异等特点，经过十余年的发展，已广泛应用于 DNA 体内印迹、基因甲基化图谱分析、DNA 损伤检测及 DNA 未知突变的筛选[36] 等方面。但 LM-PCR 也有其局限性：①只直接检测 DNA 的缺口或断裂处，故需要酶或化学方法处理，在碱基修饰位点人为把 DNA 链切断；②模板 DNA 分子的5′端必须被磷酸化（或可磷酸化）并具有可连接性，因为引物延伸后必须对平端进行连接；③只有在引物延伸进行到了模板链的末端，才能使之参与平端连接，所以过早终止延伸的分子在 LM-PCR 中检测不到。由此可见，LM-PCR 在以后的应用中，进一步优化其反应条件及实验设计，将会使其应用更加广泛和有效。

第五节　Bubble-PCR

一、引言

在获得与已知序列相邻的未知序列时常用的技术策略中，外源接头介导的 PCR 即连接介导的 PCR 是一个非常重要的方面，得到了广泛的应用[37,38]。这类方法的第一步都是酶切基因组 DNA，连接至载体或接头。用常规方法进行连接介导的 PCR，得到的产物往往是一个带有确定的已知序列的复杂的 DNA 群体，不能够很特异地只扩增出单一的目标条带，因此人们就对这一方法进行了改进，衍生出新的 PCR 方法[39,40]。而这其中的一种方法就是由一段不配对的序列形成一个“泡”型接头，所以这种 PCR 也称 Bubble-PCR。这种方法使 PCR 反应有很高的特异性，避免了其它副产物的产生。

二、原理

Bubble-PCR 又称为 Vectorette-PCR[41]，其中 Bubble 接头以及相应的 Bubble-PCR 的原理分别见图2-10和图2-11。进行 Bubble-PCR 时，首先选择一种限制酶对基因组 DNA 进行酶切，得到5′突出末端的 DNA 片段（基因组用 *Bam* H Ⅰ 酶切消化，得到带有 GTAC 黏末端的片段）。然后利用两条不完全互补的 DNA 退火形成一个“Bubble”型的接头（图2-10中所示），接头的一端带有上述限制性内切酶的切点，并进行相应的酶切处理后（或者在设计时根据理论酶切的结果进行设计，两条部分互补的寡核苷酸链之间退火形成双链时一端直接产生黏性末端）与酶切好的基因组 DNA 连接，这样在其两端连接上一种特殊构造的接头。这种接头中间接的未知序列可以使用一条已知序列上的

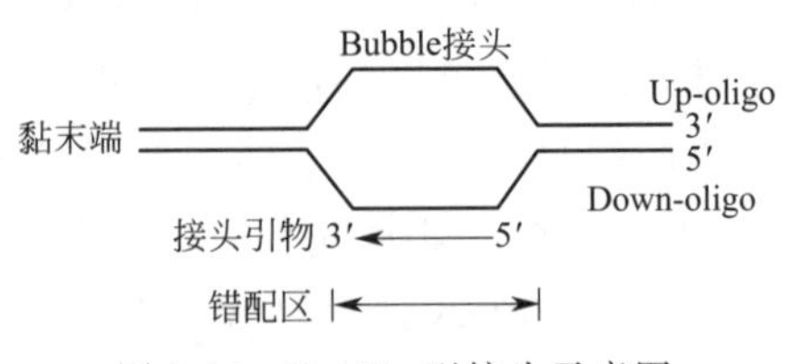

图2-10　Bubble 型接头示意图

特异引物加上 Bubble 接头处的一条接头引物扩增得到。由于只有用特异引物引导合成接头的互补序列后，接头引物才能退火参与扩增，也就是说接头引物只能够参与第二轮的 PCR 反应（图中不能进行 PCR 反应的引物组合未标注），所以可以很大程度地避免接头引物的单引物扩增，产物仅为目标片段。另外，如果是接头自连的话，用上述引物也同样不能够扩增出条带。

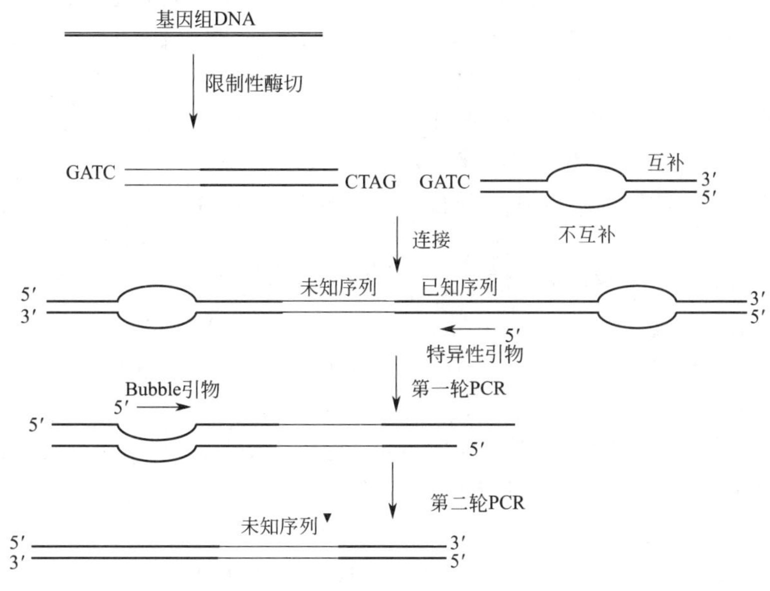

图 2-11　Bubble-PCR 原理示意图

三、材料与方法

1. 材料

目标基因组 DNA，“Bubble”型接头，限制性内切酶，高浓度 T4 DNA 连接酶，10×T4 DNA 连接酶缓冲液，DNA 聚合酶，10×DNA 聚合酶缓冲液，dNTP 混合物等常规 PCR 试剂。

2. 方法

① 获得纯化的基因组 DNA。

一般根据不同材料选择不同的试剂盒进行实验，具体可参见相应的说明书和参考文献。

② 双链的“Bubble”型接头的设计。

“Bubble”型接头通常有一段中间不互补而形成“Bubble”的双链 DNA，其中接头的一端带有特定的黏末端。下面以一个黏末端与 *Bam* H Ⅰ 酶切得到的基因组片段互补的“Bubble”为例来说明这一问题，具体设计如下：

Up-oligo：

5′-GATC

CTCTCCCTTCTCGAATCGTAACCGTTCGTACGAGAATCGCTGTCCTCTCCTTC-3′

Down-oligo：

3′-GAGAGGGAAGAGAGCAGGCAAGGAATGGAAGCTGTCTGTCGCAGGAGAGGAAG-5′

其中只有带下划线的碱基完全互补，另外其中一条的5′端带有GATC，可与*Bam*HⅠ酶切后产生的片段进行连接。这样的两条寡核苷酸链在与含有Mg^{2+}的TE缓冲液混合后（接头DNA链的终浓度一般为1μmol/L）煮10min（或65℃加热10min），自然冷却到室温，就可以得到一个较为理想的双链Bubble-PCR接头，可用于下一步的连接实验。接头可在2%的琼脂糖凝胶中进行电泳分析。在这一步实验中，Mg^{2+}可以起到稳定双链DNA的作用，其终浓度一般为1mmol/L。

③ 利用相关的内切酶对基因组进行酶切处理，得到带有黏末端的DNA片段。

在对基因组DNA进行酶切处理时，为了使样品被充分消化，也可用几种同尾酶进行酶切处理。如*Bam*HⅠ、*Bgl*Ⅱ和*Bcl*Ⅰ等酶可以同时用来对目标样品进行酶切处理，具体的酶切条件按照厂商推荐的条件进行。

④ 酶切过的基因组DNA片段和接头用T4 DNA聚合酶进行连接，得到带有接头的片段。

连接反应可以参考下面的体系（300μL体系）来进行：

消化后的基因组DNA片段(0.5μg/μL)	40μL	10×T4 DNA连接酶缓冲液	30μL
Bubble接头(1μmol/L)	20μL	T4 DNA连接酶(40U/μL)	2μL
		去离子水	208μL

具体的连接反应条件则根据连接酶的不同，选择其最佳反应条件进行相关的实验。

⑤ 以上述连接产物为模板进行PCR反应。

50μL体系中包括：

10×缓冲液	5μL	接头引物(100μmol/L)	2μL
dNTP(2.5mmol/L)	5μL	特异性引物(100μmol/L)	2μL
连接产物1μmol/L	5μL	高保真DNA聚合酶	5U

加无菌水到50μL。

反应条件：

95℃预变性7min；90℃变性1min，50～60℃退火1min，72℃延伸1min，共做30个循环；最后，72℃延伸10min。

利用Bubble-PCR进行目标片段的扩增，其引物设计是一个非常关键的因素。一般情况下，其中一个引物为根据已知序列设计的特异性引物，这一引物往往选取已知序列的相对保守部位进行设计，而另外一个引物则是根据“Bubble”的中间部分进行设计。另外PCR过程中的延伸时间，则是根据基因组DNA被消化后片段的大小及聚合酶的扩增效率共同来确定；高保真DNA聚合酶的选用也应该参考片段的大小来确定，以保证能够高效地得到目标DNA片段。

四、注意事项

① 基因组样品最好能用蛋白酶K进行处理，然后再用酚-氯仿进行抽提并用无水乙醇沉淀。

② 如果扩增的片段较长，最好选用能够高保真地扩增长片段的DNA聚合酶。

③ 以连接产物进行PCR反应时，应选择热启动DNA聚合酶，这样能够在很大程度上减少非特异性的扩增，此时进行PCR反应时，预变性时间适当延长，充分激活热启动DNA聚合酶。

④ 接头和基因组片段的比例要合适，使片段能够充分地与接头连接。

五、应用

1. Bubble-PCR 用于快速分离酵母人工染色体的末端序列

Riley J 等[41] 利用 Bubble-PCR 分离了酵母人工染色体（YAC）的末端序列。具体而言，首先将酵母人工染色体用一系列内切酶进行酶切处理，然后与设计好的 Bubble 接头连接，再用载体特异性引物及接头引物进行 PCR 扩增，这样得到的片段就含有酵母人工染色体的末端序列。结合 DNA 测序技术，就可以用于相应基因组序列的重叠和拼接，进而实现对基因组片段进行完整的序列分析。

2. Bubble-PCR 用于染色体步移实验

染色体步移技术是一项重要的分子生物学研究技术，常用来获得与已知序列相邻的未知序列，用于内含子 DNA 的鉴定等。Arnold 等[42] 成功地将 Bubble-PCR 应用于染色体步移实验，轻松地获得了目标序列，用于下一步的测序等分析鉴定。同样，用这一方法，研究者获得了 HIV 病毒内含子的完整序列[43]。

3. Bubble-PCR 用于扩增散在重复序列的侧翼序列

在具体的应用过程中，Bubble-PCR 还可以根据基因组的某些特征性的序列来扩增未知的序列，如依据基因组中的散在重复序列（interspersed repetitive sequence，IRS）设计 IRS-Bubble-PCR 来扩增 IRS 序列的侧翼序列。Munroe[44] 利用 IRS-Bubble-PCR 技术，成功地从多种模板中进行了未知序列的扩增。具体而言，首先利用内切酶对模板 DNA 进行酶切处理，然后连接上特定的“Bubble”，再根据“Bubble”和特定的 IRS 序列设计引物来进行扩增，这样就可以得到 IRS 序列和“Bubble”之间的 DNA。这一技术对于分析大片段 DNA 序列有着重要的意义，它可以很好地确定那些 IRS 序列之间的 DNA。

4. 特定基因的融合基因的捕获

临床上在对某些疾病的研究中发现，疾病往往与染色体上一些特定基因的融合基因的突变有关。因此精确地定位和分析这些突变对于疾病的诊断有着重要意义。而 Bubble-PCR 技术则正好可以满足这一实验的要求。例如 Chinen 等[45] 利用 Bubble-PCR 技术，对急性 T 细胞白血病相关基因 *LAF4* 进行了定位，证明其位于染色体 2q11. 2～12 位置，与 *AML1* 基因融合表达。这样，通过对相关的 PCR 产物进行序列分析，进而对此基因与该疾病的相关性做出判断，能够为疾病的诊断提供必要的手段。

六、小结

Bubble-PCR 技术作为一种能够扩增未知 DNA 片段的方法，在基因组分析等领域日益显现出的其突出优点，成为人们在进行染色体步移等实验中常用的实验手段。另外结合其它的 PCR 相关技术还衍生出一系列相关的实验方法，如长距离 Bubble-PCR（long distance Bubble PCR）和上文中提到的 IRS-Bubble-PCR 等，而这些方法也广泛应用于基因序列的分析研究中，特别是在一些未知基因引起的遗传性疾病的相关研究中有着不可替代的作用。

参考文献

[1] Triglia T, Peterson M G, Kemp D J. A procedure for in vitro amplification of DNA segments that lie

outside the boundaries of known sequences. Nuclelc Acids res，1988，16（16）：8186.

[2] Ochman H，Gerber A S，Hartl D L. Genetic applications of an inverse polymerase chain reaction. Gentics，1988，120（3）：621-623.

[3] Triglia T. Methods in molecular biology，vol 130：Transcription factor protocols，edited by Tymms MJ. Humana Press Inc.，Totowa，NJ，2000：79.

[4] Sambrook J and Russel D W. Molecular cloning：a laboratory manual，3rd ed. Cold Spring Harbor laboratory Press. 2001，8. 81.

[5] Gama L，et al. Methods in molecular biology，vol 182：In vitro mutagenesis protocols，2nd ed. Edited by Braman J. Humana Press Inc.，Totowa，NJ，2002：77.

[6] Lewis FA，et al. Methods in molecular biology，vol 182：In vitro mutagenesis protocols，2nd ed. Edited by Braman J. Humana Press Inc.，Totowa，NJ，2002：173.

[7] Offringa R，et al. Methods in molecular biology，vol 49：Plant gene transfer and expression protocols. Edited by Jones H. Humana Press Inc.，Totowa，NJ，1995：181.

[8] Garces JA，et al. Methods in molecular bliology，vol 161：Cytoskeleton methods and protocols. Edited by Gavin RH. Humana Press Inc.，Totowa，NJ，2001：3.

[9] Ling MM，Robinson BH. Approaches to DNA mutagenesis：an overview. Anal Biochem，1997，254（2）：157-178.

[10] Martindale J，Stroud D，Moxon ER，et al. Genetic analysis of Escherichia coli K1 gastrointestinal colonization. Mol Microbiol，2000，37（6）：1293-1305.

[11] Polissi A，Pontiggia A，Feger G，et al. Large-scale identification of virulence genes from Streptococcus pneumoniae. Infect Immun，1998，66（12）：5620-5629.

[12] Huang S H，Jong A Y，Yang W，et al. Amplication of gene ends from gene library by PCR with single-sided specificity. Methods Mol Biol，1993，15：357-363.

[13] Frohman M A，Dush M K，Mrtin G R. Rapid production of full-length cDNAs from rare transcripts：amplification using a single gene-specific oligonucleotide primer. Proc Natl Acad Sci USA，1988，85：8998-9002.

[14] Oduncu F，Krause G，Röhnisch T，et al. Complementary anchor PCR of rearranged variable T-cell receptor-chain cDNA regions. Biol Chem，1997，378：1211-1214.

[15] Dorit B L，Ohara O，Gilbert W. One-sided anchored polymerase chain reaction for amplication and sequencing of complementary DNA. Methods Enzymol，1993，218：36-47.

[16] Patil R V，Dekker E E. PCR amplication of an *Echerichia coli* gene using mixed primers containing deoxyinosine at ambiguous position in degenerate amino acid codons. Nucleic Acids Res，1990，18：3080.

[17] Templeton N S，Urcelay E，Safer B. Reducing artifact and increasing the yield of specific DNA target fragments during PCR-RACE or anchor PCR. Biotechniques，1993，15（1）：48-50，52.

[18] Frohman M A. cDNA 末端快速扩增//迪芬巴赫 C W，德维克斯勒 G S. PCR 技术实验指南. 黄培堂，等译. 北京：科学出版社，1998，268-286.

[19] 梁国栋. cDNA 第二条链的合成//梁国栋. 最新分子生物学实验技术. 北京：科学出版社，2001，35-37.

[20] Clontech. SMART^{TM} RACE cDNA Amplification Kit 操作手册.

[21] Milligan J F，Groebe D R，Witherell D W，et al. Oligoribonucleotide synthesis using T7 RNA polymerase and synthetic DNA templates. Nucl Acids Res，1987，15：8783-8798.

[22] Lu Bai-Song，Yu Fang，Zhao Dong，et al. Conopeptides from *Conus striatus* and *Conus textile* by cDNA Cloning. Peptide，1999，20（1999）：1139-1144.

[23] 毛春明，等. 诱捕 ES 细胞的筛选和鉴定//杨晓，黄培堂，黄翠芬. 基因打靶技术. 北京：科学出版社，2003：63-64.

[24] Pfeifer G P，Steigerwald S D，Mueller P R，et al. Related genomic sequencing and methylation analysis by ligation mediated PCR. Science，1989，246：810-813.

[25] Mueller P R，Wold B. In vivo footprinting of a muscle specific enhancer by ligation mediated PCR. Science，1989，246：780-786.

[26] 奥斯伯 F. 精编分子生物学实验指南. 颜子颖，王海林，译. 北京：科学出版社，1998.

[27] Garrity P A, Wold B J. Effects of different DNA polymerases in ligation-mediated PCR: enhanced genomic sequencing and in vivo footprinting. Proc Natl Acad Sci USA, 1992, 89: 1021-1025.

[28] Angers M, Cloutier J F, Castonguay A, et al. Optimal conditions to use *Pfu* exo^{-} DNA polymerase for highly efficient ligation-mediated polymerase chain reaction protocols. Nucleic Acids Res, 2001, 29: E83.

[29] Pfeifer G P, Drouin R, Riggs A D, et al. In vivo mapping of a DNA adduct at nucleotide resolution: detection of pyrimidine (6-4) pyrimidone photoproducts by ligation-mediated polymerase chain reaction. Proc Natl Acad Sci USA, 1991, 88: 1374-1378.

[30] Tang M S, Pierce J R, Doisy R P, et al. Differences and similarities in the repair of two benzo [*a*] pyrene diol epoxide isomers induced DNA adducts by uvrA, uvrB, and uvrC gene products. Biochemistry, 1992, 31: 8429-8436.

[31] Rodriguez H, Drouin R, Holmquist G P, et al. Mapping of Copper/Hydrogen Peroxide-induced DNA Damage at Nucleotide Resolution in Human Genomic DNA by Ligation-mediated Polymerase Chain Reaction. J Biol Chem, 1995, 270: 17633-17640.

[32] 刘力，庄志雄，陈雯，等. 连接介导 PCR 分析线粒体 DNA 的氧化损伤频率及热点. 中华劳动卫生职业病杂志，2000，18：151-154.

[33] Strauss E C, Orkin S H. Guanine-adenine ligation-mediated polymerase chain reaction in vivo footprinting. Methods Enzymolm, 1999, 304: 572-584.

[34] 纪新军，刘德培，徐冬冬，等. 用体内足迹法研究 MEL 细胞中红系调控元件上 DNA-蛋白质相互作用. 科学通报，2000，45：286-293.

[35] Sleigerwald S D, Pfeifer G P, Riggs A D. Ligation-mediated PCR improves the sensitivity of methylation analysis by restriction enzymes and detection of specific DNA strand breaks. Nucleic Acids Res, 1990, 18: 1435-1439.

[36] Zhang Y, Kaur M, Price B D, et al. An amplification and ligation-based method to scan for unknown mutations in DNA. Hum Mutat, 2002, 20: 139-147.

[37] Rosenthal A, Jones D S C. Genomic walking and sequencing by oligo-cassette mediated polymerase chain reaction, Nucleic Acids Res, 1990, 18: 3095-3096.

[38] Lagerstrom M, Parik J, Malmgren H, et al. Capture PCR: efficient amplification of DNA fragments adjacent to a known sequence in human and YAC DNA. PCR Methods Appl, 1991, 1: 111-119.

[39] Jones D H, Winistorfer S C. Amplification of 4-9kb human genomic DNA flanking a known site using a panhandle PCR variant. Biotechniques, 1997, 23: 132-138.

[40] Nthangeni M B, Ramagoma F, Tlou M G, et al. Development of a versatile cassette for directional genome walking using cassette ligation-mediated PCR and its application in the cloning of complete lipolytic genes from *Bacillus* species. J Microb Meth, 2005, 61: 225-234.

[41] Riley J, Butler R, Ogilvie D, et al. A novel, rapid method for the isolation of terminal sequences from yeast artificial chromosome (YAC) clones. Nucl Acids Res, 1990, 18: 2887-2890.

[42] Arnold C, Hodgson I J. Vectorette PCR: a novel approach to genomic walking. PCR Meth Appl, 1991, 1: 39-42.

[43] Carteau S, Hoffmann C, Bushman F. Chromosome structure and human immunodeficiency virus type 1 cDNA integration: centromeric alphoid repeats are a disfavored target. J Virol, 1998, 72: 4005-4014.

[44] Munroe D J. IRS-Bubble PCR: An Effective Method for Representative Amplification of Human Genomic DNA Sequences from Complex Sources. Methods: A Companion to Methods in Enzymology, 1996, 9: 106-112.

[45] Chinen Y, Taki T, Nishida K, et al. Identification of the novel AML1 fusion partner gene, LAF4, a fusion partner of MLL, in childhood T-cell acute lymphoblastic leukemia with t (2; 21) (q11; q22) by bubble PCR method for cDNA. Oncogene, 2008, 27: 2249-2256.

第三章
巢式 PCR

第一节 常规巢式 PCR

一、引言

PCR 技术的出现给研究样品中的微量基因提供了一个强大的武器，但在某些情况下，对于许多靶序列来说，用一对引物扩增的产物仍不足以通过凝胶检测观察到，在这种情况下，就需要用到巢式 PCR（nested PCR）技术了[1]。

二、原理

巢式 PCR 是一种 PCR 改良模式，利用两套引物对，包含两轮 PCR 扩增，首先对靶 DNA 进行第一步扩增，然后从第一次反应产物中取出少量作为反应模板进行第二次扩增，第二次 PCR 引物与第一次反应产物的序列互补（见图 3-1），第二次 PCR 扩增的产物即为目的产物。

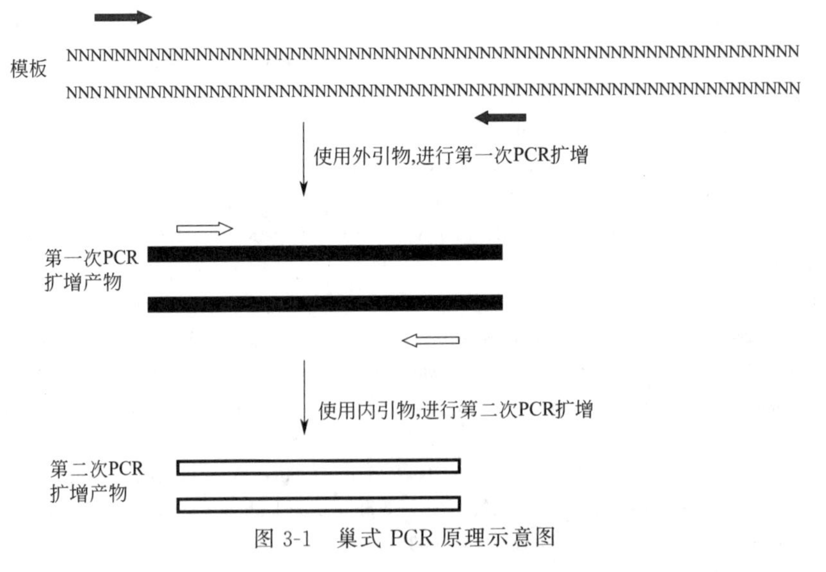

图 3-1 巢式 PCR 原理示意图

使用巢式引物进行连续多轮扩增可以提高特异性和灵敏度。第一轮是 15～30 个循环的标准扩增，将一小部分起始扩增产物稀释 100～1000 倍（或不稀释）加入第二轮扩增中进行 15～30 个循环。或者，也可以通过凝胶纯化对起始扩增产物的大小进行选择。两套引物的使用降低了扩增多个靶位点的可能性，因为同两套引物都互补的靶序列很少，而使用同样的引物对进行总数相同的循环（30～40）会扩增非特异性靶位点。巢式 PCR 可以增加有限量靶序列（如稀有 mRNA）的灵敏度，并且提高了一些有难度的 PCR（如 5′RACE）的特异性。

三、材料

① 模板：基因组 DNA 或 cDNA。
② dNTP 混合液：每种脱氧核糖核苷酸的浓度为 2.5mmol/L。
③ 四条特异引物：两条外引物，两条内引物，浓度均为 10μmol/L。
④ *Taq* DNA 聚合酶及其 10×PCR 缓冲液。
⑤ 高压灭菌去离子水。
⑥ PCR 扩增仪。
⑦ 用于琼脂糖凝胶电泳的试剂。

四、方法

1. 引物设计

巢式 PCR 的引物设计原则与常规 PCR 相同。通常内引物与外引物间隔多长距离也没有统一的要求，具体情况根据每个实验而定。

2. 模板

一般使用经过提取的基因组 DNA 或合成的 cDNA。

3. 操作方法

① 设立 50μL 的 PCR 反应体系，在 0.25mL 的 PCR 管中，分别加入：

10×PCR 缓冲液	5μL	DNA 模板	5μL
2.5mmol/L 的 dNTP 混合液	1μL	*Taq* DNA 聚合酶(5U/μL)	0.5μL
10μmol/L 的外引物(P1,P2) 各	1μL	加 H_2O	至 50μL

如果 PCR 仪没有热盖，在反应液上加一滴矿物油（约 50μL）。将 PCR 试管放入 PCR 仪中。

② 设置 PCR 反应条件：

预变性	94℃，3min	
变性	94℃，30s	30 个循环
退火	55℃，30s	30 个循环
延伸	72℃，60s	30 个循环
延伸	72℃，7min	

PCR 反应中的温度要根据具体反应而定，一般来说每分钟合成 1000bp 左右。

③ 进行第二轮 PCR 反应，在 0.25mL 的 PCR 管中，分别加入：

10×PCR 缓冲液	5μL	cDNA 模板	5μL
2.5mmol/L 的 dNTP 混合液	1μL	*Taq* DNA 聚合酶(5U/μL)	0.5μL
10μmol/L 的内引物(P3,P4) 各	1μL	H_2O	至 50μL

PCR 反应条件同第一轮。

④ PCR 产物的检测

反应结束后，用 10μL 第二轮 PCR 反应液进行琼脂糖凝胶电泳分析。

五、注意事项

注意事项同常规 PCR。

六、应用与小结

巢式 PCR 所需条件与常规 PCR 相同，但与常规 PCR 相比，通过连续多轮扩增进一步提高了反应的特异性与灵敏性。对于在分子生物学研究与医学检测中，利用常规 PCR 方案难以扩增出的样品，可以尝试使用巢式 PCR 进行扩增与检测。

巢式 PCR 大多应用在当模板 DNA 含量较低时，用一次 PCR 难以得到满意的结果，这时用巢式 PCR 的两轮扩增可以得到很好的效果。范金水等分别用常规 PCR 和巢式 PCR 检测我国 8 个城市 184 例肝炎病人，其阳性率分别为 9.1%～23.5%和 31.8%～62.5%，说明巢式 PCR 的敏感性要高于常规 PCR[2]。程保平等比较了三种 PCR 方法的柑橘黄龙病菌检测效果，发现巢式 PCR 法兼具常规 PCR 的优点（低成本、大规模）和实时荧光定量 PCR 的优点（检测灵敏度高），但是操作较复杂，适合技术熟练的研究者使用[3]。

在临床检测中，还会用到单管巢式 PCR 方法，单管巢式 PCR 是在传统巢式 PCR 的基础上将两对 PCR 引物作特殊的设计，巢式外侧两个引物为 25bp，退火温度比较高（68℃），巢式内侧两个引物为 17bp，退火温度较低（46℃），PCR 反应液的其他成分与一般 PCR 相同。这样，通过控制退火温度（68℃）使外侧引物先行扩增，经过 20～30 次循环后（第一次 PCR），再降低退火温度（46℃）使内侧引物以第一次 PCR 产物为模板进行巢式扩增。该 PCR 的灵敏度可达到每毫升样品检出 0.3 个淋球菌，而传统的一步 PCR 法只能检测到 3 个淋球菌。

第二节　半巢式 PCR

一、引言

巢式 PCR 是以第 1 轮 PCR 产物作为第 2 轮 PCR 的模板，除使用第 1 轮的 1 对特异引物之外，在第 2 轮 PCR 反应中，使用 1 对新的特异引物，它们与模板 DNA 的结合位点处于第 1 轮引物扩增出的 DNA 片段内，这样在第 2 轮中错误扩增的可能性极低。半巢式 PCR 与巢式 PCR 原理相同，只是在第 2 轮 PCR 反应中使用的引物有 1 条为第 1 轮 PCR 的引物，这种利用三条引物进行两次 PCR 扩增的方法称为半巢式 PCR（semi-nested PCR），半巢式 PCR 与巢式 PCR 应用条件基本相同。

二、材料

① 模板：基因组 DNA 或 cDNA。
② dNTP 混合液：每种脱氧核糖核苷酸的浓度为 2.5mmol/L。
③ 三条特异引物：两条外引物，一条内引物，浓度均为 10μmol/L。
④ *Taq* DNA 聚合酶及其 10×PCR 缓冲液。
⑤ 高压灭菌去离子水。
⑥ 用于琼脂糖凝胶电泳的试剂。
⑦ PCR 扩增仪。

三、方法

1. 引物设计

在某些情况下，由于所要研究的基因位于整个基因组的5′末端或者3′末端，这样在基因的5′末端或者3′末端就无法设计出两条引物——外引物和内引物，只能设计出一条引物，而在基因的另一端仍然可以设计两条引物，在两次PCR中有一端的引物要利用两次，半巢式PCR的引物设计原则与常规PCR相同，共设计三条引物。内引物与外引物间隔多长距离没有统一的要求，具体情况根据每个实验而定。

2. 模板

一般使用经过提取的基因组DNA，或由反转录形成的cDNA。

3. 操作方法

① 进行第一轮PCR反应，50μL的PCR反应体系，在0.25mL的PCR管中，分别加入：

10×PCR缓冲液	5μL	DNA模板	3μL
2.5mmol/L的dNTP混合液	1μL	*Taq* DNA聚合酶(5U/μL)	0.5μL
10μmol/L的外引物(P1,P2)各	1μL	H_2O	至50μL

如果PCR仪没有热盖，在反应液上加一滴矿物油（约50μL)。将PCR试管放入PCR仪中。

② 设置PCR反应条件：

预变性	94℃，3min	
变性	94℃，30s	30个循环
退火	55℃，30s	30个循环
延伸	72℃，60s	30个循环
延伸	72℃，7min	

PCR反应中的温度要根据具体反应而定，一般来说每分钟合成1000bp左右。

③ 进行第二轮PCR反应，在0.25mL的PCR管中，分别加入：

10×PCR缓冲液	5μL	第一轮PCR扩增产物	3μL
2.5mmol/L的dNTP混合液	1μL	*Taq* DNA聚合酶(5U/μL)	0.5μL
10μmol/L的外引物(P1或P2)和内引物P3	各1μL	H_2O	至50μL

PCR反应条件同第一轮，反应中的条件与循环数视具体情况而定。

④ 有些情况下，也可进行单管半巢式PCR，例如50μL的反应体系，分别加入：

10×PCR缓冲液	5μL	模板	3μL
2.5mmol/L的dNTP混合液	1μL	*Taq* DNA聚合酶(5U/μL)	0.5μL
10μmol/L的引物(P1、P2、P3)	各1μL	H_2O	至50μL

PCR反应条件同第一轮，反应中的条件与循环数视具体情况而定。

反应结束后，用10μL第二轮PCR反应液进行琼脂糖凝胶电泳分析。

四、注意事项

半巢式PCR较巢式PCR反应特异性有所降低，易生成非特异产物，为了克服这个缺点，可以采取提高退火温度，从常用的 55℃提高为 60℃，从而使模板与引物之间的识别特异性提高，以提高反应的特异性。半巢式 PCR 多采用第一轮产物直接稀释作为第二轮循环模板，此稀释混合物中的引物和模板对于第二轮扩增有一定干扰作用，易造成背景高、非特异产物多的缺点，通过对第一轮产物的初步分离获得纯化的核酸产物，再作为第二轮循环模板可得到更为理想的结果[4]。

五、应用与小结

当模板 DNA 含量较低时，一次 PCR 难以得到满意的结果，需要进行两轮 PCR 扩增，与巢式 PCR 相比，在基因的 5′末端或者 3′末端无法设计出两条引物——外引物和内引物。在只能设计出一条引物的情况下，宜采用半巢式 PCR。近些年来，半巢式 PCR 主要应用于病毒检测和食品筛查等方面。迟航等人所建立的中东呼吸综合征冠状病毒半巢式 PCR 检测方法，灵敏度可达 11.7 拷贝/反应，比普通的一轮 PCR 扩增的最低检测限提高了 10^4 倍[5]。闫伟等通过序列分析和引物选择，建立了两种筛选基因元件的单管半巢式 PCR 方法，该方法的检测灵敏度分别达到 0.01% 和 0.05%，显著优于常规 PCR 方法[6]。

第三节　反转录巢式 PCR

一、引言

反转录巢式 PCR（RT-nested PCR）是在反转录 PCR 的基础上发展起来的，在通过反转录获得 cDNA 的基础上，对目的基因进行巢式 PCR 扩增。它和简单的反转录 PCR 一样是用于检测某种 RNA 是否被表达，或者比较其相对表达水平，但是特异性更高、可靠性更强。通常用于拷贝数较低的 RNA 的扩增，例如扩增丙型肝炎病毒（HCV）感染者体内的 HCV 基因。

二、材料

① 模板：总 RNA 或 mRNA。
② dNTP 混合液：每种脱氧核糖核苷酸的浓度为 2.5mmol/L。
③ 四条特异引物：两条外引物，两条内引物，浓度均为 10μmol/L。
④ *Taq* DNA 聚合酶及其 10×PCR 缓冲液。
⑤ 反转录酶及其 10×缓冲液。
⑥ RNA 酶抑制剂。
⑦ 高压灭菌去离子水。
⑧ 用于琼脂糖凝胶电泳的试剂。

三、方法

1. 引物设计

在进行反转录合成时，可根据不同需要选择下列引物。

（1）随机引物　适用于长的或具有发卡结构的 RNA，例如 rRNA、mRNA、tRNA 等，主要用于单一模板的 RT-PCR 反应。

(2) oligo(dT)　适用于具有poly(A)尾巴的RNA [原核生物的RNA、真核生物的rRNA和tRNA不具有poly(A)尾巴]。因为oligo(dT)要结合poly(A)尾巴，所以对RNA样品的质量要求较高，即使有少量降解也会使全长cDNA合成量大大减少。

(3) 基因特异性引物　与模板序列互补的引物，适用于目的序列已知的情况。

获得cDNA模板后，进行巢式PCR的引物设计方法同普通的巢式PCR一样。

2. 模板

利用试剂盒、Trizol等提取的总RNA或mRNA。

3. 操作方法

(1) 反转录反应　反转录反应可以利用oligo$(dT)_{15}$或随机引物引导。如果需要由3′poly(A)区域引导，选用oligo$(dT)_{15}$引物；如果需要引导全长RNA，选用随机引物。当使用cDNA进行克隆及PCR反应时，通常选择oligo$(dT)_{15}$引物。如果cDNA用于RT-PCR，有时随机引物比较合适，特别当PCR引物定位于RNA 5′末端时更是如此。

将1μg RNA [$poly(A)^{+}$ mRNA或总RNA] 加入微量离心管中并于70℃温育10min，短暂离心后置于冰上。依照下列所列顺序，加入以下试剂以建立一个20μL的反应体系（依据RNA的量，反应体积可以增减）。

$MgCl_2$, 25mmol/L	4μL	AMV反转录酶(高浓度)	15U
反转录10×缓冲液	2μL	oligo$(dT)_{15}$引物或随机引物	0.5μg
dNTP混合物, 10mmmol/L	2μL	RNA模板	1μg
重组的RNasin®核糖核酸酶抑制剂	0.5μL	加无核酸酶的水	至20μL

如果使用oligo$(dT)_{15}$引物，将反应体系于4℃温育15min。如果使用随机引物，将反应体系于室温温育10min，然后于42℃温育15min。增加的室温温育步骤有利于引物的伸展，使得当温度升高到42℃时引物仍处于杂交状态。

然后将样品于95℃加热5min，再于0～5℃放置5min。这一步将使AMV反转录酶失活并阻止其与DNA结合。第一链cDNA可用于第二链cDNA的合成或PCR扩增，也可以将第一链cDNA存放于－20℃备用。

(2) 巢式PCR反应

① 设立50μL的PCR反应体系，在0.25mL的PCR管中，分别加入：

10×PCR缓冲液	5μL	cDNA模板	5μL
2.5mmol/L的dNTP混合液	1μL	*Taq* DNA聚合酶(5U/μL)	0.5μL
10μmol/L的外引物(P1、P2)各	1μL	H_2O	至50μL

如果PCR仪没有热盖，在反应液上加一滴矿物油（约50μL）。将PCR试管放入PCR仪中。

② 设置PCR反应条件。

预变性	94℃，3min	
变性	94℃，30s	30个循环
退火	55℃，30s	30个循环
延伸	72℃，60s	30个循环
延伸	72℃，7min	

PCR反应中的温度要根据具体反应而定，一般来说每分钟合成1000bp左右。

③ 进行第二轮PCR反应，在0.25mL的PCR管中，分别加入：

10×PCR缓冲液	5μL	第一轮PCR产物	5μL
2.5mmol/L的dNTP混合液	1μL	*Taq* DNA聚合酶(5U/μL)	0.5μL
10μmol/L的外引物(P3、P4)各	1μL	H_2O	至50μL

PCR反应条件同第一轮。

④ PCR产物的检测。

反应结束后，用10μL第二轮PCR反应液进行琼脂糖凝胶电泳分析。

四、注意事项

① 在反转录反应中，可以用特异性下游引物（由使用者提供）代替oligo(dT)$_{15}$引物或随机引物。特异性引物的浓度应根据反转录的种类进行调整。例如，当使用一个24个碱基的引物与1.0μg的模板RNA杂交时，需要800ng（100pmol）引物。当相同的引物与总RNA样品中的特异性RNA杂交时，只需要少至120ng（15pmol）引物。特异性引物的典型长度为19～30个碱基。

② 为了得到更长和（或）更丰富的转录本，可以将cDNA反应于42℃温育，时间延长至60min。

③ 在cDNA合成时，与M-MLV反转录酶相比，AMV反转录酶的用量要少很多。

④ 已经证明，提高反转录的温度（45～50℃）可以解决RNA二级结构的问题。

五、应用

反转录巢式PCR在分子生物学实验中具有广泛的应用，它在获取拷贝数较低的基因方面能够提供很大的帮助。在获取RNA病毒基因方面，它是一个很好的工具。目前，反转录巢式PCR最主流的应用还是在病毒检测方面[7-9]。此外，反转录巢式PCR还可以应用于部分疾病的融合基因检测，为疾病的诊断和治疗提供重要依据[10,11]。

第四节　共有序列巢式PCR

一、引言

共有序列巢式PCR（consensus nested PCR），又称为共有引物巢式PCR（consensus primer nested PCR），根据同一种属内较为保守的序列，设计简并引物，通常第一轮PCR引物的简并碱基较多，第二轮PCR引物的简并碱基较少一些，扩增长度为200～300bp。引物通常设计在能够区分微生物的不同亚型的区域内。对于某一种生物，例如病毒，种属内型别很多，但检测样本中的病毒型别又不确定，使用共有序列巢式PCR扩增获得目的序列，进而通过测序获得未知微生物的信息，是一种敏感而又简便易行的检测方法。

二、材料

① 模板：基因组 DNA 或 cDNA。

② dNTP 混合液：每种脱氧核糖核苷酸的浓度为 2.5mmol/L。

③ 四条特异引物：两条外引物，两条内引物，浓度均为 10μmol/L。

④ *Taq* DNA 聚合酶及其 10×PCR 缓冲液。

⑤ 高压灭菌去离子水。

⑥ 用于琼脂糖凝胶电泳的试剂。

⑦ PCR 扩增仪。

三、方法

1. 引物设计

在共有序列巢式 PCR 中，引物设计最为重要。选择同一种属序列最为保守的区域，根据序列比对情况，设计引物，例如 Wellehan 在检测 6 种蜥蜴腺病毒时[12]，设计的正向外引物为 5′-TNMGNGGNGGNMGNTGYTAYCC-3′，其中 Y=C 或 T，N=A、C、G 或 T，M=A 或 C，反向外引物为 5′-GTDGCRAANSHNCCRTABARNG-3′，其中 R=A 或 G，D=A、G 或 T，S=G 或 C，H=A、T 或 C，B=G、T 或 C。正向内引物为 5′-GTNTWYGAYATHTGYGGHATGTAYGC-3′，其中 W=A 或 T，反向内引物为 5′-CCANCCBCDRTTRTGNARNGTRA-3′。引物中简并碱基的多少根据同源序列的保守性而定。

2. 模板

基因组 DNA 或 cDNA。

3. 操作方法

① 设立 50μL 的 PCR 反应体系，在 0.25mL 的 PCR 管中，分别加入：

10×PCR 缓冲液	5μL	DNA 模板	5μL
2.5mmol/L 的 dNTP 混合液	1μL	*Taq* DNA 聚合酶(5U/μL)	0.5μL
10μmol/L 的正、反向外引物(P1、P2)	各 1μL	H_2O	至 50μL

如果 PCR 仪没有热盖，在反应液上加一滴矿物油（约 50μL)。将 PCR 试管放入 PCR 仪中。

② 设置 PCR 反应条件。

预变性	94℃，3min	
变性	94℃，30s	30 个循环
退火	55℃，30s	
延伸	72℃，60s	
延伸	72℃，7min	

PCR 反应中的温度要根据具体反应而定，一般来说每分钟合成 1000bp 左右。

③ 进行第二轮 PCR 反应，在 0.25mL 的 PCR 管中，分别加入：

10×PCR 缓冲液	5μL	10μmol/L 的正反向内引物(P3、P4)	各 1μL
2.5mmol/L 的 dNTP 混合液	1μL	第一轮 PCR 产物	5μL

Taq DNA 聚合酶(5U/μL) 0.5μL H_2O 至 50μL

PCR 反应条件同第一轮。

④ PCR 产物的检测。

反应结束后，用 10μL 第二轮 PCR 反应液进行琼脂糖凝胶电泳分析。

四、注意事项

引物设计尤为重要，在引物设计之前要搜集可能相关的所有 DNA 序列，利用软件进行严格的序列比对分析，从中找出最保守的序列，在这部分序列中可能仍存在一些核苷酸多样性，则在具有多样性核苷酸的位置上设计为简并碱基，所出现的所有核苷酸多样性均要考虑，第二轮 PCR 扩增产物长度控制在 200～300bp 左右。由于引物中简并碱基较多，要摸索适合的退火温度。

五、应用与小结

共有序列 PCR 常用于检测临床样品中的未知微生物，通过 PCR 扩增获得 DNA 模板，通过测序以确定未知微生物。Wellehan 等利用共有序列巢式 PCR 对多种爬行、禽类、哺乳动物的正呼肠孤病毒进行了扩增和测序，发现这种 PCR 方法可用于获得不同种属内新的正呼肠孤病毒的 DNA，通过测序确定病毒亚型[13]。Vandevanter 等利用共有序列巢式 PCR 检测了临床样本或细胞培养中的 21 种疱疹病毒，通过测序发现其中的 14 种是以前没有报道过的[14]。

第五节　种特异巢式 PCR

一、引言

微生物在其分类中有严格的分类方法，例如门（phylum）、纲（class）、目（order）、科（family）、属（genus）、种（species），种是生物分类中基本的分类单元和分类等级。属于同一种的微生物在进化中形成了一部分保守的基因序列，针对种特异的基因设计引物，能够区分同一属内不同种的微生物。在种特异 PCR 中，扩增基因一般选择在较为保守的 16S rRNA 和 23S rRNA 内。

近几年来国外学者采用不同的分子生物学方法对细菌的 16S rRNA 进行研究，得到了广泛的细菌 16S rRNA 的序列库。使用该方法可以检测肠道中常规方法不能培养或生长缓慢的细菌。rRNA 分子在生物体中普遍存在，生物细胞 rRNA 分子的一级结构中既具有保守的片段，又具有变化的碱基序列。在生物进化的漫长过程中，rRNA 分子保持相对恒定的生物学功能和保守的碱基排列顺序，同时也存在着与进化过程相一致的突变率，在结构上可分为保守区和可变区，保守的片段反映了生物物种间的亲缘关系，而高变片段则能表明物种间的差异，那些保守的或高变的特征性核苷酸序列则是不同分类级别生物（如科、属、种）鉴定的分子基础。研究 rRNA 基因序列可以发现各物种间的系统发生关系。细菌 rRNA 按沉降系数分为 3 种，分别为 5S、16S 和 23S rRNA。其中位于原核细胞核糖体小亚基上的 16S rRNA 长约 1540bp，结构和碱基排列复杂度适中，较易于进行序列测定和分析比较。16S rDNA 是细菌染色体上编码 16S rRNA 相对应的 DNA 序列，存在于所有细菌染色体基因中，它的内部结构由保守区及可变区两部分组成。因此可用 PCR 扩增其相应的 rDNA 片段，来快速、灵敏地检测样品中是否存在某些细菌或致病菌，或进行细菌多样性分析，尤其是那些人工无法培养的微生物。现在人们已经认同 16S rRNA/rDNA 基因序列可用于评价生物的遗传多态性和系统发生关系，在细菌分类学中可作为一个科学可靠的指标。在分类鉴定一些特殊环境下的微生物时，由于分离培养技术的限制，难以获得它们的纯培养进行生理生化等指标的分析，这样 16S rRNA/rDNA 序列分析的优越性就体现出来了。

二、材料

① 模板：基因组 DNA 或 cDNA。

② dNTP 混合液：每种脱氧核糖核苷酸的浓度均为 2.5mmol/L。

③ 四条特异引物：两条外引物，两条内引物，浓度均为 10μmol/L。

④ *Taq* DNA 聚合酶及其 10×PCR 缓冲液。

⑤ 高压灭菌去离子水。

⑥ 用于琼脂糖凝胶电泳的试剂。

⑦ PCR 扩增仪。

三、方法

1. 模板

利用基因组提取试剂盒提取临床标本或者培养物中的基因组 DNA，DNA 重悬于无菌水中，定量为 1μg/mL。

2. 引物设计

通常同一种内的微生物，16S rDNA、23S rDNA 序列都较为保守，因此在种特异巢式 PCR 中，扩增的目的片段通常选择这些序列中的，也可选择其它较为保守的序列。通过进化树分析，选择那些种内保守而又能够区分不同种的序列来设计引物。扩增片段大小没有固定的要求，通常在引物中不设计简并碱基。引物设计原则同常规 PCR。外引物可以针对同一属的保守序列，而内引物可以针对种特异的序列保守区，从而通过种特异 PCR 区分同一属内的不同种微生物。

3. 操作方法

① 设立 50μL 的 PCR 反应体系，在 0.25mL 的 PCR 管中，分别加入：

10×PCR 缓冲液	5μL	DNA 或 cDNA 模板	5μL
2.5mmol/L 的 dNTP 混合液	1μL	*Taq* DNA 聚合酶(5U/μL)	0.5μL
10μmol/L 的外引物(P1、P2) 各	1μL	H_2O	至 50μL

如果 PCR 仪没有热盖，在反应液上加一滴矿物油（约 50μL）。将 PCR 试管放入 PCR 仪中。

② 设置 PCR 反应条件。

预变性	94℃，3min	
变性	94℃，30s	30 个循环
退火	55℃，30s	
延伸	72℃，60s	
延伸	72℃，7min	

PCR反应中的温度要根据具体反应而定，一般来说每分钟合成1000bp左右。

③ 进行第二轮PCR反应，在0.25mL的PCR管中，分别加入：

10×PCR缓冲液	5μL	第一轮PCR产物	5μL
2.5mmol/L的dNTP混合液	1μL	*Taq* DNA聚合酶(5U/μL)	0.5μL
10μmol/L的内引物(P3、P4)各	1μL	H_2O	至50μL

PCR反应条件同第一轮。

④ PCR产物的检测。

反应结束后，用10μL第二轮PCR反应液进行琼脂糖凝胶电泳分析。

四、注意事项

在引物的设计方面需要进行严格分析。由于16S rDNA序列在原核生物中的高度保守性，对于相近种或同一种内的不同菌株之间的鉴别分辨力较差。23S rRNA分子比较大（约3kb)，并且只有少数种的核酸序列被报道，尚未在细菌的分类和鉴定中得到广泛应用。16S～23S rDNA区间（intergenic spacer region，ISR）由于没有特定功能和进化速率，比16S rDNA大10多倍，近几年来在细菌鉴定和分类方面备受关注。一些细菌的16S～23S rDNA ISR的数目、大小和序列已经报道，它们之间的不同使其在细菌系统发育学，特别是相近种和菌株的区分和鉴定方面占据了一席之地。因此要根据实验要求选择不同的保守区设计引物。

五、应用与小结

种特异巢式PCR通常应用于区分同一属内的不同种微生物。Matsuki等利用针对16S rDNA的属特异和种特异PCR来检测双歧杆菌[15]。他们提取人排泄物中的基因组，发现在成年人中链状双歧杆菌菌群是最常被检测出来的菌群，在母乳喂养的婴幼儿体内，短双歧杆菌是最常被检测出来的菌群。利用针对于16S rDNA区的实时定量PCR可检测出排泄物的不同菌群的数量，此种技术为检测肠道中的菌群动态分布提供了很好的方法。Costa等比较了属特异和种特异巢式PCR方法在检测实验感染的公羊的精液和尿液样品中乙型肝炎病毒方面的优劣性，结果发现种特异巢式PCR要更为灵敏可靠，该项研究将成为公羊精液和尿液中的乙肝病毒检测的重要工具[16]。

第六节　巢式PCR-变性梯度凝胶电泳

一、引言

巢式PCR-变性梯度凝胶电泳（nested PCR-DGGE）是将巢式PCR与变性梯度凝胶电泳（denaturing gradient gel electrophoresis，DGGE）结合起来的一种PCR技术方法。DGGE是一种电泳分析系统，利用序列不同的DNA片段在聚丙烯酰胺凝胶中解链温度不同的原理，通过梯度变性胶将DNA片段分开。当双链DNA分子在变性凝胶中进行电泳时，其解链的速度和程度与其序列组成密切相关，相同长度的双链DNA分子由于碱基对组成的不同，解链所需要的变性剂浓度也不同，当某一双链DNA序列迁移到变性凝胶的一定位置，并达到其解链温度时，即开始部分解链，部分解链的DNA片段在胶中的迁移速度急剧降低。因此具有不同序列的DNA片段则停留于凝胶的不同位置，形成相互分开的条带图谱。理论上只要选择的电泳条件足够精细，最低可检测到只有一个碱基差异的 DNA 片段（≤500bp）。

二、材料

① 模板：基因组 DNA 或 cDNA。

② dNTP 混合液：每种脱氧核糖核苷酸的浓度为 2.5mmol/L。

③ 四条特异引物：两条外引物，两条内引物，浓度均为 10μmol/L。

④ *Taq* DNA 聚合酶。

⑤ 10×PCR 缓冲液：15mmol/L $MgCl_2$，500mmol/L KCl，100mmol/L Tris-HCl，0.1%（体积分数）Triton X-100。

⑥ 高压灭菌去离子水。

⑦ PCR 扩增仪。

⑧ DGGE（Bio-Rad Dcode 系统），丙烯酰胺、双丙烯酰胺、去离子甲酰胺和尿素、溴化乙锭。

三、方法

1. 引物设计

巢式 PCR 的引物设计原则与常规 PCR 相同。通常内引物与外引物之间的间隔距离也没有统一的要求，具体情况根据每个实验而定。

2. 模板

一般使用经过提取的基因组 DNA 或合成的 cDNA。

3. 操作方法

① 设立 50μL 的 PCR 反应体系。在 0.25mL 的 PCR 管中，分别加入：

10×PCR 缓冲液	5μL	DNA 或 cDNA 模板	5μL
2.5mmol/L 的 dNTP 混合液	1μL	*Taq* DNA 聚合酶(5U/μL)	0.5μL
10μmol/L 的外引物(P1、P2) 各	1μL	H_2O	至 50μL

如果 PCR 仪没有热盖，在反应液上加一滴矿物油（约 50μL）。将 PCR 试管放入 PCR 仪中。

② 设置 PCR 反应条件。

预变性	94℃，3min	
变性	94℃，30s	30 个循环
退火	55℃，30s	
延伸	72℃，60s	
延伸	72℃，7min	

PCR 反应中的温度要根据具体反应而定，一般来说每分钟合成 1000bp 左右。

③ 进行第二轮 PCR 反应。在 0.25mL 的 PCR 管中，分别加入：

10×PCR 缓冲液	5μL	cDNA 模板	5μL
2.5mmol/L 的 dNTP 混合液	1μL	*Taq* DNA 聚合酶(5U/μL)	0.5μL
10μmol/L 的内引物(P3、P4) 各	1μL	H_2O	至 50μL

PCR 反应条件同第一轮。

④ PCR 产物的检测和分析。

DGGE 系统要求在聚丙烯酰凝胶中对待测 DNA 片段电泳，电泳的温度维持在仅低于待测解链区域 T_m 值几摄氏度。对绝大多数天然的 DNA 片段 60℃是合适的。

制备 10%聚丙烯酰胺凝胶（丙烯∶双丙烯=37.5∶1），变性剂梯度范围为 30%～60%（100%变性为 40g/dL 甲酰胺及 7mol/L 尿素），呈线性梯度增加，方向与电泳方向平行。

DGGE 电泳凝胶制备过程如下。

a. 灌胶玻璃和垫条的处理：用清洁液仔细清洁玻璃板，横擦竖擦各 3 遍，用自来水彻底清洗后再用去离子水冲洗干净，操作时必须戴手套，取板时握住板的边缘，以避免手上的油脂印在板的工作面上。

b. 灌胶玻璃板的安装与封闭：将长板平放在桌上，将垫条放置于两侧，放上短玻璃板，对齐。参照 Bio-Rad Dcode 系统说明书操作。

c. 凝胶板的制备：用 50×TAE、40%丙烯酰胺-双丙烯酰胺（37.5∶1）配制，分别加入高浓度变性剂和低浓度变性剂的 8%聚丙烯酰胺凝胶，凝胶中的 TAE 浓度为 1 倍，以 42g 尿素和 40mL 甲酰胺为 100%变性剂。将两种变性剂浓度的 8%丙烯酰胺溶液分别吸入两个注射器，将两个注射器放在梯度形成器的正确位置，缓慢且均匀地转动轮子，以便形成线性梯度，直至灌满至玻璃板顶部，然后立即插入梳子待胶凝固，凝胶大小选用 16cm×16cm×0.75mm。

d. 凝胶老化：凝胶室温放置 2h，取出梳子，用 1×TAE 溶液冲洗凝胶孔，以除去可能存在的未聚合的丙烯酰胺。

DGGE 电泳过程如下。

a. 预热缓冲液：配制 7L 1×TAE 缓冲液，上样前将缓冲液加热到 60℃。

b. 加样：取 9μL PCR 纯化产物与 1μL 10×上样缓冲液混合，注入加样孔底部。

c. 电泳：电泳温度为 60℃，变性剂浓度以 0～100%为最大区间，电压从 120V 到 200V，电泳时间 4～8h，经过多次垂直电泳实验来选择最佳实验条件。

d. 聚丙烯酰胺凝胶的浓度、电泳时间可主要根据所分离的 PCR 扩增片段的大小来决定，染色方法除用银染外，还可用溴化乙锭、SYBR Green Ⅰ核酸染色（1∶10000 稀释度，Rockland，USA）等方法。

DGGE 电泳成像如下。

DGGE 指纹图谱构建采用 DCode™ 基因突变检测系统（Bio-Rad，美国），溴化乙锭或其它方法染色后，在凝胶成像系统中扫描照相，利用 Bio-1D++软件对 DGGE 指纹图谱进行分析。

四、注意事项

一般认为，扩增片段大小对 DGGE 分析有较大的影响。当片段长度大于 500bp 时，会使 DGGE 的分辨率下降，200bp 左右的片段被认为是分离效果最好的片段。

五、应用与小结

nested PCR-DGGE 技术主要应用于微生物生态学研究，被认为在研究自然界微生物群落的遗传多样性和种群差异方面具有明显的优越性。nested PCR-DGGE 技术能够快速、准确地鉴定在自然生境或人工生境中的微生物种群，并进行复杂微生物群落结构演替规律、微生物种群动态的评价分析。相比于高通量测序，nested PCR-DGGE 更为直观。由于 nested PCR-DGGE 具有可靠性强、重现性高、方便快捷等优点，目前已经成为微生物群落遗传多样性和动态分析的强有力工具，并被广泛用于土壤、底泥、水体、发酵制品等环境样品中的微生物多样性检测和种群演替的研究[17-20]。nested PCR-DGGE 技术也存在一些不足，其一是分离的 DNA 片段大小有限，这些序列只能够提供有限的信息，限制了用于系统发育分析和探针的序列信息量。其二是分辨率有限，nested PCR-DGGE 通常显示群落中优势种类的 DNA 片段，只有占整个群落细菌数量约 1%或以上的类群能够通过 DGGE 检测到。含量较低的细菌种群只能通过设计属、种或株特异性引物来实现 nested PCR-DGGE 检测[21]。其三是由于某些种类细菌 16S rDNA 存在多拷贝或者异源双链，从而使 nested PCR-DGGE 图谱上单一菌出现多个条带，导致自然群落中微生物数量的过多估计。

第七节　巢式 PCR -限制性片段长度多态性

一、引言

DNA 分子水平上的多态性检测技术是进行基因组研究的基础。限制性片段长度多态性（restriction fragment length polymorphism，RFLP）已被广泛用于基因组遗传图谱构建、基因定位以及生物进化和分类的研究。RFLP 是根据不同品种（个体）基因组的限制性内切酶的酶切位点碱基发生突变，或酶切位点之间发生了碱基的插入、缺失，导致酶切片段大小发生了变化，这种变化可以通过特定探针杂交进行检测，从而可比较不同品种（个体）的 DNA 水平的差异（即多态性），多个探针的比较可以确立生物的进化和分类关系。所用的探针为来源于同种或不同种基因组 DNA 的克隆，位于染色体的不同位点，从而可以作为一种分子标记（mark）构建分子图谱。当某个性状（基因）与某个（些）分子标记协同分离时，表明这个性状（基因）与分子标记连锁。分子标记与性状之间交换值的大小，即表示目标基因与分子标记之间的距离，从而可将基因定位于分子图谱上。分子标记克隆在质粒上，可以繁殖及保存。不同限制性内切酶切割基因组 DNA 后，所切的片段类型不一样，因此，利用限制性内切酶与分子标记组成不同组合进行研究。常用的限制性内切酶一般是 *Hin*dⅢ、*Bam*HⅠ、*Eco*RⅠ、*Eco*RⅤ、*Xba*Ⅰ，而分子标记则有几个甚至上千个。分子标记越多，则所构建的图谱就越饱和。构建饱和图谱是 RFLP 研究的主要目标之一。巢式 PCR-RFLP（nested PCR-RFLP）是将 RFLP 与巢式 PCR 技术相结合，通过设计高度保守序列的引物对待检物种 DNA 进行 PCR 扩增，对 PCR 产物进行 RFLP 分析。该方法省时，可应用于流行病学调查和临床常规检测。

二、材料

① 模板：基因组 DNA 或 cDNA。

② dNTP 混合液：每种脱氧核糖核苷酸的浓度为 2.5mmol/L。

③ 四条特异引物：两条外引物，两条内引物，浓度均为 10μmol/L。

④ *Taq* DNA 聚合酶及其 10×PCR 缓冲液。

⑤ 高压灭菌去离子水。

⑥ 用于琼脂糖凝胶电泳的试剂。

⑦ 限制性内切酶及其 10×缓冲液。

三、方法

（一）巢式 PCR

1. 引物设计

巢式 PCR 的引物设计原则与常规 PCR 相同。通常内引物与外引物的间隔距离也没有统一的要求，具体情况根据每个实验而定。

2. 模板

一般使用经过提取的基因组 DNA 或合成的 cDNA。

3. 操作方法

① 设立 50μL 的 PCR 反应体系。在 0.25mL 的 PCR 管中，分别加入：

10×PCR 缓冲液	5μL	DNA 模板	5μL
2.5mmol/L 的 dNTP 混合液	1μL	*Taq* DNA 聚合酶(5U/μL)	0.5μL
10μmol/L 的外引物(P1、P2)各	1μL	H_2O	至 50μL

如果 PCR 仪没有热盖，在反应液上加一滴矿物油（约 50μL）。将 PCR 试管放入 PCR 仪中。

② 设置 PCR 反应条件

预变性	94℃，3min	
变性	94℃，30s	30 个循环
退火	55℃，30s	30 个循环
延伸	72℃，60s	30 个循环
延伸	72℃，7min	

PCR 反应中的温度要根据具体反应而定，一般来说每分钟合成 1000bp 左右。

③ 进行第二轮 PCR 反应。在 0.25mL 的 PCR 管中，分别加入：

10×PCR 缓冲液	5μL	第一轮 PCR 产物	5μL
2.5mmol/L 的 dNTP 混合液	1μL	*Taq* DNA 聚合酶(5U/μL)	0.5μL
10μmol/L 的内引物(P3、P4)各	1μL	H_2O	至 50μL

PCR 反应条件同第一轮。

④ PCR 产物的检测。

反应结束后，用 10μL 第二轮 PCR 反应液进行琼脂糖凝胶电泳分析。

（二） PCR 产物酶切

当获得第二轮的 PCR 产物后，选用适当的限制性内切酶，酶切位点的选择要根据已有序列的分析确定，酶切的反应体系为 20μL。

10×内切酶缓冲液	2μL	第二轮 PCR 反应的产物	10μL
限制性内切酶	10U	H_2O	至 20μL

37℃水浴 5h。

（三）酶切产物的检测

获得酶切产物后，要根据目的片段的大小选择不同的琼脂糖浓度。因为酶切产生的片段可能小于 100bp，所以用琼脂糖浓度应当比平时高一些，例如 2%～5%，如果酶切产生的片段大部分小于 500bp，可用聚丙烯酰胺凝胶电泳进行分离。如果酶切产物的浓度较低，可用杂交的方式来增加灵敏度。

四、注意事项

扩增的基因要选择适合进行 RFLP 分析的区域，尽量选择常用的限制性内切酶，分型位点不能过于接近。有时出现一些稀有酶的酶切位点，会导致酶切效率下降或费用昂贵。未酶切的 DNA 要防止发生降解，酶切反应一定要彻底。

五、应用与小结

巢式 PCR-RFLP 多用于基因多态性检测、微生物分型等方面[22-24]。相对于 PCR-RFLP，巢式 PCR 扩增克服了单次扩增“平台期效应”的限制，减少了模板浓度低，扩增产物过少的问题，所需 DNA 模板浓度低，1～2ng/μL 也能完成检测工作，使扩增倍数大大提高，提高了 PCR 扩增的产量及敏感性。第二次扩增产物较多可直接用于酶切，减少了单次扩增后要经过 DNA 浓缩这一步，从而减少了 DNA 在浓缩后对酶切效果的影响。

参考文献

[1] Porter-Jordan K, Rosenberg E I, Keiser J F, et al. Nested polymerase chain reaction assay for the detection of cytomegalovirus overcomes false positives caused by contamination with fragmented DNA. J Med Virol. 1990, 30 (2): 85-91.

[2] 李彤，庄辉. 非甲-戊型肝炎病原学研究进展. 中华医学会全国病毒性肝炎及肝病学术会议，中华医学会，2002.

[3] 程保平，彭埃天，宋晓兵，等. 三种 PCR 方法检测柑橘黄龙病菌的效果比较. 植物保护，2014 (5): 106-110.

[4] 金杨，季晓辉，李玉峰，等. 提高半巢式 PCR 特异性探讨. 南京医科大学学报（中文版），1997，17 (4): 393-394.

[5] 迟航，郑学星，盖微微，等. 中东呼吸综合征冠状病毒半巢式 PCR 检测方法的建立. 中国病原生物学杂志，2015 (1): 1-5.

[6] 闫伟，徐桢惠，龙丽坤，等. 应用单管半巢式 PCR 技术筛查转基因食品. 食品科学，2015，36 (2): 194-197.

[7] 郭文庆，孙晓琳，冷冉，等. 绵羊肺腺瘤病毒巢式 RT-PCR 检测方法的建立与验证. 中国兽医科学，2017 (1): 23-30.

[8] 张体银，张志灯，郑腾，等. 尼帕病毒巢式 RT-PCR 方法的建立和初步应用. 中国人兽共患病学报，2014，30 (6): 599-602.

[9] 刘梅芬，王淑娟，闫若潜，等. 猪瘟病毒巢式 RT-PCR 检测方法的建立与应用. 中国畜牧兽医，2016，43 (9): 2285-2290.

[10] 高飞，陈成璇，李景岗，等. 巢式 RT-PCR 分析急性髓系白血病患者融合基因. 中国卫生检验杂志，2012 (11): 2619-2620.

[11] 曹婷婷，高丽，周敏航，等. 应用多重巢式 RT-PCR 检测骨髓增生异常综合征中 MLL 基因相关的 10 种融合基因. 中国实验血液学杂志，2012，20 (4): 933-936.

[12] Wellehan J F X, Johnson A J, Harrach B, et al. Detection and analysis of six lizard adenoviruses by consensus primer PCR provides further evidence of a reptilian origin for the atadenoviruses. J Virol, 2004, 78: 13366-13369.

[13] Wellehan J F X, Childress A L, Marschang R E, et al. Consensus nested PCR amplification and sequencing of diverse reptilian, avian, and mammalian orthoreoviruses. Veter. Microbiol, 2009, 133:

34-42.

[14] Vandvanter D R, Warrener P, Bennett L, et al. Detection and analysis of diverse herpesviral species by consensus primer PCR. J Clin Microbiol, 1996, 34: 1666-1671.

[15] Matsuki T, Watanabe K, Tanaka R. Genus-and species-specific PCR primers for the detection and identification of bifidobacteria. Current Issues in Intestinal Microbiology, 2003, 4 (2): 61.

[16] Costa L F, Nozaki C N, Lira N S C, et al. Species-specific nested PCR as a diagnostic tool for Brucella ovis infection in rams. ArquivoBrasileiro De MedicinaVeterinária E Zootecnia, 2013, 65 (1): 55-60.

[17] Shimano S, Sambe M, Kasahara Y. Application of Nested PCR-DGGE (Denaturing Gradient Gel Electrophoresis) for the Analysis of Ciliate Communities in Soils. Microbes & Environments, 2012, 27 (2): 136.

[18] Ding X F, Wu C D, Zhang L Q, et al. Characterization of eubacterial and archaeal community diversity in the pit mud of Chinese Luzhou-flavor liquor by nested PCR-DGGE. World Journal of Microbiology & Biotechnology, 2014, 30 (2): 605.

[19] Huang W C, Tsai H C, Tao C W, et al. Approach to determine the diversity of Legionella species by nested PCR-DGGE in aquatic environments. Plos One, 2017, 12 (2): e0170992.

[20] 梁小刚，蔡国林，张中华，等. 利用 nested PCR－DGGE 技术分析江苏啤酒大麦真菌群落结构. 食品与发酵工业，2012，38 (8)：1-6.

[21] 张丹，刘耀平，徐慧，等. OLAND 生物脱氮系统中硝化菌群 16S rDNA 的 DGGE 分析. 生物技术，2003，13 (5)：1-3.

[22] Coser J, Boeira T D R, Fonseca A S K, et al. Human papillomavirus detection and typing using a nested-PCR-RFLP assy. Brazilian Journal of Infectious Diseases, 2011, 15 (5): 467-472.

[23] Clusa L, Ardura A, Fernández S, et al. An extremely sensitive nested PCR-RFLP mitochondrial marker for detection and identification of salmonids in eDNA from water samples. Peerj, 2017, 5 (2).

[24] 李巍，张西臣，李建华，等. 应用巢式 PCR-RFLP 方法鉴别我国常见的几种隐孢子虫. 吉林农业大学学报，2011，33 (1)：69-73.

第四章
实时荧光定量 PCR

PCR 是 1985 年开始出现的一项基因检测技术[1]，由于 PCR 技术具有简便易行、灵敏度高等优点，该技术被广泛应用于基础研究，成为分子生物学必不可少的研究工具。但在许多情况下，研究者们已不再满足于得知某一特异 DNA 序列的存在与否，他们更着眼于对其进行精确的核酸定量。因而，借助 PCR 对基因快速、敏感、特异而准确的定量成为目前分子生物学技术研究的热点之一。实时荧光定量 PCR（real-time fluorescence quantitative PCR，real-time FQ-PCR）技术实现了 PCR 从定性到定量的飞跃，它以其特异性强、灵敏度高、重复性好、定量准确、速度快、全封闭反应等优点成为分子生物学研究中的重要工具[2]。本章就此技术及其应用进行详细的介绍。

第一节　实时荧光定量 PCR 原理

一、引言

传统的 PCR 定量是应用终点 PCR 来对样品中的模板量进行定量，通常用凝胶电泳分离，并用荧光染色来检测 PCR 反应的最终扩增产物。但在 PCR 反应中，由于模板、试剂、焦磷酸盐分子的聚集等因素影响聚合酶反应，最终导致 PCR 反应不再以指数形式进行而进入“平台期”，而且一些反应的终产物比另一些要多，因此终点 PCR 反应方法定量并不准确。此外，终点 PCR 还容易交叉污染，产生假阳性。

1996 年，实时荧光定量 PCR 技术由美国 Applied Biosystems 公司首先推出。所谓实时荧光定量 PCR 是指在 PCR 指数扩增期间通过连续监测荧光信号出现的先后顺序以及信号强弱的变化来即时分析目的基因的拷贝数目，通过与加入已知量的标准品进行比较，可实现实时定量。实时荧光定量 PCR 技术较之于以前的以终点法定量 PCR 技术具有明显的优势。首先，它操作简便、快速、高效，具有很高的敏感性和特异性；其次，在封闭的体系中完成扩增并进行实时测定，大大降低了污染的可能性[3,4]。实时荧光定量 PCR 技术的出现使分子诊断领域发生重大的变化，目前已广泛地应用于 mRNA 表达的研究、DNA 拷贝数的检测、单核苷酸多态性的测定、细胞因子的表达分析、肿瘤耐药基因表达的研究以及病原体感染的定量监测等。

二、概念及原理

（一）两个重要的概念

1. 荧光阈值

荧光阈值（threshold）是在荧光扩增曲线指数增长期设定的一个荧光强度标准

(即 PCR 扩增产物量的标准)。

PCR 反应过程中产生的 DNA 拷贝数是呈指数方式增加的,随着反应循环数的增加,最终 PCR 反应不再以指数方式生成模板,从而进入"平台期"。在传统的 PCR 中,常用凝胶电泳分离和荧光染色来检测 PCR 反应的最终扩增产物,因此用终点法对 PCR 产物定量存在不可靠之处。在实时荧光定量 PCR 中,对整个 PCR 反应扩增过程进行了实时监测和连续分析扩增相关的荧光信号,随着反应时间的进行,监测到的荧光信号的变化可以绘制成一条曲线。在 PCR 反应早期,产生荧光的水平不能与背景明显地区别,而后荧光的产生进入指数期、线性期和最终的平台期,因此可以在 PCR 反应处于指数期的某一点上来检测 PCR 产物的量,并且由此来推断模板最初的含量。为了便于对所检测样本进行比较,首先需设定一个荧光信号的阈值(见图 4-1)。荧光阈值是在荧光扩增曲线上人为设定的一个值,它可以设定在指数扩增阶段任意位置上。一般荧光阈值设置为 3~15 个循环的荧光信号的标准偏差的 10 倍,但实际应用时要结合扩增效率、线性回归系数等参数来综合考虑。

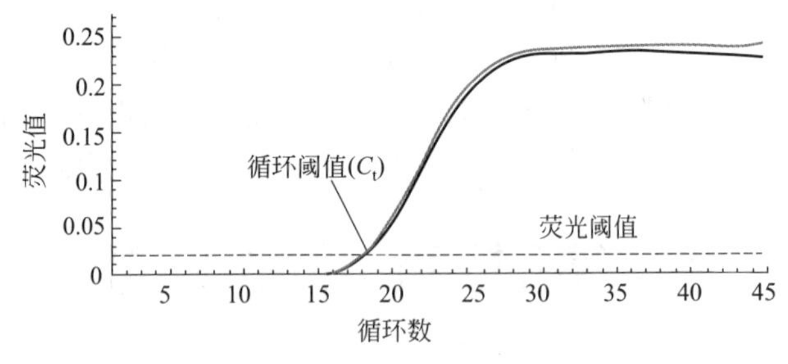

图 4-1 荧光阈值和循环阈值

2. 循环阈值

循环阈值(cycle threshold value,C_t)即 PCR 扩增过程中扩增产物的荧光信号达到设定的荧光阈值时所经过的扩增循环次数(见图 4-1)。C_t 值与荧光阈值有关。

实时荧光定量 PCR 方法采用始点定量的方式,利用 C_t 的概念,在指数扩增的开始阶段进行检测,此时样品间的细小误差尚未放大且扩增效率也恒定,因此该 C_t 值具有极好的重复性。从图 4-2 的重复实验中可以看出,尽管平台期的 DNA 拷贝数波动很大,C_t 值却是相对固定的。

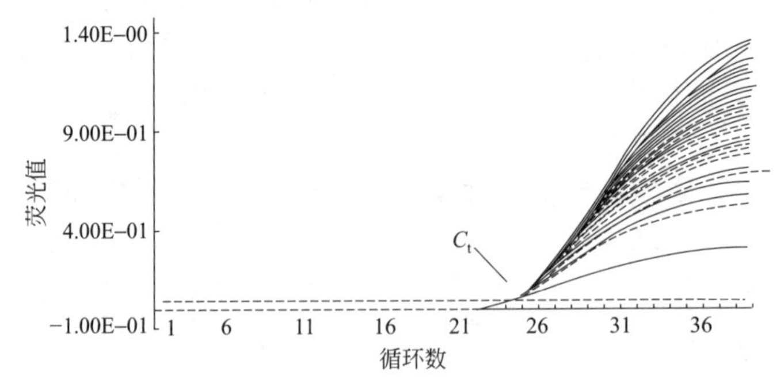

图 4-2 相同模板在同一台 PCR 仪上相同条件下重复 96 次扩增的扩增曲线图

终点处检测产物量不恒定;C_t 值则极具重现性

（二）定量原理

对于一个理想的 PCR 反应，$X_n = X_0 \times 2^n$；对于一个非理想的 PCR 反应，$X_n = X_0(1+E_x)^n$。其中 n 为扩增反应的循环次数；X_n 为第 n 次循环后的产物量；X_0 为初始模板量；E_x 为扩增效率。

在荧光定量 PCR 反应中，在扩增产物达到阈值线时，

$$X_{C_t} = X_0(1+E_x)^{C_t} = N$$

X_{C_t} 为荧光扩增信号达到阈值强度时扩增产物的量，在阈值线设定以后，X_{C_t} 是一个常数，将其设为 N。

两边同时取对数，得

$$\lg N = \lg X_0(1+E_x)^{C_t}$$

整理此式，得

$$\lg X_0 = -\lg(1+E_x) \times C_t + \lg N$$

$$C_t = -1/\lg(1+E_x) \times \lg X_0 + \lg N/\lg(1+E_x)$$

对于每一个特定的 PCR 反应来说，E_x 和 N 均是常数，所以 C_t 值与 $\lg X_0$ 成负相关，也就是说，初始模板量的对数值与循环数 C_t 值呈线性关系，初始模板量越多，扩增产物达到阈值时所需要的循环数越少。因此，根据样品扩增达到阈值的循环数就可计算出样品中所含的模板量[5,6]。

第二节　实时荧光定量 PCR 中的荧光化学物质

一、引言

目前根据实时荧光定量 PCR 所使用的荧光化学物质的不同，荧光定量 PCR 技术主要分两类，分别是荧光染料和荧光探针，其中荧光探针又可分为水解探针、分子信标、双探针杂交和复合探针等。荧光染料是一种扩增序列的非特异性检测方法，是荧光定量 PCR 最早使用的方法。荧光探针是基于荧光共振能量转移（fluorescence resonance energy transfer，FRET）的原理建立的荧光定量 PCR 技术。当一个供体荧光分子的荧光光谱与另一个受体荧光分子的激发光谱相重叠时，供体荧光分子的激发能诱发受体分子发出荧光，同时供体荧光分子自身的荧光程度衰退，这种现象即为 FRET。FRET 现象已广泛应用于生物大分子内和分子间相互作用等生物学研究。本节将逐一对这几种荧光定量 PCR 技术的原理及其优缺点进行介绍。

二、荧光染料

荧光染料方法也称为 DNA 结合染色。DNA 结合染料是荧光定量 PCR 最早使用的化学物质。染料与 DNA 双链结合时在激发光源的照射下发出荧光信号，其信号强度代表双链 DNA 分子的数量。随 PCR 产物的增加，PCR 产物与染料的结合量也增大。不掺入链中的染料不会被激发出任何荧光信号。目前主要使用的染料分子是 SYBR Green Ⅰ。SYBR Green Ⅰ能与 DNA 双链的小沟特异性地结合。游离的 SYBR Green Ⅰ几乎没有荧光信号，但结合 DNA 后，它的荧光信号可成百倍增加（图 4-3）。因此 PCR 扩增的产物越多，SYBR Green Ⅰ则结合得越多，荧光信号也就越强[7]，

可以对任何目的基因定量。

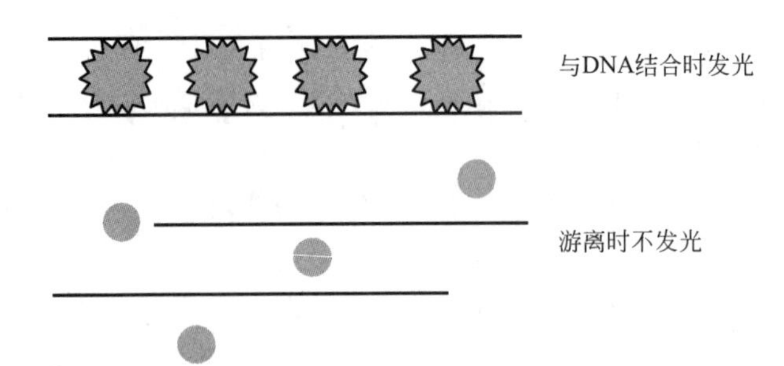

图 4-3 SYBR Green Ⅰ发光的基本原理

荧光染料的优势在于它使用方便，不需要设计复杂的荧光，使检测方法变得简便，同时也降低了检测的成本。而且，它能监测任何双链 DNA 序列的扩增，没有引物特异性，可以用于不同的模板。然而正是由于荧光染料能和任何双链 DNA 结合，它也能与非特异的双链 DNA（如引物二聚体）结合，使实验容易产生假阳性信号。引物二聚体的问题目前可以用熔解曲线（melting curve）加以解决[8]，来区分特异性和非特异性扩增。此外，PCR 引物的设计和反应条件的优化对消除非特异性荧光都有很大帮助。总的来说，SYBR Green Ⅰ方法是一种最基础的实验手段，它可以通过熔解曲线来评价引物的特异性，还可以通过将模板进行梯度稀释来评价引物的扩增效率。因此，可以用 SYBR Green Ⅰ方法来研究最适的反应条件。

由于 SYBR Green Ⅰ对 PCR 有一定的抑制性，并且荧光强度较低，稳定性差，近来试剂公司针对 SYBR Green Ⅰ存在的缺点开发了一些性能改进的染料，如 SYBR Green ER、Power SYBR、Eva Green TM 等。

三、水解探针

水解探针以 TaqMan 探针为代表，也称为外切核酸酶探针。TaqMan 技术是美国 PE 公司于 1996 年研究开发的一种实时荧光定量 PCR 技术，目前已广泛用于基因的定量检测[9,10]。其基本原理是利用 *Taq* 酶的 5′外切酶活性，即 *Taq* 酶具有天然的 5′-3′核酸外切酶活性，能够裂解双链 DNA 5′端的核苷酸，释放出单个寡核苷酸。基于 *Taq* 酶的这种特性，依据目的基因设计合成一个能够与之特异性杂交的探针，该探针的 5′端标记报告基团（荧光基团），3′端标记猝灭基团。正常情况下两个基团的空间距离很近，构成了 FRET 关系，荧光基团因猝灭而不能发出荧光，因此只能检测到 3′端荧光信号，而不能检测到 5′端的荧光信号。PCR 扩增时，引物与特异探针同时结合到模板上，探针结合的位置位于上下游引物之间。当扩增延伸到探针结合的位置时，*Taq* 酶利用 5′-3′外切酶活性，将探针 5′端连接的荧光分子从探针上切割下来，破坏了两个荧光分子间的 FRET，从而发出荧光，切割的荧光分子数与 PCR 产物的数量成正比（图 4-4）。因此，根据 PCR 反应体系中的荧光强度即可计算出初始 DNA 模板的数量。

TaqMan 探针技术的出现解决了荧光染料非特异性的缺点，反应结束后不需要进行寡核苷酸熔解曲线分析，缩短了实验时间。由于 TaqMan 探针对目标序列有很高的特异性，特别适合于 SNP 检测。但是，TaqMan 探针的价格较高，且只适合于一个特定的目标，不便普及应用。此外，由于 TaqMan 探针两侧的荧光基团和猝灭基团相

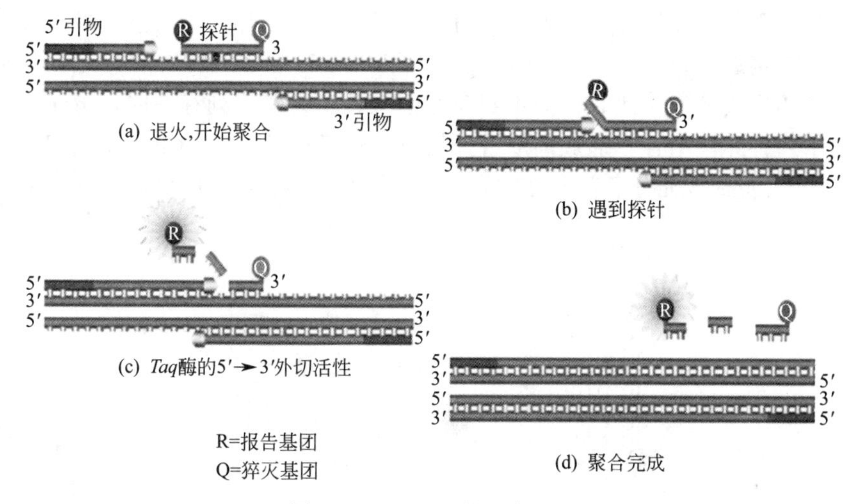

图 4-4　TaqMan 的基本原理

距较远，猝灭不彻底，本底较高，而且该方法也容易受 *Taq* DNA 聚合酶的 5′-3′外切酶活性的影响。

针对 TaqMan 探针荧光猝灭不彻底的问题，2000 年美国 ABI 公司推出了一种新的 MGB-TaqMan（minor groove binding TaqMan）探针（见图 4-5），其 3′端采用了非荧光性的猝灭基团（NFQ），吸收报告基团的能量后并不发光，大大降低了本底信号的干扰。此外，MGB 探针的 3′端还连接了一个小沟结合物——二氢环化吲哚卟啉-三肽，可以大大稳定探针与模板的杂交，提高探针 T_m 值[11]，使较短的探针同样能达到较高的 T_m 值，并且短探针的荧光报告基团和猝灭基团的距离更近，猝灭效果更好，荧光背景更低，短探针也简化了探针设计成本。常用的报告基团有 FAM、JOE、HEX、TET、VIC 等，猝灭基团有 TAMRA、Eclipse 等。

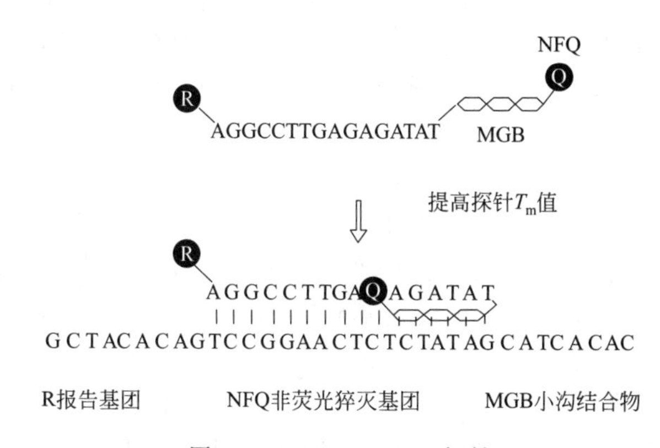

图 4-5　MGB-TaqMan 探针

四、分子信标

分子信标技术是一种基于荧光共振能量转移原理建立起来的新型荧光定量技术[12]。分子信标（molecular beacon）是一段与特定核酸互补的寡核苷酸探针。分子信标长约 25nt，在空间结构上呈茎环结构，其中环序列是与靶核酸互补的探针；茎长约 5～7 nt，由与靶序列无关的互补序列构成；茎的一端连上一个荧光分子，另一端连上一个猝灭分子。当无靶序列存在时，分子信标呈茎环结构，茎部的荧光分子与猝灭分子非常接近（7～10nm），即可生发 FRET，荧光分子发出的荧光被猝灭分子吸收并以热的形式散发，此时检测不到荧光信号；当有靶序列存在时，分子信标的环序列与靶序列特异性结合，形成的双链体比分子信标的茎环结构更稳定，荧光分子与猝灭分子分开，此时荧光分子发出的荧光不能被猝灭分子吸收，可检测到荧光（图 4-6）。

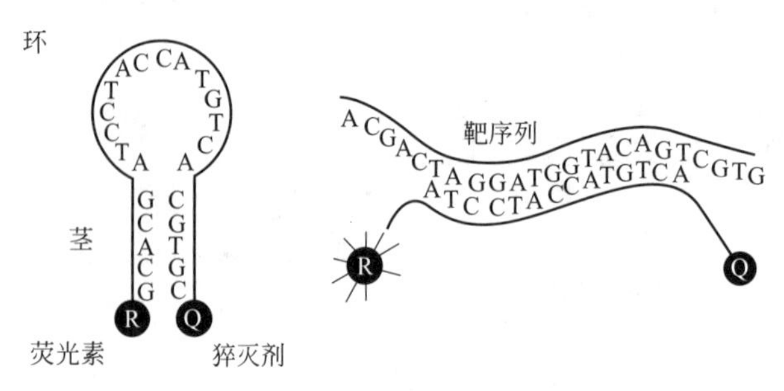

图 4-6　分子信标技术的基本原理

常用的荧光-猝灭分子对是 5′-(2′-氨乙基氨基)萘-1-磺酸（EDANS）和 4′-(4′-二甲基氨基叠氮苯）苯甲酸（DABCYL）。当受到紫外线激发时，EDANS 发出波长为 490nm 的亮蓝荧光；DABCYL 是非荧光分子，但其吸收光谱与发射荧光光谱重叠。只有分子信标存在时，EDANS 和 DABCYL 距离非常接近足以发生 FRET，EDANS 受激发产生的荧光转移给 DABCYL 并以热的形式散发，不能检测到荧光，相反，当有靶核酸时即检测到荧光。

实验证实，把分子信标加入核酸扩增系统中，一方面可以对扩增产物直接进行定量检测，从而消除了核酸的交叉污染，另一方面可以对核酸扩增过程随时进行监测[13]。此外可选择不同的荧光-猝灭分子对，设计产生不同荧光的多个分子信标（又称为多色分子信标，multicolor molecular beacons）用于对多个靶核酸或核酸的不同位点同时检测。常用的荧光-猝灭分子对有香豆素（蓝色)-DABCYL、EDANS（蓝绿)-DABCYL、荧光素（绿色)-DABCYL、荧光黄-DABCYL、四甲基罗丹明（橙色)-DABCYL、得克萨斯红-DABCYL 等。以上荧光-猝灭分子对的猝灭效率均超过 95％，即检测的荧光背景很低。

Nazarenko 等[14] 基于分子信标的原理，使用了一种发卡式引物（sunrise primer)，这一方法的特点是所有的扩增产物均能标记上荧光分子，因此荧光信号响应快，但无法区分特异和非特异扩增是其致命的不足。后来 Whitcombe 等[15] 对上述方法进行了改进，发明了一种称为蝎状引物（scorpion primer）的荧光定量技术。该技术使用一个连接臂将分子信标的 3′端和 PCR 上游引物的 5′端连接起来，连接臂上有 DNA 合成的终止基团，使得 DNA 的合成延伸到分子信标时结束。随着 PCR 的扩增，蝎状引物成为扩增产物的一部分，变性后，双链 DNA 变成单链 DNA，温度下降至复性温度后，蝎状引物上的探针序列与特异性扩增产物的序列发生杂交，使荧光基团和猝灭基团发生分离从而发出荧光信号。而对于非特异性扩增产物，由于没有探针的互补序列，不能进行杂交，无荧光信号产生。从动力学角度来说，分子内杂交比分子间杂交更容易些，所以蝎状引物产生的荧光信号比 TaqMan 探针和分子信标强。

分子信标实时定量 PCR 与常规基因探针相比有如下优势[13]：①可进行实时监

测，在 PCR 体系中加入分子信标，并把 PCR 仪与荧光光谱仪相连，使 PCR 反应过程可以随时进行监测；②有效消除核酸交叉污染，分子信标的各项操作都是在密闭的试管中进行的，完全避免核酸中间操作环节，彻底消除核酸交叉污染；③省时方便，分子信标可以直接加入核酸扩增体系进行检测，而不需要将杂交体与未杂交体分离；④特异性强，与线性寡核苷酸探针相比，茎环状结构的分子信标检测特异性更高，靶序列中单个碱基的错配、缺失或插入突变均能检测出来；⑤灵敏度高，常与 PCR 核酸扩增技术联合应用，低至 1 拷贝的核酸也能检测；⑥实现核酸大规模自动化检测是分子信标的最大优点；⑦可对活体内核酸动态进行检测，分子信标可进入活细胞内进行核酸的特异检测，而不必杀死细胞。分子信标的缺点是发卡结构在高温变性阶段有时不能完全打开，探针不能完全与模板结合，影响实验结果稳定性。而且分子信标设计较难，既要避免产生强的背景信号，又要避免茎部杂交过强，影响其与模板退火，从而影响荧光生成。此外，由于探针合成时标记较复杂，其成本也相对较高。

五、双杂交探针

双杂交探针技术是 Roche 公司开发的一种 PCR 定量技术，也称为 LightCycler 技术。该方法需要设计两条荧光标记的探针，第一条探针的 3′端标记供体荧光基团，第二条探针的 5′端标记受体荧光基团，并且第二条探针的 3′端必须被封闭，以阻止 DNA 聚合酶以第二条探针作为引物起始 DNA 合成。两条杂交探针在目的基因上的互补序列应该相互邻近，第二条探针和第一条探针首尾相接。受体荧光和供体荧光具有不同的波长，当两条探针都结合到目的基因上后，受体和供体荧光基团相互靠近，FRET 才能发生，此时供体荧光被猝灭，而受体荧光被激发。由于荧光猝灭的程度与起始模板的量成反比，以此可以进行 PCR 定量分析。在 PCR 每个循环的变性和延伸阶段，两条探针分散在反应液中，并且彼此分离，因此只能检测到供体荧光信号。在复性阶段，两条探针均与目的基因的 PCR 扩增片段杂交，第二条探针的 5′端与第一条探针的 3′端相互靠近，导致 FRET 发生，受体荧光被激发[16]。Roche 公司已成功开发了试剂盒和相应的仪器。该方法的特点是，猝灭效率高，但由于两个探针结合于模板上影响了扩增效率。此外，由于需要合成两个较长的探针，合成成本相对较高。

六、复合探针

复合探针（complex probes）定量 PCR 技术综合了分子信标和双杂交探针两种技术的优点[17,18]。该技术的基本原理是设计合成两个探针，一个是荧光探针，长度在 25bp 左右，其 5′端标以荧光报告基团；另一个为猝灭探针，长度在 15bp 左右，其 3′端标以荧光猝灭基团，并能与荧光探针 5′端杂交，此时因荧光报告基团与猝灭基团靠近，使其荧光信号被后者吸收。因此，当反应体系中没有特异性模板时，两探针就会特异结合，则测不到荧光信号。反之，当有特异性模板存在时，在较高温度下荧光探针优先与模板结合，以致两探针分离，报告基团的荧光信号可被释出，其强度与被扩增的模板数量成正比，因而可进行 PCR 定量。在上述荧光定量 PCR 过程中，猝灭基团的荧光信号变化轻微，实际上起到一个内参照的作用，有助于进一步校正报告基团的荧光信号。复合探针的优点：①采用非荧光猝灭剂，本底低；②对扩增效率影响小；③探针设计、合成、标记以及纯化方便。以该技术为基础建立的基因突变检测技术与目前常用的分析方法（主要是基因测序）相比具有高效、快速、特异和成本低等特点。

第三节 实时荧光定量PCR的定量方法

在实时荧光定量PCR中，模板定量有两种策略：相对定量和绝对定量[19,20]。相对定量是指在一定样本中靶序列相对于另一参照样本的量的变化。绝对定量指的是用已知的标准曲线来推算未知样本的量。

一、绝对定量

绝对定量指的是用已知的标准曲线来推算未知样本的量[21]。此方法标准品的量是预先已知的。将标准品稀释成不同浓度的样品，并作为模板进行PCR反应。以标准品拷贝数的对数和 C_t 值绘制标准曲线。对未知样品进行定量时，根据未知样品的 C_t 值，即可在标准曲线中得到样品的拷贝数（图4-7）。与传统的PCR相比，定量PCR实现了初始模板的绝对定量，而且其检测灵敏度高（可以检测到低拷贝的目的基因），可以区分微小的拷贝数差异，测定范围很广（$10\sim10^{10}$ 拷贝）。

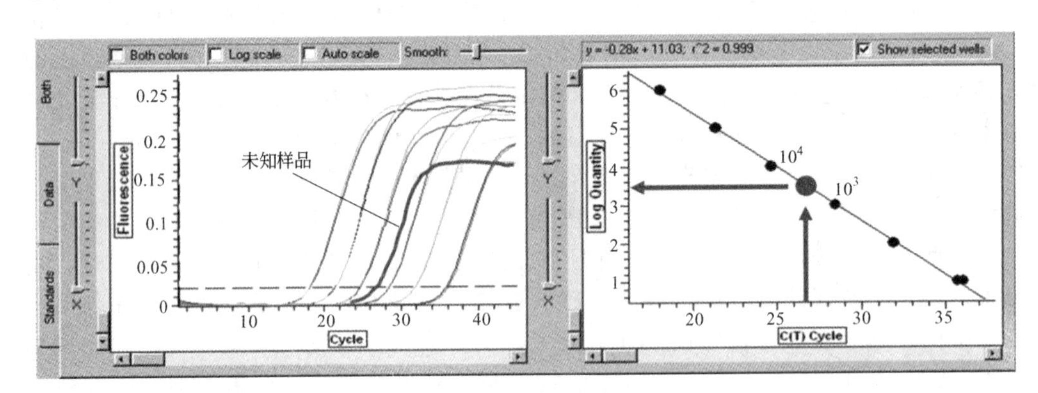

图4-7 绝对定量的定量原理

绝对定量的标准品可以是纯化的质粒双链DNA或体外转录的RNA，也可以是体外合成的单链DNA[9]。由于标准品能与目的基因保持较高的同源性，所以两者一致的扩增效率能得到较为可靠的保证。但由于标准品与目的基因不在同一反应体系中扩增，所以无法检测也不能补偿可能出现在目的基因反应体系中的影响因素，如PCR抑制子。

标准品的量可根据260nm的吸光度值并用DNA或RNA的分子量来转换成其拷贝数来确定。拷贝数的计算公式为：

$$\text{拷贝数}=(\text{DNA质量}/\text{DNA摩尔质量})\times6.02\times10^{23}$$

由于样本的浓度完全是通过标准曲线来确定，所以合适的标准品是定量准确的关键。一方面标准品与未知样本应具有一致的扩增效率，另一方面标准品的定量必须准确。这就要求标准品的扩增序列与样本完全一致，制备的标准品纯度要高，不应含有影响定量的因素（如DNA酶），标准品与未知样本各自反应体系内的干扰因素要一致等。

二、相对定量

相对定量是一种更普遍、更简单的方法。机体的细胞中，一些基因的表达量是恒定的，这些基因可以被用作内部参照（简称内参）基因。相对定量就是通过检测目的基因相对于内参基因的表达变化来实现定量的。一般推荐使用内源性管家基因（house keeping gene）作为内参基因，管家基因的作用主要有：①用于与目的基因拷贝数的比较；②作为内对照补偿待测样本核酸抽提过程中造成的目的基因变异，以及反映反应体系内是否存在 PCR 扩增的影响因素；③参照物标准化，由于管家基因在各种组织中是恒定表达的，所以可以用管家基因的量作为某种标准，以比较来源不同的样本目的基因表达量的差异。通常选用的管家基因有 GAPDH、β-actin、β2-微球蛋白基因和 rRNA 等[22]，研究者可以根据需要选择合适的管家基因。使用管家基因进行相对定量不仅比绝对定量更加简单、经济，而且也更为可靠和准确，但是管家基因毕竟与目的基因存在较大的异源性，所以在反应过程中会出现扩增效率不一致的问题。下面将具体介绍各种相对定量的方法。

（一）标准曲线法的相对定量

此方法与绝对定量的标准曲线法基本相似。不同之处是绝对定量中只需构建目的基因的标准曲线，而且用于构建标准曲线的标准品的量是预先已知的。而相对定量中需要同时构建目的基因和内参基因两条标准曲线，并且相对定量中所用的标准品不用知道其准确拷贝数或浓度，只要知道其相对稀释度即可。

相对定量法中必须选定一个用于表达差异分析的参照体系，而且最终得到的结果是未知样品的量，是相对于某个参照物的量而言的。该方法的第一步是制备标准品，包括目的基因的标准品与内参基因的标准品。标准品可以不知道准确拷贝数或浓度，但必须准确地进行倍比稀释，一般为 10 倍的倍比稀释。第二步就是分别将系列稀释的目的基因标准品和内参基因标准品制成标准曲线，然后根据标准曲线得出未知样品和参照样品中的目的基因和内参基因的表达量，并用内参进行均一化，即将目的基因的数量（拷贝数）除以与之相应的内参基因数量。可以看出，假定目的基因在参照体系中的表达量为 1×，那么目的基因在其它情况下的表达量以相对于参照体系的 n 倍表示。当标准品内参照因子与目的基因扩增效率不同时可用该方法进行相对定量。

（二）比较 C_t 法的相对定量

比较 C_t 法与标准曲线法的相对定量的不同之处在于其运用了数学公式来计算相对量。用比较 C_t 相对定量法进行基因表达定量时，来自同一样品的目的基因和内参基因都要进行实时荧光定量 PCR 反应，定量的结果由目的基因与内参基因 C_t 之间的差值（ΔC_t）来反映。因此，与绝对定量相比，比较 C_t 法的相对定量省去了构建标准曲线的麻烦。另外，因为使用了参照样品，比较 C_t 法的相对定量使机体的不同组织，以及不同实验处理组之间的基因表达的变化具有可比性[9]。

1. $2^{-\Delta\Delta C_t}$ 法[22]

该方法所用公式如下：

$$X = X_o \times (1+E_x)^n \tag{4-1}$$

式中，X 是第 n 次循环后的目标分子数；X_o 是初始目标分子数；E_x 是目的基因的扩增效率；n 是循环数。

$$X_t = X_o \times (1+E_x)^{C_{t,x}} = K_x \tag{4-2}$$

式中，X_t 是目的基因达到设定阈值时的分子数；$C_{t,x}$ 是目的基因扩增达到阈值时的循环数；K_x 是一个常数。

内参基因也有同样的公式：$$R_t = R_o \times (1+E_r)^{C_{t,r}} = K_r \tag{4-3}$$

式中，R_t 是内参基因达到设定阈值时的分子数；R_o 为初始内参基因分子数；$C_{t,r}$ 是内参基因扩增达到阈值时的循环数；K_r 是一个常数。

用 X_t 除以 R_t 得到：$$\frac{X_t}{R_t} = \frac{X_o \times (1+E_x)^{C_{t,x}}}{R_o \times (1+E_r)^{C_{t,r}}} = \frac{K_x}{K_r} = K \tag{4-4}$$

假设目的基因与内参基因的扩增效率相同 $E_x = E_r = E$，

则 $$\frac{X_o}{R_o} \times (1+E)^{C_{t,x} - C_{t,r}} = K \tag{4-5}$$

或 $$X_n \times (1+E)^{\Delta C_t} = K \tag{4-6}$$

式中，X_n 表示经过均一化处理过的初始目的基因量；ΔC_t 表示目的基因和内参基因 C_t 值的差异（$C_{t,x} - C_{t,r}$）。

整理上式得：$$X_n = K \times (1+E)^{-\Delta C_t} \tag{4-7}$$

最后用任一样本（q）的 X_n 除以参照样品（cb）的 X_n 得到：

$$\frac{X_{n,q}}{X_{n,cb}} = \frac{K \times (1+E)^{-\Delta C_{t,q}}}{K \times (1+E)^{-\Delta C_{t,cb}}} = (1+E)^{-\Delta\Delta C_t} \tag{4-8}$$

式中，$-\Delta\Delta C_t = -(\Delta C_{t,q} - \Delta C_{t,cb})$。

如果对反应条件进行优化使扩增效率接近 1，那么实验样本经均一化处理后相对于参照样本就是 $2^{-\Delta\Delta C_t}$。式(4-8) 中参照样本的选择是根据不同的实验类型确定的，其应用有以下 3 种情况：①某种处理方法对基因表达的影响，将未经处理的样本表达量设为 1×，那么可得到经某种方法处理后的样本相对于未处理样本的基因表达差异。②检测基因在不同时间的表达差异，假设某基因在某时刻（可设为 0 时刻）的表达量为 1×，则可比较基因在其它时刻的表达量相对于其在 0 时刻的表达量的变化。例如，细胞在不同周期内某基因表达量的变化。③比较基因在不同组织中的表达差异，将用作参照的组织中目的基因表达量设定为 1×，那么目的基因在待测组织中的表达量用相对于参照组织的 N 倍表示。例如，*APRIL* 基因在肿瘤组织中的表达量是其在正常组织中表达量的多少倍。该方法的优点是不需要标准曲线，但其公式的应用要满足两个条件：①目的基因与内参基因要有相同的扩增效率；②要使扩增效率达到最佳（接近于 100%），主要通过一系列反应体系与条件的优化来实现。由于不同的扩增效率会导致该方法结果的错误，该方法必须检测扩增效率是否一致[23]。

具体来说，在进行 $2^{-\Delta\Delta C_t}$ 相对定量实验时，实验体系中必须包含实验组和参照组、目的基因和内参基因。ΔC_t(目的基因)$=C_t$(目的基因)$-C_t$(同一样本的内参基因)；$\Delta\Delta C_t$(目的基因)=实验组 ΔC_t(目的基因)－参照组 ΔC_t(目的基因)，相对倍数(实验组/参照组)$=2^{-\Delta\Delta C_t(\text{目标基因})}$。$2^{-\Delta\Delta C_t}$ 法的不足之处在于没有考虑 PCR 扩增效率对定量结果的影响，将 PCR 扩增效率设为 100%。而实际扩增过程中，随 PCR 反应的进行，产物增多，引物和底物减少，DNA 聚合酶的活性降低，扩增效率必定会下降，因此，扩增效率很难达到 100%，从而导致计算结果的不准确。

例如，实验样品的目的基因 C_t 值为 22，内参基因 C_t 值为 21；参照物的目的基因 C_t 值为 24，内参基因 C_t 值为 20。

$2^{-\Delta\Delta C_t}$ 法计算的结果：实验样品的 ΔC_t(目的基因)=1

参比样品的 ΔC_t(目的基因)=4

$\Delta\Delta C_t$(目的基因)=1−4=−3

相对倍数(实验组/参照组)=2^3=8

2. Pfaffl 法[24]

Pfaffl 法是在 $2^{-\Delta\Delta C_t}$ 法的基础上根据扩增效率来进行分析，考虑了扩增效率对结果的影响，结果更加准确。相对的表达量由未知的试验样本和内参基因的 E 值和 C_t 值推导出。公式为：

$$\text{ratio}=E_{\text{target}}^{\Delta C_{t,\text{target}}(\text{参照组}-\text{实验组})}/E_{\text{refere}}^{\Delta C_{t,\text{refere}}(\text{参照组}-\text{实验组})}$$

式中，E_{target} 为目的基因的扩增效率，E_{refere} 为内参基因的扩增效率，$\Delta C_{t,\text{target}}$ 为参照样品中目的基因的 C_t 减去待测试验样品中目的基因的 C_t，$\Delta C_{t,\text{refere}}$ 为参照样品中内参基因的 C_t 减去待测样本中内参基因的 C_t。参照样品就是预先假定目的基因在其中的表达量为 1× 的样品，那么目的基因在其它体系的表达量为相对于参照样品的 N 倍。利用能在 Excel 中运行的相对表达软件（REST©）可对数据进行自动分析。REST© 利用随机区组设计资料的两两比较使实验结果更具意义，并同时显示所选的参照基因是否适合该实验。

还是上面的例子，如果目的基因的扩增效率为 100%，内参基因的扩增效率为 90%，那么根据 Pfaffl 法计算的结果：

首先根据目的基因的标准曲线，得出目的基因的效率为 2，同理得出内参基因的效率为 1.9。

$\Delta C_{t,\text{target}}$(参照组−实验组)=24−22=2

$\Delta C_{t,\text{refere}}$(参照组−实验组)=20−21=−1

相对倍数(实验组/参照组)=$2^2/1.9^{-1}$=4/0.53=7.5

从计算的结果可以看出，扩增效率的不同可以影响到最终的计算结果。

（三） Liu and Sain 法[25]

该法首先通过仪器的软件（PE Applied Biosystems）根据公式 $R_n=R_o\times(1+E)^n$（R_n 为 n 个循环后的荧光值，R_o 为初始荧光值）模拟出在 PCR 指数扩增早期的动力学曲线。因为随着反应的进行，反应体系的各成分的消耗将影响目的片段的扩增，所以将指数扩增早期的动力学图形用于分析结果更加可信。通过 PCR 的动力学曲线得出扩增效率 E 值：$E=(R_{n,\text{A}}/R_{n,\text{B}})^{-(C_{t,\text{A}}-C_{t,\text{B}})}-1$（$R_{n,\text{A}}$、$R_{n,\text{B}}$ 为在扩增曲线上任意 A、B 两点的阈值的 R_n）。通过该公式可直接得出各不同扩增反应的 E 值。最后根据 E 值推导出其相对于参照因子（即 1×）的表达公式：$R_{n,\text{b}}/R_{n,\text{a}}=(1+E)^{-\Delta\Delta C_t}$ [$R_{n,\text{b}}$、$R_{n,\text{a}}$ 是待检样本 a、b 经过公式 $R_{o,t}/R_{o,r}=(1+E)^{\Delta C_t}$ 标化后的 R_o，$\Delta C_t=C_{t,r}-C_{t,t}$，$-\Delta C_t$ 为待检样本 a、b 的 ΔC_t 的差值]，该公式在定量的同时标化实验结果。有人将该法与标准曲线法、$2^{-\Delta C_t}$ 法同时进行比较，结果表明，该法比“标准曲线法”更简单、省时，比“$2^{-\Delta\Delta C_t}$法”更准确、可靠。因为使用者可根据模拟的动力学图形确定 PCR 过程的指数增长期并将其应用于计算。

除了介绍的这几种方法以外，相对定量的方法还有 Q-基因法[26]、Gentle 法[27]、Amplification plot 法[28] 等。这些方法均有相应的文献，研究者可以根据自身实验室的条件以及对定量准确性的要求进行选择。

第四节　实时荧光定量 PCR 的实验方法

前面几节对实时荧光定量 PCR 的原理、荧光物质及定量方法进行了介绍，本节将具体介绍如何开展一个实时荧光定量 PCR 反应。我们首先对实时荧光定量 PCR 技术的实验方案进行详细的介绍，然后对一些重点的问题单独进行阐述，如实验方案的优化、引物的设计以及实践中应该注意的问题等。

一、实时荧光定量 PCR

指以 DNA 为起始实验材料进行实时定量 PCR 反应。

（一）材料

1. 仪器

仪器有多种，市面上常用的有 Applied Biosystems™ 实时 PCR 系统（7000、7300、7500、7900 等）、BioRad 实时 PCR 检测系统（iQ™ 或 iQ5™）、Roche Lightcycler 实时 PCR 检测系统、Stratagene 定量 PCR 反应仪（MX4000、MX3000 或 MX3005）、MJ Opticon、Smartcycler 和 Rotor Gene 2000。这些仪器各有特点，可根据需要选择使用。下述实验使用的仪器为 Roche LightCycler 2.0 荧光定量 PCR 仪。

2. 样品

血液标本、体液标本、鼻咽拭子标本、组织标本、细胞标本等。

3. 试剂

① 细胞裂解缓冲液：10mmol/L Tris-HCl（pH 8.3），50mmol/L KCl、2.5mmol/L $MgCl_2$、4.5mL/L NP-40、4.5mL/L Tween 20 和 60mg/mL 蛋白酶 K。

② TE 缓冲液：10mmol/L Tris-HCl（pH 8.0）、1mmol/L EDTA。

③ 苯酚-氯仿（1∶1，体积比）。

④ 氯仿-异戊醇（24∶1，体积比）。

⑤ Qiagen Miniprep Kit。

⑥ Qiagen 血液分离试剂盒。

⑦ Qiagen DNA 纯化试剂盒等。

（二）方法

因为实时荧光定量 PCR 使用的探针类型不同，所以，具体的实验方法也就有一定的差异，下面主要介绍利用 TaqMan 探针的方法来进行检测布鲁菌。

1. 引物和探针设计

从布鲁菌的基因组序列中选择高保守区段序列来设计引物和探针（可采用 Primer Express 软件和其它公司提供的软件来设计）。探针的荧光标记选择 FAM 作为报告发光基团，TAMRA 为猝灭基团。为减少 PCR 扩增中产生的非特异产物，可将 PCR 引物在 GenBank 中进行比对，理想的 PCR 引物不应与其它细菌存在同源序列。为了避免标记的荧光探针衰减，探针应高浓度保存（100pmol/μL），储存在 −20℃，使用前稀释。

2. 模板制备

（1）从血液中提取 DNA 样品

① 采集血液 5～10mL，加 EDTA 抗凝。

② 按 Qiagen 血液分离试剂盒提供的方法分离外周白细胞，并在显微镜下计数。

③ 取 2×10^6 个细胞，加 50μL 细胞裂解缓冲液，混合，56℃孵育 1～2h。

④ 95℃加热 5min。

⑤ 用 Qiagen DNA 纯化试剂盒纯化 DNA。

⑥ 将纯化的 DNA 溶于 50μL TE 缓冲液，对 DNA 进行定量。

（2）从组织中提取 DNA 样品

① 取 20～50mg 组织样品，用剪刀剪成 1～$2mm^3$ 大小。

② 加 50～100μL 细胞裂解缓冲液，混合，56℃孵育 2h 或更长的时间。

③ 95℃加热 5min。

④ 使用苯酚-氯仿抽提一次，再用氯仿-异戊醇抽提一次。

⑤ 用 Qiagen DNA 纯化试剂盒纯化 DNA。

⑥ 将纯化的 DNA 溶于 50μL TE 缓冲液，对 DNA 进行定量。

（3）纯培养标本

直接用 Qiagen DNA 纯化试剂盒提取布鲁菌的 DNA。

3. 标准质粒的构建

① 以布鲁菌的基因组 DNA 为模板，PCR 扩增相应的 DNA 片段。

② PCR 产物回收后克隆到一通用载体上，如 pET-32a、pGEM5zf 等。

③ 用 Qiagen Miniprep Kit 试剂盒提取含有插入片段的质粒 DNA，PCR 和酶切鉴定后提取质粒并测序。

④ 测序结果与 GenBank 序列比对无误之后，用分光光度计测定质粒 DNA 的浓度与纯度，保存于 −20℃。

4. 反应体系和条件的建立与优化

建立 20μL 的实时荧光定量 PCR 反应体系。采用正交实验法对上下游引物浓度、探针浓度、Mg^{2+} 浓度和循环条件进行优化。优化的目的是在给定的 DNA 模板情况下，获得最小 C_t 值和最大扩增曲线的 PCR 条件。需用优化后的扩增条件检测样品中的最小拷贝数为多少，并在以无关 DNA 样品为模板时扩增结果为阴性。

5. 定量标准曲线的建立

① 根据构建好的标准质粒的分子量和质量浓度，计算其拷贝数浓度。

② 对质粒 DNA 进行 5 倍或 10 倍的系列稀释，稀释的质粒 DNA 溶液用来制作标准曲线的模板。

③ 用合成的引物和 TaqMan 探针进行实时荧光定量 PCR，获得相应的 C_t 值。

④ 仪器能自动以系列稀释液中 DNA 拷贝数的对数作为横坐标，以 C_t 值为纵坐标制图和确定斜率的函数公式（见图 4-8），在测定样品时自动计算出其拷贝数。

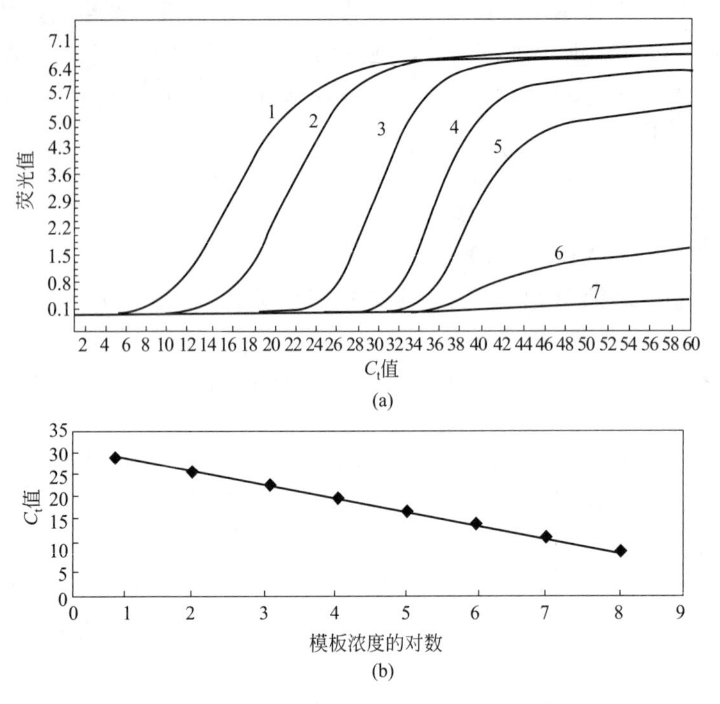

图 4-8　标准品系列稀释物扩增图（a）及标准曲线（b）

1～7 分别为系列稀释模板的扩增曲线

6. TaqMan 探针的反应体系和反应条件

体系：			
DNA 模板	5ng	TaqMan 探针（10μmol/L）	0.4μL
dNTP（2.5mmol/L）	1.6μL	*Taq* 酶（5U/μL）	0.2μL
$MgCl_2$（25mmol/L）	1.6μL	10×PCR 缓冲液	2μL
上下游引物（10μmol/L）	0.5μL	参比染料 ROX	0.4μL

加水补齐至终体积为 20μL。

注：Roche、Qiagen、Stratagene、ABI、TaKaRa 等公司都有成品的 Mix 出售，可根据需要选择使用。

循环条件如下。①预变性：95℃，10min。②扩增：95℃，10s；60℃，60s。在 60℃时荧光信号收集方式为“SINGLE”，仪器检测通道选择 F1，共 45 个循环。③冷却：40℃，0s。温度变化速率均为 20.00℃/s。

注：应根据不同的荧光定量 PCR 仪器和具体的实验需要来设定循环条件。本章使用的是 Roche LightCycler 2.0 荧光定量 PCR 仪。

7. SYBR Green Ⅰ染料法

由于 SYBR Green Ⅰ染料法在实验中也经常用到，所以在这里也进行一个简单的介绍。

体系：	
2×SYBR Green Ⅰ mix（TaKaRa）	10μL
上下游引物（10μmol/L）	各 0.5μL
DNA 模板	5ng

加无菌去离子水至终体积 20μL。

循环条件如下：①预变性：95℃，5min。②扩增：95℃，5s；60℃，5s；72℃，15s。在 72℃时荧光信号收集方式为“SINGLE”，仪器检测通道选择 F1，共 45 个循环。③熔解曲线：95℃，0s；63℃，15s；95℃，0s（温度变化速率为 0.05℃/s）。④冷却：40℃，0s。未标注的温度变化速率均为 20.00℃/s。

二、实时定量 RT-PCR

实时定量 RT-PCR 以 RNA 为起始实验材料。分为两种：①one-step 法，反转录反应和 PCR 反应在同一反应管中进行，操作简单、反应连续、污染概率低，适合于病原体的检测；②two-step 法，反转录反应和 PCR 反应分两步进行，反转录反应液（cDNA）作为 PCR 反应的模板，适合于 mRNA 表达量的解析。

（一）材料

仪器、样品与实时定量 PCR 相同。

（二）方法

1. RNA 的提取

（1）血液标本中总 RNA 的抽提

① 根据实验需要，取外周血 0.2～10mL，离心弃血浆。

② 加入 1～2mL 红细胞裂解液（150mmol/L NH_4Cl，10mmol/L $KHCO_3$，0.1mmol/L EDTA）。

③ 1500r/min 离心 8min，弃上清，重复操作一次。

④ 用 1～10mL 的 PBS 洗涤 2 次，收集有核细胞。

⑤ 计数细胞，每一样品取出相同细胞数用于总 RNA 的提取。

注：可根据使用的总 RNA 提取试剂盒操作方法来提取 RNA，也可用 Trizol 法来提取 RNA［具体操作步骤参见下文“（2）细胞标本中总 RNA 的抽提”］。

（2）细胞标本中总 RNA 的抽提

① 按每 $10cm^2$ 细胞直接加入 1mL Trizol，在旋涡振荡器上混匀。

② 室温放置 5min，使核酸蛋白复合物充分裂解。

③ 加入约 1/5 体积的氯仿，小心地盖上盖子，上下颠倒充分混匀 1min 左右，室温下静置 5min，4℃ 12000r/min 离心 15min，此时溶液可分为三层，最下面的淡红色的苯酚-氯仿相、中间相以及最上面无色的水相，RNA 则位于水相中。水相的体积大约为总体积的 60％。

④ 将上清转移至一新离心管中，加入等体积的异丙醇，轻轻颠倒混匀，室温静置 10min，4℃ 12000r/min 离心 10min。

⑤ 弃上清，加入 75％乙醇 1mL，悬浮沉淀，4℃ 7500r/min 离心 5min，重复此步骤一次。

⑥ 弃上清，将沉淀晾干，加入适量无 RNA 酶的水充分溶解沉淀，测定 OD_{260} 和 OD_{280} 值（切勿让 RNA 过分干燥，否则极难溶解，且测出的 OD_{260}/OD_{280} 值会低于 1.6，如难溶可以 65℃促溶 10～15min）。

⑦ 如果需要提高总 RNA 的纯度，可以使用 QIAGEN RNeasy® Kit 纯化总 RNA，详细操作原理和方法见 RNeasy Mini Protocol。

⑧ 为了更好地预防和去除 DNA 的污染，可用 DNA 酶（promega）来处理抽提

的 RNA。

(3) 组织标本中总 RNA 的抽提

① 取组织 100mg，加入 1mL Trizol 试剂，用液氮研磨或采用电动匀浆器充分打碎组织块。

② 同 (2) 中的③～⑧。

(4) 细菌 RNA 的抽提

① 取 1mL 菌液 (1×10^8cfu/mL)，4℃ 12000r/min 离心 5min。

② 弃上清，菌体加入 1mL Trizol 试剂，混匀，室温放置 5min，使核酸蛋白复合物充分裂解。

③ 同 (2) 中的③～⑧。

(5) RNA 样品制备时的注意事项

① 无论是 one-step 法还是 two-step 法，都是将 RNA 合成 cDNA，然后再对此 cDNA 进行扩增。RNA 的纯度会影响 cDNA 的合成量，而制备 RNA 的关键是要抑制细胞中的 RNA 分解酶和防止所用器具及试剂中的 RNA 分解酶的污染。因此，在实验中必须采取以下措施：戴一次性干净手套；使用 RNA 操作专用实验台；在操作过程中避免讲话等。通过以上办法可以防止实验者的汗液、唾液中的 RNA 分解酶的污染。

② 尽量使用一次性塑料器皿，若用玻璃器皿，应在使用前按下列方法进行处理。

a. 用 0.1% DEPC (焦碳酸二乙酯) 水溶液在 37℃下处理 12h。

b. 120℃下高压灭菌 30min 以除去残留的 DEPC。

RNA 实验用的器具建议专门使用，不要用于其它实验。

③ 用于 RNA 实验的试剂，须使用干热灭菌 (180℃，60min) 或用上述方法进行 DEPC 水处理灭菌后的玻璃容器盛装 (也可使用 RNA 实验用的一次性塑料容器)，使用的无菌水须用 0.1%的 DEPC 处理后进行高温高压灭菌。RNA 实验用的试剂和无菌水都应专用，避免混用后交叉污染。

2. 引物、探针的设计以及标准曲线的制备

引物、探针的设计以及标准曲线的制备与实时定量 PCR 相同。

3. one-step 法

Qiagen、Stratagene、Invitrogen、ABI、TaKaRa 等公司都研制了相应的试剂盒，下面以 TaKaRa 公司的 One Step primeScript™ RT-PCR Kit 为例来进行介绍。

该制品首先利用反转录酶 PrimeScript™ RTase 将 RNA 反转录成 cDNA，再以 cDNA 为模板利用 TaKaRa 的 Ex Taq™ HS 在同一反应管内连续进行 real time PCR 扩增反应 (使用 TaqMan® 探针法)。RT-PCR 反应采用了如图 4-9 显示的 one-step RT-PCR 方法。反转录反应以总 RNA 为模板，以 Specific primer (Reverse) 为反转录引物 (本试剂不能使用 Random primer 和 Oligo dT primer 进行反转录反应) 合成 cDNA。然后以合成的 cDNA 为模板，以 Specific primer (Forward，Reverse) 为引物，进行 real time PCR 扩增反应。

按下列组分配制 RT-PCR 反应液 (反应液配制在冰上进行)。

2×one-step RT-PCR buffer Ⅲ	10μL	PrimeScript™ RT Enzyme Mix Ⅱ	0.4μL
TaKaRa Ex Taq™ HS(5U/μL)	0.4μL	PCR Forward primer	0.4μL

PCR Reverse primer	0.4μL	总 RNA	2μL
探针	0.8μL		

加 RNase Free dH_2O 至终体积 20μL。

注：①通常引物终浓度为 0.2μmol/L 可以得到较好结果。反应性能较差时，可以在 0.1～1.0μmol/L 范围内调整引物浓度。

②通常探针终浓度在 0.1～0.5μmol/L 范围内进行调整。

③建议使用 10pg～100ng 的总 RNA 为模板。

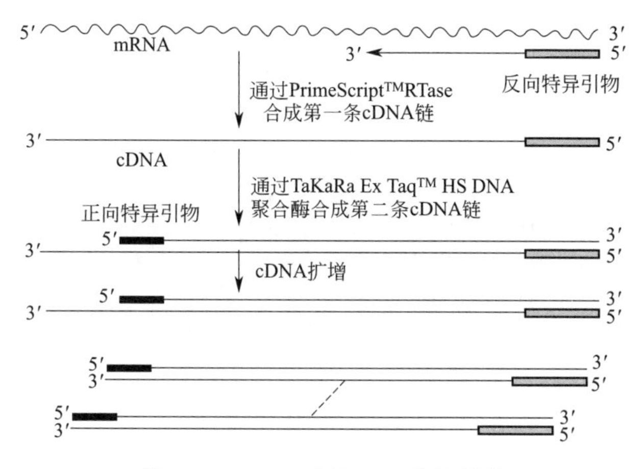

图 4-9　one-step RT-PCR 方法原理

PCR 反应管用离心机轻轻离心后放入 PCR 仪中进行实时定量 PCR 反应。如果使用该程序得不到良好的实验结果，则进行 PCR 条件的优化。

反转录反应：42℃，5min；95℃，10s；温度变化速率为 20.00℃/s；

PCR 反应：95℃，5s；60℃，20s；45 个循环，温度变化速率为 20.00℃/s。

4. two-step 法

两步法中反转录反应和 PCR 反应是分两步进行的。

（1）反转录

① 提取的总 RNA 用 Nanodrop 1000 核酸蛋白微量定量仪测定浓度，将 RNA 2μg、N6 随机引物 1μL（0.5μg/μL）加入无菌的无 RNA 酶的 PCR 管中，短暂离心混匀。

② 将 PCR 管置于热循环仪内，70℃变性 10min，解开模板中的二级结构，迅速将 PCR 管置于冰上，停留 5min，防止二级结构重新形成，短暂离心，将溶液收集到管底。

③ 按如下顺序将下列成分加入到引物和模板的混合物中：

M-MLV 5×反应缓冲液(promega)	5μL	RNA inhibitor(40U/μL)	25U
dNTP(各 2.5mmol/L)	5μL	M-MLV 反转录酶(promega)	200U

加 DEPC 水至终体积 20μL。

④ 用手指轻弹管壁，混合反应液，37℃孵育 60min。

（2）PCR 反应　与实时荧光定量 PCR 反应相同。

三、多重实时定量 PCR

多重实时定量 PCR（multiplex real-time quantitative PCR）是指设计多种不同的

引物和荧光探针序列，将其放入同一反应管内，同时扩增数个目的基因或同一目的基因的多个突变位点。其反应原理和反应试剂与普通实时定量 PCR 相同。与单一实时定量 PCR 相比，多重实时定量 PCR 具有以下优势。①时效性：在同一个 PCR 反应中，可以同时鉴定多种病原体或多个目的基因，加快了诊断和筛查的时间；②系统性：在同一个 PCR 反应中，可对同一类靶标进行系统全面的检测与鉴定，适用于成组病原体或某一类基因位点的检测；③经济、简便性：由于在同一 PCR 反应中可以检测出多种病原体或某一类基因位点，节省了检测的人力、物力和财力。目前，多重实时定量 PCR 应用十分广泛，尤其是在感染性疾病检测和遗传性疾病诊断方面具有重要的应用价值。

（一）材料

1. 仪器

在仪器的选择上需要保证实时定量 PCR 仪有足够数量的荧光通道，能够进行多个不同波长的荧光收集，从而在进行多重 PCR 扩增时能够区分多个不同扩增产物的扩增曲线。目前市面上常见的实时荧光定量 PCR 仪基本上都在三通道或三通道以上，可以满足实验的需求。

2. 样品

与实时荧光定量 PCR 相同。

3. 试剂

与实时荧光定量 PCR 相同。

（二）方法

这里以三重实时定量 PCR 为例。

1. 引物和探针设计

下载基因组序列，利用生物信息学软件进行比对分析来确定目的基因，针对目的基因的保守区设计 3 个目的基因的引物和探针。3 条 TaqMan 探针的两端分别采用 FAM、HEX、CY5 荧光基团和相应的 BHG1/BHG3 猝灭基团标记。

使用 NCBI 的 Blast 软件对各个引物和 TaqMan 探针的序列一一进行在线比对，以验证与其他基因有无交叉反应的可能；然后对各个引物和 TaqMan 探针之间的相互干扰进行分析。使用 DNAstar 软件中的 Primer select 组件对引物和探针进行评价。选中某一序列，下拉“Report”菜单，分别点击“Primer hairpins”和“Primer self dimers”，分析序列自身的发卡和二聚体结构；选中两个序列，下拉“Report”菜单，点击“Primer pair dimers”，分析序列之间形成的二聚体结构。

2. 模板制备

与实时荧光定量 PCR 相同。

3. 标准品的制备

分别制备 3 个目的基因的标准品，具体制备过程与实时荧光定量 PCR 相同。

4. 单重实时定量 PCR 检测

利用 3 个目的基因的标准品分别进行单重荧光定量检测，建立标准曲线，评价各反应体系的灵敏度，计算各引物-探针对单重检测体系的检出限。

定量标准曲线的建立、反应体系和反应条件可参见实时荧光定量 PCR 部分。

5. 引物探针特异性检测

在经过 Blast 程序对各引物-探针对的特异性进行初步分析和验证的基础上，进一步将 3 条靶标基因与引物-探针对之间做交叉实验进行检测来验证。将 3 个标准品同时加入实时定量 PCR 反应体系中，分别进行单引物多模板和多引物多模板实时定量 PCR 反应，当各引物-探针对仅针对自身的模板有特异性扩增，3 套引物-探针对之间均无明显的交叉反应时，表明所设计的引物、探针具有良好的特异性。

6. 灵敏度分析

在单重实时定量 PCR 检测分析各引物-探针对灵敏度和特异性的基础上，将这 3 对引物-探针对进行组合，配制多重荧光定量 PCR 反应体系。

首先检测多重体系单模板的灵敏度，然后检测多重体系多模板的灵敏度。将制备好的 3 种质粒 DNA 标准品按 1∶1∶1 混合后作为灵敏度标准品，同时以单重实时定量 PCR 体系作为阳性对照，水为阴性对照。将标准品进行 10 倍系列稀释，并以此为模板，在多重引物-探针对的条件下，进行实时定量 PCR 检测，建立各种靶标基因的多重 PCR 检测标准曲线，比较单重和多重实时定量 PCR 反应的灵敏度，如果两者之间无显著差异，表明建立的多重实时定量 PCR 反应体系较好。

7. 稳定性分析

分别以 8 个浓度梯度的质粒 DNA 标准品为模板，进行 3 次独立的多重实时定量 PCR 检测，每次试验每个浓度设 10 个重复孔，并计算批内、批间差异，以此来评价反应体系的稳定性。

8. 多重实时定量 PCR 检测

根据优化好的反应体系进行多重实时定量 PCR 检测。

（1）反应体系

DNA 模板	1ng 或 5μL	混合引物-探针对	2μL
dNTP(10mmol/L)	1.6μL	*Taq* 酶(5U/μL)	0.2μL
$MgCl_2$(25mmol/L)	1.2μL	10×PCR 缓冲液	2.5μL

加水补齐至终体积为 25μL。

（2）反应条件

①预变性：95℃，3min。②扩增：95℃，10s；60℃，40s。扩增 40 个循环，在 60℃时收集荧光。荧光通道选择 FAM、HEX 和 CY5。

注：引物-探针对的具体浓度应根据试验优化结果来选择。

（3）结果判读

在对照孔表达良好的前提下（即阴性对照扩增曲线非 S 形或无 C_t 值，阳性对照≤37），相应荧光通道收集的荧光信号出现指数扩增期，且 C_t 值≤37 则为阳性；若 C_t 值≥40 或扩增曲线为非 S 形，则判定为阴性；若 C_t 值在 37 与 40 之间，则需重复检测 3 次，结果 C_t 值<40 则为阳性。

如果为定量检测，首先判断有何种目的基因存在，并进一步根据标准曲线计算靶标 DNA 的量。

9. 基于高分辨率熔解曲线分析的多重实时定量 PCR

除了探针法以外，还可利用 PCR 扩增产物的 T_m 值不同来进行多重实时荧光 PCR 检测。与探针法相比，这种方法最大的优势在于只需使用 SYBR Green Ⅰ染料，不需要合成荧光探针，节约了检测的成本。但是，对于多重实时定量 PCR 结合高分辨率熔解曲线法，引物的设计尤为重要，每对引物 T_m 值的相差要求大于 1℃。

体系：2×SYBR Green Ⅰ mix　　12.5μL

上下游引物（10μmol/L）　　各 0.5μL

DNA 模板　　1ng 或 5μL

加无菌去离子水至终体积 25μL。

循环条件如下。①预变性：50°C，2min；95℃，10min。②扩增：95℃，15s；60℃，60s。共 45 个循环。在 60℃时收集荧光信号，荧光通道选择 SYBR。③熔解曲线：起始温度 60℃，30s；终止温度 95℃，温度变化速率为 0.2℃/s。

通过高分辨率熔解曲线，能够直观地分辨各种目的基因之间的曲线差异。因此，可以根据熔解曲线来判断目的基因。

注：各种荧光定量 PCR 仪的熔解曲线设置步骤不同，这里使用的是 BIO-RAD IQ™5 荧光定量 PCR 仪，可根据相应的分析软件来进行熔解曲线分析。

（三）注意事项

由于多重实时定量 PCR 要求同时扩增多个不同的目的 DNA 片段，故在引物探针设计、反应条件的优化、反应体系的配制等环节均需反复试验，才能建立最佳的反应条件。

1. 目的基因

在目的基因的选择上，多重实时定量 PCR 要确保所选的各个目的基因之间无同源性或同源性极小。

2. 引物和探针

在设计多重实时定量 PCR 的引物和探针时应保证靶序列与靶序列、引物与引物、探针与探针及三者之间均不存在非特异性互补区域，否则将会影响扩增效果。此外，在引物、探针设计时需尽量使其 T_m 值互相接近，以便寻找合适的反应温度达到所有目的序列均能得到有效的扩增的目的。

3. 反应条件的优化

在进行多重实时定量 PCR 反应条件的优化时可采用正交试验设计法，对多重 PCR 反应的 Mg^{2+} 、dNTPs、引物和探针浓度比例以及退火温度等进行优化，保证所有引物探针均能在同一反应条件下得到有效的扩增，从而最终确定多重实时定量 PCR 的最佳反应体系和条件。在确定了各引物之间的添加比例之后，混合引物使用总量也是影响多重 PCR 扩增效率的一个重要因素。引物的用量太少不足以进行反应，引物量太多有可能由于大量过量的引物之间的相互反应而引起非特异扩增的产生。

还有一种优化方式就是采用混合模板进行引物和探针的优化，即将不同浓度、不同种类的阳性标本混合后作为模板进行扩增，筛选出既能对各阳性标本进行有效的扩增，又能使各标本在扩增时相互之间的抑制程度达到最低的引物和探针的浓度组合。

四、多重实时定量 RT-PCR

以 RNA 为起始实验材料的多重实时定量 PCR 反应。

（一）材料

仪器、样品与多重实时定量 PCR 相同。

（二）方法

这里以三重实时定量 RT-PCR 为例。

1. 引物、探针的设计

设计方法与多重实时定量 PCR 相同。

2. 模板制备

RNA 的提取同实时定量 RT-PCR。

3. 标准品的制备

分别制备 3 条靶标基因的标准品，具体制备过程与实时定量 RT-PCR 相同。

4. 单重实时定量 RT-PCR 检测

将体外转录的 RNA 产物用 DEPC 水进行 10 倍系列稀释，制备成浓度为 10^1～10^8 拷贝/μL 的 RNA 标准品，并以其为模板进行单重实时定量 RT-PCR 扩增，同时以 DEPC 水为阴性对照。以 RNA 标准品拷贝数的对数值为横坐标，以 C_t 值的平均值为纵坐标，建立标准曲线。当 RNA 标准品的浓度在 10^1～10^8 拷贝/μL 区间时，反应体系的扩增效率应＞90%，相关系数达到 0.99 以上，才能说明曲线具有良好的线性。同时，阴性对照应无明显扩增曲线。

根据各个 RNA 标准品的单重实时定量 RT-PCR 检测标准曲线，计算出各引物探针对单重检测体系的检出限。

5. 引物探针特异性检测

在经过生物学软件对各引物-探针对的特异性进行初步分析和验证的基础上，进一步对 3 条靶标基因检测用引物探针对之间做交叉实验进行验证。将 3 个标准品同时加入实时定量 RT-PCR 反应体系中，当各引物-探针对仅针对自身的模板有特异性扩增时，表明所设计的引物、探针具有良好的特异性。

6. 灵敏度分析

与多重实时定量 PCR 相同。

7. 稳定性分析

与多重实时定量 PCR 相同。

8. 多重实时定量 RT-PCR 检测

多重实时定量 RT-PCR 检测大多采用 one-step 法进行检测。按下列组分配制 RT-PCR 反应液（反应液配制请在冰上进行）。

2×Reaction Mix	12.5μL	混合的引物-探针对	2μL
Enzyme Mix Ⅱ	1μL	总 RNA	2μL

加 RNase Free dH_2O 至终体积 25μL。

注：①引物探针对的具体浓度应根据实验优化结果来选择。

②建议使用 10pg～100ng 的总 RNA 为模板。

PCR 反应管用离心机轻轻离心后放入 PCR 仪中进行实时定量 PCR 反应。当使用该程序得不到良好的实验结果时，进行 PCR 条件的优化。

反转录反应：42℃ 5min，95℃ 10s。

PCR 反应：95℃ 10s，60℃ 30s，45 个循环。在 60℃时收集荧光。荧光通道选择 FAM、HEX 和 CY5。

五、实验方案的优化

（一）基本参数的优化[29]

1. Mg^{2+} 的浓度

一般来说，对以 DNA 或 cDNA 为模板的 PCR 反应，应选择 2～5mmol/L 浓度的 Mg^{2+}，对以 mRNA 为模板的 RT-PCR 而言，则应选择浓度为 4～8mmol/L。

2. 模板的浓度

如果研究者是进行首次实验，那么应选择一系列稀释浓度的模板来进行实验，以选择出最为合适的模板浓度。基因组 DNA 的模板浓度在 50ng～5pg 之间选择，质粒 DNA 在 10^6 拷贝数左右选择。一般而言，使 C_t 值位于 15～30 个循环之间比较合适，若大于 30 则应使用较高的模板浓度，如果 C_t 值小于 15 则应选择较低的模板浓度。

3. PCR 抑制子

通常用于消除抑制子的办法是将样本进行稀释，但是在某些条件下，抑制子的浓度高，而模板量少，稀释法就不再能达到好的效果，反而会使反应的敏感度降低，所以，研究者若要进行实时定量 PCR 研究，最好选用纯化的模板。

4. 引物

（1）引物的设计　进行实时荧光定量 PCR 反应时，设计反应性能良好的 PCR 引物非常重要，所以在这一部分专门介绍引物的设计。现在有很多专业的软件可以帮助设计引物。但不管用哪种软件程序，都要小心设计。如果用 SYBER Green Ⅰ方法，PCR 引物不能形成可检查出来的引物二聚体条带。一般来讲，PCR 扩增产物的长度在 80～150bp 之间最佳（可以延长至 300bp）。表 4-1 给出了一些设计引物的要求。

表 4-1　引物设计要求

项目名称	设计要求
引物长度	17～25mers
(G+C)含量	40%～60%(45%～55%最佳)
T_m 值	Forward Primer 和 Reverse Primer 的 T_m 值不能相差太大 T_m 值的计算使用专用软件 OLIGO①：63～68℃ Primer3：60～65℃
引物序列	A、G、C、T 整体分布尽量均匀 不要有部分的 GC rich 或 AT rich(特别是 3′端) 避开 T/C(polypyrimidine)或 A/G(polypurine)的连续结构
3′末端序列	3′端碱基最好为 G 或 C 尽量避免 3′端碱基为 T
互补序列	避开引物内部或两条引物之间有 3 个碱基以上的互补序列。两条引物的 3′端碱基避开有 2 个以上的互补序列
特异性	使用 BLAST② 检索确认引物的特异性

① OLIGO：初级分析软件。

② http：//www. ncbi. nlm. nih. gov/BLAST/。

（2）引物的浓度　引物浓度太低，会导致反应不完全，若引物太多，则发生错配以及产生非特异产物的可能性会大大增加。对于大多数 PCR 反应，0.5μmol/L 是个合适的浓度，若初次选用这个浓度不理想，可在 0.3～1.0μmol/L 之间进行选择，直至达到满意的结果。

5. 退火温度

首次实验设置的退火温度应比计算得出的 T_m 值小 5℃，然后增加或减少 1～2℃进行选择。一般退火温度要根据经验来确定，这个经验值往往同计算得到的 T_m 值有较大的差距。

（二）用 SYBR Green Ⅰ 方法进行 RT-PCR 条件的优化

1. Mg^{2+} 的浓度

不同的靶分子选用不同的浓度，通常是在 4～8mmol/L 之间选择。

2. 模板的浓度

RT-PCR 实验既可以选用总 RNA，也可以选用 mRNA，其浓度在 1pg～1μg 之间选择。

3. 对照设置

每一对引物都应设有相应的阴性和阳性对照。

（三）TaqMan 水解探针法

1. Mg^{2+} 的浓度

以 DNA 或 cDNA 为模板的 PCR 反应，在 2～4mmol/L 的基础上加 0.5～1.0mmol/L。对以 mRNA 为模板的 RT-PCR 而言，则应选择浓度为 4～8mmol/L。

2. 模板浓度设置

优化的扩增需进行一系列稀释度的实验，在条件达不到的情况下，至少要进行两个稀释度的测定。选用 1pg～1μg 的总 RNA 或是 mRNA。

3. 水解探针的浓度

初次实验每个探针用 0.2μmol/L，如果信号强度达不到要求，可以增加至 0.4μmol/L。

4. 对照设置

每一引物、探针都要设阴性对照和阳性对照。每次实验都要设阳性对照。

5. 其它的条件

同 SYBR Green Ⅰ 方法。

六、实践中应注意的问题

1. 重复性问题

在进行实时 PCR 过程中，除系统误差之外，影响重复性较为关键的因素还有以下几方面。

（1）PCR 反应扩增的效率　如果反应体系的扩增效率不一致，就会使目的基因在单位时间内的产量发生差异，从而影响结果的稳定。解决这个问题的办法是优化实验条件，使反应体系达到最佳扩增效率。

（2）目的基因的初始浓度　初始拷贝数越低，结果的重复性越差，为了保证获得精确的结果，应使用初始浓度具有较高数量级的样本，如果待测目的基因的量处于反应体系的最低检出限附近，最好使用复孔以保证结果的可靠性。

（3）标准曲线的影响　对于绝对定量方法，制作一个好的标准曲线对定量结果至关重要。在制作标准曲线时，应至少选择5个稀释度的标准品，涵盖待测样本中目的基因量可能出现的浓度范围。理想的标准品应与样本具有高同源性，最好是选择纯化的质粒DNA或是体外合成、转录的RNA（用于RT-PCR），因为其保存相对稳定。

2. 灵敏度问题

有人报道[4]实时定量PCR的灵敏度要高出传统的终点法定量PCR大约250倍，这主要是因为使用了荧光信号作为检测的手段。一般对基因组DNA而言，它的最低检出限在pg～fg级，对于病毒、质粒而言，其检出限在10^2～10^3拷贝数以上[22]。影响实时PCR灵敏度的因素众多，除了对一般PCR反应均存在的影响因素，如反应体系、*Taq*酶的活性之外，实时PCR还有其特殊的影响因素，包括以下三方面。

（1）引物二聚体的影响　引物二聚体是非特异性退火和延伸的产物，它不仅影响扩增的效率，而且对于荧光染料SYBR Green Ⅰ来说，由于SYBR Green Ⅰ可以与所有的双链DNA结合，所以会在反应体系中出现特异性产物与引物二聚体竞争SYBR Green Ⅰ的现象，从而降低了实时PCR的灵敏度。解决这个问题，有多种方案可供选择，首先可以用荧光探针来代替SYBR Green Ⅰ，因为探针不与引物二聚体结合；其次，因为引物二聚体是在各种试剂一经混合便开始形成的，所以可以使用热启动或用*Taq*酶的抗体避免引物二聚体的形成。还可以通过合理设计引物来解决这个问题。

（2）循环数　适当增加循环数可以提高反应的检出限，文献报道[30]当循环数从25增加到34个循环时，实时定量PCR的检出限可从10^6达到10^3。但是并非循环数增加越多，灵敏度就越高，实际上，当循环数增加到某一值时，灵敏度便不再升高。

（3）Mg^{2+}的浓度　Mg^{2+}浓度对灵敏度有多方面的影响，主要包括：①Mg^{2+}是影响*Taq*酶活性的关键因素；②Mg^{2+}的浓度过高，会增加引物二聚体的形成；③合适的Mg^{2+}的浓度还能在反应中得到较低的C_t值、较高的荧光信号强度以及良好的曲线峰值，所以在反应中应选择合适的Mg^{2+}浓度。

3. 引物的质量

引物的优劣直接关系到是否能扩增出特异的目的基因，并且能够排除在扩增中形成引物二聚体。通常对引物设计的要求主要包括：①3′端应无二级结构、重复序列、回文结构和高度的变异；②两条引物之间不能发生互补，尤其是在3′端；③两条引物中的（G+C）含量应保持大体一致，其含量应占引物碱基的40%～60%，不应有G/C和A/T富集区的非平衡分布；④选用高纯度的引物。

第五节　实时荧光定量PCR技术的应用

实时荧光定量PCR的应用非常广泛。在科研方面，可定量分析各种基因的表达、分析基因突变和多态性、分析细胞因子的表达、进行单核苷酸多态性（SNP）测定及易位基因的检测等；在医疗方面，可用于免疫组分分析、临床疾病早期诊断、病原体检测、耐药性分析、肿瘤研究和微小残留病变（MRD）检测等；还可以在食品检验、进出口检验、刑侦检测、考古与物种分类等方面发挥重要作用。实时荧光定量PCR

与其它一些技术的结合应用，是今后发展的方向，如与高级微型解剖技术结合后，能提高形态学损伤所致低水平扩增的检测能力，可定量分析石蜡包埋储存样本中的核酸及少量细胞中的全部转录产物等。此外，微阵列实验中所选基因表达水平的测定仍需使用实时 PCR 技术，利用该技术还可使等位基因特异表达分析以及生化武器证据甄别成为可能。下面将具体介绍实时荧光定量 PCR 在各方面的应用情况。

一、在病原体检测中的应用

（一）临床常见病原体的检测

1. HBV 的检测

对于 HBV 的检测，HBV M 免疫标志物的阳性或阴性很难判断患者体内病毒是否处于复制期，病毒复制的量又如何，是否具有传染性。普通的 PCR 技术也只能是定性地对 HBV 进行检测。直到实时荧光定量 PCR 出现，才真正解决了这一难题，它可及时、准确地检测出血清标本中 HBV 的 DNA 拷贝数。研究证实[31]，97%的 HBeAg 阳性患者 HBV DNA 为阳性。HBV DNA 结果为 10^2～10^4 拷贝/mL 时，病毒的复制水平较低，传染性较弱，而当 HBV DNA 在 10^4～10^6 拷贝/mL 时，病毒复制水平呈中等状态，有明显的传染性，当 HBV DNA 大于 10^6 拷贝/mL 时，说明病毒复制水平高，传染性很强。用实时荧光定量 PCR 检测 HBV DNA 可及时灵敏地监测患者药物治疗的效果。研究显示，对于$<10^5$ 拷贝/mL 的乙肝患者，干扰素治疗效果尚可；对于$>10^5$ 拷贝/mL 的乙肝患者，使用拉米夫定的疗效优于干扰素。随着拉米夫定的广泛应用，HBV 对拉米夫定耐药株的出现引起了大家的关注。因此可以通过 HBV DNA 的定量检测来决定药物的选择，并观察到拉米夫定耐药，辅助医生及时调整治疗方案，不至于贻误病情、浪费时间和财力。

2. HCV 的检测

HCV RNA 病毒的出现要先于免疫血清学标志 3～4 周，因此用实时荧光定量 PCR 能及时地检出患者的感染状况和病毒的复制水平，有利于患者早诊断、早治疗[32]。实时荧光定量 PCR 实时检测，扩增和产物检测一步完成。检测过程无需打开扩增管，造成污染的可能性小，在国内应用较多。国内现已有相应的试剂盒。实时定量 RT-PCR 与 COBAS Amplicor 具有良好的相关性，并且检测范围比 COBAS Amplicor 大一个对数级，说明用实时荧光定量 PCR 检测 HCV RNA 具有广阔前景。

3. 大肠杆菌 O157：H7 的检测

大肠杆菌 O157：H7 是引起人类腹泻、出血性肠炎、溶血性尿毒综合征的重要病原体，流行病学研究表明，其感染剂量低于 10cfu/mL。因此，对低剂量大肠杆菌 O157：H7 的检测显得尤其重要。由于传统的分离培养检测技术耗时且灵敏度低，而且，大肠杆菌 O157：H7 的血清学鉴定常不稳定，可能造成漏检。陈苏红等[33] 以大肠杆菌 O157：H7 的 *rfbE* 基因作为待检靶基因，根据复合探针荧光定量分析原理设计检测引物和探针，建立了检测大肠杆菌 O157：H7 的实时荧光定量 PCR 方法。该方法检测的灵敏度可达 10cfu/mL，定量检测的批间和批内差异均小于 5%。能快速、准确、特异、敏感地对大肠杆菌 O157：H7 进行定量分析，为大肠杆菌 O157：H7 的检测提供了新的方法。

4. 常见病原体的检测

除此之外，实时荧光定量 PCR 技术还用于多种细菌、病毒、支原体、衣原体的检测，如结核杆菌、流感病毒、人巨细胞病毒、EB 病毒、单纯疱疹病毒、萨氏病毒、人乳头瘤病毒、幽门螺杆菌、肺炎支原体等。目前临床上正开展越来越多的基于实时荧光定量 PCR 的检测项目。

（二）食品检验中常见病原菌的检测

1. 沙门菌的检测

沙门菌（*Salmonella*）为革兰氏阴性无芽孢杆菌，由其引起的食物中毒占世界食物中毒病例之首，是食品安全与质量检测的一项重要指标。与 GenBank 中所有物种核苷酸序列进行比对的结果表明，*fimY* 和 *invA* 基因序列在沙门菌内高度保守，是 PCR 法检测沙门菌常用的靶基因[34]。石晓路等[35] 采用分子信标技术和 TaqMan-MGB 技术，建立了两种针对沙门菌的实时荧光定量 PCR 检测方法，并已初步应用于食品污染调查。两种方法检出限都达到了 2cfu/PCR 体系。李光伟等[36] 采用沙门菌的 *fimY* 基因序列，设计特异的引物和探针，建立了检测食品中沙门菌的实时荧光定量 PCR 方法，其检测灵敏度为 180cfu/mL，与国标法检出的阳性样本数基本保持一致，准确率达 99.7%。Patel 等[37] 用分子信标为探针的实时荧光定量 PCR 的方法与传统的 USDA 检测方法比较，对感染沙门菌的鸡肉进行检测，发现传统方法检测需要 3～8d，而实时荧光定量 PCR 仅需 18h，且灵敏度更高。

2. 霍乱弧菌的检测

霍乱弧菌的检测一直是微生物检验工作的一个难点，尤其是外环境水质和食品中霍乱弧菌的检测，常常由于菌量少、菌株变异大以及霍乱弧菌越冬机制不明了，使得常规培养法、血清学检测法无法检出。张世英等[38] 选取霍乱弧菌不同血清型间 *nhaA* 基因的共有保守序列，建立实时荧光定量 PCR 检测方法，并比较了该方法与常规检测方法的灵敏度和特异性。其结果表明实时荧光定量 PCR 与常规方法灵敏度、特异性一致，但是在含菌量少、菌株易发生变异（外环境疫水、海产品及霍乱越冬）标本的检测上，实时荧光定量 PCR 显示出其独特的优越性，不仅比常规检测方法的灵敏度高，而且避免了常规 PCR 方法由于后处理过程引发污染所带来的假阳性，对临床检验及卫生检测有较大的指导意义。

3. 常见病原体的检测

除此以外，实时荧光定量 PCR 技术在食品检测中还可用于检测阪崎肠杆菌、志贺菌、产单核细胞李斯特菌、金黄色葡萄球菌、副溶血弧菌等病原菌。

（三）动物检疫中常见病原体的检测

RQ-PCR 在动物检疫中可用于炭疽杆菌、布鲁菌、猪链球菌、空肠弯曲杆菌、口蹄疫病毒、猪瘟病毒、猪水疱病病毒、猪呼吸与繁殖障碍综合征病毒、羊痘病毒、禽流感病毒、新城疫病毒、牛病毒性腹泻病毒、马传染性贫血病毒、鲤春病毒血症病毒、诺沃克病毒、伯氏疏螺旋体等病原体的检测。此外，由于疯牛病、绵羊痒病已被证实同人的克雅病有直接关系，因此实时荧光定量 PCR 技术还应用于动物源性饲料、食品或其它日用品中牛羊源性成分的定量检测。

二、在肿瘤研究中的应用

1. 肿瘤标志物特异基因的早期检测

在某些肿瘤的发生发展过程中可表现为某个特定基因的高表达，通过实时荧光定量 PCR 可进行临床的早期诊断[39]。如 CD24 在前列腺癌病人中表现为高表达，所以可以通过实时荧光定量 PCR 定量病人 CD24 mRNA 的表达来诊断早期前列腺癌。

1999 年 Oki 等[40] 应用 TaqMan 技术研究了 *p33* 基因在胃癌组织中的表达情况。结果 75%的患者有 *p33* 表达下降，而表达下降者中 80%能够检测到野生型 *p53*，这说明 *p33* 在胃癌的诊断中起重要作用。Bieche 等[41] 用 FQ-PCR 技术研究乳腺癌常见的三个基因 *c-myc*、*ccndl* 和 *erbB-2*，结果发现 108 例标本中 10%的 *c-myc*、23%的 *ccndl* 和 15%的 *erbB-2* 基因有不同程度的增加，拷贝数增加的最大值分别为 4.6、18.6 和 15.1。将此结果与 Southern 印迹结果比较，显示了良好的相关性。1999 年[42] 他又运用该技术对人乳癌组织中的 *erbB-2* 基因 mRNA 进行了定量研究，结果表明，17%的乳腺肿瘤患者 *erbB-2* 基因的 mRNA 过度表达，*erbB-2* 同样在其它肿瘤组织中有过度表达，但较乳腺癌少见。

2. 微小残留病变的检测

肿瘤疾病尤其是血液的恶性肿瘤常伴有特异性基因的易位，这种易位往往可以作为监测临床治疗效果的一种肿瘤标志。虽然在过去的几十年里治疗方案的改进已大大地延长了病人的生存期，但是缓解期的病人仍存在复发的危险性。因此微小残留病变（MRD）的检测对于进一步调整治疗方案是至关重要的。实时荧光定量 PCR 的应用正成为检测肿瘤微小残留分子标志的一种必备的研究工具[43]。通过对肿瘤融合基因的定量测定能指导临床对病人实行个体化的治疗。急性粒细胞性白血病（AML）最常见的染色体异常是交互易位 t(8；21)(q22；q22)，在这种易位中，AML-1 转录因子基因和 8 号染色体的 *MTG8* 基因发生融合，致使正常的 AML-1 转录调控受到影响，这可能是白血病的病因。目前的研究证明用 FQ-PCR 来检测融合基因有助于对这些病人的 MRD 进行定量，其作为预后的指标或对治疗方案的评估是有价值的。同样的方法也被用于定量其它的易位融合基因水平，如慢性粒细胞性白血病（CML）的 *BCR-ABL* 融合基因，急性淋巴细胞性白血病（ALL）的白血病特异的 *TEL-AML1* 融合基因，滤泡状淋巴瘤（FL）的染色体易位 t(14；18)(q32；q21) 和 bcl-2 重排等。许多研究都在很大程度上受益于实时荧光定量 PCR 方法的应用，随着技术的发展，实时荧光定量 PCR 的运用将不断地扩大。

3. 肿瘤耐药基因表达的研究

对化疗药物的耐药是治疗肿瘤病人的主要障碍。由于耐药限制了许多肿瘤的成功治疗，研究肿瘤细胞的耐药机制就变得十分重要。目前研究中发现主要的耐药机制有：①ATP 结合盒基因超家族（ATP-binding cassette superfamily）的膜转运蛋白介导的耐药，这些蛋白包括 *MDR-1* 基因编码的 P-糖蛋白（P-gp）、多药耐药相关蛋白（MRP）、肺耐药相关蛋白（LRP）、乳腺癌耐药蛋白（BCRP）等；②酶介导的耐药，包括拓扑异构酶（Topo）、谷胱甘肽（GSH）及谷胱甘肽-S-转移酶（GST）、蛋白激酶 C（PKC）、脱氧胞嘧啶核苷激酶（deoxycytidine kinase）等；③凋亡基因介导的耐药，如 *bcl-2* 家族、*p53* 基因、*c-myc* 等。多药耐药（MDR）是多因素、多种机制共同作用的结果。实时定量反转录 PCR（RT-PCR）是了解肿瘤耐药、指导临床治疗策略的有用手段，它能观测用药前后及复发时肿瘤细胞的耐药基因 mRNA 的表达变化，从而及时调整治疗方案和评价疾病的预后。

三、在基因表达研究中的应用

在基因表达的研究中，比较常用的方法是 Northern 杂交等。传统的 Northern 杂交方法定量的下限为 10^6～10^7 个分子。这种方法需要的 mRNA 的量较大，在基因表达研究上受到很大的限制。而实时荧光定量 PCR 技术对 mRNA 水平的检测比 Northern 杂交方法要方便、快速、准确得多。实时荧光定量 PCR 技术可以对不同组织、不同处理之间（如药物处理、物理处理和化学处理等）、不同发育阶段基因表达差异进行检测，检测各基因在组织细胞中的表达丰度，分析基因的表达调控、mRNA 的表达模式等研究。张中保等[44] 应用实时荧光定量 PCR 技术研究了玉米中 10 个水分胁迫诱导基因的相对表达量及表达模式。在花丝中，除基因 *mads* 和 *grp* 外，其它 8 个基因均随干旱胁迫程度加重，相对表达强度增加；在幼穗中，除基因 *mads* 外，其它 9 个基因均随干旱胁迫程度加重，相对表达强度增加。叶嘉良等[45] 克隆了家蚕 *UBRPS27a* 基因，用实时荧光定量 PCR 对该蛋白的编码基因在家蚕不同发育时期和各组织中的表达差异作了初步分析，发现 *RPS27a* 在活性增殖细胞中表达量很高。亚细胞定位试验发现 BmU-BRPS27a 在细胞核和细胞质中都存在。合成该基因的 dsRNA，并用脂质体包埋 dsRNA 后转染家蚕细胞，发现 *BmUBRPS27a* 基因沉默后引起了细胞形态的变化。

四、在细胞因子表达分析中的应用

细胞因子是调节蛋白，它通过调节免疫反应（包括淋巴细胞活化、增殖、分化、生存和凋亡）在免疫系统中起着核心作用。许多不同类型的细胞都能分泌这种低分子量的蛋白质，其中包括淋巴细胞、抗原呈递细胞、单核细胞、内皮细胞和成纤维细胞。细胞因子可被分为不同的组：白介素（IL-1～IL-23）、干扰素（IFN-α，IFN-γ 等）、集落刺激因子（CSF）、肿瘤坏死因子（TNF）、肿瘤生长因子（TGF-β 等）和趋化学因子（MCP-1，MIP-1 等）[46]。为了阐明在许多炎症反应、自身免疫性疾病和器官移植排异中的免疫致病途径，细胞因子的 mRNA 表达谱的可靠定量是很重要的。尽管被检样本中细胞因子含量往往极低，然而实时荧光定量 RF-PCR 以其高敏感性和准确性在细胞因子的定量中越来越受到青睐。

五、在遗传学及 SNP 分析上的应用

1. 在遗传病诊断上的应用

人们早已经把实时荧光定量 PCR 技术用于遗传病 DNA 基因诊断，如检测血液中微量的遗传物已获得成功。对孕妇产前或产后进行基因诊断，有利于基因治疗或转基因治疗及单基因病和新基因突变病的诊断，如血友病、镰刀状贫血病、纤维囊性病以及舞蹈病症等的诊断。

2. 在遗传学及 SNP 分析中的应用

实时荧光定量 PCR 技术还可以用在点突变分析、等位基因分析、DNA 甲基化检测、单核苷酸多态性（SNP）分析及特异突变基因检测等[47-49] 方面。利用实时荧光定量 PCR 技术和有关的间接测序方法，可对已知 DNA 序列进行基因突变及多态性的分析，如位置突变基因及序列多态性的定位，或通过扩增 DNA 限制性位点检测遗传变异等。根据 TaqMan 探针法在扩增之前处理 DNA，然后用特异的引物和探针可

以区分甲基化和非甲基化的 DNA。SNP 分析从根本上来说是确定一对染色体的每种基因的两个拷贝，结合实时荧光定量 PCR 可以快速地检测 SNP 结果。

等位基因分析是一种多重（每个反应包括一个以上的引物和探针对）、终点（在 PCR 过程的终点收集数据）分析实验，用于检测某个核酸序列的变异。每个反应中包括两个引物和两对探针，允许在一个目标模板序列的单核苷酸多态性（SNP）位点上出现两个可能的变异基因型。目标序列的实际量不确定。对于等位基因分析中的每一个样本，使用唯一的一对荧光探针，例如，两个 TaqMan® MGB 探针来标记一个 SNP 位点。一个荧光探针与野生型（等位基因 1）完全匹配，另一个荧光探针与突变体（等位基因 2）完全匹配。等位基因分析将未知样本分为以下几类：①纯合子（样本只含有等位基因 1 或等位基因 2）；②杂合子（样本同时含有等位基因 1 和等位基因 2）。等位基因分析主要是通过测量与探针关联的荧光发生的变化来判断未知样本的类别。图 4-10 描述了在 Assays-on-Demand™ SNP Genotyping Products（Assays-on-Demand 单核苷酸多态性基因分型产品）的分析中，目标序列与探针之间匹配和不匹配引起的后果。

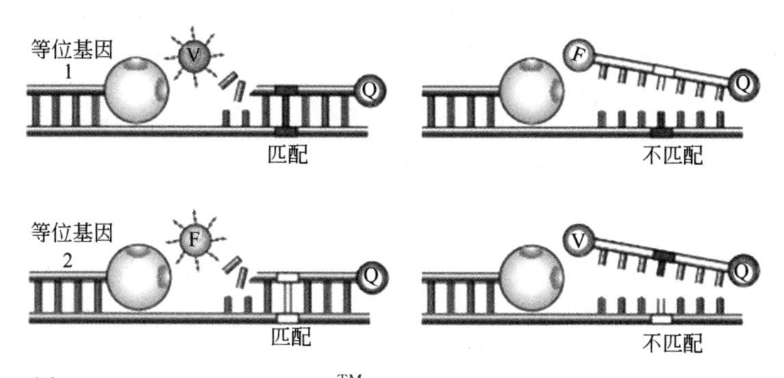

图 4-10　Assays-on-Demand™ SNP Genotyping Products 分析结果

当仅有 VIC® 荧光信号明显升高时，表明样品为等位基因 1 纯合子；当仅有 FAM™ 荧光明显升高时，表明样品为等位基因 2 纯合子；当两种荧光信号都明显升高时，样品为等位基因 1 与等位基因 2 的杂合子。

六、小结

总的来说，实时荧光定量 PCR 技术由于具有定量、特异、灵敏和快速等特点，是目前检测目的核酸拷贝数的可靠方法，但与传统的 PCR 技术相比，实时荧光定量 PCR 也有不足之处：①由于运用了封闭的检测，减少了扩增后电泳的检测步骤，因此也就不能监测扩增产物的大小；②因为荧光素种类以及检测光源的局限性，从而相对地限制了实时荧光定量 PCR 的复合式检测的应用能力；③目前实时荧光定量 PCR 实验成本比较高，从而也限制了其广泛的应用。随着技术不断改进和发展，目前实时荧光定量 PCR 已成为科研的主要工具，使得研究人员又多了一种比较简单且自动化程度高的研究手段。现今，定量 PCR 技术具有以下发展趋势：定量水平从粗略定量、半定量到精确定量、绝对定量；定量过程中参照物的选择从单纯外参照非竞争性定量到多种参照定量；检测手段从扩增样本终点一次检测到扩增过程中动态连续检测进行定量；检测方法由手工检测、半自动检测发展到成套设备检测，且检测效率及自动化程度越来越高。实时荧光定量 PCR 技术必将成为未来分子生物学实验室必备的研究工具。可以这么说，现在用到 PCR 的地方，将来就会用到实时荧光定量 PCR 技术。

参考文献

[1] Saiki R K，Scharf S，Faloona F，et al. Enzymatic amplification of beta-globin genomic sequences and restriction site analysis for diagnosis of sickle cell anemia. Science，1985，230：1350-1354.

[2] Bustin S A，Benes V，Nolan T，et al. Quantitative real-time RT-PCR—a perspective. J Mol Endocrinol，2005，34：597-601.

[3] Schmittgen T D. Real-time quantitative PCR. Methods，2001，25：383-385.

[4] Freeman W M，Walker S J，Vrana K E. Quantitative RT-PCR：pitfalls and potential. Biotechniques，1999，26：112-122，124-115.

[5] Lie Y S，Petropoulos C J. Advances in quantitative PCR technology：5′ nuclease assays. Curr Opin Biotechnol，1998，9：43-48.

[6] Ong Y L，Irvine A. Quantitative real-time PCR：a critique of method and practical considerations. Hematology，2002，7：59-67.

[7] Yin J L，Shackel N A，Zekry A，et al. Real-time reverse transcriptase-polymerase chain reaction（RT-PCR）for measurement of cytokine and growth factor mRNA expression with fluorogenic probes or SYBR Green Ⅰ. Immunol Cell Biol，2001，79：213-221.

[8] Ririe K M，Rasmussen R P，Wittwer C T. Product differentiation by analysis of DNA melting curves during the polymerase chain reaction. Anal Biochem，1997，245：154-160.

[9] Bustin S A. Absolute quantification of mRNA using real-time reverse transcription polymerase chain reaction assays. J Mol Endocrinol，2000，25：169-193.

[10] Heid C A，Stevens J，Livak K J，et al. Real time quantitative PCR. Genome Res，1996，6：986-994.

[11] Uchiyama M，Maesawa C，Yashima-Abo A，et al. Consensus J H gene probes with conjugated 3′-minor groove binder for monitoring minimal residual disease in acute lymphoblastic leukemia. J Mol Diagn，2005，7：121-126.

[12] Tyagi S，Kramer F R. Molecular beacons：probes that fluoresce upon hybridization. Nat Biotechnol，1996，14：303-308.

[13] 陈忠斌，王升启. 分子信标核酸检测技术研究进展. 生物化学与生物物理学报，1998，25：488-492.

[14] Nazarenko I A，Bhatnagar S K，Hohman R J. A closed tube format for amplification and detection of DNA based on energy transfer. Nucleic Acids Res，1997，25：2516-2521.

[15] Whitcombe D，Theaker J，Guy S P，et al. Detection of PCR products using self-probing amplicons and fluorescence. Nat Biotechnol，1999，17：804-807.

[16] Wittwer C T，Herrmann M G，Moss A A，et al. Continuous fluorescence monitoring of rapid cycle DNA amplification. Biotechniques，1997，22：130-131，134-138.

[17] 王小红，王升启. 荧光定量 PCR 技术研究进展. 国外医学分子生物学分册，2001，23：42-44.

[18] Li Q，Luan G，Guo Q，et al. A new class of homogeneous nucleic acid probes based on specific displacement hybridization. Nucleic Acids Res，2002，30：E5.

[19] Wong M L，Medrano J F. Real-time PCR for mRNA quantitation. Biotechniques，2005，39：75-85.

[20] Walker N J. Real-time and quantitative PCR：applications to mechanism-based toxicology. J Biochem Mol Toxicol，2001，15：121-127.

[21] 张驰宇，成婧，李全双，等. 荧光实时定量 PCR 的研究进展. 江苏大学学报（医学版），2006，16：268-271.

[22] Livak K J，Schmittgen T D. Analysis of relative gene expression data using real-time quantitative PCR and the 2（-Delta Delta C（T））Method. Methods，2001，25：402-408.

[23] Mackay I M，Arden K E，Nitsche A. Real-time PCR in virology. Nucleic Acids Res，2002，30：1292-1305.

[24] Pfaffl M W. A new mathematical model for relative quantification in real-time RT-PCR. Nucleic Acids Res, 2001, 29: e45.

[25] Liu W, Saint D A. A new quantitative method of real time reverse transcription polymerase chain reaction assay based on simulation of polymerase chain reaction kinetics. Anal Biochem, 2002, 302: 52-59.

[26] Muller P Y, Janovjak H, Miserez A R, et al. Processing of gene expression data generated by quantitative real-time RT-PCR. Biotechniques, 2002, 32: 1372-4, 6, 8-9.

[27] Gentle A, Anastasopoulos F, McBrien N A. High-resolution semi-quantitative real-time PCR without the use of a standard curve. Biotechniques, 2001, 31: 502, 4-6, 8.

[28] Peirson S N, Butler J N, Foster R G. Experimental validation of novel and conventional approaches to quantitative real-time PCR data analysis. Nucleic Acids Res, 2003, 31: e73.

[29] 蔡刚，李闻捷，沈茜．实时定量 PCR 应用中的问题及优化方案．国外医学临床生物化学与检验学分册，2003，24：330-332.

[30] Lehmann U, Kreipe H. Real-time PCR analysis of DNA and RNA extracted from formalin-fixed and paraffin-embedded biopsies. Methods, 2001, 25: 409-418.

[31] Loeb K R, Jerome K R, Goddard J, et al. High-throughput quantitative analysis of hepatitis B virus DNA in serum using the TaqMan fluorogenic detection system. Hepatology, 2000, 32: 626-629.

[32] Germi R, Crance J M, Garin D, et al. Quantitative real-time RT-PCR to study hepatitis C virus binding onto mammalian cells. Am Clin Lab, 2001, 20: 26-28.

[33] 陈苏红，张敏丽，张政，等．复合探针实时荧光 PCR 检测大肠杆菌 O157：H7．解放军预防医学杂志，2005，23：403-405.

[34] Malorny B, Lofstrom C, Wagner M, et al. Enumeration of salmonella bacteria in food and feed samples by real-time PCR for quantitative microbial risk assessment. Appl Environ Microbiol, 2008, 74: 1299-1304.

[35] 石晓路，扈庆华，张佳峰，等．多重实时 PCR 快速同时检测沙门菌和志贺菌．中华流行病学杂志，2006，27：1053-1056.

[36] 李光伟，邱杨，肖性龙，等．沙门菌荧光实时定量 PCR 检测试剂的研制及应用．微生物学通报，2007，34：496-499.

[37] Patel J R, Bhagwat A A, Sanglay G C, et al. Rapid detection of Salmonella from hydrodynamic pressure-treated poultry using molecular beacon real-time PCR. Food Microbiol, 2006, 23: 39-46.

[38] 张世英，洪帮兴，司徒潮满，等．荧光定量 PCR 技术在霍乱弧菌检侧中的应用．中国公共卫生，2003，19：345-346.

[39] Mocellin S, Rossi C R, Pilati P, et al. Quantitative real-time PCR: a powerful ally in cancer research. Trends Mol Med, 2003, 9: 189-195.

[40] Oki E, Maehara Y, Tokunaga E, et al. Reduced expression of p33 (ING1) and the relationship with p53 expression in human gastric cancer. Cancer Lett, 1999, 147: 157-162.

[41] Bieche I, Olivi M, Champeme M H, et al. Novel approach to quantitative polymerase chain reaction using real-time detection: application to the detection of gene amplification in breast cancer. Int J Cancer, 1998, 78: 661-666.

[42] Bieche I, Onody P, Laurendeau I, et al. Real-time reverse transcription-PCR assay for future management of ERBB2-based clinical applications. Clin Chem, 1999, 45: 1148-1156.

[43] Schuler F, Dolken G. Detection and monitoring of minimal residual disease by quantitative real-time PCR. Clin Chim Acta, 2006, 363: 147-156.

[44] 张中保，李会勇，石云素，等．应用实时荧光定量 PCR 技术分析玉米水分胁迫诱导基因的表达模式．植物遗传资源学报，2007，8：421-425.

[45] 叶嘉良，陈健，吕正兵，等．家蚕泛肽-核糖体蛋白 S27a 的表达及功能研究．蚕业科学，2007，33：394-402.

[46] Giulietti A, Overbergh L, Valckx D, et al. An overview of real-time quantitative PCR: applications to quantify cytokine gene expression. Methods, 2001, 25: 386-401.

[47] Kyger E M, Krevolin M D, Powell M J. Detection of the hereditary hemochromatosis gene mutation by

real-time fluorescence polymerase chain reaction and peptide nucleic acid clamping. Anal Biochem，1998，260：142-148.

[48] Johnson V J，Yucesoy B，Luster M I. Genotyping of single nucleotide polymorphisms in cytokine genes using real-time PCR allelic discrimination technology. Cytokine，2004，27：135-141.

[49] Taube T，Eckert C，Korner G，et al. Real-time quantification of TEL-AML1 fusion transcripts for MRD detection in relapsed childhood acute lymphoblastic leukaemia. Comparison with antigen receptor-based MRD quantification methods. Leuk Res，2004，28：699-706.

第五章
致突变 PCR

PCR 是一种复制 DNA 的技术，采用这种方法可以使 DNA 得到指数扩增。通常意义上讲复制的原则是忠实于模板，保持复制产物与原始模板的一致性，而本章要介绍的是如何在复制产物中引入突变（即掺入与模板核苷酸序列相异的碱基），这里的突变不仅包括单个或多个连续或不连续碱基的改变，还包括单个或多个碱基甚至是一段序列的插入或缺失。

突变是自然界中本来就存在的现象，可能是自然界中物理的或化学的诱发因素作用的结果，也可能是偶然的复制错误的保留，这种自发突变在生物史中普遍存在，是生物进化的分子基础。而随着人类对自然现象认识的发展和技术的进步，已经能采用人为因素实现突变，来研究表型与基因型的关系，从而对表型进行控制，这就是诱发突变。早期的诱发因素主要是作用于生物体，分子靶位不明确，随着重组 DNA 技术、DNA 序列分析技术、寡聚核苷酸合成技术等分子生物学技术的出现和迅速发展，现在人们已经能采用多种方法有目的地在离体条件下制造位点特异性突变，其中应用最普遍的当是致突变 PCR，引起的改变可以是局部的或普遍的，随机的或靶向的。

在 PCR 产物中引入突变的渠道有两个，第一个是由酶掺入核苷酸类似物，或由正常核苷酸的错误掺入产生。热稳定 DNA 聚合酶在反应过程中可能掺入不忠实于模板 DNA 的碱基，对 DNA 模板进行随机错误拷贝。例如，通过限定一种核苷酸的量而促使聚合酶选择另外三种核苷酸或预先加入的次黄嘌呤核苷酸，进而导致错误拷贝；还可以利用某些热稳定 DNA 聚合酶（如 *Taq* DNA 聚合酶）的 3′→5′外切酶功能缺失或不健全的特点，采用这类酶进行 PCR，链延伸过程中加入的非配对碱基不能被及时纠正，不可避免地导致错误核苷酸的掺入，个别酶在特殊情况下还可能导致核苷酸的缺失或插入。当然，这些酶在遇到模板中的 AT 对时，倾向于错误掺入 GC 对，但调整核苷酸、酶、镁离子甚至引物的用量，以及加入锰离子等，可以获得没有突变序列倾向性的突变体库，库中的突变是随机的、普遍的。

第二个渠道是通过引物引入错配碱基，或者是插入或缺失一个甚至多个碱基，这种突变是靶向的，突变发生在 DNA 模板上预先确定的位置，同时也是定向的，碱基的改变是确定的。许多设计都采用这种定点突变的方法，根据需要的不同，在引物的 5′端引入错配碱基。与传统的定点突变方法不同，PCR 介导产生突变体可以使用双链 DNA 分子作为模板，不必制备单链 DNA，实验程序更简单，所需时间也更短。

通过致突变 PCR 能够把一个自然条件下从未被发现的突变精确放置在靶基因的特定位置；能够把蛋白质的功能确定在特异的结构区域内；能够删除酶的非必需活性，提高所需的催化活性和改变物理特性；等等，不一而足。PCR 介导产生突变的原理不外乎前面提到的两种，但具体方法却有很多，如构建突变体库的随机错掺

PCR，构建定点突变序列的重叠延伸 PCR、大引物 PCR、重组 PCR 和环状质粒 PCR，利用重叠延伸 PCR 构建全合成 DNA 片段，以及在这些方法基础上的完善。在这里不可能囊括全部，本书其它章节中有所涉及，读者可参阅。本章将介绍一些比较基础的方案，供读者根据实验条件和实验目的进行选择。

第一节 利用易错 DNA 聚合酶进行随机突变

在研究蛋白质或核酸的结构功能时，常常希望建立突变体库，然后从中筛选出具有特殊性质的个体。如果突变的位点和方向明确，例如对抗体进行亲和力成熟或者是人源化改造，可用人工合成的 DNA 片段替换需要突变的序列。否则就需要在全序列中进行随机突变，使产物分子带有一个或数个突变。在 PCR 中通过 DNA 聚合酶进行不正确拷贝随机引入突变是最简单而且快速的方法，每经过一次扩增就会带来一次单碱基或多碱基突变的可能，累积错误率会比较高。

一、原理

当 4 种脱氧核糖核苷酸的任一种在 PCR 反应中是限量的时，DNA 聚合酶可能选择其它三种中的一种错误掺入，如果反应体系中有脱氧次黄嘌呤核苷酸 dITP，也可能掺入。建立 4 个 PCR 反应，每个反应耗尽 4 种脱氧核糖核苷酸中的一种，且含有高浓度的 dITP，在缺乏正确脱氧核糖核苷酸时，DNA 聚合酶经短暂停顿后，选择脱氧次黄嘌呤核苷酸或另外 3 种核苷酸的一种掺入到所缺乏核苷酸对应的位点上。由于所有 4 种碱基都能同次黄嘌呤配对，下一轮 PCR 循环中在错误掺入位点上发生突变的概率理论上可以达到 75%。

即便每一种脱氧核糖核苷酸的量都是充分的，如果在 PCR 中使用不具有 $3'\rightarrow5'$ 外切核酸酶功能的 DNA 聚合酶，同样可以产生随机突变。在所有已经知道的 DNA 聚合酶中，*Taq* DNA 聚合酶产生的错误掺入率最高，每扩增一次，核苷酸错配率在 0.1×10^{-4} 到 2×10^{-4} 之间，具体由反应条件决定。经过 20～25 轮循环 PCR，每个脱氧核糖核苷酸产生的累积错误率约达 10^{-3}。一般来说，这样的错误掺入率对于构建一个具有不同序列的变异库仍然不够，特别是对于扩增目的片段小于 1000 个核苷酸的情况。导致不足的另一个原因是，*Taq* DNA 聚合酶在普通 PCR 条件下总是有比较大的定向错掺趋势，即 AT 对变 GC 对的倾向。通过调整反应条件可以解决这一问题，如提高缓冲液中 $MgCl_2$ 浓度以稳定非互补的碱基对，加入 $MnCl_2$ 以降低聚合酶对模板的特异性，增加 dCTP 和 dTTP 的浓度以促进错误掺入，增加 *Taq* DNA 聚合酶以促进延伸链在碱基错配位置后得以继续，最终使每一个核苷酸的错误率达到大约 7×10^{-3}，而且这种错误率没有序列倾向性。

二、实验方案

以下改编自美国冷泉港实验室实验方案（Cold Spring Harb Protoc；doi：10.1101/pdb.prot097741）。该方案需要高突变倾向的 DNA 聚合酶。另外，方案中所使用的引物与模板不完全匹配，目的是能选择性扩增突变产物，即不扩增模板（图 5-1）。

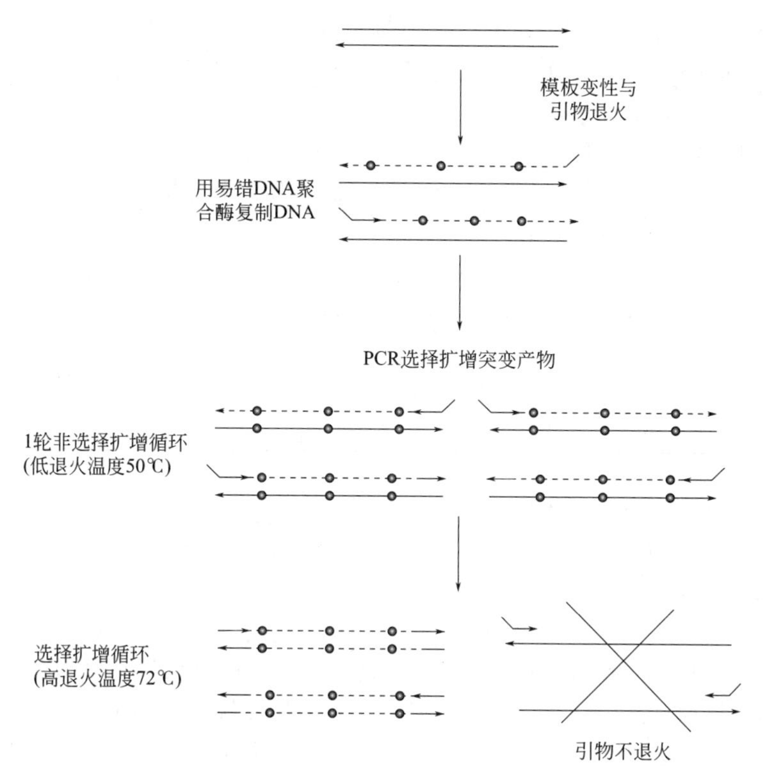

图 5-1　利用易错 DNA 聚合酶进行随机突变的主要步骤

（引自 Cold Spring Harb Protoc；doi：10.1101/pdb.prot097741，见彩图）

该方案包括两个步骤，第一步是合成突变的 DNA，第二步是选择性扩增第一步的复制产物，只扩增突变的 DNA。设计引物时需要在引物的 5′端加入与模板不互补的序列（绿色）。模板变性后，引物与模板杂交，用错误率高的 DNA 聚合酶进行复制。之后先进行一轮低退火温度的 PCR 循环，再进行高退火温度的循环（可扩增 25 个循环），选择性扩增突变的 DNA 拷贝（红色），而不扩增模板。红圈代表突变位点

1. 试剂

dNTP（2.5mmol/L 每种 dATP、dTTP、dCTP、dGTP），引物，模板 DNA（欲突变的基因），*Taq* DNA 聚合酶（或其它高突变倾向的 DNA 聚合酶），*Taq* DNA 聚合酶缓冲液（10×），$MnCl_2$ 水溶液（5mmol/L），H_2O（无菌，蒸馏），琼脂糖凝胶（10g/L，琼脂糖加入 1×TAE 缓冲液），TAE 缓冲液（50×）。

2. 仪器

PCR 热循环仪、凝胶电泳装置及电源、凝胶成像仪、分光光度计或其它 DNA 定量仪。

3. 方法

以 20μL 反应体系为例：

① 在 PCR 反应管中加入

DNA 模板	1μg	dNTP	2μL
引物	200nmol/L(每种)	$MnCl_2$(5mmol/L)	1μL
Taq DNA 聚合酶缓冲液(10×)	2μL	H_2O	补足至 20μL

根据所使用的 DNA 聚合酶以及希望达到的突变率调整 dNTP 和 $MnCl_2$ 的终浓度。

② 反应混合物置于 PCR 仪 95℃变性 5min，迅速降温至 4℃。

③ 加入5U *Taq* DNA聚合酶，37℃保温1h，合成突变DNA。

④ 选择适当的方法回收并纯化合成的DNA，并进行定量。

⑤ 在新的PCR管中加入：

步骤④纯化的突变产物	5ng	dNTP	2μL
引物	200nmol/L(每种)	*Taq* DNA聚合酶	1U
Taq DNA聚合酶缓冲液(10×)	2μL	H_2O	补足至20μL

进行以下PCR反应选择性扩增突变的DNA：

循环数	变性	退火	延伸
1个	94℃ 4min	58℃ 10s	72℃ 2min
25个	94℃ 20s	72℃ 1.5min	72℃ 1.5min

⑥ 选择合适的方法纯化扩增产物。

⑦ 扩增产物克隆至合适的载体，针对突变目的筛选突变体。

三、注意事项

① 致突变PCR的条件决定了一部分引物不可避免地与靶目标序列结合产生一些短扩增产物，根据这些产物的大小可以确定引物发生错误退火的位置，必要时重新设计引物。也可首先进行非致突变PCR，将特异的引物结合位点引入到DNA末端，然后再用能与上述位点配对的引物进行致突变PCR。

② $MnCl_2$ 不能直接配制在PCR缓冲液中，应配成储存液备用，在配制反应体系时加入 $MnCl_2$ 溶液后要混匀，并加入 *Taq* DNA聚合酶启动扩增反应，否则容易形成沉淀。

③ 选择性扩增突变的DNA不需要进行预变性，循环结束后也不需要再延伸。

④ 可以根据模板和引物的序列对标准条件作出相应调整，但鉴于 *Taq* DNA聚合酶对反应条件相当敏感，调整时一定要综合考虑修改可能产生的各种结果。

四、讨论

与标准PCR条件相比，易错DNA聚合酶缓冲液中 $MgCl_2$ 的浓度比较高，目的是降低引物杂交的严格性，稳定非互补的碱基，促进非特异扩增产物的形成，在扩增反应体系中加入 $MnCl_2$ 也是为了达到相同的目的。另外，利用易错DNA聚合酶进行随机突变，首要考虑的应是在没有序列突变倾向性的前提下引入各种类型的突变，而并非高水平的扩增，理论上需要10个循环即可，然而一般要进行30个循环，其目的在于提供足够的机会使错配末端进行延伸，产生完整的拷贝。然而这也将有利于出现人为的扩增产物，提高 $MgCl_2$ 浓度也解决了这一问题。加入大量模板DNA是防止PCR产物受克隆扩张效应的影响，即使突变发生在第一次扩增时，并一直传向所有子代，在PCR终产物中也很难分离出来自同一祖先又具有相同突变的两个分子。

由于利用易错DNA聚合酶进行随机突变增加了引物错误杂交的机会，进行随机突变时一般应使用cDNA或仅含有目的序列的双链DNA片段，尽可能减少非目标序列，降低引物与非靶序列的结合，使用质粒DNA是不合适的，如果用基因库DNA做致突变PCR根本没有可能性。随机突变时模板DNA的长度限制在1000核苷酸以下，对于较长靶 DNA 的突变，可将其分为若干片段进行。

利用易错 DNA 聚合酶进行随机突变产生的突变分布决定于错掺率及待随机突变序列的长度。整个 PCR 过程中每个位置的错掺率为 0.66%，综合所有的突变类型，并对突变基因的碱基组成进行校正，AT→GC 和 GC→AT 的比例为 1∶1。对于 500 个核苷酸长度的靶 DNA，产生的突变群体中约 4%为野生型，12%为含有 1 个错误的突变体，20%为含有 2 个错误的突变体，22%为含有 3 个错误的突变体，18%为含有 4 个错误的突变体，12%为含有 5 个错误的突变体，12%为含有 6 个或更多错误的突变体。在 20pmol PCR 产物中将包含所有可能的 1 个、2 个、3 个及 4 个错误的突变体，但含有 5 个错误突变体的可能性仅为 2%，更多错误的突变体生成的可能性将越来越小。这里的错掺率仅对核苷酸序列而言，再考虑到遗传密码的简并性，对相应蛋白质错误率的计算还需做一定的修正。

对于有些实验目的来说，每个位置发生 0.66%的错掺率是不够的，连续进行多次随机突变 PCR 可以提高错误率，但要注意避免以下两个问题。第一，只从前一次 PCR 反应产物中取少量用作下一次 PCR 的模板，会导致第二次 PCR 产物多样性降低，经过几轮 PCR 后多样性可能降低到不能接受的水平。补救的方法可以采取扩大反应量，并分多管进行。第二，可能由于前次 PCR 产物纯度不够，导致非特异扩增产物产生，补救办法是对每一次扩增产物用凝胶电泳纯化，再作为下一轮 PCR 的模板。

实验者如果对 RNA 突变体库感兴趣，那么利用易错 DNA 聚合酶进行随机突变时，在 PCR 引物的 5′端引入能被 T7 RNA 聚合酶识别的启动子序列，这样产物在体外转录时就可作为模板；如果是对构建蛋白质库感兴趣，可以使设计的 PCR 引物中含有可以克隆到合适表达载体的限制性酶切位点，或含有核糖体结合位点及起始密码子，用于体外翻译。这种方法获得的突变体库需要有相应的技术进行筛选，筛选方法的选择依据突变靶序列的性质以及突变的目的而定。

五、应用

随机错误掺入 PCR 的重要优点之一是在无需分离克隆和获得序列信息的情况下，可以对核酸群体进行重复随机突变，可以从中筛选出有特殊性质的个体，这里的性质可能是抗体分子对靶抗原的亲和力，也可能是酶的活性或者是对底物的特异性。通过这种方法还可以寻找蛋白质分子之间的相互作用位点、构建新型疫苗等。

皮质醇是肾上腺皮质激素的一种，体内皮质醇水平异常可能代表着垂体或肾上腺功能的紊乱，临床上需要用高亲和力抗体检测皮质醇水平。Oyama 等[1] 以一株 K_a 为 3.4×10^8 L/mol 的抗体为原型，通过易错 DNA 聚合酶进行随机突变构建了该抗体的随机突变体库，从中筛选获得了亲和力提高 30 倍的突变体，从而使检测灵敏度提高了 7.3 倍。

细胞色素 c 过氧化酶（CCP）是线粒体中催化 H_2O_2 氧化亚铁细胞色素 c 的过氧化酶，该酶的底物是细胞色素 c 蛋白。Wilming 等[2] 通过随机突变 PCR 构建了 CCP 的突变体库，筛选突变体对细胞色素 c 和小的有机化合物的催化活性，获得了对愈创木酚的催化活性提高了 300 倍的突变体，而且该突变体对愈创木酚的特异性比对细胞色素 c 高 1000 倍。另外，通过此项研究还对 CCP 的结构和功能有了进一步的认识。

EsxB-EsxD是金黄色葡萄球菌（*Staphylococcus aureus*）的ESAT6-like分泌系统（ESAT6-like secretion system，ESS）分泌的异二聚体毒力因子。为了了解EsxB与EsxD的作用机制，Ibrahim等[3] 通过突变PCR构建esxB随机突变体库，发现EsxB的N53是参与EsxB与EsxD作用的关键氨基酸。

利用原癌基因制备DNA疫苗的风险是重组DNA可能引发肿瘤，最佳解决方案是保留所有可能的T细胞抗原但缺失转化活性，定向突变很难达到这一目的。Osen等[4] 以人乳头瘤病毒的E7癌蛋白作为模式分子，通过PCR构建了该蛋白质的突变体库，筛选到的突变体免疫小鼠能够诱导E7特异的CTL反应，同时赋予小鼠对E7阳性肿瘤细胞的抗性。

致突变PCR还被用来提高联苯化合物二氧合酶对苯、甲苯和烷基苯的降解能力，用于工业废水和工业废物的无毒化处理；用来提高洗涤剂添加剂和食品添加剂的稳定性，以利于长期保存等。

随机错误掺入PCR技术已广泛应用于抗体工程、酶工程、疫苗工程和环境保护等领域，主要用于获得某一特性或折叠有明确改变的突变体。如果蛋白质的结构和功能信息不是很明确，不能够根据结构建模推测出氨基酸残基的改变对蛋白质功能和折叠等的影响，一般都可以采用随机突变的方法。

第二节　利用PCR引物构建位点特异突变体

利用DNA聚合酶在PCR过程中掺入不与模板互补的核苷酸可以获得突变的DNA分子，但是这种突变的位置和方向都是不确定的，是随机的和不可控的，不能在指定的位点对核苷酸做定向改变，不能按照设计合成突变的DNA分子。引物是在PCR过程中实现位点特异突变的有利工具。DNA聚合酶包括高保真的DNA聚合酶允许PCR引物与模板不完全互补，因此如果将突变设计在引物上，则可以在扩增产物的末端引入相应的突变，实现对模板DNA的预定修饰。这种突变不局限于单个核苷酸的改变，也可以使多个位点同时突变，如果使用简并引物，还能同时获得多种突变体。利用引物进行定点突变的方法有很多，可以根据需要进行选择。如果突变位点靠近修饰基因的一端，利用一个引物经过一步PCR就可以达到突变目的，在此不详述。如果突变位点与末端的距离不是合成的引物所能覆盖的（比如超过70个碱基），需要利用重叠延伸PCR或者是大引物PCR经过两个以上的PCR反应才能实现。如果需要对基因进行扫描突变，就需要采用重组PCR技术或者效率更高的改良方法。

一、方法1：利用重叠延伸PCR构建定点突变体

（一）原理

在重叠延伸PCR中，两个重叠的DNA片段是分别从两个独立的PCR扩增反应得到的。预设突变构建在重叠区域，存在于两个扩增片段中。设计四种引物，两个是突变引物，两个是侧翼引物，用一对引物扩增含有突变位点及其上游序列的DNA片段，另一对引物被用来扩增含突变位点及其下游序列的DNA片段，两个侧翼引物的序列与模板完全互补，两个突变引物含有希望引进的突变位点，如置换、插入或缺失。混合两个PCR的产物，由于两个突变引物有重叠序列，重叠片段之间退火，延伸成异源双链，加入侧翼引物进行第三个PCR，即可得到目标突变体。原则上，引

物可沿着靶基因移动到任何位点引入突变。这一方法具有极高的诱变效率，但反应过程需要两条诱变引物、两条侧翼序列引物和三个 PCR 反应。重叠延伸 PCR 法还可用于两个或两个以上异源基因片段的剪接，如同突变引物，两个剪接引物末端有互补序列，经 PCR 产生的 DNA 片段可以通过侧翼引物延伸进行剪接和扩增，获得重组体。同样，还可以利用重叠延伸 PCR 构建全合成的 DNA 片段以及扩增长片段 DNA。

（二）实验方案

以下为改编自 Heckman 和 Pease[5] 的方法。该方案需要两个突变引物和两个侧翼引物，进行两步三个 PCR 反应，两个突变引物至少末端部分互补。第一步的两个 PCR 反应扩增两个有重叠区域的突变片段，两个片段在第二步 PCR 反应中重叠延伸，获得全长的带有突变位点的基因片段（图 5-2）。

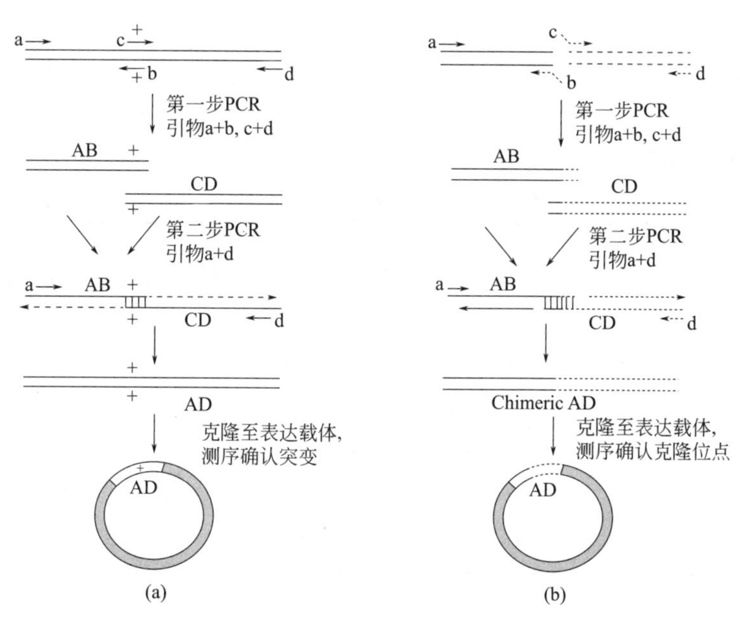

图 5-2　重叠延伸 PCR 构建位点特异突变体或剪接基因

（Karin L. Heckman 和 Larry R. Pease[5]）

（a）用突变引物 b 和 c 以及侧翼引物 a 和 d 进行第一步 PCR 扩增获得中间产物 AB 和 CD，两个片段在引物 b 和 c 的位置是重叠的，重叠区域含有突变的位点（以＋标示）。AB 和 CD 变性作为模板，在合适的温度下单链 AB 和 CD 的重叠互补区域退火，用引物 a 和 d 进行第二步 PCR 获得扩增产物 AD，AD 片段克隆至合适的载体（圆圈灰色部分），测序确定突变位点以及是否发生非预期突变。（b）两步 PCR 剪接基因。步骤与（a）基本相同，但第一步的两个 PCR 反应以两个不同的基因（要剪接的两个基因）为模板，而且引物 b 和 c 不是突变引物，二者的重叠区域覆盖的是 AB（实线）和 CD（虚线）片段的连接区。AD 片段克隆至合适的载体（圆圈灰色部分），测序确定两个基因是否精确连接以及是否发生突变

1. 试剂

dNTP（2.5mmol/L 每种 dATP、dTTP、dCTP、dGTP），引物（两个突变引物和两个侧翼引物），模板 DNA（欲突变的基因片段），高保真 DNA 聚合酶，高保真 DNA 聚合酶缓冲液（10×），H_2O（无菌，蒸馏），琼脂糖凝胶（10g/L，琼脂糖加入 1×TAE 缓冲液），TAE 缓冲液（50×）。

2. 仪器

PCR 热循环仪、凝胶电泳装置及电源、凝胶成像仪、分光光度计或其它 DNA 定量仪。

3. 方法

以 20μL 反应体系为例。

① 建立以下扩增 AB 和 CD 片段的 PCR 反应。

组分	终量(每反应)			
	产物		阴性对照	
	AB	CD	AB	CD
DNA 模板/ng	50～125	50～125	—	—
引物 a/pmol	50	—	50	—
引物 b/pmol	50	—	50	—
引物 c/pmol	—	50	—	50
引物 d/pmol	—	50	—	50
缓冲液(10×)	1×	1×	1×	1×
dNTP/μL	2	2	2	2
高保真 DNA 聚合酶/U	1	1	1	1
H_2O	至 20μL	至 20μL	至 20μL	至 20μL

② 运行以下 PCR 程序扩增 AB 和 CD 片段（可根据引物序列和扩增片段长度调整退火温度和延伸时间等反应条件）。

循环数	变性	退火	延伸	保温
—	95℃,2min	—	—	—
30 个	94℃,1min	50～60℃,1min	72℃,2min	—
—	—	—	72℃,2min	—
—	—	—	—	4℃

③ 琼脂糖凝胶电泳分析 PCR 反应产物。

④ 选择合适的方法纯化并定量 PCR 产物（选做）。

⑤ 建立以下扩增 AD 片段的 PCR 反应。

组分	终量(每反应)	
	产物	阴性对照
	AD	AD
模板 AB/ng	50～125	—
模板 CD/ng	50～125	—
引物 a/pmol	50	50
引物 d/pmol	50	50
缓冲液(10×)	1×	1×
dNTP/μL	2	2
高保真 DNA 聚合酶/U	1	1
H_2O	至 20μL	至 20μL

⑥ 运行以下 PCR 程序扩增 AD 片段（可根据引物序列和扩增片段长度调整退火温度和延伸时间等反应条件）。

循环数	变性	退火	延伸	保温
—	95℃,2min	—	—	—
30	94℃,1min	50～60℃,1min	72℃,2min	—
—	—	—	72℃,2min	—
—	—	—	—	4℃

⑦ 琼脂糖凝胶电泳分析 PCR 反应产物。

⑧ 选择合适的方法纯化并定量 PCR 产物（选做）。

⑨ PCR 产物克隆，筛选含预期突变的重组子，序列分析正确扩增的 DNA 片段的全序列。

二、方法 2：利用大引物 PCR 构建定点突变体

（一）原理

与重叠延伸 PCR 法相比，大引物 PCR 方法只需要一个诱变引物，是目前以 PCR 为基础的诱变方法中最简单和最经济的。该方法包括两轮 PCR，需要两个侧翼引物，一个带有预设突变的内部诱变引物。侧翼引物能够与克隆基因或临近载体序列互补。理论上，诱变引物的扩增方向可以朝向任意的侧翼引物。然而，实际上诱变引物总是朝向两个侧翼引物中较近的一个，这样能使大引物的长度保持最短。在大引物 PCR 中，第一个 PCR 是在诱变引物和较近的侧翼引物间进行，以野生型 DNA 为模板。利用第一轮反应的产物（双链大引物）和另一侧翼引物进行第二个 PCR，所得产物为包含突变的双链 DNA，大小为两个侧翼引物间的片段（图 5-3）。

（二）实验方案

以下改编自 Tyagi[6] 的方法，该方案包括在同一个体系中先后进行的两个 PCR 反应。第一个反应的产物上带有突变位点，不经纯化直接作为第二个反应的引物之一（大引物），需要的量很低，因此第一个 PCR 的循环数很少，只需要 5 个循环。另外第一个侧翼引物在第二步 PCR 中也与模板退火，与大引物竞争模板，因此必须是限量的，最理想是能在第一步反应中耗尽（图 5-3）。

1. 试剂

dNTP（2.5mmol/L 每种 dATP、dTTP、dCTP、dGTP），引物（一个突变引物 b 和两个侧翼引物 a 和 c），模板 DNA（欲突变的基因片段），高保真 DNA 聚合酶，高保真 DNA 聚合酶缓冲液（10×），H_2O（无菌，蒸馏），琼脂糖凝胶（10g/L，琼脂糖加入 1×TAE 缓冲液），TAE 缓冲液（50×）。

2. 仪器

PCR 热循环仪、凝胶电泳装置及电源、凝胶成像仪、分光光度计或其它 DNA 定量仪。

3. 方法

以 20μL 反应体系为例：

① 建立以下扩增 BC 片段的 PCR 反应。

<table>
<tr><th rowspan="3">组分</th><th colspan="2">终量(每反应)</th></tr>
<tr><th>产物</th><th>阴性对照</th></tr>
<tr><th>BC</th><th>BC</th></tr>
<tr><td>模板/ng</td><td>50～125</td><td>—</td></tr>
<tr><td>引物 b/pmol</td><td>50</td><td>50</td></tr>
<tr><td>引物 c/pmol</td><td>50</td><td>50</td></tr>
<tr><td>缓冲液(10×)</td><td>1×</td><td>1×</td></tr>
<tr><td>dNTP/μL</td><td>2</td><td>2</td></tr>
<tr><td>高保真 DNA 聚合酶/U</td><td>1</td><td>1</td></tr>
<tr><td>H_2O</td><td>至 20μL</td><td>至 20μL</td></tr>
</table>

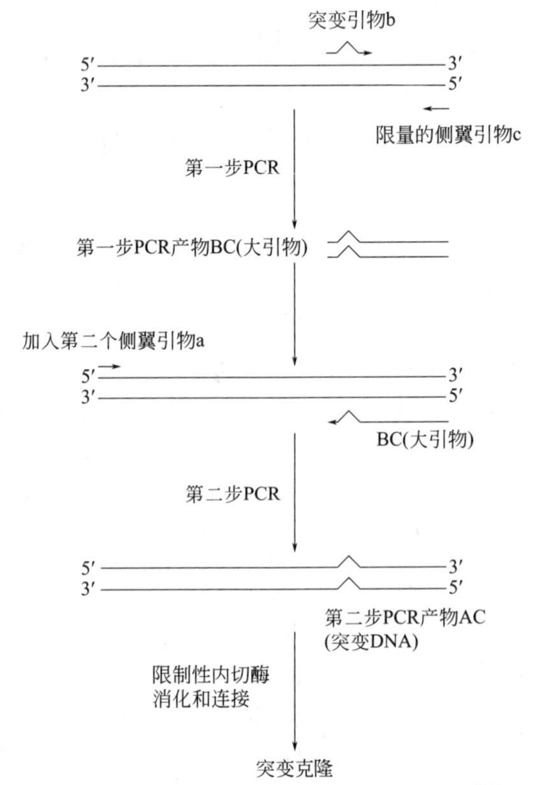

图 5-3 大引物 PCR 构建定点突变体（Tyagi[6]）

以突变引物 b 和限量的侧翼引物 c 进行第一步 PCR（5 个循环），扩增获得中间产物 BC，该片段在引物 b 的位置是突变的（以凸起标示）。BC 将作为第二步 PCR 的一个引物，在合适的温度下与模板退火，用另一个侧翼引物 a 和 BC 进行第二步 PCR（25 个循环）获得扩增产物 AC，AC 片段克隆至合适的载体，测序确定突变位点以及是否发生非预期突变

② 运行以下 PCR 程序扩增 BC 片段（可根据引物序列和扩增片段长度调整退火温度和延伸时间等反应条件）。

循环数	变性	退火	延伸	保温
—	95℃，2min	—	—	—
30	94℃，1min	50～60℃，1min	72℃，2min	—
—	—	—	72℃，2min	—
—	—	—	—	4℃

③ 琼脂糖凝胶电泳分析 PCR 反应产物。

④ 选择合适的方法纯化并定量 PCR 产物（选做）。

⑤ 建立以下扩增 AC 片段的 PCR 反应。

组分	终量(每反应)	
	产物	阴性对照
	AC	AC
模板/ng	50～125	—
引物 a/pmol	50	50
引物 BC/pmol	50	50
缓冲液(10×)	1×	1×
dNTP/μL	2	2
高保真 DNA 聚合酶/U	1	1
H_2O	至 20μL	至 20μL

⑥ 运行以下 PCR 程序扩增 AC 片段（可根据引物序列和扩增片段长度调整退火温度和延伸时间等反应条件）。

循环数	变性	退火	延伸	保温
—	95℃,2min	—	—	—
30	94℃,1min	50～60℃,1min	72℃,2min	—
—	—	—	72℃,2min	—
—	—	—	—	4℃

⑦ 琼脂糖凝胶电泳分析 PCR 反应产物。

⑧ 选择合适的方法纯化并定量 PCR 产物（选做）。

⑨ PCR 产物克隆，筛选含预期突变的重组子，序列分析正确扩增的 DNA 片段的全序列。

三、方法 3：利用重组 PCR 进行扫描突变

（一）原理

利用 PCR 引物构建位点特异突变体的效率很高，克隆突变基因却是一个限速步骤，通常是用限制性内切酶分别作用载体和突变 DNA 片段，然后用连接酶将二者连接。如果能将突变和克隆步骤整合，会大大提高效率，尤其是在构建一个基因的多个突变体，或者是对基因进行扫描突变的时候。将模板克隆在后续筛选所用的载体，在进行突变 PCR 时在引物上加入同源序列，同时不只扩增靶基因片段，而是将载体片段包括在扩增产物内，那么带有同源末端的产物可以通过在体外或者是体内重组，形成闭合环状双链 DNA，完成突变片段克隆到载体的过程，这就是重组 PCR。与重叠延伸 PCR 相同的是，重组 PCR 也要包括两个分别进行的 PCR 反应，产生两种突变产物，只是引物设计要使得一种 PCR 产物的每一末端都与另一 PCR 产物的不同末端

同源。将这两种 PCR 产物混合转化大肠杆菌，两种产物的同源末端在体内重组，形成环化重组体使转化完成。当然也可以只用一对重叠引物经一步 PCR 获得突变的靶基因和载体，但是由于扩增片段较长，可能增加随机突变的概率。如果重组体环状分子含有复制序列和选择性标志，如抗生素抗性基因，那么这种重组体可在转化的大肠杆菌菌株中增殖，并使重组菌落得到筛选。也可以利用体外技术完成两种 PCR 产物的重组（图 5-4）。利用重组 PCR 可以构建定点突变体，也可以重组 DNA 片段。该方法用于重组 DNA 片段时首先将供体质粒和受体质粒用限制性内切酶进行线性化处理（如果供体为线性 DNA，无需内切酶处理，可直接作为模板），再以线性化的 DNA 为模板分别扩增供体片段和受体质粒，后面的步骤与构建定点突变体相同。

寡核苷酸介导突变的频率在大于 0.1%至接近 50%之间，这取决于突变的复杂性和所用方法的效率。在以重组 PCR 构建定点突变体克隆时，DNA 质粒的一小部分会逃避突变，而产生非突变的克隆，有时数目相当大。为克服这一困难，开发了许多体外选择性破坏非突变 DNA 或抑制野生型克隆生长的方法。应用这两种方法，定点突变后恢复的重组子中，突变克隆的比例得到增加。以低效的引物延伸 PCR 在靶 DNA 的精确位置产生许多突变体时，这些选择方法更有价值。实验中常常将重组 PCR 与这类选择方法联合应用，提高获得突变克隆的效率。其中应用比较广泛的是用限制性内切酶 *Dpn* Ⅰ特异性切割带有亲本模板链的扩增产物或者是亲本模板。限制性内切酶 *Dpn* Ⅰ特异性切割双链 DNA 中甲基化序列 $G^{m6}ATC$。从大肠杆菌中分离的质粒已在体内的内源性 Dam 甲基化酶作用下被完全甲基化了，因而对 *Dpn* Ⅰ的切割敏感，半甲基化的 DNA 被 *Dpn* Ⅰ切割的效率较低。相反，用四种通用脱氧核糖核苷酸体外合成的 DNA 没有甲基化，因而完全抵抗切割。在定点突变后，用 *Dpn* Ⅰ降解剩余的甲基化了的野生型模板，从而富集体外合成的未甲基化 DNA。由于 *Dpn* Ⅰ选择性地破坏亲本模板，在以 PCR 为基础的诱变中，这一方法的主要用途是净化合成的双链 DNA。根据突变体的复杂性和 DNA 模板长度不同，15%～80%的转化子克隆含有需要的突变体。另一种区别模板链的途径是在体外合成时将甲基化的三磷酸核苷酸掺入到突变链内，突变链将免受如 *Hha* Ⅰ、*Sau*3A Ⅰ、*Msp* Ⅰ等限制性内切酶的消化。这些酶将把没有修饰的亲本模板 DNA 降解成小片段。

（二）实验方案

以下改编自 Heydenreich[7] 的方法。此方案中 PCR 扩增产生两个片段，这两个片段在体外重组，形成闭合质粒（图 5-4）。所有步骤在 96 孔板上完成（图 5-5）。

1. 试剂

dNTP（2.5mmol/L 每种 dATP、dTTP、dCTP、dGTP），引物（两个突变引物和两个非突变引物），模板 DNA（带有欲突变基因的质粒），高保真 DNA 聚合酶，高保真 DNA 聚合酶缓冲液（10×），H_2O（无菌，蒸馏），*Dpn* Ⅰ限制性内切酶（20U/μL，NEB），1.33×Gibson assembly mix［6.4μL 10U/μL T5 外切酶（NEB），200μL 2U/μL Phusion 高保真 DNA 聚合酶（NEB）和 1.6mL 40U/μL *Taq* DNA 连接酶（NEB），溶解在恒温反应（IT）缓冲液中］，（IT）缓冲液（50g/L PEG-8000，100mmol/L Tris-HCl pH7.5，10mmol/L $MgCl_2$，10mmol/L DTT，1mmol/L β-NAD，200μmol/L 各种 dNTP），大肠杆菌 XL-1 Blue 感受态细胞，琼脂糖凝胶（10g/L，琼脂糖加入 1×TAE 缓冲液），TAE 缓冲液（50×）。

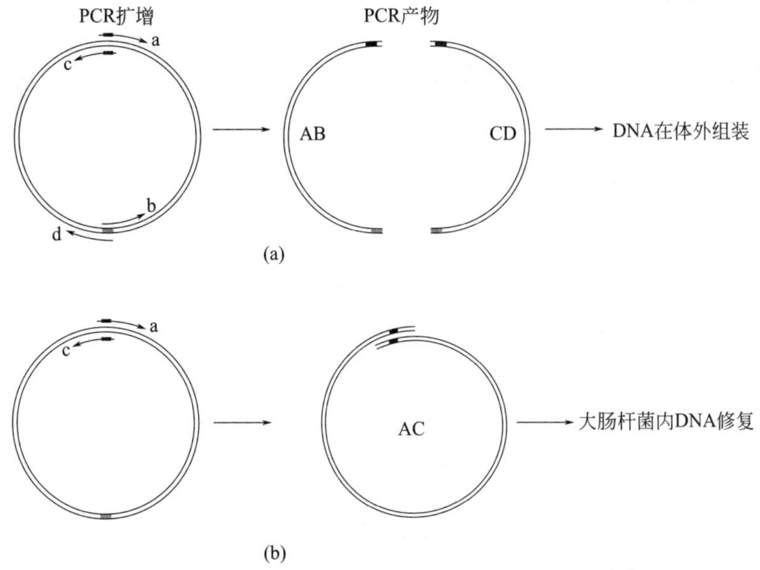

图 5-4　重组 PCR 构建定点突变体（Heydenreich[7]）

(a) 双片段法。用突变引物（a 和 c，二者有重叠区域）以及各自对应的下游引物（b 和 d，二者有重叠区域）进行两个 PCR 反应，模板是带有靶基因的质粒，扩增获得中间产物 AB 和 CD，两个片段在引物的位置是重叠的，重叠区域含有突变的位点（以黑方块标示）。两个片段在体外组装成闭合环状突变质粒。(b) 单片段法。只用突变引物（a 和 c）进行 PCR 反应，扩增产物 AC 在末端重叠，AC 片段转化大肠杆菌，重叠区段退火，体内重组形成最终的突变质粒

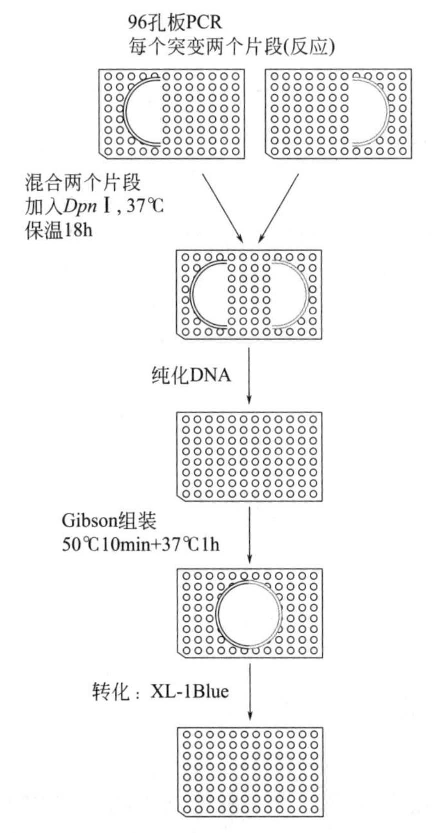

图 5-5　利用重组 PCR 进行扫描突变（Heydenreich[7]）

每个突变需要做两个 PCR 反应，每个反应大概扩增载体的一半。带有同一个突变的两个片段混合，用 *Dpn* Ⅰ 在 37℃ 消化过夜。消化完成后纯化消化产物，在体外通过 Gibson 组装反应组装成闭合环状质粒。质粒转化大肠杆菌感受态，涂筛选平板，挑克隆测序。除了细菌涂平板之外所有步骤在 96 孔板上完成

2. 仪器

PCR 热循环仪、凝胶电泳装置及电源、凝胶成像仪、分光光度计或其它 DNA 定量仪。

3. 方法

以 20μL 反应体系为例：

① 建立以下扩增 AB 和 CD 片段的 PCR 反应。

组分	终量(每反应)			
	产物		阴性对照	
	AB	CD	AB	CD
DNA 模板	50～125ng	50～125ng	—	—
引物 a	50pmol	—	50pmol	—
引物 b	50pmol	—	50pmol	—
引物 c	—	50pmol	—	50pmol
引物 d	—	50pmol	—	50pmol
缓冲液(10×)	1×	1×	1×	1×
dNTP	2μL	2μL	2μL	2μL
高保真 DNA 聚合酶	1U	1U	1U	1U
H_2O	至 20μL	至 20μL	至 20μL	至 20μL

② 运行以下程序 PCR 扩增 AB 和 CD 片段（可根据引物序列和扩增片段长度调整退火温度和延伸时间等反应条件）。

循环数	变性	退火	延伸	保温
—	95℃,2min	—	—	—
30	94℃,1min	50～60℃,1min	72℃,2min	—
—	—	—	72℃,2min	—
—	—	—	—	4℃

③ 混合 AB 和 CD 片段（反应产物直接混合，不需要分离纯化），加入 0.5μL *Dpn* Ⅰ酶，37℃放置 18h（可视酶活性等情况进行调整）消化亲本 DNA。

④ 选择合适的方法纯化消化后的产物（终体积尽可能小，以保证 DNA 浓度）。

⑤ 1μL 纯化的 DNA 混合物（步骤④产物）与 3μL 1.33×Gibson assembly mix 混合，50℃放置 10min，再 37℃放置 1h。

⑥ 2μL 步骤⑤产物转化 20μL 大肠杆菌 XL-1 Blue 感受态细胞。

（三）注意事项

① 通过 PCR 构建定点突变体时为了避免碱基的错误掺入，应使用带 3′→5′外切核酸酶校对功能的高效热稳定 DNA 聚合酶，且该酶不能具有催化非模板性掺入腺苷酸残基的能力。

② 从理论上讲，模板量越大获得足量扩增产物所需循环次数就越少，也就减少

了热稳定 DNA 聚合酶导致的碱基错误掺入的机会。然而高浓度模板有妨碍顺利扩增的倾向。另外，扩增循环次数过少会导致产生末端开放链，造成高本底。因此反应中加入的模板要适量，通常在 50～125ng 之间。

③ 由于线性 DNA 片段转化效率低，如果采用一步法重组 PCR 构建突变体，需要使用转化效率非常高的感受态大肠杆菌细胞。

④ 重组 PCR 如果扩增反应正常但突变体产量低，应怀疑 *Dpn* Ⅰ 酶的消化过程，必要时可调整 *Dpn* Ⅰ 的用量和消化时间。

⑤ 定点突变 PCR 方法使用高保真热稳定 DNA 聚合酶，延伸效率低于 *Taq* DNA 聚合酶，延伸时间相对要长一些。

⑥ 利用重组 PCR 进行扫描突变，如果最终获得的克隆中没有发生突变的背景过高，应考虑模板是否没有甲基化，少数来自 dam^- 缺陷大肠杆菌或其它宿主的 DNA 可能出现这样的现象，可用 Dam-甲基化酶进行体外甲基化。

四、讨论

在重叠延伸 PCR 方法中，可以不纯化第一步两个 PCR 反应的产物，而直接用作第二步 PCR 反应的模板，但这需要对第一步两个 PCR 反应中模板和引物的用量进行严格的控制，否则在第二步 PCR 反应中会同时发生以下非预期反应：两个侧翼引物对原始模板的扩增、第一步两个 PCR 反应的扩增。对大引物 PCR 的改进方法是用具有显著不同解链温度的侧翼引物，去引导两轮 PCR。第一条侧翼引物只需 15 或 16 个碱基的长度，T_m 值为 45℃。因此，第一轮 PCR 是在低退火温度下进行的。在第一轮 PCR 后期，第二个侧翼引物（25～30 个碱基长度，退火温度为 72～80℃）直接加到第一轮 PCR 反应管中，在高退火温度下进行第二轮 PCR 反应，由大引物和第二个侧翼引物合成全长 DNA 产物。由于在高温度下，第一条侧翼引物的退火被抑制，不能在第二轮 PCR 中有效扩增野生模板 DNA，所以，第二轮 PCR 的产物几乎全部是突变 DNA 片段。

设计突变 PCR 引物要遵循一些基本原则：与靶 DNA 的适当链互补；有足够的与靶序列特异结合的长度；携带的错配碱基应位于中央位置；含有与模板完全杂交的 5′端区；能形成足够稳定的杂交分子；无回文、重复或自身互补序列。突变引物或剪接引物上都包含两个部分：引发部分和重叠部分。引发部分在寡聚体的 3′末端，起引物作用，重叠部分在寡聚体的 5′末端，在重叠延伸反应中退火。设计合理的 DNA 引物对于快速高效完成基于 PCR 的诱变实验是非常重要的。诱变寡核苷酸合适长度为 16～25 个碱基，所设计的诱变位点，即引物/模板双链碱基错配区应位于引物的中央部分，引发部分带有 12 个正确配对的碱基，诱变位点的 5′末端一侧带有 6 个正确配对的碱基，这样两条诱变引物之间的重叠部分至少有 13 个碱基，完全可以保证 PCR 扩增的两个突变片段的良好退火。

在单链噬菌体 M13 DNA 定点诱变技术建立之初，因为诱变效率很低，所以需要一种能把少数携带突变的噬菌斑从大量野生型噬菌斑中筛选出来的方法。多年以来一直采用的技术是以放射性标记的诱变寡核苷酸为探针，通过杂交对噬菌斑进行筛选。在以 PCR 为基础构建突变体的技术中，野生型克隆的比例大大降低，减少了对杂交筛选方法的需求。目前已建立了多种以 PCR 为基础的检测特定突变的方法。所有方法都建立在 PCR 反应需要寡核苷酸引物 3′末端碱基与模板 DNA 完全互补的原理之上，如果 3′末端不能够与模板相应位置的碱基形成常规的配对，PCR 效率将大大降低。如果突变复杂导致非突变背景高，也可以采用单链构象多态性（SSCP）等方法。无论是重叠延伸 PCR 方法还是大引物 PCR 方法，在筛选到全长突变片段后，都需要进行克隆和序列分析，确保 PCR 扩增过程中未引入非预期突变。

理论上热变性的质粒可以作为环状质粒 PCR 反应的模板，不需要将质粒 DNA 模板变性，但碱变性后的质粒可折叠成高密度不可逆的变性状态，用这样的质粒 DNA 做 PCR 模板，转化细菌的可能性极小，大大降低了未突变野生型 DNA 克隆的背景。相比而言，尽管 PCR 预变性可以打破 DNA 双螺旋结构，但并没有必定摧毁质粒 DNA 的转化能力。因此如果突变效率低，推荐对模板进行碱变性处理。

环状质粒 PCR 方法使用的两条寡核苷酸引物必须能与质粒模板的不同链退火，引物间不能相互重叠，否则环化后的质粒与原始模板相比，不仅发生了预期的碱基改变，而且出现重复序列，重复的部分就是两条引物间重叠的序列。如果需要引入一个点突变，两条寡核苷酸引物中的一条携带野生型序列，另一条携带突变序列，点突变序列设置在突变引物的中心，点突变序列两侧至少含有 12 个序列正确的碱基。如需要引入缺失突变，两条寡核苷酸引物均可携带野生型序列，但它们必须是隔开一段模板序列，隔开的序列正是想要缺失的序列。插入突变则需要一条引物是野生型，另一条引物的 5′端携带需要插入的序列。如果只是对靶序列进行点突变，突变效率很高，转化前靶序列无需连接，引物就不需要磷酸化，通常也不需要纯化即可使用。但是如果是进行大片段插入等效率低的突变，连接处理必不可少，这时可以使用磷酸化引物，也可以在连接之前对 PCR 产物进行磷酸化。

利用 PCR 引物构建突变体的方法使用的热稳定 DNA 聚合酶需要具备有效的校对活性，碱基错配掺入率低，缺乏非模板性末端转移酶活性。为了满足这一要求可以使用混合酶，也可以使用单一成分的热稳定 DNA 聚合酶。但单一酶需要相对高浓度的寡核苷酸引物以抵抗由外切核酸酶活性产生的 3′→5′端降解作用，并保证引物的物质的量以 50～100 倍的量超过模板 DNA。然而，高浓度的引物有利于两条互补的寡核苷酸引物形成引物间杂交体，从而降低了扩增反应效率。如果为了保证扩增反应的效率而使用了具有非模板性末端转移酶活性的酶，那么在扩增反应完成后，需要用具有 3′→5′外切酶活性的 DNA 聚合酶削平 PCR 产物末端，避免引入多余碱基。

五、应用

如果突变位点和突变方向是明确的，采用重叠延伸方法可以迅速、准确地构建出预期的突变体，进行结构和功能研究。新德里金属 β-内酰胺酶（New-Delhi Metallo β-lactamase，NDM）是一种碳青霉烯酶，能水解几乎所有 β-内酰胺酶抗生素，社区和医院中出现的产 NDM 的多耐药菌株，已对人类健康构成威胁。迄今为止共报道了 17 种 NDM 变体，它们之间有的只有一个氨基酸不同，有的则有数个氨基酸的差异。NDM-1 有两个结合 Zn^{2+} 的活性位点，这些位点对催化活性的意义非常明确，但是非活性位点与催化活性之间的关系鲜有报道。Ali 等[8] 通过重叠延伸 PCR 构建了 NDM-1^{Q123A} 突变体，发现亚胺培南和美罗培南对 NDM-1^{Q123A} 的最低抑菌浓度比对野生型 NDM-1 提高了两倍，即突变体的水解活性高于野生型，说明非活性位点 Q123 也与 NDM-1 的催化活性相关。

新城疫是家禽的致死性传染病。新城疫病毒 R2B 株（rNDV-R2B）是印度用于鸡二次免疫的疫苗株，但是该株病毒毒力较强，可能引起免疫的鸡死亡。NDV 的表面糖蛋白融合蛋白以无活性的 F0 前体蛋白的形式合成，被宿主细胞蛋白酶切割成二硫键连接的 F1 和 F2 亚基发挥活性作用，介导病毒进入细胞以及细胞间融合。宿主细胞中广泛存在的弗林蛋白酶识别并切割毒力株的 F1 和 F2 连接处多碱性氨基酸，引起系统感染。Yadav 等[9] 通过两轮重叠延伸 PCR 将新城疫病毒 R2B 株（rNDV-R2B）的融合蛋白的切割位点 RRQKRF 突变为 GRQGRL，构建了减毒株 rNDV-R2B-FPCS，重组病毒增殖特性与 rNDV-R2B 相近，但降低了对鸡的毒力，可以作为疫苗株使用。

Heydenreich 等[7] 通过重组 PCR 成功地对两个 GPCR 蛋白进行了全序列丙氨酸扫描研究，获得了 467 个 V2R 的单氨基酸突变体，成功率达 83%；构建了 390 个 CB2 的突变体，成功率 73%。采用同样的双片段重组 PCR 方法，研究了两种植物膜蛋白拟南芥和西红柿乙烯受体 1（ETR1）的结构和功能，构建了两种 ETR1 分子羧基端或氨基端截短的突变体，对 50 个克隆进行序列分析，其中 45 个序列正确，带有预期突变。

如果蛋白质的结构功能信息很明确，就可以用模建的方法设计一系列突变体，通过重叠延伸技术、大引物 PCR 技术、重组 PCR 等构建定向突变体。构建融合蛋白可以采用重叠延伸技术和重组 PCR 技术。总之，利用 PCR 技术可以构建各种定向突变体，在此不一一列举。

六、小结

以 PCR 为基础的突变方法的优点很多，如突变效率高，在许多情况下无需进行排除非突变背景的筛选；能以双链 DNA 为模板，并几乎可在任何位点引入突变；快速简便等。但这些方法也存在缺点：PCR 产物有相对高的错误率，除预定突变外，常包含一些非预定突变；在 PCR 产物的 3′末端引入非预设的额外核苷酸；有些方法需要较多的引物和扩增反应；等。但其中大多数问题只要稍微预想和计划就能够避免。本章所介绍的只是一些最基础的方案，读者可以根据自己的需要对这些方法进行适当的修改，可以单独使用上述方案中的一种，也可以综合利用不同的方法。

正是由于该项技术的多能、方便和快捷，使其已经基本上取代了传统的诱变技术，成为目前无论是构建突变体或是突变体库，研究和改变蛋白质的结构和功能，研究调控序列的功能分区等的首选方案。随着新的实验要求的出现，基于 PCR 技术的突变方法将会不断得到改进，新的方法也会不断出现。

参考文献

[1] Oyama H，Morita I，Kiguchi Y，et al. A Single-Step “Breeding” Generated a Diagnostic Anti-cortisol Antibody Fragment with Over 30-Fold Enhanced Affinity. Biol. Pharm. Bull，2017，40（12）：2191-2198.

[2] Wilming M，Iffland A，Johnsson K，et al. Examing reactivity and specificity ofcytochrome c peroxidase by using conbinatirial mutagenesis. Chembiochem，2002，3（11）：1097-104.

[3] Ibrahim A M，Ragab Y M，Aly K A，et al. Error-prone PCR mutagenesis and reverse bacterial two-hybrid screening identify a mutation in asparagine 53 of the Staphylococcus aureus ESAT6-like component EsxB that perturbs interaction with EsxD. Folia Microbiologica，2018：1-10.

[4] Osen W，Perler T，Gissmannl L，et al. A DNA vaccine based on a shuffled E7 oncogene of the human papillomavirus type 16（HPV 16）induces E7-specific cytotoxic T cells but lacks transforming

activity. Vaccine，2001，19 (30)：4276-4286.

[5] Heckman K L，Pease L R. Gene splicing and mutagenesis by PCR-driven overlap extension. NATURE PROTOCOLS. 2007，2 (4)：924-932.

[6] Tyagi R，Lai R，Duggleby R G. A new approach to 'megaprimer' polymerase chain reaction mutagenesis without an intermediate gel purification step. BMC Biotechnology. 2004，4 (1)：2.

[7] Heydenreich F M，Miljuš T，Jaussi R，et al. High-throughput mutagenesis using a two-fragment PCR approach. Scientific Reports，2017，7 (1)：6787.

[8] Ali A，Azam W，Khan A U. Non-Active site mutation (Q123A) in New Delhi metalo-β lactamase (NDM-1) enhanced its enzyme activity. International Journal of Biological Macromolecules，2018，112：1272-1277.

[9] Yadav K，Pathak D C，Saikia D P，et al. Generation and evaluation of a recombinant Newcastle disease virus strain R2B with an altered fusion protein cleavage site as a vaccine candidate. Microbial Pathogenesis，2018，230-237.

第六章
测定基因突变的 PCR

基因突变是导致遗传疾病发生的根本原因。早期用来检测基因突变的方法有单链构象多态性分析和限制性片段长度多态性分析等。PCR 技术可作为一种快速、简便和有效的分析遗传疾病的方法。本章介绍的方法主要用于 α 地中海贫血症的检测、人抗胰岛素基因缺陷的检测和 Duchenne 型肌营养不良症及 Becker 型肌营养不良症的检测。其中有的方法同样可用于感染疾病的诊断，细菌、病毒、衣原体和支原体的检测，以及性别鉴定和法医学研究。

第一节　多重 PCR

一、引言

多重 PCR（multiplex polymerase chain reaction，MPCR）也称复合 PCR，是在常规 PCR 基础上改进并发展起来的一种新型 PCR 扩增技术，即在一个反应体系中加入两对以上引物，同时扩增出多个核酸片段，由 Chambehian[1] 于 1988 年首次提出，其反应原理、反应试剂和操作过程与常规 PCR 相同。多重 PCR 既有单个 PCR 的特异性和敏感性，又较之快捷和经济，在引物和 PCR 反应条件的设计方面表现出很大的灵活性。多重 PCR 还能提供内部对照，指示模板的相对数量和质量。

当前临床上对感染性疾病的诊断主要依靠传统的微生物学方法以及血清学方法。经典的微生物学方法不仅烦琐、费时，并受诸多因素影响，容易漏检自然变异株，并且不能检测难培养或不可培养的致病微生物。血清学方法虽然发展较快，灵敏度也较高，但只能做追溯性诊断或提供间接的诊断依据，不能进行快速鉴定，并且有些细菌之间有交叉凝集现象。因此，这些传统的方法在鉴定方面日益显现出不足。分子生物学的发展为微生物的基因型检测和鉴定打开了一扇大门，这些发展开始影响到患者治疗的很多方面。DNA 杂交研究首先应用于确证细菌间的关系，对核酸杂交化学的认识，使发展核酸探针技术成为可能[2-9]。但类似于表型指标，在某些情况下，杂交的方法也可能受到微生物能被分离和生长的限制。核酸扩增技术又为临床微生物实验室的病原体的检测和鉴定铺设了道路。体外能够生长，一般来说不再是鉴定微生物所必须满足的条件。之所以能够如此，从根本上说是由于这些技术以特异核酸序列的酶学扩增代替了生物学扩增——培养生长。虽然任何 PCR 依赖的技术都不能区分活的和死的细胞，但由于具有其它方法不可替代的优势，PCR 还是成为分子生物学中不可缺少的技术和方法。经过不断发展，PCR 技术和其它 DNA 信号与靶标扩增技术的发展已经使这些分子诊断技术成为临床上快速敏感诊断的关键性技术。一般 PCR 仅应用一对引物，通过 PCR 扩增产生一个核酸片段，主要用于单一致病因子等的鉴定。在诊断实验室中，PCR 技术的应用主要受成本的限制，有时是因为不能获得足够的待测样本体积。为了克服以上缺点，同时增加 PCR 技术的诊断能力，多重 PCR 的技术应运而生。

自 1988 年 Chamberlian 等[1] 首次提出这一概念起，多重 PCR 技术已被广泛应用于核酸诊断的许多领域，包括基因敲除分析[1,10]、突变和多态性分析[11,12]、定量分析[13,14] 以及 RNA 检测[15,16] 等，在感染性疾病领域，多重 PCR 技术已经显示出它的价值，成为识别病毒、细菌、真菌和寄生虫的有效方法。利用一次多重 PCR 反应，可同时检测、鉴别出多种病原体，在临床混合感染的鉴别诊断上具有其独特优势和很高的实用价值。

二、原理

多重 PCR 基本原理与常规 PCR 相同，区别是在同一个反应体系中加入一对以上的引物，如果存在与各对引物互补的模板，则它们分别结合在模板相对应的部位，同时在同一反应体系中扩增出一条以上的目的 DNA 片段。多重 PCR 反应体系的组成和 PCR 循环的条件需要经过优化以确保同时扩增几个片段。理论上只要 PCR 扩增的条件合适，引物对的数量可以不限，但由于各种条件的限制，实际能够扩增的引物对数量是有限的。

PCR 结果的分析方法有以下几种，包括：琼脂糖凝胶电泳、聚丙烯酰胺凝胶电泳、核酸杂交、限制性酶切分析、核酸测序等，其中琼脂糖凝胶电泳是最简单、最快速的方法，但是与聚丙烯酰胺凝胶电泳相比分辨率比较低。限制性酶切分析需要将 PCR 产物回收酶切后再次电泳，耗时费力，难以推广应用。核酸测序是鉴定 PCR 产物最可靠的方法，但需要专门的测序仪器，并且需要花费的时间也比较长。如果要将鉴定感染性疾病病原的多重 PCR 方法用于临床及现场流行病学调查，琼脂糖凝胶电泳是最佳的选择。

三、材料

1. 常规的 PCR 反应体系所需试剂

① 高压过的超纯水（高压的目的是使其中的 DNase 失活，以免降解模板 DNA）；
② PCR 缓冲液（选用与所用聚合酶对应的缓冲液）；
③ 4 种 dNTP 混合物（每种 dNTP 的浓度为 2.5mmol/L）；
④ 引物（引物合成后，用超纯水稀释为 10mmol/L）；
⑤ 热稳定的 DNA 聚合酶（不同厂家、不同批次的酶可能会有差异）；
⑥ DNA 模板（尽量使用纯化后的核酸作为模板）。

2. 实验仪器

PCR 热循环仪、核酸电泳仪、凝胶成像设备、离心机等。

四、方法

多重 PCR 实验设计远比单个 PCR 复杂，并不是简单地将多对特异性引物混合成一个反应体系，其反应体系的组成和反应条件需要根据实验结果反复调整，以适应同时扩增多个片段的需要。设计多重 PCR 反应体系时必须仔细考虑其扩增的区域、扩增片段的大小、引物的动力学及 PCR 循环条件的最优化等。

（一）选择目的基因

由于多重 PCR 在同一个反应体系中需要加入多对引物，而模板直接影响扩增的结果分析，这就导致了扩增模板的选择至关重要。同时，扩增区域的选择必须符合分析的目的，通常对于致病微生物，需要选择其保守序列，如 16S RNA，或者毒力基因、毒力相关基因，以防止检测到非致病突变体而无法解释结果；对于需要分型的对象来说，需要选择它们之间有差异的保守序列进行扩增；对于高度同源的序列来说，可以用相同的引物进行扩增，但获得的阳性结果需要利用特异探针杂交或限制性酶切进行进一步确定；缺失分析选择扩增外显子；法医学鉴定个体差异选择扩增高度多态性标志；转基因检测则选择转入的动植物基因座；性别鉴定一般选择 X 或 Y 性染色体上特有的基因座。

对于含有多个外显子的基因缺失分析来说，可选择缺失热点较广区域或缺失密集区域。相邻近的外显子可用跨越这两个外显子的引物进行扩增[17]。

（二）引物设计

引物设计的目的是找到一对合适的核苷酸序列，使其能有效地扩增模板 DNA 序列。因此，引物的优劣直接关系到 PCR 的特异性与灵敏度。要确定引物的位置，首先需要知道所选择的基因引物与模板结合部位的详细 DNA 序列信息。在多重 PCR 中，为了保证扩增效率，所有的引物对必须优化到相近的扩增条件[18]。因此，多重 PCR 的引物设计除了要满足一般 PCR 引物设计的原则外，还要注意以下几个问题：①各引物之间不能互补，尤其避免 3′的互补，以免形成二聚体，引物设计好以后进行 PCR 扩增，以检验引物之间是否配对形成二聚体；②各引物与其它扩增片段和模板不能存在较大的互补性，扩增片段之间也不能有较大的同源性；③对于引物的长度、(G+C) 含量、T_m 值要求尽量一致；④各引物扩增产物的片段大小要有一定的差别，以便于用电泳的方法进行区分。一般来说，产物片段越大，其长度的差别也应该越大。这就给多重 PCR 引物的设计带来了一定的难度。

（三）核酸提取

核酸依赖的检测方法受目标核酸纯化的影响，核酸的纯化程度决定了核酸方法的应用。多重 PCR 的优势在于快速、系统，主要用于临床标本的检测，包括血液、组织、粪便等，同时多重 PCR 对核酸模板的要求比较高，所以核酸的提取纯化显得尤为重要，直接与扩增结果相关。

一般来说，通过煮沸裂解细菌制备模板可以满足普通 PCR 反应，但是用于多重 PCR 反应会存在很多问题。在条件允许的情况下，多重 PCR 需要以纯化的 DNA 为模板，可以确保多重 PCR 的顺利进行。

（四）单位点 PCR（也叫单引物 PCR）

在进行多重 PCR 之前，必须先对每对引物进行单位点 PCR。确定每对引物进行单位点 PCR 时条件如表 6-1 所列。

表 6-1　50μL 反应体系单位点 PCR 条件

成分	终浓度	储存浓度	加入体积/μL
灭菌超纯水			29.8

续表

成分	终浓度	储存浓度	加入体积/μL
缓冲液	1×	10×	5
4 种 dNTP 混合液	200μmol/L	2.5mmol/L	4
正向引物	1μmol/L	10μmol/L	5
反向引物	1μmol/L	10μmol/L	5
模板	1pg～1μg		1
聚合酶	1U	5U/μL	0.2

反应完成后比较扩增结果，确保在相同的循环条件下所有的引物都能扩增出对应的产物条带，以确保引物能够特异性扩增对应的目标序列。

(五) 多重 PCR（引物等浓度混合）

反应体系中各对引物等浓度混合，体系中其它各成分的浓度不变，应用与单位点 PCR 相同的反应条件进行多位点同时扩增，根据扩增结果对多重 PCR 反应体系及反应条件进行调整，具体操作如下面所述。

(六) 优化多重 PCR 反应体系及反应条件

多重 PCR 的反应体系和反应条件基本与单位点 PCR 相同，但也不能一概而论，必须使多重 PCR 反应中每对引物对应的靶点都能获得足够的扩增量，并且扩增产物之间的产量应该基本相同。

影响多重 PCR 扩增效果的因素可以分为反应体系和反应条件两大类[19]。其中反应体系包括引物、缓冲液、*Taq* DNA 聚合酶、dNTP 和 $MgCl_2$ 等，反应条件包括退火温度、延伸温度、延伸时间、循环数等。

1. 反应体系的优化

（1）引物浓度　在多重 PCR 体系中，引物用量和扩增的目的片段长度有着正比内在关系，即扩增片段越长，所需引物就越多，片段越短所需引物相对就越少。同时，多重 PCR 扩增中每增加一重 PCR 扩增，引物间相互影响就加大，这就势必影响到扩增的效果。为了降低这种不利影响，选择适当的引物间浓度是确保多重 PCR 成功的一个关键因素。先对不同的引物进行单个 PCR 扩增，确定单个 PCR 各引物的最佳浓度，然后按照多重 PCR 的实验流程，进行两个或多个引物对的多重 PCR 预实验。多对引物会增加 3′末端引物互补的可能性，形成引物二聚体，也有可能发生一个扩增片段抑制另一个扩增片段的情况，这就导致了扩增结果并不是均一的。即使在优化了循环条件后，某些基因的扩增产物仍不明显。多重 PCR 反应体系优化经常可以遇到有一个或两个靶位点的扩增产物很少甚至没有扩增产物，而其它引物的扩增效率都很好的情况。为解决这一问题，可以通过适当地调整引物的相对浓度加以解决，增加弱条带的引物量，减少亮条带的引物量。降低扩增效率高的引物对浓度比增加扩增效率低的引物浓度更有助于提高扩增效率低的产物的产量。多重 PCR 反应中各引物的浓度差异一般都凭经验获得。只有在调整引物浓度达不到要求时才考虑调整别的反应条件，例如改变反应体系中 Mg^{2+} 或 KCl 的浓度等。

有些情况，例如扩增产物是序列相似但长度不同的扩增片段，最短的产物可能扩增得更好，尤其是有些扩增片段共用一个引物的时候。这种情况可以通过长扩增片段引物启动 PCR 几个循环后再加入扩增短片段的引物的方法避免，也可以通过降低扩增短片段的引物来解决。理论上讲，引物和基因靶序列的物质的量之比至少为 10^8 ∶ 1，如此过量的引物才能确保模板 DNA 一旦变性就与引物退火，而不是与其自身退火。一般引物量至少要 10 倍于模板量。

（2）模板及模板浓度 从血和新鲜组织中提取的 DNA，浓度和质量均能满足多重 PCR 的要求。对于从菌体提取的 DNA，为了减少样品对扩增结果的影响，裂解液中加入的菌量不能太多，否则会因裂解不完全，菌体蛋白抑制 DNA 聚合酶的活性，造成假阴性结果。

要达到稳定的结果，每个样品都应该测定浓度，实际工作中往往是抽样检测。所以，样本模板浓度往往参差不齐，导致每个样本扩增效率不完全均等，有时还会出现扩增失败的现象。此时要考虑模板的有效浓度，适当加以调整。几种不同来源的模板 DNA 的浓度为：哺乳动物基因组 DNA 100μg/mL；酵母基因组 DNA 1μg/mL；细菌基因组 DNA 0.1μg/mL；质粒 DNA 1～5ng/mL。

（3）dNTP 和 $MgCl_2$ 的浓度 dNTP 和 $MgCl_2$ 是 PCR 反应体系中的重要成分，因此对 dNTP 和 $MgCl_2$ 的浓度进行优化也是很必要的。

PCR 反应中一般用的 dNTP 和 $MgCl_2$ 的浓度分别为 200μmol/L 和 1.5mmol/L。Mg^{2+} 浓度在很大程度上影响扩增的特异性，Mg^{2+} 一般正比于 dNTP 的浓度，这个比值确定好后可以在调整其它反应条件时保持恒定。当保持 dNTP 的浓度不变，随着 $MgCl_2$ 浓度的升高，反应的特异性逐渐增强，但当增加到一定程度后，反应产物几乎为零。PCR 反应中，dNTP 和 $MgCl_2$ 的浓度应该平衡，这可能是因为 dNTP 能够结合镁离子，而 *Taq* DNA 聚合酶发挥活性需要游离的镁离子。另外，dNTP 母液对于反复冻融十分敏感，反复冻融 3～5 次后，多重 PCR 反应常常不能很好进行，扩增产物几乎完全不可见，但 dNTP 的这种低稳定性在单一基因扩增中并不明显。

（4）PCR 缓冲液（KCl）的浓度 如果多重 PCR 系统性地对扩增长的 PCR 产物有倾向性，最佳的选择是设计一系列多重 PCR 实验，固定 Mg^{2+} 浓度（1.5mmol/L），依次递增 KCl 的浓度（1.0～2.0 倍），对每对引物进行再优化。相反，如果倾向于优先扩增较短的产物，则应在保持 KCl 浓度不变的情况下逐步提高 Mg^{2+} 浓度（直至 4.5mol/L）。如果所有产物的扩增效率都很低，试着提高模板和热稳定 DNA 聚合酶的浓度。如果没有改善，则成倍增加所有引物的浓度并采用复性和延伸温度依次降低 2℃的降落 PCR。

PCR 缓冲液的浓度从 1×提高到 2×可以明显提高多重 PCR 的效率，这种调节作用比调节 DMSO、甘油或 BSA 更重要。通常产生长片段扩增产物的引物在低盐浓度下扩增结果更好，而产生短片段扩增产物的引物在高盐浓度下扩增结果更好，高盐浓度会使长片段扩增产物难于变性解链。

（5）*Taq* DNA 聚合酶 随着多重 PCR 体系中引物对数目的增多，dNTP 和聚合酶的量也要相应增加。不同厂家的酶质量也有差异，需要做浓度梯度实验，寻找最佳的用酶量。使用过多的 *Taq* DNA 聚合酶会导致不同基因扩增不平衡及背景的轻微增高，反应的特异性降低。可以在 25μL 反应体积中加入 2U，然后根据扩增结果进行轻微的调整。

（6）辅助剂（如 DMSO、甘油、BSA）的应用 在多重 PCR 反应体系中加入 50～100mL/L 的 DMSO 或甘油能够提高多重扩增效率和敏感性，得到更多的扩增产物和减少非特异扩增。但是这些辅助剂可能会在另一方面干扰实验效果，因为它对各基因位点扩增效率的影响不同。50mL/L 的 DMSO 可能会提高某一位点的扩增效率，降低另一位点扩增产物的数量，而对某些位点则根本不产生影响；同理，DMSO 可能抑制也可能是促进非特异性扩增。因而使用这些辅助剂的效果需要在每个具体的反应体系中加以验证。加入适量的 BSA（如 1.0g/L）能显著提高多重 PCR 扩增效率。有时候 BSA 效果要比 DMSO 和甘油好，但它的作用同样也需要实验的验证。

2. 反应条件的优化

由于在一个多重 PCR 反应体系中有多对引物，而且扩增的模板片段长度也不尽相同，所以各对引物的扩增效率和扩增速度也不相同。由于多重 PCR 反应总是遵循较小片段优先扩增的原则，各对引物所要求最佳 PCR 条件也不尽相同（设计多对引物进行多重 PCR 时，应使各引物所需 PCR 扩增条件尽可能一致），因此在选择多重 PCR 扩增条件（尤其是退火温度和时间）时应尽量选择有利于较大片段扩增的条件。

（1）退火时间和温度　在循环参数中，影响多重 PCR 扩增效率的主要因素是复性温度和延伸时间。复性温度的设置策略与单个 PCR 相似。先计算引物的熔解温度（T_m），在此基础上推算复性温度 T_a（$T_a=T_m-5$）。然后用“逐步引入法”确定多重 PCR 的最佳 T_a，即每增加一对引物，就根据扩增的结果调整复性温度，直至每一种被扩增的基因片段都获得满意的效果。延伸时间是影响扩增产量的重要因素。随着扩增的基因座数目的增加，延伸时间也应延长。在最佳的 Mg^{2+} 和 dNTP 浓度范围内通过延长延伸时间来提高扩增产量，比单纯增加 Mg^{2+} 和 dNTP 浓度更为有效。

退火时间对扩增效率的影响远远小于退火温度的影响，将退火温度降低 4～6℃ 对于在多重 PCR 中扩增出同样的基因是必需的。多重反应中并发的其它基因的特异扩增会消除非特异扩增的影响，同样，扩增效率高的基因会使扩增效率低的基因的扩增产量降低。

（2）延伸温度　高的延伸温度会减少某些基因的扩增，即使用长的退火时间和延伸时间也可能无法消除这种影响。

（3）延伸时间　在多重 PCR 中，由于同时扩增多个基因，酶和 dNTP 的缺乏就成为限制因素，就需要更多的时间来完成所有产物的合成。多重 PCR 中增加延伸时间，可以增加较长 PCR 产物的量。也有实验表明，当延伸时间延长时，所有基因的 PCR 产物量都增加了。

（4）PCR 循环数　PCR 产物量增加最明显的是在 25 个循环附近。通常对于一个反应，28～30 个循环就足够了，增加至 60 个循环对产物量无明显影响。

总之，多重 PCR 反应条件的设置是一个棘手的问题，也是多重 PCR 成功的保证。一般策略是首先进行单个 PCR 反应，分别设定各引物对应的条件；然后，依次增加引物对，不断调整反应条件直至最后保证所有的引物对都能在同一条件下扩增出目的条带。

五、常见问题的解决

针对多重 PCR 中的常见问题，可以通过改变影响 PCR 扩增效果的因素来解决。

1. 若所有产物条带都很弱

① 增加延伸时间；

② 降低延伸温度至 62～68℃；

③ 逐步降低退火温度；

④ 调整 *Taq* DNA 聚合酶的浓度；

⑤ 同时应用以上 4 种策略。

2. 若短片段产物条带较弱

① 缓冲液浓度从 1×增加至 1.5×或 2×；

② 降低退火或延伸温度；

③ 增加弱条带相对应的引物量；

④ 同时应用以上 3 种策略。

3. 若长片段产物条带较弱

① 增加延伸时间；

② 增加退火和/或延伸温度；

③ 增加弱条带相对应的引物浓度；

④ 降低缓冲液浓度至 0.7×～0.8×，同时保持 $MgCl_2$ 浓度 1.5～2mmol/L 不变；

⑤ 同时应用以上 4 种策略。

4. 若出现非特异产物

① 若非特异产物是长片段，增加缓冲液浓度至 1.4×～2.0×；

② 若是短片段，降低缓冲液浓度至 0.7×～0.9×；

③ 逐渐增加退火温度；

④ 减少模板和聚合酶的用量；

⑤ 增加 Mg^{2+} 至 3mmol/L、6mmol/L、9mmol/L、12mmol/L，同时保持 dNTP 浓度恒定在 200μmol/L；

⑥ 同时应用以上 5 种策略。

5. 若以上方法都未见效，可以进行以下尝试

① 加入辅助剂 BSA（0.1～0.8μg/μL）；

② 加入辅助剂 DMSO 或甘油（5%，体积分数）；

③ 重新比对引物，确保引物之间不存在相互作用；

④ 更换所有溶液，用新的 dNTP。

六、应用

（一）多重 PCR 在遗传病诊断方面的应用

1. DMD 和 BMD 的检测

Duchenne 型肌营养不良症（Duchenne muscular dystrophy，DMD）是一种很常见的人类遗传病，为 X 性染色体隐性遗传性肌肉变性疾病，50%的病例由基因缺失引起，大约每 3500 个男婴就有一个发病，1/3 的病例由新的突变所致[20]。肌营养不良基因长 2000kb，至少有 70 个外显子，被 35 个平均 35kb 的内含子所间隔[21]。目前尚无有效治疗的方法，因而高度准确的产前诊断和 DMD 阳性筛选是十分重要的。以往多用 Southern 分析技术来诊断，但由于该基因有多达 70 个外显子，至少需要 7～9 个 cDNA 克隆才能诊断，费用高、费时而难以常规开展。BMD 是 Becker 型肌营养不良症（Becker muscular dystrophy）的缩写。BMD 亦为 X 性染色体隐性遗传性肌肉变性疾病。BMD 的发病率为新生男婴的三万分之一。65%的 BMD 病例是基因缺失导致的。

Chamberlain等[1] 利用多重PCR技术对DMD进行了检测，设计了6对外显子引物。用1μmol/L引物加10U *Taq* 酶，延伸温度为72℃ 3min，25个循环。产物电泳后，如与正常对照的对应条带相比有缺失或移位，即为异常。随后该实验室又将引物增加至9对，使至少80%的DMD基因缺失得到确定，能直接诊断50%以上的病例。Hentemann等[22] 设计了2对产物分别为140bp和73bp的引物，对42例病人检测后，发现7例基因缺失并经Southern杂交分析证实。Simard等[20] 报道用Chamberlain的引物对DMD进行扩增，并对DNA模板处理进行了改进，用1mL羊膜液离心后的细胞经非离子去垢剂和蛋白酶K的PCR缓冲液裂解后直接PCR扩增，效果令人满意。由于DMD/BMD是等位基因，近来的文献多同时检测此两种疾病。Beggs等[23] 用多重PCR同时检测肌营养不良基因的8个外显子和启动子，可使98%有基因缺失的DMD/BMD获得诊断。Covone等[24] 用两种方法对照研究了127例DMD/BMD：一种方法是用与DMD cDNA相关的9种cDNA探针与*Hin*dⅢ消化的基因组DNA杂交，另一种方法是用9对DMD外显子的引物进行多重PCR检测，结果73例（57%）存在基因缺失，两组方法结果相近。我国华西医科大学的学者亦用Chamberlain的9对引物对17例DMD/BMD病例进行了检测，结果8例（47%）发现基因缺失，证明了针对西方人的引物序列同样可以检测中国病例。

2. 用于其它遗传病的检测

Picci等人[25] 对囊性纤维化（cystic fibrosis，CF）基因突变进行了筛选研究，用4对外显子引物进行多重PCR扩增，然后用限制性内切酶消化PCR产物，再进行垂直聚丙烯酰胺凝胶电泳，检查15例发现有3例发生了基因突变。Prior等[26] 设计了8对引物同时检测DMD/BMD和CF，通过凝胶电泳筛选DMD/BMD缺失突变，并用等位基因特异的寡核苷酸杂交确定CF突变是否存在。实验表明，可以通过多重PCR的方法从血斑中获得足够的DNA进行分子分析，可用于新生儿的筛选。Pillers等人[27] 用多重PCR和Southern杂交方法研究了一位同时患AIED（Aland island eye disease）、甘油激酶缺乏症（GKD）和DMD的病例，发现在DXS67（1-deoxy-D-xylulose 5-phosphate synthase 67）和DMD基因之间出现基因缺失。另外，还有用多重PCR方法筛查类固醇硫酯酶（steroid sulfatase，STS）缺乏症和诊断β地中海贫血患者的报道[28]。

脊髓性肌萎缩症（spinal muscular atrophy，SMA）是一种常染色体隐性遗传神经性肌肉疾病。SMA会造成位于脑底和脊髓的下级运动神经元分裂，从而使其无法发出肌肉进行正常活动所依赖的化学及电信号。SMA主要影响患者的近端肌，即最靠近人体躯干部的肌肉。控制胃、肠和膀胱等器官运动的非随意肌不会受到影响。各型都会对控制随意肌运动的叫作运动神经元的神经细胞产生影响。基因研究发现，运动神经元的死亡也许是因为缺少一种或几种蛋白，或者是它们不能完全发挥其功能而导致的。Simard等[29] 应用多重实时反转录PCR方法（multiplex real-time reverse transcriptase-PCR）对存活运动神经元（survival motor neuron，SMN）的转录本进行定量，共检测了42个潜伏期SMA病人的血标本，每个病人取三个时间点，发现SMN的表达在每个病人的不同时间点上的转录是稳定的，SMN mRNA表达的实时定量检测可以作为SMA临床试验的生物标志。

甘露糖结合素（mannose-binding lectin，MBL）是一种血清蛋白，能够触发补体激活，因此在先天性免疫中发挥重要作用。低水平的 MBL 会损伤病原微生物的调理作用，进而导致儿童的反复感染、免疫受损病人的严重感染以及自身免疫疾病。MBL 的编码基因位于人类 10q11.2～q21 染色体，包括四个外显子，血清中 MBL 水平受其启动子多态性和 *MBL2* 基因第一个外显子突变的影响。目前应用的 *MBL* 基因分型方法主要有以下几种：PCR-限制酶切分析、序列特异寡核苷酸探针杂交（sequence-specific oligonucleotide probes，SSOP）、放大受阻突变体系（amplification refractory mutation system，ARMS）、ARMS 联合 SSOP、异源双链分析（hetero duplex analysis）、实时 PCR 以及应用小沟结合 DNA 探针的 5′端核酸酶分析。Helena[30] 等建立了一种快速、高效的多重 PCR 方法对 *MBL2* 基因进行分型，并且将捷克人作为斯拉夫人的代表样本，应用此方法研究了 *MBL2* 的等位基因频率。共分析了 359 个不相关捷克人的 *MBL2* 基因，最终得出 LYD 单元型在斯拉夫人的祖先中比其它高加索人更常见，同时也证明了多重 PCR 是一种比传统 PCR 方法更快速、简便、省时省力的 *MBL2* 分型方法。

根据当前不育领域的研究，大约 10%～15%的夫妇存在不育的问题，而在所有的不育个体中，男性不育大约占 50%[31]，其中 40%～50%存在精子缺陷，如少精症和无精症[32]。人类 Y 染色体的长臂对于精子的产生是必需的。在三个不同区域的缺失会导致严重的精子缺陷，包括非闭塞的无精子症和精子减少症。这些区域被称为无精子症因子（azoospermia factor，AZF），三个分离的非重叠区被定义为 AZFa、AZFb、AZFc，与产生人类损伤的精子有关。近来的研究证明 Yq 染色体的微缺失会遗传给其儿子[33]。Yeom 等[33] 应用多重 PCR 扩增 6 个位点，包括 Y 染色体的性别决定区（sex-determining region on the Y chromosome，SRY）作为阳性对照，无精子症因子区域的 5 个序列标签位点（sequence-tagged site，STS），其中模板是从不育男性血液中提取的基因组 DNA。该研究中的引物为 Cy3 标记，PCR 产物可以与固定的探针杂交，提供了一种敏感、高通量检测 Y 染色体缺失的方法，也是一种男性不育筛选的新方法。

（二）着床前胚胎遗传学诊断

着床前胚胎遗传学诊断（preimplantation genetic diagnosis，PGD）产生于 20 多年前，主要目的是识别基因突变或染色体错误引起的遗传性疾病。临床上最早是用来检测夫妻 X 隐性连锁疾病，随后应用于不同的患者来达到优生优育的目的，主要包括：单基因病携带者，无论显性或隐性、常染色体或 X 连锁；染色体结构异常携带者，包括易位、翻转、缺失、插入等；避免高龄产妇后代染色体异常；辅助生殖治疗反复植入失败的夫妇；反复出现不明原因流产的夫妇。当前 PGD 已经成为产前诊断（prenatal diagnosis）的一种替代方法。

对于单基因缺陷患者，可以用多重 PCR 同时扩增多个位点，选择那些位于相同染色体或者临近致病基因的多态性标志位点进行扩增能够有效诊断突变位点和多态性等位基因[34]，可以同时分析多个诊断位点，并且减少错误诊断的概率。另外，还可以扩增高变的指纹位点，指示 DNA 模板是否被污染。

囊性纤维化病（cystic fibrosis，CF）是一种首次成功应用单细胞植入前基因诊断的单基因缺陷性疾病。CF 的突变谱差别很大，因此，发展一种突变特异的 PGD 方法是行不通的。文献［35］建立了一种针对CF通用的多重PCR方法，用于胚胎的遗传学诊断。本研究应用了CF跨膜调控子（cystic fibrosis transmembrane regulator，CFTR）两侧的4个紧密连锁高多态性重复标识：D7S523、D7S486、D7S480和D7S490。共检测了100个白细胞和50个卵裂球，其中99%获得了多重PCR结果，总体等位基因遗失（allelic drop out，ADO）频率从2%～5%不等。确认ADO以及额外等位基因存在后，95%的多重PCR结果可以用来建立基因型标记。基于父母的基因型，考虑到由于变异参数（5%）、ADO（0～2%）和单重组（1.1%～3%）造成的胚胎传送丢失，大约90%的胚胎能够应用单个卵裂球进行可靠的PGD基因分型。错误诊断的概率与已知的两侧标识双重组概率相当，小于0.05%。因此，这种多态性和多等位基因标识系统是一种可靠的、可替代直接突变胚胎遗传学诊断的方法。

（三）在遗传修饰生物中的应用

近年来可见应用多重PCR技术在转基因成分定性和定量检测的报道。陈文炳等[36]用多重PCR方法在反应体系中加入13对引物同时检测转基因矮牵牛与阳性对照质粒中的1～3个外源基因，包括花椰菜花叶病毒（cauliflower mosaic virus，CaMV）35S启动子、根瘤农杆菌胭脂碱合成酶基因终止子（NOS）、大肠杆菌K12菌株新霉素磷酸转移酶Ⅱ（NptⅡ）编码基因。结果表明，多重PCR不但可以提高检测效率、降低检测成本，还可以有效防止假阳性结果的出现。

（四）基因重排

免疫球蛋白（immunoglobulin，Ig）和T细胞受体（T cell receptor，TCR）位点包含很多不同的*V*、*D*、*J*基因片段，参与早期白细胞分化的重排过程。*V-D-J*片段重排由重组酶复合体介导，其中RAG1和RAG2蛋白通过识别、切割DNA重组信号序列（recombination signal sequences，RSS）发挥重要作用，RSS位于*V*基因下游、*D*基因两端和*J*基因上游。不合适的RSS会降低甚至完全阻止重排。van Dongen等[37]成功建立了一种多重PCR方法并将其标准化，能够检测同源细胞重排免疫球蛋白和T细胞受体基因、染色体畸变t（11；14）和t（14；18）。在18个多重PCR反应中，可以使用107对不同的引物进行扩增。14个Ig/TCR和4个BCL1/BCL2多重反应体系证明了多重PCR反应完全适合淋巴增生缺陷的克隆研究，并且具有较高的敏感性。特别是在疑似B细胞增殖中与IGH和IGK联合应用，疑似T细胞增殖中与TCRB和TCRG联合应用具有极高的克隆检出率。

（五）抗性基因检测

抗生素的广泛使用导致具有耐药性微生物的增多，比如耐甲氧西林金黄色葡萄球菌（methicillin resistant *Staphylococcus aureus*，MRSA）、万古霉素抗性肠球菌（vancomycin resistant *Enterococci*）和多重耐药结核分枝杆菌（multidrug resistant *Mycobacterium tuberculosis*）等。这些病原的快速检测及对应的抗生素抗性快速检测对于隔离病人和阻止疾病的进一步蔓延是很重要的。多重PCR方法能够对这些抗生素抗性基因进行同时检测，节省时间，具有较高的敏感性和特异性。

Strommenger等[38]应用多重PCR方法同时检测金黄色葡萄球菌的9种耐药基因，包括*mecA*、*aacA*～*aphD*、*tetK*、*tetM*、*ermA*、*ermC*、*vatA*、*vatB*和*vatC*，并且在反应中加入另外一对引物，扩增金黄色葡萄球菌的16S rRNA作为阳性对照。

通过对分离的 30 株金黄色葡萄球菌进行检测，多重 PCR 结果与肉汤微量稀释实验得到的抗性表型一致，证明了多重 PCR 是一种识别抗生素抗性的快速、简便、精确的方法，并且可以在临床诊断、流行病学研究中用于监测抗性基因的传播。

还可用多重 PCR 方法同时检测质粒介导的喹诺酮抗性基因 *qnrA*、*qnrB* 和 *qnrS*，并用来筛选科威特分离的 64 株产超广谱 β-内酰胺酶（expanded-spectrum beta-lactamase，ESBL）的肠细菌[39]。

（六）微生物检测

多重 PCR 作为一种分子检测、分型方法基本上可以用于所有的微生物，但只有用于检测难培养或不可培养微生物方面才能充分发挥其优势。

多重 PCR 可以根据需要选择不同的引物，扩增不同的目的片段。而这些扩增模板组合的选择一般遵循以下原则：同一微生物的不同基因（以减少假阳性结果的出现）；同属不同种的微生物，主要用于微生物的分子分型；混合的微生物，包括一些引起相同或相似症状的微生物，拥有相同生活环境的微生物，还有一些人为放在一起的微生物，如战伤细菌组合。

1. 检测一种微生物（检测毒力相关基因）

金黄色葡萄球菌主要产生肠毒素（staphylococcal enterotoxins，SE）、毒素休克综合征毒素（toxic shock syndrome toxin，TSST）、脱落毒素（exfoliative toxins）A 和 B。Lovseth 等[40] 用多重 PCR 方法检测金黄色葡萄球菌的 9 个肠毒素基因——*sea*、*seb*、*sec*、*sed*、*see*、*seg*、*seh*、*sei* 和 *sej*，以及毒素休克综合征毒素（toxic shock syndrome toxin，TSST）16sRNA 基因，通过对多重 PCR 进行优化，能够对 9 种毒素进行正确区分。

猪链球菌是一种能引起小猪脑膜炎、关节炎、心囊炎、肺炎的病原体，多发于 3～12 周猪龄，特别是刚断奶的幼猪。猪链球菌在全世界范围内广泛分布，并且造成猪肉产量的损失。由于缺乏有效的疫苗和敏感的诊断方法，猪链球菌感染一直很难得到控制。迄今为止，根据荚膜抗原的不同，共发现 35 个血清型，其中 1/2、1、2、7、9 和 14 最为常见。然而，扁桃体可以被非产毒猪链球菌和其它链球菌感染，仅仅依靠菌落形态很难进行区分。为了弥补这一缺陷，发展了选择性培养基的血清型特异分离技术和免疫磁珠技术。然而，迄今为止只应用于血清型 2 和血清型 1/2 的分型。另外，这些方法费时费力，并且敏感性低。PCR 方法可以方便、特异地对猪链球菌的毒力相关表型和特异血清型进行区分，而在此基础上的多重 PCR 方法更减少了 PCR 反应的数量。Wisselink 等[41] 建立了两个多重 PCR 反应体系，可以用 96 孔板进行操作，能够对猪扁桃腺标本中猪链球菌的 6 种主要血清型和两种毒力相关表型进行检测。

Guo X 等[42] 应用多重 PCR 方法从临床分离的菌株中检测肠出血性大肠杆菌（enterohemorrhagic *escherichia coli*，EHEC）O157∶H7 的毒素相关基因，包括志贺样毒素基因（shiga-like toxin，slt）*slt1* 和 *slt2*、*eaeA* 和溶血素（hly）基因，共检测了 85 株 O157∶H7，毒力基因检出率为 56.5%（48/85），其中 79.2%（38/48）含有 *slt2*、*eaeA* 和 *hly*，16.6%（8/48）携带所有 4 种基因，4.2%（2/48）只有 *slt2* 和 *hly* 基因。与国外文献报道不同，*slt1* 具有较低的携带率。本研究表明多重 PCR 可以作为一种简单、快速、特异、敏感的毒力基因检测方法。

2. 对微生物进行分型

(1) 同种微生物分型　由于微生物在种水平以下还有亚种、株的分类，虽然各型细菌之间有区别，但仅仅从表型上并不能进行区分，这就给临床诊断带来了挑战。而多重 PCR 方法作为一种能直接针对病原基因进行分型的方法，得到了广泛的应用。

Fujioka 等[43] 建立了两个多重 PCR 反应，用来检测五类致腹泻大肠杆菌（diarrheagenic *Escherichia coli*，DEC）的 9 个毒力相关靶标基因。反应 1 包括 5 对引物：*stx1*、*eaeA*、*invE*、*STp* 和 *astA*。反应 2 包括 4 对引物：*stx2*、*aggR*、*STh* 和 *LT*。两个多重 PCR 反应在识别相关菌株方面无非特异条带，显示了 100%的特异性，从 683 株疑似大肠杆菌中检测到 51 株 DEC 和 38 株 astA 阳性菌。本研究证明了这些方法能够降低多重 PCR 反应试剂的费用，而且对临床实验室诊断 DEC 有贡献。

(2) 鉴定同属不同种的微生物　应用种特异性引物进行扩增可以对不同种的微生物进行分型。通常选择毒力基因、降解基因、酶基因等某种菌特有的基因。

Alvarez 等[44] 建立了对沙门菌进行检测和流行病学分型的多重 PCR 方法，共涉及了 6 对引物用来检测西班牙地区沙门菌的主要血清型和噬菌体型，另外还有一对引物用来作为内部阳性对照。将此方法用于临床粪便标本检测时，主要血清型 Enteritidis 和鼠伤寒的检测敏感性为 93%，特异性为 100%，有效率为 98%。PCR 反应的抑制率较低，为 8%。Cohen's kappa 指数显示，多重 PCR 与传统培养依赖的方法进行沙门菌分型的吻合率为 95%。Sharma 等[45] 建立了一种多重 PCR 方法用来检测金黄色葡萄球菌的毒素基因，将毒素基因的通用引物和毒素特异引物联合使用，结合新的 DNA 纯化方法，可以在 3～4h 内从纯培养物中检测肠毒素基因 *A*～*E*。用于检测多重环境中金黄色葡糖球菌分离物，结果显示多重 PCR 方法与标准的免疫学分型方法吻合度达 99%，并且本方法不仅可以扩增已知的毒素基因，还能用来检测具有新特点以及未知的毒素基因。Panicker 等[46] 应用多重 PCR 检测沿岸水和贝类中的致病性弧菌，选用的基因包括：脆弱弧菌的 *vvh* 和 *viuB*，霍乱弧菌的 *ompU*、*toxR*、*tcpI* 和 *hlyA*，副溶血弧菌的 *tlh*、*tdh*、*trh* 和开放阅读框 8，通过扩增这些基因能够确定全部致病菌株，并且可以对这三种弧菌进行分型。

(3) 鉴定混合的微生物　多重 PCR 可以在一次反应中鉴定引起相同临床症状或感染同种组织或器官的微生物。由于不同病原微生物可以引起相同或相似的临床症状，仅仅靠临床表现难以进行区分和鉴定。有些时候，能够通过同一传播途径进行感染的病原也需要进行同时检测，如食源性、水源性、通过海产品传播的病原等。

① 引起神经系统症状的。神经系统感染对于临床医生和微生物学家来说都是一个很难的诊断难题。疱疹病毒感染可以导致多种临床症状，包括脑炎、脊髓炎、脑膜炎等。Bouquillon 等[47] 建立的多重 PCR 方法可以同时检测 6 种人疱疹病毒：单纯疱疹病毒（herpes simplex virus，HSV）1 型、2 型，人巨细胞病毒（human cytomegalovirus，HCMV），水痘带状疱疹病毒（varicella-zoster virus，VZV），非洲淋巴细胞瘤病毒（epstein-barr virus，EBV），人类疱疹病毒 6 型（human herpes virus 6）。说明多重 PCR 是一种快速可靠的疱疹病毒感染诊断方法。Markoulatos 等[48] 建立的多重 PCR 方法可以同时检测 HSV-1、HSV-2、VZV、CMV 和 EBV 等。共检测了 86 份脑脊液标本，共检测到 9 份阳性，占总标本的 10.3%。其中 HSV-1 有 3 份，占 3.5%；VZV 有 4 份，占 4.6%；HSC-11 份，占 1.16%；CMV 有 1 份，占 1.16%；未检测到 EBV 阳性标本。同时检测 5 种不同疱疹病毒的多重 PCR 方法提供

了一种早期、快速、可靠的非侵入性诊断工具，用于指导特异性的抗病毒治疗，说明多重 PCR 方法具有重要的临床价值。Casas 等[49] 应用多重反转录 PCR 检测了 200 例神经症状被怀疑感染了病毒的住院病人（其中具有正常免疫力的病人 156 人，免疫缺陷病人 44 人）。在 156 例免疫力正常的病人中，肠道病毒和嗜神经疱疹病毒的阳性率为 35%（55 例），代表了无菌性脑膜炎或脑炎；在 44 例免疫缺陷病人中，阳性率为 41%（18 例），主要病原为嗜神经疱疹病毒。多重反转录 PCR 的应用广泛，并可能成为一种特别有价值的快速、敏感的神经性疾病诊断方法。

② 引起腹泻症状的。能够导致腹泻的病原菌主要为食源性，所以检测腹泻病原的标本主要分为两种：食物标本和粪便标本。传统的检测方法包括分离培养、生化鉴定，费时费力，需要 4～7d 才能得到结果。

Brasher 等[50] 建立的多重 PCR 可以检测贝类中的大肠杆菌，以及鼠伤寒沙门菌、脆弱弧菌、霍乱弧菌和副溶血弧菌，其选取的特异基因分别为 *uidA*、*cth*、*invA*、*ctx* 和 *tl* 基因。其中大肠杆菌可以指示标本被粪便污染的程度，其它四种为贝类中的常见病原，优化后的多重 PCR 方法敏感性低于 10^1～10^2cfu，是一种有效、敏感、快速检测贝类中微生物病原的方法。Kim J S 等[51] 分别选取了大肠杆菌 O157∶H7、沙门菌、金黄色葡萄球菌、单核增生李斯特菌和副溶血弧菌的特异基因志贺样毒素（细胞毒素Ⅱ型）、femA（胞质蛋白）、toxR（跨膜 DNA 结合蛋白）、iap（侵袭相关蛋白）和 invA（侵袭蛋白 A），实验证明这 5 种引物的特异性良好，而且能够在 24h 内得到检测结果。

③ 引起呼吸道症状的。呼吸道病毒感染诊断的传统方法是细胞培养和直接荧光抗体（direct fluorescent antibody，DFA）实验。多重反转录 PCR 是一种检测病毒的敏感、特异、快速方法。Syrmis 等[52] 建立的多重反转录 PCR（m-RT-PCR）方法用多个针对病毒的特异引物，与针对病毒特异基因序列的酶联扩增杂交试验（enzyme-linked amplicon hybridization assay，ELAHA）结合，检测了 598 份疑似呼吸道感染者鼻咽抽吸物（nasopharyngeal aspirate，NPA）标本，方法的特异性为 100%。与 m-RT-PCR-ELAHA 方法相比，DFA 的敏感性为 79.7%，培养物扩增 DFA（culture amplified-DFA，CA-DFA）为 88.6%。用 m-RT-PCR-ELAHA 方法筛选的 598 份 NPA 样本中，3%为腺病毒（adenovirus，ADV）阳性，2%为流感病毒 A（influenza A），0.3%为流感病毒 B（influenza B），1%为副流感病毒 1 型（parainfluenza type 1，PIV1），1%为副流感病毒 2 型（parainfluenza type 2，PIV2），5.5%为副流感病毒 3 型（parainfluenza type 3，PIV3），21%为呼吸道合胞病毒（respiratory syncyial virus，RSV）。与 DFA 和 CA-DFA 方法相比，m-RT-PCR-ELAHA 具有敏感、特异、快速的优点，是对临床实验室检测呼吸道病毒传统方法的重大改进，是一种可以用于日常临床和实验室操作的方法。

Bellau-Pujol 等[53] 建立了三个多重反转录 PCR，用来同时检测 12 种 RNA 呼吸道病毒，包括流感病毒 A、B、C，人类 RSV，人变性肺病毒（human metapneumovirus，hMPV），PIV-1、2、3、4，人冠状病毒 OC43 和 229E，以及鼻病毒（rhinovirus，hRV）。与免疫荧光和病毒分离方法相比，多重 PCR 更为敏感、快速，能够检测更多种类的呼吸道病毒。

多重 PCR 可以与其它方法结合，拓宽了其应用范围。将多重 PCR 与实时定量 PCR 结合打破了传统的科学术语，多重实时定量 PCR（multiplex real-time PCR）通常用于描述应用多个寡核苷酸探针区分多个扩增子的情况。由于可获得的荧光基团种类有限，导致这种方法的应用是有一定难度的。RT-PCR是用来扩增RNA的方法，与多重PCR结合的多重反转录PCR也用于扩增RNA，主要用于同时检测RNA病毒。Diaz de Arce等[54] 建立了新的、敏感性高、特异性好的多重反转录PCR，用来对古典猪瘟以及其它猪瘟病毒感染进行同时检测和分型，设计的引物针对扩增5′端非编码区和*NS 5B*基因。

七、小结

随着PCR技术的广泛应用，它的一些缺点也显现出来，最明显的是会出现假阳性和假阴性结果。除了引起普通PCR出现假阳性结果的原因外，如果引物不够特异，特别是当使用低退火温度时，也能造成多重PCR反应的假阳性结果。检测临床标本时，假阴性结果比假阳性更经常出现，目前还没有有效的方法消除自然标本中PCR的抑制作用。

多重PCR具有单个PCR无可比拟的优越性：消耗时间和试剂少，一次反应可以检测多个基因型，减轻了工作量，提供了内部对照，能够指示模板的数量和质量。大量的单个PCR技术已经改为多重PCR扩增来进行遗传疾病和感染性疾病的诊断，个体、群体和病原体监测，辅助人类基因组构成分析等。

概括地说，多重PCR具有以下几个特点：①可以对病原菌进行全面、系统、准确的检测与鉴定，并且操作简单、快速，具有很高的特异性和灵敏度，适宜于成组病原体的检测，如肝炎病毒、肠道致病性细菌、性病细菌、无芽孢厌氧菌、战伤感染细菌及细菌战剂的同时侦检；②应用多重PCR可以大大提高检测效率、缩短检测周期、降低检测成本，具有显著的经济与社会效益，适用于临床检测、卫生防疫以及流行病学调查等。同时，多重PCR也存在一些问题，如均一性差、某些基因难以扩出、重复性差、容易形成二聚体等，有待于对多重PCR进一步进行研究，以克服这些缺点。多重PCR方法敏感、快速，尤其适用于不易分离、培养及含量极少的病毒标本，有较大应用前景，在科研和临床领域将会有更多更好的应用。

第二节　常用的等位基因特异性PCR

一、引言

随着分子生物学及分子遗传学研究的深入，研究发现越来越多的疾病如遗传病、恶性肿瘤等与基因突变有关，无论基础性研究还是临床研究，基因突变分析的应用已经相当普遍。通常用来检测基因突变的方法有单链构象多态性分析（single strand conformation polymorphism，SSCP）、限制性片段长度多态性分析（restriction fragment length polymorphism，RFLP）、异源双链分析（heteroduplex analysis，HA）等。这些技术虽然能完成对SNP的检测，但应用上也有些不足。有些检测过程繁琐，需要限制性内切酶消化，有些需两步PCR扩增反应，有些新技术虽具有通量高、易于自动化等优点，但需要成本昂贵的仪器设备。1989年Newton等最早提出了利用等位基因特异PCR（allele-specific PCR）实现人抗胰岛素基因缺陷的检测[55]，与前面几种方法相比较，这种方法更为简便、快速，易于检测大量标本。

二、原理

等位基因特异 PCR 有很多别名，分别称为错配 PCR（mismatch PCR）、扩增耐突变系统（amplification refractory mutation system，ARMS）、错配扩增突变分析（mismatch amplification mutation assay，MAMA）。其基本原理为，*Taq* DNA 聚合酶缺少 3′→5′外切酶活性，在一定条件下，PCR 引物 3′末端的错配导致产物的急剧减少，针对不同的已知突变，设计适当的引物，可以通过 PCR 方法直接达到区分突变型与野生型基因的目的。该方法要求制备 3 个 PCR 引物，其中 2 个引物分别含有待测 DNA 中突变位点的突变碱基及正常碱基，另外一个为正常对侧引物。当分别经过 PCR 扩增后，正常引物仅将正常 DNA 扩增出，而含突变碱基的引物将突变 DNA 链扩增出，然后用普通琼脂糖凝胶电泳检测有无扩增产物（见图 6-1）。

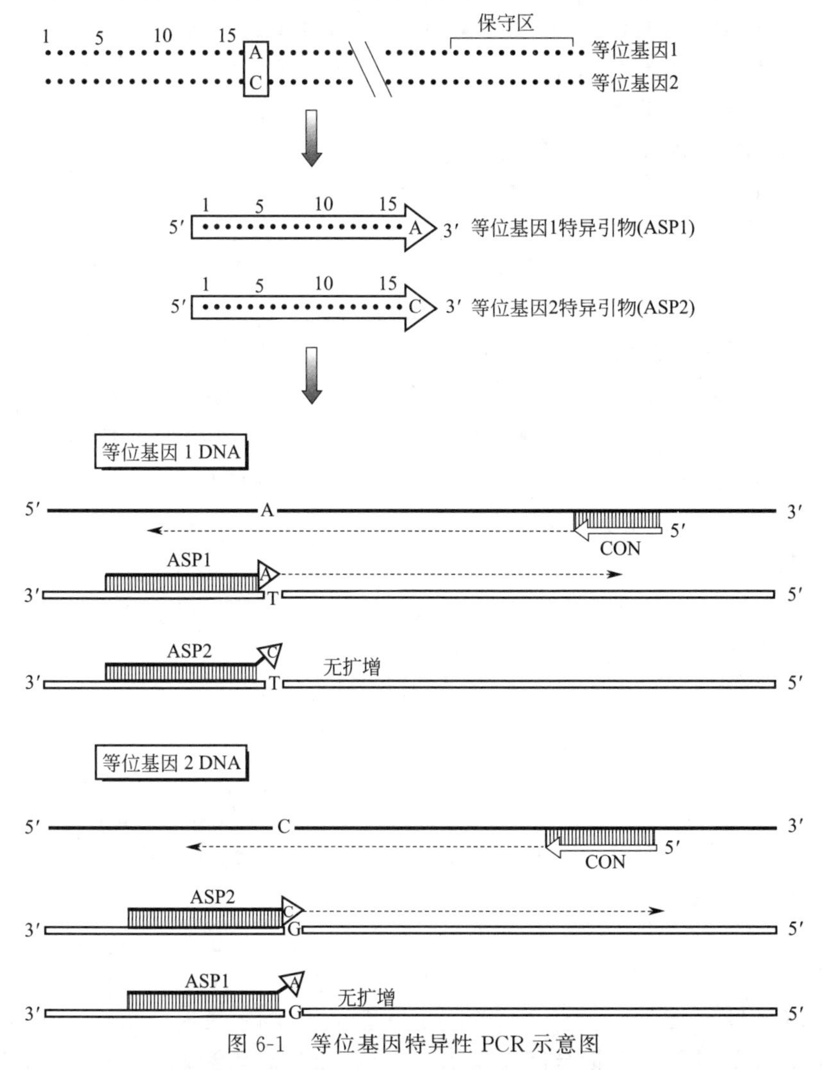

图 6-1　等位基因特异性 PCR 示意图

根据基因组已知的突变区及保守区，设计出三条引物，其中上游引物设计 2 条，其区别仅为 3′末端的碱基不同，一个为等位基因 1 特异的引物（ASP1，3′末端为 A），另一个为等位基因 2 特异的引物（ASP2，3′末端为 C），下游引物（CON）设计在相对保守的位置。然后对于含有等位基因 1 和等位基因 2 的基因组，分别用 ASP1、

ASP2与下游保守引物（CON）配对进行PCR，反应条件相同。最后进行结果检测。当用等位基因1 DNA为模板时，用ASP1与下游保守引物（CON）配对进行PCR得到了有效扩增，而用ASP2与下游保守引物（CON）配对进行PCR则无扩增；当用等位基因2 DNA为模板时，用ASP2与下游保守引物（CON）配对进行PCR得到了有效扩增，而用ASP1与下游保守引物（CON）配对进行PCR则无扩增。

三、材料

① 模板：基因组DNA或血清。

② dNTP混合液：每种脱氧核糖核苷酸的浓度为2.5mmol/L。

③ 三条特异引物：浓度均为10μmol/L。

④ *Taq* DNA聚合酶。

⑤ 10×PCR缓冲液：15mmol/L $MgCl_2$，500mmol/L KCl，100mmol/L Tris-Cl，0.1%（体积分数）Triton X-100。

⑥ 高压灭菌去离子水。

⑦ 用于琼脂糖凝胶电泳的试剂。

⑧ PCR仪。

四、方法

1. 引物设计

这是等位基因特异PCR最为重要的一个环节。根据已知的等位基因突变，将引物的3′末端设计在恰好可能发生突变的位置。其中一条引物可以与等位基因1片段完全互补（3′末端与等位基因2不匹配），另一条引物与等位基因2片段完全互补（3′末端与等位基因1不匹配），反向引物设计在较为保守的区域内，扩增的片段通常在300bp以内（见“五、注意事项”②）。

2. 模板

一般使用经过提取的基因组DNA（约50ng），也有使用血样纸片的报道[56]。

3. 操作方法

（1）设立50μL的PCR反应体系，至少配制两管反应液，在0.25mL的PCR管中，分别加入以下成分。

反应1：

10×PCR缓冲液	5μL	基因组DNA模板	5μL(约50ng)
2.5mmol/L的dNTP混合液	1μL	*Taq* DNA聚合酶(5U/μL)	0.5μL
10μmol/L的引物(ASP1,CON)	各1μL	H_2O	至50μL

反应2：

10×PCR缓冲液	5μL	基因组DNA模板	5μL(约50ng)
2.5mmol/L的dNTP混合液	1μL	*Taq* DNA聚合酶(5U/μL)	0.5μL
10μmol/L的引物(ASP2,CON)	各1μL	H_2O	至50μL

注：ASP1为等位基因1特异的引物；ASP2为等位基因2特异的引物；CON为下游引物。

如果 PCR 仪没有热盖，在反应液上加一滴矿物油（约 50μL）。将 PCR 试管放入 PCR 仪中。

（2）设置 PCR 反应条件

预变性：	94℃，3min	
变性：	94℃，30s	30 个循环
退火：	55℃，30s	
延伸：	72℃，30s	
延伸：	72℃，7min	

（3）PCR 产物的检测和分析　反应结束后，用 10μL 反应液进行琼脂糖凝胶电泳分析。若试验成功，含有等位基因 1、2 的引物应当分别在其相应的模板上有扩增。

也可以用较为复杂的检测方法来进行分析，王瑞恒等[57] 将 PCR 产物经 ABI Prism™ 310 Genetic Analyzer 电泳分离。取 1μL PCR 产物，加至 12μL 甲酰胺中，再加入 0.5μL GeneScan™ Size Standards LIZ-500（橙色）作为内标，毛细管电泳 25min（1.5kV，POP4 凝胶，47cm 毛细管）。电泳结束后，用 GeneScan™ V3.0 分析。根据产物长度和产物峰的数量进行 SNP 分型，确定每个 SNP 位点的基因型。

五、注意事项

① 在等位基因特异性 PCR 中，如何来控制假阳性产物的出现是一个很关键的问题。通常先从 PCR 的反应体系及反应条件入手，采取的方法有降低 PCR 反应的 *Taq* 酶量、引物浓度、dNTP 浓度，提高退火温度等。每次反应的最适条件需通过几次不同的预实验来确定最佳组合。

② 引物设计时，要注意错配的位置必须在引物 3′的最后一个碱基，否则将导致不能很好地判断突变是否发生。偶尔，引物 3′末端的错配不足以达到预期的分辨水平，特别是当突变型对野生型的比例较低时更是如此，此时，在 3′末端的倒数第二或第三个碱基处人为地引入错配，可以很明显地提高分辨率[58]。

③ 通常，在等位基因特异性 PCR 中，仅使用一对引物容易产生假阴性结果，将多重 PCR 方法引入，及在所需扩增的 PCR 产物的外围再设计一对或一条引物，可作为内部的阳性对照，避免假阴性结果的产生。

六、对等位基因特异 PCR 的改进

等位基因特异 PCR 主要用于基因的单核苷酸多态性检测，为了更好地实现特定目标，很多研究者在不同的方面发展了这项技术。

① 为了提高特异性，Imyanitov 等采取了一种新方法[59]，在等位基因特异 PCR 反应体系中加入与等位基因引物互补的寡核苷酸。他们选择了 *TNF-α* 基因第 308 处核苷酸的 G/A 多态性来验证。设计了两条等位基因特异引物，引物 G5′-ATAGGTTTGAGGGGCATGG-3′和引物 A5′-ATAGGTTTTGAGGGGCATGA-3′，还有一条共同引物 5′-TCTCGGTTTCTTCTCCATCG-3′。在 PCR 反应体系中还加入了两种寡核苷酸，5′-CCATGCCCCTCAAACCTAT-3′（与引物 G 反向互补）和 5′-TCATGCCCCTCAAAACCTAT-3′（与引物 A 反向互补），浓度是引物的 3 倍，PCR 的反应条件很宽松，不会出现非特异扩增，明显地增加了等位基因特异 PCR 的可靠性。这种方法操作简单，不需要再去摸索 PCR 反应的最适条件。

② 在临床检测单核苷酸多态性时，需要建立高通量的鉴定方法，很多研究者把等位基因特异 PCR 与实时 PCR（real-time PCR）结合起来，得到了很好的效果。实时 PCR 需要进行实时监测，但设备较昂贵。Myakishev MV 等在这方面进行了探索[60]，发明了一种新方法，利用荧光检测技术，而不需使用实时 PCR 仪。在设计等位基因特异引物（ASP）时，在其 5′端加入一段约 20bp 的核苷酸，在用 ASP1 进行 PCR 时，同时加入一种引物 tail 1（可与 ASP1 部分序列互补），在用 ASP2 进行 PCR 时，同时加入另一种引物 tail 2（可与 ASP2 部分序列互补）。在 tail 1 的 5′加一个茎环结构，dabsyl（猝灭剂）和 fluorescein（绿色荧光团）；在 tail2 的 5′也加一个茎环结构，dabsyl（猝灭剂）和 sulforhodamine（红色荧光团），结构如图 6-2 所示。

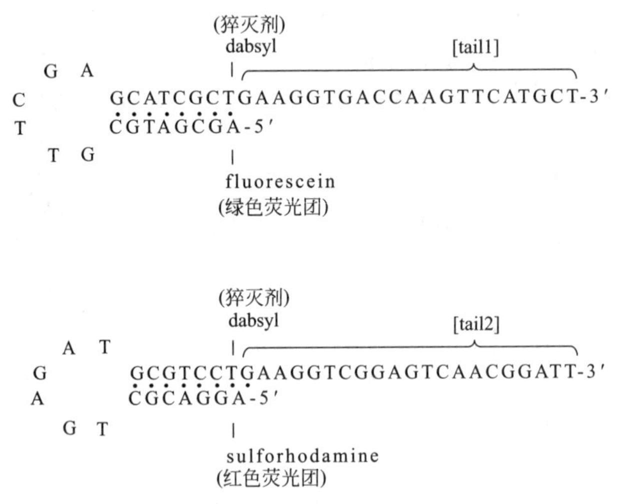

图 6-2 带有荧光团的引物结构

在 PCR 反应体系中加入的 ASP1 与 ASP2 的浓度是共同的反向引物的 1/10，引物 tail1 和 tail2 的浓度与共同反向引物相同。在 PCR 开始反应的前几轮，由 ASP1 或 ASP2 与共同反向引物扩增出 DNA 片段。由于 ASP1 或 ASP2 引物浓度较小，后面的 PCR 反应便以扩增出的 DNA 片段为模板，以 tail1 或 tail2 引物与共同反向引物进行扩增，这样，不同引物扩增的片段便带有不同的发光团（图 6-3）。在荧光显微镜下，根据荧光颜色不同，可分辨出野生型、突变型及杂合子。省去了 PCR 之后的电泳，避免了交叉污染。该操作可在 96 孔 PCR 板上进行[61]，反应体积可以很小（2.7μL），实现了高通量鉴定。

七、应用与小结

等位基因特异 PCR 的出现提供了一种检测基因中单核苷酸多态性的方法，它较其它的一些分析方法的优点在于简便、快速，适用于大量样本的分析。它的主要原理是引物 3′末端的碱基错配不能引发聚合反应，把出现 SNP 现象的碱基设定在引物的 3′末端的最后一个碱基，经过 PCR 反应，即可区分不同的 SNP。在应用中，如何来控制假阳性产物的出现是一个很关键的问题，一般来说，简单的等位基因特异 PCR 需要几次不同的预实验来确定最佳条件。现在随着 PCR 技术的发展，越来越多的技术整合到等位基因特异 PCR 中，如带荧光的引物、实时 PCR 技术，等位基因特异 PCR 的精确度也在不断提高。

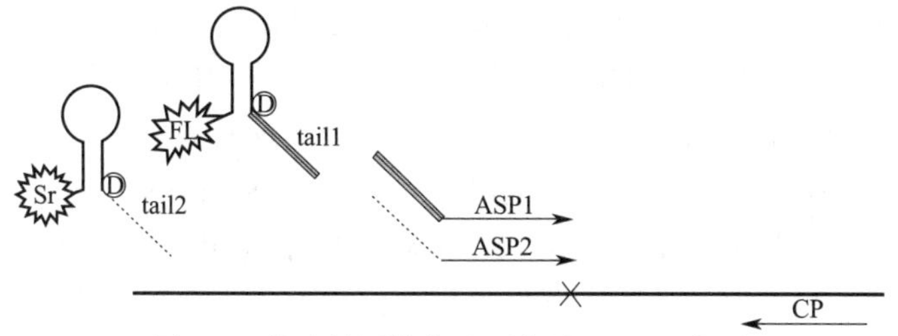

图 6-3　荧光检测等位基因特异 PCR 示意图

FL 代表 fluorescein（绿色荧光团），Sr 代表 sulforhodamine（红色荧光团），
D 代表猝灭剂 dabsyl，CP 代表共同反向引物

现代生物技术的发展已经确认了某些遗传性疾病与基因组的单核苷酸多态性有关，如亨廷顿舞蹈病、遗传性结肠癌和乳腺癌等，此外不同个体、群体在疾病易感性，对环境理化因素、致病因子反应性和其它性状上的差别，也与基因组序列中的变异有关，这些变异最常见的形式是单核苷酸多态性（SNP），还有一些致病微生物耐药性的改变也是由 SNP 引起的。等位基因特异 PCR 的应用就是检测这些基因的 SNP 现象。应用等位基因特异 PCR 检测的前提条件是已经知道 SNP 变化的方式，从而去设计相应的引物。等位基因特异 PCR 高通量筛选方法的建立为临床检测 SNP 提供了很好的技术支持。

第三节　简单等位基因辨别 PCR

一、引言

核苷酸多态性（SNP）广泛存在于自然界的各种生物，已成为进行基因分型不可缺少的工具。目前已发明了多种高通量 SNP 基因分型的方法，主要可以分为四类：等位基因特异性杂交（allele-specific hybridization）、等位基因特异性核苷酸掺入（allele-specific nucleotide incorporation）、等位基因特异性寡核苷酸连接（allele-specific oligonuleotide ligation）和等位基因特异性侵入性切割（allele-specific invasive cleavage）。这些方法需要昂贵的仪器和试剂，并适用于大规模 SNP 分辨的研究。对于特定基因组区域内的一套 SNP 分析并不实用，这些方法通常超出了小型到中型实验室的研究需求。到目前为止，在植物研究中低通量检测 SNP 的方法主要是切割扩增多态性序列（cleaved amplified polymorphic sequence，CAPS），利用基因座或基因特异的引物扩增目的序列，扩增产物进行酶切电泳分析。这个方法最大的限制在于需要进行酶切，内切酶比较昂贵，而且经常酶切不完全，造成对结果不好判断。Bui M 等[62] 在基于扩增阻碍突变系统（amplification refractory mutation system，ARMS）原理的基础上，设计引物时，如果引物和对应的非靶向模板之间配对，那么在引物 3′末端倒数第二个碱基处引入一个额外的错配碱基，这种方法被命名为简单等位基因辨别 PCR（simple allele-discriminating PCR，SAP），与 CAPS 相比较，这种方法简单、成本低、功能强大而且可靠性高。

二、原理

为了辨别野生型和突变型等位基因间的碱基变化，在 SAP 分析中设计的一个上游引物只与野生型配对，另一个上游引物只与突变型配对，这两个等位基因特异的引物分别与一个下游引物进行标准的PCR反应。引物设计基于这样的原则：如果SNP错配在等位基因特性引物和非模板的靶序列之间会导致较弱的不稳定，就在引物3′末端倒数第二个位点引入一个强的不稳定错配。相反，如果SNP错配已有很强的不稳定效应，就应当在倒数第二个位置引入一个较弱的不稳定错配。如果在SNP错配处存在中等强度的不稳定效应，就在倒数第二个位置引入一个较弱或中等强度的错配。

表6-2列出了每对错配碱基的弱、中等、强、最强不稳定效应。通常来说，比起嘌呤-嘌呤或嘌呤-嘧啶，嘌呤-嘧啶错配（G-T和A-C）更稳定，显示了较弱的不稳定效应，因为嘌呤-嘧啶错配形成两个氢键，就像G-C和A-T一样，它们不需要收缩或膨胀双螺旋结构的变化和降低氢键力，嘧啶-嘧啶或嘌呤-嘌呤错配更加不稳定。

表6-2　所有核苷酸配对的不稳定力量

碱基对	不稳定力量	碱基对	不稳定力量
G-A,C-T,T-T	最强	C-A,G-T	弱
C-C	强	A-T,G-C	无
A-A,G-G	中等		

设计等位基因特异性引物时，在引物3′末端倒数第二个位置引进的碱基应当根据表6-2来决定。图6-4（a）说明了检测*seu-1*基因突变体引物设计的步骤。在这个例子中，末端错配是弱不稳定的（G-T，A-C），因此在引物3′末端倒数第二个位置引入强不稳定错配（G-A）。在图6-4（b）中，假设基因由C突变为A，由于末端错配（G-A和T-C）是强不稳定的，从而在倒数第二个位置引入一个弱不稳定的错配（T-G）。①显示了WT引物与WT模板正确的配对，PCR能够进行；②显示了MT引物与MT模板稳定的配对，PCR正常进行；③WT引物与MT模板的不稳定配对，由于连续两个错配，PCR不能进行；④MT引物与WT模板的不稳定配对，PCR不能进行。

三、材料

① 模板：基因组DNA。

② dNTP混合液：每种脱氧核糖核苷酸的浓度为2.5mmol/L。

③ 三条特异引物：浓度均为10μmol/L。

④ *Taq* DNA聚合酶。

⑤ 10×PCR缓冲液：15mmol/L $MgCl_2$，500mmol/L KCl，100mmol/L Tris-Cl，0.1%（体积分数）Triton X-100。

⑥ 高压灭菌去离子水。

⑦ 用于琼脂糖凝胶电泳的试剂。

⑧ PCR仪。

四、方法

1.模板

利用试剂盒提取的基因组DNA，10ng就可用于20μL的PCR反应，也可使用标本中带有基因组DNA的样品。

2. 引物设计

设计原则见原理部分。WT 引物与 MT 引物设计的 T_m 值尽可能相近，以便使退火温度相同。通常扩增片段大小在 200～600bp。

WT 模板	3′	TCT	GCT	CTT	CCG	GAG	CTA	CAA	5′
seu-1 模板	3′	TCT	GCT	CTT	CCG	GAG	CTA	TAA	5′
①									
WT 引物	5′	AGA	CGA	GAA	GGC	CTC	GA	[]	G 3′
WT 模板	3′	TCT	GCT	CTT	CCG	GAG	CT	A	C 5′
②									
MT 引物	5′	AGA	CGA	GAA	GGC	CTC	GA	[]	A 3′
MT 模板	3′	TCT	GCT	CTT	CCG	GAG	CT	A	T 5′
③									
WT 引物	5′	AGA	CGA	GAA	GGC	CTC	GA	[]	G 3′
MT 模板	3′	TCT	GCT	CTT	CCG	GAG	CT	A	T 5′
④									
MT 引物	5′	AGA	CGA	GAA	GGC	CTC	GA	[]	A 3′
WT 模板	3′	TCT	GCT	CTT	CCG	GAG	CT	A	C 5′

[]：倒数第二个碱基被设定为 G

(a)

WT 模板 3′……TCAATAGC 5′

MT 模板 3′……TCAATAGA 5′

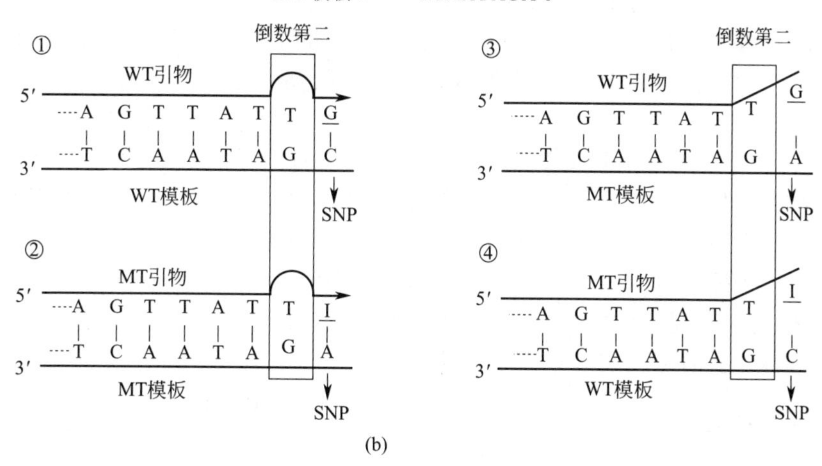

图 6-4　SAP 原理示意图

3. 操作方法

① 设立 50μL 的 PCR 反应体系，SAP 分析至少需要进行两个平行的 PCR 反应，在 0.25mL 的 PCR 管中，分别加入以下成分。

反应 1：

10×PCR 缓冲液	5μL	基因组 DNA 模板	5μL(约 20ng)
2.5mmol/L 的 dNTP 混合液	1μL	*Taq* DNA 聚合酶(5U/μL)	0.5μL
10μmol/L 的引物		H_2O	至 50μL
(WT 上游、下游引物)	各 1μL		

反应 2：

10×PCR 缓冲液	5μL	基因组 DNA 模板	5μL(约 20ng)
2.5mmol/L 的 dNTP 混合液	1μL	*Taq* DNA 聚合酶(5U/μL)	0.5μL
10μmol/L 的引物		H_2O	至 50μL
(MT 上游、下游引物)	各 1μL		

② 设置 PCR 反应条件

预变性：	94℃，3min	
变性：	94℃，30s	35 个循环
退火：	55℃，30s	
延伸：	72℃，30s	
延伸：	72℃，7min	

当 SAP 分析刚开始用于特异的 SNP 时，要尝试不同的退火温度以便确定 PCR 扩增的最佳条件。理想的条件是野生型的退火温度与突变型的相同，这样就可以进行一个 PCR 反应。但有些时候很难获得这样的条件，就需要对 WT 引物和 MT 引物进行不同的 PCR 反应。

③ PCR 产物的检测和分析。反应结束后，用 10μL 反应液进行 1%琼脂糖凝胶电泳分析。若试验成功，含有 WT 引物、MT 引物应当分别在其相应的模板上有扩增。

五、注意事项

① 太稳定的引物不能辨别目标序列和非目标序列。相反，不稳定的引物也不能有效地扩增目标序列。为了减弱引物与非模板目标序列的不需要的稳定性，可以减少引物的长度，或者升高 PCR 反应的退火温度。通常引物的（G+C）含量在 36%～66%之间，引物的长度为 18～22 个碱基，扩增片段大小为 200～600bp 之间，退火温度为 55～60℃。

② WT 引物与 MT 引物长度最好相同，以便设置同样的 PCR 反应条件。当引物的最后一个碱基是 G 或 C 时，常常会增加 PCR 反应的非特异反应，这种情况下增加退火温度或缩短引物长度是必需的。

③ 应当使用野生型和突变型 DNA 模板对照地进行优化 PCR 条件。当进行一个新的 SAP 分析时，利用梯度 PCR 优化反应条件是有必要的。进一步的反应条件优化也可通过调整合适的引物及 dNTP 浓度来进行。

六、应用与小结

对于分析不同的等位基因，简单等位基因辨别 PCR（SAP）是一种省钱、省时、方便且可靠的方法。与现在常用的 CAPS 基因分型分析相比较，SAP 具有以上优点，还可适用于高通量应用，可广泛应用于任何生物体的分析中。Bui M 等利用这种方法对三个突变的等位基因（*lug*-16、*luh*-1 和 *lug*-3）进行了分析，结果可靠。

第四节　L-DNA 标记的等位基因特异性 PCR

一、引言

由于经济、方便、检测时间短，等位基因特异性 PCR 是用于单核苷酸多态性（SNP）分型的最好方法之一。但是将等位基因特异性 PCR 用于高通量筛选有些困难，因为 PCR 产物通常使用凝胶检测分析或使用与双链 DNA 结合染料的实时监测。Myakishev 等发明了使用靶序列之外的通用 FRET（fluorescence resonance energy transfer，荧光共振能量转移检测系统）引物进行等位基因特异性 PCR 以进行高通量的 SNP 分型，这个方法快速简单，但需要昂贵的荧光染料，设计通用引物也不是简单的事。Hayashi G 等[63] 发明了 L-DNA 标记的等位基因特异性 PCR。这种方法将等位基因特异性 PCR 与 L-DNA 标记的 PCR 结合起来。L-DNA 标记的 PCR 扩增的 DNA 是带有序列确定的 L-DNA 标签。L-DNA 是自然存在的 D-DNA 的对映体，由 L-2′脱氧核苷酸组成。单链 L-DNA 能够与 L-DNA 互补，但不与 D-DNA 互补，由于大分子的手性，自然界的酶如核酸酶、聚合酶也不能对 L-DNA 起作用。因为 *Taq* DNA 聚合酶在 L-DNA 模板尚不能合成，PCR 反应之后，L-DNA 标记的引物产生的 PCR 产物带有 L-DNA 黏末端，通过表面等离子共振（surface plasmon resonance，SPR）成像分析进行 SNP 分型，适用于高通量筛选。

二、原理

在 L-DNA 标记的等位基因特异性 PCR 中，PCR 原理同等位基因特异性 PCR 相同，两条上游引物，分别在 3′端含有不同的等位基因，和一条共同的下游引物。所不同的是两条上游引物的 5′端含有不同的 L-DNA 序列。在图 6-5 中，引物中 5′端不同的阴影表示不同的 L-DNA 序列，黑色部分代表与靶序列配对的 DNA，这些引物与不同的模板反应，例如野生型纯合子（WT homozygote）、杂合子（heterozygote）、突变型纯合子（MU homozygote），会得到不同数量的含有不同 L-DNA 的 PCR 产物，通过与 SPR 芯片上的互补 L-DNA 序列结合，便可检测到不同的 PCR 产物。

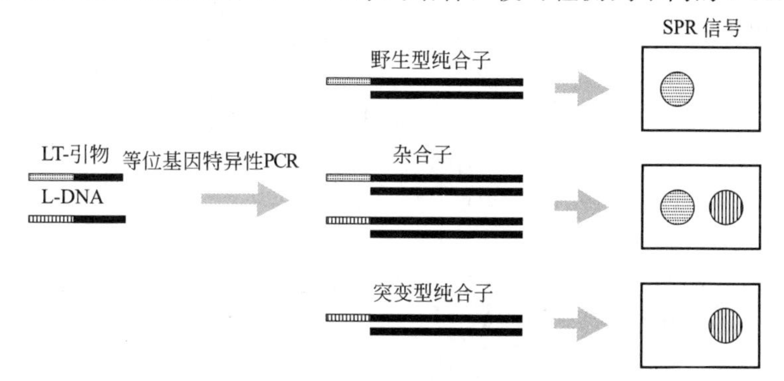

图 6-5　L-DNA 标记的等位基因特异性 PCR 原理示意图

三、材料

① 模板：基因组 DNA 或血清。

② dNTP 混合液：每种脱氧核糖核苷酸的浓度为 2.5mmol/L。

③ 三条特异引物：浓度均为 10μmol/L。两条上游引物 5′端含有 L-DNA 序列，下游引物为常用 DNA 序列。

④ 分别针对不同 L-DNA 的 3′端含硫的 L-DNA 互补序列。

⑤ L-脱氧（核糖）核苷亚磷酰胺（A、G、C 和 T），用于合成 L-DNA。

⑥ *Taq* DNA 聚合酶及 10×PCR 缓冲液：15mmol/L $MgCl_2$，500mmol/L KCl，100mmol/L Tris-Cl，0.1%（体积分数）Triton X-100。

⑦ 高压灭菌去离子水。

⑧ PCR 扩增仪。

⑨ 用于聚丙烯酰胺凝胶电泳的试剂及仪器。

⑩ SPR 芯片及相关仪器（SPR-101，TOYOBO，Japan）。

四、方法

1. 模板

利用试剂盒提取的基因组 DNA。

2. 引物设计

根据已知的等位基因突变，将引物的 3′末端设计在恰好可能发生突变的位置。其中一条正向引物可以与野生型等位基因 1 片段完全互补（3′末端与突变型等位基因 2 不匹配），另一条正向引物与突变型等位基因 2 片段完全互补（3′末端与野生型等位基因 1 不匹配），反向引物设计在较为保守的区域内，扩增的片段通常在 300bp 以内。两条正向引物的 5′端分别含有一部分由 L-DNA 组成的序列，长度为 20～30bp 左右，与模板互补的序列部分长 20bp 左右，在引物的倒数第三个碱基引入一个内部错配，以阻止末端错配引物的扩增，引物的总长度为 40～50bp。还需合成两条完全由 L-DNA 组成的序列，与引物上 L-DNA 的序列互补，固定于 SPR 芯片表面。

3. 操作方法

（1）设立 50μL 的 PCR 反应体系。至少配制两管反应液，在 0.25mL 的 PCR 管中，分别加入以下成分。

反应 1：

10×PCR 缓冲液	5μL	基因组 DNA 模板	5μL(约 50ng)
2.5mmol/L 的 dNTP 混合液	1μL	*Taq* DNA 聚合酶(5U/μL)	0.5μL
10μmol/L 的引物(L1-MU,RV)	各 1μL	H_2O	至 50μL

反应 2：

10×PCR 缓冲液	5μL	基因组 DNA 模板	5μL(约 50ng)
2.5mmol/L 的 dNTP 混合液	1μL	*Taq* DNA 聚合酶(5U/μL)	0.5μL
10μmol/L 的引物(L2-WT,RV)	各 1μL	H_2O	至 50μL

注：L1-MU 表示突变型等位基因特异的引物；L2-WT 表示野生型等位基因特异的引物；RV 表示下游引物。

如果 PCR 仪没有热盖，在反应液上加一滴矿物油（约 50μL）。将 PCR 试管放入 PCR 仪。

（2）设置 PCR 反应条件。

预变性：	94℃，3min	
变性：	94℃，20s	35 个循环
退火：	62℃，15s	35 个循环
延伸：	72℃，20s	35 个循环
延伸：	72℃，7min	

（3）PCR 产物的检测和分析。PCR 产物可以直接利用 PAGE 电泳（10%PAGE，溴酚蓝染色）进行检测。

对于高通量检测，可使用基于 SPR 仪器的芯片检测方法。首先要制备标有 L-DNA 的芯片。将 200μL 溶于乙醇中的 1mmol/L 8-氨基-正辛硫醇滴加到金表面上，反应 7h，再用乙醇和去离子水洗过之后，经氨烷基修饰过的表面与 200μL 5mg/mL 的 MAL-PEG12-NHS 酯反应 2h，这是一个异源双功能的连接子，能产生马来酰亚胺修饰的表面。使用自动点样机将 10 滴 20μmol/L 的 L-DNA 点到马来酰亚胺表面。马来酰亚胺-硫的偶合反应过夜进行，芯片表面进一步与 200μL 2mg/mL 的 PEG-硫反应 2h，以阻断剩余的马来酰亚胺基团，之后，芯片表面使用磷酸缓冲液（10mmol/L 磷酸，150mmol/L NaCl，pH 7.2）和水冲洗。

将标有 L-DNA 的金芯片置于 SPR 成像系统上，将表面用 10mmol/L NaOH 洗 2min 后，上磷酸缓冲液（10mmol/L 磷酸，150mmol/L NaCl，pH 7.2）5min，在检测之前，将两个 L-DNA 标记的等位基因特异性 PCR 产物混合，加到 L-DNA SPR 芯片上，进行 SPR 显像分析时，加入缓冲液 100s 后，将芯片暴露于 PCR 产物 10min，流速为 100μL/min，在成像之前芯片表面用缓冲液冲洗 5min。本部分所有操作均在 30℃进行。再用 0.5mol/L NaOH 清洗 3min 后，芯片可以重复使用。收集 SPR 图像和信号数据。

五、注意事项

① PCR 反应的相关注意事项见等位基因特异性 PCR，二者的操作原理一样，因此注意事项也相同。

② L-DNA 序列不能影响 PCR 扩增效率。

③ 在进行 SPR 图像分析时，由于未结合的 L1-MU 或 L2-WT 存在，会有非特异结合产生，在分析时要将背景值减去。

六、应用与小结

电泳检测和 SPR 芯片检测间显示了很好的一致性。

第五节　同源一步荧光等位基因特异性 PCR

一、引言

利用等位基因特异性 PCR 检测核苷酸多态性（SNP）已在前面介绍了，一般的等位基因特异性 PCR 结束后，利用电泳或其它异源方法进行分析，较为费时费力，结果有时不易判断。一些同源分析方法如荧光极化，也要求昂贵的双标探针或复杂的检测程序。目前将扩增与检测融为一步的快速经济的 SNP 分型检测方法已经出现，例如基于分子信号的带有荧光检测的同源等位基因特异性 PCR。但是这些方法都要求昂贵的双标探针或复杂的仪器。Duan X 等[64] 发明了同源一步荧光等位基因特异性 PCR 方法（homogeneous and one-step fluorescent allele-specific PCR）。他们利用含有大量吸收单元的水溶性共轭聚电解质（water-soluble conjugated polyelectrolytes，CP），激发能量沿着 CP 的骨架转移到发色团报告物，导致荧光信号的扩增。将等位基因特异性 PCR 与利用 CP 检测联合起来就是同源一步荧光等位基因特异性 PCR 方法。

二、原理

同源一步荧光等位基因特异性 PCR 在 PCR 扩增部分原理同等位基因特异性 PCR 一样，同样需要三条引物，分别针对不同等位基因的两条上游引物、一条共同的下游引物，不同之处在于检测方法。在图 6-6 中，阳离子多聚物 PFP ｛［9,9-bis（6-*N*,

N,*N*-trimethylammonium) hexyl] fluorenylene -phenylene dibromide} 在荧光共振能量转移检测系统（fluorescence resonance energy transfer，FRET）实验中用作共轭聚电解质，荧光素标记的 dGTP 和 dUTP 作为受者，PFP 作为荧光素的供者，以满足对于 FRET 的要求。含有 G 等位基因的靶 DNA 序列作为模板，在图 6-6 的情况 A 中上游引物 3′含有与 G 配对的 C，引物与模板配对很好，PCR 反应正常进行。在 *Taq* DNA 聚合酶存在下，链延伸时 dGTP-Fl 和 dUTP-Fl 掺入到 DNA 链中。经过指数扩增后，得到大量的荧光素标记的扩增产物。一旦加上含有阳离子的 PFP，DNA 与 PFP 之间的强静电相互作用使得荧光素靠近 PFP，PFP 与荧光素发生了有效的 FRET。在情况 B 中，上游引物的 3′端是与等位基因 C 配对的，与等位基因 G 并不互补，在热循环过程中，只有反向引物延伸引起的线性扩增，产生较弱的荧光素标记的 PCR 产物，在加入 PFP 之后，发生无效的 FRET。通过引发 PFP 和荧光素的发射密度的变化，就可能分析 SNP 的基因型。

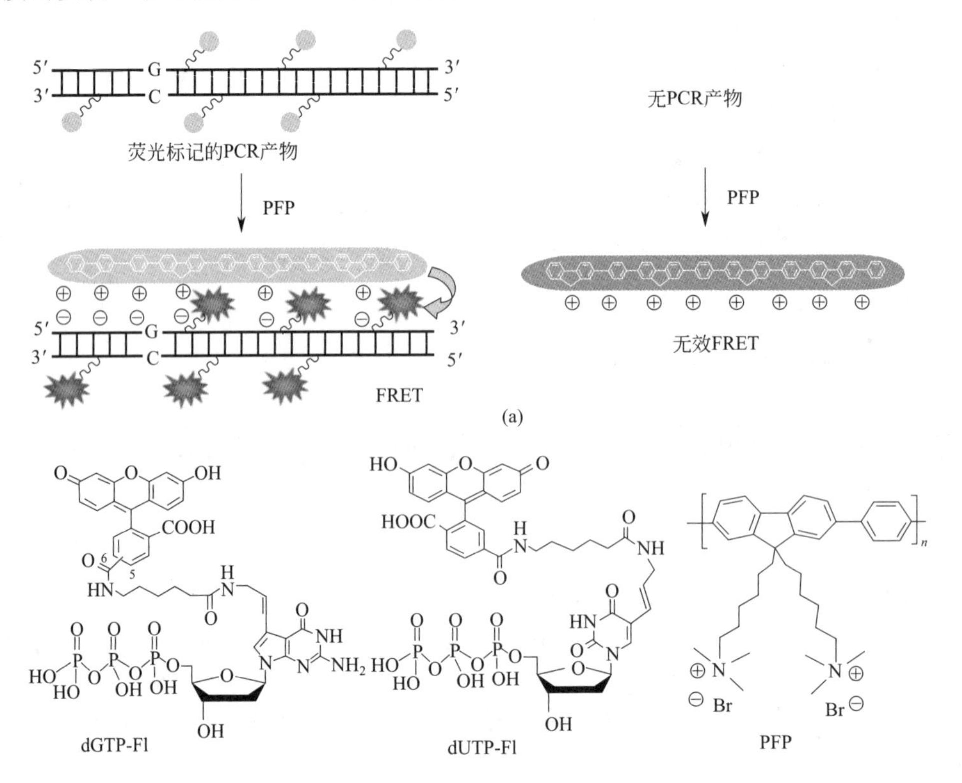

图 6-6　同源一步荧光等位基因特异性 PCR 原理示意图

三、材料

① 模板：基因组 DNA。

② dNTP 混合液：每种脱氧核糖核苷酸的浓度为 2.5mmol/L。

③ 三条特异引物：浓度均为 10μmol/L。

④ *Taq* DNA 聚合酶及 10×PCR 缓冲液：15mmol/L $MgCl_2$，500mmol/L KCl，100mmol/L Tris-Cl，0.1%（体积分数）Triton X-100。

⑤ 虾碱性磷酸酶（Shrimp alkaline phosphatase，Takara）。

⑥ dGTP-Fl（Perkin Elme），dUTP-Fl（Fermentas），PFP，SYBR Gold（Invitrogen）。

⑦ 高压灭菌去离子水。

⑧ 用于聚丙烯酰胺凝胶电泳的电泳仪（DYCZ-24D，北京六一）及相关试剂。

⑨ PCR 仪。

⑩ 荧光分光光度计（Hitachi F-4500）

四、方法

1. 模板

利用试剂盒提取的基因组 DNA。

2. 引物设计

引物设计方法见等位基因特异性 PCR。

3. 操作方法

（1）设立 20μL 的 PCR 反应体系　至少配制两管反应液，在 0.25mL 的 PCR 管中，分别加入以下成分。

反应 1：

10×PCR 缓冲液	2μL
dNTP 混合液	10μmol/L dATP、dCTP，5μmol/L dUTP-Fl、dGTP-Fl、dTTP 和 dGTP
10μmol/L 的引物（等位基因 1 的上游引物，下游引物）	各 1μL
基因组 DNA 模板	1μL（约 50ng）
Taq DNA 聚合酶（5U/μL）	0.2μL
H_2O	至 20μL

反应 2：

10×PCR 缓冲液	2μL
dNTP 混合液	10μmol/L dATP、dCTP、5μmol/L dUTP-Fl、dGTP-Fl、dTTP 和 dGTP
10μmol/L 的引物（等位基因 2 的上游引物，下游引物）	各 1μL
基因组 DNA 模板	1μL（约 50ng）
Taq DNA 聚合酶（5U/μL）	0.2μL
H_2O	至 20μL

（2）设置 PCR 反应条件

预变性：	94℃，3min	
变性：	94℃，30s	35 个循环
退火：	60℃，30s	
延伸：	72℃，30s	
延伸：	72℃，7min	

(3) PCR 产物的检测　将 PCR 扩增产物在 15%的非变性聚丙烯酰胺凝胶电泳进行检测，缓冲液为 1×TBE，电泳之后，用溶于 1×TBE 缓冲液的 1×SYBR Gold 染色 30min 后，观察照相。

在荧光检测中，向 PCR 产物中加入 4μL 虾碱性磷酸酶（0.5U/μL），于 37℃孵育 20min 以降解未反应的 dNTP-Fl。孵育之后，混合物置于 4℃，用 HEPES 缓冲液（25mmol/L，pH8.0）稀释此混合物后，加入 PFP，使用 3mL 石英小杯在激发波长为 380nm 处检测发射光谱，狭缝宽度和 PMT 电压分别是 5nm 和 700V。

五、注意事项

① PCR 反应的相关注意事项见等位基因特异性 PCR，二者的操作原理一样，因此注意事项也相同。

② 在荧光检测部分，选择合适的 PFP 是至关重要的，不同的 PFP 激发的荧光强度不同，需要进行预实验摸索条件。

六、应用与小结

同源一步荧光等位基因特异性 PCR 是一种新的、灵敏而又经济的一步检测 SNP 分型的方法，它将等位基因特异性 PCR 技术与水溶性共轭聚电解质结合起来，靶序列扩增与荧光检测合在一步进行，相对于其它荧光检测方法，它不需要设计染料标记的探针，这大大节省了费用。在这个同源方法中，PCR 之后的电泳和分离步骤也避免了。来自于共轭的电解物和荧光比率使得荧光信号放大，提高了检测灵敏度。Duan X 等提取了人肺癌细胞的基因组 DNA，检测了 RS6296 位点的 SNP 情况，使用该方法得到的结果与 PCR 测序的结果一致。

第六节　低温变性共扩增 PCR

一、引言

PCR 在分子诊断和突变基因的检测方面起着重要作用。人们通常面对的问题是，在大量的野生型等位基因中何时存在突变的 DNA 序列，如何从异质癌症活组织中得到突变的 DNA。一般的 PCR 对突变的等位基因是没有内在选择性的，因而导致突变的和未突变的基因都有大致相当的扩增效率，这样下游分析工作需要对大量 PCR 产物进行突变体鉴定和测序，很不方便。尽管时下对种系和广谱的突变体细胞进行筛选和对未知低频突变子进行测序有一定的可靠性，但是这些技术以及其它所谓功能强大的技术仍然存在自身缺点。在许多医学领域，包括癌症、产前诊断和感染性疾病等方面鉴定基因的变异是至关重要的[65-67]。随即出现了低温变性共扩增 PCR 技术（co-amplification at lower denaturation temperature-PCR，COLD-PCR），这种新型的 PCR 方法，不管突变存在于什么位置，均能从野生型和含突变的序列的基因混合物中选择性扩增出为数不多的等位基因。因此，COLD-PCR 从基因组中扩增出发生突变的等位基因的概率相对来说是很高的。DNA 突变的检测技术包括 Sanger 测序、实时 PCR、突变体筛选、突变体基因分型和甲基化分析，由于 PCR 通常是基因分析的起始步骤，COLD-PCR 从本质上为这些技术灵敏度的提升提供了宽广的平台。

二、原理

COLD-PCR 的原理如下，双链 DNA 合成时，由于单个核苷酸的错配，使得这段序列的熔点温度会产生微小的而可预测的变化。根据这段序列的上下游碱基背景和错配位置，多至 200bp 的序列的熔点温度一般可以变化 0.2～1.5℃甚至更高[68,69]。

每条 DNA 序列都有低于其熔点的临界变性温度（T_c），一旦低于这个温度时 PCR 的效率将急剧下降。例如，一条长 167bp 的 p53 序列，当变性温度设定在 87℃时，PCR 扩增的量非常可观；当变性温度设定在 86.5℃时，PCR 扩增有适量产物；而当变性温度设定在 86℃或者更低时，就检测不到 PCR 产物了。因此这段序列的 T_c≈86.5℃。

变性温度的临界点很大程度上取决于 DNA 的序列。当 PCR 变性温度设定在临界点时，由于单个碱基的不同，重复循环扩增时，导致不同的 DNA 有不同效率的扩增产物。在给定的序列的任何位置存在一个或者多个不一样的碱基，选择性扩增少数等位基因时，就能够观察到这种现象了。在 COLD-PCR 中，为了使突变型基因和野生型的等位基因发生分子杂交，PCR 循环时中间需要设定一个退火温度，异型双链杂交时的退火温度要低于同型双链，因此扩增时异型双链在 T_c 时已经变性，而同型双链仍是双链的状态将无法高效扩增。COLD-PCR 时通过将变性温度设定在 T_c，突变子在任何位置都能大量得到扩增[70]。

根据实验的需要，COLD-PCR 分为两种应用模式，即完全 COLD-PCR 和快速 COLD-PCR，前者侧重于鉴别出所有可能的突变子，后者侧重于大量得到低变性温度的突变子。

（1）完全 COLD-PCR［图 6-7(a)］　首先经过数个常规 PCR 循环，使得原始目的扩增子得到积累，然后启用完全 COLD-PCR 程序。94℃变性后，PCR 扩增子在中间退火温度进行杂交（70℃条件下，2～8min）。由于含有突变基因的突变体数量很少，绝大多数的突变体等位基因因两条链碱基的不能完全互补配对而终止于异源双链

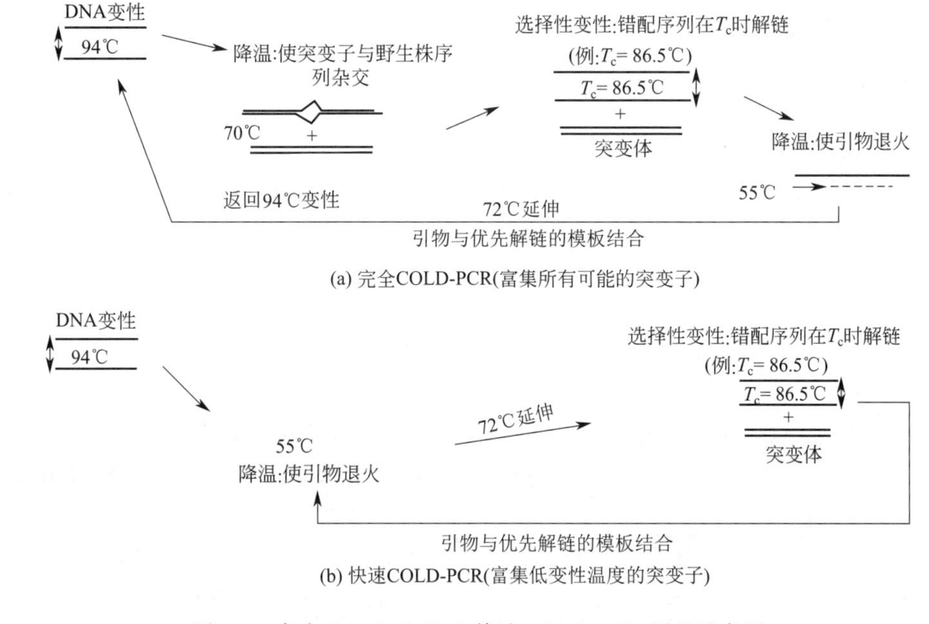

图 6-7　完全 COLD-PCR 和快速 COLD-PCR 原理示意图

的状态，异源双链熔点温度要低于完全配对结构（同源双链）。然后 PCR 体系的温度升至 T_c，使得异型双链变性，而同型双链未能变性，最后体系温度降至 55℃，使得引物与优先变性的模板结合，为下一轮复制作准备。因为每一轮 PCR 都执行临界变性温度，使得含突变子的等位基因的扩增的量呈指数增长，循环到最后各个突变子基因和野生型等位基因的扩增效率就相差很大了。

（2）快速 COLD-PCR［图 6-7(b)］ 通过 COLD-PCR 使低变性温度的突变子基因扩增的方式如下所述，大多数点突变基因即使没有中间 70℃ 的杂交环节，也能得到扩增，因此快速 PCR 扩增是在专门为低熔点等位基因设置的 T_c 下进行的，而不是 94℃。例如，现在两个等位基因仅有一对碱基不同，A—T 置换了 G—C，在循环过程中，等位基因 A—T 突变子得到扩增，因为所含的碱基对 A—T 复制子的熔点温度要低于等位基因 G—C。对于突变子的扩增，完全 COLD-PCR 需要大量的 PCR 产物累积来获得高效的分子杂交，这就限制了 PCR 后阶段的扩增。不同的是，快速 COLD-PCR 无需 PCR 产物的积累，所以突变子在早期的循环中就能得到扩增。快速 COLD-PCR 的扩增速度要比完全 COLD-PCR 快，扩增的量也较多。然而，要扩增出所有可能的突变子，包括缺失型突变和插入型突变，完全 COLD-PCR 程序还是不可或缺的。在完全 COLD-PCR 时，经常会出现突变子与野生型序列之间的错配，而且不管突变的核苷酸增加或降低其熔点温度，都会有扩增产物[71]。

三、材料

① 基因组 DNA。

② 热稳定 DNA 聚合酶（5U/μL）。

③ 10×缓冲液：Tris-HCl（pH8.0），100mmol/L；KCl，500mmol/L；$MgCl_2$，15mmol/L。

④ dNTP 混合液（各 2.5mmol/L）。

⑤ 引物（上下游各 20μmol/L）。

⑥ 灭菌蒸馏水。

四、方法

1. 临界变性温度（T_c）的确定

以常规 PCR 方法，将模板变性温度按照一定温度梯度降低（例如 0.5℃），当降到一定温度后，会有适量产物，而再降低时，不会再出现 PCR 产物，此温度即可定为该模板 DNA 链的 T_c。

2. 反应体系（50μL 示例）

试剂	用量	试剂	用量
热稳定 DNA 聚合酶(5U/μL)	0.25μL	引物 1(20μmol/L)	1μL
10×缓冲液	5μL	引物 2(20μmol/L)	1μL
基因组 DNA(人类基因组 DNA)	0.1～1μg	dNTP 混合液(各 2.5mmol/L)	4μL
		灭菌蒸馏水	补齐至 50μL

3. 反应条件

（1）完全 COLD-PCR 94℃ 5min；94℃ 30s，55℃ 30s，72℃ 3min，10～30 循环；94℃ 30s，70℃ 2～8min，T_c 3s，55℃ 30s，72℃ 3min，30 循环。

（2）快速 COLD-PCR 94℃ 5min；94℃ 30s，55℃ 30s，72℃ 3min，10～30 循

环；94℃ 30s，T_c 3s，55℃ 30s，72℃ 3min，30 循环。

4. 结果分析

COLD-PCR 可作为检测突变基因的起始步骤，其产物可结合 MALDI-TOF 基因分型、Sanger 测序、实时 PCR、突变体筛选、突变体基因分型和甲基化分析等进行分析，从而鉴定包括癌症、产前诊断和感染性疾病等方面的基因突变情况，需要特别指出的是，COLD-PCR 常和荧光实时定量 PCR 联合使用，以增强检测突变基因的能力，提高检测效率，联合使用时，PCR 体系按照荧光实时定量 PCR 建立，PCR 反应条件中在退火温度步骤加入荧光读取操作[70]。

五、小结

在未来的分子医学时代中，肿瘤的临床诊断会越来越依靠肿瘤的分子资料。对包括异型的肿瘤和体液等各种临床体细胞癌变样本的检测手段的依赖性也会与日俱增。COLD-PCR 代替普通 PCR 更加推进了这些技术的广泛应用，并且能特异性扩增和分离各微型缺失突变子。COLD-PCR 有望在生物标记检测、示踪、基因组多样性、传染病、DNA 甲基化检测和母血胎儿等位基因的产前鉴定等领域有更加广泛的应用。

第七节　限制性片段长度多态性 PCR

一、原理

限制性片段长度多态性 PCR 技术的理论依据是首先利用 PCR 扩增目的基因，然后用限制性内切酶酶解样品 DNA，产生大量的限制性酶切片段。将限制性酶切产物进行含有溴化乙锭的琼脂糖凝胶电泳分离，在紫外灯下即可分辨各种限制性片段的大小及其位置。或者将限制性酶切产物与探针杂交进行放射自显影，从而区分各种片段。由于目标 DNA 之间存在同源性和变异性，当用同一种限制性内切酶酶解不同品种或同一品种的不同个体时，不同酶切产物中就会含有相同或不同的长度片段，从而解读出目标样品之间在 DNA 分子水平的实际差异，这种方法就是 PCR-RFLP。这种 DNA 分子水平的差异，可能是由于内切酶识别序列的改变而引起，也可能涉及部分片段的缺失、插入、易位、倒位等，见图 6-8。

引物介导的限制性分析 PCR（PCR-primer introduced restriction analysis，PCR-PIRA）是 PCR-RFLP 技术的延伸：在设计引物时引入错配碱基，从而消除或产生新的酶切位点，该错配的结果最终表现在酶解的限制性片段长度的差异。PCR-PIRA 主要的分析对象是已知基因，用相应的计算机软件可以分析基因上可能产生的酶切位点的错配，从而产生人为的 RFLP。PCR-RFLP 和 PCR-PIRA 的主要区别在于后者的引物设计时人工地引入酶切位点，而在实验材料和方法上没有区别。因此本节主要介绍 PCR-RFLP。

二、材料

1. PCR 所用材料

DNA 模板提取试剂（针对不同的模板有不同的提取方式，因此应选择不同的试

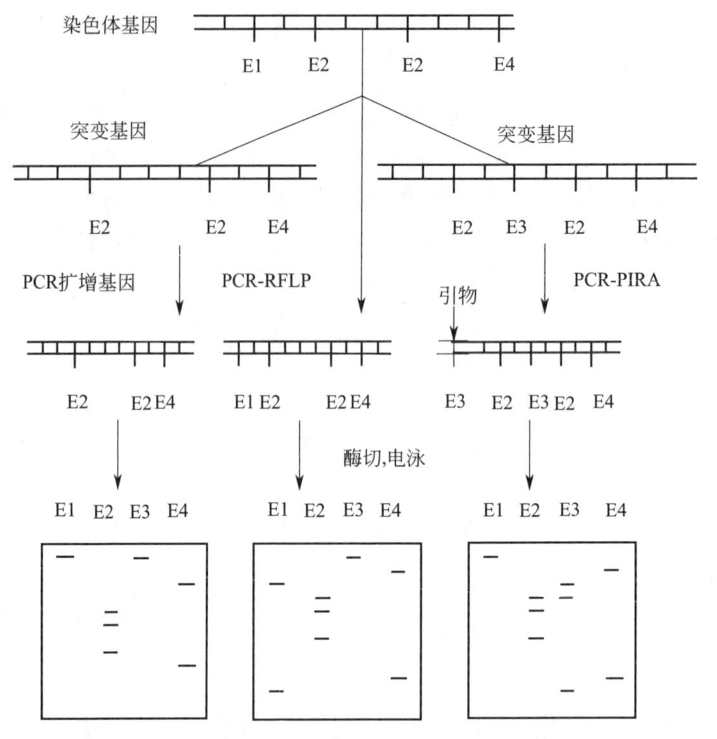

图 6-8 限制性片段长度多态性 PCR 原理图

剂)、引物、*Taq* 酶、三磷酸脱氧核甘酸（dNTP）和反应缓冲液。

2. RFLP 所用试剂

限制性内切酶及缓冲液、琼脂糖凝胶电泳试剂［琼脂糖、TBE 或 TAE 缓冲液、溴化乙锭（EB）］和聚丙烯酰胺凝胶电泳试剂［丙烯酰胺：亚甲基双丙烯酰胺＝29：1、TBE 缓冲液、N,N,N',N'-四甲基乙二胺（TEMED)、上样液（0.25％溴酚蓝，40％蔗糖水溶液)、过硫酸铵、等］。

三、操作方法

1. 引物设计

根据选择的目标基因设计合适的扩增引物。

2. 制备模板 DNA

① 破碎细胞（动物、植物或微生物），离心取上清。

② 加入等体积的酚-氯仿-异戊醇（25：24：1），充分混匀后 12000r/min 离心 10min。

③ 取上清液加入两倍体积预冷的无水乙醇，轻轻摇匀，室温放置 5min，12000r/min 离心 10min。

④ 用 70％预冷的乙醇洗涤一次，干燥，加入适量体积的 TE 缓冲液溶解，4℃保存。

3. PCR 反应扩增 DNA

反应体系：

dNTP（2.5mmol/L）	4.0μL	*Taq* DNA 聚合酶(5U/μL)	0.2μL
10× *Taq* DNA 聚合酶缓冲液	5.0μL	$MgCl_2$(25mmol/L)	3.0μL

引物 1(0.2μg/μL)	2.0μL	ddH_2O	31.8μL
引物 2 (0.2μg/μL)	2.0μL	终体积	50μL
DNA 模板(0.1μg/mL)	2.0μL		

PCR 反应条件：95℃样品变性 5min，进行 30 个循环反应（95℃变性 1min、复性、72℃延伸），最后进行延伸反应。复性的温度和时间应根据具体情况而定，延伸的时间也要根据片段的长短而定。

4. 扩增产物的酶解

酶解反应体系：扩增产物 DNA（1μg/μL）10μL，酶切缓冲液（10×）2μL，限制性内切酶（5U/μL）2μL，ddH_2O 6μL。终体积为 20μL。

37℃酶切过夜。

5. 扩增产物的检测

（1）电泳　根据不同片段选择不同的凝胶电泳，如琼脂糖凝胶电泳（当片段＞500bp 时），或聚丙烯酰胺凝胶电泳（当片段＜500bp 时）。

（2）染色　用 0.2mg/L 的溴化乙锭染色 20min，紫外灯下检测结果，照相。

6. PCR-RFLP 结果的分析

PCR-RFLP 经凝胶电泳后，不同的样品可以分离出几条乃至十几条大小不同的条带，根据样品之间条带大小和所处的位置，就可以判别两个样品之间亲缘关系的远近及差异，也可以了解所扩增的基因在不同的物种中的保守区和易变区。通过设定表示亲缘关系远近的定值（如 60%），当样品之间的相似度在此定值之上，可将它们列为同一物种。

四、注意事项

① 在 PCR 的引物设计时，尽量选择基因两侧的保守区，这样可以减少因引物设计而引起的扩增难度。

② 在 PCR 扩增时，Mg^{2+} 对 *Taq* 酶的活性影响较大，从而直接影响扩增效率的高低。反应混合液中的 EDTA、磷酸根均会影响 Mg^{2+} 的有效浓度。因此，应先在不同的 $MgCl_2$ 浓度下扩增 DNA，选择理想的酶离子浓度，选择范围一般在 0～4mmol/L。

③ 二甲基亚砜（DMSO）是一种 PCR 促进剂，可以降低在 PCR 过程中 *Taq* 酶的用量，降低对扩增引物的要求和增加 PCR 产物的量。因此在确定了 $MgCl_2$ 浓度的条件之后，可以考虑使用 DMSO，但应选择合适的 DMSO 浓度，选择的范围一般在 5%～20%。

④ 限制性内切酶在适宜的反应条件下会完全按照它本身固有的性质在特异性碱基序列上切断 DNA 片段。但反应体系的 pH 值和反应温度等发生改变，以及所提取的 DNA 含有乙醇等，均会改变限制性内切酶的酶解反应特性，从而产生非特异性酶解 DNA 片段，这种现象称为酶的星号活性现象。该现象将影响对目的基因的判定，造成假阳性。在导致星号活性的因素当中，反应液中的甘油浓度、乙醇浓度、被酶解的 DNA 的质量和浓度最为重要。

⑤ 完全酶解是 PCR-RFLP 中的重要一步，若酶切不完全，虽对常见基因型的判断影响不大，但对稀有变异的个体会造成误检或漏检，并增加结果判定的难度，失去 RFLP 方法的优势。因此在酶解过程中，不同的酶解时间对于结果的判定会产生影响。一般情况下 37℃ 2～3h 就可以酶解完产物，但在 PCR-RFLP 分析中宜采用酶解

4h或过夜。

⑥ RFLP酶解片段在进行电泳分离的过程中，要根据片段的大小选择不同的琼脂糖浓度。因酶切可能产生小于100bp的片段，所以琼脂糖的浓度应比一般电泳时的浓度高，大约在2%～5%范围内。如果产生的片段大部分小于500bp，可用聚丙烯酰胺凝胶电泳进行分离。如果酶解产生的片段浓度较低，可用杂交的方式来增加检测的灵敏度[72]。

五、应用

1. PCR-RFLP在生物分类学中的应用

生物体死亡之后，其DNA被释放到自然环境中。由于自然环境的演化过程能沉积和保留一定数量的这类物质，如湖泊的沉积物、琥珀等，就有可能快速扩增得到期望的目的基因或DNA片段，并运用PCR-RFLP技术对生物的遗传物质进行分析，从而了解生物的进化过程。Carl Woese等通过比较核糖体RNA序列之间的差异，建立起以分子顺序为基础的种系发生树。此方法能将所有的生物联系起来，并重建生物进化的历史过程[73]。

对沉积于环境中的微生物进行分离和培养是研究微生物圈和微生物多样性的难题之一，传统的方法很难解决这一难题。使用PCR-RFLP技术对16S rRNA、18S rRNA或5S rRNA等基因进行扩增和分析，就能很好地研究环境样品中微生物群落和微生物的多样性。如Lim等对蕈状支原体和植原体的16S rDNA序列分析得出它们的同源性为72%，说明支原体和植原体在进化上存在较高的亲缘关系，但可能由于某种原因，在进化过程中使得支原体和植原体在寄主特异性和培养特性显出多样性。研究结果提示，在目前植原体尚不能人工培养的情况下，可借鉴支原体的人工培养方法，进行植原体的代谢研究及人工介质培养的选择[74]。

不同种生物之间存在差异，同一种生物群体内个体之间也存在差异。生物群体中个体间差异的产生，一方面由营养、气候和疾病等造成，另一方面主要是由遗传因素而引起。若单纯以表型分类，不能区分同一种生物的单个性状、单个基因，甚至单个碱基之间的差异，借助PCR-RFLP技术就可以对这种差异进行研究。

2. PCR-RFLP在研究人类遗传性疾病上的应用

某些人类的遗传性疾病是因为某一基因的碱基序列中发生突变，使之缺失或形成某一限制性内切酶的识别序列。通过PCR-RFLP技术，用限制性内切酶酶切病人的基因，所得到的多态性片段就可以帮助我们从基因水平进行疾病分析。如血友病甲是一种常见的出血性疾病，患者体内缺乏一种血液凝固初期所必需的凝血因子（FVⅢ）。FVⅢ缺陷的方式有多种，其中一种是由于基因第14个外显子的第336位氨基酸的编码基因发生突变，使CGC突变成TGC，导致半胱氨酸替代了精氨酸，并同时产生了一个新的*Pst* Ⅰ酶切位点。这个位点的突变导致FVⅢ的功能丧失。由于该突变不会影响蛋白质的正常合成，它的抗原-抗体反应检测显示正常，因此无法通过抗原-抗体反应准确诊断该疾病。而采用PCR-RFLP或PCR-RIPA的分析方法不但可以对患者进行疾病诊断，还可以对胚胎早期做出诊断，这样就可以根据情况来采取措施，如终止妊娠，以达到优生优育[75]。

另外，PCR-RFLP也可直接作为基因分型。例如HLA的基因分型，可用于器官的移植和免疫学。

第八节　PCR-变性梯度凝胶电泳

一、原理

1983 年 Fischer 和 Lerman 建立起 PCR-变性梯度凝胶电泳，后来几经改进，目前该技术已经成为检测突变的有效手段。PCR-DGGE（PCR-denaturing gradient gel electrophoresis）的原理是：把 30～50 个 GC 碱基组成的核苷酸链加在其中一条引物的 5′端，通过 PCR 扩增目的基因，使扩增产物的一端含有 GC 碱基即 GC-clamp。由于 GC-clamp 为扩增片段中 T_m 值最高的区域，而其它部分因所含碱基的种类不同，其 T_m 值也不同，而且明显低于最高 T_m 值。将带有 GC-clamp 的 DNA 片段放入变性剂（尿素和甲酰胺）呈线性梯度增加的聚丙烯酰胺凝胶中进行电泳，当它泳动到一定浓度的变性区域时（此变性剂浓度的变性效果相当于 DNA 片段中最低解链温度区域的 T_m 值），双链 DNA 便发生部分解链。部分解链的 DNA 分子呈分枝状使迁移速度明显减慢，最后几乎处于停顿状态。只要 DNA 片段中有一个碱基发生变异，就会导致碱基间的协同效应，从而引起 T_m 值的改变，在不同浓度的变性剂水平上发生部分解链而使泳动几乎停止，最终达到检测基因中发生的突变。

PCR-温度梯度凝胶电泳技术（PCR-temperature gradient gel electrophoresis，PCR-TGGE ）的原理与 PCR-DGGE 相同，区别在于前者是通过在凝胶上形成温度梯度以代替变性剂，从而使得 DNA 部分解链，达到检测 DNA 系列中点突变的目的。

温度横扫型凝胶电泳（temperature sweep gel electrophoresis ）是在电泳过程中逐渐统一提高胶板温度来实现变性。在这个方法中，化学变性剂的浓度在凝胶上保持恒定，DNA 变性的多少取决于温度的高低。最近由于毛细管电泳的引入而使其转向分析应用，并称作恒变性剂毛细管电泳。它是在使双链刚开始解链时的恒定化学变性剂浓度和温度条件下进行分析工作的。毛细管中填充以线性梯度丙烯酰胺（linear acrylamide），由激光探测系统检测标荧光物质的 DNA 分子。该检测系统快速灵敏，可以在 30000 个碱基序列中检出一个突变。

二、材料

1. PCR 反应试剂

Taq DNA 聚合酶，缓冲液，引物，dNTP，模板 DNA。

2. DGGE 试剂

丙烯酰胺-亚甲基丙烯酰胺（37.5∶1），去离子甲酰胺，尿素，过硫酸铵，TEMED，上样缓冲液，TAE 缓冲液（40mmol/L Tris，20mmol/L 乙酸，1mmol/L EDTA，pH8.3）。

3. 染色试剂

EB 染色法试剂：0.5μg/mL EB。

银染法试剂：甲醇，乙酸，戊二醛，$AgNO_3$，Na_2CO_3，甲醛，柠檬酸。

三、操作方法

1. PCR 扩增目的基因

（1）设计引物　根据待扩增的目的基因设计引物，由于 PCR-DGGE 的特殊要求，即在两个引物中的一个的 5′端必须带有大约 40bp 的 GC-clamp。GC-clamp 的设计可有不同的选择，在此推荐两种。

第一种是：5′-GCG GCC GCC CGT CCC GCC GCC CCC GCC CCG CCG CGG CCG-3′。

第二种是：5′-CGC CGC CGC CGC CCG CGC CGC CGC CGC CCG CGC CGC CGC-3′。此 GC-clamp 加在 5′端引物上。

(2) 制备模板　根据不同样品采取不同的方法。

(3) PCR 反应体系

模板 DNA(20ng/μL)	5μL	dNTP(2mmol/L)	5μL
10×缓冲液	5μL	*Taq* DNA 聚合酶(5U/μL)	0.1μL
引物 1(2μmol/L)	1μL	ddH_2O	至 50μL
引物 2(2μmol/L)	1μL		

(4) PCR 扩增条件　将 PCR 反应混合液经 94℃变性 5min 后，进入 35～40 次循环（94℃变性 1min，50～56℃退火 1min，72℃延伸 1min)，最后 72℃延伸 10min。

(5) 琼脂糖凝胶电泳检测　PCR 产物经琼脂糖凝胶电泳，EB 染色鉴定后，纯化，－20℃贮存。

2. 变性梯度凝胶电泳

(1) 垂直 DGGE 变性剂浓度的确定　由于 DNA 序列是未知的，需进行垂直变性梯度凝胶电泳，以明确目的基因片段和电泳迁移率与变性剂之间的关系（图 6-9，图 6-10)[76]。

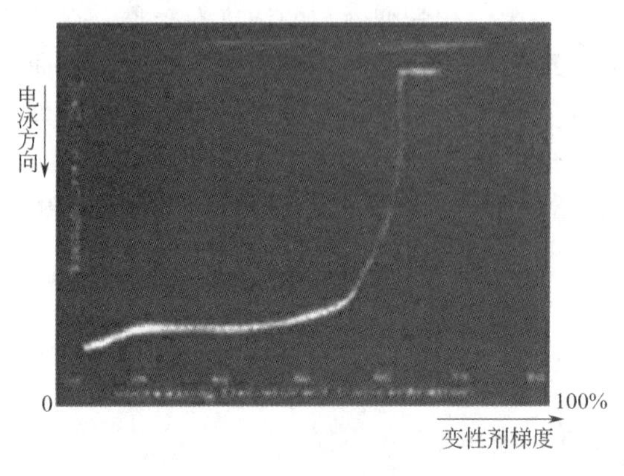

图 6-9　垂直 DGGE 最佳凝胶变性剂浓度范围的选择[77]

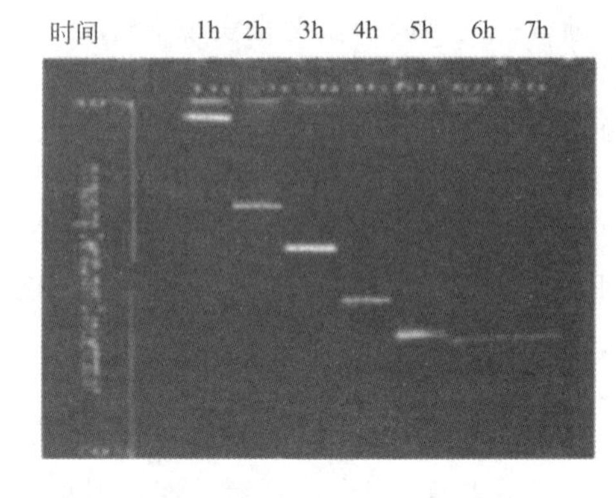

图 6-10　水平 DGGE 最佳电泳时间的选择[77]

用凝胶梯度混合仪制备 0～100%的变性梯度凝胶［100%的变性剂为 40%（体积分数）的甲酰胺和 7mol/L 的尿素］，梯度呈线性增加，方向与电泳方向垂直。样品为一端含有 GC 片段的 PCR 产物和等量的上样缓冲液。当变性剂的浓度较低时，不足以使样品中的 DNA 解链，因此条带迁移的速度较快。随着变性剂浓度的增加，样品中的 DNA 分子在变性剂的作用下开始解链，迁移速度明显减慢。在样品迁移速度减慢形成的转点时的变性剂浓度即为该样品的最适变性剂浓度。电泳条件为凝胶浓度为 6%，100～200V 电压电泳大约 4h，电泳缓冲液的温度控制在 60℃。电泳结束后用 EB 染色，紫外检测结果。如图 6-9 所示。

从图 6-9 上可以看出在变性剂浓度从 0 逐渐增加的过程中，电泳的泳动有一个明显减慢的区域，此即为进行平行 DGGE 的变性剂浓度范围。

（2）水平 DGGE 确定最佳电泳时间　为了得到理想的电泳结果，还要选择水平电泳所需的最适时间。从电泳开始，每隔 1h 顺序加入一份样品（10μL PCR 产物）。选择后加的样品与先加的样品趋于同一水平所需的最少时间为最适电泳时间[77]。如图 6-10 所示，电泳 5h 为最佳电泳时间。

（3）水平 DGGE　根据垂直电泳选择的变性剂浓度范围和水平电泳选择的最佳时间，进行水平变性凝胶电泳，制备变性剂的浓度呈线性梯度增加，方向与电泳的方向一致。

3. 变性梯度凝胶电泳的结果分析

电泳后采用 EB 染色或银染法染色。分析结果以判定点突变是否发生。可通过基因测序进一步了解突变的结果[78]，如图 6-11 所示。

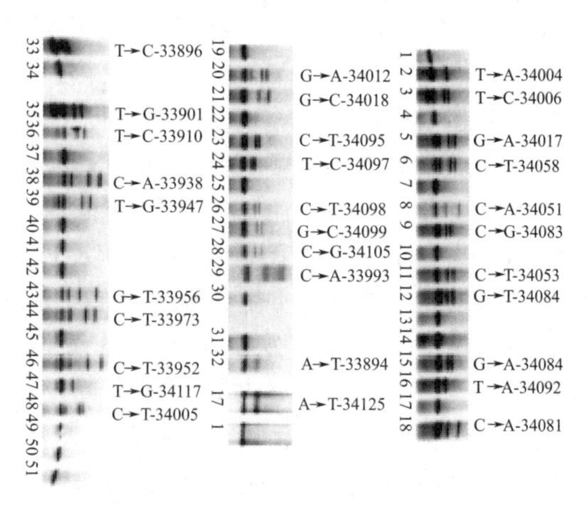

图 6-11　变性梯度凝胶电泳结果分析[78]

四、注意事项

① 由于使用“GC-clamp”技术可使多数突变落入低温解链区，“GC-clamp”连接在哪一端也非常重要，这将直接影响检测的效果，所以用计算机程序选择最佳引物位置非常重要。仪器公司所出售的仪器中有的带有引物分析软件，只要输入所需的序列，就可以得到所需的引物。

② 用变性梯度凝胶电泳法分析 PCR 产物时，如果突变发生在最先解链的 DNA 区域，检出率可达 100%，检测片段可达 1kb，最适范围为 100～500bp。如果用恒变性剂毛细管电泳法进行分离，这时可以从 3000bp 长的片段中检测出突变分子。根据实验室条件的不同，选择合适的检测手段。可先通过 PCR 扩增出大片段中的一部分进行，然后再进行叠加筛选。

③ 用两个引物对基因组 DNA 进行扩增，一个引物的 5′端连以 40～45bp 富含 GC 的一段序列。因为必须有异源双链形成才能保证检出率接近 100%，但由于可能形成突变纯合子，所以必须加入等物质的量的正常 DNA 分子，以在分析前形成异源双链。

④ 应用“GC-clamp”变性梯度凝胶电泳技术研究某些基因时，如基因中含有较高的 GC 碱基（70%），由于 CpG 区是突变热点，不宜用 DGGE 进行筛查，所以必须用单链构象多态性技术进行大量的筛查。对用带有 GC-clamp 的异源双链变性梯度凝胶电泳分析所遇到的假阴性问题比较难以找到准确的原因，应该注意到可能会检测出甲基化的碱基。所以最后必须进行测序以确定检测到的是否是真正的突变碱基。

⑤ DGGE、TGGE 均有商品化的电泳装置，该法一经建立，操作较简便，适合于大样本的检测筛选。

五、应用

DGGE 是用来检测基因突变的常用方法之一。这种方法具有多种用途：可以用来检测人类的基因突变，检测从泥土、新鲜水或盐水中得到的细菌样品的生物多样性，检测肠道细菌群的生物多样性，应用于法医鉴定中的线粒体DNA检测，HLA基因组织分型，基因组差异分析，植物学中家谱分析等方面，更多领域的应用正不断被开发。

从最初Fischer和Lerman于1983年建立DGGE后到几经改进的DGGE，其突变检出率已由50%提高到99%，甚至更高。研究人员已利用这种突变检测技术在单基因病、多基因病及肿瘤等诸多方面进行了研究。凝血因子Ⅷ基因的第8号和第14号外显子的3′端是编码FⅧ的重要功能区，涉及凝血酶的激活、蛋白C的降解灭活等，从而引发血友病甲的发生。凝血因子Ⅷ基因及其cDNA均较长，因此血友病甲的发病机制相当复杂。研究者应用PCR-DGGE技术，研究了28例血友病甲患者的这两个外显子，发现一系列轻型血友病甲患者FⅧ基因的第8号外显子的DGGE行为发生改变，经测序证实该基因发生了单碱基置换T(GAT)-G(GAG)，从而导致Asp349-Glu。由此可见PCR-DGGE在单基因病突变检测上发挥着重要作用[79]。苯丙酮尿症是一种最常见的常染色体隐性遗传的代谢性疾病，是由苯丙氨酸羟化酶产生基因突变导致的，其中90%为点突变。李红杰等采用PCR-DGGE法对12名中国的苯丙酮尿症患者进行突变检测，鉴定了两种突变：Y204C和Q232Q。其突变频率分别为1/24和2/24[80]。

参考文献

[1] Chamberlain J S, et al. Deletion screening of the Duchenne muscular dystrophy locus via multiplex DNA amplification. Nucleic Acids Res, 1988, 16 (23): 11141-11156.

[2] Denniston K J, et al. Cloned fragment of the hepatitis delta virus RNA genome: sequence and diagnostic application. Science, 1986, 232 (4752): 873-875.

[3] Drake T A, et al. Rapid identification of *Mycobacterium avium* complex in culture using DNA probes. J Clin Microbiol, 1987, 25 (8): 1442-1445.

[4] Granato P A, Franz M R. Use of the Gen-Probe PACE system for the detection of *Neisseria gonorrhoeae* in urogenital samples. Diagn Microbiol Infect Dis, 1990, 13 (3): 217-221.

[5] Hall G S, Pratt-Rippin K, Washington J A. Evaluation of a chemiluminescent probe assay for identification of *Histoplasma capsulatum* isolates. J Clin Microbiol, 1992, 30 (11): 3003-3004.

[6] Kiviat N B, et al. Comparison of Southern transfer hybridization and dot filter hybridization for detection of cervical human papillomavirus infection with types 6, 11, 16, 18, 31, 33, and 35. Am J Clin Pathol, 1990, 94 (5): 561-565.

[7] Lewis J S, et al. Direct DNA probe assay for *Neisseria gonorrhoeae* in pharyngeal and rectal specimens. J Clin Microbiol, 1993, 31 (10): 2783-2785.

[8] Romero J L, et al. Use of polymerase chain reaction and nonradioactive DNA probes to diagnose *Entamoeba histolytica* in clinical samples. Arch Med Res, 1992, 23 (2): 277-279.

[9] Stockman L, et al. Evaluation of commercially available acridinium ester-labeled chemiluminescent DNA probes for culture identification of *Blastomyces dermatitidis*, *Coccidioides immitis*, *Cryptococcus neoformans*, and *Histoplasma capsulatum*. J Clin Microbiol, 1993, 31 (4): 845-850.

[10] Gannon V P, et al. Rapid and sensitive method for detection of Shiga-like toxin-producing *Escherichia coli* in ground beef using the polymerase chain reaction. Appl Environ Microbiol, 1992, 58 (12): 3809-3815.

[11] Rithidech K N, Dunn J J, Gordon C R. Combining multiplex and touchdown PCR to screen murine microsatellite polymorphisms. Biotechniques, 1997, 23 (1): 36, 40, 42, 44.

[12] Shuber A P, et al. Efficient 12-mutation testing in the CFTR gene: a general model for complex mutation analysis. Hum Mol Genet, 1993, 2 (2): 153-158.

[13] Sherlock J, et al. Assessment of diagnostic quantitative fluorescent multiplex polymerase chain reaction assays performed on single cells. Ann Hum Genet, 1998, 62 (Pt 1): 9-23.

[14] Zimmermann K, et al. Quantitative multiple competitive PCR of HIV-1 DNA in a single reaction tube. Biotechniques, 1996, 21 (3): 480-484.

[15] Jin L, Richards A, Brown D W. Development of a dual target-PCR for detection and characterization of measles virus in clinical specimens. Mol Cell Probes, 1996, 10 (3): 191-200.

[16] Zou S, Stansfield C, Bridge J. Identification of new influenza B virus variants by multiplex reverse transcription-PCR and the heteroduplex mobility assay. J Clin Microbiol, 1998, 36 (6): 1544-1548.

[17] Gibbs R A, et al. Multiplex DNA deletion detection and exon sequencing of the hypoxanthine phosphoribosyltransferase gene in Lesch-Nyhan families. Genomics, 1990, 7 (2): 235-244.

[18] Cinque P, Bossolasco S, Lundkvist A. Molecular analysis of cerebrospinal fluid in viral diseases of the central nervous system. J Clin Virol, 2003, 26 (1): 1-28.

[19] Henegariu O, et al. Multiplex PCR: critical parameters and step-by-step protocol. Biotechniques, 1997, 23 (3): 504-511.

[20] Simard L R, Gingras F, Labuda D. Direct analysis of amniotic fluid cells by multiplex PCR provides rapid prenatal diagnosis for Duchenne muscular dystrophy. Nucleic Acids Res, 1991, 19 (9): 2501.

[21] Nudel U, et al. Duchenne muscular dystrophy gene product is not identical in muscle and brain. Nature, 1989, 337 (6202): 76-78.

[22] Hentemann M, et al. Rapid detection of deletions in the Duchenne muscular dystrophy gene by PCR amplification of deletion-prone exon sequences. Hum Genet, 1990, 84 (3): 228-232.

[23] Beggs A H, et al. Detection of 98% of DMD/BMD gene deletions by polymerase chain reaction. Hum Genet, 1990, 86 (1): 45-48.

[24] Covone A E, Lerone M, Romeo G. Genotype-phenotype correlation and germline mosaicism in DMD/BMD patients with deletions of the dystrophin gene. Hum Genet, 1991, 87 (3): 353-360.

[25] Picci L, et al. Screening for cystic fibrosis gene mutations by multiplex DNA amplification. Hum Genet, 1992, 88 (5): 552-556.

[26] Prior T W, et al. A model for molecular screening of newborns: simultaneous detection of Duchenne/Becker muscular dystrophies and cystic fibrosis. Clin Chem, 1990, 36 (10): 1756-1759.

[27] Pillers D A, et al. Deletion mapping of Aland Island eye disease to Xp21 between DXS67 (B24) and Duchenne muscular dystrophy. Am J Hum Genet, 1990, 47 (5): 795-801.

[28] Ballabio A, et al. Screening for steroid sulfatase (STS) gene deletions by multiplex DNA amplification. Hum Genet, 1990, 84 (6): 571-573.

[29] Simard L R, et al. Preclinical validation of a multiplex real-time assay to quantify SMN mRNA in patients with SMA. Neurology, 2007, 68 (6): 451-456.

[30] Skalnikova H, et al. Cost-effective genotyping of human MBL2 gene mutations using multiplex PCR. J Immunol Methods, 2004, 295 (1-2): 139-147.

[31] Pryor J L, et al. Microdeletions in the Y chromosome of infertile men. N Engl J Med, 1997, 336 (8): 534-539.

[32] Dada R, Gupta N P, Kucheria K. Molecular screening for Yq microdeletion in men with idiopathic oligozoospermia and azoospermia. J Biosci, 2003, 28 (2): 163-168.

[33] Yeom H J, et al. Application of multiplex bead array assay for Yq microdeletion analysis in infertile males. Mol Cell Probes, 2008, 22 (2): 76-82.

[34] Wells D. Advances in preimplantation genetic diagnosis. Eur J Obstet Gynecol Reprod Biol, 2004, 115 (Suppl1): S97-101.

[35] Dreesen J C, et al. Multiplex PCR of polymorphic markers flanking the CFTR gene; a general approach for preimplantation genetic diagnosis of cystic fibrosis. Mol Hum Reprod, 2000, 6 (5): 391-396.

[36] 陈文炳，李世成，等，应用多重 PCR 同时检测多重转基因成分. 检验检疫科学，2002，12 (3)：11-13.

[37] van Dongen J J, et al. Design and standardization of PCR primers and protocols for detection of clonal immunoglobulin and T-cell receptor gene recombinations in suspect lymphoproliferations: report of the

BIOMED-2 Concerted Action BMH4-CT98-3936. Leukemia，2003，17（12）：2257-2317.

[38] Strommenger B，et al. Multiplex PCR assay for simultaneous detection of nine clinically relevant antibiotic resistance genes in *Staphylococcus aureus*. J Clin Microbiol，2003，41（9）：4089-4094.

[39] Cattoir V，et al. Multiplex PCR for detection of plasmid-mediated quinolone resistance qnr genes in ESBL-producing enterobacterial isolates. J Antimicrob Chemother，2007，60（2）：394-397.

[40] Lovseth A，Loncarevic S，Berdal K G. Modified multiplex PCR method for detection of pyrogenic exotoxin genes in staphylococcal isolates. J Clin Microbiol，2004，42（8）：3869-3872.

[41] Wisselink H J，Joosten J J，Smith H E. Multiplex PCR assays for simultaneous detection of six major serotypes and two virulence-associated phenotypes of *Streptococcus suis* in tonsillar specimens from pigs. J Clin Microbiol，2002，40（8）：2922-2929.

[42] Guo X，et al. Using multiplex PCR for the detection of virulence genes in *Escherichia coli* O157：H7. Zhonghua Liu Xing Bing Xue Za Zhi，2000，21（6）：410-412.

[43] Fujioka M，et al. Rapid Diagnostic Method for the Detection of Diarrheagenic *Escherichia coli* by Multiplex PCR. Jpn J Infect Dis，2009，62（6）：476-480.

[44] Alvarez J，et al. Development of a multiplex PCR technique for detection and epidemiological typing of salmonella in human clinical samples. J Clin Microbiol，2004，42（4）：1734-1738.

[45] Sharma N K，Rees C E. Dodd C E. Development of a single-reaction multiplex PCR toxin typing assay for *Staphylococcus aureus* strains. Appl Environ Microbiol，2000，66（4）：1347-1353.

[46] Panicker G，et al. Detection of pathogenic *Vibrio spp.* in shellfish by using multiplex PCR and DNA microarrays. Appl Environ Microbiol，2004，70（12）：7436-7444.

[47] Bouquillon C，et al. Simultaneous detection of 6 human herpesviruses in cerebrospinal fluid and aqueous fluid by a single PCR using stair primers. J Med Virol，2000，62（3）：349-353.

[48] Markoulatos P，et al. Laboratory diagnosis of common herpesvirus infections of the central nervous system by a multiplex PCR assay. J Clin Microbiol，2001，39（12）：4426-4432.

[49] Casas I，et al. Viral diagnosis of neurological infection by RT multiplex PCR：a search for entero-and herpesviruses in a prospective study. J Med Virol，1999，57（2）：145-151.

[50] Brasher C W，et al. Detection of microbial pathogens in shellfish with multiplex PCR. Curr Microbiol，1998，37（2）：101-107.

[51] Kim J S，et al. A novel multiplex PCR assay for rapid and simultaneous detection of five pathogenic bacteria：*Escherichia coli* O157：H7，*Salmonella*，*Staphylococcus aureus*，*Listeria monocytogenes*，and *Vibrio parahaemolyticus*. J Food Prot，2007，70（7）：1656-1662.

[52] Syrmis M W，et al. A sensitive，specific，and cost-effective multiplex reverse transcriptase-PCR assay for the detection of seven common respiratory viruses in respiratory samples. J Mol Diagn，2004，6（2）：125-131.

[53] Bellau-Pujol S，et al. Development of three multiplex RT-PCR assays for the detection of 12 respiratory RNA viruses. J Virol Methods，2005，126（1-2）：53-63.

[54] Diaz de Arce H，et al. A multiplex RT-PCR assay for the rapid and differential diagnosis of classical swine fever and other pest virus infections. Vet Microbiol，2009，139（3-4）：245-252.

[55] Newton C R，Graham A，Heptinstall L E，et al. Analysis of any point mutation In DNA. The amplification refractory mutation system（ARMS）. Nucleic Acids Res，1989，17：2503-2516.

[56] 杨明晶，郑伟娟，奚清丽，等. 等位基因特异 PCR 检测 *N*-乙酰转移酶遗传多态性研究. 癌变 · 畸变 · 突变，2001，13：105-108.

[57] 王瑞恒，刘利民，赵金玲，等. 基于等位基因特异性 PCR 原理建立的 SNP 分型新方法. 法医学杂志，2008，24：189-193.

[58] Yan Z Q，Tong Q，Wang F，et al. Use of a rapid mismatch PCR method to detect gyrA and parC mutations in ciprofloacin-resistant clinical isolates of *Escherichia coli*. J Antimicrob Chemother，2002，49：549-552.

[59] Imyanitov E N，Buslov K G，Scopitsin E N，et al. Improved reliability of allele-specific PCR. BioTechniques，2002，33：484，486，488.

[60] Myakishev M V, Khripin Y, Hu S, et al. High-throughput SNP genotyping by allele-specific PCR with universal energy-transfer-labeled-primers. Genome Res, 2001, 11: 163-169.

[61] Hawkins J R, Khripin Y, Valdes A M, et al. Miniaturized sealed-tube allele-specific PCR. Hum Mutat, 2002, 19: 543-553.

[62] Bui M, Liu Z. Simple allele-discriminating PCR for cost-effective and rapid genotyping and mapping. Plant Methods, 2009, 5: 1 doi: 10.1186/1746-4811-5-1.

[63] Hayashi G., Hagihara M., Nakatani K.. Genotyping by allele-specific l-DNA-tagged PCR. J Biotech. 2008, 135: 157-160.

[64] Duan X, Liu L, Wang S. Homogeneous and one-step fluorescent allele-specific PCR for SNP genotyping assays using conjugated polyelectrolytes. Biosensors and Bioelectronics, 2009, 24: 2095-2099.

[65] Kobayashi S, Boggon T J, DayaramT, et al. EGFR mutation and resistance of non-small-cell lung cancer to ge fitinib. N Engl J Med, 2005, 352, 786-792.

[66] Hoffmann C, Minkah N, Leipzig J, et al. DNA bar coding and pyrosequencing to identify rare HIV drug resistance mutations . Nucleic Acids Res, 2007, 35: e91.

[67] Lo Y M, Corbetta N, Chamberlain P F, et al. Presence of fetal DNA in maternal plasma and serum. Lancet, 1997, 350: 485-487.

[68] Lipsky R H, Mazzanti C M, Rudolph J G, et al. DNA melting analysis for detection of single nucleotide polymorphisms. Clin. Chem, 2001, 47: 635-644.

[69] Liew M, Pryor R, Palais R, Meadows C, et al. Genotyping of single-nucleotide polymorphisms by high-resolution melting of small amplicons. Clin Chem, 2004, 50: 1156-1164.

[70] Li J, Mike G. Makrigiorgosl COLD-PCR: a new platform for highly improved mutation detection in cancer and genetic testing. Biochemical Society Transactions, 2009, 37: 427-432.

[71] Li J, Wang L L, Mamon H, et al. Makrigiorgos Replacing PCR with COLD-PCR enriches variant DNA sequences and redefines the sensitivity of genetic testing. Nature Medicine, 2008, 14: 579-584.

[72] 陆元善，吴文俊，庄庆祺．载脂蛋白 E PCR-RFLP 分型的建立和评价．中国实验诊断学，1997，6 (1)：26-28.

[73] Pace N R. A Molecular view of microbal diversity and the biosphere Science, 1997, 276: 727-740.

[74] Lim P, Sears B B. 16S rDNA sequence indicates that plant-pathogenic Mycoplasma-like organisms are evolutionarily distic from animal mycoplassas . journal of Bacterology , 1989, 171 (11): 5901-5906.

[75] Gitschler J, Kogan S, Levinson B, et al. Mutations of factor Ⅷ cleavage sites in hemophilia A. Blood, 1988, 72 (3): 1022.

[76] Fischman S G, Leman L S. DNA fragments dffering by sigle base-pair substitution are separated in denatureing gradient gels: Correspondence with melting theory. Proc Natl Acad Sci, 1983, 80: 1579.

[77] 王玉明，段勇，宋滇平，等．PCR-DGGE 检测 GCG-R 基因第二外显子．临床检验杂志，1999，17 (4)：209-211.

[78] Gejman P V, Cao Q H, Guedi F, et al. The sensitivity of denaturing gradient gel electrophoresis: a blinded analysis. Mutation research Genomics, 1998, 382: 109-114.

[79] 李震宇，傅建新，万海英，等．变性梯度凝胶电泳检测到一种新的凝血因子 VⅢ 基因突变．中华血液学杂志，1996，17 (9)：466-468.

[80] 李红杰，张学，金春元，等．PCr-DGGE 法筛查 PHA 基因第 6 外显子突变——一种新的多态．中华医学遗传学杂志，1997，14 (5)：278-280.

第七章
测序和 DNA 合成 PCR

第一节　不对称 PCR

一、引言

聚合酶链式反应（PCR）是指利用一对引物扩增两段已知序列中间的 DNA 片段的反应，这一对引物分别与模板 DNA 两条链中的一条互补，而且互补片段正好位于待扩增片段的两端，反应时两段引物均大大过量，经过变性、退火、延伸三个阶段的多次循环，得到指数扩增的双链 DNA 产物，从而可以进一步进行产物的克隆或序列分析等操作，然而当常规 PCR 产物直接用于序列分析时还必须进行一些预处理，例如在测序之前去除剩余的引物，以及对测序引物进行放射性标记等。Gyllensten[1] 等在 20 世纪 80 年代末发明了一种新的方法扩增单链的 DNA 用于 DNA 的序列测定，这就是不对称 PCR（asymmetric polymerase chain reaction），它指的是利用不等量的一对引物来产生大量的单链 DNA（ssDNA）的方法。不对称 PCR 制备的单链 DNA 在用于序列测定时不必在测序之前除去剩余引物，简化操作，节约人力物力，另外用 cDNA 经不对称 PCR 进行序列分析或 SSCP 分析也是现在研究真核外显子的常用方法。引物数量不对称 PCR 的应用使 DNA 测序和一些疾病的检验变得更加简便，但是在实际应用时由于两种引物的碱基组成不同，其扩增效率可以相差 10^4 倍，此外，还需要严格控制引物的数量和模板数量，因而不能保证每次不对称 PCR 都能获得成功。后来发展的热不对称 PCR，使得不对称 PCR 变得更加简单实用，下面将对引物浓度不对称 PCR 和热不对称 PCR 分别进行介绍。

二、引物浓度不对称 PCR

1. 原理

引物浓度不对称 PCR，是通过不等量的一对寡核苷酸引物引导扩增得到大量单链 DNA 的反应，其中低浓度引物被称为限制性引物，限制性引物量的多少在整个反应中起决定性作用，只有限制性引物基本耗完之后才开始单链 DNA 的合成；高浓度引物称为非限制性引物，非限制性引物在整个反应中都是过量的，类似于常规 PCR 中的引物。在不对称 PCR 中限制性引物与非限制性引物在每一反应中的物质的量浓度相差悬殊，其最佳比例一般是（1∶503）～（1∶100），关键是限制性引物的绝对量。在扩增反应开始的 10～15 个循环中，两引物都与模板发生退火，引导 DNA 链的合成，所以全部产物都是双链 DNA，而且几乎是以指数速率扩增；在 12～15 个循环以后，其中的限制性引物的浓度降低，甚至基本耗尽，从而制约了反应的进行，双链 DNA 的合成速率显著下降，此时非限制性引物将继续引导单链 DNA 的合成，故反应的最后阶段只产生初始 DNA 中一条链的拷贝（非限制性引物引导合成的单链），随后的合成和变性过程中仅单链产物以线性速率扩增。

其具体过程如图 7-1 所示。

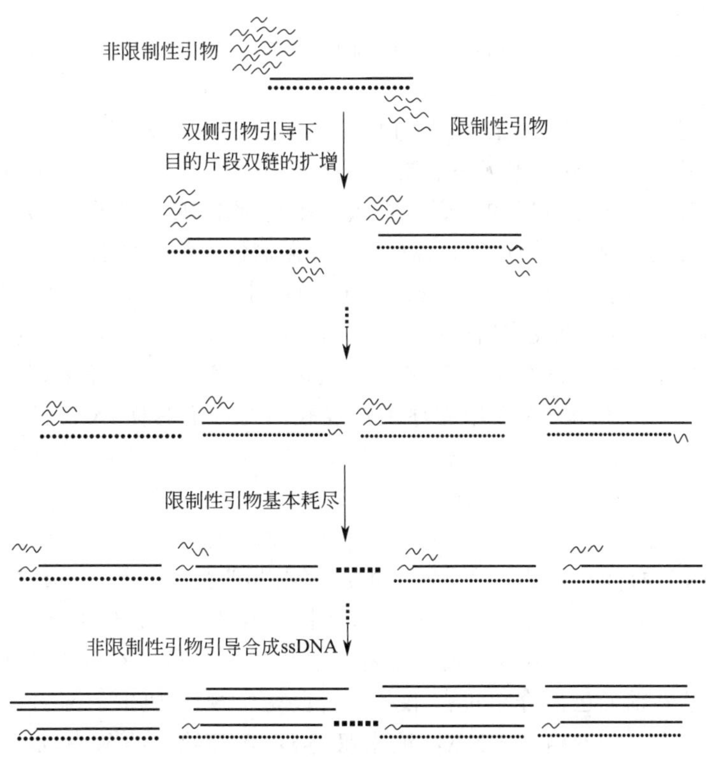

图 6-1　引物浓度不对称 PCR 示意图

实线表示正义链，虚线表示反义链，其中引导正义链合成的引物是过量的

以上介绍的是一步法进行不对称 PCR，除此之外还有一种是先用常规 PCR 制备目的基因的双链 DNA（dsDNA）片段，然后再以 dsDNA 作为模板，只用其中一种过量的引物进行第二次单引物 PCR，借以制备 ssDNA，这也是不对称 PCR 的一种常用方法，尤其是在模板较少时为了获得较高的扩增效率，先扩增双链 DNA 就成为一种有效的扩增策略[2]。

2. 材料与方法

（1）材料与试剂　合成的寡核苷酸引物，模板 DNA，4 种 dNTP，*Taq* DNA 聚合酶等。

（2）扩增策略

① 制备 10×PCR 缓冲液，内含 100mmol/L Tris-HCl pH8.3（25℃），500mmol/L KCl，20mmol/L $MgCl_2$，0.1% 明胶。

② 制备 10×dNTP 混合物，内含 dATP、dGTP、dCTP、dTTP，均为 2mmol/L。

③ 在每一 PCR 反应管中，分别加入 10μL 10×PCR 缓冲液，10μL 10×dNTP 混合物，限制性引物 0.5pmol，非限制性引物 50pmol，1～2μg 模板 DNA，*Taq* DNA

聚合酶 2～4U，加入适量的水，使总体积为 100μL，混合均匀。

④ 制备好的反应混合物首先 94℃变性 1～3min，然后进入 PCR 循环，共做 30 次 PCR 循环，每一循环包括 94℃、1min，45℃、1min，72℃、1min，全部循环结束后 72℃延伸 7min。

⑤ PCR 结束，获得产物用琼脂糖凝胶电泳进行检测，紫外照射下应该出现两条带痕，分别是扩增后的双链 DNA 和单链 DNA。

3. 注意事项

（1）引物数量　合适的引物数量是保证引物浓度不对称 PCR 的目的片段得到有效扩增的关键因素，引物的数量一方面是指引物的绝对量，另一方面也是指两引物的相对量，其中起决定作用的是限制性引物的绝对量（一般为 0.2～2pmol）。不对称 PCR 常用的两引物浓度最佳比例一般是（1∶50）～（1∶100），但是也有报道在二者浓度为 1∶10 时效果也是可以的，所以在进行不对称 PCR 时为保证参与反应的两引物比例恰当，可设立数个扩增反应，各反应中非限制性引物的量固定（100pmol），而限制性引物的量各不相同（0.25pmol、1pmol、4pmol）。扩增反应结束后，可通过琼脂糖凝胶电泳并继之以 Southern 杂交来估计每一反应的单链产量，借以确定恰当的引物比例[2]。

（2）模板数量　模板的数量与质量一直是影响 PCR 反应的重要因素，在不对称 PCR 中也不例外，当模板 DNA 中靶序列浓度较高时，不对称 PCR 扩增反应的结果较好，当靶 DNA 的浓度较低时，不对称 PCR 的结果会受到影响。例如，对于 10ng 重组 λ 噬菌体 DNA 中 1kb 的靶序列，经 25 个循环后其单链 DNA 产率极佳（约 300ng）。然而哺乳动物总 DNA（2μg）用作不对称扩增反应的模板时，由于反应初始阶段双链 DNA 的合成不足，单链产物的产率则要低很多。解决办法有两个，一个是将两引物的量增加至 200pmol 和 2pmol，并将扩增循环数增至 35 个，同时在第 30 个循环后重新补加 *Taq* DNA 聚合酶。还有一种解决方案是将不对称扩增反应分为两个不同阶段，这在前面已经介绍过：第一个阶段是常规的 PCR，两引物均以高浓度参与反应，产生大量的双链靶 DNA，纯化双链 DNA 产物，再从中取 5～20ng DNA 作为模板，进行单引物 PCR，获取单链 DNA。这种方案虽然稍显麻烦，但是对于模板量少而珍贵的反应来说，不失为一种很好的解决方案[1]。

三、热（引物长度）不对称 PCR

（一）常规热不对称 PCR

1. 原理

热不对称 PCR 是传统的引物浓度不对称 PCR 的发展，它利用一对引物的碱基数目与组成不同，造成退火温度的差异而实现。设计引物时两引物的退火温度可以根据常用的软件进行分析，也可以根据退火温度的常用计算公式 $T_m=69.3+0.41[(G+C)mol\%]-650/L$（$L$=引物长度）计算，设计的限制性引物与非限制性引物的退火温度应相差 10℃以上，其中限制性引物的退火温度低于非限制性引物的退火温度，在最初的 10～15 个循环中使用较低的退火温度（根据限制性引物的退火温度决定，一般略低于限制性引物的退火温度），这时变性后两引物都可以与模板结合，引导 DNA 链的合成，产生双链产物，随后将 PCR 的退火温度提高（根据非限制性引物的退火温度决定），此时限制性引物不能再与模板发生退火，只有非限制性引物可以与模板结合后继续引导扩增，从而产生大量单链 DNA。

其具体过程如图 7-2 所示。

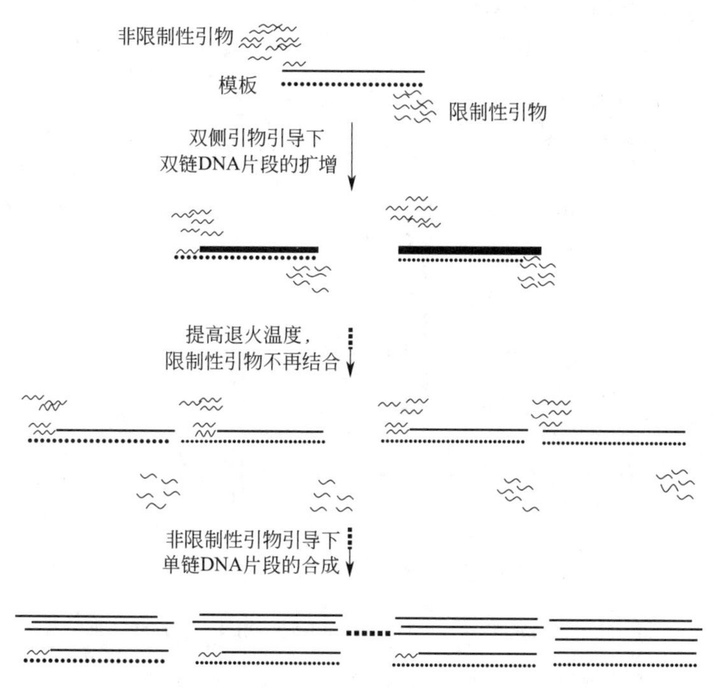

图 7-2　热不对称 PCR 示意图

2. 材料与方法

热不对称 PCR 的反应体系与常规 PCR 相同，总体积 100μL 反应体系含有：

模板 DNA	1～2μg	10×扩增缓冲液	10μL
限制性引物	50pmol	*Taq* DNA 聚合酶	2～4U
非限制性引物	50pmol	加水至	100μL
10×dNTP 混合物	10μL		

94℃，预变性 1～2min，随后进行第一个阶段 10 个循环，每一循环 94℃ 1min，50℃ 1min，72℃ 1min；然后紧接着进行第二阶段的 20 个循环，每一次 94℃ 1min，70℃ 1min，72℃ 1min，循环结束后 72℃延伸 7min。

PCR 结束用 1%的琼脂糖凝胶电泳常规分析产物。

（二）交错式热不对称 PCR

1. 原理

热不对称 PCR 的发展和应用使得不对称 PCR 方法变得更加简单和实用，而 Liu 等后来又将其进一步发展产生了 TAIL-PCR（thermal asymmetric interlaced PCR），即交错式热不对称 PCR[3,4]。

TAIL-PCR 是指利用一系列序列特异性的巢式引物和一个短的任意引物引导扩增已知序列的侧翼序列的反应，它是一种半特异性的 PCR 反应，由于两类引物的退火温度不同从而可以通过控制反应过程中的退火温度有效地控制特异性和非特异性产物的扩增。在 TAIL-PCR 中序列特异性的巢式引物较长、退火温度较高，因此在 PCR 反应中退火温度的高低（相对）对它与目的序列的退火没有太大的影响，在高、低两种退火温度下都可以与已知序列发生特异性的退火，而序列短的任意引物则仅可以在退火温度较低时与未知序列（已知序列的侧翼序列）发生退火，通过高低退火温度的交替进行，使目的基因得到有效的扩增。

TAIL-PCR 具体过程如图 7-3 所示。

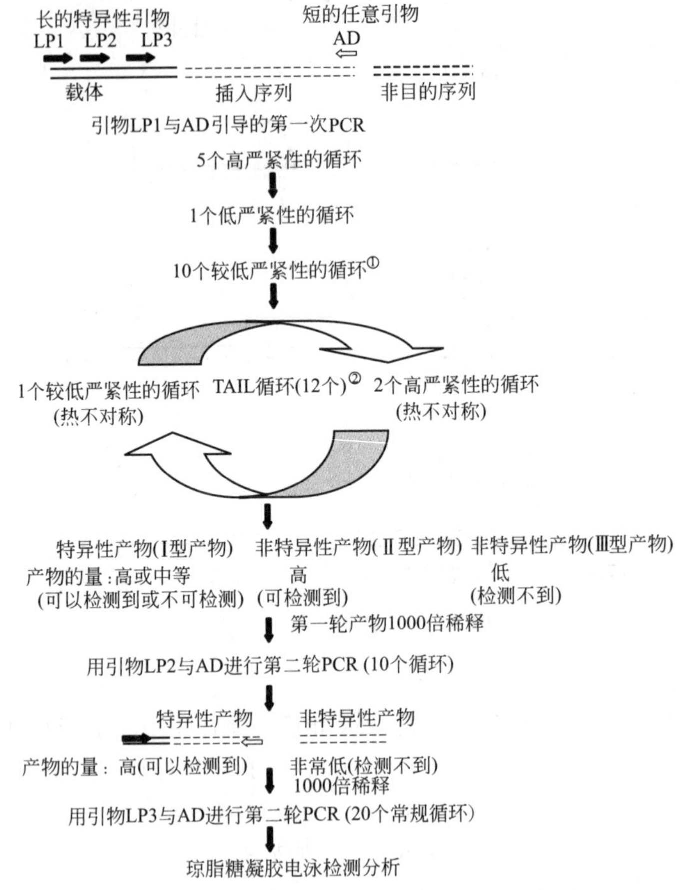

图 7-3　TAIL-PCR 扩增已知序列的侧翼序列示意图

图示利用一组巢式的特异性引物和一条任意引物，通过三个 PCR 反应扩增已知序列的侧翼序列。其中实心箭头所示为特异性引物，可以与位于目的片段一侧的已知序列特异性结合，空心箭头所示为任意引物，在低严紧性循环可以与侧翼序列的一个或多个位点结合。图中Ⅰ型产物是指特异性引物与任意引物共同引导合成的片段，Ⅱ型产物指的是仅由特异性引物引导合成的 DNA 片段，而引导合成Ⅲ型产物的只有任意引物。

① 该步 10 个循环是为了降低特异性扩增和Ⅱ型产物非特异扩增的竞争，该步可以省略，但需要增加 TAIL 循环的循环数；

② 指的是 9 阶段的超级循环，每一超级循环包括 2 个高严紧性的循环和 1 个较低严紧性的循环

如图所示，TAIL-PCR 的关键是应用了一系列巢式引物，它们的序列相对较长，退火温度比较高，而任意（AD）引物序列比较短，退火温度比较低。首先进行的 5 个高严紧性的循环是为了利用特异性引物有效扩增与已知序列相邻的插入序列，获取单链 DNA，随后一个低严紧性 PCR 循环的目的是为了促成 AD 引物与未知的目的序列上的位点的非特异性退火。紧接着通过高严紧性循环与较低严紧性循环的交替进行，目的序列（Ⅰ型产物）得到线性扩增，而由 AD 引物单独引导的非目的序列（Ⅲ型产物）几乎不合成。在接下来的较低严紧性的循环中两种引物都可以与模板序列发生退火，在高严紧性循环中产生的单链 DNA 被复制成双链，为接下来的几个线性扩增循环提供了几倍量的模板。通过重复的 TAIL 循环，目的片段就可以得到有效扩

增。在这个过程中非特异性的Ⅱ型产物也会增加，但是这种非目的产物在接下来的第二和第三次反应中会被逐渐冲淡。

2. 材料

TAIL-PCR 的材料除了引物分为巢式引物和任意引物外，其余和热不对称 PCR 相同。

3. 方法

（1）引物设计　TAIL-PCR 中的引物与常规 PCR 相比有明显区别，它有两种，一种是与已知序列特异性退火的巢式引物，另一种是与未知的侧翼序列发生非特异退火的任意引物。作为热不对称 PCR 的发展，TAIL-PCR 的两种引物的退火温度也要求至少相差 10℃以上，其 T_m 值也可以根据公式 $T_m = 69.3 + 0.41[(G+C)mol\%] - 650/L$（$L$＝引物长度）计算。巢式引物的设计比较简单，可以根据已知序列来确定，其退火温度一般在 60℃以上，任意引物的退火温度一般要在 40℃以上，而且要考虑简并性。

（2）反应体系　同热不对称 PCR。

（3）扩增策略　TAIL-PCR 的扩增与常规 PCR 不同，在整个过程中是高低退火温度交错的，其条件可参考表 7-1。其中第一轮扩增产物稀释 1000 倍。

表 7-1　TAIL-PCR 中的各循环条件

反应		循环数	温度条件
第一轮	1	1	92℃(2min),95℃(1min)
	2	1	94℃(15s),30℃(3min),缓慢升至 72℃(长于 3min),72℃(2min)
	3	10①	94℃(5s),44℃(1min),72℃(2min)
	4	12②	94℃(5s),63℃(1min),72℃(2min)
			94℃(5s),63℃(1min),72℃(2min)
			94℃(5s),44℃(1min),72℃(2min)
	5	1	72℃(5min)
第二轮	6	10①	94℃(5s),63℃(1min),72℃(2min)
			94℃(5s),63℃(1min),72℃(2min)
			94℃(5s),44℃(1min),72℃(2min)
	7	1	72℃(5min)
第三轮	8	20	94℃(10s),44℃(1min),72℃(2min)
	9	1	72℃(5min)

① 该步 10 个循环是为了降低特异性扩增和Ⅱ型产物非特异扩增的竞争，该步可以省略，但需要增加 TAIL 循环的循环数。

② 指的是 9 阶段的超级循环，每一超级循环包括 2 个高严紧性的循环和 1 个较低严紧性的循环。

扩增结束可以用 1%～2%的琼脂糖凝胶进行常规检测，其产物不用纯化即可以进行序列测定。TAIL-PCR 的目的是为了扩增与已知序列相邻的未知序列，相对于实现同样目标的其它方法，TAIL-PCR 具有非常明显的优点。

① 简单。TAIL-PCR 既不需要对模板 DNA 进行预处理，也不需要在 PCR 结束之后进行费力的展示，所以 TAIL-PCR 特别适合对大量的样本同时进行处理。相反，其它的方法在 PCR 前需要大量的预处理（限制性酶切、连接、加尾等）或在 PCR 反应之后进行处理（Southern 杂交、引物标记和延伸、放射性显影和胶回收等）。这些额外的步骤非常麻烦而且费时、费力，而 TAIL-PCR 对模板数量（约 ng 级）和质量（可以是细胞溶解液或未经提纯的 DNA）的要求也是非常低的，相比较而言，连接和加尾依赖性的 PCR 需要更多的经过复杂纯化的 DNA（约 μg 级）。

② 高特异性。在 TAIL-PCR 的产物中非特异性产物的含量是非常低的，所以它的产物可以直接用作测序模板或杂交探针，这与目的基因步移 PCR 和单引物 PCR 相

比是 TAIL-PCR 最大的优点。

③ 高效。使用任何 AD 引物都有 60%～80%的反应可以得到特异性的产物，而在基因步移 PCR 和单引物 PCR 中则有成功率和低背景的权衡问题。

④ 快速。整个反应可以在一天内完成。

⑤ TAIL-PCR 不需要进行连接反应。

⑥ 部分 PCR 产物可以直接用于测序。

⑦ 高灵敏性。TAIL-PCR 不仅可以用于扩增插入 P1 和 YAC 的序列，而且可以扩增与 T-DNA 相连的基因组 DNA。

另外有实验证明 TAIL-PCR 可以从六倍体小麦中扩增单拷贝的序列，小麦的基因组是人类基因组的 5 倍，所以这种方法应该可以用于复杂的基因组研究中。

4. 注意事项

① 引物。在 TAIL-PCR 中两类引物的退火温度必须相差 10℃以上。

② 反应温度。在高严紧性的循环中退火温度要尽可能高（一般比特异性引物的 T_m 高 1～5℃）。

③ 特异性引物。选择理想的特异性引物进行第一轮 TAIL-PCR 是保证有效扩增的关键，所以在扩增结果不理想时应该尝试用其它几个特异性引物进行第一轮 PCR。

④ 为了尽量减少特异性引物的错配，特异性引物应该保持较低浓度（大约 0.15～0.2μmol/L）。

四、应用

1. 序列测定

PCR 产物的直接测序已经被证明是一种非常有效的测序方式，迄今为止也已经建立了很多方法来对 PCR 扩增得到的片段进行序列测定，但是绝大多数方法都需要对模板进行纯化以除去多余的引物和 dNTP，这不但造成时间和人力、物力的浪费，而且会由于 DNA 回收率的降低而造成不必要的麻烦，Meltzer S J 和 Rao V B 等发明的方法可以不经纯化就直接对双链的 PCR 产物进行测序，但是测序时需要对引物末端进行放射性标记，这是因为如果测序引物不进行标记，扩增反应剩余的引物会在测序时产生多余的序列梯度。然而标记引物又有自己的弱点：序列梯度的放射性随着与引物距离的加大而减弱，此外引物末端标记需要额外的操作，即使是用相同的引物也必须定期进行标记。造成这一切的原因主要是因为常规 PCR 产生的 DNA 双链具有非常强的重新退火成双链的倾向，不对称 PCR 的发现成功地解决了这一问题，它扩增到的单链 DNA 可以直接用于 DNA 测序，而不需要其它的预处理，这是不对称 PCR 最早也是最基本的用途[5,6]。

2. 单链 DNA 探针

核酸杂交技术在分子生物学研究及临床检验中应用非常广泛，高质量的探针是核酸杂交成功的关键，常用探针可以分为单链探针和双链探针，单链探针具有不需变性和杂交效率高等优点，在不对称 PCR 的体系中加入标记的核苷酸可以直接制备成单链探针，这种方式制备的探针非常适合进行原位杂交研究[7,8]。但是在这个过程中也遇到了一些困难，最主要的就是模板具有非常强的重新退火现象。

3. 疾病诊断

不对称 PCR 进行疾病诊断是利用不对称 PCR 获得单链 DNA 直接进行序列测定，根据序列变化确定疾病的发生，而现在应用非常广泛的是不对称 PCR-SSCP[9]。PCR-SSCP 的原理是：在非变性聚丙烯酰胺凝胶电泳条件下，单链 DNA 可以自身折叠形成具有一定空间结构的构象，单链核苷酸序列的微小改变，包括突变、碱基的缺失或插入都会影响单链分子的最终构象，从而引起电泳迁移率的改变。在传统的 PCR-SSCP 中，双链 DNA 与变性上样液混合、加热变性后迅速冰浴冷却（防止绝大多数的单链 DNA 重新形成双链），经凝胶电泳，至少可显示三条带（包括一条单链 DNA、一条互补单链 DNA 和双链 DNA），在野生型和突变型同时存在的标本中会出现五条带。采用不对称 PCR-SSCP 的方法与传统的 PCR-SSCP 相比有更多的优势，扩增产物电泳时只出现两条带（双链 DNA 和其中一条单链 DNA），即使在野生型和突变型同时存在的标本中也只有三条带（双链 DNA、突变型单链 DNA 和野生型单链 DNA），克服了传统方法中双链 DNA 不完全变性或非特异性扩增造成的解读困难和错误判读，而且应用一对引物中不同当量的两个引物配成的混合物对目的基因进行两次检测，可以两次判定结果，进一步增加了试验的可靠性。另外张志凯等利用 α-^{32}P-d CTP 直接掺入的不对称 PCR 改进了 SSCP 分析，步骤简单，不用标记 PCR 引物，只有一个单一的 PCR 反应，简化了实验程序，得到的结果清晰。

4. 利用不对称 PCR 改进实时 PCR 基因型分析

在利用实时 PCR 进行 HSV 的基因型分析时使用参考文献的浓度，会出现非常明显的“hook effect”现象[10]，即在 PCR 获得有效扩增以后扩增得到的 DNA 链会在探针结合上去产生荧光之前自身重新退火，这种现象虽然不会造成量的巨大变化，但是随后根据解链曲线进行的基因型分析将会变得更加困难。通过不对称 PCR 增加反相引物的浓度则可以有效地避免“hook effect”的发生，可以有更多的扩增链和探针结合产生更强的信号，从而有助于随后通过解链曲线进行基因型分析。

5. 扩增位于已知序列侧翼的未知序列

TAIL-PCR 的应用使得扩增位于已知序列侧翼的未知序列变得简单易行，现在已经从 P1、YAC 和 T-DNA 及拟南芥（*Arabidopsis*）基因组中成功克隆到了整合的侧翼序列[11]。

6. 基因的遗传定位

Liu 等利用 TAIL-PCR 扩增 T-DNA 整合的侧翼序列作为探针，对拟南芥中 T-DNA 整合的侧翼序列进行了测序和定位，而朱雪峰等[12] 则通过 TAIL-PCR 方法扩增 T-DNA 整合的侧翼序列从中筛选属水稻基因组 DNA 的 T-DNA 整合的侧翼序列作为探针，将外源基因整合位点定位到窄叶青/京系 17DH 群体构间的水稻分子连锁图谱上。

五、小结

自 Gyllensten 等在 20 世纪 80 年代末发明了引物数量不对称 PCR 以来，作为一种快速有效的扩增目的基因单链 DNA 的方法，不对称 PCR 得到了进一步的发展。热不对称 PCR 和 TAIL-PCR 作为引物数量不对称 PCR 的发展和延伸，使得不对称 PCR 变得更加简单易行，而且其应用范围也得到了扩大，TAIL-PCR 的产生使得快速克隆已知序列的侧翼未知序列变得更加快速简便，是分子生物学技术的重要发展。

尽管不对称 PCR 还有一些不足之处，但我们相信随着该技术的不断发展，必将有力地促进疾病诊断、新基因的发现和定位的发展。

第二节　PCR 测序法

自从 Sanger 等（1975）引入双脱氧核苷三磷酸（ddNTP）作为链终止剂，DNA 序列测定技术得到迅速发展。ddNTP 在 DNA 聚合酶作用下，通过其 5′三磷酸基团可以掺入到正在延伸的 DNA 链中，但由于其脱氧核糖 3′位置缺少一个羟基，不能同后续的 dNTP 形成磷酸二酯键，使得 DNA 链的延伸被终止。根据此原理，在 DNA 合成反应混合物的 4 种 dNTP 中加入一定比例的一种 ddNTP，dNTP 参与的链延伸将与 ddNTP 参与的链终止发生随机竞争，最终反应产物是一系列的寡核苷酸链，其长度取决于从用以起始 DNA 合成的引物末端到出现过早链终止的位置之间的距离。在 4 组独立的酶反应中分别采用 4 种不同的 ddNTP，结果将产生 4 组寡核苷酸链，它们将分别终止于模板链的每个 A、C、G 或 T 的位置上，通过电泳分离和放射自显影，就可以进行序列判读。

PCR 测序根据标记的方式不同和循环的次数不同可分为直接测序法和循环测序法。

一、直接测序法

1. 原理

PCR 扩增获得双链 DNA 产物经变性形成单链，测序引物与其中一条模板链上的互补序列退火。退火的引物在低进行性反应条件下（如低温和低 dNTP 浓度），通过 DNA 聚合酶催化作用延伸 20～80 个核苷酸。由于此反应体系中掺入放射性标记的 dNTP，能使新合成的 DNA 链中含有多个放射性标记，便于产生高放射显影度。标记的 DNA 链在高进行性反应条件下，通过 DNA 聚合酶催化进行延伸，通过在反应体系中掺入 ddNTP，使链延伸反应终止。反应产物经过电泳分离和放射自显影，就可以进行序列判读。

2. 材料

（1）DNA 模板　PCR 产物离子交换色谱纯化，作为 DNA 模板，浓度为 0.01～0.1mmol/L。

（2）引物　20 个核苷酸的 DNA 引物可以不经过纯化，直接用作测序引物，引物浓度为 1mmol/L。

（3）DNA 聚合酶　要求该酶在低温条件下仍具有活性，以便有效地在新合成的 DNA 链中掺入放射性标记。比如 USB/Amersham 公司生产的测序酶 2.0。

（4）测序反应缓冲液　根据测序酶具体而定，如测序酶 2.0 的反应缓冲液可用 40mmol/L Tris-HCl（pH7.5），20mmol/L $MgCl_2$ 和 50mmol/L NaCl。

（5）放射性标记的 dNTP　一般为［α-^{32}P］dATP、［α-^{33}P］dATP 或［α-^{35}S］dATP。

3. 方法

（1）制备链延伸-终止反应混合物　分别在 4 个微量离心管中各加入一种 dNTP/

ddNTP的混合物2.5μL，其中dNTP和ddNTP浓度分别为80μmol/L和8μmol/L。37℃预热5min。

(2) 制备退火混合物 在一个微量离心管中加入PCR扩增DNA 1pmol，测序引物10pmol，2μL 5×测序反应缓冲液，用水调整至总反应体积10μL。

在加热仪内94～96℃加热8min后，迅速放入冰浴中冷却1min（适合于双链DNA模板），或者在加热仪内65℃加热6min后在加热仪内自然冷却到30℃（适合于单链DNA模板）。

10000r/min离心10s后在冰浴中冷却，并迅速进行下一步操作。

(3) 标记反应 在退火混合物中加入2μL预冷的dNTP混合物（含dTTP、dGTP和dCTP各0.75μmol/L，5μCi的[α-^{32}P] dATP)，1μL 0.1mol/L DDT，现稀释的测序酶2U，并用水将反应体系调整到15.5μL，混匀后在冰上孵育2min，放射性标记新合成的DNA链。

(4) 链延伸-终止反应 将3.5μL标记混合物分别加入4管链延伸-终止反应混合物中，37℃进行链延伸-终止反应5min。

(5) 终止反应体系 在各管中加入4μL终止液（95%甲酰胺，20mmol/L EDTA，0.05%溴酚蓝，0.05%二甲苯腈蓝FF)，终止反应。样品可以－70℃保存2～7d。电泳前在电热仪上80℃加热3min。

(6) 电泳分离和放射自显影 每一泳道上样2～3μL，进行聚丙烯酰胺凝胶电泳分离。

用^{32}P标记的需要过夜曝光显影，若用^{33}P标记的需要2～3d曝光显影，读片。

4. 注意事项

① 标记反应最为关键，应在低进行性反应条件下进行。退火后引物只被延伸20～80个核苷酸，并在新合成的DNA链中掺入多个放射性标记。对高G-C碱基含量的DNA模板，可用[α-^{32}P] dCTP代替[α-^{32}P] dATP。

② 对高G-C碱基含量的DNA模板，链延伸-终止反应混合物中应用7-脱氧-2-dGTP替代dGTP，以消除电泳过程由于压缩现象产生的假带[13]。

二、循环测序法

1. 原理

循环测序法是利用热循环仪高效的自动循环能力，使链终止的序列产物以线性方式获得扩增，从而产生高显影度的序列梯度。首先将PCR扩增的DNA经变性形成单链形式，使标记引物（^{32}P、生物素或荧光标记）与其中的一条链上的互补序列退火。退火后的引物在耐热DNA聚合酶催化下发生链延伸-终止反应。由此产生的模板链与延伸终止链形成的部分双链产物在下一轮测序循环中，再次被变性，释放出模板链，作为又一轮引发反应的模板，同时积累下每轮循环产生的链终止产物。这种循环步骤重复20～40次，使链终止产物以线性方式扩增。

与直接测序法相比较，循环测序法有如下优点：所需的模板DNA量少；在高温下进行，可使DNA聚合酶催化的聚合反应能够通过模板二级结构的区域；多轮的变性步骤便于对质粒DNA、λDNA、黏粒DNA和PCR产物等双链DNA模板进行测定，不需要经过一个单独的变性步骤而直接进行测序。

荧光标记的全自动测序仪的开发，使得测序的准确度、样品序列判读长度和速度有了极大的提高。

2. 材料

（1）模板　可用PCR扩增好的DNA作模板，也可使用低浓度的dNTP（10～20μmol/L）和引物（1mmol/L）来进行靶DNA的PCR扩增，然后直接用PCR产物作为模板。DNA模板浓度0.01mmol/L。

质粒DNA模板用质粒纯化试剂盒提取。对于高拷贝数的质粒可以直接从菌落中获得测序。测序反应的质粒典型用量：50～200mol。

其它模板（M13、黏粒及λDNA）的制备为常规分子生物学手段。M13和λDNA作为模板用量：10～100mol。黏粒DNA作为模板用量：50～200mol。

（2）测序引物　同位素标记测序引物：用［γ-^{32}P］ATP或［γ-^{33}P］ATP和T4多聚核苷酸激酶对引物的5′末端进行同位素标记。引物浓度：0.1～0.2mmol/L。

非同位素标记测序引物：用荧光标记4种双脱氧核苷酸，可以进行以荧光为基础的双脱氧测序反应。

（3）DNA聚合酶　应为无3′→5′外切活性的耐热DNA聚合酶。如*Taq* DNA聚合酶。

（4）测序反应缓冲液　根据所用的聚合酶具体而定。

（5）放射性标记的dNTP　根据所用的聚合酶具体而定。

3. 方法（本操作方法是以同位素标记为基础的测序）

（1）标记引物　取10～15pmol测序引物、50μCi的［γ-^{32}P］ATP、5μL 10×激酶缓冲液（商品厂家提供），加水至反应体系50μL，混匀后37℃预热5min。

加入1μL现稀释的T4多聚核苷酸激酶（10U），37℃孵育30min；再加入10U的T4多聚核苷酸激酶，37℃继续孵育30min。

通过凝胶过滤柱除去未掺入的［γ-^{32}P］ATP。

标记好的引物可在－70℃保存2周以上。

（2）制备dNTP/ddNTP混合物　在4个微量离心管中各加入一种dNTP/ddNTP混合物2μL。

（3）制备反应混合物　取相应的DNA模板、标记的测序引物1～2pmol、3μL的10×测序反应缓冲液、5U的*Taq* DNA聚合酶，加水至总体积20μL，混匀。在该混合物中加入某些试剂，如DMSO、Triton X-100、吐温-20或NP-40等，彻底混合均匀，可以提高序列梯度的质量。

（4）循环反应　分别取反应混合物4μL加入4管dNTP/ddNTP混合物中，然后置于94℃的热循环仪上进行循环反应。每次循环包括：94℃变性1min、40～60℃退火30s和72℃链延伸-终止30s。循环次数：20～40次。

（5）终止反应体系　循环结束后，在各管中加入4μL终止液（95%甲酰胺，20mmol/L EDTA，0.05%溴酚蓝，0.05%二甲苯腈蓝FF），混匀。样品可在－70℃保存2～7d。电泳前在电热仪上80℃加热3min。

（6）电泳分离和序列判读　每一泳道上样2～3μL，电泳。采用放射自显影方法进行序列判读；^{32}P标记的需要过夜曝光显影，若用^{33}P标记的需要2～3d曝光显影。

4. 注意事项

① 在标记引物过程中，为获得高比活的标记引物，反应体系中引物、激酶及

[γ-^{32}P] ATP 要保持在一个最佳水平。

② 确定最佳 dNTP/ddNTP 比例非常关键，应采用产生低本底、高显影度的序列梯度所需要的最佳 dNTP/ddNTP 比例。

③ 为了提高靠近引物（1～100 个碱基范围内）的序列梯度的自显影强度，可以向测序反应体系中加入 Mn^{2+}，提高 DNA 聚合酶对掺入 ddTNP 的效率。而当为了提高远离引物（200～400 个碱基范围内）的序列梯带的自显影强度，则需要提高链延伸-终止反应混合液中 dNTP 的含量，具体依所用聚合酶而定[14]。

三、全自动 DNA 测序法

随着科学技术的发展，DNA 测序已从人工操作发展到用自动测序仪进行全自动测序，使得测序的准确度、样品序列判读长度和速度有了极大的提高。如今科研工作者只需准备好所需测序的样品，送至专业的测序公司用全自动 DNA 测序仪（如 Applied Biosystems 的 377 型全自动 DNA 测序仪）进行测序即可。本节简单介绍全自动 DNA 测序仪的特点，不对全自动测序仪的具体操作步骤和注意事项等做详细介绍。

全自动测序仪一般由电泳系统、激光检测装置、软件、计算机和打印机等几部分组成。

全自动测序仪采用 4 种荧光染料标记核苷酸、在一个泳道测序的方法，有效地避免了因单一标记方法（如同位素标记）中 4 个泳道电泳时所造成的迁移率不同对测序准确度的影响[15]。

由于可以采用两种荧光标记方法（标记 ddNTP 法和标记引物 5′端法），使用多种 DNA 聚合酶和测序试剂盒，使得测序 DNA 模板种类大大增加，如单链 DNA、双链 DNA 和 PCR 产物等。

全自动测序仪可以采用激光激发，使得代表不同碱基信息的不同颜色荧光先经过光栅分光，经 CCD 摄像机同步成像，一次扫描可以检出多种荧光，使得测序速度高达 200bp/h，一个样品一次可以测定 700 余个碱基。

在电泳技术方面，简化了灌胶技术，采用精确控温，提高了测序的精确度[16]。

应用多种软件，可以进行 DNA 片段大小和定量分析、遗传基因的组型分析、DNA 亚克隆序列拼接、DNA 和蛋白质序列比较等。

全自动测序仪可以使得一次测序样品数量大大增加，多达 96 个样品，极大地提高了工作效率。现在国内有许多公司进行全自动测序，只需要将克隆的菌株交给公司，一般在 3～5d 后即可得到结果，测序的长度在每个反应 500～800bp 左右。

四、应用

PCR 测序是对生物遗传信息的最终判定。随着各种基因组计划的开展，PCR 测序工作在不断加强和完善，特别是全自动 DNA 测序仪的开发，为提前完成人类基因组计划奠定了基础。此外，在临床遗传病、传染性疾病和癌症的基因诊断，农业畜牧业的动植物育种，法医鉴定等领域上有广泛的应用前景。过去由于全自动 DNA 测序的仪器成本较高，手工的同位素标记的测序在国内曾经发挥过重要作用，随着国内科研试验条件的改变，全自动 DNA 测序仪已在国内广泛应用于序列的测定，但全自动 DNA 测序仪广泛应用于突变的检测目前还受国内实验条件的限制。

第三节　乳化液PCR

一、引言

2005年，Margulies等人在《自然》（*Nature*）上发表文章介绍了一种快速简单的测序方法，即以DNA扩增的乳胶系统（emulsion system）和皮升级焦磷酸（pyrophosphate）为基础的测序方法——焦磷酸测序（pyrosequencing）方法。这种测序方法比传统的Sanger测序的方法快100倍，假如利用这种方法来进行人类基因组的测序，那么在100多天内就可以完成。在2005年年底，454公司的研究人员将这种崭新的测序技术转化成了商品化的仪器——Genome Sequencer 20（GS 20）系统，并由罗氏应用科学部独家负责在全球的销售和技术服务等工作。Genome Sequencer 20系统一经推出，就受到了国际上基因组学专家的广泛关注，并在世界各大测序实验室相继成功落户。可以说，随着Genome Sequencer 20系统的不断推广应用和升级，快速基因组测序的时代已经来临，并对整个基因组学的研究产生巨大的推动作用。

二、原理

乳化液PCR（emulsion PCR，emPCR）的原理简单来说就是通过将单链DNA模板退火结合到捕获磁珠上，继而和PCR反应试剂在油水混合物中形成一个微小的乳化反应体系，在这个微小的乳化反应体系中进行扩增反应，扩增后的产物富集在磁珠上，通过离心可以收集磁珠，洗脱后对磁珠上的PCR产物进行测序从而获得碱基序列（图7-4）[17-19]。

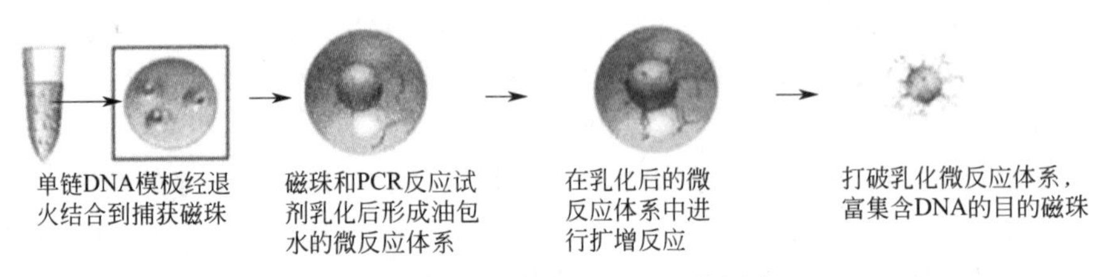

图7-4　emulsion PCR原理示意图

emulsion PCR实验步骤大致如下。

1. 剪切、连接

利用高压氮气将基因组DNA“剪切”成300～800个碱基的片段。然后利用核酸内切酶、聚合酶和激酶的作用在DNA片段的5′端加上磷酸基团，3′端变成平端，然后和两个44个碱基长的衔接子（adaptor）A、B进行平端连接。A、B衔接子各自含有20个碱基的PCR引物序列、20个碱基的测序引物序列和4个碱基的对照序列（TACG），除此之外，B衔接子的5′端还标记有一个生物素基团，供后续的分离合适的测序模板使用。

2. 单链DNA模板的分离

在连接反应的过程中，由于是平端连接，连接后的产物含有“缺口”，需要对其进行“缺口修复”。选用包被有链霉亲和素的磁珠，由于生物素可以与链霉亲和素特异结合，加入特异性的 Melt 洗脱溶液，温度提高到 DNA 的熔解温度以上，就可以选择性地将单链的 AB 连接产物洗脱下来，得到后续 PCR 扩增和测序所使用的 DNA 模板。

3. emPCR

在得到仅含有 A、B 衔接子单链 DNA 模板以后，此 DNA 模板和过量的 DNA 捕捉珠子退火结合，并被吸附到一种用于 PCR 反应的油-水混合物的小滴上，此油-水混合物的小滴包含了 PCR 反应所必需的各种试剂，因此在合适的条件下，以单链的 DNA 为模板进行 PCR 扩增，结果得到大量同一序列的 DNA 链。最后，打断 PCR 反应过程，对结合有大量 DNA 链的珠子进行富集，供下一步的反应使用。

4. 测序反应

在用 GS 20 高通量测序技术进行测序反应时，使用了一种叫作"PicoTiterPlate"的设备。整个反应体系是皮升级别的：一片平板上面有大约 160 万个孔；每平方毫米面积内有 480 个孔，大约每个孔的体积是 75pL，平均直径为 44μm，只含有一个上述结合有大量 DNA 链的珠子。一块平板可以得到 20 万个测序读长，每个测序读长平均在 100 个碱基左右，因此，一块 PicoTiterPlate 的测序读长最终可以达到 2000 万个碱基。

三、材料和方法

（一）库的制备

1. DNA 片段化

① 制备从细菌或者商业化冻存样品来源的基因组 DNA。获得的 DNA 要求 $OD_{260/280}$ 在 1.8～2.0 之间，浓度大于 300μg/mL。15mg 的基因组 DNA 在 2.0mL 的管中用 1×TE 缓冲液（10mmol/L Tris，1mmol/L EDTA，pH 7.6）稀释到 100μL。紧接着用置于冰浴的 1.6mL 的雾化缓冲液（53.1% 甘油，37mmol/L Tris-HCl，5.5mmol/L EDTA，pH 7.5）稀释，轻柔地来回颠倒几次混匀。

② DNA 溶液用雾化器片段化。为了减少样品在雾化喷射过程中的损失，雾化冷凝管必须包紧雾化器的进样管。DNA 样品加入雾化器小室的底部。组装好后的雾化器放入冰桶中，雾化器底部的一半要浸入冰中。雾化用的氮气压力开到 $50lbf/in^2$（$1lbf/in^2$=6894.76Pa），时间开到 5min。冷凝到雾化器壁上的液体通过不时地敲打管壁使之滴落到小室中。氮气关闭后，等待 30s 使压力恢复正常后才把输气管移走。小心地把雾化器打开，把样品移到一个 1.5mL 的微型离心管中。回收体积通常超过 900μL。雾化后的 DNA 根据操作说明书用 Qiaquick PCR 纯化柱（Qiagen，Valencia，CA）离心纯化回收。由于体积大，DNA 样品需要分成几小份后通过同样的一个柱子回收。纯化后的 DNA 用 30μL 55℃ 的洗脱缓冲液洗脱回收。取 2μL 雾化后的 DNA 片段用 Agilent 2100 BioAnalyzer（Agilent，Palo Alto，CA.）分析片段的大小范围。雾化回收后的 DNA 片段在 50～900bp 大小之间，其平均片段大小为 325bp±50bp。

③ DNA 平端化处理。DNA 雾化后产生的片段末端绝大多数都参差不齐，必须用酶对末端进行平端化和磷酸化。用到的酶有三种：T4 DNA 聚合酶、*E. coli* DNA 聚合酶（Klenow fragment）及 T4 多核苷酸激酶。

在一个 0.2mL 管中，加入纯化后的雾化 DNA 片段 28μL，5μL 分子生物学级别的水，5μL 10×NE 缓冲液 2（New England Biolabs），5μL 1mg/mL BSA（New

England Biolabs)，2μL 10mmol/L dNTPs（Pierce，Rockford，IL.）和 5μL 3U/μL T4 DNA 聚合酶（New England Biolabs）。反应体系轻柔混匀后置于 PCR 仪中 25℃反应 10min。反应完毕后紧接着加入 1.25μL 的 5U/μL *E. coli* DNA 聚合酶（Klenow fragment），轻柔混匀后接着于 25℃反应 10min，16℃反应 2h。

反应完毕后用 Qiaquick PCR 纯化柱进行纯化回收，用 30μL 55℃的洗脱缓冲液洗脱到一个 0.2mL 的离心管中进行磷酸化。将反应体系按如下方案调整到 50μL：5μL 分子生物级别的水，5μL 10×T4 PNK 缓冲液（New England Biolabs），5μL 10mmol/L ATP（Pierce），5μL 的 10U/μL T4 PNK（New England Biolabs）。将反应体系轻柔混匀后于 37℃孵育 30min，紧接着在 65℃中孵育 20min 以终止反应。磷酸化后的 DNA 片段同样采用 Qiaquick PCR 纯化柱纯化回收，用 30μL 55℃洗脱缓冲液进行洗脱后分装成 2μL 每小份并测定其浓度。

④ 在对基因组 DNA 文库进行片段化和平端化后，接头片段被连接到 DNA 片段上。44 个碱基的接头是双链寡核苷酸，它是由 5′端 20 个 PCR 扩增引物序列及相邻的 20 个测序引物碱基序列和 3′端的 4 个非回文序列组成。3′端的 4 个非回文序列分别由不同种脱氧核糖核苷酸组成（如 AGTC）。两类接头即接头 A 和接头 B，被用到每种反应中。A、B 接头的序列完全不同，在 B 接头的 5′端标记有生物素标签。接头被设计成可以直接连接到片段化基因组 DNA 的平端。其序列分别为

接头 A：

CCATCTCATCCCTGCGTGTCCCATCTGTTCCCTCCCTGTCTCAG

接头 B：

/5BioTEG/CCTATCCCCTGTGTGCCTTGCCTATCCCCTGTTGCGTGTCTCAG

对每个接头对而言，PCR 引物区含有一个 5′端四个碱基的黏端序列和 3′端的平头关键区域。依靠 3′端的平头序列和基因组 DNA 片段的平端相连接实现了定向性，而接头 5′端的黏端序列防止了 PCR 引物区域被连接到基因组片段。

将余下的 28μL 平端化 DNA 片段转移到一个 0.2mL 的管中，按如下方案配制体系：20.6μL 分子生物学级的纯水，60μL 2×快速连接酶反应缓冲液（New England Biolabs），1.8μL 的接头 A 和 B（浓度均为 200pmol/μL）等物质的量混合液，9.6μL 的 2000U/μL Quick Ligase（New England Biolabs）。轻柔混匀体系，于 25℃孵育 20min，用 Qiaquick PCR 纯化柱分两次纯化回收，每次用 55℃的洗脱缓冲液 30μL 洗脱回收。

2. 胶纯化回收

用 TBE 缓冲液制备含 EB 的 2% 琼脂糖凝胶。3μL 10×Ready-Load Dye（Invitrogen）加入到 30μL 连接反应后的 DNA 文库中，混匀后加入胶上相邻的两个孔（每道大约能加 16.5μL）。在上样孔两侧隔开两个空白孔分别加入 10μL（1μg）的 100bp ladder。凝胶于 100V 电泳 3h 后置于紫外切胶器下用无菌的解剖刀片切割位于 250～500bp 区间的 DNA 文库片段。注意：切割每道 DNA 文库片段使用单独的解剖刀片，以免交叉污染。切割下来的凝胶片置于 15mL 管中。每个样品用两个 MinElute Gel Extraction Kit（Qiagen）的离心柱对样品进行回收。回收过程按照操作说明书进行。需要注意的是，由于凝胶体积较大，可以分成几小份利用同一个离心柱进行回收，在对离心柱洗脱后离心以甩尽乙醇时离心时间延长到 2min。最后每个样品的回收体积控制在 20μL。取 1μL 样品用 BioAnalyzer DNA 1000 LabChip 进行分

析以确保 DNA 文库片段分布在 250～500bp 间。

3. 缺刻修复

片段 3′端结合部的两个缺刻用 *Bst* DNA 聚合酶（大片段）的链替代活性进行修复。反应体系如下：回收后的 19μL DNA 文库片段样品，40μL 的分子生物学级的纯水，8μL 10×*Bst* DNA 聚合酶反应缓冲液（New England Biolabs），8μL 1mg/mL BSA（New England Biolabs），2μL 10mmol/L dNTPs（Pierce），3μL 8U/μL *Bst* DNA 聚合酶，Large Fragment（New England Biolabs），于 65℃孵育 30min。

4. 分离单链的接头化后的 DNA 片段文库

100μL 链霉亲和素标记的磁珠加入一个 1.5mL 管中，加入 200μL 的 1×B&W 缓冲液 [5mmol/L Tris-HCl（pH 7.5），0.5mmol/L EDTA，1mol/L NaCl]，振荡洗涤两次，用 Magnetic Particle Concentrator（MPC）（Dynal）固定住磁珠，吸尽液体。在第二次洗涤后，磁珠重悬于 100μL 2×B&W 缓冲液 [10mmol/L Tris-HCl（pH 7.5），1mmol/L EDTA，2mol/L NaCl]，随后加入 80μL *Bst* 聚合酶处理后的 DNA 文库片段、20μL 分子生物学级别的水。反应体系振荡混匀后将管置于一个水平的旋转器中，室温 20min。随后磁珠用 200μL 的 1×B&W 缓冲液洗涤两次，再用 200μL 分子生物学级别的水洗涤两次。

用 MPC 固定住磁珠，将洗涤用的水吸尽，加入 250μL 溶解液（100mmol/L NaCl，125mmol/L NaOH）。磁珠充分重悬后置于水平旋转器，室温 10min。

在一个 1.5mL 离心管中加入 1250μL PB 缓冲液（来自 QiaQuick PCR 纯化试剂盒），然后加入 9μL 20% 醋酸使之中和。用 MPC 使磁珠沉积，含有单链 DNA 文库片段的 250μL 上清被小心吸出转移至刚才新鲜制备的中和后的 PB 缓冲液中。从上述步骤得到的 1500μL 中性的单链 DNA 片段用 MinElute PCR 纯化试剂盒（Qiagen）进行浓缩回收，在使用前预热至室温。由于体积限制，样品被分成两个 750μL 等份。根据说明书使用离心柱进行离心回收，在用缓冲液 PE 洗涤离心柱后离心甩干时，离心时间延长到 2min 以保证乙醇被充分甩掉，以免影响后续实验。单链文库片段用 55℃的 15μL EB 缓冲液（Qiagen）进行洗脱。

5. 文库片段定性和定量分析

获得的单链 DNA 文库片段用 Agilent 2100 及荧光平板读数仪进行分析。由于文库由单链 DNA 组成，分析时根据操作指南使用 Agilent 2100 的 RNA Pico 6000 LabChip 进行分析。每个样品各取三份 1μL 进行分析，最后根据软件分析结果取平均值以确定 DNA 浓度。通常文库片段最后的浓度大于 108 分子/μL。样品保存于 −20℃备用。

（二）制备捕获 DNA 的磁珠

1. 包被好的磁珠的活化

从 *N*-羟基酯激活的亲和柱 [*N*-hydroxysuccinimide ester（NHS）-activated Sepharose HP affinity column] 中移出已包被好的磁珠并按照说明进行活化（Amersham Pharmacia Protocol ＃71700600AP）。随后 25μL 的以 20mmol/L，pH 8.0 的磷酸缓冲液溶解的捕获引物（5′-Amine-3 sequential 18-atom hexa-ethyleneglycol spacers CCATCTGTTGCGTGCGTGTC-3′）被结合到磁珠上，结合后的大小在 25～36μm 的磁珠分别通过孔径为 36μm 和 25μm 的滤网进行选择。那些通

过了第一层滤网而被第二层滤网所阻留下来的标记上捕获引物的磁珠用保存缓冲液（50mmol/L Tris，0.02%吐温，0.02%叠氮化钠，pH 8）洗脱下来，用 Multisizer 3 Coulter Counter（BeckmanCoulter，Fullerton，CA，USA）进行计数，保存于 4℃备用。

2. 模板分子结合到 DNA 捕获珠子

模板分子在一个紫外线处理过的层流罩中经过退火结合到含有互补引物的珠子上。随后，悬浮于保存缓冲液中的 DNA 捕获珠子被转移到一个 200μL 的 PCR 管中，离心 10s，PCR 管旋转 180°后继续离心 10s。去掉上清，珠子用 200μL 退火缓冲液（20mmol/L Tris，pH 7.5，5mmol/L 乙酸镁）洗涤，振荡 5s 以重悬磁珠，如前述离心后去掉上清。再次加入 200μL 退火缓冲液，振荡 5s 使磁珠重悬，静置 1min，然后离心使珠子沉淀，去掉上清。加入 1.2μL 的模板 DNA 文库（2×10^{7} mol/μL）。振荡 5s 以混匀反应体系，在 PCR 仪上按照如下程序进行反应（80℃ 5min，每秒降低 0.1℃直到 70℃；70℃ 1min，每秒降低 0.1℃直到 60℃；60℃ 1min，每秒降低 0.1℃直到 50℃；50℃ 1min，每秒降低 0.1℃直到 20℃；20℃ 1min）。到反应结束后磁珠置于冰上以备用。

3. PCR 反应体系的制备及其配方

为了避免污染，PCR 反应体系应该在一个 PCR 洁净级的实验室中的紫外层流罩中制备。对每一个含有 1500000 个磁珠的 emulsion PCR 反应体系来说，反应总体积为 225μL，反应体系组成如下：

① 1×Platinum HiFi 缓冲液（Invitrogen）；

② 1mmol/L dNTPs（Pierce）；

③ 2.5mmol/L $MgSO_4$（Invitrogen）；

④ 0.1% 乙酰化的分子生物学级的 BSA（Sigma，St. Louis，MO）；

⑤ 0.01% 吐温-20（Acros Organics，Morris Plains，NJ）；

⑥ 0.003U/μL thermostable pyrophosphatase（NEB）；

⑦ 0.625μmol/L 正向引物（5′-CGTTTCCCCTGTGTGCCTTG-3′）；

⑧ 0.039μmol/L 反向引物（5′-CCATCTGTTGCG TGCGTGTC-3′）；

⑨ 0.15U/μL Platinum Hi-Fi *Taq* 聚合酶（Invitrogen）。

单独取出 25μL 作为阴性对照。制备好的反应体系和阴性对照置于冰上备用。

对每个 emulsion PCR 实验来说还需另外制备 240μL 的空白扩增体系，其组成如下：

① 1×Platinum HiFi 缓冲液（Invitrogen）；

② 2.5mmol/L $MgSO_4$（Invitrogen）；

③ 0.1% BSA；

④ 0.01%吐温-20。

制备好后置于室温备用。

（三）乳化和扩增

乳化后形成了一个热稳定的油包水乳状液，在每微升乳状液中形成大约 1000 个独立的 PCR 微型反应器，这些独立的微型反应器就作为文库中目的靶分子克隆扩增的基地。反应混合物和磁珠形成单独的乳化反应体系需通过如下步骤：在紫外线照射处理过的层流罩中，将 160μL 的 PCR 溶液体系加入到含有 1500000 个 DNA 捕获磁珠的管中，通过吹吸使磁珠重悬后静置 2min，使磁珠被 PCR 反应溶液充分平衡。随后，将 400μL 乳化油［60%（质量分数）DC 5225C Formulation Aid（Dow Chemical Co.，Midland，MI），30%（质量分数）DC 749 Fluid（Dow Chemical Co.），30%（质量分数）Ar20 硅油（Sigma）］加入一个 2mL 的平底离心管中，离心管盖旋紧后放入组织研磨器 TissueLyser MM300（Retsch GmbH & Co. KG，Haan，Germany）中，以每秒振荡 25 次的速度振荡混匀 5min 以产生更加细小的乳化液，这有利于反应环境更加稳定。同时将 240μL 的空白模拟扩增反应液加入到上述乳化液中作为阴性对照。

磁珠和 PCR 反应混合液简单振荡后静置平衡 2min。在超细乳滴形成后，加入扩增反应混合液、模板和 DNA 捕获磁珠。随后以每秒振荡 15 次的速度振荡混匀 5min。较低的混匀速度可以促使在油中形成的水滴直径在 100～150μm 之间，这足以包容 DNA 捕获磁珠和扩增混合液。

乳化液的总体积接近 800μL。乳化液分别吸到 7～8 个单独的 PCR 管中，每个管中体积大约 100μL。PCR 管封严后与 25μL 已经制备好的阴性对照体系一起放入 PCR 仪中按如下程序进行反应：

① 1×(94℃ 4min)：热启动；

② 40×(94℃ 30s，58℃ 60s，68℃ 90s)：扩增；

③ 13×(94℃ 30s，58℃ 360s)：杂交延伸。

在 PCR 程序结束后，吸出反应体系，立即终止乳化液（按照下述操作）或者反应体系存储于 10℃，16h 后再终止乳化液体系。

（四）终止乳化液，回收磁珠

在上述 PCR 反应管中加入 50μL 异丙醇，振荡 10s 以降低乳化液的黏度。将管离心几秒以使管帽上的液体被甩入管中。吸出乳化液-异丙醇混合物到一个带有 16 号针头的 10mL 注射器中。在 PCR 管中再次加入 50μL 异丙醇，振荡，离心，将所得液体吸入注射器中。向注射器加入异丙醇以使液体体积增加到 9mL。倒转注射器吸入 1mL 空气以使异丙醇和乳化液充分混合。去掉针头，安上一个铺有 15μm 孔径筛布的滤器，在滤器的另外一端装上针头。

注射器中的液体缓慢地通过滤器和针头排出到一个盛有漂白剂的废物缸中。注射器中的液体滤尽后经针头和滤器吸入 6mL 新鲜的异丙醇，颠倒注射器 10 次以混匀异丙醇、磁珠及剩余的乳化液成分。再次将液体通过滤器和针头排出到废液缸中。再次吸入 6mL 新鲜的异丙醇进行洗涤。重复这个过程两次。接着用 6mL 80%乙醇/1×退火缓冲液（80%乙醇，20mmol/L Tris-HCl，pH 7.6，5mmol/L 乙酸镁）洗涤，随后再用 6mL 1×退火缓冲液（0.1%吐温-20，20mmol/L Tris-HCl，pH 7.6，5mmol/L 乙酸镁）洗涤，最后用 6mL 纯水洗涤。

纯水洗涤之后，吸入 1.5mL 1mmol/L EDTA，去掉滤器，将注射器中的内容物分批缓慢地从注射器中排出到一个 1.5mL 的离心管中，离心 20s，去掉上清，然后再次将注射器中剩余内容物排出到该管中，离心，去掉上清。再次将滤器接到注射器上吸入 1.5mL 1mmol/L EDTA，去掉滤器，将注射器中内容物如前所述排出到离心管中，离心，去掉上清。

（五）第二条链的移除

扩增后固定于捕获磁珠上的双链 DNA 通过在变性液中孵育使之变性，从而使 DNA 双链解链而成单链。1mL 新鲜配制的变性液（0.125mol/L NaOH，0.2mol/L NaCl）加入到磁珠中，振荡 2s 以使磁珠重悬。把管置于旋转仪上旋转 3min 后，离心去掉上清，加入 1mL 退火缓冲液（20mmol/L Tris-HAc，pH 7.6，5mmol/L 乙酸镁），振荡 2s，离心沉淀磁珠，小心去掉上清。再次加入 1mL 退火缓冲液洗涤磁珠，离心沉淀后吸去上清使管中仅余 800μL 退火缓冲液。将磁珠和退火缓冲液转移到一个 0.2mL 的 PCR 管中，按如下步骤立即进行实验或者保存于 4℃，48h 后继续实验。

（六）富集磁珠

到此时，绝大多数磁珠上都有固定好的扩增后的 DNA 链，少数空白磁珠上没有固定上扩增后的 DNA。富集过程就是选择足够用于测序的含有模板 DNA 的捕获磁珠而筛选掉空白磁珠。

从前述步骤中获得的含有单链 DNA 的磁珠离心 10s 后将管旋转 180°后再次离心 10s 以使磁珠充分沉淀。尽可能小心地吸掉上清而不要触及磁珠。加入 15μL 退火缓冲液后，再加入 2μL 100μmol/L biotinylated，40 个碱基的 HEG 富集引物（5′biotin-18-atom hexa-ethyleneglycol spacer-CGTTTCCCCTGTGTGCCTTGCCATCTGTT CCCTCCCTGTC-3′）。该引物与磁珠上结合的扩增后的 DNA 模板中 3′端的扩增和测序位点互补结合。振荡 2s 混匀体系，在 PCR 仪上运行如下程序后富集引物即可退火结合到固定于磁珠上的 DNA 链上：65℃ 30s，每秒降低 0.1℃直到 58℃，58℃ 90s，10℃保温。

引物退火之后，将重悬后的链霉亲和素标记的磁珠悬液 20μL 加入到含有 1mL 增强液（2mol/L NaCl，10mmol/L Tris-HCl，1mmol/L EDTA，pH 7.5）的 1.5mL 离心管中，振荡 5s 后将管放到一个相应的磁力架上，使磁珠被吸附沉淀在离心管底。小心吸去上清，将管从磁力架上移开，再次加入 100μL 增强液，振荡 3s 以重悬珠子，然后置于冰上待用。

退火程序完成后，100μL 的退火缓冲液加入到含有捕获了 DNA 的珠子和富集引物的 PCR 管中，振荡 5s，将管中内容物全部转移到一个新的 1.5mL 离心管中。在富集引物退火结合到捕获珠子上的管中，加入 200μL 退火缓冲液进行洗涤，洗后的溶液加入到前述的 1.5mL 离心管中。DNA 捕获珠子用 1mL 退火缓冲液洗涤三次，每次洗涤时加入退火缓冲液后振荡 2s，随后离心沉淀，弃上清。第三次洗涤后，DNA 捕获珠子用冰浴的 1mL 增强液洗涤两次，振荡重悬，离心沉淀，弃上清。最后加入 150μL 冰浴的增强液，将管中内容物转移到洗涤后的磁珠管中。

上述混合体系振荡 3s，将管置于旋转仪上旋转，室温孵育 3min。该过程中，链霉亲和素包被的磁珠和 DNA 捕获珠子上退火结合上的生物素标记的富集引物相结合。随后，2000r/min 离心 3min，手指轻弹管壁直到珠子充分重悬。重悬后的珠子置于冰上 5min。加入冰冷的增强液使体积达 1.5mL。将管子置于磁力架上 120s，以使珠子沉积下来。小心吸去上清（包括多余的磁珠和空白的 DNA 捕获珠子）。

从磁力架上取下管子，加入 1mL 冰浴的增强液，轻弹管壁以重悬珠子。注意千万不要振荡珠子，这会破坏磁珠和 DNA 捕获珠子间的相互联系。珠子放回磁力架上，移除上清。重复该步骤 3 次以确保空白的 DNA 捕获珠子都被移除。加入 1mL 变性溶液，振荡 5s，用磁力架沉淀磁珠，这就促使退火结合到珠子上的富集引物和磁珠从 DNA 捕获珠子上分开。移出含有富集珠子的上清，转移到一个 1.5mL 的离心管中，离心沉淀珠子，去掉上清。富集珠子重悬于含 0.1% 吐温-20 的 1×退火缓冲液中，珠子用磁力架沉淀，上清移出到一个新鲜的 1.5mL 管中，以保证尽可能地去掉剩余的磁珠。离心，去掉上清，用 1mL 1×退火缓冲液分别洗涤三次。第三次洗涤之后，800μL 上清被移除掉，剩余的珠子和溶液转移到一个 0.2mL PCR 管中。整个富集过程最后得到的珠子大约是最开始加入到乳状液中的 30%，也就是每个乳状液反应体系中大约得到 450000 个富集珠子。由于一个 60mm×60mm 的片子需要 900000 个富集珠子，所以需要对两个含 1500000 个珠子的乳状液体系进行前述处理。

（七）测序引物退火

富集珠子于 2000r/min 离心 3min，弃上清，加入 15μL 退火缓冲液和 3μL 100mmol/L 测序引物（5′-CCATCTGTTCCCTCCCTGTC-3′），将管子振荡 5s，于 PCR 仪上运行如下程序：65℃，5min，每秒降低 0.1℃直到 50℃；50℃，1min，每秒降低 0.1℃直到 40℃；40℃，1min，每秒降低 0.1℃直到 15℃；15℃保温。

退火程序完毕后，取出 PCR 管离心 10s，将管旋转 180°后继续离心 10s。弃上清，加入 200μL 退火缓冲液，振荡 5s 以重悬珠子，离心沉淀珠子，弃上清，新加入 100μL 退火缓冲液重悬珠子。用 Multisizer 3 Coulter Counter 对珠子计数。计数后珠子可以保存于 4℃一周。

（八）富集后结合有 DNA 的珠子与 *Bst* DNA 聚合酶（大片段）及 SSB 蛋白一起孵育

珠子洗脱缓冲液的配制：在含 0.1% BSA 的 1×分析缓冲液中加入磷酸腺苷酶使其最终活性单位为 8.5U/L。光纤载玻片从纯水中取出后置于珠子洗脱缓冲液中。900000 个之前制备好的结合有 DNA 的珠子离心弃上清后，置于 1290μL 含 0.4mg/mL 聚乙烯吡咯烷酮（M_W=360000）、1mmol/L DTT、175μg *E. coli* 单链结合蛋白（SSB）、7000U *Bst* DNA 聚合酶（大片段）的珠子洗脱缓冲液中。珠子置于旋转仪上于室温旋转孵育 30min。

（九）制备含酶的珠子和微粒填料

生物素酰化的荧光素酶（1.2mg）和硫酰化酶（0.4mg）混匀后根据说明书加入到 2.0mL 的 Dynal M280 磁珠中，置于 4℃使其结合到磁珠上。酶结合后的磁珠用 2000μL 珠子洗脱缓冲液分别洗涤三次后重悬于 2000μL 珠子洗脱缓冲液中。

微粒填料按如下步骤制备：1050μL 的微粒填料（如 Powerbind SA，0.8μm，10mg/mL，Seradyn Inc，Indianapolis，IN）用 1000μL 含 0.1% BSA 的 1×分析缓冲液洗涤。微粒于 9300*g* 离心 10min，弃上清。重复上述洗涤步骤两次。将微粒重悬于 1050μL 含 0.1% BSA 的 1 倍分析缓冲液中。珠子和微粒置于冰上待用。

（十）沉淀珠子

前述过程中酶化后的珠子和微粒各振荡 1min，1000μL 的珠子和微粒分别加入到一个新的离心管中，简短振荡混匀后置于冰上待用。1920μL 酶/微粒化后的珠子与 1300μL DNA 结合后的珠子混合，混合后的最终体积用珠子洗脱缓冲液调整到 3460μL。珠子按顺序沉淀。光纤载玻片从珠子洗脱缓冲液中取出来，第一层光纤载玻片用于沉淀 DNA 结合的珠子及酶化的珠子，离心后吸掉第一层光纤载玻片上的上清；第二层光纤载玻片用于沉淀酶化后的珠子。

第一层：在 60mm×60mm 光纤载玻片上安置一张衬垫使之分隔成两个 30mm×60mm 的区域，之后将载玻片固定于夹具顶端的不锈钢销子。载玻片光滑的一面向下放入夹具，而夹具上端/衬垫固定于有蚀刻面一端。随后夹具用配套的螺丝固定紧。结合有 DNA-酶的珠子从夹具上端的两个进样孔加入到光纤载玻片上。在加珠子过程中要尽量避免气泡的引入。缓慢地推压活塞使珠子沉淀。随后整个装置放入 Beckman Coulter Allegra 6 离心机中用 GH 3.8-A 转头以 2800r/min 离心 10min。离心后吸去上清。

第二层：920μL 酶化后的珠子和 2760μL 的珠子洗脱缓冲液混合。随后将 3400μL 的酶化珠子悬液加入到光纤载玻片上，操作同第一层。随后 2800r/min 离心 10min 后去上清，同第一层的操作。将光纤载玻片从夹具中取出置于珠子洗脱缓冲液中待用。

用 454 仪器测序。

以下试剂均用 1 倍分析缓冲液［含 0.4mg/mL 聚乙烯吡咯烷酮（M_W=360000），1mmol/L DTT，0.1%吐温-20］配制。

① 底物：300μmol/L D-荧光素，2.5μmol/L 腺苷酰硫酸；

② 磷酸腺苷酶洗液：8.5U/L；

③ dCTP、dGTP 和 dTTP：6.5μmol/L；

④ α-硫脱氧腺苷三磷酸：50μmol/L；

⑤ 焦磷酸钠：0.1μmol/L。

454 测序系统由三部分组成：射流子系统、光纤载玻片盒/流室、成像子系统。试剂导入线、多阀门的多支管及蠕动泵组成了射流子系统。不同的试剂通过不同的试剂导入线把试剂导入到流室，一种试剂在一个时间点通过预设的流速和持续时间程序来进行传输。光纤载玻片盒/流室中，在载玻片的蚀刻面和流室的顶壁之间具有 300μm 的间隙。流室除了具有不透光的小室之外，还有控制试剂和光纤载玻片温度的装置。载玻片的光滑面直接和成像系统相接触。

通过射流系统预设的程序可以周期性地传送测序试剂到光纤载玻片小孔中，并清洗掉小孔中测序反应的副产物。所有试剂的流速都设置在 4mL/min，在流室中的线速度大约为 1cm/s。测序试剂的传送顺序被组织成一个个的内核。第一个内核的组成如下：

焦磷酸流（21s）→底物流（14s）→磷酸腺苷酶洗液（28s）→底物流（21s）

其中第一个焦磷酸流紧接着 21 个循环的 dNTP 流（dC-底物-磷酸腺苷酶洗液-底物-dA-底物-磷酸腺苷酶洗液-底物-dG-底物-磷酸腺苷酶洗液-底物-dT-底物-磷酸腺苷酶洗液-底物），这个过程中每个 dNTP 流由 4 个单独的内核组成，每个内核时长 84s（dNTP 21s，底物流 14s，磷酸腺苷酶洗液 28s，底物流 21s），图像捕获分别在 21s 和 63s。在 21 个循环的 dNTP 流之后，焦磷酸内核被引入，随即是另外一个 21 个循环的 dNTP 流。测序反应的最后是第三次焦磷酸内核的运行。总费时 244min。完成这个测序过程的试剂体积分别是：每种洗液分别 500mL，各种核苷酸溶液分别 100mL。在测序过程中，所有试剂保持在室温。流室和流室导线管控制在 30℃，所有进入流室的试剂都需要预热到 30℃。

（十一）成像系统[20,21]

相机是 Spectral Instruments（Tucson，AZ）Series 600，用一个 1-1 图像数据传

导线与 Fairchild Imaging LM485 CCD（4096×4096 像素 15μm ）相连接。相机能用两种模式工作：①帧传输模式，该模式下 CCD 的中心部分用于捕捉图像，而 CCD 的外周部分用于图像保存，该模式下图像读取速度比较慢，适合于较小的光纤载玻片；②全帧模式，该模式下整个 CCD 用于成像，图像读取在每个流式循环的洗涤环节。该模式适合于 60mm×60mm 的载玻片。数据读取通过 CCD 角上的 4 个接口进行。信号整合设置在每帧的 28s，每帧的切换时间设置为 0.25s；在全帧模式下，信号整合设置在 21s 和 63s。所有图像以 UTIFF 16 格式存储于磁盘。

（十二）图像处理、信号处理、碱基识别[22,23]

一旦开始应用成像系统后，光纤载玻片的位置就不能再动。这有助于图像分析软件确定每个孔在 CCD 像素坐标系统中的位置，而成像基于每个测序反应过程中 PPi 标准流产生的光。操作过程中，整张载玻片同时成像，而每个孔成像大约是 9 像素。处理数据的第一步就是在像素水平扣除掉本底。

现在图像处理、信号处理、碱基识别都有相应的软件可以自动进行。在此不再赘述。

四、应用

乳化液 PCR 的主要应用领域表现在：

① 扩增产物测序[24,25]；

② 寻找基因组中的 Sanger 方法不能发现的稀有突变[26]；

③ 可应用于进行开放阅读框（ORF）的鉴定，不同生物间的同源性分析，基因组结构概况分析[27,28]；

④ 高通量筛选转录因子的靶位点[29]；

⑤ 鉴定不同菌株的保守区域、突变热点和基因插入或者缺失，了解药物抗性的遗传基础[30,31]；

⑥ cDNA 文库和 BAC 文库的测序[32]。

五、小结

尽管该方法是扩增技术的一大进步，但它也存在一些局限性。

其一，PCR 产物多聚化于磁珠上。尽管成功扩增过长达 2700bp 的片段，但是得率相对于短片段来说还是偏低。其原因可能在于长片段的扩增产物与磁珠表面的亲和力低。这个缺点理论上可以通过使用表面与酶兼容性更好的磁珠或者与磁珠兼容性更好的聚合酶来克服。

其二，对每个扩增体系须制备相应的乳化体系。该缺陷目前有人通过对乳化程序的改进部分解决了这个问题，从而使得乳化过程能够更快更好地进行[33]。

第四节　基于 PCR 的大片段 DNA 的合成

一、引言

DNA 序列的化学合成为基因在异源系统中的高水平表达和功能研究提供了强有

力的工具。近年来，已经发展了许多DNA序列的合成和收集的方法。早期的方法主要是酶的连接[34-37] 和FokI[38] 方法，后来自身引发PCR[39-41]、PCR集合[42] 和模板定向连接技术[43] 发展了起来，随后又报道了长DNA序列的合成和收集方法，其中典型方法有基于PCR热力学平衡的翻转方法（thermodynamically balanced inside-out，TBIO）[44]、双重不对称的PCR（dual asymmetrical，DA-PCR）[45] 和重叠序列延伸PCR（overlap-extension，OE-PCR）[46] 连续PCR的两步基因合成法等。

全基因合成的主要缺点是高成本和高错误率[46-48]。本节主要介绍一种基于PCR的长DNA序列准确合成的方法（PCR-based accurate synthesis，PAS），该方法相对简便（只需要2步PCR）、快速、准确（每合成1000bp错配≤1）和廉价，已经成功合成了大量的基因，包括含高（G+C）含量、重复序列和复杂的二级结构的基因。Xiong等人[49] 应用PAS法合成了枯草芽孢杆菌*pur*操纵子的一个12kb的DNA片段。

二、基本原理

运用PAS法设计合成DNA序列可以优化密码子和（G+C）含量，将不需要的限制性内切酶位点和二级结构移开。根据目的DNA序列，设计并化学合成与相邻的核苷酸有21bp重叠的长60bp的寡核苷酸。为了降低化学合成中的错误，所有的寡核苷酸应该用PAGE进行纯化。一组12个彼此相邻的60bp的寡核苷酸通过PCR合成400～500bp长度的DNA片段［图7-5(a)］，大多数的5′正向寡核苷酸和3′反向寡核苷酸（外部寡核苷酸）以保留的10个内部寡核苷酸作为模板，采用高保真的DNA聚合酶（比如*Pfu*，每1000bp小于1个错误）。由于这2个外部寡核苷酸的浓度是内部寡核苷酸的20倍，大多数的PCR产物应该是大约400～500bp的DNA片段。第二步PCR时，应用第一步PCR合成的所有400～500bp的DNA片段作为模板，合成全长DNA序列［图7-5(b)］。在这步PCR中，应该使用产生长的准确的DNA片段的DNA聚合酶（例如，焦硼酸钠DNA聚合酶，能够合成达到10kb长的片段，具有与*pfu*相似的低错误率）。最后，通过DNA序列分析鉴定合成的基因序列，用重叠延伸PCR技术校正序列中的误差。

三、目的序列、寡核苷酸和测序引物的设计

（1）设计和优化目的DNA序列　用于合成的DNA序列可以手工或者依照特定的应用程序进行设计。在设计过程中，可以优化DNA序列的密码子和适当的（G+C）含量，去除不需要的限制性酶切位点和二级结构。

（2）设计寡核苷酸　使用12个邻近的寡核苷酸合成大小为400～500bp的DNA片段。第一个正向的5′末端寡核苷酸引物和最后一个反向的3′末端的引物被称为外部寡核苷酸，剩余的10个被称为内部寡核苷酸。寡核苷酸应该约有60bp，相邻寡核苷酸之间有21bp（或56℃ T_m）重叠［图7-5(a)］。较长的重叠会增加寡核苷酸合成的成本，而较短的重叠使寡核苷酸之间的退火困难。另外，60bp的寡核苷酸序列应该按照设计的全长DNA序列，从5′末端到3′末端依次连续标记。正向的寡核苷酸引物设计成奇数，反向引物被设计成偶数。如图7-5(a)中所示的用于合成*PULA*基因的引物。一旦设计好寡核苷酸，最好用7mol/L变性的PAGE纯化所有的寡核苷酸[50]，经PAGE纯化的寡核苷酸可以储存于−20℃一个月。

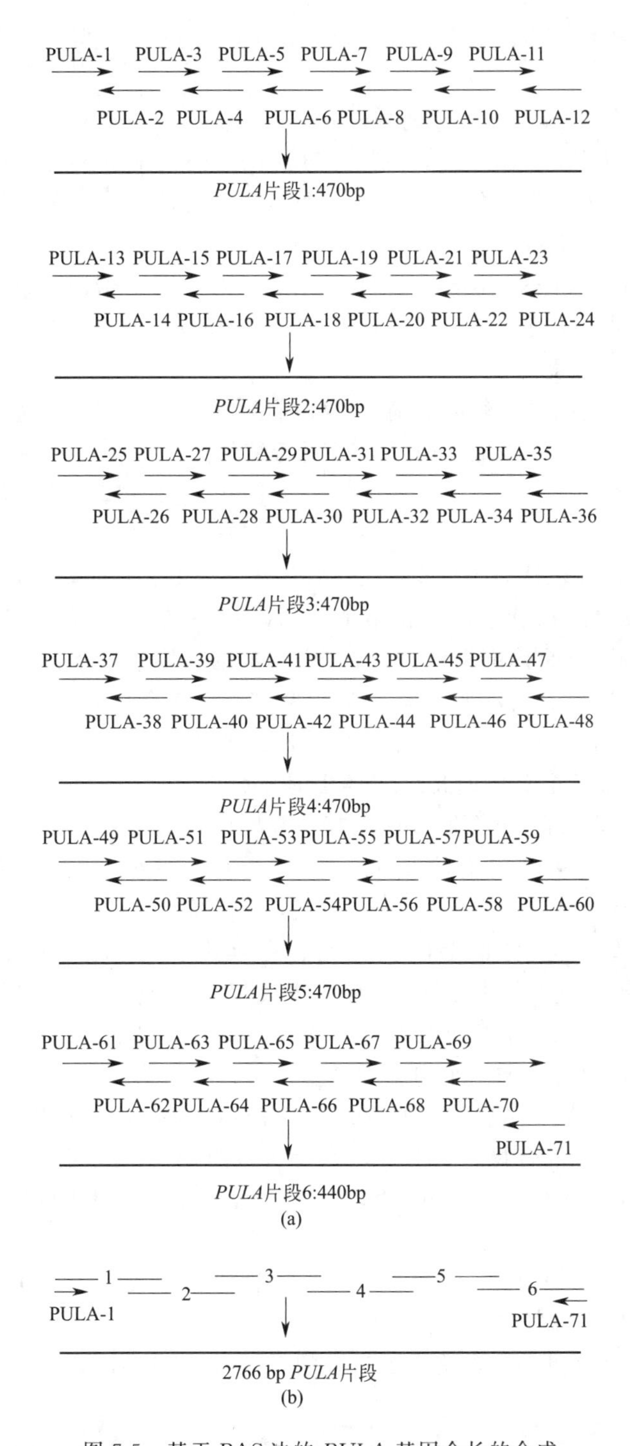

图 7-5　基于 PAS 法的 *PULA* 基因全长的合成

(a) 第一次 PCR 合成 6 个 *PULA* 基因片段（GenBank accession number DQ459485；2766bp）。第一次 PCR 合成的片段覆盖了整个基因，每个片段长度为 470bp。第二次 PCR 把所有的片段装配成全基因。因为片段 6 是最后一个片段，引物 PULA-71 的长度＜60bp，因此片段 6 有 11 个寡核苷酸，最后一个反向引物的寡核苷酸是奇数。(b) 在第二次 PCR 中，使用两个最外端的寡核苷酸作为引物，把所有第一次 PCR 产生的 6 个片段装配成全基因

关键点：低品质的寡核苷酸是终产物错误的主要原因。经PAGE纯化后，寡核苷酸降低了终产物折叠的错误率，可以合成高质量的DNA，但PAGE不能鉴别核苷酸置换引起的变异。

（3）设计测序引物　DNA序列分析的引物长度是21bp，退火温度是56℃。引物的（G+C）含量大约占50%。因为每次序列测定能够准确地读出750bp的序列，引物之间应该是隔开了700bp的片段。第一个测序引物是载体特异性的，比如M13+和T7，接着是在700bp间隔的基因特异引物。

OE-PCR（overlap-extension PCR）的引物：对于每个错误，设计退火到同一序列互补链的两个补充引物，其中间具有正确的核苷酸进行定位。所有的寡核苷酸长度应该是25bp，退火温度为56℃。

关键点：设计的引物必须能准确地退火到相同的序列，这是很重要的，唯一的不同是它们的方向性。引物也应该用PAGE进行纯化。

四、操作步骤

PAS的实验设计包括5个步骤：①设计用于合成DNA的寡核苷酸序列，每个序列都有60bp的重叠寡核苷酸以涵盖整个DNA序列；②通过PAGE纯化寡核苷酸；③第一步PCR，用10个内部模板和2个外部引物的寡核苷酸合成400～500bp长度的DNA片段；④第二步PCR，收集第一步PCR产物合成全长DNA序列；⑤克隆验证合成的DNA并测序，并可以用重叠延伸PCR技术校正误差。

1. 第一步PCR（400～500bp DNA片段的合成）

① 将一组12个彼此相邻的60bp的寡核苷酸合成一个400～500bp的DNA片段（图7-5）。在整个过程中，所有的反应试剂应该贮存和在冰上处理。如长为2766bp的*PULA*基因，所有合成的寡核苷酸被分成6组，合成每个DNA片段［见图7-5(a)］。

② 对于每个组，将10个内部引物混合：每个引物取1μL（30μmol/L）加入到一个EP管里，轻轻混匀。阳性对照为“已知模板”，其中有10个内部寡核苷酸被替换为全长基因的适当序列；阴性对照为“无模板”，即用水代替了内部寡核苷酸；同时，采用加入每对外部引物中的一个引物即“单个引物”作为阴性对照。以*PULA*基因为例，管A1、A2、A3、A4、A5和A6各自包含了相应的10个内部寡核苷酸。

③ 取出寡核苷酸混合物0.5μL加入到500μL的PCR离心管中。如*PULA*基因，从管A1、A2、A3、A4、A5和A6里取出0.5μL到相应的管B1、B2、B3、B4、B5和B6［图7-5(a)］。

④ 加入每对外部引物（30pmol）1μL，每管包含合成一个400～500bp的DNA片段的所有的12个寡核苷酸。

⑤ 然后在每个管里（包含总量2.5μL的12个寡核苷酸混合物）加入下面的PCR反应物：

成分	体积	终含量/浓度/体积数
2.5mmol/L dNTP混合液(每种dNTP均2.5mmol/L)	4μL	0.2mmol/L
10×*Pfu*缓冲液	5μL	1×
*Pfu*聚合酶(2～3U/μL)	1μL	2.5U
ddH_2O	至50μL	

将内容物在管里轻弹混合并离心。

⑥ 在下列条件下进行PCR (GeneAmp PCR System 9600)：

90℃，变性	30s	25个循环
60℃，退火	45s	
72℃，延伸	50s	
72℃，延伸	5min	

⑦ 从每管PCR产物取出10% (5μL) 进行琼脂糖凝胶 (1.0%) 电泳，150V，20min；对PCR产物进行定量，从第一步PCR得到的单链DNA产物至少100～200ng，以确保从第二步PCR得到高质量的产物。第一步PCR出现多重条带时，靶基因应进行凝胶纯化。为了合成长DNA序列（例如，4kb)，在收集全长DNA前先合成2kb的中间产物，克隆和测定这些中间物，并对它们进行误差校正后再继续下步实验。

2. 第二步PCR（装配全长DNA序列）

⑧ 对第⑦步的所有PCR产物，从每个产物取1μL（相当于50ng DNA）混合到500μL的EP管里（图7-5)。

注意事项：从第一步PCR的每个产物里取出大约相等的量加入，以获得高质量的全长DNA进行第二步PCR。

⑨ 然后取出1μL混合物加入到一个500μL的PCR管里。

⑩ 加入全长DNA的最外部的2个引物1μL (30pmol)，如*PULA*基因，加入寡核苷酸1和寡核苷酸71 [图7-6(b)]。同时加入以下反应物进行PCR：

成分	体积	终含量/浓度/体积数
2.5mmol/L dNTP混合液(每个dNTP 2.5mmol/L)	4μL	0.2mmol/L
10×pyrobest缓冲液	5μL	1×
pyrobest聚合酶(5U/μL)	0.5μL	2.5U
ddH_2O	至50μL	

⑪ PCR (GeneAmp PCR System 9600) 条件为：

94℃，预变性	1min	
94℃，变性	30s	25个循环
58℃，退火	35s	
72℃，延伸	2min	
72℃，延伸	10min	

以“已知模板”作为阳性对照，即以全长基因代替第一步PCR得到的DNA片段作为模板；“无模板”即用水代替作为模板和“单引物”作为阴性对照。

⑫ 将得到的全部PCR产物在1.0%的琼脂糖凝胶上进行琼脂糖凝胶电泳，电压150V，时间20min，进行凝胶纯化。应该获得大小正确的一条干净、单一的条带。第二步PCR得到的DNA片段产物应该进行凝胶分离纯化，以使后面的克隆更加容易进行。

注意事项：应对合成产物的准确度进行验证及错误校正。

⑬ 将得到的PCR产物克隆到任意的载体里，进行DNA序列分析。

注意事项：焦硼酸钠聚合酶得到的PCR产物为平头末端，如果使用的是TA PCR克隆试剂盒，那么必须加入3′-氨基嘌呤。

⑭ 为了保证合成的DNA不存在错误，使用BigDye Terminator v3.1循环测序法试剂盒和ABI PRISM 310生物分析仪进行测序。对于有害的错误，可以利用OE-PCR校正［以*PULA*基因为例，见图7-6(a)］。

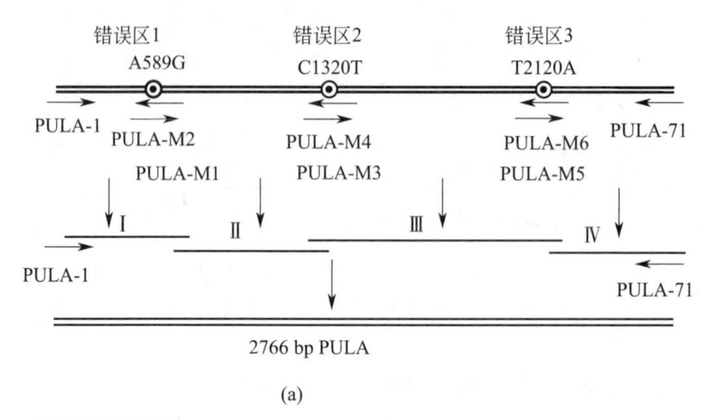

(a)

错误区 1(A589G):

5′-GTTGAAGAAAATCAACCCTgACTTGTATCAGCTTA-3′

3′-CAACTTCTTTTAGTTGGGAcTGAACATAGTCGAAT-5′

PULA-M1　　5′-GAAAATCAACCCTAACTTGTATCAG-3′

PULA-M2　　5′-CTGATACAAGTTAGGGTTGATTTTC-3′

错误区 2(C1320T):

5′-TCATCTACGAAGCTCACGTtAGAGACTTCAGTATC-3′

3′-AGTAGATGCTTCGAGTGCAaTCTCTGAAGTCATAG-5'

PULA-M3　　5′-ACGAAGCTCACGTCAGAGACTTCAG-3′

PULA-M4　　5′-CTGAAGTCTCTGACGTGAGCTTCGT-3′

错误区 3(T2120A):

5′-ACTGGTGATCCTAACCAAGaTGACGTCATCAAGAA-3′

3′-TGACCACTAGGATTGGTTCtACTGCAGTAGTTCTT-5′

PULA-M5　　5′-GATCCTAACCAAGTTGACGTCATCA-3′

PULA-M6　　5′-TGATGACGTCAACTTGGTTAGGATC-3′

最外层寡核苷酸:

PULA-1　　GACAGCACCAGTACCAAGGTCATCGTCCACTACCACAGAT

PULA-71　　TTACTGCTTAAGGATCAAAGTGGAGATGGCTGGGACCTGG
ACGTTACCCATGACGT

(b)

图7-6　在以PAS进行*PULA*基因合成中使用OE-PCR-介导的纠错程序

(a) 以PAS方法合成*PULA*基因并结合OE-PCR对合成的全长DNA纠错方法为例。DNA测序发现在合成的*PULA*基因中有3个点突变错误（⊙标记），即A589G、C1320T和T2120A。设计合成6个新的正确DNA序列的引物（PULA-M1、PULA-M2、PULA-M3、PULA-M4、PULA-M5和PULA-M6），它们覆盖了三个错误区域。用这些引物和合成的*PULA*基因的DNA，可以通过PCR分别合成DNA片段Ⅰ、Ⅱ、Ⅲ和Ⅳ。然后用DNA片段Ⅰ、Ⅱ、Ⅲ和Ⅳ作为模板合成整个纠错后正确的*PULA*基因。(b) 由PAS方法产生的含3个错误区的*PULA*基因，6个用于纠错的寡核苷酸序列和合成全长*PULA*基因的2个最外层引物。阴影框内小写字母表示错误（突变），方形框内字母表示正确的核苷酸，阴影框形图表示用于设计纠错的区域

PAS终产物出现错误主要有两个原因：化学合成寡核苷酸时的错误和PCR造成的产物错误。当前用来合成寡核苷酸的方法，尤其是利用多频合成器进行长寡核苷酸

高通量的合成时，常常会引起序列过早终止或者内部缺失。如果使用未纯化的寡核苷酸，错误率将高达每合成 1000bp 有 5～10 个错误。而使用 PAGE 纯化的寡核苷酸，错误率将降低到每合成 1000bp 约有 1 个。因此，用 PAGE 纯化寡核苷酸是很有必要的。虽然使用 PAGE 纯化可以去除不正确长度的寡核苷酸，但是无法检测并去除碱基置换的错误。

3. OE-PCR 验证

⑮ 为了能够校正每个错误，在反应方案里设计一对精确的补充引物。例如在合成 *PULA* 基因中，发现了 3 个错误：A589G、C1320T 和 T2120A［图 7-6(a)］。因此化学合成 6 个 DNA 序列正确的新寡核苷酸（长度为 25bp）覆盖三个有错误的部分。这 6 个寡核苷酸命名为 PULA-M1、PULA-M2、PULA-M3、PULA-M4、PULA-M5 和 PULA-M6［图 7-6(b)］。每对寡核苷酸覆盖一个错误的区域。比如，寡核苷酸 PULA-M1 和 PULA-M2 覆盖了包含错误 A589G 的区域［图 7-6(a)］。简单地说，OE-PCR 的第一步使用 PCR 合成的 DNA 片段Ⅰ、Ⅱ、Ⅲ和Ⅳ［图 7-6(a)］，利用 PAS 方法生产的 *PULA* DNA 序列作为模板。DNA 片段Ⅰ、Ⅱ、Ⅲ和Ⅳ应该已校正了 3 个错误。第二步以混合的 DNA 片段Ⅰ、Ⅱ、Ⅲ和Ⅳ作为模板，PCR 合成完整的 *PULA* 基因。

⑯ 对 PCR 管进行编号，每个管里加入 100ng 第二次 PCR 合成的全长 DNA。加入 1μL（30pmol）适当的上下游引物到相应的管里。例如 *PULA* 的合成，对于管Ⅰ，加入 PULA-1 和 PULA-M2［图 7-6(b)］扩增 DNA 片段Ⅰ［图 7-6(a)］。对于管Ⅱ，加入 PULA-M1 和 PULA-M4［图 7-6(b)］扩增 DNA 片段Ⅱ［图 7-6(a)］。对于管Ⅲ，加入 PULA-M3 和 PULA-M6［图 7-6(b)］扩增 DNA 片段Ⅲ［图 7-6(a)］。对于管Ⅳ，加入 PULA-M5 和 PULA-71［图 7-6(b)］扩增 DNA 片段Ⅲ［图 7-6(a)］。

PCR 的条件如下：

90℃，预变性	1min	
90℃，变性	30s	25 个循环
60℃，退火	30s	
72℃，延伸	100s	
72℃，延伸	10min	

⑰ 通过 PAGE 纯化 PCR 产物[50,51]。

⑱ 混合 PAGE 纯化的 DNA 片段（每个片段 100ng）。取 1μL 从第⑩步得到的每对最外部寡核苷酸作为引物合成全长 DNA（GeneAmp PCR System 9600）。进行 PCR，条件如下：

94℃，变性	1min	
94℃，变性	30s	25 个循环
58℃，退火	35s	
72℃，延伸	2min	
72℃，延伸	10min	

⑲ 将得到的全部 PCR 产物在 1.0％的琼脂糖凝胶上进行琼脂糖凝胶电泳，电压 150V，时间 20min。观察是否得到预期的单一条带，然后进行基因测序。

五、DNA 合成时常出现的问题及解决办法

DNA 合成的一个重要参数是第一步 PCR 所用的寡核苷酸的长度。其它的方法使用 40bp[42]、42bp 和 90bp[51] 的寡核苷酸。在 PAS 法中，使用 60bp 的寡核苷酸，可以最大限度地消除错误率和降低生产成本。当前所有的基因合成方法都存在最终产物错误的现象，错误原因主要有两个方面，最重要的原因是寡核苷酸的变异，目前寡核苷酸合成技术产生的序列常常过早终止或者内部缺失，所以合成的寡核苷酸每 1kb 有 1～10 个错误[47,51-53]。错误的第 2 个原因是 DNA 聚合酶介导的靶 DNA 序列合成时引起的变异，因此，错误在 DNA 合成中是不可避免的。Schofield 和 Hsieh[53] 采用大肠杆菌特异性错配的核酸内切酶 MutHLS 过度酶切而使双链 DNA 中断，从而选择性地去除 PCR 产物中错误。Carr 等人[48] 和 Binkowski 等人[54] 利用 DNA 错配结合蛋白 MutS（源于嗜热水生菌）去除合成基因中的错误。PAS 方法中主要采用 OE-PCR 技术纠正合成的 DNA 序列中的错误，与已报道的大多数方法相比相对简单、便宜。

PAS 基因合成中常出现的问题及解决方法归纳于表 7-2。

表 7-2　运用 PAS 法合成长基因时出现的问题及解决方法

问题	可能的原因	解　决　方　法
DNA 合成中的高错误率	低质量寡核苷酸和低保真度 DNA 聚合酶	用 PAGE 纯化所有的寡核苷酸。必要时重新设计新的寡核苷酸。使用高保真 DNA 聚合酶，比如 *Pfu* 或者焦硼酸钠
第一步 PCR 后观察到不止一个 PCR 产物	在 PCR 中有非特异性引物	在 1.0% 琼脂糖凝胶上进行电泳分离 PCR 产物，使用凝胶回收试剂盒，回收正确的条带
第二步 PCR 出现非特异性产物	第一步 PCR 产物质量低。使用从第一步 PCR 得到的不同浓度的 DNA 模板	纯化第一步 PCR 产物，第二步 PCR 时使用大约相同浓度的 DNA 模板
获得全长序列困难或者量低	DNA 分子太大(>4kb)，一些高保真 DNA 聚合酶对于 DNA 延伸无效	①在第二步 PCR 时使用高保真高延伸效率的 DNA 聚合酶，比如焦硼酸钠 ②收集中间 DNA 片段，比如 2kb 的片段，收集所有中间片段装配成一个全长序列

六、小结

常用的 PCR 方法通常在目标产物精确程度和合成大片段两个方面有局限性，因而一般的 PCR 反应产物限制在 5kb 以内。超出这一范围，PCR 扩增反应效率将明显下降，错误率高，同时产物会降解，即使将延伸时间定为 30min（10 倍于通常所需）亦无改进。PAS 法是在重叠延伸 PCR 合成基因方法的基础上改进的两步 PCR，可以简单、高效、经济地合成长的 DNA 序列。该方法主要涉及两步：首先通过 12 个长度 60nt 且 20nt 重叠的寡核苷酸，使用高保真的 *Pfu* DNA 聚合酶合成长度为 500bp 左右的 DNA 片段；其次通过第一步 PCR 产物作为模板，使用最外侧的引物和高保真 DNA 聚合酶 pyrobest 进行第二步的 PCR 扩增，从而合成完整的目的基因。PAS 方法的准确性、高效性和可靠性，使得它在分子医药学的研究中有着广阔的应用前景。

参考文献

[1]　Gyllensten U B, Erlich H A. Generation of single-standed DNA by the polymerase chain reaction and its

application to direct sequencing of the HLA-DQA locus. Pro. Natal. acad. sci. USA. 1988 Oct；85 (20)：7652-7656.
[2] 萨姆布鲁克J，弗里奇E F，曼尼阿蒂斯T. 分子克隆实验指南. 第2版. 金冬雁，黎孟枫，等译. 北京：科学出版社，1992：867.
[3] Liu Y G，Whittier R F. Thermal asymmetric interlaced PCR：Automatable amplification and sequencing of insert end fragments from P1 and YAC clones for chromosome. Genomics，1995，25：674-681.
[4] Liu Y G，Mitsukawa N，Whittier R F，et al. Efficient isolation and maping of *Arabidopsis thali-ana* T-DNA insert junctions by asymmetric interlaced PCR. The Plant journal，1995 ，8 (3)：457-463.
[5] Raoul G，Mazars，Moyret C，et al. Directsequencing by thyermal asymmetric PCR. Nucleic Acids Research，19 (17)：4783.
[6] Liu Y G，Mitsukawa N，Whittier R F. Rapid sequencing of unpurified PCR products by thermal asymmetric PCR cycle sequencing using unlabled sequencing primers. Nucleic Acids Research，1993，21 (14)；3333-3334.
[7] Bednarczuk T A，Wiggins R C，Konat G W. Generation of high efficiency ，single-standed DNA hybridization probes by PCR. Biotechniques，1991，10 (4)：478.
[8] Hannon K，Johnstone E，Craft L S，et al. Amal Biochem，1993，212 (2)：421.
[9] Lazaro C，Estivill X. Mutation analysis of genetic diseases by asymmetric-PCR SSCP and ethidium bromide staining：application to neurofibromatosis and cystic fibrosis. MOLECULAR AND cellular Probes，1992，5：357-359.
[10] Barratt K，Mackay J F. Improving real-time PCR genotyping assays by asymmetric amplifyication. J Clinical Microbiology，2002，4：1571-1572.
[11] Mahaligam R，Fedoroff N. Screeening insertion libraryis for mutations on many genes simultaneously using DNA microarrays. PNAS，2001，98 (13)：7420-7425.
[12] 朱雪峰，陈学伟，李晓兵，等. 转*Xa21*基因水稻中T-DNA整合的遗传定位. 遗传学报，2002，29 (10)：880-886.
[13] Tabor S，Richardson C C. DNA sequence analysis with a modified bacteriophage T_7 DNA polymerase. Proc Natl Acad Sci，1987，84：4767-4771.
[14] Rao V B. Direct sequencing of polymerase chain reaction amplified DNA. Anal Biochem，1994，216：1-14.
[15] Smith L M，Sanders J Z，Kaiser R J，et al. Fluorescence detection in automated DNA sequence analysis. Nature，1986，321：674-679.
[16] Smith L M. High-speed DNA sequencing by capillary gel electrophoresis. Nature，1991，349：812-813.
[17] Tawfik D S，Griffiths A D. Man-made cell-like compartments for molecular evolution. Nat Biotechnology，1998，16：652.
[18] Ghadessy F J，Ong J L，Holliger P. Directed evolution of polymerase function by compartmentalized self-replication. Proc Nat Acad Sci USA，2001，98：4552；
[19] Dressman D，Yan H，Traverso G，et al. Transforming single DNA molecules into fluorescent magnetic particles for detection and enumeration of genetic variations. Proc Nat Acad Sci USA，2003，100：8817.
[20] Mehta K，Rajesh VA，Veeraswamy S. FPGA implementation of VXIbus interface hardware. Biomed Sci Instrum，1993，29：507.
[21] Fagin B，Watt J G，Gross R. A special-purpose processor for gene sequence analysis. Comput Appl Biosci，1996，9：221.
[22] Lander E S，Waterman M S. Genomic mapping by fingerprinting random clones：a mathematical analysis. Genomics，1988，2：231.
[23] Myers E W. Toward simplifying and accurately formulating fragment assembly. J Comput Biol，1995，2：2751.
[24] Margulies M，et al. Genome sequencing in microfabricated high-density picolitre reactors. Nature，2005，437：376-380.
[25] Shendure J，et al. Accurate multiplex polony sequencing of an evolved bacterial genome. Science，2005，309：1728-1732.
[26] Dressman D，Yan H，Traverso G，et al. B. Transforming single DNA molecules into fluorescent magnetic particles for detection and enumeration of genetic variations. Proc Natl Acad Sci USA，2003，100：8817-8822.

[27] Shendure J, et al. Accurate multiplex polony sequencing of an evolved bacterial genome. Science, 2005, 309: 1728-1732.

[28] Margulies M, et al. Genome sequencing in microfabricated high-density picolitre reactors. Nature, 2005, 437: 376-380.

[29] Kojima T, et al. PCR amplification from single DNA molecules on magnetic beads in emulsion: application for highthroughput screening of transcription factor targets. Nucleic Acids Res, 2005, 33: e150.

[30] Hoffmann C, Minkah N, Leipzig J, et al. Bushman, DNA bar coding and pyrosequencing to identify rare HIV drug resistance mutations, Nucleic Acids Res, 2007, 35 (13): e91.

[31] Nardi V, Raz T, Cao X, et al. Quantitative monitoring by polymerase colony assay of known mutations resistant to ABL kinase inhibitorsMonitoring resistance of known ABL mutations by polony assay , Oncogene, 2008, 27: 775-782.

[32] Williams R, Peisajovich S G, Miller Q J, et al. Amplification of complex gene libraries by emulsion PCR. Nature Methods, 2006, 3 (7): 545.

[33] Utada A S, et al. Monodisperse double emulsions generated from a microcapillary device. Science, 2005, 308: 537-541.

[34] Smith J, Cook E, Fotheringham I, et al. Chemical synthesis and cloning of a gene for human beta-urogastrone. Nucleic Acids Res, 1982, 10 (15): 4467-4482.

[35] Edge M D, Greene A R, Heathcliffe G R, et al. Chemical synthesis of a human interferon-alpha 2 gene and its expression in Escherichia coli. Nucleic Acids Res, 1983, 11 (18): 6419-6435.

[36] Jay E, MacKnight D, Lutze-Wallace C, et al. Chemical synthesis of a biologically active gene for human immune interferon-gamma. Prospect for site-specific mutagenesis and structure-function studies. J Biol Chem, 1984, 259 (10): 6311-6317.

[37] Sproat B S, Gait M J. Chemical synthesis of a gene for somatomedin C. Nucleic Acids Res, 1985, 13 (8): 2959-2977.

[38] Mandecki W, Bolling T J. FokI method of gene synthesis. Gene, 1988, 68: 101-110.

[39] Dillon P J, Rosen C A. A rapid method for the construction of synthetic genes using the polymerase chain reaction. Biotechniques, 1990, 9: 298-300.

[40] Prodromou C, Pearl L H. Recursive PCR: a novel technique for total gene synthesis. Protein Eng, 1992, 5: 827-829.

[41] Ciccarelli R B, Gunyuzlu P, Huang J, et al. Construction osynthetic genes using PCR after automated DNA synthesis of their entire top and bottom strands. Nucleic Acids Res, 1991, 19: 6007-6013.

[42] Stemmer W P, Crameri A, Ha K D, et al. Single-step assembly of a gene and entire plasmid from large numbers of oligonucleotides. Gene, 1995, 164: 49-53.

[43] Strizhov N, Keller M, Mathur J, et al. A synthetic cryIC gene, encoding a Bacillus thuringiensis delta-endotoxin, confers Spodoptera resistance in alfalfa and tobacco. Proc Natl Acad Sci USA, 1996, 93 (26): 15012-15017.

[44] Gao X, Yo P, Keith A, et al. Thermodynamically balanced inside-out (TBIO) PCR-based gene synthesis: a novel method of primer design for high-fidelity assembly of longer gene sequences. Nucleic Acids Res, 2003, e143.

[45] Sandhu G S, Aleff R A, Kline B C. Dual asymmetric PCR: one-step construction of synthetic genes. Biotechniques, 1992, 12: 14-16.

[46] Young L, Dong Q. Two-step total gene synthesis method. Nucleic Acids Res, 2004, 32: e59.

[47] Xiong A S, Yao Q H, Peng R H, et al. A simple, rapid, high-fidelity and cost-effective PCR-based two-step DNA synthesis method for long gene sequences. Nucleic Acids Res, 2004, 32 (12): e98.

[48] Carr P A, Park J S, Lee Y J, et al. Protein-mediated error correction for de novo DNA synthesis. Nucleic Acids Res, 2004, 32 (20): e162.

[49] Xiong A S, Yao Q H, Peng R H, et al. PCR-based accurate synthesis of long DNA sequences. Nat Protoc, 2006, 1 (2): 791-797.

[50] Sambrook J, Russell D W, et al. Molecular Cloning//A Laboratory Manual. New York: Cold Spring Harbor Laboratory Press, 2001.

[51] Smith H O, Hutchison C A, Pfannkoch C, et al. Generating a synthetic genome by whole genome assembly: phiX174 bacteriophage from synthetic oligonucleotides. Proc Natl Acad Sci USA 100, 2003,

15440-15445.

[52] Hoover D M，Lubkowski J. DNAWorks：an automated method for designing oligonucleotides for PCR-based gene synthesis. Nucleic Acids Res，2002，30：e43.

[53] Schofield M J，Hsieh P. DNA mismatch repair：molecular mechanisms and biological function. Annu Rev Microbiol，2003，57：579-608.

[54] Binkowski B F，Richmond K E，Kaysen J，et al. Correcting errors in synthetic DNA through consensus shuffling. Nucleic Acids Res，2005，33：e55.

第八章
免疫 PCR

对于抗原的检测，最常用的就是基于抗原-抗体反应基础上的免疫学测定方法，由于其具有非常高的特异性，在临床诊断和实验研究中得到了广泛的应用，但灵敏度有一定局限性，无法对微量抗原进行检测。PCR 方法具有灵敏度高的特点，从一出现就被用于病原微生物的检测，但随着时间的推移，暴露出易出现假阳性的缺陷，从而限制了其在临床检测中的应用。免疫 PCR 方法则是将免疫学检测和 PCR 技术有机结合起来，成为一种既特异又敏感的新方法，在临床标本的检测上有着广阔的应用前景。

第一节　免疫 PCR 技术

一、引言

免疫学测定是检测抗原最常用的方法，常规的标记物包括酶（辣根过氧化物酶、碱性磷酸酶等）、荧光素和放射性同位素，免疫酶法和免疫荧光法用于常规的检测效果很好，但对于微量抗原的检测则显示灵敏度不足，应用上有一定的局限性，放射性同位素法虽然灵敏度高，但在实际操作中由于需要特殊的设备和安全防护，限制了它在实际过程中的广泛应用。

PCR 技术自从 1985 年创建以来，得到了广泛的应用，已成为实验室的常规技术，在现代分子生物学研究中具有重要的作用，是一种极为高效的放大系统。但由于易出现假阳性而限制了其在临床检测中的应用。

1992 年，Sano 等人[1] 将免疫测定技术与 PCR 有机结合起来，创建了一种全新的抗原分子检测技术，即免疫 PCR（immuno-PCR）。它用一段特定的 DNA 分子代替传统的酶等作标记物，通过 PCR 扩增的高度敏感性来放大抗原-抗体反应的特异性，使实验中只需数百个抗原分子即可检测，甚至在理论上可检测到一个抗原分子。这种灵敏度使免疫检测技术达到了一个新的高度，使其应用范围更加广泛。

二、基本原理

免疫 PCR 由两个部分组成，第一部分类似于传统酶联免疫吸附实验（ELISA）的抗原-抗体反应，第二部分即常规的 PCR 扩增和产物的检测。免疫 PCR 与 ELISA 的区别就在于 ELISA 是以碱性磷酸酶或辣根过氧化物酶来标记抗体，通过催化底物产生颜色反应来判定结果，而免疫 PCR 则是以一段特定的双链或单链 DNA 来标记抗体，采用 PCR 扩增抗体所连接的 DNA，通过对扩增产物的定性或定量分析达到检测抗原的目的。免疫 PCR 的关键之处就在于用一个连接分子将一段特定的 DNA 片段连接到抗体上，在抗原和 DNA 之间建立相对应关系，采用高灵敏度的 PCR 放大信号，从而实现对微量抗原的检测。

最初 Sano 等人建立的免疫 PCR 实验流程如下：①抗原的包被；②特异抗体的结合；③加入与生物素化特定 DNA 片段结合的链霉亲和素-蛋白 A 嵌合体；④PCR 扩增特定的 DNA 片段；⑤扩增产物的检测。采用该方法，可检测到 600 个 BSA 抗原分子。与用碱性磷酸酶作为标记物的 ELISA 方法相比，敏感度提高了 10^6 倍。在此免疫 PCR 系统中，链霉亲和素-蛋白 A 嵌合体作为一个连接分子起着桥梁作用，其两个独立结合位点蛋白 A 和链霉亲和素分别与 IgG 的 Fc 段和生物素化 DNA 中的生物素结合，从而将蛋白质抗原和特定 DNA 片段桥联建立对应关系，通过 PCR 扩增，将抗原-抗体反应的特异性高度放大。这种直接以抗原进行包被的方法称为直接免疫 PCR 法。

由于待检抗原的量很低或者难以吸附导致包被效率很低，影响检测结果，为此多采用间接免疫 PCR（双抗体夹心免疫 PCR），即首先包被特异的抗体来捕捉待检抗原，再加入标记（或可桥联）DNA 片段的特异抗体进行检测。

免疫 PCR 由待检抗原、特异抗体、连接分子、DNA 报告分子、PCR 扩增体系等部分构成。

1. 待检抗原

具有确定抗原性的物质，能够方便地制备得到特异抗体或有商品化的相应抗体供应。

2. 特异抗体

免疫 PCR 中的特异抗体是对应于待检抗原而言的，与 ELISA 一样，检测抗体的特异性和亲和力将影响免疫 PCR 的特异性和敏感性。一般均选用单克隆抗体，这个抗体常采用生物素标记，通过亲和素再结合 DNA。对于包被效果不好的抗原还需要包被特异抗体来捕捉待检抗原，捕捉抗体多使用多抗。

3. 连接分子

DNA 可以直接标记到特异抗体上用来检测，但为了方法的通用性和商品化，在 DNA 和抗体间常通过一些连接分子来达到桥联的目的。应用最多的是通过生物素与亲和素系统使特异抗体与 DNA 桥联起来，生物素和亲和素作为免疫 PCR 的连接分子在连接方式上有许多差异。

① 重组葡萄球菌 A 蛋白-亲和素嵌合蛋白（SPA-亲和素）作为连接分子，其具有结合 IgG 和生物素的两个位点，因此可以将特异抗体与生物素化的 DNA 连接成复合物。由于重组的 SPA-亲和素没有商品化的试剂，且 SPA 不但可以结合特异抗体的 IgG，而且还可以与样品中吸附于固相的无关 IgG 结合，特别是待检抗原就是某种 IgG 时，暴露出应用局限和特异性差的缺陷。

② 亲和素作为连接分子，可以结合 4 个生物素分子，可以将标记了生物素的检测抗体和生物素化的 DNA 连接起来。最初的方法是先将亲和素与生物素化的 DNA 预结合成复合物[2]，然后再与结合固相的特异性抗体结合，这种方法存在的问题是亲和素与生物素化的 DNA 分子预结合时二者的分子比例并不是等同的，一个亲和素分子可以结合 4 个生物素分子，因此在预结合时生物素化的 DNA 分子不能过多，否则 DNA 分子上的生物素将亲和素完全饱和，亲和素再无结合生物素化抗体的能力；但在低饱和生物素化 DNA 时，亲和素结合的生物素化 DNA 存在许多种类的复合物，

甚至还有游离的亲和素，只有部分结合生物素化 DNA 的亲和素才能起到连接分子的作用，因此，这样预结合的亲和素和生物素化 DNA 是一均质性很差的混合物。这样的复合物作为连接分子导致敏感性低和误差大，并且每次制备的连接分子均有差异，从而导致重复性差。在此基础上做了一定的改进，亲和素在连接抗体和 DNA 时是以游离的方式加入，这样链霉亲和素先与生物素化抗体结合，冲洗后，再加入生物素化的 DNA[3]。这个方法虽然多了 1 次孵育和洗涤过程，但具有较好的敏感性和重复性，是应用较多的一种方法。直接用链霉亲和素标记 DNA 分子进行免疫 PCR 同样获得了很好的效果[4]。

③ 新的连接分子如叶绿素、链霉卵白素等[5]，可以直接将抗体锚定到双链 DNA 分子上或将生物素化的抗体与生物素化的 DNA 分子直接连接，效果都不错。

④ 双特异融合蛋白的应用，如①中的重组蛋白，还可以将单链抗体和链霉亲和素融合表达，获得了具备结合生物素和抗原分子的双特异性融合蛋白，可直接结合生物素化的 DNA 分子。

4. DNA 报告分子

理论上任何一段序列已知、能有效扩增的 DNA 片段都可作为免疫 PCR 的报告分子，可以是单链也可以是双链 DNA。考虑到 DNA 序列的同源性和用于 PCR 扩增的效率等因素，该报告分子与反应体系中可能存在 DNA 分子不应有同源性，以避免出现非特异性扩增；长度以 200～500bp 为宜，既保证特异性又保证良好的扩增效果。DNA 报告分子通过直接标记到抗体上或生物素化后借连接分子引入到系统中。自 Sano 等用 pUC19 质粒后，pINM30、λ 噬菌体、舌兰病毒等先后被用作报告分子也取得了很好的效果。郑永晨研究发现线性化的腺病毒六邻体（AdAt）基因重组质粒作为报告分子非常合适，AdAt 质粒便于制备和纯化，分子均一性好，不易出现非特异扩增，用 *Hin*d Ⅲ 酶切后其黏性末端上只加上一个生物素分子，有利于保证免疫 PCR 的高敏感性。而质粒 pHNL10 含有编码木薯羟基腈裂解酶的基因片段，是从木薯 cDNA 文库中经 PCR 扩增获得，是植物来源的 DNA，用它作报告分子，可有效避免因 DNA 污染造成的非特异性扩增。

5. PCR 扩增系统

免疫 PCR 的扩增系统与传统 PCR 一样，主要由引物、缓冲液和耐热 DNA 聚合酶等构成。由于免疫 PCR 需用固相进行抗原抗体反应，同时又需要对固相结合的 DNA 进行扩增，免疫 PCR 载体的选择应根据具体情况确定。用微量板作为载体时必须有相应的 PCR 仪，以便用微量板直接扩增，否则需要转到 PCR 反应管中进行扩增反应。用于 PCR 反应的 eppendorf 管多为聚氯乙烯材料，表面光滑黏附力差，不适合包被抗原（抗体）。加入戊二醛处理可以有效提高包被效果，使免疫 PCR 能利用普通 PCR 仪在同一管中连贯进行。对于扩增的 PCR 产物的检测，最直接的就是用琼脂糖凝胶电泳或聚丙烯酰胺凝胶电泳检测，可根据 PCR 产物的大小选择两种凝胶的浓度。这对于一般定性检测来说可以满足要求，如果要进行定量或半定量检测则需按相应的方法进行。

三、材料和试剂

1. 待检标本

待检抗原含量极微但抗原性好的各种临床或实验室样品，如毒素、激素、病原微生物、肿瘤标志物等。

2. 试剂

（1）溶液配制

① 包被液：0.05mol/L $NaHCO_3$，pH9.6。

② 封闭液：含 10mg/mL BSA，1mg/mL 鲑精 DNA 的 PBS。

③ 洗涤液：TETBS（20mmol/L Tris-HCl，pH7.4，0.15mol/L NaCl，0.1%吐温-20，0.1mmol/L EDTA，0.2g/L NaN_3）；TETBS TD（TETBS 中含 1mg/mL BSA，0.1mg/mL 鲑精 DNA）。

（2）抗体

① 捕捉抗体：多用多抗。

② 检测抗体：针对待检抗原的特异性单抗。

③ 标记二抗：生物素等标记的羊或兔抗小鼠抗体。

（3）PCR 试剂

① 10×PCR 反应缓冲液：500mmol/L KCl，100mmol/L Tris-HCl，pH8.4，150mmol/L $MgCl_2$，1mg/mL 明胶。

② dNTP：2.5mmol/L。

③ *Taq* DNA 聚合酶：3～5U/μL。

（4）其它试剂　生物素、亲和素、琼脂糖等生化和分子生物学试剂。

四、方法

1. 抗体-DNA 偶联物的制备

通过化学交联的方法可以将特定 DNA 片段标记到检测抗体的 Fc 段，用于免疫 PCR 检测，标记的具体方法如下：①先将 5′-氨基末端修饰有脂肪胺的多聚寡核苷酸与 *N*-琥珀酰亚胺-*S*-乙酰硫代乙酸盐（SATA）反应，生成乙酰硫代乙酰化多聚寡核苷酸；②用磺基琥珀酰亚胺 4-(马来酰亚胺乙基)环己烷-1-羧酸盐（Sulfo-SMCC）活化抗体分子，生成马来酰亚胺乙基修饰的抗体；③混合马来酰亚胺修饰抗体和乙酰硫代乙酰修饰 DNA，并加入羟胺盐酸，在黑暗条件下反应，使抗体和标记 DNA 偶联；④用高效液相色谱纯化抗体-寡核苷酸偶联物，收集的偶联物在 4℃下保存。

寡核苷酸可以为单链 DNA，将设计末端同源而长度不同的寡核苷酸标记到不同的抗体上，可以实现在一个体系中用 1 对引物对多种抗原进行检测。由于合成长度的制约，单链寡核苷酸的应用有局限性，可以用生化方法或分子生物学方法获取的双链 DNA 来替代，结果更稳定，也便于检测。

2. DNA 片段的生物素标记

DNA 片段作为报告分子，应确保与待测标本来源的机体 DNA 无同源序列，如对人源标本检测时可选用大肠杆菌的序列作为报告 DNA。最好选用普通环境中罕见的 DNA 序列作为报告分子，从而减少因可能的污染导致的假阳性，大小以 200～500bp 为宜。生物素标记可采用 PCR 方法，根据报告 DNA 的核苷酸序列合成一对引物，至少一个引物的 5′-端碱基上带有生物素标记，扩增得到的 PCR 产物就被标记上了生物素。

PCR 反应体系如下：

10×PCR 缓冲液	10μL	15mmol/L $MgCl_2$	10μL
50μmol/L 生物素标记的上游引物	1μL	2.5mmol/L 4 dNTP 混合物	8μL
		Taq DNA 聚合酶(3～5U/μL)	1μL
50μmol/L 生物素标记的下游引物	1μL	模板 DNA(<1μg)	1μL
		补充无菌水至	100μL

95℃加热预变性 5min，循环条件：94℃ 30s，55℃ 30s，72℃ 45s，30 个循环。最后 72℃延伸 10min。

PCR 产物采用琼脂糖凝胶电泳回收。电泳分离后用 EB 染色，紫外灯下切下目标 DNA 所在的胶块，放入 1.5mL 微量离心管中捣碎，加等体积的 Tris 饱和酚混匀，−70℃ 5min（或−20℃ 30min）；室温 12000r/min 离心 10min；取水相再用等体积酚-氯仿抽提 1 次；取水相加 1/10 体积的醋酸钠（3mol/L，pH 5.2），再加等体积的异丙醇或 2 倍体积的乙醇沉淀，−70℃ 30min，4℃ 12000r/min 离心 30min；70%乙醇洗涤沉淀 1 次。晾干后用适量 TE 或去离子水溶解，−20℃ 保存备用。也可以用商品化的 DNA 胶回收试剂盒纯化，按使用说明书进行操作。

3. 特异抗体的生物素标记

免疫球蛋白（如 IgG、IgM）多为糖蛋白，在 Fc 片段上有糖基存在，而生物素酯能与糖基结合，从而将生物素标记到特异抗体上。

（1）方法 1

① 将纯化的抗体（IgM 或 IgG，0.1～1.0mL）在标记缓冲液（0.1mol/L 乙酸钠，pH 5.5，0.1mol/L NaCl）中 4℃透析过夜。

② 吸取 0.5mL 至微量离心管中，加过碘酸钠溶液至终浓度为 10mmol/L，置冰浴上于暗处孵育 30min，使抗体分子上的糖基氧化。

③ 将氧化的抗体过 PBS 平衡的 Sephadex G25 PD-10 预装柱，使之与过碘酸钠分开。收集蛋白峰。

④ 向抗体管中加入 Biotin-LC-hydrazide（Pierce）至终浓度 5mmol/L，置混摇器上室温孵育 1h。

⑤ 用含 0.02%NaN_3 的 PBS 平衡 Sephadex G25 预装柱，将生物素标记的抗体分子过柱与游离的生物素分开。收集蛋白峰，−20℃保存。

（2）方法 2

① 1～3mg/mL 的单抗用 0.1mol/L pH8.8 的硼酸钠缓冲液透析至平衡。

② 用 1mL 二甲基亚砜（DMSO）溶解 10mg *N*-羟琥珀酰亚胺生物素。

③ 按每毫克抗体加入 150～250μg 生物素酯来混合反应液，混匀，置室温 4h。

④ 加 20mL 1mol/L 的 NH_4Cl 溶液到上述反应液中，混匀，室温作用 10min。

⑤ 用 PBS 缓冲液透析或用 Sephadex G25 预装柱纯化，除去游离的生物素。

⑥ 将生物素标记的抗体−20℃ 保存备用。

（3）方法 3　生物素不直接标记到特异的一抗上，而是标记到二抗上，使其更加通用和标准化，容易形成商品化的产品，标记方法与标记一抗方法相同。个例的免疫 PCR 可购买商品化的生物素标记的二抗进行操作，虽然增加了一步孵育和洗涤过程，但省却了标记步骤。

4. 免疫结合反应

最初的实验设计是直接包被抗原来进行检测，在实际应用中由于待检抗原含量极微，常采用双抗体夹心法进行检测。

① 按常规 ELISA 方法，将包被液稀释的捕捉抗体加到 96 孔板或 0.5mL PCR 管中，50μL/孔，4℃过夜。

② 用 PBS 洗 3 遍，然后每孔加 200μL 封闭液，37℃孵育 1h。

③ 用 TETBS 洗 3 遍，加适当稀释的抗原标本 50μL，37℃孵育 1h。

④ 用 TETBS 洗 5 遍，每孔加用 TETBS TD 适度稀释的一抗 50μL，37℃孵育 1h。

⑤ 用 TETBS 洗 5 遍，每孔加用 TETBS TD 适度稀释的生物素标记的二抗 50μL，37℃孵育 1h。

⑥ 用 TETBS 洗 5 遍，每孔加入链霉亲和素 50μL，37℃孵育 1h。

⑦ 用 TETBS 洗 5 遍，每孔加入生物素标记的 DNA 50μL，37℃孵育 1h。

⑧ 用 TETBS 洗 5 遍，再用蒸馏水洗涤 3 遍，然后将其倒置在吸水纸上拍打以控干水分。

5. PCR 反应

如果配备有适合 96 孔板的平板 PCR 仪，可向每孔中加入 50μL PCR 反应液直接进行扩增。如果仅有普通 PCR 仪，需要加入 50μL PCR 反应液后，95℃加热变性 5min，再将反应液全部转移到 PCR 管中进行扩增。

50μL PCR 反应液组成：

10×PCR 反应缓冲液	5μL	10μmol/L 下游引物	1μL
2.5mmol/L 4 dNTP 混合物	4μL	*Taq* DNA 聚合酶(3～5U/μL)	1μL
10μmol/L 上游引物	1μL		

补充无菌去离子水至 50μL。

条件设置：94℃ 40s，55℃ 40s，72℃ 1min，30 个循环，最后 72℃延伸 10min。

每管取 5μL PCR 扩增产物经 1.5%琼脂糖凝胶电泳分离，溴化乙锭染色后在紫外灯下观察即可进行定性检测，有目的条带即为阳性。通过与适度稀释的 DNA 分子量标准进行比对可大略估算扩增量。如要更精确定量，则需借用其它仪器或方法。

6. 免疫 PCR 产物的定量检测

对于一般的定性检测来说采用琼脂糖凝胶电泳分析就够了，而对于更进一步的研究则需要定量或半定量检测，常需要借助特定仪器设备完成。

(1) 凝胶检测系统　琼脂糖或聚丙烯酰胺凝胶电泳分离后，经溴化乙锭染色，可用凝胶扫描仪或计算机辅助视频设备扫描记录图片，自带的分析软件根据标准参照进行定量，对分子量大小、产量等都能检测确定；放射性标记的扩增产物可通过放射自显影定量测定；采用自动 DNA 测序仪可检测荧光标记的核酸，不仅可准确测量扩增产物的大小，而且其检测灵敏度达 fg 水平。

(2) 高效液相色谱检测系统　HPLC 能将不同大小的分子区分开，PCR 产物不必纯化，对未标记的产物敏感度可达 fg 水平，对标记产物的检测限度可能更低。使用不同大小的内参可用来衡量扩增的效率。

(3) 免疫酶检测定量法　用亲和素分子通过疏水相互作用包被滴定板，可对特异结合生物素或生物素化的 PCR 产物进行定量。如生物素和地高辛双重标记可由三种方式引入到扩增系统中：①在反应混合物中同时加入地高辛和生物素标记的脱氧核苷酸类似物（DIG-/Bio-dUTP)；②加入生物素化的引物 1 和 DIG-dUTP；③加入生物素引物 1 和地高辛标记的引物 2。双重标记的扩增产物经乙醇沉淀或凝胶电泳分离纯化后，加至亲和素包被的微量滴定板上温育 2h，洗涤数次后，加酶（辣根过氧化物酶或碱性磷酸酶）标记的地高辛抗体温育 2h，洗涤数次后加相应底物显色，根据其底物不同可产生不同的颜色，用酶标仪读数进行定量。

(4) DNA 抗体测定系统　DNA 具有抗原性，可以用检测抗原的免疫酶法来进行定量。包被后依次加抗 DNA 单克隆抗体、酶标二抗孵育，加相应底物显色后用酶标仪测定。本方法的优势是不需要对引物或扩增产物进行标记，缺点是易出现交叉反应。

(5) 点杂交检测系统　将扩增产物点在尼龙膜上加热固定，用标记的 DNA 探针杂交，如果是酶标记体系则加底物显色成斑点，放射性同位素标记的则进行放射自显影，通过与已知浓度的标准比较强度进行定量。

(6) SPA (scintillation proximity assay) 系统　将氚化的核苷酸掺入扩增体系中，用生物素化的引物进行扩增，扩增产物用亲和素包被的氟微球进行捕捉。氚被氘激发产生脉冲，用闪烁计数仪计量脉冲数进行定量。

(7) 电化学发光检测系统　将扩增产物结合到磁珠上，加 2,2′-联吡啶-钌螯合物 (TBR) 标记的探针进行杂交，再加入三丙胺（tripropylamine，TPA）溶液，转至电化学发光仪的检测池中，当电极的电压达到一定水平时 TPA 和 TBR 都被瞬时氧化，氧化后 TPA 成为一种不稳定的、具有高度还原性的中间物质，能与氧化的 TBR 发生化学反应，使之进入激发态，而由激发态变为基态时可发射出 620nm 的光，发光强度与 TBR 的量成正比，通过测定发光强度对 PCR 产物定量，使用仪器可自动化完成测量过程，敏感性达阿摩尔每升水平。

(8) 激光激发荧光检测法　将荧光染料 FAM（商品名）的 *N*-羟基琥珀酰亚胺酯衍生物借氨己基连接臂标记到上游引物的 5′-核苷酸上，PCR 扩增产物用毛细管电泳分离，用氩离子激光光源检测器激发 FAM 产生荧光并依据强度进行定量。该法样本用量少，能自动化检测，是一种快速、灵敏的方法。

(9) PCR 产物的实时定量[6-8]　在形成抗原-抗体-DNA 复合物后，使用实时定量 PCR 仪进行 PCR 扩增，在 PCR 反应体系中加入荧光基团，利用荧光信号累积实时监测整个 PCR 进程，而且通过 C_t 值和标准曲线的分析可对起始模板进行定量分析。这种方法称为实时定量免疫 PCR。

总之，可采用上述方法对扩增产物定量，依据具体情况、实际需要和具备的仪器条件进行选择。其准确性可通过复管测定和利用内标使数据标准化来保证。

7. 免疫 PCR 的衍生方法

(1) 微载体免疫 PCR　常规的载体是用滴定板或 PCR 反应管，改良的方法用微载体来提高检测效果，目前可用的微载体有磁珠和纳米金颗粒等[9-11]。磁珠的包被方法与常规方法一样，就是将捕捉抗体包被到微载体上，其流程和操作与一般双抗体夹心的免疫 PCR 法相同，就是洗涤后目标复合物用磁吸附的方式收集。金颗粒通过化学修饰可挂上寡核苷酸链和检测抗体，仿若 DNA 标记的抗体一样加入到检测体系中使用。由于整个反应过程在液相环境中进行，更利于抗原-抗体反应，因而效果更好。检测的样品可以适度放大，从而提高了检测的敏感度。最近研究发现某些细菌体内的磁性颗粒具有与天然磁珠相同的特性，这种生物源的磁小体可经工程操作携带上抗体，适合于免疫PCR方法，成功对血样本中的乙肝病毒表面抗原进行了检测[12]。

（2）T7 RNA聚合酶扩增免疫检测技术　T7 RNA聚合酶催化的荧光扩增技术（fluorescent amplification catalyzed by T7 polymerase technique，FACTT）是由Zhang Hongtao等[13] 建立的一种新的抗原检测方法。原理类同于常规免疫PCR方法，只是用T7 RNA聚合酶代替免疫PCR中的*Taq*聚合酶，终产物为RNA分子。通过将抗原抗体的反应的特异性、T7 RNA聚合酶的线性扩增能力以及荧光检测的敏感性结合在一起，从而提高了对抗原检测的敏感性，最低可达到0.08fmol/L，利用该方法检测到了人血液中的肿瘤标志物Her2。朱自满等采用该技术对人癌胚抗原CEA的检测也获得成功[14]。该方法整个实验过程均在室温下进行，与常规免疫PCR相比重复性更好。鉴于终产物为RNA，为了避免RNA酶的污染，实验操作要严谨，注意实验环境及所有使用液体的无RNA酶处理，体系中可加入RNA酶抑制剂，以避免或减少终产物RNA分子的降解。

基本操作流程如下：

① 包被滴定板，每孔加60μL捕获抗体（用碳酸盐-碳酸氢盐包被缓冲液稀释成5mg/L）4℃过夜；

② 加10g/L酪蛋白封闭液，22℃ 1h；

③ 加20μL待检抗原22℃孵育1h；

④ 用洗涤液PBST（含1mL/L吐温-20的PBS）洗6次，加20μL稀释的生物素化检测抗体22℃孵育1h；

⑤ 用洗涤液PBST洗6次，加5mg/L链霉亲和素22℃孵育1h；

⑥ 用洗涤液PBST洗6次，加500mg/L生物素化DNA（扩增模块）22℃孵育1h；

⑦ 用洗涤液PBST洗6次，每孔加20μL反应混合液（60U T7 RNA聚合酶，1.25μmol 4NTP，1×T7缓冲液），37℃孵育3h；

⑧ 加入RNase抑制剂，加20μL RiboGreen（1∶200稀释，按说明书进行），在荧光光谱仪上测量（激发波长485nm，发射波长535nm）。

（3）噬菌体表面展示介导的免疫PCR[15]　在常规免疫PCR方法中，DNA指示分子是通过直接或间接的方式连接到检测抗体上，而对于噬菌体抗体来说基因型与表现型是一致的，噬菌体表面展示的是抗体，在噬菌体内则携带有杂合基因组DNA，其数量是相对应的，因此噬菌体抗体可以作为检测抗体使用，而噬菌体携带的DNA直接就可以作为指示分子使用，省却了传统免疫PCR方法中的标记过程。噬菌体展示介导的免疫PCR的原理如图8-1所示。

操作流程大体如下：

① 检测用噬菌体抗体的制备，可参照常规噬菌体抗体的制备操作进行。

② 捕捉抗体的包被与常规ELISA相同，适度稀释后50μL/孔，4℃过夜。

③ 用Tris盐缓冲液溶解脱脂奶成5%溶液，加200μL/孔，37℃ 2h。

④ 加入待检抗原，37℃ 2h。

⑤ 洗涤液洗4遍，加入噬菌体抗体孵育，37℃ 2h。

⑥ TBSET（Tris缓冲液中含5mmol/L的EDTA和0.1%的吐温-20）洗涤4遍，双蒸水洗4遍。

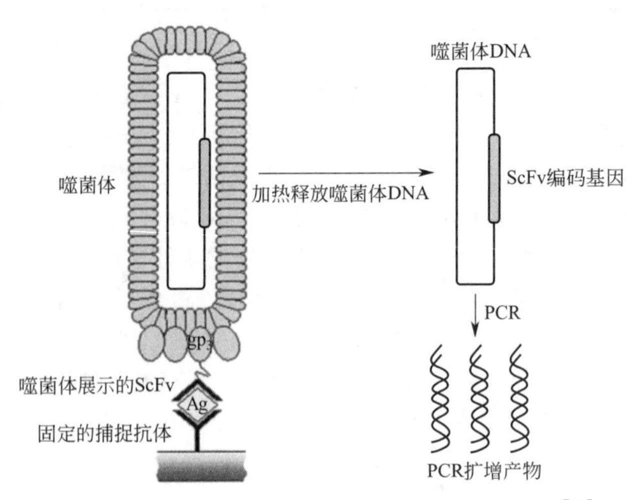

图 8-1　噬菌体展示介导的免疫 PCR 的原理示意图[15]

⑦ 加 50μL 双蒸水，95℃水浴 10min 裂解结合的噬菌体。

⑧ PCR 反应。

50μL 反应体系中含：

裂解物模板	5μL	dNTP(4 种各 0.25mmol/L)	4μL
10×PCR 缓冲液	5μL	1% BSA	0.5μL
上游引物(0.4mmol/L)	1μL	*Taq* DNA 聚合酶	2.5U
下游引物(0.4mmol/L)	1μL	加水至	50μL

反应条件：94℃ 预热 5min；94℃ 45s，60℃ 45s，72℃ 30s，30 个循环；72℃ 5min。

扩增产物用 1.5%的琼脂糖凝胶电泳分离鉴定。

该方法同样适合用实时免疫 PCR 来定量检测，只是选用合适实时定量 PCR 仪即可。

五、注意事项

① 免疫 PCR 具有很高的敏感度，抗体和标记 DNA 的任何非特异结合都会产生严重的本底问题。因此每步的洗涤过程必须充分，尤其是 PCR 前一步骤的洗涤效果对消除非特异结合至关重要。即使有些特异结合的抗体或标记 DNA 被洗掉了，也可以通过 PCR 过程得以弥补。

② 封闭的效果对控制假阳性十分必要，不仅用牛血清白蛋白或脱脂奶粉对蛋白的非特异位点进行封闭，还要用变性鲑鱼精 DNA 对核酸进行封闭。

③ 控制本底信号的一个重要方法就是在最后阶段的 PCR 反应中设立阴性对照。以去离子水作为阴性对照，通过调整 *Taq* DNA 聚合酶用量、Mg^{2+} 浓度以及反应循环数，建立一个最佳条件，使其无扩增物出现，而目标 DNA 得到有效扩增。控制污染则是所有 PCR 操作的一个要点，对于免疫 PCR 而言可通过定期轮换使用不同的报告分子来最大限度地减少污染的可能。

④ 以其它大小的无关 DNA 分子作为假阳性指示分子对照，其两端的序列与标记 DNA 的扩增引物序列相同，在免疫 PCR 过程中，假阳性指示分子与标记 DNA 分子

一同加入到 PCR 扩增体系中，作为指示洗涤是否彻底的标志。如果洗涤不彻底，假阳性指示分子与抗体或管壁有非特异吸附，则假阳性指示分子与目的 DNA 被一同扩增，出现 2 条扩增条带。这种结果说明标记 DNA 分子的 PCR 扩增产物不能充分代表抗原，可能存在假阳性，需要改变实验条件进行更彻底的洗涤。

⑤ 与抗体偶联的报告 DNA 分子，原则上可以选择任何 DNA，但要保证其纯度和均一性。一般选择一段质粒 DNA、PCR 产物或人工合成的多聚核苷酸链作为报告分子，要确保这些报告分子与待检抗原来源的 DNA 无同源序列，比如在检测人源标本时常选用大肠杆菌质粒上的序列作为报告 DNA。报告分子大小最好在 200～500bp 之间，既能与引物二聚体分开，又可以高效率得到扩增，以保证敏感度。为保证标记有生物素的 DNA 与亲和素结合的均质性，最好使用饱和浓度。

⑥ 固相载体的选择，滴定板是常用和有效的载体，如果不想 PCR 扩增换管，则要具备专门的 PCR 扩增仪。如果以 0.5mL 的塑料反应管做载体虽可一管完成全过程，但要注意其吸附能力不足的问题，用戊二醛处理可有效提高吸附力。适当修饰的玻璃板也可作为载体包被后用于免疫 PCR[16]。应保证载体使用前的洁净，可用紫外线、放射线等消毒灭菌，避免因污染导致的非特异扩增。

六、应用

自从免疫 PCR 技术出现以来，作为一种特异性强、灵敏度高的新技术，特别适合极微量抗原的检测，在免疫学研究以及临床诊断等方面得到了广泛应用。随着技术的不断改良完善和仪器设备的更新升级，有可能发展为全自动化抗原检测系统，而其检测灵敏度也大幅度提高，可达到 pg/mL 甚至 fg/mL 水平。检测对象种类也在不断扩展，可用于肿瘤标志物、毒素、激素、致病微生物、细胞受体、生化酶类、细胞因子、药物、环境污染等微量抗原的检测[17-27]，稍加改良便可实现对 DNA 的检测[28]，应用的范围从人类扩展到动物、植物以至生存的环境。

1. 免疫 PCR 用于医学临床传染病的实验室诊断

传染病是由病原微生物侵入人体而导致的一类疾病，特别是一些烈性传染病更具危害性，及早鉴定出病原体对有效防治具有重要意义。传统的实验室诊断方法是采用免疫酶技术，灵敏度在 ng 水平，早期感染抗原量极低时则检测不出来。而免疫 PCR 技术将免疫反应与 PCR 扩增有效结合起来，利用 PCR 的高度扩增效应代替酶促放大体系，从而将灵敏度提高了 $10 \sim 10^6$ 倍，弥补了免疫酶方法灵敏度低的不足，而依然保持其高度的特异性，成了免疫酶技术的替代方法，检测对象不仅局限于病原体蛋白，也可检测机体对感染的免疫应答产物抗体，依此对临床传染病进行早期的实验室诊断。利用该方法对包括乙型肝炎[29]、艾滋病[10] 等的检测都非常成功。

2. 免疫 PCR 用于食品安全和环境保护

常言道“病从口入”，可见食品安全的重要性了，而人类生存的环境与人类生活和健康也息息相关。由于其污染物含量通常很低，一般方法的灵敏度达不到要求，而免疫 PCR 技术在这个方面则具有优势，可检测的对象包括病原微生物、生物代谢毒素、农药残留毒素等。当报告 DNA 分子含有相同的引物序列而片段长度不同时，则可以根据扩增片段的大小差异同时对多个抗原进行检测，利于大样本量的多重筛查。

3. 免疫 PCR 用于临床和实验室研究

免疫 PCR 作为高度特异灵敏的方法，已经成为实验室常规检测技术，在临床和实验室研究中发挥着重要作用。检测用药后药物在机体器官组织中的分布以及不同时间药物浓度的变化，能更深入细致地了解药物代谢动力学，为评价药效及指导临床用药提供科学依据。检测疾病不同阶段细胞因子、生化酶类、肿瘤标志物等的含量变化，对了解致病机理、找寻治疗靶点等非常有意义。激素作为一类含量低、效能强的生命物质，更需要像免疫PCR这样的特异性强、灵敏度高的检测方法[30,31]。

七、小结

自从1992年免疫PCR技术创立以来，由于其兼具抗原-抗体反应的特异性和PCR反应的高度敏感性，在实验室和临床研究中得到了广泛的应用，并在应用过程中不断完善和改良，已经成为一种实验室的常规检测技术，在微量抗原的检测上发挥着极其重要的作用。

第二节　免疫捕捉PCR

一、引言

自从1985年首次报道PCR技术以来，该技术得到了不断的改进，已广泛应用于生物领域的多个方面，鉴于其较高的敏感性和特异性，其在病原微生物的检测中的应用更为引人注目。但是，随着研究的深入和人们需求的提高，传统的PCR技术也暴露出自身的局限性。首先，检测对象是核酸，结果阳性并不能直接说明病原体的存在；再者，检测样本体积小，对于大体积样本中的微量病原体的检测则暴露出其敏感性的不足，而常规做法首先是采用超滤等技术浓缩，再提取基因组进行PCR检测，不仅费时费力，而且常残留一些抑制PCR反应的有机溶剂，影响检测效果。免疫学检测技术通常也用于病原体的检测，主要是针对蛋白质抗原的检测，它检测样本的体积可以大一些，但灵敏度不是很理想，也不能实现对大体积样本中微量病原体的检测。为此，Jansen等[32] 将免疫捕捉技术和PCR技术有机地结合起来，建立了抗原捕捉PCR（antigen-capture polymerase chain reaction，AC-PCR），从而显著提高了该方法的特异性和灵敏度。Schwab等[33,34] 采用相同的技术路线实现了对饮用水中病毒污染的检测，将该方法称为抗体捕捉PCR（antibody capture polymerase chain reaction，AbC-PCR）。从免疫学传统定义来讲，笔者认为称为抗原捕捉PCR更为合适，而大多数作者[35-42] 均倾向于免疫捕捉PCR（immuno-capture polymerase chain reaction，IC-PCR），所以笔者也采用了这种观点，将通过免疫捕捉结合PCR检测的这类技术通称为免疫捕捉PCR。

二、基本原理

顾名思义，免疫捕捉PCR就是将免疫捕捉和PCR扩增结合起来的一种检测方法，它的检测对象是完整的病原体，通过固相化的特异抗体捕捉特定的抗原微生物，再利用其基因组序列特异的引物进行PCR扩增，通过对扩增产物的检测和分析达到对完整病原体的检测，这样不仅提高了特异性，而且检测样本的体积也可增大，从而大大提高了检测的灵敏度。免疫捕捉PCR大致可分为抗体固相化、抗原捕捉、模板制备、PCR扩增、扩增产物的检测和分析等步骤。

① 抗体固相化。将特异抗体包被到微量滴定板、eppendorf 管、琼脂糖凝胶颗粒或磁珠等固相载体上。

② 抗原捕捉。通过将样品与包被抗体进行孵育而达到吸附特定抗原微生物的目的。

③ 模板制备。对于细菌、DNA 病毒等通过加热使基因组 DNA 释放即可，对于 RNA 病毒则需要对基因组 RNA 进行反转录制备成 cDNA 以作为模板。

④ PCR 扩增。用特异引物进行扩增，为提高特异性可设计内外两对引物采用套式 PCR 进行扩增。

⑤ 扩增产物的检测和分析。一般采用琼脂糖凝胶电泳即可，寡核苷酸探针杂交、放射自显影等能有效提高检测灵敏度，对扩增片段进行序列分析则结果更为准确且适合于基因型鉴定。

三、材料

① 0.05mol/L 碳酸盐缓冲液（pH9.6）。

② 特异抗体。

③ PBS 缓冲液（pH7.5）。

④ 吐温-80。

⑤ 牛血清白蛋白（BSA）。

⑥ 洗液（20mmol/L Tris-HCl pH8.4，75mmol/L KCl，2.5mmol/L $MgCl_2$）。

⑦ 通用缓冲液（25mmol/L Tris pH8.4，75mmol/L KCl，2.5mmol/L $MgCl_2$，各 0.25mmol/L 的 4 种 dNTP）。

⑧ 热稳定 DNA 聚合酶及其 10×缓冲液。

⑨ 鼠源或禽源反转录酶及其缓冲液。

⑩ 寡核苷酸引物及寡核苷酸探针。

⑪ 10mmol/L dNTP。

⑫ 凝胶电泳试剂。

⑬ 核酸杂交试剂。

⑭ 包被载体：微量滴定板、eppendorf 管、琼脂糖凝胶颗粒、纳米金或银颗粒以及磁珠等，可根据试验条件和需要进行选择。

四、方法

1. 引物设计

参照常规 PCR 引物设计的规则进行。

2. 抗体固相化

参照酶联免疫吸附实验方法将特异抗体包被到微量滴定板、eppendorf 管、琼脂糖凝胶颗粒或磁珠等固相载体上，对不同材料略有差异。免疫捕捉 PCR 各步骤均以聚丙烯微量离心管为例，包被方法如下：用 0.05mol/L 的碳酸钠缓冲液（pH9.6）适度稀释抗体，加 100μL 到管中，于 4℃冰箱中过夜或 37℃温箱中 4h 进行包被；倒掉包被液，加 150μL 1%的 BSA（用上述碳酸钠缓冲液稀释），37℃孵育 1h 进行封闭；用 300μL 含 0.05%吐温-80 和 0.02%叠氮钠的 PBS（pH7.4）洗三遍。立即用于抗原捕捉或放冰箱冷冻保存备用。为提高微量离心管的包被效果，可用戊二醛进行预处理。

3. 抗原捕捉

首先根据抗原微生物的来源不同进行预处理。对来自鼻咽拭子、粪便等黏稠分泌物或排泄物以及组织提取物的抗原用适量灭菌水制成悬液，对来自污水等液体源抗原则不需预处理或必要时按常规方法进行浓缩纯化。取100μL加到包被有抗体的管中，4℃过夜。用含0.05%吐温-80的PBS洗6次。

4. 模板制备

对于DNA病毒或普通细菌直接95℃加热5min，使基因组DNA释放即可。

对于RNA病毒需要反转录成cDNA作为模板，上述捕捉的抗原也可用洗液（20mmol/L Tris-HCl pH8.4，75mmol/L KCl，2.5mmol/L $MgCl_2$）洗涤后，加入80μL通用缓冲液（25mmol/L Tris pH8.4，75mmol/L KCl，2.5mmol/L $MgCl_2$，各0.25mmol/L的4种dNTP）和5μL下游引物（100pmol），95℃加热5min，冷却至42℃，加入2U反转录酶（溶在5μL灭菌水中），于42℃保温30～60min。

5. PCR扩增

（1）反应体系　对于DNA病毒和细菌，反应体系可参照常规PCR方法设置。

对于RNA病毒，在上述反转录体系中加入5μL上游引物（100pmol）和5μL（2U）*Taq* DNA聚合酶即可。

（2）反应条件　一般情况反应条件为：94℃预变性5min；94℃变性30s，50℃复性30s，72℃延伸1min，进行35个循环；72℃延伸10min。

6. 扩增产物的检测和分析

（1）凝胶电泳检测　根据扩增片段的大小配制适当浓度的琼脂糖凝胶或6%的聚丙烯酰胺凝胶，取5～10μL扩增产物液加到上样孔中，以TBE作为电泳缓冲液进行电泳，电泳完毕用溴化乙锭染色，紫外灯下观察电泳条带的大小，参照DNA分子量标准进行初步鉴定。对于聚丙烯凝胶电泳也可用硝酸银染色直接观察结果。

（2）寡核苷酸探针杂交　将扩增产物进行凝胶电泳后转印到硝酸纤维素膜或尼龙膜上，或将电泳回收的目标片段DNA直接点在膜上，根据特定核苷酸序列合成寡核苷酸探针，用放射性同位素或生物素标记后进行杂交检测，具体过程可参照相关方法操作。

（3）产物的克隆和序列分析　将纯化回收的目标DNA片段克隆到T载体中或直接用PCR产物进行序列测定，与病原体基因组序列比对，从而获得结果。

7. 改良的免疫捕捉PCR

虽然一般情况下免疫检测方法都选用管、板孔内壁包被抗体，但由于抗体和抗原的特异结合依赖其各自的空间构象，而空间构象的形成依赖于液态环境。当抗体吸附到管、板孔内壁时，其空间构象的形成受到了一定的限制，因而影响到与抗原结合的效率，而使用如琼脂糖凝胶颗粒、磁珠等微小颗粒作为固相载体时，抗体是悬浮在液体中与抗原发生相互作用的，类似于液态环境，提高了抗体的结合效率。在此基础上免疫捕捉PCR也获得了改良，根据使用材质不同可分为下述几种方法。

（1）磁珠法免疫捕捉PCR

① 抗体固相化。也就是抗体结合到磁珠载体上的过程，可以用捕捉抗体直接包被磁珠[43,44]；也可以用蛋白A包被磁珠[45]，利用抗体与蛋白A的结合而固相化，当捕捉抗体不是一种时非常实用；还有一种方式是用二抗预先包被磁珠[33,46]，再将

捕捉抗体结合上去。这种预处理的磁珠应用广泛，满足了商品化的需要，条件也相对标准化。从试剂公司购买共价偶联有羊抗人 G 免疫球蛋白（goat anti-human immunoglobulin G）的磁珠，取 1mL 置于磁场中使磁珠沉积下来，弃上清，用含 0.05%吐温-80 的 PBS 洗一遍；加 1% 的牛血清白蛋白（bovine serum albumin，BSA）于室温封闭 30min，洗两次以除去封闭液；加入适度稀释的抗体，室温下温和混匀 30min；置于磁场中使磁珠沉积下来，弃上清，用含吐温-80 的 PBS 洗三遍以除去未结合的抗体；加 1%BSA，室温封闭 30min。

② 抗原捕捉。取待检样品 0.01～1mL 加到抗体-磁珠复合物中，混匀，置于室温温和混旋 2h，用 PBS 洗 4 遍。

③ 模板制备。加入含 20mmol/L Tris（pH8.3）的 0.1×PCR 缓冲液 10～30μL，99℃加热 5min 使基因组释放。对于 DNA 病毒和普通细菌，释放的基因组 DNA 即可以作为模板使用，对于 RNA 病毒则需反转录成 cDNA 作为模板，方法参照常规方法进行操作。

④ PCR 扩增和产物的检测。参照上述方法进行操作。

（2）琼脂糖凝胶颗粒法免疫捕捉 PCR[34]

① 抗体固相化。用特异抗体包被经溴化氰活化的琼脂糖凝胶颗粒（sepharose），抗体的用量为 1mL 的琼脂糖颗粒悬液中加入 1mg 的抗体，未结合的抗体经 PBS 洗涤 3 次，每次均离心使琼脂糖颗粒沉积。

② 抗原捕捉。抗原的预处理如前述方法。取 50μL 偶联有抗体的琼脂糖颗粒悬液加入到 200μL 待检样品中，37℃混旋过夜；离心弃上清，用 PBS 洗 3 遍。

③ 模板制备。向其中加入 20μL 水，95℃加热 5min 使其释放基因组物质，离心收集上清。对于 DNA 病毒或普通细菌，释放的基因组 DNA 即可作为模板进行 PCR 扩增；对于 RNA 病毒，需要将基因组反转录成 cDNA 作为 PCR 扩增的模板，参照前述方法进行操作。

④ PCR 扩增和产物的检测。同前述方法。

（3）纳米颗粒法免疫捕捉 PCR　金属纳米颗粒作为载体早有报道，修饰有特异抗体的金颗粒曾用来提高免疫 PCR 的敏感度[47]，金属银纳米颗粒同样可经修饰后用于免疫捕捉 PCR[48]，表面经蛋白 A 活化后可以直接结合特异抗体，操作过程与琼脂糖颗粒法相似，成功实现了对牛奶和苹果汁中大肠杆菌污染的检测。磁性纳米颗粒经羧基化修饰后可以通过与氨基结合而将抗体固相化[49]，同样可用于免疫捕捉 PCR，利用该方法成功实现对牛奶等样品中李斯特菌的检测。

五、注意事项

① 在引物设计中除按照常规标准外，还应该注意扩增片段的长度。对于以获取目的基因为目的的 PCR 扩增没有选择余地，对于单纯检测目的而言扩增片段最好控制在 400～2000bp 范围之内。太短容易与引物二聚体相混，并且琼脂糖凝胶的浓度也需要提高，短于 100bp 时常需要用聚丙烯酰胺凝胶电泳检测，不仅费时费力，而且提高了检测成本，而扩增片段太长则扩增效率低，突变掺入增加。

② 对检测样品体积的设定应根据实际情况而定。当包被 PCR 用 eppendorf 管时，可在一个管内完成整个试验过程，但抗体包被体积最多不要超过 100μL，否则会影响 PCR 扩增的效果；当不需要在一个管内完成整个试验时，抗体包被的体积可大到

1mL，甚至更大，使检测样品的体积也相应加大，从而提高了检测的灵敏度。当用磁珠、琼脂糖颗粒等载体来包被抗体时，操作体积以简便易行为原则，关键是抗体用量与载体颗粒的比例及适宜的作用浓度，而检测样品的体积可大可小，根据样品中病原体抗原的含量而定，特别对含量极微的样品，增大检测样品体积可降低假阴性率，提高检出率。

③ 对于病原体基因组的释放，一般情况均采用95℃加热5min的方法。但Nolasco等[36]认为由于RNA的热不稳定性，不宜使用加热的方法使RNA病毒释放基因组，可直接加入反转录缓冲液进行反转录，使用鼠源反转录酶，反应条件为37℃ 1h，而且他们的试验结果显示用Moloney鼠白血病病毒（MMLV）来源的反转录酶比禽成髓细胞瘤病毒（AMV）来源的反转录酶效果好。对不同来源的反转录酶应注意反应条件，禽源反转录酶在42℃能有效发挥效用，而鼠源反转录酶在42℃时则迅速灭活；禽源反转录酶在pH8.3时活性最好，而鼠源反转录酶在pH7.6时活性最好。当反应体系的pH值偏离最佳pH值仅0.2时，这两种反转录酶催化合成cDNA的长度就会显著降低，而缓冲液的pH值随温度不同而有所变化，因此有必要检查在所选用温育温度下反应混合物的pH值。

④ 在检测RNA病毒时应尽量避免RNA酶的污染。各种器具要严格按操作RNA的要求进行处理，各种试剂用经焦碳酸二乙酯（DEPC）处理过的水来配制，但它可与胺类迅速发生化学反应，因此不能用来配制含有Tris的试剂，必要时可向反转录反应体系中加入RNA酶抑制剂。

⑤ PCR反应体系和反应条件应根据不同试验的实际情况而定，注意防止污染的发生，特别是在同时对多个样品进行检测时，避免交互污染，并且每次试验都设置阴性和空白对照。

⑥ 当病原体含量非常低时，一次PCR扩增灵敏度不够，可以用扩增产物作为模板进行二次PCR，从而提高检测的灵敏度；或者设计合成一个或一对内引物进行套式PCR，不仅能提高灵敏度，而且提高了特异性。

⑦ 在利用免疫捕捉PCR方法进行定量检测时，PCR扩增的循环次数不要超过20次，否则扩增产物的量不是以指数级增加，影响结果的判定。

六、应用

1. 免疫捕捉PCR用于医学临床传染病的实验室诊断

传染病是由病原微生物引起的一类严重威胁人类健康的疾病，病原的快速鉴定对其防治具有重要意义，特别是对一些烈性传染病，发病急、病程短、死亡率高，更需要快速的检测手段。常规方法是进行病原体的分离和生化鉴定，不仅费时费力，而且有些病原微生物如甲型肝炎病毒、结核杆菌、螺旋体等难以培养，不能及时作出诊断。目前多采用免疫酶联技术进行病原体的实验室诊断，但它的检测对象是蛋白抗原，灵敏度在ng水平，在发病早期病原体含量低时则无能为力。传统的PCR技术作为一种灵敏度高、快速简便的检测手段已广泛用于临床上传染性疾病的实验室诊断，但它的检测对象是核酸，检测样品的体积小，有一定的局限性。免疫捕捉PCR技术是将免疫捕捉和PCR检测有机结合起来的方法，它的检测对象是完整的病原体，它不仅保留了传统PCR的所有特性，同时特异性更强、灵敏度更高，因此得到的结果更为准确，大大提高了检出率。由于该方法灵敏度非常高，可检测到10个以内的病毒颗粒[32,34,50]，其对发病早期甚至潜伏期的病原体检测更具优越性。

2. 免疫捕捉 PCR 用于流行病学调查

对于传染性疾病特别是烈性传染病，及早作出诊断，控制传染源固然重要，及时找到病原来源，切断传播途径也是防止疫情扩散的必要手段，因为与病人接触的人可能已被感染正处于潜伏期或者是病原携带者但自身不发病，但他们都是潜在的传染源。常规方法是将曾与病人密切接触的人隔离观察，对病原体的检测依然是分离培养和鉴定，其它检测方法的灵敏度都不足以对直接采集的标本进行检测。免疫荧光法虽或可一试，但它的灵敏度也不是很高，而且操作复杂，试剂保存要求高，需要荧光显微镜等专用设备，结果易出现假阳性和假阴性，特别是它不适合大样本标本的检测。免疫捕捉 PCR 方法操作比较简单，全部反应可以在一个管或孔内完成，它可以用 96 孔板对大样本标本进行检测，而且它的检测灵敏度可达到 10 个以内的病原体，能够满足检测的需要，必要时对扩增产物进行序列分析则结果更为准确。

3. 免疫捕捉 PCR 用于特定基因损伤的分析[38]

许多化学基团可以与 DNA 链上的某些基团结合从而影响基因的功能，对基因造成损伤，其损伤程度与结合 DNA 分子的多少成正相关。这些化学基团有一定的免疫原性和反应原性，能诱导特异抗体的产生并能与之结合。因此可以用特异抗体捕捉到受损伤的 DNA 分子，再利用 PCR 方法对其进行定量分析，从而确定受损伤 DNA 分子的数量，判定损伤程度。但 PCR 扩增的循环次数不要多于 20 次，这时 PCR 产量与模板的量成指数关系，有利于保证结果的准确性。

4. 免疫捕捉 PCR 用于研究病原体致病及清除机制

当病原体侵入机体内后会诱发一系列的免疫应答反应，依次产生多种抗体，与病原体结合形成病原体-抗体循环免疫复合物。一方面循环免疫复合物上的补体结合位点暴露，与补体结合激活补体经典途径，在靶细胞表面形成攻膜复合体，从而使病原体细胞溶解，同时在补体激活过程中产生的 C3b、C4b 和 iC3b 等均是重要的调理素(opsonin)，它们与中性粒细胞或巨噬细胞表面的相应受体结合，从而促进其杀伤吞噬病原体细胞，将病原体清除出体外；另一方面循环免疫复合物在某组织器官沉积，激活补体后产生多种具有炎症介质作用的活性片段如 C3a、C4a 和 C5a 等，导致免疫病理反应。因此检测病原体-抗体循环免疫复合物中各种抗体的种类以及所占比例，对了解不同抗体在防御病原体感染中的作用，为开发有效的抗体药物，控制疾病发展意义重大[40,41]。但循环免疫复合物的量不是很高，要求高灵敏度的检测手段，免疫捕捉 PCR 方法最少可检测到 3 个病毒颗粒，灵敏度应该能够满足检测的要求。可利用抗不同类型抗体的二抗作为包被抗体进行免疫捕捉 PCR，从疾病起始、发展到转归做一个动态的观察，从而推断出病原体致病和清除的机制，为有效预防传染性疾病奠定基础。

5. 免疫捕捉 PCR 用于环境微生物的检测[33, 50, 51]

环境是人类赖以生存的空间，人类的活动改变着环境，同时人类又受到环境的影响，人类的吃喝取自环境，环境中某些微生物又可以导致人类疾病的发生，因此对环境中微生物的检测十分必要，特别是更需重视对病原微生物的检测。与人类健康关系最为密切的就是饮用水的质量，以往对水质要求以细菌作为检测指标，现在认为病毒特别是消化道病毒的污染对人类的健康构成了严重威胁，应将病毒污染也作为检测指标。由于饮用水体积巨大，污染的病原体含量非常低，常规方法无法对其直接进行检测，常常需要先利用 PEG 沉淀、凝胶过滤、超滤等方法浓缩集菌后再进行检测，费时费力，而且也不特异。而免疫捕捉 PCR 方法灵敏度非常高，能对大体积的样品进行检测，特别是采用包被磁珠、琼脂糖凝胶等颗粒载体时则可检测样品的体积更大、灵敏度更高，用于水质检测非常有前景。如果用多种病原体的特异抗体混合包被来进行免疫捕捉 PCR，通过控制不同病原体扩增片段的长度不同来加以区分，则可同时对多种病原体污染进行检测，更便于其在实际应用中的推广使用。

6. 免疫捕捉 PCR 在其它方面的应用

（1）基因克隆　免疫捕捉 PCR 作为 PCR 技术中的一种，能够用来对目标基因克隆，特别是对那些难以培养、含量极低的微生物基因的克隆。

（2）医药制剂质量控制[52]　医药制剂直接用于人体，性命攸关，绝对不能有病原体的污染，需要有高灵敏度的检测手段进行质控。特别是血液制品，由于来源于大量人群，出现病原体污染的可能性更大，更有必要做好质控。从目前的报道看，免疫捕捉 PCR 是最为灵敏的检测方法，能够用于医药制剂特别是血液制品的质控。

（3）分子流行病学研究　常规对病原体的鉴定采用血清学方法，以血清型进行分型，虽然简便易行，但是不能确定病毒株，因为它检测的只是某一表现型，即使血清型一致时其基因型也可能存在差异。而且当临床标本中病原体含量低时无法直接检测，需培养增菌后才能鉴定，不仅费时费力，无疑也增加了病原体基因突变的可能性，对于那些难以培养的微生物来说更是难上加难了。免疫捕捉 PCR 的出现使这些问题顺利解决了，用捕捉抗体对病原体进行分型，同时对 PCR 扩增产物进行序列测定，从而从分子水平对病原体作出鉴定，该方法不仅可应用于人类传染病[32,53]，同样可用于植物传染病的分子鉴定[54]。

（4）食品卫生检验　俗话说“病从口入”，这是对于消化道传染途径的真实写照，由此可见食品安全的重要性了。由于病原体在进入人体后仍能繁殖，即使极少量的病原体也可能导致严重的后果甚至危及生命，免疫捕捉 PCR 技术的出现为食品安全提供了一种快速灵敏的检测手段，在肉食品以及牛奶等食品的安全检测上取得了良好的效果[43,45,49,55]。

（5）农业和林业病原微生物的检测　人类感染病原体后可以发生疾病，同样农作物和果树等受病原体微生物感染后也发生疾病，直接后果就是产量下降，影响人们的收入，因此应及早发现病原进行防治才能减少损失。免疫捕捉 PCR 作为检测完整病原体的高灵敏度方法对检测农业和林业微生物同样有效[35-37]，只是采样方法略有不同而已，近年来广泛用于多种植物病毒的检测[56-58]，而且在种子选育上也取得了很好的效果[59]。

七、小结

免疫捕捉 PCR 将免疫捕捉和 PCR 扩增技术有机结合起来，从而使检测的灵敏度和特异性均得到进一步提高，而且整个操作过程也不复杂，是检测病原体的首选方法，在传染病的实验室诊断、流行病学调查、环境微生物和农林微生物的监测以及基因克隆等方面有着广阔的应用前景。

第三节　PCR-ELISA

一、引言

PCR 技术自诞生以来，在各个领域都得到了广泛的运用。人们在运用 PCR 技术的同时，希望能对扩增后的产物进行检测、定量。最初采用琼脂糖凝胶电泳溴化乙锭（EB）染色方法来检测 PCR 产物，后来还在运用荧光素染色凝胶电泳的基础上使用扫描照片进行光密度分析，对 PCR 产物进行相对的定量。

EB 染色方法虽简便易行，但其灵敏度低而且污染环境；荧光素染色凝胶电泳检测本身具有非特异性，容易出现假阴性或假阳性，所以 EB 染色和荧光素染色两种方法只能进行粗略的相对定量，无法满足人们对 PCR 产物进行精确定量的要求。不过由于普通凝胶电泳分析的简易性及成本低廉，目前还广泛运用于一般科研之中。但是对临床应用需要高特异及高敏感性要求是无法满足的。

固相捕获技术的成熟和应用，特别是酶联免疫吸附实验（ELISA）的成功，为核酸定量提供了一个思路。此后，应用固相捕获的 PCR 定量技术应运而生。即在 PCR 扩增以后，在微孔板上借用酶联免疫吸附实验（ELISA）的原理，使用酶标抗体，进行固相或液相杂交来实现定量，被称为 PCR-ELISA。此方法简便易行，只要具备 PCR 仪和酶标仪即可实施；其特异性及灵敏度均较高，并在临床检测上得到了运用。

二、原理

在 PCR-ELISA 技术中运用了链霉亲和素（streptavidin）和生物素（biotin）特异性结合的原理。亲和素是一种糖蛋白，可从蛋清中提取，分子质量约 60kDa，每个分子由 4 个亚基组成，可以和 4 个生物素分子亲密结合。现在使用更多的是从链霉菌中提取的链霉亲和素。生物素又称维生素 H，分子量 244.31。用化学方法制成的衍生物，生物素-羟基琥珀酰亚胺酯（biotin-hydroxysuccinimide，BNHS）可与蛋白质、糖类和酶等多种类型的大小分子形成生物素化的产物。亲和素与生物素的结合，虽不属免疫反应，但特异性强、亲和力大，两者一经结合就极为稳定。由于 1 个亲和素分子有 4 个生物素分子的结合位置，可以连接更多的生物素化的分子，形成一种类似晶格的复合体。因此把亲和素和生物素与 ELISA 偶联起来，就可大大提高 ELISA 的敏感度。

经典的 PCR-ELISA 技术是利用共价交联在 PCR 管壁上的寡核苷酸作为固相引物，在 *Taq* 酶作用下，以待测核酸为模板进行扩增，产物的一部分交联在管壁上，为固相产物，一部分游离于液体中，为液相产物。对于固相产物，运用经过生物素标记的核酸探针与之杂交，再用碱性磷酸酶（AP）或过氧化物酶（POD）标记的链霉亲和素与生物素结合进行 ELISA 检测分析。由于固相引物包被技术要求高、不方便，人们对此进行了改进，放弃了固相引物的方法，而使用液相引物来扩增以获得更好的结果，具体原理如下。

① 使用链霉亲和素包被微孔板，再用生物素标记捕获探针 3′端（捕获探针 5′端和待检靶序列 5′端的一段序列互补），通过生物素和亲和素的交联作用将捕获探针固定在微孔上，制成固相捕获系统。

② 在扩增时，引物用抗原（生物素、地高辛、荧光素酶等）标记，这样扩增产物中就会带有标记的抗原。

③ 将扩增产物与微孔上的捕获探针杂交，靶序列被捕获。再在微孔中加入用酶标的抗体，抗体与靶序列上的抗原结合，再加入底物使之显色。通过相应检测波长的吸收值从而实现定量。

虽然对 PCR 经过长时间的探索，PCR-ELISA 也逐渐成熟，并有了一些改良的方法，但总体还是遵循固相分离、酶标抗体的基本原理，PCR-ELISA 原理见图 8-2。

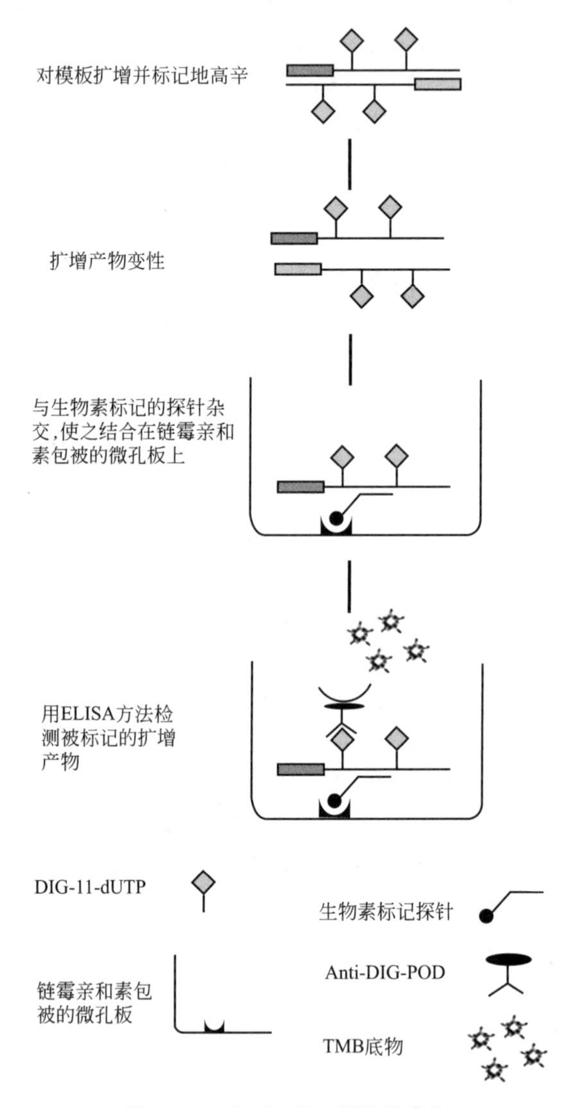

图 8-2　PCR-ELISA 原理示意图

三、材料

① PCR 扩增所需的酶和常规试剂：*Taq* 酶、dNTP 溶液、反应缓冲液。

② 待测模板 DNA。

③ DIG-11-dUTP。

④ 生物素标记的捕获探针。

⑤ 变性液：0.5% NaOH 溶液。

⑥ 杂交液：1g/L PEG4000，300mL/L DMSO，6×SSC（pH10.0），0.01mol/L Na_3PO_4（pH 8.0），1mmol/L EDTA（pH 8.0），5g/L SDS，100μg/mL 变性鲑鱼精 DNA，5g/L 脱脂奶粉。

⑦ 链霉亲和素包被的微孔酶标板（如自己制备，则需要链霉亲和素溶液：10mg/L 链霉亲和素，1.6g/L Na_2CO_3，2.9g/L $NaHCO_3$，0.2g/L NaN_3）。

⑧ 抗地高辛-过氧化物酶偶联抗体（Anti-DIG-POD）。

⑨ 抗体稀释液：0.05% 吐温-20 PBS 溶液，pH 7.4。

⑩ 洗涤缓冲液：0.2% 吐温-20 PBS 溶液，pH 7.4。

⑪ TMB 底物液：0.1mg/L 四甲基联苯胺（TMB），0.03% H_2O_2（使用前加入），0.2mol/L Na_2HPO_4，0.1mol/L 柠檬酸，pH 5.5。

⑫ 反应终止液：2mol/L H_2SO_4。

四、方法

1. 生物素标记捕获探针

对探针进行生物素标记有氨基连接法和酶标法，按相应试剂盒说明进行，或在合成探针时由相应的公司完成（推荐）。

2. 链霉亲和素包被微孔酶标板

实验前一天，按 200μL/孔链霉亲和素溶液加入微孔酶标板，于 4℃包被过夜，或购买链霉亲和素预包被的微孔酶标板（推荐）。

3. PCR 反应

在 PCR 反应步骤中，模板 DNA 的准备、引物设计、扩增所用的酶及缓冲体系等都依据常规的 PCR 方法进行，按实验所需进行相应调整。在此步骤中，必须加入适当量的 DIG-11-dUTP [DIG-11-dUTP 为 20∶1（物质的量之比）]，使扩增出来的产物中含有地高辛抗原。

4. 杂交反应

① 取 40μL 变性液，加入到一只 1.5mL 离心管中。

② 取 10μL PCR 产物，加入装有变性液的离心管中，然后于室温（15～25℃）孵育 10min。

③ 孵育结束后，每管加入 450μL 的杂交液（含 10pmol/mL 生物素标记探针），充分混匀。

④ 取 50μL 混合液加入到链霉亲和素包被的微孔酶标板，于 37℃以 300r/min 速度摇动孵育 3h。

5. ELISA 检测

① 弃除经过杂交后的混合液，用洗涤缓冲液按 250μL/孔洗 3 次，洗后将洗涤缓冲液甩干。

② 每孔加入 50μL 的抗地高辛-过氧化物酶偶联抗体溶液（100U/mL），于 37℃孵育 30min。

③ 弃除抗地高辛-过氧化物酶偶联抗体溶液，用洗涤缓冲液按 300μL/孔洗 5 次，每次漂洗时间不得少于 3s。最后将孔中的液体甩干。

④ 每孔加入 50μL 的 TMB 底物溶液，室温避光放置 10min。

⑤ 每孔加入 20μL 的终止液，终止显色。酶标仪上以波长 450nm，参照波长为 690nm 测量吸光值。

6. 结果分析

在实验中应设有阳性对照和阴性对照。样品的吸光值 $A=A_{450}-A_{690}$。对于阴性对照，单孔 A 值应该低于 0.25，如果 A 值高于此值，则包括 PCR 反应的整个实验必须重做。对于阳性对照，单孔 A 值应该高于 1.2，如果 A 值低于此值，包括 PCR 反应的整个实验也必须重做。对于检测的样本，其吸光值和阴性对照吸光值之差高于 0.2 则可认为是阳性结果。

五、注意事项

① 捕获探针必须和 PCR 扩增产物内部序列互补，捕获探针序列的长度最好在 17～40 个核苷酸之间。

② 即便有相同的长度和解链温度，不同的捕获探针仍会造成不同实验敏感度的差异，这是由捕获探针以及 PCR 产物各自的二级结构不同所造成的。二级结构甚至能够影响捕获探针和 PCR 产物片段之间的杂交反应，导致信号丢失。用计算机程序对探针结构进行分析是必要的，可以避免一些明显的二级结构形成，但尚不能精确地预测特定探针在 PCR-ELISA 中对结果的影响。

③ 对于单个 PCR-ELISA 样品，所需的捕获探针数量在 1～50pmol，依赖于相应反应条件。最优化的数量尚需要相应实验进行摸索。

④ 至少要设立两个阴性对照和一个阳性对照。

⑤ PCR 是一种非常敏感的检测方法，所以必须极为小心避免因外来的污染而造成实验的失败。使用高压灭菌的无菌水及容器，最好使用一次性 PCR 反应管。注意吸量过程中不要造成样品交叉污染。为防止其它 PCR 产品或之前的 PCR 产物污染，在每管的 PCR 反应体系中可以加入 1U 的尿嘧啶 DNA 糖苷酶（uraci-DNA glycosylase，UNG)。UNG 能够通过水解单链及双链 DNA 中 dU 的尿嘧啶糖苷键而起作用。

⑥ 可以通过改变加入 PCR 产物的量的大小来调整实验的敏感度。

⑦ 杂交孵育 3h 比只孵育 1h 可以增加 50%的光吸收值。但更长的孵育时间作用并不明显。

⑧ 在杂交孵育过程中，保持 300r/min 的摇动。

⑨ ELISA 是一个开放性的反应，特别是洗板，很容易产生污染引起假阳性。为减少污染，一定要严格分区隔离，以避免污染。

六、应用

1. 端粒酶 PCR-ELISA

端粒酶是一种具有反转录酶活性的 RNA 和蛋白质复合体，它能以自身 RNA 为模板，从头合成端粒 DNA。正常体细胞中很少有端粒酶活性表达，端粒随细胞分裂而进行性缩短，直至衰老死亡。一般认为，在细胞癌变早期由于端粒酶活性增强，使端粒长度得以维持，细胞染色体形态得到稳定，从而逃避了因端粒缩短而引起的细胞死亡，使细胞获得永生化。端粒活性与肿瘤某些生物学行为有关，肿瘤细胞端粒活性检测对肿瘤的浸润、转移及预后等有一定的意义[60]。

Kim 等建立 TRAP（telomeric repeat amplification protocol）检测方法，使端粒酶研究得到进一步的发展。但这种方法由于需要使用放射性同位素，很大程度上限制了其广泛应用。将 PCR-ELISA 应用于 TRAP，用生物素标记的探针替代同位素标记探针，ELISA 分析替代同位素分析，其灵敏度和特异性并没有降低，而且方法简便、安全和快速，更适于广泛运用。

端粒酶 PCR-ELISA 原理如图 8-3 所示。首先端粒酶会将端粒重复序列（TTAGGG）加到生物素标记引物 P1 的末端（步骤 1），然后再将经端粒酶作用过的生物素标记引物 P1 和引物 P2 一起进行 PCR 扩增（步骤 2）。含生物素扩增产物和包被在微孔板上的链霉亲和素结合，再用地高辛标记的探针进行杂交（步骤 3）。最后，运用抗地高辛-过氧化物酶偶联的抗体对地高辛抗原进行检测、显色分析（步骤 4）。运用此方法，能够从少至 10 个端粒酶阳性的 293 细胞中检测到端粒酶的活性，或可以从少至 0.03μg 端粒酶阳性的膀胱癌组织蛋白中检测到端粒酶的活性[61]。

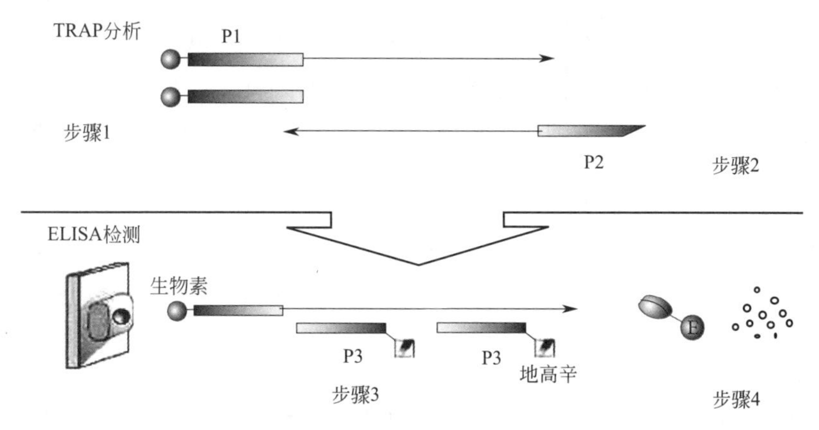

图 8-3　端粒酶 PCR-ELISA 示意图

2. 酪氨酸酶 RT-PCR ELISA

酪氨酸酶是产生黑色素所必需的关键酶，一般的组织中并不表达酪氨酸酶。当黑色素瘤细胞在体内发生了扩散、转移，原来并不表达酪氨酸酶的组织（如血液、骨髓和其它组织）会出现酪氨酸酶的表达。通过检测这些组织是否有酪氨酸酶 mRNA 的存在，从而得知酪氨酸酶的表达情况。

运用 RT-PCR ELISA 检测组织中的酪氨酸酶 mRNA，首先用生物素标记的引物通过一步法反转录 PCR（RT-PCR）从待测样品将 mRNA 扩增出 DNA 双链（步骤 1），再运用巢式 PCR（nested PCR）对 RT-PCR 产物进行进一步扩增（步骤 2），巢式引物之一也是经过生物素标记的。巢式 PCR 产物经过变性、地高辛标记特异探针杂交，结合到包被在微孔板上的链霉亲和素，再用抗地高辛-辣根过氧化物酶偶联抗体（anti-DIG-HRP）进行结合、TMB 显色。

酪氨酸酶 RT-PCR ELISA 方法的敏感性很高，可以检测到低至 40fg 的酪氨酸酶 mRNA 或少至 5mL 血液中只有 5 个黑色素瘤细胞表达的酪氨酸酶 mRNA，并具有特异、可靠及省时的特点[62]。

3. PCR-ELISA 检测乙型肝炎病毒 DNA（HBV-DNA）

在乙型肝炎病毒的诊断和治疗过程中，人们一直希望能找到一种可以准确地反映 HBV 感染者体内 HBV 病毒复制水平的标志，从而能够准确地诊断、指导用药和治疗评估。HBV-DNA 的检测是判断机体是否受到 HBV 感染及反映病原体在机体内复制最直接、最有说服力的指标，因此，建立一种高灵敏度、高准确度的测定方法对乙型肝炎的诊断和治疗有重要的意义。

PCR-ELISA 方法首先用特异性的 HBV-DNA 引物通过 PCR 方法扩增 HBV-DNA，在扩增产物中引入地高辛抗原，再运用经过生物素标记的捕获探针进行杂交。杂交产物中的生物素可以和包被在微孔板上的链霉亲和素结合。再用抗地高辛-过氧化物酶偶联抗体（anti-DIG-POD）进行结合，TMB 底物显色分析。PCR-ELISA 能较好地克服早前的 PCR-EB 法特异性差、灵敏度低的缺陷，灵敏度提高了百倍以上，大大提高了 HBV-DNA 的检出率[63,64]。

4. 支原体 PCR-ELISA

支原体（mycoplasma）是哺乳动物细胞培养中最常见的污染微生物。由于它们没有细胞壁及比较小，支原体可以通过过滤灭菌常用的 0.2μm 滤膜而污染细胞培养基。细胞培养基被支原体污染后，即使它们生长到密度为 10^8 个/mL 也不会产生细菌污染所致的培养基混浊现象。普通光学显微镜下无法观测到支原体。另外，支原体还能抵抗常用的防止细菌污染的抗生素的作用，所以支原体污染较难以发现[65]。

PCR-ELISA 方法用来检测细胞培养基中的支原体污染，首先根据支原体的 16S rDNA 进化保守性合成通用引物，可以特异性针对包括支原体、无胆支原体（acholeplasma）及脲原体（ureaplasma）的 15 种（*M. orale*，*M. arginini*，*M. fermentans*，*M. hyorhinis*，*M. salivarium*，*M. gallisepticum*，*M. hominis*，*M. bovis*，*M. californicum*，*M. bovigenitalium*，*M. hyopneumoniae*，*A. laidlawii*，*U. urealyticum* 等）支原体进行基因扩增。再通过探针杂交、ELISA 检测，可以快速、灵敏地对细胞悬液、贴壁细胞培养液上清、细胞培养基以及细胞培养基各组分等进行支原体污染分析。其灵敏度高至最少可以检测到 1～10fg 的支原体 DNA，即相当于约 1～20 拷贝的被测的支原体 16S rDNA。整个实验在一天内可以完成，使用 96 孔微孔板，可以同时进行较多样品分析，节约了时间[66]。

5. 转基因食品 PCR-ELISA

转基因食品一开始就引起社会各界的广泛关注，人们担心产生对人类健康或生态环境有害的新物种、变种或突变体。现代生物技术的发展已突破了传统育种中的基因转移限制，导入宿主生物体内的外源基因可以来源于不同的种属甚至是完全不同的生物，人们普遍担心外源基因的导入可能产生一些预想不到的结果，甚至怀疑外源基因可能会在人体中发生转移，因此转基因生物的安全性受到普遍关注。出于对转基因食品安全性的关注，欧盟于 2000 年 4 月起要求含 1%以上转基因成分的产品都必须贴有标签，日本也于 2001 年实行标签制度。我国对进口的农产品也有相应的要求，为防止进口的转基因农产品对我国的环境及人类健康带来预想不到的后果，转基因的检测也显得尤为重要。

PCR-ELISA 将 PCR 的高效性和 ELISA 的高特异性结合在一起，可以检测外源引入的基因，灵敏度高达 0.1%，足以达到欧盟的转基因检测阈值 1%的要求。研究表明，利用 PCR-ELISA 对转基因大豆的检测灵敏度比欧盟推荐的 PCR 方法提高了

5～10 倍。PCR-ELISA 方法在 PCR 结束后，使用特异性探针对 PCR 产物进行杂交，这样就提高了检测的特异性，使结果更加可靠[67]。PCR-ELISA 检测转基因产品所需仪器简单、易于操作，杂交检测可自动化，适合大量检测。包被管可长时间保存，用时不需临时包被，是比较适于推广运用的一种方法。

七、小结

PCR-ELISA 为 PCR 提供了第一个严格意义上的定量方法。相对于凝胶光密度定量，PCR-ELISA 无论是灵敏度、特异性、准确度都有很大的提高，能满足临床要求，并且对仪器要求较低，只要有扩增仪和酶标仪就可以进行。PCR-ELISA 巧妙地将 PCR 和 ELISA 两种分析方法结合起来，对后来实时定量 PCR 的发展也有重要的启示意义。

从现在看来，PCR-ELISA 仍存在着很多不足之处。首先是污染问题严重。PCR-ELISA 在扩增之后又要进行 ELISA 反应，而 ELISA 是一个开放性的反应，特别是洗板，很容易产生污染引起假阳性。为减小污染，一定要严格分区隔离，以避免污染[68]。同时，使用 dUTP 与 UNG 酶也可以在一定程度上减小污染的影响。由于 PCR 产物都是高浓度的。一般情况下，产物都被扩增至 2^{20} 倍以上，即使避免了扩增前的污染，但同批样本产物之间的交叉污染可能远远大于 ELISA，不能忽视。其次，PCR-ELISA 的操作繁琐，这也是严重制约临床应用的重要因素。最后，PCR-ELISA 的显色定量分析相对于运用探针荧光进行的实时定量 PCR，无论是灵敏度还是特异性上都有差距，后者已经在临床检验上得到了广泛运用。

第四节　原位 PCR

一、引言

1985 年 Kary Mullis 发明 PCR 技术，从此，分子生物学领域中一项具有强大生命力的聚合酶链反应技术诞生。该技术的突出特点是能将特定的 DNA 序列在体外快速扩增。因其操作简便、灵敏度高、特异性强，PCR 技术迅速应用于生命科学的各个领域，包括病原体检测、基因诊断、肿瘤研究等，形态学研究领域，包括病理学亦将 PCR 技术与形态结构结合，于是原位 PCR 技术诞生了。

原位 PCR（*in situ* PCR，IS PCR）技术首次由 Haase 报道于 1990 年，至今已有 30 年历史，在此过程中，此项技术不断发展、完善，现已趋于成熟。国内外不少实验室利用此项技术进行课题研究，也有不同类型原位 PCR 仪问世。

原位 PCR 就是在组织细胞原位进行 PCR 高效扩增，以检测单拷贝或低拷贝的特定 DNA 或 RNA 序列的一种方法。其本质是将 PCR 扩增与原位检测相结合。其特点是：①与 PCR 比，能在组织细胞原位进行 PCR 高效扩增；②与原位杂交比，能检测单拷贝（DNA）或低拷贝（＜20 拷贝 RNA）序列。

二、基本原理

PCR 是根据生物体内 DNA 复制的某些特征而设计的在体外对特定序列进行快速扩增的一项新技术。PCR 有两个重要特征，一是合成 DNA 的特定序列，二是特定序列的大量扩增。DNA聚合酶能以单链DNA为模板，合成与其互补的新链。将双链DNA加热至接近100℃时，DNA变性，形成两条单链DNA。此单链DNA即可用于合成互补链的模板。然而，新链合成的起始点必须有一小段双链DNA。PCR反应中，两条人工合成的寡核苷酸引物与单链DNA模板中的一段互补序列结合，形成部分双链。在适宜的温度下，DNA聚合酶即将dNTP中脱氧单核苷酸加到3′-OH末端，并以此为起点，沿模板以5′→3′方向延伸，合成一条新的互补链。引物的位置将决定合成的DNA序列[69]。

PCR反应中，双链DNA的高温变性、引物与模板的低温退火和室温下引物延伸三个步骤反复循环。每一循环中所合成的新链，又都可作为下一循环中的模板。PCR的特定DNA序列产量随着循环次数呈指数增加，达到迅速扩增的目的。

① 原位杂交（*in situ* hybridization，ISH）是以标记的DNA或RNA为探针，在原位检测组织细胞内特定的DNA或RNA序列的一种技术。其基本原理是含互补顺序的标记DNA或RNA片段即探针，在适宜条件下与细胞内特定DNA或RNA形成稳定的杂交体。

② 原位PCR技术。原位PCR的待检样本（切片、涂片、爬片等）首先需固定以保持组织细胞良好的形态结构。然后用蛋白酶K和稀酸等进行预处理，使细胞膜和核膜有一定的通透性。检测组织细胞mRNA时，应以mRNA为模板，在反转录酶、引物、4种dNTPs、42℃条件下在细胞内通过反转录反应合成cDNA。再经细胞内原位PCR扩增（引物、DNA聚合酶、4种dNTP、Mg^{2+}）将目的基因扩增。最后，根据标记物的不同，采用原位杂交或其它不同检测系统检出扩增产物[69]。

三、原位PCR方法分类及其设计方案

1. 原位PCR分类

根据扩增反应中是否含标记物，IS PCR分为直接法和间接法。根据起始物模板不同，分为一般PCR和反转录PCR。根据扩增产物不同，分为 *in situ* 3SR和IS PCR。

2. 几种常用IS PCR方法的设计方案

（1）直接法原位PCR　标本→固定→蛋白酶K处理→PCR扩增（引物或NTPs带标记物)→产生带有标记分子的扩增产物→原位检测扩增产物（不需原位杂交，根据标记分子的性质检测)→放射自显影（同位素标记）→荧光显微镜（荧光标记）→DIG抗体和NBT，BCIP（紫蓝色）→Biotin-Avidin—DAB（棕黄色)。

优点：操作简便，流程短，省时。缺点：特异性差，易出现假阳性。尤其以切片为甚，损害较重，不太适用于切片标本。见图8-4。

（2）间接法原位PCR　是目前应用最广泛的IS PCR方法。

标本→固定→蛋白酶K处理→PCR扩增（不带任何标记物)→原位杂交检测特异性扩增产物（产生带有标记分子的杂交体）→原位检测杂交信号（根据标记分子性质检测)。

间接法原位PCR实际上是PCR与原位杂交技术的结合，故亦称PCR原位杂交(PCR *in situ* hybridization，PISH)，其中ISH以非同位素标记（DIG或生物素）的寡核苷酸探针为多。

优点：特异性强（多了ISH)。缺点：流程长，繁琐，费时。见图8-4[69]。

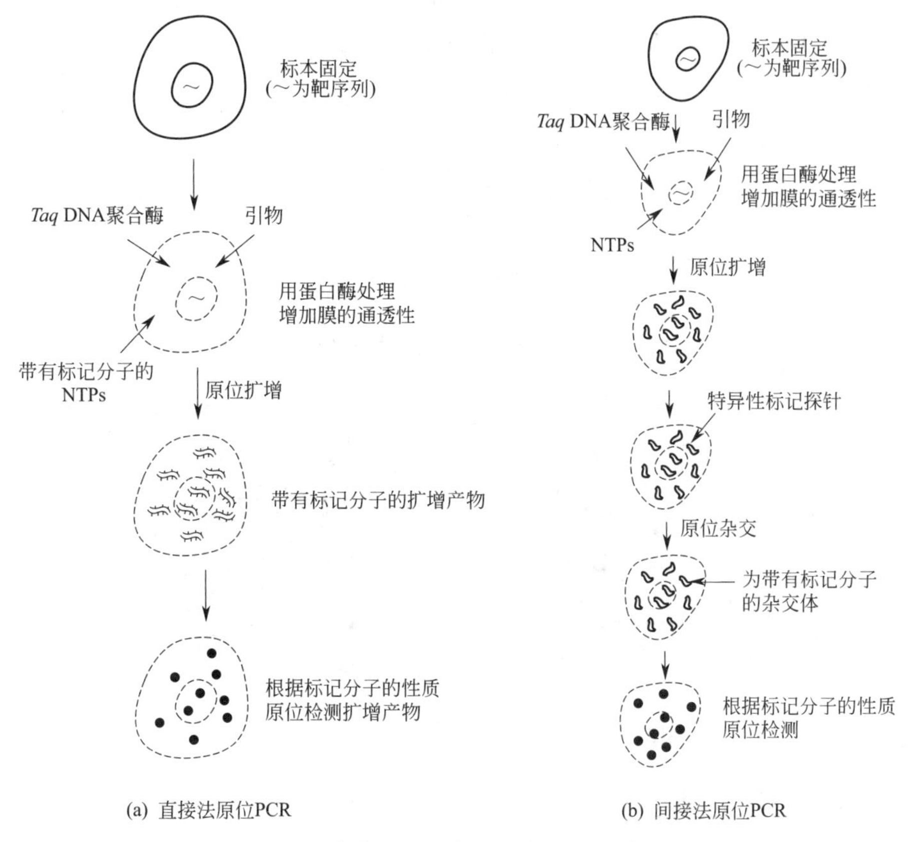

图 8-4　直接法和间接法原位 PCR 示意图

（3）原位反转录 PCR（*in situ* reverse transcription PCR，IS RT-PCR）　结合反转录反应和 PCR 扩增检测细胞内低拷贝（10～20 拷贝）mRNA 的方法。

标本→固定→预处理（蛋白酶 K 等）→DNA 酶处理（破坏组织细胞中 DNA）→反转录反应（引物，游离核苷酸，反转录酶及 42℃条件下，以 mRNA 为模板反转录合成 cDNA）→原位 PCR 扩增→扩增产物检测。

适用情况：内源性基因表达的检测，即检测 mRNA 时。原位反转录 PCR 原理见图 8-5[69]。

（4）原位再生式序列复制反应（*in situ* self-sustained sequence replication reaction，简称 IS 3SR 反应）　3SR 是 1990 年首次报道的能直接进行 RNA 扩增的一项新技术。原位 3SR 则是 1994 年由 Zehbe 等报道的一项直接进行 RNA 原位扩增的新技术。它能在原位检出单拷贝的 RNA。该法类似于 PCR，依赖于在一恒定的温度（42℃）下逆转录病毒复制所必需的 3 种酶的活性进行体外 mRNA 扩增。

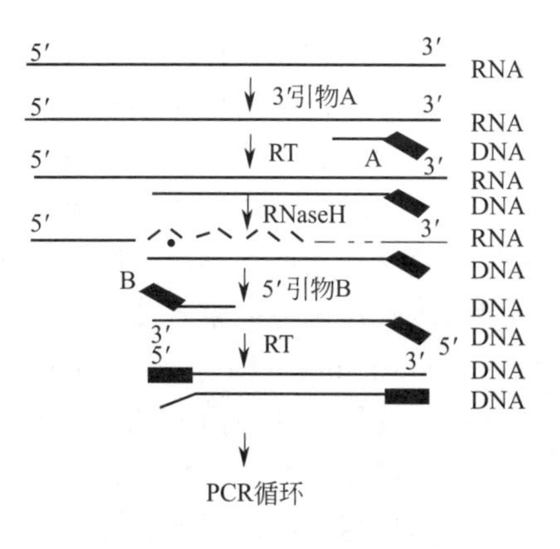

图 8-5　反转录 PCR 原理示意图

① 这 3 种酶为 AMV 反转录酶、RNase H 和 T7 RNA 聚合酶。

② 引物5′端具有T7 RNA聚合酶启动子。

③ 扩增反应在42℃下进行2h，不需热循环。见图8-6[69]。

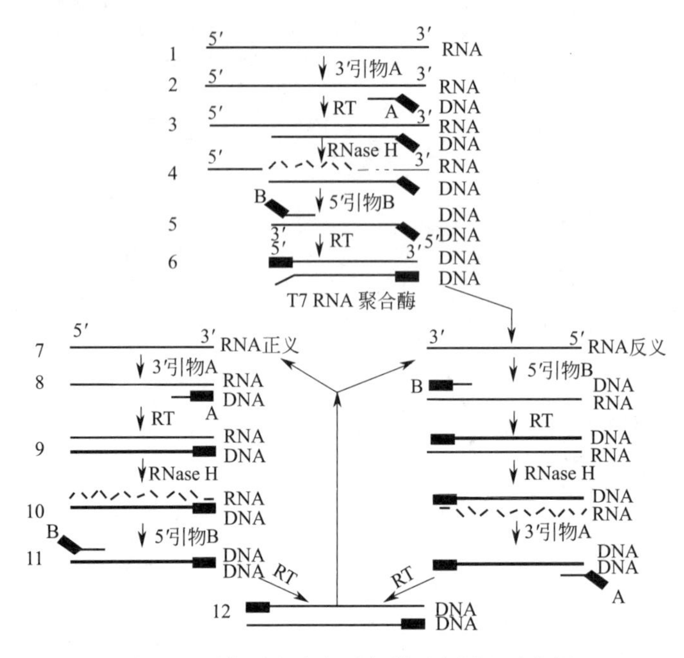

图8-6 原位再生式序列复制反应原理示意图

四、原位PCR基本步骤[69,70]

原位PCR基本步骤包括：标本制备、预处理、反转录反应（检测mRNA要做此步），原位PCR扩增，扩增后处理和原位检测。

1. 标本种类

细胞悬液（液相PCR仪中进行）、细胞涂片、细胞爬片、贴片、冰冻切片和石蜡切片。

2. 取材

取材要及时，尽量保持样本新鲜，尤其是RNA降解快，要求30min内固定。

3. 标本制备

（1）标本类型和特征

石蜡切片：保存形态结构好，敏感性低。

冰冻切片：厚，形态结构较差，敏感性高。

细胞涂片、爬片和贴片：及时固定，易出现阳性结果。

（2）防脱片剂应用　在制片过程中，为了防止细胞、组织标本在原位PCR操作过程中脱落，载玻片要涂以防脱片剂。尤其是石蜡切片，防脱片剂显得尤其重要。最常用的防脱片剂为多聚赖氨酸（poly-L-lysine，PLL），其次还有3′-氨丙基三乙氧硅烷（3′-aminopropyltriethoxy-silane，APES）和铬明胶（chrome gelatin）等。上述三者中，效果最好的为PLL。

（3）切片厚度　一般来说，切片越厚，携带目的核酸越多，原位PCR效果亦越好；但切片越厚，组织细胞形态越差。通常做原位PCR石蜡切片厚5μm，冰冻切片5～10μm。

4. 标本固定

目的：

① 保存组织细胞的形态结构，便于定位。

② 保存用作 PCR 模板的 DNA 或 RNA。

固定剂种类：

① 交联固定剂为甲醛、戊二醛。保持组织细胞形态好，但渗透较慢。

② 沉淀固定剂为甲醇、乙醇和丙酮。保存组织细胞形态结构较差，且影响部分双链核酸。

常用的固定剂为：10％缓冲福尔马林和 4％多聚甲醛。亦有实验表明，用纯丙酮固定亦可获得满意结果。

5. 扩增前预处理

预处理目的：增加组织细胞膜及核膜通透性，防止非特异反应发生。

（1）脱蜡　石蜡切片必须先脱蜡至水，且脱蜡要充分。

（2）去污处理　常用 Triton X-100，注意要适度，否则会引起靶核酸的丢失以及组织细胞形态结构的破坏。

（3）蛋白酶 K 处理　适度可以增加细胞通透性，允许反应试剂进入细胞内，并暴露靶序列，用以扩增；不足易引起假阴性结果；过度不仅会破坏组织细胞的形态结构，而且也会使 PCR 扩增产物易于通过破裂的膜结构向外弥散。

（4）内源性生物素和酶的去除　同免疫组化，目的是减少非特异性反应。

6. 反转录反应

检测标本中 mRNA 时，必须经过此步骤。检测样本中 DNA 免去此步。

由于 PCR 扩增是以 DNA 为模板，在检测 mRNA 时，首先应以 mRNA 为模板，在反转录酶等的作用下，反转录合成 cDNA，并以此为模板进行 PCR 扩增。

在反转录反应之前，应先用 DNA 酶将组织细胞基因组 DNA 去除掉，以保证 PCR 扩增的模板由 mRNA 反转录而来。

7. 原位 PCR 扩增

（1）引物设计　一般原理适用。通常为 18～28 个核苷酸，扩增片段为 100～1000bp，最好是 100～500bp。

原位 PCR 宜用稍短的引物，两个引物之间不应有互补序列，且通常情况下，一对引物就可以了。引物 3′末端碱基优先顺序是 T＞G＞C＞A。

（2）反应体系浓度　引物、*Taq* 酶、dNTPs 和 Mg^{2+} 浓度比常规 PCR 要高些。这主要是因为原位 PCR 的靶序列 DNA 或 RNA 在经固定的细胞和组织切片上是不可移动的，即检测的 DNA 或 RNA 空间和位置固定，上述 PCR 扩增体系不是都能有效结合，并且在标本制备过程中，靶序列的完整性也常受到损害。

（3）牛血清白蛋白（BSA）　在做原位 PCR 时，反应体系中要加适当的 BSA，以防止 *Taq* 酶与玻片结合而降低扩增效率。

（4）热循环次数　目前有专门原位 PCR 仪以供做玻片的原位 PCR。

原位 PCR 参数设定时，注意循环次数要足够，一般设定 25～40 循环，每个循环的变性、退火和延伸时间要长，以保证能充分扩增。

8. 扩增后处理

（1）洗涤标本　要适度，以降低背景和保留强阳性信号。

（2）扩增后固定　为使扩增产物在随后的检测过程中能保留在细胞内，提高检测的敏感性和特异性，洗涤后多用4%多聚甲醛或2%戊二醛或纯酒精固定，在此过程中要注意适度，过强的后固定会影响原位杂交检测时探针与特异扩增产物的结合。

9. 原位检测

原位PCR扩增产物的检测，依其设计的方案是直接还是间接法，标记物是同位素、生物素、地高辛还是荧光或酶的不同而不同。

（1）直接法原位PCR　不通过原位杂交，扩增产物含标记物，根据标记物不同进行直接检测。

（2）间接法原位PCR　首先进行原位杂交，形成带有标记分子的杂交体，然后根据不同的标记物进行检测。

（3）标记物不同检测方法不同

同位素标记——采用放射自显影检测；

生物素标记——采用ABC、SP或LSAB免疫组化方法检测；

地高辛标记——采用anti-DIG-AP-NBT检测系统检测；

荧光标记——采用荧光显微镜检测；

酶标记——采用底物直接显色检测。

10. 对比显色

阳性结果分明，对比明显。

五、原位PCR方法的选择

1. 是否用原位PCR

原位杂交和原位PCR均是在原位显示组织细胞内特定的DNA或RNA序列，但原位杂交显示不出低拷贝（通常<20bp）的靶核酸序列，因此，在原位检测组织细胞内单拷贝DNA或低于10～20拷贝RNA序列时，选用原位PCR方法。

2. 用何种原位PCR

（1）直接法或间接法原位PCR　一般来说，都可以选用，但各具优缺点。

① 直接法：流程短、操作简便，但由于PCR扩增灵敏度高，易产生非特异扩增，出现假阳性结果。

② 间接法：由于采用原位杂交检测扩增信号，大大增加了检测扩增产物的特异性。

间接法原位PCR是目前应用最为广泛的一种原位PCR，其特异性高，灵敏度亦高，建议应用。只是由于多了原位杂交的程序，流程长、操作复杂、费时。

（2）原位反转录PCR或一般原位PCR

① 反转录PCR：当扩增的靶序列为RNA时应选用RT-PCR。通常采用反转录PCR检测组织细胞固有基因的表达，如生长因子、免疫球蛋白和胶原等基因表达情况。

② 一般原位PCR：当扩增的靶序列为DNA时应选用普通PCR。通常情况下，外源性基因如病毒、细菌等基因或导入目的基因的扩增以及内源性基因突变时，采用一般PCR即可。

3. 探针及检测系统的选择

（1）探针种类及标记物选择　间接法原位PCR原位扩增后采用原位杂交来检测

扩增产物。直接法原位 PCR 免去此步。

① 探针种类：从杂交效果来说，各种探针优劣顺序为 RNA＞DNA＞寡核苷酸，但操作时，RNA 探针要求较严格，DNA 探针存在变性问题，寡核苷酸探针灵敏性低。

② 标记物：从杂交效果来说，各种标记物优劣顺序为同位素＞地高辛＞生物素。但同位素毒性大，且半衰期短，地高辛价格较贵，而生物素相对较便宜。

（2）检测系统选择　根据不同标记物选用不同的检测系统。但选择时应注意以下几点。

① HRP-DAB 显色：由于血细胞和造血组织细胞含丰富的内源性过氧化物酶（HRP），因此此检测系统不适于血细胞及造血细胞。

② AP-NBT 或坚固红：不适于小肠等内源性碱性磷酸酶过多的组织。

③ 荧光：不稳定，不能长期保存，且需专门荧光显微镜进行观察。

④ 同位素：毒性大，对操作人员伤害大；各种同位素均有一定的半衰期，使用受时间限制。

六、原位 PCR 操作注意事项

1. 原位 PCR 仪

进行原位 PCR 扩增前，先熟悉仪器，并编好程序，包括变性、循环参数及延伸温度和时间的设定。

（1）玻片　清洁后高温烤片（一般 180℃ 3h）。为防止标本脱落要涂防脱片剂。在进行反转录 PCR 时，玻片要用 DEPC 水浸泡，以去除 RNA 酶的污染。

（2）染色缸，烧杯及量筒等　要彻底酸洗。

（3）吸头及微量离心管　一定要高压消毒，最好用新购的，检测 mRNA 时，需用 DEPC 水浸泡。

2. 试剂

① 能耐高温的试剂要高压灭菌。

② 不耐高温的试剂，如酶、蛋白等要过滤除菌。

③ 一些酶及其它分子生物学试剂要低温保存。

3. 加扩增反应液及上机

① 每个标本加扩增反应液 50μL，否则，大于 50μL 时液体外流，密封受影响，小于 50μL 时反应体系内有空泡残留，不利扩增。

② 玻片放入原位 PCR 仪之前，密封卡一定要卡紧、密封好，以防反应液在多次循环过程中干燥。

4. 原位 PCR 操作过程中注意事项

一定要严格无菌操作，谨防 RNA 酶的污染（检测 mRNA 时）。

5. 设置对照实验

原位 PCR 是一项敏感性很高的检测细胞内特定 DNA 或 RNA 序列的新技术，但其操作步骤多、技术复杂、流程长。在整个流程中任何一步操作不当，都可能产生假阳性或假阴性结果。因此，为了使实验结果得到正确、合理的解释，在进行原位 PCR 时，必须设置一系列对照实验，以排除假阳性或假阴性结果。最为重要的对照实验如下。

（1）已知阳性和阴性标本对照　每次原位PCR实验时应同时包括已知阳性和阴性的对照标本。只有对照标本分别出现应有的阳性和阴性结果时，才说明原位PCR所用的各种试剂以及每一步的操作都正确无误，从而提高被检标本阳性或阴性结果的可信性。

（2）同一样本的液相PCR　被检标本除了做原位PCR之外，还可用常规的液相PCR对靶序列进行扩增。如果二者结果一致，即均为阳性或阴性，液相PCR结果则支持原位PCR的发现。

（3）模板对照　根据PCR起始物是DNA或RNA，将待检标本在原位扩增之前先用DNA酶或RNA酶处理，以破坏被检测的靶序列即模板；然后，再进行原位PCR操作程序，结果应为阴性。

（4）引物对照　在PCR扩增中，引物是决定特异性靶序列的一个关键因素。如在PCR反应体系中不加引物或用无关引物代替特异性引物，所得结果应为阴性。

（5）*Taq*酶对照　不论是直接法或间接法PCR，其起始物均为DNA。因此，常用的阴性对照实验是在反应系统中省去DNA聚合酶。该酶是PCR扩增的关键性工具酶，反应体系中没有DNA聚合酶，结果应该为阴性。

（6）反转录酶对照　在反转录PCR中，如在反转录体系中不加反转录酶，其它步骤按正常操作程序进行，此时cDNA则不能合成，随后的扩增反应则不能进行，所得结果应为阴性。

（7）检测系统对照　标记物不同，检测方法不同；直接法或间接法原位PCR检测方法亦不同。

直接法原位PCR中，以同位素作为标记物时，则用放射自显影术检测。这时应针对放射自显影技术本身设置相应的阳性和阴性对照。如将浸渍乳胶的空白片在光线下曝光后显影，阳性结果证明乳胶及显影过程工作正常。阴性对照可以在反应体系中不加放射性标记三磷酸核苷酸，其它操作与实验标本相同，结果应为阴性。以半抗原作为标记物（生物素、地高辛）时，扩增产物用免疫组织化学定位。这时应设置免疫组织化学技术的对照试验，以判别阳性免疫反应的特异性。其中最为常用的是省去特异性第一抗体作为阴性对照。

间接法原位PCR中，需要用原位杂交技术检测PCR扩增产物。这时应设置相应的原位杂交技术的阳性和阴性对照。在杂交反应中省去特异性探针，或用无关探针是一种常用的阴性对照实验。

七、原位PCR存在的问题和结果分析[69]

自1990年首次报道原位PCR技术以来，国内外已有不少实验室利用原位PCR技术进行研究，使这项技术不断完善，日趋成熟。原位PCR在病毒学、病理学及肿瘤研究中已成功应用并取得明显的成果。但是，原位PCR作为一项正在发展中的新技术，还存在一些问题，有待于在实践中进一步改进。

1. 原位PCR技术操作的复杂性

实际上，原位PCR技术包括了以下4种技术：组织学技术、PCR扩增技术、原位杂交技术和免疫组织化学技术。其操作流程复杂，实验过程中诸多因素、许多环节都会影响实验结果。因此，在进行原位PCR操作过程中，一定要严格规范每一步，并设置各种对照实验，这样，对所得的结果才能得到合理可信的解释。

2. 关于原位 PCR 技术敏感性问题

原位 PCR 是将靶序列扩增后再进行检测，因此提高了在组织细胞原位检出靶序列的敏感性。但其较液相 PCR 扩增效率要低得多。一般来说，固定的新鲜细胞标本原位 PCR 的放大效率为 50～100 倍，而存档组织切片其放大效率要低得多，易出现假阴性结果。

3. 关于原位 PCR 技术的特异性问题

原位 PCR 方法不同，特异性亦不同。直接法原位 PCR，由于直接对其扩增产物进行检测，其特异性较差，较易出现非特异假阳性结果。在原位扩增时，采取热启动 PCR 或/和套式 PCR，可提高反应的特异性；间接法原位 PCR 可通过原位杂交检出特异性扩增片段，特异性较高。目前，尽管已有一些提高原位 PCR 特异性的策略，但如何改进反应特异性仍是摆在研究者面前的一个研究课题。

4. 原位 PCR 定量问题

目前，由于原位 PCR 在敏感性和特异性方面还存在一些问题，有可能出现假阳性或假阴性结果。因此，阳性细胞计数与实际情况常不能完全吻合。近年来，由于图像分析仪的应用，提高了定量分析的客观性。但就原位 PCR 而言，一个单拷贝靶基因与另一个含 10 个拷贝靶基因的细胞，经过原位扩增后可能得到相同的阳性反应强度。正是由于上述的局限性，目前原位 PCR 的定量分析处在相对定量和半定量水平。

八、原位 PCR 的应用

原位 PCR 技术自 1990 年首次报道以来，引起国内外学者广泛关注，尤其在遗传学、微生物学、病理学、组织胚胎学和免疫学等领域得到越来越多的应用，取得明显进展。总的说来，原位 PCR 的应用可分为检测外源性基因和内源性基因两个方面。外源性基因可分为感染基因和导入基因，而内源性基因则分为异常或变异基因和固有基因两类。分述如下。

1. 检测外源性基因

（1）感染基因　主要检测生物体受病原体等感染时，感染的病原体的 DNA 或 RNA，包括病毒、细菌、螺旋体、支原体等 DNA 或 RNA 的检测。

（2）导入基因　随着分子生物学的发展，人们可以比较容易地把某一基因片段进行重组、克隆，甚至可以把某个基因导入一个原来不具有该基因的细胞，即基因传染。在此过程中，用以导入的基因可以是编码病毒、多肽、蛋白质或细胞因子等的基因。通过原位 PCR 技术，对导入的基因及表达进行检测。

2. 内源性基因检测

（1）突变基因的检测　原位 PCR 通过检测突变的基因，应用于遗传性疾病的研究。它可以查明这些疾病中特异 DNA、RNA 序列或顺序改变发生在何种组织及细胞中。从而揭示疾病的本质。

（2）机体固有基因的检测　原位 PCR 的问世，对基因的定位检测提供了形态学上最敏感、最有效的手段。特别是对一些只有单个或几个拷贝的低表达的固有基因，用原位杂交手段检测不到。液相 PCR 可以扩增，但不能确定含该固有基因的细胞类型。这样，只有原位 PCR 能解决这一问题。

九、原位 PCR 操作程序示例[70,71]

以组织切片标本间接法原位反转录 PCR 方法为例进行介绍。

1. 主要试剂配方

（1）0.1% DEPC（diethyl pyrocarbonate，焦碳酸二乙酯）水

DEPC 1mL　双蒸水 1000mL

37℃孵育过夜，高压灭菌备用。

（2）TBS（Tris 缓冲生理盐水）

0.5mol/L Tris-HCl，pH 7.2 100mL　双蒸水加至 1000mL

NaCl 8.5～9g

（3）1mol/L Tris-HCl 缓冲液（pH8.0 和 7.2）

Tris 碱 121.1g　双蒸水 800mL

用 HCl 和 NaOH 将 pH 调至 8.0 或 7.2，再加双蒸水至 1000mL，高压灭菌。

（4）蛋白酶 K 溶液

1mol/L Tris-HCl（pH 8.0） 10mL　0.5mol/L EDTA（pH 8.0） 10mL

加消毒双蒸水至 100mL。

使用前加入蛋白酶 K 储存液（1mg/mL，−20℃保存），使终浓度按需配制。

（5）0.5mol/L EDTA（pH 8.0）

EDTA 钠盐 186.1g　双蒸水 600mL

60℃持续搅拌，同时加 NaOH 小丸（约 20g），使 pH 值接近 8.0。待 EDTA 完全溶解后，使溶液冷却至室温，然后用 NaOH 溶液将 pH 调至 8.0，最后加双蒸水至 1000mL，高压灭菌。

（6）0.2%甘氨酸（用 DEPC-TBS 配制）

甘氨酸 0.2g　DEPC-TBS 100mL

（7）反转录反应液

AMV 反转录酶 1U/μL　下游引物 1μmol/L

反转录酶缓冲液 1×　dNTPs 250μmol/L

RNasin 1U/μL

（8）扩增反应液

Mg^{2+} 2.5mmol/L　dNTPs 200μmol/L

PCR 缓冲液 1×　*Taq* 酶 8U/100μL

上下游引物（各） 1μmol/L　BSA 3mg/mL

（9）预杂交液

去离子甲酰胺 50%　剪断鲑鱼精子 DNA 100μg/mL

SSC 5×　酵母 tRNA 250μg/mL

Denhardt's 1×　RNasin 1U/μL

硫酸葡聚糖 10%

（10）10×SSC

NaCl 87.65g　柠檬酸钠 44.10g

溶于 800mL 双蒸水中，用 10mol/L NaOH 将 pH 调至 7.0，再加双蒸水至 1000mL，高压消毒。

（11）缓冲液 1（马来酸缓冲液）

马来酸	0.1mol/L	NaCl	0.15mol/L

用 NaOH 将 pH 调至 7.5。

（12）缓冲液 2（封闭缓冲液）

缓冲液 1	9mL	封闭溶液(vial 6)	1mL

（13）缓冲液 3（检测缓冲液）pH9.5

Tris-HCl	0.1mol/L	$MgCl_2$	50mmol/L
NaCl	0.1mol/L		

（14）缓冲液 4（TE 缓冲液）pH8.0

Tris-HCl	10mmol/L	EDTA	1mmol/L

（15）显色液

缓冲液 3	10mL	NBT/BCIP 贮备液(vial 5)	200μL

（16）100×Denhardt 液

聚乙烯吡咯烷酮(PVP)	10g	双蒸水加至	500mL
BSA	10g	过滤除菌	−20℃保存备用
聚蔗糖 400	10g		

2. 操作程序

（1）标本制备　皮肤创伤愈合组织经 10%福尔马林缓冲液固定一周，常规石蜡包埋，制成 5μm 厚石蜡切片，裱贴于烘烤（180℃ 3h）后涂 PLL 的载玻片上，切片大小约 1cm×1cm（注意切片裱贴于载玻片的位置）。

（2）预处理

① 二甲苯脱蜡 10min×2。

② 乙醇梯度脱蜡至水，入 DEPC 水洗。

③ 用含 0.1%DEPC 的 TBS 洗 3min×2。

④ 0.2mol/L 盐酸酸化 10min，DEPC-PBS 洗 3min×2。

⑤ 25μg/mL 蛋白酶 K 37℃消化 15min。

⑥ 0.2%甘氨酸（用 DEPC-TBS 配制）2min 终止反应，DEPC-TBS 洗 3×2min。

（3）基因组 DNA 去除

① 用无 RNA 酶的 DNA 酶Ⅰ 处理（750μ/mL 三蒸水），置湿盒内室温过夜。

② DEPC-TBS 洗，5min×2。

③ 乙醇梯度脱水，95%乙醇 3min×2 和纯乙醇 3min×2。

（4）反转录反应

① 将反转录反应液滴加于样品中，置湿盒内，42℃ 1h。

② 将玻片置 2×SSC-DEPC 容器中于 95℃灭活反转录酶 10min。

③ 乙醇梯度脱水。

（5）原位扩增

① 将扩增反应液滴加样品上，每片 50μL，用原位 PCR 仪专用封片装置将扩增反应液密封好。

② 将上述玻片置原位 PCR 仪内，94℃变性 5min 后，按下列条件进行循环：

94℃ 2min，55℃ 2min，72℃ 3min，35 个循环结束后 72℃延伸 3min。

③ DEPC-TBS 洗 5min×2。

④ 无水乙醇固定 10min，并风干。

(6) 原位杂交　含 2.5μg/mL DIG-VEGF 寡核苷酸探针的杂交液 50μL/片，37℃杂交过夜。

(7) 杂交后洗涤

① 2×SSC-50%甲酰胺洗涤，37℃15min×2。

② 2×SSC 洗 15min×2。

③ 依次加入 1×SSC、0.5×SSC 及 0.2×SSC 各洗 5min×2。

(8) 杂交后检测

① 缓冲液 1 洗 1～5min。

② 缓冲液 2 中封闭 30min。

③ 滴加抗地高辛碱性磷酸酶（anti-DIG-AP）复合物（1∶5000，用缓冲液 2 稀释）30min。

④ 缓冲液 1 洗 15min×2。

⑤ 缓冲液 3 洗 2～5min。

⑥ 加新配制的显色液于玻片标本上，置湿盒内（<16h），镜检控制显色结果。

⑦ 缓冲液 4 终止反应。

⑧ 蒸馏水洗，苏本素复染核，甘油明胶封片。

(9) 对照实验设置

① 反转录酶对照。在反转录反应中不加反转录酶，其余各步同上。

② 引物对照。扩增反应液中不加引物，其余各步同上。

③ *Taq* 酶对照。扩增反应液中不加 *Taq* 酶，其余各步同上。

④ 探针对照。杂交反应液中不加特异性探针，其余各步同上。

⑤ 检测系统对照。检测时不加 anti-DIG-AP，其余各步同上。

以上对照实验所有结果应为阴性。

(10) 结果判定　阳性结果为紫蓝色，位于细胞质内，胞核复染呈浅蓝色。

注：DIG 高效随机引物标记与检测试剂盒 1 为 Boehringer Mannheim 公司产品。

十、小结

本节简要介绍了原位 PCR 概念、原理，不同原位 PCR 方法的设计方案、基本步骤，如何选择 PCR 方法，原位 PCR 操作步骤及注意事项、目前存在的问题及应用等，并附有操作实例和试剂配制方法。总体而言，原位 PCR 自 1990 年首次报道以来，国内外不少实验室对它的应用进行了开拓性的研究，使之不断完善，日趋成熟，并已在病毒学、病理学及肿瘤研究中成功应用，取得了明显的成果[71,72]。

有位国际知名的病理学者曾这样说过：每一种新技术新方法的应用，必将在某一领域研究有新的发现、新的突破。回顾人类科学进步的历史，许多学科的发展是以研究方法与工具的创新为先导的。以病理学为例，自古至今随着尸体解剖、光学显微镜、电子显微镜及免疫组织（细胞）化学技术的创立，先后经历了器官病理学、细胞病理学、超微病理学和免疫病理学等几个发展阶段。近年来，原位杂交和原位 PCR 技术的兴起，又将病理学这门有着悠久历史的学科推进到分子病理学水平。原位

PCR 作为一种敏感性高、特异性强，能在组织细胞原位进行低拷贝数基因定位的形态学研究方法，从一开始就受到病理学家的青睐。已发表的原位 PCR 文献中，约有半数见于病理学杂志上。同时，作为形态学与分子生物学前沿交叉的产物，原位 PCR 可能为任何生物医学学科所捕获，对学科前沿研究和交叉学科的发展起着不可估量的作用。正如 Anderson 生动地指出："原位 PCR 使光学显微镜超过电子显微镜向生物化学和遗传学领域延伸。"可以想象，在不久的将来，原位 PCR 一定会在分子细胞生物学、分子发育生物学、分子神经生物学、分子遗传学、分子肿瘤学、分子病理学、分子病毒学以及临床各学科得到广泛应用，取得令人欣慰的成果。

参考文献

[1] Sano T, Smith C L, Cantor C R. Immuno-PCR: very sensitive antigen detection by means of specific antibody-DNA conjugates. Science, 1992, 258 (5079): 120-122.

[2] Ruzicka V, Marz W, Russ A, et al. Immuno-PCR with a commercially available avidin system. Science, 1993, 260 (5108): 698-699.

[3] Zhou H, Fisher R J , Papas S J. Universal immuno-PCR for ultra-sensitive target protein detection. Nucleic Acids Research, 1993, 21 (25): 6038-6039.

[4] Shan J, Toye P. A novel immuno-polymerase chain reaction protocol incorporating a highly purified streptavidin-DNA conjugate. J Immunoassay Immunochem, 2009, 30 (3): 322-337.

[5] 乔生军，吴自荣，戚蓓静，等. 一种新型免疫 PCR 基因探针的构建及其在诊断中的初步研究. 中国科学（C 辑），1998, 28 (1): 77-82.

[6] Lind K, Kubista M. Development and evaluation of three real-time immuno-PCR assemblages for quantification of PSA. J Immunol Methods, 2005, 304 (1-2): 107-116.

[7] Rajkovic A, Moualij B, Uyttendaele M ET AL. Immunoquantitative Real-Time PCR for Detection and Quantification of Staphylococcus aureus Enterotoxin B in Foods. Applied and Environmental Microbiology, 2006, 72 (10): 6593-6599.

[8] Reuter T, Gilroyed B H, Alexander T W, et al. Prion protein detection via direct immuno- quantitative real-time PCR. J Microbiol Methods, 2009, 78 (3): 307-311.

[9] Monteiro L, Gras N, Megraud F. Magnetic Immuno-PCR Assay with Inhibitor Removal for Direct Detection of Helicobacter pylori in Human Feces. J Clin Microbiol, 2001, 39 (10): 3778-3780.

[10] Barletta J, Bartolome A, Constantine N T. Immunomagnetic quantitative immuno-PCR for detection of less than one HIV-1 virion. J Virol Methods, 2009 , 157 (2): 122-132.

[11] Chen L, Wei H, Guo Y, et al. Gold nanoparticle enhanced immuno-PCR for ultrasensitive detection of Hantaan virus nucleocapsid protein. J Immunol Methods, 2009, 346 (1-2): 64-70.

[12] Wacker R, Ceyhan B, Alhorn P, et al. Magneto immuno-PCR: a novel immunoassay based on biogenic magnetosome nanoparticles. Biochem Biophys Res Commun, 2007, 357 (2): 391-396.

[13] Zhang HT, Cheng X, Richter M, et al. A sensitive and high-throughput assay to detect lowabundance proteins in serum. Nat Med, 2006, 12: 473-477.

[14] 朱自满，李世拥，安萍，等. T7 RNA 聚合酶催化的荧光扩增技术检测人 CEA. 世界华人消化杂志, 2007, 15 (27): 2927-2930.

[15] Gao Y C, Zhou Y F, Zhang X E, et al. Phage display mediated immuno-PCR. Nucleic Acids Res, 2006, 34 (8): e62.

[16] Wang T W, Lu H Y, Lou P J, et al. Application of highly sensitive, modified glass substrate-based immuno-PCR on the early detection of nasopharyngeal carcinoma. Biomaterials, 2008, 29 (33): 4447-4454.

[17] Chen L, Wei H, Guo Y, et al. Gold nanoparticle enhanced immuno-PCR for ultrasensitive detection of Hantaan virus nucleocapsid protein. J Immunol Methods, 2009, 346 (1-2): 64-70.

[18] Chen H Y, Zhuang H S. Real-time immuno-PCR assay for detecting PCBs in soil samples. Anal Bioanal

Chem. 2009，394 (4)：1205-1211.

[19] Barletta J. Applications of real-time immuno-polymerase chain reaction (rt-IPCR) for the rapid diagnoses of viral antigens and pathologic proteins. Mol Aspects Med，2006，27 (2-3)：224-253.

[20] Adler M，Wacker R，Niemeyer C M. Sensitivity by combination：immuno-PCR and related technologies. Analyst，2008，133 (6)：702-718.

[21] Allen R C，Rogelj S，Cordova S E，et al. An immuno-PCR method for detecting Bacillus thuringiensis Cry1Ac toxin. J Immunol Methods，2006，308 (1-2)：109-115.

[22] Zhang W L，Bielaszewska M，Pulz M，et al. New Immuno-PCR Assay for Detection of Low Concentrations of Shiga Toxin 2 and Its Variants. J Clin Microbiol，2008，46 (4)：1292-1297.

[23] Fischer A，Kuczius T，von Eiff C，et al. TSS-mediating staphylococcal toxins：A novel quantitative real-time immuno-PCR approach for ultra-sensitive detection of SEB and TSST-1. qPCR 2007 Symposium POSTER Presentations，P013.

[24] Adler M，Langer M，Witthohn K，et al. Adaptation and performance of an immuno-PCR assay for the quantification of Aviscumine in patient plasma samples. J Pharm Biomed Anal，2005，39 (5)：972-982.

[25] Peroni L A，Reis J R，Coletta-Filho H D，et al. Assessment of the diagnostic potential of Immmunocapture-PCR and Immuno-PCR for Citrus Variegated Chlorosis. J Microbiol Methods，2008，75 (2)：302-307.

[26] Zhou C，Zhuang H. Determination of fluoranthene by antigen-coated indirect competitive real-time immuno-PCR assay. J Environ Monit. 2009，11 (2)：400-405.

[27] Chen H Y，Zhang Y. The prospect of immuno-PCR in polybrominated biphenyls detection in Enviroment. Proceedings of the 10th international conference on Enviromental Science and Technology，2007：105-111.

[28] Roth L，Zagon J，Ehlers A，et al. A novel approach for the detection of DNA using immobilized peptide nucleic acid (PNA) probes and signal enhancement by real-time immuno-polymerase chain reaction (RT-iPCR). Anal Bioanal Chem，2009，394 (2)：529-537.

[29] Maia M，Takahashi H，Adler K，et al. Development of a two-site immuno-PCR assay for hepatitis B surface antigen. J Virol Methods，1995，52 (3)：273-286.

[30] Joerger R D，Truby T M，Hendrickson ER，et al. Analyte detection with DNA-labeled antibodies and polymerase chain reaction. Clin Chem，1995，41 (9)：1371-1377.

[31] Niemeyer C M，Adler M，Wacker R. Immuno-PCR：high sensitivity detection of proteins by nucleic acid amplification. TRENDS in Biotechnology，2005，23 (4)：208-216.

[32] Jansen R W，Siegl G，Lemon S M. Molecular epidemiology of human hepatitis A virus defined by an antigen-capture polymerase chain reaction method. Proc Natl Acad Sci USA，1990，87：2867-2871.

[33] Schwab K L，De Leon R，Sobsey M D. Immunoaffinity concentration and purification of waterborne enteric viruses for detection by reverse transcriptase PCR. Appl Environ Microbiol，1996，62：2086-2094.

[34] Liang T J，Blum H E，Wands J C. Characterization and biological properties of a hepatitis B virus isolated from a patient without hepatitis B virus serologic markers. Hepatology，1990，12 (2)：204-212.

[35] Faggioli F，Pasquini G，Barba M. Comparison of different methods of RNA isolation for plum pox virus detection by reverse transcription-polymerase chain reaction. Acta Virolog，1998，42：219-221.

[36] Nolasco G，de Blas C，Torres V，et al. A method combining immunocapture and PCR amplification in a microtiter plate for the detection of plant viruses and subviral pathogens. J Virolog Methods，1993，45：201-218.

[37] Wetzel T，Candresse G，Ravelonandro M，et al. A highly sensitive immunocapture polymerase chain reaction method for plum pox potyvirus detection. J Virolog Methods，1992，39：27-37.

[38] Xing Y D，Robert L W，Elkind M M. Single-tube immunocapture and PCR of genotoxin-modified DNA：application to gene-specific damage analysis. BioTechniques，1996，21：187-188.

[39] Casas N，Sunen E. Detection of enteroviruses，hepatitis A virus and rotaviruses in sewage by means of an immunomagnetic capture reverse transcription-PCR assay. Microbiolog Res，2002，157 (3)：169-175.

[40] Wang S Y，Liu R，Zhang J Z，et al. Analysis of complement-bound hepatitis B virus complexes by an immuno-capture polymerase chain reaction method. Scan J Immunol，2003，58：112-116.

[41] Zhou Y L，Wang S Y，Zhang J Y，et al. Analysis of hepatitis B virus-immunoglobulin isotype complexes by a novel immuno-capture polymerase chain reaction method. Scan J Immunol，2003，57：391-396.

[42] Mulholland V. Immunocapture-polymerase chain reaction. Methods Mol Biol，2005，295：281-290.

[43] Kobayashi S，Natori K，Takeda N，et al. Immunomagnetic capture RT-PCR for detection of norovirus from foods implicated in a foodborne outbreak. Microbiol Immunol，2004，48 (3)：201-204.

[44] Yang W，He M，Li D，et al. Rapid detection of rotavirus in water samples using immunomagnetic separation combined with real time PCR. Huan Jing Ke Xue，2009，30 (5)：1368-1375.

[45] Fu Z，Rogelj S，Kieft T L. Rapid detection of Escherichia coli O157：H7 by immunomagnetic separation and real-time PCR. Int J Food Microbiol，2005，99 (1)：47-57.

[46] Herbrink P，Munckhof H A M，Niesters H G M，et al. Solid-phase C1q-directed bacterial capture followed by PCR for detection of *chlamydia trchomatis* in clinical specimens. J Clin Microbiol，1995，33 (2)：283-286.

[47] Chen L，Wei H，Guo Y，et al. Gold nanoparticle enhanced immuno-PCR for ultrasensitive detection of Hantaan virus nucleocapsid protein. J Immunol Methods，2009，346 (1-2)：64-70.

[48] Naja G，Bouvrette P，Champagne J，et al. Activation of nanoparticles by biosorption for *E. coli* detection in milk and apple juice. Appl Biochem Biotechnol，2010，162 (2)：460-475.

[49] Yang H，Qu L，Wimbrow A N，et al. Rapid detection of Listeria monocytogenes by nanoparticle-based immunomagnetic separation and real-time PCR. Int J Food Microbiol，2007，118 (2)：132-138.

[50] Deng M Y，Day S P，Cliver D O. Detection of Hepatitis A virus in environmental samples by antigen-capture PCR. Appl Environ Microbiol，1994，60 (6)：1927-1933.

[51] Cuyck-Gandre H V，Caudill J D，Zhang H Y，et al. Short report：polymerase chain reaction detection of hepatitis E virus in north African fecal samples. Am J Trop Med，1996，54 (2)：134-135.

[52] Normann A，Graff J，Flehmig B. Detection of hepatitis A virus in a factor Ⅷ preparation by antigen capture/PCR. Vox Sang，1994，67 (suppl 1)：57-61.

[53] Normann A，Pfisterer-Hunt M，Schade S，et al. Molecular epidemiology of an outbreak of hepatitis A in Italy. J Med Virol，1995，47：467-471.

[54] Comes S，Fanigliulo A，Pacella R，et al. Potato virus Y CFH，a putative recombinant isolate from Capsicum chinense cv. Habanero. Commun Agric Appl Biol Sci，2006，71 (3 Pt B)：1251-1256.

[55] Liu G M，Su W J，Cai H N，et al. Establishment of immunomagnetic capture-fluorescent PCR detection method for Campylobacter jejuni. Sheng Wu Gong Cheng Xue Bao，2005，21 (2)：336-340.

[56] Rampersad S N，Umaharan P. Detection of begomoviruses in clarified plant extracts：a comparison of standard，direct-binding，and immunocapture polymerase chain reaction techniques. Phytopathology，2003，93 (9)：1153-1157.

[57] Viganó F，Stevens M. Development of a multiplex immunocapture-RT-PCR for simultaneous detection of BMYV and BChV in plants and single aphids. J Virol Methods，2007，146 (1-2)：196-201.

[58] Gambley C F，Geering A D，Thomas J E. Development of an immunomagnetic capture-reverse transcriptase-PCR assay for three pineapple ampeloviruses. J Virol Methods，2009，155 (2)：187-192.

[59] Ling K S，Wechter W P，Jordan R. Development of a one-step immunocapture real-time TaqMan RT-PCR assay for the broad spectrum detection of Pepino mosaic virus. J Virol Methods，2007，144 (1-2)：65-72.

[60] Black B E H. Telomerase no end in sight. Cell，1994，7：621-623.

[61] Yoshida K，Sngino T，Tahara H，et al. Telomere activity in bladder carcinoma and its implication for noninvasive diagnosis by detection of exfoliated cancer cells in urine. Cancer，1997，79：362-369.

[62] Johansson M，Pisa E K，Tormanen V，et al. Quantitative analysis of tyrosinase transcripts in blood. Clin Chem，2000，46：921-927.

[63] Hwang S J，Lee S D，Lu R H，et al. Comparison of three different hybridization assays in the quantitative measurent of serum hepatitis B virus DNA. J virol Methods，1996，162：123.

[64] Jalava T，Lehtovaara P，Kallio A，et al. Quantification of hepatitis B virus DNA by competitive amplification and hybridization on micro plate. Biotechniques，1993，15：134.

[65] McGaritty G J，Kotani H，Butler G H. Mycoplasmas and tissue culture cells in Mycoplasmas：Molecular

Biology and Pathogenesis，ASM，Washington，1993，445-454.

[66] Wirth M，Grashoff M，Schumacher L，et al. Mycoplasma Detection by the Mycoplasma PCR ELISA. Biochemica，1995，3：33-35.

[67] Ahmed F E. Detection of genetically modified organisms in foods. Trends Biotechnol，2002，20 ：215-223.

[68] Tkwok S. Procedures to minimize PCR-product carry-over. In：PCR Protocols：A Guide to Methods and Applications. Innis M A，Gelfand D H，Sninsky J J，White T J，eds. San Diego：Academic Press，1990：142-146.

[69] 苏慧慈，刘彦仿. 原位 PCR. 北京：科学出版社，1995.

[70] Gu J. In situ Polymerase Chain Reaction and Related Technology. USA：Eaton Publishing Co，1995.

[71] Haase A T，Retzel E F，Staskus K A. Amplification and detection of lentiviral DNA inside cells. Proc Natl Acad Sci USA，1990，87：4971-4975.

[72] 彭瑞云，王德文，高亚兵，等. γ线照后小鼠骨髓造血细胞 IL-3 基因表达的原位 PCR 检测及其意义. 中华放射医学与防护杂志，2000，20（2）：91-93.

第九章
PCR 芯片

第一节　PCR 芯片的结构及其工作原理

一、引言

由于目前所用检测仪器的灵敏度还不够高，从样品中提取的 DNA 在标记和应用前仍需用 PCR 这样的扩增复制技术复制几十万乃至上百万个相同的 DNA 片段。PCR 技术的发展趋势决定了微型化 PCR 芯片的出现。PCR 芯片是在硅片或玻璃片等基片材料上加工生成一系列的微管道、微反应室等空间结构，并整合微阀、微加热器、微感应器等控制结构，利用芯片集成度高和比表面积大的特性，实现芯片上的快速 PCR 扩增，它具有反应体积小、加热速度快、热循环时间短、高通量等特点。

二、原理

基于芯片的 PCR 技术主要有两种模式：一种是试剂在温度循环变化的管道区间中连续流动实现 PCR 扩增，这种芯片被称为连续流动式 PCR 芯片（continuous-flow PCR chip）；另一种是试剂不动，而芯片微反应池（腔）的温度迅速循环变化实现 PCR 扩增，这种芯片被称为微腔式 PCR 芯片（micro chamber PCR chip）。前一种芯片的反应速度要比后一种快，而后一种芯片更容易实现集成化。

连续流动式 PCR 芯片使试剂在微管道中沿三个固定的温度区连续流动，每流过三个温度区就完成一次温度循环，也就完成了一次扩增。连续流过不同温度区的循环次数决定了 PCR 产物的放大倍数。连续流动式 PCR 芯片的反应速度明显比微腔式 PCR 芯片的反应速度快，一般为几分钟到 20min，一个 20 个循环的 PCR 最快可在 1.5min 内完成。连续流动式 PCR 芯片的缺点是集成度难以提高，其体积不能缩小的原因是试剂在三个加热区的停留时间必须足够长，所以在流速固定的情况下就要求液体流动的长度足够长。

伦敦帝国理工学院的 Kopp 等研制了一种样品可在不同温度的恒温区间内连续流动式 PCR 芯片[1]（如图 9-1 所示），成功扩增了一个 176bp 的 DNA 片段。该芯片由石英玻璃组成，微通道用光刻腐蚀的方法制备。三个温度区（94℃、72℃和 55℃）由三个恒温铜块组成，液体在玻璃管道上流动，由恒流泵驱动。该装置管道直径为 400μm，标准毛细管（内径 100μm，外径 375μm）用环氧树脂黏合在管道中。用基于计算机软件的装置 LABVIEW 来精确控制注射泵（Kloehn50300，251）推进液体的流速。加热器的功率为5W，整个系统最快可以在90s内完成20个循环的PCR扩增。

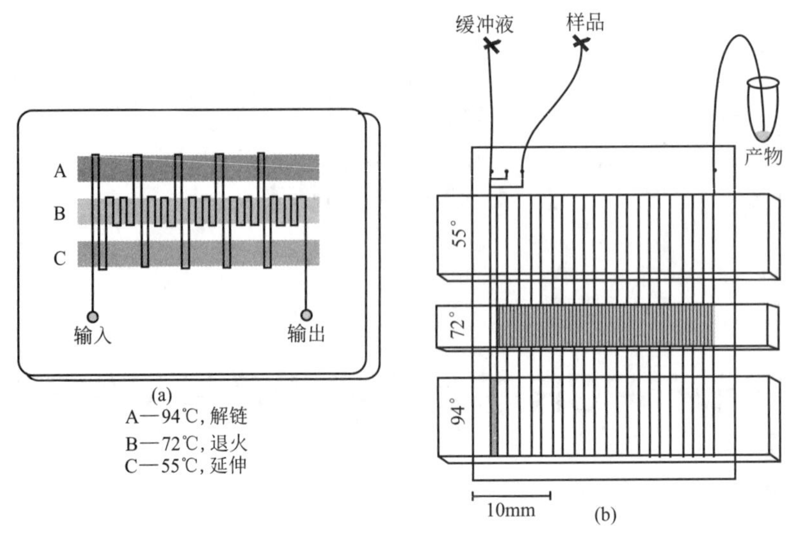

图9-1　连续流动式PCR芯片

(a) 连续流动式PCR芯片示意图。三个温度区（94℃、72℃和55℃）由三个恒温铜块组成，液体在玻璃管道上流动，由恒流泵驱动。(b) 连续流动式PCR芯片的内部构造。该装置左侧有三个入口，可用于不同试剂的混合加样。整个体系包含一个预变性循环和20个标准的PCR循环。该装置管道直径为400μm，标准毛细管（内径100μm，外径375μm）用环氧树脂黏合在管道中。用基于计算机软件的装置LABVIEW来精确控制注射泵推进液体的流速

图9-2所示是由德国Schneegass等人[2]改进的连续流动式PCR芯片。这种PCR芯片采用椭圆形管道，具有更好的性能。为了减少不同温带间热的传导，在温带间蚀刻了很深的槽，在硅片的反面通过微加工技术集成制作了加热片和热传感器。

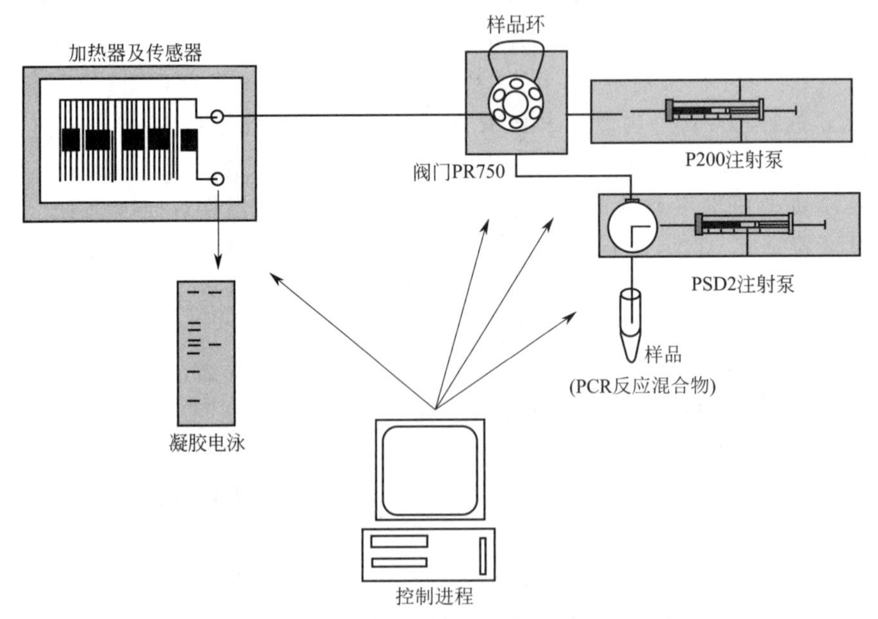

图9-2　Schneegass等人改进的连续流动式PCR芯片

含有样品的PCR反应混合物通过计算机控制的注射泵和阀门注入芯片之中，反应混合物在芯片中流动的过程中完成PCR扩增，扩增产物用凝胶电泳进行分析检测

为扩增一个样本，PCR反应混合物通过芯片的P200注射泵注入。通过该注射泵定期注射少量样品形成一个连续载波流。样品能自动吸入是通过精密刻度注射器模块、集成控制阀以及连接样品环的三相选择阀完成。样品环代替T型注射器，整个系统通过计算机软件来控制进样、流动速度和不同温带的温度，反应结果用凝胶电泳进行检测。利用该装置，作者成功地扩增了长度分别为106bp、379bp、700bp的DNA片段。

微腔式PCR芯片又叫微PCR芯片（micro PCR chip），是用微电子机械系统（MEMS）加工技术在芯片上制作一个个微小的腔体储存反应液，在外部或内部对它进行加热和降温来实现温度循环。由于腔体的体积非常小（几个微升），热容非常小，可以实现较快的加热和制冷，有利于制作集成化的装置。

微腔式PCR芯片的系统结构包括PCR加样系统、微反应池芯片、检测系统和温度控制系统等几个部分。图9-3是香港科技大学的Lao等[3]设计的微腔式PCR芯片系统的结构示意图。芯片固定在加热器上进行反应，反应过程由CCD检测器实时检测并将采集的图像传输给计算机，计算机通过软件分析并将分析结果传输给控制系统，控制系统根据传输来的信号控制加热器，这样在各个系统的互相协助下微腔式PCR芯片进行温度可控的热反应，反应进程和结果通过集成在芯片上的微传感器直接检测。芯片的温度控制包括加热过程和散热过程，由于硅的导热性能很好，芯片的加热效率很高，但通过散热片进行降温速度缓慢，要缩短芯片的温度控制时间关键在于良好的降温装置。

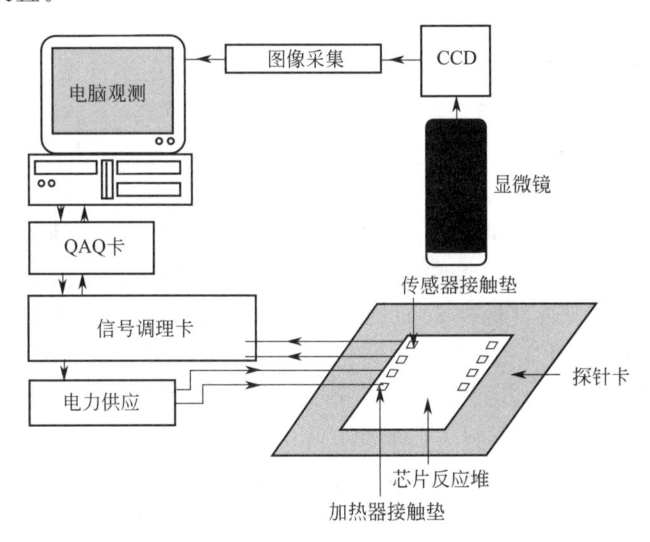

图9-3 微腔式PCR芯片装置的结构示意图

芯片固定在加热器上进行反应，反应过程由CCD检测器实时检测并将采集的数据传输给计算机，计算机通过软件分析并将分析结果传输给控制系统，控制系统根据传输来的信号控制加热器，这样在各个系统的互相协助下微腔式PCR芯片进行温度可控的热反应，反应进程和结果通过集成在芯片上的微传感器直接检测

目前关于PCR芯片的研究主要包括以下几个方面：提高加热和冷却速度，提高温度稳定性，减小尺寸，装置集成化。微反应池由于体积小，加热片的升温速度可以很快，但因为降温过程是通过散热来完成，降温缓慢，所以降温已成为制约PCR芯片反应时间的瓶颈。为了提高降温效率，一方面可以选用散热快的材料，另一方面可以借助于冷却水或栅状散热装置。Lin等[4]用散热快的硅片为基片，盖片采用Pyrex 7740玻璃材料制作，微反应池设计成微管道式（宽120μm，深200μm，总长为

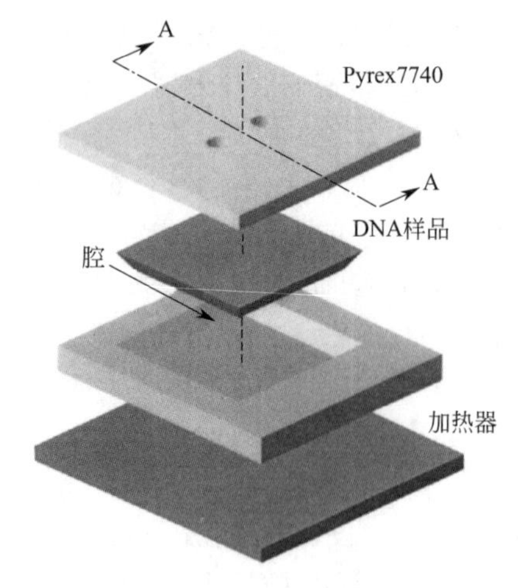

图 9-4 Lin 等人设计的微腔式 PCR 芯片散热装置示意图
微腔式 PCR 芯片利用散热快的硅片为基片，盖片采用 Pyrex 7740 玻璃材料，微反应池设计成微管道式

25cm，体积为 6μL)。整个装置还包括一个基于计算机的 PID 控制器（由比例单元 Pvar、积分单元 Ivar、微分单元 Dvar 三个部分组成)，用来控制继电器、风扇和热电偶冷却装置的能量供应（如图 9-4 所示)。这三方面互相协作共同控制 PCR 反应过程。

Poser 等[5] 用淀积的方法在微池芯片上集成微加热片和温度传感器作为微控制器，而且在微反应池芯片的四周集成了气流室来加快降温速度。该系统的优点是把加热、温度检测和冷却都集成在了一个芯片上，便于和其它芯片集成。

Daniel 等[6] 也采用微反应池的形式研制了一种 PCR 芯片装置，但它的加热和传感器以及溶剂的封装都与 Poser 等的不同。反应池悬浮在四个梁上，这样与基底在空间上实现了温度隔离，每个反应池的体积仅为 1μL。在反应池的周围是氮化硅网，氮化硅是亲水性的，这样可以精确地确定反应池的液面高度。反应池用硅酮油密封，用来防止试剂的挥发。由于微反应池的表面积/体积比较大，表面效应非常明显，所以必须进行表面处理，作者首先用 PECVD（平板型等离子体增强化学气相淀积）技术制成氧化膜，然后用 BSA 浸泡，最后用水冲洗。这样的处理可使反应池不会对 PCR 反应产生抑制。

三、方法

下面举例介绍 PCR 芯片制作的主要工艺流程：①在芯片背面制作制冷（加热）层和铂电阻温度传感器；②正面进行反应池刻蚀；③以玻璃盖封装。

制备反应池的材料通常选择双面抛光的硅单晶片，制作过程的具体工艺流程：①清洗硅片；②硅片氧化；③沉积氮化硅层；④光刻下层电极；⑤溅射下层金属电极；⑥光刻铂电阻图形；⑦溅射铂；⑧光刻；⑨电子束蒸发 N 型材料；⑩剥离；⑪光刻；⑫电子束蒸发 P 型材料；⑬剥离；⑭光刻绝缘层；⑮溅射二氧化硅；⑯光刻上层电极；⑰溅射上层金属电极；⑱光刻正面反应室窗口；⑲离子刻蚀氮化硅；⑳湿法腐蚀；㉑表面封装。

其中，金属电极采用溅射的方法制作，分别溅射：铬 5nm，金 200nm，铂 20nm。铬为氮化硅与金之间的过渡层，铂为金与热电材料之间的过渡层，防止金的扩散。热电薄膜采用电子束蒸发的方法制作，膜厚为 400nm。为保证上层电极板的牢固，并防止上下两层电极板的短路，在两层电极板之间利用溅射的方法加入二氧化硅绝缘层，厚度为 600nm。

四、应用

PCR 芯片结合了其它类型芯片具有的体积小却可以检测大量基因的特点，采用不同于其它基因芯片以分子杂交或者大分子间相互作用为基础的反应方式，而以 PCR 反应为基础，克服了杂交技术和大分子间相互作用所存在的内在缺陷，大大增强了分析的敏感性和稳定性。PCR 芯片适用于各种各样的研究目的，包括人类、动物和植物等各种生物的多种基因的基因重排、基因突变和基因缺失的鉴定等，在临床肿瘤和白血病的诊断、人类基因组分析、基因多态性和疾病易感性鉴定、遗传性疾病的基因诊断、动物和植物基因变异筛选、各种病原微生物鉴定等多方面有广泛应用前景。

美国 Fluidigm 公司研制的 BioMark 微流体超高通量多功能遗传分析系统是一个典型的高通量 PCR 芯片系统，该设备将成千上万个控制液体流动的阀和液流通道集成到一张很小的芯片上，实现对微小体积（nL 级、pL 级）液体的精确控制，构建出大量的独立的微反应池，这样在一张小小的芯片上就可以同时进行 96×96 个 PCR 反应，每次反应可提供 9216 个实时定量 PCR 数据，使用常规 TaqMan 方法和试剂，线性范围可达 6 个数量级。加液量的高度一致性保证了结果的精确性和准确性，nL 级反应体系使分析成本大大降低，加样步骤的减少显著缩短了分析时间，微小的反应体积可进行单细胞基因表达分析，单个细胞每次可分析 96 个基因。

由此可见，该设备具有很高的灵敏度和很高的通量，且操作简单，重复性和灵敏度好，数据可靠，使用 nL 级反应体系，是传统试剂耗费的 1/100，结合相应的数据分析软件，使结果直观易读。BioMark 系统可广泛应用于高通量基因表达分析、单细胞基因表达分析、SNP 基因型分析、拷贝数变异分析以及高通量测序 DNA 文库的分析等方面。

五、小结

PCR 芯片的快速发展，在一些临床检测和紧急的野外现场分析中已展示出强有力的生命力。但在常规 PCR 占主导地位的当今，只有将 PCR 芯片包括样品处理等多步骤集成到一起后，芯片 PCR 才会更显示其商业优势。

与常规 PCR 仪相比，PCR 芯片具有以下的特点。

① PCR 芯片操作系统采用基因扩增、结果分析一体化，操作简便；传统 PCR 仪的基因扩增及结果分析分离，操作繁琐，且容易污染。

② 利用 PCR 芯片系统进行 PCR 只需十几分钟，而用传统 PCR 需 3～4h。

③ 常规 PCR 仪价格一般为数万元乃至数十万元，而 PCR 芯片的成本可控制在万元以下。

④ 常规 PCR 仪对试剂用量有要求，15μL 以下就很难得到理想的扩增结果，PCR 芯片可以扩增 1μL 以下的样品，这相应减少了试剂的用量，可大大节省费用。

⑤ 常规 PCR 仪进行 PCR 后需用常规电泳分析结果，步骤繁琐。PCR 芯片可以与毛细管电泳装置集成 PCR-CE 芯片系统，也可以用光纤光谱仪扫描，电脑分析获得结果，操作简单，结果更加可靠。

总之，PCR 芯片与常规 PCR 仪相比，具有体积小、反应速度快、操作简便、价格低、样品用量少、节省费用、便于集成化、结果稳定可靠等优点。

第二节　纳升高通量 PCR

一、引言

随着 PCR 技术的发展，PCR 在生物学各领域得到了广泛的应用。随着生命科学研究对遗传信息和基因组信息的使用日趋增多，科学家们希望通过高通量技术来实现多基因表达、疾病诊断、血液检测、遗传性状的鉴定、突变的检测等大量样本的处理[7]。因此，高通量的芯片技术与 PCR 的结合应运而生。目前市场上，商用的纳升高通量 PCR（nanoliter high-throughput PCR）芯片 TaqMan® OpenArray™ 系统已将反应体系降至纳升，这对稀少样品的检测极为有利，并且在一张芯片上可以完成多达 3072 个反应，可以进行终点定量，也可以进行实时定量。

二、原理

TaqMan® OpenArray™ 系统（见图 9-5[8]）是在一块薄的不锈钢电极板（25mm×75mm×0.3mm）上以 48 个子阵，每个子阵 64 个通孔的形式排列 3072 个通孔，每个子阵的间距为 4.5mm，与 384 孔板相同。每个通孔的直径和深度均为 300μm，可容纳 33nL 反应体系。芯片表面经过专利的疏水处理，而通孔内壁是亲水且生物兼容的。液体通过表面张力留于芯片通孔内，试验所需的引物被预先脱水固化于通孔内壁。使用时将 TaqMan® OpenArray 384 孔样品平板中的 DNA 样品与 PCR master mix 混合。用自动上样仪将样品混合物加样到 TaqMan® OpenArray™ 纳升高通量 PCR 芯片中。将芯片插入装满浸液的封箱工作站中，并用封箱胶水密封。在对应的热循环仪上进行循环，用 NT 成像仪成像，并分析数据。

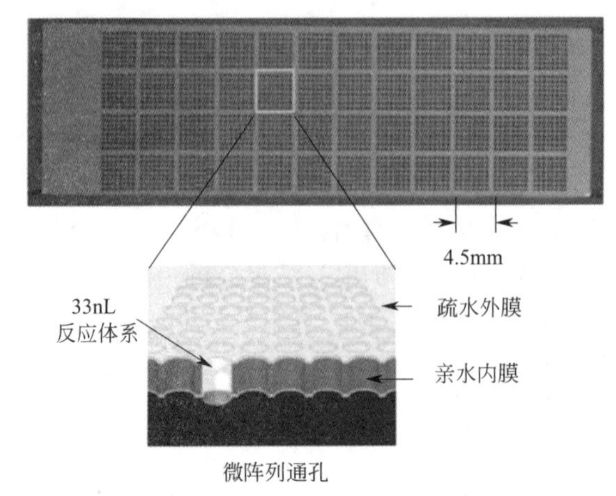

图 9-5　TaqMan® OpenArray™ 系统的纳升高通量 PCR 芯片

三、材料

1. 仪器设备

热循环仪（推荐 MJ Tower PTC-200），NT 成像仪（Bio Trove Inc.），TaqMan® OpenArray™ 自动上样仪。

2. 试剂材料

TaqMan® OpenArray™ 平板芯片，TaqMan® OpenArray™ 384 孔样品平板（内含待检样品），PCR Master Mix 含 0.5% 甘油，1% Pluronic F38（BASF）和 50ng/μL BSA，封箱胶水（环氧树脂），浸液。

四、方法[7]

以 48 个血液样本的 SNP（single nucleotide polymorphism，单核苷酸多态性）分型为例。

① 利用试剂盒 QIAamp DNA Blood Mini Kit（Qiagen，Valencia，CA）提取分离血液样本（384 孔板中）的 DNA，−20℃冻存或将微平板置于冰上。

② 以唯一的数字或字母命名微平板的每一个孔，使 SNP 分型软件可以追踪每一个从微平板转移至纳升平板的样品。

③ 将含有 DNA 样品的微平板室温解冻，1000r/min 离心 1min，冰上放置。

④ 吸取 211μL PCR master mix（10%多余量）。

⑤ 在微平板的 48 个孔中，每个孔加入 4μL PCR master mix。

⑥ 每个 DNA 样品吸取 1μL，分别与 4μL PCR master mix 吹吸混匀。

⑦ 用铝箔盖住含有 DNA 样品的微平板，1000r/min 离心 1min 以去除气泡。冰上使样品冷却。

⑧ 用钳状骨针铝箔，暴露要转移至纳升高通量 PCR 芯片的 48 个样品，自动上样仪将样品加至芯片透孔中。

⑨ 将芯片插入装满浸液（一种与 PCR 反应体系不混溶的全氟化液体）的封箱工作站中，以 UV 照射环氧树脂密封，防止反应体系在热循环中挥发。

⑩ 将密封好的芯片放入热循环仪，设定程序如下：91℃预变性 10min，然后以 51℃ 23s、53.5℃ 30s、54.5℃ 13s、97℃ 22s、92℃ 7s 进行 50 个循环。循环结束后保持在 20℃直至芯片被成像处理。

⑪ 用 NT 成像仪成像，并分析数据。

五、注意事项[7]

① PCR master mix 的体积应有 10%多余量，防止吸头的误差。

② 用 OpenArray 自动上样仪将样品混合物上样到 TaqMan® OpenArray™ 平板芯片中时，芯片与吸头末端形成液体三明治结构。但是液体不会沾湿芯片表面，因为芯片的表面经过疏水化处理，液体会迅速、精确地进入每一个经过亲水化处理的透孔。

③ 在 SNP 分型中，DNA 的量和质量会影响准确率。如图 9-6 所示，在三组试验中（分别用三角、圆圈和方框代表），DNA 的质量不同，每个反应中 DNA 的浓度在 0.01～1ng 之间，可以看出不同浓度的准确率各有不同。但是有些反应，如三角代表的一组，在 DNA 的浓度低至 0.01ng 时准确率仍高达 90%；而有些反应，如方框代表的一组，在 DNA 的浓度达到 0.15ng 时，准确率才能达到 90%，而小于 0.15ng 时准确率就会迅速下降，在 0.01ng 时准确率不到 70%。这种准确率的改变为杂合子和纯合子的分离增加了难度。

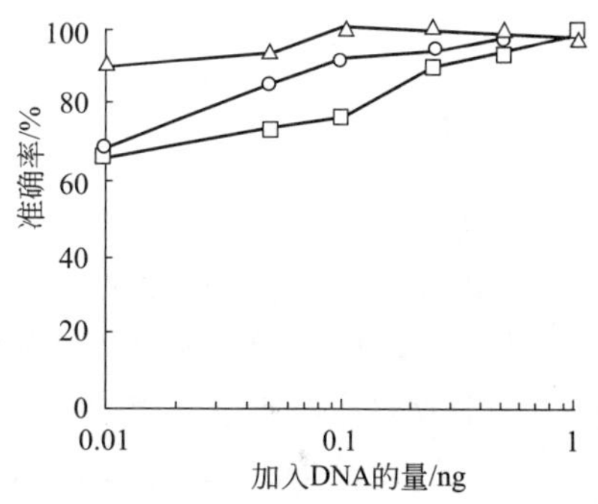

图 9-6　DNA 的浓度对 SNP 分型准确率的影响

④ TaqMan 试验的再设计也会增加纳升平板

芯片的效果。图 9-7 所示为 TaqMan SNP 分型的两次试验，图(b）中的试验与图(a)相比在探针的 5′末端添加了一个单核苷酸。这个改动大大提高了基因分型的效果。

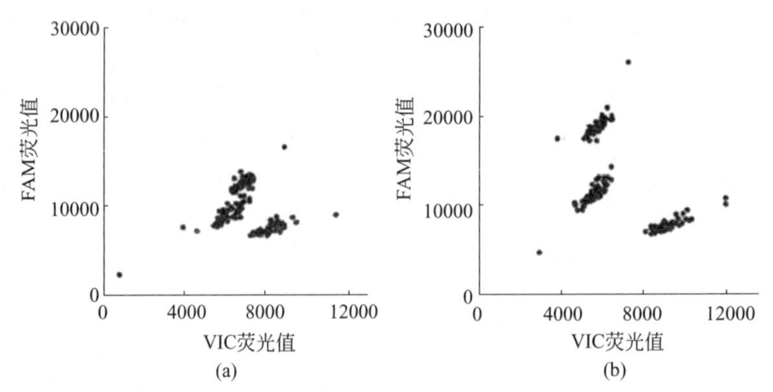

图 9-7　通过引物探针的再设计增加基因分型的有效性

⑤ 引物可以使用软件 Primer3 设计或在引物库中筛选，引物的退火温度应在 60～65℃，采用退火温度最接近的引物对。引物序列的长度应在 18～25 个核苷酸，(G+C）含量在 30%～60%。每一对引物都经过磷酸化处理，通过离子键与芯片内壁表面结合，直到 PCR 反应的开始。

六、应用

纳升高通量 PCR 芯片所需样品量小，仅 33nL，但同批处理的样品数量大，可达 3072 个样品，适用于大样本而且量稀少的样品的处理。另外，该芯片除了可以对 DNA 样品进行处理，还可对 RNA 样品进行定量 PCR[7,9]。另外，该方法在菌落的大规模筛选中也可应用[10]。

七、小结

高通量 PCR 技术的发展使得大量样品的批次处理更加容易。以前必须分不同批次进行的 PCR 反应，现在可以同时在一张芯片上进行，大大减少了试验不同批次间的误差。并且每次处理的样本数的增加也大大节约了时间，提高了工作效率。另外 TaqMan® OpenArray™ 系统将反应体系降至纳升，这对稀少样品的检测极为有利。

第三节　微流控 PCR

一、引言

微流控 PCR（micro flow-through PCR）是 Kopp 等[11] 在 1998 年发明的一种新的连续流动型 DNA 扩增技术。作为第三代 PCR 技术，微流控 PCR 芯片将样品分作若干个独立反应单元，能够连续进行多步平行反应，反应体系更小，所需时间更短，同时扩增效率并不亚于常规 PCR 和微室 PCR（micro chamber PCR）。目前已有多家公司相关产品问世，如 Bio-Rad 公司的 QX100、QX200 系统和 RainDance Technologies 公司的 RainDrop™ 系统，在医学检验诊断、单细胞基因检测等领域，尤其在样本昂贵稀少情况下具有广阔的应用前景。

二、原理

微流控 PCR 芯片的结构简图如图 9-8 所示。芯片中 A、B、C 三个恒温区分别用于 PCR 的变性、复性和延伸，三个恒温区之间有绝缘材料防止热扩散。在芯片上蚀刻微通道，PCR 反应液和不混溶的载液在微通道中连续流动，顺次循环通过这三个恒温区完成扩增反应。微通道的蚀刻模式决定了反应液通过各温度区的时间比以及循环数，微通道的长度以及样品的流速决定了反应时间的长短。两个参数（U 和 D）用于描述样品和试剂的温度均一性和偏差。反应结束在出口收集反应产物，毛细管电泳检测扩增效率，或在反应液中加入荧光染料或功能化修饰探针，以荧光或电化学方法进行实时检测。

为减少反应液的吸附，微通道的内壁都经过硅烷化处理。在微通道内，反应体系被两种互不混溶的载液［如 pp9（perfluoromethyldecaline）］分为几百万个微团（约 100nL），每一个微团包裹了单拷贝 DNA 模板，作为一个单独的 PCR 单位进行扩增（见图 9-9）。

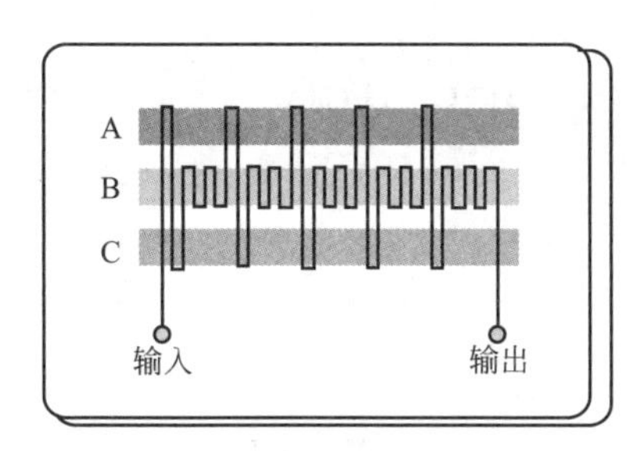

图 9-8　微流控 PCR 芯片结构示意图
A—95℃，变性区；B—77℃，延伸区；C—60℃，复性区

图 9-9　微通道内反应液被不混溶的载液分为若干微团

微流控 PCR 芯片在 1998 年被设计出来后又得到了许多改进和发展。最初的微流控 PCR 芯片的材质是硅，毛细玻璃管的微通道被蚀刻至芯片。但是采用硅和玻璃，芯片组装复杂，生产成本高，并且热源和温度传感器也被整合进芯片，这又增加了成本。在 2005 年，国内 Yao 等[12] 采用较廉价的聚甲基丙烯酸甲酯（PMMA）作为芯片的材料，以 248nm 准分子激光进行焊接。早期的微流控 PCR 芯片多为立方体，内部的微通道为长方形，样品需流经多个直角弯道，对样品的流速有一定的影响。2009 年，Hartung 等[13] 采用了一种新的不对称螺旋通道芯片（图 9-10）。它的三个恒温

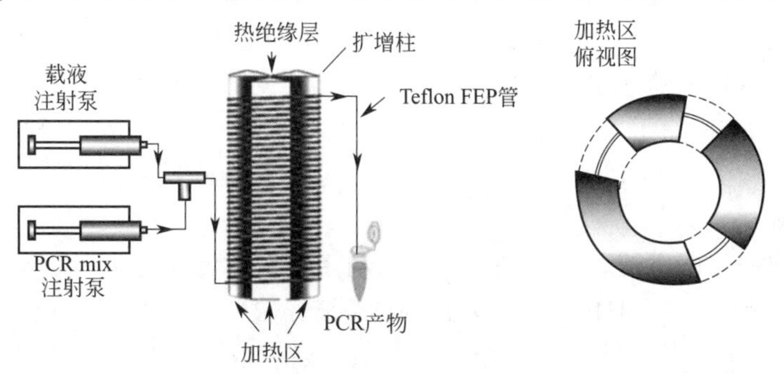

图 9-10　不对称微流控 PCR 芯片结构示意图

区是在一圆柱状结构上分割出的三个不对称的扇形区，圆形的微通道以螺旋状通过三个恒温区。恒温区的材质是铜，装备了电热源和温度传感器，微通道采用 Teflon FEP（fluor-ethylen-propylen）。这种螺旋状的通道使反应液流动更顺畅，也减少了高的表面积与体积比对流动的反应液的影响。近年来，随着微流控芯片技术的不断发展，在蛇形通道芯片和螺旋通道芯片基础上衍生出了一系列新的 PCR 芯片，如振荡式 PCR 芯片[14]、闭环式 PCR 芯片[15] 等，能够很好地对反应时间、温度和循环次数进行控制，大大提高了芯片的适用性。

三、材料（以不对称螺旋管芯片微流控 PCR 为例）

1. 仪器设备

加样注射泵，扩增柱（不对称螺旋管芯片），Teflon FEP 连接管。

2. 试剂材料

模板 DNA，dNTP（各 10mmol/L），PCR 缓冲液（10×），引物，BSA，$MgCl_2$，*Taq* 聚合酶，SYBR Green（1∶10000 稀释）（结果以光度计检测时加入），水，载液。

四、方法（以不对称螺旋管芯片微流控 PCR 为例）

1. 25μL 反应体系的组成

模板 DNA	15ng	BSA	0.1μg
dNTP(各 10mmol/L)	1μL	$MgCl_2$	1mmol/L
PCR 缓冲液(10×)	2.5μL	*Taq* 聚合酶	0.5μL
引物	1μL		

SYBR Green（1∶10000 稀释）（结果以光度计检测时加入），加水补至 25μL。

2. 试验步骤

① 按上所述将 PCR 反应液混匀。

② 设定不对称螺旋管芯片各恒温区的温度。

③ 待温度达到设定值，用注射泵按一定的流速将反应液注入芯片，使其匀速通过微通道。

④ 在出口收集反应液，电泳检测或以光度计检测。

五、应用

微流控 PCR 具有以下优势：反应所需时间短，每个循环所需时间不到一分钟；可以对样品进行快速的整分，分为单位体积 100nL 左右的几百个微团；可以在 PCR 反应过程中通过调节流速实现对样品不同的扩增；对于小体积的样品操作也很简便。另外，微流控 PCR 除了可以处理 DNA 样品之外，还可以对 RNA 样品进行反转录 PCR。因此，微流控 PCR 可广泛应用于感染性疾病诊断、肿瘤早期诊断及产前遗传性疾病筛查等。

感染性疾病诊断方面，Hartung 等[13] 利用不对称螺旋管芯片在 SiHa 细胞中检测人乳头瘤病毒 RNA（HPV），将阳性细胞病毒 mRNA 的检测灵敏度提高至每微升 5 个细胞；Wang 等[16] 利用双向蠕动泵控制的振荡型 PCR 芯片，可在 15min 内快速完成 HPV 的检测。在多种来源的临床样本中，也可对沙门菌、大肠杆菌、李斯特菌、白念珠菌等病原体DNA进行快速、准确的扩增检测[17]。在肿瘤早期诊断方面，微流控PCR芯片可对样本的等位基因突变、拷贝数变异、DNA甲基化等方面进行高通量检测，为肿瘤筛查和早期诊断提供新手段。Sciancalepore等[14]利用特殊设计的内外两套引物，在振荡型PCR芯片中对黑色素瘤相关的酪氨酸激酶基因进行扩增，在显著提高突变位点检出特异性和灵敏性同时，也大大缩短了检测反应时间，比传统PCR扩增速度提高了4倍。在产前遗传性疾病筛查方面，Pretto等[18]利用微流控PCR技术对新生儿22q11.2缺失综合征进行筛查，最低可检测出1.5至3个碱基缺失。Karakas等[19]报道可用微流控PCR技术在4周孕妇的血浆样本中对胎儿DNA进行检测，使对唐氏综合征的早期筛检速度大为提高。

六、小结

微流控PCR技术的诞生使PCR反应所需时间大大缩短，常规PCR一个循环所需时间大约是5min，微室PCR将一个循环的时间降至1min左右，而微流控PCR一个循环所需时间不到1min，并且反应体积也进一步缩小，这样大大节约了时间和成本，提高了工作效率。

第四节　连续流热梯度PCR

一、引言

连续流热梯度PCR是一种新的DNA扩增技术，它的特点是在PCR过程中周期性温度的改变无需设定在特定的循环时间内。它是在运用微流体学原理设计的装置中进行PCR，该装置中每个点的温度都是恒定不变的，在该装置中有一个长度仅为2.1cm的循环槽，固定的线性热梯度覆盖了这个玻璃槽。PCR反应体系加热及冷却的速度由其在玻璃槽中流动的速度决定，同时也与温度梯度相关。当反应体系以特定的方向经过特定的区域时温度变化速度也就受到了调控。因此，当PCR反应体系以一定的速度流经每个恒温点时快速的热循环就开始了。该PCR反应装置包含30～40个循环往复的玻璃槽，可用于扩增各种目的基因。利用这种独特的循环和温度控制方式，一个包含40个循环的PCR仅需9min就能完成，扩增产物的丰度和特异性都很高。

二、原理

连续流热梯度PCR仪具有一个流体槽（图9-11），该流体槽有数个弯曲循环部分，弯曲的数量与PCR扩增所需的循环次数相对应，以满足PCR过程中所需的热循环条件。流体槽的各个部位被环绕它的具有恒定温度梯度的装置加热到特定的不同温度，同时流体槽之间需要保持一定的距离和绝缘性，以确保不同部位保温的独立性，当流动的样品经过时诱导扩增的热循环就开始了。这种加热方式省去了热负荷的环节，仅有

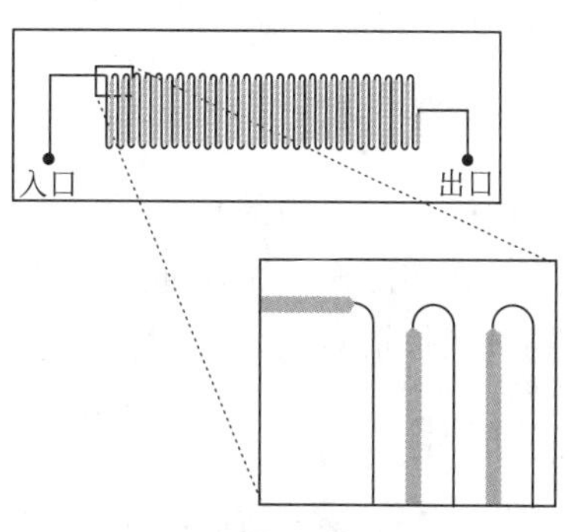

图9-11　连续流热梯度PCR仪原理示意图[20]

扩增的过程，通过这种方式可以实现更少的能耗和更快的循环速度。

三、材料

① 模板 DNA。

② 引物。

③ *Taq* 聚合酶。

④ 10×Taq 缓冲液（100mmol/L Tris-HCl，pH8.3；500mmol/L KCl；0.1%明胶；15mmol/L $MgCl_2$）。

⑤ dNTPs（200μmol/L）。

⑥ 高压灭菌去离子水。

⑦ 牛血清白蛋白（BSA）。

⑧ 次氯酸钠。

⑨ 精密注射泵。

四、操作方法

在 25μL 的反应体系中包括：

① 10×PCR 缓冲液；

② $MgCl_2$（1.5mmol/L）；

③ dNTPs（各 0.2mmol/L）；

④ 引物（各 0.5μmol/L）；

⑤ 模板 DNA（5ng/μL）；

⑥ *Taq* DNA 聚合酶（0.1U/μL）；

⑦ BSA 0.25g/L；

⑧ ddH_2O 加至总体积 25μL。

使用精密注射泵沿连续流 PCR 仪的毛细管入口端将上述反应体系匀速注入，当反应体系流经全部毛细管后，用 0.2mL 的聚丙烯管在出口端收集液体，于 4℃保存，用于后续分析。

此外，在一次 PCR 过程结束后需要加一个清洁步骤，来清除毛细管内残留的 PCR 产物，以便循环使用 PCR 仪。清洁剂的组成首先为 100μL 含 15%次氯酸钠的清洁剂，接着为两段 100μL 的纯水，纯水之间有一段 50μL 的矿物油。让清洁剂以大约 30μL/min 的速度流经芯片上的毛细管。

五、注意事项

由于扩增产物的量与反应体系中模板 DNA 的量及反应混合液流经毛细管的速度有关，在实际操作中应通过对注射器压力的调整控制反应体系在毛细管中的流速，以达到最佳扩增效果。

六、应用

Crews 等[20] 利用连续流热梯度 PCR 技术扩增病毒 DNA 和人类基因组 DNA，在一个 30 个循环的芯片上，以 1.5μL/min 的流速扩增出了 110bp 和 181bp 的病毒抗药 DNA 片段。在一个 40 个循环的芯片上，以 2.0μL/min 的流速扩增出了一个 108bp 的人类基因组 Y 染色体片段。

Li 等[21] 在不同的流速（2.0～15.0mm/s）和不同 DNA 模板量（0.001～7.5ng/μL）条件下摸索了连续流热梯度 PCR 的扩增效果，并与普通 PCR 扩增结果进行对比。发现当反应体系的流速大于 10mm/s 时扩增产物不易被检测到。

七、小结

这种新式的连续流热梯度 PCR 技术可用于快速的 DNA 靶位基因的扩增。利用微流体学原理，通过对曲形槽中微流体玻璃管的准线性温度梯度的控制，靶位基因可在短短数秒的循环周期中充分得到扩增。该技术的特点是反应体系小、所需时间更短，预计将来在该反应系统中可集成 DNA 抽提，样品混合以及扩增后的鉴定、定量、分析等功能。

第五节　PCR 芯片的应用

一、引言

分析过程的集成化和分析仪器的微小化是当今化学和生命科学领域中一个重要的发展方向，这有利于减少污染、降低能耗和提高效率。这种发展最终要达到的目的是将实验室移植到芯片上（芯片实验室，lab-on-a-chip）或变成一个微全分析系统(micro total analytical system，μTAS)，这将为有毒反应实验室、生物实验室特别是临床诊断实验室、法医野外检测提供极大的方便[22]。在这一过程中，PCR 芯片发挥了越来越重要的角色。它可将反应时间缩短为几十分钟甚至几十秒，并且可实现基因分析的多步骤集成，特别是对于特定基因的检测。研究者们努力将此技术应用到临床诊断、法医鉴定、病原微生物分类鉴定和环境（水、土壤等）监测等方面，以替代操作繁琐、自动化程度低、速度慢的常规基因检测方法，更好地适应实验室或实验室以外的应用[23-25]。

另外，由于 PCR 芯片整个反应体系很小，无法用凝胶电泳来分析实验结果，所以最常用法就是用荧光检测法对 PCR 的结果加以分析。如在反应体系加入带标记的 dUTP（biotin-16-dUTP）、荧光染料（SYBR Green）等，或者是用荧光标记的引物进行反应。通常情况下 PCR 芯片与实时 PCR 合并进行，以便于最后结果的检测。

下边就以微反应腔式 PCR 芯片在病原微生物检测方面的具体应用为例进行说明。

在用 PCR 芯片检测病原微生物时，根据不同的实验目的，其具体的方法可以分为两大类。

一类是检测多个样品中某一种特定微生物。在进行这一实验时，通常是将经过优化和设计合成的一条基因特异性引物预先锚定在芯片反应腔内，在使用时再加入另一条相应的基因特异性引物，然后在芯片上进行扩增反应，同时通过其它 PCR 相关的技术手段实现扩增结果的分析和检测[26]。如图 9-12 所示。

另一类是检测选定样品中可能存在的多种病原微生物。而在进行这一实验时，整个 PCR 过程可以分为液相阶段和固相阶段两个阶段，其中液相阶段主要是使用通用引物来扩增多种微生物样品中包含特异性位点或序列的长片段，这样来增加下一步

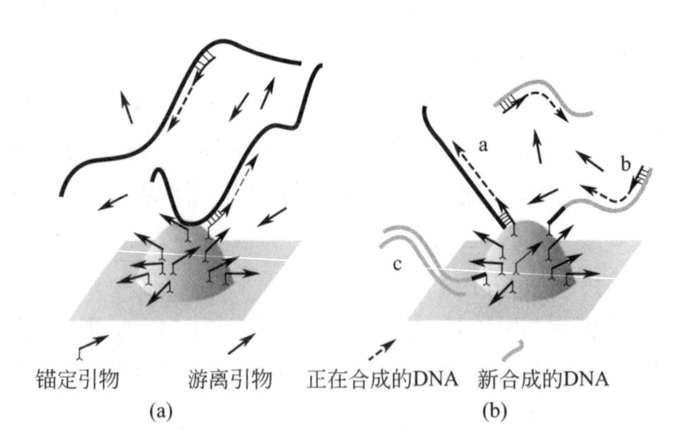

图 9-12　锚定引物 PCR 芯片示意图[26]

（a）为反应的初期；（b）为反应后期。其中后期产物中主要是一端锚定在反应腔内的 PCR 产物，可以方便地检测

PCR 扩增的可行性[27]。如细菌的 23S rDNA 的 helix 43 和 helix 69 部分是高度保守的，但这两段序列之间的序列则在不同细菌中有很大差异，因此，这一部分就可作为检测时设计引物的一个靶标[28,29]。固相阶段则主要是通过固定在芯片上的引物，以前一阶段 PCR 产物作为模板对特定的基因序列进行 PCR 扩增，最后根据扩增的结果对所检测的样品做出明确的结论。如图 9-13 所示。

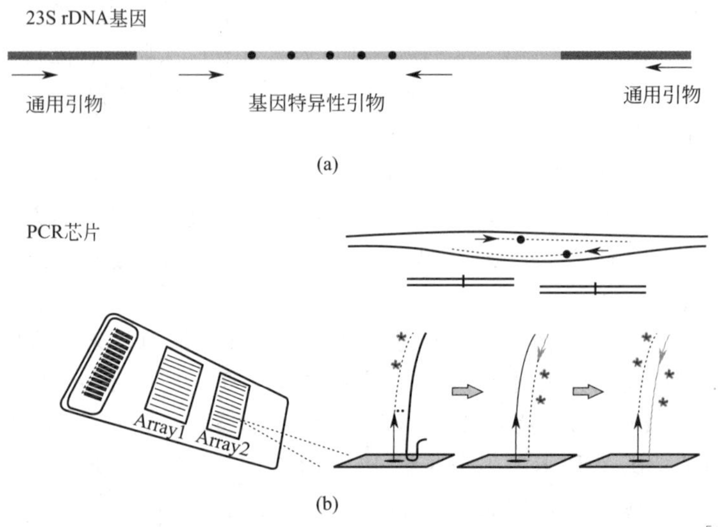

图 9-13　用于检测样品中可能存在的多种病原微生物的 PCR 芯片示意图[27]

（a）引物设计示意图。扩增目标为常用的 23S rDNA 基因的部分序列，用通用引物扩增多种细菌中包含特异序列的长片段，然后用特异性引物扩增中间的差异序列。引物的设计包括通用引物和特异性引物，其中特异性引物的一条预先锚定在芯片反应槽内。（b）PCR 芯片示意图。PCR 产物的一端锚定在反应腔内，便于后续的检测分析

二、应用

下面分别就上述两类 PCR 芯片进行具体的说明。

（一）锚定引物PCR芯片

1. 材料

待测核酸样品（必要时需要用RT-PCR法获得），5′端由溴化六甲双铵（C_6）氨基修饰的正向引物，常规的PCR反向引物，$NaIO_4$，凝胶微流控PCR芯片，芯片加样机器人，矿物油，SYBR Green定量PCR试剂盒（如Brilliant SYBR Green Quantitative PCR Core Reagent Kit，Stratagene），乙酰化BSA，Frame-Seal封口试剂。

2. 方法

（1）引物固定　5′端由溴化六甲双铵（C_6）氨基修饰的引物用$NaIO_4$活化，活化的引物用加样机器人加入到凝胶PCR芯片样品单元中，待水分蒸发后，用矿物油覆盖芯片上的凝胶，20℃放置48h，使引物完全固定在凝胶PCR芯片样品单元中。

（2）PCR体系的准备　定量PCR反应混合物体系如下（25μL）：core PCR缓冲液，4mmol/L $MgCl_2$，0.2mmol/L dNTP，0.6mmol/L dUTP，0.2μmol/L反向引物，5U SureStart *Taq*聚合酶，1×SYBR Green Ⅰ，0.01%乙酰化BSA，1μL待测DNA样品。

（3）芯片PCR反应　混合好的PCR反应混合物用点样机器人加入到芯片内不同的反应腔内，然后用封口试剂封口后开始反应。PCR条件一般可设为：

95℃　10min

95℃　30s
55℃　30s　30～50个循环
68℃　45s

（4）结果检测　PCR芯片的反应过程可利用实时荧光检测系统进行检测，根据扩增曲线分析样品中特定DNA的存在情况。

（二）多靶标PCR芯片

1. 材料

① 基因组DNA。

② TE缓冲液：10mmol/L Tris-HCl，1mmol/L EDTA，pH8.0。

③ Spotting缓冲液：150mmol/L磷酸缓冲液，pH 8.5（24℃），使用时添加0.1% SDS（质量浓度）。

④ Blocking缓冲液：150mmol/L乙醇胺，100mmol/L Tris-HCl，pH 9.0（24℃）。

⑤ 热稳定DNA聚合酶及其10×缓冲液。

⑥ 5′端由$(CH_2)_6$—S—S—$(CH_2)_6$—PO_4修饰的特定引物。

⑦ 目标片段特异性引物。

⑧ 2.5mmol/L dNTP。

⑨ Biotin-16-dUTP（Biotin-16-2′-deoxy-uridine-5′-triphosphate）。

⑩ BSA（牛血清白蛋白，PCR级）。

⑪ 自封口试剂（Self-Seal™ Reagent）。

⑫ 荧光显色试剂：柠檬酸缓冲液（150mmol/L氯化钠，15mmol/L柠檬酸钠，

pH 7.0）；0.1g/mL SDS；Streptavidin-Alexa Fluor 647 偶联物；TBST 缓冲液（150mmol/L NaCl，10mmol/L Tris-HCl，0.5%吐温-20，pH 8.0）。

⑬ PCR 芯片。

⑭ 芯片加样机器人。

⑮ PCR 荧光分析检测系统。

2. 方法

（1）PCR 反应体系的准备　PCR 反应混合物体系设计如下：

2×HotStarTaq PCR 缓冲液，100μmol/L 的 dNTP，0.25μg/μL 牛血清白蛋白，35μmol/L Biotin-16-dUTP，1U HotStar*Taq* DNA 聚合酶，各 1.4μmol/L 的液相引物。

（2）固相引物预固定　引物用 Blocking 缓冲液溶解，终浓度为 20mmol/L，然后根据芯片反应池的容积点及所使用的加样机器人，取一定量点到 PCR 芯片反应池中，于湿盒中室温下放置 16h，然后真空干燥备用。

（3）芯片的处理　PCR 芯片在最终进行 PCR 反应前，都要再进行预处理，一般情况下，用 Blocking 缓冲液在 55℃条件下浸泡 20min 即可。浸泡完毕后，用纯水反复冲洗干净，风干。

（4）进行反应　在混合好的 PCR 反应混合物中加入模板 DNA 和 25%（体积分数）自封口试剂，混匀。然后用加样机器人加到芯片内不同的反应腔内。封口后置于相应的 PCR 仪中进行反应。PCR 条件一般可设为：

80℃	10min	（10 个循环）	95℃	20s	（25 个循环）
95℃	5min		60℃	10s	
95℃	30s		72℃	30s	
60℃	30s		72℃	3min	
72℃	1min				

当然，PCR 的条件一般要根据目标片段的长度及引物的退火温度来最终优化和确定。

（5）荧光检测与分析

① 反应结束后，在玻璃容器内用含 0.1% SDS 的柠檬酸缓冲液温和地清洗芯片 10～20min，然后用无菌水漂洗，风干。

② 用 20μL 含 0.02μg Streptavidin-Alexa Fluor 647 偶联物的 TBST 缓冲液室温下染色 2min，然后用 TBST 缓冲液冲洗 5min，去除多余的染料，然后再用无菌水漂洗，风干。

③ 利用荧光检测系统进行结果分析，如可用 Affymetrix 428 激光扫描仪（laser scanner）分析相应的芯片 PCR 的结果。

三、注意事项

① 为避免 PCR 过程中引物太多，液相阶段的引物最好根据在待检样品中所有细菌中都保守的序列设计，通常都以基因组序列中编码核糖体 RNA 的序列作为模板进行设计，这是因为 rDNA 序列中既有保守的序列，又有不同菌中存在差异的序列。如 23S rDNA 就被证明是一个很好的临床上用来诊断的标志，它的一部分序列在临床上多种重要病原微生物中有高度的多样性。

② 固相阶段的引物设计一定要有较好的特异性，避免高（G+C）含量的序列，引物 3′端应避免出现错配。另外固相阶段的引物的理论退火温度要适中，一般在 65℃左右为宜。

③ 用于固定的引物浓度通常应介于 15～25μmol/L，太高和太低都不适宜引物在芯片上的固定。

④ 为提高芯片 PCR 的扩增效率，PCR 芯片在使用前一定要进行预处理（通常按照说明书进行），尽可能保持芯片的清洁。另外，芯片封口用的盖子也必须注意清洁，必要时进行超声清洗，这对于整个 PCR 的成功非常关键。

⑤ 另外整个 PCR 过程也可以不用 Biotin-16-dUTP，而用 SYBR Green Ⅰ 等荧光染料进行实验。通过结合实时 PCR 和定量 PCR 的技术方法和手段，更加方便快捷地实现结果的分析和检测，同样具有很高的特异性和灵敏度。

四、小结

PCR 芯片技术极大地改变了传统的 PCR 扩增的方式，由于它反应体积小、热量消耗少，所以在很大程度上缩短了 PCR 反应的时间，这一点对于临床样品的诊断和野外样品检测有着重要的意义。同时，通过与其它先进的检测和分析手段联合使用，可以加大样品检测的数量，提高工作效率。特别是采用微反应腔式芯片 PCR 进行实验时，甚至可以实现以单个细胞为模板的 PCR 扩增，极大地提高反应的特异性。相信在不久的将来，PCR 芯片会发挥出越来越重要的作用。

参考文献

[1] Kopp M U，Mello A J，Manz A. Chemical amplification：continuous-flow PCR on a chip. Science，1998，280（5366）：1046-1048.

[2] Schneegass I，Brautigam R，Kohler J M. Miniaturized flow-through PCR with different template types in a silicon chip thermocycler. Lab Chip，2001，1（1）：42-49.

[3] Lao A I K，Lee T M H，Hsing I-M，et al. Precise temperature control of microfluidic chamber for gas and liquid phase reactions. Sensors and Actuators A，2000，84：11-17.

[4] Lin Y C，Yang C C，Huang M Y. Simulation and experimental validation of micro polymerase chain reaction chips. Sensors and Actuators B，2000，71：127-133.

[5] Poser S，Schulz T，Dillner U，et al. Chip elements for fast thermocycling. Sensors and Actuators A，1997，62：672-675.

[6] Daniel J H，Iqbal S，Millington R B，et al. Silicon microchambers for DNA amplification. Sensors and Actuators A，1998，71：81-88.

[7] Brenan C J，Roberts D，Hurley J，et al. Nanoliter high-throughput PCR for DNA and RNA profiling. Methods Mol Biol，2009，496：161-174.

[8] Morrison T，Hurley J，Garcia J，et al. Nanoliter high throughput quantitative PCR. Nucleic Acids Res，2006，34（18）：e123.

[9] Stedtfeld R D，Baushke S W，Tourlousse D M，et al. Development and experimental validation of a predictive threshold cycle equation for quantification of virulence and marker genes by high-throughput nanoliter-volume PCR on the OpenArray platform. Applied and Environmental Microbiology，2008，74（12）：3831-3838.

[10] Walser M，Pellaux R，Meyer A，et al. Novel method for high-throughput colony PCR screening in nanoliter-reactors. Nucleic Acids Res，2009，37（8）：e57.

[11] Kopp M U，Mello A J，Manz A. Chemical amplification：continuous-flow PCR on a chip. Science，1998，

280：1046-1048.

[12] Yao L, Liu B, Chen T, et al. Micro flow-through PCR in a PMMA chip fabricated by KrF excimer laser. Biomed Microdevices, 2005, 7：253-257.

[13] Hartung R, Brosing A, Sczcepankiewicz G, et al. Application of an asymmetric helical tube reactor for fast identification of gene transcripts of pathogenic viruses by micro flow-through PCR. Biomed Microdevices, 2009, 11：685-692.

[14] Sciancalepore A G, Polini A, Mele E, et al. Rapid nested-PCR for tyrosinase gene detection on chip. Biosens Bioelectron, 2011, 26：2711-2715.

[15] Krishnan M, Ugaz V M, Burns M A. PCR in a Rayleigh-Benard convection cell. Science, 2002, 298：793.

[16] Wang W, Li Z, Luo R, et al. Droplet-based micro oscillating-flow PCR chip. J Micromech Microeng, 2005, 15：1369-1377.

[17] Zhang C, Wang H, Xing D. Multichannel oscillatory-flow multiplex PCR microfluidics for high-throughput and fast detection of foodborne bacterial pathogens. Biomed Microdevices, 2011, 13：885-897.

[18] Pretto D, Maar D, Yrigollen C M, et al. Screening newborn blood spots for 22q11.2 deletion syndrome using multiplex droplet digital PCR. Clin Chem, 2015, 61：182-190.

[19] Karakas B, Qubbaj W, Al-Hassan S, et al. Noninvasive Digital Detection of Fetal DNA in Plasma of 4-Week-Pregnant Women following In Vitro Fertilization and Embryo Transfer. PLoS One, 2015, 10：e0126501.

[20] Crews N, Wittwer C, Gale B. Continuous-flow thermal gradient PCR. Biomed Microdevices, 2008, 10：187-195.

[21] Li Y Y, Xing D, Zhang C S. Rapid detection of genetically modified organisms on a continuous-flow polymerase chain reaction microfluidics. Analytical Biochemistry, 2009, 385：42-49.

[22] Kopp M U, Crabtree H J, Manz A. Developments in technology and applications of Microsystems. Curr Opin Chem Biol, 1997, 1 (3)：410-419.

[23] Zhang C S, Xu J L, Ma W L, et al. PCR microfluidic devices for DNA amplification. Biotechnol Adv, 2006, 24 (3)：243-284.

[24] Neuzil P, Pipper J, Hsieh T M. Disposable real-time microPCR device：lab-on-a-chip at a low cost. Mol Biosyst, 2006, 2 (6-7)：292-298.

[25] Zhang Y H, Ozdemir P. Microfluidic DNA amplification—A review. Anal Chim Acta, 2009, 638 (2) 115-125.

[26] Khodakov D A, Zakharova N V, Gryadunov D A, et al. An oligonucleotide microarray for multiplex real-time PCR identification of HIV-1, HBV, and HCV. BioTechniques, 2008, 44 (2)：241-248.

[27] Mitterer G, Schmidt W M. Microarray-Based Detection of Bacteria by On-Chip PCR. Methods Mol Biol, 2006, 345：37-51.

[28] Ludwig W, Schleifer K H. Bacterial phylogeny based on 16S and 23S rRNA sequence analysis. FEMS Microbiol Rev, 1994, 15 (2-3)：155-173.

[29] Gurtler V, Stanisich V A. New approaches to typing and identification of bacteria using the 16S-23S rDNA spacer region. Microbiol, 1996, 142 (1)：3-16.

第十章
数字 PCR 实验方法

第一节　数字 PCR 概述

一、引言

脱氧核糖核酸（deoxyribonucleic acid，DNA）通过对执行生命体生长与运作的遗传指令进行编码来传递生命信息，它与遗传疾病的传递、恶化以及临床诊断息息相关[1]。然而从临床样品中提取的靶 DNA 含量极少（小于千分之一），所以，单个或少数几个 DNA 分子在若干数量级上的扩增放大对于临床检测的准确性和特异性非常重要。例如，不同疾病的病原 DNA 片段（如艾滋病、胎儿染色体非整倍体、肺癌、环境细菌等）可以在疾病早期通过核酸扩增被筛选出来。因此，通过扩增靶目标的 DNA 模板并准确定量分析，对很多疾病的早期检测、早期诊断和治疗具有重要意义。

人类对于核酸的研究已经有 100 多年的历史。20 世纪 60 年代末 70 年代初，人们致力于研究基因的体外分离技术。但是，由于核酸的含量较少，一定程度上限制了 DNA 的体外操作。Khorana 于 1971 年最早提出核酸体外扩增的设想。但是，当时的基因序列分析方法尚未成熟，对热具有较强稳定性的 DNA 聚合酶还未发现，寡核苷酸引物的合成仍处在手工、半自动合成阶段，这种想法似乎没有任何实际意义[1]。

1985 年，美国科学家 Kary Mullis 在高速公路的启发下，经过两年的努力，发明了 PCR 技术，并在《科学》杂志上发表了关于 PCR 技术的第一篇学术论文。从此，PCR 技术得到了生命科学界的普遍认同，Kary Mullis 也因此而获得 1993 年的诺贝尔化学奖。

但是，最初的 PCR 技术相当不成熟，在当时是一种操作复杂、成本高昂、“中看不中用”的实验室技术。1988 年初，Keohanog 通过对所使用的酶的改进，提高了扩增的真实性。而后，Saiki 等人又在黄石公园从生活在温泉中的水生嗜热杆菌内提取到一种耐热的 DNA 聚合酶，使得 PCR 技术的扩增效率大大提高。也正是此酶的发现使得 PCR 技术得到了广泛的应用，使该技术成为遗传与分子生物学分析的根本性基石。在以后的几十年里，PCR 方法被不断改进：它从一种定性的分析方法发展到定量测定；从原先只能扩增几个千碱基对的基因到目前已能扩增长达几十个千碱基对的 DNA 片段。到目前为止，PCR 技术已有十几种之多，例如，将 PCR 与反转录酶结合，成为反转录 PCR，将 PCR 与抗体等相结合就成为免疫 PCR 等。

1. 第一代 PCR

Khorana 在 1971 年第一次提出了利用聚合酶链式反应（polymerase chain reaction，PCR）进行 DNA 体外扩增的理念[2]。而 Mullis 在 1983 年设计了这一过程并于 1985 实际应用到实验研究中。由于该反应过程是非定量的，所以最初样品的 DNA 浓度无法通过扩增后的分子量推测。第一代 PCR（即终点法 PCR）在进行扩增后只能获得半定量的结果。

2. 第二代 PCR

随着生物分子荧光技术的发展，1992 年，实时荧光定量 PCR（real-time FQ-PCR）即基于荧光探针或染料的第二代 PCR 技术应运而生。该技术随后逐渐发展为检测目标片段的主流分子生物学技术。在实时荧光定量 PCR 过程中，荧光信号随着扩增产物的积累而增强。实时荧光定量 PCR 能够实时获得模板扩增的荧光值，然后根据 DNA 模板在指数增长时期的 C_t 值与标准 DNA 的 C_t 值比较来计算初始模板的浓度。但是这种方法是大体积反应系统，非特异性的扩增增加了假阳性结果和背景信号，因此，最终无法获得绝对定量的结果（“绝对定量”指的是目标分子的数量）。

3. 第三代 PCR

在数字 PCR（digital PCR，dPCR）中，DNA 模板扩增前被稀释成几万甚至是几百万份，然后分配到独立的反应单元，每个反应单元不包含或包含 1 个到多个拷贝的目标 DNA 分子，各自进行独立的 PCR 扩增，扩增结束后包含目标 DNA 分子的反应单元发出荧光，而不含目标 DNA 分子的反应单元则无荧光信号，最终根据阳性液滴占总液滴的比例以及泊松分布计算出起始目标 DNA 的浓度，dPCR 可对样本中的目标 DNA 分子进行绝对定量。在 dPCR 中，反应单元的数量直接决定了对目标 DNA 分子的检测范围，例如当反应单元的数量增加 1 个数量级，则可检测的范围也相应地增加约 1 个数量级。当样本中的目标 DNA 分子浓度较低或不同目标 DNA 分子间的浓度差异较小时，增加反应单元数量还有助于提高定量的精度，这类似于像素点数量与数字图像分辨率间的关系。因此，通过计算产生阳性信号的微反应体系数量就能提供一个准确的数字化结果。通过此方法，样品中的初始目标 DNA 模板就能够被绝对定量，这样极大降低了 PCR 产生的扩增偏倚（即非特异性的扩增）。

4. 数字 PCR 与实时荧光定量 PCR 比较

实时荧光定量 PCR 是目前 DNA 定量研究的主要技术，该技术通过在 PCR 反应体系中加入荧光结合染料（SYBR Green Ⅰ）或荧光标记的探针（如 TaqMan@ Probes），利用实时积累的荧光信号监测整个扩增过程，最后通过标准曲线对未知模板进行定量分析，以此来评估 PCR 的扩增效果[3]。实时荧光定量 PCR 主要依赖于校准物制备的标准曲线，进而确定未知样品的浓度，因此是一种相对定量的方法。该技术存在以下问题：①校准品和样品间背景的不同将引入偏差，并且影响 PCR 的效率和测量响应；②低拷贝数的目标 DNA 分子不能通过扩增检测到；③样品的 PCR 扩增效率可能与校准物的扩增效率不同；④DNA 提取时引入 DNA 溶液的杂质或者 DNA 降解影响了 PCR 动态扩增过程。

dPCR 是一项检测和定量核酸的新技术。它不同于传统的实时荧光定量 PCR，采用直接计数目标分子数而不依靠任何校准物或外标，dPCR 通过计数单个分子从而实现绝对定量。dPCR 将传统 PCR 的指数数据转换成数字信号，仅仅通过显示程序设定的循环数后扩增是否发生，即可克服上述困难，达到核酸的绝对定量。

dPCR 技术较实时荧光定量 PCR 技术有着以下的优势：①高灵敏度。dPCR 本质上将一个传统的 PCR 反应变成了数万个 PCR 反应，在这数万个反应单元中分别独立检测目的序列，从而大大提高了检测的灵敏度。②高精确度。dPCR 通过计算在数万个反应单元中阳性反应单元的数量和比例，可以精确地检测出变化很小的目的序列差异。③高耐受性。dPCR 技术第一步反应体系分配的过程，可以使背景序列和 PCR 反应抑制物被均匀分配到每个反应单元，而大部分反应单元中并不含有目的序列，低丰度的目的序列被相对富集于某些反应单元中，从而显著地降低了这些反应单元中背景序列和抑制物对反应的干扰。另外，dPCR 在对每个反应单元进行结果判读时仅判断阳性/阴性两种状态，不依赖于 C_t 值，受扩增效率的影响大为降低，对背景序列和抑制物的耐受能力也大大提高。④绝对定量。dPCR 直接计算目的序列的拷贝数，无需依赖于 C_t 值和标准曲线就可以进行精确的绝对定量检测。

5. 数字 PCR 关键技术路线

dPCR 在进行扩增反应前，将含有 DNA 模板的 PCR 溶液稀释后分布到大量的独立反应室（图 10-1）[4]，单分子间通过稀释分离，并且独自进行 PCR 扩增，最后分析每个扩增产物。这实现了通过先于 PCR 扩增的样品分离。这种样品的分配可以消除本底信号的影响，提高低丰度靶标的扩增灵敏度，简单计算出 DNA 的模板拷贝数而不需要采用参考标准物或者外标。准确的定量依赖于 40～45 个循环的扩增，错误的阴性检出水平（单 DNA 模板出现在反应室而未被检出）非常低。基于数字 PCR 特点，其关键技术路线包括样品的分散、信号放大（即聚合酶链式反应）、荧光图像的获取和处理。

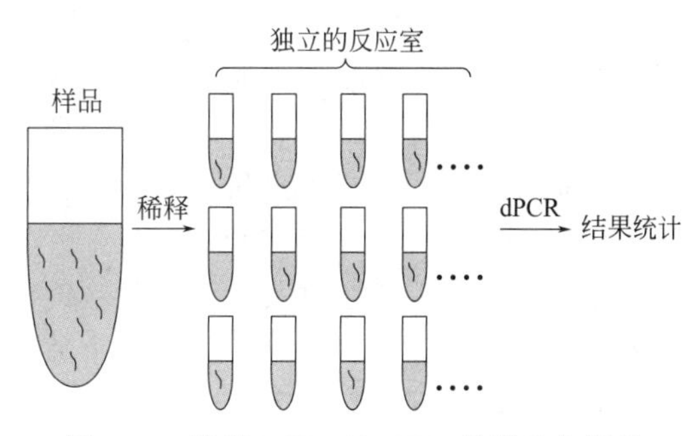

图 10-1　数字 PCR（dPCR）扩增反应原理

二、数字 PCR 系统分类

数字 PCR 系统发展过程中，出现了 3 种类型，即微孔板数字 PCR 系统、微流控芯片数字 PCR 系统和微滴数字 PCR 系统[5]。由于微孔板加样的复杂操作为精确测量带来了困难，也难以解决高通量测量的问题，微流体的出现和纳升（nL）反应仪器研究的开展克服了这些技术瓶颈。目前，商业化的 dPCR 技术可以分成两大类：微滴式 dPCR，也即微滴数字 PCR（droplet dPCR，ddPCR）和芯片式 dPCR（chip dPCR，cdPCR）技术。ddPCR 技术以 Bio-rad 公司的 QX200 系统以及 Raindance 公司的 RainDrop 为代表，其原理是把每个样本的反应液均匀分割成 2 万个（QX200）或 100～1000 万个（RainDrop）乳液包裹的微液滴，在每个微滴内分别进行 PCR 扩增反应。然后 ddPCR 通过类似于流式细胞技术的方法逐个对液滴的荧光信号进行检测，计算含目标荧光的液滴占所有液滴的比例来检测目的序列的含量。cdPCR 技术以 Fluidigm 公司的 BioMark HD 系统以及 Life Techonologies 的 QuantStudio 3D 系统为代表，在这一技术中，反应液通过微流控等技术被均匀导入芯片上的反应仓或通孔中进行 PCR 反应，然后通过类似于基因芯片的方法扫描每个反应仓或者通孔的荧光信号，进而计算目的序列的含量。目前，每张芯片上集成有相互独立的 1 万～4 万个（BioMark HD）反应仓或者 2 万个（QuantStudio 3D）通孔。

1. 微孔板数字 PCR 系统

微孔板数字 PCR 系统是在不锈钢芯片上刻蚀几千个微反应室，微量扩增体系在每个微反应室中分别扩增，该系统的缺点是随着微孔数量的成倍增加，每孔的反应体积从微升级降至纳升级，须通过自动点样仪加液，实验成本和操作复杂性相对较高。

2. 微流控芯片数字 PCR 系统

微流控芯片数字 PCR 系统是在微流体技术、纳米制造技术和微电子技术等大力发展的基础上产生的。早期的微流控技术与 dPCR 的结合应用体现在以集成流路微流控芯片（integrated fluid circuit，IFC）为基础的 dPCR 技术。这种微流控芯片一般是由两层的聚二甲基硅氧烷（polydimethylsiloxane，PDMS）膜和底层的盖玻片组成，从而构成相应的流动层和控制层。PDMS 膜是通过软光刻技术进行加工，从而形成十字交叉的气体通道和液体通道，通过相应的阀门控制可以将流体快速地分隔为平行的反应单元。将配置好的 PCR 反应体系通过注射器注入到微流控芯片的反应通道中，在反应通道内存在由微通道连接的微反应室，这样 PCR 反应液可以沿着微通道进入微反应室，再把二次蒸馏水注入到控制通道，封闭出水孔并向控制通道内继续注水以保证水压，从而利用水压及 PDMS 薄膜弹性将所有的微通道进行封堵，形成独立的 PCR 微反应室，即反应单元。由此在每个反应单元中可以进行独立的 PCR 反应，在反应结束后可通过荧光倒置显微镜等进行相关统计分析。通过微流控芯片技术可使样品流体快速准确地分布于若干个独立单元，此方法通量高、成本低、效果好。

3. 微滴数字 PCR 系统

ddPCR（微滴数字 PCR）系统在传统的 PCR 扩增前将一个大的反应体系进行微滴化处理，即利用油包水技术将其“分割”为数万个纳升级的微滴，每个微滴或不含待检核酸靶分子，或含有至少一个待检核酸靶分子，且每个微滴都是一个独立的 PCR 反应体系。PCR 扩增完成后，利用微滴分析仪逐个对每个微滴进行检测，有荧光信号的微滴判读为“1”，没有荧光信号的微滴判读为“0”，根据泊松分布原理及阳性微滴的个数与比例即可得出靶分子的起始拷贝数或浓度，从而实现对最初反应体系中核酸靶分子数的绝对定量。

4. 微滴微流控数字 PCR 系统

ddPCR 技术能够把不同 DNA 模板分隔在不同的油包水小水滴中，有效避免反应过程中不同引物间、产物间的相互杂交和不同产物之间的竞争抑制，因此能够得到较好的扩增效率，也可实现不同模板的同时扩增。ddPCR 体系所需样本量很低，适合珍贵样本或核酸存在降解的样本扩增。

微流控技术对于 dPCR 发展的贡献主要在于可以大规模增加反应单元的数量，通过微流控技术，高效精确地将样本溶液分割为 $10^2 \sim 10^7$ 份。微流控系统产生大量微液滴的办法实现对样本溶液的分割，每个产生的含有目的基因、探针和引物等的微液滴都可以作为一个独立的反应单元进行 PCR 扩增，而微滴产生的速度、数量、体积等均可以通过微流控系统精确控制。相比于 IFC 芯片，微滴微流控芯片的加工过程简单，成本低廉，代表了未来微流控与 dPCR 结合的发展方向。

以微滴分割为基础的 dPCR 定量的结果不再依赖于 C_q 值而直接给出靶序列的起始拷贝数浓度，实现真正意义上的绝对定量，无需阳性对照便可得出结果，也可避免实验中阳性对照污染。由于 ddPCR 降低了对反应扩增效率的要求，采取终点法判读的方法，可以很好地胜任稀有变异的检测工作。ddPCR 采用一种全新的方式进行核酸分子的定量，与传统 PCR、定量 PCR 相比，其结果的精确度、准确性和灵敏度更佳。

第二节 数字 PCR 技术关键点分析

dPCR 技术原理其实并不复杂，只是在传统的 PCR 技术基础上有所变化。主要的技术难点体现在对稀释后的反应溶液进行大规模等分的技术上。在对稀释后的溶液进行等分方面，最初采用了 96 孔或 384 孔板的方法，但这种方法试剂消耗量巨大(每孔约 5μL)，且可实现的反应单元数量较少。后来尽管在反应单元的数量上有所增加，如 Shen 等在玻璃基底加工了 1280 个反应单元，但仍存在溶液等分不能自动完成和反应单元数量较少的问题。直到微流控技术和微液滴应用于 dPCR 领域后，反应单元的数量才得到了爆发式的增长[6]。

以微滴数字 PCR（droplet digital PCR，ddPCR）为例，首先我们把大体积的 PCR 反应体系均匀地分散到大规模的平行反应单元中，并且每个反应单元中所包含的核酸个数在 0～N 之间，符合泊松分布规律。然后将这些微液滴进行 PCR 扩增，每个反应单元都相互独立、互不干扰地正常扩增。扩增结束后，统计阳性反应单元在全部反应单元中所占的比例，按照泊松分布定律来计算原始样品中目的核酸序列的数量，做到绝对定量分析。

早期的微流控技术与 dPCR 的结合应用体现在以集成流路微流控芯片(integrated fluid circuit，IFC）为基础的 dPCR 技术。这种微流控芯片采用多层光刻技术加工而成，具有非常复杂的流路结构以及气动的微泵与微阀，通过微泵和微阀将溶液送入反应腔阵列，其加工过程复杂，成本非常高，且受到加工技术和成本的限制，IFC 芯片可以实现的反应单元数量一般不超过 10000 个。

液滴微流控技术的发展给 dPCR 带来了新的发展机遇[7]。采用液滴微流控技术，经过高度稀释的含有模板 DNA 和引物等的反应溶液可以在微流控芯片中很容易地被分成 10^2～10^7 小液滴，每个体积只有纳升，甚至皮升的小液滴都是只含有最多一个目的基因的微型反应器，经过 PCR 扩增后，通过荧光检测，可以很直观地定量分析出原始溶液中目的基因的拷贝数量。与 IFC 芯片相比，液滴微流控芯片的优势不只体现在反应单元的数量，其最大优势在于成本方面：IFC 芯片的加工采用接近纳米尺度的多层光刻技术，成本非常高；而液滴微流控芯片大多只有一层结构，且加工尺度在微米级，因此大大降低了芯片的加工成本（微流控芯片的加工成本占芯片总成本的大部分)，这对于 dPCR 技术的发展至关重要。

一、PCR 微流控芯片

第一代 PCR 是 PE-Cetus 公司的热循环仪。第二代是静态的微反应槽 PCR 芯片(micro chamber PCR chip)。第三代 PCR 技术是 PCR 微流控芯片（PCR microfluidics)。

下面从反应体积大小、循环时间的长短等几个方面对这三类 PCR 技术做个比较。

通过表 10-1 的对比，我们可以看出 PCR 微流控芯片较前两种技术的优势是：在保证一定扩增效率的前提下，反应体积可变，样品的输入和输出是连续的，反应从静态变为动态，反应时间缩短。

表 10-1　三类 PCR 器件的比较

类型	PE-Cetus 热循环仪	静态的微反应槽 PCR 芯片	PCR 微流控芯片
反应器类型	试管	微槽	毛细管
反应器体积/μL	几百	几个	几个至十几个
一次循环时间/min	5	1 左右	<1
扩增效率	高	较高	较高

PCR 微流控装置主要可分为反应池内固定扩增式 PCR（chamber stationary PCR microfluidics）、连续流动式 PCR（continuous-flow PCR microfluidics）和热对流驱动 PCR（thermal convection-driven PCR microfluidics）三种形式。

1. 反应池内固定扩增式 PCR

反应池内固定扩增式 PCR（图 10-2）是传统 PCR 扩增的微型化，其反应速度仍然受 PCR 反应体系的热容、反应池衬底材料的热容、加热器以及传感器的热容等因素制约，因此需要对 PCR 系统的热容进行优化以便缩短反应时间和减少能量消耗。

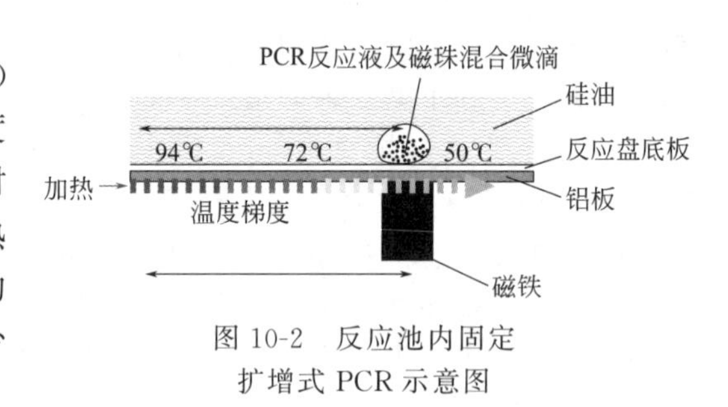

图 10-2　反应池内固定扩增式 PCR 示意图

2. 连续流动式 PCR

DNA 样品和反应试剂连续流动经过三个不同的恒温带，从而达到 DNA 片段热循环扩增的目的，该方法由于不需要反复地加热或冷却 PCR 装置，加热-冷却速度一般不受 PCR 装置系统的热容所限制，反应速度较快。连续流动式 PCR 示意图见图 10-3。

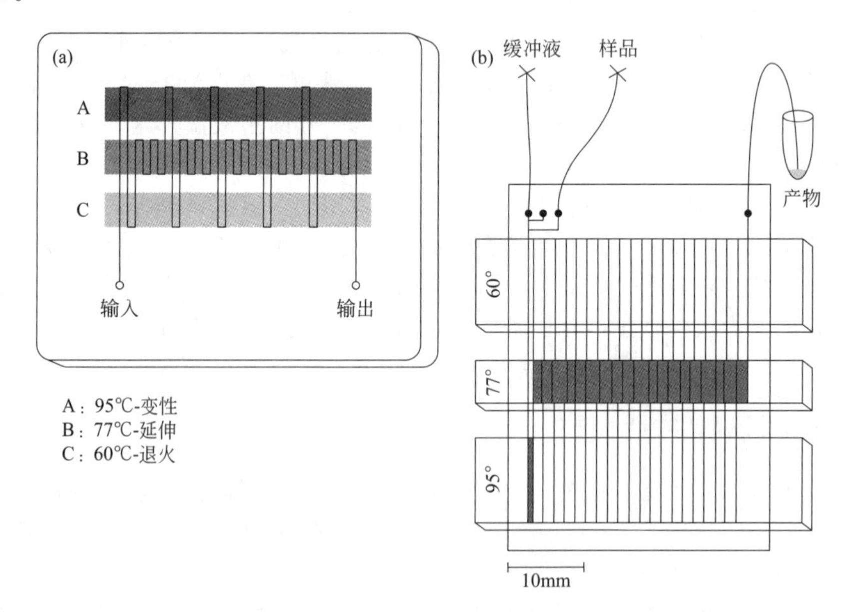

图 10-3　连续流动式 PCR 示意图

3. 热对流驱动 PCR

热对流驱动 PCR 是基于 Rayleigh-Bénard 对流原理。这种装置不需要借助外力只需要浮力就能驱动 PCR 试剂流经不同的温度区，跟前两种相比，这种芯片制造简单，价格低廉，而且具有更快的温度传导速度，更易于集成（示意图见图 10-4）。通过设置高温加热盘和低温水循环池，形成因温度差异带来反应管内反应液循环。

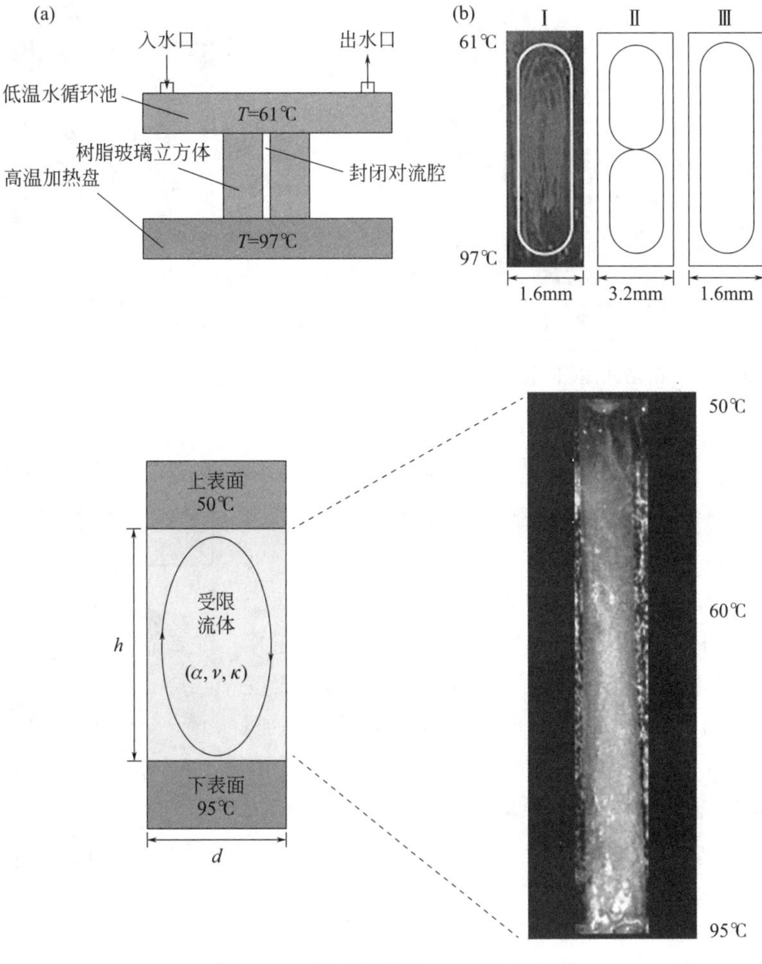

图 10-4　热对流驱动 PCR 示意图

二、连续流 PCR 微流控芯片

连续流 PCR 微流控芯片有许多的设计形式：振荡式（oscillatory devices）、闭环式（closed-loop devices）和固定循环数式（fixed-loop devices）。

1. 振荡式

PCR 试剂在微通道内不停地往复运动，穿梭于不同的温度加热区，所以循环数是可调节的。图 10-5 中，在注射泵的作用下，试剂先经过退火区和延伸区进入变性区，完成 DNA 变性后穿过延伸区进入退火区完成引物退火。最后再进入延伸区延伸，至此完成一个循环。在不同温度区的停留时间可以通过注射泵调节，也可以通过微通道的结构进行设计。

2. 闭环 PCR

PCR 样品经过三个不同的通道（详见图 10-6），然后在外接泵的作用下由出口重新返回入口进行循环。三段微通道对应三个不同的温度区。中间的空气层阻隔了不同温度区间的温度传导。与振荡式 PCR 不同的是，循环式流动方向一直是不变的。由此可见，闭环 PCR 循环数也是可以调节的。

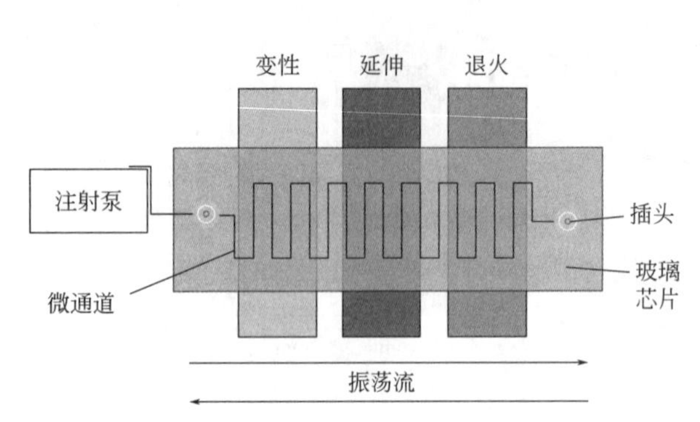

图 10-5　振荡式 PCR 装置示意图

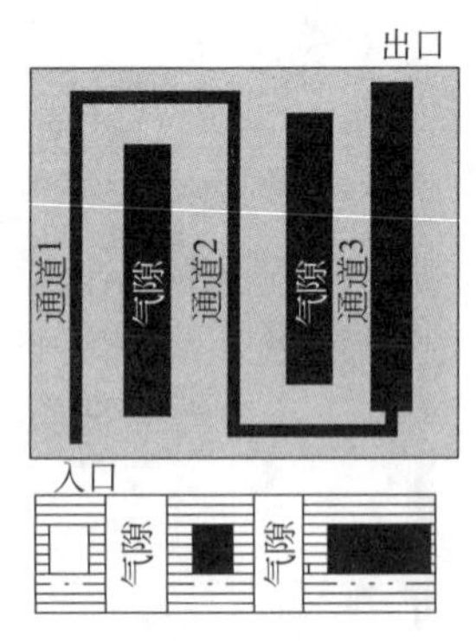

图 10-6　闭环 PCR 装置俯视图和剖面图

3. 固定循环数式 PCR

顾名思义，固定循环数式 PCR 就是 PCR 的循环次数是固定的，但这种方式的控制比较简单。图 10-7 是一种辐射状的固定循环式的 PCR 装置。这种装置一共可以完成 34 个循环。A 为油的入口，B1 和 B2 是两个试剂水溶液入口，这两部分构成了一个“T”形连接 C，从而形成了液滴（droplet)。液滴经过 D 区完成变性，然后到外围实现退火和延伸。当液滴再返回中间的 D 区完成 DNA 变性后，一个新的循环又开始了。在完成 34 个循环以后，在 F 处离开。

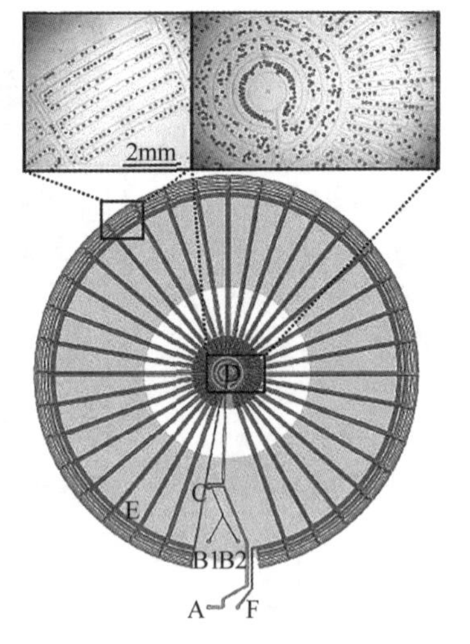

图 10-7　固定循环数式 PCR 装置示意图

三、微滴 PCR 技术

将 PCR 样品直接混合送入微通道进行扩增的方式是单相的 PCR，单相 PCR 有很多的缺点。

① 由于微通道内的面积体积比很大，通道内壁会对试剂和样品有吸收，所以会造成连续进样间的运送污染。

② 在压力驱动条件下，微通道横截面的速度分布为抛物线形状，中间速度最大而壁面速度为零，所以在横截面不同位置的 PCR 样品将经历不同的反应时间。

③ 扩增具有选择性，更易于放大短的基因片段，会产生很多副产物。

微滴 PCR（PCR in droplets）技术解决了单相 PCR 的上述问题（见图 10-8)。PCR 混合物被包含在离散的液滴中，经过微通道中的不同温度区。微滴 PCR 技术与单相 PCR 技术相比还有许多的优势，如消除了连续样品间的运送污染、通道内壁的吸收和样品的扩散稀释，防止片段较短的、意想不到的副产物合成，快速的热响应，很少的试剂消耗等。另外，不同的液滴还可以携带不同的 PCR 样品，尤其适合于单细胞和单分子放大。

微滴产生方式如图 10-9 所示，PCR 混合液从中间喷嘴注入，携带液体-油从旁边的喷嘴注入，由于水和油不相溶性，所以在油中形成了水液滴。虽然微滴 PCR 技术才刚刚出现，但近年来的研究表明了这种技术的巨大潜力。

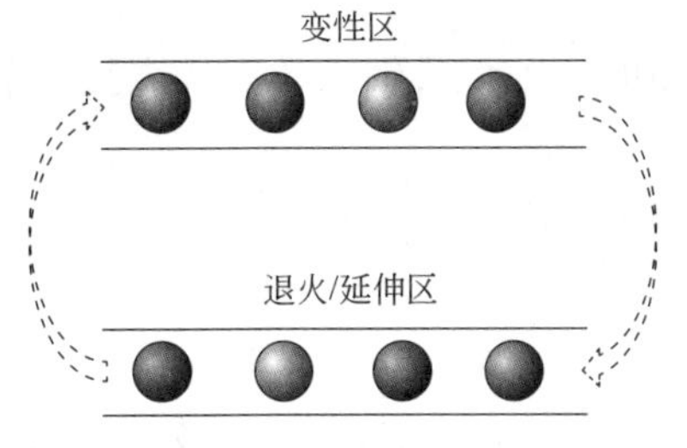

图 10-8　微滴 PCR 技术示意图

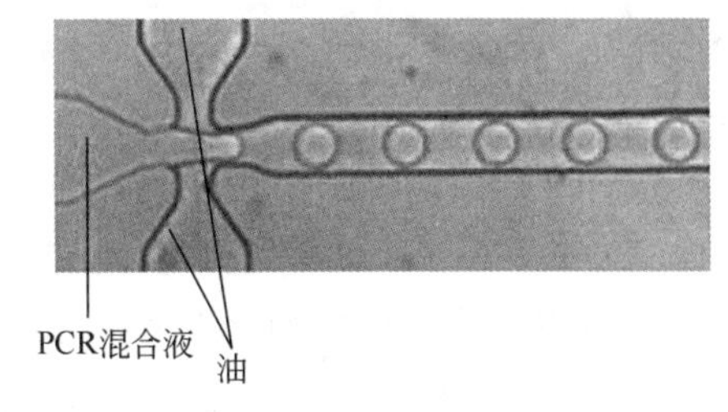

图 10-9　微液滴产生的方式示意图

1. 微流控系统中微液滴产生方法

微流控技术对于 dPCR 发展的贡献主要在于可以大规模增加反应单元的数量，通过微流控技术，高效精确地将样本溶液分割为 $10^2 \sim 10^7$ 份[8]。微流控技术对样本溶液的分割，最初是由气动微泵、微阀控制分割样本溶液的 IFC 芯片，不仅结构较为复杂，加工难度也较大，可以分割的份数也非常有限，单块芯片的成本非常高。近年来，研究者开始使用微流控系统产生大量微液滴的办法实现对样本溶液的分割，每个产生的含有目的基因、探针和引物等的微液滴都可以作为一个独立的反应单元进行 PCR 扩增，而微滴产生的速度、数量、体积等均可以通过微流控系统精确控制。相比于 IFC 芯片，液滴微流控芯片的加工过程简单，成本低廉，代表了未来微流控与 dPCR 结合的发展方向。下面将结合微液滴在 dPCR 领域的应用，简要介绍使用微流控系统产生及操控微液滴的技术。

通过微流控系统产生大量应用于 dPCR 技术的微液滴，最常用的方法是乳化（emulsion）技术，即两种不相溶的液体混合时，一种液体会以微滴的形式分散在另一种溶液中。微流控芯片可以在微尺度上对一种溶液（分散相）在另外一种不相溶的溶液（连续相）中产生微液滴的过程进行精确控制，继而获得大量体积在纳升甚至皮升级，且大小均一、性质稳定的微液滴。

微液滴生成的主要过程在于如何施以足够大的作用力来扰动分散相和连续相之间的界面张力使其达到失稳，导致分散相突破界面张力的束缚进入连续相中形成分散的液滴。在这一过程中，剪切力、重力、表面张力、惯性力和黏性力等各种力一同作用，其中界面张力与黏性力占据主导地位。而为了描述这些作用力之间的关系，人们引入了以下几个无量纲参数。

① 雷诺数 Re——流体力学中最重要的参数，代表惯性力与黏性力之比，定义为

$$Re=\frac{\rho v d}{\mu}$$

式中 ρ 表示流体的平均密度，v 表示流体的平均流速，d 表示通道的当量直径，μ 表示流体的黏性系数。在微尺度通道中，雷诺数通常小于 10^{-2}。因此，相较于黏性力，惯性力作用可忽略不计，流动特征表现为典型层流流动。

② 韦伯数 We——多相流中的一个无量纲参数，代表惯性力与界面张力之比，定义为

$$We=ReCa=\frac{\rho d u^2}{\sigma}$$

式中 σ 表示两相界面张力，韦伯数 We 越小则表面张力的作用影响越大。在微尺

度通道中，流动流体的韦伯数一般都很小，这也就意味着界面效应的影响将十分重要。

③ 邦德数 Bo——多相流中用于考察重力作用的一个无量纲参数，代表重力与界面张力之比，定义为

$$Bo=\frac{(\rho_1-\rho_2)\ gd^2}{\sigma}=\frac{\Delta\rho gd^2}{\sigma}$$

式中 ρ_1 表示连续相平均密度，ρ_2 表示分散相平均密度，g 表示重力加速度，$\Delta\rho$ 表示不同相流体的密度差。在微尺度流动中，邦德数 Bo 通常在 10^{-3} 级别。于是，在这种情况下，重力作用一般是忽略不计的。

④ 毛细数 Ca——微尺度多相流中一个重要的无量纲参数，代表黏性力与界面张力之比，定义为

$$Ca=\frac{\mu v}{\sigma}$$

在微尺度流动下，黏性力与界面张力起着举足轻重的作用。在毛细数较小时，表面张力起着主要的作用，液滴界面将慢慢缩小成球状。而在毛细数较大时，起主要作用的将是黏性应力，在此条件下液滴界面会逐渐发生形变，以致偏离原本的对称球形形状。一般情况下，大多数研究者都使用毛细数来研究微观流体的运动状况，其数值变化范围通常在 10^{-3}～10 之间。

根据连续相与分散相的不同，液滴可分为 W/O（油包水）型和 O/W（水包油）型。到目前为止，在文献报道中，用于微液滴制备的方法可根据微通道形状、结构的不同归纳为以下三种：T 形通道法（T-junction）、十字形流体聚焦法（flow-focusing）和同轴流法（Co-flowing）。以 T 形通道为例，概述微液滴形成的过程和特点（参见图 10-10）。

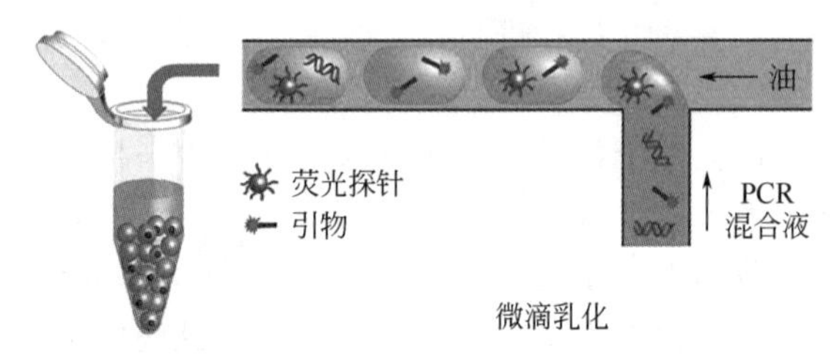

图 10-10　用于单分子 PCR 研究的微液滴产生过程（见彩图）

在一个 T 形的微通道中，黄色代表油，蓝色代表包含引物、荧光探针以及目标基因等的水溶液。由于两种液体不相溶，在微通道的液体流动过程中，油在微通道内在向左侧流动的过程中对水溶液不断进行挤压，作为分散相的水溶液在连续相油的不断挤压中被最终剪断，形成了一个微液滴。分散后的微液滴含有至多一个目的基因以及引物、荧光探针等，分散后的液滴可以使用传统的 PCR 技术进行扩增，由于油的阻隔，在扩增过程中，每个微液滴都是一个相对独立的反应单位。采用微流控技术产生微液滴的大小与微通道的尺寸及连续相和分散相的流速、黏度等都有直接关系。现阶段使用微流控技术可以产生的微液滴的体积范围从 0.05pL 到 1nL 不等，对应的微液滴直径为 5～120μm，实际应用中可以灵活选择。

在连续相液体的选择方面，矿物油（mineral oil）对微液滴形状的保持和微液滴

间的阻隔起到了重要作用，且对微液滴中参与 PCR 扩增的生物大分子、酶等的活性和结构没有影响。为了增强液滴产生的稳定性和控制分散相微液滴的大小，有的研究者在矿物油中加入了 0.5%～3.0% 的表面活性剂[9]。在水或油中添加表面活性剂对微液滴的稳定起到了重要作用，且未发现毒副作用。未来的研究中，可以通过改变微通道表面的物理化学性质等方法（物理/化学修饰），增加微流控系统产生微液滴的稳定性，从而摆脱对价格昂贵的表面活性剂的依赖，减少对溶液的污染。

微流控芯片材料的选择与其应用环境有直接关系。目前，在 dPCR 领域，无论是 IFC 芯片，还是液滴微流控芯片，通常使用聚二甲基硅氧烷（PDMS）材质的微流控芯片。PDMS 具有良好的生物相容性和透气性，且微加工性能良好，但在某些有机溶剂的作用下会发生溶解和变形。根据目前微流控技术发展的总体趋势，未来非常有可能产生基于热塑性塑料（如 PMMA、PS、PC 等），甚至纸基等低成本微流控 dPCR 芯片。

2. 微液滴的高通量生成技术

液滴微流控芯片在 dPCR 领域的应用是利用了液滴微流控系统可以迅速产生大量的微液滴的优势。近年来，在产生高通量微液滴的微流控芯片方面进行了大量研究，目前，单一微液滴产生装置的液滴产生速度可以高达 10kHz，如果将多块微流控芯片并行使用，或者在一块微流控芯片上加工数十到数百个微液滴产生装置，还可以极大提升液滴的产生速度。Nisisako 等在一块圆形的玻璃基底上呈辐射状排布了 128 个 Y 形微液滴产生器，每小时可产生 1L 粒径为 96.4μm 的微液滴。

图 10-11 展示了 Holtze 等制作的高速微液滴发生微流控芯片，芯片采用了软光刻的方法，使用传统紫外光刻技术对 SU-8 进行曝光冲洗后，利用 SU-8 作为模具，对 PDMS 进行倒模，最后将 PDMS 键合在玻璃片上制成微流控芯片。他们不仅在连续相的油中添加了表面活性剂，还在分散相的水中也添加了具有良好生物相容性的表面活性剂（PFPE-PEG 共聚物），从而极大提高了微液滴高速产生时的稳定性，液滴的产生速度可以达到 30kHz [图 10-11（a）]。从图 10-11（b）可见，随着微通道内油流量上升，微液滴的产生速度也迅速上升，产生的微液滴的直径随之变小。为了验证 PFPE-PEG 共聚物作为表面活性剂的生物兼容性，微液滴中进行了质粒 DNA 体外编译 β-半乳糖苷酶）β-galactosidase）的实验，获得了满意的效果。

值得注意的是，高通量的微液滴产生技术对微流控芯片系统以及扩增后的液滴荧光检测都提出了更高的要求[10]。首先，产生高通量液滴的微流控芯片对反应液体进样的稳定性和连续性都提出了更高要求，这种情况下，反应液体进样常需要通过价格高昂的恒压泵实现。其次，产生高通量的液滴微流控系统对芯片的键合也提出了更高要求，内部的高压液体对芯片的键合强度要求更高。最后，对液滴的荧光检测速度方面也提出了更高要求，检测系统不仅需要在极短时间内对微流控芯片中按顺序排布流动的微液滴进行荧光检测，还需要高速的数据处理和统计能力。

四、微阀、微泵和微混合器与 PCR 微流控芯片的关系

1. 微阀与 PCR 微流控芯片

微阀在 PCR 微流控芯片中的功能包括：流动调节、开/关切换及 PCR 样品的密封等。微阀对于 PCR 扩增与其它的 DNA 分析过程的结合至关重要。

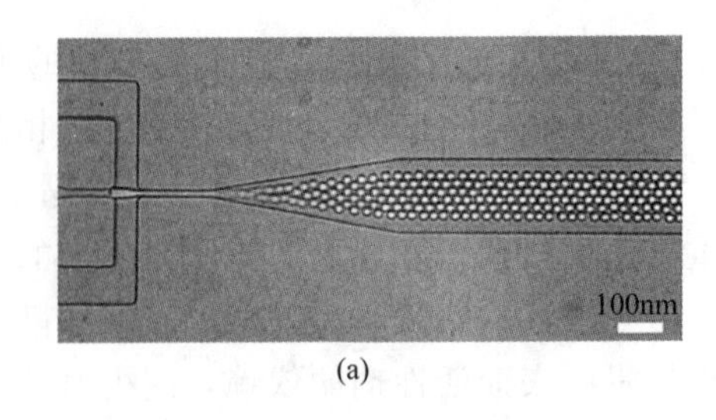

(a)

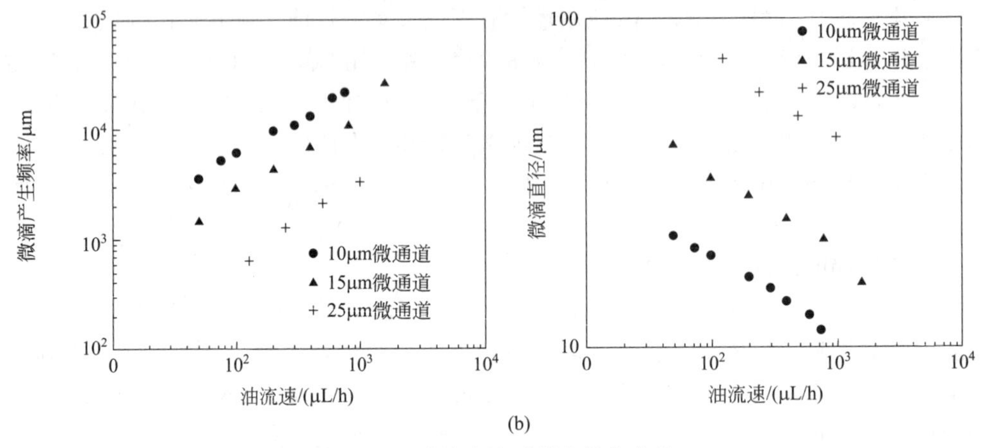

(b)

图 10-11　液滴产生过程中的稳定性

（a）液滴产生过程中的稳定性（使用流动聚焦的方法从 25μm 的喷嘴中产生的微液滴）；

（b）在水流速不变的情况下，微液滴产生的频率和大小与油流速之间的关系

2. 微泵与 PCR 微流控芯片

微泵一方面要使 PCR 样品和试剂从入口进入反应腔/通道，并把 PCR 产物排出反应腔/通道以便于进一步的检测。另一方面，在连续流动流的 PCR 微流控芯片（continuous-flow PCR chips）中，微泵还要驱动 PCR 样品流经两个或三个不同的温度区。另外，微阀和微泵的结合还可以完成 PCR 样品的混合。

3. 微混合器与 PCR 微流控芯片

PCR 是一个多元素的生化反应过程，反应物包括了模板 DNA、引物、*Taq* 酶、缓冲液等。因此在真正进行 PCR 扩增前，反应物溶液应该有效混合以便得到好的反应结果。但迄今，多数的混合操作由人工在试管中完成，这是不符合微混合器与微流控芯片连续检测的要求的。

五、dPCR 与液滴微流控芯片的结合和应用

在液滴微流控技术与 dPCR 的结合应用方面也有一些商业化产品，如 Bio-Rad 公司的 QX 系列液滴 dPCR 检测系统[6]，其中 QX100 系统中的液滴微流控芯片可以在一次分析中将样品溶液分成 11.2 万～12.8 万个小液滴，每块芯片的价格仅为 24 美元。在 QX100 系统中，使用了十字形的微流道，分散相溶液在连续相油的挤压中不断产生小液滴，通过数个液滴产生微流控芯片的并行协作，在短时间内产生了大量的小液滴，每个小液滴就是一个反应容器。PCR 热循环扩增结束后，又使用微流控技术，使小液滴依次通过检测装置对其进行荧光检测，完成计数过程。与之相似，RainDance 公司的 Rain-Drop 系统附带的微流控芯片的 8 个进样通道同时工作时，最高可将样品溶液分为 8000 万个 pL 级的微液滴，每块微流控芯片的成本也只有 80～

240 美元。相比之下，Fluidigm 公司的 BioMark 系统使用的基于 IFC 技术的微流控芯片中的 12 个反应单元阵列加起来也仅有 9180 个反应单元，每块芯片价格却高达 400 美元。由此可见，从单个芯片的价格和对反应溶液分割的份数来看，液滴微流控芯片相比于 IFC 芯片拥有巨大的优势。

典型的商业化液滴 dPCR 系统的工作原理如图 10-12 所示，含有目的基因、*Taq* 聚合酶、引物、分子信标（如 TaqMan 等）的溶液经过微流控芯片，被分为数百万个微液滴，分散的微液滴被收集在离心管中进行 PCR 热循环扩增，扩增的同时，通过荧光探针/分子信标标记目的基因，最后，微液滴被重新送入微流控芯片中，微液滴依次通过荧光传感器进行检测，最后得到数据分析图。值得一提的是，现阶段微液滴一般可以通过荧光探针标记两种颜色，如果对荧光探针的强度进行控制，基于两种颜色的探针最多可以达到 12 个标记的多重分析[11]。

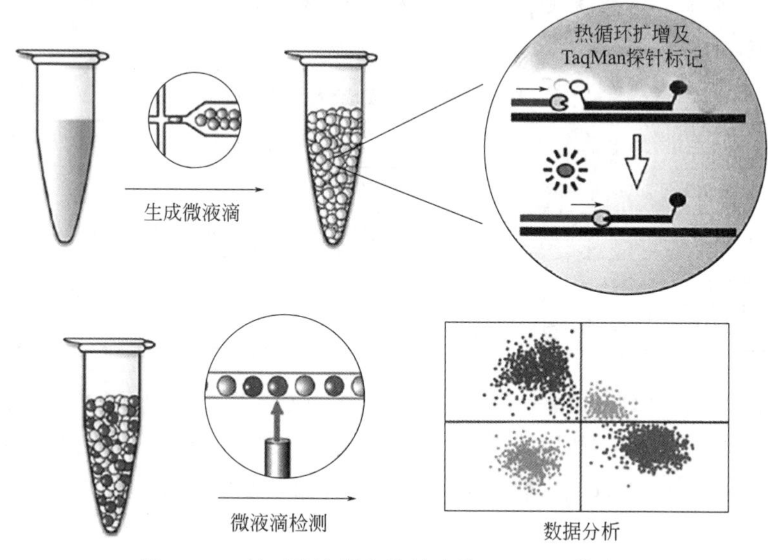

图 10-12　基于液滴微流控技术的 dPCR 工作流程

第三节　数字 PCR 的应用

一、在突变检测方面的应用

常规组织和血液等样品中，由于单个突变的体细胞含量低，使得其检出变得困难。而 dPCR 可对复杂的大背景中进行有限的稀释或分区，通过有限稀释，降低野生基因型的背景信号，使得低丰度的目的序列能够被灵敏地检出，特别适用于稀有突变的检测应用[11]。以人 *EGFR* 基因 T790M 突变检测试剂盒（数字 PCR 法）为例，该产品采用数字 PCR 技术，用于体外定性检测人非小细胞肺癌（NSCLC）患者外周血的 *EGFR* 基因 T790M 突变。表皮生长因子受体（epidermal growth factor receptor，EGFR）主要位于细胞膜上，属受体酪氨酸激酶家族。EGFR 被配体激活后启动胞内该通路上的信号传导，经过细胞质中衔接蛋白和酶的级联反应，调节转录因子激活基因转录，并指导细胞迁移、黏附、增殖、分化和凋亡。研究表明，在许多实体肿瘤中存在 EGFR 信号转导通路上的基因发生体细胞突变及表达异常的情况，这些体细胞的突变或过表达往往导致肿瘤细胞无限制扩增和迁移。此外研究发现，*EGFR* 基因外显子的突变（体细胞突变）是患者使用EGFR酪氨酸激酶抑制剂（EGFR-TKI）靶向药物后是否有效的必要前提，这也进一步验证上述理论的正确性。EGFR-TKI能够选择性地结合细胞膜内的酪氨酸激酶区域，阻断了酪氨酸激酶与ATP的结合，进而阻断EGFR信号通路向下游传导。目前认为 *EGFR* 基因外显子20的T790M体细胞突变是EGFR-TKI继发耐药的主要机制之一，该突变形成的空间位阻使得EGFR酪氨酸激酶不能与TKI相结合，导致非小细胞肺癌患者出现继发耐药性。

1. 检验原理

人 *EGFR* 基因T790M突变检测试剂盒（数字PCR法）由 *EGFR* T790M ddPCR和ddPCR MIX3组成。反应液含有检测靶标片段的引物和探针；ddPCR MIX3含扩增所需的热启动酶、dNTP、$MgCl_2$、缓冲液和微滴稳定剂，用于微滴制备后形成热稳定的油包水微滴，并确保靶标片段在微滴中进行PCR扩增，反应成分标识量等如表10-2所示。

表10-2　PCR反应成分及标识量

序号	组成		主要成分	标识量	数量
1	试剂	EGFR T790MddPCR	引物、荧光探针	96μL	1管
2		ddPCR MIX3	热启动酶、dNTP、$MgCl_2$、buffer、微滴稳定剂	240μL	1管
3	对照品	阴性对照	工艺用水	100μL	1管
4		EGFR T790M阳性对照	质粒和细胞株DNA混合液	50μL	1管

该产品的样本类型为人非小细胞肺癌（NSCLC）患者的外周血，采用核酸抽提试剂盒对样本进行抽提，利用某些固相介质，在特定的条件下选择性地吸附核酸，而不吸附蛋白质及盐的特点，实现核酸与蛋白质及盐的分离。提取后的核酸作为待测的样本DNA。

该产品采用数字PCR检测方法，使用ddPCR系统（droplet digital PCR system）进行检测。ddPCR系统包括微滴发生器（droplet generator）、PX1热封仪（PX1 PCR plate sealer）、热循环仪和微滴分析仪（droplet reader）。微滴发生器可将待测的样本DNA、引物、探针以及ddPCR MIX3（热启动酶、dNTPs、$MgCl_2$、缓冲液和微滴稳定剂）的混合液分隔在20000个均匀的纳升级微滴内。将微滴转移至96孔PCR板上，使用热循环仪进行PCR扩增DNA，在每个微滴中PCR反应都独立进行。扩增后采用微滴分析仪进行荧光读取，逐个分析样品中的每个微滴。微滴被吸入后，管路将分解乳化的微滴，并使它们依次通过双色光学检测系统。有荧光信号的微滴为阳性，没有荧光信号的微滴为阴性。随后计算阳性和阴性微滴的数量及阳性微滴的比例，最终根据泊松分布原理以及阳性微滴的比例，通过分析软件可计算出待检靶分子的浓度或拷贝数。因此，可对非小细胞肺癌患者外周血标本中的 *EGFR* 基因T790M突变进行检测。

2. 样本制备

外周血样本游离DNA应选择枸橼酸钠抗凝剂或EDTA抗凝剂的外周全血标本5mL，切忌溶血，抽取血液后应立即进行血浆分离。血浆分离步骤为：5000*g* 离心3min；小心吸取上清，转移至新的EP管中；16000*g* 离心5min，小心吸取上清，转移至新的 EP 管中。获得的血浆在－20℃条件下保存时间不应超过 2 周。取 2mL 血浆使用“核酸提取及纯化试剂”对血浆进行游离 DNA 的提取。提取完的核酸样本应立即进行检测，否则请在－20℃条件下保存，保存时间不应超过 6 个月。运输时，应放置在加保冷冰袋的泡沫箱内低温运输，运输时间不应超过 5 天。

核酸储备液的质量控制：对外周血游离 DNA 的浓度进行检测，DNA 含量需超过 2ng/μL。

3. 检验方法

（1）扩增试剂准备

① 测试数量的要求：试剂按 1 个阴性对照、1 个阳性对照及样本数 N 的总和计算每次实验的测试数量，即 $N+2$ 个测试。

② PCR 预混液制备过程：从试剂盒中取出 *EGFR* T790M ddPCR 和 ddPCR MIX3，室温融化并混匀后，在离心机转速 2000r/min 下离心 10s，按 4μL ddPCR＋0μL ddPCR MIX3 制备每个测试的 PCR 预混液，将上述配制好的 PCR 预混液，分别按每管 14μL 的量，分装于各 PCR 管内。

（2）加样

取出核酸样本以及试剂盒中对照品，室温融化并混匀后，使用离心机转速 2000r/min 下离心 10s。分别取 6μL，加至装有上述 PCR 预混液的 PCR 管中。每个反应体系的总体积为 20μL。盖紧 PCR 管盖，混匀后使用离心机转速 2000r/min 离心 10s 后，进行微滴制备。

（3）制备微滴

① 将 8 个 20μL 反应体系加入到 DG8™ Cartridge 中间一排的 8 个孔内。

注意：a. 必须先在 DG8™ Cartridges 中间 1 排加样本，当样本不足 8 个时，空孔请加入 20μL 的探针法缓冲液对照（buffer control for probes）；b. 加样本时，避免产生气泡。

② 在 DG8™ Cartridge 最底一排 8 个孔中各加入 70μL 的探针法微滴生成油（droplet generation oil for probes），盖上 DG8™ Gaskets，将 DG8™ Cartridge 轻轻地平稳放置于微滴发生器中，开始生成微滴，微滴发生器上乳化完成后指示灯会闪烁，应在 2min 之内完成。

③ 微滴生成于 DG8™ Cartridge 最上面一排孔内，将生成的微滴转移到 96 孔板中。

注意：a. 吸取微滴（枪头不要靠壁）及释放微滴时需缓慢，防止微滴破裂；b. 每次弃去已使用过的 DG8™ Cartridge 和 DG8™ Gasket。

（4）封膜

微滴转入 96 孔板内后，盖上 PCR 板加热，用预热好的 PX1 热封仪对其进行封膜，运行程序为：180℃，5s。封好膜之后应在 30min 内进行 PCR 扩增，或者放于 4℃冰箱内并在 4h 内进行 PCR 扩增。

（5）PCR 扩增（表 10-3）

表 10-3 PCR 扩增程序

阶段	预变性	PCR 扩增	终止反应和保温
时间、温度、循环数	95℃，10min	94℃，15s；58℃，60s； 40 个循环，升降温速度应≤2℃/s	98℃，10min； 4℃，5min
反应体系	设定为 40μL		

(6) 微滴读取

① 先打开电脑，再打开微滴分析仪电源，在使用前需预热至少 30min。

② 将之前完成的 PCR 96 孔板放入微滴读取仪的板架，平稳放入微滴读取仪中。

③ 打开 QuantaSoft 软件，对 96 孔板中样品信息进行 Setup，完成后即可进行 Run。

注意：a. Supermix 选择“ddPCRSupermix for probes”；b. Dye Set 选择“FAM/VIC”。

(7) 结果分析

检测完成后，点击“2D Amplitude”查看荧光通道 1 和通道 2 聚类图。此图允许手工或自动调节阈值用以对每个检测通道进行阳性和阴性微滴的指定。①自动调节阈值：点击“Auto Analyze”重设阈值。②手工指定阈值：使用十字线阈值调节工具可指定整个点图的分类区域（仅在热图模式下可选），参见图 10-13。

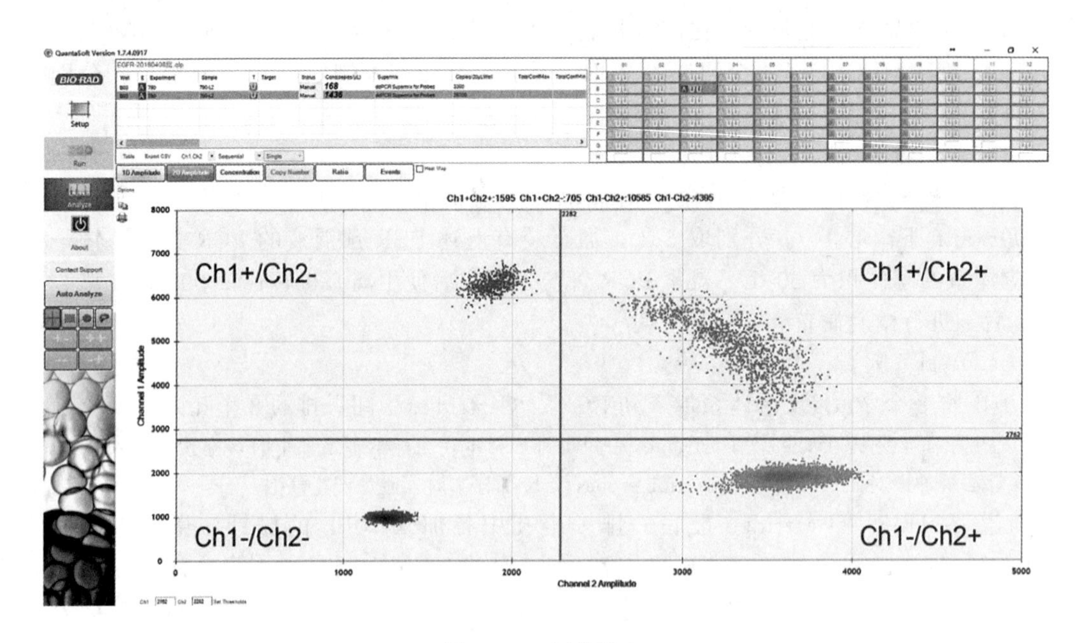

图 10-13 阈值设定

荧光阈值线的设置参照阴性对照和阳性对照，在 2D Amplitude 中，荧光阈值线的位置应该使阴性对照的微滴簇在“Ch1－Ch2－”区间内，阳性对照的 4 种微滴簇分别位于四个区间内。

阳性判断值

① 若样本落在“Ch1＋Ch2－”区的点≥3 个，则判定 *EGFR* 基因 T790M 位点突变。

② 若样本总基因组 DNA≥50 拷贝且落在“Ch1＋Ch2－”区的点<3 个，则：

a. 若样本落在“Ch1＋Ch2－”区的点为 0 个，则判定 *EGFR* 基因 T790M 位点无突变或低于最低检测限值。

b. 若样本落在“Ch1＋Ch2－”区的点为 1 个或 2 个，则需重新检测。

重新检测的结果，若样本落在“Ch1＋Ch2－”区的点≥2 个，则判定 *EGFR* 基因 T790M 位点突变；若样本落在“Ch1＋Ch2－”区的点<2 个，则判定 *EGFR* 基因

T790M 无突变或低于最低检测限值。

③ 若样本总基因组 DNA＜50 拷贝且落在“Ch1＋Ch2－”区的点＜3 个，则提示加入的 DNA 质量不佳或者含有 PCR 抑制剂，需要重新提取 DNA 后或重新取样后再做。重新检测后，若样本总基因组 DNA 仍＜50 拷贝且落在“Ch1＋Ch2－”区的点＜3 个，则判定 DNA 质量不符合要求。反之，按上述条件进行相应判定。

检验结果的解释

① 检测结果的判定要求

a. 阴性对照结果的判定：“Ch1＋Ch2－”区的点为 0 个且落在“Ch2＋”区的点＜5 个。

b. 阳性对照结果的判定：落在“Ch1＋Ch2－”区的点≥3 个。

c. 有效结果的判定：每个反应管的 total 微滴数应≥10000，若 total 微滴数＜10000，该反应孔的微滴生成则不理想，需重新进行微滴生成。

② 基因突变率的计算方法

反应液	EGFR T790M
突变拷贝数	Ch1
基因组 DNA 拷贝数	Ch1＋Ch2
突变比例计算	Ch1/(Ch1＋Ch2)

③ 荧光阈值线的设置参照阴性对照和阳性对照：在 2D Amplitude 中，荧光阈值线的位置应该使阴性对照的微滴簇在“Ch1－Ch2－”区间内，阳性对照的 4 种微滴簇分别位于四个区间内。

④ 阴性结果不能完全排除基因突变的存在，样本中肿瘤细胞过少、核酸过度降解或扩增反应体系中基因浓度低于检测限亦可造成阴性结果。

⑤ 本试剂检测范围仅包括已明确的基因突变位点范围，不包括未申明范围之外的基因突变位置点检测。

(8) 产品性能指标

① 外观：外盒包装应完整无缺，文字清晰无误；各试剂组分和说明书齐全；各液体组分应澄清，无沉淀或絮状物，无漏液。

② 准确性：各准确性参考品，检测结果应为 *EGFR* 基因 T790M 突变阳性。

③ 特异性：各特异性参考品，检测结果应为 *EGFR* 基因 T790M 突变阴性。

④ 重复性：各重复性参考品，重复检测 10 次，结果应均为 *EGFR* 基因 T790M 突变阳性且突变比例的对数的绝对值的变异系数（*CV*%）应≤5.0%。

⑤ 检测限：对突变比例为 0.05% 的检测限参考品进行检测，检测结果应为 *EGFR* 基因 T790M 突变阳性。

(9) 性能指标检验结果

样品加样空位表如表 10-4 所示，PCx 代表准确性参考品，EGFR-Nx 代表特异性参考品，EGFR-T790M-L 代表检测限参考品，EGFR-J、EGFR-LJ 代表精密度参考品。

表 10-4　样品加样空位表

项目	1	2	3	4	5	6	7	8
A	FGFR-N1	EGFR-J	EGFR-J	EGFR-LJ	PC5	EGFR-T790M-L	EGFR-T790M-L	EGFR-T791M-L
B	FGFR-N2	EGFR-J	EGFR-J	EGFR-LJ	PC6	EGFR-T791M-L	EGFR-T790M-L	EGFR-T791M-L
C	FGFR-N3	EGFR-J	EGFR-LJ	EGFR-LJ	PC7	EGFR-T792M-L	EGFR-T790M-L	EGFR-T791M-L
D	FGFR-N4	EGFR-J	EGFR-LJ	EGFR-LJ	PC8	EGFR-T793M-L	EGFR-T790M-L	EGFR-T791M-L
E	FGFR-N5	EGFR-J	EGFR-LJ	PC1	PT790M	EGFR-T794M-L	EGFR-T790M-L	
F	FGFR-N6	EGFR-J	EGFR-LJ	PC2	阳性对照	EGFR-T795M-L	EGFR-T795M-L	
G	FGFR-N7	EGFR-J	EGFR-LJ	PC3	阴性对照	EGFR-T796M-L	EGFR-T796M-L	
H	FGFR-N8	EGFR-J	EGFR-LJ	PC4		EGFR-T797M-L	EGFR-T797M-L	

阴性对照结果的判定标准为“Ch1+Ch2−”区的点为 0 个且落在“Ch2+”区的点<5 个。阴性对照加样孔位为 G05，检验结果“Ch1+Ch2−”=0；“Ch2+”=“Ch1+Ch2+”+“Ch1−Ch2+”=0+0=0<5 个，见图 10-14。

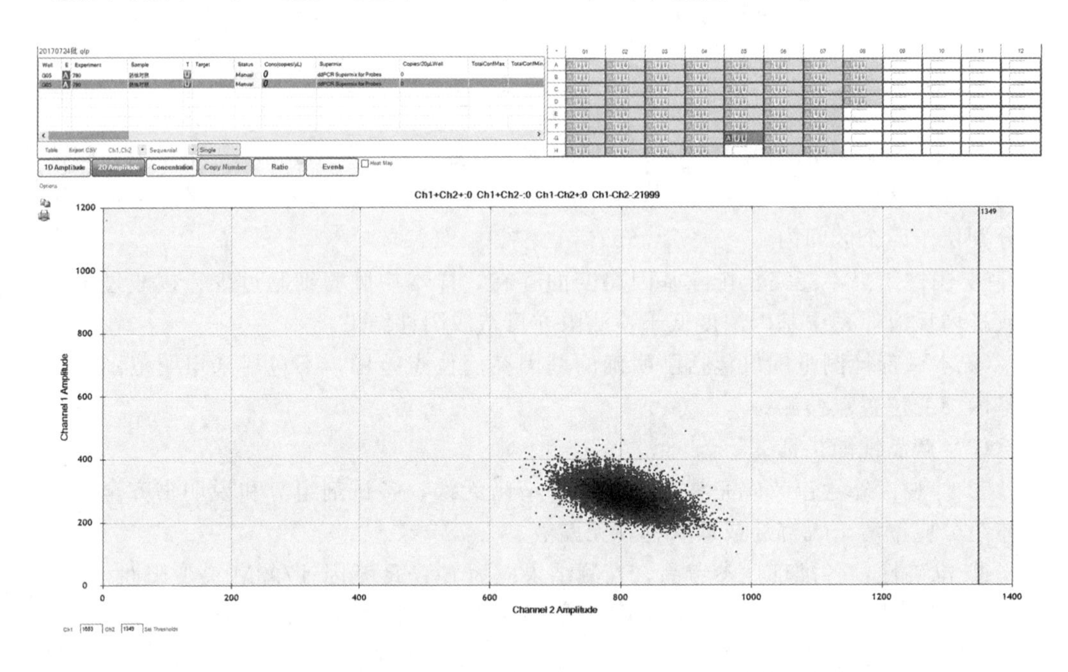

图 10-14　加样孔位 G05 检验结果显示阴性对照检验结果有效

阳性对照结果的判定标准为落在“Ch1+Ch2−”区的点≥3 个。阳性对照加样孔位为 F05，检验结果“Ch1+Ch2−”：81>3 个，见图 10-15。

有效结果的判定标准为每个反应管的总微滴数应≥10000，见图 10-16。

① 外观：目测外盒包装完整无缺，文字清晰无误；各试剂组分和说明书齐全；各液体组分澄清，无沉淀或絮状物，无漏液。

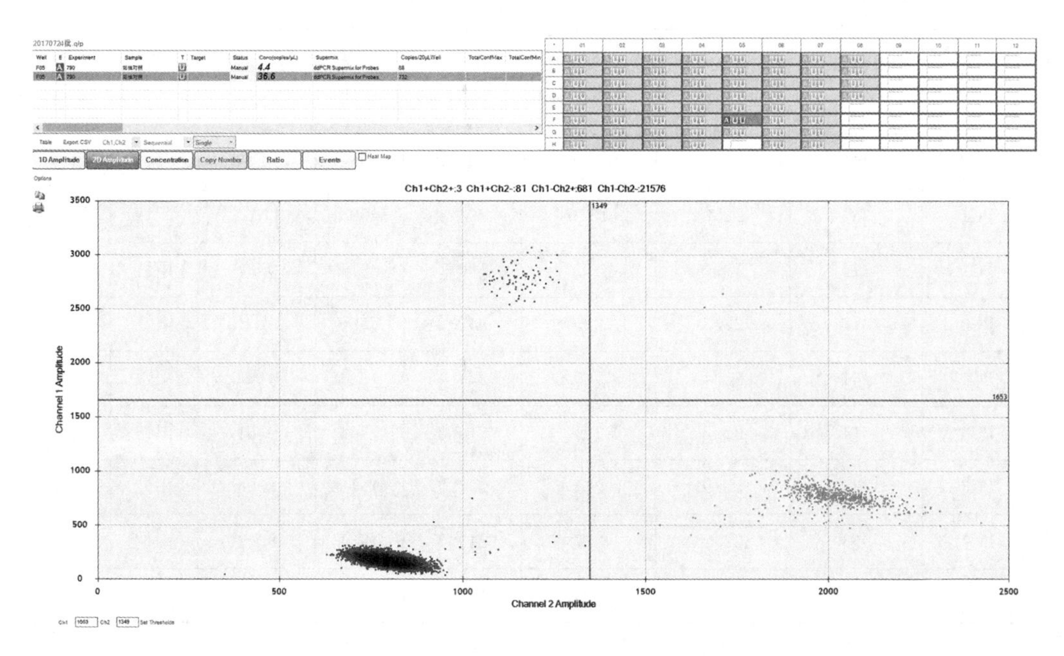

图 10-15　加样孔位 F05 检验结果显示阳性对照检验结果有效

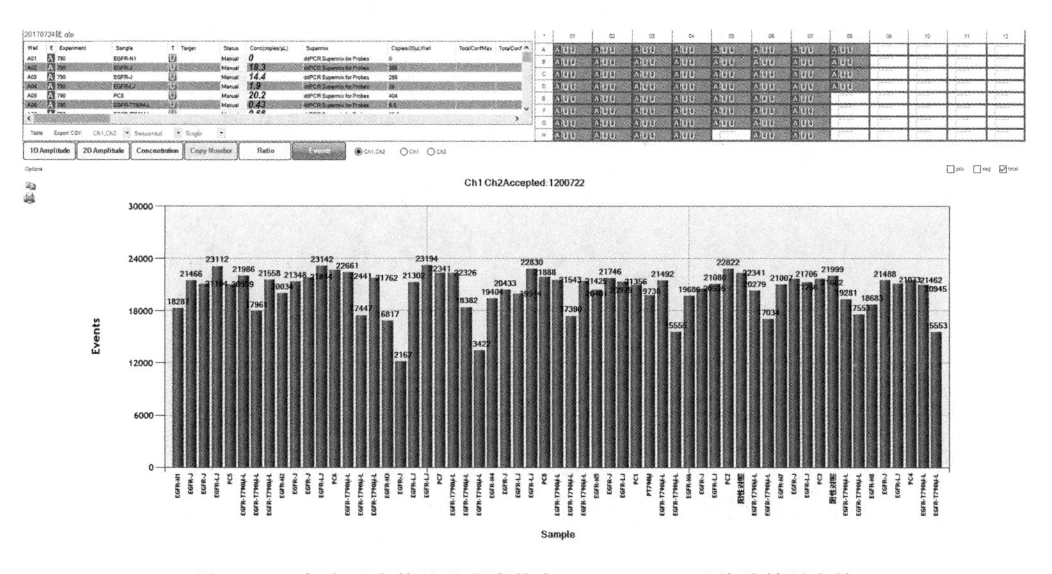

图 10-16　每个反应管的总微滴数大于 10000，显示检验结果有效

② 准确性：选取 *EGFR* 基因 T790M 突变型 NCI-H1975 细胞株基因组 DNA 与 *EGFR* 阴性的 HT-1080 细胞株基因组 DNA 按一定比例混合；另选取 *EGFR* 基因 T790M 突变的肺癌病人外周血游离 DNA 8 份；进行检测，结果应为 *EGFR* 基因 T790M 突变阳性（表 10-5）。

PC1 加样孔位为 E04 检验结果：样本落在“Ch1＋Ch2－”区的点数 354，结果＞3 个，则判定 *EGFR* 基因 T790M 位点突变阳性，见图 10-17。

表 10-5　检测结果（一）

项目	Ch1＋Ch2－点数	Ch1 /(拷贝/μL)	Ch2 /(拷贝/μL)	Ch1＋Ch2 /(拷贝/μL)	总拷贝数	检测阳性百分比/%	定性结果	判定标准
PT790M	442	32.7	270	302.7	6054	10.80	阳性	阳性
PC1	354	22.9	182p	204.9	4098	11.18	阳性	阳性
PC2	314	18.7	172	190.7	3814	9.81	阳性	阳性
PC3	374	23.8	229	252.8	5056	9.41	阳性	阳性
PC4	461	30.4	189	219.4	4388	13.86	阳性	阳性
PC5	314	20.2	190	210.2	4204	9.61	阳性	阳性
PC6	333	20.9	213	233.9	4678	8.94	阳性	阳性
PC7	353	22.2	227	249.2	4984	8.91	阳性	阳性
PC8	362	22.5	169	191.5	3830	11.75	阳性	阳性

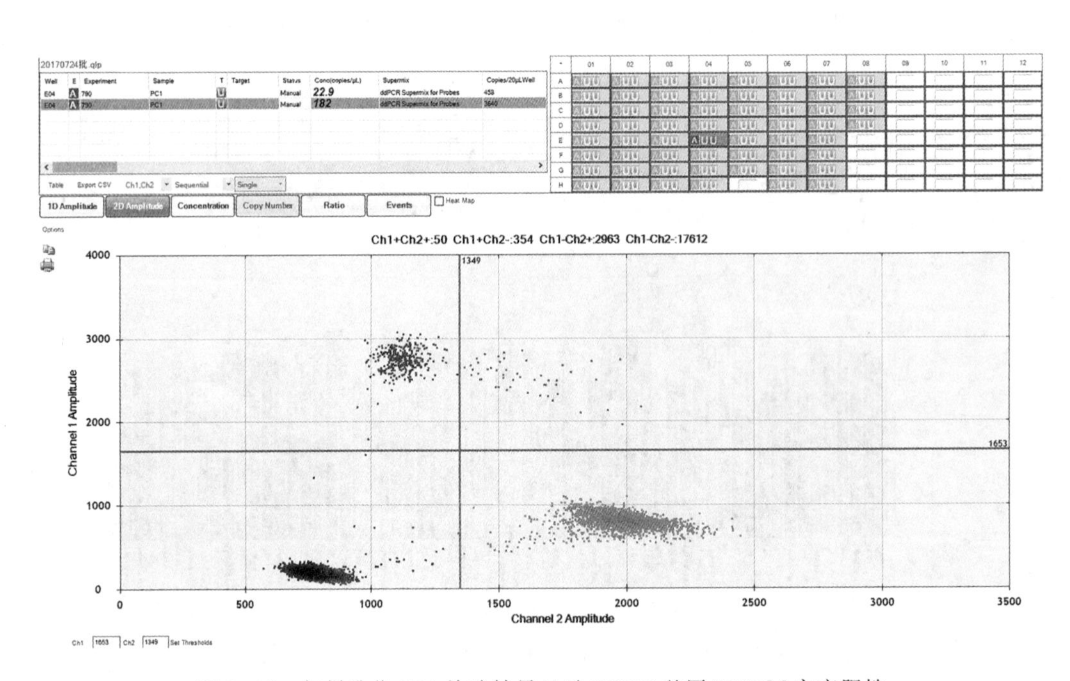

图 10-17　加样孔位 E04 检验结果显示 *EGFR* 基因 T790M 突变阳性

PC2 加样孔位为 F04 检验结果：样本落在“Ch1＋Ch2－”区的点数 314，结果＞3 个，则判定 *EGFR* 基因 T790M 位点突变阳性，见图 10-18。

③ 特异性。选取 *EGFR* 基因 T790M 为野生型的外周血游离 DNA 2 份与其它 *EGFR* 基因突变型（非 T790M 位点突变）的外周血游离 DNA 6 份，进行检测，结果应为 *EGFR* 基因 T790M 突变阴性（表 10-6）。

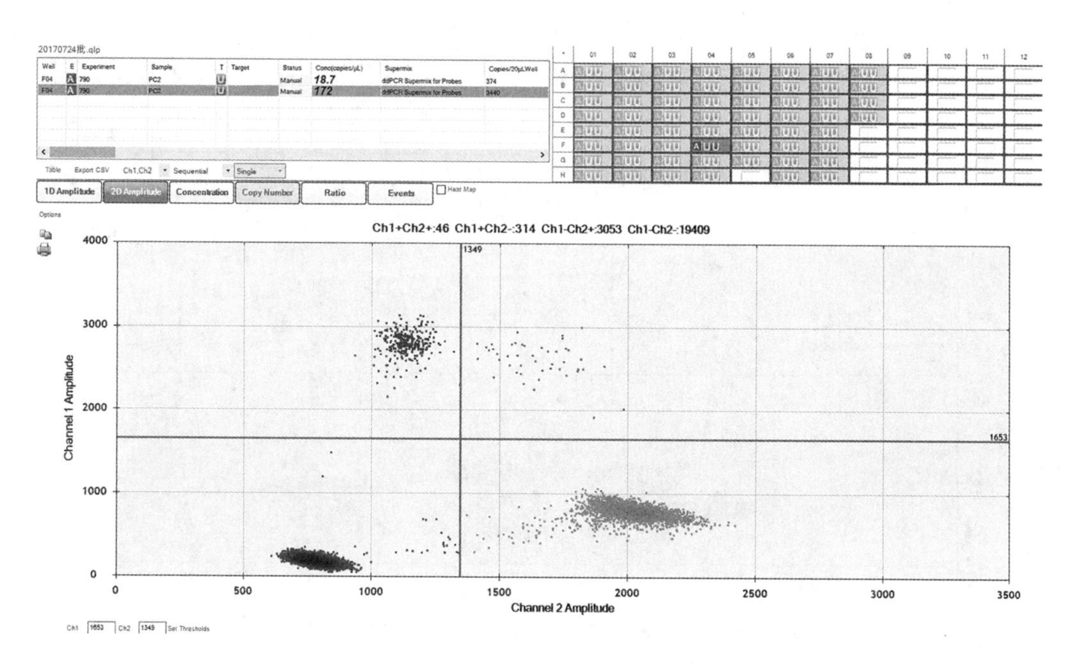

图 10-18　加样孔位 F04 检验结果显示 *EGFR* 基因 T790M 突变阳性

表 10-6　检测结果（二）

项目	Ch1＋Ch2－点数	Ch1 /(拷贝/μL)	Ch2 /(拷贝/μL)	Ch1＋Ch2 /(拷贝/μL)	总拷贝数	检测阳性百分比/%	定性结果	判定标准
EGFR-N1	0	0.0	237	237	4740	0.18	阴性	阴性
EGFR-N2	0	0.0	301	301	6020	0.12	阴性	阴性
EGFR-N3	0	0.0	260	260	5200	0.20	阴性	阴性
EGFR-N4	0	0.0	277	277	5540	0.16	阴性	阴性
EGFR-N5	0	0.0	208	208	4160	0.21	阴性	阴性
EGFR-N6	0	0.0	252	252	5040	0.14	阴性	阴性
EGFR-N7	0	0.0	277	277	5540	0.26	阴性	阴性
EGFR-N8	0	0.0	234	234	4680	0.19	阴性	阴性

EGFR-N1 加样孔位为 A01 检验结果：样本总基因组 DNA 拷贝数 4740，结果≥50 拷贝，且落在“Ch1＋Ch2－”区的点数为 0，结果<3 个（见图 10-19），则判定 *EGFR* 基因 T790M 位点无突变或低于最低检测限值，结果为 *EGFR* 基因 T790M 突变阴性。

EGFR-N2 加样孔位为 B01 检验结果：样本总基因组 DNA 拷贝数 6020，结果≥50 拷贝，且落在“Ch1＋Ch2－”区的点数为 0，结果<3 个（见图 10-20），则判定 *EGFR* 基因 T790M 位点无突变或低于最低检测限值，结果为 *EGFR* 基因 T790M 突变阴性。

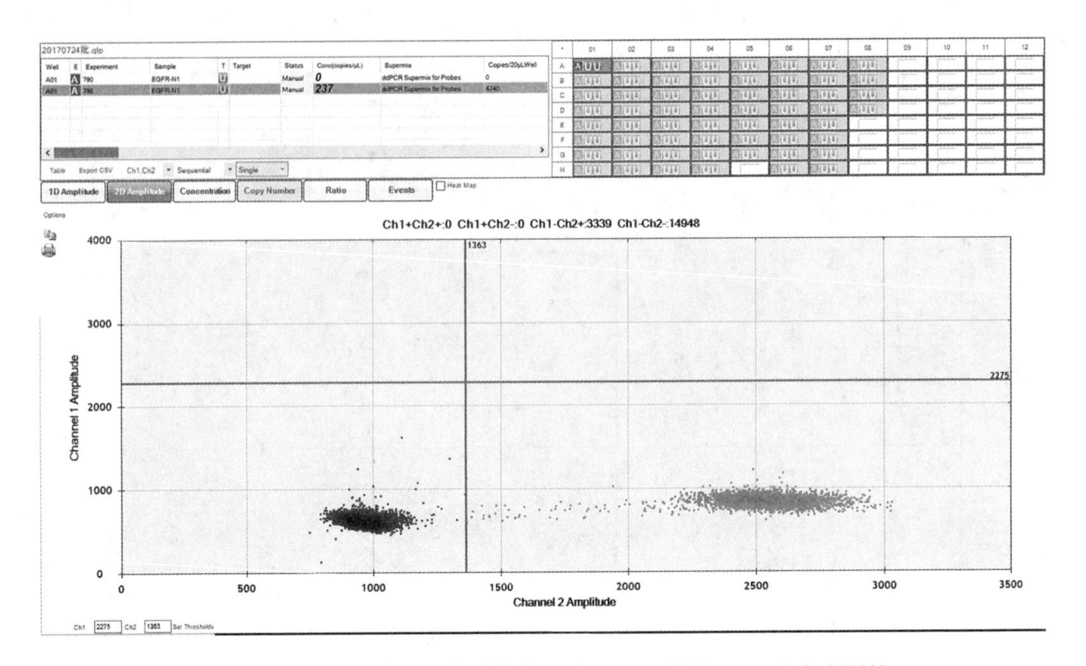

图 10-19　加样孔位 A01 检验结果显示 *EGFR* 基因 T790M 突变阴性

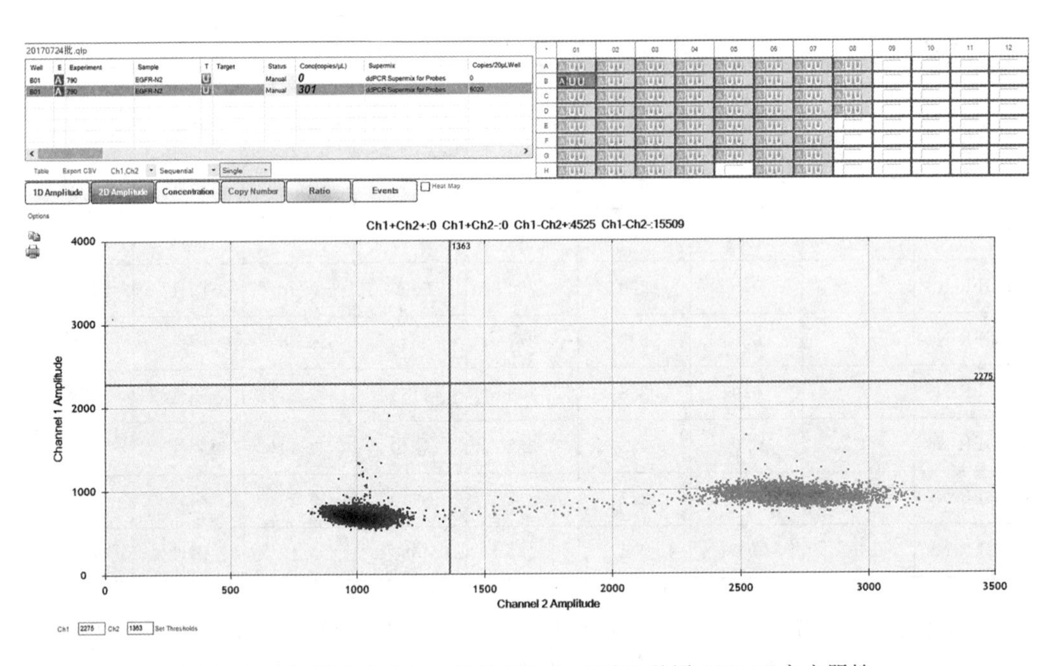

图 10-20　加样孔位 B01 检验结果显示 *EGFR* 基因 T790M 突变阴性

④ 重复性：选取 *EGFR* 基因 T790M 突变型 NCI-H1975 细胞株和 *EGFR* 阴性的 HT-1080 细胞株基因组 DNA 按一定比例混合，配制突变比例为 5%和突变比例为 0.5%的重复性参考品，重复检测 10 次，结果应均为 *EGFR* 基因 T790M 突变阳性且突变比例的对数的绝对值的变异系数≤5.0%。

突变比例为 5%的重复性参考品检测结果如表 10-7 所示。

表 10-7　突变比例为 5%的重复性参考品检测结果

项目	Ch1+Ch2−点数	Ch1/(拷贝/μL)	Ch2/(拷贝/μL)	Ch1+Ch2/(拷贝/μL)	检测阳性百分比/%	总拷贝数	定性结果	检测突变比例对数值	突变比例Log值的绝对值	判定标准
EGFR-J	263	18.3	242	260.3	7.03	5206	阳性	−1.153	1.153	|CV值|≤5%
EGFR-J	230	14.9	241	255.9	5.82	5118	阳性	−1.235	1.235	
EGFE-J	127	14.9	268	282.9	5.27	5658	阳性	−1.278	1.278	
EGFR-J	195	13.7	240	253.7	5.40	5074	阳性	−1.268	1.268	
EGFR-J	219	14.9	250	264.9	5.62	5298	阳性	−1.250	1.250	
EGFR-J	229	16.3	245	261.3	6.24	5226	阳性	−1.205	1.205	
EGFR-J	224	15.1	245	260.1	5.81	5202	阳性	−1.236	1.236	
EGFR-J	206	13.6	246	259.6	5.24	5192	阳性	−1.281	1.281	
EGFR-J	215	14.4	239	253.4	5.68	5068	阳性	−1.245	1.245	
EGFR-J	230	14.9	252	266.9	5.58	5338	阳性	−1.253	1.253	
								平均值	1.240	
								SD值	0.038	
								CV值	3.07%	

EGFR-J（突变比例为 5%的重复性参考品），加样孔位为 A02 检验结果：样本落在“Ch1+Ch2−”区的点数为 263，结果＞3 个，则判定 *EGFR* 基因 T790M 位点突变阳性，见图 10-21。

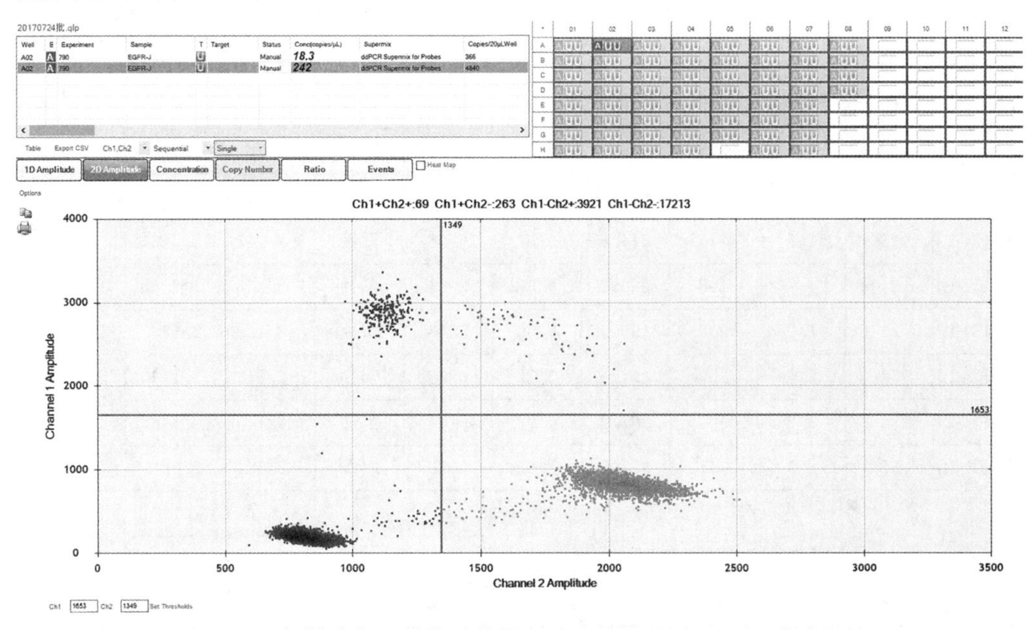

图 10-21　加样孔位 A02 检验结果显示 *EGFR* 基因 T790M 突变阳性

EGFR-J（突变比例为 5%的重复性参考品），加样孔位为 B02 检验结果：样本落在“Ch1+Ch2−”区的点数为 230，结果＞3 个，则判定 *EGFR* 基因 T790M 位点突变阳性，见图 10-22。

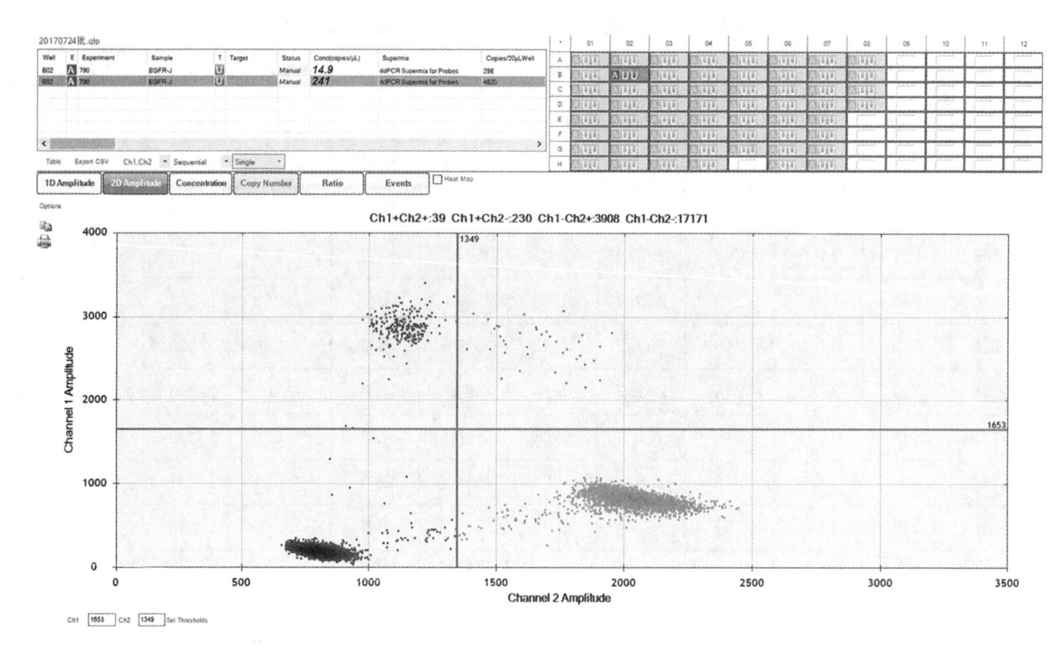

图 10-22　加样孔位 B02 检验结果显示 *EGFR* 基因 T790M 突变阳性

突变比例为 0.5%的重复性参考品检测结果见表 10-8。

表 10-8　突变比例为 0.5%的重复性参考品检测结果

项目	Ch1＋Ch2－点数	Ch1/(拷贝/μL)	Ch2/(拷贝/μL)	Ch1＋Ch2/(拷贝/μL)	检测阳性百分比/%	总拷贝数	定性结果	检测突变比例对数值	突变比例Log值的绝对值	判定标准
EGFR-LJ	34	2.5	304	306.5	0.82	6130	阳性	−2.088	2.088	|CV值|≤5%
EGFR-LJ	22	1.9	315	316.9	0.60	6338	阳性	−2.222	2.222	
EGFR-LJ	28	1.8	303	304.8	0.59	6096	阳性	−2.229	2.229	
EGFR-LJ	47	3	312	315	0.95	6300	阳性	−2.021	2.021	
EGFR-LJ	23	1.8	313	314.8	0.57	6296	阳性	−2.243	2.243	
EGFR-LJ	24	1.7	298	299.7	0.57	5994	阳性	−2.246	2.246	
EGFR-LJ	30	1.9	289	290.9	0.65	5818	阳性	−2.185	2.185	
EGFR-LJ	37	2.4	309	311.4	0.77	6228	阳性	−2.113	2.113	
EGFR-LJ	34	2.2	305	307.2	0.72	6144	阳性	−2.145	2.145	
EGFR-LJ	35	2.5	301	303.5	0.82	6070	阳性	−2.084	2.084	
								平均值	2.158	
								SD值	0.079	
								CV值	3.66%	

EGFR-LJ（突变比例为 0.5%的重复性参考品），加样孔位为 C03，检验结果：样本落在“Ch1＋Ch2－”区的点数为 34，结果＞3 个，则判定 *EGFR* 基因 T790M 位点突变阳性，见图 10-23。

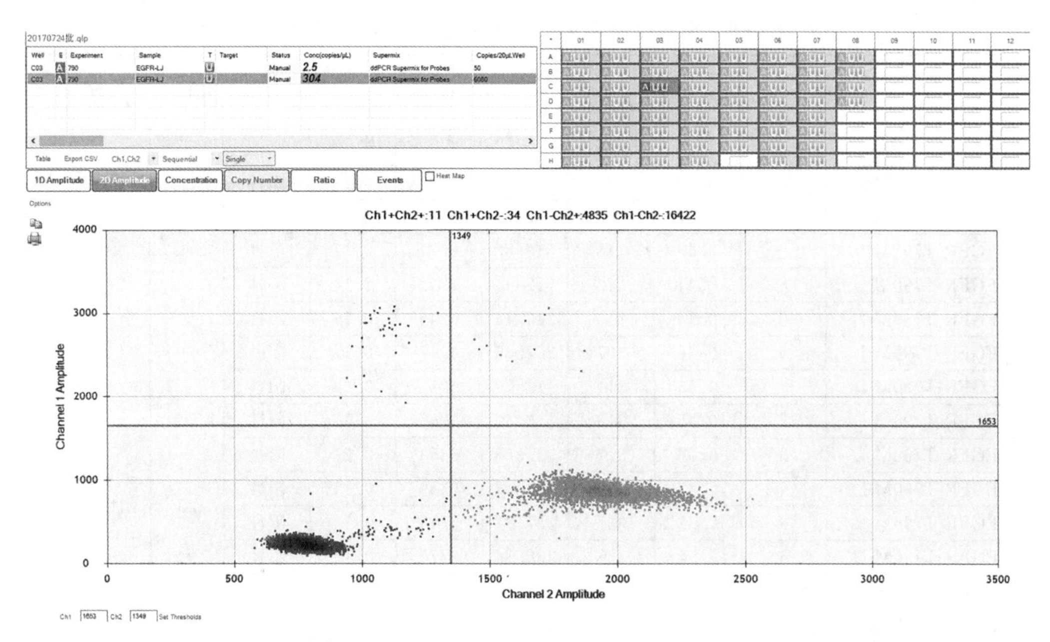

图 10-23 加样孔位 C03 检验结果显示 *EGFR* 基因 T790M 突变阳性

EGFR-LJ（突变比例为 0.5%的重复性参考品），加样孔位为 C04，检验结果：样本落在“Ch1＋Ch2－”区的点数为 22，结果＞3 个，则判定 *EGFR* 基因 T790M 位点突变阳性，见图 10-24。

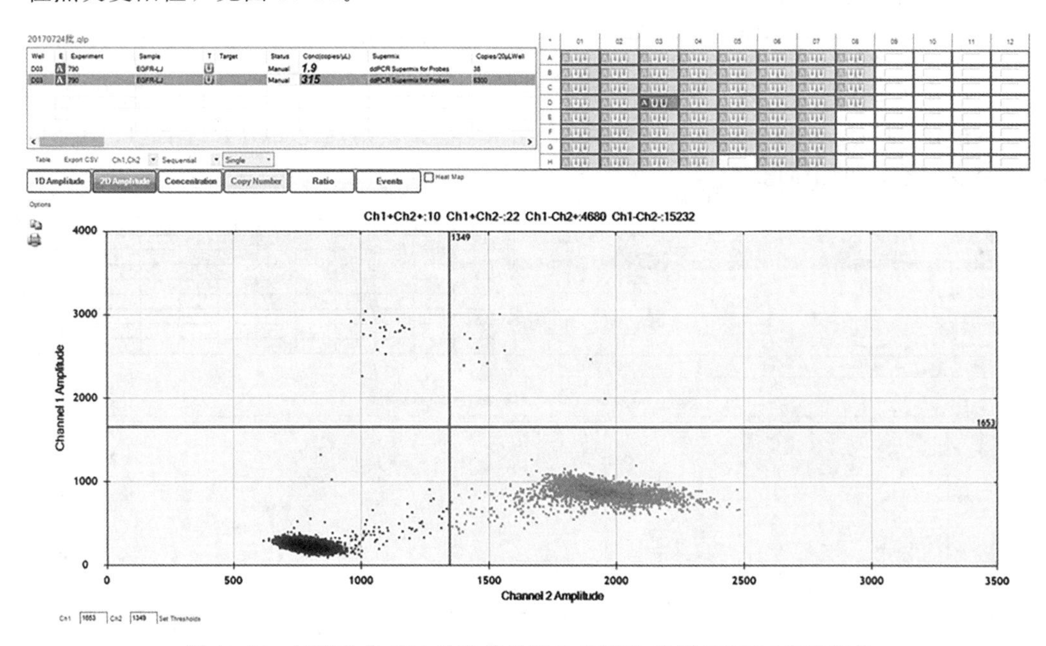

图 10-24 加样孔位 C04 检验结果显示 *EGFR* 基因 T790M 突变阳性

⑤ 检测限：选用 *EGFR* 基因 T790M 突变型 NCI-H1975 细胞株和正常人外周血浆一定比例混合后，配制突变比例为 0.05%的检测限参考品进行检测 20 次，结果应为 *EGFR* 基因 T790M 突变阳性数量大于等于 17 次（表 10-9）。

表 10-9　突变比例为 0.05%的检测限参考品检测结果

项目	Ch1＋Ch2－点数	Ch1/(拷贝/μL)	Ch2/(拷贝/μL)	Ch1＋Ch2/(拷贝/μL)	总拷贝数	检测阳性百分比/%	定性结果	阳性数量	判定标准
EGFR-T790M-L	5	0.43	323	323.43	6469	0.13	阳性	20	重复 20 次，阳性数量大于等于 17 次
EGFR-T790M-L	6	0.37	322	322.37	6447	0.11	阳性		
EGFR-T790M-L	9	0.53	318	318.53	6371	0.17	阳性		
EGFR-T790M-L	8	0.44	312	312.44	6249	0.14	阳性		
EGFR-T790M-L	6	0.44	312	312.44	6249	0.14	阳性		
EGFR-T790M-L	6	0.35	307	307.35	6147	0.11	阳性		
EGFR-T790M-L	8	0.73	311	311.73	6235	0.23	阳性		
EGFR-T790M-L	7	0.45	313	313.45	6269	0.14	阳性		
EGFR-T790M-L	8	0.66	317	317.66	6353	0.21	阳性		
EGFR-T790M-L	6	0.47	324	324.47	6489	0.14	阳性		
EGFR-T790M-L	6	0.38	327	327.38	6548	0.12	阳性		
EGFR-T790M-L	5	0.54	338	338.54	6771	0.16	阳性		
EGFR-T790M-L	6	0.76	326	326.76	6536	0.23	阳性		
EGFR-T790M-L	3	0.21	319	319.21	6384	0.07	阳性		
EGFR-T790M-L	6	0.4	310	310.4	6208	0.13	阳性		
EGFR-T790M-L	4	0.3	304	304.3	6086	0.10	阳性		
EGFR-T790M-L	6	0.33	315	315.33	6307	0.10	阳性		
EGFR-T790M-L	5	0.38	246	246.38	4928	0.15	阳性		
EGFR-T790M-L	3	0.26	348	348.26	6965	0.07	阳性		
EGFR-T790M-L	8	0.55	319	319.55	6391	0.17	阳性		

EGFR-L（突变比例为 0.05%的检测限参考品），加样孔位为 A06，检验结果：样本落在“Ch1＋Ch2－”区的点数为 5，结果＞3 个，则判定 *EGFR* 基因 T790M 位点突变阳性，见图 10-25。

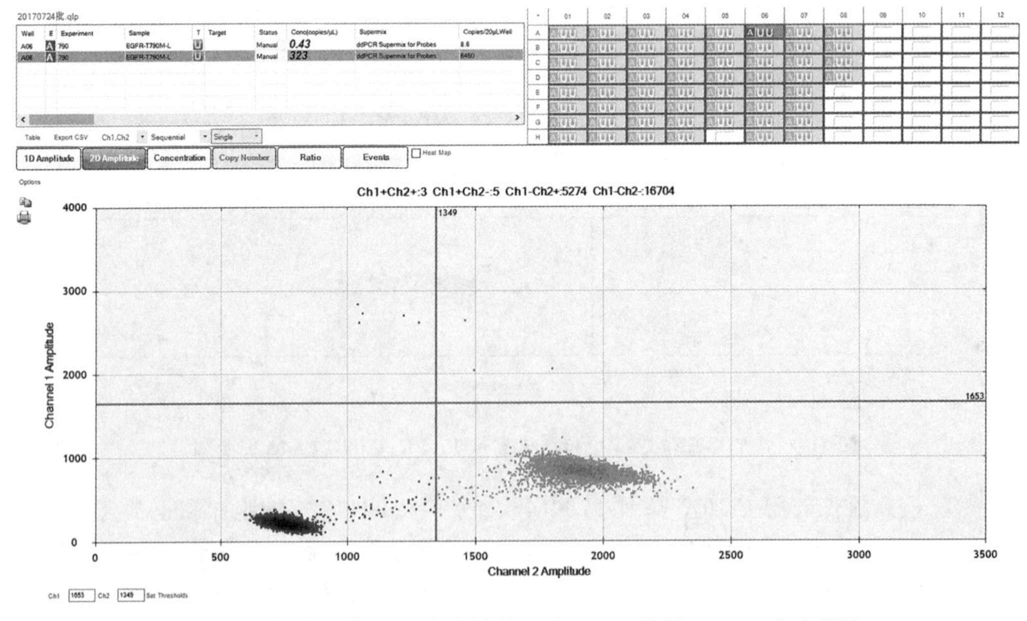

图 10-25　加样孔位 A06 检验结果显示 *EGFR* 基因 T790M 突变阳性

EGFR-L（突变比例为 0.05% 的检测限参考品），加样孔位为 B06，检验结果：样本落在“Ch1+Ch2−”区的点数为 6，结果>3 个，则判定 *EGFR* 基因 T790M 位点突变阳性，见图 10-26。

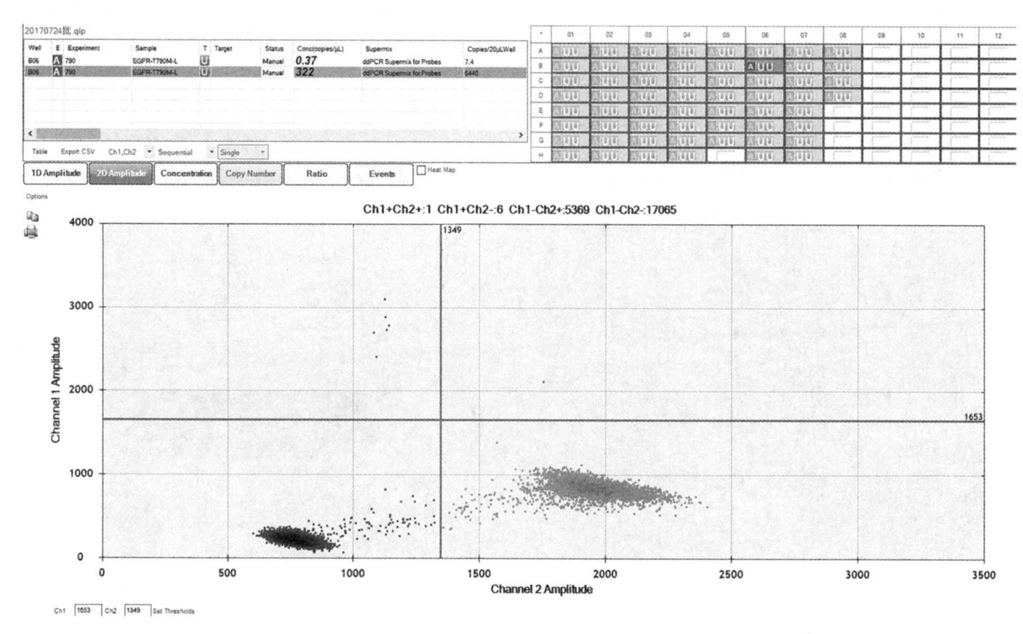

图 10-26　加样孔位 B06 检验结果显示 *EGFR* 基因 T790M 突变阳性

以上结果显示产品合格，所以 *EGFR* 基因 T790M 突变检测结果有效。

二、病毒载量的绝对定量操作方法

1. 样品准备

将标准物质用 500μL PBS 溶解混匀，然后进行核酸提取。

（1）核酸提取方法（表 10-10 所示）。

表 10-10　核酸提取方法

试剂板号	待配溶液	试剂盒组分	每孔用量/μL
1	磁珠混合液	RNA 结合珠(RNA Binding Bead)	10
		裂解结合增强液(Lysis/Binding Enhancer)	10
	裂解结合液	载体 RNA	1
		Lysis/Binding Soln Conc	65
		100%异丙醇	65
	样品	—	50
2	洗涤液 1	Wash Soln 1 Conc(已加 100 %异丙醇)	150
3	洗涤液 1	Wash Soln 1 Conc(已加 100 %异丙醇)	150
4	洗涤液 2	Wash Soln 2 Conc(已加 100 %异丙醇)	150
5	洗涤液 2	Wash Soln 2 Conc(已加 100 %异丙醇)	150
6	洗脱液	洗脱缓冲液(Elution Buffer)	50

（2）配制 22μL RT-ddPCR 反应体系

Supermix	5μL	10μmol/L 探针	0.5μL
反转录酶	2μL	水	9.5μL
300mmol/L DTT	1μL	模板	2.2μL
10μmol/L 引物	1.8μL	总体积	22μL

2. 微滴生成

① 将一个新的 DG8 Cartridge 放入托盘中。

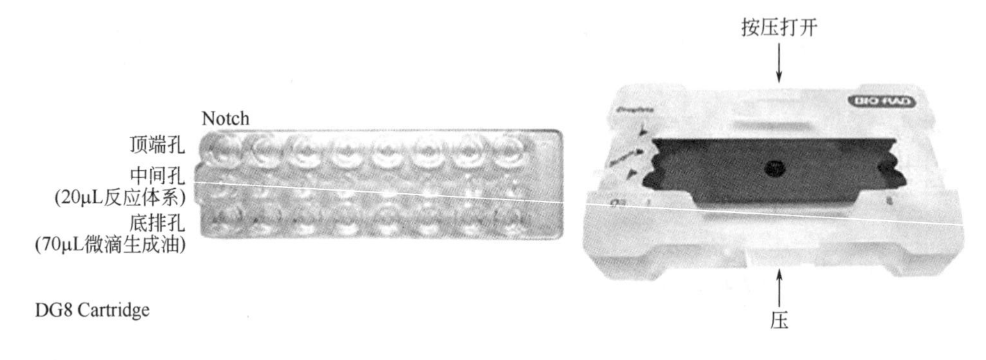

滑动关闭

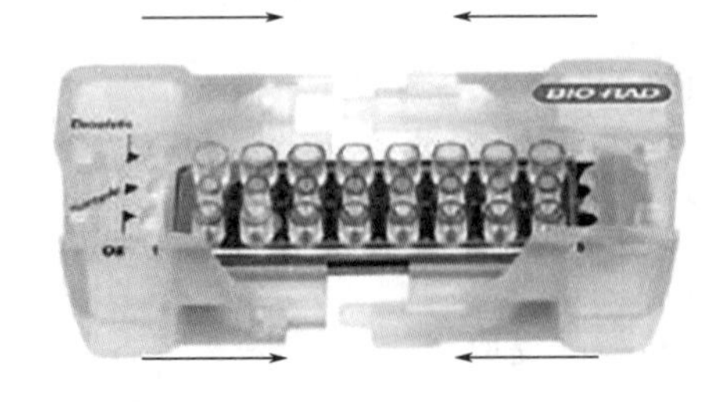

② 将 20μL 反应体系加入到 DG8 Cartridge 中间一排的 8 个孔内。

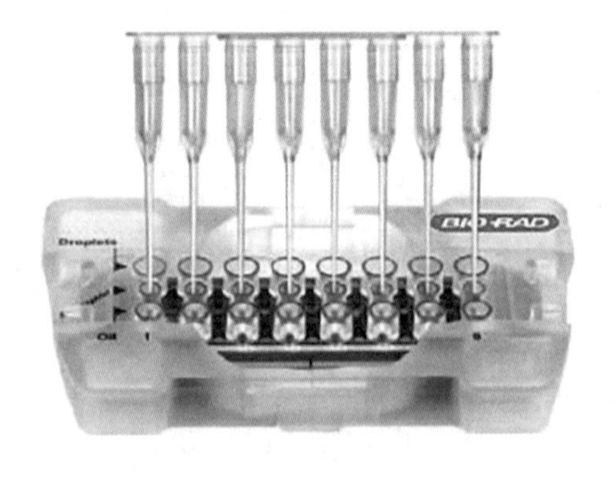

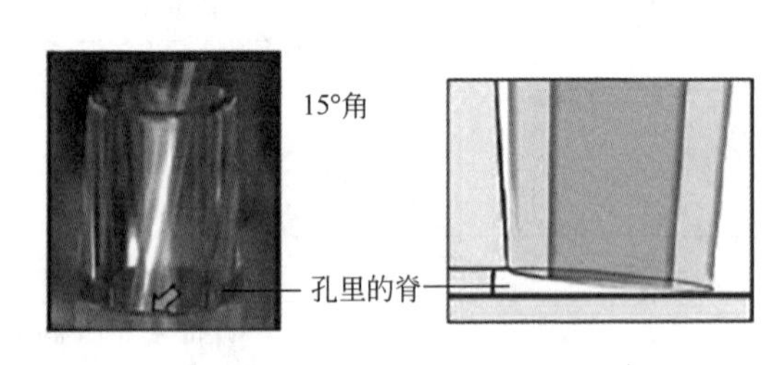

③ 在 DG8 Cartridge 最底排 8 个孔中各加入 70μL 微滴生成油（DG Oil）。

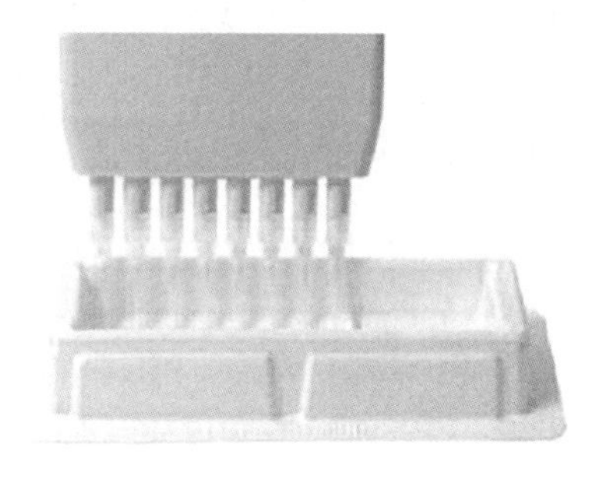

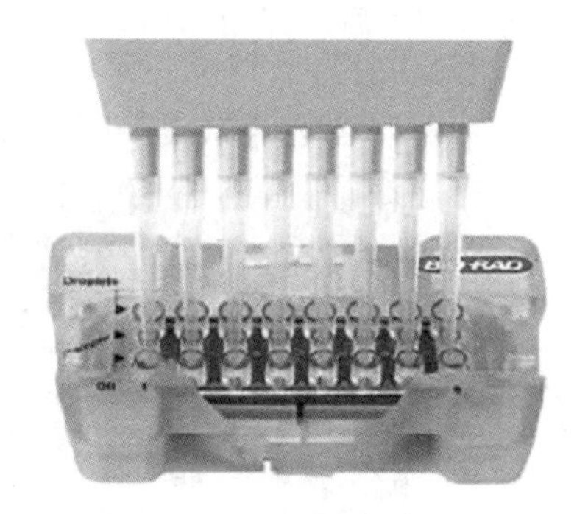

④ 盖上胶垫（gasket）。

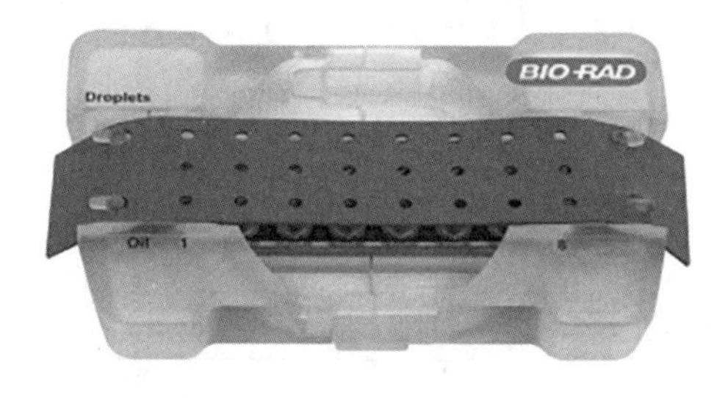

⑤ 将以上托盘轻轻地平稳放置于微滴生成仪中，开始生成微滴。

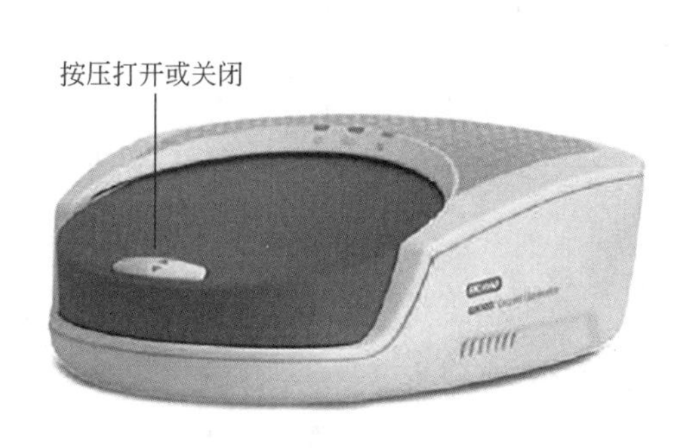

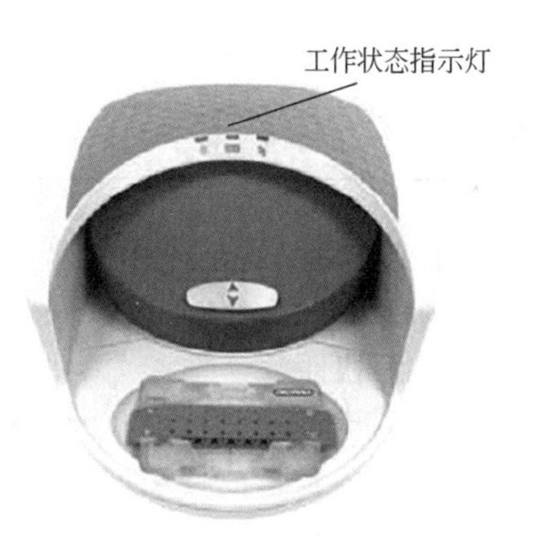

⑥ 吸取 40μL 顶端孔的微滴放进单行的 96 孔板中。

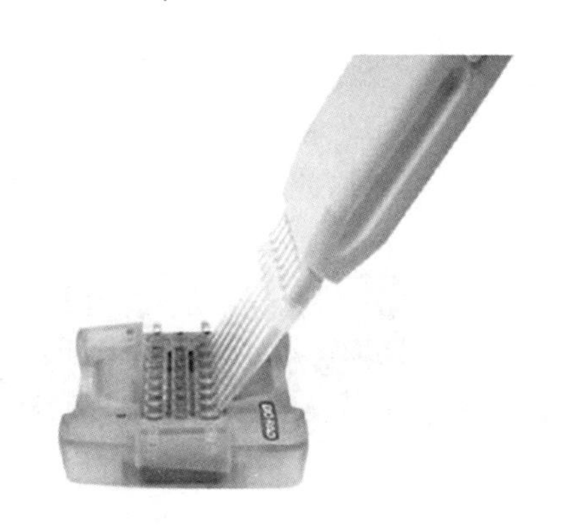

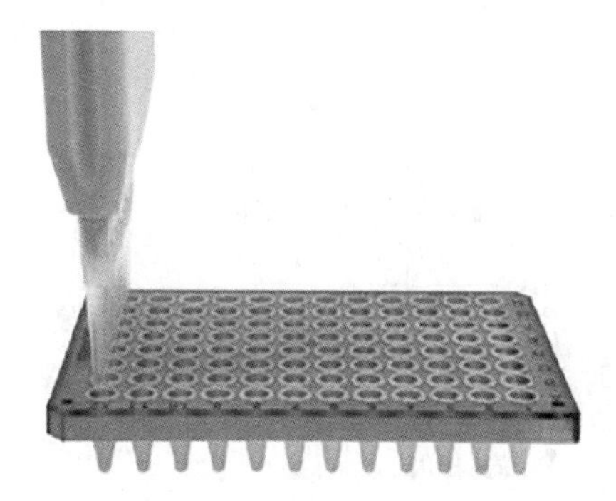

⑦ 转移微滴后立即用铝箔密封 PCR 板避免蒸发。将封板温度设为 180℃，5s。

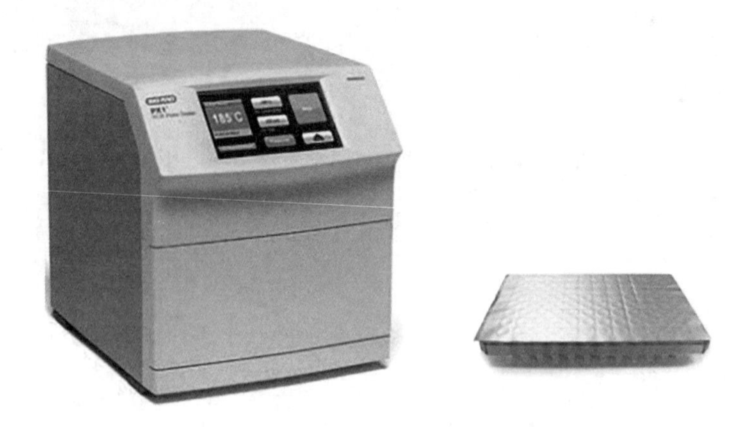

3. PCR 扩增

将 96 孔 PCR 板放入 PCR 仪中，设置程序如下：

<table>
<tr><th>循环数</th><th>温度</th><th>时间</th><th>升降温速率</th></tr>
<tr><td>1</td><td>42℃</td><td>60min</td><td rowspan="6">2℃/s</td></tr>
<tr><td>1</td><td>95℃</td><td>10min</td></tr>
<tr><td rowspan="2">40</td><td>95℃</td><td>30s</td></tr>
<tr><td>55℃</td><td>1min</td></tr>
<tr><td>1</td><td>98℃</td><td>10min</td></tr>
<tr><td>1</td><td>4℃</td><td>60min</td></tr>
</table>

4. 微滴读取

① 打开 QX200 微滴读取仪后面的开关。预热 30min，然后连接电脑打开 QuantaSoft 软件。

② 检查微滴读取仪前面的指示灯。

③ 按带有绿键的按钮打开微滴读取仪，将 96 孔 PCR 板放入底部托盘中并且再次按开关将其关闭。

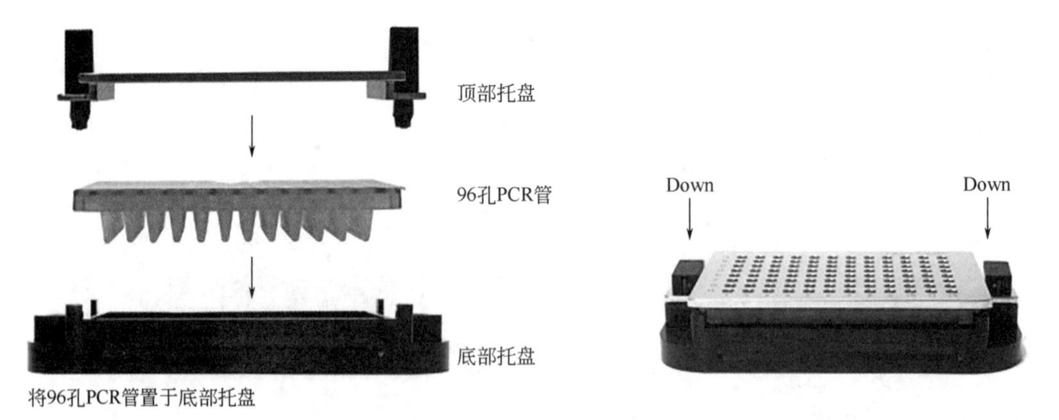

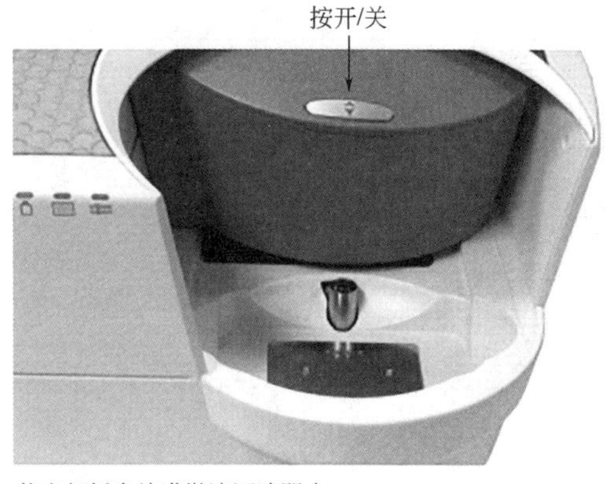

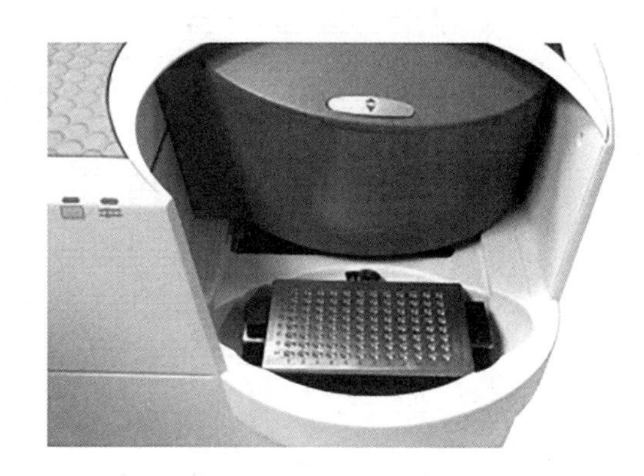

将底部托盘放进微滴阅读器中

④ 当微滴读数完成时，四个指示灯都变绿。打开并且从装置取出底部托盘。从托盘中移出 96 孔 PCR 板并且丢弃。

5. 结果分析

(1) 扩增图

深灰色为总微滴数，总微滴数都大于 10000 符合绝对定量的数据计算，浅灰色为阳性微滴数，见图 10-27。

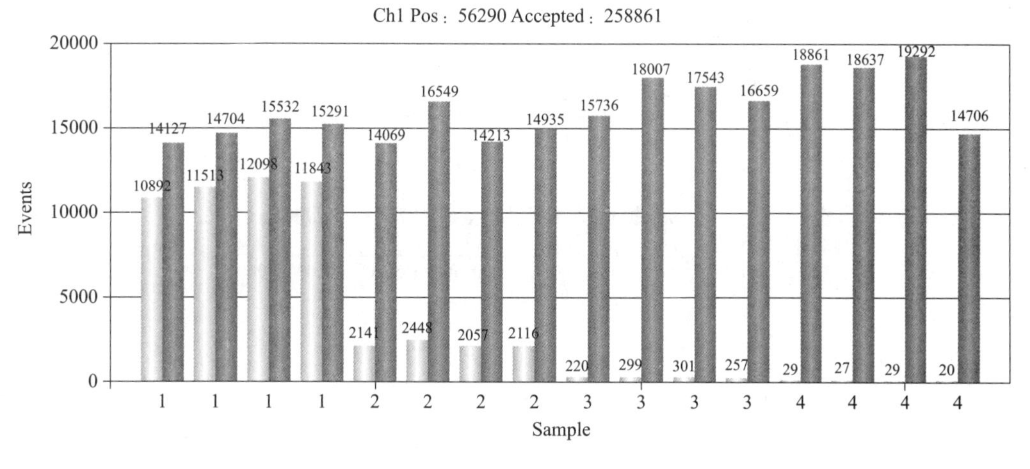

图 10-27　每个反应管的总微滴数大于 10000，显示检验结果有效

稀释度和浓度（拷贝数/μL）线性拟合 $R^2=1$，线性拟合度很好，CV 都低于 10%（图 10-28）。

浓度梯度	检测 1	检测 2	检测 3	检测 4	平均	标准差	CV%
1000	1759	1797	1776	1752	1771.0	17.36	0.98%
100	194	188	184	180	186.5	5.17	2.77%
10	16.6	19.7	20.4	18.3	18.8	1.45	7.75%
1	1.8	1.7	1.8	1.6	1.7	0.08	4.81%

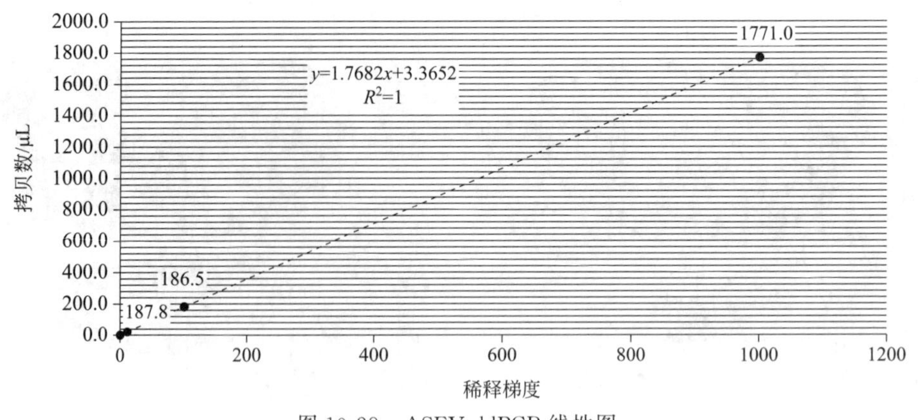

图 10-28　ASFV-ddPCR 线性图

（2）阴性结果（图 10-29）

第 1 管和第 4 管有一个阳性飘点。

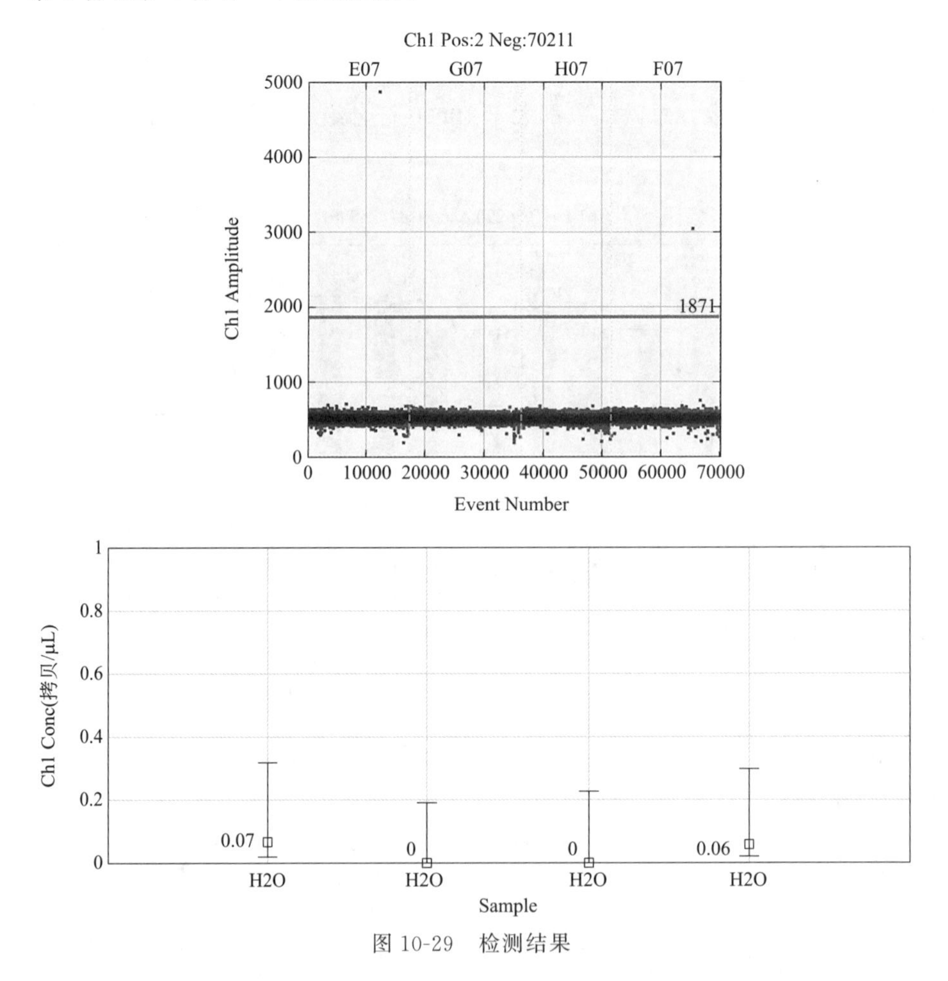

图 10-29　检测结果

第 1 管读值：0.07 拷贝/μL，是 20μL 体系的样本浓度。所以 20μL 里的总拷贝是 0.07 拷贝/μL×20μL=1.4μL。PCR 反应体系中所加入的模板量是 2μL，所以原始样本的浓度是 0.07 拷贝/μL×20μL/2μL=0.7 拷贝/μL。

第 4 管读值：0.06 拷贝/μL，是 20μL 体系的样本浓度。所以 20μL 里的总拷贝是 0.06 拷贝/μL×20μL=1.2μL。PCR 反应体系中所加入的模板量是 2μL，所以原始样本的浓度是 0.06 拷贝/μL×20μL/2μL=0.6 拷贝/μL。

参考文献

[1] 曹雷，许夏瑜，高彬，等.绝对定量的多聚酶链式反应技术的发展现状及其生物医学应用.中国科学：生命科学，2016，46（7）：809-826.

[2] 林佳琪，苏国成，苏文金，等.数字 PCR 技术及应用研究进展.生物工程学报，2017，33（2）：170-177.

[3] Vogelstein B，Kinzler K W. Digital PCR. Proc Natl Acad Sci USA，1999，96（16）：9236-9241.

[4] 李亮，隋志伟，王晶，等.基于数字 PCR 的单分子 DNA 定量技术研究进展.生物化学与生物物理进展，2012，39（10）：1017-1023.

[5] 郑兰，杨立桃，王灿华.三种数字 PCR 平台对多靶标质粒标准物质的定值.农业生物技术学报，2017,.25（9）：1500-1507.

[6] 范一强，王玫，高峰，等. 液滴微流控系统在数字聚合酶链式反应中的应用研究. 分析化学，2016，（8）：1300-1307.

[7] QX200TM PCR System 操作手册，Bio-Rad 公司.

[8] 邓雪蕾，张苑怡，袁浩钧，等.液滴数字聚合酶链式反应芯片及其在致病菌检测中的应用.分析测试学报，2017，36（10）：1191-1196.

[9] QuantStudio® 3D 数字 PCR 系统操作手册，thermo fisher 公司.

[10] Zhang C，Xing D. Single-molecule DNA amplification and analysis using microfluidics. Chem Rev，2010，110（8）：4910-4947.

[11] Li N，Ma J，Guarnera M A，et al. Digital PCR quantification of miRNAs in sputum for diagnosis of lung cancer. J Cancer Res Clin Oncol，2014，140：145-150.

第十一章
核酸恒温扩增技术的原理、方法及应用

对病原微生物进行准确的鉴定，对于感染性疾病的病因学诊断和指导合理用药具有重要实际意义，也可为传染病的流行病学调查提供有效依据。微生物的鉴定方法主要分为以下三大类[1]。

1. 分离培养法

分离培养法一直是细菌及病毒检测的金标准，操作过程中要考虑多种因素[2]，如分离细菌时考虑培养基的选择、培养温度、需氧情况，培养病毒时考虑动物接种、鸡胚培养、细胞培养中哪一种最为合适。在分离出病原微生物后，接着进行形态学检查，如压滴法、悬滴法、革兰氏染色法和荧光染色法等形态学检查，或针对微生物的生理生化特点进行生化试验。分离培养法起步较早，但实验周期长，对实验人员专业水平要求高，且较难区分属内关系较近的微生物。

2. 免疫学检测

免疫学方法主要是基于抗原抗体特异性结合的原理[3]，包括抗血清凝集反应、乳胶凝集反应、荧光抗体检测技术、协同凝集试验、酶联免疫检测技术等，随着科技的发展，也演化出了胶体金试纸等新一代方便、快捷的产品。但免疫学检验具有敏感性低的缺点，容易导致漏检，且对样本要求较高，面对复杂样本往往束手无策。

3. 核酸检测

DNA 双螺旋结构的发现开启了分子生物学领域的大门，30 年后聚合酶链式反应（PCR）的发明又大大推动了核酸检测的进程。PCR 技术通过三个主要步骤（高温变性、低温退火及适温延伸）的反复变温循环过程达到核酸的扩增[4]，每次循环都能使得核酸达到两倍的扩增，能将头发、血液中的单个 DNA 分子在短短 1～2h 内复制数亿个拷贝，开创了核酸检测领域的先河。

在常规 PCR 原理基础上又衍生出了逆转录 PCR、巢氏 PCR 等技术，但是它们同常规 PCR 一样无法摆脱反应热循环的限制[5]，需要复杂的具有变温功能的仪器。除核酸检测领域之外还有分子杂交等技术，如基因芯片技术[6]，但该技术成本高昂、操作也比较繁琐，因此以上核酸检测技术均无法在现场及临床快速检测环境下使用。

恒温核酸扩增技术（isothermal nucleic acid testing，INAT）是在恒定温度下扩增核酸的技术，由于温度要求单一，INAT 的反应都是在恒温仪器中进行的，彻底抛弃了常规 PCR 等技术需要的变温装置，大大简化了现场检测的操作步骤。现有的恒温核酸扩增技术有以下几种。

① NASBA 即依赖于核酸序列的扩增（nucleic acid sequence-based amplification），该方法主要依赖于 AMV 逆转录酶、核糖核酸酶 H、T7 RNA 聚合酶及两条经过特殊设计的引物，NASBA 反应过程包括非循环相与循环相。NASBA 所用的酶为非耐热酶，只有在 RNA 链溶解后才能加入，操作繁琐，有重复加样的过程。反应需要三种酶，且不能保证这三种酶在同一体系中被激活，因此往往会得出假阴性的结果。复杂的体系成为制约 NASBA 推广的主要障碍。

② SDA 即链替代扩增（strand displacement amplification），是一种基于酶促反应的 DNA 恒温扩增技术，主要通过限制性内切酶的酶切位点和具有链置换功能的 DNA 聚合酶使酶切完成后的序列在缺口处向 3′端延伸并置换下游序列完成核酸扩增。SDA 具有快速高效的优点，但其两端带有所用限制性内切酶的识别序列或残端，不能像常规 PCR 一样直接用于克隆，且由于加入了酶切位点，引物设计比较复杂，限制性多，使用起来不太简便。

③ RCA 即滚环扩增法（rolling circle amplification），是在具有链置换活性的 DNA 聚合酶作用下，由一条引物沿着环状 DNA 模板进行复制的核酸扩增方法。引物与单链模板结合延伸至引物 5′端时，链置换酶就会置换合成链，并继续以环状 DNA 为模板进行扩增，就如同滚环一节一节地复制 DNA 模板，最终形成由若干个重复的与靶序列完全互补的 DNA 组成的单链线型结构。若环形模板一旦断开，则会由连接酶（ligase）将模板链连接成闭合 DNA，并按上述原理进行扩增。RCA 的缺点主要是只能扩增环状 DNA 或病毒的环状核酸，应用起来较局限，且容易产生检测信号的背景干扰，而且耗时较长（4h 左右）。

④ LAMP 即环介导等温扩增法（loop-mediated isothermal amplification），这种新颖的扩增方法需要至少 4 条引物，最多需 6 条引物来特异性识别目标片段的 6 个、7 个或者 8 个区域，在 DNA 聚合酶的链置换作用下可以在很短的时间内将靶序列扩增出来，具有简单、特异、高效、迅速的特点，大量合成目标 DNA 的同时伴随有副产物的产生，即白色的焦磷酸镁沉淀，这一特性可以使在 LAMP 反应的过程中通过浊度来直接判断阴阳性结果。LAMP 法由于扩增效果好、使用方便（有配套的在线引物设计软件），目前已成为用途最为广泛的核酸恒温扩增方法。但它也有假阳性率高、易污染的缺点，且需要针对靶序列上 6 至 8 个片段设计引物，一般需要 6 条引物，引物设计较复杂，这 6 条引物都要规避突变点区域，因此对靶序列的要求高，并且日本公司特别注重对其专利产权的保护，我国在该技术的转化应用上有很大的局限性。

⑤ HDA 即依赖解旋酶的等温扩增技术（helicase-dependent isothermal DNA amplification），它依靠解旋酶在等温环境下解开 DNA 双链结构，并用 DNA 单链结合蛋白（SSB）稳定解开的 DNA 单链，为引物提供结合位点，它的优点是引物设计方法和产物检测方法与传统 PCR 大致相同。虽然 HDA 能像常规 PCR 一样复制模板 DNA，但它无法用于长片段的扩增，一般不超过 400 个碱基，产物如同常规 PCR 不能直接检测，因此不适用于现场检测，且反应时间偏长（2～3h）。

⑥ RPA 即重组酶聚合酶扩增（recombinase polymerase amplification），它主要依赖于三种酶：能结合单链核酸（寡核苷酸引物）的重组酶（recombinase）、DNA 单链结合蛋白和具有链置换活性的 DNA 聚合酶。RPA 与 HDA 类似，即采用了一种酶使得 DNA 双链解旋，而不是采用常规 PCR 中高温变性的方法。RPA 技术也存在

相应的缺点，它所需的探针（46～52bp）和引物（30～35bp）比其它核酸扩增技术要长，因此不适用于短序列的核酸检测；RPA 试剂价格目前也比较高，无法大规模地推广；RPA 产物也需要专门的荧光检测仪器完成检测。

⑦ CPA 即交叉引物扩增技术（cross priming amplification），是一种较新的等温核酸扩增技术，也是采用了具有链置换活性的 DNA 聚合酶。但不能像 LAMP 一样大量复制靶序列，因此扩增效率不高。

⑧ PSR 即聚合酶螺旋反应（polymerase spiral reaction），是本课题组自主设计的一种新型等温核酸扩增技术，将在本章第一节进行详细介绍。

第一节　聚合酶螺旋扩增技术的原理、方法及应用

聚合酶链（式）反应（ PCR）的发明使得分子生物学进入了高速发展的时代，各种核酸体外扩增技术在 PCR 基础上也应运而生，如逆转录 PCR、荧光定量 PCR 等，但这些技术与常规 PCR 同属变温扩增反应，因此需要温控严格、元件精密的复杂仪器。恒温核酸扩增技术（isothermal nucleic acid testing，INAT）是指在恒定温度下扩增核酸的技术，由于温度要求单一，INAT 反应在恒温仪器中就可以进行，如水浴锅、金属浴甚至一个保温效果好的保温杯就可以完成反应，彻底抛弃了常规 PCR 等技术需要的变温装置，简化了操作步骤，且专业水平要求低，满足部队野战、社区基层医疗、现场流行病学调查、医院床头诊断等即时检测。

一、基本原理

Bst DNA 聚合酶是一种具有热稳定性、链置换功能和 DNA 聚合酶活性（5′→3′DNA 聚合酶活性）的酶，其编码基因缺失了 5′→3′核酸外切酶结构域，最适反应温度为 65℃，反应中新合成的 DNA 单链由于酶的链置换活性不断被解离开来，引物再次与暴露出来的单链结合位点相结合，最终达到核酸扩增的目的。在 *Bst* DNA 聚合酶的作用下，dNTP 转化生成焦磷酸根，焦磷酸根与溶液中的镁离子反应生成大量的焦磷酸镁沉淀［图 11-1（a）］，阳性反应体系变为混浊，而阴性反应体系保持澄清透明［图 11-1（b）］，因此可通过简单的目视比浊法区分反应结果。

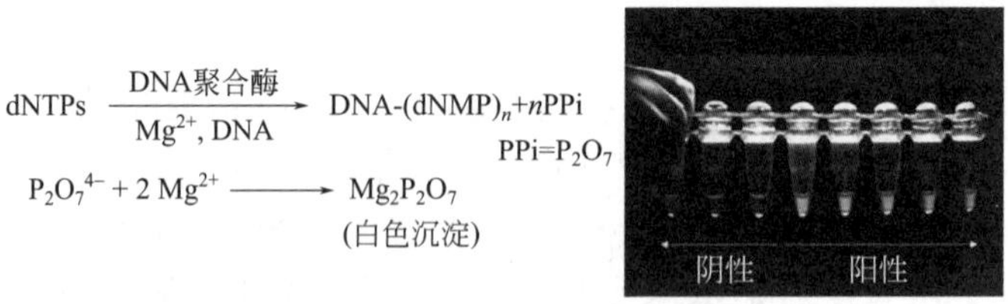

$$\mathrm{dNTPs} \xrightarrow[\mathrm{Mg^{2+},\ DNA}]{\text{DNA聚合酶}} \mathrm{DNA\text{-}(dNMP)}_n + n\mathrm{PPi}$$

$$\mathrm{PPi} = \mathrm{P_2O_7}$$

$$\mathrm{P_2O_7^{4-}} + 2\,\mathrm{Mg^{2+}} \longrightarrow \mathrm{Mg_2P_2O_7}\ (\text{白色沉淀})$$

(a)

阴性　阳性

(b)

图 11-1　基于 *Bst* DNA 聚合酶的核酸等温扩增示意图（见彩图）

（a）为反应分子式；（b）为反应产生焦磷酸镁白色沉淀

（一）聚合酶螺旋反应的引物设计思路

基于 *Bst* DNA 聚合酶的核酸等温扩增方法采用了混合引物的设计思路，即引物包括两段先后与靶序列结合、能在扩增中折叠成环的序列，利用酶的链置换活性与聚

合酶活性反复延伸、折叠、解离，最终使得核酸得到扩增。常规 PCR 能在生命科学领域大规模运用的一个重要原因在于其引物设计的简便性。我们从 LAMP 引物设计中得到启示，并融合常规 PCR 法引物设计简便的优点，建立了一种新型的等温核酸扩增方法。

单一 PCR 引物（上游引物 F 及下游引物 B）显然无法在 *Bst* DNA 聚合酶及其反应体系中使得靶序列得到恒温扩增（实验数据不再赘述），而聚合酶螺旋反应仅在 PCR 引物的基础上从靶序列上取一段序列 N，将这段序列加到 PCR 引物（F 和 B）的 5′端，构成了两条复合引物 Ft 和 Bt，它的引物组成及其在靶序列上的结合位点如图 11-2 所示，这两条引物也是聚合酶螺旋反应的主引物。

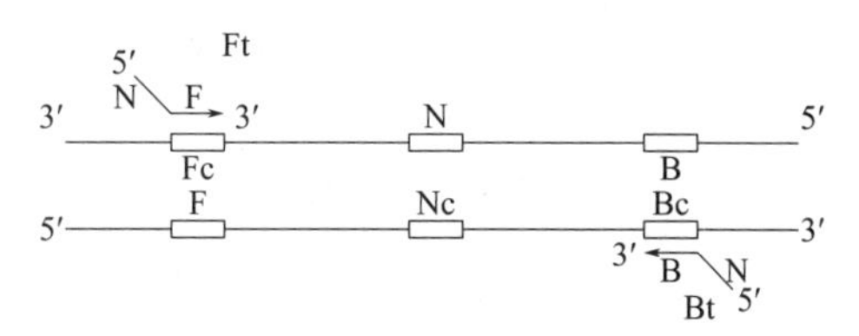

图 11-2　聚合酶螺旋反应的引物组成及其在靶序列上的结合位点

（二）聚合酶螺旋反应的扩增原理

HDA 等技术需要 DNA 单链结合蛋白来维持 DNA 单链的稳定[7]，聚合酶螺旋反应的体系中存在大量的甜菜碱（betain），达到反应温度时，甜菜碱会使得 DNA 处于单双链的动态平衡，减少了酶的种类，相对提高了反应稳定性。

以图 11-2 靶序列上一条单链为例（另一条单链扩增机理相同），如图 11-3 所示，Ft 的 F 段能特异性识别靶序列上的 Fc 段并与之结合（①），并在 *Bst* DNA 聚合酶作用下向 3′端缺口处延伸，形成②中的 DNA 双链结构，该双链在甜菜碱作用下再次解链为游离的 DNA 单链，另一条主引物 Bt 的 B 段与其中一条单链的 Bc 段（另一条单链对后续反应无意义不再考虑）结合并向 3′端缺口延伸（③），生成的单链会再次断开（④），而此时该单链上的 Nc 段与 N 段是反向互补的，根据碱基互补配对原则 Nc 段会旋转与 N 段结合，形成第一个钩形结构（⑤），这是聚合酶螺旋反应的起始步骤，形成的 3′端缺口会被 *Bst* DNA 聚合酶用碱基填补，继续向 3′端延伸。

图 11-3 的⑤结构向 3′端延伸后形成图 11-3 中⑥的 U 形结构，而此时引物 Bt 的 B 段再结合到该结构的 Bc 段上，绕着 U 形结构向 3′端延伸，展开后生成⑦的 DNA 双链，同样该 DNA 双链在甜菜碱存在的情况下解链成单链，单链的 Nc 段旋转与 N 段互补结合，再次形成一个钩形结构，并继续向 3′端缺口延伸，之后会重复引物结合、延伸、解链、单链旋转、延伸的循环，最终会形成一系列分子量大小不一的复杂的结构，达到等温条件下核酸扩增的目的。我们将这种等温核酸扩增方法命名为“聚合酶螺旋反应”，英文名为“polymerase spiral reaction”，英文缩写取头字母为“PSR”。

二、方法

（一）实验设计思路

1. 微生物特异靶基因筛选

无论是细菌、病毒、真菌还是支原体、衣原体，任何病原微生物的核酸检测方法的建立都需要先进行特异性靶基因的筛选，靶基因若不特异将大大影响实验的结果，这一部分目前可通过大量的文献完成，因为文献记载的靶基因都经过了大量的验证，

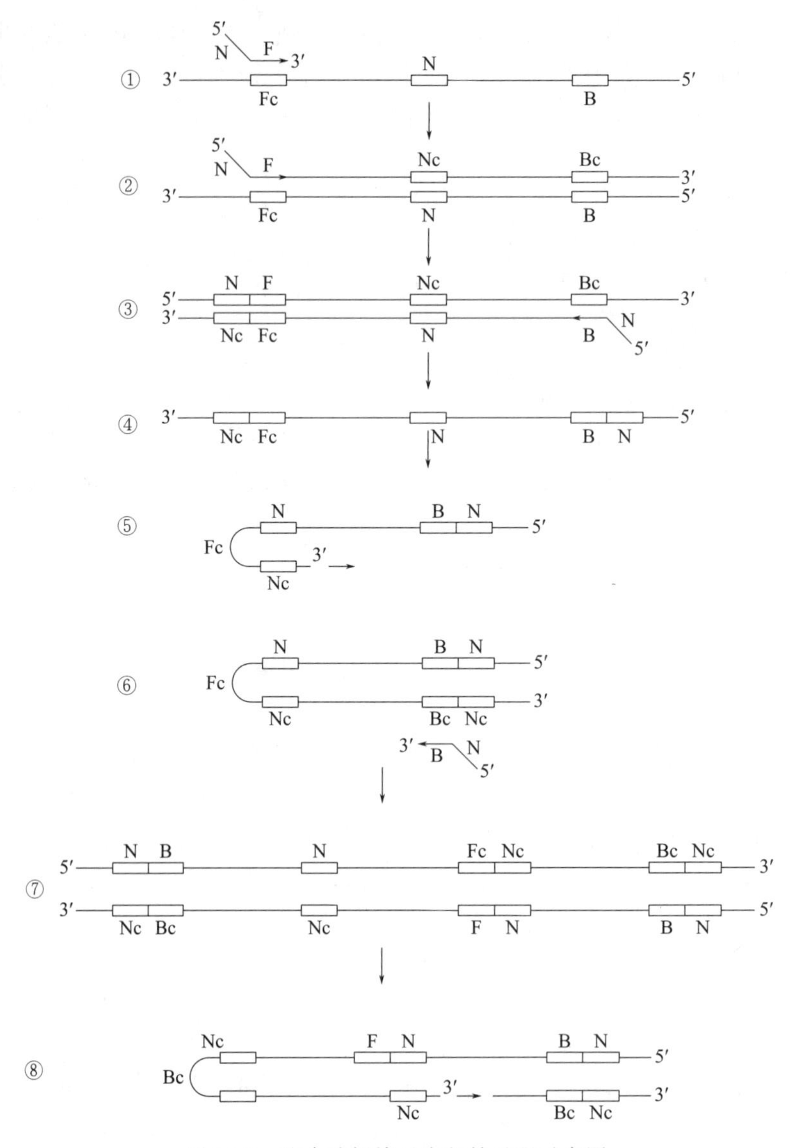

图 11-3 聚合酶螺旋反应起始过程示意图

需要注意的是一般不推荐使用核糖体基因（如 16S、18S、23S 等），因为在不同的细菌中核糖体基因差别不是特别大，容易造成假阳性结果。

2. NCBI 数据库对比确认

将筛选好的靶基因用 NCBI 数据库进行验证，只有确定为待测病原所特有的基因才可用于设计 PSR 引物。需要注意的是有时候序列较长，如图 11-4 的靶序列在 1000bp 以上，Blast 结果通常会显示有一部分会与 NCBI 上的不完全吻合（最后 3 条红线），此时须采用全部吻合的序列设计 PSR 引物（下图的 170～800bp 片段）。

3. 聚合酶螺旋反应引物设计

由于都是基于酶的链置换活性原理，PSR 参考了部分 LAMP（本章第二节）引物设计规则（http：//primerexplorer. jp/e/v4 _ manual/index. htmL），具体的设计参数如表 11-1 所示，虽然 PSR 的引物设计要求很宽，但按表中的参数设计将提高引物设计的成功率。

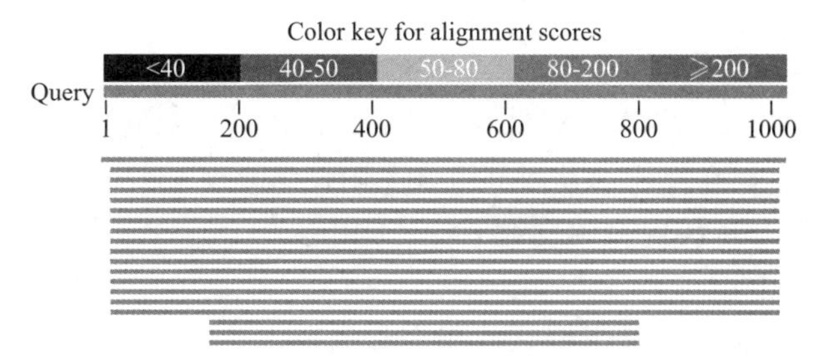

图 11-4　Blast 结果示例（见彩图）

表 11-1　PSR 引物最佳设计参数

参数	F	N	B	IF	IB
引物长度/bp	18～20	20～22	18～20	15～25	15～25
引物 T_m 值/℃	59～61	64～66	59～61	60～66	60～66
GC 含量/%	40～65	40～65	40～65	40～65	40～65
3′端、5′端稳定性 dG，kcal/mol）	≤4	≤4	≤4	≤4	≤4
引物二聚体	3′端避免高 AT	3′端、5′端均应避免高 AT	3′端避免高 AT	5′端避免高 AT	5′端避免高 AT
引物间距	F 与 B 的 5′端间距在 120～200bp 之间 F 与 N 的 5′端间距在 40～100bp 之间				
引物纯度①	HPLC	HPLC	HPLC	HAP	HAP

①用 Sangon Biotech（上海）股份有限公司引物纯化方法纯化。

注：IF、IB 为加速引物。

一般应设计多套引物，筛选其中的最佳引物，PSR 一般不用筛选最佳温度，设为 65℃即可。引物设计方面我们正在与科技公司联系开发相应的软件，这将大大方便引物设计。

4. 特异性实验

无论是建立病原微生物的哪种检测方法，特异性考察都是必须要完成的工作，对照菌种要选择与之亲缘相近的，尤其是同属的微生物更是必须要考察的指标，另外引起相似症状的病原微生物也需要作为对照组，比如建立肺炎克雷伯菌的检测方法就要考察产酸克雷伯菌以及引起相似症状的肺炎链球菌、铜绿假单胞菌等细菌的特异性，总共至少需要 15 种病原微生物。

5. 敏感性实验

敏感性也是考察检测方法的重要指标，一般放在特异性之后，将待测微生物提取基因组核酸，若无真实标本（如埃博拉病毒），则将目的基因构建到载体上并导入到大肠杆菌感受态细胞中，提取感受态细胞的基因组核酸或者质粒，将其进行梯度稀释后做敏感性实验，一般要同时与常规 PCR 法作对比。

6. 样本核酸的提取

有研究证实 PSR 所采用的 *Bst* DNA 聚合酶对反应体系具有良好的耐受性，因此几乎不受样本中杂质的影响，利用这一点我们采用核酸暴露的理论，开发出一种简单有效的裂解液，考察了它对细菌、真菌等不同病原微生物和粪便、痰液等不同样本的裂解效果。

7. 结果快速判读

针对现场检测快速、简便的要求，采用了三种颜色指示剂（钙黄绿素、羟基萘酚蓝和甲酚红-苯酚红），在反应前加入即可，阴阳性结果区分效果好，无需电泳或复杂仪器，大大增进了 PSR 快速检测技术平台的应用。

8. PSR 临床样本验证

PSR 的使用需要通过临床考察，收集完临床样本后，同时用 PSR 法和常规 PCR 法实验进行对比，评价 PSR 与常规 PCR 方法的差异。

（二）基本步骤

下面以 PSR 在肺炎克雷伯菌中的应用为例进行介绍[7]。

1. 肺炎克雷伯菌简介

肺炎克雷伯菌（*Klebsiella pneumoniae*）是一种主要的导致院内感染的革兰氏阴性菌，它会引起肺炎、泌尿道和伤口感染等疾病，在婴儿、糖尿病患者、肿瘤患者、长期使用抗生素的病人和老年人中发病率高。此外，近些年来越来越普遍的耐药肺炎克雷伯菌已成为临床上一个重要难题[8]，因此需要建立一种快速和敏感的检测方法来更好地指导临床用药和防止该菌在临床上的暴发。

肺炎克雷伯菌的传统检测方法包括基于表型和生理生化指标的微生物镜检法、生化鉴定法和最新的全自动细菌鉴定仪（如 VITEK 2 系统）[9]，但这些方法耗时长、灵敏度低，经常需要数天的细菌培养时间。近些年来，一系列新发明的分子生物学技术被用来检测肺炎克雷伯菌，如用基于 16S-23S 内部转录间隔区的 PCR 在婴儿奶粉中检测肺炎克雷伯菌[10]，也有三重 PCR[11] 和实时荧光定量 PCR[12,13] 的肺炎克雷伯菌检测技术，然而这些技术都相对比较复杂，需要专业的技术人员、昂贵的仪器，此外 PCR 中使用的 *Taq* 酶容易被原始样本中的抑制物失活[14]。

因此，我们建立了聚合酶螺旋反应检测肺炎克雷伯菌的方法来填补上述方法的不足。

荚膜多糖（CPS）是肺炎克雷伯菌的重要致病因子，而 *rcsA* 基因调控荚膜多糖的合成，并且是肺炎克雷伯菌的特有基因，因此我们选它作为肺炎克雷伯菌检测的靶基因，根据 *rcsA* 基因序列设计一套 PSR 引物，并评价其最佳温度、特异性和敏感性，最终用完善后的方法来应用于一次临床筛查。

2. 试剂与器材

（1）试剂准备

① 20×RM 的配制：取 1.49g 氯化钾，2.64g 硫酸铵，3.95g 七水硫酸镁，2.0mL 吐温-20 于 100mL 容量瓶中，充分溶解并定容到 100mL，4℃保存。

② 甜菜碱溶液（0.375g/mL）配制：取 7.5g 甜菜碱于 20mL 容量瓶中，充分溶解并定容到 20mL，4℃保存。

③ 2×RM 的配制：PSR 的反应混合液应避免反复冻融，故一般配成 2mL 的小体系，吸取 200μL 的 20×RM 于 2mL 离心管中，加入 53.33μL 的 Tris-HCl 溶液（1.5mol/L，pH8.8）、560μL 的 dNTP（每种：10mmol/L）和 1.0mL 上述甜菜碱溶液（0.375g/mL），加入 186.67μL 去离子水补齐 2mL，于−20℃保存。

④ *Bst* DNA 大片段聚合酶（NEB 公司）。

⑤ 2×*Taq* PCR Mastermix（北京天根）。

⑥ BHI 液体培养基即脑心浸液肉汤（BD 公司）：取本品 11.6g 加入 300mL 纯水中，121℃高压灭菌 15min，冷却备用。

（2）器材

0.2mL PCR 反应管（Axygen）、麦氏比浊仪、LA-320c 实时浊度仪、干式恒温器、手持式紫外成像仪［天根生化科技（北京）有限公司］、Chelex-100、紫外成像仪、PCR 仪（Bio-Rad 公司）、恒温培养箱、恒温摇床、精密天平（上海飞越实验仪器公司）、水平电泳仪（北京六一生物科技有限公司）、NanoDrop 1000 核酸浓度测定仪（美国 NanoDrop 公司）。

3. 本实验所用的菌株

本实验以 *Klebsiella pneumoniae* ATCC BAA-2146 为阳性对照，*Klebsiella oxytoca* ATCC 700324、*Klebsiella rhinoscleromatis* CMCC 46111、*Citrobacter freundii* CMCC 48001 等 30 株与肺炎克雷伯菌同属即克雷伯菌属的细菌或其它属的临床致病菌作为评价 PSR 方法特异性的考察菌株。

4. 肺炎克雷伯菌 PSR 引物设计

肺炎克雷伯菌 *rcsA* 基因序列来自 Genebank 网站（Accession Number：7946097），并上传至 Blast 网站进行序列对比，结果显示都是肺炎克雷伯菌（图 11-5），表明 *rcsA* 基因对于肺炎克雷伯菌有良好的特异性，可用于设计肺炎克雷伯菌检测的特异 PSR 引物。

Description	Max score	Total score	Query cover	E value	Ident	Accession
Klebsiella pneumoniae strain CAV1193, complete genome	1153	1153	100%	0.0	100%	CP013322.1
Klebsiella pneumoniae strain KpN06, complete genome	1153	1153	100%	0.0	100%	CP012992.1
Klebsiella pneumoniae strain KpN01, complete genome	1153	1153	100%	0.0	100%	CP012987.1
Klebsiella pneumoniae genome assembly MS6671.v1, chromosome : Chr_Kpneumoniae_MS6671	1153	1153	100%	0.0	100%	LN824133.1
Klebsiella pneumoniae KP-1, complete genome	1153	1153	100%	0.0	100%	CP012883.1
Klebsiella pneumoniae UHKPC33, complete genome	1153	1153	100%	0.0	100%	CP011989.1
Klebsiella pneumoniae UHKPC07, complete genome	1153	1153	100%	0.0	100%	CP011985.1
Klebsiella pneumoniae DMC1097, complete genome	1153	1153	100%	0.0	100%	CP011976.1
Klebsiella pneumoniae 500_1420, complete genome	1153	1153	100%	0.0	100%	CP011980.1
Klebsiella pneumoniae strain CAV1596, complete genome	1153	1153	100%	0.0	100%	CP011647.1
Klebsiella pneumoniae strain CAV1344, complete genome	1153	1153	100%	0.0	100%	CP011624.1
Klebsiella pneumoniae strain yzusk-4 genome	1153	1153	100%	0.0	100%	CP011421.1
Klebsiella pneumoniae subsp. pneumoniae strain 234-12, complete genome	1153	1153	100%	0.0	100%	CP011313.1
Klebsiella pneumoniae subsp. pneumoniae 1158, complete genome	1153	1153	100%	0.0	100%	CP006722.1
Klebsiella pneumoniae strain 32192, complete genome	1153	1153	100%	0.0	100%	CP010361.1
Klebsiella pneumoniae HK787, complete genome	1153	1153	100%	0.0	100%	CP006738.1
Klebsiella pneumoniae subsp. pneumoniae strain KPNIH30, complete genome	1153	1153	100%	0.0	100%	CP009872.1
Klebsiella pneumoniae subsp. pneumoniae strain KPNIH29, complete genome	1153	1153	100%	0.0	100%	CP009863.1
Klebsiella pneumoniae strain XH209, complete genome	1153	1153	100%	0.0	100%	CP009461.1
Klebsiella pneumoniae subsp. pneumoniae strain KPNIH32, complete genome	1153	1153	100%	0.0	100%	CP009775.1

图 11-5　肺炎克雷伯菌 *rcsA* 基因的 Blast 结果

针对肺炎克雷伯菌 *rcsA* 基因设计 4 套 PSR 引物，共用一对加速引物（加快反应速率），引物名称及序列如表 11-2 所示。

表 11-2　用于恒温扩增 *rcsA* 基因的 4 套 PSR 引物和加速引物

引物名称	序列(5′→3′)
rcsA-Ft1	CGACGTACAGTGTTTCTGCAGTAAAAAACAGGAAATCGTTGAGG
rcsA-Bt1	CGACGTACAGTGTTTCTGCAGGCGAATAATGCCATTACTTTC
rcsA-Ft2	TAAGTCTTTGTGGTGGCGGCTAAAAAACAGGAAATCGTTGAGG
rcsA-Bt2	TAAGTCTTTGTGGTGGCGGCGCGAATAATGCCATTACTTTC
rcsA-Ft3	CCACCGCCGGGCAACACGACGTAAAAAACAGGAAATCGTTGAGG
rcsA-Bt3	CCACCGCCGGGCAACACGACGGCGAATAATGCCATTACTTTC
rcsA-Ft4	GGTGGCGGCCCGTTGTGCTGCTAAAAAACAGGAAATCGTTGAGG
rcsA-Bt4	GGTGGCGGCCCGTTGTGCTGCGCGAATAATGCCATTACTTTC
rcsA-IF	ATCCGCAGCACTGTTGA
rcsA-IB	GAAGACTGTTTCGTGCATGATGA

注：rcsA-IF 和 rcsA-IB 为加速引物。

5. PSR 反应体系

（1）实时浊度法

2×RM	12.5μL	IF	0.8μmol/L
Bst DNA 聚合酶(2.5U/μL)	1.0μL	IB	0.8μmol/L
Ft	1.6μmol/L	模板(100ng/μL)	2μL
Bt	1.6μmol/L	纯水补足至	25μL

（2）钙黄绿素指示剂显示法

在（1）的基础上再加入 1.0μL 钙黄绿素指示剂，总体积为 26μL。

反应程序时间为 63℃，50min。用 PSR 反应分析检测肺炎克雷伯菌时的最佳引物、特异性及敏感性。

6. 常规 PCR 反应体系及程序

（1）反应体系

2×MasterMix	12.5μL	primestar enzyme(2.5U/μL)	0.5μL
上游引物	0.5μmol/L		
下游引物	0.5μmol/L	纯水补足至(100ng/μL)	25μL
模板	2μL		

（2）反应程序

95℃　10min

95℃　20s ┐

55℃　30s ├ 28 个循环

72℃　10min ┘

72℃　10min

产物用 1%琼脂糖凝胶（Amresco）做水平电泳，并用紫外成像仪（Bio-Rad）照胶。

三、结果分析

1. 引物筛选

对表 11-2 的 4 套引物，分别进行 PSR 试验，结果见图 11-6，由图可见 KP-1 引物组合所用时间最短，产生的浊度也最好，因此将其作为肺炎克雷伯菌检测的最佳 PSR 引物。

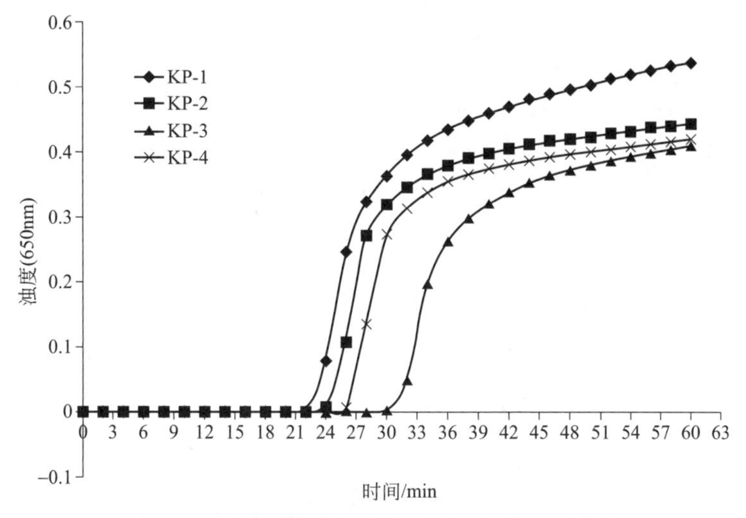

图 11-6　检测肺炎克雷伯菌的 PSR 最佳引物筛选

2. 肺炎克雷伯菌 PSR 检测特异性

为评价 PSR 反应检测肺炎克雷伯菌时的特异性，从肺炎克雷伯菌 ATCC BAA-2146 和产酸克雷伯菌 ATCC 700324、弗氏柠檬酸杆菌 CMCC 48001 等 30 株非肺炎克雷伯菌的细菌中提取基因组 DNA，并用 PSR 方法进行检测。如图 11-7 所示，(a) 为实时浊度法，(b) 为显色法。由图可见只两种判定方法都准确地鉴定出肺炎克雷伯菌，其它同为克雷伯菌属或其它菌属的细菌连同纯水都是阴性结果，表明 PSR 法在检测肺炎克雷伯菌时具有良好的特异性。

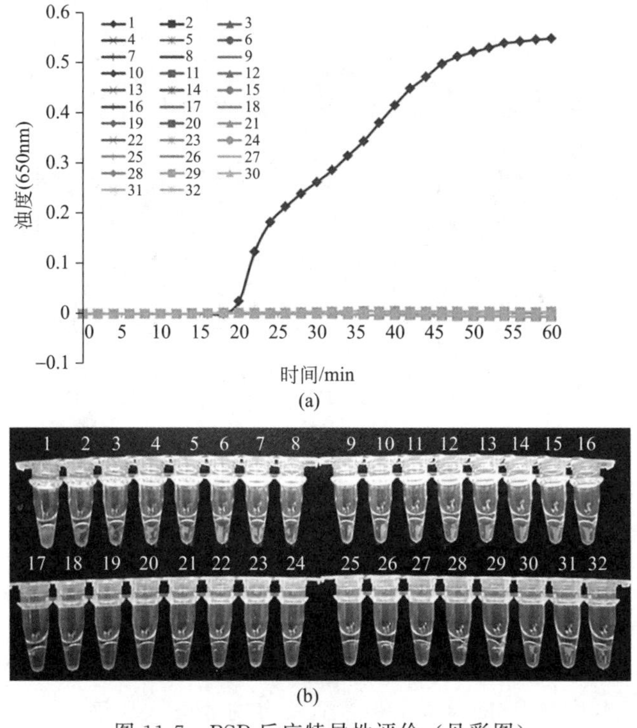

图 11-7　PSR 反应特异性评价（见彩图）

(a) 实时浊度法；(b) 钙黄绿素指示剂显色法

1 为阳性对照；2 为阴性对照（纯水）；3～32 为非肺炎克雷伯菌

3. 肺炎克雷伯菌 PSR 检测敏感性与常规 PCR 的对比

为比较 PSR（包括实时浊度法与显色法）同常规 PCR 法在检测肺炎克雷伯菌时的敏感性，将 *Klebsiella pneumoniae* ATCC BAA-2146 基因组核酸用纯水做 10 倍梯度稀释，从 115.0ng/μL 稀释到 0.0115pg/μL，并取 2.0μL 分别进行 PSR 和常规 PCR 反应。图 11-8（a）为 PSR 浊度法，可检测到第四个稀释度，即 11.5pg/μL；图 11-8（b）为 PSR 显色法，也能检测到第四个稀释度，即 11.5pg/μL。图 11-8（c）为常规 PCR 测定法，只能检测到第三个稀释度。表明 PSR 法的敏感性比常规 PCR 提高了 10 倍。

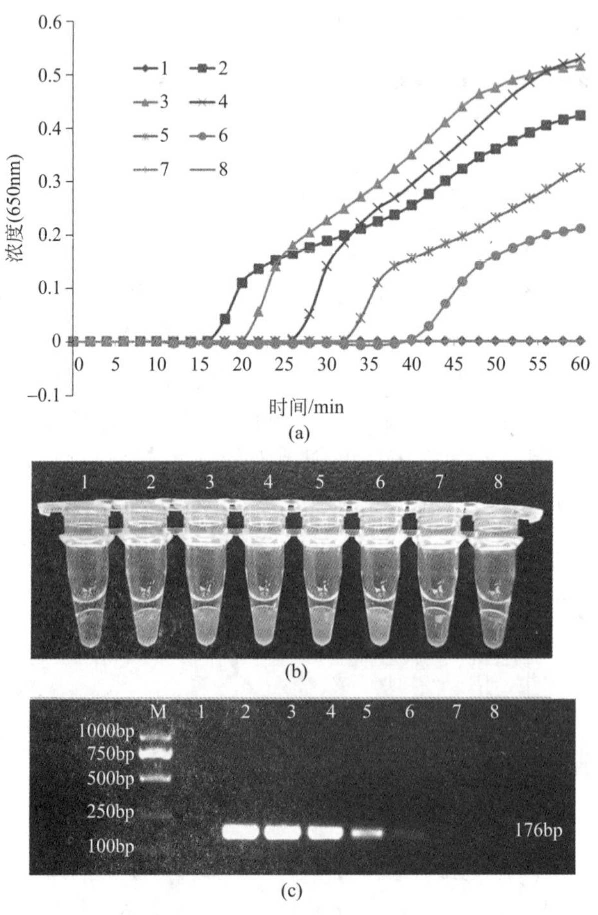

图 11-8　PSR 的敏感性与常规 PCR 的比较（见彩图）

（a）PSR 实时浊度法；（b）钙黄绿素指示剂显色法；（c）PCR 产物电泳图

1 为阴性对照（纯水）；2 为 115.0ng/μL；3 为 11.5ng/μL；4 为 1.15ng/μL；5 为 115.0pg/μL；6 为 11.5pg/μL；7 为 1.15pg/μL；8 为 0.115pg/μL。目的片段大小为 176bp

4. PSR 方法在临床检测肺炎克雷伯菌中的应用

用 110 份疑似多重感染的 ICU 病人与 10 位健康志愿者的痰液样本评估 PSR 在临床检测肺炎克雷伯菌的效用，同时用 PSR 法与常规 PCR 法分析所有的样本，结果见图 11-9，在 110 份临床样本中，32 份样本 PSR 阳性，25 份样本 PCR 阳性，所有的常规 PCR 阳性样本均被 PSR 检测出来，而所有的健康人痰液样本 PSR 法和 PCR 法都为阴性结果。从这 32 份 PSR 阳性痰液样本中成功分离出 32 株肺炎克雷伯菌，它们的 *rcsA* 基因测序结果与 Blast 网站一致。

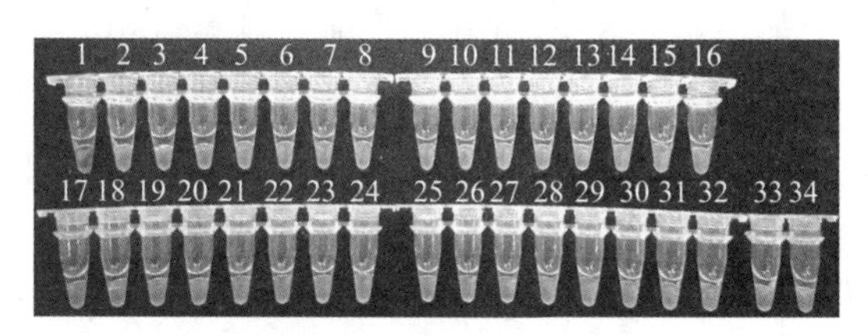

图 11-9　临床样本中肺炎克雷伯菌 PSR 显色法检测结果（见彩图）

1 为阴性对照（纯水）；2 为阳性对照（*Klebsiella pneumoniae* ATCC BAA-2146）；

3～34 为从 110 份临床样本中检测到的阳性结果

四、注意事项

PSR 技术虽然有众多的优点，但同时它也有很多的不足和注意事项需要我们去重点考虑，主要有以下几点。

① PSR 扩增的靶序列很短。一般在 150～300bp 以内，这是由于 PSR 扩增是链置换合成，故不能进行长链 DNA 的扩增。

② 对 PSR 产物的回收测序还很困难，不能像普通 PCR 产物一样直接测序。

③ PSR 产物不可以用来克隆，因为 PSR 产物是及其复杂的不规则的扩增混合物。

④ 反应温度在 60～65℃范围内均可，请确保仪器的真实温度。建议使用经校正的仪器。

⑤ 加样、分装时应尽量避免产生气泡，反应前注意检查各反应管是否盖紧，以免泄漏污染仪器。

⑥ 反应管冷却至室温后观察结果，可有效避免反应产物外逸，建议取出后置室温冷却。

⑦ PSR 扩增具有特异性好、灵敏度高、时间快、不需要特殊仪器设备等优点。但太高的灵敏度使得其比普通 PCR 扩增更加容易污染导致假阳性。因此必须高度重视扩增产物的污染问题，要严格执行试剂配制区、加样区、反应区的划分，反应过程中和反应完成后应避免开盖。实验室一旦遭污染，应更换加样环境。强烈建议加样过程在生物安全柜里进行。

五、小结

聚合酶螺旋反应这一新型的核酸恒温扩增方法及其在实验检测中的应用，符合世界卫生组织提出的开发一项价廉、敏感性高、特异性好、方便用户、快捷、不需要复杂仪器、易掌握的检测技术准则[15]。我们相信聚合酶螺旋反应技术将为即时检测、应对新发突发传染病疫情及实验室常规的病原检测提供有力的技术支持，逐渐走向现场、走向基层、走向家庭，最终让核酸检测随处可行。

第二节　环介导等温扩增技术的原理、方法及应用

2000 年日本学者 Notomi 在《核酸研究》（*Nucleic Acids Res*）杂志上公开了一

种新的适用于基因诊断的恒温核酸扩增技术，即环介导等温扩增技术[16]，英文名称为“loop-mediated isothermal amplification，LAMP”，受到了世界卫生组织(WHO)、各国学者和相关政府部门的关注，短短几年，该技术已成功地应用于SARS、禽流感、HIV等疾病的检测中，在2009年甲型H1N1流感事件中，日本荣研化学株式会社（以下简称“荣研公司”）接受WHO的邀请完成了H1N1环介导等温扩增法检测试剂盒的研制，通过早期快速诊断对防止该病症的快速蔓延起到积极作用。通过荣研公司十多年的推广，环介导等温扩增技术已广泛应用于日本国内各种病毒、细菌、寄生虫等引起的疾病检测，食品、化妆品安全检查及进出口快速诊断中，并得到了欧美国家的认同。该技术的优势除了高特异性、高灵敏度外，操作十分简单，对仪器设备要求低，一台水浴锅或恒温箱就能实现反应，结果的检测也很简单，不需要像PCR那样进行凝胶电泳，环介导等温扩增反应的结果通过肉眼观察白色浑浊或绿色荧光的生成来判断，简便快捷，适合基层快速诊断。

LAMP已经被广泛地应用于生命科学领域中各种DNA或RNA的特异高效扩增。这很大程度上要归功于它特殊的扩增原理，其扩增目的片段时依赖的是一种具有链置换特性的*Bst* DNA聚合酶（*Bacillus stearothermophilus* DNA polymerase）和四条能够识别靶序列上六个特异区域的引物。靶序列的扩增反应只需要在等温条件下进行约一个小时。

一、基本原理

60～65℃是双链DNA复性及延伸的中间温度，DNA在65℃左右处于动态平衡状态。因此，DNA在此温度下合成是可能的。利用4种特异引物依靠一种高活性链置换DNA聚合酶。使得链置换DNA合成在不停地自我循环。扩增分两个阶段。

第1阶段为哑铃状模板结构形成阶段，任何一个引物向双链DNA的互补部位进行碱基配对延伸时，另一条链就会解离，变成单链。上游内部引物FIP的F2序列首先与模板F2c结合（如图11-10①所示），在链置换型DNA聚合酶的作用下向前延伸启动链置换合成（如图11-10②所示）。外部引物F3与模板F3c结合并延伸，置换出完整的FIP连接的互补单链（如图11-10③、④所示）。FIP上的F1c与此单链上的F1为互补结构。自我碱基配对形成环状结构（如图11-10⑤所示）。以此链为模板。下游引物BIP与B3先后启动类似于FIP和F3的合成，形成哑铃状结构的单链。迅速以3′末端的F1区段为起点，以自身为模板，进行DNA的合成，延伸形成茎环状结构（如图11-10⑥～⑧）所示。该结构是LAMP基因扩增循环的起始结构。

第2阶段是扩增循环阶段。以茎环状结构为模板，以F1 3′末端为起点，以自身为模板，进行DNA合成延伸（如图11-11⑧所示），与此同时FIP与茎环的F2c区结合。开始链置换合成，解离出的单链核酸上也会形成环状结构，形成长短不一的2条新茎环状结构的DNA（如图11-11⑨～⑪所示），然后BIP引物上的B2与B2c杂交，启动新一轮扩增。且产物DNA长度增加一倍。在反应体系中添加2条环状引物LF和LB，它们也分别与茎环状结构结合启动链置换合成，周而复始，扩增的最后产物是具有不同个数茎环结构、不同长度DNA的混合物，且产物DNA为扩增靶序列的交替反向重复序列。

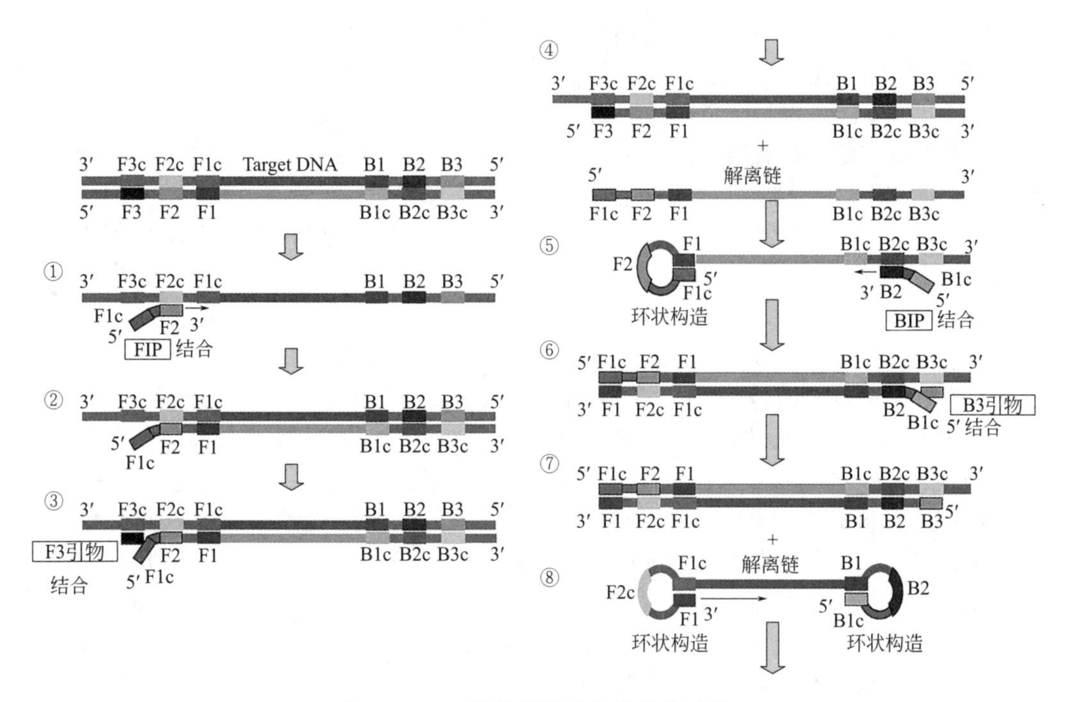

图 11-10　哑铃状模板构造的形成过程

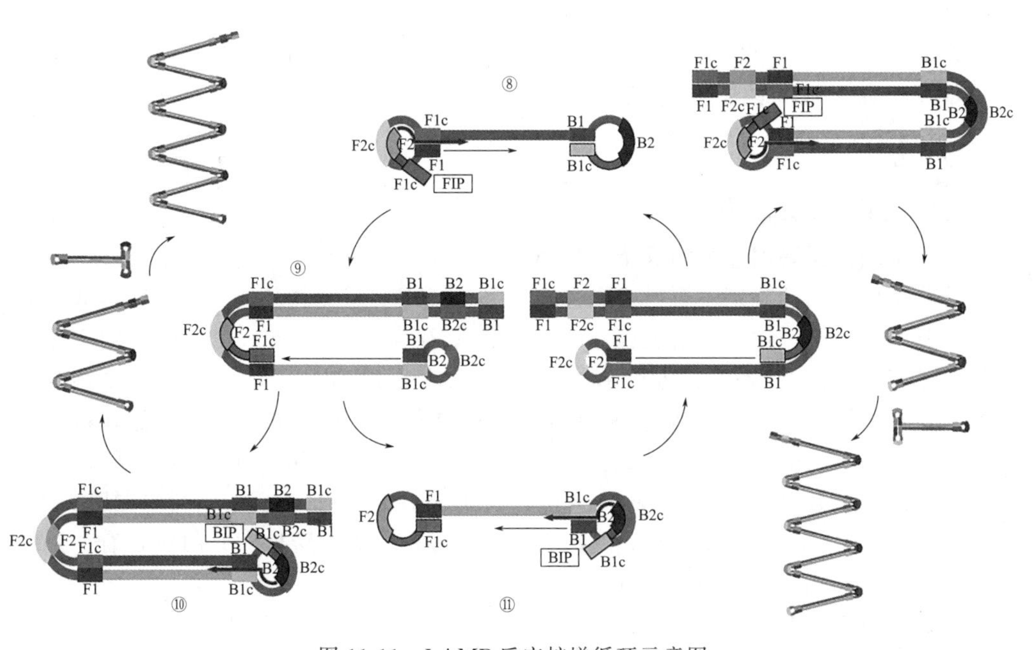

图 11-11　LAMP 反应扩增循环示意图

LAMP 反应过程的另外一种表述方式：将模板、*Bst* DNA 聚合酶、引物和其它反应试剂混合后，置于 60～65℃的水浴锅中，反应 1h 左右。

第一步：内引物 FIP 的 F2 与其模板的互补序列 F2c 结合，在 *Bst* DNA 聚合酶作用下，从 F2 的 3′末端开始启动 DNA 合成，合成一条含 FIP 的新的 DNA 单链并与模板链结合形成新的双链 DNA。而原 DNA 双链中与模板链互补的非模板链将被取代而游离于反应液中。这种取代过程可以解释 LAMP 法并不需要对双链 DNA 进行预变性及进行温度循环。

第二步：以 F3 为起始合成的新链与模板链形成双链。而原合成的以 FIP 为起始的 DNA 单链被置换而脱离产生一单链 DNA，其在 5′末端 F1c 和 F1 区发生自我碱基配对，形成茎环状结构。

第三步：引物 BIP 的 B2 与模板链 B2c 区互补配对，合成以 BIP 为起始的新链，并与模板链互补形成 DNA 双链。同时，F 端的环状结构将被打开，外引物 B3 与模板上 B3c 杂交后，以其 3′末端为起点也开始合成新链，并使以 BIP 为起始的 DNA 单链从模板链上脱离下来，形成以 FIP 和 BIP 为两端的单链。因为 B1c 与 B1 互补，F1c 与 F1 互补，两端自然发生碱基配对，这条游离于液体中的 DNA 单链分别在 F 和 B 末端形成两个茎环状结构，于是整条链呈现哑铃状结构，此结构即为 LAMP 的基础结构。

第四步：形成 LAMP 的基础结构后进入扩增循环。首先在哑铃状结构中，以 F1 3′末端为起点，以自身为模板，进行 DNA 合成延伸。与此同时，FIP 引物上的 F2 与环上单链 F2c 杂交，启动新一轮链置换反应。使以 F1 的 3′末端为起点合成的单链脱离模板而解离下来形成单链。在解离出的单链核酸上也因互补结构存在而形成环状结构。在环状结构上存在单链形式 B2c，BIP 引物上的 B2 与其杂交，启动另一轮扩增。经过相同的过程，又形成环状结构。LAMP 的终产物为茎环 DNA 组成的混合物，即含有若干倍茎长度茎环结构和类似花椰菜的结构。

第五步：反应结束后对扩增产物的检测常使用焦磷酸镁沉淀检测（浊度检测）、荧光检测、凝胶电泳检测、实时检测。

二、方法

（一）实验设计思路

1. 病原菌特异基因序列的确定

特异基因序列的确定主要通过以下几种方法。①文献资料已经公开的腹泻病原菌基因特异基因序列，比如副溶血弧菌不耐热溶血毒素基因（*tlh*）是公认的副溶血弧菌特异基因[17-20]。②全基因组序列对比寻找特异基因序列[21]。③利用某种细菌分泌的特异蛋白反推特异基因序列。寻找到特异基因序列后首先在以下三大数据库进行全库比对，美国的核酸数据库 GenBank（http：//www. ncbi. nlm. nih. gov）、欧洲核酸序列数据库 EMBL（http：//www. embl-heidelberg. de）、日本核酸序列数据库 DDBJ（http：//www. ddbj. nig. ac. jp），以确定此特异序列是否为这种病原菌所独有，是的话便可以确定为此病原菌的特异基因序列。

2. LAMP 的引物设计

LAMP 引物的设计主要是针对靶基因的 6 个不同的区域，基于靶基因 3′端的 F3c、F2c 和 F1c 区以及 5′端的 B1、B2 和 B3 区等 6 个不同的位点设计 6 种引物。

① FIP 引物：上游内部引物（forward inner primer），由 F2 区和 F1c 区域组成，F2 区与靶基因 3′端的 F2c 区域互补，F1c 区与靶基因 5′端的 F1c 区域序列相同。

② F3 引物：上游外部引物（forward outer primer），由 F3 区组成，并与靶基因的 F3c 区域互补。

③ BIP 引物：下游内部引物（backward inner primer ），由 B1c 和 B2 区域组成，

B2 区与靶基因 3′端的 B2c 区域互补，B1c 区域与靶基因 5′端的 Blc 区域序列相同。

④ B3 引物：下游外部引物（backward outer primer），由 B3 区域组成，和靶基因的 B3c 区域互补。

⑤ LB 引物和 LF 引物：加速引物 LF 和 LB 分别与茎环状结构结合，启动链置换合成，周而复始，使扩增效率提高两倍，反应时间减半，进而达到加速反应的效果。

LAMP 引物设计的在线网站（http：//primerexplorer. jp/e/），只要导入靶基因就能自动产生成组引物。先单击浏览按钮选择靶基因序列文件，靶序列默认的是小于 22kbp。支持三个类型的文件，普通文本格式（仅含序列）、FASTA 格式和 GenBank 格式文件。然后，从下面三个选项中选择参数设定（引物设计条件）条件，一般默认设置即可。基于 GC 含量的自动判断，起始的参数是特定的，如果 GC 含量小于或等于 45%，则选取 AT 丰度高的区，如果 GC 含量高于 60%，则选取 GC 丰度高的区，其它情况是标准设定状态。

通过 GenBank 等途径获得目的片段序列[22]。在模板两端划分六个区域。因为链的取代反应是限速步骤之一，所以目的片段的大小会影响 LAMP 的反应效率，一般要求目的片段小于 300bp，其中包括 F2 和 B2 区。登录 Eiken Chemical 公司的在线软件 PrimerExplore（http：//www. primerexplorer. jp/e/）设计引物。设计一对外引物 F3 和 B3，一对内引物 FIP 和 BIP。内引物 FIP 由 F1c、F2（F2c 的互补序列）及中间间隔区组成，BIP 由 B1c、B2（B2c 的互补序列）及中间间隔区组成。中间间隔区可以是-TTTT-也可以是一些特异性酶切位点。LAMP 反应的开始阶段四条引物都被使用，但在循环阶段则只有内引物被使用。对引物设计的要求是能形成环状结构，这也是 LAMP 不需要进行热循环的关键点。可以这么说，LAMP 反应中，引物设计是关键。需要注意以下几个方面：T_m 值、引物末端的稳定性、GC 含量、二级结构、引物之间的距离。

① T_m 值：利用毗邻法计算 T_m 值。对于 GC 含量丰富或正常的模板其 T_m 值约在 60～65℃，而 AT 含量丰富的则在 55～60℃之间。

② 引物末端的稳定性：F2/B2、F3/B3、LF/LB 的 3′末端和 F1c/B1c 的 5′末端作为 DNA 合成的起点必须有一定的稳定性，自由能应该≤－4kcal/mol。

③ GC 含量：一般在 40%～65%，而 50%～60%尤其好。

④ 二级结构：避免引物 3′末端的互补及引物之间形成二聚体。

⑤ 引物之间的距离：F2 和 B2 之间的距离（LAMP 扩增的区域）在 120～180bp，不能大于 200bp，F2 的 5′端到 F1 的 5′端间距（成环的区域）为 40～60bp。F2 和 F3 间距为 0～20bp。

3. 检测方法

（1）浊度法检测[23,24]（如图 11-12 所示） LAMP 反应可以直接通过肉眼观察是否有白色的焦磷酸镁沉淀来判断是阳性反应还是阴性反应。反应中形成的焦磷酸镁沉淀的反应式如下：

$$(DNA)_{n-1} + dNTP \longrightarrow (DNA)_n + P_2O_7^{4-}$$

$$P_2O_7^{4-} + 2Mg^{2+} \longrightarrow Mg_2P_2O_7 \downarrow$$

LAMP 反应中焦磷酸镁沉淀的形成与所产生的 DNA 量之间呈线性关系，并且焦磷酸镁沉淀在400nm处有吸收峰。根据这个原理日本荣研公司开发出实时浊度仪，可以实时监测反应管里浊度的变化。浊度仪实时检测，适用于实验室试验和LAMP反应条件的摸索。优点：灵敏度高，实时检测。缺点：仪器昂贵，不适合现场检测。

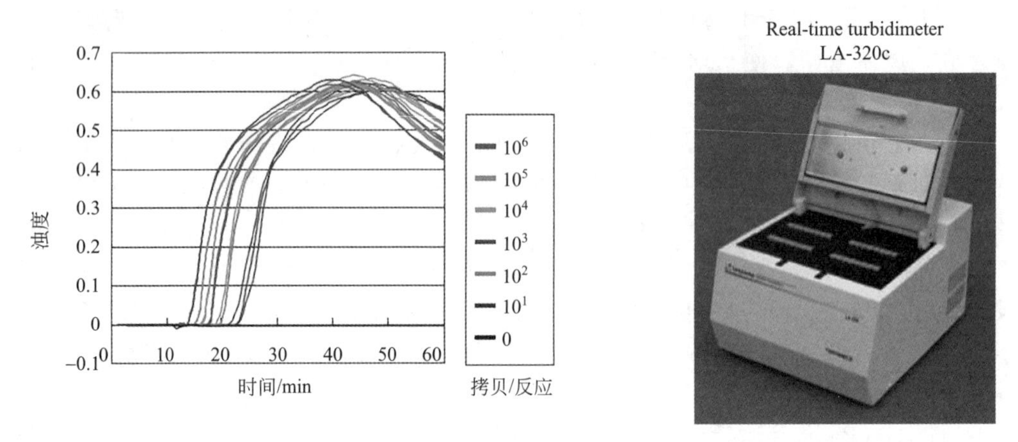

图 11-12 浊度法检测结果图与检测仪器（见彩图）

（左图为检测结果，右图为检测仪）

（2）荧光检测　LAMP有极高的扩增效率，可在一小时内将靶序列扩增至10^9～10^{10}倍，所以当反应液中加入核酸染料SYBR Green Ⅰ后，在紫外灯或日光下通过肉眼即可进行判定，如果含有扩增产物，反应混合物变绿，反之，则保持SYBR Green Ⅰ的橙色不变，同时，也可以进行LAMP的实时定量检测。研究者进一步改进方法，使其适用于多重检测。同时加入特异的带不同荧光颜色的探针，探针与特异的模板结合，反应结束后加入阳离子聚合物PEI（只与高分子量的物质结合形成沉淀复合物），与LAMP扩增产物形成沉淀，根据扩增产物上结合的特异性探针在紫外线下发射出的颜色，肉眼即可判断结果。因为探针的存在，排除了非特异性扩增的可能。另外一种荧光检测方式是利用金属离子指示剂，比如羟基萘酚蓝和钙黄绿素（见图11-13）。此荧光检测的方法适用于大规模筛查和基层医疗单位使用。优点为价格低廉，缺点是灵敏度略低。

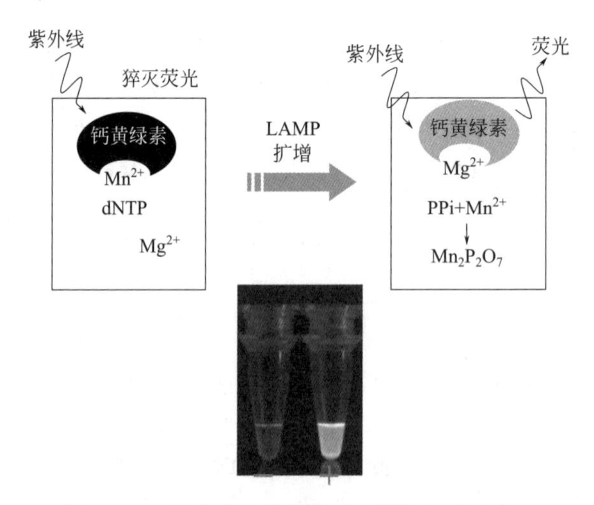

图 11-13 钙黄绿素检测原理示意图（见彩图）

所有的检测方法均要采用不开盖检测，这样能很好地避免扩增产物的污染，强烈不推荐采用电泳的方法检测，这样的话扩增产物暴露于空气中，极易造成假阳性。

（二）基本步骤

下面以LAMP法快速检测含 *NDM-1* 基因的细菌为例来介绍LAMP的基本步骤。

1. 菌株

NDM-1简介：NDM-1（New Delhi metallo-β-lactamase1，俗称“超级细菌”）曾肆虐全球，引起全世界高度关注。

在世界卫生组织宣布甲型H1N1流感大流行结束的第2天，即2010年8月11日，英国卡迪夫大学、英国健康保护署和印度马德拉斯大学的31位医学研究者在世界权威医学杂志《柳叶刀》（*Lancet*）上发表了题目为 *Emergence of a new antibiotic resistance mechanism in India，Pakistan，and the UK：a molecular，biological，and epidemiological study* 的论文。论文提到，在印度的金奈市和哈里亚纳邦分别确诊了44例、26例感染了NDM-1（新德里金属β-内酰胺酶-1，New Delhi metallo-β-lactamase1）细菌的患者，此外，在英国确诊了37例，在印度和巴基斯坦的其它地域确诊了73例。携带 *NDM-1* 基因的细菌能够对包括广谱抗生素碳青霉烯类在内的几乎所有抗生素产生耐药性。论文还警告说“NDM-1成为全球公共卫生问题的可能性极高”。在短短的一年多的时间里NDM-1在世界范围内都有检测到，这其中包括澳大利亚、希腊、加拿大、新加坡、美国、中国、日本、肯尼亚、阿曼等。欧洲疾控中心检测数据显示，至2011年3月底，欧洲13个国家出现106例超级细菌（*NDM-1*）病患，并且在英国、法国、德国、瑞典等国出现新病例。数据还显示，106例中的68例在英国，其中25例曾到印度和巴基斯坦旅行。NDM-1在全球的流行情况引起了世界卫生组织（WHO）的注意，并敦促各国采取措施应对NDM-1的传播。

所谓的“超级细菌”其实并不是一个细菌的名称，而是一类对几乎所有的抗生素都有强劲的耐药性细菌的统称。随着时间的推移，“超级细菌”的家族越来越大，包括抗药性金黄色葡萄球菌、耐万古霉素肠球菌、产超广谱酶大肠埃希菌、多重耐药铜绿假单胞菌、多重耐药结核杆菌、泛耐药肺炎杆菌、泛耐药绿脓杆菌等。这次发现的是带有 *NDM-1* 耐药基因的细菌，是“超级细菌”家族的一个新成员。既然“超级细菌”是早已存在的，为什么这次带有 *NDM-1* 基因的“超级细菌”受到关注呢？虽然有人认为是一些制药企业为了自身利益的“炒作”，但是以下几点也是不争的事实。第一，NDM-1所携带的“金属-β-内酰胺分解酶”连碳青霉烯类抗生素也能分解。碳青霉烯类抗生素的作用方式都是抑制细菌一种酶的作用，从而阻碍细胞壁黏肽合成，使细菌胞壁缺损，菌体膨胀致使细菌胞浆渗透压改变和细胞溶解而杀灭细菌。哺乳动物无细胞壁，不受此类药物的影响，因而这类药具有对细菌的选择性杀菌作用，对宿主毒性小，又很难被一般的β-内酰胺酶分解，自1979年研制成功以来，一直被当作“最终手段”，当其它的抗菌药无效之后，医生才会用到它。*NDM-1* 的出现使医生的碳青霉烯类药物“最终防线”被攻破。第二，是发现带有 *NDM-1* 基因的这些细菌，如大肠杆菌等，原本属于耐药情况不是很严重的细菌种类，现在出现了如此严重的耐药性。*NDM-1* 基因大多存在于质粒上，可以在基因水平上从一个菌株转移到另一个同菌属或不同菌属的细菌，从而使细菌拥有传播和变异的惊人潜能，不得不引起医学界及科学家的特别关注。第三，研究表明，“超级细菌”从印度、巴基斯坦传播至欧美等国家，说明耐药菌已经在跨洲际播散，可能会造成大范围的影响。第四，欧洲一直是抗生素管理比较严格的地区，细菌耐药的情况比其它地区要好，这次在这些国家也出现了超级细菌感染事件，更加剧了公众的紧张感。随着研究的深入，人们又发现了 *NDM-2*、*NDM-3*、*NDM-4*、*NDM-5*，这五种 *NDM-1* 在基因序列上仅相差几个碱基，生物功能一致。

我国发现 *NDM-1* 检出病例，一时间人们谈“超”色变。

2010 年 10 月 26 日，中国疾病预防控制中心和军事医学科学院的实验室在对既往收集保存的菌株进行 *NDM-1* 耐药基因检测中，共检出三株 *NDM-1* 基因阳性细菌。其中，中国疾病预防控制中心实验室检出的 2 株细菌为屎肠球菌，由宁夏回族自治区疾病预防控制中心送检，菌株分离自该区某医院的两名新生儿粪便标本；另一株由军事医学科学院实验室检出，为鲍曼不动杆菌，由福建省某医院送检，菌株分离自该医院的一名住院老年患者标本。由军事医学科学院报道的这株菌就是由笔者的研究中心（中国军事医学科学院疾病预防控制所传染病控制中心）检测到的。当时被全国各大媒体渲染，在全国范围内造成了一定的恐慌。

因此，为快速检测到 *NDM-1*，采用 LAMP 的方法设计了 8 套引物，从中选取了扩增效率最高的一套引物来快速检测 *NDM-1*，以方便大规模的筛查。

2. 仪器

台式高速离心机，德国 Beckman 公司；实时浊度仪 LA-320c，日本荣研公司；恒温金属浴，杭州博日科技有限公司；PCR 扩增仪，Bio-Rad 公司；凝胶成像系统，Bio-Rad 公司；分光光度计，NanoDrop ND-1000。

3. 试剂

用于 LAMP 核酸扩增的试剂盒购自日本荣研公司，试剂盒主要包括以下成分：20mmol/L Tris-HCl（pH8.8），10mmol/L KCl，10mmol/L $(NH_4)_2SO_4$，0.1% Tween 20，0.8mol/L 甜菜碱，8mmol/L $MgSO_4$，1.4mmol/L 各 dNTP 和 8U *Bst* DNA 聚合酶；钙黄绿素（FD）购自日本荣研公司；总 DNA 提取纯化试剂盒购自 Promega 公司；2×Tap MIX 购自天根生化科技（北京）有限公司；琼脂糖购自 AMRESCO 公司；引物合成由北京奥科鼎盛生物有限公司完成。

4. DNA 模板的制备

用 Chelex 法提取细菌总 DNA。方法如下：取 500μL 细菌悬液，10000×*g* 离心 2min，弃上清，加入 500μL 双蒸水，再加入等体积的 Chelex 法 DNA 提取液（25mmol/L NaOH，10mmol/L Tris-HCl，1% Triton X-100，1% NP-40，0.1mmol/L EDTA 和 2% Chelex-100），置于沸水中沸煮 10min，转入 4℃放置 5min 后，14000×*g* 离心 2min，上清即为模板，置－20℃备用。

5. LAMP 反应引物的设计

从 NCBI 数据库中获得已知的 *NDM-1* 基因序列，GenBank 登录号：FN39687。*NDM-1* 基因序列：

TCAGCGCAGCTTGTCGGCCATGCGGGCCGTATGAGTGATTGCGGCGCGGCTA
TCGGGGGCGGAATGGCTCATCACGATCATGCTGGCCTTGGGGAACGCCGCAC
CAAACGCGCGCGCTGACGCGGCGTAGTGCTCAGTGTCGGCATCACCGAGATT
GCCGAGCGACTTGGCCTTGCTGTCCTTGATCAGGCAGCCACCAAAAGCGATG
TCGGTGCCGTCGATCCCAACGGTGATATTGTCACTGGTGTGGCCGGGGCCGG

GGTAAAATACCTTGAGCGGGCCAAAGTTGGGCGCGGTTGCTGGTTCGACCCA
GCCATTGGCGGCGAAAGTCAGGCTGTGTTGCGCCGCAACCATCCCCTCTTGC
GGGGCAAGCTGGTTCGACAACGCATTGGCATAAGTCGCAATCCCCGCCGCAT
GCAGCGCGTCCATACCGCCCATCTTGTCCTGATGCGCGTGAGTCACCACCGCC
AGCGCGACCGGCAGGTTGATCTCCTGCTTGATCCAGTTGAGGATCTGGGCGG
TCTGGTCATCGGTCCAGGCGGTATCGACCACCAGCACGCGGCCGCCATCCCTG
ACGATCAAACCGTTGGAAGCGACTGCCCCGAAACCCGGCATGTCGAGATAGG
AAGTGTGCTGCCAGACATTCGGTGCGAGCTGGCGGAAAACCAGATCGCCAA
ACCGTTGGTCGCCAGTTTCCATTTGCTGGCCAATCGTCGGGCGGATTTCACC
GGGCATGCACCCGCTCAGCATCAATGCAGCGGCTAATGCGGTGCTCAGCTTC
GCGACCGGGTGCATAATATTGGGCAATTCCAT

选择其中一段区域设计LAMP引物，共设计8套引物：

CJXJ1F3：GCATAAGTCGCAATCCCCG
CJXJ1B3：GGTTTGATCGTCAGGGATGG
CJXJ1FIP：CTGGCGGTGGTGACTCACGTTTTGCATGCAGCGCGTCCA
CJXJ1BIP：CGCGACCGGCAGGTTGATCTTTTGGTCGATACCGCCTGGAC
CJXJ1LF：GCATCAGGACAAGATGGGC
CJXJ1LB：TCCAGTTGAGGATCTGGGC

CJXJ2F3：CGTCCATACCGCCCATCT
CJXJ2B3：CGACATGCCGGGTTTCG
CJXJ2FIP：GACCGCCCAGATCCTCAACTGG-TCCTGATGCGCGTGAGT
CJXJ2BIP：TGGTCATCGGTCCAGGCGG-GGGCAGTCGCTTCCAAC
CJXJ2LF1：ATCAACCTGCCGGTCGC
CJXJ2LB1：CCGCCATCCCTGACGAT

SUB12F3：TTTGATCGTCAGGGATGGC
SUB12B3：GCTGGTTCGACAACGCATTG
SUB12FI：GGCAGGTTGATCTCCTGCTTGAAAAAGGTCGATACCGCCTGGAC
SUB12BIP：CTGGCGGTGGTGACTCACGCAAAAGCATAAGTCGCAATCCCCG

SUB13F3：TGATCGTCAGGGATGGCG
SUB13B3：GCAGCGCGTCCATACC
SUB13FIP：GATCCAGTTGAGGATCTGGGCGAAAAGCGTGCTGGTGGTCGA
SUB13BI：AAGCAGGAGATCAACCTGCCGAAAAGCCCATCTTGTCCTGATGC

SUB14F3：GGCAGTCGCTTCCAACG
SUB14B3：GCGTCCATACCGCCCAT
SUB14FI：GGTCATCGGTCCAGGCGGTAAAAAGTTTGATCGTCAGGGATGGC
SUB14BI：AGACCGCCCAGATCCTCAACTAAAACCTGATGCGCGTGAGTCAC

SUB27F3：TCGATACCGCCTGGACC
SUB27B3：CGCAACCATCCCCTCTTG
SUB27FIP：GCGACCGGCAGGTTGATCTAAAAGATGACCAGACCGCCCAG
SUB27BIP：GTGGTGACTCACGCGCATCAGGAAAAACGCATTGGCATAAGTCGCA

SUB3F3：TGGCGGTGGTGACTCAC
SUB3B3：GCCGGGGTAAAATACCTTGA
SUB3FIP：TGGCATAAGTCGCAATCCCCGTTTTGCATCAGGACAAGATGGGC
SUB3BIP：CAAGAGGGGATGGTTGCGGCTTTTAAGTTGGGCGCGGTTG

SUB30F3：GGACCGATGACCAGACCG
SUB30B3：CAACCATCCCCTCTTGCG
SUB30F：GCGTGAGTCACCACCGCCAAAAACCTCAACTGGATCAAGCAGG
SUB30B：GCATCAGGACAAGATGGGCGGAAAAAGCTGGTTCGACAACGCAT

6. LAMP 反应

25μL 反应体系各组分的浓度为：20mmol/L Tris-HCl（pH 8.8），10mmol/L KCl，10mmol/L $(NH_4)_2SO_4$，0.1% Tween-20，0.8mol/L 甜菜碱，8mmol/L $MgSO_4$，1.4mmol/L 各 dNTP 和 8U *Bst* DNA 聚合酶，40pmol FIP 和 BIP，5pmol F3 和 B3，2μL 模板（100ng/μL）。将混合物置于 60～65℃恒温反应 60min，以双蒸水为阴性对照。

7. LAMP 反应结果检测

实时浊度仪检测：用日本荣研公司开发出的实时浊度仪 LA-320c，每隔 6s 测定反应管的浊度并绘制成曲线来判断反应的阴阳性。基于钙黄绿素（FD）颜色改变检测：FD 是一种金属离子指示剂，根据反应液中镁离子的变化而呈现出不同的颜色，阴性时为橙色，阳性时为绿色。

8. 最佳引物的筛选

根据已知的 *NDM-1* 基因序列设计 8 套 LAMP 引物，在相同条件下进行扩增效率比较，选择扩增效率最高的一组引物序列为最佳扩增引物。

9. 最佳引物的特异性实验

对筛选出来的最佳引物组合进行特异性实验，主要是利用种属相近的微生物进行特异性实验，本实验重点采用不含 *NDM-1* 基因的鲍曼不动杆菌进行特异性实验。

10. LAMP 方法与常规 PCR 方法检测灵敏度比较实验

为了比较 LAMP 方法与常规 PCR 方法的检测灵敏度，以含 *NDM-1* 基因的鲍曼不动杆菌为检测对象，提取其总 DNA，定量后将总 DNA 进行 10 倍稀释度稀释，使得最终稀释浓度为 1070ng/μL、107.0ng/μL、10.70ng/μL、1.070ng/μL、107.0pg/μL、10.70pg/μL、1.070pg/μL、0.107pg/μL。对于常规 PCR 扩增反应的两条引物为（forward CAGCACACTTCCTATCTC 和 backward CCGCAACCATCCCCTCTT）。

反应体系

2×MasterMix	12.5μL	模板(100ng/μL)	2μL
上游引物	0.5μmol/L	primestar enzyme(2.5U/μL)	0.5μL
下游引物	0.5μmol/L	纯水补足至	25μL

反应程序

95℃	2min
95℃	30s
54℃	30s　28 个循环
72℃	25s
72℃	7min

产物在 1%含 EB 琼脂糖凝胶电泳上 100V 电泳 45min，在凝胶成像系统下照相检测。

11. 临床样本的模拟实验

将纯化后的含有 *NDM-1* 基因的鲍曼不动杆菌基因组加入到痰液样本、尿液样本、粪便样本，并 10 倍梯度稀释，分别检测。

三、结果分析

1. 最佳引物筛选试验结果

用 8 套不同引物在同一反应条件下比较它们的扩增效率，结果如图 11-14 所示。

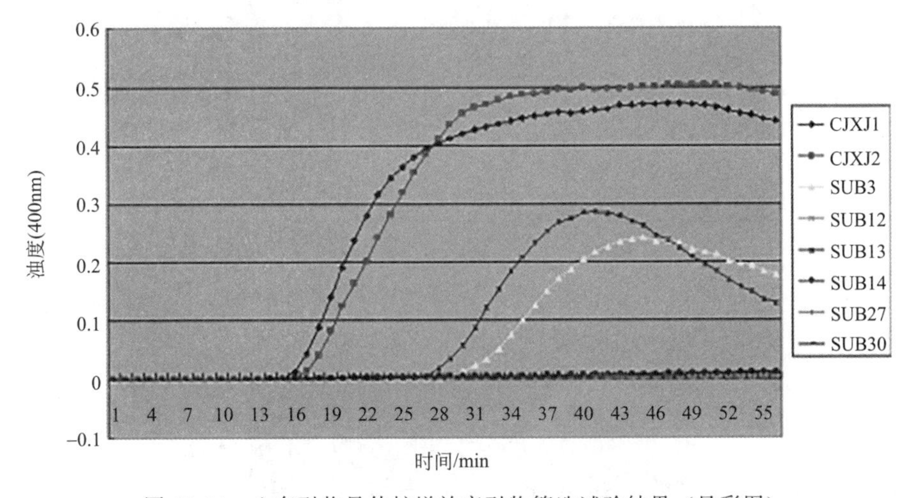

图 11-14　八套引物最佳扩增效率引物筛选试验结果（见彩图）

图中曲线上升表示发生了 LAMP 反应，曲线上升的高低表示了扩增效率的高低。CJXJ1 和 CJXJ2 引物组合含有环引物，其它的引物组合没有环引物。从扩增曲线上可以看出，含有环引物组合（CJXJ1 和 CJXJ2）和两组不含环引物组合（SUB3 和 SUB13）都有扩增，但含有环引物扩增效率较高，还有四组引物未出现扩增。CJXJ1 的扩增效率稍微要高于 CJXJ2，所以选择 CJXJ1 组合为扩增 *NDM-1* 基因的最佳引物组合。

2. CJXJ1 引物组合的特异性实验结果

从图 11-15 中可以看出，只有含 *NDM-1* 的鲍曼不动杆菌有阳性反应，其它的菌均为阴性反应。表明 CJXJ1 引物组合具有良好的特异性。

3. CJXJ1 引物组合的 LAMP 与常规 PCR 的敏感性比较结果

以含 *NDM-1* 基因的鲍曼不动杆菌提取基因组 DNA，从 1070ng/μL 的原液进行 10 倍稀释，稀释到 0.107pg/μL，比较 LAMP 与常规 PCR 的敏感性。结果见图 11-16。

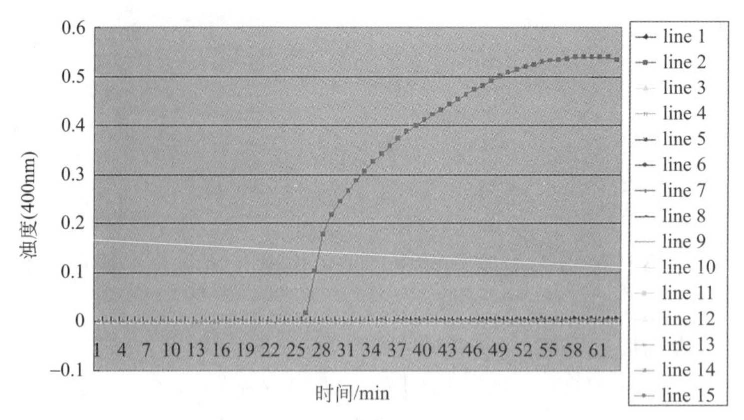

图 11-15　CJXJ1 引物组合特异性实验结果（见彩图）

1—阴性对照（双蒸水）；2—*A. baumannii* XM；3—*A. baumannii* H949；4—*A. baumannii* F398；5—*A. baumannii* B260；6—*A. baumannii* H18；7—*Shigella sonnei* 2531；8—*Shigella flexneri* 4536；9—*Salmonella enteritidis* 50326-1；10—*Vibrio carchariae* 5732；11—*S. paratyphosa* 86423；12—肠侵袭性 *E. coli* 44825；13—肠侵袭性 *E. coli* 44824；14—肠侵袭性 *E. coli* 2348；15—*Vibrio parahaemolyticus* 5474

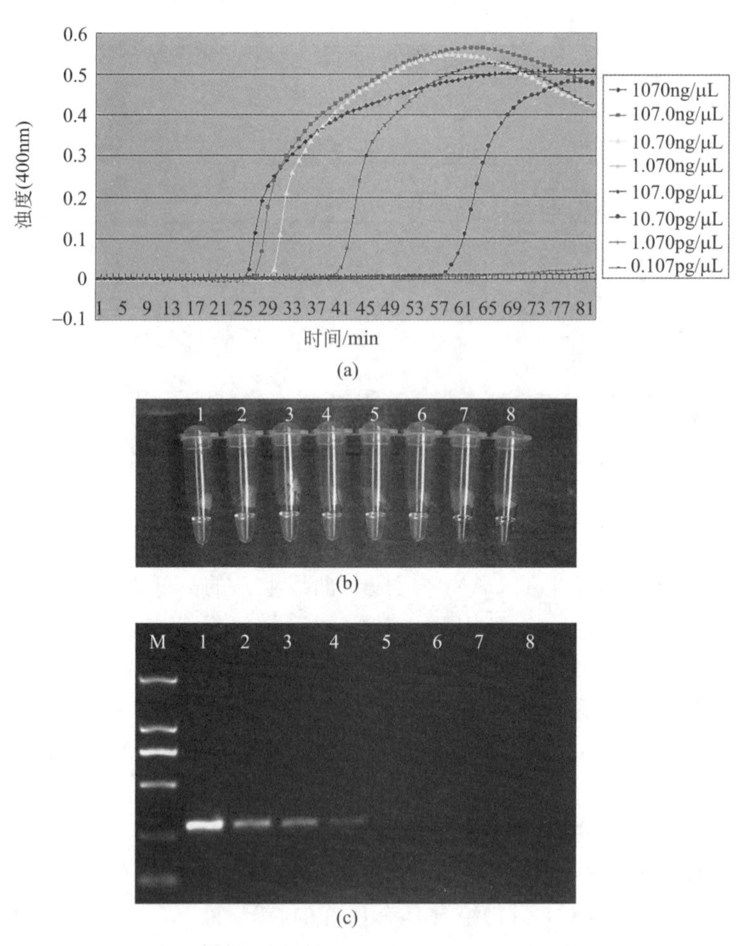

(a)

(b)

(c)

图 11-16　LAMP 检测敏感性与 PCR 的比较（见彩图）

图中 1～8 为 10 倍梯度稀释的模板浓度：1 为 1070ng/μL，2 为 107.0ng/μL，3 为 10.70ng/μL，4 为 1.070ng/μL，5 为 107.0pg/μL，6 为 10.70pg/μL，7 为 1.070pg/μL，8 为 0.107pg/μL

(a) 实时浊度法检测；(b) 钙黄绿素荧光染料法检测；(c) PCR 法检测

由图 11-17 可以看出 LAMP 实时浊度法和钙黄绿素荧光染料法的最低敏感性均为 10.70pg/μL，PCR 的最低敏感性为 1.070ng/μL，说明 LAMP 的敏感性比常规 PCR 高出 100 倍。

4. 在不同模拟样本中 CJXJ1 引物组合的敏感性实验结果

将含 NDM-1 DNA 的鲍曼不动杆菌的基因组 DNA 作 10 倍梯度稀释后分别加入痰液、尿液和粪便中，作为临床模拟样本，然后测定 LAMP 在临床模拟样品中的敏感性，结果如图 11-17 所示。

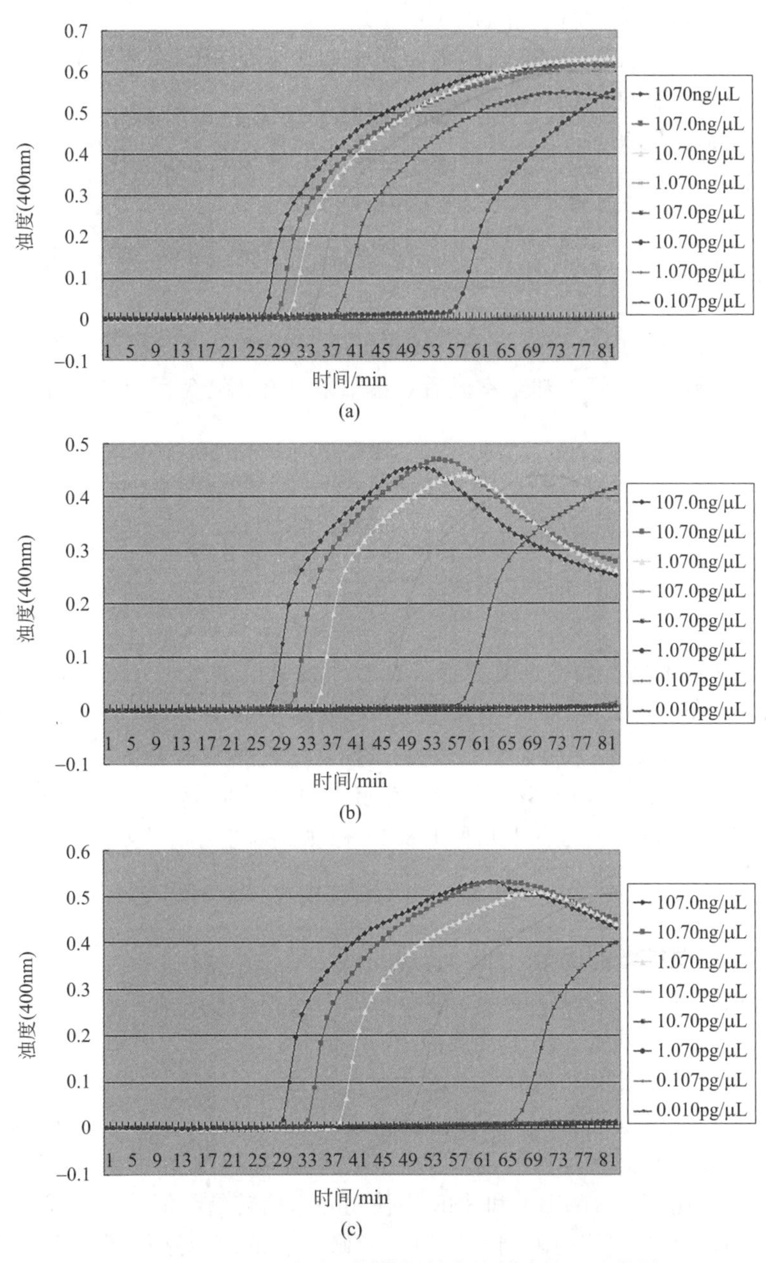

图 11-17　LAMP 法对不同模拟样本的敏感性（见彩图）

（a）痰液模拟样本；（b）尿液模拟样本；（c）粪便模拟样本

从图 11-17 中可以看出 LAMP 在模拟样本中的敏感性相比于实验中的没有降低，从以上实验结果可见以 CJXJ1 引物组合为最佳引物组合，可用于临床样本的检测。

四、注意事项

LAMP 技术虽然有众多的优点，但同时它也有很多的不足和注意事项需要我们去重点考虑，主要有以下几点。

① LAMP 扩增的靶序列很短。一般在 150～300bp 以内，这是由于 LAMP 扩增是链置换合成，故不能进行长链 DNA 的扩增。

② 由于灵敏度高，极易受到污染而产生假阳性结果，故要特别注意严谨操作，要严格执行试剂配制区、加样区、反应区的划分。

③ 对 LAMP 产物的回收测序还很困难，不能像普通 PCR 产物一样直接测序。

④ LAMP 产物不可以用来克隆，因为 LAMP 产物是极其复杂的不规则的扩增混合物。

⑤ 反应温度在 60～65℃范围内均可，请确保仪器的真实温度。建议使用经校正的仪器。

⑥ 加样、分装时应尽量避免产生气泡，反应前注意检查各反应管是否盖紧，以免泄漏污染仪器。反应管冷却至室温后观察结果可有效避免反应产物外逸，建议取出后置室温冷却。

五、应用

随着 LAMP 的优点逐渐为研究者所熟知，它在越来越多的领域中被使用，包括病毒病原体的检测、细菌病原体的检测、真菌病原体的检测、寄生虫的检测、肿瘤的检测等

因 LAMP 技术具有的特点及其适合在临床及基层进行现场快速检测（Point-Of-CareTesting，POCT），在其产生后已经被开发了多种检测试剂盒。如 Iturriza-Gomara 等开发了诺瓦病毒的 LAMP 检测试剂盒；现在日本 Eiken 公司网站已经开发了包括禽流感、SARS、西尼罗河病毒、牛胚胎性别检测等 19 种 LAMP 检测产品试剂盒并进行出售；我国也已有十几种 LAMP 检测试剂盒开发成功并申请了专利。

六、小结

1. 环介导等温扩增的优势

核酸扩增技术在生命科学领域是非常重要的一种工具，例如应用在疾病诊断、基因功能特性的研究等领域。除了常规的 PCR 方法，现在研究者已经开发出了很多其它的核酸扩增方法，比如 NASBA（nucleic acid sequence-based amplification）、3SR（self-sustained sequence replication）、SDA（strand displacement amplification）等。在扩增循环方面，它们有各自的创新点。相比于常规 PCR 利用高温使双螺旋解链变性成单链进行热循环，NASBA 和 3SR 则使用一系列转录和反转录过程来循环以避免高温变性作用，SDA 则使用限制性内切酶和修饰过的模板来循环扩增。虽然它们的敏感性都很高，可以检测并扩增小于 10 个拷贝的核酸样本，但是它们还有各自需要克服的缺点。技术要求、材料仪器要求、技术本身特异性缺陷等方面严重束缚了这些技术的推广应用。LAMP 则在这些方面有所突破。

LAMP有比较高的特异性和抗干扰能力，只有当两对引物与目的片段的六个区域都匹配上时才能进行扩增。类似于巢式PCR使用多对引物来提高扩增的特异性。非目的片段对LAMP反应的干扰比较小，这方面比常规的PCR要强。LAMP的反应体系比较稳定可靠，在室温下放置2周后仍然稳定并且与样品中原有的污染无关，对干扰片段仍然不敏感，而NATs（natural antisense transcripts）则无法做到这一点。研究者利用LAMP检测脑脊髓液或血液样本中的布氏锥虫，没有出现使用常规PCR时出现的组织或血液样本中的抑制剂干扰反应的现象。同时LAMP的敏感性也比较高，可以以单拷贝的基因为模板进行扩增。

LAMP反应的过程简单快速而且高效[25,26]。能够在1h内将单拷贝的基因模板扩增到10^9个拷贝，而且这一过程是在60～70℃的恒温下进行的。这就摆脱了昂贵仪器的束缚。另外LAMP结果的检测也无需仪器。这些在一定程度上降低了实验的操作成本。只要引物设计正确，并且在完善各种反应条件之后，LAMP对于样品处理、操作技术和仪器设备的要求都比较低，在野外工作时也能达到要求。另外正如上文所述，LAMP的抗干扰能力较强，使用的样品可以是未经提纯处理的，所以LAMP为野外实地开展检测工作提供了很好的技术支持。

2. 环介导等温扩增方法的缺点

因灵敏度高，一旦开盖容易形成气溶胶污染，加上目前国内大多数实验室不能严格进行实验分区，假阳性问题比较严重，因此我们强烈推荐在进行试剂盒的研发过程中采用实时浊度仪，不要把反应后的反应管打开。引物设计要求比较高，有些疾病的基因可能不适合使用环介导等温扩增方法。

3. 环介导等温扩增的改进与深化[27-30]

随着LAMP的优点逐渐为研究者所熟知，它在越来越多的领域中被使用，包括病毒病原体的检测、细菌病原体的检测、真菌病原体的检测、寄生虫的检测、肿瘤的检测等。当然，不同需求的研究者在使用LAMP的时候，针对各自的研究需要对LAMP进行了不同程度的改进、提高及延伸，包括以下几个方面。

① 环状引物：通过增加2条环状引物，使LAMP的反应时间缩短近一半，提高了检测效率。环状引物结合的区域在F2-F1或B2-B1，以F1到F2的方向或是B1到B2的方向结合。当反应时，所有的茎环区DNA序列或与内引物杂交，或者与环状引物杂交，从而加快了反应速度。

② RT-LAMP：LAMP也同样适用于RNA模板，在反转录酶和DNA聚合酶的共同作用下，实现RNA的一步扩增。研究者利用RT-LAMP检测前列腺癌特异抗原（PSA），将一个表达PSA的LNCaP细胞与1000000个不表达PSA的K562细胞混合，提取RNA，RT-LAMP也能够检测到。

③ 原位LAMP：2003年Maruyama等将LAMP和原位杂交相结合，建立了原位LAMP（In-Situ LAMP），用于检测组织细胞中的*E. coli* O157∶H7。利用细胞原位固定法，用不同荧光抗体标记大肠杆菌与无*stx2*特异基因的细菌混合物，从而区别出携带特异性基因的大肠杆菌。与原位PCR相比，温和的渗透性及低的等温条件使得原位LAMP对细胞的损伤减小，准确性提高。同原位PCR相比，其优点是使用相对较低的温度，可减少细胞的破坏，有利于同步应用荧光抗体进行细胞鉴定。此外，具有特殊结构的反应产物分子量大，有效地防止向细胞外的泄漏，而使用的DNA聚合酶也由于分子量小更容易进入细胞。原位LAMP的这些优点大大提高了检测的效

率和特异性。2007年Ikeda等报道了在石蜡切片中用原位LAMP技术进行点变异检测的报道。

④ 分离单链DNA：LAMP的产物可以用于后续试验，如杂交试验，但是单链DNA的杂交效率要明显高于双链DNA，因而要将茎-环状产物适当处理，利于后续反应。研究者从LAMP的产物中分离出单链的靶序列，用*Tsp*R Ⅰ酶消化LAMP的产物，再利用一特殊的引物在断裂处和3′端杂交并延伸产生一条特异性DNA，利于进行杂交检测，如DNA微列阵技术。反应中所用的DNA聚合酶仍为*Bst* DNA聚合酶，因其具有链置换活性，可置换出单链DNA。因为酶的最适温度都为65℃，所以仍是等温反应。

⑤ 多重LAMP：有研究者利用多重LAMP检测牛巴贝斯虫属寄生虫，分别设计*B. bovis*和*B. bige*的引物，检测灵敏度分别是常规PCR方法检测*B. bovis*和*B. bige*的10^3和10^5倍。

⑥ LAMP技术和电泳技术相结合：建立了聚丙烯酰胺凝胶基因芯片，用来检测和分析特异性基因类型。Lam等发展了一种以聚丙烯酰胺凝胶为基础的微孔LAMP反应，可以减少模板和引物的用量，能够检测1个DNA分子，并且能在1h内完成反应。

⑦ LAMP技术与核酸杂交相结合：用多重LAMP同时扩增金黄色葡萄球菌耐药基因*meca*和*femA*，在反应体系中加入的2种不同荧光探针分别与*meca*和*femA*基因的扩增产物互补结合，最后检测反应管中的2种荧光值。结果该方法的最低检测限为10cfu/mL，与药敏试验结果相比较，灵敏度达99.0%，特异度达90.9%，证明该方法灵敏度高，特异性强，操作简便快速，适用于临床样品的直接快速基因检测。

⑧ LAMP与免疫捕获技术相结合：发展了免疫捕获RT-LAMP方法（IC/RT-LAMP）来检测菊花的番茄斑点枯萎病毒，发现其比IC/RT-PCR敏感100倍。

第三节　重组酶聚合酶扩增技术的原理、方法及应用

重组酶聚合酶扩增技术（recombinase polymerase amplification，RPA），创立于2006年，是由Olaf Piepenburg[31]等研发的一种新型等温核酸扩增技术。它依赖于特定的酶和蛋白质组合（重组酶、单链结合蛋白和DNA聚合酶），在常温下即可发生反应，5～20min内即可获得结果[32,33]。其反应体系主要包括DNA聚合酶、单链结合蛋白（single-strained-binding protein，SSB）、噬菌体重组酶uvs X及其辅助因子uvs Y、特异性引物（30～35bp）、醋酸镁以及buffer等。

一、基本原理

RPA反应的基本原理是，首先重组酶和引物形成复合物，然后重组酶引物复合物识别模板同源序列，双链被打开，复合物入侵，并在单链结合蛋白的辅助下使得引物链延长。最终，两个相反引物通过结合延伸过程形成除模板外的另一条完整的扩增产物。此过程的重复导致DNA的指数扩增[34-46]。原理见图11-18（a)。此外，RPA扩增技术不仅限于双链DNA模板的扩增，也适用于RNA目的片段的扩增。RT-

RPA 即逆转录重组酶聚合酶扩增技术，可以直接以 RNA 为模板，无需再逆转录为 cDNA，将逆转录与检测合二为一。反应体系中只需相应加入逆转录酶即可实现对 RNA 模板的扩增，对 RNA 病毒检测具有重大意义，有望用于临床即时诊断和疫情现场检测。

RPA 探针的结构设计原理见图 11-18（b），在探针 5′端设计了 1 个荧光基团（fluorophore），3′端设计了 1 个荧光猝灭基团（quencher）与两个基团相连的中间位置设计了一个间隔区（tetrahydrofuran，THF），THF 可被一种来自大肠杆菌核酸内切酶Ⅳ（Nfo）识别并进行剪切，荧光基团和荧光猝灭基团在一条链上时无法发出荧光［图 11-18（b）①］，当扩增到 THF 位点时，Nfo 识别 THF，并进行剪切［图 11-18（b）②］，使荧光基团和荧光猝灭基团分离，荧光得到积累［图 11-18（b）③］，从而实现扩增产物与荧光信号的同步积累，达到实时监测的效果。

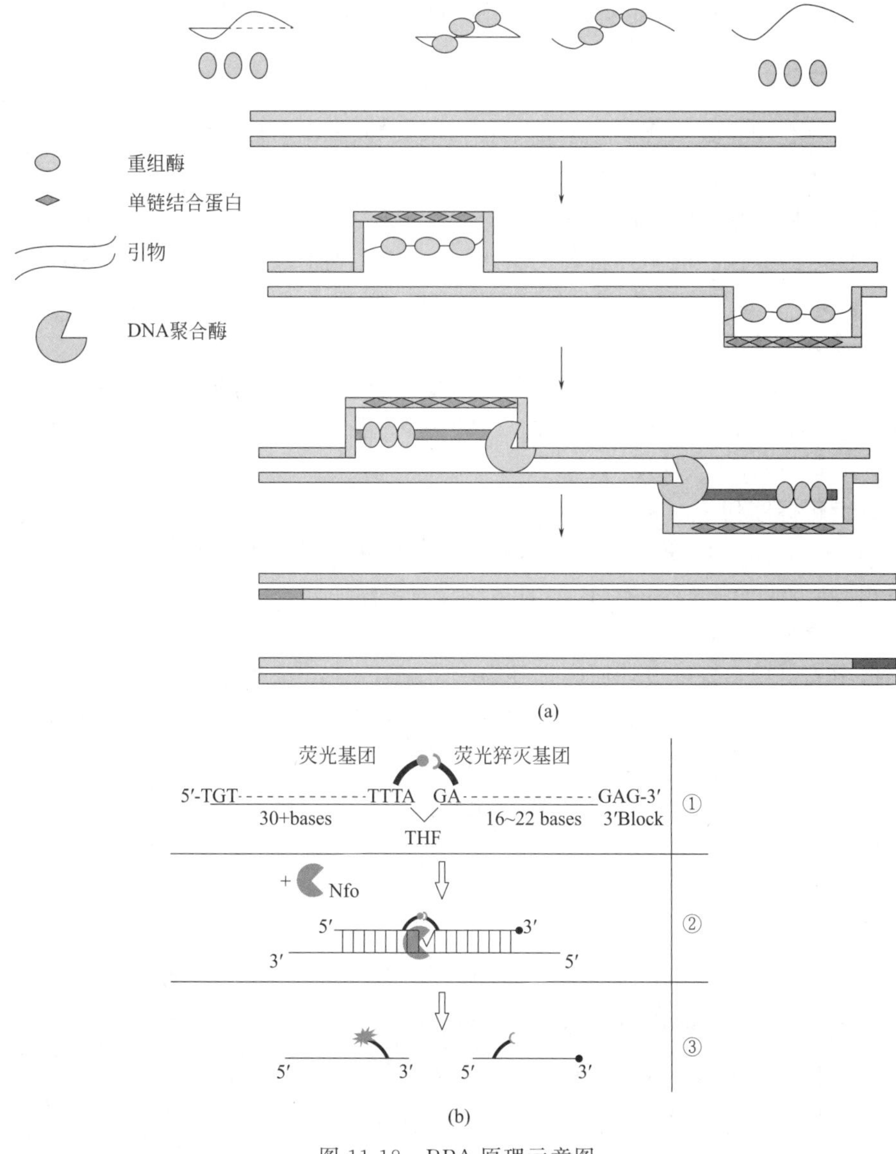

图 11-18　RPA 原理示意图

（a）RPA 过程原理图；（b）实时荧光定量 RPA 探针作用原理图

二、器材

振荡器，培英设备公司；超净台，Thermo；安全柜，Thermo；制冰机，SANYO；低温冷冻离心机，Beckman；－80℃超低温冰箱，New Brunswick Scientific；ND-1000 Spectrophotometer NanoDrop，Thermo；生物安全柜，Thermo；金属浴，Coyote；电子分析天平，Sartorius 公司；微型离心机，海门其林贝尔仪器制造有限公司；台式冷冻离心机，Eppendorf 公司；自动凝胶成像系统，Bio-Rad（USA）；电泳槽，Bio-Rad（USA）；桌上净化工作台，苏州净化设备有限公司；垂直电泳仪，Bio-Rad（USA）；Gene Amp PCR system 9700 热循环仪，Applied Biosystems Inc.（USA）；Light Cycler LC96 Real-Time PCR System，Roche；Mini-8 real-time PCR system，Coyote；Tube Scanner device，Qiagen Lake Constance；高压灭菌锅，三洋公司；旋涡混合器 QL-902，海门其林贝尔仪器制造有限公司。

三、实验方法

本节主要介绍重组聚合酶扩增技术在检测布鲁氏菌方面的应用，布鲁氏菌 RPA 检测方法的建立[37] 具体方法如下。

1. 布鲁氏杆菌基因组 DNA 的提取

从－80℃冷冻保存的羊种布鲁氏菌 16 M 型取 10μL，接种于 5mL TSB 培养基，37℃ 200r/min 振荡复苏，在 TSA 平板上划线，挑取单个单菌落于 TSB 液体培养基中 37℃振荡培养，用于基因组提取。

布鲁氏菌基因组 DNA 的提取：用 TIAN amp Bacteria DNA Kit 细菌基因组 DNA 提取试剂盒提取羊种布鲁氏菌 16M 基因组 DNA。实验具体操作步骤参考 TIAN amp Bacteria DNA Kit 说明书。

2. 确定靶标序列

利用 Genbank 查阅布鲁氏菌（*B. melitensis*）基因组序列，按照相关文献，选定保守序列 Omp31（Gen Bank：BMEII0844）为靶标序列。

3. 设计合成引物和探针

根据相关引物和探针设计原则，并参考 Twist Amp 试剂盒引物和探针设计要求，设计合成 8 条引物，用于筛选最佳引物组合，其中引物由上海生工生物技术公司合成，探针则由 TaKaRa 公司合成。引物及探针序列详见表 11-3。

表 11-3　引物及探针序列

名称	序列(5′→3′)
Bru-RPA-F1	TCGAGTGGTTCGGCACAGTTCGTGCCCGTC
Bru-RPA-F2	AGCTGAAACCAAGGTCGAGTGGTTCGGCACAG
Bru-RPA-F3	GTCTCGAAGGCAAAGCTGAAACCAAGGTCG
Bru-RPA-F4	CCGGTGCCAGCGGTCTCGAAGGCAAAGCTG
Bru-RPA-R1	AGGTTGAACGCAGACTTGACCTTACCATAG
Bru-RPA-R2	ATCATCACCCAGGTTGAACGCAGACTTGAC

续表

名称	序列(5′→3′)
Bru-RPA-R3	CACTTGCATCATCACCCAGGTTGAACGCAG
Bru-RPA-R4	GACCACGTGTGCAGGGCACTTGCATCATCAC
EBO-RPA-P	TCAAGTACATGCAGAGCAAGGACTGATACAAT(FAM)-(THF)-T(BHQ1)-CCAACAGCTTGGCAAT(P)

注：F 为正向引物（forward）；R 为反向引物（reverse primers）；P 为探针（exo-probe）；T（BHQ1）为标记 BHQ1 荧光猝灭基团的胸苷核苷酸（thymidine nucleotide carrying Black Hole Quencher 1）；THF 为间隔区（tetrahydrofuran spacer）；T（FAM）为标记了 FAM 荧光基团的胸苷核苷酸（thymidine nucleotide carrying fluorescein）。

4. 布鲁氏菌 Omp31 重组质粒的构建

（1）目的片段的扩增及电泳分析

以提取的基因组为模板，分别用外侧引物 Bru-RPA-F4 和 Bru-RPA-R4 扩增目的片段。PCR 反应条件：95℃ 5min；95℃ 30s，55℃ 30s，72℃ 30s，30 个循环；72℃ 10min。反应体系 50μL：16M DNA（20ng/μL）1.0μL，Bru-RPA-F4（10μmol/L）1.0μL，Bru-RPA-R4（10μmol/L）1.0μL，*Taq* Master Mix（含有酶等 2×）25μL，ddH$_2$O 加至 50μL。将扩增产物全部上样跑胶，紫外灯下观察结果。

（2）切胶回收

用 Promega 公司的胶回收试剂盒（Wizard SV Gel and PCR Clean-up System）对目的片段切胶回收。具体步骤参考说明书。

（3）连接

用 pMD-18T 载体（TaKaRa）与目的片段连接。

（4）连接产物的转化

用康为世纪的 DH5α 感受态进行连接产物的转化。

（5）鉴定测序

挑取阳性克隆并增菌，并进行 PCR 鉴定。25μL 反应体系：12.5μL *Taq* Master Mix（含有酶等 2×），挑菌作为模板，Bru-RPA-R4（10μmol/L）1.0μL，Bru-RPA-F4（10μmol/L）1.0μL，ddH$_2$O 加至 25μL。反应条件如下：

95℃　　5min

95℃　　30s }

55℃　　30s } 30 个循环

72℃　　30s }

72℃　　10min

取 PCR 产物电泳跑胶，紫外灯下分析条带是否符合目的片段大小。并将初步确定为阳性克隆的菌液送华大公司测序。

（6）提取质粒

由测序结果可知，构建的质粒目的片段序列正确，提取质粒。具体步骤参考康为世纪质粒小提试剂盒说明书。

（7）制作质粒浓度的标准品

将上述所得质粒，用 NanoDrop 核酸定量分析仪测定浓度，做好标记，根据公式拷贝数＝$(C\times6.02\times10^{23}\times10^{-9})/(D\times660)$，其中 C 为浓度（ng/μL），D 为碱基数。调配稀释成 10 倍梯度（$10^8\sim10^1$ 拷贝/μL）的质粒标准品。

5. 引物筛选

利用上述步骤合成的 8 条引物（共计 16 对引物组合）进行引物筛选，建立 RPA 的最佳引物组合。依照试剂盒 TwistAmp EXO kit 操作说明，采用 50μL 反应体系。具体操作过程：先将除引物、镁离子外的其它试剂混匀后，分装到 Twist Amp EXO kit 试剂盒提供的干粉管（所需酶等以冻干粉形式存在）内，轻吹打混匀，分别加入 16 对引物组合，随后将醋酸镁加入反应管内，盖上盖子，用微型离心机离心，使镁离子融入反应液，然后立即将反应管放入 ESEQuant Tube Scanner 或 Bio-Rad iQ5 定量检测仪检测荧光信号。反应条件为 38℃，20min。

RPA 反应体系（总体积 50μL）：

Bru-RPA-F(10μmol/L)	2μL	缓冲液(含有酶)	29.5μL
Bru-RPA-F(10μmol/L)	2μL	模板(20ng/μL)	2μL
Probe(20μmol/L)	0.6μL	ddH_2O	47.5μL
醋酸镁	2.5μL		

6. 布鲁氏菌 RPA 检测方法的特异性

在确定了布鲁氏菌 RPA 检测方法的最佳引物组合后，为了进一步验证布鲁氏菌 RPA 检测方法的特异性，以上述最佳引物组合进行 RPA 实验，以布鲁氏菌 16M 和本实验室保存的其它几种菌（包括沙门菌、肺炎克雷伯菌、大肠杆菌、变形杆菌等）作为模板进行检测，具体步骤同上。

7. 布鲁氏菌 RPA 检测方法的敏感性

以获得的 $10^7\sim10^1$ 拷贝/μL 的重组质粒为模板，以水作为阴性对照，在最适体系条件下进行 RPA 扩增反应，每个浓度重复五次试验，并绘制标准曲线。

8. 布鲁氏菌 RPA 的临床检测方法

为了评估布鲁氏菌 RPA 检测方法在临床上的应用的可能性，我们收集了 5 名血清学检测为阳性的布病患者血液和一名非布病患者血液，用 RPA 进行检测，并与定量 PCR 检测结果进行比较。

首先用上述检测为阳性的布病患者血液进行核酸提取，作为模板。以上述最佳 RPA 引物组合扩增。分析实验结果并与 Real-time PCR 结果对比，分析 RPA 检测方法在临床应用的可能性。布鲁氏菌定量 PCR 检测采用上海之江生物公司的布鲁氏菌核酸测定试剂盒（荧光 PCR 法）进行。

反应体系（总体积 40μL）：

血清模板(100ng/μL)	4μL	酶(*Taq*＋UNG)	0.4μL
核酸荧光 PCR 混合液	35μL	ddH_2O	0.6μL

反应程序：

37℃	2min	
94℃	2min	40 个循环
93℃	15s	
72℃	60s	

四、结果分析

1. 布鲁氏菌 Omp31 重组质粒的构建

以布鲁氏菌基因组为模板，用 F4 和 R4 的引物组合进行 PCR 扩增，产物电泳显示，成功扩增出预期 180bp 大小的片段（图 11-19）。将该片段回收后，连接到 T 载体，转化后，成功筛选到了包含阳性片段的重组克隆，获得了重组质粒。

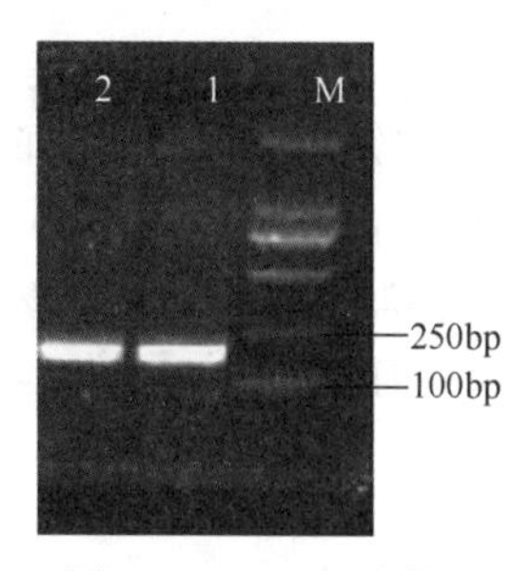

图 11-19　PCR 产物电泳结果
（1、2 为 PCR 产物；M 为 Marker 2000）

2. 最佳引物组合的筛选

由设计的 8 条正反引物，组合为 16 对引物组合进行 RPA 扩增反应，筛选出灵敏性最好的一对引物。图 11-20（a）

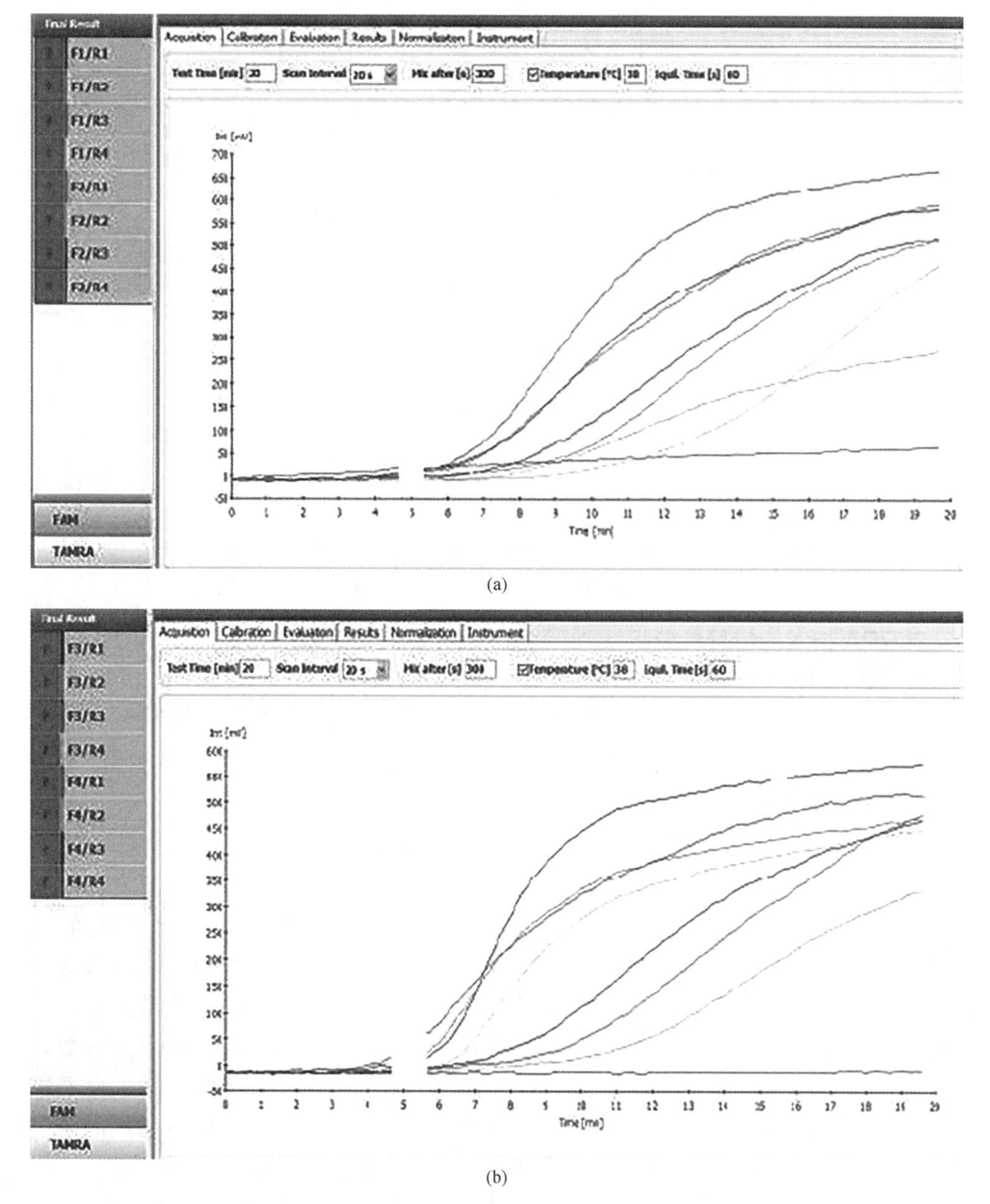

(a)

(b)

图 11-20　Bruce-RPA 中不同引物组合的荧光信号随时间变化图（见彩图）

和（b）为不同引物组合的荧光信号随时间的变化图，图 11-21（a）和（b）分别为不同引物组合的阈值时间和荧光强度对比。综合图 11-20 和图 11-21，引物组合 Bru-RPA-F1 和 Bru-RPA-R3 的效果最好。虽然 Bru-RPA-F2 和 Bru-RPA-R4 组合用时最短，但是其荧光强度最低，其它引物组合反应时间较慢，荧光强度较低。因此，反应最佳体系由 Bru-RPA-F1 和 Bru-RPA-R3 组成。

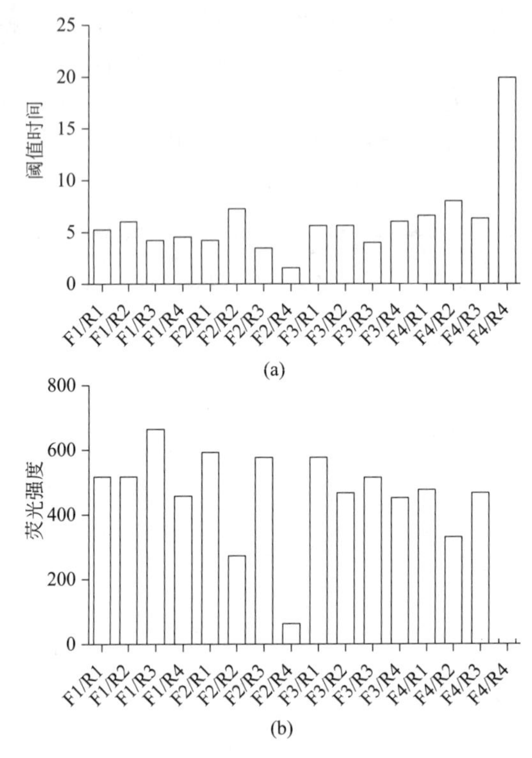

图 11-21　Bruce-RPA 不同引物组合的荧光强度和阈值时间对比

（a）阈值时间；（b）荧光强度

3. RPA 技术的特异性分析

布鲁氏菌 RPA 检测方法的特异性确定是以布鲁氏菌 16M 基因组 DNA 和本实验室保存的其它几种菌（包括沙门菌、肺炎克雷伯菌、大肠杆菌、变形菌等）DNA 作为模板，在最适条件下进行 RPA 扩增反应。结果表明，只有布鲁氏菌 DNA 有明显的扩增信号，其它均无扩增信号（结果略）。

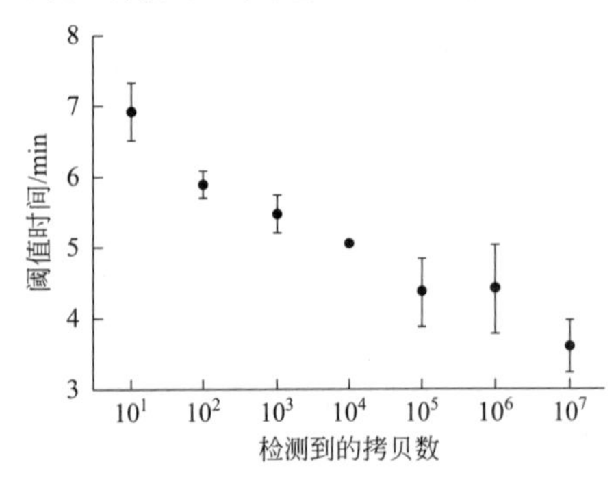

图 11-22　布鲁氏菌 RPA 的敏感性以及半对数回归图

4. 敏感性分析

为了检验布鲁氏菌 RPA 检测方法的敏感性，我们以浓度为 $10^7 \sim 10^1$ 拷贝/μL 的重组质粒为模板，以水作为阴性对照，在最适体系条件下进行 RPA 扩增反应，结果显示，RPA 检测方法的灵敏度可以达到 10 个拷贝数，此时所需时间仅为 7min（图 11-22）。为了进一步确定此方法的敏感性，我们将模板的浓度降低到 8 拷贝/μL、5 拷贝/μL、3 拷贝/μL 和 1 拷贝/μL。最后，我们发现，此种 RPA 检测方法可以检测到 3 拷贝/μL 的模板，但不能检测出 1 个拷贝。因此，敏感性为 3 拷贝/μL（结果略）。

5. 临床样本的检测

为了验证 Bruce-RPA 检测方法在临床上应用的可行性，我们收集了 6 名布病疑似患者。这些人的血样均做过血清凝集试验，包括标准试管凝集试验 SAT 和平板凝集试验 PAT。提取样本的基因组，分别进行 Real-time PCR 和 Bruce-RPA 检测，结果如表 11-4 所示。其中有三名经 PAT 和 SAT 检测都为阳性。五名经 Real-time PCR 检测为阳性的病人血样经 RPA 检测也为阳性，阈值时间分别为 7.8min、10min、13.1min、13.8min、18.8min。为了进一步验证布鲁氏杆菌 RPA 检测方法的正确性，对扩增产物进行了测序，测序结果与靶标序列一致，表明检测结果是正确的。

表 11-4　RPA 方法检测布病患者血液的结果

样本	PAT	SAT	RT-PCR	Bru-RPA	序列确认
Bru01	0.01	1/200	39.3	7.7	Yes
Bru02	N/A	N/A	N/A	N/A	No
Bru03	0.01	1/200	43.7	10	Yes
Bru04	0.01	1/100	43.8	13.1	Yes
Bru05	0.01	N/A	48.8	13.8	Yes
Bru06	0.04	N/A	48.2	18.8	Yes

注：1. PAT 为平板凝集实验，数值小于 0.04 为阳性。
2. SAT 为试管凝集实验，数值大于 1/100 为阳性。
3. N/A 表示无值。

五、注意事项

1. RPA 反应中引物和探针的设计

RPA 反应中引物和探针的设计是决定 RPA 反应成功进行的关键。研究者们可以根据 Twist Dx 公司所提供的筛选指南对引物和探针进行设计和优化。RPA 所用引物一般在 18～35bp 之间，通常比 PCR 引物要长。如果引物过短会降低反应重组率，引物过长则有可能形成二级结构。设计 RPA 引物时，变性温度不再是需要考虑的关键因素[38]。在 RPA 反应中，引物的浓度极为重要，应该根据模板的浓度进行多次筛选，以确定最佳浓度，提升扩增速率。一般来说，引物的浓度范围在 400～500nmol/L 之间。

RPA 反应所用探针多为长探针。短探针会影响 RPA 反应的重组效率。在需要加入探针的反应系统中，探针浓度也是影响实验结果的一个重要因素。通常探针浓度为 120 nmol/L。

2. RPA 反应中 Mg^{2+} 的浓度

RPA 反应体系中 Mg^{2+} 的浓度可对反应结果产生很大影响。最佳 Mg^{2+} 浓度可在 12～20 nmol/L 的范围内进行筛选确定。Mg^{2+} 是 RPA 反应的启动因子，一旦 Mg^{2+} 进入反应体系，扩增反应就会开始。因此，Mg^{2+} 应最后加入反应体系。根据 Mg^{2+} 的加入时间即可得到 RPA 的反应时长[39]。

3. RPA 反应的模板 DNA

模板 DNA 的长度也会对 RPA 的扩增结果产生影响。80～400bp 长度的模板链是目前 RPA 反应中最优的模板链长度。在靶 DNA 片段过长或多重复时，RPA 技术的准确度会降低。研究证明，对于短片段基因的检测准确率高达 98.6%，对于长重复片段基因的检测率则降低到 93%[40]。

4. RPA 反应的温度

在 RPA 反应中，变性温度不再是考虑的重点，但温度仍然是影响 RPA 反应的一个关键因素。不适合的温度会造成酶活性的降低或假阳性的出现。RPA 反应的适用温度为 31～43℃之间。温度为 31℃反应 20min 的阳性检测率即可达 100%。温度在 25～30℃时，反应 20min 内出现假阳性[41]。

5. 其它注意事项

由于 RPA 反应体系中有大量酶的参与，试剂的储藏就显得尤其重要。RPA 试剂的储藏条件、扩增反应开始前的试剂混合程度也会对 RPA 扩增反应的结果产生影响，3～6min 的试剂预混是非常有必要的，可以使试剂充分接触，加快 RPA 扩增反应的起始速度。RPA 试剂的储藏温度不是必须在－20℃下，而且在 45℃下 3 周内不会降低试剂的活性[42]。

六、应用

（一） RPA 技术在细菌检测中的应用

结核病的有效检测已经被世界卫生组织列为公共卫生头等问题。在结核病高发国家这类测试仍局限于中央实验室和专业研究机构。Boyle[43] 等人在 2014 年，尝试了用 RPA 技术检测结核杆菌，在此项研究中，证实了 RPA 检测方法对于结核分枝杆菌复合群 MTBC（IS6110 和 IS1081）的高灵敏性和高特异性，并且只需在 39℃的环境下，20min 内即可快速得出结果。当用纯化的 MTBC 基因组检测时，其检测限分别为 6.25fg（IS6110）和 20fg（IS1081）。笔者怀疑 RPA 检测 IS1081 相对于 IS6110 的低敏感性可能与引物和探针结合的效率有关，但也不排除局部的 DNA 二级或三级结构影响重组酶的插入。当对临床疑似肺结核病例进行检测时，RPA 要优越于涂片显微镜检测。RPA 检测 IS1081 型与图片检测相比，敏感性分别为 91.4%和 86.1%，特异性更高，分别为 100%和 88.6%。IS6110 型也是如此，RPA 检测的敏感性为 87.5%比 70.8%，特异性为 95.4%比 88%，均高于涂片显微镜检测。该项研究已经证实了 RPA 检测技术可以作为 MTBC 检测的一种快速且敏感的手段，其快速简便，低温要求等优点尤其适用于发展中国家的医疗机构，然而对于床旁监护的样品提取纯化，仍需要进一步研究。

2014 年，Kersting[44] 开展了一项 RPA 多重检测的研究，展示了能够同时扩增和检测三种病原体的 RPA 芯片，包括淋病奈瑟菌（*Neisseria gonorrhoeae*）、沙门菌（*Salmonella enterica*）和 MRSA。*S. enterica* 和 MRSA 的检出限可达 10cfu，*N. gonorrhoeae* 的检出限可达 100cfu。这种芯片可以在 20min 以内完成三种病原体和对照质粒的检测，并且与其它诊断系统相比，敏感性和特异性均无降低。这种固相的应用使多个样品的平行检测分析成为可能，仅在一个极小的表面积上实现了微流体实验室一体化装置。然而，进一步的优化和测试仍是需要的，因为考虑到芯片 RPA 对于不同待分析问题的适应性以及临床样本的评估必要性（虽然此研究已模拟对部分复杂样品进行测试，但结果信号显示并无显著降低）。

（二）RPA 技术在病毒检测中的应用

Euler[45,46] 等人在 2013 年研发了针对生物威胁病原的 RPA 检测平台。平台中 RPA 检测靶标包括土拉杆菌、鼠疫杆菌、炭疽芽孢杆菌以及天花病毒。RT-RPA 检测包括裂谷热病毒、埃博拉病毒、马尔堡病毒。该实验表明基于磁珠的核酸提取方法可以有效地与 RPA 技术结合，检测结果与实时 PCR 相媲美。在 42℃ 的条件下，完成反应的时间范围是从 6min 到 10min，并且未出现目的基因与人类基因的交叉反应。作者表示基于 RPA 技术的诸多优点，及已经证实的其对生物恐怖制剂（覆盖革兰阴性和阳性细菌 DNA 病毒和 RNA 病毒）快速且高敏感性的检测，正寻求将其应用于微流控平台。Ahmed 等人[47]，2013 年利用逆转录 RPA（RT-RPA）进行了冠状病毒检测，实验结果显示其与实时定量 RT-PCR 具有相同的灵敏度和特异性。

（三）RPA 检测钩端螺旋体

DNA 核酸扩增检测对于钩端螺旋体早期诊断是至关重要的。在 2014 年的一项研究中，Ahmed[47] 等人对 RPA 用于钩端螺旋体核酸扩增的检测进行了研究和评估。这项技术可以检测出少于两个基因拷贝数的反应，且达到了一个很高的敏感性（94.7%）和特异性（97.7%）。

七、小结

RPA 技术彰显了诸多优势，弥补了传统病原学分离培养，血清学诊断以及常规 PCR 等分子生物学技术的不足，具有高水平的特异性、敏感性和高效率，其操作简单、反应时间短、便携性高、温度要求低等特点在临床即时检测以及现场检测具有广阔的发展前景，尤其适用于条件落后偏远地区。

参考文献

[1] 李凡，徐志凯，等. 医学微生物学. 第 8 版. 北京：人民卫生出版社，2013：83-90.

[2] 熊有枝，王展. 采用微生物培养法制片观察菌体形态. 武汉工业学院学报，2004，23（1）：28-29.

[3] de Ory F，Minguito T，Balfagón P，et al. Comparison of chemiluminescent immunoassay and ELISA for measles IgG and IgM. APMIS，2015，123（8）：648-651.

[4] Henry A E. Polymerase chain reaction. J Clin Immunol，1989，9（6）：437-447.

[5] Yi C，Hong Y. Estimating the copy number of transgenes in transformed cotton by real-time quantitative PCR. Methods Mol Biol，2013，958：109-130.

[6] Seo E Y，Lee D H，Lee Y，et al. Microarray analysis reveals increased expression of ΔNp63α in seborrhoeic keratosis. Br J Dermatol，2012，166（2）：337-342.

[7] 董德荣. 一种新型核酸恒温扩增方法的研究及其在现场检测中的应用. 中国人民解放军军事医学科学院，2016.

[8] Vincent M，Xu Y，Kong H. Helicase-dependent isothermal DNA amplification. EMBO Rep，2004，（5）：795-800.

[9] Ali Abdel Rahim K A，Ali Mohamed A M. Prevalence of Extended Spectrum β-lactamase-Producing *Klebsiella pneumoniae* in Clinical Isolates. Jundishapur J Microbiol，2014，7（11）：e17114.

[10] Hay A，Macdonald E，Evans R，et al. Use of VITEK for surveillance of antibiotic resistance in *Escherichia coli* in the Scottish Highlands：results over 15 years. J Infection，2007，55：e87-e88.

[11] Liu Y，Liu C，Zheng W，et al. PCR detection of *Klebsiella pneumoniae* in infant formula based on 16S-23S internal transcribed spacer. Int J Food Microbiol，2008，125（3）：230-235.

[12] Jeong E S，Lee K S，Heo S H，et al. Rapid identification of *Klebsiella pneumoniae*，*Corynebacterium*

kutscheri, and *Streptococcus pneumoniae* using triplex polymerase chain reaction in rodents. Exp Anim, 2013, 62 (1): 35-40.

[13] Sun F L, Wu D C, Qiu Z G, et al. Development of real-time PCR systems based on SYBR Green for the specific detection and quantification of *Klebsiella pneumoniae* in infant formula. Food Control, 2010, 21: 487-491.

[14] de Franchis R, Cross N C, Foulkes NS, et al. A potent inhibitor of Taq polymerase copurifies with human genomic DNA. Nucleic Acids Res, 1998, 16 (21): 10355.

[15] Mabey D, Peeling R W, Ustianowski A, et al. Diagnostics for the developing world. Nat Rev Microbiol, 2004, 2 (3): 231-240.

[16] Notomi T, Okayama H, Masubuchi H, et al. Loop-mediated isothermal amplification of DNA. Nucleic Acids Res, 2000, 28: E63.

[17] 王勇. 感染性腹泻预防控制对策与实验室监测的研究. 中国人民解放军军事医学科学院，2007.

[18] 张昕，高永军，冯子健，等. 2008 年全国其他感染性腹泻报告病例信息分析 [J]. 世界华人消化杂志，2009，17 (32)：3370-3375.

[19] 张道玲，邵长喜. 感染性腹泻病原菌调查分析. 中国自然医学杂志，2005，6 (7)：83.

[20] 聂青和. 感染性腹泻的研究现状. 传染病信息，2007，20 (4)：193-196.

[21] Blaise N Y H. Dovie D B K. Diarrheal diseases in the history of public health [J]. Archives of Medical Research, 2007, 38 (2): 159-163.

[22] Iwamoto T, Sonobe T, Hayashi K. Loop-mediated isothermal amplification for direct detection of Mycobacterium tuberculosis complex, *M. avium*, and *M. intracellulare* in sputum samples. J. Clin. Microbiol, 2003, 41: 2616-2622.

[23] Mori Y, Nagamine K, Tomita N, et al. Detection of loop mediated isothermal amplification reaction by turbidity derived from magnesium pyrophosphate formation. Biochem. Biophys. Res. Commun, 2001, 289: 150-154.

[24] Nagamine K, Hase T, Notomi T. Accelerated reaction by loop mediated isothermal amplification using loop primers. Mol. Cell. Probes, 2002, 16: 223-229.

[25] Ihira M, Yoshikawa T, Enomoto Y, et al. Rapid diagnosis of human herpes virus 6 infection by a novel DNA amplification method, loop-mediated isothermal amplification. J. Clin. Microbiol, 2004, 42: 140-145.

[26] Kuboki N, Inoue N, Sakurai T, et al. Loop-mediated isothermal amplification for detection of African trypanosomes. J. Clin. Microbiol, 2003, 41: 5517-5524.

[27] Maruyama F, Kenzaka T, Yamaguchi N, et al. Detection of bacteria carrying the stx2 gene by in situ loop-mediated isothermal amplification. Appl. Environ. Microbiol, 2003, 69: 5023-5028.

[28] Mori Y, Kitao M, Tomita N, et al. Real-time turbidimetry of LAMP reaction for quantifying template DNA. J. Biochem. Biophys. Methods, 2004, 59: 145-157.

[29] Nagamine K, Watanabe K, Ohtsuka K, et al. Loop-mediated isothermal amplification reaction using a nondenatured template. Clin. Chem, 2001, 47: 1742-1743.

[30] Parida M, Posadas G, Inoue S, et al. Real-time reverse transcription loop-mediated isothermal amplification for rapid detection of West Nile virus. J. Clin. Microbiol, 2004, 42: 257-263.

[31] Piepenburg O, Williams C H, Stemple D L, et al. DNA Detection Using Recombination Proteins. Plos Biology, 2006, 4 (7): 1115-1121.

[32] Xia X, Yu Y, Weidmann M, et al. Rapid Detection of Shrimp White Spot Syndrome Virus by Real Time, Isothermal Recombinase Polymerase Amplification Assay. Plos One, 2014, 9 (8): e104667-e104667.

[33] El Wahed A A, El-Deeb A, El-Tholoth M, et al. A portable reverse transcription recombinase polymerase amplification assay for rapid detection of foot-and-mouth disease virus. Plos One, 2013, 8 (8): e71642.

[34] Yan L, Zhou J, Zheng Y, et al. Isothermal amplified detection of DNA and RNA. Molecular Biosystems, 2014, 10 (5): 970-1003.

[35] Zaghloul H, El-Shahat M. Recombinase polymerase amplification as a promising tool in hepatitis C virus diagnosis. World Journal of Hepatology, 2014, 6 (12): 916-922.

[36] Piepenburg O，Williams C H，Stemple D L，et al. DNA Detection Using Recombination Proteins. Plos Biology，2006，4 (7)：1115-1121.

[37] 三种重要传染病病原体重组酶扩增检测技术的建立与应用. 中国人民解放军军事医学科学院，2016.

[38] Jaroenram W ，Owens L. Recombinase polymerase amplification combined with a lateral flow dipstick for discriminating between infectious Penaeus stylirostris densovirus and virus-related sequences in shrimp genome. Journal of Virological Methods，2014，208：144-151.

[39] 郑文斌，吴耀东，马剑钢，等. 重组酶聚合酶扩增技术及其在寄生虫检测中的应用 [J]. 中国寄生虫学与寄生虫病杂志，2015 (5).

[40] Fakruddin M ，Mannan K S B ，Chowdhury A ，et al. Nucleic acid amplification：Alternative methods of polymerase chain reaction. J Pharm Bioallied Sci，2013，5 (4)：245-252.

[41] Jaroenram W ，Owens L. Recombinase polymerase amplification combined with a lateral flow dipstick for discriminating between infectious Penaeus stylirostris densovirus and virus-related sequences in shrimp genome. Journal of Virological Methods，2014，208：144-151.

[42] 彭华康，吴兴泉. RPA 技术及其在食品检测中的应用. 分子植物育种，2018 (7)：2244-2248.

[43] Boyle D S ，Ruth M N ，Hwee T L ，et al. Rapid Detection of Mycobacterium tuberculosis by Recombinase Polymerase Amplification. PLoS ONE，2014，9 (8)：e103091.

[44] Kersting S，Rausch V，Bier F F，et al. Multiplex isothermal solid-phase recombinase polymerase amplification for the specific and fast DNA-based detection of three bacterial pathogens. Microchimica Acta，2014，181 (13-14)：1715-1723.

[45] Euler M，Wang Y，Heidenreich D，et al. Development of a panel of recombinase polymerase amplification assays for detection of biothreat agents. Journal of Clinical Microbiology，2013，51 (4)：1110-1117.

[46] Euler M ，Wang Y ，Otto P ，et al. Recombinase Polymerase Amplification Assay for Rapid Detection of Francisella tularensis. Journal of Clinical Microbiology，2012，50 (7)：2234-8.

[47] Ahmed Abd EI Wahed，et al. Reverse transcription recombinase polymerase amplification assay for the detection of middle East respiratory syndrome coronavirus. Plos Currents，2013，5 (8)：813-818.

第十二章
其它 PCR 方法

本章将没有包含在本书前面各章中的 PCR 技术在此介绍，它们分别是高（G+C）含量 DNA 的 PCR 扩增，用于扩增模板 DNA 中（G+C）含量高的 DNA；长片段 PCR，用于扩增长达 30～40kb 的 DNA 片段；利用热激活引物进行热启动 PCR；融合 PCR；不依赖连接反应的克隆 PCR 和菌落原位 PCR。

第一节　高（G+C）含量 DNA 的 PCR 扩增

高（G+C）含量 DNA 序列在生物基因组中广泛存在，有的高（G+C）DNA 片段占基因组中的一小部分，有的在基因组中几乎平均分布，在基因组 DNA 中局部片段（G+C）含量甚至可高达 80%以上。由于 GC 碱基间可形成三个氢键，高（G+C）含量 DNA 单链或双链易形成复杂的二级结构和三级结构，所以，以高（G+C）含量 DNA 作模板，特别是以高（G+C）含量基因组 DNA 作模板时，常常不能扩增出相应 PCR 产物，非特异性条带特别多，更不易扩增较长的 DNA 片段。因此，用 PCR 方法扩增高（G+C）含量 DNA 片段一直是 PCR 技术上的难点。

为了解决高（G+C）含量 DNA 模板 PCR 扩增难题，先后采取了许多途径，主要分为三个方面：①在 PCR 反应体系中添加增强剂，以破坏或减少 GC 间形成的氢键[1-12]；②用 NaOH 对 PCR 扩增模板进行变性预处理，破坏模板复杂二级或三级结构[13]；③提高 PCR 反应体系退火温度，将退火温度提高到与延伸温度相同，在模板变性状态下进行 PCR 扩增[14,15]。

Chakrabarti 和 Schutt[9-11] 对高（G+C）含量模板 PCR 扩增增强剂作了系统的研究，经过对小分子酰胺类（amides）、砜类（sulfones）和亚砜类（sulfoxide）等比较，发现四亚甲基亚砜（tetramethylene sulfoxide）作为增强剂对扩增高（G+C）含量 DNA 模板效果较为理想。张部昌等[12] 以二甲基亚砜（dimethyl sulfoxide，DMSO）作为增强剂，经过对 PCR 反应条件进行优化，在扩增高（G+C）含量 DNA 模板时也获得了非常理想的结果。

尽管这些方法针对特定的模板可以扩增出理想的 PCR 产物，但将这一条件应用于其它模板时，往往难以奏效，更令人费解的是有些条件在扩增（G+C）含量高的模板时非常有效，但在扩增（G+C）含量较低的模板时反而无效，说明高（G+C）含量 DNA 在形成复杂的二级结构和三级结构时并不是特别有规律性的。为此，本节将有关高（G+C）含量 DNA 的 PCR 扩增方法进行较全面的介绍，以供在扩增特定高（G+C）含量 DNA 模板时选择参考。

一、使用增强剂改善高（G+C）含量 DNA 模板的 PCR 扩增

1. 原理

许多有机化合物可以与 DNA 中的鸟嘌呤（G）和胞嘧啶（C）碱基形成氢键，从而减少 DNA 分子内或分子间 G 和 C 形成的氢键，破坏由 G 和 C 间氢键形成的 DNA 分子二级或三级结构。增强剂不仅可以提高 PCR 产物产量，而且对于提高 PCR 产物的专一性也有帮助，而在扩增较长片段高（G+C）含量 DNA 模板时，增强剂更是必不可少。至今已有许多增强剂应用于高（G+C）含量 PCR 扩增，包括 DMSO（二甲基亚砜）、甲酰胺、甘油、甜菜碱（betaine）、聚乙二醇（polyethylene glycol，PEG）、7-脱氮-脱氧鸟嘌呤核苷三磷酸（7-deaza dGTP）、脱氧次黄嘌呤（deoxyinosine）以及其它小分子酰胺类（amides）、砜类（sulfones）和亚砜类（sulfoxide）等有机试剂[1-12]。

2. 人骨髓白细胞 *c-jun* 基因 cDNA［64%（G+C）］的扩增[11]

（1）材料

① 仪器。ToboCycler® Gradient 96 thermal cycler（Stratagene，La Jolla，CA，USA），电泳仪。

② 试剂。dNTP 和 *Taq* DNA 聚合酶（Stratagene 公司），四亚甲基亚砜［tetramethylene sulfoxide，Acros Organics（USA）公司］，人骨髓白细胞 mRNA（Clontech），RT-PCR 试剂盒（Stratagene 公司），琼脂糖（Promega 公司），TAE 电泳缓冲液，Tris、HCl、KCl、$MgCl_2$、明胶等为分析纯。

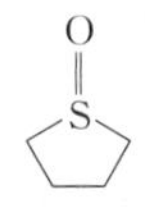

四亚甲基亚砜

（2）方法

① 引物设计。根据人骨髓白细胞 *c-jun* 基因序列设计上下游引物：

c-jun 1：5′-ATGACTGCAAAGATGGAAACG；

c-jun 2：5′-TCAAAATGTTTGCAACTGCTGCG。

② 模板制备。人骨髓白细胞 *c-jun* cDNA，全长 996bp，用 RT-PCR 试剂盒（Stratagene 公司）从人骨髓白细胞 mRNA（Clontech）反转录获得。

③ 反应体系。将下列各种成分加至 200μL 薄壁管：10mmol/L Tris-HCl（pH8.8），50mmol/L KCl，1.5mmol/L $MgCl_2$，0.1g/L 明胶，0.2μmol/L 引物，0.2mmol/L dNTP，0.06ng/μL 模板，0.5mol/L 四亚甲基亚砜。按 0.04U/μL 加 *Taq* DNA 聚合酶（模板变性后添加），用水补足至总体积 50μL。

④ 反应条件。将薄壁管放入 PCR 仪，升温至 95℃保持 5min，以使模板 DNA 完全变性；降温至 54℃保持 5min，在此期间按 0.04U/μL 添加 *Taq* DNA 聚合酶；按（95℃ 1min，50℃ 1min，72℃ 1min）进行 30 个循环反应；最后，72℃延伸 5min。

⑤ PCR 产物检测。用 0.8%琼脂糖凝胶电泳鉴定 PCR 反应产物。

（3）注意事项

① 因不同增强剂对不同模板效果有所差异，用 PCR 扩增其它高（G+C）含量 DNA 模板时，如果没有 PCR 产物，可尝试使用本节所列其它增强剂。

② PCR 循环反应前，先 95℃变性 5min，一般可以将包括基因组 DNA 在内的大

多数复杂 DNA 变性，在加四亚甲基亚砜作为变性剂时，变性温度甚至可以降到 92℃。

③ *Taq* DNA 聚合酶对高温相对敏感，模板变性后添加 *Taq* DNA 聚合酶有利于保护酶的活性。若用 *Pfu* DNA 聚合酶，对高温稳定一些。

④ PCR 循环扩增时，95℃变性 1min 可以使非常复杂的模板变性；若以质粒克隆片段作模板，变性时间甚至可以缩短到 30s。退火温度可根据模板和引物复杂程度，作适当的调整，一般在 50～70℃之间，时间也可以缩短到 30s；延伸温度与使用的 DNA 聚合酶有关，常见的 *Taq*、*Pfu*、*Vent* 等为 72℃，而用 Roche 公司的 Expand Long Template PCR System 中 DNA 聚合酶延伸温度为 68℃；延伸时间与模板长度和使用酶的效率有关，可参考相关商品酶使用说明书。

3. 红霉素聚酮合成酶中硫酯酶（thioesterase，te）结构域基因片段［0.75kb，71%（G+C）］的扩增[12]

（1）材料

① 仪器。480DNA Thermal Cycler（Perkin Elmer，Norwalk，CT，USA），电泳仪。

② 试剂。*Taq* DNA 聚合酶和 *Taq* DNA 聚合酶缓冲液（10×，MBI 公司），RNase（Roche 公司），dNTP（上海生工公司），DMSO（Sigma 公司），琼脂糖（Promega 公司），TE 缓冲液和 TAE 电泳缓冲液。

（2）方法

① 引物设计。根据 *te* 基因片段序列（genbank No. M63677）设计引物（上海生工公司合成）：

te 1：5′-CT*GAATTCATATG* CTGCTGGCGGGGCTGTCGGACT（斜体为 *Eco*RⅠ和 *Nde*Ⅰ位点）；

te 2：5′-ATG*AAGCTTGTCGAC*TCATGAGTTCCCTCCGCCCAG（斜体为 *Hind*Ⅲ和 *Sal*Ⅰ位点）。

② 模板制备。糖多孢红霉菌基因组 DNA，从糖多孢红霉菌 A226 菌株菌丝体中提取，用苯酚-氯仿去除蛋白质，RNase 降解其中的 RNA，最后溶于 1mL TE 缓冲液中，紫外测定 DNA 浓度约为 105μg/mL。

③ 反应体系。5μL 总 DNA 模板，5μL 4×2.5mmol/L dNTP，5μL *Taq* DNA 聚合酶缓冲液，2×10μL 2.5μmol/L 引物，10% DMSO，1μL *Taq* DNA 聚合酶（5U/μL，聚合酶在模板完全变性后添加），最后用水补充至 50μL。加 50μL 液体石蜡油覆盖 PCR 反应液。

④ 反应条件。薄壁管放入 PCR 仪，升温至 95℃保持 5min，以使模板 DNA 完全变性；降温至 80℃保持 1min，在此期间添加 0.5μL *Taq* DNA 聚合酶；按（95℃ 30s，60℃ 30s，72℃ 1min）进行 30 个循环反应；在 72℃延伸 5min。

⑤ PCR 产物检测。用 0.8%琼脂糖凝胶电泳检测 PCR 反应产物。

（3）注意事项

① 基因组 DNA 用量。一般需要用不同浓度梯度进行预试验，如果在 PCR 反应体系中基因组 DNA 浓度太大，PCR 产物会出现弥散带，如果基因组 DNA 浓度太低，则没有 PCR 产物。

② 糖多孢红霉菌基因组 DNA 作模板时，可用 10%甘油代替 10%DMSO，但甲

酰胺效果不好。

③ 用老式 PCR 扩增仪（如 Perkin Elmer 公司的 480 DNA Thermal Cycler）需加液体石蜡油覆盖 PCR 反应液，以防止液体蒸发。现在许多新式 PCR 扩增仪已无需用液体石蜡油覆盖。

④ 当同时扩增多个样品时，为了有足够时间添加 DNA 聚合酶，可以在 80℃保持更长一些时间。

⑤ *Pfu* 酶和 *Taq* 酶都可以扩增长至 2kb 的高（G+C）含量 DNA 片段，若扩增片段长度超过 2kb，最好用 Roche 公司的 Expand Long Template PCR System。

⑥ 高（G+C）含量 DNA 模板 PCR 扩增，引物和模板的复性温度非常重要，温度太高没有 PCR 产物，但温度太低同样没有 PCR 产物。在本实验中复性温度可以在 60～68℃范围内优化。

4. 红霉素聚酮合成酶模块 6（module 6， *m6*）基因片段（5.07kb，73% GC）的扩增[12]

（1）材料

① 仪器。480 DNA Thermal Cycler（Perkin Elmer，Norwalk，CT，USA），电泳仪。

② 试剂。Expand Long Template PCR System（内包装有 DNA 聚合酶，Mg^{2+} 溶液，缓冲液 1、2 和 3，Roche 公司），dNTP（上海生工公司），DMSO（Sigma 公司），琼脂糖（Promega 公司）为分析纯。

（2）方法

① 引物设计。根据 *m6* 基因片段 DNA 序列（genbank No. M63677）设计引物（上海生工公司合成）。

m6-1：5′-CT*GAATTCATATG*AAGGATGCCGACGACCCGATCGCGATCGTC
（斜体为 *Eco*RⅠ和 *Nde*Ⅰ位点）

m6-2：5′-ATG*AAGCTTGTCGAC*TCATGAGTTCCCTCCGCCCAG
（斜体为 *Hin*dⅢ和 *Sal*Ⅰ位点）

② 模板制备。同本节 3。

③ 反应体系

混合物 1：8μL 4×2.5mmol/L dNTP，2×6μL 2.5μmol/L 引物，5μL 基因组 DNA 模板，50μL 液体石蜡油。

混合物 2：5μL 缓冲液 2，5μL DMSO，5μL 2.5mmol/L Mg^{2+} 溶液，0.75μL DNA 聚合酶，用水补充到 25μL。

④ 反应条件。先将混合物 1 放入 PCR 仪在 95℃变性解链 5min，加入混合物 2；循环扩增（94℃ 1min，65℃ 1min，68℃ 8min）×30；68℃延伸 7min。

⑤ PCR 产物鉴定。用 0.8%琼脂糖凝胶电泳鉴定 PCR 反应产物。

（3）注意事项

① Roche 公司 Expand Long Template PCR System 随试剂盒带有三种缓冲液，对于扩增 *m6*，单独使用三种缓冲液中的任意一种都不能扩增出 PCR 产物，在反应体系中添加 10% DMSO 或甘油也不能扩增出 PCR 产物。但在使用缓冲液 2 和 3 时，向反应体系中添加 Mg^{2+}，使其浓度由原来的 2.25mmol/L 提高到 2.5mmol/L 即有 PCR 产物。因 Mg^{2+} 浓度太高易引起 PCR 产物碱基突变，故应选择最低浓度 Mg^{2+}。

② 加入混合物 2 时，最好快速离心（10000r/min，1min），以使 PCR 反应液全部为石蜡油覆盖。

③ 退火温度可与延伸温度相同，即类似于两步扩增法。

④ 高（G+C）含量长片段 DNA 的 PCR 扩增，难以避免非特异性条带，将目的 PCR 产物克隆后最好做适当酶切分析对克隆序列验证，或测序验证。

二、NaOH 对模板进行预处理改善高（G+C）含量 DNA 的 PCR 扩增[13]

1. 原理

DNA 在碱性溶液中不被降解，但一定浓度的碱性溶液可以破坏 DNA 的高级结构，使 DNA 处于变性状态。被碱变性的 DNA，在 PCR 反应中不仅易于进行延伸反应，而且易于与引物结合，使 PCR 扩增得以顺利进行。

2. 材料

① 仪器。480 DNA Thermal Cycler（Perkin Elmer，Norwalk，CT，USA），电泳仪。

② 试剂。*Taq* DNA 聚合酶和 dNTP（Stratagene 公司），琼脂糖（Promega 公司），Tris、HCl、KCl、乙酸钠（NaAc）、$MgCl_2$、NaOH、EDTA、明胶等均为分析纯。

3. 方法

（1）引物设计　根据人内源性反转录病毒序列（genbank No. X16514，400～1294）设计引物。

正向：5′-ATGCCAGGACAGATGGAG

反向：5′-TGCGGGGGTCTTGAGGGT

PCR 扩增片段长度 894bp。

（2）模板处理　HRES-1/1 质粒，克隆有人内源性反转录病毒序列（EMBL accession number X16514），其中部分片段（X16514：1158～1266）（G+C）含量高达 81%。将 10～100ng HRES-1/1 质粒溶于 1mL 0.4mol/L NaOH 和 0.4mmol/L EDTA 混合液，在室温处理 10min。紧接着加 0.1mL 3mol/L NaAc，混匀后加 2.2mL（两倍体积）冷的无水乙醇。室温放置 30min 后，离心（10000r/min，10min），沉淀用 70%乙醇洗涤一次。在空气中干燥。

（3）反应体系　NaOH 处理过的 HRES-1/1 质粒溶于 100μL 含下列成分的 PCR 扩增混合液：1.5mmol/L $MgCl_2$，10mmol/L Tris-Cl（pH8.3），50mmol/L KCl，200μmol/L dNTP，0.01%明胶，1μmol/L 引物，2.5U *Taq* DNA 聚合酶。

（4）反应条件　按下面条件进行 30 个循环扩增：95℃ 1min，51℃ 1min，72℃ 1min。再在 72℃延伸 5min。

（5）产物鉴定　0.8%琼脂糖凝胶电泳鉴定 PCR 反应产物。

4. 注意事项

由于 HRES-1/1 克隆的 HRES-1 序列中部分片段（G+C）含量极高［81%（G+C)，长度 109bp］，添加甲酰胺（2.5%～10%）或甘油（5%～10%）作增强剂没有扩增出 PCR 产物，用沸水浴煮沸模板 5min，没有扩增出 PCR 产物，用热 PCR 方法也没有扩增出 PCR 产物。

用 NaOH 事先处理（G+C）含量较低的 DNA 模板，不会对 PCR 扩增产生负面影响。

三、利用高温 PCR 体系改善高（G+C）含量 DNA 模板的 PCR 扩增[14,15]

1. 原理

高（G+C)含量 DNA 模板形成的二级和三级结构，在高温环境中呈现变性或不完全变性状态。为了不使变性的 DNA 在低温下再次恢复复杂结构，将整个 PCR 扩增过程包括变性、退火和延伸都处于高温条件，使用高 T_m 值引物和耐高温的 DNA 聚合酶，便可以扩增高（G+C）含量 DNA 模板。

2. 材料

① 仪器。480 DNA Thermal Cycler（Perkin Elmer，Norwalk，CT，USA)，电泳仪。

② 试剂。*Taq* DNA 聚合酶和 dNTP（Stratagene 公司)，琼脂糖（Promega 公司)，Tris、HCl、KCl、$MgCl_2$、明胶等均为分析纯。

3. 方法

（1）引物设计　根据 *c-myc* 基因序列设计如下引物。

正向：5′-TTGCCTCGCTCCGTCTCGCAGCC

反向：5′-AGCACGGAGAAGGATGGGGCGCG

以此引物扩增的部分原癌基因 *c-myc* 序列长度为 179bp，(G+C）含量为 76%。

（2）模板制备　母鸡输卵管基因组 DNA，从三周龄已注射雌二醇的来亨鸡(leghorn hen）中分离提取。

（3）反应体系　按下列配方添加各种成分至 200μL 薄壁管：10mmol/L Tris-HCl (pH8.3)，50mmol/L KCl，1.5mmol/L $MgCl_2$，0.1g/L 明胶，0.8pmol/L 引物，0.2mmol/L dNTP，100ng/μL 模板，5%甲酰胺。用水补足至总体积 10μL。

上述 PCR 混合液在沸水浴煮沸 5min，冷却至室温，按 0.065U/μL 加 *Taq* DNA 聚合酶。

（4）反应条件　按下面条件进行 30 个循环扩增：94℃ 1min，70℃ 5min。

（5）产物鉴定　2%琼脂糖凝胶电泳鉴定 PCR 反应产物。

4. 注意事项

① 用两步热 PCR 扩增，要求引物 T_m 值较高，否则不能与模板结合，一般情况下引物 T_m 值在 70～75℃。

② 用 cDNA 或克隆于质粒的 DNA 作模板，虽然 PCR 扩增较容易一些，用常规的三步 PCR 方法也能获得产物，但在产量和专一性方面较差。

③ 对于有些模板［如多巴胺受体基因，75%（G+C）］变性温度要求更高，要达到 98℃。在使用高变性温度时，要使用热稳定的 DNA 聚合酶，如 *Vent*（New England Biolab）或者是原产菌株生产的 *Pfu*（Stratagene）(Stratagene 重组 *Pfu* 效果很差)。

④ 退火和延伸温度一般在 70～76℃之间，超过 76℃几乎没有 PCR 产物。

⑤ 使用热 PCR 方法时，可能是引物与模板结合效率很低，或者是酶的效率降低，使退火和延伸时间较长一些，若这部分时间短于 5min，几乎没有 PCR 产物。

四、应用

1. 高（G+C）含量基因或 DNA 片段的扩增[16]

从低等放线菌到高等哺乳动物，基因组中都存在高（G+C）含量 DNA 序列，特别是放线菌基因组中（G+C）平均含量超过 70%，而且有的基因长度超过 10kb。为了研究这些高（G+C）含量基因的功能，或者对这些基因进行改造，都需要用 PCR 方法扩增或长或短的 DNA 片段。有关从基因组、质粒或 cDNA 上扩增 DNA 片段的方法，在前几部分已有较详细的介绍，这里不再赘述。

2. 检测低丰度高（G+C）含量 DNA 序列[7]

有一种疾病，由感觉神经节中感染了Ⅰ型单纯疱疹病毒（herpes simplex virus1，HSV-1）导致，这种病毒基因组测序已经完成，（G+C）平均含量为 69%，局部达到 80%，其中 *ICP*0 基因为 HSV-1 的代表序列，其（G+C）含量为 75.5%。为了检测处于潜伏期的 HSV-1，提取组织总 DNA，选取 *ICP*0 基因中的片段作为 PCR 扩增对象，使用常规 PCR 方法，或者在 PCR 反应体系中添加 DMSO、甲酰胺，以及提高变性温度、使用热稳定 DNA 聚合酶等，都没有扩增出目的片段。然而，在 PCR 反应体系中用脱氧次黄嘌呤（deoxyinosine）核苷三磷酸部分取代鸟嘌呤核苷三磷酸（dITP∶dGTP=1∶4），可以使 PCR 产物检出灵敏度显著提高，如果用常规的 EB 染色灵敏度提高 10^4 倍，如果用同位素标记 Southern 杂交，灵敏度可提高 10^6 倍。

3. 高（G+C）含量 DNA 片段序列分析[17]

无论是基因组测序还是对克隆片段验证，都需要对特定的 DNA 序列进行测序分析，但高（G+C）含量的 DNA 片段在 DNA 测序时，由于复杂的空间结构使 DNA 测序信号很弱，或者测序提前终止。为了检验在瘤变过程中 *c-jun* 相关基因的变化，先用 PCR 方法扩增研究对象，将 PCR 产物分离后，以其作模板直接进行测序。然而，由于目的片段中（G+C）含量很高，变性形成的单链 DNA 很快复性，使测序无法进行。此时在测序反应体系中增加 10% DMSO，测序反应即可顺利完成。研究结果表明，在 JB6 突变体中，其中的一个碱基已由 G 突变为 C。

4. 含高（G+C）含量 DNA 片段质粒的反向 PCR[2]

反向 PCR（inverse PCR，iPCR）在基因突变研究中有重要应用，有关 iPCR 的原理和应用已有专门章节介绍。当质粒中克隆的外源片段（G+C）含量很高时，iPCR 往往难以完成。如在 pUC18 中克隆 1980bp *Actinomadura* R39 DD-羧肽酶基因[74%(G+C)]，使用 *Taq*、*Tth*、*Vent* 等多种 DNA 聚合酶，在用常规 iPCR 条件下是不能扩增 4.8kb 长质粒的。然而，向 PCR 反应体系中加入 10%甲酰胺或 DMSO 时，使用 *Vent* DNA 聚合酶，即可扩增出完整的质粒。

五、小结

PCR 技术是分子生物学研究最重要的手段之一，但在 PCR 模板中（G+C）含量很高时，常规 PCR 条件难以扩增出 PCR 产物。本节全面介绍了最新高（G+C）含量模板 PCR 扩增方法，这些方法对于特定的模板都得到了理想的结果。但从已有的文献可以看出，还没有一种 PCR 条件适合于任意高（G+C）含量 DNA 模板，所以，当在使用一种条件扩增不出相应 PCR 产物时，不妨将以上所介绍的其它方法尝试一下。根据笔者的经验，在进行高（G+C）含量 DNA PCR 扩增时，反应体系和反应条件也非常重要，许多情况下通过反应体系和反应条件的优化，特别是对变性温度、复性温度、变性时间和退火时间等优化，最终可以获得理想的结果。虽然很长的高（G+C）含量 DNA 片段目前还难以扩增，但小于 5kb DNA 片段的 PCR 扩增已基本能够实现。

第二节　长片段 PCR

一、引言

常规 PCR 反应可以扩增长达 3～4kb 的 DNA 片段，而超过 5kb 的 DNA 片段就已经很难扩增出来了。虽然有人报道可以扩增出 5～15kb 的 DNA 片段，但产量很低。造成常规 PCR 扩增长片段 DNA 效果不好的原因有以下几点：①常规 PCR 反应中应用的耐热 DNA 聚合酶（如 *Taq* 酶）缺乏 3′→5′核酸外切酶活性，不具备很好的校读功能，因而具有较高频率的错误碱基的掺入，不能有效扩增长片段 DNA；②较长的模板 DNA 容易形成高级结构，使 DNA 聚合酶难以与模板结合，也就实现不了其聚合功能；③较长的模板 DNA 变性存在困难；④缓冲液在 PCR 高温条件下可能会失去缓冲能力，造成模板 DNA 和产物 DNA 的损坏；⑤二价阳离子在高温条件下也会促进 DNA 的降解。要想较好地扩增出长片段 DNA，必须解决上述 5 个问题。其中最为关键的是第一个问题，其它问题可以通过调整反应条件给予解决。第一个问题的解决需要利用一种具有及时切除错配碱基的酶。自然界中存在这样的酶，例如 *Pfu*、*Vent*、*Deep Vent* 等，它们具有 3′→5′核酸外切酶活性，具有校读功能，但链延伸能力较弱，单独使用此酶也不能完成长片段 DNA 的扩增，需要和常规 PCR 中的 DNA 聚合酶联合使用。1994 年，Barnes 等[18] 首次将两种 DNA 聚合酶联合起来成功地扩增出 35kb 的 DNA 片段。不久，Cheng 等[19] 用相似的方法以 λDNA 为模板扩增出 42kb 的片段和以人基因组 DNA 为模板扩增出 22kb 的片段。由此也就真正形成了一套长片段 PCR（long PCR 、long range PCR 或 long and accurate PCR）的技术方法。

二、原理

长片段 PCR 中用两种 DNA 聚合酶进行反应，一种是用常规 PCR 反应中应用的耐热 DNA 聚合酶（常用 *Taq* 酶），它具有很强的延伸能力，依赖此酶进行链的延伸。另一种是具有 3′→5′核酸外切酶活性的耐热 DNA 聚合酶（常用 *Pfu* 酶），它具有较好的校读功能，可以将错配的碱基切割下来重新利用第一种酶进行链的延伸。两种酶各有优缺点，充分利用第一种酶的延伸能力和第二种酶的校读功能，使两种酶在反应中相辅相成，完成长片段 DNA 的扩增。

三、材料

① 模板 DNA 可以来源于微生物（包括细菌、病毒等）、培养的细胞、血液样品、动物组织以及各种质粒 DNA（见“五、注意事项”①）。

② 10 × PCR 缓冲液：500mmol/L Tris-Cl（pH9.0），160mmol/L 硫酸铵，25mmol/L $MgCl_2$，1.5mg/mL 牛血清白蛋白（见“五、注意事项”②③④）。

③ dNTP：20mmol/L，pH8.0。

④ 正向引物：20μmol/L。

⑤ 反向引物：20μmol/L。

⑥ 热稳定DNA聚合酶混合液：0.187U *Pfu*（Stratagene）和33.7U Klentaq1（AB Peptides）。在长片段PCR反应中使用效果较好的聚合酶组合见表12-1[20]。要根据各种聚合酶的特点选择用于长片段PCR的酶（见“五、注意事项”⑤）。

表12-1 用于长片段PCR的聚合酶组合

产品名	制造商	校读酶	聚合酶
Expand™ Long Template PCR System	Boehringer Mannheim	*Pwo* 3′→5′核酸外切酶	*Taq*
TaKaRa LA PCR™ Kit Version 2	TaKaRa	3′→5′核酸外切酶	LA*Taq*
Gene Amp XL PCR Kit	Perkin-Elmer	*Vent* 3′→5′核酸外切酶	*rTth*
Taq Plus™	Stratagene	*Pfu* 3′→5′核酸外切酶	*Taq*
Elongase	Life-Technologies	GD-B Pyrococcus 3′→5′核酸外切酶	*Taq*

⑦ TE缓冲液：10mmol/L Tris-HCl（pH8.0），1mmol/L Na_2EDTA。

⑧ 10×TBE缓冲液：90mmol/L Tris，89mmol/L 硼酸（pH8.3），2.5mmol/L EDTA。

⑨ 琼脂糖凝胶电泳试剂。

⑩ 0.5mL离心管、PCR仪、移液器和微量加样器的tip（见“五、注意事项”⑥⑦）。

四、方法

1. 引物设计

引物设计的原则应遵守常规PCR引物设计原则，即避免形成二级结构及引物二聚体等。另外，在长片段PCR中引物3′末端核苷酸的特异性对长片段扩增尤为重要，应与模板严格配对，且要注意两引物的3′末端不能互补。引物长度通常比常规PCR的引物稍长些，在30～35个碱基，过长不会增加扩增的效率，过短会减少扩增的特异性。两条引物的解链温度趋向相等是尤其重要的。如果两条引物的解链温度差超过1℃，可能会造成错误引导以及一条链的优势扩增等问题。用于长片段PCR的引物用全自动DNA合成仪合成后，一般不需要进一步纯化。然而，如果寡核苷酸引物经商品化的树脂进行柱色谱纯化或者经变性的聚丙烯酰胺凝胶电泳纯化，纯化后的引物用于扩增低丰度的mRNA时常常会更有效。

2. 模板的制备

长片段PCR对于多种类型的模板都能有效扩增，例如重组BAC、PAC、黏粒、λ噬菌体克隆、高分子量基因组DNA和由RNA反转录得到的cDNA。DNA模板的平均长度至少应该是预期的PCR扩增产物长度的3倍以上。模板DNA应该尽可能有较高的纯度。作为长片段PCR的DNA模板的纯化制备，最好的方法是使用超速离心机进行CsCl平衡密度梯度离心，然后用TE（pH8.0）缓冲液进行透析。也可用磁珠吸附长片段的DNA得到较纯的模板。已被轻微损伤的模板，应用大肠杆菌核酸外切酶Ⅲ处理，能够部分消除损伤模板对扩增反应的影响，可大大提高扩增效果（见“五、注意事项”①）。

3. 反应体系

按下列次序将各种试剂加入到0.5mL的离心管中：

① 5μL 10×PCR 缓冲液；
② 5μL 20mmol/L 4 种 dNTP 混合液；
③ 1μL 20μmol/L 正向引物；
④ 1μL 20μmol/L 反向引物；
⑤ 0.2μL 热稳定 DNA 聚合酶混合液；
⑥ 100pg～300ng DNA 模板。
加 H_2O 补足至 50μL。

如果 PCR 仪没有配置加热盖，PCR 反应混合液的上层加入矿物油或石蜡油约 80μL，以防止液体挥发。PCR 反应结束后，可以用 150μL 氯仿抽提去除。

4. 反应参数

93～94℃ 2min；92～97℃ 15s～1min，60～67℃ 1min，68℃ 5～20min，25～30 循环；68℃ 7min。

一般来讲，常规三阶段热循环法可以实现长片段的扩增。但是，如果引物大于 30 个碱基，退火温度在 65～70℃之间，采用两阶段热循环法扩增效果更好。复性温度的设置依赖于寡核苷酸引物的熔解温度（即解链温度）。因为用于长片段 PCR 的引物长度一般是 27～30bp，因此用于长片段 PCR 引物的熔解温度比一般 PCR 引物的熔解温度高。聚合反应的时间应根据靶基因的长度按每分钟聚合 1000bp 的速率来确定。聚合时间过长不能改善扩增产物的特异性或产量。变性的温度和时间是影响长片段扩增非常重要的因素，高温可以损伤模板 DNA，使得 DNA 聚合酶终止合成。减少模板损伤常采用的方法是：采用尽量低的变性温度及尽量短的变性时间。延伸时间根据扩增片段的长度和所选用酶的特点而定，时间不能过长，以免形成非特异扩增。后期反应中每次循环递增延伸时间的办法有利于长片段的扩增。热启动可以减少非特异扩增。对于难于优化的模板来说，用每循环降低退火温度的降落 PCR（touch down PCR）方法，可以实现对反应条件的自动调试，有时会得到理想的扩增结果。

5. 扩增产物的检测

目前最常用的检测方法是用琼脂糖凝胶电泳再以适当大小的 DNA Marker 来分析扩增结果。在许多情况下，扩增产物太少以至于用常规的溴化乙锭染色不能检测到目的条带。在这种情况下，用 SYBR 金颗粒对凝胶上的 DNA 样品进行染色或转移凝胶上的 DNA 样品到尼龙或硝酸纤维素滤膜上用探针进行 Southern 杂交予以确证。

五、注意事项

① 对于不同来源的模板 DNA，要进行具有针对性的严格优化。在某些情况下，一些非特异片段会干扰长片段 PCR 扩增，可以通过减少酶量和降低盐浓度来增加 PCR 产物的特异性。对于有些模板，其二级结构过于复杂或不易得到较高的浓度，一次性实现长片段扩增非常困难。采用融合 PCR 方法就简单多了。先分段扩出，然后扩增出两段序列连接处的部分互补序列，再将覆盖整个长片段基因组的两段或几段 PCR 产物进行融合反应，以形成全长 DNA，再以此为模板进行长片段 PCR，可以成功实现长片段的扩增。模板 DNA 的用量在 100pg～2μg 之间，模板量太少，扩增产物往往检测不到，模板量太多，扩增产物的特异性显著降低。最好是针对模板 DNA 进行预试验，以确定最佳模板量。某些轻微损伤的模板用核酸外切酶Ⅲ处理的原因是因为核酸外切酶Ⅲ除了具有 3′→5′外切酶活性外，还具有对无嘌呤、无嘧啶碱基的 DNA 部位显示特异性内切酶活性，对 3′末端无羟基的 DNA 显示了 3′磷酸酶活性以及 RNaseH 活性，降解有缺口的 DNA，保证了模板的完整性。

② 100mmol/L KCl可以替代10×PCR缓冲液中的硫酸铵。小牛血清白蛋白可以被多种其它添加剂所替代。这些添加剂的理论作用模式及作用的最终浓度见表12-2。

表12-2　长片段PCR的添加剂

添加剂名称	理论作用模式	最终浓度
二甲基亚砜(DMSO)	有利于链间和链内的再退火	3%～10%
甘油	提高变性效率,稳定溶液中聚合酶的活性	10%～15%
PEG 6000	未知	5%～15%
四甲基氯化铵(TMAC)	增强引物和模板之间的结合	10～100μmol/L
甲酰胺	提高变性效率	5%～10%
吐温-20/NP40	阻止离子去垢剂对聚合酶的抑制效应	0.1%～2.5%
7-deaza dGTP	减弱G-C之间的相互作用	75%
大肠杆菌单链结合蛋白	增强ssDNA的稳定性	5μg/mL
Perfect Match(Stratagene)	未知	1U
32基因蛋白(Pharmacia)	增强聚合酶的活性	1nmol/L
明胶	未知	0.01%

这些添加剂能够促进长片段的扩增，可能是通过增加聚合酶的稳定性、降低解链温度以及减少模板链损伤而发挥作用。因为在高温情况下长片段DNA模板极易发生脱嘌呤作用和脱氨基作用，甘油和二甲基亚砜等添加剂可以有效地减缓变性的温度和时间，最大限度地减少DNA的损伤。并且在某些情况下，同时添加几种添加剂比只加入一种更有效。添加剂浓度过高时会抑制酶的活性，因此也要对其应用浓度进行优化。

③ 在低pH值的环境下，长片段模板DNA容易发生脱嘌呤作用而受到损伤，因此，缓冲液最好采用比Tris-HCl的缓冲能力更强的三（羟甲基）甘氨酸（tricine），这样pH值才会在高温环境中变化较小，减少对模板DNA的损伤。

④ Mg^{2+}浓度一般要比常规PCR反应中的浓度高，约在2～6mmol/L。Mg^{2+}是DNA聚合酶活性依赖因子，不仅影响聚合酶的活性和忠实性，也会影响引物的退火、产物的特异性和二聚体的形成等。Mg^{2+}浓度过低会影响到酶的活性，过高则会降低酶的忠实性和引起非特异扩增。但是目前在长片段PCR反应中，还没有确定一个最佳的Mg^{2+}浓度。通常解决的方法是，在能够保证扩增产率及特异性的前提下，选用尽可能低的Mg^{2+}浓度，以最大限度提高聚合酶的保真性。

⑤ 在长片段PCR反应中，聚合酶的保真性至关重要。要根据各种DNA聚合酶的特性选择酶。各种DNA聚合酶的特点、要求条件以及特性评价见表12-3。

表12-3　各种DNA聚合酶的特点、要求条件以及特性评价

DNA聚合酶	最佳特点	酶的特性				
		要求条件	特异性	保真性	扩增产量	扩增长度
Pfu(克隆)	3′→5′核酸外切酶活性,低错误率	1.5～8mmol/L Mg^{2+},10mmol/L $(NH_4)_2SO_4$	++	++++	+++	+++
Pfu(exo^-)	没有核酸外切酶活性,有高温聚合活性	1.5～8mmol/L Mg^{2+},10mmol/L $(NH_4)_2SO_4$	+++	+	+++	++
Psp	3′→5′核酸外切酶活性	1.5～8mmol/L Mg^{2+},10mmol/L KCl,10mmol/L $(NH_4)_2SO_4$	++	+++	++	++

续表

DNA 聚合酶	最 佳 特 点	酶的特性				
		要求条件	特异性	保真性	扩增产量	扩增长度
Psp(exo$^-$)	没有核酸外切酶活性，有高温聚合活性	1.5～8mmol/L Mg^{2+}，10mmol/L KCl，10mmol/L $(NH_4)_2SO_4$	++++	+	++	++
Taq	5′→3′核酸外切酶活性	1～4mmol/L Mg^{2+}，50mmol/L KCl	++	++	++	+++
Taq（N 末端缺失）	没有核酸外切酶活性，有高温聚合活性	2～10mmol/L Mg^{2+}，10mmol/L KCl	+++	+	++++	+++
Tbr	3′→5′核酸外切酶活性	未知	++	++	+++	++
Tfl	没有核酸外切酶活性	10～15mmol/L Mg^{2+}，5～10mmol/L KCl	++	+	++	+++
Tli	3′→5′核酸外切酶活性和高温聚合活性	2～8mmol/L Mg^{2+}，10～50mmol/L KCl，10mmol/L $(NH_4)_2SO_4$	+++	+++	++	+++
Tli(exo$^-$)	没有核酸外切酶活性，有高温聚合活性	2～8mmol/L Mg^{2+}，10mmol/L KCl，10mmol/L $(NH_4)_2SO_4$	+++	++	+++	+++
Tma	3′→5′核酸外切酶活性	未知	++	+++	++	++
Tth	3′→5′核酸外切酶活性	未知	+++	++	++	++++

⑥ 长片段 PCR 反应用管应该使用薄壁管，反应体积也不宜过大，以免影响热传导效率。不同的 PCR 仪对反应也有影响，相同的扩增条件在不同的热循环仪上会得到不同的实验结果，可能是由不同 PCR 仪温度升降的速率不同所致。

⑦ PCR 仪可以是 Perkin-Elmer9600 或 9700，也可以是 Eppendorf 公司的 Master cycler，也可以是 MJ Research 公司的 PTC100。

六、应用

长片段 PCR 技术方法的建立，大大拓宽了 PCR 技术在分子生物学、基因组学和临床诊断等各个领域的应用。

1. 长片段 DNA 的克隆

由于真核生物的基因存在内含子和外显子，一般基因较长。常规 PCR 技术很难扩增全长，而长片段 PCR 为扩增这样的基因提供了技术平台。由于能够扩增大到 20～50kb 的片段，将使从 cDNA 中分离完整的基因简便易行，从而不必费时地从基因组文库中筛选目的基因。有人用长片段 PCR 克隆到了全长的 *HLA-B* 基因，同时获得了 *HLA-B* 的新的等位基因。Benkel 等人[21] 将长片段 PCR 和反向 PCR 融合在一起，结合杂交技术，成功地扩增到了包含鸡内生原病毒元件的长片段 DNA。另外，用长片段 PCR 可以从未克隆的 mRNA 延伸产物的混合物中产生大的 cDNA 分子。大的基因组片段可以从复杂的基因组杂交细胞系和显微解剖或流式细胞仪分离的染色体区段中得到。

通过对感染性克隆的反向遗传学操作，实现了对 RNA 病毒的基因操作，在深入阐明病毒基因组结构与功能、构建新型病毒载体以及筛选疫苗候选株等方面有很好的应用前景。传统构建克隆的方法涉及许多亚基因组片段的克隆与连接，非常繁琐费时，长片段PCR技术的发展使得一次性获得病毒的基因组序列成为可能，因而大大简化了全长cDNA克隆的构建过程。为了了解来源于病人不同组织的HIV-1突变体病毒在定向性运动和增殖动力学方面的差异，Dittmar等[22]用长片段PCR从一个HIV患者外周血单核细胞、淋巴结、脾、脑和肺中扩增出HIV的全长DNA，并在其5′端加了此种病人特异的长末端重复，从而构建成了具有繁殖能力的HIV病毒。通过对这些重组病毒定向性运动（包括定向于外周血单核细胞、巨噬细胞和树突状细胞）和增殖能力的研究，发现这些重组病毒具有相似的定向性运动和增殖活力，淋巴结来源的重组病毒和非淋巴结来源的重组病毒在定向性运动中没有差别。应用此技术已经成功构建了SFV（cpz）、TBE、甲型肝炎、柯萨奇病毒B6和JE等RNA病毒的全长cDNA克隆。另外，以PCR为基础的染色体步移技术也因长片段PCR的出现得以更广泛地应用。

2. 基因组研究

在基因组多样性研究中，起关键作用的是染色体上多态标记的复合体——单模标本。这种标记对于绘制疾病相关基因以及分析基因敲除小鼠非常有用。有人用等位基因特异的长片段PCR扩增到了CD4的单模标本，发现两个分子标记是分开的：一个是双等位的Alu缺失，另一个是多等位性的重复[23]。

对扩增片段进行限制性酶切片段长度多态性（restriction fragment length polymorphism，RFLP）分析，是常用的基因检测方法，长片段PCR技术的发展增加了RFLP的应用范围及准确度，已应用于检测mRNA分子的突变、基因作图等研究。扩增50kb的靶序列将给分析细菌人工染色体（BAC）克隆和P1来源的人工染色体（PAC）克隆以及小的酵母人工染色体带来很大的方便。Skiadas等人[24]建立了一种光学PCR技术，此技术是将长片段PCR和光学基因组作图结合起来而建成的。它可以对细菌人工染色体和大的基因组DNA分子进行限制性酶切图谱分析，从而对序列未知的基因组位点进行基因组作图。此技术的优点是快速、不需要克隆载体，会得到高质量的物理图谱。

另外，长片段PCR技术可以用于微生物分型、基因型及准种分析等多个研究领域。炭疽芽孢类杆菌的基因组序列是极其保守的，很难用常规的方法检测到不同菌株之间的DNA差异。近来有人用长片段PCR方法建立了一种可以简单高效地检测不同菌株之间差异的方法。针对炭疽芽孢类杆菌DNA序列中的重复元件设计单一引物，可以扩增到10kb左右的多个DNA片段。通过对多种菌株扩增这样的片段，就可比较出不同菌株中存在的片段多少和片段大小的差异，从而可以区分不同的菌株，并可确定不同的菌株的特征[25]。

随着多种基因组序列的测序完成，长片段PCR将更能发挥其优势，在功能基因组时代占据一定的位置。例如，长片段PCR分析一个群体中的大分子的限制性片段长度多态性；通过扩增包含不同数目和长度内含子的基因组DNA片段，可以弄清楚内含子/外显子的边界；分离位于已知序列旁边的未知序列，产生一系列大小不同的扩增产物，以方便填补物理图谱中未克隆的DNA间隙，获得紧密相连基因之间的次序和方向；扩增散布重复序列之间（或不同类重复单位之间）的DNA区域，有利于DNA片段的指纹分析以及毗连DNA片段的排序和定向；应用于定向转座子介导的作图和测序，这是一种潜在的快速高效分析100kb甚至更大片段的有力手段；等。

3. 基因突变和基因表达的检测

长片段PCR技术在检测基因突变和基因缺失方面有十分广泛的应用。*TSC2*基因的大片段突变是造成常染色体显性遗传病结节性硬化症（TSC）的原因之一。对*TSC2*基因大片段基因突变的常规检测方法是Southern杂交和原位荧光杂交，但这些方法具有需要DNA量大等缺点。用长片段PCR只需要较少量的基因组DNA，并且很容易证实突变位点的序列。Dabora等人[26]用长片段PCR检测到6个TSC病人中存在着不同的DNA缺失，缺失片段大小分别为4.5kb、39kb、34kb、1.4kb、1.3kb和10.1kb。这一方法的应用为TSC的诊断提供了更多的理论依据。在另一常染色体遗传病——多囊肾中，*PKD1*基因的突变可能是其发病的原因之一[27]。当用长片段PCR扩增24个病人样品的*PKD1*基因时，发现了7种突变，其中有两个缺失（一个缺失3kb，一个缺失28bp），一个单碱基插入突变和4个核苷酸替代。因此，长片段PCR技术为探测长序列复杂基因的突变提供了可能，从而为检测致病基因的突变和缺失带来了方便。另外，有人已经用长片段PCR技术将病毒基因组和线粒体基因组扩增出来，以便寻找基因突变和基因缺失。

在检测基因重排和基因融合方面，长片段PCR可扩增含有可扩展的三联体重复序列的基因如亨廷顿（Huntington）病基因，为亨廷顿病进行症状前诊断成为可能。Friedreich共济失调症病人的*FRDA*基因内含子的扩增产物显示，GAA三联体扩展很可能与发病相关。并且，用长片段PCR技术研究表明，肌强直性营养不良病与亨廷顿病和Friedreich共济失调症有相似的发病模式。长片段PCR用来探测染色体转位位点的基因重排对临床诊断血液性恶性肿瘤非常有帮助。在mRNA水平对这些疾病的诊断通常要依赖于RT-PCR和Northern分析；在DNA水平，由于基因重排造成的基因跨度远远超过了传统PCR的扩增范围，用长片段PCR可以解决这个问题。近来有人[28]用长片段PCR技术建立了一套基于基因组PCR的探测系统，成功证实了5号染色体的*NPM*基因与2号染色体*ALK*基因的融合，融合后的基因会产生一种不可思议的转录体（*NPM*的N端序列与*ALK* C端序列的融合转录体）。用长片段PCR对11个肿瘤样品中两个基因融合位点的DNA扩增发现，*NPM*和*ALK*基因融合的位点是唯一的，并且在两个染色体上有相同的内含子参与其同源重组过程。也有人在B细胞肿瘤中检测到了在染色体转位处有多种基因融合。

另外，在检测特异表达基因方面，将RT-PCR和长片段PCR结合起来，可以扩大对稀有转录体和组织特异表达基因的检测范围。有人用此技术扩增到了13.5kb的差异cDNA。在基因打靶研究中，寻找到一种简单高效的筛选阳性克隆的方法是至关重要的。Lay等人[29]用长片段PCR成功地建立了这样一种方法。首先从基因组文库中用长片段PCR扩增出目标基因及其两侧特异的序列，用此序列设计引物，再次用长片段PCR检测中靶情况。他们对缩胆囊素和胃泌激素基因打靶的胚胎干细胞的实验表明，此方法对于快速准确地鉴定胚胎干细胞中等位基因位点的同源重组情况是非常有用的。

七、小结

自从1994年建立长片段PCR技术以来，此方法在不断发展完善中日渐成熟，形成了一套完整的技术体系。有很多公司都推出了自己的试剂盒，大大加强了此技术的应用。此方法最大的优点在于可以扩增出大于 10kb 的 DNA 片段。与将几个常规 PCR 产物再进行融合的方法相比，具有操作简单、快速高效等特点。但是，它也具有不可避免的缺点：要求较高质量的模板，反应体系和参数需要多次优化，得到的产物量可能很少以至于检测不到，得到的产物可能特异性不高，等。但所有这些问题都不是制约长片段 PCR 应用的要素，可以通过相应的方法得以解决。需要对长片段 PCR 进一步改进的地方包括耐热 DNA 聚合酶的组成、反应缓冲液的成分、热循环的条件和检测长片段 PCR 产物的方法，以使此方法被常规地用于特异地扩增长片段 PCR。在功能基因组时代，由于长片段 PCR 技术在扩增长片段中的优势，此技术将会更加广泛地得以应用，并将对分子生物学的各个方面产生深远的影响。

第三节　利用热激活引物进行热启动 PCR

一、引言

PCR 因具有较高的特异性和可靠性，被广泛应用于遗传检测、亲子鉴定、血液筛查、临床诊断中，除此之外，PCR 技术也是分子生物学研究领域中非常有用的工具。但是 PCR 技术也有一些固有的缺陷，主要表现在 PCR 实验中总是不可避免会出现一些非特异性扩增的产物。

为了克服这个缺点，目前研究者多采用热启动 PCR（hot start PCR）来降低这些非特异性产物的扩增。热启动 PCR 是一种改良的 PCR 方法，是一项非常有价值的工具，已被证明可降低靶 DNA 扩增过程中非特异条带的产生。

热启动 PCR 的方法很多，目前有人介绍一种新的热启动 PCR 方法，对脱氧核糖核苷-5′-三磷酸根（dNTP）进行修饰，产生可以热激活的衍生 dNTP，将其引入到引物的 3′末端，产生了一种新的热激活引物，从而为热启动 PCR 方法带来新的应用前景。本文将主要描述这种利用热激活引物进行的热启动 PCR 方法。

二、原理

利用热激活引物进行的 PCR 是一种新型的热启动 PCR 方法，即在 PCR 反应体系中的一种关键成分——引物中引入保护性基团，利用传统的固相合成技术，4-氧-1-戊基（OXP）和 MAF 这两种磷酸三酯（PTE）修饰基团很容易通过一种被修饰过的亚磷酰胺试剂引入到引物中。有研究显示 OXP 基团在热启动 PCR 中具有广泛的应用前景，因为在高温条件下，OXP 保护基团更易从引物上解离，使引物很快恢复延伸活性，这种转变不需要额外的常规处理[30]。

这种保护性基团的解离可能是由 PCR 反应缓冲液中 Tris 碱的酸化作用导致的，加热可导致 PCR 缓冲液中的 Tris 碱的 pH 值降低，例如在 25℃条件下，缓冲液的酸碱性（pH 值）为 8，但是当温度达到 95℃，pH 则变成 6。有研究者研究了 PTE 引物转化成 PDE 引物的动态效果，将 PTE 引物与 PCR 缓冲液（25℃条件下，pH 为 8.4）在 95℃条件下共同孵育，大概 40min，OXP-引物基本上全部转化成 PDE 引物，半数转化时间被定为 8.5min±1.5min，含有两个 OXP 基团修饰的引物转化成相应的未修饰 PDE 引物相对来说就比较复杂，需要分两步来完成 OXP 基团的去除。在 95℃条件下，需要 1～1.5h 才能完成彻底转化。通过温度来控制引物的激活使得热激活引物在热启动PCR中具有广泛的应用前景。

三、材料

1. 仪器

① 核酸凝胶电泳装置（BioRad）。

② 凝胶成像系统（Amersham Biosciences）。

③ 紫外分光光度计。

2. 试剂

① DNA模板。

② 目的基因的特异引物。根据待扩增DNA不同，引物亦不同。普通引物及相应的热激活引物均可在公司合成，主要是利用传统的固相合成技术，借助被修饰过的亚磷酰胺试剂，将OXP或MAF PTE修饰基团引入到引物中（目前TriLink公司提供一种CleanAmp^{TM} dNTP，可用于热启动PCR）。

③ DNA聚合酶及相应的PCR缓冲液（一般为10×PCR缓冲液），可根据需要购自TaKaRa或者Invitrogen公司（一般公司提供的缓冲液中含有Mg^{2+}，因此实验中不需要额外添加）。

④ 2.5mmol/L dNTP混合物。含dATP、dCTP、dGTP、dTTP各2.5mmol/L，可购自TaKaRa或者Promega公司。

⑤ TAE或者TBE电泳缓冲液。

⑥ 上样缓冲液。

⑦ 凝胶染色液。

四、方法

1. 操作程序

利用热激活引物进行PCR扩增的操作程序与传统PCR基本相同，只是引物的3′末端带有不耐热修饰基团。可根据引物与靶序列的不同，选择不同的反应体系与循环参数。基本的操作是将PCR反应必需成分加入一200μL微量离心管中，然后置于PCR反应仪中，设置一定的循环参数进行循环扩增。我们推荐下述操作程序，因这样操作可最大限度地增加反应的成功率。

（1）热激活引物的合成及溶解　引物设计的原则与普通PCR反应中引物相同，只是在合成过程中在引物的3′末端寡核苷酸键或者次末端键上引入不耐热的保护基团，此过程可在相应引物合成公司完成。合成后的引物可用高压灭菌的纯水溶解成终浓度为25～100mmol/L的贮存液。

（2）PCR反应体系的准备　以反应体系为20μL和50μL的PCR实验为例来说明PCR样品的制备（见表12-4）。在冰浴放置的200μL微量离心管中依次加入：0.2mmol/L dNTP、2.5U *Taq* DNA聚合酶、1×PCR缓冲液（根据不同供应商，采用相应缓冲液，一般均含有Mg^{2+}）、0.5μmol/L正向引物、0.5μmol/L反向引物、1ng～1μg的DNA模板，其余体积加入灭菌纯水补齐。混匀后，瞬间离心，使反应成分集于管底。

表 12-4　PCR 反应体系的组成

PCR 反应成分	终浓度	20μL 反应体系	50μL 反应体系
10×PCR 缓冲液(含有 Mg^{2+})	1×	2μL	5μL
dNTP(2.5mmol/L)	0.2mmol/L	1.6μL	4μL
正向引物(25μmol/L)	0.5μmol/L	0.4μL	1μL
反向引物(25μmol/L)	0.5μmol/L	0.4μL	1μL
Taq DNA 聚合酶(5U/μL)	1 ～5U/50μL	0.2μL	0.5μL
DNA 模板	1ng～1μg	根据实验需要确定	根据实验需要确定
ddH_2O		补充至 20μL	补充至 50μL

(3) 反应条件

① 起始模板变性以及引物脱保护基团的温度为 94℃，10min。

② 变性温度为 94℃，30s。

③ 退火温度为 55～60℃，30s（一般退火温度在 55～60℃比较合适，在该温度下使引物与模板杂交一定时间）。

④ 循环内延伸温度为 72℃，30s（一般延伸时间为 1min/kb 碱基。500kb 以内为 30s，在该温度下，使复性的引物延伸合适的时间）。

⑤ 最终延伸温度为 72℃，10min 左右。

上述反应步骤中，第②～④步为 PCR 的循环反应步骤，一般 PCR 反应可设 30～40 个循环。

(4) 结束反应　PCR 产物放置于 4℃待电泳检测或－20℃长期保存。

(5) 微量琼脂糖凝胶电泳检查扩增产物　直接取 5～10μL PCR 产物电泳检测。

(6) 结果观察　凝胶染色，凝胶成像系统扫描胶图。

2. 实例[31]

为了更好地说明通过热激活引物进行的热启动 PCR 方法，我们引用文献[31] 中的实例来阐述 PTE 修饰引物在一个易于形成引物二聚体的 HIV-1 PCR[1] 系统中的应用，及对扩增效率的影响。

从 HIV 基因组中扩增 365bp 的 *tat* 基因，实验中所用引物分别为单个 OXP 修饰引物或 2 个 OXP 修饰引物，反应体系为 50μL。在一个 200μL 微量离心管中加入如下成分：0.2mmol/L dNTPs，1.25U 的 *Taq* DNA 聚合酶，0.5μmol/L 的正向引物（5′-GAATTGGGTGTCAACATAGCAGAAT-3′），0.5μmol/L 的反向引物（5′-AATACTATGGTCCACACAACTATTGCT-3′），1×PCR 缓冲液［20mmol/L Tris (pH 8.4)，50mmol/L KCl，2.5mmol/L $MgCl_2$］，DNA 模板量分别为 0 拷贝、1 拷贝、5 拷贝、25 拷贝和 125 拷贝的 HIV 重组 DNA，同时用 10ng 人类基因组作为载体，其余体积加水补齐。反应程序如下：94℃ 预变性 10min；进入循环扩增阶段，94℃ 30s → 56℃ 30s→72℃ 60s，循环 35 次；最后在 72℃ 保温 7min。

PCR 结束后，将 PCR 产物进行琼脂糖凝胶电泳，结果如图 12-1 所示，采用不同浓度的模板，使用未经过修饰的引物进行扩增时，均有引物二聚体的生成，并且扩增产物中出现两条条带。当在引物 3′末端的核苷酸键上引入单个 OXP PTE 修饰时，引物二聚体的量明显减弱，PCR 产物的量就明显增加，而且只有一条扩增条带，特异性也增强了。当在引物 3′末端的核苷酸键和次末端核苷酸键上同时引入 OXP PTE 修饰的引物时，胶图上只显示出一条非常明显的扩增条带，引物二聚体和非特异性条带全部消失了。虽然 2 个 OXP 修饰引物的扩增特异性好于单个 OXP 修饰引物，但是扩增产物的量却明显降低，这可能是由于 2 个 OXP 修饰引物转化成 PDE 引物的效率低，PCR 反应中可直接利用的未经修饰的引物量就有所减少，进而影响扩增产物的量。

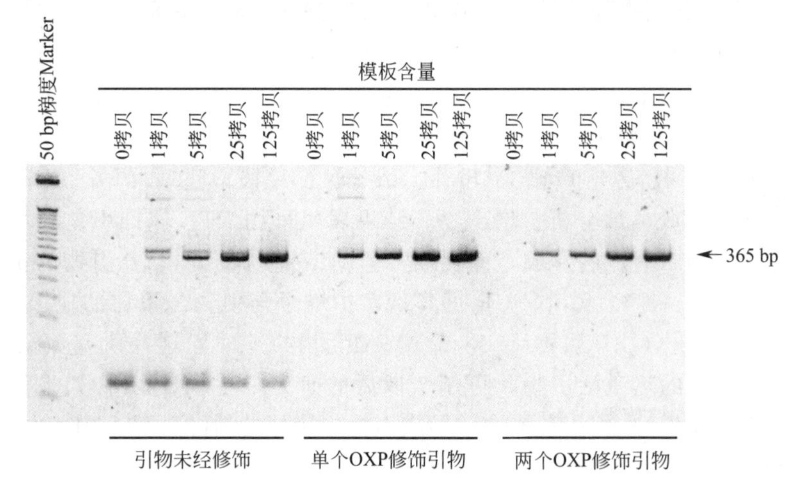

图 12-1　分别使用 0.5μmol/L 未经修饰的引物、单个 OXP 修饰引物、2 个 OXP 修饰引物扩增 HIV-1 基因组中 *tat* 基因，并通过琼脂糖凝胶分析 PCR 产物的扩增结果

（该图引自 Alexandre V. Hot Start PCR with heat-activatable primers：a novel approach for improved PCR performance. Nucleic Acids Research，2008.）

五、注意事项

① PTE 引物最好采用无水保存条件，无水的储存条件会增加引物稳定性。

② 引物的溶解以及 PCR 反应样品的制备过程中一定要采用高压灭菌的超纯水，因为一些极性电解质可能会影响 OXP 保护基团的解离速率。

③ 单个 OXP 修饰引物的实际激活时间要稍长于其理论半数解离时间，这将有利于保护基团的有效解离，MAF 修饰引物在 PCR 反应中的扩增效率要低于 OXP 修饰引物。

六、应用

热启动 PCR 能提高扩增产物的特异性和灵敏性，因而当样品背景比较复杂、目的片段拷贝数比较低或者样品需要在室温条件下保持较长时间的情况下，就特别需要使用热启动 PCR。使用热启动 PCR 可以优化 PCR 的效率，当采用 PCR 技术扩增来源复杂的低拷贝模板时，一般都会存在一些问题，例如，由于 DNA 样本成分复杂，即使在室温条件下，也经常会出现错配现象，这时采取热启动 PCR 就可以排除这种错配，并且提高低拷贝模板的检出效率。有研究表明采用热启动 PCR 可以从只有 5 拷贝的模板中扩增出目的片段。

热启动 PCR 技术对于准确和特异扩增所感兴趣的某一靶 DNA 区域是非常有用的。对于一些高灵敏度的 PCR 分析研究来说，高效稳定的 PCR 效率是至关重要的，因而在下列情况下使用热启动 PCR 方法是十分必要的，例如单拷贝 DNA 分子的检测[32]，血液传染因子的检测[33,34]，有害微生物的检测，缺陷基因或者癌基因的检测[35,36]，单核苷酸多态性检测[35,36]，以及法医样本的检测[37]，等。除此之外，在克隆样品准备过程中以及随后的测序中，都迫切要求提高 PCR 的扩增效率[38,39]。

下文将通过引用几个实验案例来介绍通过热激活引物进行的热启动 PCR 方法在一些存在问题的引物/模板系统的应用，以及对相应试验结果的改善。

1. 热激活 PTE 引物在易于形成引物二聚体的引物/模板系统中的应用及评价

在一个易于形成引物二聚体的 HIV-1 PCR 系统中[31] 应用单个 PTE 修饰的引物，观察引物扩增效率，并对 OXP 和 MAF 进行比较分析。研究者首先比较了未经修饰引物、单个 OXP 修饰引物和单个 MAF 修饰引物的扩增效率，分别利用这三种形式引物从 HIV-1 模板上扩增 365bp 的 *tat* DNA 片段，进行 40 个 PCR 循环反应（图 12-2）。通过凝胶电泳分析扩增产物，结果表明采用 PTE 修饰引物可大大提高扩增效率，降低引物二聚体的形成，而且该实验的结果也表明 OXP 引物的扩增效率要稍好于 MAF 引物。进行 40 个 PCR 循环后，扩增子与引物二聚体的比率分别为 5.6（PDE 引物）、22.8（OXP 引物）、13.5（MAF 引物）。因此这些研究数据表明 OXP 引物被认为是最佳的热激活引物，可用于以后的研究中。OXP 引物如果不经过预加热处理，在不加模板的 PCR 系统中，形成引物二聚体的量非常低，因此 OXP 引物比较适合于 PCR 系统。

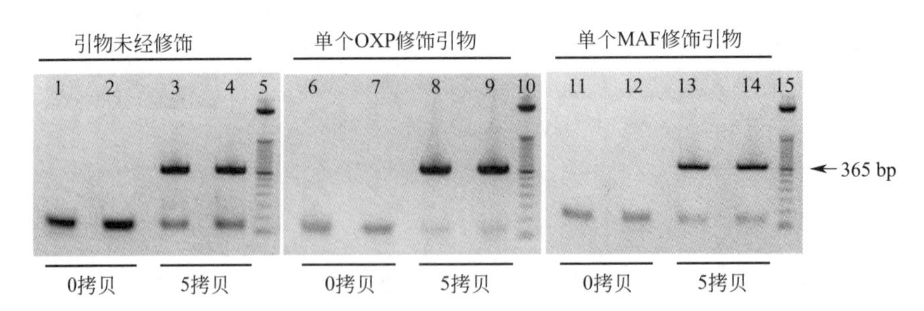

图 12-2 使用未经修饰的 PDE 引物、OXP 修饰引物、MAF 修饰引物，以 HIV-1 基因组为模板扩增 365bp 的 *tat* 基因，并通过琼脂糖凝胶电泳分析 PCR 结果

其中 1～4 泳道为使用未经修饰的 PDE 引物扩增的结果，1 和 2 泳道为未加入模板的对照（NTC），3 和 4 泳道含有 5 拷贝的重组 HIV-1 基因组 DNA。6～9 泳道为使用含有单个 OXP 修饰引物的扩增结果，其中 6 和 7 为 NTC，8 和 9 含有 5 拷贝的重组 HIV-1 基因组 DNA。11～14 泳道为使用单个 MAF 修饰引物扩增的结果，其中，其中 11 和 12 为 NTC，13 和 14 含有 5 拷贝的重组 HIV-1 基因组 DNA。泳道 5、10、15 分别为 50bp DNA 梯度分子量 Marker。热循环反应参数：95℃（10min），40 个循环反应［95℃（40s），56℃（30s）和 72℃（2min）］（引自 Alexandre V. Hot Start PCR with heat-activatable primers：a novel approach for improved PCR performance. Nucleic Acids Research，2008.）

2. 热激活 PTE 引物在易于形成错配的引物/模板系统中的应用及评价

引物的错配是由于引物与 DNA 模板中一处或多处具有较弱相似序列区域的非特异性结合。这些非特异性扩增产物会降低目的片段的扩增量，因为这些错配会利用体系中的引物、DNA 聚合酶和脱氧核糖核酸-5′三磷酸（dNTP）。研究者选择了一个存在问题的引物/模板系统进行评价，即从人类基因组 *β-actin* 基因中扩增 653bp 目的片段，当用未经修饰的引物扩增该片段时，会产生多条 150～1000bp 左右的条带[40]。研究者最初评价了未经修饰引物、单个 OXP 修饰引物、两个 OXP 修饰引物对这一片段的扩增效果，结果表明含有两个 OXP 修饰的引物的扩增特异性最好。然后又进一步分析了未经修饰引物和含有两个 OXP 修饰引物的扩增效率，基因组 DNA 浓度从 0～100ng（图 12-3），当使用未经修饰的引物时，模板浓度为 0.1ng 时，扩增效率很低，非特异性条带比较多，至少有 12 条非特异性扩增产物。随着模板量的增加，目的片段量也随着增加，但是非特异性扩增条带也不断增加，胶上形成一片弥散条带。相反，当采用两个 OXP 修饰的引物扩增该目的片段，可从各种浓度的模板中扩增到 653bp 目的片段，并且特异性非常高，而且也不像未经修饰的引物那样在胶上形成弥散。虽然 OXP 修饰引物未能够彻底抑制错配产物的生成，但是目的片段的扩增效率已经大大提高，这就大大方便了后期的克隆实验以及测序。

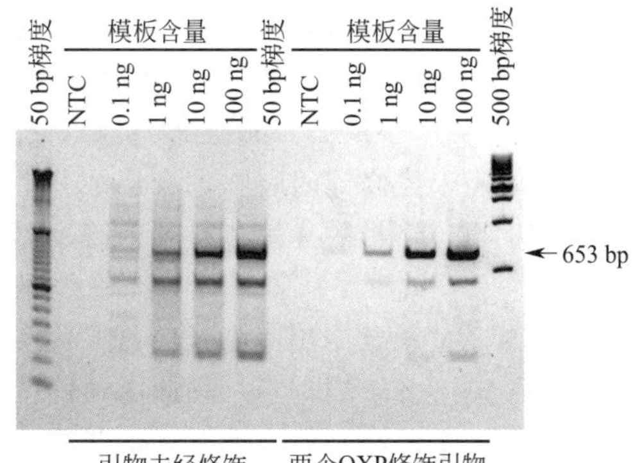

图 12-3 分别利用未经修饰引物和两个 OXP 修饰的 PTE-引物从人类基因组中扩增 *β-actin* 基因

实验中模板浓度分别为 0ng、0.1ng、1ng、10ng 和 100ng（引自 Alexandre V. Hot Start PCR with heat-activatable primers：a novel approach for improved PCR performance. Nucleic Acids Research，2008.）

3. 利用热激活 PTE 引物进行热启动 PCR 来检测低拷贝靶基因

在利用 PCR 反应检测低拷贝样品过程中，可能因为非特异扩增产物的出现而大大影响目的基因扩增的特异性和灵敏性。有研究人员选择了噬菌体基因组为模板，扩增 533bp 的 DNA 包装蛋白基因，该基因在扩增中特别容易产生非特异性产物，尤其是在模板基因组量比较低的情况下。研究者同时比较未经修饰引物和 OXP 修饰引物对 0～1000 拷贝基因组 DNA 的扩增能力，利用 real-time TaqMan 探针来检测。当采用未经修饰引物，100～1000 拷贝基因组可以稳定得到目的基因的扩增子，但是当模板拷贝数低到 50 个左右时，完成 40 个 PCR 循环反应，基本上很难检测到目的片段扩增子的形成。而且扩增曲线的振幅也非常低，这就与之前该基因的扩增效率很低的研究报道是一致的[41]。当采用 OXP PTE 修饰引物时，在 7 个不同数量的模板中都检测出目的基因的扩增，其中也包括 10 个拷贝的模板量。将这些研究结果绘制成标准曲线，来自含有两个 OXP 修饰引物的数据表明各个不同模板的浓度所检测的扩增子结果趋近于线性关系。相反，在含有未经过修饰的引物的扩增体系中，模板浓度在 100～1000 拷贝之间才会形成线性关系，模板量在 50 拷贝时，样品的扩增量明显偏离这条趋势线，而模板量为 10 拷贝时，基本检测不到目的片段的扩增，当模板量较高时，非修饰引物和两个 OXP 修饰引物的扩增效率相似（由 C_t 值决定扩增效率），但是当模板量比较低的情况下，未经修饰的引物所扩增出的扩增子的拷贝数非常低，这可能是由于引物与模板非特异性区域的扩增相对占了优势，这些研究表明，利用不耐热的 PTE 修饰引物从模板量有限的引物/模板系统中扩增目的基因具有一定的优势和应用前景。

4. 热激活 PTE 引物可用于一步反转录 PCR（RT-PCR）

研究者还将热激活引物用于一步反转录 PCR，使用热激活引物的好处是可以避免 cDNA 合成过程中这些修饰引物被延伸。人类 *ABCA1*、*PBGD* 和 *β-actin* 基因被选作 RNA 模板，来检测不耐热的 PTE 修饰引物在一步 RT-PCR 中的潜在优势[40]。在这种方法中，未经过修饰的 dT18 多聚引物、一对 PCR 引物、M-MLV 反转录酶以及 *Taq* DNA 聚合酶加入到一个反应管中。在一步 RT-PCR 中比较了未经修饰引物、含有一个 OXP 修饰引物和两个 OXP 修饰引物之间的扩增效率，在此反应体系中利用 dT18 多聚引物来合成 cDNA（图 12-4）。对于 *PBGD*，使用未经修饰的引物，会形成一些非特异性的扩增子，目的片段的扩增效率非常低（264bp）。对于 *ABCA1*，使用未经修饰的引物，得到两个扩增效率相同的片段，其中一个大约是 205bp。当使用一分子 OXP 修饰的引物时，上述两个反应中的目的基因的扩增效率都大大增加，使用两分子 OXP 修饰引物时，扩增效率进一步提高。对于 *β-actin*，使用未经修饰的引物基本上检测不到目的片段，但是当使用一分子 OXP 修饰引物和 2 分子 OXP 修饰引物时，446bp 的目的片段的扩增量大大增加，并且特异性非常高。总之，利用 OXP 引物替代未经修饰的引物，可以大大提高一步式 RT-PCR 的特异性。2 分子 OXP 修饰引物虽然转化成相对应的未经修饰引物的过程比较慢，但是会明显提高扩增子的特异性。

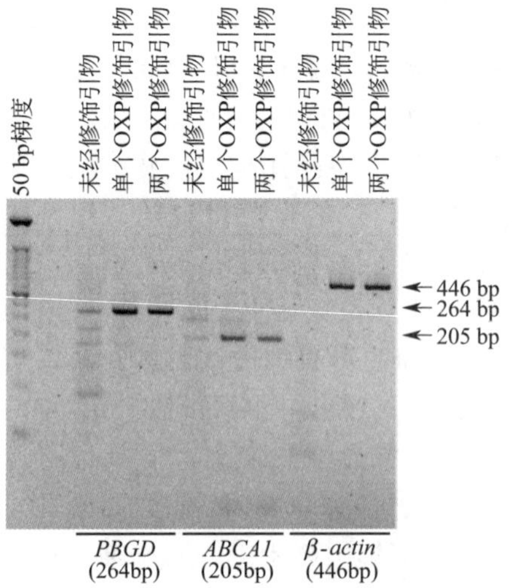

图 12-4 评价热激活引物在一步反转录 PCR（RT-PCR）中的应用

对于每一个扩增基因（*PBGD*、*ABCA1* 和 *β-actin*）分别使用未经修饰的引物，单个 OXP 修饰引物，两个 OXP 修饰引物。反转录过程中使用 dT18 多聚引物。反应体系中含有 *Taq* DNA 聚合酶和 M-MLV 反转录酶（引自 Alexandre V. Hot Start PCR with heat-activatable primers: a novel approach for improved PCR performance. Nucleic Acids Research，2008.）

虽然 OXP 修饰引物可以使之前存在问题的引物/模板系统的实验结果得到改善，但是在一些特定的 PCR 应用中，如快速热循环 PCR 条件中，PDE 引物形成速率比较复杂。但是也有一些报道表明在快速热循环 PCR 中，使用较高浓度的引物可以弥补 OXP 修饰引物转化成未经修饰引物的速率较慢这一不足。

七、小结

利用热激活引物进行的热启动 PCR 是一种可以提高 PCR 效率的新方法。近年来，随着 PCR 技术应用的日益广泛，一系列的热启动技术也不断得到发展，并用于解决 PCR 实验中出现的各种问题。利用热激活引物进行的热启动 PCR 有望成为一种通用的热启动 PCR 技术，来解决 PCR 扩增中的特异性问题。本文介绍的方法是建立在对引物进行化学修饰的基础上的，即在引物寡核苷酸合成过程中，将热敏感的 PTE 保护基团加入到引物中，使含有 PTE 基团的引物延伸活性受到抑制，直到修饰引物被加热到一定温度后释放保护基团，这种延伸性能才会恢复。这种热激活引物可以与多种热稳定的 DNA 聚合酶联合使用，例如普通的 *Taq* DNA 聚合酶，而不再额外需要专门的热启动 DNA 聚合酶。虽然这种方法是一种完全可以独立使用的热启动方法，但是如果将该方法与其它的热启动方法联合使用，无疑将会进一步提高 PCR 的扩增效果。

总而言之，通过引入不耐热的保护基团来修饰引物，是一种新型的热启动 PCR 技术，尽管这种技术从目前来看还不如依赖于热启动 DNA 聚合酶的热启动 PCR 技术使用普及，但这种方法将来一定会推动 PCR 技术的不断完善。

第四节　融合 PCR

一、引言

融合 PCR 是通过 PCR 的方法，将两段 DNA 序列连接到一起，处于相邻位置。一般来说，融合 PCR 设计的引物序列的 5′端和 3′端各包含一段待融合的模板序列，这条引物相当于衔接头，将两段 DNA 序列连接到一起。融合 PCR 技术最常用于全长序列的拼接，现在随着技术的发展，逐步应用于基因的破坏、基因的标记、长片段基因的获得、嵌合体病毒的获得、基因内部序列的点突变或序列缺失、两种基因的融合等领域。

二、融合 PCR 的原理

通过在上游引物的 5′端添加一段帽子序列，这段帽子序列与靶 1 序列同源，而此引物的 3′端序列与靶 2 序列同源。这样，在第一个 PCR 反应中，以靶 2 序列为模板，使靶 2 序列得到扩增，而扩增产物均携带与靶 1 序列同源或互补的序列。然后，以这样的扩增产物为引物，在第二个 PCR 反应中，以靶 1 序列为模板，使靶 1 序列得到扩增。这样得到的产物既含有靶 1 序列，又含有靶 2 序列，成为一段长片段的融合序列（见图 12-5）。

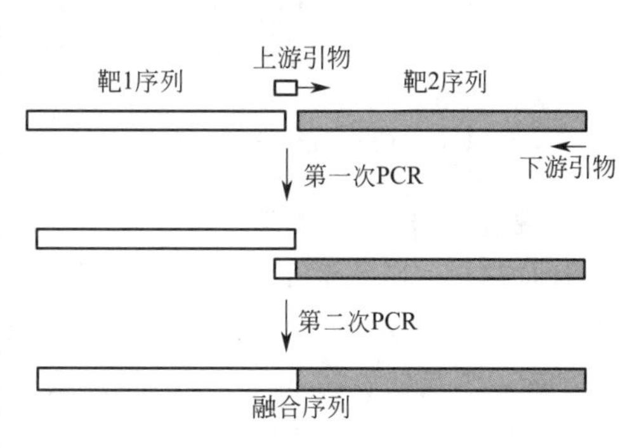

图 12-5　融合 PCR 拼接两个片段的示意图

三、应用于基因插入的融合 PCR 的具体操作步骤

融合 PCR 过程如图 12-6 所示[42]。

1. 用标准的 PCR 方法，进行 3 个独立的 PCR 反应

① PCR 反应 1。获得一个标签序列：采用引物 tag-F 和 tag-R。

② PCR 反应 2。获得目的基因起始密码子 ATG 的上游序列，约 500bp，采用的引物为 up-F 和 up-R，其中 up-R 含 24bp 的序列与标签序列的 5′互补。

③ PCR 反应 3。获得目的基因起始密码子 ATG 及其下游序列，约 500bp，采用的引物为 do-F 和 do-R，其中 do-F 含 24bp 序列与标签序列的 3′互补。

2. 融合 PCR 反应

① 反应体系。3 种 PCR 产物按照大致相同的物质的量之比混合（PCR 产物最好先分别纯化），总量约 100ng，然后配成 50μL 的反应体系，包括 5μL 含 $MgSO_4$ 的 *Pwo* 聚合酶缓冲液、各 0.2mmol/L 的 dNTP，补加去离子水至 49μL。将此反应体系加热到 94℃后，补加 1μL *Pwo* 聚合酶（Roche）。

② 反应条件。94℃ 30s→55℃ 1min→72℃ 3.5min，共进行 5 个循环。目的是使 3 种 PCR 产物互补延伸，最终形成全长的融合 PCR 产物。

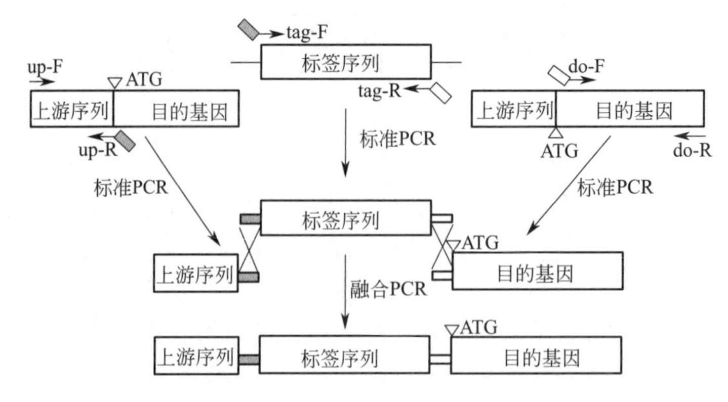

图 12-6 融合 PCR 过程示意图

tag-F：扩增标签序列的上游引物，5′端携带 24bp 序列与 up-R 的 5′端互补；
tag-R：扩增标签序列的下游引物，5′端携带 24bp 序列与 do-F 的 5′端互补；
up-F：扩增目的基因起始密码子上游序列的上游引物；
up-R：扩增目的基因起始密码子上游序列的下游引物，5′端携带 24bp 序列与 tag-F 的 5′端互补；
do-F：扩增目的基因起始密码子及其下游序列的上游引物，5′端携带 24bp 序列与 tag-R 的 5′端互补；
do-R：扩增目的基因起始密码子及其下游序列的下游引物

3. 融合 PCR 产物的进一步扩增

上面的 5 个循环做完以后，反应体系加热到 94℃，另加入 50μL 反应溶液（5μL 含 $MgSO_4$ 的 *Pwo* 聚合酶缓冲液，各 0.2mmol/L 的 dNTP，1μL *Pwo* 聚合酶，以及 5′和 3′端最末端的引物 up-F 和 do-R，去离子水补足额定体积）。以 94℃ 30s → 55℃ 1min → 72℃ 3.5min 为 PCR 反应条件，共进行 25 个循环。

得到的融合 PCR 产物包含起始密码子 ATG 上游 500bp 的序列、标签序列，以及起始密码子 ATG 及其下游 500bp 的序列。

四、融合 PCR 的应用

1. 基因破坏

基因破坏（gene disruption）或基因敲除通常需要在选择性标记基因的两端带上目的基因的序列，将这种线性片段转化宿主后与基因组 DNA 发生同源重组，使选择性标记基因插入目的基因序列的特定位置而破坏目的基因的表达，同时表达选择性标记基因产物。Amberg 等[43] 采用融合 PCR 技术，将选择性标记置于待破坏的基因的内部，得到的融合 PCR 的线性产物直接转化酿酒酵母细胞，在体内与基因组序列发生同源重组，方便地破坏了目的基因的表达。基因破坏融合 PCR 的操作过程与图 12-6 类似：首先，通过三个独立的 PCR 分别得到需要破坏的基因特定位点的 5′侧翼序列、3′侧翼序列、选择性标记基因。然后，将三个独立 PCR 的产物进行融合 PCR，得到 5′侧翼序列-选择性标记基因-3′侧翼序列。线性片段转化酵母，通过选择标记进行筛选。

Kuwayama 等[44] 将融合 PCR 技术应用到盘基网柄菌（*Dictyostelium discoideum*）的 *pkaC* 基因的敲除。他们在实验中首先通过标准 PCR 得到了 *pkaC* 基因 5′序列，*pkaC* 基因 3′序列和选择性标记基因——杀稻瘟菌素 blasticidin S 抗性基因（*bsr*），然后将三种标准 PCR 产物混合后，同时进行融合 PCR 及扩增，如图 12-7 所示。

随即他们检测融合 PCR 的效率，*pkaC* 基因被破坏后，突变株表现出不能聚合的表型，因此他们将融合产物转化 *D. discoideum* 后，计数不能聚合的菌株与能聚合的菌株的数量比，得出基因的破坏效率为 90%，并通过下一步的嵌套 PCR 来证实。这说明一步融合 PCR 在融合、扩增效率方面能够得到良好的结果。

融合 PCR 在应用于基因破坏时有如下优点：①所携带的侧翼序列较长，保证了同源重组的正确性和有效性；②不受酶切位点的限制，可以在任意已知基因序列的内部进行。

2. 全长基因的获得

范宝昌等通过融合 PCR 获得了登革 2 型病毒的全长 cDNA 分子[4]。首先以反转录产物为模板，分别扩增出 5′半分子和 3′半分子（分别长约 5.8kb 和 6.5kb），各取半分子产物约 200ng，首先进行一个循环的融合反应，即 94℃ 预热 3min，然后加入酶，94℃ 15s，68℃ 6min，一个循环。再加入长链扩增引物（5＋）和（3－）进行全长 cDNA 的扩增，扩增条件为：94℃ 15s，68℃ 9min，共 25 个循环（后 15 个循环每循环递增 10s），最后 72℃ 延伸 10min，通过琼脂糖凝胶电泳证实扩增产物的大小为 11kb 左右（如图 12-8 所示）。

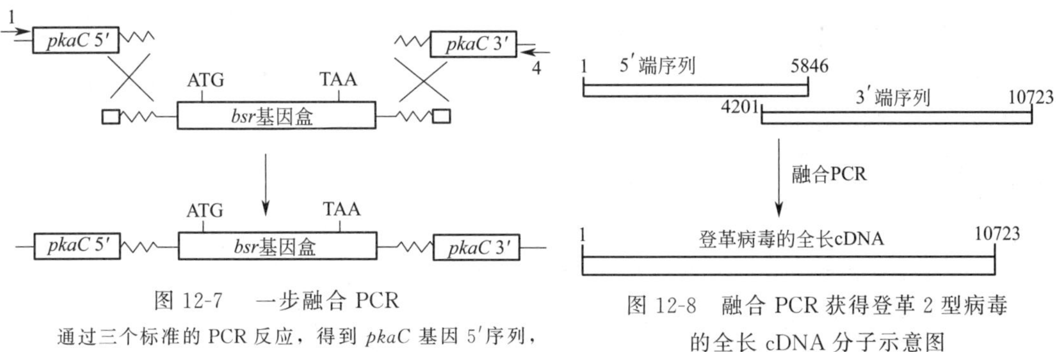

图 12-7　一步融合 PCR

通过三个标准的 PCR 反应，得到 *pkaC* 基因 5′序列，*pkaC* 基因 3′序列和 *bsr* 基因。相互混合后，加入最末端引物 1 和 4，进行如下反应：94℃ 预热 2min；然后 94℃ 30s，50℃ 20s，68℃ 4min 进行 30 个循环；最后延伸 4min

图 12-8　融合 PCR 获得登革 2 型病毒的全长 cDNA 分子示意图

3. 嵌合体病毒的获得

Charlier 等[46] 在构建 MOC/黄热嵌合体病毒时，用融合 PCR 的方法分别获得了两段融合序列，一段是编码 MOC 病毒（Modoc virus）的前膜蛋白 prM 基因和黄热病毒（YF）衣壳蛋白 C 基因的融合序列，另一段是编码 MOC 病毒的包膜蛋白 E 基因和 YF 病毒非结构蛋白 NS 基因的融合序列。图 12-9 显示了 MOC 病毒的前膜蛋白 prM 基因和 YF 病毒衣壳蛋白 C 基因的融合序列的获得。

值得一提的是，原本合成融合体需要 3 个 PCR、4 条引物，但 Charlier 等通过合理设计引物，只用了 2 个 PCR、3 条引物就得到了此融合体，这样的设计思路不仅简化了操作步骤，而且尽量避免了 PCR 过程中的突变体的积累。但在应用这种方法时，也应考虑到，文献中第一次 PCR 的产物长度仅有 205bp，而且文中在构建包膜蛋白 E 和非结构蛋白 NS 的融合体时，第一次 PCR 的产物长度也仅有 209bp，这样的产物直接作融合 PCR 的引物是可行的，但如果第一产物的长度过大，建议使用 3 个 PCR、4 条引物的扩增方法。

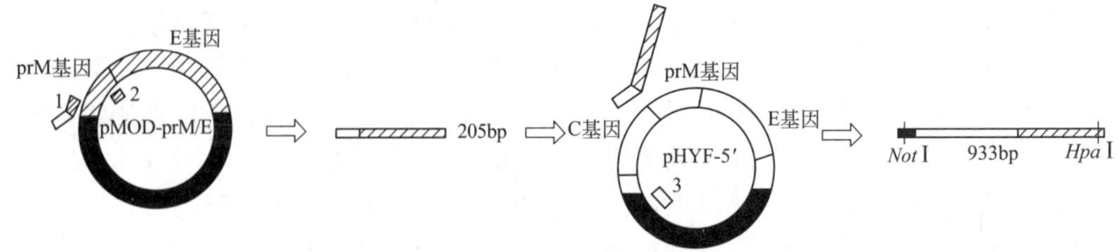

图 12-9 MOC 病毒的前膜蛋白 prM 基因和 YF 病毒衣壳蛋白 C 基因嵌合体的构建

代表基因的序列来源为 YF；代表基因的序列来源为 MOD；代表载体

引物 1 长度为 49bp，其中 5′端为 YFV 序列，25bp；3′端为 MODV 序列，24bp。由引物 1 和引物 2 在 95℃ 30s，50℃ 30s，72℃ 1min，25 个循环的条件下扩增出短片段（205bp）。在融合反应中，加入引物 3，PCR 条件为 95℃ 1min，59℃ 1min，72℃ 2min，进行 35 个循环。获得的片段长度为 933bp

用融合 PCR 的方法构建嵌合体病毒，其优势在于融合部位可以是基因组内部序列的任意指定位点。Dekker A 等利用猪口蹄疫病毒的两种不同亚型 ITL/1/66 和 NET/1/92 为亲本，采用融合 PCR 的方法，构建了 8 个嵌合体病毒，融合部位位于外壳蛋白 VP1～VP4 的编码区之间，通过观察特定的单克隆抗体与不同嵌合体病毒的作用情况，来分析病毒的中和表位的具体定位[47]。比如他们在结果中发现，单克隆抗体 Mabs 143.9 和 143.10 定位于 ITL/1/66 的 N 端的 5～87 位氨基酸之间。

4. 基因的标记

图 12-10 显示的是在目的基因起始密码子的相邻下游序列处添加标签序列的示意图[48]。如果标签序列较长，可以通过 PCR 的方法得到，但如果标签序列很短，则可以直接将标签序列设计到引物中，标记到基因的任何位置。

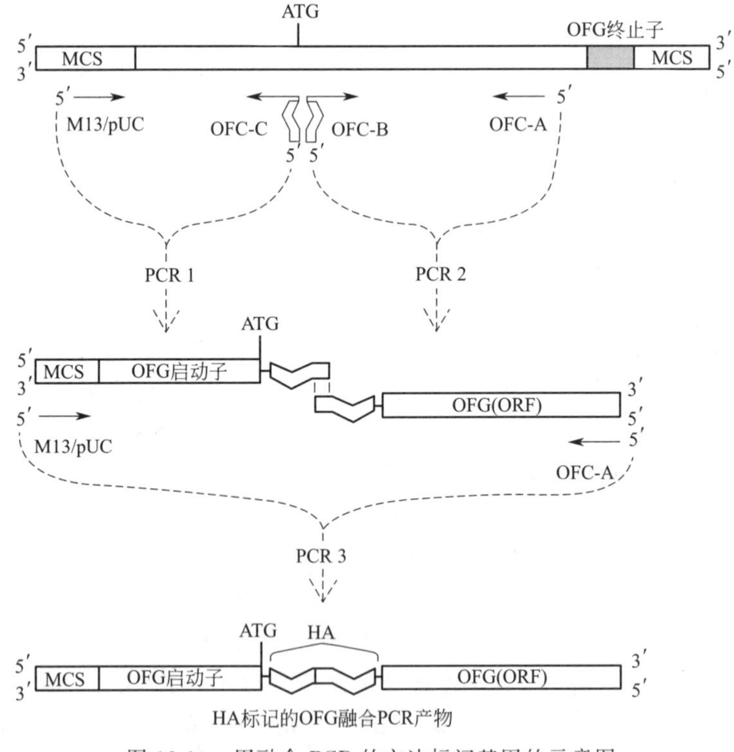

图 12-10 用融合 PCR 的方法标记基因的示意图

OFG—靶基因；HA—流感血凝素表位，作为目的基因的标签

5. 在基因内部制造点突变

Rebel 等人为了在氨基酸的水平定位猪口蹄疫病毒（SVDV）的一个亚型 NET/1/92 的表位，利用融合 PCR 技术，在表位形成的 VP1 区段对一些感兴趣的位点制造了点突变，得到的突变体病毒通过与单克隆抗体的作用特征，不仅印证了其它研究工作者所做的工作，还发现了两个新的氨基酸对特定表位形成的重要性[49]。

融合 PCR 制造点突变的方法：设计了两个互补的引物链，在位置相同的地方引入相同的点突变。例如：

VP1-87 正向 CTGATGGT**GAC**AACTTCGCCT 2699-2719（G-D）

VP1-87 反向 AGGCGAAGTT**GTC**ACCATCAG 2719-2699（G-D）

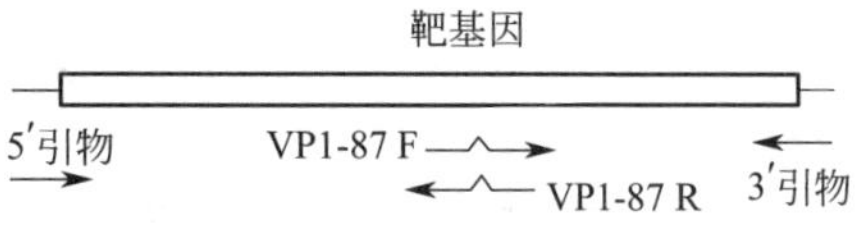

靶基因

5′引物　VP1-87 F　VP1-87 R　3′引物

图 12-11　融合 PCR 的方法制造点突变

利用两条含突变点的引物分别和基因最外侧的引物做 PCR，得到的两个 PCR 产物再进行融合扩增，得到全长的含突变碱基的病毒基因。如图 12-11 所示。

五、融合 PCR 操作方法的注意事项

1. 同源互补区域的长度

由于融合 PCR 主要是利用两个片段 3′端的互补序列进行融合，所以待融合的片段越长，完整的融合产物的量越少。有时扩增产物在凝胶电泳中难以检测。但将待融合的两个片段之间的同源互补区延长是增加融合物产量的一个好办法。如图 12-12 中操作流程（b）所示容易获得高产量，而操作流程（a）得到的产物量少[50]。范宝昌等为了获得登革 2 型病毒的全长 cDNA 分子，将 5′半分子和 3′半分子的互补序列长度增加到 1.6kb，保证了半分子退火后的正确匹配和中间体的稳定[45]。

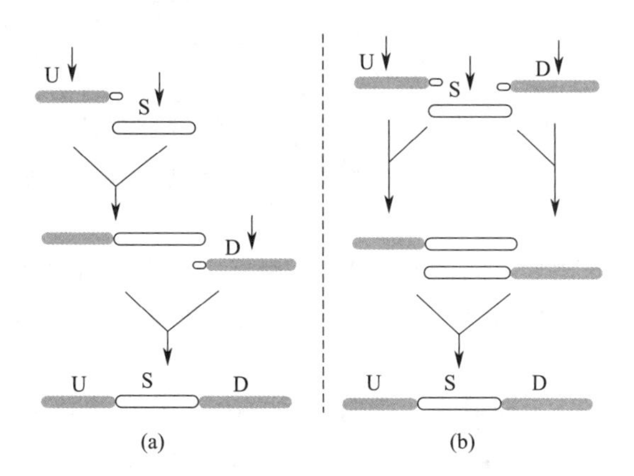

图 12-12　用融合 PCR 的方法获得基因敲除片段

U—上游侧翼序列；D—下游侧翼序列；

S—选择性标记序列；(a)、(b) 为不同的融合方案

2. DNA 聚合酶的性能

融合 PCR 结果有时不理想，也与采用的 DNA 聚合酶的性能有关。在绝大多数情况下，推荐使用高保真的 DNA 聚合酶，以最大限度减少突变的产生。但保真性能好，扩增能力就有一定的局限，比如范宝昌等为了保证 11kb 融合产物的获得，采用的是具有较好扩增能力，但保真度略低于 *Pfu* 的高保真 PCR 系统（B. M. 公司）。Wang

等[50] 的实验结果证明，如果高保真的 DNA 聚合酶的融合扩增效果不好，可以尝试利用普通 *Taq* 酶和高保真的 DNA 聚合酶混合使用。因为有的高保真 DNA 聚合酶对琼脂糖凝胶和电泳缓冲液来源的模板比较敏感，不易获得好的扩增效果。

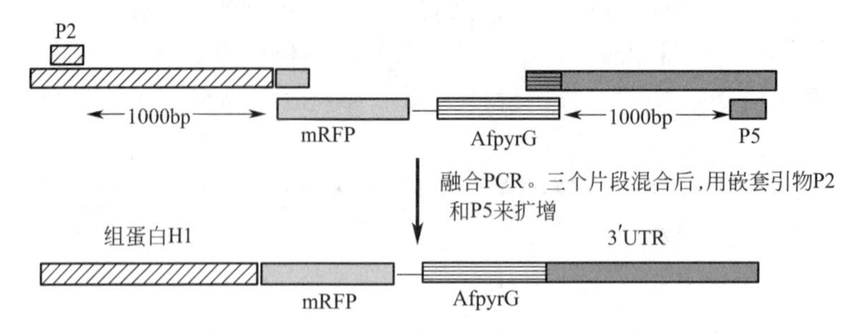

图 12-13 Oakley 实验室融合 PCR 方案

3. PCR 引物的设计和 PCR 反应条件

Oakley 实验室在进行如图 12-13 的融合 PCR 时，发现引物 P2 和 P5 距各自融合端衔接头的最佳距离为 1000bp 左右，至于 P2、P5 以及待融合片段的重叠区域的长度都仅有 18～21bp。

另外，他们为了保证在不同的 PCR 仪器上做出相同的 PCR 结果，规定了如下精细的 PCR 条件：

① 94℃，2min；

② 10 个循环：94℃ 20s，70℃ 1s，以 0.1℃/s 的速度降到 55℃，55℃ 30s，以 0.2℃/s 升温到 68℃，68℃ 5min；

③ 5 个循环：94℃ 20s，70℃ 1s，以 0.1℃/s 的速度降到 55℃，55℃ 30 s，以 0.2℃/s 升温到 68℃，68℃ 5min（以后每个循环加 5s，最后一个循环延伸时间为 5min 20s）；

④ 10 个循环：94℃ 20s，70℃ 1s，以 0.1℃/s 的速度降到 55℃，55℃ 30s，以 0.2℃/s 升温到 68℃，68℃ 5min 20s（以后每个循环加 20s，最后一个循环延伸时间为 9min 20s）；

在步骤③和④中，延伸时间的延长是考虑到 *Taq* 酶的活力在逐步减弱。经过他们的严格而精细的 PCR 程序设定，得到了单一而高浓度的特异性产物[51]。

4. 引物比例

实验操作中也发现，不同引物的比例也影响融合 PCR 结果。在一步融合 PCR 反应中，(原理同图 12-7 所示)，Karreman[52] 在同一个反应管中添加了所有的三种引物和需要的模板，利用一个 PCR 反应来获得融合产物。他发现，引物 1 的量对融合 PCR 的结果关系密切。当引物 1∶引物 2∶引物 3 为 1∶1∶1 时，中间产物的积累效果明显，而融合产物的量少；当引物量之比为 1∶10∶10 时，融合产物的量占到绝大多数；当进一步减小引物 1 与引物 2 和 3 的比例时（1∶100∶100、1∶1000∶1000、1∶10000∶10000)，融合 PCR 效果变得很差，几乎检测不到融合产物。因此，引物 1∶引物 2∶引物 3 的值应保持在合适的水平。

5. 其它

引物的 T_m 值对融合 PCR 的结果也有影响。建议设计的全部引物最好有相同或

相近的 T_m 值，以便融合、扩增步骤的顺利进行。

标准 PCR 产物在进行融合步骤之前，最好分别纯化，保证融合产物的特异性。而且在融合反应时，待融合的片段的量应该大些，保证有尽量多的融合产物的产生。

添加 PCR 增效剂，比如甜菜碱、DMSO、甲酰胺或甘油，可以增进退火过程中引物和模板的匹配，有利于获得好的融合效果。

六、小结

融合 PCR 技术在实验室中广泛应用，如在全长基因或大片段的拼接过程中，以及在基因内部的定点突变等实验方案中。融合 PCR 技术的关键不是在 PCR 反应操作中，而全在于引物的设计。通过特定设计的引物搭桥，自然而然地将两个目的序列融合在一起，避免了不必要的酶切和连接，更重要的是，融合 PCR 对融合位点及附近序列没有特殊要求，融合部位可以是任意位点。而且相应的实验准备也仅仅是一段特殊的引物，非常方便易行。

融合 PCR 也有它的局限性。比如，融合 PCR 的融合效率还要根据具体实验有针对性地摸索。另外，现有的融合 PCR 技术，在构建突变体或嵌合体病毒时，只能做到引物与突变体的一对一的关系，因此，要构建多个突变体，融合 PCR 技术并不占优势。但融合 PCR 可以将两个或几个突变体库融合在一起，理论上扩大了突变体库的容量。因此，融合 PCR 利用其简单的原理，在实际应用中会有更加广泛的应用。

第五节　不依赖连接反应的克隆 PCR

一、引言

当今，PCR 技术已成为分子生物学领域一种有力的研究工具，应用于现代分子生物学各个方面。人们发明各种各样的 PCR 方法来克隆基因，因而在基因克隆和载体构建上，PCR 技术得到广泛的应用，并已成为传统重组基因技术的一种必要的补充手段。常规的克隆和重组 DNA 技术需要用限制酶对 DNA 片段进行消化和用连接酶将两个片段连接起来。但有时待克隆的基因没有合适的限制酶切位点，不能用常规的重组 DNA 技术将其克隆。为克服该困难，人们就设法应用不需要连接反应的 PCR 克隆方法，于是不依赖连接反应的克隆 PCR（ligation-independent cloning PCR，LIC-PCR）就应运而生。

二、基本原理

人们发明了两种不同的不需要连接反应的 PCR 克隆方法，这些方法都在扩增的 DNA 片段的两端产生大约 10～12 个碱基的单链末端，它们能够同载体的互补序列发生特异性的退火，然后就可以转化感受态细菌，而不必进行连接反应。主要有以下两种方法。

一种由 Aslanidis 和 de Jong[53] 发明，他们在设计 PCR 引物时，使引物末端 12 个或更多的碱基中只有三种核苷酸。然后对获得的 PCR 产物用 T4 DNA 聚合酶进行消化，并且在消化液中掺入了在产物 3′端没有出现过的核苷酸。T4 DNA 聚合酶的外切酶活性能够消化 PCR 片段的 3′端，由于在消化液中掺入了在产物 3′端没有出现过的核苷酸，当 T4 DNA 聚合酶遇到 PCR 产物上这种核苷酸时，反应体系中的核苷酸便抑制了这种外切活性，反应停止，产生稳定的 5′突出端。加热使酶灭活。线性载体也可用同样的方法处理，二者退火就形成环形质粒即可转化感受态细菌（如图 12-14 所示）。

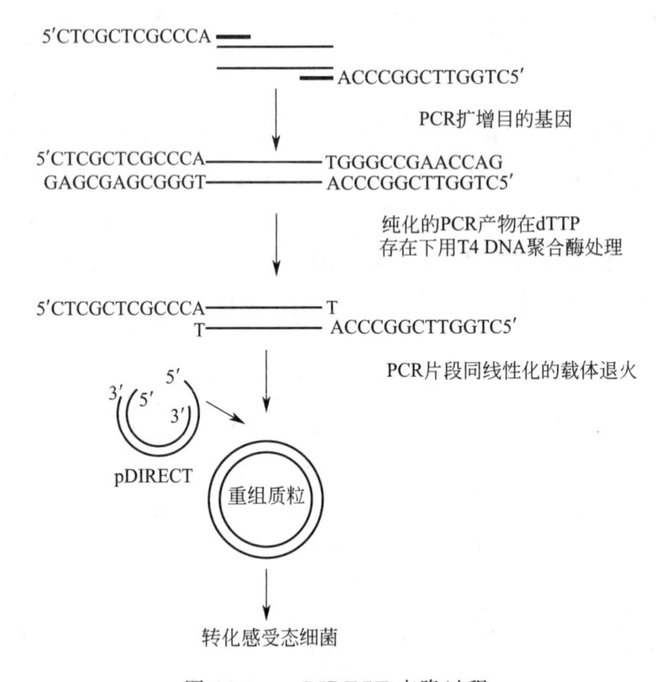

图 12-14　pDIRECT 克隆过程

用 5′端带有 PCR-Direct 序列的引物扩增目的 DNA 片段；纯化 PCR 产物，然后在 dTTP 存在时用 T4 DNA 聚合酶处理；PCR 插入片段与 pDIRECT 载体退火，pDIRECT 载体是线性分子；重组质粒转化感受态细菌

另一种能使 PCR 产物两端产生突出末端的方法就是利用尿嘧啶 DNA 糖基化酶（UDG）[54,55]。UDG 酶是参与 TTP 生物合成的一种酶，它能水解脱氧核糖基团与尿嘧啶之间的 *N*-糖苷键。这种酶解反应产生脱碱基的 dU 残基，从而破坏 DNA 的碱基配对。此法就是在引物的 5′端加上掺入脱氧尿嘧啶的尾巴，并用 UDG 选择性地去掉 PCR 产物 5′端的突出脱氧尿嘧啶。这些产物就可以同含有互补序列的合适载体退火，从而使载体和插入的外源片段形成环状。这种重组质粒就可以有效地转化入大肠杆菌中（图 12-15）。这种方法重要的一点就是要使产物的 3′突出端含有足够数目的核苷酸残基，从而能够使载体与插入的 PCR 产生的 DNA 片段发生稳定有效的退火反应。另外，在引物设计时，将 dUMP 安插在 PCR 模板与载体互补序列的连接处，以及在寡核苷酸引物的 5′端添加入几个 dUMP 残基也很重要，经 UDG 酶切后，使寡核苷酸中其它碱基失去与互补链的相互作用，从而产生出单链的突出端。

这种 UDG 克隆的方法应用于一系列的 PCR 扩增中，Nisson 等[54] 利用基因组中 *Alu* 保守序列，用反向 *Alu* 互补的单引物扩增出基因组序列。这些用 UDG 克隆产生的基因组片段就可组合成 *Alu*PCR 质粒文库。通过在每一个 PCR 产物末端设计不同的克隆序列，UDG 法可应用于 PCR 产物的直接克隆。这种克隆的方法证明非常高效，转化效率为每微克约 10^5～10^7 个转化子。这种方法对 PCR 产物和 DNA 片段证

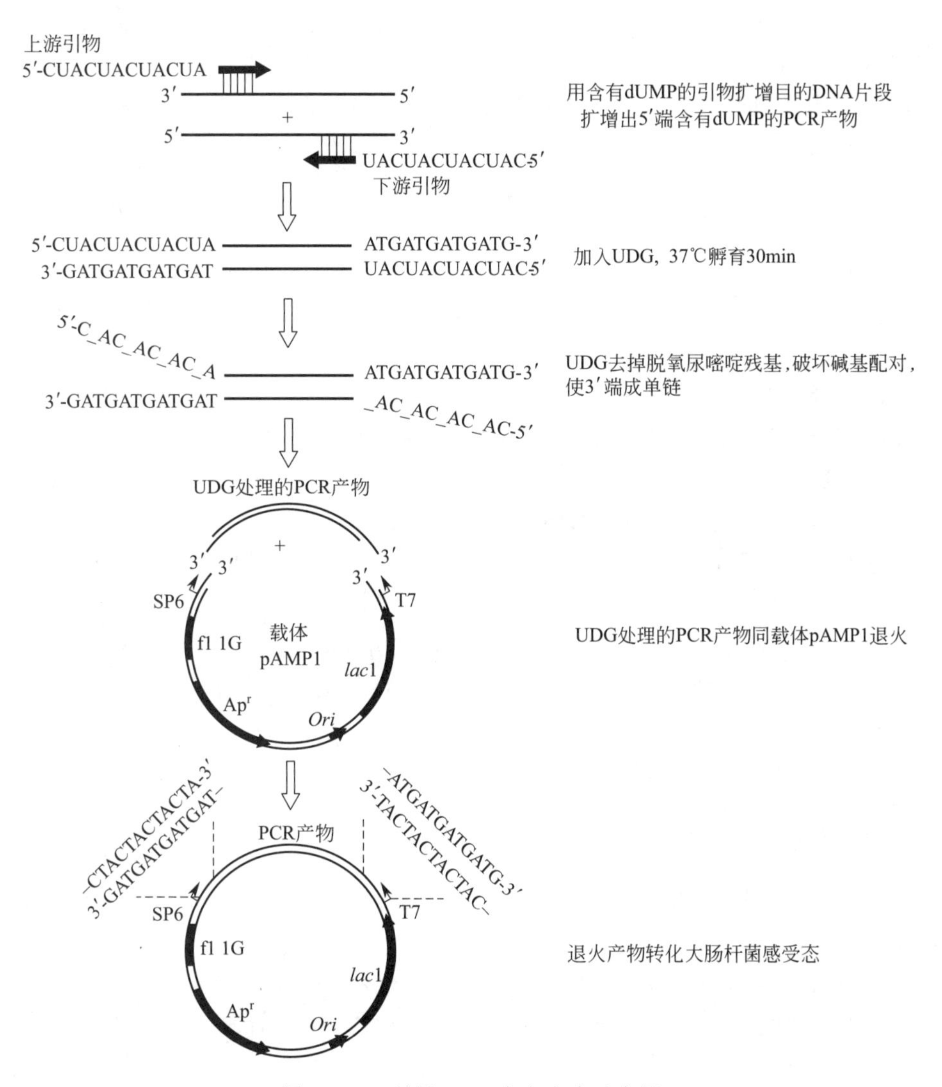

图 12-15 利用 UDG 定向克隆示意图

引物的 5′端含有脱氧尿嘧啶，这样在 PCR 产物的每一条链的 5′末端就掺入了脱氧尿嘧啶，UDG 选择性地去掉 PCR 产物 5′端悬突脱氧尿嘧啶，就可以同含有互补序列的合适载体退火，转化入大肠杆菌中

明都是有效的，能够克隆 2500bp 的序列[55]。Buchman 等[56] 测定了 PCR 产物 UDG 克隆的效率。通过用不同有限数目的 PCR 片段，证明克隆效率非常高，甚至在插入片段只有 0.1ng 的情况下，98%以上的转化子为阳性。UDG 克隆高效率的主要原因就是克隆载体不需要体内连接。以下主要以 UDG 克隆方法为例进行介绍。

三、材料

① 待扩增基因的上游引物 P_1（5′端为 CUACUACUACUA）和下游引物 P_2（5′端为 CAUCAUCAUCAU）。

② 模板（mRNA 或 cDNA）。

③ 热稳定聚合酶及 10×缓冲液。

④ 10mmol/L dNTP。

⑤ pAMP1 载体（25ng/μL）。
⑥ 退火缓冲液。
⑦ 尿嘧啶 DNA 糖基化酶（1U/μL）。

四、方法

1. 引物设计

用于 LIC-PCR 的上游引物 P_1 的 5′端为 CUACUACUACUA，再加上待扩增基因的互补序列；下游引物 P_2 的 5′端为 CAUCAUCAUCAU，再加上待扩增基因互补序列。

2. PCR 反应

按照标准 PCR 反应体系，加入所需试剂，进行标准的 PCR 反应。

3. 退火反应

在 0.5mL 离心管中加入以下试剂（置于冰上）

PCR 产物(5～25ng/μL)	2μL	尿嘧啶 DNA 糖基化酶(1U/μL)	1μL
pAMP1 载体 DNA（25ng/μL）	2μL	总体积	20μL

退火缓冲液[20mmol/L Tris-HCl(pH8.4),50mmol/L KCl,1.5mmol/L $MgCl_2$] 15μL 混合均匀,37℃温育 30min 后置于冰上。

4. 转化

取退火反应液 1～5μL 转化 DH5α 感受态细菌。

五、注意事项

① CLONEAMP 试剂盒提供一 44bp 的阳性对照 DNA，退火反应时加入 2μL（约 25ng）到反应体系中。

② 重组子的多样性直接同 PCR 产物的多样性相关，也就是说若 PCR 产物中包括很多种扩增片段，那就有可能每一种 PCR 产物的末端含有脱氧尿嘧啶的引物特异连接片段。这也是一种建立 PCR 文库的理想方法，人们也就可以根据自己所需筛选理想克隆。

③ 一些扩增反应可能会产生引物二聚体等非目的产物，这就需要重新设计引物，可以用 dTMP 来代替 dUMP，这样就不会产生由 dU 引起的引物二聚体问题。

六、应用

1. 利用 PCR 和 UDG 克隆进行位点特异性突变

在 PCR 过程中利用含脱氧尿嘧啶的寡核苷酸作引物是使 3′端产生悬突的便利方法[57]。以质粒点突变为例，首先合成含有目的核苷酸突变的两个重叠引物，其所有 5′端胸腺嘧啶残基均被脱氧尿嘧啶所取代。PCR 产物 5′端对 UDG 很敏感，利用 UDG 对 PCR 产物处理后，dU 残基被切掉，产生了 3′黏末端，经退火后环化，转化大肠杆菌后经体内修复，产生新的质粒分子，该新生质粒分子除想要的突变外，与野生型的母代质粒相一致。

有时候，感兴趣的基因并不是质粒，或者质粒太大不能完整扩增。那么就可对该基因分两次扩增，再利用 UDG 进行克隆。在这一过程中，设计两个突变引物，这两个突变引物含有 dU，并且能够重叠，每个突变引物再分别与合适的 5′或 3′引物进行独立的 PCR，它们都包含 dU 序列，以使 UDG 能克隆进合适的载体。获得的扩增产物在一个试管内与载体和 UDG 混合，能产生含有目的突变的嵌合分子，获得的环形嵌合质粒直接用于感受态大肠杆菌细胞的转化，携带嵌合质粒的克隆则含有目的突变。

2. 产生新基因

Rashtchian 等[58] 利用 LIC-PCR 克隆编码人的 Ciliary 神经增殖因子（*CNTF*）基因，因为 *CNTF* 由一个内含子及它所隔开的两个外显子组成，需要用 PCR 方法把它们从基因组中克隆出来。在 PCR 引物设计时，用脱氧尿嘧啶代替胸腺嘧啶，就能够产生 3′单链（如图 12-16 所示）。这样两个外显子组装成 *CNTF* 的全长序列，对组装成的序列进行测序分析，完全同野生型 cDNA 序列一致。并且用同样的方法克隆了神经生长因子前体序列。

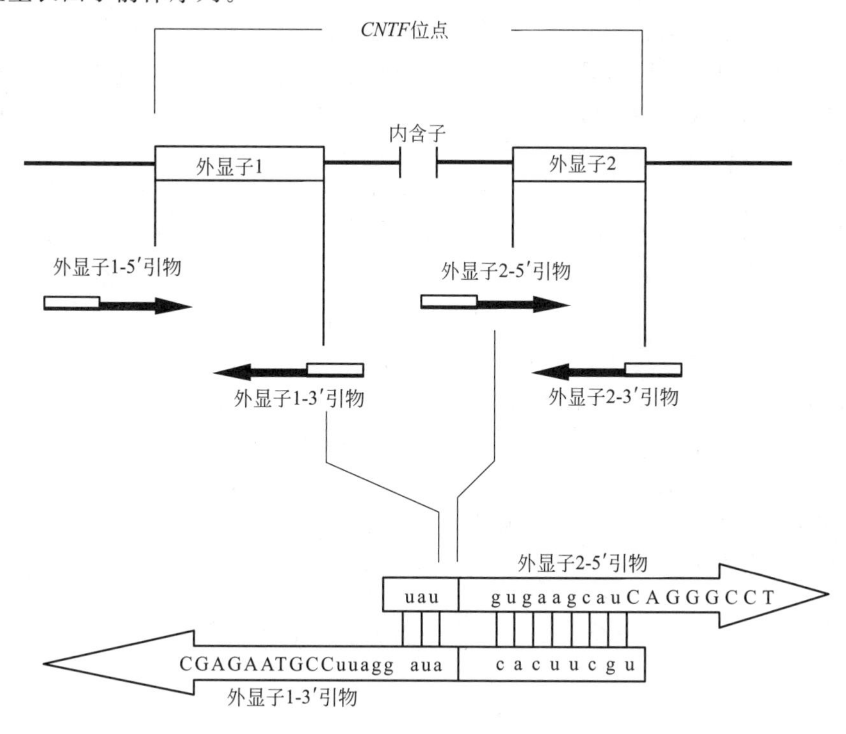

图 12-16　通过引物设计产生 *CNTF* 新基因

用引物重叠的方法，把脱氧胸腺嘧啶替换为脱氧尿嘧啶，产生 3′单链悬突，同 PCR 产物退火产生新的基因

用 PCR 的方法从基因组 DNA 中扩增出基因的外显子序列，经拼接而组装成基因的全序列在分子生物学中有着无数的先例。这样可以依照研究需要进行任意拼接进而研究各部分的功能，特别是如果 cDNA 或者 RNA 很难获得时，这种方法便可大显身手。RACE 技术已成功地应用于当 mRNA 很少时来获得 cDNA。UDG 克隆技术在 3′RACE 和 5′RACE[59,60] 已成功应用。其它的应用包括如嵌合毒素、嵌合抗体、蛋白结构域改变和其它的突变设计。

PCR 技术现在应用于多样的抗体家族。这可能主要因为抗体的可变区和恒定区在 5′和 3′端都具有保守的序列。直接扩增抗体的保守序列就可以构建含有大量不同的轻链和重链的抗体 cDNA 文库。在这个文库中，一个载体就可以表达每个抗体的不同片段。当然这些技术只能在一些实验室中应用。UDG 在抗体工程中的应用还有人源化抗体等。

3. 未来应用

PCR 技术已在分子生物学领域中广泛应用，随着新的 PCR 技术不断出现，它的应用将更加广泛。近来用 PCR 技术在扩增 DNA 片段方面取得了重大进步。Borrebaeck[61] 把 *Taq* DNA 聚合酶和一种具有 3′外切酶活性的 DNA 聚合酶混合到一起，成功地扩增出 35kb 的长片段 DNA。因为长片段 DNA 可能包含很多的限制酶切位点，因此用限制酶克隆的方法可能不很实用。因为用具有 3′端外切酶活性的聚合酶，在长片段 PCR 中要把 3′端的悬突去掉，生成平端，所以 TA 的克隆方法也不实用。在这种情况下，不需要连接反应的 PCR 克隆方法因为不需要限制酶消化和去掉 3′端额外的核苷酸就显得特别适用。不需要连接反应的 PCR 应用于基因合成方面，具有重叠片段的寡核苷酸能够通过不需要连接反应的 PCR 退火连接到一起。

虽然大部分研究者在不断寻找高忠实性的方法来克隆基因，当然高忠实性的 PCR 是有用的。但 Cadwell 和 Joyce[62] 充分利用低忠实性的 PCR 反应来产生一系列的突变体，Arnold 也用这种方法来产生突变的蛋白。这种方法产生的随机突变用于筛选能够提高催化活性的突变子。它同 DNA 改组（shuffling）方法结合可用来快速研究蛋白质的体内进化，从而发现蛋白质的一些新活性[11]。当然这些方法要成功就必须有效地克隆大量不同基因并能够有效地筛选。不需要连接反应的 PCR 克隆方法具有的高效连接效率和在 DNA 文库方面的简便应用将使它在这些方面得以发展。

由此证明，利用 UDG 克隆一系列的基因 DNA 片段是一种极为有效的方法。另外，此项技术也是 DNA 序列在任一点连接 DNA 片段常用的方法，而不需利用限制性酶切位点。它的这个特点可以快速地发现新基因和 DNA 结构，使分子生物学家和蛋白质工程学家有更多的选择。

第六节　菌落 PCR

一、引言

常规的 PCR 扩增需要进行细菌培养、质粒制备等多步操作后才能进行基因扩增，操作繁琐，耗时较长，同时在反复的操作中 DNA 量损失也较大，产率较低。在 1989 年 Gussow 和 Clackson[63] 建立了菌落 PCR（colony PCR）法，菌落 PCR 与我们通常的普通 DNA 的 PCR 的不同在于，直接以单个菌作为模板。可以快速鉴定菌落是否为含目的质粒的阳性菌落，操作简单、快速，在转化鉴定中较常用。

二、原理

常规的 PCR 需要专门制备 DNA 模板，而菌落 PCR 可直接以单个菌落作为模板，用无菌牙签挑取单个菌落到 TE 缓冲液中，煮沸 10min，涡旋振荡后短暂离心，用 1～2μL 裂解液作为 DNA 模板，省去抽提模板 DNA 这一步，通过特异性引物或通用引物对目的基因进行快速扩增，大大节约了时间和成本。

三、材料

① 固体平板培养基上培养出的单菌落。

② 10×PCR 缓冲液（100mmol/L Tris-HCl，pH8.3；500mmol/L KCl；0.1%明胶；15mmol/L $MgCl_2$）。

③ 目的基因引物。

④ 高压灭菌牙签。

⑤ 抗性平板。

⑥ TritonX-100。

⑦ EP 管。

⑧ 离心机。

四、操作方法

① 用高压灭菌的牙签挑取单个菌落，先在含抗性的平板上画线，做保种用，然后将牙签置于 20μL TritonX-100 中搅和一下，以便悬浮涂在牙签上的菌，将相应的菌和平板上的画线区做上对应的记号。

② 将装有 20μL TritonX-100 的 EP 管煮沸 10min，冷却后 12000r/min 离心 1min 去除细胞碎片。

③ 反应体系（25μL）：

Taq 酶(5U/μL)	0.5μL	引物 P2(10μmol/L)	0.5μL
10×Taq 缓冲液	2.5μL	dNTPs(各 2.5mmol/L)	2μL
模板	1μL	H_2O	18μL
引物 P1(10μmol/L)	0.5μL		

④ PCR 扩增条件为 95℃ 5min；94℃ 30s，55℃ 30s，72℃ 60s，30 循环；72℃ 5min；4℃保存。

⑤ 电泳，观察结果，对阳性的结果相对应的主平板上的菌落保种或者进行测序。

五、注意事项

① 菌落 PCR 时，加入菌液模板的体积不能过大，否则会影响 PCR 体系，导致扩增失败，一般取 1～2μL 做 25μL 的 PCR 体系。模板如果太多了，引物就不够用了，显然扩增不出来，这种现象在以质粒为模板的 PCR 里面很多，提出来的质粒不要忘记稀释。

② 减少扩增循环，25～30 个循环对于菌落 PCR 是比较合适，扩增循环过多，会产生假阳性。

③ 假阳性的控制。如果用载体引物来扩增一般可以降低假阳性，或者多用几对不同的引物扩增，以增加真阳性的筛选结果，PCR 结果最好做酶切鉴定。

④ PCR 条件的控制。热启动可以消除引物二聚体，退火温度可以稍低。

六、应用

1. 挑取重组子克隆

常规的碱裂解和煮沸法[64] 均需要经过菌体过夜培养、菌体裂解及乙醇沉淀过程。一般情况下，在挑取的若干克隆中只有少部分为重组子，因此提取质粒过程消耗的时间很多，而利用菌落 PCR 挑取重组子克隆则避开了提取质粒的繁琐过程。陈淑霞等人[65] 利用单菌落 PCR 法直接筛选含有绿色荧光蛋白基因（green fluorescent protein，GFP）和不耐热肠毒素 B 亚基及耐热肠毒素融合基因（LTB-ST）外源基因的重组克隆，阳性克隆可以扩增出目的条带，和质粒 PCR 扩增进行比较结果一致。证明单菌落 PCR 进行重组菌阳性克隆的鉴定是非常有效的。

2. 基因组测序

传统的测序前 PCR 扩增是以碱裂解等方法抽提的 DNA 为模板，成功率高但较为繁琐。采用菌落 PCR 方法，跳过 DNA 抽提这一步，直接以菌体热解后暴露的 DNA 为模板进行 PCR 扩增和荧光标记，使建库到测序前各步骤的总成本减少了 1/3。唐晔盛等[66] 采用该法成功测定了籼稻（*Oryza sativa* indica）广陆矮 4 号的 L3173 号 BAC DNA 全长序列。

七、小结

常规 PCR 技术是目前分子生物学中的一种常用的鉴定方法和技术手段，在严格操作的前提下，PCR 的结果是十分可靠的。但常规 PCR 扩增需要一些前期准备工作，如 DNA 模板的制备与纯化，操作繁琐，耗时费力，成本较高，而且 DNA 制备过程中的某些试剂会对扩增带来不良影响。因此，菌落 PCR 为简便快速地筛选 DNA 阳性重组克隆以及大规模基因测序等提供了一个简便、高效的途径。

参考文献

[1] Winship P R. An improved method for directly sequencing PCR amplified material using dimethyl sulphoxide. Nucleic Acids Res，1989，17：1266.

[2] Moreau A，Duez C，Dusart J. Improvement of GC-rich template amplification by inverse PCR. BioTechniques，1994，17（2）：232-234.

[3] Sarkar G，Kapelner S，Sormmer S S. Formamide can dramatically improve the specificity of PCR. Nucleic Acids Res，1990，18（24）：7465.

[4] McConlogue L，Brow M A D，Innis M A. Structure-independent DNA amplification by PCR using 7-deaza-2′-deoxyguanosine. Nucleic Acids Res，1988，16（20）：9869.

[5] Dierick H，Stul M，Kelver W D，et al. Incorporation of dITP or 7-deaza dGTP during PCR improves sequencing of the product. Nucleic Acids Res，1993，21（18）：4427-4428.

[6] Hung T，Mak K，Fong K. A specificity enhancer for polymerase chain reaction. Nucleic Acids Res，1990，18（16）：4953.

[7] Turner S L，Jenkins F J. Use of deoxyinosine in PCR to improve amplification of GC-rich DNA. BioTechniques，1995，19（1）：48-52.

[8] Henke W，Herdel K，Jung K，et al. Betaine improves the PCR amplification of GC-rich DNA sequences. Nucleic Acids Res，1997，25（19）：3957-3958.

[9] Chakrabarti R，Schutt C E. The enhancement of PCR amplification by low molecular-weight sulfones Gene，2001，274（1-2）：293-298.

[10] Chakrabarti R，Schutt C E. The enhancement of PCR amplification by low molecular weight amides. Nucleic Acids Res，2001，29（11）：2377-2381.

[11] Chakrabarti R，Schutt C E. Novel sulfoxides facilitate GC-rich template amplification. BioTechniques，2002，32（4）：866，868，870-872，874.

[12] 张部昌，赵志虎，于秀琴，等. 富含 GC DNA PCR 扩增条件的优化. 军事医学科学院院刊，2002，26

(4)：257-261.

[13] Agarwal R K，Perl A. PCR amplification of highly GC-rich DNA template after denaturation by NaOH. Nucleic Acids Res，1993，21 (22)：5283-5284.

[14] Schuchard M，Sarkar G，Ruesink T，et al. Two-step "hot" PCR amplification of GC-rich avian c-myc sequences. BioTechniques，1993，14 (3)：390-394.

[15] Dutton C M，et al. Nucleic Acids Res，1993，21 (12)：2953.

[16] 张部昌，赵志虎，王以光，等. 合成酮内酯类 3-脱氧-3-羰基-红霉内酯 B 糖多孢红霉菌 M 的构建. 生物工程学报，2002，18 (2)：198-203.

[17] Sun Y，Hegamyer G，Colburn N H. PCR-direct sequencing of a GC-rich region by inclusion of 10% DMSO：application to mouse c-jun. BioTechniques，1993，15 (3)：372-374.

[18] Barnes W M. Proc Natl Acad Sci USA，1994，91 (6)：2216.

[19] Cheng S. Proc Natl Acad Sci USA，1994，91 (12)：5695.

[20] Waggott W. Methods Mol Biol，2002，16：81.

[21] Benkel B F，et al. Genet Anal，1996，13 (5)：123.

[22] Dittmar M T，et al. J Virol，1997，71 (7)：5140.

[23] Michalatos-Beloin S，et al. Nucleic Acids Res，1996，24 (23)：4841.

[24] Skiadas J，et al. Mamm Genome，1999，10 (10)：1005.

[25] Brumlik M J，et al. Appl Environ Microbiol，2001，67 (7)：3021.

[26] Dabora S L，et al. J Med Genet，2000，37 (11)：877.

[27] Thomas R，et al. Am J Hum Genet，1999，65 (1)：39.

[28] Luthra R，et al. Hematopathol Mol Hematol，1998，11 (3-4)：173.

[29] Lay J M，et al. Transgenic Res，1998，7 (2)：135.

[30] Grajkowski A，Pedras-Vasconcelos J，Wang V，et al. Thermolytic CpG-containing DNA oligonucleotides as potential immunotherapeutic prodrugs. Nucleic Acids Res，2005，33：3550-3560.

[31] Alexandre V. Lebedev，Natasha Paul，Joyclyn Yee，et al. Timoshchuk，Jonathan Shum，Kei Miyagi，Jack Kellum，Richard I. Hogrefe and Gerald Zon. Hot Start PCR with heat-activatable primers：a novel approach for improved PCR performance. Nucleic Acids Research，2008，36 (20)：e131.

[32] Wabuyele M B，Soper S A. PCR amplification and sequencing of single copy DNA molecules. Single Mol，2001，2：13-21.

[33] Elnifro E M，Ashshi A M，Cooper R J，et al. Multiplex PCR：optimization and application in diagnostic virology. Clin Microbiol Rev，2000，13：559-570.

[34] Saldanha J，Minor P. A sensitive PCR method for detecting HCV RNA in plasma pools，blood products，and single donations. J Med Virol，1994，43：72-76.

[35] Chen X，Sullivan P F. Single nucleotide polymorphism genotyping：biochemistry，protocol，cost and throughput. Pharmacogenomics J，2003，3：77-96.

[36] Tsuchihashi Z，Dracopoli N C. Progress in high throughput SNP genotyping methods. Pharmacogenomics J，2002，2：103-110.

[37] Sato Y，Hayakawa M，Nakajima T，et al. HLA typing of aortic tissues from unidentified bodies using hot start polymerase chain reaction-sequence specific primers. Leg Med，2003，5 (Suppl. 1)：S191-S193.

[38] Acinas S G，Klepac-Ceraj V，Hunt D E，et al. Fine-scale phylogenetic architecture of a complex bacterial community. Nature，2004，430：551-554.

[39] Acinas S G，Sarma-Rupavtarm R，Klepac-Ceraj V，et al. PCR-induced sequence artifacts and bias：insights from comparison of two 16S rRNA clone libraries constructed from the same sample. Appl Environ Microbiol，2005，71：8966-8969.

[40] Louwrier A，van der Valk A. Thermally reversible inactivation of Taq polymerase in an organic solvent for application in hot start PCR. Enzyme Microb Technol，2005，36：947-952.

[41] Ramakers C，Ruijter J M，Deprez R H，et al. Assumption-free analysis of quantitative real-time polymerase chain reaction (PCR) data. Neurosci Lett，2003，339：62-66.

[42] http：//www. biols. susx. . ac. uk/gdsc/tony/methods/method _ fusion. htm.

[43] Amberg D C, Botstein D, Beasley E M. Precise gene disruption in Saccharomyces cerevisiae by double fusion polymerase chain reaction. Yeast, 1995, 11 (13): 1275-1280.
[44] Kuwayama H, Obara S, Morio T, et al. PCR-mediated generation of a gene disruption construct without the use of DNA ligase and plasmid vectors. Nucleic Acids Res, 2002, 30 (2): E2.
[45] 范宝昌，赵卫，胡志君，等. 扩增我国登革 2 型病毒全长 cDNA 分子的融合 PCR 方法. 军事医学科学院院刊，2001，25 (2): 137-139.
[46] Charlier N, Molenkamp R, Leyssen P, et al. A rapid and convenient variant of fusion-PCR to construct chimeric flaviviruses. J Virol Methods, 2003, 108 (1): 67-74.
[47] Dekker A, Leendertse C H, van Poelwijk F, et al. Chimeric swine vesicular disease viruses produced by fusion PCR: a new method for epitope mapping. J Virol Methods, 2000, 86 (2): 131-141.
[48] http: //www. epicentre. com/pdfforum/7 _ 3failsafe. pdf.
[49] Rebel J M, Leendertse C H, Dekker A, et al. Construction of a full-length infectious cDNA clone of swine vesicular disease virus strain NET/1/92 and analysis of new antigenic variants derived from it. J Gen Virol, 2000, 81 (Pt 11): 2763-2769.
[50] Wang H L, Postier B L, Burnap R L. Optimization of fusion PCR for in vitro construction of gene knockout fragments. Biotechniques, 2002, 33 (1): 26, 28, 30.
[51] Oakley Lab Fusion PCR Protocol. http: //www. fgsc. net/Aspergillus/Oakley _ PCR _ protocol. pdf.
[52] Karreman C. Fusion PCR, a one-step variant of the "megaprimer" method of mutagenesis. Biotechniques, 1998, 24 (5): 736, 740, 742.
[53] Aslanidis C, de Jong PJ. Ligation-independent cloning of PCR products (LIC-PCR). Nucleic Acids Res, 1990, 18 (2): 6069-6074.
[54] Nisson PE, Rashtchian A, Watkins P C. Rapid and efficient cloning of alu-PCR products using uracil DNA glycosylase. PCRMethods Appl, 1991, 1 (2): 120-123.
[55] Rashtchian A, Buchman C, Schuster D, et al. Uracil DNA glycosylase-mediated cloning of polymerase chain reaction amplified DNA: application to genomic and cDNA cloning. Anal Biochem, 1992, 206 (1): 91-97.
[56] Buchman GW, Schuster DM, Rashtchian A. Rapid and efficient cloning of PCR products using the CloneAmp system. Focus 1992, 14: 41-45.
[57] Rashtchian A, Thornton C G, Heidecker G. A novel method for site-directed mutagenesis using PCR and uracil DNA glycosylase. PCR Methods Appl, 1992, 2 (2): 124-130.
[58] Rashtchian A. Novel methods for cloning and engineering genes using the polymerase chain reaction. Curr opin Biotechnol, 1995, 6 (1): 30-36.
[59] Frohman M A, Dush M K, Martin G R. Rapid production of full length cDNAs from rare transcripts: amplfi cation using a single gene-specific oligonucleotide primer. USA: Proc Natl Acad Sc; USA, 1988, 85 (23): 8998-9002.
[60] Buchman C W, Rashtchian A. PCR amplification of nucleic acid sequences using the 3′RACE system and direct cloning of the amplified products. Focus, 1992, 14: 2-5.
[61] Borrebaeck C A K (Ed). Antibody engineering, a practical guide. New York: WH Freeman and Company, 1992.
[62] [美] 迪芬巴赫 C W，德维克斯勒 G S. PCR 技术实验指南. 黄培堂，等译. 北京：科学出版社，1998.
[63] Gussow D, Clackson T. Direct clone characterization from plaques and colonies by the polymerase chain reaction. Nucleic Acids Research, 1989, 17: 4000.
[64] Sambrook J, Fritsch E F, Maniatis T. Molec μ lar Cloning. A laboratory manual. 2nd ed. New York: Cold Spring Harbor Laboratory Press, 1989: 474-491.
[65] 陈淑霞，王晓武，防玉林. 单菌落 PCR 法直接快速鉴定重组克隆. 微生物学通报，2006，33 (3): 52-56.
[66] 唐晔盛，李英，朱静洁，等. 菌落 PCR 在大规模基因组测序中的应用. 生物化学与生物物理进展，2002，29 (2): 316-318.

第十三章
PCR 在基因分型中的应用

鉴于各物种在遗传上存在高度保守序列，研究人员设计出了各种不同的 PCR 方法，对这些特异序列进行扩增。本章主要介绍扩增这些特异序列的 PCR 方法。这些方法可用于疾病的基因诊断、微生物的分子分型、流行病学调查、食品污染检测、动物品系鉴定和遗传检测。还可对各物种进行分类并对物种的遗传距离、系统发育和亲缘关系等进行研究。

第一节　任意引物 PCR

一、引言

任意引物 PCR（arbitrarily primed PCR，AP-PCR）是于 1990 年由美国的两个相互独立的科研小组同时建立的。Welsh 等[1] 将其称为任意引物 PCR 即 AP-PCR，而 Williams 等[2] 称其为随机扩增多态性 DNA（random amplified polymorphic DNA，RAPD）。此外，也有人将此种方法称为随机引物 PCR（random primer PCR，RP-PCR）。AP-PCR 不仅可用于基因组指纹分析，也可用于 RNA 指纹分析，后者被称为 RAP-PCR（RNA arbitrarily primed PCR fingerprinting）[3]。

任意引物 PCR 技术自建立以来，因其独特的优点倍受重视，得到了迅速的发展和广泛的应用。如今，该方法已经应用于细菌、真菌、植物、动物及人的遗传图谱构建，系统发育学研究，种群生物学分析，种内、种间个体鉴定、分类，差异表达基因的显示、分离、克隆等方面。下面就其基本原理、方法、注意事项、应用进行介绍。

二、任意引物 PCR 的基本原理及技术特点

1. 任意引物 PCR 的基本原理

任意引物 PCR 是在常规 PCR 的基础上发展起来的，其理论依据是：不同物种的基因组中与引物相匹配的碱基序列的空间位置和数目都有可能不同，因而扩增产物的大小和数量也可能不同。具体原理是：用适当选择的一系列人工随机合成的寡聚核苷酸单链为引物，以所研究的基因组 DNA 或 RNA 反转录产生的 cDNA 为模板进行 PCR 扩增。若引物在模板 DNA 的两条链上有互补位点，且方向正确，距离在一定长度范围内，就可以扩增出 DNA 片段，多个随机引物可以使检测区域扩大至整个基因组。扩增产物经琼脂糖或聚丙烯酰胺凝胶电泳分离，EB 染色或放射性自显影得到 DNA 指纹图谱，进而分析比较其多态性。这些扩增 DNA 片段的多态性反映了基因

组 DNA 相应区域的多态性。

2. 任意引物 PCR 的技术特点[1,2]

任意引物 PCR 的技术特点主要有以下几个方面：①由于所选用的引物碱基排列是随机的，故可以在对物种 DNA 序列信息完全缺乏了解的情况下，对物种的基因组进行 DNA 片段多态性分析，最后可通过统计分析确定其在系统演化及分类中的地位；②任意引物 PCR 可应用多至数百种引物对整个研究对象的基因组进行地毯式的多态性分析，使两个基因组间的微小差异也能被反映出来；③该技术使用一套引物可以用于多个物种或群体的遗传多样性研究，这一特点也使得该技术对暴发流行性疾病的调查非常有用，可以迅速查找到传染源，为控制感染争取时间；④该法具有常规 PCR 方法具有的简便、快捷、灵敏的特点，且实验成本低。

三、AP-PCR 方法

1. 材料

① PCR 仪。

② 1mol/L Tris-HCl（pH8.3）。

③ 1mol/L KCl。

④ 1mol/L $MgCl_2$。

⑤ 0.1g/L 明胶。

⑥ 5mmol/L 各种 dNTP。

⑦ 10μmol/L 引物。

⑧ *Taq* DNA 聚合酶。

2. 方法

（1）引物　AP-PCR 引物的序列是随机的，但也不是采用所有的随机引物都能得到理想的结果，通常需要用大量的引物来尝试。一般情况下，AP-PCR 引物有两大类：一类是采用较长的引物即 20 个左右碱基的单条或双条引物，另一类是采用较短的引物即 9～10 个碱基的单条引物。

（2）模板　模板制备因样品的不同而有所差异，下面以细菌标本为例做一介绍。

取 2～5mL 过夜培养细菌 4℃，6000r/min 离心 10min 收集于微量离心管中，用 500μL TE（pH8.0）悬浮，加入溶菌酶至终浓度为 0.2mg/mL，37℃作用 1h，加 10% SDS 60μL 、20mg/mL 蛋白酶 K 6μL，37℃过夜。再加入 RNase 至终浓度为 20μg/mL，55℃作用 20min。用等体积的酚-氯仿-异戊醇和氯仿-异戊醇各抽提 2 次，加 1/10 体积的 3mol/L 醋酸钠，用冷乙醇沉淀 DNA，DNA 溶于 50μL 双蒸水中，用紫外分光光度计测定 DNA 的纯度与浓度，并制备成约 25ng/μL 的 DNA 样品。

（3）反应体系

① 10mmol/L Tris-HCl（pH8.3）。

② 10mmol/L KCl。

③ 5mmol/L $MgCl_2$。

④ 0.1g/L 明胶。

⑤ 100μmol/L 各种 dNTP。

⑥ 0.2～0.4μmol/L 引物。

⑦ 25ng 基因组 DNA。

⑧ 0.5U *Taq* DNA 聚合酶。

总体积 50μL。

（4）反应参数　通常情况下该反应包括两个反应条件，第一个为低严紧反应条件，如 94℃ 1min、40℃ 1min、72℃ 2min，进行 2～5 个循环。第二个为高严紧反应条件，如 94℃ 1min、60℃ 1min、72℃ 2min，共进行 30 个循环。也有人仅设定一个低严紧反应条件进行扩增，如 94℃ 1min、36℃ 1min、72℃ 2min，共进行 40 个循环。

（5）检测　取扩增产物在测序聚丙烯酰胺凝胶上进行电泳，并在 X 射线片上曝光分析扩增结果；也可以用普通的琼脂糖凝胶电泳，并用溴化乙锭染色。

四、RAP-PCR 方法

（1）材料

① PCR 仪。

② 1mol/L Tris-HCl（pH8.0）。

③ 1mol/L Tris-HCl（pH8.3）。

④ 1mol/L KCl。

⑤ 1mol/L $MgCl_2$。

⑥ 5mmol/L 各种 dNTP。

⑦ 1mmol/L DTT。

⑧ 10μmol/L 引物。

⑨ [α-^{32}P] dCTP。

⑩ 无 RNase 的 DNase Ⅰ。

⑪ MuLVRT。

⑫ *Taq* DNA 聚合酶。

（2）方法

① 引物。用任意引物 PCR 法进行 RNA 的指纹分析通常需要两种引物，即反转录引物和 PCR 引物。前者一般采用 oligo（dT）来起始 cDNA 合成，也有人直接采用任意引物起始第一链 cDNA 的合成。后者的设计与使用原则与 AP-PCR 法相同。

② 模板的制备。用异硫氰酸胍-氯化铯离心法或异硫氰酸胍-酸酚-氯仿抽提法制备总 RNA[4]，最终的沉淀溶于 100μL 水中。加入 100μL 2×DNase Ⅰ 处理混合物：20mmol/L Tris-HCl（pH8.0），20mmol/L $MgCl_2$，200U/mL 无 RNase 的 DNase Ⅰ，37℃温育 30min。酚-氯仿抽提，乙醇沉淀。用紫外分光光度计测定 RNA 的浓度。将 RNA 用水稀释为两个浓度，分别为大约 20ng/μL 和 4ng/μL。

③ 反转录。在冰浴中配制反转录反应液，于 10μL 每种浓度的 RNA 中加入 10μL 2×第一链反应混合物：100mmol/L Tris-HCl（pH8.3），100mmol/L KCl，8mmol/L $MgCl_2$，20mmol/L DTT，0.4mmol/L 每种 dNTP，4μmol/L 反转录引物，2U/μL MuLVRT。在热循环仪中 37℃温育 10min，然后 94℃ 2min 灭活反转录酶，最后冷却至 4℃。

④ 任意引物 PCR。在每个 20μL 的第一链合成反应液中再加入 20μL 2×第二链反应混合物：20mmol/L Tris-HCl（pH8.3），20mmol/L KCl，8mmol/L $MgCl_2$，0.4mmol/L 每种 dNTP，0.1μCi/μL [α-^{32}P] dCTP，0.4U/μL *Taq* DNA 聚合酶，

8μmol/L任意引物。先做一个低严紧性的循环，如94℃ 1min、40℃ 5min、72℃ 5min，然后再做35个高严紧性的循环，如94℃ 1min、60℃ 1min、72℃ 1min。

⑤ 检测。每个反应液4μL用18μL 95%甲酰胺稀释，94℃加热2min，然后取1.5μL加样到5%聚丙烯酰胺-50%尿素的测序胶上，用1×TBE缓冲液，50V电泳3h，干燥凝胶，X射线胶片放射自显影12h。通常可看到约50～1000个碱基的片段。

五、注意事项

任意引物PCR方法所受的影响因素较多，特别要注意如下一些方面的问题。

（1）模板DNA的质量问题　任意引物PCR获得的实验结果的可重复性是大家普遍关心的问题，这类问题的大部分原因是由制备的模板DNA质量不合格造成的，检查DNA质量是否合格的最简单的方法是在200ng～200pg这一范围内对DNA作一系列二倍稀释，如果一定浓度的DNA稀释物用不同的引物均不能产生可靠的指纹，那么模板的质量便值得怀疑了。解决这一问题的方法是：①制备较高质量的DNA模板，避免污染非靶DNA序列；②选择合适的模板DNA浓度，每种样品实验开始时至少要用两种浓度的DNA模板进行分析。

（2）引物的选择　不是所有的引物均能使特异产物扩增而得到有意义的结果，所以应进行多个引物尝试，从中选择出较为理想的分析引物，一般情况下应该选择能产生中等复杂度的图谱的引物。

（3）PCR反应条件　缓冲液成分（特别是镁离子浓度）和反应条件都可以对任意引物PCR的结果产生影响，每次实验前都应该进行反应成分和条件的优化，并同时设立阴、阳性对照。

（4）扩增结果中出现的弱带的分析　弱带形成的原因有多种，那些重复性好的弱带可能是由引物与模板不能完全匹配造成的，这类弱带可以记录，但退火温度提高就会影响这些实验结果的稳定性。那些重复性不好的无规律出现的弱带可能是由非专一扩增、产物间退火或者其它人为因素造成的，不能记录。

（5）RNA丰度是影响RAP-PCR扩增结果的最常见因素　解决这个问题，一是提高起始步骤的严紧性，二是采用嵌套式RAP-PCR，即取第一次RAP-PCR的少量样品，在高严紧性条件下，用那些在第一引物序列的3′端加上一个、两个或三个任意选择核苷酸的第二嵌套式引物做进一步的扩增。

六、应用

1. 在病原菌基因分型与检测研究中的应用

任意引物PCR方法是近年来继质粒图谱分析、脉冲场电泳、探针杂交等分子生物学分型方法之后发展起来的又一基因分型技术，在建立后的短短几年内，已在微生物、植物、动物及人类研究等领域显示出广泛的应用前景，尤其是在细菌、真菌、病毒等医院感染菌株基因多态性分析中，显示了巨大的优越性。

Butler等[5]应用该技术对在美国不同牧场发生的三次牛支原体（*Mycoplasma bovis*）暴发流行进行了检测。结果表明，发生于一个封闭饲养的肉牛场和一个围栏饲养的牛场的两起暴发流行的病原菌具有一致的指纹图，因而具有相同的感染来源。发生于一个大型奶牛场的另一起暴发流行的病原菌则显示了相互之间的指纹图的异型性，说明它们具有多个感染来源。

Sarma 等[6] 用任意引物 PCR 方法对从粪便标本中分离到的脆弱拟杆菌（*Bacteroides fragilis*）进行了基因分型。他们用 3 株 ATCC 标准菌株做参照，分析了 17 株分离自炎性肠病的临床病人和 20 株分离自腹泻马驹的脆弱拟杆菌。结果表明，用一 22 个碱基任意引物可以在所有病人分离株中扩增产生出 18 种基因型指纹图，表明有高度的脆弱拟杆菌基因型变异性；在 20 株腹泻马驹的分离株中鉴定出了 11 种基因型指纹图，其中一种是非肠毒素型，该型存在于 30%的腹泻马驹分离株中。在人和马的分离株之间没有发现相关的基因型；同时，疾病状态（无论是人的炎性肠病还是马驹的腹泻）和特异的基因型别之间也没有明确的相关性。作者认为，任意引物 PCR 方法在将来的由脆弱拟杆菌引起的腹泻病的流行病学调查中可以迅速地确定其遗传相关性，是个非常有用的方法。

芮勇宇等[7] 选用 3 组引物，用任意引物 PCR 方法对 2 株霍乱弧菌（*Vibrio cholerae*）O1 群古典型、81 株埃尔托型和 10 株 O139 群进行了分析，结果表明：上述菌株均携带霍乱肠毒素基因和毒力协同调节菌毛基因。2 株古典型分为 2 个类型，81 株埃尔托型分为 14 个类型，10 株 O139 群分为 3 个类型。其中 10 株埃尔托型分离于一次霍乱暴发，被分为 2 个类型，提示该次暴发可能存在多个传染源。以上数据表明，任意引物 PCR 方法在分子流行病学调查中具有重要的作用。

代敏等[8] 用任意引物 PCR 方法对 50 株来自不同病人的幽门螺杆菌（*Helicobacter pylori*）进行了基因分型，并由此探讨了不同基因型别的幽门螺杆菌与疾病之间的关系。研究结果表明，50 株幽门螺杆菌有不同的基因图谱，这些图谱用聚类分析方法可以分为 3 个基因类型，其中基因一型在非溃疡组中较多，基因三型在溃疡组中较多，两者之间差异有显著性。

郭永建等[9] 对流行病学相关或不相关的 75 个铜绿假单胞菌（*Pseudomonas aeruginosa*）菌株进行随机扩增多态性 DNA 指纹图基因分型，分型率为 100%。其中 32 株新生儿暴发感染菌株可分成 4 个血清型和 5 个多态性 DNA 谱型，13 株散发菌株可分成 3 个血清型和 10 个多态性 DNA 谱型，12 株流行病学无关菌株的多态性 DNA 谱型均不同。结果认为该技术有分辨率高、快速、简便等优点，且不需知道核酸序列，是在分子水平上对微生物感染的病原学、发病机理和流行病学研究的较理想的方法。

侵肺巴斯德菌（*Pasteurella pneumotropica*）是一种机会性感染菌，可分为 Jawetz 和 Heyl 两种生物类型，已在多种实验鼠中检获，检测使用的是常规的细菌学方法。Kodjo 等[10] 用 PCR 法扩增该菌的 16S rDNA 片段，Jawetz 型可扩增到一条 937bp 条带，Heyl 型为 564bp 条带，用这一方法对 34 个野生菌株进行了确证和分型。同时对这些野生菌株进行了 RAPD 分析，RAPD 分析显示，Jawetz 型较之 Heyl 型具有较高的个体遗传差异性。

2. 在物种亲缘关系鉴定与研究中的应用

种子资源遗传亲缘关系的研究是遗传工作的重要组成部分，它可以为亲本选配提供依据，并有效地预测杂种优势。同时一些原始品种或野生品种以及一些异源品种中存在的某些优良性状对品种的改良有着巨大的潜力，因此确定不同品种间的亲缘关系及其在进化上的地位，并有选择地利用它们来改良作物具有重要意义。

Heinkel 等[11] 利用任意引物 PCR 方法对 4 种栽培的洋李品种进行了亲缘关系鉴定。实验结果肯定了“Cacaks Fruitful”的双亲来源的正确性，对另外的三种洋李品种

“Cacaks Beauty”“Cacaks Best”和“Cacaks Early”，肯定了其母本来源于“Wangenheim”，而其父本则支持是“Stanley”，而不支持起初怀疑的“Pozegaca”。

蔡从利等[12] 利用 24 个随机引物对山羊草属 12 个二倍体物种的亲缘关系进行了任意引物 PCR 分析，通过对扩增的 304 条带进行聚类分析研究，鉴定了它们之间的亲缘关系。吴开平等[13] 应用任意引物 PCR 分析方法，对贵州小型猪、巴马小型猪、西双版纳近交系、小耳猪 JB 和 JS 亚系、荣昌猪Ⅰ系、长白猪的亲缘关系进行了初步分析。结果表明，有三种小型猪相互间亲缘较近。王晓梅等[14] 利用任意引物 PCR 技术检测了两个不同地区的野生鲫鱼和 4 个金鱼代表品种的基因组 DNA 多态性，结果证实了金鱼由野生鲫鱼演化而来。

梁月荣等[15] 应用任意引物 PCR 方法对茶树无性系品种“晚绿”进行了亲子鉴定。应用 108 条任意引物中的 93 条对从日本静冈和枕崎两地取样的 6 个无性系茶树品种的 8 份材料的基因组 DNA 分别进行了扩增，其中 19 条引物扩增出“晚绿”与其母本“数北”不同的任意引物 PCR 分子标记 30 个。从中选择 6 条引物对 8 份供试材料的基因组鉴定表明，4 个任意引物 PCR 分子标记显示出“晚绿”品种的特异性，而包括登录为“晚绿”父本的“静北 16”在内的 4 个供试品种都不是“晚绿”的真正父本。

3. 在昆虫学研究中的应用

Black[16] 率先将任意引物 PCR 技术用于 4 种蚜虫的鉴别比较。他们用 10 个碱基的任意引物对 4 种蚜虫进行了任意引物 PCR，以检测它们的多态性。结果表明，根据电泳图谱能明确地区分这 4 个种。同时，他们还检测了种内不同生物型间以及同一生物型内不同个体扩增产物的多态性、种群内不同个体间扩增产物的多态性。另外，他们还用该技术检测与鉴定了蚜虫体内的两种寄生蜂。Sonvico 等[17] 选用 10 个碱基任意引物识别 2 个阿根廷的果蝇种群，实验结果表明，不论是幼虫阶段还是成虫阶段，每组只需 1 只试虫即可快速而准确地鉴别出地中海果蝇间的差异，用 2 个引物就可以明确地辨别出幼虫个体的种群起源。

4. 在构建遗传连锁图谱研究中的应用

遗传连锁图谱可以为育种工作者提供关于某个物种的完整而又详细的基本遗传资料，很方便地对感兴趣的基因进行定位，并发现与该基因紧密连锁的分子标记，从而使选、育种工作的目的性更强、有效性更高。由于每个随机放大的多态性 DNA 片段可以作为分子图谱中的一个位点，它既可使原有的根据形态学性状构建的遗传图谱或根据限制性片段长度多态性构造的分子遗传图谱变得更加饱和，加大定位基因的密度，也可以单独构建连锁图。

鲇鱼是美国最重要的水产养殖鱼类，其遗传连锁图谱的构建对改善品种和鉴定、分离及克隆有商业价值的基因具有重要的意义。Liu 等[18] 用 100 种任意引物鉴定了它们的遗传多态性。结果表明，斑点叉尾鲇鱼和蓝鲇鱼种内之间的多态性是非常低的，而这两种鲇鱼之间的多态性具有相当高的水平。在试验的 100 种引物中，42 种能产生清晰和可重复性的指纹图，33 种能产生中等质量的指纹图，其余 25 种扩增的结果较差。75 种能产生高质量和中等质量指纹图的引物能够扩增产生出 462 个多态性条带，平均每种引物产生 6.1 条带。这些任意引物 PCR 指纹图在 200～1500bp 长度范围内的特征带型是高度可重复的，并且它们作为显性标记能传递到子一代。

“Kiwifruit”是一种喜马拉雅山中低部地区商业种植的雌雄异株植物，雌雄异株使其在育种过程中受到了限制，种植前需要鉴别其雄性或雌性基因型。Shirkot 等[19]应用任意引物 PCR 方法鉴定了这一植株的性别，他们用 34 种随机引物鉴别了“Kiwifruit”的性别和 8 个性连锁标记，其中，6 个是雌性特异的，2 个是雄性特异的。

张新叶等[20]利用随机放大的多态性 DNA 标记和美洲黑杨（*Populus deltoides*）×欧美杨（*Populus euramericana*）的 F1 群体，通过对 1040 个随机寡核苷酸引物进行重复筛选，从中选出 127 个引物用于随机扩增，构建了美洲黑杨×欧美杨的分子标记连锁图谱，并获得了中等密度的美洲黑杨×欧美杨的连锁图谱框架，这将对树木遗传和育种研究产生积极的影响。朱保葛等[21]用大豆突变基因的遗传分析及窄叶突变基因的随机放大的多态性 DNA 标记，来构建大豆分子标记连锁图和育种的辅助选择获得成功。

5. 在克隆特异基因探针方面的应用

任意引物 PCR 技术还可用于克隆特异基因探针，汪晓辉等[22]用该技术随机扩增李斯特菌基因组 DNA，将其中的单核细胞增生李斯特菌的特异扩增产物分别克隆，制备成 DNA 探针，将该探针用聚合酶链反应标记^{32}P，与李斯特菌和非李斯特菌进行菌落原位杂交鉴定其特异性。结果获得一长度为 850bp 的李斯特菌特异的基因片段，该基因片段能与所有李斯特菌特异杂交而不与非李斯特菌反应，作者认为该技术为快速制备各种微生物基因特异的 DNA 探针提供了一种新途径。

6. 在动物品系鉴定及遗传监测方面的应用

AP-PCR 技术构建的指纹图谱可用于区分不同品系的实验动物。用该技术扩增的 DNA 片段构建的指纹图谱，依据实验动物的不同品系而彼此不同，可作为遗传标志对实验动物的不同品系进行鉴定区分，揭示内在差异。Welsh 等[23]曾将该技术应用于小鼠，认为由此产生的有不同品系特征性差异的 AP-PCR 遗传指纹图在品系的鉴定中有一定价值。在一组 C57BL/6J 和 DBA/2J 小鼠的重组近交系中，使用一个引物获得的指纹图，显示了 4 处有价值的多态性位点，其中一个多态性位点是 DNA 片段长度的变异。由此认为该方法可不用 Southern 杂交而快速获取有关 DNA 多态性的基因指纹图谱。

张文艳等[24]用 100 个引物对 BALB/c 小鼠、C57BL 小鼠及 KM 小鼠进行样本扩增，几乎 90%以上的引物得到扩增带，从中选出 21 个引物对 3 种小鼠组织样本扩增，有 13 个引物可区分 BALB/c 和 C57BL 小鼠，8 个引物可区分 BALB/c 和 KM 小鼠。单从毛色和外观上难以区分的 BALB/c 和 KM 小鼠采用该方法只需通过观察扩增带就能很好地区分。李昕权等[25]用 10 种 10 个碱基随机引物对 SD 和 Wistar 大鼠的血标本进行扩增，经电泳检测，分析扩增的 DNA 片段的数目、大小，构建了特征性电泳图谱。SD 大鼠获得较清晰的 DNA 条带约 12～16 条，Wistar 大鼠约 7～10 条，各引物扩增的 DNA 片段在大小和数目上表现出明显差异，并出现了 SD 及 Wistar 大鼠各自较特异的扩增片段，这些扩增的特异条带可作为鉴别两种大鼠基因多态性的标记，可将两者在基因水平区分开来。

AP-PCR 技术也能用于检测近交系实验动物个体可能出现的变异。当用同一引物扩增同一近交系中不同个体时，理论上它们的扩增带型应是一致的，若其中某一个体的扩增带型不同于同一近交系中其它个体或标准带型时，那么此个体的遗传背景已经有所改变，即该个体已出现变异。张文艳等[24] 发现两只来自昆明的 BALB/c 小鼠有 4 个引物扩增带不同于其它的 BALB/c 小鼠，故认为这两只小鼠发生了遗传变异，原因可能是突变或遗传污染。

7. 在核心种子资源保存和鉴定方面的应用

种子资源的收集和保存是遗传育种工作的基础，但遗传资源的长期保存需要消耗巨大的人力物力。为了尽可能降低消耗，人们提出了利用核心种子来长期保存种质资源，这样在保存了尽可能多的遗传变异的基础上，又可减少保存的样品数目，大大降低所需费用。

品种鉴定对于保护新育成品种及育种学家的权益具有重要意义。由于品种之间存在基因型差异，在理论上一定有能够产生特征条带的引物，因此，要对足够的引物进行筛选，就一定能确定某个品种在某个引物扩增下产生特征带，以便在品种鉴定中发挥作用。

AP-PCR 技术反映了遗传物质 DNA 的变异，因此它为筛选核心种子提供了一个有力工具。有人[26] 利用该技术分析了 14 份不同地区来源的甘蓝品种 *Golden acre*，发现可以将它们分为四类，如果选择每一类作为一个样品来保存，只会损失绝对变异的 4.6%，而保存费用却将减少 70%。

由各种 DNA 分子标记而衍生的 DNA 指纹技术在鉴定品种真实性和纯度方面是很有效的，DNA 指纹图谱能从遗传物质基础上，也就是从本质上反映生物个体差异的 DNA 电泳图谱。它具有高度个体特异和稳定可靠性，AP-PCR 指纹图谱分析方法已应用于苹果、梨、李、杏、桃、柑、橘、葡萄、柿、樱桃、梅、油橄榄、阿月浑子、香荔枝、树莓、香木瓜、枣等多种果树的研究中[27]。此外，人们还可通过对 DNA 指纹的比较以及借助相关计算机软件的聚类分析，对果树种、亚种、变种、品种的进化和演化、亲缘关系进行分析。

8. 在鉴定差异表达基因方面的应用

任意引物 PCR 方法进行 RNA 指纹图谱分析能够鉴定基因的表达差异，该法不仅快速、简便，而且能显示低水平表达的差异基因，每个泳道可以显示大约 100 种基因。Boyer 等[28] 应用该方法鉴定了 HIV 感染引起的基因表达的差异。他们选用 HIV-1 感染和非感染的 HUT78 细胞以及外周血单核细胞作为研究对象，RAP-PCR 结果表明，有三个基因即 γ 肌动蛋白基因、HIV-1 *nef* 基因和一未知序列是 HUT78 细胞的差异表达基因。γ 肌动蛋白 mRNA 的表达水平在 HIV 感染后增高，而 *nef* 基因只有在 HIV 感染细胞表达，另一未知 mRNA 的表达则因 HIV 的感染而下调。这些结果说明 RAP-PCR 方法在分离和鉴定 HIV 感染的原代淋巴细胞的差异表达基因中是非常有用的。

Mathieu-Daudé 等[29] 应用 RAP-PCR 方法鉴定了布鲁斯锥虫生活周期中以及热休克应答下的差异表达基因，并对差异基因进行了分离、克隆和测序。从获得的代表 32 个不同表达序列标签的克隆中，通过寄生虫生活周期不同阶段以及热提升刺激后的 RT-PCR 方法证实，其中的 24 个表达序列标签是差异表达基因。进一步分析表明，9 个克隆与已知基因序列有很高的同源性，这些基因包括来自锥虫和其它细菌的细菌表面蛋白、代谢酶和热休克蛋白基因，其它大多数与数据库中基因序列无关，被确定为新的表达序列标签。

七、小结

综上所述，AP-PCR 技术自 1990 年由 Williams 和 Welsh 同时建立以来，由于它具有简便、快速，一套引物可用于多个物种的分析，不需预知被检对象的核酸序列和可以显示差异表达基因等特点，已广泛应用于病原菌基因分型与检测、物种亲缘关系鉴定、昆虫学研究、遗传连锁图谱构建、克隆特异基因探针、动物品系鉴定及遗传监测、核心种子资源保存和鉴定、鉴定差异表达基因等诸多领域。相信随着任意引物 PCR 技术实验重复性和标准化问题的解决，其应用潜力必将得到进一步的开发，成为分子生物学和分子遗传学研究中重要的和常用的手段之一。

第二节　通用 PCR

一、引言

由 Mullis 等在 1983 年建立的 PCR 技术已成为分子生物学、遗传学等学科研究领域的经典实验方法。近年来，该技术本身获得了长足发展，可靠性不断提高，在 PCR 基本原理的基础上，发展了一系列新的概念和实验方法，在生命科学研究中具有重要价值。随着该技术应用的普及和深入，某些问题也越来越突出。其中问题之一是引物，引物设计的合理与否，合成和纯化质量的好坏，直接关系到 PCR 反应的成败。不少实验室已花费大量时间和昂贵资金用于各种特异引物的设计与合成。生物种类繁多，核酸序列千差万别，以致有大量核酸片段无法按已知序列设计合成引物后扩增。于是，探索通用引物部分代替特异引物，建立通用 PCR（universal PCR）是十分实用的。

二、原理

常规 PCR 技术的基本原理是以扩增的目的基因 DNA 分子为模板，必须采用针对特定目的基因的特异性引物，在 DNA 聚合酶的作用下，按照半保留复制的机制沿着模板链延伸至完成新的 DNA 的合成。通用 PCR 作为一种 PCR 相关的技术，通过不同种类病原体保守区基因的通用引物，能一次性扩增该组病原体的所有靶基因片段。与常规 PCR 一样，通用 PCR 主要过程包括样品总 DNA 的提取、引物设计、PCR 扩增及扩增产物的分析。它的特点是采用了通用引物。通用引物是一段人工合成的寡核苷酸序列，能互补于不同生物体类群 DNA 序列共有的保守区，作为 PCR 的引物用于扩增一类生物体中几乎全部成员的核内或细胞器内某个特定基因片段。

通用 PCR 技术根据 *Taq* 酶的作用原理，结合 PCR 反应液中各个反应因素和 PCR 扩增时的温度和时间变动参数的紧密联系，巧妙地创建了一个新的 PCR 工作平台和扩增环境，使 *Taq* 酶能在同一条件下扩增各种不同类型样品的某个特定基因片段。因此，通用 PCR 技术的应用，不但最大限度地减少了使用者不必要的工作量，也减少了出现操作误差和交叉污染的机会，而且加快了检验速度。与此同时，也使检测成本大幅度降低。

三、材料

① 基因组 DNA。
② 通用引物。
③ TE 缓冲液。
④ 其余同常规 PCR。

四、方法

1. 引物的设计

引物设计是通用 PCR 中的一个重要环节，这类通用引物不是指普遍意义上的“通用”，而是狭义的通用。一般引物为 20 个碱基左右的脱氧寡核苷酸。通用引物的设计原理是，在不同目标核酸片段两端寻找共同的保守序列。生物种往往存在大量的种、群、型、株。在进化过程中，尽管核酸序列发生了许多变异，但仍有部分短片段序列保持相同或极相近。按照这些保守序列可合成适用范围不同的通用引物，经 PCR 扩增分离，检出不同目标 DNA 片段。

目前已设计出细菌或真菌的通用引物，但至今尚无用以检验所有病毒的引物，不过仍可设计出与某些病毒家族保守片段互补的通用引物，如疱疹病毒的 DNA 聚合酶基因、糖蛋白基因引物。

rRNA 基因是目前常用的用于设计通用引物的靶基因，真核生物的 18S rRNA 基因和原核生物的 16S rRNA 基因相对分子量适中，又具有保守性和普遍性等特点，序列变化与进化距离相适应，序列分析的重现性极高，因此，常用来作为微生物序列分析对象[30,31]。

例如尹秋生等[32] 从 12 种支原体的 16S 与 23S rRNA 核酸序列中选择了两段高度保守的核酸序列，引物序列 5′-TCGTAACAAG2GTATCCCTAC-3′和 5′-GCAT(T/C)CAC(C/T) AA A(A/T)ACT CT-3′作为支原体通用引物，一次 PCR 扩增就能检测出 12 种支原体，为支原体的检测提供了一种非常具有实用价值的检验方法。

罗雯等[33] 选取 10 种具有代表性的病原菌，采用通用引物 5′-AAACTCAAAGG AATTGACGG -3′和 5′-GACGGGCGGTGTGTACAA -3′对其 16S rRNA 基因进行扩增，建立一种快速检测病原菌的方法以利于临床诊断。

Wahyuningsih 等[34] 建立了一种快速简单的检测系统性假单胞菌病患者血清中白假单胞菌 DNA 的方法。他们在真菌 rRNA 基因的核糖体非编码转录区（ITS）设计了一对通用引物，血清标本经试剂盒提取 DNA，通用 PCR 进行扩增，扩增产物用生物素标记的白假单胞菌特异性探针杂交后用酶标法测定，提高了白假单胞菌的检出敏感性。

2. 基因组 DNA 的提取

（1）细菌中提取 DNA　用酚-氯仿抽提法提纯细菌 DNA：取 1mL 菌液，3500r/min 离心收集菌体，加入 200μL TE 缓冲液（pH8.0）制成菌悬液，再加入 120μL 10% SDS 轻轻混匀，置 60℃水浴 30min。随后，加入等体积酚-氯仿（1∶1），轻轻混匀，12000r/min 离心 10min 后，取上清，加入 1/4 体积无水乙醇和 1/10 体积 5mol/L 醋酸钾，12000r/min 离心 10min，取上清，加入 2 倍体积冰冷的无水乙醇，于－20℃静置 30min 后，12000r/min 离心 10min，去上清，沉淀用 70%乙醇洗 2 次，无水乙醇洗 1 次，干燥后，加入适量 TE（pH8.0）溶解。

（2）真菌 DNA 的提取[35]

① 取真菌菌丝 0.5g，在液氮中迅速研磨成粉。

② 加入 4mL 提取液，快速振荡混匀。

③ 加入等体积的 4mL 的氯仿-异戊醇（24∶1），涡旋 3～5min（此处是粗提没有加酚，可以节约成本）。

④ 1000r/min，4℃ 离心 5min。

⑤ 上清用等体积的氯仿-异戊醇（24∶1）再抽提一次（10000r/min，4℃离心 5min）。

⑥ 取上清，加入 2/3 体积的 －20℃预冷异丙醇或 2.5 倍体积的无水乙醇沉淀，混匀，静置约 30min。

⑦ 用毛细玻棒挑出絮状沉淀，用 75％乙醇反复漂洗数次，再用无水乙醇漂洗 1 次，吹干，重悬于 500μL TE 中。

⑧ 加入 1μL RNaseA（10mg/mL），37℃处理 1h。

⑨ 用酚（pH8.0）-氯仿-异戊醇（25∶24∶1）和氯仿-异戊醇（24∶1）各抽提 1 次（10000r/min，4℃离心 5min）。

⑩ 取上清，加入 1/10 体积 3mol/L NaAc、2.5 倍体积的无水乙醇，－70℃沉淀 30min 以上。

⑪ 沉淀用 75％乙醇漂洗，风干，溶于 200μL TE 中，－20℃保存备用。

（3）组织细胞 DNA 的提取　从消化过的组织中提取 DNA，组织在 100mmol/L Tris（pH8.0）、10mmol/L EDTA、100mmol/L NaCl、0.1％ SDS、50mmol/L DTT、0.5μg/mL 蛋白酶 K 缓冲液中 37℃消化几小时。DNA 用酚抽提两次，用酚-氯仿（1∶1）提纯一次，再用氯仿提纯一次，纯化的样品经离心透析或乙醇沉淀进行浓缩。

3. PCR 反应体系和参数

（1）反应体系　总体积 50μL。其中含 4 种 dNTPs 200μmol/L、$MgCl_2$ 2mmol/L、引物各 0.2μmol/L、10×PCR 缓冲液 5μL、*Taq* DNA 聚合酶 2U、模板 DNA 1μL 或临床标本 10μL。

（2）反应条件及扩增产物检测　采用热启动方式。将除 *Taq* DNA 聚合酶以外的其它成分充分混匀，覆盖 30μL 液体石蜡油，在 DNA 热循环仪上加热至 80℃时加入 *Taq* DNA 聚合酶，按以下条件扩增：94℃充分变性 3min 后，以 94℃ 1min、55℃ 1min、72℃ 1min 循环 30 次，然后 72℃充分延伸 5min。取 10μL 水相扩增产物作琼脂糖凝胶电泳，溴化乙锭染色，中波紫外线观察、照相。

五、注意事项

① 对于许多不同个体或生物中相同基因的扩增及测序研究，必须严格地避免在 DNA 分离及制备扩增产物时出现交叉污染。在配制 PCR 反应液时，只能使用带活动枪头及活塞的吸量器。用于扩增 DNA 的吸量器绝不能再用于组织 DNA 的分离或在另一轮扩增前稀释 DNA。不含 DNA 而含有所有其它试剂及稀释剂等的对照要包括在每次实验中，以检测污染。

② 通用 PCR 检测样本时，极易被相关生物污染造成假阳性，所以建议每次 PCR 扩增时设定阳性和阴性对照。

③ 用通用 PCR 检测细菌亦可出现假阴性反应，其发生原因有多种。包括标本中含有 PCR 抑制物质和消化提取 DNA 过程中细胞裂解不完全等。

④ 由于通用 PCR 相对于经典 PCR 特异性较弱，可以通过优化反应条件，或用降落 PCR（touchdown PCR）等提高检出率。

六、应用

1. 种群生物学

序列的快速扩增使在 DNA 序列水平上进行大量的种群研究成为可能。单链扩增可对几十或几百个个体进行快速测序而不经过以前所需的繁琐的克隆步骤。一旦得到了一组具代表性的序列数据，可用更方便而简单的分析方法，如用等位基因寡聚核苷酸探针来获得等位基因的序列数据。

2. 临床检验的应用

（1）临床上对深部致病真菌的检测　目前真菌感染的诊断主要依据传统培养法，且对真菌菌种仍主要依据形态学和生理学等表型进行鉴定，往往周期长、效率低。而早期诊断能提高机会性真菌感染患者的生存率。Wahyuningsih 等[34] 建立了一种快速简单的检测系统性假单胞菌病患者血清中白假单胞菌 DNA 的方法。他们在真菌 rRNA 基因的 ITS 区设计了一对通用引物，血清标本经试剂盒提取 DNA，通用 PCR 进行扩增，扩增产物用生物素标记的白假单胞菌特异性探针杂交后用酶标法测定。结果在 16 例培养阴性的对照组和 11 例非系统性假单胞菌感染的标本中，均未检出白假单胞菌 DNA；而在所有血培养阳性的标本中 PCR 结果均为阳性；在 3/9 例血培养阴性，但有系统性假单胞菌感染风险的患者中，检出白假单胞菌 DNA。说明通用 PCR 对血清标本中白假单胞菌的检出敏感性高于培养法。刘军等[36] 通过通用 PCR 技术对临床标本进行真菌 DNA 检测，证实通用 PCR 方法在临床深部真菌感染的检测具有快速准确的诊断价值，具有临床的可行性。

（2）快速全面检测感染人体多种常见支原体和衣原体的应用　如解脲脲原体（*Ureaplasrna urealyticum*）、人型支原体（*Mycoplasma hominis*）可感染人类泌尿生殖系统，引起非淋菌性尿道炎，其感染率分别为 40%～50%和 10%～20%[37-39]。近年有文献报道，发酵支原体与 AIDS 的发病有关，是 AIDS 的协同因子[40]。除对人体致病外，支原体还常常感染动物和细胞培养物，细胞培养物被支原体污染的污染率在 20%～50%之间[41,42]。通过通用 PCR 方法检测临床标本，覆盖面大、不易漏检，具有特异性引物所不具备的优点，是支原体检测的一种非常具有实用价值的检验方法。使用通用 PCR 扩增沙眼衣原体相对保守的基因区，扩增产物用限制性内切酶处理，作 RFLP 分析，能够区分不同型别。许多研究都已表明，PCR 较培养法和酶联免疫分析法（EIA）都要敏感，而且 PCR 对于有症状或无症状人群同样敏感。

（3）对非典型分枝杆菌基因型别、物种鉴定的应用　非典型分枝杆菌生长缓慢或难以培养。随着分子生物学技术应用于临床，人们已经能用快速敏感的通用 PCR 技术结合生物芯片技术来检测非典型分枝杆菌[43]。Gingeras 等[44] 在通用 PCR 的基础上，构建了对非典型分枝杆菌进行基因分型、鉴定的基因芯片。他们首先设计了一对针对非典型分枝杆菌保守基因 RNA 聚合酶-β 亚基（*rpoB*）基因的通用引物，*rpoB*2F

(5′-CCCAGGACGTGGAGGCGATCACACCGCA-3′）和 *rpoB*2R（5′-CGTCGCCGCGTCGATCGCCGCGC-3′），用这对通用引物扩增了各种非典型分枝杆菌靶基因上705bp 的产物，然后在这段扩增产物上，设计了各种非典型分枝杆菌的特异性探针，将这些特异性探针构建成一个高点阵的基因芯片。他们对 121 个临床标本同时进行了基因芯片杂交，16S rRNA 基因和 *rpoB* 基因双脱氧核苷酸测序，结果显示 3 种方法鉴定的非典型分枝杆菌种类基本一致。提示结合通用 PCR 技术的基因芯片在非典型分枝杆菌的基因型别、物种鉴定上大有作为。

七、小结

与经典 PCR 相比，通用 PCR 的应用把系统发育的序列比较分析范围扩展到了纲或门的分类水平上。而且此法对鉴定标本和划分生物类型在种群中的位置起重要作用。面对生物种类繁多、核酸序列千差万别，通用 PCR 技术的应用，不但最大限度地减轻了使用者不必要的工作量，也减少了出现操作误差和交叉污染的机会，而且加快了检验速度。与此同时，也使检测成本大幅度降低。

通用 PCR 作为一种基本的分子生物学技术，通过与其它新兴的基因分析技术结合，在医学微生物的检测、鉴定和分型中有着广阔的应用前景，为医学病原体的分类与快速鉴定，尤其是对传统培养难以培养的微生物和未知菌的鉴定提供了全新的方法。

第三节　rep-PCR

一、引言

遗传物质中的重复序列在菌种鉴定方面的应用有着很长的历史：重复的 rRNA 序列曾被用作 Southern 印迹探针检测菌株间限制性内切酶片段长度多态性；与重复 tRNA 相关的 DNA 序列被用作共有引物结合位点，运用 PCR 方法在不同菌株中得到大小不同的 DNA 扩增片段。这两种鉴定方法的缺陷在于：①都要用到放射性同位素；②需要进行 Southern 印迹和聚丙烯酰胺凝胶电泳，步骤复杂，耗时长；③两种方法所得到的分辨率只能对细菌在属与种的水平上进行鉴定。近年来的研究表明在微生物基因组中广泛存在的重复 DNA 序列可以用于细菌的快速鉴定。

rep-PCR 分析技术的发展是基于在原核与真核生物基因组中分布着特异保守的重复序列，这些序列一般包括重复性基因外回文序列（repetitive extragenic palindromic，REP)、肠杆菌重复性基因间共有序列（enterobacterial repetitive intergenic consensus，ERIC）和 BOX 元件，但是如今这个概念也扩大了，它涵盖了所有用重复性 DNA 序列作引物进行 PCR 基因组指纹图谱的技术。rep-PCR 基因组指纹图谱分析常用的三组引物分别指的是 REP、ERIC 和 BOX 序列，基于它们的 PCR 方法分别称为 rep-PCR、ERIC-PCR 和 BOX-PCR，总称为 rep-PCR。这些引物可以扩增两个重复序列之间的 DNA，每个样品的基因组都会产生一个包括 10～30 个甚至更多 PCR 片段的复杂带型，而它们的分布从不到 200bp 到大于 6kb 不等。rep-PCR 技术所用到的基本的仪器和技术方法包括 PCR 仪、琼脂糖凝胶电泳仪、数码成像系统和计算机分析系统。当进行菌株的鉴定和分析菌株间的遗传亲缘性的时候，rep-PCR 具有简单、高效和分离质量较高的特点，而且对实验的设备资金、人力需要和方法复杂性的投入要求比较低，越来越成为在医学、流行病学、生物学和相关质检中比较常用的技术。

二、原理

rep-PCR 指的是一种方法体系，它包括用基因组中广泛存在的重复序列作引物以基因组 DNA 为模板进行 PCR 扩增的方法。这些重复序列在所有原核生物染色体中随机存在。原核细菌中的三个保守序列，一为 38bp 重复的基因外回文结构元件 REP，另一为 126bp 的肠杆菌重复性的基因间共有序列 ERIC，再有就是 56bp 的 BOX 元件，它们在肠杆菌属菌株中尤其表现出序列保守性[45,46]。这三个序列主要存在于革兰阴性菌中，但在真菌及古菌中也发现了类似的重复序列的存在。rep-PCR、ERIC-PCR 和 BOX-PCR 的基本原理就是先在所试样品中提取基因组 DNA，基于 REP、ERIC 和 BOX 序列设计出特定引物，以含有这些序列的细菌基因组 DNA 为模板进行 PCR 扩增，PCR 产物可以通过琼脂糖凝胶电泳得到清晰可辨的带型，每条带型都代表了基因组中任意两个重复序列间 DNA 的扩增片段，由于不同菌株的基因组中两个重复序列间的距离是不同的，所产生的 PCR 带型大小也不尽相同，形成了被测菌基因组特异的指纹图谱，从而可以鉴别出不同菌种和同一菌种的不同菌株（见图 13-1）。

进行 rep-PCR 的主要步骤包括：

① 细菌基因组的提取和定量；

② 寡核苷酸引物的设计与合成；

③ 以基因组 DNA 为模板进行 PCR 反应，将 PCR 产物进行琼脂糖凝胶电泳，得到指纹图谱带型；

④ 对 PCR 产物带型进行计算机分析。

三、材料

① 基因组 DNA。

② 分光荧光测定仪（用于基因组定量）。

③ TE 缓冲液（10mmol/L Tris-HCl，1mmol/L EDTA，pH8.0）。

④ 热稳定 DNA 聚合酶及其 10×缓冲液。

⑤ REP 系列和 ERIC 系列寡核苷酸引物。

⑥ 10mmol/L dNTP。

⑦ 酚-氯仿（1∶1，体积比）。

⑧ 氯仿。

⑨ 乙酸钠（3mol/L，pH5.2）。

⑩ 乙醇（100%和 70%）。

四、方法

1. 基因组 DNA 的分离和定量（“五、注意事项”②）

（1）基因组 DNA 的抽提　对革兰阴性菌/螺旋体和革兰阳性菌的基因组 DNA 分别采用了不同的抽提方法。革兰阴性菌/螺旋体：将细胞置于小离心管中，以固定的

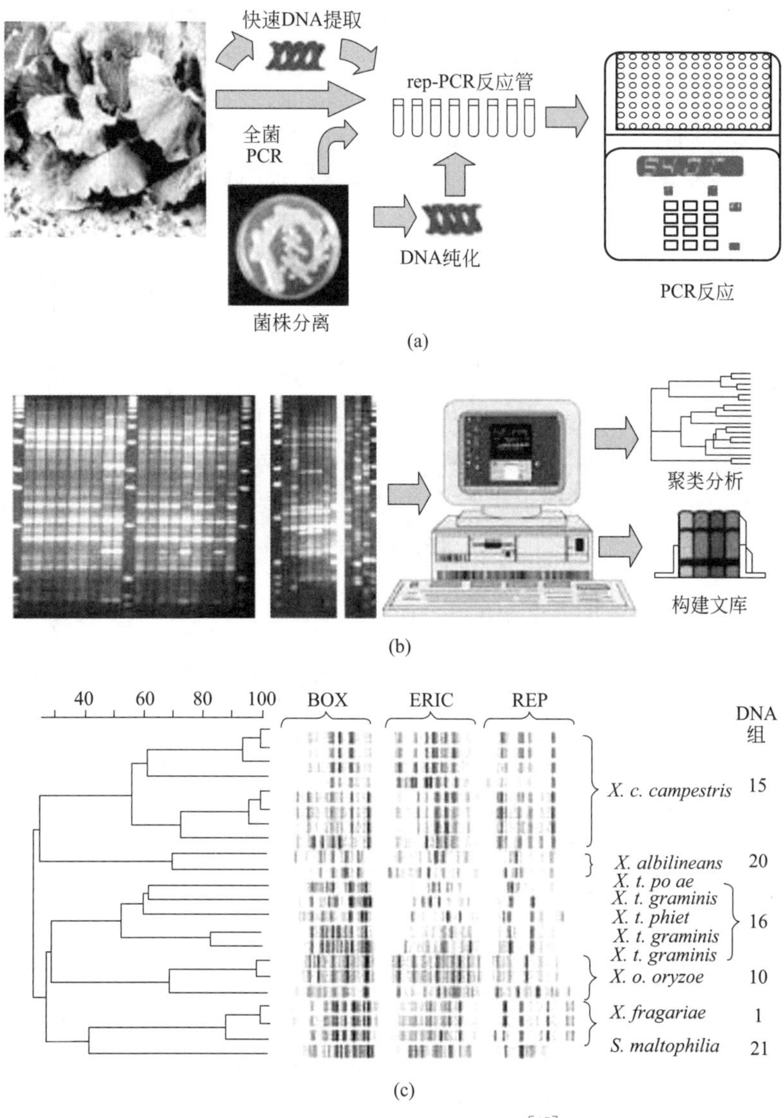

图 13-1　rep-PCR 原理流程图[47]

(a) 由标本样品或菌株中提取模板 DNA，将 DNA 纯化，设计特定的 rep-PCR 引物，进行 PCR 条件的摸索；(b) 通过凝胶电泳进行扩增条带的分离，得到基因组指纹图谱，并将带型进行计算机处理，对结果可以进行聚类分析，并且基于典型带型可以构建与细菌种属、菌株或致病性相关的数据库；(c) 以黄单胞菌为例，不同菌株基于 BOX、ERIC 和 REP 引物的基因组指纹带型线性化排列分析的聚类结果和基于 DNA-DNA 同源性分析分组结果的比较

角度 15000r/min 离心 5min，用 1mL 1mol/L NaCl 洗两次，重悬细胞于 TE 溶液中，然后在 0.2mg/mL 的裂解酶和 0.3mg/mL 的 RNaseA 中，37℃培育 20min。如果裂解酶的裂解效果不明显，在悬浮液中加入 0.6%SDS，再加入 1%的肌氨酰和 0.6mg/mL 的蛋白酶 K，然后将细胞在 37℃培育 1h。细胞裂解物用酚抽提两次，再用氯仿抽提两次，水相用 0.33mol/L 的醋酸铵和 2.5 倍体积的乙醇进行沉淀。将沉淀下来的 DNA 溶于 TE 中。

革兰阳性菌：将细胞置于小离心管中离心 5min，将细胞沉淀重悬于 TE 溶液中，然后在 250U/mL 的变溶菌素和 0.3mg/mL RNaseA 中 37℃培养 30min，然后在该反应液中加入 0.6%的 SDS 和 0.6mg/mL 的蛋白酶 K，混合物先在 37℃培育 1h，再在 65℃培育 45min，裂解液用酚抽提两次，再用氯仿抽提两次，细菌染色体的沉淀与溶解与前述步骤一致。

（2）基因组 DNA 的定量　基因组 DNA 用分光荧光测定仪进行定量，激发波长和散射波长分别是 365nm 和 460nm，根据所用仪器说明对 DNA 进行染色和用荧光计标定。

2. 引物的设计与合成

REP 序列形成茎环结构，其茎部序列十分保守。REP 的共有序列如下：

5′-GCC$^{G}_{T}$GATGNCG$^{G}_{A}$CG$^{C}_{T}$NNNNN$^{G}_{A}$CG$^{C}_{T}$CTTATC$^{C}_{A}$GGCCTAC -3′

简并后的 38bp 的 REPALL 寡核苷酸序列包括了所有 REP 的一致序列，因为简并性的需要，特殊位点的核苷酸为四种碱基 AGCT 或肌苷 I 所代替。肌苷 I 可以和 AGCT 形成 Watson-Crick 螺旋，其参与形成的氢键要弱于 A∶T，但所形成的碱基对是最稳定和最少错配的。简并后的 REP 共有序列如下：

REPALL-I　5′-GCCIGATGICGICGIIIIIICGICTTATCIGGCCTAC-3′

REPALL-D　5′-GCC$^{G}_{T}$GATGICG$^{G}_{A}$CG$^{C}_{T}$IIII$^{G}_{A}$CG$^{C}_{T}$CTTATC$^{C}_{A}$GGCCTAC -3′

REP 引物的设计包括了两边对称的茎部序列，但方向是相反的，因为茎部序列的一侧要短于另一侧，在引物 REP1R 的 5′端添加了三个肌苷，这样引物 REP1R 的长度就与引物 REP2 的 18bp 的长度相一致了。

REP1R 5′IIIICGICGICATCIGGC3′

REP2 5′ICGICTTATCIGGCCTAC3′（“五、注意事项”③）

ERIC 的共有序列为：

5′GTGAATCCCCAGGAGCTTACATAAGTAAGTGACTGGGGTGAGCG3′

ERICALL 寡核苷酸序列包含了整个保守的重复倒装序列的中心核，并不存在简并性。扩增引物 ERIC1R 和 ERIC2 分别由对称的倒转重复中心而来，方向相反。

ERIC1R　5′ATGTAAGCTCCTGGGGATTCAC3′

ERIC2　5′AAGTAAGTGACTGGGGTGAGCG3′（“五、注意事项”④）

BOX 序列常用的为 BOX A1R 引物，利用它或者联合 REP 序列可以扩增出基因组指纹图谱。

BOX A1R　5′CTACGGCAAGGCGACGCTGACG3′

3. PCR 反应体系

① 上游引物：0.5μmol/L。

② 下游引物：50μmol/L。

③ 基因组 DNA 模板 100ng。

④ dNTP：1.25mmol/L。

⑤ 2U *Taq* DNA 聚合酶。

⑥ 10×*Taq* DNA 聚合酶反应缓冲液 10μL（加入体积分数 10%的 DMSO）。

⑦ 加入蒸馏水使整个反应体积为 100μL。

4. PCR 反应条件

95℃预变性 7min；90℃变性 30s，退火（REP，40℃，1min；ERIC，52℃，1min；BOX，50℃，1min），65℃延伸 8min，共做 30 个循环。最后，65℃延伸 10min。（“五、注意事项”⑤）

5. PCR 结果的分析

取 5～10μL PCR 反应液，在包含 1×TAE、0.5μg/mL 溴酚蓝和 1%琼脂糖的凝胶中进行电泳。以 1kb 标定 Marker 作比较，得到该基因组特异的指纹图谱。（“五、注意事项”⑥）

6. 带型的计算机分析

rep-PCR 产生的基因组指纹图谱与商品上的条形码比较类似，每个菌株都有它独特的“条形码”，对图谱条形码的解读和分析也需要用计算机来进行。对带型最好的分析方法是采用密度曲线的方法。密度曲线的形成是基于基因组图谱条带的位置和扩增强度，在对不同菌株基因组图谱进行比较分析的时候，采用密度曲线比较的方法可以缩小 DNA 样品浓度差异和不同背景带来的影响，两两密度曲线的比较分析是基于积矩或 Pearson 相关系数[48]，采用的软件为 GelCompar[49]，它可以将基因组指纹图谱的数据线性化，形成数据包，对数据进行分析可以形成菌株间亲缘关系的系统发生树。

五、注意事项

① 在流行病研究致病菌株的时候，应当首先用生物分型法鉴定出致病菌的属、种，rep-PCR 方法可以在这个背景下更进一步确定出致病株，将此方法直接用于临床致病菌的鉴定无疑是耗时而且费力的。但是，在作微生物分类研究时，可以利用 rep-PCR 结果的带型情况，分析两种菌株的亲缘关系。

② 经验证明不同菌株 rep-PCR 产生的指纹图谱带型具有很好的重复性。对于相同菌株不论是从同一平板上挑取的不同克隆，还是由同一菌株传代 10 次所得到的样品，它们所得到的 DNA 指纹图谱是一致的，并且呈现出特异性。

③ REPALL-I 和 REPALL-D 序列并不适合作为 rep-PCR 的引物，这是因为它们本身就是回文序列，可以形成茎环结构，并且它们可能形成引物二聚体。而引物 REP1R 和 REP2 与共有序列中的保守茎环相配对，可以与模板实现最佳的退火反应[50]。

④ 在同一菌种的不同菌株间分别进行 rep-PCR 和 ERIC-PCR，结果显示它们都具有一部分的相同带型，因此可以依此对特定菌种的菌株进行分类。由引物 ERIC1R 和 ERIC2 进行的 PCR 反应得到的产物带型不像引物 REP1R 和 REP2 的 PCR 结果那样复杂，因此更容易区分出种间的差别，然而由于基因组指纹图谱的复杂性降低了，这样就不容易对同一菌种的不同菌株进行区分。因此 REP 引物常用于菌株间的鉴定，ERIC 引物常用于菌种间的鉴定。

⑤ 受聚合酶扩增长度的限制，运用 rep-PCR 只能检测到两个相邻重复序列间＜5kb 的片段，对于间隔较大的重复序列的分布情况无法用这种方法检测到，为此，常结合狭缝印迹（slot blot）杂交方法考察重复保守序列在基因组中的分布状况。狭缝印迹杂交将 rep-PCR 的引物作为杂交探针与基因组 DNA 作用，此种方法不受两个相邻重复序列的距离和方向的限制。操作步骤如下。a. 将探针 5′末端进行标记，在

50pmol REP 或 ERIC 引物中加入 20U T4 多核苷酸激酶，50μL [γ-^{32}P] ATP (6000Ci/mmol)。b. 将未标记的同位素洗脱，把 50μL 的反应液溶入 1mL 去离子无菌水中，然后置于 Centricon-3 管中离心，游离的放射性同位素就被管中的滤膜滤掉了，所留下的溶液中含有被标记的寡核苷酸探针。c. 杂交膜的准备，在杂交膜的狭槽中加入 10ng 的变性基因组 DNA。基因组 DNA 在 100℃ 变性 5min，然后将其转移到膜上，并在每个槽中加入 500μL 0.4mol/L NaOH。将膜用 1×SSC 冲洗，再用吸水纸吸干。将此膜在 80℃ 烘干 1h，置于密闭塑料袋中，－20℃ 保存。d. 杂交方法。REP 探针的杂交：将杂交膜于 42℃ 预杂交 1.5h。将探针于 100℃ 变性 5min，然后加入到杂交液中，使放射性强度达到 1×10^6 cpm/mL。然后将膜在 42℃ 温育 15h。ERIC 探针的杂交：基本与 REP 相同，但预杂交与杂交都在 65℃ 进行。e. 洗膜。在室温将杂交膜用 2×SSPE 和 0.1%SDS 洗两遍，最后一遍洗的时候 REP 37℃，15min；ERIC 40℃，1min。f. 放射自显影。于带有两个增感屏的胶卷上 85℃ 曝光 24h。

⑥ 假阳性结果的产生。假阳性结果产生的原因有如下可能：非特异带的扩增，来自细胞、培养环境或气体中悬浮颗粒的外源 DNA 污染，或者来自前面实验样品的 DNA 的痕量污染。因此，在进行 rep-PCR 时一般都要设立一个阴性对照，以检测是否有上述污染的可能性存在。在进行实验时，除了 rep-PCR，为了结果的可信度还要再进行一些确证性的实验，确证实验可以是同一问题的多重实验，或者是补充性实验，或者进一步的实验论证。

⑦ 假阴性结果的产生。假阴性结果产生的原因有如下可能：样品中有抑制 DNA 聚合酶活性的物质，DNA 靶序列的降解，或者试剂的问题。为了避免假阴性结果的产生，包含 PCR 反应混合液和已知目的 DNA 的模板应当包含在每次实验中。

六、应用

实验证明 REP、ERIC 和 BOX 序列不仅广泛存在于原核细菌，在真核细菌和古菌中也有分布，如嗜放射异常球菌（*Deinococcus radiophilus*）、巨大滑株菌（*Herpetosiphon giganteus*）、盐生盐杆菌（*Halobacterium halobium*）等。因此 rep-PCR 在临床致病菌株的快速鉴定，细菌的分型，分子层面上的细菌亲缘关系的确定等方面都有大量的应用。

1. rep-PCR 用于临床致病株的研究

rep-PCR 因其简便、高效、廉价、重复性高的特点在临床致病菌株的鉴定上得到广泛应用，同时对于大范围内细菌流行病学的研究也很有意义。

rep-PCR 方法可方便地用于医疗诊断。以幽门螺杆菌（*Helicobater pylori*）为例，幽门螺杆菌的检测方法有很多，以前主要采用内窥镜检查法，这种方法不仅患者要遭受痛苦，并且灵敏度也不高。rep-PCR 因为敏感性高，能够在患者的胃液、胆汁、粪便和口腔分泌物检测到低浓度存在的 *H. pylori*，既可大大减轻被测患者的痛苦，还有助于了解幽门螺旋杆菌的传播途径和致病机理[50]。金黄色葡萄球菌是一种重要的病原菌，由于有的金黄色葡萄球菌菌株对青霉素和万古霉素产生了抗性，因此常在住院患者中暴发，造成医源性感染。应用 rep-PCR 的方法对抗性菌株进行鉴定，及早进行预防和治疗，就可以减少该类疾病的大规模暴发[51]。另外，rep-PCR 也用于动物与植物的细菌感染疾病研究。如对由多种禽类而来的 *Pasteurella multocida* 菌株做 REP 指纹图谱，与血清分型比较这种方法有更充足的证据说明不同菌株的宿主特异性，因此可以科学有效地针对特定禽类，对由 *Pasteurella multocida* 菌引起的禽类霍乱病进行预防和治疗[52]。

2. rep-PCR 用于遗传突变的细菌致病种群的分析和分类

致病菌种群对环境的适应性非常高，它们通过基因组的突变、重组和迁移，在环境选择压力的筛选下，常常出现对抗疾病治疗的“能力”，如抗生素抗性的产生或菌株发生变种。虽然人们无法预知菌株的进化方向和细菌种群的动力学发展方向，但是可以掌握疾病控制的发展趋势，如抗生素或特定诊疗技术的应用等，因此我们可以联合对于细菌菌群结构的认识，对遗传上较易发生突变的致病菌株进行分析和分类。细菌菌群结构的研究需要考量细菌遗传多样性的数量和在细菌种群中个体和亚群的系统发生关系，而这些研究必定要包括对病原菌遗传信息时间、空间的比较和致病多样性的分析，这项繁琐的工作适于采用 rep-PCR 指纹图谱技术。这方面的具体应用包括在一项关于比较致病性黄单胞菌在宏观区域（如不同国家）和微观领域（如一个农区）的遗传多态性分布的差异研究，运用 rep-PCR 指纹图谱技术可以高效地理解细菌种群的动力学和进化特性[53,54]。

3. rep-PCR 用于细菌分型

传统方法对于细菌的鉴定通常基于表型性质，如生物型、血清型、抗菌谱等，并辅助于形态学，这些鉴定方法虽然比较有效，但在判断那些虽具有相似表型但实质在遗传学上没有关联的菌株时往往显得缺乏灵敏度。对此，出现了很多分子生物学方法，包括质粒和染色体限制性内切酶消化图谱、遗传物质与探针杂交，还有很多基于 PCR 原理的方法，由于它们针对细菌基因组的差别进行比较，得到的结果更加客观可信，其中 rep-PCR 指纹图谱技术因为具有高分辨能力和能够进行独立筛选操作而备受青睐[55]。

rep-PCR 方法可以对表型一致的菌株进行更细致科学的划分。如有研究报告表明有 5 个临床分离株都具有 CMY 型 β-内酰胺，但经 rep-PCR 指纹图谱分析表明它们分属于变形杆菌和肺炎克雷伯菌，并且具有不同的 β-内酰胺酶编码机制[56]。同时，基于 rep-PCR 指纹图谱可以对某一微生态环境的细菌进行多样性研究、菌种溯源和产物监控。例如，有研究报告应用 REP 和 ERIC 引物对从两个不同深度的湖水中获得的 93 个大肠杆菌（*Escherichia coli*）菌株进行 rep-PCR，根据产生的指纹图谱描绘出系统树图，可以对基因组多样性进行分析[57]。另一个例子就是对不同环境中分离到的乳酸菌进行鉴定，rep-PCR 结果发现来源环境相似的菌株倾向于具有相近的指纹图谱[58]。

4. rep-PCR 用于微生物间亲缘关系的确定

研究证明 REP 与 ERIC 序列在革兰阴性菌特别是肠杆菌属中是高度保守的，并且在真细菌中也维持了几千万年的保守性，这种进化保守性证明这两种序列形成于革兰阴性肠杆菌谱系形成之前。在真细菌甚至古菌中都探测到了 REP 与 ERIC 序列的存在，这说明这两个序列存在于两亿年前，即早于古菌和真细菌的分化[59,60]。REP 和 ERIC 重复序列在进化上高度保守可归因于两个机制，一是自然选择压力限制了这些序列的变化，因为它们是遗传物质与蛋白质的作用位点，对 DNA 的复制必不可少；二是这些序列会通过基因转化的方法作为“自私”DNA 进行自我繁殖，散布于基因组中。由于 REP 与 ERIC 序列具有进化保守、分布广泛的特点，十分适宜于作为微生物间亲缘关系的确定依据。

16S rDNA是重要的确定生物间遗传关系的依据。以前，用由16S rDNA而来的系统发生树方法无法判断耶尔森（*Yersinia*）菌属的鼠疫耶尔森菌（*Y. pseudotuberculosis*）和假结核耶尔森菌（*Y. pestis*）之间的关系。分别用rep-PCR和ERIC-PCR方法做这两种菌的基因组指纹图谱的系统发生树，结果显示这两个菌的相似性分别为62%和58%，这说明当用16S rDNA方法确定微生物间遗传关系有困难时，可以尝试采用rep-PCR指纹图谱方法[61]。应用rep-PCR研究仙人掌杆菌家族间遗传关系，对其所属的六个菌株进行了明确的划分，是对rep-PCR方法的又一个成功应用[62]。

5. rep-PCR用于扩增未知DNA序列

将REP、ERIC或BOX引物与生物体中进化保守的蛋白序列相匹配的寡核苷酸序列或者转座子的插入末端序列联合使用，可以从大量多样的细菌样本中快速扩增出未知DNA序列。例子之一就是Tn5末端序列与REP引物相结合进行PCR扩增可用来定位Tn5在*E. coli*的*glpD*基因中的插入位点[63]。

七、小结

rep-PCR技术的发生、发展都要归功于发现了广泛散布于微生物基因组中的、高度保守的重复DNA序列，并将其与PCR技术相结合，可以对样品中pg量级的细菌基因组DNA进行检测，直接的PCR扩增和对扩增产物进行琼脂糖凝胶电泳产生的具有高度复杂性和特异性的基因组指纹图谱进行分析可以对菌种和菌株加以区分，与细胞的快速裂解技术相结合，REP、BOX和ERIC-PCR能在几小时内完成对细菌菌株的鉴定。

rep-PCR基因组指纹图谱技术由于具有灵敏度高、操作简便、结果特异性好、可重复性好等特点，在临床诊断、科研和流行病学研究上都有着广泛应用。但该技术也存在着缺点，一个是受到PCR扩增长度的限制，扩增片段的长度只能局限于5kb之内，因此所形成的指纹图谱并不能完全反映出重复序列在基因组中的分布情况，要解决这个问题可以把它与杂交技术相结合。

rep-PCR的应用范围限于含有REP、BOX和ERIC序列（或相似序列）的细菌，但有些缺乏这些序列的菌种中会包含类似的重复性序列，就像不同的DNA序列信息存在于不同的微生物系统一样，新的重复性序列将会被发现，而且从整个生物界的角度来看在自然选择压力下，必然导致在几乎所有生物中都存在保守和重复序列，因此rep-PCR作为一种技术思路对微观和宏观的生物研究都有启发。

第四节　序列特异性引物PCR

一、引言

HLA（人类白细胞抗原）是目前所知人体最复杂的遗传多态系统，HLA分型在器官移植、疾病的诊断、人类学研究以及法医学应用等方面都有重要作用。目前已经认定的等位基因数目非常巨大，分别是282 HLA-A、537 HLA-B和135 HLA-C。如此高度的多态性使HLA-Ⅰ类基因的分型变得异常复杂。HLA分子的不匹配是导致异体器官移植排斥的主要原因，同时HLA的基因型同许多自身免疫疾病和传染病有关。无论是临床检验还是科学研究都越来越需要高精度的HLA分型手段。基于核酸序列识别的方法主要有：PCR-RFLP（restriction fragment length polymorphism）、PCR-SSO（sequence specific oligonucleotide）、PCR-SSP（sequence specific primer）和PCR-SBT（sequencing-based typing）等。序列特异性引物PCR（PCR-SSP）借助PCR技术获得HLA型别特异的扩增产物，可通过电泳直接分析带型决定HLA型别，从而大大简化了实验步骤，具有简单易行的优点，分辨率可从低到高，成本低，在HLA分型中得到了广泛应用。

二、原理

PCR-SSP分型方法使用的特异性引物与模板DNA完全互补，而且使用的*Taq*聚合酶没有核酸外切酶的活性，因此不像通常PCR扩增时允许3′末端可以有一个或几个碱基错配，即使特异性引物发生非特异性退火，也不至于发生非特异性扩增。该方法是利用与HLA等位基因序列互补的引物，对待测样本DNA进行特异性PCR扩增。由于每对特异性引物所鉴定的是顺式排列的HLA等位基因序列，所以该方法的分辨率高，而且容易鉴定出杂合子。特异性PCR扩增产物很容易用琼脂糖凝胶电泳检测，根据特异性PCR扩增产物的出现与否，对待测样本的HLA等位基因型别进行判断。

三、材料

① 模板：基因组DNA或cDNA。

② dNTP混合液：每种脱氧核糖核苷酸的浓度为2.5mmol/L。

③ 引物群：多对HLA等位基因特异性的引物，浓度均为10μmol/L。

④ *Taq* DNA聚合酶及其10×PCR缓冲液。

⑤ 高压灭菌去离子水。

⑥ PCR扩增仪。

⑦ 用于琼脂糖凝胶电泳的试剂。

四、方法

1. 模板

提取基因组DNA，进行HLA分型的主要模板来源如下。

（1）外周血DNA提取　500μL EDTA血（新鲜或冻存）加入1mL红细胞裂解缓冲液（0.32mol/L蔗糖，1% Triton X-100，5mmol/L $MgCl_2$，12mmol/L Tris-Cl，pH7.5），轻轻颠倒混匀，裂解红细胞，13000r/min离心1min，用ddH_2O洗一次，13000r/min离心1min。用下列成分重悬沉淀：80μL 5×蛋白酶K缓冲液（商业产品），30μL蛋白酶K（10mg/mL），20μL 2% SDS和240μL ddH_2O，55℃消化10min。加入100μL 6mol/L NaCl，激烈振荡混匀15s，13000r/min离心5min，沉淀蛋白，在上清中加入1mL −20℃冰冻乙醇，沉淀DNA，70%乙醇洗涤一次，室温放置5～10min，使乙醇挥发干净，50μL ddH_2O溶解DNA，紫外分光光度计测定DNA含量。

（2）口腔拭子基因组DNA提取　用棉拭子刮取口腔壁细胞，将拭子浸泡于细胞裂解缓冲液中（10mmol/L Tris-Cl，pH7.5 100mmol/L EDTA，0.5%酰基肌氨酸钠），丢弃棉拭子后，加入10μL蛋白酶K（10mg/mL），1mL 6mol/L盐酸胍，

300μL 7.5mol/L 乙酸铵，55℃裂解 2h 释放 DNA，苯酚-氯仿-异戊醇提取，加入 -20℃冰冻乙醇沉淀 DNA，其后同上述。

（3）供体组织 DNA 的快速提取　取组织 30mg，研磨充分后，放入 1.5mL 离心管内，加入 400μL STE 缓冲液（0.1mol/L NaCl，10mmol/L Tris-Cl，pH8.0，1mmol/L EDTA），20μL 1% SDS，20μL 蛋白酶 K（10mg/mL），混匀，55℃消化 10min。进行苯酚-氯仿-异戊醇提取，加入-20℃冰冻乙醇沉淀 DNA，其后同上述。

以上基因组 DNA 的提取也可使用商用的试剂盒，根据试剂盒说明操作。

2. 引物设计

目前 PCR-SSP 的应用主要是 HLA 分型，现将常用的 HLA-DR 的序列特异性引物列于表 13-1 中[64]。DRB 基因有近 50 个等位基因，表中列出的引物不能将全部等位基因扩增出来，因此称为 HLA-DR 基因中等分辨率分型序列特异性引物。

表 13-1　HLA-DR 基因中等分辨率分型的序列特异性引物

5′-引物	序列(5′-3′)	3′-引物	序列(5′-3′)	PCR 产物长度	DRB1 基因扩增特异性
01	TTGTGGCAGCTTAAGTTTGAAT	047	CTGCACTGTGAAGCTCGCAC	255bp	0101,0102
		048	CTGCACACTGTGAAGCTCTCCA	255bp	
01	TTGTGGCAGCTTAAGTTTGAAT	10	CCCGCTCGTCTTCCAGGAT	130bp	0103
02	TCCTGTGGCAGCCTAAGAG	01	CCGCGCCTGCTCCAGGATT	197bp	1501,1502
02	TCCTGTGGCAGCCTAAGAG	03	AGGTGTCCACCGCGGCG	213bp	1601,1602
03	TACTTCCATAACCAGGAGGAGA	03	TGCAGTAGTTGTCCACCCG	151bp	0301,0302
06	GACGGAGCCGGTGCGTA	48	CTGCACACTGTGAAGCTCTCCA	217bp	0301
03	TACTTCCATAACCAGGAGGAGA	47	CTGCACTGTGAAGCTCGCAC	189bp	0302,1302,1305,1402,1403,1409
04	GTTTCTTGGAGCAGGTTAAACA	47	CTGCACTGTGAAGCTCGCAC	260bp	0401-0411
		048	CTGCACACTGTGAAGCTCTCCA	260bp	
07	CCTGTGGCAGGGTAAGTATA	079	CCCGTAGTTGTGTCTCGACAC	232bp	0701,0702
08	ACTACTCTACGGGTGAGTGTT	05	CTGCAGTAGGTGTCCACCAG	214bp	0801-0806
09	GTTTCTTGAAGCAGGATAAGTTT	079	CCCGTAGTTGTGTCTCGACAC	236bp	0901
10	GTTCTTGGAGTACTCTACGTC	047	CTGCACTGTGAAGCTCGCAC	204bp	1001
05	GTTCTTGGAGTACTCTACGTC	06	CTGGCTGTTCCAGTACTCCT	176bp	1101-1105
08	ACTACTCTACGGGTGAGTGTT	08C	TCTGTGAAGCTCTCCACAG	248bp	1201,1202
03	TACTTCCATAACCAGGAGGAGA	10	CCCGCTCGTCTTCCAGGAT	130bp	1301,1302
05	GTTCTTGGAGTACTCTACGTC	11	TCTGCAATAGGTGTCCACCT	224bp	1401,1404,1405
08	ACTACTCTACGGGTGAGTGTT				1407,1408
03	TACTTCCATAACCAGGAGGAGA	12	TCCACCGCGGCCCTCC	140bp	1402,1404,1409,1305,1306
04	GTTTCTTGGAGCAGGTTAAACA	19	ctgttccagtctccgcag	188bp	1410
52.1	TTTCTTGGAGCTGCGTAAGTC	13	CTGTTCCAGGATCGGGCGA	171bp	DRB3* 0101-0301
52.2	GTTTCTTGGAGCTGCTTAAG	14	GCTGTTCCAGTACTCGGCAT	173bp	
53	GAGCGAGTGTGGACCTGA	048	CTGCACACTGTGAAGCTCTCCA	213bp	DRB4* 0101
51	GTTTCTTGCAGCCAGGATAAGTA	01	CCGCGCCTGCTCCAGGATT	198bp	DRB5* 0101-0202
		16	CCGCGGCGGCCTGTCT	207bp	

3. 操作方法

（1）PCR-SSP 扩增体系的组成和准备

① SSP 引物混合液的准备。预先准备好所有引物的混合液，其中包括除 *Taq* 聚

合酶和同一份待测基因组DNA之外的所有PCR反应成分，即：2pmol 5′末端和3′末端的引物（已知配对的一对引物）；2pmol内参照引物（*β-actin*基因引物）；200μmol各种dNTP（dATP，dCTP，dGTP，dTTP）；1×PCR缓冲液，10mmol/L Tris-Cl（pH8.3），50mmol/L KCl，1.5mmol/L $MgCl_2$，0.01%明胶；Ficoll 400（终浓度为1%，体积分数）；加样缓冲液（甲酚红，终浓度为0.01g/L）。将这些引物混合液准备好后，分装至作好标记的PCR扩增管中，每扩增管中引物混合液的体积为36μL，反应体积的调整使用去离子水，不要使用TE，EDTA可抑制*Taq*聚合酶的活性。置于−20℃保存，临用时取出。

② DNA/*Taq*聚合酶混合液的准备。计算扩增所需管数，每对SSP引物需用一只扩增管单独扩增。

计算*Taq*聚合酶用量，每扩增管需*Taq*聚合酶0.5～0.8U。

计算基因组DNA总量，每扩增管需60ng的基因组DNA。

将基因组DNA和*Taq*聚合酶在一定量的稀释液中混匀，即为DNA/*Taq*聚合酶混合液，稀释液为上述1×PCR缓冲液（注意：每扩增管所需的基因组DNA和*Taq*聚合酶的量应包括在4μL体积的DNA/*Taq*聚合酶混合液中）。用加样器将基因组DNA与*Taq*聚合酶混匀，注意混匀时避免形成气泡，否则容易导致气溶胶状DNA的形成，造成污染。

（2）PCR-SSP扩增体系的组成

① 取出装有SSP引物混合液的扩增管，加入4μL的DNA/*Taq*聚合酶混合液，注意用加样器将DNA/*Taq*聚合酶混合液加入至引物混合液的底部，每扩增管的反应体积为40μL（注意：基因组DNA应完全稀释和混匀，吸取或接触不同扩增管的液体后，注意更换吸头；使用的吸头最好带滤膜）。

② 每个扩增管加20μL矿物油，防止PCR扩增时水分蒸发。

（3）PCR-SSP扩增　按下述扩增条件进行PCR扩增（适合Perkin-Elmer 9600 PCR扩增仪，其它型号的PCR扩增仪也可以参考上述扩增条件）。

94℃预变性，5min；94℃变性，20s；65℃退火和延伸，60s；循环次数，30次；65℃延伸，10min。

（4）PCR产物的检测　制备0.5×或1×TBE，制备20g/L琼脂糖凝胶，加入适量的溴化乙锭；琼脂糖凝胶的长度与宽度应该与PCR扩增管数量相适应，每一扩增管应有相应的一个电泳泳道，凝胶厚度为3～5mm，一般用三只梳子形成三排加样孔；将PCR扩增管从PCR扩增仪中取出后，用加样器吸取扩增后的反应液，加入相应的加样孔中，用15V/cm电泳25min；在紫外灯下或凝胶成像仪上观察电泳结果，注意观察每个泳道中内参照引物的扩增产物和相应SSP的扩增产物，并拍照存档。

（5）PCR-SSP结果分析　采用SSP进行PCR扩增后，相应的PCR产物是否出现，是HLA分型结果的判断的依据，相应SSP扩增产物出现，表示基因组中存在与特异性引物（即SSP）互补结合的DNA序列，即样本为该SSP结合的HLA基因阳性。当某种SSP引物的扩增管中未出现相应的PCR产物时，应注意观察内参照引物是否出现PCR产物。如果该扩增管的内参照引物出现PCR产物，而无相应SSP扩增产物，说明样本为该SSP特异性扩增的HLA基因阴性；如果该扩增管中未出现内参照引物的扩增产物，则意味着PCR扩增出现问题。

五、注意事项

① PCR-SSP 技术的原理是基于引物序列与基因组（模板）DNA 的严格互补结合，因此使用的 *Taq* 多聚酶应该无 3′→5′外切酶活性，否则外切酶的作用可能修正错配的引物-模板复合物，导致错配延伸，出现假阳性结果。

② 由于每一种 HLA 等位基因均需要一对 SSP 扩增，因此对每一个样本进行 HLA 分型时，均需要进行多个扩增，扩增的数目取决于检测 HLA 等位基因的数目。采用扩增管进行 HLA 分型时特别注意每一扩增管中 SSP 的特异性，应该作好标记，并有规律地排列、放置和加样，避免出现混乱，使分型结果错误。除使用微量扩增管之外，还可以使用 96 孔的 PCR 扩增板，较扩增管方便。

③ 由于 PCR-SSP 技术对污染的 DNA 较为敏感，注意加样时使用带有滤膜的吸头；在吸取含有不同 SSP 和基因组 DNA 的溶液后，一定要更换吸头；用加样器吸取或混匀溶液时避免产生气泡，产生气溶胶状 DNA，造成污染。

④ 对 HLA-Ⅰ类基因分型时，需要较长的基因组 DNA 链（约 250kb）作为模板，因为 HLA-Ⅰ类基因与 SSP 进行互补结合的 DNA 序列位于第 1～4 外显子之间。在基因组 DNA 提取时应注意。

六、应用与小结

PCR-SSP 方法是设计出一整套等位基因组特异性引物，借助 PCR 技术获得 HLA 型别特异的扩增产物，通过电泳直接分析带型决定 HLA 型别，从而大大简化了实验步骤。优点是简单易行，分辨率可从低到高，成本低。缺点是不易自动化，不能检测新的等位基因，试剂盒需不断升级，合成多对 HLA 等位基因特异性的引物一次性投资较大。此方法适宜零散和纯度低样本，重复实验时要重提 DNA 和必须使用紫外凝胶成像仪保留原始资料。

目前，PCR-SSP 在许多研究和诊断中得到了广泛应用。如 HLA 基因分型、点突变遗传病等的基因诊断。González 等[65] 应用 PCR-SSP 方法进行 MICB 分型，MICB 是 MIC（MHC Ⅰ型相关基因）家族成员之一。针对新生儿同种免疫血小板减少症、输血后紫癜和血小板输血不应性临床问题，Ferrer 等[66] 利用 PCR-SSP 方法对人类血小板同种抗原系统（HPA）进行基因分型。随着人类基因组计划的完成，后基因组时代各种基因功能研究蓬勃发展，单核苷酸多态性将逐渐被更广泛地认识，PCR-SSP 因其简便、快速、经济等优点，将会在此领域得到更为广泛的应用。

第五节　简单序列重复区间 PCR

一、引言

在真核生物基因组中均存在着由 1～4 个碱基对组成的简单重复序列（simple sequence repeats，SSR），又称为微卫星（microsatellite）[67]，如 $(GA)_n$、$(AC)_n$、$(GAA)_n$ 等。同一类微卫星 DNA 可分布在整个基因组不同位置上，由于其重复次数不同或重复程度不完全而形成每个座位的多态性。SSR 两端有一段保守的 DNA 序列，通过这段序列可以设计一段互补序列的寡聚核苷酸引物，对 SSR 进行 PCR 扩增，由于 SSR 多态性仅由简单序列的重复次数的差异引起的，通常表现为共显性。ISSR（简单重复序列区间，inter-simple sequence repeats）是一种新型的分子标记，是于 1994 年创建的一种简单序列重复区间扩增多态性分子标记。它的生物学基础仍然是基因组中存在的 SSR。ISSR 标记根据植物广泛存在 SSR 的特点，利用在植物基因组中常出现的 SSR 本身设计引物，无需预先克隆和测序。用于 ISSR-PCR 扩增的引物通常为 16～18 个碱基序列，由 1～4 个碱基组成的串联重复和几个非重复的锚定碱基组成，从而保证了引物与基因组 DNA 中 SSR 的 5′或 3′末端结合，导致位于反向排列、间隔不太大的重复序列间的基因组片段被 PCR 扩增。SSR 在真核生物中的分布是非常普遍的，并且进化变异速度非常快，因而锚定引物的 ISSR-PCR 可以检测基因组许多位点的差异。有时为了增加多态性，常常采用一个 SSR 序列和一个随机引物组成的引物对，这样就又获得了另一种与 SSR 相关的标记，这种标记一端可以锚定在 SSR 序列中，另一端则可以通过随机引物来筛选，同一个 SSR 序列引物与不同的随机引物组合，可以获得各种各样的组合，从而得到更多的多态性。ISSR 是在 SSR 的基础上发展起来的，与 SSR-PCR 相比，ISSR PCR 引物设计更为简单，应用更为方便。

二、原理

ISSR 是一种以 PCR 技术为基础的分子标记，由 Zietkiewicz E 等于 1994 年首次提出[68]，其基本原理就是在 SSR 的 3′或 5′端加锚 1～4 个嘌呤或嘧啶碱基，然后以此为引物，对两侧具有反向排列 SSR 之间的一段 DNA 序列进行扩增（见图 13-2），而不是扩增 SSR 本身，然后进行电泳、染色，根据谱带的有无及相对位置，来分析不同样品间 ISSR 标记的多态性。它在引物设计上比 SSR 技术简单得多，不需知道 DNA 序列，即可用引物进行扩增。ISSR 技术的原理和操作与 SSR、RAPD 非常相似，但其产物多态性远比 RFLP、SSR、RAPD 更加丰富，可以提供更多的关于基因组的信息。由于其退火温度相对来说较高（≥52℃），试验重复性也更好。

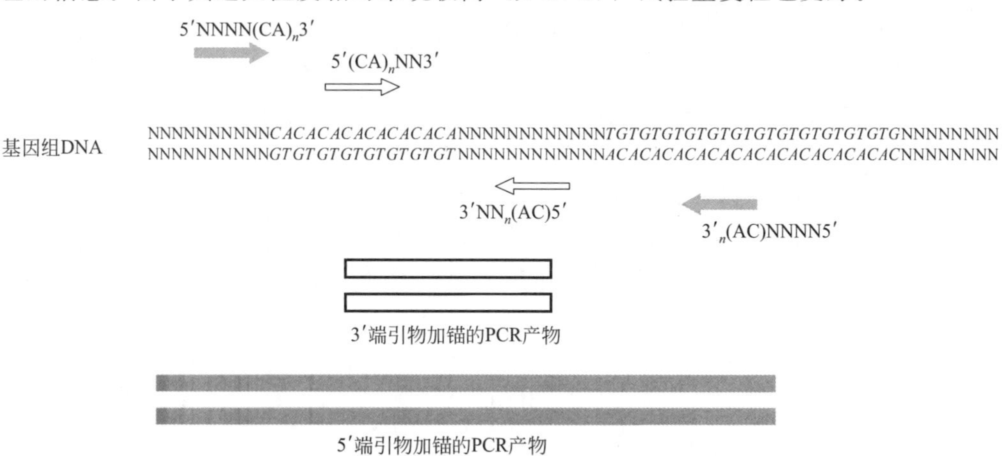

图 13-2　ISSR-PCR 示意图

三、材料

① 模板：基因组 DNA。

② dNTP 混合液：每种脱氧核糖核苷酸的浓度为 2.5mmol/L。

③ 引物：浓度为 10μmol/L。

④ *Taq* DNA 聚合酶。

⑤ 10×PCR 缓冲液。

⑥ 高压灭菌去离子水。

⑦ 用于琼脂糖凝胶电泳或聚丙烯酰胺凝胶电泳的试剂。

⑧ PCR 扩增仪。

四、方法

1. 引物设计

引物设计是 ISSR 技术中最关键、最重要的一步。基因组中的 SSR 一般为 2～6 个寡聚核苷酸，用于 ISSR 的引物常为 5′或 3′端加锚的二核苷酸、三核苷酸、四核苷酸重复序列，重复次数（*n*）一般为 4～8 次，使引物的总长度达到 20bp 左右。5′或 3′端用于锚定的碱基数目一般为 1～4 个，锚定的目的是引起特定位点退火，使引物与相匹配 SSR 的一端结合，而不是中间，从而对基因组中特定片段进行扩增、检测。

基因组中，发现最多的 SSR 是二核苷酸重复序列，如 $(AT)_n$、$(TA)_n$、$(CA)_n$ 等，因此，ISSR 技术中所用的引物以加锚的二核苷酸重复序列为主，寡聚三核苷酸、四核苷酸用得比较少。一般来说，ISSR 引物为通用引物，不像 SSR 引物那样需要根据物种基因特征合成引物。大多数引物是在 3′端加锚，加锚的位置直接影响到扩增结果，Moreno 等[69] 在葡萄、Blair 等[70] 在水稻中发现，5′端加 3 个碱基锚定的引物产生较多的带纹，而 3′端加锚的引物产生较少的带纹。

通常研究者使用一种引物，如图 11-2 所示的 $5'(CA)_nNN3'$，但也有研究者应用一对不同的引物，如 $(CA)_n+(AC)_n$、$(TG)_n+(GT)_n$ 等，这些引物不仅能扩增出单引物所产生的全部带纹，而且常有新的 DNA 片段被扩增出来。

2. 模板

一般使用经过试剂盒提取的基因组 DNA。

3. 操作方法

（1）设立 50μL 的 PCR 反应体系　在 0.25mL 的 PCR 管中，分别加入：

10×PCR 缓冲液	5μL	DNA 模板	5μL(5～50ng)
2.5mmol/L 的 dNTP 混合液	1μL	*Taq* DNA 聚合酶(5U/μL)	0.5μL
10μmol/L 的正、反向引物	各 1μL	H_2O	至 50μL

如果 PCR 仪没有热盖，在反应液上加一滴矿物油（约 50μL）。将 PCR 试管放入到 PCR 仪上。

（2）设置 PCR 反应条件

预变性	94℃，3min	
变性	94℃，30s	30 个循环
退火	52℃，30s	
延伸	72℃，2min	
延伸	72℃，7min	

PCR 反应中的温度要根据具体反应而定，一般来说每分钟合成 1000bp 左右。

需要做预实验，对变性温度、复性温度、热循环程序进行优化，以获得清晰、可重复、易统计的带纹。

（3）PCR 产物的检测和分析　PCR 产物需经电泳分离、染色显示后才能进行谱带观察、统计。目前 DNA 分离中所用的电泳介质都可用于 ISSR 扩增产物的分离，琼脂糖浓度常用 1.5%～2.0%，聚丙烯酰胺常用浓度为 6%，后者的分离效果通常会更好。用硝酸银或溴化乙锭（EB）染色后，在可见光（银染）或紫外光（EB 染色）下进行观察，统计带纹的有或无及相对位置，然后根据研究目的，应用相关软件进行分析。

五、注意事项

由于 ISSR 技术也是基于 PCR 的一种标记，所以如同 RAPD 标记一样，其反应条件易受各种因素的干扰，如模板 DNA、*Taq* DNA 聚合酶、dNTP 以及 Mg^{2+} 的浓度等都能影响 ISSR 的结果。若许多因子的条件不适合，则会导致图谱弥散状背景的产生、扩增产物的消失以及电泳谱带位置的改变。这些现象都影响 ISSR 的扩增结果，从而影响整个实验的结果。要注意的问题如下。

① 要保证 DNA 模板的质量，DNA 模板的质量及数量直接影响到 PCR 效果。

② 不同引物的退火温度应根据引物的 T_m 值略有变动。ISSR 引物的长度一般都在 15～24bp，反应的退火温度为 52～55℃，比 RAPD 的 36～40℃高，ISSR-PCR 反应的敏感性低于 RAPD。ISSR 引物含有一定长度的重复序列，与它结合的目标序列在 DNA 复制的过程中存在滑动和不均等交换现象，使得它们在不同品种或个体间的重复次数存在较大差异，更易于导致引物结合位点和两结合位点间的片段长度产生差异[71]。

③ ISSR-PCR 扩增的带型背景较强时，可在 PCR 反应体系中增加一些化学物质，使背景颜色减弱，条带清晰。在 ISSR 反应体系中加入 2%甲酰胺能够降低由于引物滑动而引起的背景模糊，加入 2%～4% DMSO 能提高反应的特异性[72]。

六、应用

ISSR 技术由于引物较长、退火温度较高，增强了实验的可重复性，同时实验操作简单、快速、高效，而且 ISSR 标记还可以揭示整个基因组的一些特征，并呈孟德尔式遗传，因此该技术一问世，就在遗传分析中得到广泛应用，尤其是在植物遗传分析中。ISSR 标记一般是显性遗传的[73]，这在谱带统计和遗传分析中需引起注意。

1. 遗传作图与基因定位

遗传作图研究的目的是寻求足够的多态分子标记，从而将所有基因定位到特定染色体的特定区域。Kojima 等[74] 首先将 ISSR 标记用于小麦遗传作图，目前已对桃[75]、大麦[76]、柑橘等[77] 利用 ISSR 标记进行遗传作图。Ammiraju 等[78] 利用 ISSR 技术找到了与小麦籽 QTL 连锁的分子标记，3 个标记与小种子性状连锁，4 个标记与大种子性状连锁。

2. 亲缘关系和遗传多样性的研究

基因型不同的品种，或不同亲缘关系的物种，基因组内核苷酸序列存在差异，当使用同一 ISSR 引物对不同基因组体外扩增时，基因组上与引物互补的 DNA 片段（模板）的数目、位点是不同的，因而其扩增产物的大小、数目也不同，亦即扩增产物表现出多态性。当使用一系列不同的 ISSR 引物扩增时，这种多态性更加丰富。这种扩增产物的多态性反映了被测材料的遗传多样性。刘晓静等[79] 利用正交设计 $L16(45)$ 和单因素试验对益智 ISSR-PCR 反应体系的 5 因素（*Taq* 酶、Mg^{2+}、模板DNA、dNTPs、引物）在 4 个水平上进行优化试验，这一优化系统的建立为利用ISSR标记技术研究分析益智遗传多样性奠定基础。江树业等[80] 以光敏核不育水稻农垦 58S 及其原始株农垦 58 核 DNA 为模板，进行了 ISSR 多态性分析。结果表明，在可扩增的 78 个 ISSR 引物中，7 个 ISSR 引物的扩增产物表现出 DNA 多态性。

进一步通过 ISSR 标记与其它遗传分析手段，还可以对不同亲缘物种间的分类、遗传距离、系统发育、亲缘关系等进行研究。Blair 等[70] 在水稻研究中得出的遗传差异表明，ISSR 标记可以在亲缘关系较近的品种间检测遗传差异，评估不同品种间的异质性。

3. 分子标记辅助育种

植物育种中分子标记辅助选择是通过分析与目标基因紧密连锁的分子标记来判断目标基因是否存在。通过 ISSR 分析可筛选出与目标基因（性状）紧密连锁的 DNA 片段，作为辅助育种的分子标记。利用分子标记不仅可以定位目标基因，也可利用与目标基因紧密连锁的分子标记追踪目标基因。应用这些分子标记进行间接选择，将得到事半功倍的作用。目前利用 ISSR 筛选出的目标基因有镰孢菌抗性基因等[81]。

七、小结

综上所述，尽管 ISSR 技术存在一些缺点，使其应用受到限制，但它稳定、方便、快捷以及多态性丰富等优点却是其它分子遗传标记无法比拟的。随着分子技术的发展，相信 ISSR 技术的缺陷或被克服，或通过其它途径得以完善，从而使其成为一种成熟的遗传分析手段而更适合于推广应用。

第六节　钳制 PCR

一、引言

钳制 PCR（PCR clamping）能够快速地检测到基因中的单个碱基突变，这对于基因诊断以及药物遗传学具有重要意义。钳制 PCR 包括 PNA（肽核酸）[82] 和 LNA（锁核酸）介导[83,84] 的两种。PNA 和 LNA 均为核酸类似物，它们可以高度亲和并特异地与 DNA 或 RNA 结合。本节以 PNA 介导的 PCR clamping 为例介绍该方法。

PNA（肽核酸）是一种以中性酰胺键为骨架并兼有多肽和核酸性质的独特化合物。PNA 与互补的 DNA 或 RNA 序列杂交具有极强的特异性和热稳定性；PNA 不易被蛋白酶和核酸酶降解；PNA/DNA 杂交结合强度与盐浓度无关[85]。

二、原理

钳制 PCR 的原理如图 13-3 所示。检测基因中是否存在突变时，采用两条竞争性引物，一条是与野生型互补的 PNA 引物，一条是与突变型互补的 DNA 引物。当基因未发生突变时，PNA 引物与靶序列结合的能力高于 DNA 引物，而在 PNA 结合靶序列后，由于 PNA 不能通过 DNA 聚合酶而延伸，从而不能引起片段的扩增；当基因中存在突变时，DNA 引物与靶序列的结合强度高于 PNA 引物，产生扩增片段。

PNA 引物也可以位于突变引物的下游或者是扩增片段的内部，当 PNA 与靶位点结合后，也能阻止扩增反应的进行[86]。

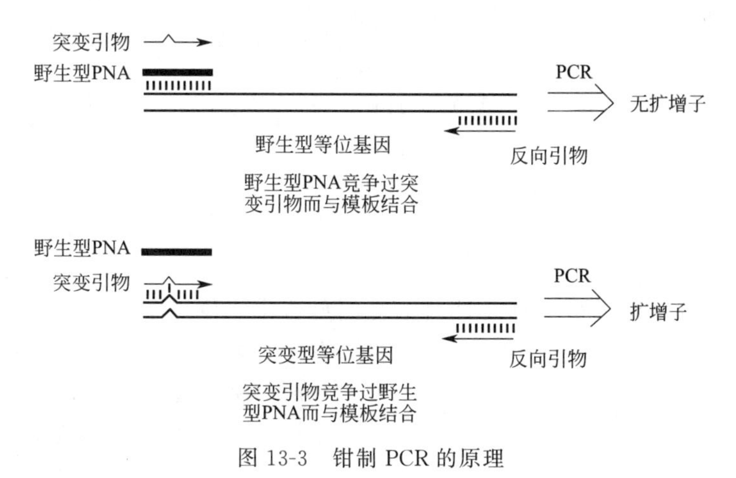

图 13-3　钳制 PCR 的原理

三、材料

① dNTP。

② *Taq* DNA 聚合酶。

③ 10×PCR 缓冲液。

④ 无菌 PCR 管。

⑤ 待检测的基因（野生型及突变型）。

⑥ DNA 引物[82]（包括正、反向引物）。

⑦ PNA 引物[82]。

⑧ 去离子水或蒸馏水。

四、方法

① 将 PCR 管放置在一个架子上并排列标记好。

② PCR 管中加入如下试剂[87]：

成分	体积/μL	终浓度
10×PCR 缓冲液	2.0	1×PCR 缓冲液
dNTP(2mmol/L)	2.0	0.2mmol/L
正向引物(10μmol/L)	1.0	0.5μmol/L
反向引物(10μmol/L)	1.0	0.5μmol/L
PNA 引物(10μmol/L)	0.5	0.25μmol/L
Taq DNA 聚合酶(5U/μL)	0.1	0.5U
去离子水或蒸馏水	12.4	
总体积	19	

③ 向 PCR 管中分别加入 1μL 去离子水、野生型 DNA、突变型 DNA 以及野生型和突变型 DNA。

④ 混匀后，将 PCR 管放到 PCR 仪中，按下列程序开始循环：

预变性	95℃，5min	
变性	93℃，1min	20 个循环
PNA 退火	70℃，1min	
DNA 退火	53℃，1min	
延伸	72℃，1min	
最后延续	72℃，10min	

⑤ 样品贮存于 4℃，或直接进行琼脂糖凝胶电泳分析。

五、注意事项

按照图 13-3 方法进行引物设计时，要使突变位点位于 PNA 引物的中间，PNA 引物的 T_m 为 65～75℃。设计多条 DNA 引物，引物的 5′端要比 PNA 引物长 5～10nt，使突变位点也位于引物的中央。采用 4 步扩增法，与普通的 3 步 PCR 反应相比，增加了 PNA 退火过程，如图 13-4 所示。PNA 的退火温度比 PNA/DNA 的 T_m 值低 5℃。测试不同的 PNA 浓度（0.1～10μmol/L）对于 PCR 反应的抑制程度。如果没有抑制效应，增加 PNA 的浓度，并降低 PNA 退火温度；如果抑制过度，没有 PCR 产物出现，则增加 DNA 引物的浓度，并降低 PNA 引物的浓度。PCR clamping 技术中重要的一点，就是不需要在每个循环中都彻底抑制所有靶位点的扩增[85]。

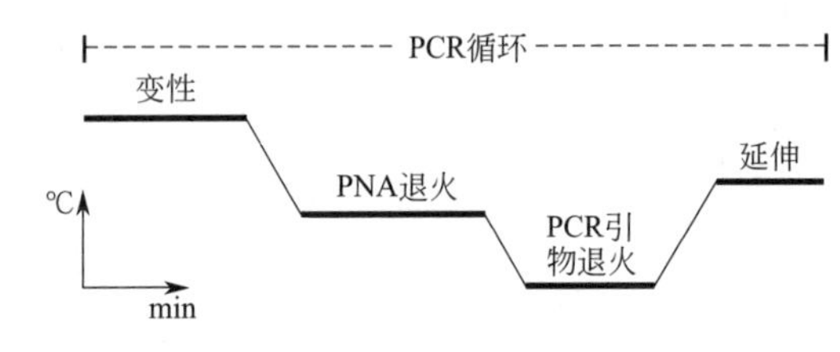

图 13-4　钳制 PCR 中所使用的 4 步扩增

六、应用

在各种基于 PCR 原理建立的方法中，钳制 PCR 是最广泛使用的技术之一。钳制 PCR 除了用于检测突变外[88,89]，还应用于微生物多样性分析[90]、转基因植物的监测及食品来源的探究[91] 等方面。该方法还可与其它方法联合使用，如与 PCR-SSCP、RFLP 及实时 PCR 等[85]。

第七节　序列特异性寡核苷酸多态性 PCR

一、原理

由于生物种类具有多样性，每一个基因在同一座位上具有多种等位基因。可以根据在同一基因上存在的差别将某一生物分为不同的类型，进而在功能上对它们加以区分。序列特异性寡核苷酸多态性 PCR（PCR-sequence specific oligonucleotide polymorphism，PCR-SSOP）包括设计通用引物，在不同样品中扩增等位基因；然后，使用多个探针（同位素标记或生物素等标记）在特定的条件下进行杂交，探针是针对每一个类型的基因（同一簇等位基因）设计的；经过显色或曝光，利用人工或电脑软件判读实验结果。PCR-SSOP 可以用来检测不同样品间的组织特异性，鉴别分类，并确定亲缘关系。该法是临床检测的有力手段，目前主要用于主要组织相容性抗原的分型。

二、试剂

1. DNA 抽提试剂

① 白细胞裂解液（white cell lysis buffer，WCLB）：10mmol/L Tris-HCl（pH 7.6），10mmol/L EDTA（pH 8.0），50mmol/L NaCl。

② 红细胞裂解液（red cell lysis buffer，RCLB）：10mmol/L Tris-HCl（pH 7.6），5mmol/L $MgCl_2$，10mmol/L NaCl。

③ 酚-氯仿-异戊醇抽提液（phenol-chloroform-isoamylalcohol，PCI）：酚-氯仿-异戊醇体积比为 25∶24∶1。

④ 10mg/mL 蛋白酶 K：−20℃贮存，10%SDS。

2. PCR 试剂

PCR 引物，*Taq* 酶，*Taq* 酶缓冲液，dNTP。

3. 电泳试剂

上样缓冲液，TBE 缓冲液，溴化乙锭，琼脂糖，DNA 分子量标准。

4. DNA 变性剂

2mol/L NaOH-50mmol/L EDTA，现用现配。

5. 探针标记试剂

① ^{32}P 标记探针试剂：10×多聚核苷酸激酶缓冲液（0.5mol/L Tris-HCl，pH 7.6，0.1mol/L $MgCl_2$，50mmol/L DTT），多聚核苷酸激酶，^{32}P 标记的 ATP。

② Dig-dUTP（digoxigenin-dUTP）标记探针试剂：0.05mmol/L dATP（pH 6.5～7.5），1nmol/μL Dig-dUTP，末端转移酶，10×末端转移酶缓冲液（1.4mmol/L 二甲胂酸钠，300mmol/L Tris-HCl pH 7.2，25mmol/L $CoCl_2$），3mol/L 醋酸钠（pH 6.0～7.0），70%乙醇，20mg/mL 糖原。

③ Dig-ddUTP 标记探针试剂：10×末端转移酶缓冲液（1.4mmol/L 二甲胂酸钠，300mmol/L Tris-HCl pH 7.2，10mmol/L $CoCl_2$），Dig-11-ddUTP，末端转移酶 50U/μL。

6. 杂交试剂

(1) ^{32}P 标记探针的杂交试剂

① 杂交缓冲液：15%甲醛，10% 50×Denhardt's 溶液（10g 聚蔗糖 Ficoll，10g 聚乙烯吡咯烷酮，10g 牛血清白蛋白 V，加 ddH_2O 至 1000mL），5×SSPE（0.15mol/L NaCl，0.05mol/L $NaH_2PO_4 \cdot 7H_2O$，5mmol/L EDTA，pH 7.4），1% SDS，5%硫酸葡聚糖，0.2mg/mL ssDNA。

② 洗涤缓冲液：3mol/L 四甲基氯化铵（tetramethylammonium chloride，TMAC），50mmol/L Tris-HCl pH 8.0，2mmol/L EDTA，0.1% SDS。

(2) 地高辛标记探针普通检测方法（不用 TMAC）试剂　50×Denhardt's（1% 聚乙烯吡咯烷酮，1% 聚蔗糖，1% BSA）过滤除菌，−20℃贮存。

0.5mol/L EDTA（pH 8.0），20×SSPE（3mol/L NaCl，0.2mol/L NaH_2PO_4，0.02mol/L EDTA pH 7.4），1% *N*-十二烷基肌氨酸钠，10% SDS，2mol/L 马来酸，1mol/L $MgCl_2$，1mol/L Tris-HCl（pH9.5），4mol/L NaCl，4mol/L NaOH，4×缓冲液 1（0.4mol/L 马来酸，0.6mol/L NaCl，pH 7.5），5% 封闭液［1000mL 溶液

中含有 0.1mol/L 马来酸，0.15mol/L NaCl，pH 7.5，50g 封闭液（Boehringer-Mannheim，Cat#1096-17)，65℃加热 20min，分装，4℃贮存]。

① 杂交液：2%封闭液，6×SSPE，5×Denharts，0.1% *N*-十二烷基肌氨酸钠，0.02% SDS。

② 洗涤液：冷洗液（2×SSPE，0.1% SDS)，热洗液（5×SSPE，0.1% SDS)。

③ 缓冲液3：0.1mol/L Tris-HCl，0.1mol/L NaCl，0.05mol/L $MgCl_2$，pH9.5。

碱性磷酸酶标记的抗地高辛抗体。

(3) 地高辛标记探针化学发光法检测试剂（用 TMAC） 5mg/mL 鲑精 DNA (70℃加热 1h 后，振荡 1min 剪切 DNA)，50×Denhardt's 溶液，10% SDS，5mol/L NaCl，TN 缓冲液（0.1mol/L Tris-HCl pH 7.5，0.15mol/L NaCl)，TNM 缓冲液 (0.1mol/L Tris-HCl pH 9.5，0.1mol/L NaCl，0.05mol/L $MgCl_2$)，20×SSPE (3.0mol/L NaCl，0.2mol/L $NaH_2PO_4 \cdot 7H_2O$，20mmol/L EDTA，pH 7.4)，CSPD (50mL/瓶，Boehringer-Mannheim，Cat#755633)，抗地高辛抗体。

杂交液：330mL 20×SSPE，100mL 50×Denhardts，1.0g 肌氨酸，2mL 10% SDS，20mL 5mg/mL 鲑精 DNA，加水至 200mL。

S/S 洗液（2×SSPE，0.1% SDS)，TMAC 洗液［500mL 5mol/L TMAC (sigma，Cat#T-3411)，200mL dH_2O，41.7mL 1mol/L Tris-HCl pH 7.5，8.3mL 0.5mol/L EDTA，83.3mL 10% SDS]。

三、方法

1. 制备模板

(1) 新鲜的外周血　从每个个体中抽取 10mL 外周血，加入 2mL 5% EDTA (pH7.4) 混合均匀。1500r/min 离心 5min，移去上层的血清，注意不要触及白细胞层。收集浅黄色层转移到一个新的离心管中，加入 10mL RCLB，混合均匀，1500r/min 离心 10min。弃掉上清，用 3mL WCLB 重悬沉淀，加入 50μL 10% SDS 和 50μL 蛋白酶 K，轻轻摇动（50r/min)，42～50℃过夜。

(2) 冻存的外周血　收集去除血清后的浅黄色层，－80℃保存。使用时迅速将之融化后，加入 10mL RCLB，其它操作同上文（1)。

(3) 细胞系和冻存的淋巴细胞　离心收集（20～50)×10^6 个细胞至 15mL 离心管中，加入 3mL 的 WCLB，然后加入 50μL 10% SDS 和 50μL 蛋白酶 K，孵育 3h 或 42～50℃过夜。

(4) 酚-氯仿抽提　在用上述方法制备的样品中加入 3mL PCI，完全混匀后离心，取上清转移至新的离心管中，用 PCI 进行二次抽提，再用氯仿-异戊醇（24∶1）抽提一次，离心收集上清。

(5) 异丙醇沉淀　加入 60μL 5moL/L NaCl，再加入 0.6 倍体积 100%异丙醇后轻轻摇动，直到沉淀产生，离心收集沉淀，用 70%的乙醇漂洗三次，真空抽干，加入 TE 溶解，调整 DNA 的浓度至 100μg/μL，－20℃贮存备用。

2. PCR 扩增基因

(1) PCR 扩增基因条件　根据所要扩增的基因设计引物，计算退火温度及延伸时间。

(2) 电泳检测结果　选择合适的琼脂糖凝胶浓度，以 TBE 为缓冲液分离 PCR 样品。用溴化乙锭染色，检测扩增结果。

3. 吸印和变性 DNA

（1）印迹的设计　每一次印迹应包括能与检测试剂杂交的参照 DNA 和不能与检测试剂杂交的参照 DNA，另外应设立一个阳性检测对照孔，该阳性检测对照的加入量应调节到阳性 SSOP 的结果能显示出来。

（2）印迹的步骤（利用自动印迹仪）

① 将扩增产物从 4℃ 中取出，37℃ 温浴 30min，同时将变性剂 2mol/L NaOH-50mmol/L EDTA 进行温浴。之后以左上角 A 行 1 列为基准放置滴定板，确保样品能点在正确的位置。自动印迹仪的最大加样量为 30μL。

② 用排枪加入 18μL 预热的变性剂，反复吹打三次，室温放置 30min。

③ 在 A1 孔中加入 100μL 阳性对照，在进行印迹的过程中用镊子轻轻放置尼龙膜，不能折叠，不能用手触摸，除溶液板和印迹仪外不能使其接触任何东西。

④ 设置印迹仪至 86μL，从微量滴定板上样，然后再用变性剂将印迹仪的孔中液体补满，将膜逐一地放在滴定板下，每张膜上滴定 15μL，检查膜上是否有空白点，如有用手工填充。

⑤ 将膜放在一张 Whatman 3MM 的滤纸上干燥 5min。

⑥ 放一张用双蒸水浸湿的 3MM 滤纸在紫外连接层上，将膜上带有 DNA 的一侧朝向紫外连接层，使用自动胶联程序将 DNA 胶联到膜上，大约需要 30s。

⑦ 将膜裹在塑料袋中，有 DNA 的一面不能有褶皱，不能重叠，不能有气泡。保存在 4℃。

⑧ 清洗自动标记仪。用 2% 的漂白液充满注射器 3min，然后用双蒸水冲洗 5 次，循环重复 5 次。

4. 标记引物

（1）用 ^{32}P 来标记引物

反应体系：

引物	10pmol	[γ-^{32}P] ATP	15μCi
10×多核苷酸激酶缓冲液	1.5μL	加 H_2O 至	15μL
T4 多核苷酸激酶	5U		

37℃孵育 30min，立即使用；或加入 1μL 0.5mol/L EDTA，备用。

（2）用带有地高辛标记的 dUTP 来标记引物

反应体系：

5×末端转移酶缓冲液	24μL	digoxigen-dUTP	10.5μL
末端转移酶	3μL(75U)	SSOP 引物	40μL(300pmol)
25mmol/L $CoCl_2$	6.3μL	加 H_2O 至	120μL
0.05mmol/L dATP	10.5μL		

混合均匀，37℃放置 15min。

加入预置 −20℃ 的 6μL 糖原，75μL 3mol/L 醋酸钠，600μL（−20℃）100% 乙醇，振荡混合，然后高速离心 10s，冰上放置 10min，4℃ 15000r/min 离心 30min。

弃掉乙醇，加入 800μL 70% 乙醇洗涤一次，真空干燥。用 285μL 去离子水溶解，将标记好的引物分成小份，−20℃保存备用。

（3）用带有地高辛标记的 ddUTP 标记引物

反应体系：

SSOP引物	40pmol	25mmol/L $CoCl_2$	6μL
5×末端转移酶缓冲液	24μL	dig-11-ddUTP(1nmol/μL)	4μL
末端转移酶	2μL(100U)	加入 dH_2O	44μL

37℃放置60min，中间轻轻混合1～2次，立即应用或－20℃保存。

5. 杂交、洗涤和检测

（1）^{32}P 标记引物的杂交、洗涤和检测

① ^{32}P 标记引物的杂交。将印迹的膜放在杂交盘中，使用同种探针的杂交膜可以放在一起，中间加上一层网状隔层，用2×的SSC将膜浸润，弃掉废液。

按照每张膜的大小加入杂交液（0.1mL/cm^2），每张膜的大小约为8cm×12cm，因此加入8～10mL即可（如用两张膜应将杂交液加倍）。在42℃杂交炉内最少进行预杂交1h。

加入带有放射性标记的探针，每毫升杂交液加入1μL探针，在42℃继续杂交2h。

② ^{32}P 标记引物的洗涤。弃掉杂交液，加入20～30mL 2×SSC到杂交盘中，室温均匀摇动5min。

将杂交膜取出，放入预热的洗涤液（59～60℃）中，在此步骤中不同探针杂交的膜可以放在同一个杂交盘中进行洗涤，洗涤时间为25min，最好不要超过30min，重复一次。

将膜从洗涤液中拿出，用双蒸水洗涤一次，自然风干。

③ ^{32}P 标记引物的自显影。将膜放在Whatman 3 MM滤纸上去掉多余的液体，将膜放入塑料袋中，用胶带封闭。在室温下，暴露在加增感屏的X射线胶片上感光1～5h，直到有清晰的信号产生。

（2）地高辛标记探针的杂交、洗涤和检测（不用TMAC）

① 杂交前将Denhardts试剂放入4℃融化，备用。5×SSPE/0.1% SDS洗液需要提前预热1h，每次洗涤的用量大约为200mL。

② 将膜卷成圆筒状，每个杂交瓶中放置两张膜。其中一张膜的DNA面朝向玻璃瓶的内侧，另一张的DNA面朝向玻璃瓶的外侧，将杂交瓶做上标记。

③ 加上20mL新配制的杂交液（每张膜用10mL），拧紧盖子，放入预热的杂交炉中（45℃），预杂交1h。

④ 在孵育结束前，将探针从－20℃取出，融化至室温，轻轻混匀，13000r/min离心5s。

⑤ 加入适量的探针到含有20mL杂交液的离心管中，预热，拧紧盖子，混匀。

⑥ 弃掉步骤③中的杂交液，加入步骤⑤中带有地高辛标记的探针，盖上盖子，在45℃杂交炉中继续杂交1h。

⑦ 弃掉杂交液，在杂交瓶中加入100mL预热的2×SSPE/0.1% SDS溶液，然后放入25℃杂交炉中孵育10min。在此步骤中要保证温度的恒定，此步骤重复一次。

⑧ 将杂交瓶取出，拧开盖子，将膜用镊子夹出，放入预热的200mL 5×SSPE/

0.1% SDS的溶液中，两张膜具有DNA的面要背对背放置，在杂交炉中轻轻摇动40min。在此期间要注意杂交炉内的温度上下幅度不能超过2℃，如超过此次杂交将作废。

⑨ 杂交完毕后，将膜取出风干，用锡纸包住，可先放置4℃，准备显色。

⑩ 用洗涤液将杂交完毕的膜或从4℃取出的膜洗涤两次，每次15min，轻轻摇动。

⑪ 将膜（1～2张）转移至200mL缓冲液3中，摇动5min。用缓冲液3以1∶100稀释CSPD。然后取20mL加入到杂交袋中，将两张膜背对背放好，用锡纸包住，室温下摇动5min。

⑫ 轻轻将膜移出袋子，将CSPD溶液弃掉，重新加入CSPD，重复操作五次。

⑬ 用X射线胶片进行感光，要覆盖两层感光片，曝光约5min，检查感光片上的密度。

（3）地高辛标记探针的杂交、洗涤和检测（用TMAC）

① 从冰箱中取出带有单链DNA的膜，并用黑色笔在DNA面做上标记。用2×SSPE将膜浸湿，放入杂交管中，将带有DNA的一侧朝向管内。一个杂交管中最多可以放置三张膜。如杂交管中只有一张膜，需向杂交管中加入7mL在45℃预热30min的杂交液，如杂交管中有三张膜，需加入20mL杂交液。

② 将含有4μL地高辛标记的探针的1mL杂交液，加到上述杂交管中，在45℃的杂交炉中杂交60min。

③ 弃掉杂交液，根据不同探针进行不同条件洗脱。首先加入30mL TMAC洗涤液，室温下洗涤10min，弃掉，再加入30mL TMAC在51～60℃（洗脱温度取决于探针）洗涤20min，弃掉。然后加入30mL的S/S洗涤液51～60℃洗涤10min，弃掉。再加入30mL S/S洗涤液，室温下洗涤10min，弃掉。

注意：将TMAC废液存放在一个有利于环保的容器中。

④ 加入7mL TN+2%封闭液，在室温下进行预杂交30min，弃掉。然后加入1.5μL抗地高辛抗体到TN+2%封闭液，继续杂交30min。

⑤ 倾掉TN+2%封闭液+抗体，加入100mL TN溶液，在室温下轻轻摇动15min。重复此操作一次。

⑥ 从杂交管中将膜移出，放入托盘中并加入50mL TNM溶液，至少放置1min。

⑦ 在没有可见光和荧光的操作台上尽量使膜上多余的TNM溶液滴尽，然后将膜全部放入装有CSPD溶液的塑料盘中，孵育1min。

⑧ 滴尽膜上多余的CSPD溶液，将膜放入带有X射线的胶片盒中，37℃放置30min。

⑨ 在黑暗中打开盒，取一张X射线胶片放在膜上，关上盒盖，显影15s～3min。记下胶片的曝光时间、探针名称、时间等。

四、注意事项

1. DNA样品制备

制备高质量的DNA样品对于PCR-SSOP是至关重要的。如果使用全血应在抽取样品后2～3d内提取DNA，样品应放在室温下保存。如果不能立即抽提，应将样品放在−70～−20℃。全血样品冰冻后可放置一年时间。

2. PCR 反应

选择引物要根据具体情况和相关资料来设计，扩增时的反应条件也要根据具体情况而定，不能一概而论。

3. 杂交、洗涤和检测

在杂交过程中杂交的温度取决于探针，不同的探针 T_m 值不同，杂交所需温度不同。本节中给出的杂交温度是以人的组织相容性抗原（HLA）的 SSOP 杂交温度为例。

在杂交中必须设立阴性和阳性对照，在显影的过程中，注意阴性和阳性的变化，每隔 10min 要观察一次，保证阴性对照不显色或颜色很淡。

另外假阴性有可能是由每个点上的 DNA 量太少的缘故造成的，这就需要 PCR 扩增时要达到一定的量。另外探针的质量、杂交的温度都有可能影响结果的判定。需要在实验过程中不断地摸索适宜条件。

4. 设立对照

（1）检测扩增 DNA 污染时的对照　检测 DNA 污染的阴性对照是在扩增 DNA 时除不加模板之外的其它条件均与扩增的条件一致，杂交时也要用相同的引物，这样可以检测到由于外源 DNA 的污染带来的假阳性现象。

（2）扩增特异性的对照　高质量的 DNA 才能用来杂交检测。在实验过程中必须设立一个阴性对照以检测扩增的特异性，对照模板 DNA 应不具有被检测 DNA 的等位基因，但必须是基因组 DNA，因为克隆的片段不能真实反映对照的特异性。在杂交时同样用相同的探针来鉴别扩增的特异性。所有的 PCR 产物都必须进行凝胶电泳检测以确定产物的大小和质量。

（3）探针特异性对照　阳性对照 DNA 必须携带能和每一个探针杂交的已知等位基因。如果可能，推荐使用的参照细胞应具有纯合的待检测座位，这样可以简化杂交过程中的影响因素。每个探针都应该设置一个不包括该等位基因的阴性对照。如果一个给定的 SSOP 仅有一个核苷酸与特定序列错配，那么阴性对照细胞也应该包括这一特殊序列。每一次杂交都应该包括这些对照来指导探针的特异性，而杂交的底物应是制备的基因组 DNA。

（4）DNA 定量对照　对于同一探针杂交的样品，每一张膜上都要设置变性 DNA 的定量对照。

（5）设置阳性检测对照　加入阳性对照能够检测系统是否正常工作，例如用随机加入标记地高辛的 dUTP 的 DNA 作为检测 DNA，此样品可以和抗地高辛抗体直接反应产生阳性信号[92]。

五、应用

PCR-SSOP 常用于对人类白细胞抗原（human leukocyte antigen，HLA）的 A、B、DR 进行分型。当患者需要进行骨髓或器官移植时，首先必须进行组织配型工作。如果捐受双方的遗传基因型相符合，那么受者发生“排斥反应”的概率减小，移植成功率也相对的提高。否则当双方的遗传基因型不相同时，受者的免疫系统就会把捐者所提供的骨髓或器官当作病菌进行攻击，最终导致移植失败。因此捐受双方的基因检验的准确度是首要关键。采用分子生物学解析 DNA 基因型的 PCR-SSOP 法可以提供精确配型，使骨髓移植成功率急速跃升。为了建立 PCR-SSOP 分型方法，并分析其使用价值，翟宁等[93] 采用一对引物扩增所有 HLA-A2 特异性抗原，用 23 个探针和扩增产物杂交，探针用地高辛系统标记和检测，可以鉴定 A2 的 25 个等位基因，并在中国人群 HLA-AO2 等位基因的检测中进行应用，用 B 淋巴母细胞株作为阴性对照，同时与聚合酶链反应-序列特异性引物（PCR-SSP）方法比较，结果发现 PCR-SSOP 方法质控好、特异性强、敏感性高、费用低，并在对大样本量进行检测时具有快速可靠等优点。

另外，一些疾病的起因也可能由于基因的多态性，用 PCR-SSOP 技术可以查找病因。

参考文献

[1] Welsh J，McClelland M. Fingerprinting genomes using PCR with arbitrary primers. Nucleic Acids Res. 1990，18（24）：7213-7218.

[2] Williams J G，Kubelik A R，Livak K J，et al. DNA polymorphisms amplified by arbitrary primers are useful as genetic markers. Nucleic Acids Res. 1990，18（22）：6531-6535.

[3] Welsh J，Chada K，Dalal S S，et al. Arbitrarily primed PCR fingerprinting of RNA. Nucleic Acids Res. 1992，20（19）：4965-4970.

[4] 迪芬巴赫 C W，得维克斯勒 G S. PCR 技术实验指南. 黄培堂，等译. 北京：科学出版社，1998：138-162.

[5] Butler J A，Pinnow C C，Thomson J U，et al. Use of arbitrarily primed polymerase chain reaction to investigate Mycoplasma bovis outbreaks. Vet Microbiol 2001，78（2）：175-181.

[6] Sarma P N，Tang Y J，Prindiville T P，et al. Genotyping of Bacteroides fragilis isolates from stool specimens by arbitrarily-primed-PCR. Diagn Microbiol Infect Dis. 2000，37（4）：225-229.

[7] 芮勇宇，蔡初的，萧斌权，等. 随机引物 PCR 方法用于霍乱分子流行病学研究. 中国公共卫生，2000，16（7）：630-632.

[8] 代敏，段广才，郗园林，等. RAPD 法对 50 株幽门螺杆菌的分子流行病学. 疾病控制杂志，2002，6（1）：12-14.

[9] 郭永建，朱忠勇. 铜绿假单胞菌随机扩增多态性 DNA 指纹法基因分型研究. 中华微生物学和免疫学杂志，1997，17（4）：309-313.

[10] Kodjo A，Villard L，Veillet F，et al. Identification by 16S rDNA fragment amplification and detemination of genetic diversity by random amplified polymorphic DNA analysis of Pasteurella pneumotropica isolated from laboratory rodents. Lab Anim Sci. 1999，49（1）：49-53.

[11] Heinkel R，Hartmann W，Stösser R. On the origin of the plum cultivars 'Cacaks Beauty'，'Cacaks Best'，'Cacaks Early' and 'Cacaks Fruitful' as investigated by the inheritance of random amplified polymorphic DNA（RAPD）fragments. Scientia Horticulturae，2000，83（2）：149-155.

[12] 蔡从利，王建波，朱英国. 山羊草属二倍体物种亲缘关系的 RAPD 分析. 遗传，2001，23（3）：229-233.

[13] 吴开平，吴丰春，魏泓，等. 五种品系猪亲缘关系的 RAPD 分析. 遗传，2000，22（4）：217-220.

[14] 王晓梅，宋文芹，李秀兰，等. 用 RAPD 技术检测野生鲫鱼和四个金鱼代表品种的基因组 DNA 多态性. 遗传，1998，20（5）：7-11.

[15] 梁月荣，田中淳一，武田善行. 应用 RAPD 分子标记分析"晚绿"品种的杂交亲本. 茶叶科学，2000，20（1）：22-26.

[16] Black W，C IV，DuTeau N M，Puterka G J，et al. Use of random amplified polymorphic DNA polymerase chain reaction（RAPD-PCR）to detect DNA polymorphisms in aphids. Bull Entomol Res，1992，82：151-159.

[17] Sonvico A，Manso F，Quesada-Allue L A. Discrimination between the immature stages of Ceratitis capitata and Anastrepha fraterculus（Diptera：Tephritidae）populations by random amplified polymorphic DNA polymerase chain reaction. J Econ Entomol. 1996，89（5）：1208-1212.

[18] Liu Z J, Li P, Argue B J, et al. Random amplified polymorphic DNA markers: usefulness for gene mapping and analysis of genetic variation of catfish. Aquaculture, 1999, 174 (1-2): 59-68.

[19] Shirkot P, Sharma D R, Mohapatra T. Molecular identification of sex in Actinidia deliciosa var. deliciosa by RAPD markers. Scientia Horticulturae, 2002, 94 (1-2): 33-39.

[20] 张新叶，尹佟明，诸葛强，等. 利用 RAPD 标记构建美洲黑杨×欧美杨分子标记连锁图谱. 遗传，2000，22 (4): 209-213.

[21] 朱保葛，柏惠侠，张艳. 大豆突变基因的遗传分析及窄叶突变基因的 RAPD 标记. 遗传学报，2001，28 (1): 64-68.

[22] 汪晓辉，郭兆彪，张敏丽，等. 用随机扩增 DNA 多态性制备李斯特菌属特异探针. 中华医学检验杂志，1998，21 (5): 291-293.

[23] Welsh J, Petersen C, McClelland M. Polymorphisms generated by arbitrarily primed PCR in the mouse: application to strain identification and genetic mapping. Nucleic Acids Res. 1991, 19 (2): 303-306.

[24] 张文艳，龚春梅，魏云林，等. 一种新的近交系实验动物遗传监测方法及小鼠性别相关 RAPD 标记的发现. 实验生物学报，1996，29 (1): 59-69.

[25] 李昕权，李丰益. 大鼠 RAPD 标记的观察. 遗传，1999，21 (1): 8-10.

[26] 唐立俊. RAPD 的研究与应用进展. 遵义师范学院学报，2001，3 (4): 64-66.

[27] 王倩，王斌. DNA 分子标记在果树遗传学研究上的应用. 遗传，2000，22 (5): 339-344.

[28] Boyer V, Pezzoli P, Audoly G, et al. Identification of differentially expressed mRNA species during HIV infection by RNA arbitrarily primed PCR. Clin Diagn Virol, 1996, 7 (1): 43-53.

[29] Mathieu-Daudé F, Welsh J, Davis C, et al. Differentially expressed genes in the Trypanosoma bruceilife cycle identified by RNA fingerprinting. Mol Biochem Parasitol. 1998, 92 (1): 15-28.

[30] Head I M, Saunders J R, Pickup R W. Microbial Evolution, Diversity, and Ecology: A Decade of Ribosomal RNA Analysis of Uncultivated Microorganisms. Microb Ecol, 1998, 35: 1-21.

[31] Wilson K H, WilsonW J, Radosevich J L, et al. High-densitymicroarray of small-subunit ribosomal DNA p robes. Appl Environ Microbiol, 2002, 68: 2535-2541.

[32] 尹秋生，马立人，王北宁. 支原体通用 PCR 引物的设计及在诊断的应用. 中国人兽共患病杂志，2000，16 (3): 61.

[33] 罗雯，万雅各，彭宣宪，等. 采用通用引物 PCR 配合 SSCP 及 RFLP 技术快速检测常见病原菌. 中华微生物学和免疫学杂志，2001，21 (6): 687-689.

[34] Wahyuningsih R, Freisleben H J, Sonntag H G, et al. Simp le and rapid detection of Candida albicans DNA in serum by PCR for diagnosis of invasive candidiasis. J ClinMicrobiol, 2000, 38: 3016-3021.

[35] Verma A, Kwon-Chung K J. Rapid method to extract DNA from Crypt ococcus neoformans. J Clin Microbiol, 1991, 29: 810-812.

[36] 刘军，刘维达. 聚合酶链反应检测深部致病真菌的实验研究. 中华皮肤科杂志，2005，38: 503.

[37] Gnarpe H, Friberg J. Mycoplasma and human reproductive failure. AmJ Obstet Gynecol, 1972, 114: 727.

[38] 朱云霞，吴志君. 女性生殖道炎症者 CT，UU 套式 PCR 检测分析. 中国优生与遗传杂志，1996，4 (6): 17.

[39] Abele-Horm M, Wolff C, Dressel P, et al. Polymerase chain Reaction versus Culture for Detection of Ureaplasma urealyticum and Mycoplasma hominis in the Urogenital Tract of Adults and the Respiratory Tract of Newborns. Eur J Clin Microbiol Infect Dis, 1996, 15: 595.

[40] Kovacic R, Launay V, Tuppin P, et al. Search for the presence of six Mycoplasma Species in peripheral Blood Mononuclear Cells of Subjects Seropositive and Seronegative for Human Immunodeficiency Virus. JCM, 1996, 34 (7): 1808.

[41] Ce Xi yui. In vivo Eliminatimof mycoplasma. Iccc-V2 letter, 1992: 36.

[42] Johnsson K E, Bolkel G. Evaluation and practical aspects of use a commercal DNA probe for detection of mycoplasma infection incell calture. J Biochmical and Biophysical Methods, 1989, 19 (2): 185.

[43] Troesch A, Nguyen H, Miyada C G, et al. Mycobacterium species identification and rifamp in resistance testing with high-density DNA probe arrays. J ClinMicrobio, 1999, 37: 49-55.

[44] Gingeras T R, Ghandour G, Wang E, et al. Simultaneous genotyping and species identification using

hybridization pattern recognition analysis of genericMycobacterium DNA arrays. Genome Res，1998，8：435-448.

[45] Charles R，Woods J R，James V，et al. Analysis of relationships among isolates of *Citrobacter diversus* by using DNA fingerprints generated by repetitive sequence-based primers in the Polymerase Chain Reaction. J Clin Microbio，1991，30（11）：2921.

[46] Bachellier S，Clement J M，Hofnung M. Short palindromic repetitive DNA elements in enterobacteria：a survey. Res Microbiol，1999，150：627.

[47] Louws F J，Rademaker J L W，Bruijn F J. The three ds of PCR-based genomic analysis of phytobacteria：diversity，detection and disease diagnosis. Annu Rev Phytopathol，1999，37：81.

[48] Rademaker J L W，de Bruijn F J. Characterization and classification of microbes by rep-PCR genomic fingerprinting and computer assisted pattern analysis. InDNAMarkers：Protocols，Applications and Overviews，ed. G CaetanoAnoll′es，PMGresshoff. New York：Wiley，1997：71.

[49] Vauterin L，Vauterin P. Computer-aided objective comparison of electrophoretic pattern for grouping and identification ofmicroorganisms. Eur Microbiol，1992，1：37.

[50] James V，Thearith K，James R L. Distribution of repetitive DNA sequence in eubacteria and application to fingerprinting of bacterial genomes. Nucl Acids Res，1991，19（24）：6823；Westblom TU. Molecular diagnosis of Helicobacter pylori. Immunol Invest，1997，26（1-2）：163.

[51] Trindade P A，McCulloch J A，Oliveira G A，et al. Molecular techniques for MRSA typing：current issues and perspectives. Braz J Infect Dis，2003，7（1）：32.

[52] Amonsin A，Wellehan J F，Li L L，et al. DNA fingerprinting of Pasteurella multocida recovered from avian sources. J Clin Microbiol，2002，40（8）：3025.

[53] George M L C，Bustamam M，Cruz W T，et al. Movement of Xanthomonas oryzae pv oryzae in southeast Asia detected using PCR-based DNA fngerprinting. Phytopathology，1997，87：9.

[54] Vera Cruz C M，Ardales E Y，Skinner D Z，et al. Measurement of haplotypic variation in *Xanthomonas* oryzae within a single feld by rep-PCR and RFLP analyses. Phytopathology，1996，86：1352.

[55] Baldy-Chudzik K. Rep-PCR-a variant to RAPD or an independent technique of bacteria genotyping? A comparison of the typing properties of rep-PCR with other recognised methods of genotyping of microorganisms. Acta Microbiol Pol，2001，50（3-4）：189.

[56] Decre D，Verdet C，Raskine L，et al. Characterization of CMY-type beta-lactamases in clinical strains of Proteus mirabilis and Klebsiella pneumoniae isolated in four hospitals in the Paris area. J Antimicrob Chemother，2002，50（5）：681.

[57] Baldy-Chudzik K，Niedbach J，Stosik M. rep-PCR fingerptinting as a tool for the analysis of genomic diversity in *Escherichia coli* strains isolated from an aqueous/freshwater environment. Cell Mol Biol Lett，2003，8（3）：793.

[58] Ventura M，Zink R. Specific identification and molecular typing analysis of Lactobacillus johnsonii by using PCR-based methods and pulsed-field gel electrophoresis. FEMS Microbiol Lett，2002，217（2）：141.

[59] Lennon E，Gutan P D，Yao H，et al. A highly conserved repeated chromosomal sequence in the radioresistant bacterium Deinococcus radiodurans SARK. J Bacteriol，1991，173（6）：2137.

[60] Sapienza C，Doolittle W F. Unusual physical organization of the Halobacterium genome. Nature，1982，295（5848）：384.

[61] Kim W，Song M O，Song W. Comparison of 16S rDNA analysis and rep-PCR genomic fingerprinting for molecular identification of Yersinia pseudotuberculosis. Antonie Van Leeuwenhoek，2003，83（2）：125.

[62] Cherif A，Brusetti L，Borin S. Genetic relationship in the ‘Bacillus cereus group’ by rep-PCR fingerprinting and sequencing of a Bacillus anthracis-specific rep-PCR fragment. J Appl Microbiol，2003，94（6）：1108.

[63] Subramanian P S，Versalovic J，McCabe E R B，et al. Rapid mapping of Escherichia coli insertion mutations by REP-Tn5 PCR. PCR Methods Appl，1992，1（3）：187.

[64] Olerup O，Zetterquist H. HLA-DR typing by PCR amplification with sequence-specific primers（PCR-SSP）in 2 hours：an alternative to serological DR typing in clinical practice including donor-recipient matching in

cadaveric transplantation. Tissue Antigens，1992，39（5）：225-235.
[65] González S，Rodríguez-Rodero S，Martínez-Borra J. MICB typing by PCR amplification with sequence specific primers. Immunogenetics，2003，54（12）：850-855.
[66] Ferrer G，Muñiz-Diaz E，Aluja M P. Analysis of human platelet antigen systems in a Moroccan Berber population. Transfus Med，2002，12（1）：49-54.
[67] 何平. 真核生物中的微卫星及其应用. 遗传，1998，20：42-47.
[68] Zietkiewicz E，Rafalski A，Labuda D. Genome fingerprinting by simple sequence repeat（SSR）-anchored polymerase chain reaction amplification. Genomics，1994，20：176-183.
[69] Moreno S，Martin J P，Ortiz M. Inter-simple sequence repeats PCR for characterization of closely related grapevine germplasm. Euphytica，1998，101：117-125.
[70] Blair M W，Panaud O，McCouch S R，Inter-simple sequence repeat（ISSR）amplifyication for analysis of microsatellite motif frequency and fingerprinting in rice（*Oryza sativa* L.）. Theor Appl Genet，1999，98：780-792.
[71] Gilbert J E，Lewis R B，Wilkinson M J，et al. Developing an appropriate strategy to assess genetic variability in plant germplasm collections. Theor Appl Genet，1999，98：1125-1131.
[72] Joshi S P，Gupta V S，Aggarwal R K，et al. Genetic diversity and phylogenetic relationship as revealed by inter simple sequence repeat（ISSR）polymorphism in the genus Oryza. Theor Appl Genet，2000，100：1311-1320.
[73] Ratnaparkhe M B，Tekeoglu M，Muehlbauer F J. Inter simple sequence repeat（ISSR）polymorphism are useful for finding markers associated with disease resistance gene clusters. Theor Appl Genet，1998，97：515-519.
[74] Kojima T，Nagaoka T，Noda K. Genetic linkage map of ISSR and RAPD markers in *Einkorn* wheat in relation to that of RFLP markers. Theor Appl Genet，1998，96：37-45.
[75] Dirlewanger E，Li J Q，Crawford D J，et al. Genetic linkage map of peach（*Prunus persica* L.）using morphologyical and molecular markers. Theor Appl Genet，1998，97：888-895.
[76] Davila A，Loarce Y，Ferrer E. Molecular Characterization and genetic mapping of random amplified microsatellite polymorphism in barley. Theor Appl Genet，1999，98：265-273.
[77] Sankar A A，Moore G A. Evaluation of inter-simple sequence repeat analysis for mapping in *Citrus* and extension of the genetic linkage map. Theor Appl Genet，2001，102：206-214.
[78] Ammiraju J S S，Dholakia B B，Santra D K，et al. Identification of inter simple sequence repeat（ISSR）markers associated with seed size in wheat. Theor Appl Genet，2001，102：726-732.
[79] 刘晓静，王文泉，郭凌飞. 益智 ISSR-PCR 反应体系建立与优化. 生物技术，2008，18（3）：33-37.
[80] 江树业，陈启锋，方宣军. 水稻农垦 58 与农垦 58S 的 RAPD 和 ISSR 分析. 农业生物技术学报，2000，1：63-66.
[81] Ratnapapkhe M B，Santra D K，Tullu A，et al. Inheritance of inter-simple sequence repeat polymophisms and linkage with a fusarium wilt resistance gene in chickpea. Theor Appl Genet，1998，96：348-353.
[82] Φrum H，Nielsen P E，Egholm M，et al. Single base pair mutation analysis by PNA directed PCR clamping. Nucleic Acids Res，1993，21：5332-5336.
[83] Singh S K，Nielsen P，Koshkina A A，et al. LNA（locked nucleic acids）：synthesis and high-affinity nucleic acid recognition. Chem Commun，1998：455-456.
[84] Ren X D，Lin S Y，Wang X H，et al. Rapid and sensitive detection of hepatitis B virus 1762T/1764A double mutation from hepatocellular carcinomas using LNA-mediated PCR clamping and hybridization probes. J Virol Methods，Published on line，2009.
[85] 何为，马立人. 肽核酸. 北京：化学工业出版社，2003.
[86] Thiede C，Bayerdörffer E，Blasczyk R，et al. Simple and sensitive detection of mutations in the ras proto-oncogenes using PNA-mediated PCR clamping. Nucleic Acids Res，1996，24：983-984.
[87] Chiou C C，Luo J D，Chen T L. Single-tube reaction using peptide nucleic acid as both PCR clamp and sensor probe for the detection of rare mutations. Nature Protocols，2006，1：2604-2612.
[88] Beau-Faller M，Legrain M，Voegeli A C，et al. Detection of K-Ras mutations in tumour samples of patients

with non-small cell lung cancer using PNA-mediated PCR clamping. Br J Cancer，2009，100：985-992.

[89] Murdock D G，Wallace D D. PNA-mediated PCR clamping. Applications and methods. Methods Mol Biol，2002，208：145-164.

[90] Wintzingerode F，Landt O，Ehrlich A，et al. Peptide nucleic acid-mediated PCR clamping as a useful supplement in the determination of microbial diversity. Appl Envrion Microbiol，2000，66：549-557.

[91] Peano C，Lesignoli F，Gulli M，et al. Development of a peptide nucleic acid polymerase chain reaction clamping assay for semiquantitative evaluation of genetically modified organism content in food. Anal Biochem，2005，344：174-182.

[92] International Histocompatibility Working Group. Typing for HLA class Ⅰ gene sequence specific oligonucletide probes（SSOP）methods and protocols. 1998，1-38.

[93] 翟宁，韩秀萍，贺卫东，等. 地高辛标记PCR-SSOP法进行HLA-A D2等位基因检测. 中国医科大学学报，2000，29（13）：215-219.

第十四章
PCR 在临床诊断及流行病调查中的应用

第一节　表位特异 PCR

一、引言

利什曼病是一种广泛分布于世界各地的疾病，这种全身性疾病表现出发热、肝脾肿大和贫血等症状，未及时处理通常会致死，该病是由杜氏利什曼原虫引起的。但是之前实际的困难是检测抗体的常规方法的敏感度和特异性都不强。因此需要一种高敏感度和特异性的分子方法。直到最近，与传统方法相比较用 PCR 方法扩增寄生 DNA 被认为是一种更敏感特异的方法。热休克蛋白已经被确定是许多传染病的主要免疫原，而其中的热休克蛋白 70 家族已经被证实可以识别大多数黑热病病人的血清。重组热休克蛋白 70 与杜氏特异 B 细胞表位有免疫显性反应，但是不与皮肤利什曼病或者其它传染病交叉反应而只与内脏利什曼病病人的血清反应。因此，热休克蛋白 70 可以作为一个好的内脏利什曼病病人血清诊断物。已经证明杜氏利什曼原虫热休克蛋白 70cDNA 的 457～927bp 基因序列是一个特殊的免疫显性位点[1]。由于扩增这段位点可以用于检测相应疾病而且具有特异性，这种方法被称为表位特异 PCR（epitope-specific PCR）。

二、原理

表位特异 PCR 的基本原理与常规 PCR 相同，不同之处是需要发现某个病原体的特异表位，再找出该特异表位相对应的 DNA 序列，然后就可用常规 PCR 方法把编码特异表位的 DNA 扩增出来而达到对某病原体的诊断。例如热休克蛋白 70 可以作为一个好的内脏利什曼病人血清诊断的候选物[2]。杜氏利什曼原虫的热休克蛋白 70cDNA 的 457～927bp 的基因序列是一个特殊的免疫显性位点（图 14-1）。

三、材料

10×PCR 缓冲液（0.1mol/L Tris-Cl pH8.8，15mmol/L $MgCl_2$，0.5mol/L KCl 和 1% TritonX-100），待测的 DNA 模板，250μmol/L dNTPs，10pmol 上游引物 LDS，10pmol 下游引物 LDK，1.0U *Taq* DNA 聚合酶。

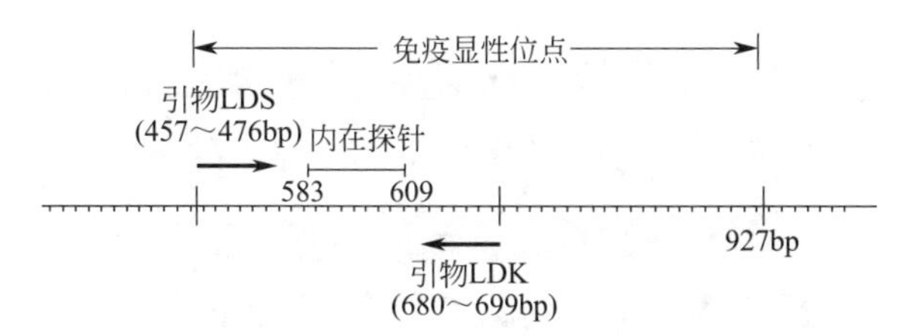

图 14-1　杜氏利什曼原虫热休克蛋白 70cDNA 的特异免疫显性位点

含 0.5μg/mL EB 的 2%琼脂糖凝胶。

四、方法

反应体系应包括：

待检测的模板	1μL(不少于 0.5pg)	*Taq* DNA 聚合酶(1.0U/μL)	0.5μL
10×PCR 缓冲液	2.5μL		
dNTPs(2.5mmol/L)	1μL	ddH_2O	18μL
上游引物 LDS(10pmol)	1μL	总体积	25μL
下游引物 LDK(10pmol)	1μL		

PCR 反应程序：

95℃	5min	
95℃	1min	30 循环
T_m－10℃	1min	
72℃	1min	
72℃	10min	

五、应用

该法的应用依赖于某一病原体的特异表位，如果能够知道某一病原体的表位，就可使用常规 PCR 对其检测，特异性特别好。以下是用引物 LDS 和 LDK 对从几个病人组织中分离的黑热病皮肤和内脏利什曼原虫等的 DNA 进行特异表位 PCR 的结果。如图 14-2 所示。

本方法可以用于扩增各种相应疾病的特异免疫显性位点，可以很好地区分同源菌株或相似疾病的 DNA，所以可以对精确的诊断和有效的治疗提供依据。

六、小结

这种 PCR 可以探测 0.5pg 的模板 DNA，如果将 PCR 扩增出的产物作为内在探针用 ^{32}P 标记后与转移到硝酸纤维素膜的 DNA 杂交，那么探测灵敏度可提高 10 倍，可探测 0.05pg 的 DNA。

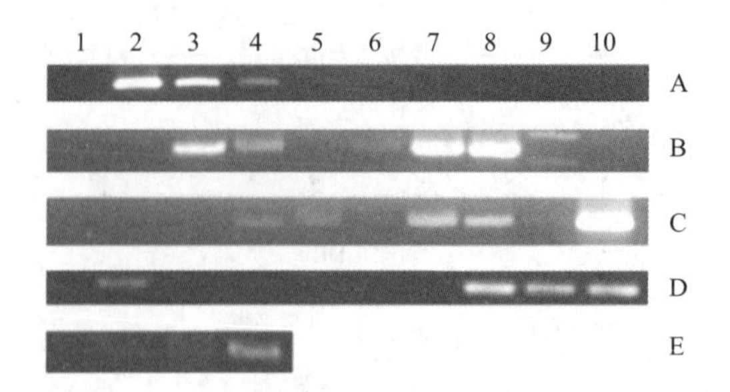

图 14-2 2.0%琼脂糖凝胶电泳检测用引物 LDS 和 LDK 扩增出来的产物的结果

A：1—阴性对照；2—杜氏利什曼原虫 DNA 500pg；3—杜氏利什曼原虫 DNA 50pg；4—杜氏利什曼原虫 DNA 5pg；5—杜氏利什曼原虫 DNA0.5pg；6—杜氏利什曼原虫 DNA 0.05pg；7—溶组织内阿米巴 DNA 0.05pg；8—间日疟原虫 DNA 1ng；9—分枝杆菌 DNA 1ng；10—人末梢单核血细胞 DNA 1ng

B：1,2,5,6—血中的 DNA；3,4,7,8—从黑热病内脏利什曼病病人骨髓抽提物中分离的杜氏利什曼原虫 DNA；9—分子量标记；10—阴性对照

C：1,2,3,6—从皮肤利什曼病病人皮肤中提取分离的 DNA；4,5,7,8,9—从黑热病皮肤利什曼病病人皮肤中提取分离的 DNA ；10—阳性对照

D：不同的利什曼菌株中的 DNA：1—阴性对照；2—*L. donovani* Ag-83；3—*L. tropica*；4—*L. major*；5—*L. infantum*；6—*L. mexicana*；7—*L. aethiopica*；8,9—2,3 病人皮肤提取物 DNA；10—*L. donovani* Dd8

E：1—阴性对照；2—试验仓鼠肝中的 DNA；3—与 2 相同的仓鼠脾中的 DNA；4—杜氏利什曼原虫前体鞭毛 DNA

第二节 双标记 PCR

一、引言

由于近年来食物中毒成为威胁人类健康的严重问题，食品质量的控制成为消费者和食品生产商共同关注的问题。Lermo 等[3] 提出了一种新的可以替代传统的食品检测的方法，即双标记 PCR（double-tagged PCR）法，实现了快速、实时、多元的对食品污染的检测。

二、原理

本法先将待检病原菌相关的单克隆抗体标记在胶体金颗粒上制成免疫胶体金试剂，通过特异性抗体的免疫反应将待检病原菌吸附在胶体金颗粒上，然后提取病原菌的 DNA，通过 PCR 反应来实现遗传物质的进一步放大。PCR 的基本原理和操作方法与常规 PCR 类似，不同之处仅在于用生物素和地高辛分别标记 PCR 的上下游引物，因此扩增产物也带有双标记，可进行免疫学检测，从而可以快速、灵敏和准确地检测食品中污染的病原菌。

三、材料

从病原菌中提取的模板 DNA，生物素，地高辛，*Taq* DNA 聚合酶，10×*Taq* 酶反应缓冲液（0.1mol/L Tris-Cl pH 8.8，15mmol/L $MgCl_2$，0.5mol/L KCl，1% Triton×100），250μmol/L dNTP，用生物素和地高辛标记的上下游引物（含量均为 10pmol），含 0.5μg/mL EB 的 1%琼脂糖凝胶。

四、方法

100μL的PCR体系包括：

试剂	用量	试剂	用量
10×*Taq*酶反应缓冲液	10μL	下游地高辛标记引物（10pmol）	1μL
DNA模板（2μg/L）	1μL	*Taq* DNA聚合酶（1.0U/μL）	0.5μL
dNTP（250μmol/L）	1μL	加 ddH_2O 至	100μL
上游生物素标记引物（10pmol）	1μL		

扩增反应的条件是：

95℃，5min

95℃，30s
60℃，30s　分别在5、10、15、20、25、30循环停止
72℃，30s

72℃，7min

在相同的100μL的反应混合体系和条件中变化模板DNA的量（7种各相差10倍的稀释度，从4.5ng/μL到4.5fg/μL），DNA扩增反应分别在第5、10、15、20、25、30循环停止。所有的扩增反应包括一个空白对照（不加病原菌DNA模板）。扩增产物通过电泳分析。由于引物是由生物素和地高辛标记的，扩增产物的末端也应该分别带有双标记，因此可以进行免疫学检测。

五、应用

本法适合于对污染了食物的各种病原菌进行检测，与用敏感电极m-GEC进行电化学检测结合，提供了一种快速、经济、灵敏的对致病菌定性分析的方法。

六、注意事项

引物要设计在致病菌基因序列的共有区，此外要保证双标记PCR扩增产物的特异性。用电化学方法检测双标记产物的方法十分灵敏，在PCR反应10个循环后，4.5ng/μL和0.45ng/μL的病原菌基因组DNA可以分别用Av-GEB和m-GEC方法检测到。

第三节　降落PCR

一、引言

从复杂的DNA模板通过PCR扩增基因，要受到许多参数的影响。PCR反应的最好结果就是在凝胶电泳中只观察到目的产物的单一条带，但是，较弱的带、多条带甚至没有带的情况也经常出现。许多参数的变化能影响PCR扩增的结果，这些参数包括循环次数、Mg^{2+}、H^+、dNTP、引物和模板。每个PCR反应对每个参数都有一个最适值，通常这个值要由经验来决定。对大多数参数来说，从一个方向改变数值有利于特异性提高，当接近于最适值时，则特异产物产量减少；从相反的方向改变参数值，有利于增加产量，但是特异性降低。一般而言，选择合适的PCR参数要花费大量时间、精力。降落PCR（touchdown PCR，TD PCR）代表了一种完全不同的

PCR优化方法，并不去尝试改变缓冲液、循环条件等，优化只集中在一个参数——退火温度上，并且在一个程序中，可采取一系列不同的退火温度。

二、原理

降落PCR是Don于1991年最早发明的[4]，指每一个（或 n 个）循环降低1℃（或 n℃）退火温度，直至达到一个较低的退火温度，这个温度称为“touchdown”退火温度，然后以此退火温度进行10个左右的循环。据统计，正确和非正确退火温度之间的1℃差异将造成PCR产物量的4倍差异，如果相差5℃，就会产生 4^5（1024）倍的优势，因此相对于非正确产物，正确的产物可以得到富集。退火温度起始在高于计算的 T_m 值的15℃左右，在接下来的循环中，退火温度以每次1～2℃逐渐降低，直到 T_m 值以下5℃，当达到特异的引物-模板结合的 T_m 值时，扩增就会开始。当退火温度降到非特异扩增发生的水平时，特异产物会有一个几何级数的起始优势，在剩余反应中，特异产物优先扩增，从而产生单一的占主导地位的扩增产物。这种方法主要用于避免非特异PCR产物的出现，尤其是当使用复杂的基因组DNA模板，非特异的退火更容易发生时。

降落PCR中正确的产物得到富集，原理在于温度的升高提高了PCR扩增的特异性，但也提高了引物结合的难度，降低了扩增的效率，因此一开始先用高温扩增，保证扩增的严紧性，待目的基因的丰度上升后，降低扩增的温度，提高扩增的效率（此时非特异的位点由于丰度低，无法和特异位点竞争）。但是，降落PCR无法改善扩增效率低的问题，一般用于在杂模板中提高扩增特异性。

三、材料

① 10×PCR缓冲液包括15mmol/L $MgCl_2$，500mmol/L KCl，100mmol/L Tris-Cl，0.1%（体积分数）Triton X-100。

② dNTP混合液中每种脱氧核糖核苷酸的浓度为25mmol/L。

③ 正、反向特异引物，两者的浓度均为10μmol/L。

④ 模板可以是cDNA、基因组DNA或其它DNA。

⑤ *Taq* DNA聚合酶。

⑥ 高压灭菌去离子水。

⑦ 用于琼脂糖凝胶电泳的试剂。

⑧ PCR扩增仪应具有降落PCR程序，如PE Genamp PCR System 2400。

四、方法

1. 引物

根据所需扩增片段，设计两条特异引物，设计引物的原理同常规PCR，引物的贮存浓度通常为10μmol/L。

2. 模板

可以是cDNA、基因组DNA或其它DNA。

3. 操作方法

（1）设立50μL的PCR反应体系　在0.25mL的PCR管中，分别加入：

10×PCR缓冲液	5μL	DNA模板	5μL(100ng)
2.5mmol/L的dNTP混合液	1μL	*Taq* DNA聚合酶(5U/μL)	0.5μL
10μmol/L的外引物(P1、P2)	各1μL	H_2O	至50μL

如果PCR仪没有热盖，在反应液上加一滴矿物油（约50μL）。将PCR试管放入到PCR仪上。

(2) 设置PCR反应条件 常规PCR方法一般是25～35个循环，降落PCR一般要比它多5～10个循环，为35～40个循环，因为降落PCR程序开始的温度高于最适退火温度（未知），在降落PCR程序中，有效的扩增直到运行几个循环（不确定）后才开始，为了补偿，降落PCR要比常规PCR多运行几个循环。下面给出一个降落PCR的程序：

① 94℃预变性3min；

② 94℃变性30s，65℃退火30s，72℃延伸1min（目的片段为1kb)；

③ 以后每个循环退火温度降低1℃，共20个循环——退火温度从65℃降落到45℃；

④ 94℃变性30s，45℃退火30s，72℃延伸1min，15～20个循环；

⑤ 72℃延伸10min；

⑥ 4℃保存。

PCR反应中的延伸时间要根据具体反应而定，一般来说每分钟合成1000bp左右。

(3) PCR产物的琼脂糖凝胶电泳 反应结束后，用10μL反应液进行琼脂糖凝胶电泳分析，一般来说琼脂糖浓度为1%，缓冲液为1×TAE。若试验成功，应出现一条目的带，至少目的带的亮度与其它非特异扩增带相比，差异显著。

五、降落PCR与常规PCR的比较

降落PCR与常规PCR相比，只是退火温度设置的不同，因此在操作时的注意事项与常规PCR相同。下面介绍一些关于降落PCR与常规PCR的结果比较，以及关于降落PCR的一些简便方法，从中对降落PCR可有一个更为全面的认识。

Hecker等的实验比较了不同退火温度的常规PCR与降落PCR的差异[5]。他们扩增了403bp和187bp的两个片段（图14-3)，使用常规PCR方法的退火温度分别为40℃、45℃、50℃、55℃、60℃、65℃，降落PCR从60℃降落到46℃，每两个循环降低1℃，然后再加50℃退火10个循环。为了比较，循环数都采用40个循环。结

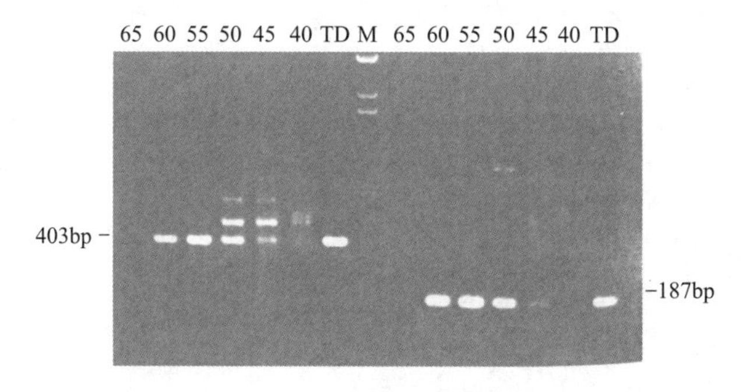

图14-3 常规PCR与降落PCR的比较

M为分子量标准；TD为降落PCR；65、60、55、50、45、40为常规PCR不同的退火温度（℃)。左边是对403bp片段的扩增，右边是对187片段的扩增

果，对于常规 PCR 在合适的退火温度，都出现了单一的特异条带。在较高的退火温度时，特异性增加，但产物的产量下降，温度更高时，便没有产物出现（65℃）。在较低的退火温度时，由于假阳性产物的竞争，特异产物量下降，最终无法检测出（40℃）。而用降落 PCR 时，出现了一条很强的带，表明尽管降落 PCR 的 40 个循环中有 30 个循环是在 55℃以下的退火温度运行的（在这些温度，常规 PCR 中会产生大量的非特异引发，导致假阳性产物的出现），但仅有特异产物出现，明显地证明了降落 PCR 的优点。

通过截断型的降落 PCR，即在退火温度分别下降 5℃、10℃、15℃之后，接着再加上固定退火温度的足够的循环数，可以发现在 T_m 值之下退火温度循环的作用（图 14-4）。最后的固定退火温度可以是 60℃（有利于特异性提高），也可以是 50℃（容易引起非特异引发）。在三种截断型降落 PCR（65℃→60℃、65℃→55℃、65℃→50℃）中，反应条件为每个循环降低 0.5℃，后面跟着 50℃和 60℃的两种固定退火温度，每个反应的总循环数为 35 个。在 403bp 的扩增产物中，可以看出固定退火温度为 50℃时的产量要比 60℃时高，说明后面较低的退火温度能够提高产量。与标准常规 PCR 相比，在降落 PCR 中，如果前面 10 个循环在有利于特异引发的条件下，即使后面的 25 个循环温度较低，也不会产生非特异带，因为此时特异带的数量已占优势。但在 187bp 的扩增产物中没有发现产量上的区别，可能在这个反应中引物与模板容易结合，在循环的早期就达到了最大产量。

Hecker 等人的实验还证明了在缓冲液条件不是最佳时，降落 PCR 也会弥补反应的效率。

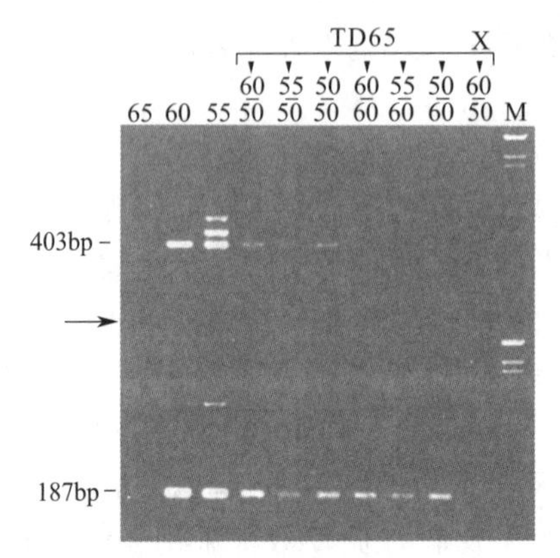

图 14-4　降落 PCR 后期非最适退火温度对于扩增物产量的影响

403bp 与 187bp 的片段在同一块胶上进行电泳，187bp 片段的加样孔位于琼脂糖凝胶的中间（见箭头）。M 为分子量标准，左起 1～3 泳道的 65、60、55 为常规 PCR 的三种退火温度。降落 PCR 的条件是这样表示的：左 4～6 泳道的退火温度分别由 65℃降到 60℃、55℃、50℃，每个循环降低 0.5℃，然后再进行退火温度为 50℃的循环，循环总数为 35 个；左起 7～9 泳道与 4～6 泳道的不同之处在于固定的退火温度为 60℃，X 表示没有加模板的对照

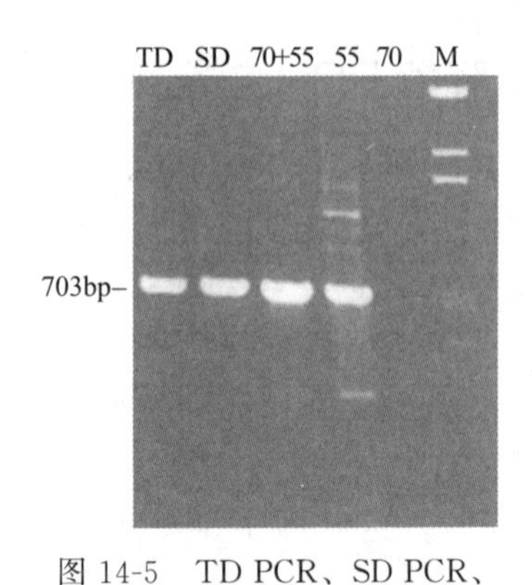

图 14-5　TD PCR、SD PCR、两步法 PCR 和常规 PCR 的比较

TD 表示降落 PCR；SD 表示 stepdown PCR；75＋55 表示两步法 PCR；55 和 70 表示退火温度为 55℃和 70℃的常规 PCR；M 为分子量标准

对于许多 PCR 仪，降落 PCR 的一个缺点是在设定退火温度时，程序较为复杂。为了解决这个问题，Hecker 等人试用了称为“stepdown” PCR（SD PCR）的方法，

它是降落PCR的一种修改方式，在一个程序内的最高和最低退火温度之间采用较少的更为剧烈的变化方式。例如，退火温度从69℃降到55℃，差距为15℃，中间分为5步，每3个循环降3℃，然后再加55℃的20个循环。另外一种为两步PCR，前10个循环为较高的温度（如70℃），后加55℃的35个循环（图14-5）。电泳结果表明，第一种“stepdown”PCR与降落PCR一样，得到很好的结果，而两步PCR法也得到了很清晰的目的带，但出现了一些非特异产物；退火温度为55℃的常规PCR，出现了目的带，但同时污染了较多的非特异产物；退火温度为70℃的常规PCR没有出现任何带。两步PCR法比常规PCR结果要好，可能是在高于经验决定的T_m值时，大量的特异引发有助于单一产物的产生。这也说明了降落PCR早期的高温循环对于扩增产物的特异性有所帮助。

六、应用

降落PCR有着很广泛的应用，主要用于增加PCR的特异性和敏感性。例如在临床诊断方面，对引起间质性浆细胞肺炎（pneumocystis carnii pneumonia）的卡氏肺孢子虫的检测，传统的检测方法是组织的显微镜检测，费时，而且敏感度不够，现在有很多研究者使用PCR的方法进行检测，他们把降落PCR与定量PCR结合起来，检测样品中的病原数量，敏感性好，精确度也高[6,7]。在Larsen HH等人的研究中，当他们使用退火温度为50℃的常规PCR程序时，得到的结果不尽如人意。后来改用了降落PCR的方法，退火温度由65℃降到50℃（2～6个循环，每个循环降低1℃；7～11个循环，每个循环降低2℃），然后在退火温度为50℃时35个循环。结果表明，使用降落PCR时，12个样品全部检测为阳性；而同样条件下，使用常规PCR程序，12个样品中只有7份是阳性。

在Seoh ML等的工作中[8]，他们试图设计一对引物去同时检测兰科植物中感染很广的两种病毒，CymMV（cymbidium mosaic potexvirus，建兰花叶病毒）和ORSV（odontoglossum ringspot tobamovirus，齿兰环斑病毒），预计扩增PCR的片段分别是534bp（CymMV）和290bp（ORSV）。当使用标准PCR程序扩增时，退火温度为55℃，但是CymMV的534bp片段的扩增效率远远高于ORSV的290bp片段，290bp片段几乎看不见，可能是CymMV的这段序列（G+C）含量较高，有较高的退火结合温度。后来他们尝试了降落PCR的方法，起始温度分别为50℃、48℃、46℃，每个循环降低0.5℃，共30个循环。结果表明当起始退火温度为48℃时，电泳检测两条带的强度相似，产物比起标准PCR程序都有所增加。说明降低起始退火温度，更有利于引物与ORSV结合。但当降落PCR的起始退火温度降到46℃时，就出现了较多的非特异产物。因此，最后他们选择了起始退火温度为48℃的降落PCR。

降落PCR的另一个应用是确定已知氨基酸序列肽的DNA序列。具体过程如下：使用两条与已知序列肽两末端可能配对的简并引物，需要知道一段长为13个氨基酸的肽段序列，5′和3′引物各长18个碱基（6个氨基酸），两者之间有一个碱基或更长的间隔，进行“touchdown PCR”。由这种方法将获得大量的产物，但因为由肽序列可以知道引物之间的确切距离，所以可以根据产物的大小来选择所需要的产物。该方法的优点在于可以富集引物与模板正确配对的产物。如果克隆和测序几个PCR产物，将可以确定肽的正确编码DNA序列，可用于设计进行杂交的寡核苷酸。该技术特别适用于由Ser、Lys和Arg（每个有6个密码子）构成的多肽。

七、小结

降落 PCR 的出现对于解决 PCR 过程中出现的非特异性的问题提供了一个很好的解决方法，与常规 PCR 方法相比，它能够增加特异性及目的产物的产量。它的主要特点有：第一，低水平、高特异性的扩增在循环的早期开始，此时的退火温度高于“最适合”的退火温度；第二，当退火温度在目的产物的 T_m 值与假阳性产物的 T_m 值之间时，目的产物的竞争优势更加明显；第三，较低的退火温度能很有效地增加目的产物的产量，同时使非特异的扩增降到最低，因为特异序列在较高退火温度时得到扩增，等退火温度降到较低时，已积累大量的特异产物，减少了特异引物与非特异序列结合的机会。降落 PCR 虽然有一定的优势，但它并非万能。在 PCR 中出现的问题，应具体问题，具体解决。现在很多的 PCR 仪具有设置降落 PCR 的程序，降落 PCR 在研究领域中已得到了广泛的应用。根据各种不同工作的需要，还可与其它 PCR 方法同时使用，如实时定量降落 PCR（real-time quantitative touchdown PCR）[9,10]、竞争降落 PCR（competitive touchdown PCR）[11,12] 等，这些联合 PCR 的反应体系，所需材料均与实时定量 PCR 和竞争定量 PCR 相同，所不同的是在 PCR 的循环过程中使用退火温度渐低的降落 PCR 的方法，检测 PCR 产物的方法与硬件也均同于实时定量 PCR 和竞争定量 PCR。

第四节　16S rRNA PCR

一、引言

传统的细菌分类以分离培养为前提，然后再依据其形态学、生理生化反应特征、代谢类型以及免疫学特征加以鉴定。20 世纪 60 年代末 Woese 开始采用寡核苷酸编目法对生物进行分类，他通过比较各类生物细胞的核糖体 RNA（rRNA）特征序列，发现 16S rRNA 及其类似的 rRNA 基因序列作为生物系统发育指标最为合适。因为它们普遍存在于原核生物中；其功能比较重要，同源且最为古老；既含保守序列又含可变序列；分子大小适合操作；序列变化可反映进化距离。

rRNA 基因存在于所有原核生物的染色体基因中，在进化过程中高度保守。16S rRNA 基因能够满足序列比对要求，GenBank 中已有成千上万个 16S rRNA 基因，利用这些资源鉴定微生物是感染诊断的一个途径。

采用 16S rRNA 基因克隆文库的方法分析菌群组成已广泛应用于环境和临床微生物中[13]，它既可以分析标本中细菌的种类，又可以反映标本中各种细菌的相对比例，可以相对定量。最重要的是可通过这种方式检测到实验室条件下不能培养的细菌，所以在微生物检测方面具有独特的优势。

二、原理

细菌的核糖体 RNA（rRNA）按沉降系数分为 5S、16S 和 23S，其编码基因（rDNA）长度依次为 120 个、1540 个及 3300 个核苷酸。典型的原核生物大肠杆菌核糖体是由 50S 大亚基和 30S 小亚基组成的。在完整的核糖体中，rRNA 约占 2/3，蛋白质约为 1/3。50S 大亚基含有 34 种不同的蛋白质和两种 RNA 分子，相对分子质量大的 rRNA 的沉降系数为 23S，相对分子质量小的 rRNA 为 5S。30S 小亚基含有 21 种蛋白质和一个 16S 的 rRNA 分子。rRNA 基因由保守区和可变区组成，在细菌中高度保守。rRNA 基因包含 5′端到 3′端的若干种成分，分别是 16S rDNA、间区、23S rDNA、间区和 5S rDNA。16S rDNA 基因是细菌染色体上编码 16S rRNA 相对应的 DNA 序列，它集保守性和变异性于一身，存在于所有细菌的染色体基因组中。

16S rDNA 具有以下特点：①多拷贝，这就使得针对该编码基因进行的分子生物学检测具有较高的灵敏度；②多信息，编码基因由可变区和保守区组成，保守区为所有细菌所共有，细菌之间无差别，可据此设计通用引物（univeral primer，UP），可变区具有属或种的特异性，可据此进行细菌鉴定；③长度适中，其编码基因长度约为 1500bp，包含大约 50 个功能域，既能反映不同菌属之间的差异，又能利用测序技术较容易得到其序列。

16S rDNA 的以上特征使其成为一种分子标记而广泛地应用于检测和鉴定中。

三、材料及设备

临床标本 DNA/RNA 提取试剂盒，细菌基因组提取试剂盒，普通 PCR 试剂盒，荧光定量 PCR 试剂盒，反转录 PCR 试剂盒，PCR 产物回收试剂盒，DNA 测序仪，等。

四、方法

获得目的 16S rDNA 有两种方法（见图 14-6）。

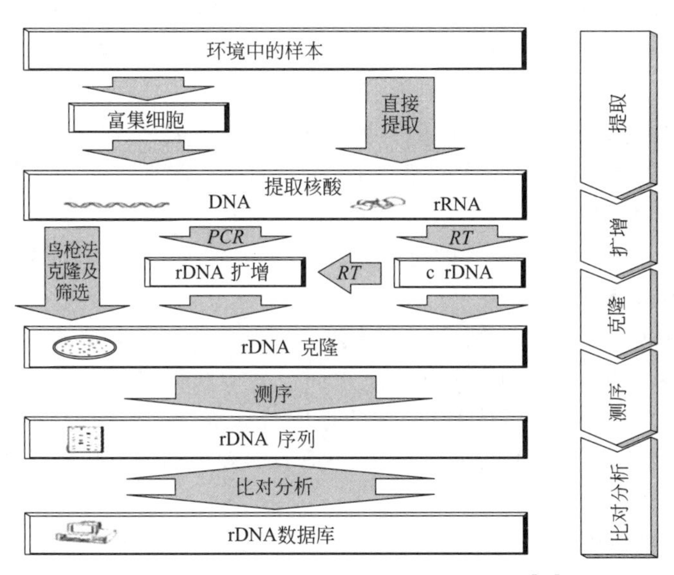

图 14-6　获得目的 16S rDNA 方法示意图[14]

1. 从基因组直接扩增法

（1）从微生物样品中直接提取总 DNA　对已知的纯培养的微生物可通过培养富集后再进行提取。

① 细菌培养：将细菌接种于 5mL 液体培养基中，37℃摇床（300r/min）培养过夜。

② 细菌收集：取1mL培养物于1.5mL EP管中，室温8000r/min离心5min，弃上清，沉淀重新悬浮于1mL TE（pH8.0）中（用ddH_2O也行）。

③ 菌体裂解：加入6μL 50mg/mL的溶菌酶，37℃作用2h。再加2mol/L NaCl 50μL、10% SDS 110μL、20mg/mL的蛋白酶K 3μL，50℃作用3h或37℃过夜（此时菌液应为透明黏稠液体）。

④ 抽提：菌液均分到两个1.5mL EP管，加等体积的酚-氯仿-异戊醇（25∶24∶1），混匀，室温放置5～10min。12000r/min离心10min。抽提两次（上清很黏稠，吸取时应小心，最好剪去枪头尖）。

⑤ 沉淀：加3/5体积的异丙醇，混匀，室温放置10min。12000r/min离心10min。

⑥ 洗涤：沉淀用75%的乙醇洗涤。

⑦ 抽（凉）干后，溶于50μL ddH_2O中，取2～5μL电泳。作PCR模板用。

此外也可使用市售细菌基因组DNA提取试剂盒获得较纯的基因组DNA。

（2）从医学标本或样品中提取基因组DNA　如果提供的材料是医学标本或样品则直接提取基因组DNA而不要培养，此方法如下：

液体标本高速离心（12000r/min）10min，沉淀加50μL“标本预处理液”，37℃孵育30min，12000r/min离心10min，沉淀待用；组织标本直接加等量“标本预处理液”，操作同上述。处理后的标本加入30μL专用裂解试剂（可购自北京美莱博医学科技有限公司），振荡仪上振荡5min，使标本与试剂充分混合，然后煮沸10min，使标本中的核酸物质彻底释放并溶解在缓冲液中，离心后上清即可进行PCR。

（3）PCR扩增rDNA　对已知的纯培养的微生物可以设计特异引物，在GenBank搜索同种菌种的rDNA序列，一般同种的rDNA序列有99%以上的一致性。设计好的引物通过BLAST比对验证其特异性。

对医学标本或样品则可设计通用引物扩增目的16S rDNA。如：

正向引物5′-AGAGTTTGATCCTGGCTCAG-3′

反向引物5′-GGTTACCTTGTTACGACTT-3′

（4）纯化　凝胶电泳检测后可使用PCR产物纯化试剂盒纯化扩增DNA。

2. rRNA反转录法

另一种选择是提取微生物细胞中的核糖体RNA。一个典型的细菌含有10000～20000个核糖体，rRNA在细胞中的含量很高，易于获得较多的模板，但是RNA易于降解，RNA的提取技术相对于DNA的提取较为复杂，由于rRNA在死亡的细胞中很快降解，提取rRNA通过反转录提取16S rDNA序列的方法能够区分被检测的细胞是否为活体细胞。

对未知序列的rRNA要测序，应该对目的rRNA进行纯化，然后以同源已知的rRNA序列为模板设计引物，RT-PCR获得c-rDNA再测序。

cDNA的合成。反转录体系共20μL，包括细胞总RNA 2μg/μL，50U/μL RNasin 1μL，5×反转录反应缓冲液4μL，10mmol/L dNTP 2μL，50μg/mL随机引物2μL，200U/μL M-MLV反转录酶1μL，DEPC 8μL。37℃反应60min，95℃ 5min终止反应。cDNA在－80℃保存或进行PCR扩增。

如果实验对象是纯培养物，则可以按上述方法获得rDNA后直接测序。对于从样品标本中获得的rDNA，需构建16S rDNA文库，然后挑取单克隆测序。

3. PCR 方法

通常做 20μL 反应体系，加入 10×缓冲液 2μL，模板量为 100～100000 个拷贝，引物浓度为 0.2～1μmol/L，dNTPs 浓度为 20～200μmol/L，镁离子浓度应比 dNTPs 浓度高 0.2～2.5mmol/L，*Taq* 酶量为 0.2～0.5U，补水至 20μL。

反应条件为：95℃预热 5min；94℃变性 30s，退火 30s［温度根据引物（G+C）含量确定］，72℃延伸 1～2min（根据酶活性和扩增片段长度确定），30 个循环后再延伸 10min。

五、注意事项

采用 PCR 技术可以一次性从混合 DNA 或 RNA 样品中扩增出 16S rRNA 序列，但也同样会出现 PCR 所固有的缺点，尤其是采用 16S rRNA 保守序列的通用引物对多种微生物混合样品进行扩增，可能出现嵌合产物（chimeric product）和扩增偏嗜性现象。

采用 16S rRNA 基因克隆文库的方法分析菌群组成，既可以分析标本中细菌的种类，又可以反映标本中各种细菌的相对比例，可以相对定量，但不是绝对定量，即标本中菌群的比例与克隆文库中对应单克隆的比例相关，但不是直线相关。

另外，16S rDNA 基因克隆文库不能完全反映标本的真实情况，有些细菌的比例太低，或有的细菌的 rDNA 不能用通用引物扩增出来而无法在克隆文库中出现。前者可通过加大文库量来解决，后者可通过设计兼并引物和多对引物同时使用部分解决。

六、应用

下面以肉毒梭菌为例介绍 16S rRNA 的应用。

肉毒梭菌广泛存在于自然界，是专性厌氧的革兰阳性杆菌，其芽孢呈卵圆形，位于近端位，在庖肉培养基中生长时，混浊、产气、发臭、能消化肉渣。

肉毒梭菌 16S rRNA 可应用于肉毒梭菌的检测、鉴定、监测及系统进化研究。

1. 检测

能引起中毒的食品有腊肠、火腿、鱼及鱼制品和罐头食品，对肉毒梭菌和肉毒毒素的检出非常重要。目前以毒素的检测及定型试验为判定的主要依据，但只以毒素为依据还不能排除有芽孢存在的可能。若食品中混入芽孢，则只检测毒素不能确保食品安全，还需检测肉毒梭菌细胞的存在。

使用前述方法，从样品中提取总 DNA，然后设计通用引物扩增出 16S rDNA，构建 rDNA 文库，测定不同 16S rDNA 序列并与 GeneBank 数据库比对，确定有无肉毒梭菌 16S rDNA 的存在。或者以肉毒梭菌 16S rDNA 为探针，与样品中扩增出来的 16S rDNA 杂交，根据杂交信号判断。

16S rDNA 鉴定法具有传统方法无法达到的高灵敏度和特异性，检测能力大大增强，所需检测时间大大缩短。并且该法不依赖于微生物的分离培养，是一种非培养分析技术，所以不仅能鉴定出死菌而且还能够快速地鉴定出那些目前尚不能人工培养的微生物，如粪便中的共生菌群[15]。鉴定指标单一明确，准确率高，而传统技术必须综合大量的指标加以鉴定。

当然，16S rDNA 的方法还有一定的缺陷，如有些不同种细菌的 16S rDNA 的一致性也在 99%以上，如 *Pseudomonas fluorescens* 和 *Pseudomonas jessenii*[16]，所以

这种检测方法可能出现假阳性。

2. 鉴定

肉毒梭菌按其所产毒素的抗原特异性分为 A、B、C、D、E、F、G 七个型，个别型内还出现若干亚型。

使用培养特征、生理生化实验等传统方法初步鉴定为肉毒梭菌后，可以用 16S rDNA 鉴定肉毒梭菌的型及亚型。克隆出 16S rDNA 后可以测序并以 BLAST 比对确定其型别，或者通过 RFLP 等指纹图谱鉴定。

如前所述，有些不同种细菌的 16S rDNA 之间高度相似，所以有的待鉴定菌种的细菌 16S rDNA 可能与多个种的 16S rDNA 一致性在 99%以上而无法鉴定。但总体来说，16S rDNA 鉴定法的有效性、鉴定深度和准确率都远优于传统鉴定方法[16]。

3. 定量监测

荧光定量 PCR 技术利用 *Taq* 酶的 5′→3′外切酶核酸活性，在普通引物 5′端和 3′端添加一条荧光双标记探针，分别标记荧光报告基团（R）和猝灭基团（Q）。当探针保持完整时，R 基团的荧光信号被 Q 基团抑制，一旦探针被切断，Q 基团的抑制作用消失，R 基团的荧光信号就可以被检测到。该方法完全在密闭条件下进行，避免了 PCR 产物的交叉污染，结果判断由计算机完成，步骤简单而且结果可靠。

通过荧光定量 PCR 技术可测定样品中 16S rDNA 的相对含量，从而推测出肉毒梭菌的在样品中的含量，为食品安全检查等工作提供重要信息。

4. 系统进化研究

16S rDNA 比整个细菌基因组进化得要缓慢，因而具有高度的保守性。普遍存在于原核生物中，并且大小适中、易于克隆，在系统进化研究中有重要应用。

目前已有大量研究以 16S rDNA 为依据研究不同物种之间的进化关系。应用生物信息学软件如 Megalign 通过 16S rDNA 之间的比对，做出系统进化树（phylogenetic tree），可以清楚地分析种间进化距离。

笔者通过这种方法构建出若干不同型号的肉毒梭菌的进化树（见图 14-7）。图 14-8 是根据 16S rDNA 对梭菌属进行分类作出的进化树[17]。

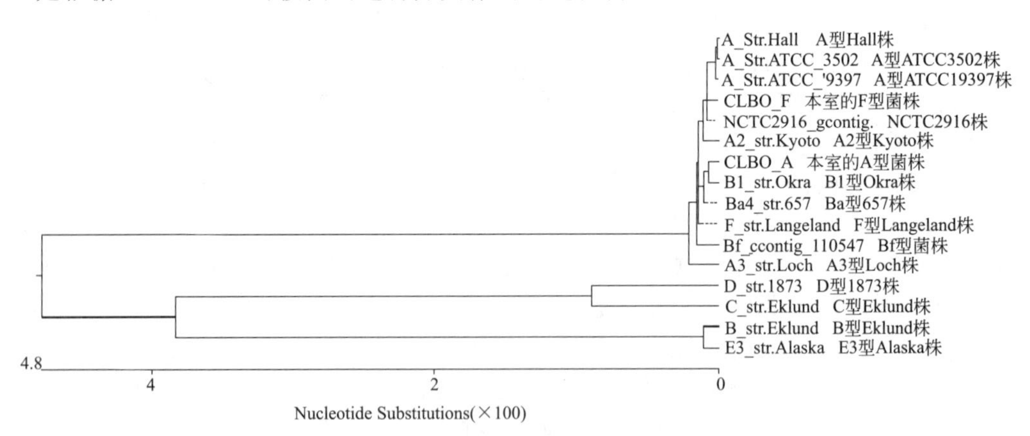

图 14-7 肉毒梭菌的进化树

表型分类法将肉毒梭菌分为 4 组。组 1：A 型和水解蛋白的（proteolytic）B 型和 F 型；组 2：E 型和不水解蛋白的（non-proteolytic）B 型和 F 型；组 3：C 型和 D 型；组 4：G 型。以 16S rDNA 的方法构建出进化树的结果与表型分类法结果相符。

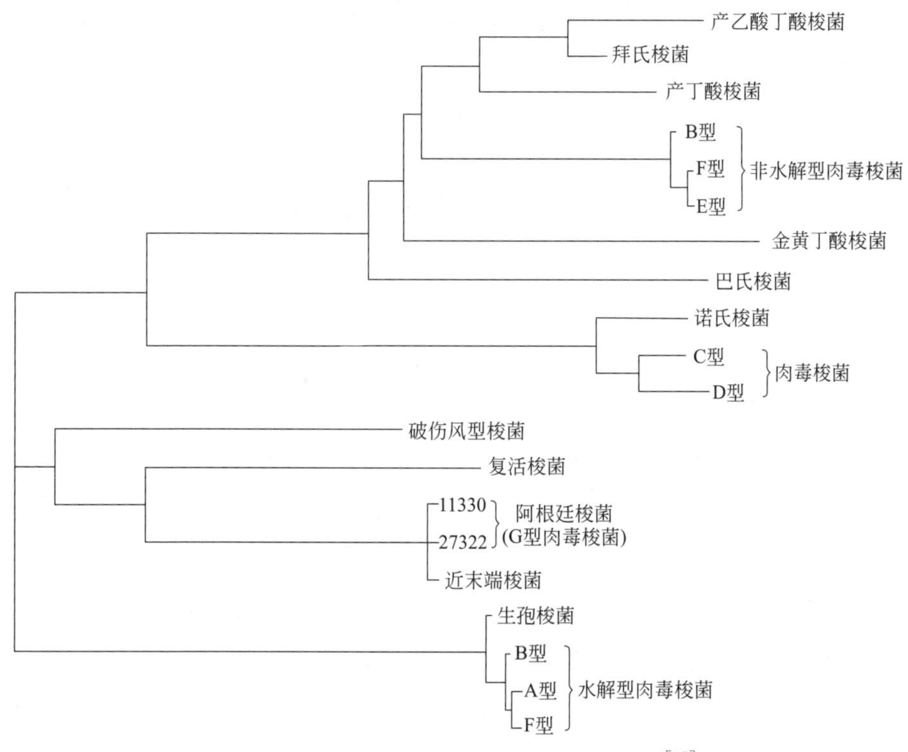

图 14-8 根据 16S rDNA 对梭菌属进行分类[17]

七、小结

传统的微生物鉴定方法以细胞的表型为基础，包括细胞形态、培养特征、生理生化试验、代谢类型和免疫分型等。这些表型特征比较复杂多变，而且有些指标不稳定，易受环境影响。而 16S rDNA 普遍存在于真核细胞内，性质稳定、检测方便、判断方法简单。以 16S rDNA 为依据的医学微生物和环境微生物等检验鉴定方法已普遍推广，并取得显著成效。

第五节 PCR偶联连接酶链式反应

一、原理

PCR 偶联连接酶链式反应（PCR-ligase chain reaction，PCR-LCR）的原理是通过常规 PCR 扩增待检基因，用设计的简并引物与该基因进行复性，通过连接酶将匹配分子连接在一起的反应。首先设计两对几乎与模板 DNA 完全互补的简并引物，仅在上游引物的 5′端最后的一个碱基有差别，最后一个碱基包含了四种可能的碱基。上游引物 5′端的最后一个核苷酸对应于靶分子上一个可能存在变异的碱基对。该差异碱基对可能决定两个等位基因、种别或其它给定表型的多态性。如果靶分子该位置的核苷酸与引物上的碱基互补，则临近的两个引物被连接酶连接，形成两个引物长度的新片段。否则，不能被连接酶连接，变性后仍以引物的形式存在。LCR 引物可用四种不同颜色的荧光或同位素进行标记，电泳后，通过扫描即能确定 DNA 分子上的碱基差异。PCR 偶联连接酶检测反应（PCR-ligase detection reaction，PCR-LDR）与

PCR-LCR 的不同之处在于进行 LDR 是使用一对引物。在原理和操作上差别不大。本节主要以 PCR-LCR 进行讲解，见图 14-9。

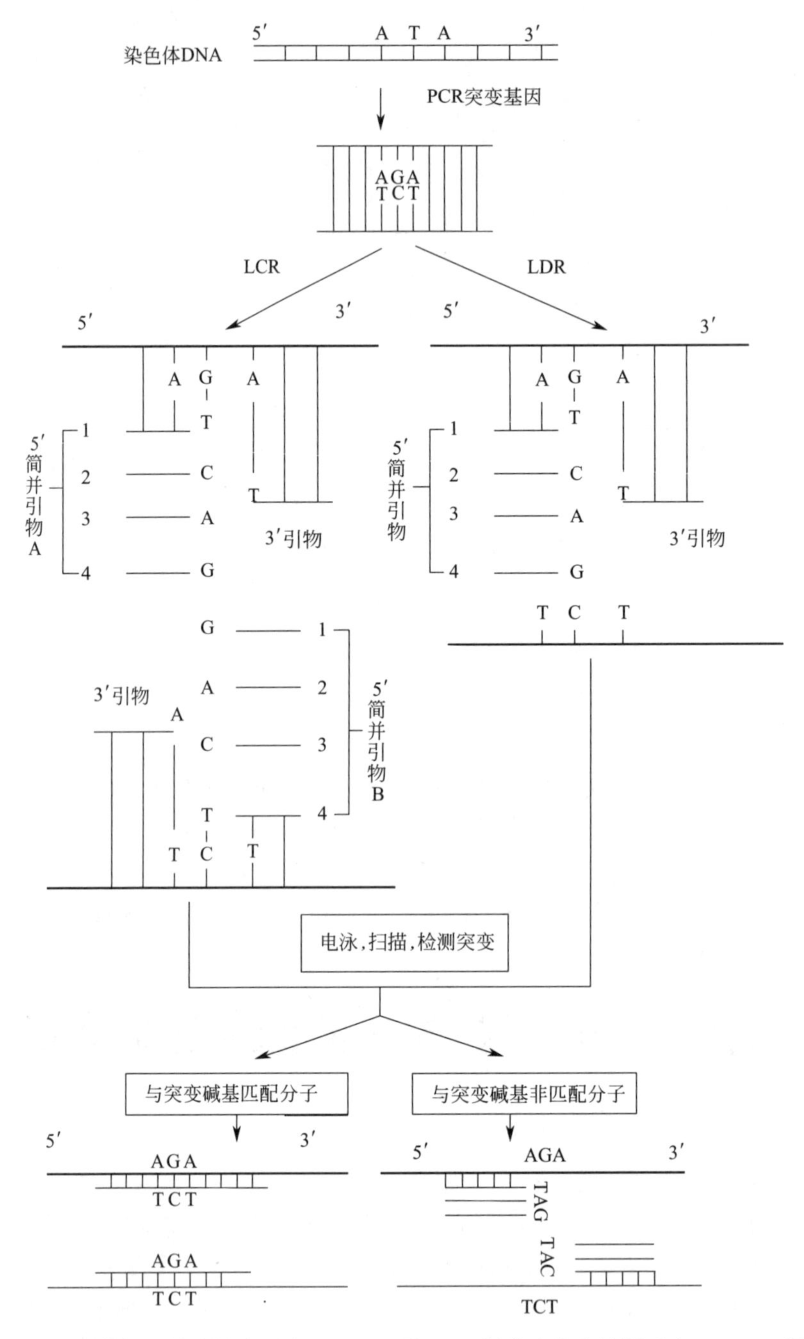

图 14-9 PCR 偶联连接酶链式反应（LCR）及 PCR 偶联连接酶检测反应（LDR）原理图

二、材料

1. PCR 所用材料

Taq 酶、缓冲液、dNTP、引物和模板。

2. LCR 所用试剂

LCR 缓冲液（20mmol/L Tris-HCl pH7.6，10mmol/L $MgCl_2$，100mmol/L KCl，10mmol/L DTT，1mmol/L NAD^+），T4 DNA 连接酶。

3. 引物标记试剂

① T4 多聚核苷酸激酶（10U/μL）及其缓冲液（0.5mol/L Tris-HCl pH7.6，100mmol/L $MgCl_2$，100mmol/L 巯基乙醇）。

② [γ-^{32}P] ATP（6000Ci/mmol=60pmol ATP），ATP（20mmol/L），−70℃贮存。

③ TE 缓冲液（pH8.0）。

④ 末端脱氧核苷酸转移酶（17U/μL），5×末端脱氧核苷酸转移酶缓冲液（500mmol/L 二甲胂酸钠 pH7.2，1mmol/L DTT，10mmol/L $CoCl_2$）。

⑤ 地高辛-11-ddUTP 溶液（1mmol/L）。

4. 检测同位素标记的 LCR 产物所用试剂

TBE 缓冲液，聚丙烯酰胺凝胶，显影液，定影液。

5. 检测非同位素标记的 LCR 产物所用试剂

亲和素，抗地高辛抗体 Fab 片段偶连碱性磷酸酶，T 缓冲液（100mmol/L Tris-HCl pH7.5，150nmol/L NaCl），磷酸盐缓冲液（pH9.6），结合缓冲液（1mol/L NaCl，0.75mol/L NaOH），干奶粉，鲑精 DNA（10mg/mL），CAMLIGHT（Camera Luminometer System）。

三、方法

1. PCR 克隆待检基因

利用常规 PCR 从待检测的多种样品中克隆待检测基因，纯化备用。

2. LCR 引物的标记

（1）LCR 引物的同位素标记

① 准备标记混合物：15pmol 引物，2μL 10×T4 多核苷酸激酶缓冲液，1.5μL T4 多核苷酸激酶（10U/μL），4μL [γ-^{32}P] ATP，加水至 20μL。

② 37℃，温育 45min。

③ 加入 1μL 未标记的 ATP，37℃温育 2min。

④ 加入 0.5μL 0.5mol/L 的 EDTA 以终止反应。

⑤ 65℃保温 10min。

⑥ NAP 型柱纯化引物。

（2）LCR 引物的非同位素标记

① 5′端磷酸化反应。300pmol 引物，3μL 10×T4 多核苷酸激酶缓冲液，1μL ATP，6U T4 多核苷酸激酶，加水至 30μL。37℃温育 45min，65℃保温 10min。

② 3′端地高辛标记反应。50pmol 磷酸化引物，8μL 5×末端脱氧核苷酸转移酶缓冲液，2μL 地高辛-11-ddUTP，85U 末端脱氧核苷酸转移酶，加水至 40μL。37℃温育 45min，65℃保温 10min。用水稀释至 100nmol/L。

3. 标准 LCR 操作步骤

准备 LCR 反应缓冲液：1μL DNA 样品，2.5μL LCR 缓冲液，2μL β-烟酰胺腺苷二核苷酸（NAD^+，12.5mmol/L），1μL 鲑精 DNA（10mg/mL），0.5μL 每种标记

引物（50nmol/L，终浓度 1nmol/L），1.75μL 每种未标记引物（15nmol/L，终浓度为 1nmol/L），1μL DNA 连接酶（37.5U/μL）。

将反应管置于热循环仪上，94℃ 1min，65℃ 4min，进行 10～30 次循环。同位素标记的 LCR 法可循环 30 次，非同位素标记法可循环 10 次。

加 20μL 终止液（用于放射性检测）终止反应，－20℃贮存。

4. 分析 LCR 产物

（1）分析同位素标记的 LCR 产物

① 制备 16%的聚丙烯酰胺凝胶，灌上 TBE 缓冲液。

② 90℃将产物加热 5min，170V 恒压电泳约 1h。

③ 将胶片置于胶上，－20℃感光 12～24h，冲洗、显影。

（2）分析非同位素标记的 LCR 产物

① 在高结合性酶联多孔板上每孔加入 60μL 亲和素，37℃温育 1h。

② 加入 200μL 封闭液，室温封闭 20min。

③ 200μL T 缓冲液洗涤 2 次。

④ 以无吐温的 T 缓冲液 40μL 稀释 LCR 混合物。加 5μL 至孔中并加入 10μL 板结合液，室温温育 30min。

⑤ T 缓冲液洗涤 2 次。

⑥ 200μL 的 0.01mol/L NaOH＋0.05%吐温洗涤 2 次。

⑦ T 缓冲液洗涤 3 次。

⑧ 加 50μL 的抗地高辛配基抗体 Fab 片段-AP 偶联物，室温温育 30min。

⑨ T 缓冲液洗涤 6 次。

⑩ 加入 50μL 的 Lumi-phos530，37℃温育 30min。

⑪ 用 Polariod 612 型胶卷曝光，时间 1～5min。多孔板荧光光度计可分析化学荧光强度。

四、注意事项

1. LCR 引物的设计

下游引物的 5′端加上两个或多个非互补性核苷酸尾巴有助于减少不依赖靶分子的假阳性连接。

两条引物的 T_m 值应局限在一个比较狭小的范围，一般在 68～72℃。

两条引物之间不能配对，防止产生靶分子的非依赖性连接。

引物的 3′端碱基对的特性似乎会影响连接反应的效率。以 G-C 方式杂交较以 A-T 方式杂交的引物产生更高的连接效率。

2. 操作中的注意事项

高浓度的引物可以增加产物的量，但同时增加非特异性连接的比例，引物的终浓度一般在 0.5～5nmol/L 之间。最佳的同位素标记的引物浓度不一定适合非同位素法的 LCR。

在 LCR 缓冲液中加入 0.01%～0.1%的 Trition X-100 可提高连接效率，但同时也会增加非配对产物的量。因此，选择合适的浓度也很重要。

循环条件：94℃变性 15s～1min，其后是 60～65℃退火 4～6min。和 PCR 中的延伸过程不同，LCR 在变性和复性之间不需要延伸，仅进行 10～30 个循环，具体循环数因不同方法而异。

3. 检测结果中的注意事项

在分析结果时，若无LCR产物，可能是引物的磷酸化水平较低，此时要注意精心制备ATP，并避免反复冻融。

在微孔板检测系统中出现的问题十分复杂，因为不连接的引物不被显示，无法确定引物是否被生物素或地高辛配基正确标记。能显示非同位素引物和LCR产物的方法是将它们在聚丙烯酰胺凝胶上分离，电转移到另一块膜上，然后以抗地高辛抗体检测地高辛标记的引物，或用酶联亲和素检测生物素标记的引物。

微孔板封闭无效容易造成检测结果的假阳性。将鲑精DNA煮沸并在冰上冷却后制备成新鲜的封闭液可解决该问题[18]。

五、应用

1. PCR-LCR技术在病原体检测中的应用

LCR技术是一种检测已知突变位点的较有前途的基因诊断技术，它具有多方面的优越性。①扩增的靶序列较PCR短，它对模板的要求较低，因此模板制备相对简单；②数量很少的细胞或者DNA标本（10ng）就可以进行分析，敏感性增强；③LCR的4条寡核苷酸引物是两对分别互补的寡核苷酸，而且每条引物的长度为20～25nt，保证了引物与靶DNA的特异结合，LCR连接反应温度接近寡核苷酸解链的温度（T_m），识别单核苷酸错配底物的互补特异性极高，相邻引物间的缺口只有在提供合适的碱基后才能由DNA聚合酶介导填补，因此特异性大大提高，假阳性率降低；④此技术具有容易操作、稳定性好、试剂容易购买等特点。此外这种方法适用于自动化和批量样本的检测，便于临床常规应用和流行病学样本的基因诊断，因此非常适用于临床实验室常规应用[19]。

标准的LCR方法最早是由Backman于1987年创建，1993年Oille等首先应用在沙眼衣原体的检测。用LCR方法检测衣原体特异的DNA，灵敏度可达90%～95%，特异性为99.5%或更高。细菌病原体单碱基对的差异检测的意义在于抗生素抗性来源于点突变，如抗大环内酯酶的某些菌株、敏感株和抗性株的转化等。在病毒病原菌中，亚群的确定与宿主范围、毒力及药物抗性有关，用PCR-LCR鉴别病毒，确定其亚类，有利于了解它的毒性及抗药性，为治疗该疾病提供依据[20]。因此用PCR-LCR对病原微生物的分类诊断具有重要意义。

2. PCR-LCR技术在遗传病检测方面的应用

遗传性耳聋是一种高度异质性的遗传病，除常染色体显性、隐性和X连锁遗传方式外，线粒体DNA突变也与耳聋有关。较为常见的线粒体突变引起耳聋是氨基糖苷类抗生素（aminoglycosideantibiotics，AmAn）致聋。我国聋哑患者中60%是由于使用AmAn而引起。1993年Prezant等通过对3个AmAn致聋家系的研究，首次报道了患者与核糖体DNA（mtDNA1）12S rRNA 1555位点A-G的突变有关，并且这种突变只通过母亲传递给后代[21]。张丽珊等对氨基糖苷类抗生素致聋（AAID）家系的所有成员及56例正常对照个体的mtDNA1进行分析，结果显示在AAID家系的11名成员中发现7例在mtDNA1 12S rRNA 1555位点发生A-G的突变[22]。应用连接酶链反应可以建立一套敏感、准确，适合批量检测该病的方法。

随着人类基因组及其它物种（牛、马等）基因组序列数据的不断增长，以PCR-LCR法检测单碱基对变异而引起的遗传病的应用前景十分广阔。LCR的一个固有优势是可以自动化。共价连接的两条引物形成的 LCR 产物可以方便地进行酶联或荧光标记检测。PCR-LCR 技术必将在大群体中单基因疾病多态性的筛选，在进行器官移植等应用中，进行组织分型时确定单元性等方面发挥重要作用。

第六节　快速 PCR

一、引言

随着生命科学和医学的发展，PCR 技术已经成为分子生物学实验室的一项常规技术。由于应用场景的不断拓展，传统 PCR 技术在法医鉴定、病原菌诊断、生物恐怖甄别等时效性要求极高的实验中显得耗时过长，人们越来越希望在确保 PCR 反应特异性、灵敏性、保真度的同时，能够尽量缩短反应的时间，因此发展了快速 PCR（rapid PCR 也称 fast PCR）。

二、原理

快速 PCR 技术原理仍建立在常规 PCR 原理的基础上。从实际应用的角度出发，实现快速 PCR 主要可以从两个方面出发，一是增加 PCR 模板的获取速度，二是加快 PCR 反应的速度。

1. 增加 PCR 模板的获取速度——直接 PCR

DNA 提取和纯化往往费时费力，因此，实现快速 PCR 首先考虑的就是进行直接 PCR。所谓直接 PCR 是指不经过 DNA 提取、纯化、定量步骤而直接对样本进行扩增，减少样本检测时间，同时避免上述步骤导致的 DNA 模板损耗（见图 14-10）。由于对 DNA 模板质量和数量很难评估，直接 PCR 主要用于目标片段的扩增获取或目的基因的定性检测，也可用于实验室 DNA 的建库。

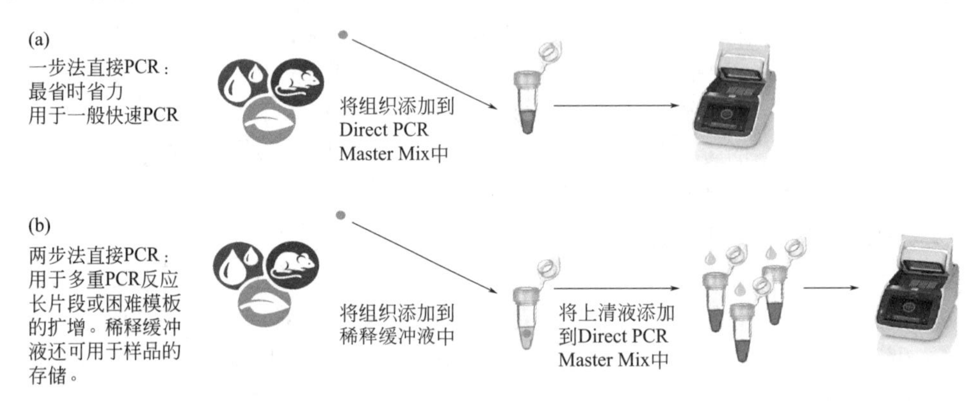

图 14-10　直接 PCR 方案示意图

直接 PCR 主要是通过优化缓冲液成分来减少样品中 PCR 抑制物对反应的抑制，同时使用结合力较强的聚合酶，来增强反应的稳定性。目前直接 PCR 有很多商品化的试剂盒，并且分别针对血液样品、植物组织样品、动物组织样品、酵母或细胞培养物样品进行优化，并常配合稀释缓冲液（dilution buffer）使用。常见的试剂盒有 Thermo Scientific™ Phire™ Tissue Direct PCR Master Mix、KAPA Mouse Genotyping Kit（2×）、Sigma RED Extract-N-Amp™ Tissue PCR Kit、Bioline My-Taq™ Extract-

PCR Kit等。

2. 加速PCR反应

一个典型的PCR反应包括三个阶段：变性、退火、延伸。PCR反应时间就是这三个阶段循环的总时间，要PCR反应加速，就要缩短这三大反应的时间以及温度变化的时间。

变性阶段是双链DNA解链成为单链DNA的阶段，在这一阶段，提高变性温度，可以缩短变性所需时间。因此，缩短变性时间的关键就是要选用耐受高温的DNA聚合酶。退火阶段的目的是使单链DNA与引物正确配对形成双链DNA，要缩短退火时间可以通过加入单链DNA稳定剂或促进双链DNA形成的添加剂来实现。而延伸阶段的持续时间主要取决于DNA聚合酶的延伸速率，可以通过使用新的高效DNA聚合酶、对现有DNA聚合酶的改进以及加入能增强酶活性的辅助因子等来获得更高的延伸速率，从而缩短延伸过程的时间。至于温度变化的时间则主要取决于热循环仪的工作效率，可以通过选择传热性能更优良的材料、改进热循环仪的工作原理或采用微小体积反应等方式使PCR仪的传热效率提高，进而大大缩短温度变化所占用的时间，最终使整个反应的速率得到提高。

因此，快速PCR反应的实现主要通过三个方面实现：革新热循环仪性能、补充PCR添加剂、改进DNA聚合酶。

传统平板PCR仪常使用改进控温模块的升（降）温速度（表14-1），来加快PCR反应的速度，由于金属模块的热传导效率有限，提升空间也有限。因此，空气热对流和液体热对流的方案越来越多地被应用到快速PCR仪的设计中。Wheeler等设计的一款超速PCR装置，采用了水的热对流为加热模式，极大地提升了升降温速度，最大升降温速度达45℃/s，在不到3min时间内完成超速PCR[23]。Roche公司的LightCycler 2.0卡盘式荧光定量PCR仪采用空气热对流的方式进行变温，配合玻璃毛细管远大于普通塑料PCR管的表面积，可以将升降温速度提高至20℃/s。

表14-1　常见的快速PCR仪

品牌	型号	升/降温速度
Applied Biosystems	Veriti™ 96-Well Fast Thermal Cycler	4.25℃/s
	9800 Fast Thermal Cycler	4～5℃/s
Bio-Rad	C1000/S1000	5℃/s
Eppendorf	Mastercycler® pro S	8℃/s
Analytik-jena AG	SpeedCycler2	10～15℃/s

PCR添加剂是PCR反应中的一种增效剂，能够在一定程度上提高PCR反应特异性，增加PCR扩增产物量，防止DNA聚合酶失活及无效扩增等[24-26]。用于高CG含量模板的PCR以及长片段PCR反应的添加剂往往都能用于PCR反应的增速（表14-2）。

表14-2　PCR添加剂及其作用

作用	氯化四甲基胺（TMAC）	甜菜碱（GB）	牛血清白蛋白（BSA）	二甲基亚砜（DMSO）
减少DNA/RNA错配	√			√

续表

作用	氯化四甲基胺（TMAC）	甜菜碱（GB）	牛血清白蛋白（BSA）	二甲基亚砜（DMSO）
提高 PCR 效率	√	√	√	√
提高 PCR 特异性	√	√	√	
降低 T_m 值		√		
增强高 GC 片段的扩增		√		√
防止聚合酶变性		√	√	

目前常用的 DNA 聚合酶，如 *Taq* 酶和 *Pfu* 酶，本来的生物学功能是 DNA 重组和修复，因此延伸速度都不是很快。目前 DNA 聚合酶的改进主要是通过生物工程的方法：一是在原有 DNA 聚合酶基础上融合表达 DNA 结合蛋白[27-29]，二是定点突变筛选高活性 DNA 聚合酶[30,31]。目前有一些常用的商品化的快速 PCR 试剂盒可供选择（表 14-3）。实际操作中，也可以把不同的酶组合使用。

表 14-3 常用快速 PCR 酶

品牌	名称	扩增速度
TaKaRa	SpeedSTAR™ HS DNA Polymerase	10s/kb
	Z-Taq™	10～20s/kb
Applied Biosystems	AmpliTaq Gold™ Fast PCR Master Mix	10～15s/kb
	GeneAmp™ Fast PCR Master Mix	25s/kb
Kapa	KAPA2G Fast PCR Kits	1～15s/kb

三、实验方法

1. 直接 PCR

以 Thermo Scientific Phusion Blood Direct PCR Master Mix 试剂盒为例，简要介绍直接 PCR 的实验方案。该试剂盒针对哺乳动物血液设计，是旨在直接从全血中进行 PCR，而无需事先进行 DNA 提取或样品制备。可以用于扩增的样本包括：储存在 4°C 的血液，加入 EDTA、柠檬酸盐或肝素等抗凝剂的冷冻血液，来自 Whatman™903 和 FTA™ 卡等血卡的干燥血液样品。既可以对基因组靶序列进行扩增，也适用于对血液中外源靶 DNA 的扩增。试剂盒推荐反应中血液的浓度是 1%～20%，但高达 40%的血液在经优化后仍然能进行有效的扩增。

PCR 反应体系和反应条件如表 14-4、表 14-5 所示。

表 14-4 血液直接 PCR 反应体系

组分	20μL 体系	50μL 体系	最终浓度
2×Phusion Blood Direct PCR Master Mix	10μL	25μL	1×
上游引物	1μL	2.5μL	0.5μmol/L
下游引物	1μL	2.5μL	0.5μmol/L

续表

组分	20μL体系	50μL体系	最终浓度
全血样本	1μL	2.5μL	5%
H_2O	7μL	17.5μL	—

表14-5　血液直接PCR反应条件

循环步骤	两步法		三步法		循环数
	温度	时间	温度	时间	
细胞裂解	98℃	5min	98℃	5min	1
变性	98℃	1s	98℃	1s	35～40
退火	—	—	*X*℃	5s	
延伸	72℃	15～30s/kb	72℃	15～30s/kb	
最终延伸	72℃	1min	72℃	1min	1
	4℃	保持	4℃	保持	1

如果采用两步法的方案反应35个循环，则整个PCR反应时间约为25～30min。三步法的方案反应时间约为40min。实验过程中的注意事项如下：

① 反应中全血的终浓度建议为5%。一般来说，如果使用更高的血液百分比（>10%），则建议扩大反应体积（最多50μL），以及增加 $MgCl_2$ 至终浓度为4.5mmol/L。

② 对于组织样品来说，最好选用50μL体系。对于小体积的反应、难扩增的片段，可以选用稀释缓冲液。取一小块组织，放入稀释缓冲液中，通过涡旋混合。再加入0.5μL的DNA Release添加剂，振荡混匀后室温静置2min，98℃加热2min。离心取上清，20μL反应体系里一般用1μL上清作为模板即可。上清可以冻存于－20℃。

③ Phusion系列的Direct PCR Master Mix的PCR产物为平末端，不可用于TA连接反应。退火温度有别于*Taq*酶。推荐引物大于20bp使用 T_m＋3℃为退火温度，小于20bp时使用 T_m 作为退火温度。对于 T_m 值较高的引物，推荐直接使用两步法。

④ 按表14-4的体系，Mg^{2+} 的浓度为3.0mmol/L，这对于大多数PCR反应是最佳浓度，提高 Mg^{2+} 能一定程度增加PCR反应的灵敏度，但过量的 $MgCl_2$ 可能导致假阳性的PCR产物。通过加入螯合剂EDTA可以降低 Mg^{2+} 浓度，提高反应特异性，通常，加入0.5～1.0μL的50mmol/L EDTA至20μL反应足以消除非特异性。DMSO可改善富含GC的模板的PCR结果，建议使用量为1%～5%DMSO。注意，如果使用高DMSO浓度，则退火温度必须减少，10%的DMSO会使退火温度降低5.5～6.0℃。其他PCR添加剂，如甲酰胺、甘油和甜菜碱也与试剂盒提供的聚合酶兼容。已有研究表明，在一定浓度范围内PCR添加剂对PCR反应起增效作用，但超过该范围则会对PCR反应起抑制作用[24-26]。因此，需要根据不同的反应条件选择合适的PCR添加剂，并对其浓度等进行相应调整和优化。

2. 快速PCR

以TaKaRa的SpeedSTAR^{TM} HS DNA Polymerase为例，简要介绍快速PCR的实验方案。该试剂盒提供了两种缓冲液Fast Buffer Ⅰ和Fast Buffer Ⅱ，对于小于

2kbp 的片段，选择 Buffer Ⅰ；2～4kbp 的片段二者均可；大于 4kbp 的片段推荐使用 Buffer Ⅱ。

PCR 反应体系和反应条件如表 14-6、表 14-7 所示。

表 14-6　快速 PCR 反应体系

组分	50μL 体系	终浓度
SpeedSTAR HS DNA Polymerase(5U/μL)	0.25μL	1.25U/50μL
dNTP Mixture(各 2.5mmol/L)	4μL	200μmoL/L
10×Fast Buffer Ⅰ或Ⅱ	5μL	1×
上游引物	2.5μL	0.5μmol/L
下游引物	2.5μL	0.5μmol/L
模板	2.5μL	＜500ng
H_2O	17.5μL	—

表 14-7　血液直接 PCR 反应条件

循环步骤	两步法		三步法		循环数
	温度	时间	温度	时间	
预变性	94℃	1min	94℃	1min	1
变性	95℃	5s	98℃	5s	
退火	—	—	55℃	10～15s	30
延伸	65℃	10s/kb	72℃	5～10s/kb	
结束	4℃	保持	4℃	保持	1

对两步法和三步法 PCR SpeedSTAR HS DNA Polymerase 均适用。对于快速 PCR，请尝试首先采用两步法。当使用短引物时，推荐采用三步法。对于 2kb 左右的目标片段，一般可以在 30min 内完成 PCR 反应。实验过程中的注意事项如下。

① SpeedSTAR HS DNA 聚合酶利用单克隆抗体介导的热启动制剂，从而防止非特异性扩增。因此该试剂盒可以在常温下配制反应体系。并且推荐使用 1min 左右的预变性，使单克隆抗体变性，激活聚合酶活性。在一些实验中，预变性的步骤也可省略。

② 用 SpeedSTAR HS DNA 聚合酶扩增的大多数 PCR 产物在 3′端具有单个 A 的末端。因此，PCR 产物可直接用于连接 T 载体克隆。

③ 上游和下游引物的 T_m 值应该尽量相同。引物 GC 含量应该是 40%～60%。在每个引物中 GC 残留应均匀分布。3′末端不应该富含 GC。

④ 对于长片段的放大，建议使用更长的延伸时间。但在某些情况下，使用 SpeedSTAR 聚合酶进行长时间扩增可能会导致扩增产物出现涂抹样电泳条带。

四、应用

快速 PCR 技术不仅可使样品在有限的时间内尽快得到扩增，而且可以显著增加可检测的样品数量，在法医学检验[32]、病原体检测[33,34]、临床诊断[35]、动植物 DNA 鉴定[36] 等领域应用广泛。例如，快速 PCR 在临床检测中可大大加快疾病的诊断效率；在生物恐怖袭击时能有效帮助快速鉴定可疑物中有害生物的存在与否；同时，由于 PCR 已经渗入到现代生物学研究的各个方面，快速 PCR 的实现必然可以使许多科学研究工作的进展显著加快。

在病原体检测中，快速 PCR 的应用非常广泛。例如，谈忠鸣等[37] 建立了可同时检测猪链球菌 2 型 5 种特异基因的快速 PCR 方法，使用扩增速度较快的 GeneAmp™ Fast PCR Master Mix 进行扩增，采用两步法，退火/延伸 59℃，17s，共 35 个循环。将模板梯度稀释，并与普通 PCR 方法对比，结果显示，普通方法检测最低浓度为 10^{-3}，快速 PCR 方法可达 10^{-4}。该方案在普通 PCR 仪运行，耗时约 35min，即可完成猪链球菌 2 型的 5 种特异和毒力基因扩增。如果配合 AB 公司的 9800 Fast Thermal Cycler PCR 仪，可将时间缩短至 25min。

在临床诊断方面，快速 PCR 技术也大有用武之地。例如，N. Awad 等[38] 利用直接 PCR-RFLP 技术，分析了磷酸酶 1 调节亚基 1B（PPP1R1B）基因与孤独症发病的关系，采用 Phusion Blood Direct PCR kit 试剂盒，仅利用 1μL 全血，即可得到理想的扩增结果。吴丽娟等[39] 评价了抗酸染色法、抗体测定法、PCR-杂交法在临床结核病快速诊断中的作用与地位，认为 PCR-杂交法方法先进，操作简便迅速，结果可靠，是值得推广的临床结核病快速诊断技术。实验采用 DNA 提取液，与痰液、尿液、脑脊液、穿刺液混匀后煮沸 15min，12000r/min 离心 5min，取上清用于 PCR 反应。对肺结核病的诊断往往需培养到病原菌才能确定诊断，这是由于痰涂片和结核杆菌培养的阳性率均很低，而且培养要花 3～8 周才得结果，还经常因污染而失败。由于人群广泛接种卡介苗等原因，传统基于抗体的诊断也常有大量假阳性的结果。因此，结核分枝杆菌的核酸诊断越来越成为主流。结核分枝杆菌极易通过空气传播，医务人员在处理痰液提取核酸过程中面临较大的暴露风险，所以直接以痰液为模板，全封闭的反应体系越来越受到欢迎。美国 Cepheid 公司研发了 GeneXpert 检测系统（简称 Xpert），系统将样品制备和定量 PCR 过程整合在一个封闭试剂盒中并自动完成，能够自动完成样品制备、核酸纯化浓缩、定量 PCR 扩增检测，并输出分析结果，整个过程手工操作不到一分钟，基于 GeneXpert 平台的结核分枝杆菌及利福平耐药检测仅需 2h 即可从原始标本获得结果，而其它如检测艰难梭菌平均仅需 1h。传统的荧光定量 PCR 检测方法则需要至少 4h 以上的时间。Xpert MTB/RIF（结核分枝杆菌快速检测及利福平耐药诊断）被 WHO（世界卫生组织）推荐为建议使用的创新技术，指出 Xpert® MTB/RIF 的问世对活动期肺结核的诊治具有里程碑式的意义。

五、小结

PCR 技术作为分子生物学领域最广泛应用的技术之一，目前仍然在被研究者不断完善和发展。实现快速 PCR 的方法有很多，在实践中将它们有机地结合起来，必将实现更高的实验效率。如刘琳等[40] 使用 SpeedSTAR HS DNA Polymerase 快速聚合酶和 SpeedCycler2 快速 PCR 仪，优化了反应缓冲体系、退火温度和反应循环数，19min 内完成了包含 19 个 STR 位点的多重 PCR，效率得到了极大提升。然而在实验过程中，也不能单纯追求 PCR 反应的快速，应根据实际情况在 PCR 反应的灵敏度、特异性和扩增效率之间进行取舍和平衡。

此外，除了在传统 PCR 基础上实现的快速 PCR 以外，结合新的 PCR 技术，可以更好地实现“快速”的目标。比如，荧光定量 PCR 可以实时观察 PCR 反应的结果，省去了电泳检测等步骤；恒温 PCR 省去升降温的环节，速度更快也更便捷；PCR 芯片可以实现高通量，在反应速度和工作效率上有无可比拟的优势。这些 PCR 技术在本书的其它章节也均有介绍。

第七节　稀有限制性位点 PCR

一、引言

分子分型技术是研究人类、动物和植物流行病学非常重要的工具。限制性片段长度多态性分析在分子分型方面一直处于不可替代的地位。然而，许多微生物基因组产生的限制性酶切片段既大又多，很难进行合适的比较。Southern 杂交需要制备序列特异的探针，其应用范围也受到了限制。用稀有位点的限制性内切酶消化基因组 DNA，并用脉冲场电泳（PFGE）进行检测得到了不错的结果，但需要大量的高质量基因组 DNA，并且费时费力。而 AP-PCR（arbitrarily primed PCR）、rep-PCR（repetitive extragenic palindromic PCR）和 ERIC-PCR（enterobacterial repetitive intergenic consensus PCR）技术对实验条件比较敏感，重复性较差，并且很难进行标准化。

稀有限制性位点 PCR（infrequent-restriction-site PCR，IRS-PCR）是 1996 年由美国亚特兰大疾病预防控制中心 Mazurek 等[41] 建立的一种新型分子分型技术。因其 PCR 产物的两侧为稀有限制性位点的 DNA 序列而称此 PCR 方法为稀有限制性位点 PCR。此方法的关键特征是利用了基因组中限制性酶切位点的多少选择性地扩增 DNA 片段。此 PCR 技术自建立以来，因其独特的优点备受青睐，并得到了迅速的发展。

二、原理

IRS-PCR 的基本策略见图 14-11。一般来讲，IRS-PCR 的模板是用两种限制性内切酶消化的基因组 DNA，一种限制性内切酶在基因组中具有稀少的酶切位点（例如 *Xba* Ⅰ，其识别序列为 T/CTAGA），另一种限制性内切酶在基因组中酶切位点较多（例如 *Hha* Ⅰ，其识别序列为 GCG/C）。基因组消化的过程见图 14-11(a) ①。用两种酶消化的基因组 DNA 产生了具有黏性末端的限制性片段，在这些黏性末端通过连接反应连接上双链接头 AX 和 AH。接头（AX 和 AH）和引物（AH1、PX、PX-G、PX-C、PX-T、PX-A）的组成和序列见表 14-8。连接的过程见图 14-11(a) ②。两种接头都是由长短两个寡核苷酸链组成，在较低的温度退火结合在一起形成双链，结合在一起的双链可以有效地进行连接反应；在较高的温度下长短两个寡核苷酸链也可以变性分离形成单链。短寡核苷酸链（AH2 或 AX2）连接到限制性片段上后，将无法再参与 PCR。只有长寡核苷酸链（AH1 或 AX1）参与 PCR。在 *Hha* Ⅰ 接头 AH 中长寡核苷酸链 AH1 连接到 *Hha* Ⅰ 酶切产生的限制性片段 5′凹陷端。*Xba* Ⅰ 接头 AX 中的长寡核苷酸链 AX1 磷酸化后连接到 *Xba* Ⅰ 酶切产生的限制性片段 3′凹陷端，而 AX 中的短寡核苷酸链 AX2 没有磷酸化，所以 AX2 不参与连接。连接好的片段就可以作为模板进行 PCR 了。在 PCR 反应中，只有少数连接有 *Xba* Ⅰ 接头的片段才可与引物 PX 结合。由 PX 引物进行的单链延伸也就产生了引物 AH1 的结合序列，这样就可特异性地扩增 *Xba* Ⅰ-*Hha* Ⅰ 片段。PCR 扩增的整个过程见图 14-11(a) ③～⑥。两端只有 *Hha* Ⅰ 位点的片段是不能扩增的，因为不会产生 AH1 引物的结合序列。不扩增的原理见图 14-11(b)。需要指出的是，引物 PX 是接头寡核苷酸 AX1 的反向互补序列并在 3′端另加一碱基 A 得到的。在 3′端加一碱基 A 的目的是防止引物 PX 与在连接反应中可能形成的接头引物二聚体的结合。为了增加 PCR 的特异性，可以合成另外 4 种引物（PX-G、PX-C、PX-T、PX-A），每一种引物均在 3′端分别再加一个碱基（G、C、T、A）。这样，每一种引物都可特异性地扩增出 *Xba* Ⅰ-*Hha* Ⅰ片段混合物中的特异片段，此特异片段根据 *Xba* Ⅰ位点下一个碱基的不同而不同。

表 14-8　接头和引物的组成和序列

名称	序　列
AH1	5′-AGA ACT GAC CTC GAC TCG CAC G-3′
AH2	5′-TGC GAG T-3′
AX1	5′-PO_4-CTA GTA CTG GCA GAC TCT-3′
AX2	5′-GCC AGT A-3′
PX	5′-AGA GTC TGC CAG TAC TAG A-3′
PX-G	5′-AGA GTC TGC CAG TAC TAG AG-3′
PX-C	5′-AGA GTC TGC CAG TAC TAG AC-3′
PX-T	5′-AGA GTC TGC CAG TAC TAG AT-3′
PX-A	5′-AGA GTC TGC CAG TAC TAG AA-3′

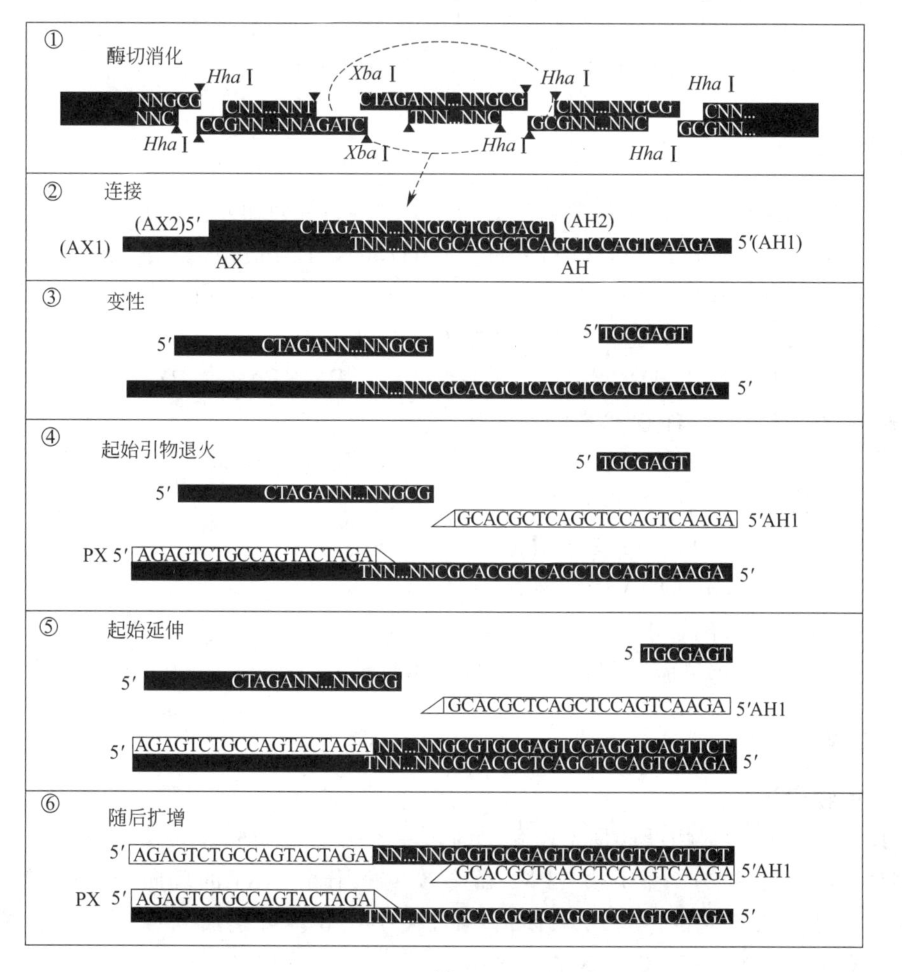

(a)

图 14-11

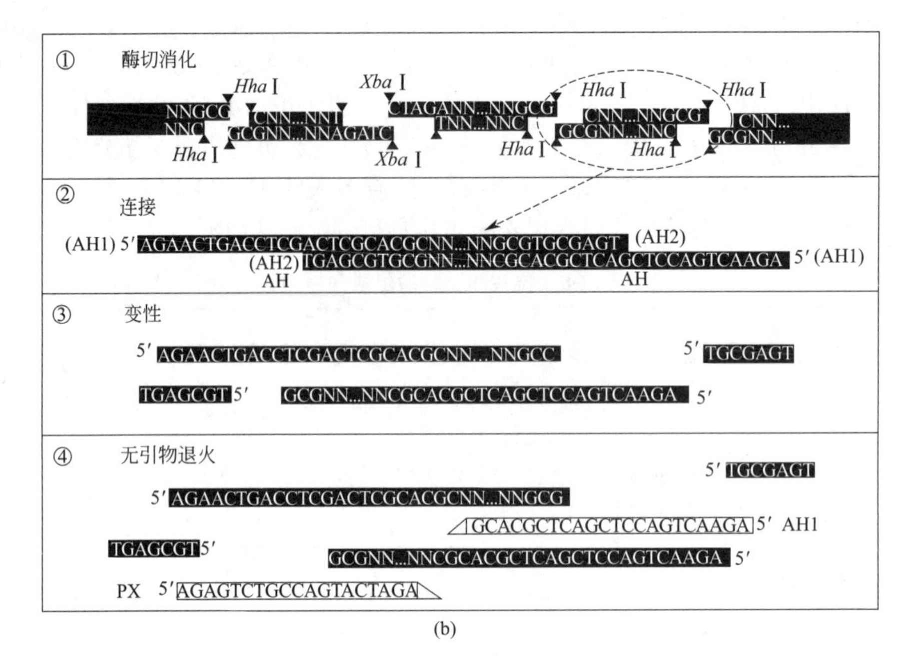

(b)

图 14-11 IRS-PCR 基本策略示意图

三、材料

① 基因组 DNA 或微生物裂解粗提物（见“五、注意事项”①）。

② TE 缓冲液：10mmol/L Tris-HCl（pH7.6），1mmol/L EDTA。

③ 限制性核酸内切酶 *Hha* Ⅰ 和 *Xba* Ⅰ（见“五、注意事项”②）。

④ T4 DNA 连接酶及其 10×缓冲液（含 ATP）。

⑤ 接头和引物：AH1、AH2、AX1、AX2、PX、PX-G、PX-C、PX-T、PX-A（见表 14-8，见“五、注意事项”③）。

⑥ 10 × PCR 缓冲液：100mmol/L Tris-HCl（pH8.3），500mmol/L KCl，15mmol/L $MgCl_2$，0.01%白明胶。

⑦ dNTPs：每种 dNTP 2.5mmol/L。

⑧ 0.25U 的 *Taq* DNA 聚合酶。

⑨ 高压灭菌去离子水。

⑩ 6.5%聚丙烯酰胺凝胶和 1×TBE 缓冲液。

四、方法

1. 引物设计

IRS-PCR 中的引物设计是比较固定的，一条引物是 *Hha* Ⅰ 接头中长寡核苷酸链的序列，即 AH1；另一条引物（PX）是接头寡核苷酸 AX1 的反向互补序列并在 3′端另加一碱基 A 得到的序列。另外可以在 PX 引物 3′端分别加上 G、C、T、A 分别得到 PX-G、PX-C、PX-T、PX-A 4 种引物。

2. 模板的制备

① 取 2.5μL 基因组 DNA 或微生物裂解粗提物，用 10U 的限制性内切酶 *Hha* Ⅰ

和 *Xba* Ⅰ 37℃消化 1h。

② 取 400U T4 DNA 连接酶、12.6pmol ATP、0.75μL 10×连接缓冲液、20pmol AX、20pmol AH 混合在一起，加水至 20μL，16℃连接 1h。

③ 65℃水浴 20min 灭活 T4 DNA 连接酶。

④ 用 5U *Xba* Ⅰ 和 5U *Hha* Ⅰ 37℃消化 15min（见“五、注意事项”④）。

3. 反应体系

标准的 PCR 反应体系：

0.5μL	DNA 模板（2～100ng）
5.0μL	200μmol/L 引物 AH
5.0μL	200μmol/L 引物 PX（见“五、注意事项”⑤）
5.0μL	10×PCR 缓冲液
8.0μL	2.5mmol/L 4 种 dNTP 混合液
0.25μL	*Taq* 聚合酶（1U/μL）
21.25μL	dH_2O
50μL	总体积

4. 反应参数

94℃预变性 5min；94℃ 30s，60℃ 30s，72℃ 90s，30 个循环（见“五、注意事项”⑥）。

5. 扩增产物的检测

① 取 18μL PCR 产品进行聚丙烯酰胺凝胶电泳（6.5%），200V 电泳 2h。

② 用 0.5μg/mL 的溴化乙锭染色 10min。

③ 用灭菌水脱色 25min。

④ 紫外灯下检查电泳条带。

五、注意事项

① 因 IRS-PCR 比较敏感，微量的靶 DNA 已足够用来 PCR 检测，细菌的裂解粗提物可以直接用来作为最初的模板进行酶切消化。

② 用什么样的限制性核酸内切酶来酶切基因组 DNA 取决于该生物基因组中哪种内切酶的限制性位点较多或哪种酶的限制性位点稀少。有人在不同生物中试验了不同的限制性核酸内切酶（包括 *Eag* Ⅰ-*Hha* Ⅰ、*Sma* Ⅰ-*Hha* Ⅰ、*Pst* Ⅰ-*Xba* Ⅰ、*Pst* Ⅰ-*Sal* Ⅰ）[42-45]，均获得了成功。

③ AX1 中 5′端具有磷酸基团，主要是用来与 3′端 DNA 连接；PX-G、PX-C、PX-T、PX-A 4 种引物主要用于更进一步地进行特异电泳谱带分析。

④ 连接反应结束后的再次酶切非常重要，因为在接头连接反应中重新形成了两种限制性内切酶的限制性位点序列，这种重新形成的限制性位点序列将严重影响下面的 PCR 反应。因此，必须进行酶切消化以去除新形成的限制性位点。

⑤ PX 引物可以更换为 PX-G、PX-C、PX-T、PX-A 4 种引物中的任一引物。

⑥ 退火温度的范围可以从 45～65℃，实验证实此温度范围对 PCR 的结果没有影响[41]，但选择最佳的退火温度可以使电泳图谱更为美观。另外需要说明的是，反应条件要根据不同的 PCR 仪有所改变，此反应条件是针对 GeneAmp PCR System 9600 得到的。

六、应用

IRS-PCR 方法主要用于微生物的分子分型和流行病调查中物种种属鉴定。

Mazurek 等[41] 建立的 IRS-PCR 最先应用于微生物 DNA 的指纹分型。对 32 株乌胞内分枝杆菌的指纹分析发现，同一病人不同器官分离到的菌株具有完全相同的电泳模式，不同病人分离到的菌株具有不同的电泳模式。对 4 株绿脓杆菌和 4 株金黄色葡萄球菌的指纹检测得到了相同的结论。

在对 1996 年 12 月至 1997 年 5 月期间由鲍氏不动杆菌引起的流行病调查中[46]，发现用 IRS-PCR 检测的所有与流行相关的菌株基因分型都是一致的。在对 1998 年 7 月至 2000 年 2 月期间由鲍氏不动杆菌引起的流行病调查[47] 中，48%的分离株为一主要的类型，显示是由一株耐药的鲍氏不动杆菌引起的暴发流行，与以前的流行相比，不是同一菌株引起的。另外，也对 1996 年 5 月至 9 月引起假流行病的黏质沙雷菌进行了基因分型，共发现了两种类型的黏质沙雷菌，其中一种类型占 93.8%[46]。在我国台湾，对 1998～2002 年流行期间分离的 138 株黏质沙雷菌进行 IRS-PCR 和 PFGE 分析，共鉴定出 12 种基因类型，其中有两种主要的基因型占 82.8%，都是来源于医院，并且其中 63.9%来自神经科病房[50]。

20 世纪 90 年代以来，已经从各种海洋哺乳动物身上分离到多种布鲁菌，并显示出可能的致病特性。这些布鲁菌与陆地哺乳动物身上分离到的布鲁菌相比具有不同的表型特征和分子特征。根据基因组中 *omp2* 位点的 DNA 多态性和宿主优先的特征，命名了从鲸类分离的布鲁菌为 *Brucella cetaceae*，从鳍足类分离的布鲁菌为 *Brucella pinnipediae*。Cloeckaert 等[44] 用 IRS-PCR 技术对海洋和陆地两类哺乳动物身上分离到的布鲁菌进行了基因指纹分型，发现海洋哺乳动物身上分离到的布鲁菌基因组中具有更多的插入成分 *IS*711，同时也为从鲸类和鳍足类分离到的布鲁菌分类提供了新的依据。

有人通过稀有限制性酶消化及脉冲场凝胶电泳（PFGE）和 IRS-PCR 两种方法检测了 24 株嗜肺性军团杆菌 1 型的指纹图谱变化，两种方法具有相似的区分率，均从 24 株嗜肺性军团杆菌区分出 23 株不同的电泳模式。但 IRS-PCR 方法重复性可达到 100%，区分指数≥0.996。对于嗜肺性军团杆菌来讲，IRS-PCR 是一个快速、敏感、易于操作的强有力的基因分型工具[42]。

Franciosa 等[43] 应用任意引物 PCR（AP-PCR）、PCR-ribotyping 和 IRS-PCR 三种技术对在意大利不同时期暴发的三次李斯特菌流行病进行了检测。为了区分三种技术的辨别力，测定了三种技术的 Simpson 多样性指数，PCR-ribotyping 为 0.714，AP-PCR 为 0.690，IRS-PCR 为 0.919。IRS-PCR 可以从侵袭性李斯特菌流行病来源的病原菌中分出三类单核细胞增生李斯特菌菌群，而另两种方法只能分出两类菌群，只有 IRS-PCR 技术成功地从侵袭性李斯特菌流行病来源的病原菌中分型出不具有侵袭性的李斯特菌的指纹特征。

另外，此技术已经广泛应用于巴尔通体[45]、肠炎沙门菌[48,51]、肺炎荚膜杆菌[49]、结核分枝杆菌[52] 和脓肿分枝杆菌[53] 等微生物的基因分型研究中，得到了更多科学家的认可和好评。

七、小结

IRS-PCR 技术是迅速发展起来的一种新型基因分型技术，自建立以来，已经广泛地应用于多种微生物的分子分型，显示了其良好的应用前景。Struelens等[54]通过对各种用于流行病学调查的分子分型方法进行比较，认为IRS-PCR方法是一个很有前途的分子分型方法。此方法的优点是操作简单、快速、灵敏、重复性好、分辨率高。但有时对一些较为特殊的微生物也出现了分辨率不高的缺点。当然，这一缺点不会限制IRS-PCR的应用，相信通过各种优化可以解决这一缺点。

参考文献

[1] 杨天文，胡孝素.杜氏利什曼原虫特异性kDNA片段扩增及用于内脏利什曼病诊断的研究.寄生虫病与感染性疾病，1993，3.

[2] 张仁刚，张洁，敬保迁.不同种（株）利什曼原虫毒力相关基因的表达差异.中国寄生虫学与寄生虫病杂志，2009，27（4）.

[3] Lermo A，Zacco E，Barak J，et al. Towards Q-PCR of pathogenic bacteria with improved electrochemical double-tagged genosensing detection. Biosensors & Bioelectronics，2008，23（12）：1805-1811.

[4] Don R H，Cox P T，Wainwright B J，et al. Touchdown PCR to circumvent spurious priming during gene amplification. Nucleic Acids Res，1991，19：4008.

[5] Hecker，K H，Roux K H. High and low annealing temperatures increase both specificity and yield in touchdown and stepdown PCR. BioTechniques，1996，20：478-485.

[6] Larsen H H，Masur H，Kovacs J A，et al. Development and evaluation of a quantitive，touch-down，real-time PCR assay for diagnostic *Pneumocystis carnii* pneumonia. J Clin Micro，2002，40：490-494.

[7] Larsen H H，Kovacs J A，Stock F，et al. Development of a rapid real-time PCR assay for quantitation of *Pneumocystis carinii* f. Sp Carnii J Clin Micro，2002，40：2989-2993.

[8] Seoh M L，Wong S K，Zhang L. Simultaneous TD/RT-PCR detection of cymbidium mosaic potexvirus and odotoglossum ringspot tobamovirus with a single pair of primers. J Virol Methods，1998，72：197-204.

[9] Apfalter P，Barousch W，Nehr M，et al. Comparison of a new quantitative ompA-Based real-Time PCR TaqMan assay for detection of chlamydia pneumoniae DNA in respiratory specimens with four conventional PCR Assays. J Clin Microbiol，2003，41（2）：592-600.

[10] Kuoppa Y，Boman J，Scott L，et al. Quantitative detection of respiratory *Chlamydia pneumoniae* infection by real-time PCR. J Clin Microbiol，2002，40（6）：2273-2274.

[11] Rose P，Harkin J M，Hickey W J. Competitive touchdown PCR for estimation of *Escherichia coli* DNA recovery in soil DNA extraction. J Micro Methods，2003，52：29-38.

[12] Yu Z，Martin V J，Mohn W W. Occurrence of two resin acid-degrading bacteria and a gene encoding resin acid biodegradation in pulp and paper mill effluent biotreatment systems Assayed by PCR. Microb Ecol，1999，38（2）：114-125.

[13] 张守印，郭学青，李振年，等.16S rRNA基因克隆文库用于菌群分析的效能研究和评价.第三军医大学学报，2008，16：1549-1552.

[14] Amann R，Ludwig W，Schleifer K H. Phylogenetic Identification and In Situ Detection of Individual Microbial Cells without Cultivation. Microbiological Reviews，1995：143-169.

[15] Li M，Zhou H K，Hua W，et al. Molecular diversity of Bacteroides spp. In human fecal microbiota as determined by group-specific 16S rRNA gene clone libraryanalysis. Systematic and Applied Microbiology，2009，32：193-200.

[16] Bosshard P P，Zbinden R，Abelo S，et al. 16S rRNA Gene Sequencing versus the API 20 NE System and VITEK 2 ID-GNB Card for Identification of Nonfermenting Gram-Negative Bacteria in the Clinical Laboratory. Journal of Clinical Microbiology Apr，2006：1359-1366.

[17] Hutson R A，Thompson D E，Lawson R A，et al. Genetic interrelationships of proteolytic Clostridium botulinum types A，B，and F and other members of the *Clostridium botulinum* complex as revealed by small-subunit rRNA gene sequences. Antonie van Leeuwenhoek，1993，64：273-283.

[18] C. W. 迪芬巴赫，G. S. 德维克斯勒. PCR技术实验指南. 黄培堂，俞炜源，陈添弥，等译. 北京：科

学出版社，1998：445-487.

[19] Barany F，Gelfand D H. Cloning over-expression and nucleotide sequence of a thermostable DNA ligase-encoding gene. Gene，1991，109：1-11.

[20] Gauthier A M，Turmel C Lemieux. Mapping of chloroplast mutations conferring resistance to antibiotics in chlamydomonas：Evidence for a novel site of streptomycin resistance in the small subuit ribosomal RNA. Mol gen genet，1988，214：192-197.

[21] Prezant TR，Agapian JV，Bohlman MC，et al. Mitochondrial ribosomal RNA mutation associated with both antibiotic-induced and non-syndromic deafness. Nat Genet，1993，4（3）：289-294.

[22] 张丽珊，严明，王为未，等. 应用LCR技术检测氨基糖甙类抗生素致聋家系线粒体基因的突变. 南京铁道医学院学报，1999，18（3）：191.

[23] Wheele E K，Hara C A，Frank J，et al. Under-three minute PCR：probing the limits of fast amplification. Analyst，2011（18）：3707.

[24] Chevet E，Lemaître G，Katinka M D. Low concentrations of tetramethylammonium chloride increase yield and specificity of PCR. Nucleic Acids Research，1995，23（16）：3343-3344.

[25] 邢玉华，戴素琴，刘体颜，等. 高GC含量DNA模板的PCR扩增. 生物技术通讯，2013（5）：645-649.

[26] Rees W A，Yager T D，Korle J，et al. Betaine can eliminate the base pair composition dependence of DNA melting. Biochemistry，1993，32（1）：137-144.

[27] Wang Y，Prosen D E，Li M，et al. A novel strategy to engineer DNA polymerases for enhanced processivity and improved performance *in vitro*. Nucleic Acids Research，2004. 32（3）：1197.

[28] Slesarev A I，Stetter K O，Lake J A，et al. DNA topoisomerase V is a relative of eukaryotic topoisomerase I from a hyperthermophilic prokaryote. Nature，1993. 364（6439）：735-737.

[29] Vega M D，Lázaro J M，Salas M，Improvement of ϕ29 DNA Polymerase Amplification Performance by Fusion of DNA Binding Motifs. Proceedings of the National Academy of Sciences of the United States of America，2010. 107（38）：16506-16511.

[30] Reha-Krantz L J，Woodgate S，Goodman M F. Engineering processive DNA polymerases with maximum benefit at minimum cost. Frontiers in Microbiology，2014. 5：380.

[31] Böhlke K，Pisani F M，Vorgias C E，et al. PCR performance of the B-type DNA polymerase from the thermophilic euryarchaeon *Thermococcus aggregans* improved by mutations in the Y-GG/A motif. Nucleic Acids Research，2000，28（20）：3910.

[32] 韩俊萍，李洋，马原，等. 快速PCR方法在法医DNA检验中的研究进展. 生命科学研究，2017（5）：442-449.

[33] Gaydos C A，Van D P B，Jett-Goheen M，et al. Performance of the Cepheid CT/NG Xpert Rapid PCR Test for Detection of *Chlamydia trachomatis* and *Neisseria gonorrhoeae*. Journal of Clinical Microbiology，2013. 51（6）：1666-1672.

[34] 李振军，侯雪新，孙渭歌，等. 布鲁氏菌种及种内部分生物型快速PCR鉴定方法的建立及应用研究. 中华微生物学和免疫学杂志，2013. 33（2）：133-137.

[35] Cunningham S A，Mandrekar J N，Rosenblatt J E，et al. Rapid PCR Detection of *Mycoplasma hominis*，*Ureaplasma urealyticum*，and *Ureaplasma parvum*. International journal of bacteriology，2013. 2013（2013）：168742.

[36] 赵成萍，袁建琴，唐中伟，等. 转基因棉籽DNA提取纯化及快速PCR检测研究. 现代农业科技，2011（3）：32-32，35.

[37] 谈忠鸣，鲍昌俊，潘红星，等. 快速PCR检测猪链球菌2型方法的研究及应用. 江苏预防医学，2012. 23（6）：9-11.

[38] Awad N S，El-Tarras A E. Genetic Analysis of Protein Phosphatase 1 Regulatory Subunit 1B（PPP1R1B）Gene among Autistic Patients. Australian Journal of Basic & Applied Sciences，2011. 5（6）：1-5.

[39] 吴丽娟，胡安根. 结核杆菌快速诊断方法的临床应用研究. 第三军医大学学报，2001. 23（11）：1337-1314.

[40] 刘琳，项林平，胡志敏，等. 快速PCR扩增体系的建立及法医学应用. 中国法医学杂志，2015. 30（1）：32-35.

[41] Mazurek G H, Reddy V, Marston B J, et al. DNA fingerprinting by infrequent-restriction-site amplification. J Clin Microbiol, 1996, 34 (10): 2386-2390.

[42] Riffard S, Presti F L, Vandenesch F, et al. Comparative analysis of infrequent-restriction-site PCR and pulsed-field gel electrophoresis for epidemiological typing of *Legionella pneumophila* serogroup 1 strains. J Clin Microbiol, 1998, 36 (1): 161-167.

[43] Franciosa G, Tartaro S, Wedell-neergaard C, et al. Characterization of *Listeria monocytogenes* strains involved in invasive and noninvasive listeriosis outbreaks by PCR-based fingerprinting techniques. Applied and Environmental Microbiology, 2001, 67 (4): 1793-1799.

[44] Cloeckaert A, Grayon M, Grepinet O, et al. Classification of *Brucella* strains isolated from marine mammals by infrequent restriction site-PCR and development of specific PCR identification tests. Microbes and Infection, 2003, 5: 593-602.

[45] Handley S A, Regnery R L. Differentiation of pathogenic *Bartonella* species by infrequent restriction site PCR. J Clin Microbiol, 2000, 38 (8): 3010-3015.

[46] Yoo J H, Choi J H, Shin W S, et al. Application of infrequent-restriction-site PCR to clinical isolates of *Acinetobacter baumannii* and *Serratia marcescens*. J Clin Microbiol, 1999, 37 (10): 3108-3112.

[47] Wu T L, Su L H, Leu H S, et al. Molecular epidemiology of nosocomial infection associated with multi-resistant *Acinetobacter baumannii* by infrequent-restriction-site PCR. J Hosp Infec, 2002, 51 (1): 27-32.

[48] Garaizar J, Lopez-Molina N, Laconcha I, et al. Suitability of PCR fingerprinting, infrequent-restriction-site PCR, and pulsed-field gel electrophoresis, combined with computerized gel analysis, in library typing of *Samonella enterica* serovar *enteritidis*. Appl Environ Microbiol, 2000, 66 (12): 5273-5281.

[49] Su L H, Leu H S, Chiu Y P, et al. Molecular investigation of two clusters of hospital-acquired bacteraemia caused by multi-resistant *Klebsiella pneumoniae* using pulsed-field gel electrophoresis and infrequent restriction site PCR. Infection Control Group. J Hosp Infec, 2000, 46 (2): 110-117.

[50] Su L H, Ou J T, Leu H S, et al. Extended epidemic of nosocomial urinary tract infections caused by *Serratia marcescens*. J Clin Microbiol, 2003, 41 (10): 4726-4732.

[51] Su L H, Chiu C H, Wu T L, et al. Molecular epidemiology of *Salmonella enterica serovar Enteritidis* isolated in Taiwan. Microbiol Immunol, 2002, 46 (12): 833-840.

[52] Choi T Y, Kang J O. Application of infrequent-restriction-site amplification for genotyping of *Mycobacterium tuberculosis* and non-tuberculous mycobacterium. J Korean Med Sci, 2002, 17 (5): 593-598.

[53] Su L H, Chia J H, Leu H S, et al. DNA polymorphism of *Mycobacterium abscessus* analyzed by infrequent-restriction-site polymerase chain reaction. Changgeng Yi Xue Za Zhi, 2000, 23 (8): 467-475.

[54] Struelens M J, De Gheldre Y, Deplano A. Comparative and library epidemiological typing systems: outbreak investigations versus surveillance systems. Infect Control Hosp Epidemiol, 1998, 19 (8): 565-569.

第十五章 PCR在法医学中的应用

人类基因组中，DNA特别是非编码DNA有着丰富的多态性。基于这种多态性的DNA分型技术是人类遗传学研究的重要手段，在人类遗传进化研究、连锁群作图、遗传病基因位点的定位、亲子鉴定以及法医学的个体识别鉴定上有着广泛的用途。

最早发现的DNA多态性是单碱基变化所造成的限制性片段长度多态性（restriction fragment length polymorphism，RFLP），这被称为第一代遗传标记，利用这种多态性建立了限制性片段长度多态性分析，可确定整个基因组中约10万个以上的位点，但是，由于RFLP在人类基因组中分布不均匀、多态性位点少、多态信息量低以及检测方法繁琐，目前在法医学中很少使用。随后研究发现在人类基因组中存在2种高度可变的重复区域，分别含有7～70bp和2～7bp长度的重复串联的核心序列，分别被称为小卫星和微卫星序列，它们被称为第二代遗传标记。小卫星重复单元内还存在碱基序列的变异，以此为基础开发出了小卫星可变重复序列PCR（minisatellite variant repeat mapping by polymerase chain reaction，MVR-PCR），但是由于适合使用的小卫星位点较少，数据库不完善等原因，目前该方法在法医学中已经逐步被具有更好多态性的微卫星取代。微卫星，又称为短串联重复序列（short tandem repeat，STR），重复单元核心序列长度2～7bp，重复次数10～60次，片段长度在100～500bp之间，由于STR在各个染色体上分别比较均匀，位点较多，适合标准化和自动化，可用于进行实验室间的数据比较，目前已经成为法医学最常用的多态性位点，SRT-PCR技术在法医学中的应用已占主导地位。

随着人类基因组测序的完成，人们发现了第三代遗传标记：单核苷酸多态性（single nucleotide polymorphism，SNP），即指特定核苷酸位置上存在两种不同的碱基，每种基因型在群体分布频率不低于1%。由于其多态性存在于单个碱基上，PCR扩增产物长度能够大幅缩短，又因其具有分布广泛、突变率低等特点，SNP检测在降解检材的个人识别中逐渐引起法医学者的重视。但是，目前由于检测方法、数据库建立等尚不完善，SNP检测在法医学中只能作为辅助方法。相信随着SNP检测技术及数据库建立的进一步完善，SNP在法医学中将具有广阔的应用前景。

第一节 小卫星可变重复序列PCR

一、引言

1990年，Jeffreys等[1] 采用PCR方法分析一个小卫星DNA基因座中等位基因的变异时，发现在1号染色体长臂（1q42～43）的小卫星MS32即D1S8位点的等位基因内部含有碱基数目相同但序列不同的两种重复单位，其差别在于重复序列 3′端第二个碱基 G 突变为碱基 A，导致产生或消除 *Hae* Ⅲ的酶切位点。这两种类型的重复单位序列在 MS32 等位基因内部随机出现，表现出高度多态性。Jeffreys 等[1] 利用 PCR 技术分别扩增这两种重复单位，电泳分离并用数字编码其排列图谱，从而获得数字化的遗传信息。这种方法被称作数字编码的小卫星可变重复序列 PCR（minisatellite variant repeat mapping by polymerase chain reaction，MVR-PCR）。MVR-PCR 具有高灵敏度、高识别能力，尤其适合法医学中 DNA 多态性分析的需要。因此，这种技术一经出现，便受到法医界众多学者的充分重视[2]。

二、原理

以 Jeffreys 最初建立的 MS32 位点的 MVR-PCR 分析为例。MS32 位点由 29 个核苷酸的重复单位串联形成，重复单位有两种类型：a 型和 t 型。a 型含有 *Hae* Ⅲ酶切位点，t 型由于该酶切位点中的 G→A 的碱基突变而不能被 *Hae* Ⅲ切割。针对这些重复单位的特点，设计 4 种引物：①TAG-A，是自 *Hae* Ⅲ酶切点起与 a 型重复单位互补的寡核苷酸链，在 5′端又接上 1 段由 20 个核苷酸构成的不能与模板互补的 TAG 顺序，其作用是防止 MVR 的两种特异性引物在 PCR 产物内部引导扩增而产生进行性 PCR 产物的缩短；②TAG-T，它与引物 TAG-A 只相差 1 个碱基，是一段与 t 型重复单位互补的序列，也接上同样的 TAG 序列；③引物 TAG，它与 TAG-A 中的 TAG 顺序相同，只能与扩增后链中的 TAG 顺序退火（图 15-1）；④引物 32D 则选用小卫星 DNA 邻近的一段序列，其序列为 5′-CGACTCGCAGATGGAGCAATGGCC-3′，或选用与重复序列更加邻近的一段序列 32O，其序列为 5′-GAGTAGTTTGGTGGGAAGGGTGGT-3′[1]。

```
                    HaeⅢ
MS32重复单位  5'GGTACCAGGGGTGACTCAGAATGGAGCAGGY3'
    TAG-A         3'TGGTCCCCACTGAGTCTTACAGGCCTGGTACCTGCGTACT5'
    TAG-T         3'CGGTCCCCACTGAGTCTTACAGGCCTGGTACCTGCGTACT5'
                                                       TAG序列
```

图 15-1　TAG-A/TAG-T/TAG 引物序列

将样品分为 2 组：A 组和 T 组。加入 TAG 引物和 32D 引物后，分别加入 TAG-A 和 TAG-T 引物。TAG-A 和 TAG-T 作为下游引物单向扩增模板 DNA，获得带有 TAG 末端的扩增产物。32D 引物作为上游引物以带有 TAG 末端的扩增产物为模板进行 PCR 扩增产生带有 TAG 和 32D 末端的扩增产物。最后在 32D 和 TAG 引物作用下，扩增获得 A/T 型重复单位到 32D 区域的 PCR 产物群。具体见图 15-2。

当 A、T 两组 PCR 产物经电泳分离后，将结果叠加，根据 Jeffreys 的编码原则，MVR 图谱中表现出 3 种重复单位：a 型在 A 行中出现带（在高加索人群中占 72.9%）；t 型在 T 行中出现带（占 25.5%）；o 型在 A、T 行均无带。原因可能是重复单位内没有与 a 型或 t 型特异性引物相匹配的序列，这种概率很小，仅为 1.6%。样品基因组 DNA 的图谱是 A 行和 T 行谱带叠加的结果。根据叠加结果中带的强弱和有无分成 6 种等位基因，并分别用数字 1～6 来表示。纯合子中仅出现 1，2，6 三型。每个数字编码表示 1 个重复单元，含有相当丰富的信息量。

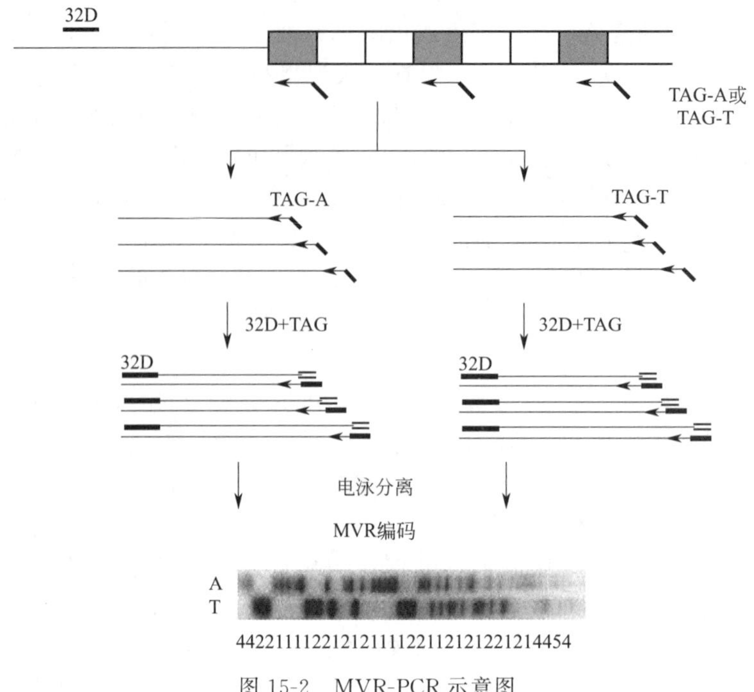

图 15-2　MVR-PCR 示意图

三、方法

（一） DNA 模板的制备

1. 样品来源

MVR-PCR 多应用于人类遗传学研究和法医学的 DNA 分析。其样品来源多样，一般用于人类遗传学分析的样品多为采集的血样；而进行法医学检定的样品则为与犯罪有关的人体组织、体液、分泌物、毛发、骨组织、精斑、唾液等物证。这些物证应依不同的种类和性质，按法医学标准程序提取、包装及保存。

2. DNA 提取方法的选择

选择何种基因组 DNA 提取方法应根据具体样品与 DNA 的后处理而定。最常用并且技术成熟的 DNA 提取方法是酚-氯仿抽提法，该方法对样品用蛋白酶 K 进行消化处理，用酚-氯仿反复抽提获得 DNA；此外还有使用 NP-40[3]、Triton X-100 的无酚提取法[4,5] 以及硅珠吸附法[3,6,7] 等。无论采用何种方法，均应简化操作步骤，缩短提取过程以减少 DNA 的降解，特别是对于毛发、精斑、血痕等样品量很少而且核酸极易降解的法医学检材。

在对法医学检定的样品进行 DNA 制备时，应根据不同样品的各自特点进行一些必要的预处理，以提高 DNA 的产率。同时也应注意对 DNA 进行纯化，以避免这些预处理对 PCR 反应可能的抑制作用，例如骨骼样品的核酸提取，在进行脱钙预处理后，可能会残留影响 PCR 反应的钙离子，应将制备的 DNA 进行纯化，或者在提取过程中将钙离子去除[8]。

DNA 提取也可直接使用现成的基因组 DNA 提取试剂盒，例如 QIAGEN 公司的 QIAamp® 基因组 DNA 提取试剂盒系列，该系列针对从临床样品如血液及相关产品、毛发、精液及各种组织中分离基因组DNA。使用试剂盒获得的基因组DNA量与纯度更高，并且操作方便快捷。

下面介绍最常用的酚-氯仿抽提法，其它的基因组提取方法，如甲酰胺解聚法[9]、异丙醇沉淀法[3]、Chelex100抽提法[10]、NP40裂解法、Triton X-100裂解抽提法、硅珠抽提法，可参看相应文献；各种基因组DNA提取试剂盒使用方法可参看相应试剂盒手册。

3. 酚-氯仿抽提法[3,11]

（1）样品的处理

① 组织：取1～20mg动物组织，去除结缔组织和残血后，移入预冷的研钵中，用力快速研磨成匀浆。如果是富含DNA酶的胰脏、脾脏，或者富含胶原蛋白的皮肤、肌腱等组织，以及坚硬的骨骼等，应在研磨中反复添加液氮，直至将组织研磨成粉末状。加入600μL细胞裂解缓冲液［10mmol/L Tris-HCl(pH8.0)，100mmol/L NaCl，1mmol/L EDTA(pH8.0)］，继续研磨1min，将组织匀浆转移到1.5mL离心管中。

注意：进行液氮操作时，需小心操作防止冻伤。如果处理的样品为有害生物材料，例如含有致病菌等，则应按相应等级生物安全操作规程进行，并对器械和废弃物进行处理。

② 细胞：收集5×10^6个数目的细胞，用PBS磷酸盐缓冲液或者生理盐水漂洗2次。用600μL细胞裂解缓冲液悬浮。

③ 血液：将1mL新鲜抗凝血，1300g离心15min，弃上清（血浆），将淡黄色下层小心移至新的离心管中，加双蒸水洗细胞2次，弃上清。如果是冻存血液，将血液室温解冻后，加入等体积PBS混匀，3500g离心15min，弃上清。用600μL细胞裂解缓冲液悬浮白细胞。

注意：全血中唯一含有细胞核可用于制备基因组DNA的血细胞为白细胞，仅占总量的0.3%。一般正常人的白细胞数目为10^7个/mL血液，但有些病人血中白细胞数目可能是这个的10倍，因此如果使用试剂盒从病人全血中制备基因组DNA，需要减少血液样品的体积以免超过提取体系的承受范围。

此外采血液标本时，应注意从静脉血与动脉血提取的DNA的量会有所不同[12]。

（2）DNA的提取

在600μL体系中，加入60μL SDS(100g/L)和10μL蛋白酶K(10μg/mL)。37℃过夜或者56℃保温4h（保温过程中，应不时轻轻摇匀反应液）裂解细胞，消化蛋白。将反应液冷却至4℃，加等体积Tris饱和酚（pH8.0），充分混匀，4℃ 10000g离心10min，吸取上层黏稠水相移至另一离心管。加等体积Tris饱和酚（pH8.0），重复一次Tris饱和酚抽提。吸取上层水相，加等体积氯仿-异戊醇（24∶1，体积比），充分混匀，4℃ 10000g离心5min。吸取上层溶液移至另一离心管。重复一次氯仿-异戊醇抽提。吸取上层溶液至2.5倍体积冷95%乙醇中，轻摇至DNA析出。离心弃上清，用70%冷乙醇清洗3～4次。加适量TE溶液［10mmol/L Tris-HCl，1mmol/L EDTA(pH8.0)］或者去离子水溶解DNA。

（二） MVR-PCR

1. MVR位点与相应引物设计

目前已发现的MVR位点有D1S8(MS32)[1]、D7S21(MS31A)[13]、D16S309(MS205)[14]、MSY1(DYF155S1)[15]等。设计MVR-PCR引物时，应根据研究目的

和方法的不同设计相应的引物（表 15-1）。

表 15-1　已应用的 MVR-PCR 引物

MVR 位点	引　物	参考文献
D1S8(MS32)	32D：5′-CGACTCGCAGATGGAGCAATGGCC-3′ 32-TAG-A/T：3′-tcatgcgtccatggtccggaCATTCTGAGTCACCCCTGG(C/T)-5′ TAG：3′-tcatgcgtccatggtccgga -5′	[1]
D7S21(MS31A)	31-Alu Ⅰ+/－，31-Psp14061+/－，Hga Ⅰ +/－ 31-TAG-A/G，TAG 31A：5′-CCCTTTGCACGCTGGACGGTGGCG -3′ 31A-A/T：5′-AGTGTCTGTGGGAGGTGG(A/G)-3′	[13，16] [2]
MSY1(DYF155S1)	Y1A：5′-ACAGAGGTAGATGCTGAAGCGGTATAGC -3′ TAG1/3：5′-tcatgcgtccatggtccggaTGTGTATAATATACAT C/G ATGTATA TTG -3′ Y1B：5′-GCAACTCAAGCTAGGACAAAGGGAAAGG -3′ TAG3R/4R：5′-tcatgcgtccatggtccggaCATCATGTATATTATACA　C/T AAT ATACATC -3′	[15]

早期的引物设计中，除在重复单位上游侧翼序列中设计上游引物（如 32D、Y1A 等）以及分别扩增不同类型重复序列的下游引物（如 TAG-A/T 等）外，还在扩增反应中使用 TAG 引物。现在基本省略 TAG 引物，直接使用上游引物分别与 A/T 引物扩增，同样可获得理想的不同类型重复单位的扩增产物图谱。

2. PCR 反应

根据重复单位的类型和研究需要，每个标本设置不同的反应管，每管反应体系可设为 50μL，加入 50～100ng 基因组 DNA，2.0μmol/L $MgCl_2$，5μL 10×PCR 缓冲液[500mmol/L KCl，200mmol/L Tris-HCl(pH8.3)]，0.2mmol/L dNTP，56.5μg/mL BSA，20μmol/L 上游引物（如 32D、31A、Y1A 等）（或者 20μmol/L 上游引物与 20μmol/L TAG 引物），以及 *Taq* 酶 1.5U。分别在不同的管内加入 20μmol/L 相应的下游引物。加水补至 50μL 总体积。如果所用 PCR 仪无加热盖，则须在反应管中滴加石蜡油覆盖。

在 PCR 扩增仪上按下列条件反应：先 94℃预变性 4min，然后 94℃变性 1min，68℃退火 1min，72℃延伸 5min，共 25 个循环，最后 72℃延伸 10min。

引物和所扩增产物不同，PCR 反应条件也有所不同。应根据具体的扩增需要，对反应条件进行相应调整和优化。

3. 电泳

PCR 产物在 35cm 长的 1%琼脂糖凝胶，0.5%TBE 电泳缓冲液［45mmol/L Tris-硼酸，1mmol/L EDTA］下以较低的电压进行电泳分离。

4. 探针标记、杂交与检测

电泳分离后，将凝胶取出，并切除边缘无用的部分。在凝胶左下角或右下角切去一小三角形以作为操作过程中凝胶的方位标记。将凝胶中的 DNA 经碱变性后，真空转移到尼龙膜上（或其它转移方法）。采用中性缓冲液转移获得含有靶 DNA 的尼龙膜需要采用真空烘烤、微波加热或者紫外照射等方法将 DNA 固定在尼龙膜上。采用碱性缓冲液转移则不需要 DNA 的固定。

选择小卫星重复序列共有的碱基序列作为杂交探针。将含有靶 DNA 的膜与 ^{32}P 标记的寡核苷酸探针杂交。65℃反应 3h。室温 X 射线片放射自显影 6h，即可得到

MVR 图谱[1]。

如果在 PCR 反应液中添加放射性标记的核苷酸（如［α-^{32}P］dCTP），可将 PCR 产物经琼脂糖凝胶电泳或者中性聚丙烯酰胺凝胶电泳分离。可直接用湿胶或者干燥的凝胶进行 X 射线片压片放射自显影 8～12h（凝胶干燥后放射自显影灵敏度会有少许提高），得到 MVR 图谱[2]。

也可采用辣根过氧化物酶标记的寡核苷酸作为探针，以避免放射性污染。步骤如下：取探针配成 12ng/μL 使用液，加入等体积的辣根过氧化物酶标记试剂，混匀后加入等体积的戊二醇，混匀，快速离心。37℃水浴处理 30min 后与含靶 DNA 的尼龙膜 37℃杂交 1h。杂交后的膜在洗膜液［6mol/L 尿素，0.5×SSC，0.4%SDS］室温振荡洗膜 2 次，每次 10min。然后在 2×SSC 溶液中室温洗膜 2 次，每次 5min。最后进行 X 射线片曝光，得到 MVR 图谱[17]。

具体的标记、杂交以及放射自显影等操作细节可以参看《分子克隆实验指南》（第三版）第六章及附录 9 检测系统等相关章节[18]。

（三） MVR 图谱的数字编码

将获得的 MVR 图谱上的 A 与 T 的结果叠加，根据 MVR 数字编码原则进行编码，即可得到特异的 MVR 编码。

MVR-PCR 的 6 级数字编码原则如表 15-2[1] 所示。

表 15-2　MVR-PCR 的 6 级数字编码

编码	MVR-PCR 电泳谱带特征	
	A 行	T 行
1(aa)	强	无
2(tt)	无	强
3(at)	弱	弱
4(a0)	弱	无
5(t0)	无	弱
6(00)	无	无

如果忽略弱带与强带的差别将编码 4 与 5 视为 1 与 2，得到 4 级编码（表 15-3）[1,2]。

表 15-3　MVR-PCR 的 4 级编码

编码	MVR-PCR 电泳谱带特征	
	A 行	T 行
1(10)	有	无
2(01)	无	有
3(11)	有	有
6(00)	无	无

该编码方法不考虑谱带的强弱变化，虽然减少了 MVR 分析的信息量，但是避免了判读的主观性，并且经过实验室和实际应用验证，该编码方法获得的数字编码对 MVR 个体识别能力没有大的影响，足以满足法医学的一般的 DNA 分析所需。

四、应用

近些年来，MVR-PCR 作为一种高灵敏度和高识别能力的 DNA 分析技术，在人类遗传学研究和法医学上有着广泛的应用。

1. 人类遗传学研究

由于MVR-PCR在检测重复序列的长度多态性的同时也检测了重复序列的多态性，能够给人类遗传学研究提供更为丰富的遗传信息量。

以Y染色体的小卫星多态性位点DYF155S1为例。DYF155S1为Y染色体上多态性最高的位点，由富含AT的25个碱基的重复序列串联形成。该重复序列存在9种类型。采用MVR-PCR对DYF155S1位点重复序列的多态性进行分析。发现在重复序列排列数序上，该位点3′端均为4型，并且从不出现1型；5′端则往往为1型或者3型，并从不出现4型。由于DYF155S2位点均只含有4型的重复单位，所以被认为可能是DYF155S1的祖先位点，其中4型重复单位是祖先序列[15]。此外，王保捷等[19]对不同民族的DYF155S1位点结构分析显示该位点具有明显的民族差异。中国北方汉族以3134重复序列排列为主，日本群体则除占主体的3134排列外，还存在6134排列，其中6型重复单位只在日本群体中检出。

由于DYF155S1位点的长度是3′→5′端不断延伸，而王保捷等人发现的6型和7型均局限在5′端，该现象反映了人类进化的近期变化[19]。如果跟踪观察该位点5′端变化，则可为人类遗传进化的细节分析提供重要线索。

2. 法医学

MVR-PCR方法在法医学中的应用，主要表现在个体识别和亲子鉴定两个方面。MVR-PCR技术，不需要测量片段长度，不必使用STR分型时的等位基因阶梯（allelic ladder），相对比较简单，且分析结果客观、准确[20]。

（1）个体识别　研究结果显示：小卫星MS32的杂合度为99.1%，理论上只要借助MS32前50个重复单位的编码便可以区分7×10^{23}种不同的等位基因。国内资料显示：中国汉族人群MS32的前50个编码全部相同的概率为4.09×10^{-18}[21]；河北汉族人群MS32前30个编码全部相同的概率为3.55×10^{-11}[22]。对中国汉族人群另一小卫星MS31A进行MVR-PCR的分析表明，前40个重复单位的DP值可达99.999999999999%。

单个小卫星DNA采用MVR-PCR方法获得的多态信息量高，适合法医学实践中微量检材或混合斑的鉴定。Hopkins等[23]对1张旧邮票上的唾液斑进行D1S8位点分析，得到了清晰的MVR编码。Monckton等[21]则从混合样品中含量少于1%的DNA样品中获得了免疫的MVR-PCR分析结果。郑秀芬等[17]报道了用此方法单分析小卫星MS32为一起奸杀案的破获提供了直接的科学依据。Jobling等[15]采用MVR-PCR技术分析Y染色体特异小卫星MSY1基因座，基因多样性可达99.9%，远高于10个Y染色体STR基因座的基因多样性。2002年庚蕾等[24]采用荧光标记MVR-PCR方法和ABI377遗传分析仪，调查中国广州汉族人群MSY1基因座5′端多态性，基因多样性（h）为0.9789，是目前仅做1次PCR能获得个体Y染色体多态信息较多的技术，而且用于法医学混合斑检测的实际案例，获得满意的效果。这种Y染色体MVR-PCR方法在解决混合斑男性成分的个人识别方面有一定的应用前景。侯光伟等[2]应用MVR-PCR（采用4级数字编码）对45起刑事案件的物证进行鉴定，涉及的物证包括血痕、混合斑、毛发和骨组织等。无论是血痕（最小为4mm×4mm，载体则有纱布、石头、金属等）还是混合斑（时间1～4年不等，载体有纱布、棉球等），均通过MVR-PCR得到明确结论。

（2）亲子鉴定　多位点STR分型已普遍用于目前的法医实践中。尽管STR很适合个体识别，但应注意到，因为生殖系DNA中STR的突变率最高可达0.7%，所以在应用10个STR位点的亲权鉴定案中，突变是无法忽略的。按照STR的平均突变率为0.12%计算，“每三个亲权案中”假性排除的可能性将达到2%。当出现单位点排除的案例时，为证实被鉴定人之间是否存在亲权关系，便增加了STR的检测数目。但同时这些位点的突变概率也随之提高了。目前研究表明，对于出现单个STR位点不匹配的案例，等位基因特异性MVR-PCR将是判定该位点的差异是否属于假性排除的最有力工具之一[25]。如果孩子的某等位基因的MVR图谱与其假定父亲或母亲的同一位点等位基因的MVR图谱一致，那么亲权指数将会明显提高。

Yamamoto等[26] 报道运用MVR-PCR技术分析MS31A和MS32两个小卫星基因座在一缺乏母亲的父权鉴定中的优势；2001年，Yamamoto等[25] 在用10个STR基因座检测一男孩、女孩与已故父亲之间的关系，由于STR基因座的突变，可能排除了男孩与父亲的亲子关系，而联合分析MS31A和MS32两个小卫星基因座等位基因特异性MVR-PCR图，确定了男孩与父亲的亲子关系。

五、小结

MVR-PCR技术作为一种新的DNA分型方法，具有高识别率、高灵敏度、信息量大等特点。MVR反映的是重复序列的变异性，而不涉及DNA长度的测定，避免了长度测定的主观偏差，保证了结果的客观性和准确性。此外MVR-PCR由于使用数字编码，从而将多态性信息转变为数字信息，易于进行计算机分析和建立数据库。

MVR-PCR操作简便，具有不需要标准的电泳系统，不受凝胶变形和谱带漂移等因素的影响等优点。但传统的MVR-PCR方法需要进行探针的杂交和放射自显影等步骤，还比较繁琐。1994年Mckeown等[27] 建立了荧光染料标记引物MVR-PCR分析的方法。该方法采用荧光标记的引物进行PCR扩增，扩增产物电泳后在荧光DNA序列分析仪上进行分析，分析图谱中峰的有无、对应条带的存在与否。该方法虽然获得的MVR数字编码较少，但自动化程度高，耗时少，易于记录，能够快速得到数据库资料。此外如果采用不同荧光染料标记的引物则可同时进行不同位点的MVR-PCR分析。如果该方法发展成熟，将可以实现高通量、自动化DNA分析。

虽然单个小卫星的多态性较好，但是由于可以进行法医学应用的位点较少，所以在常规法医学检测中逐步被STR-PCR取代，只是在为了解决了微量混合检材的鉴定等特殊情况下，才作为辅助方法使用。

第二节 短串联重复序列的PCR

一、引言

短串联重复序列（short tandem repeats，STR），也称微卫星DNA（microsatellite DNA）或简单重复序列（simple sequence repeats，SSR），它的重复序列很小，其核心序列只有2～6bp[28]，重复次数通常为15～30次。STR广泛存在于真核生物基因组的编码区和非编码区中，其中以dA-dC、dA-dA-dN、dC-dA和dA-dG为核心序列的STR最常见[29]，最早发现的STR是由dT-dG串联重复组成的长度可变序列[30]。由于STR的核心序列重复次数在个体间存在差异，而且这种差异在基因传递的过程中一般遵循孟德尔共显性遗传规律和Hardy-Weinberg平衡[31,32]，大多数STR基因座具有多态性[29]，STR与其它DNA重复序列家族成员的比较见表15-4。

表 15-4　DNA 重复序列家族成员特点比较

特点	卫星 DNA(satellite DNA)	小卫星 DNA(minisatellite DNA)	微卫星 DNA(microsatellite DNA)
核心序列长度	5～100bp	15～70bp	2～6bp
片段长度	＜100Mb	0.5～30kb	约 200bp
长度多态性	多数没有	多数具有多态性	多数具有多态性
分布	位于染色体着丝粒、端粒附近的异染色质区	位于近染色体着丝粒和端粒区	位于常染色质区

目前，STR 作为一个重要的遗传标记系统，已广泛应用于肿瘤生化研究、法医学个体识别[33]、亲权鉴定[34] 和群体遗传学分析等领域。国际法医学者研究 STR 始于 1993 年，在意大利威尼斯召开的第 15 届国际法医血液遗传学 DNA 鉴定委员会(the DNA commission of the international society for forensic haemogenetics，ISFH)会议上报道了 STR-PCR 的研究成果，由于 STR-PCR 基因座仅需少量模板 DNA，灵敏度比传统的 DNA 指纹高很多，而且 STR-PCR 扩增片段长度较短，一般为 100～400bp，对于法医常遇到的仅含降解 DNA 的陈旧性斑痕，STR-PCR 比传统的 DNA 指纹灵敏度和准确度更高[35]。因此，STR 分型被认为是第二代法医 DNA 指纹技术的核心，是目前国内外法医学个体识别和亲权鉴定的主要技术发展方向。

二、原理

在人类基因组中，STR 是高度多态性标记的丰富来源，可采用 PCR 反应检测。目前 STR-PCR 技术已形成多位点检测方法，即在同一分析反应试管中同时扩增来自两个或更多的位点的等位基因（图 15-3），扩增的重复序列由于重复次数的差异导致 STR 基因座的等位基因分型不同，在电泳分离后，用放射性同位素、银染或荧光检测可区别不同的基因型。检测时须注意：

① PCR 的模板 DNA 区域必须包括 STR DNA 的侧翼区序列，DNA 总长度为 100～400bp；

② 进行多基因座同时扩增时，根据不同的基因座序列设计不同的特异引物，特异引物可采用荧光素标记（FL）、羧基-四甲基罗丹明标记（TMR）或 6-羧基-4′,5′-二氯-荧光素（JOE）等标记；

③ 在单管中对所有基因座同时扩增后，通过单一进样或单一胶道在遗传分析仪及 DNA 测序仪上进行电泳分析。

与扩增片段长度多态性（amplified fragment length polymorphism，AMP-FLP)[36] 和可变数目串联重复序列（variable number of tendem repeat，VNTR)[37] 等分型方法相比，STR 基因分型方法所扩增的产物长度小得多（小于 500bp)，因此更适合于对降解的 DNA 模板进行分析。此外，STR 分型适用于多种 DNA 纯化方法得到的 DNA，这些 DNA 的量往往较少而不够作 Southern 印迹分析。

STR-PCR 产物具有不连续的可分离的长度，可以用每个基因座的几个或所有等位基因的片段构建成等位基因阶梯（allelic ladder)，肉眼观察或利用仪器比对同一基因座的等位基因阶梯和扩增样品，可快速和准确地确定等位基因座。试验中仔细选择的 STR 基因座和引物可以避免或减少伪带的产生，包括与 *Taq* DNA 聚合酶相关的

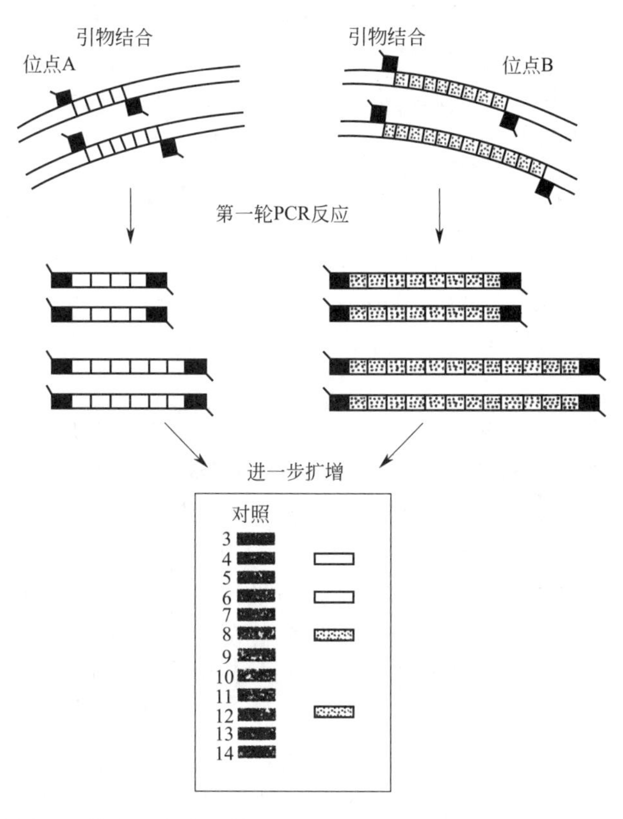

图 15-3　在同一试管中用各自的特异引物对 STR 位点 A 和 B 同时进行 PCR 反应

对照是由两个位点的所有的已知等位基因组成

影子带及末端核苷酸的减少。影子带[38,39]，有时称为“n-4 带型”、“鬼带”或“暗带”，是由于 DNA 扩增中缺失了一次重复，或样品中 DNA 本身的改变，或二者的结合，它的出现主要与基因座本身和重复的 DNA 序列有关。通常的 PCR 反应中，由于 *Taq* DNA 聚合酶以不依赖于模板的方式会在扩增的 DNA 片段的 3′末端添加核苷酸[40,41]，一般是腺苷酸，发生这一现象的频率取决于不同的引物序列。STR-PCR 产物有时常观察到比预计少一个碱基的假带（无末端添加），因此将引物序列进行修饰，并在扩增流程的最后一步，加入 60℃ 延伸 30min 的步骤[42]，可使在所用的 DNA 模板上得到完全的末端核苷酸添加。此外，微变化等基因座（基因座间相差的长度不是重复次数所致）的存在常使等位基因座的解释和确认变得复杂，这和高度多态性、趋向微变化以及突变率的增加相关[43,44]。

三、材料

① 模板：基因组 DNA。

② dNTP 混合物：每种脱氧核糖核苷酸的浓度为 2.5mmol/L。

③ 引物混合液：浓度为 10μmol/L。

④ *Taq* DNA 聚合酶。

⑤ 10×PCR 缓冲液。

⑥ 高压灭菌去离子水。

⑦ 用于琼脂糖凝胶电泳、聚丙烯酰胺凝胶电泳或毛细管电泳的试剂。

⑧ PCR 扩增仪。

⑨ ABI PRISM 310、ABI PRISM 3100 遗传分析仪，ABI PRISM 373 或 ABI PRISM 377 DNA 测序仪。

四、方法

分析 STR 的方法在本质上与 DQ_{α} 基因型的检测方法相同。采用银染、溴化乙锭染色和放射标记等方法检测 PCR 产物的大小，目前最受青睐的方法是用荧光染料标记引物，在 DNA 测定仪中进行激光检测。

1. DNA 的提取

使用螯合树脂（chelex resin）可一步完成 DNA 的提取和变性，碱性螯合树脂和高温可以裂解细胞并使 DNA 变性。对于大多数体液斑点来说（尤其是对于那些遭受到不利条件的），在提取 DNA 之前应进行水洗。首先将样品在 5%螯合树脂悬浮液中煮沸，离心后取上清提取 DNA 或直接 PCR。DNA IQ^{TM} System（DC6700）是专门为法医及父权鉴定中 DNA 样本分离及定量而设计的新技术[45]，主要是使用磁性颗粒简便有效地制备来源于斑迹、血液、溶液等用于 STR 分析的样本。DNA IQ^{TM} System 树脂提取 DNA 可消除案件中经常遇到的 PCR 抑制物及污染物。

2. DNA 的定量

扩增出适宜的 DNA 量对获得令人满意的结果是非常重要的。如果起始材料太少只产生部分结果，起始材料太多则产生非特异的扩增产物。在有如细菌 DNA 污染存在的情况下，必须能测到 ng 级浓度的人类 DNA。狭缝印迹方法被广泛用来确定特异性灵长类 DNA，它是一种夹心方法，将提取的样品固定在尼龙条上，然后加入一个 40bp 的对灵长类 DNA 序列特异性的生物素标记的探针，再加入结合链霉亲和素的过氧化物酶进行酶催化的颜色反应，反应中以过氧化物酶作为反应的底物。颜色反应的强度与一系列的对照进行比较可以估计提取物中 DNA 的浓度，PicoGreen 定量法也适合于对 STR 分析中小量样品的 DNA 浓度进行定量。通常 DNA 样品的最终浓度达到 1～10ng/μL 即可检测。

3. DNA 的扩增

（1）PCR 扩增体系

10×PCR 缓冲液	2.5μL	模板 DNA(5～10ng/μL)	2.5μL
2.5mmol/L 的 dNTP 混合物	1μL	ddH_2O	15.7μL
引物混合物(10μmol/L)	2.5μL	总反应体积	25μL
Taq DNA 聚合酶(5U/μL)	0.8μL		

（2）PCR 扩增程序　用 PE GeneAmp PCR System 9700 热循环仪的扩增程序：

95℃ 11min，96℃ 2min；94℃ 1min，60℃ 1min，70℃ 1.5min，10 个循环；90℃ 1min，60℃ 1min，70℃ 1.5min，18～22 个循环；60℃ 30min。

4℃ 保存。

使用热循环仪可迅速准确改变温度。首先样品在高温下变性，产生的单链 DNA 可以作为模板，然后降低温度，使每条引物与靶序列的侧翼区域退火。再将温度调到 *Taq* DNA 聚合酶催化延伸反应所需的最佳温度维持 60s。

温度循环的次数取决于被扩增的位点，通常是随试验而调整的。同样，退火温度受引物设计以及选择单位点扩增还是复合扩增的影响，当用例如 ABI377 荧光检测系统进行多位点 STR 分析时，引物采用不同的染色标记以便把每个位点的等位基因区分开来，使 DNA 片段大小不重叠，从而提供准确的结果。

4. 产物分离

最普遍的分离 PCR 产物的方法是在 ABI PRISM 377 上使用自动荧光检测的电泳。这种基因测序仪能对经电泳分开后的 PCR 产物进行激光扫描。样本经过 PCR 扩增后，采用 ABI PRISM 377 DNA 测序仪进行检测，通过将参照物和 DNA 分子量标准（具有不同的颜色）进行同步电泳，并由计算机分析软件分析，就可以对 DNA 片段进行很准确的测定（图 13-4），准确性通常能达到区分相差一个碱基对的片段，将扩增样本片段、等位基因阶梯和内标进行比较，从而达到分型的目的。

内标（ILS）包含多个 DNA 片段，如 Promega 公司的 PowerPlex 16 系统中内标 600（ILS600）含 22 个 DNA 片段，长度分别为 60bp、80bp、100bp、120bp、140bp、160bp、180bp、200bp、225bp、250bp、275bp、300bp、325bp、350bp、375bp、400bp、425bp、450bp、475bp、500bp、550bp 及 600bp。这些片段用 CXR 标记，可以在 ABI PRISM310、ABI PRISM3100 测序仪及 ABI PRISM377 测序仪上同 STR-PCR 的扩增产物一起检测。ILS 用在每一个样本中可以提高 STR-PCR 扩增产物的精确度。

STR 基因分型：带有荧光标签的 PCR 引物在 STR 位点进行 PCR 扩增后，在 ABI3100 测序仪上检测会产生相应等位基因的峰，通过 GENEMAPPER SOFTWARE 分析，这些峰会显示等位基因的大小和强度（图 15-4），并以表格的形式输出分析结果（表 15-5）。通常 STR 的分型在多样品检测中能得到准确的结果，当检测 1000 个来自全血的 DNA 样品时，968 个样品能产生清楚的峰和确切的 STR 位点鸣叫，32 个样品由于低质量的 DNA 而失败（ACGT Inc）。

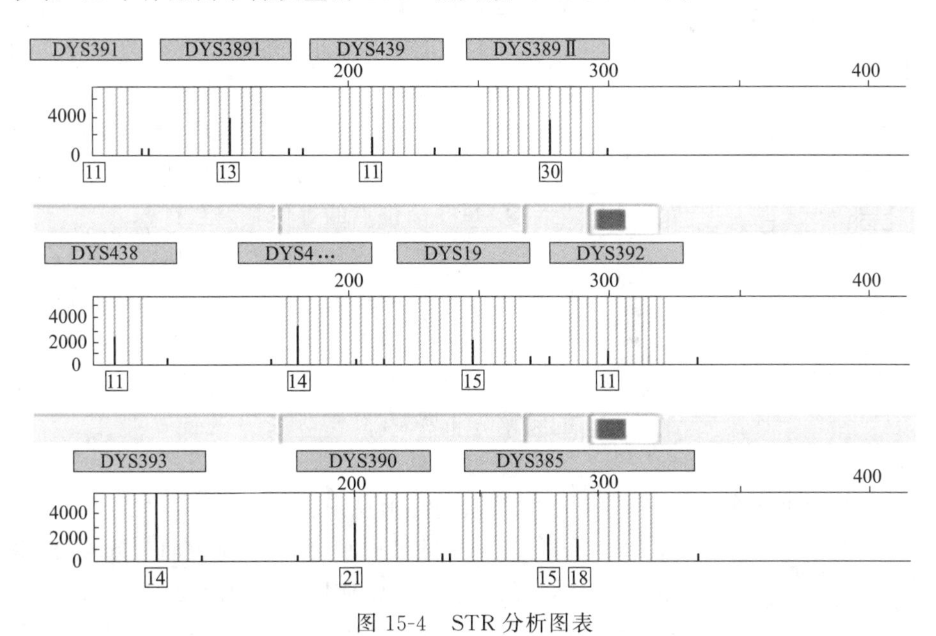

图 15-4　STR 分析图表

表 15-5 输出 STR 分析结果（部分）

样品名	板号	内标	染料	位点 1	位点 2
1	2.0	a	B	6	8
1	2.0	b	B	10	11
1	2.0	c	B	8	
1	2.0	d	B	24	
2	2.0	a	B	8	9
2	2.0	b	B	13	14
2	2.0	c	B	10	
2	2.0	c	B	7	
3	2.0	a	B	8	9
3	2.0	b	B	7	8
3	2.0	c	B	7	
3	2.0	d	B	7	

5. 数据库

许多年来欧洲法医学家一直有一个目标，就是能建立一个包含欧洲各国家的法医学数据库，STR 技术的引进有助于促进这一数据库的建立，目前已经成立了一些组织，它们的任务是为 STR 位点的使用提出建议。STR 技术的使用需要考虑许多标准，其中包括确保精确结果能够相互交换的各种合法的系统和标准。个人 DNA 图谱被收集并储存在计算机数据库中的程度取决于当地的立法情况，并且决定了所建立的数据库的效力。

在英国，尽管依据单位点探针（single locus probe，SLP）结果的数据库已经形成，但是在 1995 年颁布了一个综合性的法律之后，才形成了真正的第一个全国性 DNA 数据库。使用 STR 复合扩增建立个人图谱是形成这个 DNA 索引系统的基础（示意图见图 15-5）。当决定选用哪一个组分的 STR 时必须考虑以下准则：

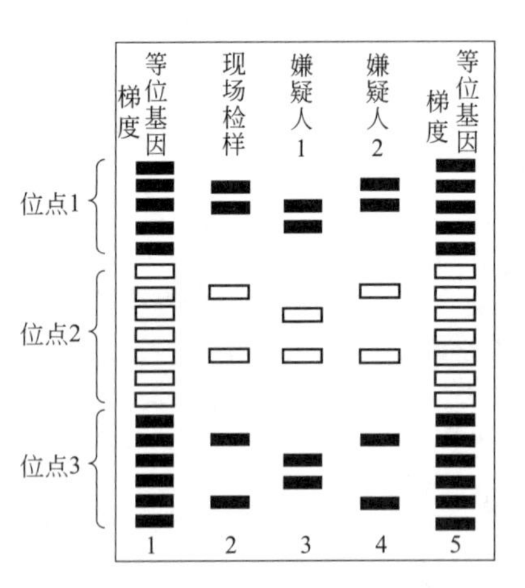

图 15-5 3 个不同位点的等位基因测定

泳道 1、5 是对照，由于位点 1、3 的引物具有相同的染色所以等位基因之间必须没有重叠。犯罪现场的样品在 3 个位点都是杂合的，嫌疑人 2 的样品与犯罪现场的样品相匹配。嫌疑人 1 被排除

① 每一个位点的等位基因数目；

② 复合扩增成功的能力（无偏性扩增）；

③ 尽可能少的人工产物（断断续续和错误的峰）；

④ 每一个位点应该位于不同的染色体上；

⑤ 应该能得到每个位点的等位基因在群体中的频率分布资料；

⑥ 结果易于解释；

⑦ 试剂必须易于获得。

近年来欧洲实验室的研究表明，除在 Y 染色体上的位点外经常使用的 STR 位点有 50 多个。起初，英国的数据库是围绕 4 个 STR 位点的复合扩增的结果设计的，即 THO1、VWA、FES 和 F13A。

以后发展了复合扩增的6个STR位点——THO1、VWA、FGA、D8S1179、D18S51和D21S11。1999年复合扩增的位点增加到10个，称为第二代复合扩增位点(SGM)[46]，被英国国家DNA数据库采纳，应用于日常案件，并且在欧洲的许多实验室得到广泛使用。在由国际刑警组织注册的对性侵犯定罪的立法提案程序中，所有参与的实验室都必须检测4个重要位点，即THO1、VWA、FGA和D21S11，它们的个体识别能力强而有效，已成为欧洲众所周知的核心位点，1999年后又扩展了另外的3个位点。最近在北美已经引入以STR为基础的DNA索引数据库，建立了13个STR位点的复合扩增：TH01、VWA、FGA、TPOX、CSF1PO、D3S1358、D5S818、D7S820、D8S1179、D13S317、D16S539、D18S51和D21S11。由于法医科学实验室对STR复合扩增具有极大的兴趣以及它的商业潜能，目前已经有市售的包含SGM和一些北美复合扩增位点的试剂盒。美国联邦调查局（FBI）选择13个STR核心基因座的分型数据输入到CODIS（联合DNA索引系统，即美国犯罪人员分型数据库）中（表15-6和表15-7）。

表15-6　美国联邦调查局选择的13个STR核心基因座的特异性信息

STR位点	标记	染色体I位置	GenBank位置	重复序列5′→3′
D18S51	FL	18q21.3	HUMUT574	AGAA
D21S11	FL	21q11～21q21	HUMD21LOC	TCTA
TH01	FL	11p15.5	HUMTH01,人的酪氨酸羟化酶	AATG
D3S1358	FL	3p	无	TCTA
FGA	TMR	4q28	HUMFIBRA,人纤维蛋白原α链基因	TTTC
TPOX	TMR	2p23～2pter	HUMTPOX,人甲状腺过氧化物酶基因	AATG
D8S1179	TMR	8q	无	TCTA
VWA	TMR	12p12～pter	HUMVWFA31,冯维勒布兰德氏因子基因	TCTA
CSF1PO	JOE	5q33.3～34	HUMCSF1PO,人CSF-1受体基因的*c-fms*原癌基因	AGAT
D16S539	JOE	16q24～qter	无	GATA
D7S820	JOE	7q11.21～22	无	GATA
D13S317	JOE	13q22～q31	无	TATC
D5S818	JOE	5q23.3～32	无	AGAT

表15-7　美国联邦调查局选择的13个STR核心基因座的等位基因阶梯

STR位点	标记	等位基因阶梯的长度①(碱基)	等位基因阶梯的重复数②
D18S51	FL	290～366	8～10,10.2,11～13,13.2,14～27
D21S11	FL	203～259	24,24.2,25,25.2,26～28,28.2,29,29.2,30,30.2,31,31.2,32,32.2,33,33.2,34,34.2,35,35.2,36～38
TH01	FL	156～195	4～9,9.3,10～11,13.3
D3S1358	FL	115～147	12～20
FGA	TMR	322～444	16～18,18.2,19,19.2,20,20.2,21,21.2,22,22.2,23,23.2,24,24.2,25,25.2,26～30,31.2,43.2,44.2,45.2,46.2
TPOX	TMR	262～290	9～13
D8S1179	TMR	203～247	7～18
VWA	TMR	123～171	10～22
CSF1PO	JOE	321～357	6～15
D16S539	JOE	264～304	5,8～15
D7S820	JOE	215～247	6～14

续表

STR 位点	标记	等位基因阶梯的长度①（碱基）	等位基因阶梯的重复数②
D13S317	JOE	169～201	7～15
D5S818	JOE	119～155	7～16

① 等位基因阶梯中每一个等位基因座的长度用测序分析确认。

② 所列出的等位基因座的频率＞1/1000。

6. 结果解释

在给出所有法医鉴定证据的同时，必须给出一些匹配显著性的信息，这也是 SLP 技术中对 DNA 图谱分析有争议的方面。由于带的大小范围较大（大约 2～20kb）以及不同样品的电泳迁移率具有轻微的漂移，所以要确定匹配，必须在实验的基础上确定一个容许“视窗”。一旦一个匹配被确定，必须同时给出总带模式的许多值。各种等位基因出现的频率参照群体频率数据库进行计算。为了使每个等位基因的计算频率增加，获得对这个图谱稀有特征的整体估计，使各位点在染色体间和染色体内保持独立性非常重要，美国国家科学院目前正在研究关于推荐给法庭处理数据的最佳方法[46]。过去，在获得匹配图谱以后，就直接给出一个可能性的证据。现代统计学更偏重于使用以 Beyesian 统计方法为基础的或然率（likelihood ratio）。在这种方法中后概率（犯罪概率）是对所有的证据进行评价后而得到的前概率中得来的。DNA 的结果将形成前概率（prior odds）的一部分。然而，在最近上诉的一个法庭审判中则认为：对于给定的特异的基因型观察，法医科学家应该坚持鉴别统计学。

计算机分析软件在 STR 技术中的应用，使分辨率达到可以区分一个碱基对的差异，通过选择位于不同染色体上的 STR 位点以保证遗传的独立性，从而精确估计等位基因并进行分型，在法医学中具有很强的鉴别能力。

五、注意事项

① 纯化 DNA 样品的质量、缓冲液的微小变动、离子强度、引物浓度、热循环仪的选择及热循环条件都可影响 PCR 反应成败，因而应严格控制 PCR 扩增、变性胶电泳及荧光检测试验程序。

② 非模板的小量的人类 DNA 会对以 PCR 为基础的 STR 分析产生污染。当准备样品 DNA、处理引物对、进行扩增及分析扩增产物时，要竭力避免交叉污染。扩增前使用的试剂和扩增后使用的试剂要分开保存。一定要设立没有模板 DNA 的阴性对照反应来确保试剂的纯度。

③ 一些用于 STR 产物分析的试剂有潜在的毒害作用，应按要求操作。

④ PCR 扩增

a. 确定扩增样品的数目，其中包含阴性及阳性对照，另外再增加 1～2 个重复以抵消取样误差。

b. 在 25μL 反应体系中通常加入 0.5～1.0ng 模板 DNA。模板量过多时会使小片段基因座相对峰高，大片段基因座相对峰低。

c. 如果模板 DNA 储存于 TE 缓冲液中，所加 DNA 体积不得超过总反应体系的 20%。这是由于 pH 值的变化（由于所加 Tris-HCl）、镁离子浓度的改变（由于 EDTA 的螯合作用）及其他 PCR 的抑制因素都会极大地影响 PCR 扩增的效率及质量。

⑤ 分析数据时有时会有等位基因之外的带，这是由为测定PCR反应的结果而采用的非变性琼脂糖凝胶电泳所致。

六、应用

STR在人类基因组中广泛分布，与传统的蛋白质遗传标记如红细胞抗原、同工酶标记、血清蛋白标记及人类白细胞抗原蛋白相比，其等位基因多、杂合度高，因此当多个STR基因座被联合检测时，个体识别概率和非父排除率很高。在Did等人研究的5264个STR基因座中93%的杂合度大于0.5，58%的杂合度大于0.7，平均杂合度为0.7[47]，这说明不同个体基因型不同的可能性更大，随机个体与罪犯之间的基因型相同的可能性大大减小。据研究报道，两个无关个体在14个STR基因座基因型完全相同的可能性仅为1×10^{-14}[48]，即从理论上讲，目前地球上60亿人口中没有任何两个无关个体的这14个STR基因座基因型完全相同。

STR的片段较短，很容易通过PCR扩增、电泳分型，因此比绝大多数其它遗传标记系统更适用于高度降解检材的检测；其中三核苷酸、四核苷酸重复的PCR扩增结果最稳定，产生的附加带、影子带少，容易分离，所以STR-PCR在法医学中得到了最为广泛的应用[29]。STR-PCR技术在检测血痕、唾液斑、精液斑、人体组织等进行个体同一认定、亲权鉴定等方面取得了显著的成绩。对末代沙皇一家遗骨的鉴定中，英国内务部成功地利用5个STR基因座对挖掘出来的75年以前的尸骨进行了检测，在DNA含量仅为50pg或更少的情况下，认定了9副骨骼的性别及亲属关系[49]，对古老（高度降解）微量检材的检测取得令人满意的结果，引起了国际社会的普遍关注，使人们对STR-PCR技术在法医学鉴定中的应用充满信心。美国对博物馆中动物标本及琥珀等样本所进行的STR-PCR分析[50-52]，更证实了它在法医学鉴定及人类学研究中强大的鉴别能力。

STR-PCR的扩增效率极高，仅需要ng级甚至pg级的模板DNA，在这样微量的检材中由于操作过程中少量DNA的污染所造成的影响将是很大的。但在沙皇遗骨检测中，为防止污染采用了严格的限制条件，将DNA提取和PCR扩增分别在两个实验室中完成，所有样本均采用一次性消毒塑料管，多点取样，并严格设立阳性和阴性对照，结果证明PCR污染基本不会影响实验结果的准确性和可靠性。

举个应用的实例：牙齿是白骨化尸体检验中的常见检材，从牙齿中提取DNA并进行STR分型是对白骨化尸体进行尸源鉴定的重要技术手段。由于牙齿中的细胞含量相对较少，加之受时间、环境等因素的影响，使牙齿的DNA提取成为法医DNA检验的一大难点。在实际案件的鉴定过程中，通过对来源不同的牙齿样本预处理，使用物理及化学方法去除牙齿表面污染物，经脱钙、裂解、纯化从牙粉中提取DNA，采用复合扩增PCR，对STR进行分型。

【案例】 1989年某日，安徽省定远县李某被其弟勒死，其家人将李某掩埋。时隔17年后，在2006年6月21日，经人举报，定远县公安局在埋尸地点提取到牙齿7枚送检，要求与李某母亲胡某的血样进行DNA比对，以判明其间是否存在遗传关系。经对牙齿和血样进行STR分型和线粒体DNA测序证明死者和胡某符合单亲、母系遗传关系，使案件顺利告破。

群体遗传学的研究证实STR等位基因在群体中的分布符合孟德尔共显性遗传规律和Hardy-Weinberg平衡，可用于法医学的亲权鉴定。尽管如此，STR基因座的突变率明显高于人类基因的平均突变率这一事实是不容忽视的（STR 基因座的突变率为 $10^{-2}\sim10^{-5}$，人类基因的平均突变率为 1.4×10^{-10}）。由于目前法医鉴定中使用的三核苷酸、四核苷酸重复的突变率约在 $2.3\times10^{-5}\sim15.9\times10^{-5}$ 之间，且一般都采用多基因座进行分析，对亲权鉴定不会产生显著的影响。不过，也有少数 STR 基因座的突变率是在法医学亲权鉴定时所不能接受的，如 Moller 在研究 HUMMPBP-B 基因座时发现在 118 次减数分裂中有两次突变，突变率为 1.8%，远远超过了美国血库协会的“应用于亲权鉴定的 DNA 遗传标记突变率应小于 0.2%”的标准。因此在考察一个基因座的法医学应用价值时，应进行家系调查，了解该基因座生殖细胞的突变率，尽量选择低突变率的遗传标记。

STR-PCR 分析结果的准确性依赖于数据读取的准确性。目前世界上采用两种策略读取电泳分离后的 STR 基因型，即与人类等位基因分型标准物比对和通过回归方程计算。多国实验室间比较的结果显示与人类等位基因分型标准物比对法的可重复性是 100%，而回归方程计算的重现性较差。此外，某些 STR 基因座在自身结构上存在微小异质性[33,43]。ISFH 推荐使用重复数来命名 STR 的方法后，有人对法医学鉴定中常用的 STR 基因座进行了测序，结果发现造成“相同等位基因”之间电泳迁移率存在微小差异的原因是序列之间的差异，也就是说有的 STR 基因座并不是由核心序列简单重复而成。如 HUMVMA31 是由同一长度不同序列的多核心序列重复而成，HUMTH01 的等位基因 9.3 是核心序列的非整数倍重复，而 D21S11 是综合二者的更为复杂的多态性，因此从测序的结果看，以前通过电泳迁移率推测的“同一等位基因”可能由多个等位基因组成，只是由于受到检测手段的限制而没有被发现。这就相当于血清型和酶型中的亚型，在没有采用更精密的检测手段检出亚型时，虽然失去了部分信息，降低了系统的识别能力，但并不影响该基因座作为法医学遗传标记的使用。STR 系统在不考虑这些“亚型”时，已有很高的识别能力。由于 STR 基因座的序列基础的复杂性，使用 STR-PCR 分析时应特别重视使用等位基因分型标准物，尤其在电泳时间足够长的情况下应注意含非整数倍核心序列的等位基因，以免错误分型。

少数作者在用 PCR 技术检测 STR 基因座的时候发现并不是所有在基因组中存在的等位基因都能被检测出来，那些不能被检测出的等位基因被叫作无效等位基因。Callen 在对 6 号染色体上 23 个 STR 基因座进行家系调查时发现有 7 个 STR 存在无效等位基因[53]。他认为这是由于引物结合区存在变异，使引物不能与模板特异性结合，故在 PCR 扩增产物中缺乏相应的产物。如果某一 STR 基因座的引物结合区突变率较高，可重新设计引物，或选择其它更优化的遗传标记。自从 DNA 分型技术应用于法医学领域，学术界就一直在争论如何运用群体数据计算两个随机个体出现这种相同基因型的概率（即偶合率）[54]。这个问题在多民族地区，特别是基因型频率在群体间差异显著的国家和地区尤为突出。目前各国学者都在努力研究，使 STR-PCR 技术进一步完善。

七、小结

STR 具有高信息量，在基因组中广泛分布，可以用 PCR 扩增、电泳分型等方法加以检测，在很短的时间内 STR 已广泛应用于生物学各领域，并取得了惊人的进展。STR 系统在法医学中的应用，使法医生物学检测进入了一个新的阶段，检测水平得到极大提高，同时也面临着随之而来的前所未有的问题，广大法医工作者正致力探索将高信息量的STR系统更有效地应用于法医学实践。

在法医DNA检验中，STR技术已经广泛用于个人识别和亲权鉴定方面。但是，对于法医学中一些微量以及降解的检材，STR技术并不能成功地得出结论，经常会出现“优势扩增”或者“无效扩增”，这就给正确的DNA分型带来困难。为了解决这个问题而产生的一种新的STR分型技术，就是在设计引物时，使其结合在更靠近核心重复序列的侧翼序列，PCR扩增的产物就会比STR基因座更短一些，这就是miniSTR-PCR技术。miniSTR-PCR的引物位置决定产物的大小，但是与原来STR基因座相比，核心序列的重复次数却没有改变，这就有利于将miniSTR的基因分型结果与商品化试剂盒的STR基因分型结果进行比较。

miniSTR-PCR技术具有以下特点。

① miniSTR扩增片段的变小提高了降解DNA分型的成功率。STR遗传标记已经成为法医DNA分型的一个非常有价值的工具，运用PCR技术对STR位点进行复合扩增可以得出微量DNA样品的基因分型。但是法医检案工作中，很多情况下DNA样品已经高度降解。另外，环境中的污染物也会混合在法医学证据中，在这些法医检材中，长片段的STR产物经常无法检出。miniSTR技术设计的引物更靠近核心重复序列，因此产生的STR等位基因片段长度更短，分型成功率获得很大提高。

② 具有良好的数据库兼容性。目前大多数研究所用的miniSTR位点都和商品化剂盒的STR位点相同，这就使miniSTR具有一个很明显的优势：数据库兼容性。法庭科学已经使用了一部分STR遗传标记，并建立相关的数据库。在法医现场工作中收集的降解DNA样品，用miniSTR技术进行DNA分型，其结果可以直接进行数据库系统进行检索和比对，从而认定罪犯。

③ 具有高个人识别人。miniSTR使用了高多态性的STR位点，理论上与商品化STR试剂盒具有同样的个人识别力，完全可以达到法庭科学个人识别的标准。

④ 具有高灵敏度。miniSTR技术灵敏度达到31pg/25μL，远高于商品化STR检测试剂盒，因此可以用于微量检材的检测。

miniSTR-PCR技术的局限性有以下两点。

① 由于miniSTR的扩增产物片段都很短，各个位点的等位基因片段长度范围相互重叠的概率比STR要高得多。因此，在复合扩增的时候，每一种颜色的荧光标记的位点就很有限（一般不超过2个），即使利用5色荧光，和商品化STR试剂盒相比较，要想达到同样的个人识别力，必须增加复合扩增的次数。当DNA模板数量很少或者样本扩增产量很低的时候，miniSTR的使用就会受到限制。

② ABI3100等DNA分析仪器使用内标来确定PCR产物的片段长度。在商品化STR试剂盒中最小的等位基因长度也超过100bp，因此内标最小片段长度只设定到75bp，如果miniSTR等位基因出现小于75bp的情况，那么GeneScan软件就无法确定其片段长度。

总之，miniSTR-PCR作为STR检验的一个新的发展方向，可以用于陈旧骨骼、牙齿、腐败组织等DNA高度降解的检材以及毛发、指甲等角化组织和微量DNA的检测，解决法医学上降解检材的DNA分型难题，更好地为法庭科学提供服务。

第三节　单核苷酸多态性 PCR

一、引言

单核苷酸多态性（single nucleotide polymorphism，SNP）是美国麻省理工学院人类基因组中心负责人 Lander E S 等人于 1996 年发现的新一代遗传标记，它主要是指在基因组水平上由单个核苷酸的变异所引起的 DNA 序列多态性，即指基因组内特定核苷酸位置上，存在两种不同的核苷酸，且其出现的频率大于 1%，如果出现频率低于 1%，则看作点突变[55]。它是人类可遗传的变异中最常见的一种，占所有已知多态性的 90%以上。SNP 在人类基因组中广泛存在，平均每 500～1000 个碱基对中就有 1 个，估计其总数可达 300 万个甚至更多。

由于遗传密码中包含了大约 300 万个差异，这些差异导致了人类基因组中存在广泛的多态性，这种多态性可能由 RFLP 引起，也可能是 SSR 造成，而 90%的差异是由 SNP 造成的。因此，作为第三代遗传标记的单核苷酸多态性（SNP）的研究就显得尤为重要。

SNP 所表现的多态性只涉及单个碱基的变异，这种变异可以是转换（C-T，G-A），也可以是颠换（C-A，G-T，C-G，A-T），也可由单个碱基的插入或缺失所导致。但大多数是转换，具有转换型变异的 SNP 约占 2/3，其它几种变异的发生概率相似。SNP 在 CG 序列上出现最为频繁。而且多半是 C 转换成 T，因为人类基因组中大多数的二核苷酸 CpG 的胞嘧啶是甲基化的，C 常自发地脱去氨基而形成胸腺嘧啶 T 残基[56]。

在基因组 DNA 中，SNP 既可以发生在非编码序列中，也可以分布在编码序列中。编码序列中的 SNP 称为 cSNP（coding SNP，cSNP），cSNP 根据是否改变编码产生的氨基酸，可进一步分为“非同义的”和“同义的”，cSNP 中约有一半为非同义 cSNP。SNP 在整个基因组中的分布密度是不同的，基因组平均变异数是相似的，大约每 1330 个碱基对中就有 1 个 SNP 存在，人类 300 万个左右的 SNP 中有 142 万多个 SNP 已在基因组范围的图上进行了标记[57]。在包含基因的区域里估计每 1 万个碱基中有 8 个，另外，常染色体与性染色体中的 SNP 分布密度是不同的，个体中常染色体的差异是很小的。差异数目从每 1 万个碱基 5.19 个（第 21 号染色体）至每 1 万个碱基 8.79 个（第 15 号染色体）不等。人类在性染色体上的差异更小，X 染色体之间的差异大约是每 1 万个碱基有 4.69 个，Y 染色体的差异更小，是每 1 万个碱基有 1.51 个[58]。总的来说，位于编码区内的 SNP 比较少，因为在外显子内其变异率只有周围序列的 1/5。但它在遗传性疾病研究中却具有重要意义。因此对 cSNP 的研究更受关注。

由于每个 SNP 位点通常仅含 2 种等位基因——双等位基因（diallele），就单个 SNP 而言只有两种变异体，变异程度低于微卫星 DNA ，但 SNP 在整个基因组中数量巨大、分布密集，因此就整体而论，SNP 的多态性要高得多。而且由于 SNP 是二态的，在基因组中筛查 SNP 往往只需＋/－分析，易于自动化批量检测，因而被认为是新一代的遗传标记。

二、原理

SNP-PCR 的原理因使用的方法不同而有所差异，一般说来用 SNP 检测技术分型根据其原理可大致分为四类：引物延伸法、特异探针杂交法、核苷酸连接法、损伤切除法。针对结果分析方法的不同可以分为荧光法、化学发光法、分子量测定法、酶联反应法等。从图 15-6～图 15-9 中可以了解其原理。

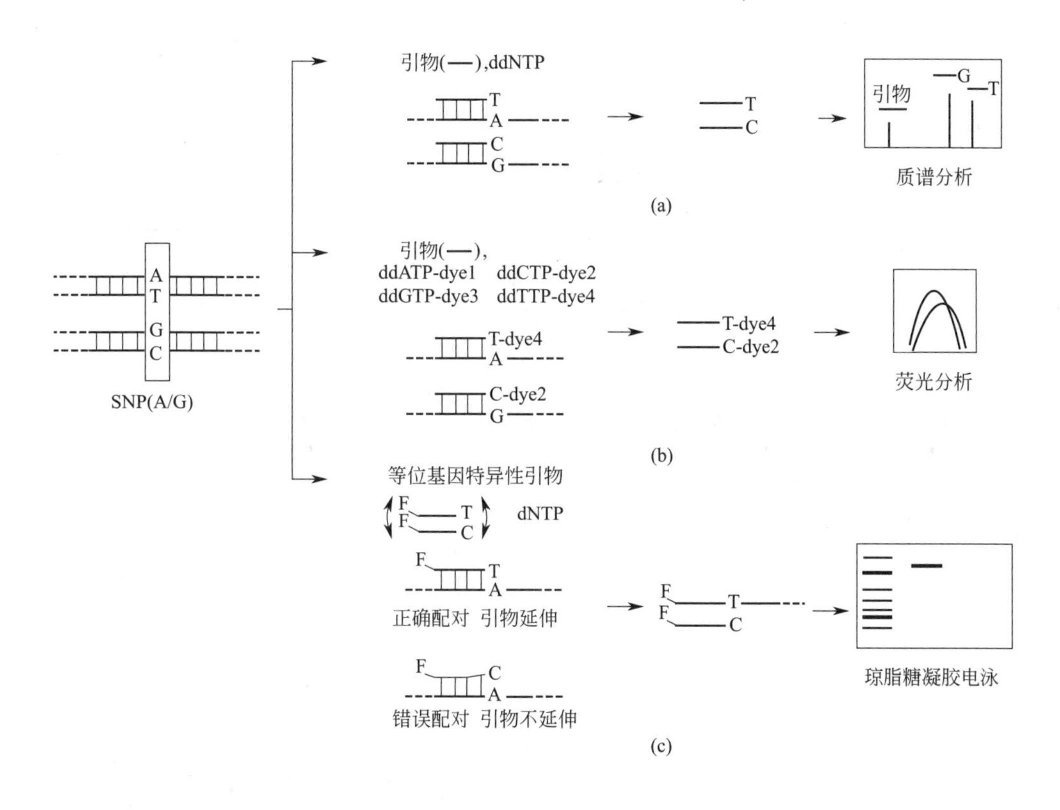

图 15-6　SNP 基因分型的引物延伸法

1. 引物延伸法

（1）质谱检测法［图 15-6(a)］　这种方法是利用一个引物在 SNP 上游一个碱基位点退火延伸时结合 ddNTP。延伸产物被质谱检测，延伸产物的质量不同，引物识别掺入的核苷酸并确定 SNP 基因型。

（2）毛细管电泳法荧光检测［图 15-6(b)］　这种方法是利用引物在延伸 SNP 上游的碱基位点时，延伸产物 ddNTP 带有不同的荧光标签。毛细管电泳后通过荧光检测产物，根据染料的颜色指示掺入碱基的种类，从而达到 SNP 基因分型。

（3）等位基因特异性引物检测 PCR 产物［图 15-6(c)］　这种方法是利用两个等位基因特异性引物在延伸时，它们的 3′末端在 SNP 位点，和一个普通的反向引物共同进行 PCR 反应。这个反应只在正向引物的 3′末端能完全延伸到 SNP 位点，反应才会发生，根据 PCR 的产物能推测基因型。

2. 特异探针杂交法

如图 15-7 所示。

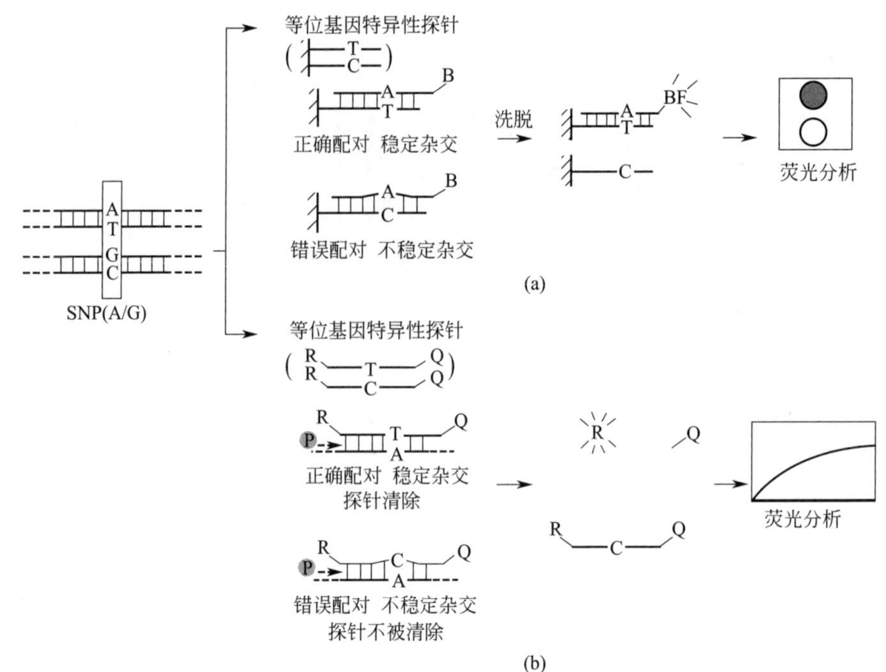

图 15-7 杂交——基于 SNP 基因分型的方法

(a) 探针阵列的靶位点杂交。这种方法是利用带标签的等位基因特异性探针结合在杂交的 SNP 的靶位点固体表面。清洗表面去除错误配对的靶目标，而完全配对的靶目标和探针就能通过荧光被检测，以达到基因分型。(b) TaqMan 微阵列。这个阵列是利用两个等位基因特异性探针携带不同的报告基因和猝灭剂染料在探针的一端，在错配对的 SNP 位点。正确配对的探针在 PCR 扩增 SNP 包含区时离开，释放它的报告基因，荧光检测确定 SNP 基因型

3. 核苷酸连接法（图 15-8）

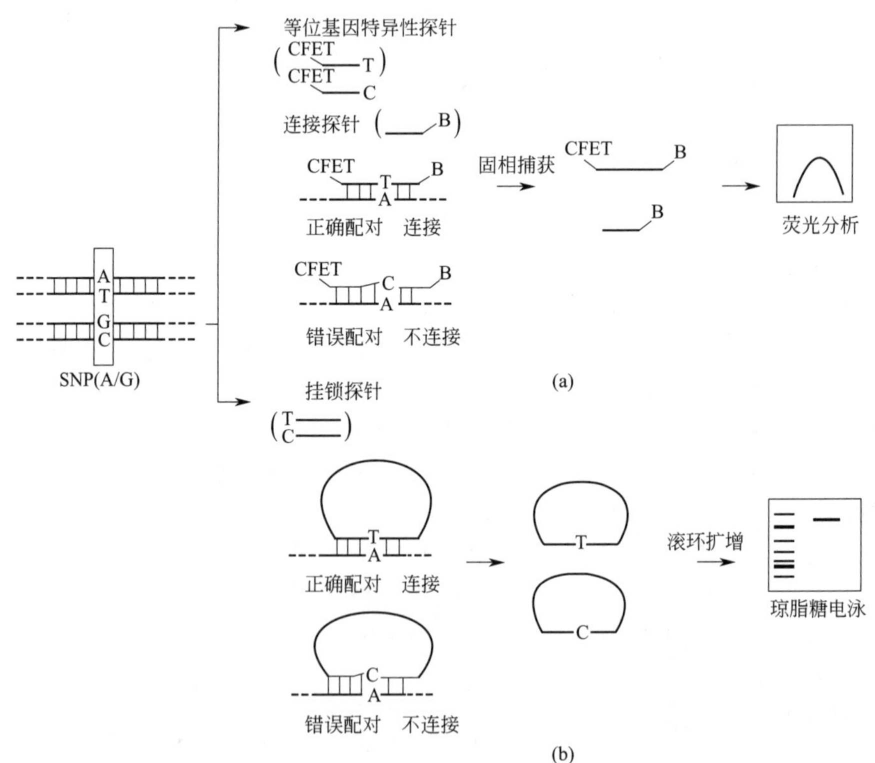

图 15-8 连接法——使用连接酶的 SNP 基因分型方法

（1）用 CFET 标签检测　这种方法是使用两个带有不同 CFET 标签的等位基因特异性探针和一个带有生物素标签的普通探针，与邻近的序列杂交。如果在 SNP 位点正确配对，等位基因特异性探针连接普通探针，反之，不连接。通过普通探针的生物素标签和来自 CFET 标签的荧光信号来确认连接法，进而确定 SNP 基因型。

（2）挂锁探针的连接法　这种方法是使用两个等位基因特异性探针与目标 DNA 杂交，SNP 位点处它的末端与邻近的序列杂交成一环形。如果正确配对，则探针的一个末端即特异性等位基因与另一端连接，形成环形。可以用一种特殊引物通过滚环扩增检测，经过凝胶电泳分析产物。

4. 酶切法（图 15-9）

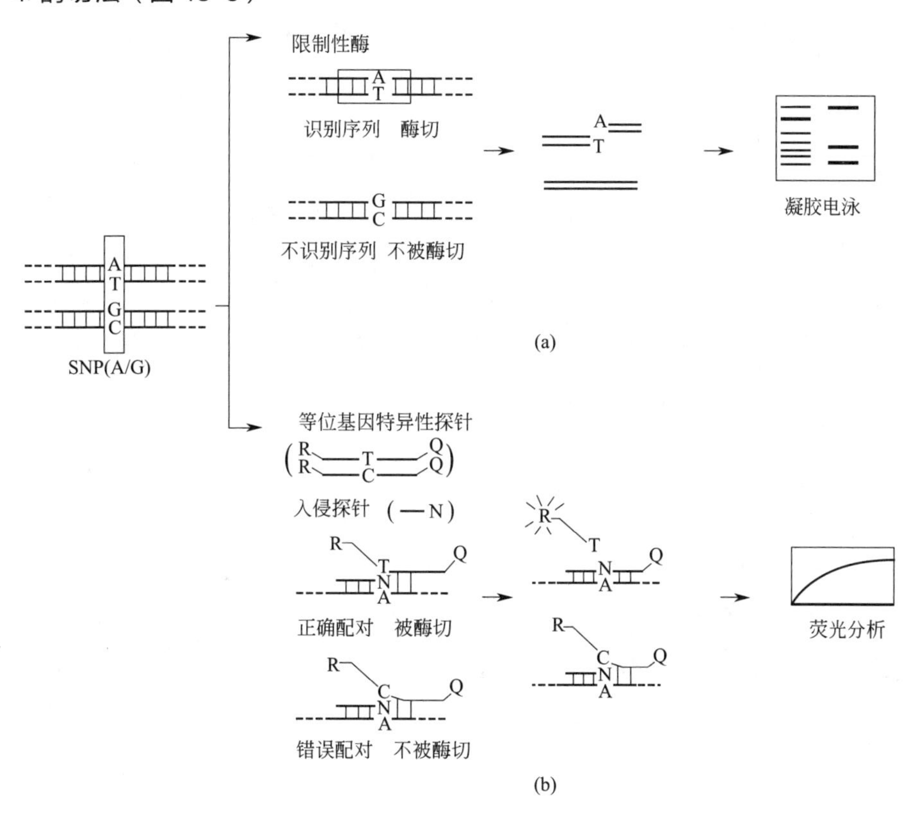

图 15-9　酶切法分析 SNP 基因型

（a）限制性核酸内切酶酶切。这种方法是用一种限制性酶只酶切一种等位基因。限制消化的产物在凝胶上检测，根据不同大小的片段数量推测 SNP 基因型。（b）入侵试验。这个试验是使用两个等位基因特异性探针携带不同的报告基因和猝灭剂染料在它的任一末端，还有一种普通入侵探针。等位基因特异性探针和入侵探针杂交，在目标 DNA 上 SNP 位点处形成一个三维结构，可以被分裂酶识别。在等位基因特异性探针和 SNP 位点完全结合时内切酶酶切三维结构并释放报告基因染料，通过检测荧光也可以确定 SNP 基因型

三、材料及方法

1. DNA 的提取

在法医的物证鉴定过程中，针对获取的微量血液 DNA 及血痕 DNA 主要应用 chelex-100 法提取，也可以用酚抽提和两步消化法提取，如混合斑中的精子 DNA。

DNA提取的方法很多，现在市面上也有一些操作方便的DNA提取试剂盒，因物而易，选择简单、适合的方法进行DNA的提取。在法医学中，可以通过搜索检测带有SNP的DNA链，来确定物证如血斑、毛发等的基因型，进而来排除嫌疑人等。

2. DNA的定量

用于SNP检测的DNA用量微小，只需几十纳克，其定量方法同STR分析定量方法相似。

3. DNA的扩增

2×TaqMan Universal PCR Master Mix试剂盒与40×TaqMan SNP Genotyping Assays试剂盒联合使用。

（1）DNA、引物及探针用量　DNA纯度：OD260/OD280＝1.6～2.0，浓度1～20ng/μL。

引物和探针浓度：

引物/Probe mix	贮存液(20×)	工作液(1×)	每反应用量
6-FAM Probe	4μmol/L	200nmol/L	5pmol/Rxn
VIC Probe	4μmol/L	200nmol/L	5pmol/Rxn
Forward Primer	18μmol/L	900nmol/L	22.5pmol/Rxn
Reverse Primer	18μmol/L	900nmol/L	22.5pmol/Rxn

注：Rxn即表示平行实验中每“一个反应”的符号。

（2）PCR反应体系

DNA(20ng/μL)　1μL　H_2O　10.875μL

2×Universal PCR Master mix，no UNG　12.5μL(1×)　总体积　25μL

40×Probe/Primer mix　0.625μL(1×)

（3）PCR循环参数　95℃10min→(92℃15s→60℃1min)×40个循环。

四、SNP-PCR检测方法

SNP的检测方法有很多种。基于PCR技术的常用方法主要有限制性酶切片段长度多态性（restriction fragment length polymorphism，RFLP）[59]、单链构象多态性（single strand conformation polymorphism，SSCP）[60]（后面章节有详细的介绍）、异源双链分析（heteroduplex analysis，HA）[61]，这些是早期的常用方法。由于SNP的特点，在进行法医鉴定时需要检测的量是STR的4倍以上，也即大概60个。为此，近年来建立了许多新的SNP分型方法和技术，如变性高压液相色谱分析（denaturing high performance liquid chromatography，DHPLC）[62]、引物延伸结合飞行时间质谱分析（matrix-assisted laser desorption/ionization time of flight mass spectrometry，MALDI-TOF MS）[63]、动态等位基因特异性杂交（dynamic allele specific hybridization，DASH）[64]法和基因芯片法[65]、TaqMan探针技术[66]及焦磷酸测序技术[67]等。它们的灵敏度及通量都比之前的方法大大提高，使其在法医检测中得到越来越广泛的应用。这些技术虽然能完成对SNP的检测，但应用上也有些不足。有些检测过程繁琐，需要限制性内切酶消化；有些需两步PCR扩增反应；有些新技术虽具有通量高、易于自动化等优点，但要求成本昂贵的仪器设备。基于原理的差异，下面简要介绍几种SNP的检测分析技术。

1. 阵列杂交分析

基于寡核苷酸与不同靶序列变异配对时的杂交稳定性差异原理，主要有两种形式：第一种是ASO（allele specific oligonucleotide hybridization，等位基因特异性寡核苷酸杂交）探针与DNA样品的多重PCR产物阵列杂交，适用于扫描多个病例样品中数个致病等位基因，如MASDA（multiplexed allele specific diagnostic assay，多重等位基因特异性诊断分析）；第二种是ASO探针与寡核苷酸阵列杂交，适用于多个SNP的平行分析，成功的关键在于要同时制备数千个用于平行检测的PCR产物，如VDA（variant detector array，变异检测阵列）、SNP芯片等。由于ASO技术成熟，已被广泛运用于临床诊断上，如ASO可用于以*PAH*基因第399密码子由A→T的序列多态性为遗传标记的苯丙酮尿症产前诊断等的临床诊断。

2. 基因芯片技术

基因芯片（gene chips）又称DNA芯片（DNA chips），或生物芯片（biological chips），是用标记的探针与特定的DNA样品杂交，然后通过检测杂交信号的强弱判断样品中靶分子的数量。由于该技术可以将大量的探针同时固定于支持物上，所以一次可以对大量的DNA分子进行检测分析，从而解决了传统核酸印迹杂交技术复杂、自动化程度低、检测目的分子数量少、效率低的问题。基因芯片检测技术的主要过程：首先，用生物素标记扩增后的靶序列或样品，然后再与芯片上大量的探针进行杂交；其次，用含链霉素的荧光素作为显色物质，图像的分析则用激光共聚焦显微镜或其它荧光显微镜对芯片扫描，由计算机搜集荧光信号，并对每个点的荧光强度数字化后进行分析。由于完全正常的Watson-Crick配对双链与具有错配碱基的双链分子相比具有较高的热力学稳定性，前者的荧光强度要比后者强5%～35%。从这一点来说，该方法是具有一定特异性的，而且荧光信号的强度还与样品中靶分子含量呈一定的线性关系。因此基因芯片已广泛用于SNP检测和多态性分析等方面，如人类线粒体基因组多态性分析，人类基因组单核苷酸多态性鉴定、作图及分型等。尽管基因芯片技术凭其大信息量、自动化和低成本的特点已得到大规模的发展，但它也存在许多难以解决的问题，例如检测灵敏度低、多态性差、分析范围较窄等。

3. 同源杂交

有两种基于PCR的同源杂交（homogenous hybridization）方法可用于等位基因区分。第一种方法为TaqMan系统。它利用*Taq*酶的5′核酸外切酶活性，切割与PCR扩增产物结合的DNA探针，此探针带有一个供体-受体荧光染料对，两者能发生荧光共振能量转移（fluorescence resonance energy transfer，FRET）。*Taq*酶切割使供体染料与猝灭的受体染料分离，结果使供体染料的荧光极大增强。TaqMan在PCR的同时既可得到检测结果，又可将PCR污染的风险降至最低。但该方法对反应试剂及反应条件有严格要求，由于需要重叠光谱，不能同时用两个探针进行分析。另一种以PCR为基础的同源杂交方法是分子信标（molecular beacons）。供体和受体荧光染料分别位于有互补序列的探针两侧，当未与靶序列杂交时，探针形成一个“发夹环”结构，使供体-受体染料对相互靠近而产生猝灭。反之，探针与正确的靶序列杂交时，染料对分离，荧光信号可增强900倍。探针的发夹结构设计使错误杂交更加不稳定，增加了对SNP的选择性。探针与靶序列的杂交设计在PCR的退火步骤，而不像 TaqMan 系统那样设计在延伸步骤，从而增加了检测的灵敏性。由于无需供体与受体染料的重叠光谱，该法可以同时使用 4 个或更多不同标记的探针。

4. 限制性酶切法

如果 SNP 产生或消除了某个限制性内切酶位点，则可以通过对 PCR 产物酶切，电泳后检测，估计有半数的 SNP 并不导致酶切位点的改变，在 PCR 中引入错配引物可克服这一不足（如上酶切法原理所述）。该方法适宜于非大量的寻找或检测。

5. 直接测序法

直接测序（direct sequencing）是最容易实施的 SNP 检测方法。通过直接测序检测 SNP 的基本原理是：通过对不同个体同一基因或基因片段进行测序和序列比较，以确定所研究的碱基是否变异，其检出率可达 100%。采用直接测序法，还可以得到 SNP 的类型及其准确位置等 SNP 分型所需要的重要参数。随着 DNA 测序自动化和测序成本的降低，直接测序法将越来越多地用于 SNP 的检测与分型。

6. 焦磷酸荧光法

用大量级联的酶反应检测 DNA 合成时核苷酸的渗入，在 DNA 聚合酶作用下，当 dNTP 加入到正在生长的新链末端时，就会释放 1 分子 PPi，在磷酸化酶作用下，转化为化学能，如有荧光素酶时，可使荧光素氧化，并发出光亮，反应液中还有核苷酸酶，当加入的 dNTP 未结合时便迅速分解，无光亮。此法作为一种 DNA 测序法，阅读序列较短，但特异性高，是一种精确的 SNP 分型法。

7. MALDI-TOF 质谱分析

1988 年，Karas 和 Hillenkamp 应用 MALDI 对生物大分子进行离子化和质量分析时发现：适当大小的有机分子晶体（介质）用接近其吸收光谱的激光瞬时激发，会发生能量转移及解吸附过程，如将低浓度的蛋白质或核酸分子加入介质溶液中并加以干燥，蛋白质或核酸分子将嵌入到介质晶体中，将该晶体放入质谱仪的真空小室，用瞬时（纳秒）强激光激发，晶体中的蛋白质或核酸分子就会解吸附，转变成气相的离子态，此时可通过质谱分析这些离子。MALDI-TOF-MS（matrix assisted laser desorption ionization time of flight mass spectrometry）分析核酸的优点：①速度快，核酸分子的离子化、分离及检测仅在几毫秒内完成；②分析结果的绝对性，质谱对核酸分子的分离仅与其自身的质量/电荷（m/z）有关，而传统的电泳或杂交方法易受核酸二级结构的影响；③自动化操作，从样品制备到数据的采集加工都可自动化完成，适合大规模筛查，有广泛用于检测已知和未知 SNP 及基因分型和定位研究的前景。

8. SNP 分析平台

近年来，有很多研究是应用荧光定量 PCR 中的 SNP 分析平台，其主要是基于等位基因特异性杂交原理，通过检测 PCR 过程中产生的荧光信号来区分等位基因，每检测一个 SNP 位点需要一对 TaqMan 探针（或分子信标）和一对位于检测位点的上下游引物。下面介绍一种新的基于荧光定量 PCR 检测 SNP 位点的方法，它不需要设计特异性的 TaqMan 探针，只是通过熔解曲线的分析来区分等位基因，从而大大降低了检测成本。

该方法使用了两种不同的等位基因特异性正向引物，每个正向引物 3′端的最后一个碱基对应于 SNP 位点的二等位基因，反向引物都一样，并使用荧光染料（SYBR

Green Ⅰ）来检测 PCR 产物。纯合子基因组 DNA 只能被与其完全匹配的正向引物扩增，而杂合子基因组 DNA 能同时和两种正向引物结合扩增出两种 PCR 产物。

为了区分这两种扩增产物，在其中一个等位基因特异性引物的 5′加一个 20bp 左右含（G+C）的重复序列。由于 DNA 的熔解温度主要与其片段长度和（G+C）含量有关，经过修饰后的引物的长度和（G+C）含量明显高于另一个等位基因特异引物，因此，使用这两种引物后的 PCR 扩增产物有着不同的 T_m 值。在 PCR 扩增结束后，运行一个熔解曲线程序，即让产物慢慢从 60℃升温到 90℃，从熔解曲线图上就可以分析出哪种等位基因参与了 PCR 扩增，由此也得到了相应的基因组的基因型。

在 PCR 反应体系中，加入过量 SYBR Green Ⅰ荧光染料，SYBR 荧光染料掺入 DNA 双链后荧光信号显著增强；当 DNA 变性时 SYBR Green Ⅰ染料释放出来，荧光急剧减少；随后在聚合延伸过程中引物退火并形成 PCR 产物，SYBR Green Ⅰ染料与双链产物结合，经检测获得荧光的净增量。荧光信号的增加与 PCR 产物的增加完全同步。

荧光染料可以在反应末尾对扩增产物进行熔解，称为熔解曲线分析。在熔解曲线分析过程中，随着温度从低于产物熔解点缓慢升到高于产物熔解点，定量 PCR 仪连续监测每个样品的荧光值。基于产物长度和（G+C）含量的不同，扩增产物会在不同的温度点解链。随着产物的解链就可以看到荧光值的降低并被仪器所测量。对熔解曲线进行微分可以计算出熔解峰。熔解峰可以反映反应中扩增到的产物，因此用熔解曲线数据就可以进行定量监督了。

以上分类并无严格的区分界线，PCR 与荧光检测常同时使用，它们已成为基因分型最基本的方法。现在至少存在 20 多种 SNP 分型方法，有些新方法具有操作简单，易于自动化的优点。其高额的成本以及昂贵的检测系统是许多实验室所无法承担的，限制了广泛使用，但由于人类基因组测序完成，需进行大量基因组 SNP 研究，必须发展高通量 SNP 分型技术。如一年分析 1000 个样品，10 万个 SNP，每天要有大于 30 万基因型通量。

五、数据库

人们对 SNP 的研究方法进行了许多探索和改进。SNP 分析技术按其研究对象主要分为两大类。①对未知 SNP 进行分析，即找寻未知的 SNP 或确定某一未知 SNP 与某遗传病的关系。检测未知 SNP 有许多种方法可以使用，如温度梯度凝胶电泳（TGGE)、变性梯度凝胶电泳（DGGE)、单链构象多态性（SSCP)、变性的高效液相色谱检测（DHPLC)、限制性片段长度多态性（RFL P)、随机扩增多态性 DNA（RAPD）等，但这些方法只能发现含有 SNP 的 DNA 链，不能确知突变的位置和碱基类别，要想做到这一点，必须对那些含有 SNP 的 DNA 链进行测序。在法医学中，可以通过搜索检测带有 SNP 的 DNA 链，来确定物证的基因型，进而来排除嫌疑人等。②对已知 SNP 进行分析，即对不同群体 SNP 遗传多样性检测或在临床上对已知致病基因的遗传病进行基因诊断。筛查已知 SNP 的方法有等位基因特异寡核苷酸片段分析（ASO)、突变错配扩增检验（MAMA)、基因芯片技术（gene chips）等。由于人类基因工程的带动，许多物种都已开始了基因组的项目，并建立了大量数据库（见表 15-8），比较这些来自不同实验室不同个体的序列，就可以检测到 SNP。

表 15-8　SNP 数据库

数　据　库	重点	内容	参考文献
dbSNP	全基因组 SNP	超过 600 万已确认 SNP	[68]
HapMap	四个区域的全基因组 SNP	超过 100 万 SNP	[69]
HGVbase	全基因组 SNP	超过 280 万 SNP	[70]
GVS	快速使用 dbSNP 和 HapMap SNP	450 万 SNP	无相关文献
Perlegen Genotype Data	三个区域的全基因组 SNP	超过 150 万 SNP	[71]
JSNP	日本人的普遍 SNP	超过 197000 SNP	[72]
PharmGKB(遗传药理学和基因组药理学数据库)	药物代谢相关基因	来自 167 个基因的 SNP	[73]
SNP500Cancer	癌基因	超过 13400 SNP	[74]
NIEHS(美国国家环境卫生科学研究所)SNPs 计划	环境应激基因	超过 83000 SNP	[75]
Human Cytochrome P450(CYP)Allele Nomenclature Committee(细胞色素 P450 等位基因命名委员会)	人类细胞色素 P450 基因	25 个细胞色素 P450 基因的 SNP	[76]
细胞因子基因多态性	人类疾病的细胞因子多态性	超过 40 个细胞因子基因的 SNP	[77]

六、应用

SNP 自身的特性决定了它更适合于对复杂性状与疾病的遗传解剖以及基于群体的基因识别等方面的研究。

1. 医学方面的应用

据美国 1994 年的报告，因药物副作用而入院的患者达 200 万人，因药物副作用而死亡的人数达 10 万人，占死亡原因的第 4 位，比因交通事故死亡的人数还多得多。因此，通过对不同个体的药物代谢相关酶、转运因子、药物作用靶点的基因多态性研究，在分子诊断学水平上建立基因分型方法，在治疗患者的各种疾病前，进行个体 SNP 分型，来更精确地选择适当的药物、减少不良反应的发生，是预防毒副作用并提高药物疗效的关键。而人类基因组之间的单个核苷酸的不同，就决定了疾病易感性、保护人体免受疾病侵害、在疾病发作时耐受疾病的能力不同，因此，这些信息在医学研究中有巨大的潜力。

(1) 疾病基因、易感基因的定位　通过对比健康和患病人群 SNP 发生频率的差异，确定 SNP 与疾病之间的相关性，或者比较高危人群与低发人群 SNP 的差异，就可以鉴别出哪些 SNP 和哪些疾病有关。应用高密度的 SNP 图谱，用相关分析的方法来定位一系列多基因疾病，诸如癌症、糖尿病、高血压、忧郁症和哮喘等复杂疾病的主基因及寻找疾病易感性的遗传标记[78]。目前 30 个以上的疾病基因是直接依据已获得的公开的基因组序列而定位克隆的，如神经递质受体和生长因子的发现、阿尔茨海默病和帕金森病的基因定位等[79]。目前在单个 SNP 与疾病相关性的检测方面报道的较多，大规模或全基因组范围内检测 SNP 与疾病相关性的报道较少。高建平等应用自动实时荧光技术，分析了 78 例肝癌患者和 112 例健康志愿者 *N*-乙酰基转移酶（NAT2）4 个位点的基因多态性，探讨 *NAT2* 基因多态性与肝癌易感性的关系，结果表明携带 *NAT2* 慢乙酰化基因型的吸烟者可能是肝癌的高危人群[80]。鼻咽癌是我国广东地区高发性的肿瘤，我国国家基因组南方中心已对鼻咽癌等多种疾病展开深入研究，建立了家系收集网络，取得了一定进展。Tx 是来自鼻咽癌细胞株 CNE2 的转化基因克隆，冷曙光在癌基因组剖析计划数据库中进行生物信息学分析，确定其存在 SNP 位点，并预测出 8 个候选 SNP 位点，采用变性高压液相色谱分析了 80 名健康个体与 82 名鼻咽癌患者基因组中这些确定位点的分布，结果显示鼻咽癌患者中杂合型（GC/CG）频率（52.44％）显著高于健康个体（33.75％），而纯合型（GG）频率（31.70％）则低于健康个体（56.25％），由此推论 Tx 杂合型可能是鼻咽癌的危险因子[81]。目前已有实验将 SNP 应用于肿瘤预后及易感性的判断，例如肺癌致癌物的易感性存在个体差异，对此研究较多的有代谢酶基因多态性，如Ⅰ相代谢酶人细胞色素 P450-CYP450 和髓过氧化酶（MPO）等，研究证实 MPO 基因启动子（−463G>A）多态性导致该基因较低的表达，可以降低肺癌患病的危险性[82]。另外日本学者还发现了 *HER-2* 基因编码区的一个 SNP 与胃癌的发展及恶性程度有关[83]。阮黎等运用 PCR-RFLP 方法，检测血液标本中钙黏素（*CDH1*）基因启动子上游−160 处 C/A 的 SNP，探讨膀胱移行细胞癌（TCCB）E-钙黏素（*CDH1*）基因启动子−160 处 C/A 单核苷酸多态性与 TCCB 复发及低分化的关系，结果显示：*CDH1* 基因启动子−160 处 SNP 对膀胱移行细胞癌的复发可能具有重要作用，检测该 SNP 也可作为一种预测患者术后复发的指标[84]。苏湛等采用引物引入限制性内切酶分析（PIRA-PER）、四引物扩增阻滞突变系统以及单链构象多态性技术，对 100 名正常人和 88 例系统性红斑狼疮患者 *bcl-2* 基因的 3 个 SNP 位点（dbSNP：rsl800477，rs1801018，rsl564483），*bel-x* 基因的 3 个 SNP 位点（dbSNP：rs6060900，rs6089046，rs5841091）及 *bax* 基因的 1 个微卫星位点进行了分析，结果表明 *bel-2* 基因 rs1800477 和 rs1564483 两位点多态性可能与系统性红斑狼疮相关[85]。周晶等应用自动测序仪对 106 名中国汉族非亲缘关系人的生长激素受体（GHR）基因部分外显子进行序列测定，观察这些 SNP 在汉族人群中的分布，结果显示出生长激素受体基因 SNP 呈不均匀分布且具有种族差异性[86]。王海俊等通过选择 184 名重度肥胖和 184 名低体重青少年，对促生长激素分泌素受体（GHSR）基因两个单核苷酸多态性进行快速高通量基因型分析，来了解 *GHSR* 基因多态性与青少年肥胖的关系，结果未发现该人群中 *GHSR* 基因 2 个多态性与青少年肥胖有关联[87]。李义等通过公共 SNP 数据库和对样本库全基因测序寻找 SNP 位点的途径，在定位区域内选择了 33 个候选基因中的 124 个 SNP 位点，用测序法对 236 例北方汉族散发Ⅱ型糖尿病患者及 152 例正常对照个体进行 SNP 基因分型及病例-对照关联分析，并对具显著性差异的 SNP 位点进行单倍型分析，发现 *SAC*、*PANK4* 和 *CASP9* 基因为中国北方汉族人群Ⅱ型糖尿病候选易感基因，由此推论这3个基因可能在Ⅱ型糖尿病易感性上有协同作用[88]。随着高自动化、高通量、高准确性和低成本SNP检测技术的发展，Zhou等[89] 利用两条常染色体上的20个SNP，使用荧光定量PCR的方法，检测早期结肠癌患者的等位位点来判断病人预后。Mohammad等[90] 利用高密度SNP芯片（包含近1500个SNP）分析，在全基因组范围内检测了膀胱癌患者的SNP发生情况，这种全基因组范围内的SNP分析具有潜在的预后和诊断价值。

通过基因易感性的分析，能够确认特定疾病的好发性人群，从而对该人群进行生活或饮食方式的干预，促进其健康。

(2) 药靶的研究　人类遗传性的疾病达到了8000多种，而目前市场上存在的所有的药靶不到500个[91,92]，一旦了解了全部人类基因和蛋白质，将大大扩展所适合的药靶范围，即使是一小部分基因或基因表达产物被证明可以作为药靶，预期药靶数目也会超过几千个。

2. 法医学

法医学中生物检材的个人认定正是利用人类群体具有高度的DNA多态性作为工具进行的，从最早的RFLP技术到现在大多数法医DNA实验室广泛使用的STR基因分型技术，都存在不足之处。特别是当遇有高度腐败、降解、陈旧检材和小片段DNA不能进行STR扩增，这时就可进行SNP检测，为个体识别提供有效的方法。

SNP用于法医学主要有三方面优势：①低突变率，稳定遗传，有利于个体识别和亲权鉴定；②双等位基因变化，可用高通量的方法自动分型，易于建立“罪犯DNA数据库”；③Y染色体SNP较敏感，可用于种族起源预测和男性鉴定。有作者采用寡核苷酸连接分析（PCR -OLA ）测定含有20个常见SNP的PCR扩增片段作基因分型，这种分型可以采用比色分光光度方法，并自动化完成，因而能在较大群体中进行[93]。

单核苷酸多态性（SNP）对于法医学提出的特殊问题不只是由于结果与目前构成国家数据库的STR图谱不相容。而且，在法医学中个性化是必要的，因此每一种样品都需要对数百种SNP进行分析，因为每一样品就本身而言可能仅仅是双态的。使人感兴趣的是因为许多双态位点在人群中很普遍，所以一个随机个体与现场犯罪材料有相同的SNP图谱的统计学概率实际上很高。

现在一致公认的原则是：从伦理学上考虑，只能使用非编码区DNA进行法医案件的调查，以防止无意中了解一个人对某种疾病的易感性。目前正在建立用于临床诊断的SNP数据库，必定会吸引法医科学家使用这些现成的数据库，这在将来可能引起伦理的反对。这种进步必将导致实验室的完全自动化，可以预见不久的将来，从接收到提取、定量、扩增到结果的分析、解释将实现全面自动化；进一步研究把实验室过程微型化为可移动的系统，这种系统需要把富含PCR产物的区域与样品输入的区域分离。任何背离已经建立的原则都将导致对结果的可靠性的质疑。犯罪审判系统顺应出现的新技术将是一项艰巨的任务，维护证据的保护措施是很重要的。

七、小结

SNP具有高丰度的遗传多态性，在遗传研究及药物基因组研究中被用作分子遗传标记，传统的SNP基因分型策略包括两步：等位基因的鉴别和等位基因的检测。

鉴别方法即引物延伸法、特异探针杂交法、核苷酸连接法、损伤切除法，检测方法主要基于质谱、荧光、化学发光。目前，SNP 分型每次含量测定能达到 10^5 个 SNP，而每个 SNP 花费 10 美分。作为法医学中证物检测的一个方法，它具有自身的优点，但是也存在一定的局限性，因此它可以作为 STR 检测的一个互补。大多数利用 SNP 标记的研究仍局限于分型能力上，因此发展新的高通量分型系统就迫在眉睫。

第四节　全基因组 PCR

一、引言

PCR 技术具有极高的敏感性，足以对微量和单个细胞的 DNA 进行分析。但是很多情况下，如植入前遗传学诊断、产前诊断、组织显微切割诊断、法医学、古生物学等所能提供的 DNA 样本量非常有限，只能用于一次或几次 PCR 分析，获得的遗传信息有限，不能满足同时进行多位点、多基因检测，重复试验以及基因组全面研究的需要[94,95]。因而普通 PCR 技术在法医学、古生物学、分子诊断学及分子病理学中的应用受到限制。虽然多重 PCR 和荧光多重 PCR 已成功用于极微量和单拷贝 DNA 的多位点分析，多色荧光原位杂交（multicolour fluorescence *in situ* hybrization，M-FISH）可实现对多条染色体的同步分析。但多重 PCR 存在系统条件优化困难、多对引物延伸时相互影响、产物分析时相互干扰等缺点，而能用于多色荧光原位杂交的荧光染料种类也有限，这些技术仍不能满足对微量基因组模板全面研究和实际应用的需要[96,97]。

全基因组扩增（whole genome amplification，WGA）是一种对全部基因组序列进行非选择性扩增的技术，主要目的是在如实反映基因组全貌的基础上最大限度地增加 DNA 的量，在没有序列倾向性的前提条件下对微量组织、单个细胞的整个基因组 DNA 进行扩增，为后续的多基因、多位点分析及基因组的全面研究提供足量的 DNA 模板。

二、全基因组 PCR 的种类

根据引物和扩增条件的不同，全基因组扩增的方法分为以下几种：连接物 PCR（linker-adaptor PCR，LA-PCR）、随机分布重复序列 PCR（interspersed repetitive sequence PCR，IRS-PCR）、标签随机引物 PCR（tagged random primer PCR，T-PCR）、多重替代扩增（multiple displacement amplification，MDA）[94,98]、简并寡核苷酸引物 PCR（degenerate oligonucleotide primer PCR，DOP-PCR）和引物延伸预扩增 PCR（primer extension preamplification PCR，PEP-PCR）等。

（一）简并寡核苷酸引物 PCR（DOP-PCR）

1. 原理

DOP-PCR 用一条部分随机的引物对模板基因组 DNA 进行两步 PCR 扩增。简并寡核苷酸引物的序列为 5′-CCGACTCGAGNNNNNNATGTGG-3′，3′端的 ATGTGG 序列是基因组 DNA 中分布频率极高的短序列，在第一步低温退火时起引导作用，也就是说扩增的起始位点由这 6 个特异的碱基决定，退火有一定序列倾向性。这种在靶基因特异位点开始的扩增优于随机位点开始的扩增，可以降低扩增结果的复杂程度。

中间6个简并碱基可以生成4^6种不同的序列，简并碱基中1个或多个碱基与3′端特异碱基一起在退火过程和模板DNA同时复性，加固引物与模板DNA的结合作用；5′端的序列则是用于末端修饰，包括用于克隆的酶切位点。扩增反应分两步进行：最初几个循环（3～5个）在低退火温度（如30℃）下退火，使引物在模板DNA全长范围内随机退火并对模板DNA进行低严紧扩增；第二步则将退火温度升高至62℃特异性退火，如同常规PCR进行25～35个循环，对第一步低严紧扩增产物进行放大。DOP-PCR扩增效率高，扩增片段的长度大小在300bp～1.7kb，平均500bp左右，DOP-PCR的扩增效率主要依赖于引物的浓度和聚合酶的活性。在低退火温度条件下，引物能与多个基因组位点（人类基因组可以达到10^6）结合，扩增产物几乎覆盖全部基因组，是WGA中最具代表性的方法之一[96,99,100,101]。

2. 实验方法

（1）反应体系　$MgCl_2$ 2mmol/L；Tris-HCl 10mmol/L pH 8.4；KCl 50mmol/L；引物（5′-CCGACTCGAGNNNNNNATGTGG-3′）2mmol/L；dNTP 0.2mmol/L；*Taq* DNA聚合酶1.25U/50μL；基因组模板DNA（见“3.注意事项”④）。

（2）扩增条件

① 第一轮低严紧扩增：95℃预变性5min；94℃变性1min、30℃复性1.5min、3min内将温度从30℃升高到72℃，72℃延伸3min，进行5个循环。

② 第二轮特异性扩增：94℃变性1min，62℃复性1min，72℃延伸3min（每个循环另加1s），进行25～35个循环[101]。

3. 注意事项

① DOP-PCR的扩增效率依赖于引物和聚合酶的浓度，但引物浓度太高易导致引物自连序列和非模板相关序列的形成[101]。

②*Taq* DNA聚合酶具有较高的突变率，使DOP-PCR产物中有较高的变异发生。引入高保真酶有助于提高产物的保真度。具有3′→5′外切酶校正活性的DNA聚合酶如*Pwo*（expand high fidelity fystem，roche）和*Taq* DNA聚合酶的混合物已用于WGA扩增[97,102]。

③ DOP-PCR引物并非完全随机，3′端的6个特异性碱基使基因组扩增有一定的倾向性，这种倾向性影响DOP-PCR对基因组的覆盖。但是增加3′端特异性碱基的数目（如增加到8个）能降低DOP-PCR产物的复杂程度，同时使扩增产物具有一定的特异性。因此可通过增加3′端特异性碱基的数目来预计某些基因位点将得到扩增[95,103]。

④ 基因组模板DNA量太少（＜10pg）时，DOP-PCR扩增的均匀性下降，基因组中很大部分将得不到扩增，出现等位基因选择性扩增或等位基因缺失、微卫星长度改变等人为假象，不能如实反映基因组的全貌。当样品中含有5～10个细胞DNA时（基因组DNA＞50pg），DOP-PCR能为比较基因组杂交（comparative genome hybridization，CGH）提供合适的探针，但不适于染色体作图和微卫星分析。激光显微切割可能有助于DOP-PCR和CGH用10～20个细胞对微卫星进行分析。以诊断为目的时应该尽量增加原始模板的量，分别进行多次独立检测并使用高保真的DNA聚合酶[97]。

⑤ DOP-PCR扩增片段的长度大小在300bp～1.7kb，平均500bp左右。通过使

用具有 3′→5′外切酶校正活性的 DNA 聚合酶 *Pwo* 和延长复性、延伸时间可以获得 10kb 的长片段产物，为后续的 PCR 提供可信度更高的模板，使后续 PCR 可以获得大于 1kb 的特异基因产物[102]。

⑥ 苏木素-伊红（hematoxylin-eosin，HE）染色标本不适于 DOP-PCR，高浓度的苏木素降低 DOP-PCR 产物的质量，因此进行 DOP-PCR 扩增的微切割组织应避免用 HE 染色[102]。

⑦ 浸润型肿瘤如少突胶质细胞瘤组织常与正常组织交织混杂，组织微切割有助于获得相对一致的肿瘤细胞，DOP-PCR 与 CGH 对微切割组织的分析有助于揭示肿瘤细胞的真正细胞遗传学特征[104]。

（二）引物延伸预扩增 PCR（PEP-PCR）

1. 原理

PEP-PCR 以随机组成的 15 个碱基寡核苷酸为引物，这种引物在理论上有 4^{15} 种排列顺序，在低温（37℃）下随机与基因组 DNA 的大量位点退火，55℃延伸，并且每个循环的退火温度都是由 37℃连续升温至 55℃，确保不同组成的引物与尽可能多的基因组序列退火，随机扩增整个基因组 DNA。PEP-PCR 可以使基因组 DNA 放大几十倍。扩增产物经过特异基因位点的巢式或半巢式 PCR 鉴定扩增效率和保真度。PEP-PCR 的扩增效率低于 DOP-PCR，无法用常规的方法检测产物的片段大小，但它的覆盖率却高于 DOP-PCR。因而 DOP-PCR 用于 CGH 可以获得满意的结果，而 PEP-PCR 的 CGH 信号非常微弱，但是，改良的 PEP-PCR 可用单个肿瘤细胞进行微卫星的分析[96,105,106]。

2. 实验方法

DNA 模板 10μL，随机引物 5μL（400μmol/L），PCR 缓冲液 6μL（$MgCl_2$ 25mmol/L，明胶 1mg/mL，Tris-HCl 100mmol/L，pH8.3），2mmol/L dNTP 3μL，*Taq* DNA 聚合酶 5U，补充水至 60μL。

94℃ 1min→37℃ 2min→55℃ 4min（以 1℃/10s 从 37℃升高到 55℃）共 50 个循环[106]。

3. 注意事项

① 外源 DNA 和其它细胞 DNA 的污染是单细胞 PCR 的一大难题，因此需严格按操作规程操作，避免人为污染。为减少污染风险，应建立污染评估指标，如检测多个具有高度多态性和可遗传性的短串联重复序列（short tandem repeat，STR）[107,108]。

② PEP-PCR 的重复性和扩增产物的准确性依赖于原始模板的数量和质量。由于原始模板量少，PEP-PCR 产物中每一特定 DNA 序列的拷贝数也是有限的，因此在进行后续的巢式或半巢式 PCR 时应考虑加入 PEP-PCR 产物的量。原始模板的量和 PEP-PCR 产物的量决定后续 PCR 的质量及结果分析[106,107]。

③ 由于在低拷贝条件扩增容易发生错配，单细胞全基因组扩增用于植入前遗传学诊断时要考虑到 PCR 反应引入错误而导致误诊的风险，因此扩增过程中采用高保真 DNA 聚合酶是必要的。

④ 对于浸润型肿瘤，肿瘤细胞常与正常细胞交织混杂，用激光显微切割有助于获得纯化的肿瘤细胞，从而避免正常细胞的污染[107]。

⑤ PEP-PCR 扩增的效率因细胞处理的条件不同而有较大的差异，福尔马林固定的石蜡切片组织细胞的扩增效率明显低于新鲜细胞。但福尔马林固定的石蜡切片是获得纯肿瘤细胞的常用方法，因而，为获得准确的结果应尽量取更多的细胞[107]。

⑥ 显微组织切割过程中容易造成染色体和 DNA 丢失，引起人为的等位基因丢失。而且对冰冻或新鲜组织的处理过程要迅速，避免基因组 DNA 的降解[107]。

（三）连接物 PCR（LA-PCR）

1. 原理

由于适于 PCR 扩增和 CGH 分析的 DNA 片段最适长度为 0.2～2.0kb，将基因组 DNA 用识别四位点的限制性内切酶（如 *Mse* Ⅰ，识别 TTAA）酶切，产生 100～1500bp 的 DNA 片段，并在片段的两端连接特定性的 DNA 序列（adaptor），并以与该序列互补的 DNA 序列作为引物扩增修饰的 DNA 片段，从而达到扩增整个基因组的目的（参见图 15-10）[96,97,109]。

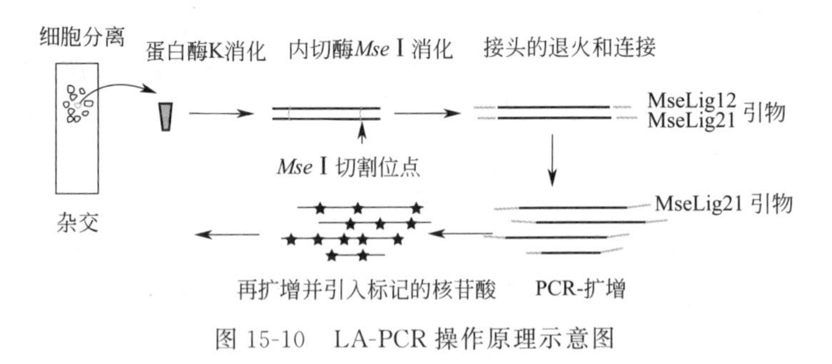

图 15-10　LA-PCR 操作原理示意图

2. 实验方法

（1）试剂　A45B/B3 单克隆抗体（Micromet，Martinsried，Germany），荧光标记的羊抗鼠多抗（The Jackson Laboratory），Pick 缓冲液（50mmol/L Tris-Cl pH8.3，75mmol/L KCl，3mmol/L $MgCl_2$，137mmol/L NaCl），蛋白酶 K 消化缓冲液（10mmol/L Tris-acetate pH7.5，10mmol/L $MgAc_2$，50mmol/L KAc，0.67％吐温-20，0.67％Igepal，0.67mg/mL 蛋白酶 K），One-Phor-All-Buffer-Plus 缓冲液（Pharmacia），限制性内切酶 *Mse* Ⅰ（New England Biolabs），T4 DNA 连接酶（Boehringer Mannhein），10×PCR 缓冲液（Boehringer Mannhein，Expand Long Template，缓冲液 1），*Taq* 及 *Pwo* DNA 聚合酶。

（2）基因组 DNA 的制备及酶切　从骨髓抽吸细胞分离单个细胞，经 0.05％的多聚甲醛固定后用 A45B/B3 单克隆抗体和荧光标记的羊抗鼠多抗对肿瘤细胞进行标记，经显微操作分离荧光细胞，置于含 1μL Pick 缓冲液的 PCR 管，加入 2μL 的蛋白酶 K 消化缓冲液，42℃孵育 10h，80℃处理 10min 使蛋白酶 K 灭活，然后加入 0.2μL One-Phor-All-Buffer-Plus 缓冲液，0.5U *Mse* Ⅰ和 1.3μL H_2O_2，37℃消化 3h。

（3）引物和衔接物（adaptor）　MseLig21 引物（5′-AGTGGGATTCCGCATGC TAGT-3′），MseLig12 引物（5′-TAACTAGCATGC-3′），分别溶于引物稀释液（Metabion Martinsried，Germany）使终浓度为 100μmol/L，两种引物一起退火可作为 adaptor，MseLig21 引物可作为 PCR 引物。

（4）DNA 片段与衔接物连接　在上述制备的基因组 DNA 中加入 MseLig21 和 MseLig12 引物溶液各 0.5μL，再加入 1.5μL 去离子水、0.5μL One-Phor-All-缓冲液，从65℃孵育10min（引物变性，同时灭活内切酶）后逐渐降温至15℃复性（降温速度1℃/1min）。然后加入ATP（10mmol/L）1μL，T4 DNA连接酶1μL（5U），16℃过夜连接。

（5）LA-PCR扩增　在上述反应体系中，加10×PCR缓冲液3μL、10mmol/L dNTPs 2μL、去离子水35μL。68℃变性4min，去除MseLig12引物，接着加入1μL *Taq* 和 *Pwo* 聚合酶混合物（3.5U），孵育3min后进行如下循环：94℃ 40s→57℃ 30s→68℃（1min 15s），14个循环；94℃ 40s→57℃ 30s→68℃（1min 45s），34个循环；94℃ 40s→57℃ 30s→68℃ 5min，反应结束。

3. 注意事项

LA-PCR扩增的效率较高，不受产物长短的影响，而且扩增产物的序列选择性偏移较少，但是扩增前的操作繁琐，在单细胞操作时可能丢失部分基因组DNA[96,99]。

（四）多重替代扩增（MDA）

1. 原理

链替代扩增（strand displacement amplification，SDA）是应用滚环扩增（rolling cycle amplification，RCA）的方法，既可用于信号的放大也可用于目的基因的扩增。F. Dean等基于链替代扩增方法原理创建了MDA，用于扩增全基因组（见图15-11）。该方法利用Φ29DNA聚合酶和随机六聚体引物对人基因组进行扩增，可以直接从生物样品如全血、组织培养细胞中扩增，在常温等温下扩增，避免了高温下DNA降解对扩增产物质量的影响。Φ29DNA聚合酶具有的主要特性如下。①具有非常高的向前延伸的活性，且与模板紧密结合，能高效合成DNA，每一次结合到DNA链上可以引导70000个碱基掺入。这样随机起始合成有代表性的基因组DNA不会受序列本身的碱基组成、短的串联重复序列或二级结构影响，使得在存在复杂的一级和二级结构的情况下PCR反应仍能顺利进行高效的DNA合成，最大限度减少了链转换和二级结构形成。②支持链取代DNA合成。下游的互补链被酶取代出来成为单链，并可以作为下一步随机六碱基引物的起始模板。③Φ29DNA聚合酶3′→5′外切酶活性，其有高保真纠错功能，报道的错误率仅为10^{-5}～10^{-6}，约比 *Taq* 聚合酶低100倍[110]。所以与DOP-PCR和PEP-PCR比较，MDA无论是扩增的效率，还是扩增的可信度都明显优于DOP-PCR和PEP-PCR，能均匀扩增全基因组，而没有明显的偏移。MDA可以从1～10个拷贝的基因组DNA扩增出20～30μg的产物，DNA产物的平均长度大于10kb。MDA具有的这些优点使MDA适合多方面的应用，包括定量PCR、单核苷酸多态性（SNP）基因分型、Southern blot分析及染色体图谱的绘制等。MDA不需要从微生物样品中分离基因组DNA就可直接进行扩增，并可用于DNA序列分析。因此，MDA是扩增难以分离培养的生物样品基因组DNA的首选

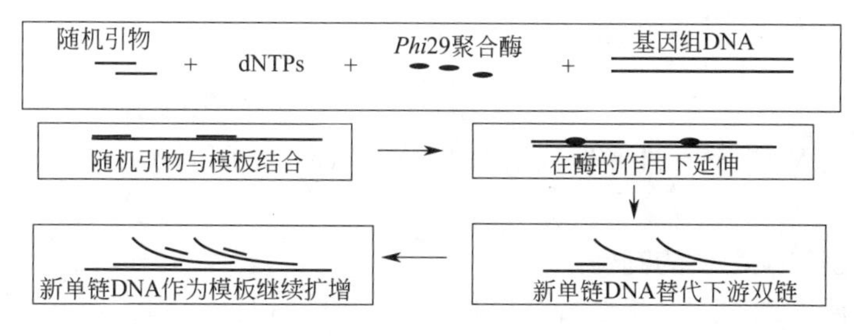

图15-11　多重替代扩增过程示意图

方法。MDA也可用于从可疑感染的组织中扩增微生物基因组DNA，如关节组织[94,98,111,112]。

2. 实验方法

（1）反应体系　100fg～300ng基因组DNA；50μmol/L引物（5′-NpNpNpNp^{S}Np^S N-3′，巯基磷酸修饰，核酸外切酶抗性）；1mmol/L dNTPs；10mmol/L $MgCl_2$；37mmol/L Tris-HCl，pH7.5；50mol/L KCl；5mmol/L $(NH_4)_2SO_4$；酵母焦磷酸酶1U/mL；Φ29DNA聚合酶800U。

（2）扩增条件　30℃孵育18h，扩增结束后65℃ 3min灭活。

3. 注意事项

MDA的扩增效率也决定于模板的质量，不同模板扩增效率差别很大。随着模板DNA分子量的降低，扩增产物的量也下降。因此，该方法对于降解的DNA，如甲醛固定组织或低分子量DNA并不是最理想的选择[113]。

（五）随机分布重复序列PCR（IRS-PCR）**和标记随机引物PCR**（T-PCR）

IRS序列是在基因组DNA上广泛分布的、高度保守的间隔重复序列，合成IRS-PCR的引物可扩增两个IRS序列之间的DNA。在大鼠的基因组中已定位351个IRS标志。Alu序列是人类所特有的IRS序列，在人的单倍体基因组中约有900000个拷贝，平均间隔4kb。由于Alu序列在人类基因组中分布不均匀，重复次数不等，Alu-PCR在基因组不同的区域的扩增效率差异极大，扩增产物明显不均匀，因而Alu-PCR作为全基因组扩增的方法应用受到限制。但Alu-PCR可用于制备染色体或染色体特异区域的荧光原位杂交（fluorescence *in situ* hybridization，FISH）涂色探针，在绘制人群遗传图谱、疾病染色体指纹图谱、物理图谱、荧光原位杂交分析、遗传学的高通量分析等方面得到广泛应用。而且Alu-PCR能快速有效地从体细胞中分离特异的基因序列，如病毒整合基因[96,114]。关于Alu-PCR的详细介绍请参阅本书有关章节。

T-PCR引物3′端为9～15个碱基的随机序列，5′端为17个碱基的标记序列。反应分两步进行。第一步进行5个循环，第一个循环引物的3′随机序列与模板DNA在30～40℃随机退火，在*Taq*聚合酶的引导下延伸，使5′端带上标记序列；第二至第五个循环以新合成链为模板，使其两端均带有标记序列；离心除去未结合的引物和引物二聚体。第二步加入与标记序列互补的引物，特异性扩增第一步的扩增产物，共进行60个循环。T-PCR的扩增效率和产物特异性均较高，但扩增产物对基因组DNA的覆盖率偏低，一般情况下仅37%，因此作为全基因组扩增的实际应用也受到限制[96,105]。

三、基因组DNA模板的制备

WGA中，DNA模板可以是粗制的基因组DNA、纯化的基因组DNA、染色体、显微切割的染色体或分离的酵母人工染色体（yeast artificial chromosomes，YAC）等，其制备方法简述如下。

1. 显微切割的染色体的制备

取外周血淋巴细胞按常规制备染色体标本，定点切割DNA片段，并将片段转移至20μL无菌水中[115]。

2. 微切割组织

甲醛固定的石蜡组织切片经显微切割或激光显微切割获得的单个细胞需经过胰蛋白酶消化后制备粗制的基因组DNA。微切割组织在60μL蛋白酶K消化反应体系（1×PCR缓冲液，含5%的吐温-20，0.5mg/mL的蛋白酶K）中于55℃孵育3d，每天补充两次蛋白酶K（每次补充1μg/2.5μL）。消化结束后蛋白酶K在95℃灭活10～15min，粗制的基因组DNA直接用于WGA[104]。

3. 全血细胞基因组DNA的制备

取全血分离淋巴细胞，用常规的酚-氯仿抽提方法提取基因组DNA[116]。

4. 流式细胞仪分离细胞

用流式细胞仪分选获得的新鲜单个细胞、胚胎细胞等直接用细胞裂解液裂解，制备粗制的基因组DNA：先将单个细胞置于5μL碱性裂解缓冲液中（200mmol/L KOH，50mmol/L二硫苏糖醇）裂解10min，加入5μL中和液（900mmol/L Tris-HCl，pH8.3，300mmol/L KCl，200mmol/L HCl），直接用于WGA扩增。也有人直接将单个细胞置于PCR体系中进行扩增[107,117,118]。

四、不同WGA方法的比较

扩增效率和保真性是衡量全基因组扩增技术优劣的主要标准，扩增片段的大小对于分析较长的基因片段也非常重要。WGA主要是从引物设计和改变扩增条件来达到全面扩增基因组[96,97]。LA-PCR扩增前操作繁琐并可能丢失部分基因组DNA[99]，IRS-PCR扩增产物不均匀[100]，TP-PCR对全基因组的扩增范围偏小，使得它们的应用受限[96,105]。DOP-PCR和PEP-PCR是目前最具代表性和应用最广泛的全基因组扩增方法[96,97]，二者均能大幅度扩增模板DNA，使几乎整个基因组得到放大。DOP-PCR的扩增效率高于PEP-PCR，据Cheung等报道[99]，DOP-PCR可将原来的模板扩大至12～20000倍，而且模板量越少，扩增倍数越高，主要是由于受到DNA聚合酶和引物量的限制。但PEP-PCR更能反映基因组的全貌，DOP-PCR由于引物并非完全随机，与基因组的退火有一定的倾向性，这种倾向性影响DOP-PCR对基因组的覆盖，PEP-PCR由于引物全部序列均为随机，种类多达4^{15}，这便保证了它可以与基因组随机退火，从而使整个基因组得到放大[105]。MDA是基于环状滚动扩增的链替代扩增技术，其扩增效率和产物覆盖率明显优于DOP-PCR和PEP-PCR，都能满足基因组全面研究的需要[94,98]。

五、WGA的产物分析及应用

全基因组扩增的主要目的是在如实反映基因组全貌的基础上最大限度地增加DNA的量，包括三个方面的含义：一是基因组的全部或绝大部分序列能以相同的比例扩增，即覆盖率要高；二是尽量减少原模板中不存在的序列出现；三是扩增效率要高。扩增效率和保真性是衡量全基因组扩增技术优劣的主要标准，扩增片段的大小对于分析较长的基因片段也非常重要。因此，对于全基因组扩增的产物有必要进行扩增效率和保真度的分析。

（一）WGA产物的分析

1. 凝胶电泳

DOP-PCR的扩增产物经1%凝胶电泳后呈现弥散的条带，分布于200～1700bp

之间。增加 DOP-PCR 引物的特异性，如增加引物的 3′端特异碱基的数目从而提高扩增的特异性，产物中出现特异的 DNA 条带。因此，通过增加引物的 3′端特异碱基的数目可以预测某些序列得到扩增。由于 PEP-PCR 的扩增效率偏低，凝胶电泳后看不见弥散的电泳条带。

2. WGA 产物扩增效率和保真度的鉴定

用特异基因、位点（如微卫星、STR）或基因座的引物对 WGA 扩增产物和对照基因组 DNA 进行 PCR、巢式 PCR 或半巢式 PCR 扩增，凝胶电泳检测特异条带，测序鉴定基因扩增的特异性[101,104,106,107]。

3. WGA 产物的标记（以 DOP-PCR 为例）

反应体系（终浓度）：1×PCR 缓冲液，dNTP 100μmmol/L，DOP-PCR 引物 1.4μmol/L，$MgCl_2$ 4.5mmol/L，DIG-11-dUTP 50μmol/L，*Taq* DNA 聚合酶 2.5U，DOP-PCR 扩增产物 5μL。

反应条件：95℃ 10min 预变性；94℃ 70s→56℃ 70s→72℃ 3min，25 个循环，最后一个循环结束后于 72℃延伸 10min[104]。

也可用特异基因的引物对 WGA 扩增产物进行 PCR 扩增，标记 Biotin-11-dUTP 或荧光素。或者通过缺口翻译的方法将荧光素如光谱绿脱氧鸟苷三磷酸（spectrumgreen-dUTP）或 TRITC-脱氧鸟苷三磷酸（TRITC-dUTP）标记于 WGA 扩增产物上[104,117]。标记好的 WAG 扩增产物可用于荧光原位杂交和比较基因组杂交。

（二） WGA 的应用

WGA 是对全基因组进行扩增从而为遗传研究提供足够的 DNA，它的应用和发展使得利用单个细胞和极微量的 DNA 模板进行多方面的遗传学研究成为可能，WGA 作为强有力的工具在建立 DNA 文库、基因分型、植入前遗传学诊断、产前诊断、显微切割诊断、肿瘤遗传学研究、微生物多样性、古生物学、生物恐怖、基因组测定和法医学等方面得到广泛应用[94-97]。

1. 建立 DNA 文库

Alu-PCR、LA-PCR、T-PCR 以及 DOP-PCR 的扩增产物最初主要用于建立重组 DNA 文库，也为整条染色体分析和特异染色体分析提供 FISH 探针[115]。

2. 单核苷酸多态性分析（SNP）和 STR 基因型检测

人类基因组中最常见的变异形式是单核苷酸多态性（SNP），SNP 在基因组中大量存在、广泛分布，与家族研究、肿瘤异质性研究等相结合，可作为鉴定致病基因的遗传标志。因此，它也是诊断肿瘤、糖尿病、精神病等人类疾病的重要指标。但是目前主要的障碍是没有有效的方法对成百上千的遗传标记进行大规模遗传定位，发展大规模、快速、低值高效的鉴定 SNP 的技术是人类基因组研究发展的需要。普通 PCR 需要对含有 SNP 的位点进行单独的扩增，人类基因组估计有 500000 个致病基因，每个反应需要 10ng DNA，那么完成 500000 个 SNP 的筛查需要 5mg DNA，其来源将是非常困难。虽然多重 PCR 可以提高 SNP 基因分型的效率，但是不能适应更多位点的研究需要。克服这些缺点的途径就是对全基因组扩增。用基因组 DNA 的 DOP-PCR 扩增产物作为模板进行 SNP 基因分型，可以获得与以基因组 DNA 作为模板进行的基因型分析一致的结果。用 DOP-PCR 扩增产物进行 SNP 分型具有以下特点：

第一，整个试验用一条引物，大大降低成本；第二，扩增效率高，通过对人、小鼠等用同一条DOP-PCR引物可以使分布于染色体上的SNP位点放大，有足够的DOP-PCR产物作为靶DNA直接用于SNP基因分型，并能得到足够好的结果；第三，增加3′端的特异性核苷酸序列的长度，提高DOP-PCR扩增的特异性，DOP-PCR随机扩增的序列可以精确定位于基因组序列，而且用特定的简并引物可以预期哪些DNA序列得到扩增（也就是说预期SNP位点得到扩增）。虽然人类基因组测序已完成，有助于全基因组扩增引物的设计，改善全基因组扩增的策略，使全基因组的大规模分析更有效、更直接，但是DOP-PCR也可以使大量不含SNP位点的序列扩增，而这些序列在基因分型过程中产生干扰，给特异的基因分型带来困难，即使是根据已知基因组序列设计引物，DOP-PCR扩增的序列预测仍然不一定准确。由于扩增效率的不同和简并引物的多态性，某些预计的片段有可能不被扩增。因此某一特定的DOP-PCR扩增产物中并不包含所有的所需的SNP多态性位点，但可能有并非所预计的SNP位点被扩增。当然，对某些未知序列的生物来说，DOP-PCR也不失为一种获得一系列SNP资料的有效方法。

DOP-PCR在SNP分析中应用的另一潜在优势是DOP-PCR扩增产物可用于大部分SNP分析平台。这些分析平台敏感性高，可独立对存在于扩增产物中的数百个SNP位点进行基因型分析，因而，用DOP-PCR扩增的产物就可完成对整个基因组的SNP扫描[95,103,119]。

对于STR研究，Peter等[120]对5cm范围内的768个STR标记进行分析，发现利用MDA进行DNA基因型检出准确率与对照DNA只相差1.5%。而且对杂合性等位基因的扩增无明显倾向性，也无重复序列的插入或缺失。在所有的标记中，扩增的误差主要集中于其中34个位点，这可能是由于这些位点的扩增效率较低或者Φ29DNA聚合酶的保真性下降。因此，在进行STR分析时，应该注意这类标记。

3. 肿瘤遗传学研究

分析正常组织与良性、恶性肿瘤在微卫星多态性、杂合性缺失、点突变及基因重组、染色体异常等方面的遗传信息，有助于追溯肿瘤细胞起源，发现肿瘤细胞杂合性缺失、基因突变及重组等异常。WGA可利用流式细胞仪、组织显微切割、激光组织显微切割分离的肿瘤细胞的基因组DNA为模板，经过扩增获得足量的含有全部基因组信息的核酸序列，使多方面的遗传学研究成为可能。由于WGA可以提高肿瘤细胞杂合性缺失分析的敏感性，可以利用肿瘤病人的尿、痰等混杂有肿瘤细胞和正常细胞的临床标本开展无创性诊断[96,97,104,109,121-123]。

4. 产前诊断

通过WGA不仅可对产前羊水细胞和绒毛膜细胞实现多基因位点的分析，而且也可对母血中胎儿细胞进行细胞遗传学诊断。如对母血中胎儿有核红细胞进行PEP-PCR或DOP-PCR，结合后续的荧光PCR检测*DMD*、*SRY*、*Rh*等基因，结合后续的CGH进行13、18、21非整倍体分析[124,125]。

5. 植入前遗传学诊断（preimplantation genetic diagnosis， PGD）

WGA在PGD中的应用是最具代表性的。体外受精通过植入前遗传学诊断(preimplantation genetic diagnosis，PGD)进行胚胎遗传学分析，选择正常胚胎植入，避免异常胚胎的妊娠，具有明显的遗传优生学意义。但是，PGD所能提供的样本量极少，仅1～2个胚胎细胞，且不能反复取材。因此经过WGA扩增后，可获得足量

DNA 样本，进行多基因、多位点的遗传学分析。应用于 PGD 的 WGA 方法主要为 PEP-PCR 和 DOP-PCR。PEP-PCR 与巢式或半巢式 PCR 相结合可对某些累及多个外显子或具有多种突变的单基因进行分析，用于诊断 Duchenne 肌营养不良症、神经节苷脂 GM_2 Ⅰ型、α 地中海贫血、天冬氨酰葡糖胺尿症、婴儿神经元蜡样质脂褐质沉积症、家族性遗传性包涵体肌病、囊性纤维病等。DOP-PCR 不仅可用于多基因多位点的 PCR 分析，与 CGH 相结合也可对基因组的组成、缺失或增加进行分析。因此 DOP-PCR 的应用有望实现单次胚胎活检、单个细胞的性别检查、部分单基因病和染色体病的同步诊断[100,126-128]。

6. 比较基因组杂交（CGH）检测基因拷贝数改变

所有基因组位点都能同等程度扩增，对于检测基因拷贝数变化十分重要，特别是对于肿瘤样本。Dean 等[98] 对中期染色体进行 CGH 分析结果显示，MDA 产物和未扩增样本获得相同的结果。此外，MDA 还可用于 DNA 探针制备，用于比较基因组、染色体组型和细针穿刺或羊水样本的基因学芯片分析。

随着 CGH 技术的发展，出现了阵列-比较基因组杂交（array-CGH）技术，大大提高了 DNA 拷贝数异常检测的分辨率。array-CGH 的意义在于只分析数百个细胞就能检测出肿瘤甚至癌前病变小克隆斑所不能发现的异常遗传学改变[129]。通常采用微切割方法获取数百个细胞，因此 array-CGH 需要依赖保真性较高的 WGA 方法。MDA 可以从小量的起始细胞中获得足够 DNA 以用于 array-CGH。

7. 用于法医工作中的检测

法医工作中经常会遇到混合样本和模板拷贝少等问题，而全基因组扩增技术能大量增加原始模板 DNA，因此可以单细胞中 DNA 为模板扩增，以达到检测的阈值，从而进行有效的 DNA 分析。并且应用全基因组扩增技术可以增加实验的重复性，如法医工作中也会遇到的常规检测的 STR 位点个别缺失，或线粒体测序时出现污染等问题就可以得到有效避免，以确保案件检测的准确性[110]。

六、小结

全基因组扩增方法的应用提供了一种从微量基因组 DNA 获取大量遗传信息的途径，为分子生物学、遗传学的研究和诊断等提供了一个有用的工具。上述的各种 WGA 方法主要是通过引物设计和改变扩增条件对微量的模板基因组 DNA 进行扩增[96,97]，无论是 LA-PCR、IRS-PCR、T-PCR，还是最具代表性和应用最广泛的全基因组扩增方法 DOP-PCR 和 PEP-PCR，都或多或少在扩增效率和覆盖率上存在一定的问题。虽然对这些方法的扩增策略（包括模板制备、引物设计、DNA 聚合酶和扩增条件等）进行了不断的改进，但应用上仍然存在一定局限。而近年来新发展起来的 MDA 全基因组扩增方法不仅扩增效率高，扩增产物（平均长度＞10kb）随机分布，覆盖率没有偏移，而且不需要预先分离基因组 DNA 就可直接从微生物样品中扩增基因组。MDA 成为一种很有发展前途和应用前景的全基因组扩增方法[94,98]。

第五节　单分子 PCR

一、引言

PCR 技术发展到今天，已经相当成熟，并衍生出许多新技术，如 RT-PCR、

RAPD、AFLP、反向 PCR、巢氏 PCR、热启动 PCR、菌落 PCR 和实时 PCR 等。一般而言，为了有效地扩增出目的 DNA，反应体系中添加较多量的模板，反应程序中使用较少的循环数。如果模板量过少，扩增效率就较低，难以有效地扩增出 DNA。如果循环数过多，非特异性扩增的比例将增高。所以，反应的模板量通常控制在 pg 或 ng 级，循环次数通常在 40 以下[130]。然而，理论上模板量最少可以到一个 DNA 分子，循环数可以是无限的。从这一理论出发，最近发展了一项新的 PCR 技术——单分子 PCR（single molecular PCR，SM-PCR）[131]。

二、原理

单分子 PCR 是从常规的 PCR 衍生而来，其原理与常规 PCR 没有什么区别，不同之处仅在于其模板的量低至几个甚至一个分子，所以循环数需要比常规的高。因此，为确保试验成功，在模板的质量、引物设计、DNA 聚合酶的选择、反应条件以及具体操作上与常规 PCR 有较大区别，这些相关细节在“五、注意事项”中作详细介绍。

三、材料

SM-PCR 所需的材料包括：10×PCR 缓冲液（0.1mol/L Tris-Cl pH 8.8，15mmol/L $MgCl_2$，0.5mol/L KCl 和 1% Triton X-100），待测的 DNA 模板，2.5mmol/L dNTP，10pmol 上游引物 LDS，10pmol 下游引物 LDK，*Taq*DNA 聚合酶。

四、方法

1. 反应体系

首先，将纯化的 DNA 用含 1g/L 的蓝色葡聚糖 2000 或 1ng/L tRNA 的 TE 溶液稀释到 1 个（或 5 个、10 个）分子/μL 的终浓度。接着，按照下述反应体系分别加入各种成分。

成分	用量	成分	用量
待检测模板(100ng/μL)	1μL	*Taq*DNA 聚合酶(1.0U/μL)	0.5μL
10×PCR 缓冲液	2.5μL	ddH_2O	18μL
2.5mmol/L dNTPs	1μL	总体积	25μL
上游引物(10pmol)	1μL		
下游引物(10pmol)	1μL		

2. 反应程序

步骤	温度	时间	循环
预变性	96～98℃	5min	
变性	96～98℃	5～15s	60～80 个循环
复性	64℃	20s	
延伸	72℃	20s	
最后延伸	72℃	1min	

五、注意事项

SM-PCR 是基于常规 PCR 技术原理发展而来的，包括变性、复性、延伸 3 个基本步骤，但在模板数量、引物设计、DNA 聚合酶选择以及反应条件上与常规 PCR 存在着较大的区别[132]。

1. 模板的准备

SM-PCR 是在 DNA 模板稀释到极端条件下进行的扩增反应，因此模板的质量直接决定了实验的成败与扩增效率。纯化的 DNA 用含 1g/L 的蓝色葡聚糖 2000 或 1ng/L tRNA 的 TE 溶液稀释到 1 个（或 5 个、10 个）分子/μL 的终浓度。蓝色葡聚糖 2000 或 tRNA 的作用是为了防止 DNA 吸附于管壁上，以保证模板的正常变性、引物的退火以及链的延伸。

2. 引物的设计

SM-PCR 反应混合物中模板的量极低，若引物之间存在少量配对序列，多循环扩增下极易形成二聚体。因此，在进行引物设计时应严格控制其（G+C）含量和 T_m 值，同时尽量避免引物间存在可配对的序列。2000 年，Nakano 等[133] 对模板进行了改造，得到末端相同的模板，并使用了单一引物（single-primer）进行 SM-PCR（又称 homo-primer PCR）。由于该单一引物是人为引入的，可以充分优化，从而有效地避免了引物二聚体的产生，提高了实验成功率。

3. DNA 聚合酶的选择

DNA 聚合酶是 PCR 反应中最重要的一个环节，其保真度以及热稳定性将决定能否扩增出理想产物。在 SM-PCR 中，模板数很少、循环数多、dNTP 损耗很大。因此在保真度低及热稳定性差的 DNA 聚合酶作用下，很容易产生突变。因此选择何种 DNA 聚合酶，完全取决于实验是否需要产生突变。在基因组测序及法医鉴定中为获得大量无突变、高度一致的 PCR 产物，通常选用高保真度的 *Pfu* DNA 聚合酶，其错误掺入率为 7×10^{-7} 个/bp，在同样实验效率下将 500bp 长的片段扩增 100 万倍，产物错误率仅为 0.7%。

4. 反应条件

SM-PCR 与常规 PCR 在反应条件上主要有以下区别：①SM-PCR 的变性温度（96～98℃）大多比常规 PCR（94℃）高，其变性时间（5～15s）短于常规 PCR（40～60s），同时退火时间及延伸时同也相应缩短；②常规 PCR 循环数多为 35～40 次，但 SM-PCR 循环数达到 60～80 次，总的反应时间多达 3～5h，因此必须选择热稳定性好的 DNA 聚合酶。

5. 预防污染

与其它 PCR 衍生技术相比，污染对于 SM-PCR 影响更大。由于 SM-PCR 中模板数量极少。少量污染都会导致实验产生错误甚至整个实验失败。在处理样品的过程中，微量移液器、空气等极易造成样品间的交叉污染。此外，试剂配制中也极易被污染而导致 SM-PCR 污染。因此，在实验中应注意设阴性对照，同时，注意采用有效预防措施，如严格的无菌操作、试剂经高温高压灭菌及分装等。

六、SM-PCR 的应用

1. 构建蛋白质文库

在高保真度 DNA 聚合酶作用下，SM-PCR 与体外无细胞表达系统结合而成的 SIMPLEX 系统具有高表达、快速构建蛋白质文库的优点，弥补了常规蛋白质展示技术的一系列缺点，扩大了蛋白质展示技术的应用范围，特别是应用于毒性蛋白质的表达，改变DNA模板数，可获得大小不同的蛋白质文库。名古屋大学分子生物学研究室已经成功地利用SIMPLEX系统构建了抗人类血清蛋白单链抗体、脂肪酶等蛋白质文库[134,135]。

2. 体外定向进化

体外定向进化是非理性地改造蛋白质或DNA分子的一项技术。这项技术一兴起，便发展迅速。SM-PCR在低保真*Taq*DNA聚合酶及其它致突变因素的共同作用下，极易导致DNA突变，从而构建出含有大量随机突变的DNA文库，当每个循环使用标准错配率为0.8×10^{-5}个碱基的*Taq*聚合酶时，反应条件偏离的SM-PCR可得到2.5×10^{-5}个碱基的错配频率[131]，因此，在体外定向进化领域中具有广阔的应用前景。

3. 基因组测序

由于SM-PCR在高保真DNA聚合酶（如*Pfu* DNA聚合酶）作用下，能够产生无突变DNA，可以广泛应用于各种基因的测序。一段410bp的可读序列经过SM-PCR后，测序结果显示PCR后的准确率能达到99.3%。这与DNA模板数为100的PCR结果相似。目前，人类基因组计划虽已结束，但其草图仅覆盖85%，而且还有很多动植物和微生物基因组计划正在实施中，这些计划极大地促进了SM-PCR技术的迅速发展[136]。

4. 法医学鉴定

目前，SM-PCR在法医学领域的应用越来越广，如性别鉴定、个体识别、亲属鉴定及种属鉴定等。随着智能化犯罪的比例逐年升高，犯罪嫌疑人反侦查意识的增强，在犯罪现场遗留的生物证据会很少，法医必须从微量或超微量生物检材（如眼镜、耳机、牙刷、筷子、汗液、指纹中提取的皮肤碎屑、口腔上皮细胞等）中获得DNA多态信息作为证据，常规PCR方法有时不适合此类鉴定，而SM-PCR由于其模板需求量极低，可以充分满足法医学证物鉴定的需要。另外，在法医学应用领域，目前仍然没有实用有效的方法解决轮奸案件中不同男性个体所遗留精子的分离鉴定及不同个体混合血细胞分离鉴定的问题，而只能通过比对的方法，降低了个体识别的准确率。如能将单细胞激光捕获技术与SM-PCR技术结合，无疑是解决这类问题的理想手段。SM-PCR技术在法医学领域有较大的研究潜力及应用价值[137,138]。

七、小结

SM-PCR指的是以少量或单个DNA分子为模板进行的PCR，与常规PCR相比，SM-PCR具有以下优点[134,139]：①极少的模板数，通常为1个、5个或10个DNA分子；②更微型化的体系，SM-PCR体系大多在10μL左右；③可构建出大小可控的文库，从理论上讲，不同模板数构建的文库大小是不同的，例如DNA模板数为10个分子时，文库大小是模板数为1个分子的10倍；④可与体外表达系统结合成SMIPLEX系统，实现高通量筛选，也可应用于常规蛋白质展示技术受限制的毒性蛋白的筛选；⑤应用前景非常广阔，选用不同的DNA聚合酶，SM-PCR有不同用途。当选择高保真度DNA聚合酶时，可以构建出无突变的蛋白质文库，当选择低保真度DNA聚合酶时，它又可以用于突变文库的构建。

参考文献

[1] Jeffreys A J, Neumann R, Wilson V. Repeat unit sequence variation in minisatellites: a novel source of

DNA polymorphism for studying variation and mutation by single molecule analysis. Cell，1990，60：473-485.
[2] 侯光伟，姜先华. MS31A位点MVR-PCR技术在法医学鉴定中的应用. 法医学杂志，2000，16（1）：18-20.
[3] 卢圣栋. 现代分子生物学实验技术. 第2版. 北京：中国协和医科大学出版社，1999，108.
[4] Kunkel L M，Smith K D，Boyer S H，et al. Analysis of human Y-chromosome-specific veiterated DNA in chromosome variants. Proc Natl Acad Sci USA，1977，74（3）：1245.
[5] 黄俊军，周新，哈黛文. PCR血液模板DNA提取方法探讨. 临床检验杂志，1995，13（4）：192.
[6] Schneeberger C，Kury F，Larsen J，et al. A simple method for extraction of DNA from Guthrie cards. PCR methods and Applications，1992，2（2）：177.
[7] 王林生，苏勇，顾林岗. 硅珠法提取PCR模板DNA. 中国法医学杂志，2000，15（1）：36-37.
[8] 李荣华，张林，吴梅筠，等. 一种改良的骨组织DNA提取方法. 法律与医学杂志，2000，7（3）：131.
[9] Kupiec J J，Giron M L，Vilette D，et al. Isolation of high-molecular-weight DNA from eukaryotic cells by formamide treatment and dialysis. Anal. Biochem，1987，164：53-59.
[10] Walsh P S，Metzger D A，Higuchi R，et al. Chelex 100 as a medium for simple extraction of DNA for PCR-based typing from forensic material. Biotechniques，1991，10（4）：506-513.
[11] 黄功华，熊晓明，缪春华，等. 三种血痕DNA提取方法的比较研究. 赣南医学院学报，1996，16（1）：11-13.
[12] 范海荣，夏永静，孙福成，等. 四种全血基因组DNA提取方法的比较. 中国动脉硬化杂志，2002，10（6）：535-536.
[13] Neil D L，Jeffreys A J. Digital DNA typing at a second hypervariable locus by minisatellite variant repeat mapping. Hum. Mol. Genet. 1993，2：1129-1135.
[14] Armour J A，Harris P C，Jeffreys A J. Allele diversity at minisatellite MS205（D16S309）：evidence for polarized variablity. Hum Mol Genet，1993，2（8）：1137-1145.
[15] Jobling M A，Bouzekri N，Taylor P G. Hypervariable digital DNA codes for human paternal lineages：MVR-PCR at the Y-specific minisatellite，MSY1（DYF155S1）. Hum Mol Genet，1998，7：635-659.
[16] Huang X L，Tamaki K，Yamamoto T，et al. Analysis of allelic structure at the D7S21（MS31A）locus in the Japanese using minisatellite variant repeat mapping by PCR（MVR-PCR）. Ann Hum Genet，1996，60：271-279.
[17] 郑秀芬，叶健，倪锦堂，等. 数字编码小卫星可变重序列法对中国汉人分型. 中国法医学杂志，1996，11（2）：72-74.
[18] J. 萨姆布鲁克，D. W. 拉塞尔. 分子克隆实验指南. 第3版. 黄培堂，等译. 北京：科学出版社，2002：487-509，719-851，1733-1749.
[19] 王保捷，丁梅，庞灏，等. DYF155S1位点遗传多态性及群体差异分析. 中华医学遗传学杂志，2002，19（5）：397-400.
[20] 黄艳梅. MVR-PCR分析技术的研究进展. 中国法医学杂志，2003，18（3）：185-188.
[21] Moncketon D G，Tamaki K，Macleod A，et al. Allele-specific MVR-PCR analysis at minisatellite D1s8. Human Molecular Genetics，1993，2（5）：513-519.
[22] 丛斌，郭晓青，谷振勇，等. 应用MVR-PCR和银染法分析河北汉族人群D1S8基因座DNA结构多态性. 中国法医学杂志，1994，14（4）：192-195.
[23] Hopkins B，Williams N J，Webb M B T，et al. The use of minisatellite variant repeat-polymerase chain reaction（MVR-PCR）to determine the source of Saliva on a used postage stamp. Journal of Forensic Sciences，1994，39（2）：526-531.
[24] 庚蕾，伍新尧，黄艳梅，等. 用荧光标记MVR-PCR方法研究中国汉族人群DYF155S1基因座多态性. 遗传学报，2003，30（1）：15.
[25] Yamamoto T，Tamaki K，Huang X L，et al. The application of minisatellite variant repeat mapping by PCR（MVR-PCR）in a paternity case showing false exclusion due to STR mutation. J Forensic Sci，2001，46（2）：374-378.
[26] Yamamoto T，Tamaki K，Kojima T，et al. DNA typing of the D1S8（MS32）locus by rapid detection minisatellite variant repeat（MVR）mapping using polymerase chain reaction（PCR）. Forensic Science Int，

1994，66-69.

[27] Mckeown B J，Lyndon G J，Andersen J F. Generation of minisatellite variant repeat codes on an automated DNA sequencer using fluorescent dye-labeled primers. Biotechniques，1994，17（5）：901.

[28] Lee H C，Ladd C，Bourke M T，et al. DNA typing in forensic science：Theory and background. Am J Forensic Med and Path，1994，15：269-282.

[29] Edwards A L，Civitello A，Hammond H A，et al. DNA typing and genetic mapping with trimeric and tetrameric tandem repeats. Am J Hum Genet，1991，49：746-756.

[30] Miesfield R，Krystal M，Arpheim N. A member of a new repeated sequence family which is conserved throughout eukaryotic evolution is found between the human D and B blobin genes. Nucleic Acids Res，1981，12：4127-4138.

[31] Hou Y，Mulcahy S M，Mielke M，et al. Genetic variation at the short tandem repeat loci HUMTH01 and HUMVWA within and between Chinese and German populations. Medizinische Genetik，1996，8：101.

[32] Hou Y，Walter H. Genetic substructure at the STR loci HUMTH01 and HUMVWA in Han populations，China//Carracedo A，Brinkmann B，Baer W. Advance in Forensic Haemogenetics 6. Springer-Verlag：Berlin Heidelberg New York，1996：468-470.

[33] Hammond H A，Li J，Zhong Y. Evaluation of 13 short tandem repeat loci for use in personal identification applications. Am J Hum Genet，1994，55：175-189.

[34] Alford R L，Hammond H A，Coto I. Rapid and efficient resolution of parentage by amplification of short tandem repeats. Am J Hum Genet，1994，55：190-195.

[35] DNA recommendations-1994 report concerning further recommendations of the DNA commission of the ISFH regarding PCR-based polymorphisms in STR（short tandem repeat）systems. Int J Leg Med，1994，107：159-160.

[36] Budowle B. Analysis of the VNTR locus D1S80 by the PCR followed by high-resolution PAGE. Am J Genet，1991，48：137-144.

[37] Nakamura Y. Variable number of tandem repeat（VNTR）marker for human gene mapping. Sciencs，1987，235：1616-1622.

[38] Levinson G，Gutman G A. Slipped-strand mispairing：A major mechanism for DNA sequence evolution. Mol Biol Evol，1987，4：203-221.

[39] Schlotterer C，Tautz D. Slip page synthesis of simple sequence DNA. Nucl Acids Res，1992，20：211-215.

[40] Smith J R. Approach to genotyping errors caused by nontemplated nucleotide addition by *Taq* DNA polymerase. Genome Res，1995，5：312-317.

[41] Magnuson V L. Substrate nucleotide-determined non-templated addition of adenine by *Taq* DNA polymerase：Implications for PCR-based genotyping. Bio Techniques，1996，21：700-709.

[42] Walsh P S，Fildes N J，Reynolds R. Sequence analysis and characterization of stutter products at the tetranucleotide repeat locus vWA. Nucl Acids Res，1996，24：2807-2812.

[43] Moller A，Meyer E，Brinkmann B. Different types of structural variation in STRs：HumFES/FPS，HumVWA and HumD21S11. Int J Leg Med，1994，106：319-323.

[44] Brinkmann B，Moller A and Wiegand P. Structure of new mutations in 2 STR systems. Int J Leg Med.，1995，107：201-203.

[45] Mandrekar P V，Krenke B E，Tereba A. DNA IQ™：The intelligent way to purify DNA. Profiles in DNA，2001，4：9-12.

[46] National Research Council USA. Washington DC：National Academy Press，1994.

[47] Did C，Faure S，Fizames C. A comprehensive genetic map of the human genome based on 5264 microsatellites. Nature，1996，380：152-154.

[48] Koreth J，O′ Leary J J，McGee J O′ D. Microsatellite and PCR genomic analysis. J Path，1996，178；239-248.

[49] Gill P，Ivanov P L，Kimpton C. Identification of the remains of the Romanov family by DNA analysis. Nat Genet，1994，6：130-135.

[50] Roy M S，Girman D J，Taylor A C. The use of museum specimens to reconstruct the genetic variability and

relationships of extinct populations. Experientia，1994，50：551-557.

[51] Poinar G O Jr. The range of life in amber：significance and implications in DNA studies. Experientia，1994，50：536-542.

[52] Tuross N. The biochemistry of ancient DNA in bone. Experientia，1994，50：530.

[53] Callen D F. Incidence and origin of "null" allele in the (AC)$_n$ microsatellites markers. Am J Hum Genet，1993，2：922-930.

[54] Chakraborty R，Kidd K K. The utility of DNA typing in forensic work. Science，1991，254：1735-1739.

[55] Taylor J G，Choi E H，Foster C B，et al. Using genetic variation to study human disease. Trends Mol Med，2001，7 (11)：507-512.

[56] Chan M F，Liang G，Jones P A，et al. Relationship between transcription and DNA methylation. Curr Top Microbiol Immunol，2000，249：75-86.

[57] The International SNP Map Working Group. A map of human genome sequence variation containing 1.42 million single nucleotide polymorphisms. Nature，2001，409：928-933.

[58] Halushka M K，Fan J，Bentley K，et al. Patterns of single-nucleotide polymorphisms in candidate genes for blood-pressure homeostasis. Nature Genet，1999，22：239-247.

[59] Sibley L D，Leblanc A J，Pfefferkorn E R，et al. Generation of a restriction fragment length polymorphism linkage map for toxoplasma gondii. Genetics，1992，132 (4)：1003-1015.

[60] Glavac D，Dean M. Optimization of the single-strand conformation polymorphism (SSCP technique for detection of point mutations. Hum Mutat，1993，2 (5)：404-414.

[61] Nataraj A J，Olivos-Glander I，Kusukawa N，et al. Single-strand conformation polymorphism and hetero duplex analysis for gel-based mutation detection. Electrophoresis，1999，20 (6)：1177-1185.

[62] Nickerson M L，Weirich G，Zbar B，et al. Signature based analysis of MET protooncogene mutations using DHPLC. Hum Mutat，2000，16 (1)：68-76.

[63] Fei Z，Smith L M. Analysis of single nucleotide polymorphisms by primer extension and matrix-assisted laser desorption/ionization time of flight mass spectrometry. Rapid Commun Mass Spectrom，2000，14 (11)：950-959.

[64] Prince J A，Feuk L，Howell W M，et al. Robust and accurate single nucleotide polymorphism genotyping by dynamic allele-specific hybridization (DASH)：design criteria and assay validation. Genome Res，2001，11 (1)：152-162.

[65] Schmalzing D，Belenky A，Novotny M A，et al. Microchip electrophoresis：a method for high speed SNP detection. Nucleic Acids Res，2000，28 (9)：e43.

[66] Shi M M，Myrand S P，Bleavins M R，et al. High throughput genotyping for the detection of a single nucleotide polymorphism in NAD (P) H quinone oxidoreductase (DT diaphorase) using TaqMan probes. Mol Pathol，1999，52 (5)：295-299.

[67] Ahmadian A，Gharizadeh B，Gustafsson A C，et al. Single nucleotide polymorphisms analysis by pyrosequencing. Anal Biochem，2000，280 (1)：103-110.

[68] Sherry S，Ward M，Kholodov M，et al. 2001. dbSNP：the NCBI database of genetic variation. Nucleic Acids Res，29：308-311.

[69] Thorisson G，Smith A，Krishnan L，et al. The International Hap Map Project Web site. Genome Res，2005，15：1592-1593.

[70] Fredman D，Siegfried M，Yuan Y，et al. HGVbase：a human sequence variation database emphasizing data quality and a broad spectrum of data sources. Nucleic Acids Res，2002，30：387-391.

[71] Hinds D，Stuve L，Nilsen G，et al. Whole genome patterns of common DNA variation in three human populations. Science，2005，307：1072-1079.

[72] Hirakawa M，Tanaka T，Hashimoto Y，et al. JSNP：a database of common gene variations in the Japanese population. Nucleic Acids Res，2002，30：158-162.

[73] Hewett M，Oliver D，Rubin D，et al. PharmGKB：the Pharmacogenetics Knowledge Base. Nucleic Acids Res，2002，30：163-165.

[74] Packer B R，Yeager M，Burdett L，et al. SNP 500 Cancer：a public resource for sequence validation and

assay development for genetic variation in candidate genes. Nucleic Acids Res，2004，32：528-532.

[75] Livingston R，von Niederhausern A，Jegga A，et al. Pattern of sequence variation across 213 environmental response genes. Genome Res，2004，14：1821-1831.

[76] Ingelmansundberg M，Oscarson M，Daly A，et al. Human cytochrome P-450（CYP）genes：a web page for the nomenclature of alleles. Cancer Epidemiol. Biomarkers Prev，2001，10：1307-1308.

[77] Hollegaard M，Bidwell J. Cytokine gene polymorphism in human disease：on-line databases，Supplement 3. Genes Immun，2006，7：269-276.

[78] Collins F S，Guyer M S，Chakravarti A. Variations on a theme：cataloging human DNA sequence variation. Science，1997，278：1580-1581.

[79] Heise C E. Characterization of the human cysteinyl leukotriene receptor. Biol Chem，2000，275：30531-30536.

[80] 高建平，黄跃东，林经安，等. *N*-乙酰基转移酶基因多态性与肝癌易感性的关系. 中华肝脏病杂志，2003，11（1）：20-22.

[81] 冷曙光. 鼻咽癌相关转化基因Tx的功能单核苷酸多态性位点检测. 中华预防医学杂志，2005，39（3）：49-57.

[82] Chevrier I，Stucker I，HouUier A M，et al. Myeloperoxidase：new polymorphisms and relation with lung cancer risk. Pharmacogeneties，2003，13（12）：729-739.

[83] Kuraoka K，Matsumura S，Hamai Y，et al. A single nucleotide polymorphism in the transmembrane domain coding region of HER-2 is associated with development and malignant phenotype of gastric cancer. Int J Cancer，2003，107（4）：593-596.

[84] 阮黎，张旭，马鑫，等. 膀胱移行细胞癌E-钙粘连素基因启动子C/A单核苷酸多态性与肿瘤复发的关系. 中华实验外科杂志，2005，1（22）：9-11.

[85] 苏湛，褚嘉祐，许绍彬，等. Bcl-2 bcl-X和bax基因多态性与系统性红斑狼疮易感相关性. 中华风湿病学杂志，2005，9（5）：265-268.

[86] 周晶，吕婴，白玉兴，等. 106名中国汉族人生长激素受体基因单核苷酸多态性分析. 中华口腔医学杂志，2004，39（2）：97-99.

[87] 王海俊，季成叶，Johannes Hebebrand，等. 促生长激素分泌素受体基因多态性与肥胖关系. 中国公共卫生，2004，20（9）：1075-1076.

[88] 李义，吴国栋，左瑾，等. 应用单核苷酸多态性技术筛查Ⅱ型糖尿病易感基因. 中国医学科学院学报，2005，27（3）：274-279.

[89] Zhou W，Goodman S N，Galizia G，et al. Counting alleles to predict recurrence of early-stage colorectal cancers. Lancet，2002，9302（359）：219-225.

[90] Mohammad O H，Chyi-Chia R L，Paul C，et al. Genome wide genetic characterization of bladder cancer：a comparison of high density single nucleotide polymorphism arrays and PCR-based microsatellite analysis. Cancer Res，2003，63（9）：2216-2222.

[91] Olivieri N F，Weatherall D J. The therapeutic reactivation of fetal haemoglobin. Hum Mol Genet，1998，7：1655-1658.

[92] Drews J. Research & development. Basic science and pharmaceutical innovation. Nature Biotechnol，1999，17（5）：406.

[93] Delahunty C，Ankener W，Deng D，et al. Testing the feasibility of DNA typing for human identification by PCR and an oligonucleotide ligation assay. Am J Hum Genet，1996，58（6）：1239-1246.

[94] Hawkins T L，Detter J C，Richardson P M. Whole genome amplification-applications and advances. Curr Opin Biotechnol，2002，13：65-67.

[95] Kwok P Y. Making ‘random amplification’ predictable in whole genome analysis. Trends Biotechnol，2002，20：411-412.

[96] 金帆，袁淑慧，黄荷凤. 全基因组扩增技术的研究进展. 国外医学遗传学分册，2002，25：189-192.

[97] 张建军，高燕宁，程书钧. 全基因组扩增——微量DNA分析的金钥匙. 中华病理学杂志，2000，29：447-449.

[98] Dean F B，Hosono S，Fang L，et al. Comprehensive human genome amplification using multiple

displacement amplification. Proc Natl Acad Sci U S A，2002，99：5261-5266.

[99] Cheung V G，Nelson S F. Whole genome amplification using a degenerate oligonucleotide primer allows hundreds of genotypes to be performed on less than one nanogram of genomic DNA. Proc Natl Acad Sci U S A，1996，93：14676-14679.

[100] Wells D，Sherlock J K，Handyside A H，et al. Detailed chromosomal and molecular genetic analysis of single cells by whole genome amplification and comparative genomic hybridisation. Nucleic Acids Res，1999，27：1214-1218.

[101] Telenius H，Carter N P，Bebb C E，et al. Degenerate oligonucleotide-primed PCR：general amplification of target DNA by a single degenerate primer. Genomics，1992，13：718-725.

[102] Kittler R，Stoneking M，Kayser M A. Whole genome amplification method to generate long fragments from low quantities of genomic DNA. Anal Biochem，2002，300：237-244.

[103] Jordan B，Charest A，Dowd J F，et al. Genome complexity reduction for SNP genotyping analysis. Proc Natl Acad Sci USA，2002，99：2942-2947.

[104] Hirose Y，Aldape K，Takahashi M，et al. Tissue microdissection and degenerate oligonucleotide primed-polymerase chain reaction（DOP-PCR）is an effective method to analyze genetic aberrations in invasive tumors. J Mol Diagn，2001，3：62-67.

[105] Sun F，Arnheim N，Waterman M S. Whole genome amplification of single cells：mathematical analysis of PEP and tagged PCR. Nucleic Acids Res，1995，23：3034-3040.

[106] Zhang L，Cui X，Schmitt K，et al. Whole genome amplification from a single cell：implications for genetic analysis. Proc Natl Acad Sci USA. 1992，89：5847-5851.

[107] Dietmaier W，Hartmann A，Wallinger S，et al. Multiple mutation analyses in single tumor cells with improved whole genome amplification. Am J Pathol，1999，154：83-95.

[108] 袁淑慧，金帆，黄荷凤. 单细胞扩增前引物延伸多基因位点检测研究. 浙江大学学报（医学版），2002，31：145-148.

[109] Klein C A，Schmidt-Kittler O，Schardt J A. Comparative genomic hybridization，loss of heterozygosity，and DNA sequence analysis of single cells. Proc Natl Acad Sci USA，1999，96：4494-4499.

[110] 冯雪飞，胡兰，张健. 全基因组扩增技术及其在法医遗传学中的应用前景. 刑事技术，2006（2）：27-31.

[111] Schweitzer B，Kingsmore S. Combining nucleic acid amplification and detection. Curr Opin Biotechnol，2001，12：21-27.

[112] Detter J C，Jett J M，Lucas S M. Isothermal strand-displacement amplification applications for high-throughput genomics. Genomics，2002，80：691-698.

[113] 刘超，周韧. 一种全新的全基因组扩增方法——多重替代扩增. 实用肿瘤杂志，2007，22（6）.

[114] Minami M，Poussin K，Brechot C，et al. A novel PCR technique using Alu-speclfic primers to identifv unknown flanking sequences from the human genome. Genomics，1995，29：403-408.

[115] 邓昊，王文，夏家辉. 用简并寡核苷酸引物构建人类染色体区带特异性探针池的技术. Chin J Med Genet，1998，15：158-160.

[116] 萨姆布鲁克 J，弗里奇 E F，曼尼阿蒂斯 T. 分子克隆实验指南. 金冬雁，等译. 北京：科学出版社，1992：464.

[117] 金帆，黄荷凤，叶英辉，等. 简并寡核苷酸引物聚合酶链反应扩增单细胞全基因组均匀性研究. 中华妇产科杂质：2000，35：459-461.

[118] 马锦琪，纪亚忠，盛毅，等. 单细胞引物延伸预扩增分析多个基因. 中华医学遗传学杂志，2001，18：391-394.

[119] Grant S F，Steinlicht S，Nentwich U，et al. SNP genotyping on a genome-wide amplified DOP-PCR template. Nucleic Acids Res，2002，30：e125.

[120] Peter A，Dickson G，Montgomery A，et al. Evaluation of multiple displacement amplification in a 5cm STR genome wide scan. Nucleic Acids Res，2005，33（13）：e119.

[121] Barrett M T，Galipeau P C，Sanchez C A. Determination of the frequency of loss of heterozygosity in esophageal adenocarcinoma by cell sorting，whole genome amplification and microsatellite polymorphisms. Oncogene，1996，12：1873. 1878.

[122] Beltinger C P，Klimek F，Debatin K M. Whole genome amplification of single cells from clinical peripheral blood smears. Mol Pathol，1997，50：272-275.

[123] Coombes M M，Mao L，Steck K D，et al. Genotypic analysis of flow-sorted and microdissected head and neck squamous lesions by whole-genome amplification. Diagn Mol Pathol，1998，7：197-201.

[124] Sekizawa A，Watanabe A，Kimura T. Prenatal diagnosis of the fetal RhD blood type using a single fetal nucleated erythrocyte from maternal blood. Obstet Gynecol，1996，87：501-505.

[125] Griffin D K，Sanoudou D，Adamski E. Chromosome specific comparative genome hybridisation for determining the origin of intrachromosomal duplications. J Med Genet，1998，35：37-41.

[126] Pau nio l Reima I，Syvanen A C. Preimplantation diagnosis by whole-genome amplification，PCR amplification，and solid-phase minisequencing of blastomere DNA. Clin Chem，1996，42 (9)：1382-1390.

[127] Sermon K，Lissens W，Joris H，et al. Adaptation of the primer extension preamplification (PEP) reaction for preimplantation diagnosis：single blastomere analysis using short PEP protocols. Mol Hum Reprod，1996，2：209-212.

[128] Harper J C，Wells D. Recent advances and future developments in PGD. Prenat Diagn，1999，19：1193-1199.

[129] Lage M，Leamon J，Pejovic T，et al. Whole Genome Analysis of Genetic Alterations in Small DNA Samples Using Hyperbranched Strand Displacement Amplification and Array-CGH. Genome Res，2003，13 (2)：294-307.

[130] ACOG technical bulletin. Genetic technologies. Number 208-July 1995. Int J Gynaecol Obstet 1995，51：75-85 .

[131] Ohuchi S，Nakano H，Yamane T. In vitro method for the generation of protein libraries using PCR amplification of a single DNA molecule and coupled transcription/translation. Nucleic Acids Res，1998，26：4339-4346.

[132] 徐卉芳，张先恩，张用梅. 体外分子定向进化研究进展. 生物化学与生物物理进展，2002，29：518-522.

[133] Nakano H，Kobayashi K，Ohuchi S，et al. Single-step single-molecule PCR of DNA with a homo-priming sequence using a single primer and hot-startable DNA polymerase. J Biosci Bioeng，2000，90：456-458.

[134] Rungpragayphan S，Nakano H，Yamane T. PCR-linked in vitro expression：a novel system for high-throughput construction and screening of protein libraries. FEBS Lett，2003，540：147-150.

[135] Koga Y，Kato K，Nakano H，et al. Inverting enantioselectivity of Burkholderia cepacia KWI-56 lipase by combinatorial mutation and high-throughput screening using single-molecule PCR and in vitro expression. J Mol Biol，2003，331：585-592.

[136] Lagally E T，Medintz I，Mathies R A. Single-molecule DNA amplification and analysis in an integrated microfluidic device. Anal Chem，2001，73：565-570.

[137] 王国华，吕军鸿，雷晓玲，等. 单分子PCR产物错误率分析. 生物化学与生物物理进展，2004，31：159-162.

[138] 杨鹏，陈喜文，陈洁，等. 单分子PCR技术及其应用. 生命的化学，2005，25：257-259.

[139] Rungpragayphan S，Kawarasaki Y，Imaeda T. et al. High-throughput，cloning-independent protein library construction by combining single-molecule DNA amplification with in vitro expression. J Mol Biol，2002，318：395-405.

第十六章 PCR 在癌症诊断中的应用

第一节 甲基化特异 PCR

一、引言

DNA 甲基化是表观遗传学（epigenetics）的重要组成部分，在维持正常细胞功能、遗传印迹、胚胎发育以及人类肿瘤发生中起着重要作用，是研究热点之一。DNA 甲基化能关闭某些基因的活性，去甲基化则诱导了基因的重新活化和表达。甲基化的主要形式有 5-甲基胞嘧啶、N6-甲基腺嘌呤和 7-甲基鸟嘌呤。原核生物中 CCA/TGG 和 GATC 常被甲基化，而真核生物中甲基化仅发生于胞嘧啶。DNA 的甲基化是在 DNA 甲基化转移酶（DNMT）的作用下使 CpG 二核苷酸 5′端的胞嘧啶转变为 5′甲基胞嘧啶。这种 DNA 修饰方式并没有改变基因序列，但是它调控了基因的表达[1]。随着对甲基化研究的不断深入，各种各样甲基化检测方法被开发出来以满足不同类型研究的要求。目前，甲基化特异 PCR（methylation-specific PCR，MS-PCR）是研究 DNA 甲基化最为常用且准确度较高的方法之一。

二、基本原理[2]

1992 年 Frommer 等[3] 提出了直接测序研究 DNA 甲基化的方法。过程是：重亚硫酸盐使 DNA 中未发生甲基化的胞嘧啶脱氨基转变成尿嘧啶，而甲基化的胞嘧啶保持不变，用 PCR 扩增所需片段，则尿嘧啶全部转化成胸腺嘧啶，最后，对 PCR 产物进行测序并且与未经处理的序列比较，判断是否 CpG 位点发生甲基化。此方法是一种可靠性及精确度很高的方法，能明确目的片段中每一个 CpG 位点的甲基化状态，但需要对大量的 PCR 产物测序，过程较为烦琐、昂贵[3]。

1996 年 Herman 等[4] 在使用重亚硫酸盐处理的基础上新建了一种方法，它将 DNA 先用重亚硫酸盐处理，这样未甲基化的胞嘧啶转变为尿嘧啶，而甲基化的不变，随后进行甲基化特异 PCR（methylation-specific PCR，MS-PCR，MSP）。MS-PCR 中设计两对引物，并要求：引物末端均设计至检测位点结束；两对引物分别只能与重亚硫酸盐处理后的甲基化或非甲基化的序列互补配对，即一对结合处理后的甲基化 DNA 链，另一对结合处理后的非甲基化 DNA 链。检测 MSP 扩增产物，如果用针对处理后甲基化 DNA 链的引物能扩增出片段，则说明该被检测的位点存在甲基化；若用针对处理后的非甲基化 DNA 链的引物扩增出片段，则说明被检测的位点不存在甲基化（见图 16-1）[5,6]。

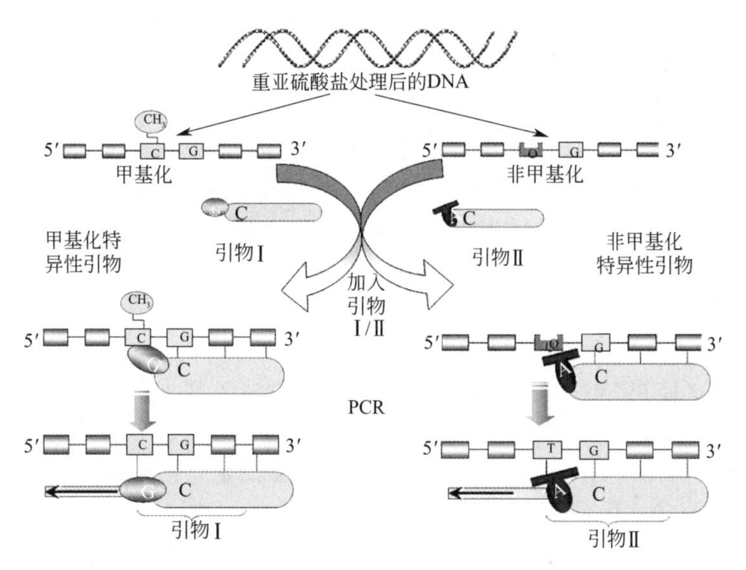

图 16-1　甲基化特异性 PCR 示意图

DNA 经重亚硫酸盐处理后，以处理后的产物作为模板，加入甲基化特异性的引物（primerⅠ）或非甲基化的引物（primerⅡ），进行特异性的扩增（如图 16-1 所示），只有结合完全的甲基化或非甲基化特异性引物的片段才能扩增出产物[5,6]。

三、材料

① 基因组 DNA。

② 3mol/L NaOH 溶液。

③ 10mmol/L、pH5.0 对苯二酚。

④ 3mol/L、pH5.0 $NaHSO_3$。

⑤ 3mol/L NaAc（醋酸钠）。

⑥ 冷乙醇。

⑦ TE 缓冲液。

四、方法

1. 引物的设计

引物设计的关键在于特异引物的设计。引物序列设计在富含胞嘧啶区域以区别亚硫酸氢钠处理后转化的非甲基化的 DNA 与未转化的甲基化的 DNA，在引物的 3′端，至少含有 3 个 CpG 位点，以保证区别甲基化与非甲基化 DNA。野生型引物对直接根据基因组的待测序列设计。甲基化引物对与非甲基化引物对分别根据待测序列的 CpG 位点在经亚硫酸氢钠转化后的序列设计。野生型引物只能扩增出未经亚硫酸氢钠处理的基因片段，甲基化引物对与非甲基化引物对只能分别扩增甲基化与非甲基化的基因片段，由此达到检测基因甲基化的目的。

2. 基因组 DNA 的提取

（1）哺乳动物新鲜组织 DNA 提取

① 切取组织 5g 左右，剔除结缔组织，吸水纸吸干血液，剪碎放入研钵（越小越好）。

② 倒入液氮，磨成粉末，加 10mL 分离缓冲液（分离缓冲液：10mmol/L Tris-Cl pH7.4，10mmol/L NaCl，25mmol/L EDTA）。

③ 加 1mL 10% SDS，混匀，此时样品变得很黏稠。

④ 加 50μL 或 1mg 蛋白酶 K，37℃保温 1～2h，直到组织完全解体。

⑤ 加 1mL 5mol/L NaCl，混匀，5000r/min 离心数秒钟。

⑥ 取上清液于新离心管，用等体积酚-氯仿-异戊醇（25∶24∶1）抽提。待分层后，3000r/min 离心 5min。

⑦ 取上层水相至干净离心管，加 2 倍体积乙醚抽提（在通风情况下操作）。

⑧ 移去上层乙醚，保留下层水相。

⑨ 加 1/10 体积 3mol/L NaAc，及 2 倍体积无水乙醇颠倒混合沉淀 DNA。室温下静置 10～20min，DNA 沉淀形成白色絮状物。

⑩ 用玻棒钩出 DNA 沉淀，在 70%乙醇中漂洗后，在吸水纸上吸干，溶解于 1mL TE 中，－20℃保存。

⑪ 如果 DNA 溶液中有不溶解颗粒，可在 5000r/min 短暂离心，取上清；如要除去其中的 RNA，可加 5μL RNaseA（10μg/μL），37℃保温 30min，用酚抽提后，按步骤⑨⑩重沉淀 DNA。

（2）细胞中提取 DNA

① 将处理过的细胞弃去培养基，用 PBS 洗涤后用胰酶消化。

② 加入 PBS，收集细胞于 15mL 离心管中。

③ 1000r/min 离心 5min。

④ 弃上清，用 PBS 重悬，转移至 1.5mL 离心管中。

⑤ 5000r/min 离心 1min，弃上清，用 1 倍体积的裂解液（含 0.2mg/mL 蛋白酶 K，150mmol/L NaCl，40mmol/L EDTA，10mmol/L Tris-HCl，1% SDS，pH 8.0）溶解沉淀。

⑥ 37℃温浴 6h。

⑦ 离心（14000r/min，5min，4℃），取水相，加入等体积的酚-氯仿-异戊醇（25∶24∶1），轻轻振摇，10000r/min 离心 10min，重复两次。

⑧ 取水相，加入 NaCl 使终浓度为 140mmol/L，加入两倍体积的预冷的无水乙醇混匀。

⑨ －20℃过夜。

⑩ 离心，用 70%乙醇洗涤，晾干，加入含 RNA 酶的 TE 缓冲液重新溶解。

3. 亚硫酸氢钠修饰 DNA

① 取基因组 DNA 2μg，用灭菌双蒸水稀释至 50μL。

② 加入新鲜配制的 3mol/L NaOH 5.5μL（终浓度 0.3mol/L），37℃水浴 10min，使 DNA 变性为单链。

③ 依次加入新鲜配制的 10mmol/L 氢醌（对苯二酚）30μL 和 3mol/L 亚硫酸氢钠 520μL，颠倒、轻柔混匀后，覆盖 100μL 石蜡油防止液体挥发，避光 50℃水浴 16h。

4. 修饰后 DNA 的纯化

① 预热灭菌双蒸水至 80℃。

② 使用 Promega DNA Clean Up（A7280）纯化试剂盒纯化 DNA，按照说明书

操作。

③ 无菌水 50μL 洗脱 DNA，12000r/min 离心 1min。

④ 加入 3mol/L NaOH 5.5μL（终浓度 0.3mol/L），室温 5min，终止修饰。

⑤ 加入 10mol/L 乙酸铵 23μL，中和，以 3 倍体积的冰无水乙醇，－20℃沉淀 4h。

⑥ 离心（12000r/min，15min，4℃），收集沉淀，晾干。

⑦ 无菌水重悬，－20℃冻存。

5. PCR 反应体系和参数

反应体系（50μL）：

10×PCR 缓冲液	5μL	反向引物(300ng/μL)	1μL
25mmol/L 的 4 种 NTP 混合液	2.5μL	DNA 模板	2μL（少于 2μg）
		dH_2O	38.5μL
正向引物(300ng/μL)	1μL	*Taq* DNA 聚合酶	1.25U

反应参数：

95℃预变性 5min，加入 *Taq* DNA 聚合酶 1.25U；95℃ 30s，引物结合特异温度 30s，72℃ 30s，35 个循环；最后 72℃终延伸产物 4min。

五、注意事项

1. MSP 的引物设计的质量是扩增成败的关键性因素

MSP 的引物设计与普通的 PCR 引物设计不同，MSP 的引物设计原理是：模板 DNA 在经过亚硫酸盐处理后，发生甲基化的基因启动子区域 CpG 岛内 CpG 位点 5′-端胞嘧啶保持不变，而未发生甲基化的 CpG 岛内 CpG 位点 5′-端胞嘧啶转化为尿嘧啶，即 C-U。针对修饰前后的序列差异用 MethPrimer 软件设计甲基化与未甲基化引物，进行 PCR 扩增。MSP 的引物序列中至少含有 1 个以上 CpG 位点，最好是含有多个 CpG 位点，这样可保证引物的特异性，同时可以提高 DNA 启动子甲基化碱基的检出率。MSP 的引物必须按亚硫酸氢钠处理后的 DNA 序列设计，同时也应该尽可能与普通 PCR 的引物设计原则相符合。按 MSP 的要求，任意 DNA 序列在做 MSP 扩增时，至少要合成 2 对引物，即甲基化引物与未甲基化引物。在 MSP 的未甲基化引物序列中正向引物不含鸟嘌呤碱基，反向引物不含胞嘧啶碱基。初设计 MSP 者最好用文献引物进行研究。如果是为了筛选新的甲基化的抑癌基因而文献中无法找到相应的 MSP 引物，可用在线 MethPrimer 软件在线设计引物（网址为 http://www.urogene.org/methprimer/index1.html）。根据软件提示可以找到所需要的 MSP 引物。但 MSP 所遇到的困难是，要扩增的是启动子或部分第一外显子序列，其（C+G）含量相对较高，MSP 扩增难度加大，因此设计好的引物最好用引物软件如 Primer 5.0 从理论上推测其扩增效率，对于扩增效率＜30% 的引物要进行优化，方法是：在核心启动子区域前后反复调整甲基化正向引物扩增起始点，以期使引物扩增效率增高，降低扩增难度，从而提高 PCR 产量。

2. DNA 的亚硫酸氢钠修饰

亚硫酸氢钠修饰 DNA 的目的是将 DNA 序列中未甲基化的胞嘧啶完全转化为尿嘧啶，而甲基化的 5-甲基胞嘧啶保持不变。影响此过程的主要因素有修饰试剂的浓度、反应温度、反应环境的 pH 值及反应时间。其中任何一个环节出现问题都将导致

MSP 扩增失败，具体如下：

① 亚硫酸氢钠的浓度最好控制在 3.0～3.9mol/L，其 pH 值必须用 NaOH 精确调整至 5.0；

② 修饰时间应掌握在 10～16h，修饰时间过长会导致甲基化胞嘧啶也会转化成尿嘧啶且 DNA 模板破坏加剧，而时间过短会导致修饰不彻底；

③ 反应温度应控制在 50～55℃（若用国产恒温水浴箱建议温度设定在 53℃为好）；

④ DNA 模板量控制在<2μg 为宜。

3. MSP 的反应体系

MSP 的反应体系的成分与普通 PCR 一样，反应体系的优化也与普通 PCR 类似，反应体系的优化与普通 PCR 的反应体系中最大的区别是 DNA 模板不同。经过修饰后的模板为单链状态，MSP 的 DNA 模板在抽提后应检测其纯度和含量，其纯度要求 A_{260}/A_{280} 在 1.8～2.0 之间；其含量要准确检测，否则在亚硫酸盐处理时因 DNA 模板加得太多而导致 DNA 处理不完全致使 MSP 扩增失败，而加的 DNA 模板太少则一方面浪费试剂，另一方面会因为目的片段太少导致 MSP 假阴性。Mg^{2+} 浓度一般在 2.0～2.5mmol/L 为宜，过低过高都不利于扩增。此外，PCR 的缓冲液及 *Taq* 酶的来源也很重要，一般的 PCR 缓冲液常常会导致结果不稳定，不同来源的 *Taq* 酶也会影响结果的重复性。我们建议用 TaKaRa 公司针对富含 CG 等复杂二级结构模板的 TaKaRa LATaq 和 GC 缓冲液效果较好。而一旦选用某一厂家 *Taq* 酶后，不要轻易更换，以免 MSP 因重新优化而引起的时间和成本的浪费。

4. 凝胶电泳分析 MSP 扩增结果时的 3 种情况

①产物电泳为阴性；②产物电泳出现多条非特异性条带（含目的基因条带）；③产物电泳为阳性（仅目的基因条带）。出现前 2 种情况时，可在保证反应体系和引物没有问题的情况下，通过调整 MSP 的反应温度而得到目的基因带。方法如下：PCR 反应中，T_m 的高低与（G+C）含量呈正相关。因甲基化与未甲基化引物序列差异，在扩增过程中可能会出现 PCR 偏性。

六、应用

1. DNA 甲基化与遗传印迹、胚胎发育

DNA 甲基化在维持正常细胞功能、遗传印迹、胚胎发育过程中起着极其重要的作用。研究表明胚胎的正常发育得益于基因组 DNA 适当的甲基化。例如，缺少任何一种甲基转移酶对小鼠胚胎的发育都是致死性的[7]。此外，等位基因的抑制（allelic repression）被印迹控制区（imprinting control regions，ICR）所调控，该区域在双亲中的一个等位基因是甲基化的[8]。印迹基因的异常表达可以引发伴有突变和表型缺陷的多种人类疾病，如 Prader-Willi/Angelman 综合征等[9]。

2. DNA 甲基化与肿瘤

肿瘤的发生具有多阶段、多基因的特征，是多基因遗传学和表观遗传学共同起作用的结果。在表观遗传学机制中，DNA 甲基化是被研究最多，也是研究最深入的一种机制。

伴随着肿瘤的发生和发展，DNA 甲基化异常现象在肿瘤患者的外周循环血清、血浆和尿液等体液中都可检测到。因此，利用 DNA 甲基化分析技术检测体液中特定

分子DNA甲基化水平是肿瘤早期诊断、病程监控和疗效评估的潜在手段，对临床肿瘤的诊治意义重大。

甲基化状态的改变是引起肿瘤的一个重要因素，这种变化包括基因组整体甲基化水平降低和CpG岛局部甲基化水平的异常升高，从而导致基因组的不稳定（如染色体的不稳定、可移动遗传因子的激活、原癌基因的表达）[8] 和抑癌基因的不表达。如果抑癌基因中有活性的等位基因失活，则发生癌症的概率提高，例如，胰岛素样生长因子-2（IGF-2）基因印迹丢失导致多种肿瘤，如Wilm's瘤[10]。

目前肿瘤甲基化的研究主要集中在抑癌基因。这是因为人们发现肿瘤的发生可能与抑癌基因启动子区的CpG岛甲基化造成抑癌基因关闭有关[11]。由于CpG岛的局部高度甲基化早于细胞的恶性增生，甲基化的诊断可以用于肿瘤发生的早期预测[12]，而且全基因组的高甲基化也随着肿瘤发生而出现，并且其随着肿瘤恶性度的增加而显著[13]，因此甲基化的检测可用于肿瘤的分级。Shinichi Toyooka描述了肿瘤发生与异常甲基化的关系：被SV40（Simian Virus 40）感染的人间皮细胞，其端粒酶活性上调，*Notch-1*基因表达增加，肿瘤相关基因（包括抑癌基因RASSF1A）的启动子区发生异常甲基化[14]。Cui等发现部分结肠癌患者的正常肠黏液腺细胞的*IGF-2*基因印迹丢失[15]。Uhlmann等发现不同病理类型及不同恶性程度的神经胶质瘤细胞的7种肿瘤标志基因存在着不同程度的甲基化[16]。因此，甲基化的研究，为肿瘤的早期预测、分类、分级及预后评估提供了新的依据。

七、小结

早在1942年，C. H. Waddington首次提出表观遗传学（epigenetics）的概念，并指出表观遗传与遗传是相对的，主要研究基因型和表型的关系。几十年后，霍利迪（R. Holiday）针对表观遗传学提出了更新的系统性论断，也就是人们现在比较统一的认识[17]，即在不改变基因组序列的前提下，通过DNA和组蛋白的修饰来调控基因表达，这种修饰以DNA甲基化最为常见。随着对甲基化研究的不断深入，各种各样的甲基化检测方法被开发出来以满足不同类型研究的要求。而MSP则是一种最主要的检测甲基化的技术方法。

MSP作为一种主要的甲基化分析的方法具有自己的优点和一定的局限性，首先MSP方法避免了使用限制性内切酶及其后续相关问题，同时敏感性高，可用于石蜡包埋样本。但是它仍然有一定的局限性：①要预先知道待测片段DNA的序列；②引物设计至关重要；③若待测DNA中5-甲基胞嘧啶分布极不均衡，则检测时较为复杂；④这种方法只能作定性研究，即只能明确是否存在甲基化，若要求定量，则需用其它的方法进行进一步检测；⑤存在重亚硫酸盐处理不完全导致的假阳性。随着甲基化研究的不断深入，甲基化分析技术将逐步完善。完善的研究技术将提供强有力的技术支持，从而为表观遗传、胚胎发育、基因印迹及肿瘤研究提供一些新的思路。

第二节　差异显示PCR

一、引言

高等动物中，发育或生理因素、突变或特定基因的转染反应会导致基因表达图谱的变化。分析比较不同条件下基因表达的变化可帮助我们了解组织的发育、分化及其相关疾病的发病机制乃至了解生命过程的核心机制。

分析基因表达变化的传统方法如差异杂交的分析方法，费时、重复性差、效率低，在应用中受到限制。1992 年 Liang 和 Pardee 建立了一种全新的显示 mRNA 表达差异的方法，即 mRNA 差异显示 PCR（mRNA differential display PCR，DD-PCR）技术，又称差异显示反转录 PCR（differential display reverse transcription PCR，DDRT-PCR）[18]。这种方法将随机引物和锚定 cDNA 引物结合使用，可以获得起始于 poly（A）尾并向上延伸 50～600 个核苷酸的片段，并通过聚丙烯酰胺凝胶电泳将来源不同的这些片段的差异显示出来。DDRT-PCR 技术快速、简便，为研究基因差异表达和调控及基因新功能提供了切实可行的技术路线。

二、原理

真核细胞的 mRNA 含有 poly（A）末端，如图 16-2(a) 所示，在 poly（A）前面的 2 个碱基有 12 种可能的组合：前面第一个碱基（B）有 G、C、T 三种可能，第二位碱基（N）有 G、T、C、A 四种可能。因此设计 3′端引物为 oligo-dT_{12}MN（M、N 分别代表 A、C、G、T 四种碱基的一种，其中 M 不能为 T）共有 12 种引物。当用任何一种 oligo-dT_{12}MN 对 mRNA 进行反转录，即可得到 1/12 的 cDNA。为获取 cDNA 最大程度的 PCR 扩增，5′端引物设计成一组随机引物，随机地结合在来自 mRNA 的 cDNA 上。由于结合是随机的，所以片段大小是不同的，通过测序胶电泳的条带便可分辨出来。

差异显示 PCR 技术以不同来源的细胞或不同状态的同种细胞作为研究对象，见图 16-2（b）。分别抽提各自的总 RNA，然后以 oligo-dT_{12} MN 为锚定引物在反转录酶作用下将 mRNA 反转录成 cDNA，随后采用 5′端的随机引物和 3′端的 oligo-

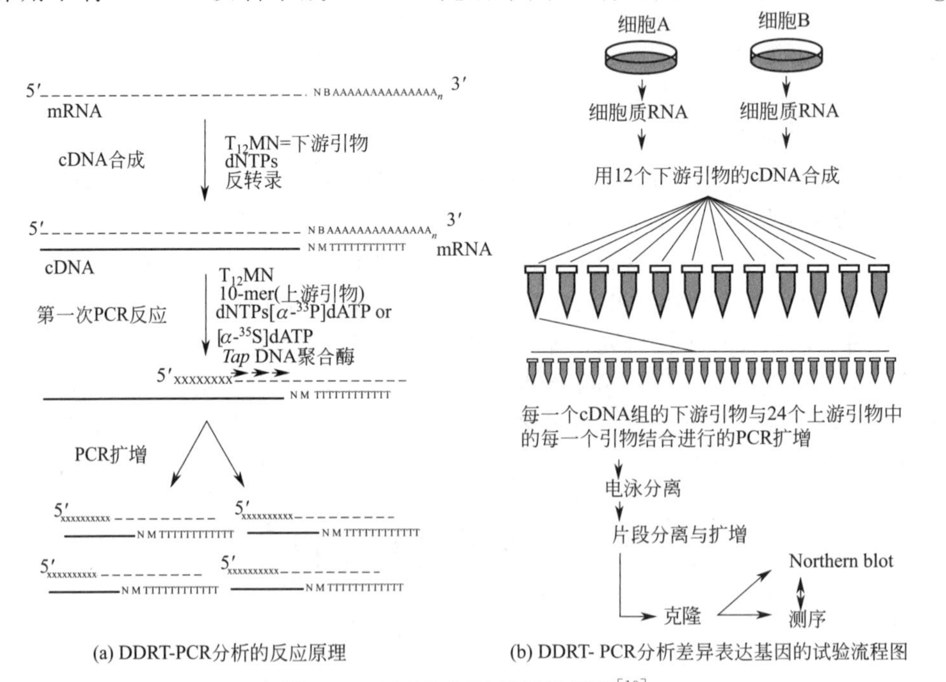

(a) DDRT-PCR分析的反应原理　　(b) DDRT- PCR分析差异表达基因的试验流程图

图 16-2　DDRT-PCR 原理示意图[19]

$dT_{12}MN$ 引物以及同位素标记的 dNTP 进行 PCR 扩增反应。所得 PCR 产物进行聚丙烯酰胺凝胶电泳，然后作放射自显影，对 X 线片上显示的条带进行对比分析，从中可以找出差异表达的 cDNA 片段。从胶上切下这些表达差异的条带，用相应的引物和条件进行 PCR 再扩增，克隆所得的 PCR 产物进行核苷酸序列分析，并在基因序列数据库中作同源比较，即可知道是已知基因还是未知基因。

三、方法[19]

基本技术路线：mRNA 提取→初始 DDRT-PCR，确定最优的 RNA 浓度→选择所需的引物组合和最适 RNA 浓度进行 DDRT-PCR→聚丙烯酰胺凝胶电泳→选择差异条带克隆测序分析→结果验证（Northern blot 杂交等）。

（一） RNA 的制备

1. 制备方法

可以采用试剂盒或者手工提取方式，从组织或者细胞中制备 RNA。一般情况下可用总 RNA 代替 mRNA。研究表明，用总 RNA 作模板与 mRNA 作模板的差异显示结果基本一致。差异显示 PCR 对 RNA 的提取方法没有严格的要求，但无论采用哪种方法都应是完整的且无 DNA 污染。如果 RNA 中混有 DNA，会产生较高的背景和假阳性结果。从组织中制备的 RNA 一般没有 DNA 污染，但从细胞特别是自发或诱发细胞程序性死亡的细胞中制备的 RNA，常有降解的基因组 DNA 污染。而从转染细胞中制备的 RNA 几乎总存在转染 DNA 片段污染。所以无论用何种方法提取的 RNA 都应用 DNA 酶（不含 RNA 酶）处理，以除去污染的 DNA。

组织或细胞来源应尽可能采用单一的样品，这类样品中制备的 RNA 能够获得较一致的差异基因表达谱。

2. 产量

通常每毫克组织可获得 4～7μg RNA，每 10^7 个细胞可获得 5～10μg RNA。

3. 所需试剂

① 氯仿，异丙醇，75%乙醇。

② 无 RNA 酶的水或 1% SDS 溶液［无 RNA 酶水配制：在无 RNA 酶的玻璃瓶中，配制 0.01%（体积分数）焦碳酸二乙酯（diethy pyrocarbonate，DEPC）水溶液，放置过夜后高压灭菌。并用该水配制 SDS 溶液］。

③ RNase-Free DNase 和 RNase 抑制剂（RNase Inhibitor）。

4. 实验步骤

下面以 Introvigen 公司的 Trizol 试剂提取总 RNA 方法为例。

（1）材料处理

① 组织：加入适量 Trizol 试剂（1mL Trizol 试剂/50～100mg 组织），搅匀。样本的体积不能超过加入的 Trizol 试剂体积的 10%。

② 单层细胞：在 ϕ3.5cm 培养平皿中直接加入 1mL Trizol 试剂，用移液枪打散混匀。

（2）相分离　将混匀的样本在室温放置 5min，使核蛋白复合体充分裂解。按 0.2mL 氯仿/1mL Trizol 试剂的比例加入适量氯仿，用力振荡 15s，室温放置 2～3min。4℃，15000*g* 离心 15min，离心后混合物应该分成底部淡红色的氯仿层、中间相和上部无色的水相。水相的体积应该约占加入的Trizol试剂的60%。

(3) RNA提取　把水层转移到一个新的离心管中。按0.5mL异丙醇/1mL Trizol试剂体系比例加入适量异丙醇。将样本在室温下放置10min。4℃，12000g离心10min。离心后可于离心管的底部或侧面观察到凝胶状RNA沉淀。

(4) RNA洗涤　弃除上清，在每1mL Trizol试剂体系中加入1mL 75%乙醇，摇匀，充分洗涤RNA沉淀，4℃，7500 g 离心5min。

(5) RNA溶解　将沉淀空气干燥，但注意不要过于干燥，否则不易溶解，导致$A_{260/280}$<1.6。干燥后将沉淀溶于150μL无RNase的水（DEPC水）中。

(6) 去除DNA污染　在反应管中加入下列试剂：

RNA	150μL
RNase 抑制剂(40U/μL)	1μL
DNase-Free RNase	4μL
10×反应缓冲液[400mmol/L Tris-HCl(pH8.0),100mmol/L $MgSO_4$, 10mmol/L $CaCl_2$]	20μL
无RNase的水	25μL

混合均匀后，37℃温育30min。

(7) RNA纯化　加入200μL酚-氯仿（1∶1）混合液，振摇均匀后高速离心2min。取上清液，加入20μL 2mol/L的乙酸钠（pH4.0）及200μL无水乙醇，−70℃放置30min后高速离心10min。去除上清，用500μL 70%乙醇洗涤沉淀。干燥后溶于10～20μL DEPC水中。分光光度计测A_{260}值计算RNA浓度，将浓度调至1μg/μL后−70℃冰冻保存。取部分RNA样品作变性琼脂糖凝胶电泳，检查RNA的完整性。

（二）模板RNA浓度的优化

1. 反转录中RNA模板量对差异显示结果的影响

一般来讲20μL反转录体系中，模板RNA的量在0.02～2μg之间时，对带型没有太大影响。但当RNA为0.02μg时，条带显著减少，因此mRNA的量不应少于0.1μg，以免丢失稀有的mRNA而导致错误结果。实际应用中，不少研究者直接选择0.1～1μg的RNA浓度进行DDRT-PCR，也能满足一般的要求。在反转录体系中，最佳的RNA量可以使后续的DD-PCR扩增产物在凝胶电泳和放射自显影上显现100～300条谱带。RNA模板的最佳量对于不同样品和不同引物是不同的。选择对照和实验RNA最适浓度，可以扩增大量DNA，并获得理想的凝胶电泳带型。因此如果希望得到理想的结果，RNA最适量（浓度）的优化这一步骤是不应省略的。

2. 步骤

(1) cDNA第一链的合成　将浓度为1μg/μL的RNA稀释为0.1μg/μL和0.01μg/μL两个浓度，以获得1μg、0.5μg、0.1μg、0.05μg四个（或者更多）RNA梯度。在3′锚定引物库中选择一套简并引物，以不同浓度的RNA模板进行反转录反应。

首先在反应管中加入下列成分：

RNA模板	依梯度加入相应体积	dNTP混合液(10mmol/L)	1μL
3′锚定引物	2μL		

加水补至12μL。

65℃温育5min，迅速转入冰水中，加入下列成分：

5× first-strand 缓冲液 [250mmol/L Tris-HCl（pH8.3），375mmol/L KCl，15mmol/L $MgCl_2$]，4μL；0.1mol/L DTT，2μL；RNase抑制剂，1μL。

混匀后，42℃保温2min，加入1μL（200U）SUPERSCRIPT Ⅱ混匀，42℃继续反应50min，70℃加热15min后取出−20℃保存。

注意：上述反应使用了Invitrogen公司的反转录酶SUPERSCRIPT Ⅱ。也可直接使用DD-PCR试剂盒中或者其它公司的反转录试剂，结果是一致的。

（2）取cDNA第一链产物，进行第二链合成和PCR扩增

在反应管中，加入下列成分：

成分	用量	成分	用量
cDNA第一链产物	3μL	*Taq* DNA聚合酶(5U/μL)	0.5μL
3′锚定引物	2μL	[α-^{33}P]dATP或[α-^{35}S]dATP (3000Ci/mmol)	1μL
5′随机引物	2μL	$MgCl_2$(50mmol/L)(如果PCR反应缓冲液中含有$MgCl_2$,则不必添加)	0.5μL
10×PCR缓冲液[200mmol/L Tris-HCl(pH8.4),500mmol/L KCl]	2μL		
dNTP混合液(10mmol/L)	1μL		

加水至20μL。如果所用PCR仪无加热盖，则需在反应管中滴加矿物油。

PCR反应条件：先94℃ 2min；然后94℃ 30s，40℃ 30s，72℃延伸30s，共10个循环；再94℃ 30s，45℃ 30s，72℃延伸30s，共25个循环；最后72℃延伸2min。反应产物−20℃保存。

（3）凝胶电泳分析　现配制DNA序列分析用的电解质梯度聚丙烯酰胺凝胶。每只PCR反应管中加5μL测序胶上样缓冲液，85℃水浴5min后迅速转至冰水中，随后上样电泳分离。待指示剂二甲基蓝至凝胶长度2/3处结束电泳。抽干凝胶，放射自显影底片下压片。一般理想的差异显示带型应可清晰分辨200左右条带，因此通过观察不同浓度来源RNA RT-PCR扩增反应产物的DNA条带，即可确定最适的RNA量（浓度）。需要注意的是，凝胶浓度也会对结果产生一定的影响，在确定最适RNA量同时也应对凝胶浓度加以优化。

（三）DDRT-PCR

1. 根据不同的研究要求选择不同的引物组合

一般DDRT-PCR采用12个3′锚定引物和24个5′随机引物，但工作量极大：12个3′锚定引物，分别和24个5′随机引物反应，那么两个样品的差异显示共需作576个反应。如果重复则为1152个反应。同样，选择4套3′锚定简并引物，与24个5′随机引物，仍需作192个反应。不过如果是初步试验以摸索条件或者鉴定新基因，可以减少分组，工作量也大大降低。例如采用4组简并引物（T_{12}MA、T_{12}MT、T_{12}MC和T_{12}MG）或使用3组简并引物（T_{12}GN、T_{12}AN、T_{12}-CN），和8组5′随机引物反应。如3个3′锚定简并引物，与8个5′随机引物，只需要作48个反应即可。但除非是为了初步摸索条件或者鉴定新的基因，否则仍需使用完整的引物组分，以获得较完整的表达基因谱。

2. 应用所选的引物组合和最适的RNA浓度进行DDRT-PCR反应

按前述步骤对扩增产物进行电泳分离和比较分析。聚丙烯酰胺凝胶电泳时，不同

样品来源而采用相同的引物对的扩增产物应放在凝胶相邻的泳道上。

（四）差异条带的克隆、分析和鉴定

① 将差异显示条带对应的胶条和滤纸用干净的刀片切下，置于微型离心管中，加100μL水，室温放置30min后沸水浴15min，高速离心2min，将上清转入新的管中。

② 加入10μL 3mol/L乙酸钠、5μL 10mg/mL糖原，加400μL无水乙醇，−70℃放置30min。高速离心10min，弃去上清，用500μL 85%乙醇洗涤沉淀一次，空气干燥，溶于10μL水中。

③ 用该DNA作模板，进行PCR扩增，在反应管中加入下列成分：

DNA	3μL	dNTP混合(20mmol/L)	1μL
相应3′引物	2μL	*Taq* DNA聚合酶(5U/μL)	0.5μL
相应5′引物	2μL	$MgCl_2$(50mmol/L)	0.5μL
10×PCR缓冲液[200mmol/L Tris-HCl(pH8.4),500mmol/L KCl]	2μL		

加水补至20μL，并按下列条件进行PCR反应：94℃ 2min；94℃ 30s，42℃ 30s，72℃ 30s，共30循环；72℃ 2min。

④ 取2μL进行1%琼脂糖凝胶电泳，估计PCR产物产量，并确定其大小是否与预期一致。

⑤ 将反应产物连入克隆载体，如Promega公司的pGEM T-easy载体。如果所用高保真*Taq*酶带有3′→5′外切酶活性，PCR产物无A末端，则需通过下列步骤获得带有dA尾的PCR反应产物：

PCR产物(建议纯化)	4μL	不带有3′→5′外切酶活性的*Taq*酶	1μL
10×PCR缓冲液[200mmol/L Tris-HCl(pH8.4),500mmol/L KCl]	1μL	$MgCl_2$(25mmol/L)	1μL
		dATP(10mmol/L)	2μL

加水至10μL，在70℃反应30min。

⑥ 连接产物转化相应的宿主菌，挑取培养平皿上至少6个转化菌落，提取质粒，用相应的限制性内切酶进行酶切分析。测定序列并对其进行比较分析，查询核酸数据库，确定是否为新的基因片段。

⑦ 利用NB杂交、RNase保护、定量PCR等方法对所获得的差异显示cDNA条带进行验证，建议使用一种以上的确证方法。

注意：DD-PCR中显示的许多差异条带为假阳性，必须对其进行验证。若验证中没有阳性信号，则应排除。由于这类假阳性不能被其它实验所证实，一般不再作进一步研究。

四、应用

DDRT-PCR作为观察和分析基因表达差异和基因新功能的有效方法，已被大量应用在农业、医学等多个生命科学领域。

1. 植物抗逆性研究[20]

抗病性研究：采用DDRT-PCR可以了解抗病性植物与非抗病植物之间，或者植

物染病前后的基因表达的差异，从而有助于深入研究作物抗病机制。例如董海涛等对水稻抗稻瘟病近等基因系H7R和H7S进行DDRT-PCR分析，筛选到33个抗病/致病相关的cDNA差异片段，进一步的研究显示其中一个克隆为稻瘟病菌诱导的特异反应基因[21]。该研究小组分析水稻愈伤组织受白叶枯病菌诱导的mRNA表达差异时，同样筛选到一个可能参与水稻抗病防御的RB1基因片段[22,23]。

抗寒机制研究：Kdayrzhanova等[24]用DD-PCR和筛选cDNA文库从番茄中克隆了一个与热诱导/冷耐受相关的新基因Le HSP17.6。

此外DDRT-PCR还广泛用于抗辐射[25]和高温胁迫性研究、抗敏性研究、水分胁迫研究等方面，推动了对植物抗逆性机理的深入研究。

2. 营养学[26]

人们发现营养物质的作用受基因调控，也就是说当营养素缺乏或过多时，就表现为基因水平上某个或某些基因表达的开启、关闭或表达量的变化。DDRT-PCR为观察分析这些基因表达上的差异提供了强有力的工具。

在铜的营养学研究中，利用DDRT-PCR对缺铜6周的雄性SD大鼠肝脏mRNA与正常大鼠肝脏mRNA进行比较分析，筛选到一个未知基因。比较分析经视黄酸诱导的牛软骨细胞和未经诱导的细胞，还筛选到编码一种被称为软骨源性敏感蛋白（CRAP）的新蛋白[27]。

维生素相关研究是营养学的重要方面，传统的研究方法针对性差，比较盲目。筛选一个营养相关基因，往往需要花费10年以上的时间。而采用DDRT-PCR则可以大大缩短这个过程。此外，由于DDRT-PCR将表达差异的基因都展示出来，研究者就可以有的放矢地对维生素相关基因进行研究。多个实验室利用DDRT-PCR分别对视黄酸、维生素A、维生素D_3等进行研究，都取得了一定的突破性结果，并为深入研究维生素奠定了基础。DDRT-PCR技术作为能够显示与营养物质调控相关基因的技术，在阐明营养物质调控机理和营养缺乏病的分子基础、寻找营养相关基因等方面发挥着更大的作用[28]。

3. 肿瘤研究[29]

DDRT-PCR也已广泛应用于肿瘤的病因与发病机制研究、肿瘤诊断研究和肿瘤治疗的研究，并取得了一些成果。例如利用DDRT-PCR技术比较肝癌病人的癌组织与正常肝组织中基因表达差异[30]，发现了序列与人甘氨酸*N*-甲基转移酶（glycine *N*-methyltransferase，GNMT）、磷酸酯酶高度同源的两条cDNA在肝癌组织无表达或表达很低，同时免疫组化染色证实GNMT蛋白在肝癌细胞中消失。由于GNMT在能量代谢过程中有着重要的作用，而磷酸酯酶在肝脏对毒物的代谢中起主要作用，推断肝癌易感性增强可能与这两个基因表达下调有关。

化学药物治疗仍是目前中晚期肿瘤必需的治疗手段，但耐药问题一直难以解决。在体外细胞培养模型中研究的耐药机制，如多药耐药复合体表型等与临床观察和治疗反应并不一致。Bertram等[31]通过比较对阿霉素具有耐药性和不具有耐药性的人结肠癌细胞株，发现耐药株中过度表达核糖体蛋白L4、L5，延长因子PTI-1，这样就从基因角度促进了对人体耐药机制的研究。

此外，多年来人们期望能针对不同肿瘤寻找其特异而敏感的标志物以用于早期诊断、判断预后及疗效评估。但至今为止，胃肠道以及其它脏器肿瘤标志物的研究仍无突破。DDRT-PCR可以任意选择相互比较的对象，为正常组织、癌前组织和癌组织之间进行有意义的比较和寻找这些阶段性病变之间的细微差异开辟了一条新的途径。Fournier 等[32] 应用肿瘤病人与正常人的外周血进行 DDRT-PCR 分析，发现肿瘤播散的指标 HLM，为 DD-PCR 标本的选择开辟了一个新的领域。

4. 眼科学[33]

Chiplunkar 等[34] 为了研究正常角膜与圆锥角膜的差异，以培养的正常和圆锥角膜基质细胞为材料，进行了 DDRT-PCR。差异基因产物与白细胞普通抗原相关蛋白（LAR）有 100%同源性。Northern、Western、免疫组化法证实该基因仅在圆锥角膜及其培养物中有表达，从而为阐述圆锥角膜的发病机制提供了分子生物学依据。

晶体上皮细胞负责晶体的生长、分化，含有高活性酶系统，在邻近的纤维细胞物质代谢中起重要作用。晶体上皮细胞（lens epithelial cells，LEC）受损、酶系统的破坏，可能与白内障形成相关，其基因表达和蛋白合成的异常是导致晶体混浊的直接原因。Kantorow 等研究对比老年性白内障和正常人的 LECs，发现三个差异：①osteonectin（骨桥蛋白）即 SPARC（富含半胱氨酸的分泌性酸性蛋白），它是一种糖蛋白-Ca^{2+}结合蛋白，通过与细胞基质相互作用来调节细胞生长，它可以直接作用方式调节血小板衍生生长因子（PDGF）活性，小鼠 osteonectin 基因缺失导致年龄相关性白内障，而在人类老年性白内障，该基因呈上调表达，提示该基因与白内障的发生发展有关[35]；②P2A-RS 是一种三聚体丝氨酸-苏氨酸特异的蛋白磷酸酶 2A 复合物的调节亚基，通过负调控 P34cdc2 激酶活性而参与细胞周期的调控，是有丝分裂抑制剂，P34cdc2 与最初纤维细胞分化有关，所以 P2A-RS 必然参与晶体细胞有丝分裂调控，对于晶体的发育和白内障的形成起重要作用，P2A -RS 在白内障组表现为下调[36]；③metallothionein α（MET ）是一种低分子量金属结合蛋白，与许多细胞解毒和应激反应有关。它是由于激素应答而合成的自由基净化剂以及由于过度氧化刺激诱导的毒性金属、癌基因、化学物质等的净化剂。肝细胞的 X 射线照射和紫外线介导的 DNA 损伤也可以诱导 MET，在白内障患者为上调表达，是晶体对毒物、氧化和其它刺激因素的反应，也提示氧化刺激是白内障形成的重要因素[36]。

5. 激素研究[37]

性腺激素作用的分子机制尚不十分清楚。美国一位学者[38] 利用 DDRT-PCR 技术，从 5α 还原酶缺乏性 T 淋巴细胞杂交瘤中克隆到一种雄激素靶基因 TDD5，该基因的表达可在睾酮和二氢睾酮作用后 2h 被抑制，而且这两种激素的基因对 TDD5 靶基因的抑制具有差异性，睾酮的抑制反应强于二氢睾酮。进一步研究发现 TDD5 可在多种组织表达。该基因的发现有助于研究不同雄激素不同作用强度的分子机制。此外用同样方法，还发现了雌激素和孕激素所调节的基因。

6. 免疫学应用[39]

DDRT-PCR 技术已在免疫学研究中被广泛应用。例如为了研究自然免疫应答过程中 LPS 反应可能涉及的转录调节，Jin 等[40] 对 C3H/HeN 和 C3H/HeJ（LPS 受体突变细胞系）两种细胞系进行了 DDRT-PCR 分析，发现了 2 个差异表达：matrix metallproteinase-9（MMP9）和 secretory leukocyte protease inhibitor（SLP1）。进一步的研究发现 LPS 应答可能具有两种不同的调节途径，而 SLP1 则可能是 LPS 的拮抗物。在研究 P53 诱导的细胞凋亡研究中，Amson 等[41] 构建 P53 温度敏感型髓白血病突变细胞系，然后利用 DDRT-PCR 技术发现在诱导凋亡的第一个小时里存在 10

个表达的差异，其中包括磷酸酶 Cβ 4、IFM1 等。

五、小结

DDRT-PCR 技术相对于其它研究基因表达差异的方法而言，可比较多种细胞类型，并可展现多个差异，此外还能同时检测基因的上调和下调表达；另外，由于利用了 PCR 扩增，使用 RNA 的量很少，可以灵敏检测组织细胞中丰度较低的 mRNA，是分析基因表达差异的有效方法。

但 DDRT-PCR 也存在不少问题[42]，比较突出的是 PCR 竞争的问题。在 PCR 反应中，由于扩增过程处于竞争状态，只有适合扩增条件的 mRNA 才能被扩增。同时，由于不同 mRNA 分子具有不同二级结构，其 PCR 效率也是绝对不同的。此外在 DDRT-PCR 的应用中还发现 G/C 丰富的引物和高拷贝的 mRNA 总偏向被使用，具有较高的 PCR 效率。

DDRT-PCR 技术也往往不能检测由靶细胞合成的全部 cDNA，除了上述 PCR 竞争的问题外，还受到凝胶电泳只能分辨小于 500bp 的扩增产物的限制。

另外一个影响 DDRT-PCR 广泛应用的问题是结果中较多的假阳性。在一些研究中，结果中大量差异条带 60%都是假阳性。此外由于大多数组织是动态的、复杂的，一些生理上的变化可以是组织中一种细胞类型与另一种细胞类型细胞比例的变化，虽然在差异显示中表现为 mRNA 丰度的明显变化，但不具有本质意义。而随机引物和锚定引物在 PCR 过程中的错配问题也造成了最终结果中不能显示出应有的表达差异或出现了错误的条带。

DDRT-PCR 还有一个显著的问题就是费钱费力。如前文所讲，一个比较完整的两个样品的 DDRT-PCR 分析需要作 1152 个反应，这就意味着海量的 PCR 反应和大量的制胶，以及差异条带的克隆分析的繁重工作。

近几年针对上述的问题对 DDRT-PCR 方法进行了一些改进，主要集中在增加对差异表达基因鉴定的效率和降低工作量以及提高引物配对的效率上[43-48]。例如采用荧光标记代替同位素标记；采用更长的锚定引物和随机引物或者高 A/T 含量的引物以及高保真的 PCR 条件，如热启动 PCR 等以减少引物与模板的错配。Irina 等[48] 利用 Resolver Gold 凝胶电泳可以将原先一般电泳显示的单带中的不同 DNA 片段分离开来，从而减轻了进一步筛选的工作量和难度。如果使用高质量的模板 RNA 也可以降低假阳性。但无论怎样改进方法，PCR 竞争这个问题一直是 DDRT-PCR 技术应用的瓶颈，许多其它的实际问题也尚待解决。

总之，DDRT-PCR 技术仍需解决一些关键性的难题。新的基因表达谱研究技术，例如 DNA 芯片（DNA 阵列技术）则可以绕过现今基因差异表达研究中一些难题，但均尚未完全成熟，因此现阶段 DDRT-PCR 技术仍不失为研究基因表达差异从而发现新基因或者基因新功能的有效方法。

第三节　PCR-单链构象多态性

一、原理

在非变性条件下，DNA 单链可自身折叠形成具有一定空间结构的构象。这种构象是由DNA单链中的碱基顺序决定，其稳定性靠分子内部的相互作用力（主要是氢键）来维持。相同长度的单链DNA因其组成碱基顺序不同，甚至单个碱基不同，所形成的构象就有所不同。由于聚丙烯酰胺凝胶电泳具有极高的解析和分辨力，在不含变性剂的中性聚丙烯酰胺凝胶电泳时，DNA单链的迁移率除与DNA的长短有关外，更主要的是取决于DNA单链所形成的构象。DNA或RNA的PCR产物经变性处理后，当靶DNA或RNA中因单个碱基置换、碱基插入或碱基缺失等改变时，其单链构象也发生改变，这种构象的改变就可以通过中性聚丙烯酰胺凝胶电泳的迁移率变化而体现出来。PCR-单链构象多态性（PCR-SSCP）就是依据这种DNA单链构象特性，结合凝胶电泳技术，以检测基因变异，见图16-3。

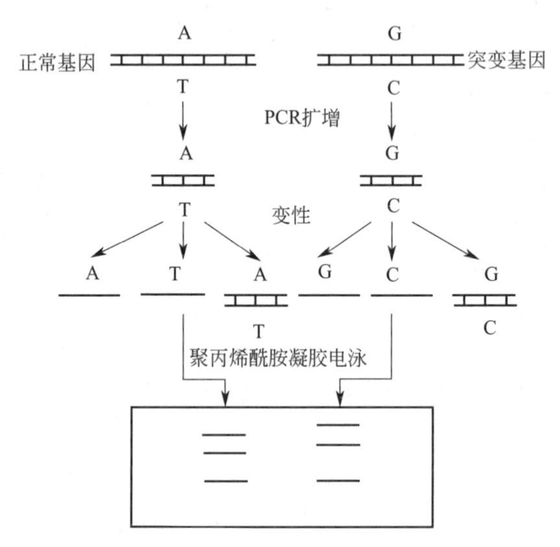

图16-3　PCR-SSCP原理示意图

二、材料

1. PCR反应试剂

Taq DNA聚合酶、T4多聚核苷酸激酶、缓冲液、［γ-^{32}P］ATP和［α-^{32}P］dCTP、引物和dNTP。

2. 电泳试剂

① 丙烯酰胺-亚甲基丙烯酰胺（49∶1），去离子甲酰胺，甘油。

② 上样缓冲液：95%甲酰胺、20mmol/L EDTA pH8.0、0.05%二甲苯腈、0.05%溴酚蓝。

③ TAE缓冲液或TBE缓冲液。

3. 放射自显影及染色试剂

① 放射自显影X感光片。

② EB染色：0.5μg/mL EB。

③ 银染法试剂：甲醇、乙酸、戊二醛、$AgNO_3$、Na_2CO_3、甲醛、柠檬酸。

三、方法

1. PCR扩增基因

（1）无同位素标记的PCR反应　PCR反应体系：10×PCR缓冲液5μL，dNTP

混合物 4μL（2.5mmol/L），引物 1 1μL（终浓度 0.2～1.0μmol/L），引物 2 1μL（终浓度 0.2～1.0μmol/L），*Taq* 酶 0.1μL（5U/μL），模板 DNA 1μL（<1μg），加 ddH_2O 至 50μL。

根据引物和所扩增基因的特性确定循环反应参数，循环 30 次。

扩增产物经 PCR 回收试剂盒纯化后，4℃贮存备用。

（2）［γ-^{32}P］ATP 同位素标记的 PCR 反应

① PCR 引物标记：

10×T4 多聚核苷酸激酶缓冲液	2μL	［γ-^{32}P］ATP（5000Ci/mmol）	4μL
引物 1（10μmol/L）	1μL	T4 多聚核苷酸激酶（5U/μL）	4μL
引物 2（10μmol/L）	1μL	ddH_2O	至 20μL

37℃温浴 30min，75℃ 2min 终止反应，4℃贮存备用。

② PCR 反应（用标记的引物）

反应体系：

10×PCR 缓冲液	2μL	*Taq* 酶（5U/μL）	0.1μL
dNTP（2.5mmol/L）	4μL	模板 DNA（<1μg/μL）	1μL
引物 1（4～20～1.0μmo l/L）	1μL	ddH_2O	至 20μL
引物 2（4～20～1.0μmol/L）	1μL		

进行 PCR 扩增。

产物经回收试剂盒纯化后，4℃贮存备用。

（3）［α-^{32}P］dCTP 同位素标记的 PCR 反应

反应体系：

10×PCR 缓冲液	8μL	［α-^{32}P］dCTP（3000Ci/mmol）	2μL
dNTP（2.5mmol/L）	4μL	*Taq* 酶（5U/μL）	0.2μL
引物 1 20μmol/L	1μL	模板 DNA（<1μg/μL）	1μL
引物 2 20μmol/L	1μL	ddH_2O	至 80μL

进行 PCR 扩增。

产物经回收试剂盒纯化后，4℃贮存备用。

2. PCR 样品的变性处理

（1）碱变性法　取 PCR 产物 12μL 加入 0.5mol/L 的 NaOH 1μL 和 20mmol/L 的 EDTA 1μL，混匀，于 42℃变性 5min，之后加入上样缓冲液。

（2）热 SDS 变性法　取 PCR 产物 1μL，加入 0.2%的 SDS 溶液 1μL、20mmol/L 的 EDTA 1μL，混匀，沸水浴 3～5min 后立即放至冰浴中骤冷 3～5min，迅速离心片刻，仍置于冰上。

3. 制备聚丙烯酰胺凝胶

制备聚丙烯酰胺凝胶进行常规电泳。

4. 凝胶的显色或显影

（1）X 线片显影　电泳结束后将两块玻璃板小心分开，使凝胶与其中一块玻璃板相贴。剪一张与凝胶大小相等的滤纸平铺在凝胶表面，小心地将玻璃板拿掉。将滤纸和凝胶一起放入 X 线片暗盒中，滤纸朝下，凝胶面朝上。将凝胶和滤纸包上保鲜膜，然后将胶片放在保鲜膜之上，在胶片上加上增感屏。将暗盒放在－70℃进行放射自显影36～72h，用显影液和定影液显影。

（2）EB染色　电泳结束后，将凝胶从玻璃板上轻轻取下，浸入由缓冲液配制的0.5μg/mL的EB染色液中，室温染色30～45min，用水轻轻冲洗。然后在紫外检测仪上观察照相。

（3）银染法显色　下面简单介绍两种方法。

① 小心揭开玻璃板并使凝胶黏附于一块玻璃板，放入10%的乙酸和50%的甲酸中浸泡30min，并缓慢摇动。然后将凝胶和玻璃板转至7%的乙酸和50%甲醇中浸泡30min。最后转至10%戊二醛中浸泡30min，轻轻晃动，使样品充分固定。用蒸馏水洗去多余的固定液。将凝胶在0.1% $AgNO_3$ 液中浸泡30min，轻轻摇动，使凝胶上的银粒分布均匀。将凝胶放入显色盘中，加入100mL 30% Na_2CO_3（内含10μL 37%的甲醛），50℃温浴显色，轻轻摇动显色盘，使凝胶上样品带的银粒还原均匀，数分钟内可出现染色带，继续温浴至电泳带清晰为止。加入5mL 2.3mol/L柠檬酸缓冲液终止，用蒸馏水冲洗几次，照相。

② 将凝胶放入50%的甲醇和12%的乙酸溶液中10min，之后放入10%的甲醇和5%的乙酸中10min，再放入0.0034mol/L的重铬酸钾和0.0032mol/L的硝酸溶液中反应5min。在0.012mol/L的硝酸银溶液中放置20min，用0.28mol/L的碳酸钠和0.5mL/L甲醛显色5min左右，在光照条件下用1%的乙酸终止反应。注意在完成每一步操作后都要用去离子水冲洗凝胶。

（4）结果分析　PCR样品经变性和电泳后，单链条带不一定只有两条，由于单链构象的多样性和中间结构的存在，可以出现多条单链带，但不同的样品DNA片段的单链带的颜色深浅是一致的。代表基因变异的泳动变位不一定表现在两条单链带上，应根据实验中的对照样品确立单链和双链的位置，从而检测出变异DNA的泳动变位。采用PCR-SSCP检测DNA样品的点突变，不能排除假阳性，不能用此种方法检测的突变，可通过改变实验条件或检测方法来达到目的，最终筛选的泳动变位，即可确定该DNA片段有突变发生。

四、注意事项

1. PCR扩增片段的长度

PCR-SSCP在用于检测点突变时，对于PCR扩增片段的长度要求较高。在扩增片段小于400bp时，通过凝胶电泳分离单链的效果较好。扩增片段在200bp左右时，PCR-SSCP能检测90%以上的单个碱基替换，扩增片段在400bp时能检测出80%左右的单碱基替换。在扩增片段较长时，可采用限制性内切酶酶解后，再进行PCR-SSCP分析，这样可得到较理想的分析结果[49]。

2. PCR样品及产物的处理

扩增用的样品DNA的纯度要比较高，$OD_{260}/OD_{280}>1.6$以上，如达不到应进行纯化。PCR扩增的条带特异性要求也比较高，可以通过对引物的分析来选择特异性引物，或改变PCR退火温度、时间等条件达到特异性扩增的目的。PCR产物最好进行纯化后再上样，这样可以避免引物、dNTP等造成的影响。PCR产物必须进行合理的稀释（1∶4或1∶6等），避免高浓度的DNA发生复性使单链条带模糊不清。

3. 电泳前的准备

PCR-SSCP凝胶厚度不要超过0.4mm，样品上样前要仔细冲洗点样孔。在灌胶前注意凝胶一定要混匀，凝胶板要洗净，灌胶要迅速。配制的电泳缓冲液母液最好不要超过一个月，每次电泳要更换新稀释的缓冲液。这样可以减少微笑形带或波浪形带。

4. 凝胶的浓度及交联度

不同浓度的凝胶有着各自的有效分离范围，5%丙烯酰胺的有效分离范围在 80～500bp，8%丙烯酰胺的有效分离范围在 60～400bp，12%丙烯酰胺的有效分离范围在 40～200bp。常用的凝胶的浓度一般在 5%～8%，要根据自己的实际情况决定凝胶的浓度，从而达到理想的分离效果。

交联度可用亚甲基双丙烯酰胺占整个丙烯酰胺单体的浓度的比例来表示。低交联度的凝胶有利于 DNA 互补链的分离。比例越大，凝胶的硬度越高，凝胶的孔径越小；反之，比例越小，凝胶越软，孔径越大，对 DNA 的构型就更敏感。在 SSCP 分析中凝胶的交联度通常在 1%～2%。丙烯酰胺与亚甲基双丙烯酰胺的比为 49∶1。

5. 甘油的浓度

低浓度的甘油（5%～10%）能够提高分离突变序列的效率。因为甘油对核酸来说是一种弱变性剂，它能部分打开 DNA 单链的折叠结构，从而使 DNA 分子暴露的表面积增加，进而增加凝胶对突变引起的结构差异进行定位的机会。通常在 20～25℃时，加入甘油会得到满意的电泳结果。但由于甘油的黏度较大，在 4℃电泳时，黏度更大，因而降低了分子的迁移率。由于目的基因的序列不同，在 4～10℃电泳时，无甘油的条件下电泳的结果较好。然而对有些 DNA 片段的分离在无甘油存在的凝胶中，突变序列引起的泳动变位是比较少见的。值得注意的是有极少量的突变只能在 25℃、无甘油的特定条件下才能检测到。

6. 温度

在凝胶电泳期间，凝胶板的温度会随着电泳时间的延长而增加，这对于有效地分离突变的 DNA 十分不利。因此在实验时一定要采取措施来控制凝胶板的温度。采取风冷或循环水冷却的方式可以保持恒定的温度。通常凝胶的温度控制在 4℃或 20～26℃。

7. 电压

电压对于凝胶电泳的影响作用可能是通过改变温度而形成。在低电压、长时间的条件下可得到较好的结果。也有实验者采用先以高电压电泳，然后降低电压的电泳条件，亦能取得良好的实验结果。

8. 凝胶电泳的方式

一般 SSCP 分析应用的是平板聚丙烯酰胺凝胶电泳，辅以放射性自显影或硝酸银染色等技术显示结果。目前国内外许多研究者用毛细管聚丙烯酰胺凝胶电泳进行 SSCP 的研究，利用毛细管电泳进行 PCR-SSCP 时一般采取荧光检测法。荧光检测法灵敏度高、特异性好、结果便于判读。但是荧光标记延长了实验过程，成本较高。这些因素不利于毛细管电泳的推广，实际应用中，也可直接利用紫外检测仪检测，也能检测到 PCR 产物的双链和单链 DNA 峰。这种方法简便，易于推广[50]。

PCR-SSCP 的结果受多种环境因素的影响，实验者不应照搬别人的实验条件，应参考以上因素，根据自己的实际情况，反复摸索实验条件，最后达到理想的实验结果。

五、应用

1. PCR-SSCP 在疾病诊断中的应用

自 1989 年日本的研究工作者 Orita 等建立 SSCP 技术以来，SSCP 技术作为检测基因突变的手段越来越受到重视。SSCP 技术结合 PCR 技术，将经扩增的 DNA 序列进行 SSCP 分析，可快速检测已知突变、筛选未知突变，广泛地应用于癌症的研究和疾病的诊断。采用银染法代替同位素标记法使 PCR-SSCP 技术更加快速、方便地应用于临床的诊断过程中。朱斌等应用此方法检测 Leber 遗传性视神经病。该基因位于第 11 号染色体上，患者的基因在第 778 位点上存在 G-A 的突变，设计引物扩增 641～980 之间的 340bp 的片段，经 SSCP 分析和银染，结果表明在凝胶的前面的条带为未变性的双链 DNA，正常的单链 DNA 的泳动速度要慢于突变的 DNA 的泳动速度，而杂合子基因通过电泳可以检测到两条正常单链和两条突变的单链[51]。由此可见 SSCP 技术能快速地检测疾病，确定变异基因是纯合形式还是杂合形式。由于 PCR 技术的应用可降低样品量，这样可以用在胚胎早期的检测，从而预防有某些疾病的婴儿的出生，在优生优育中发挥重要作用。

林金容等通过 PCR-SSCP 建立起无创伤性结肠直肠癌的筛查方法。通过检测粪便中的 APC（adenomatous polyposis coli）及 MCC（mutated in colorectal cancer）基因的突变来实现对疾病的早期诊断和及时治疗，这对于提高结肠直肠癌的治愈率、延长患者的生命及提高患者的生存质量起到关键作用[52]。

2. PCR-SSCP 在分类学研究中的应用

PCR-SSCP 技术是一种更为精细的分类技术，它可以区分某基因的单个核苷酸的差别，被广泛地应用到细菌、病毒及寄生虫等多种生物的分类当中。Vazquez 用 PCR-SSCP 技术对克氏椎虫 *Tep*5-β 基因家族中 4 个组分进行了分析，成功地鉴别了该复合基因家族的不同形式以及自然状态下不同虫株的多态性，为寄生虫的分类开辟了新方式。Koenig 等对采自不同国家的甜菜坏死黄脉病毒的不同基因组组分的特定片段扩增后进行 SSCP 分析，并根据 SSCP 图谱的不同将不同分离物划分为 A、B 和 P 三个株系群。其中 SSCP 图谱条带较少的仅发现于法国 Pithirers 的分离物，定位 P 株系群，只发现于法国和德国部分地区的为 B 株系群，其余为 A 株系群[53]。

PCR-SSCP 技术由于其突出的优点，近年来被广泛应用，在实践中此技术仍在不断的完善，一定能够开发出更多的应用。

第四节　单细胞 PCR

一、引言

癌症一直是威胁生物体生存的一种主要疾病。癌症的起因最终也可归结于单个细胞的分子发生改变，从而引起细胞的正常生理发生改变，导致细胞的异常增殖。如何准确无误地检测出单个细胞中的分子改变是摆在研究者面前的一个难题。大多数研究者在比较这些分子改变时是用足够量的细胞进行研究，这不能真正反映出单个细胞分子改变的情况，往往比较的是多种细胞类型的混合体之间的差异。流式细胞技术的发展为分析单个细胞的分子改变提供了可能。利用流式细胞技术可以分离出某个特定类型的细胞。利用单个细胞可以在 DNA 或 mRNA 水平上进行 PCR 分析，从而找到单个细胞内的分子改变情况。由于单个细胞中的 mRNA 的拷贝数往往多于基因组中对应的基因数，单细胞的 RT-PCR 比单细胞的 PCR 更容易实现。

二、基本原理

单个细胞中往往含有极少的（少至一个拷贝）目的 DNA 或 RNA，因此，从单个细胞中扩增 DNA 或 RNA 序列需要特定的条件。首先要分离出单个特定细胞，这可以利用显微操作（适合于细胞形态特征明显的细胞）或流式细胞技术来实现。分离出单个细胞后，将细胞裂解，释放出目的 DNA 或 RNA。若分析 DNA，以裂解细胞而不破坏细胞核为宜，然后以裂解产物为模板进行 PCR 反应。若分析 RNA，要先将 RNA 反转录成 cDNA，然后进行 PCR 反应。PCR 产物可直接进行琼脂糖凝胶电泳，或进一步做点杂交或 Southern blot 进行分析。单细胞 PCR 流程图参见图 16-4。

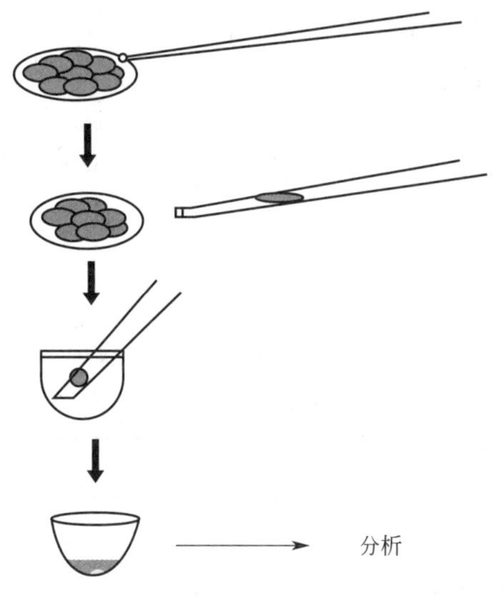

图 16-4　单细胞 PCR 流程图

三、材料和方法

（一）单细胞的分离

1. 单个淋巴细胞的分离[54]

用相同体积的 RPMI1640 培养基在 50mL 离心管中稀释 10mL 血液，再在上层覆盖 20mL 已放置到室温的 Ficoll-Paque Plus，室温 500*g* 离心 20min，小心吸出中间暗黄色的液层，放于 50mL 的离心管中。用 40mL PBS 重悬细胞，500*g* 离心 15min，弃上清，用 10mL PBS 重悬细胞。取 10μL 细胞悬液，加入 15μL PBS 和 25μL 台盼蓝，进行细胞计数。将细胞悬液 300*g* 离心 5min 后，重悬于 PBS 中至细胞浓度为 2×10^7 个/mL。取 50μL 细胞悬液于 5mL 的离心管中，加入 20μL 未稀释的单克隆抗体（如抗 CD19 的单克隆抗体），4℃避光放置 30min。用 4mL PBS 洗细胞两次，每次 120*g* 离心 5min。用 0.5mL PBS 重悬细胞，用流式细胞仪分选细胞。−80℃保存。

2. 从新鲜组织中分离单个细胞

以大鼠视网膜神经节细胞为例进行说明[55]。

（1）视网膜神经节细胞的逆行标记　试验用的动物在进行手术解剖前，首先腹腔注射 Rompun 和 Ketalar 的混合剂，注射的剂量分别为 10～15mg/kg 体重及 30～100mg/kg 体重。视网膜神经节细胞用上丘用荧光示踪物——胶体金进行逆行标记[56]。当暴露后，将一块吸收了 3%的胶体金和 10%二甲基亚砜（DMSO）的 0.9%的 NaCl 溶液的明胶海绵覆盖上丘表面。这样细胞末端将暴露于胶体金，并逆行转移至视网膜中的神经细胞体。最优化的标记效果是加入胶体金后作用 7d。动物腹腔注射 3～4mL 苯巴比妥处死。眼周的颞-鼻边缘用缝线标记，摘下眼球迅速置于冰上准备解剖。

（2）机械分层法分离视网膜神经节细胞　在无菌的 PBS 缓冲液中分离出眼球，小心地将视网膜从巩膜上分离并分成四份。用镊子将一片视网膜放置在硝酸纤维素膜

（5mm×5mm）上，将感光器朝向硝酸纤维素膜。去除玻璃体，将硝酸纤维素膜和视网膜放在含有0.5%胰酶和0.04mg/mL DNA酶的PBS中于37℃作用15min。将硝酸纤维素膜放在Millipore的滤纸上5s，吸去多余的液体，然后内层视网膜朝下放在未经包被的盖玻片（24mm×60mm）上。将一片稍小的盖玻片（24mm×32mm）放在Millipore的滤纸上以促进黏附在玻璃表面，构成“三明治”样的结构，置于37℃放置5min。将小盖玻片去掉，用镊子小心地掀起滤纸和视网膜即可得到分离的薄层。分离到的细胞立即放入含有0.16%羟丙基甲基纤维素（HPMC）的PBS中以增大黏度稳定细胞。

（3）单个视网膜神经节细胞的收集　细胞保存在最初的盖玻片上，在倒置荧光显微镜下挑取细胞。单个的视网膜神经节细胞可以由胶体金发出的光分辨出来，用手控的微量加样器吸取置于PCR管中。

3. 从组织切片上分离单个细胞[57,58]

冷冻切片5～10μm厚，干燥过夜，次日于丙酮中固定10min，干燥20min。滴加适当的单克隆抗体，按ABC法进行免疫组织化学染色，采用碱性磷酸酶-快红显色，苏木精复染。在已进行染色的切片上滴加0.01mol/L TBS（pH7.4）缓冲液。光镜下先用20倍物镜×10倍目镜找到所需细胞，然后在60倍物镜×10倍目镜下，用硬质玻璃微电极毛坯（Narishige，日本）拉制而成的直径为1～2μm的分离微吸管仔细分离所需细胞，使其与周围的细胞分离。并将其送入用硬质玻璃微电极毛坯拉制而成的直径为10～20μm的吸取微吸管内，通过液压传动装置将细胞吸入PCR管中。−20℃保存。

（二）单细胞PCR

① 将单个细胞移入预先加入20μL裂解液的PCR管中。其中包含有1×PCR反应缓冲液（50mmol/L KCl，10mmol/L Tris-HCl pH8.3，2.5mmol/L $MgCl_2$，0.1mg/mL明胶）和0.05mg/mL蛋白酶K，20mmol/L DTT，1.7μmol/L SDS[59]。

② 37℃温浴1h后，将样品加热至85℃。

③ 将样品加至100μL PCR反应体系，包括：1×PCR反应缓冲液，1μmol/L的PCR引物（每种1μmol/L），187.5μmol/L的dNTP（dATP，dCTP，dGTP，dTTP，每种187.5μmol/L），100ng的模板DNA和2U的*Taq* DNA聚合酶。

④ 根据引物的退火温度和预期扩增的片段大小设计PCR反应的条件，标准的反应条件为：95℃，变性5min；95℃，30s，55℃（视PCR引物的退火温度而定），30s，72℃，40s（视PCR预期扩增的片段大小而定），循环反应30～50次；72℃反应10min。

（三）单细胞PCR产物的分析

将PCR产物直接进行琼脂糖凝胶电泳，电泳结束后，进行EB染色，在紫外线照射条件下，分析扩增产物。大多数条件下一轮PCR反应得到的产物不足以用EB染色显示出来，需进行点杂交或Southern blot做进一步分析。

1. 点杂交

（1）样膜的制备

① DNA样品的预变性：样品DNA溶于水或TE中，煮沸5～10min，冰浴中迅速冷却，使其变性。

② 尼龙膜的预处理：戴上干净的手套，将尼龙膜按需要剪成合适大小，并剪掉一角作为点样顺序标记。如采用手工点样，用铅笔在尼龙膜上按 0.8～1.0cm^2 的面积上标上小格。用蒸馏水浸湿，再浸入 6×SSC 至少 30min，将膜取出风干待用。

③ 点样：可根据情况手工直接点样或用真空抽滤加样器（斑点或狭缝）点样。

手工直接点样：用微量移液器将经变性处理的核酸样品依次点到尼龙膜的标记点上。斑点直径不要过大，应控制在 0.5cm^2 以内。单个样品分少量多次点样，边点样边风干。

斑点真空抽滤加样器点样：a. 常规方法清洗加样器后，用 0.1mol/L 的 NaOH 清洗点样器，无菌三蒸水充分冲洗；b. 将尼龙膜湿润后覆盖在加样器支持垫上（或为预先湿润的滤纸），小心排除气泡，尼龙膜覆盖不到的部位需用 Parafilm 膜封闭，重新安装好加样器，接通真空泵；c. 在加样孔加满 10×SSC，抽滤至所有液体被抽干，关闭真空泵，重复一次；d. 将上述经预变性处理的样品加入 2 倍体积 20×SSC 后加至各孔，真空抽滤，待全部液体抽干后，再加 10×SSC 抽滤两次；e. 等 10×SSC 抽滤完后，继续维持真空 5min，使尼龙膜干燥。

④ 固定：点样后的样膜置滤纸上，室温自然风干，然后真空 80℃烘烤 2h 固定核酸样品。固定后的样膜，封存于塑料袋内待用（－20℃可保存若干月）。

（2）预杂交　将样膜用 2×SSC 浸湿后，放入杂交管中，加入 10～20mL 预杂交液，在杂交炉中，42℃温育 2～4h。

预杂交液各组分的终浓度为：6×SSC，50%去离子甲酰胺，5×Denhardt's 液，0.5mg/mL 鲑鱼精 DNA，0.5% SDS。

（3）杂交

① 配制杂交液（终浓度）：6×SSC，5×Denhardt's 液，50%去离子甲酰胺，0.1mg/mL 鲑鱼精 DNA，0.5% SDS。

② 探针变性：采用放射性标记的双链 DNA 探针，需变性处理。一般将 DNA 探针在沸水浴中煮沸 5min，然后迅速置冰浴中。

③ 杂交：从杂交炉中取出杂交管，弃预杂交液，加入 5～10mL 杂交液。加入放射性标记的探针，小心排除气泡，置 42℃温育，一般为 16～20h。

（4）洗膜　杂交结束后，将杂交液倒入放射性废物容器中，取出样膜，放进装有 2×SSC/0.1%SDS 的盘中，室温摇晃漂洗 5min。2×SSC/0.1%SDS 室温洗两次，每次 15min；0.1×SSC/0.1%SDS 室温洗两次，每次 15min；0.1×SSC/0.1%SDS 55℃洗两次，每次 15min。

（5）放射自显影　样膜经漂洗后，置干净滤纸上，吸去膜上多余的水分，外面裹一层保鲜膜。置于暗盒中，在样膜的上面压一张 X 线片，－80℃放射自显影 24～48h 后，按常规冲洗 X 线片：显影 1～5min；定影 5min；流水冲洗 10min，自然干燥。

（6）结果观察　根据曝光点的有无、强弱，可以判定目的基因的有无及量的多少。利用“自动灰度扫描仪”扫描曝光点，计算积分光密度值，可以进行半定量分析。

2. Southern blot

① 将 PCR 产物在琼脂糖凝胶（0.65%～0.8%）上缓慢电泳（1V/cm），24～48h。

② 电泳完毕后在紫外线下照相，沿凝胶边缘放置一透明荧光直尺，以便能从照片中读出 DNA 标准参照物的迁移距离。

③ 将凝胶置于数倍体积的0.25mol/L HCl中浸泡20min，并且温和地不断振摇。

④ 将凝胶浸泡于数倍体积的变性缓冲液中（1.5mol/L NaCl，0.5mol/L NaOH)，浸泡30min，温和振摇。

⑤ 弃去变性缓冲液，加入数倍体积的中和缓冲液（1mol/L Tris-HCl pH7.4，1.5mol/L NaCl)，于室温不断振摇30min。

⑥ 将凝胶置于20×SSPE中，室温30min。

⑦ 用毛细管转移法或电转移法将DNA从琼脂糖凝胶中电转移到硝酸纤维素滤膜上。

⑧ 转移结束后，用铅笔标记凝胶加样孔的位置。

⑨ UV照射交联（$120mJ/cm^2$）。

⑩ 2×SSPE室温漂洗。

⑪ 将滤膜置于两组3MM滤纸中间，用真空炉于80℃干烤1h。

⑫ 将滤膜置于预杂交液中（10×Denhardt's液，4×SET，0.1% SDS，0.1% $Na_2H_2P_2O_7$，100μg/mL变性的鲑精DNA)，杂交瓶中65℃温育1h。

⑬ 将DNA探针和鲑精DNA于100℃加热5min使其变性，迅速置于冰上5min。

⑭ 取200μL DNA探针和100μL（10mg/mL）鲑精DNA加入10mL新的预杂交液中。

⑮ 将杂交瓶中的预杂交液弃去，加入含有变性探针的杂交液。65℃杂交过夜。

⑯ 将滤膜转移至盛有数百毫升的漂洗缓冲液（0.4×SET，0.1% SDS，0.1% $Na_2H_2P_2O_7$）中，于65℃水浴摇床中温和摇动漂洗两次，每次10min。

⑰ 将滤膜置于两张3MM纸中稍事干燥，用Saran保鲜膜包好滤膜，贴上数张荧光标签，以便以后校准放射自显影与滤膜的位置。

⑱ 将滤膜置于X线片夹中于－70℃加增感屏曝光12～48h。

⑲ 按常规冲洗X线片，显影1～5min，定影5min，流水冲洗10min，自然干燥。

⑳ 根据曝光点的有无、强弱，可以判定目的基因的有无及量的多少。利用“自动灰度扫描仪”扫描曝光点，计算积分光密度值，可以进行半定量分析。

附：20×SET缓冲液包含3mol/L NaCl；0.4mol/L Tris-HCl，pH7.5；20mmol/L EDTA。

3. 单细胞RT-PCR

① 融化含有单个细胞的PCR管，在冰上加入3μL 5% NP-40和1μL 5mmol/L待分析基因的反转录引物或oligo dT引物。然后将PCR管加热至65℃，放置3min后，于25℃冷却3min后，置冰上冷却[55]。

② 向PCR管中加入2μL 10×反转录缓冲液、2μL DTT、1μL 10mol/L dNTP和0.5μL反转录酶（如Superscript Ⅱ RT)，加入无RNase的水至终体积19.5μL。

③ 将PCR管置于37℃，反应1h，合成第一条cDNA链后，加热至70℃，保持10min，灭活反转录酶。

④ 用第③步得到的cDNA混合物作为模板进行PCR反应。在PCR管中，混合下列溶液：

cDNA混合物	8μL	20pmol/L上游引物	0.5μL
10×*Pfu* PCR反应缓冲液	6μL	20pmol/L上游引物	0.5μL
10mmol/L dNTP	1.6μL	5U/μL *Pfu* 聚合酶	1μL

加水至终体积 60μL。

⑤ 按标准的 PCR 反应程序进行 PCR 反应。通常的单细胞 RT-PCR 反应要进行两轮 PCR 反应，进行第二轮 PCR 反应时，以第一轮 PCR 反应的产物作为 PCR 反应的模板，设计第一轮 PCR 反应引物的内侧引物进行巢式 PCR 反应。

⑥ 单细胞 RT-PCR 产物的分析。第一轮 PCR 反应或第二轮 PCR 反应的产物在 1%琼脂糖凝胶上电泳后，用 QIAquick 凝胶回收试剂盒纯化回收后，进行测序。并与数据库中的序列进行比较分析。

若要进行半定量分析，可在第一轮 PCR 反应结束后，对 PCR 产物进行点杂交或 Southern Blot 分析。

四、注意事项

① 尽管单细胞 PCR 有许多优越性，但在操作上有较大难度，对实验室的要求颇高，工作量非常大，因此目前只有少数单位能够开展。首先由于研究对象是单个细胞，要严格防止污染。因此除实验器具要严格消毒，以及设置各种对照排除干扰外，操作者自身也应注意不能携带可能造成污染的物品进入单细胞操作室。一般对单细胞 PCR 应采取重复实验以及双盲法。应采取以下具体措施：

a. 在进入单细胞操作室前必须沐浴，然后在准备室内换上专用制服和工作鞋，并戴上手套，尤其要注意的是其它实验室的物品一律不得带入单细胞室；

b. 枪头、移液器、试剂等所有实验物品必须为单细胞室专用；

c. 单细胞提取时所需要的微吸管必须经高温消毒，每挑选一个细胞更换一次微吸管；

d. 免疫组化也必须在专用实验室内进行，要求与进入单细胞室相同；

e. PCR 反应前各种试剂的配制、加模板、PCR 反应、电泳检测 PCR 产物要分别在不同房间进行；

f. 经常更换手套（尤其是在接触 DNA 模板和 PCR 产物后），采用防止气溶胶的一次性吸管头等；

g. 设立缓冲液对照，即只吸取覆盖在切片上的缓冲液，而不吸取细胞成分，在这种情况下，PCR 扩增也应该全为阴性，若出现阳性条带，证明覆盖在切片上的缓冲液内有细胞污染。

② 单细胞提取的难度还在于其需要非常高的准确性，这取决于仪器设备的精度和操作者的水平。操作时应最大限度地避免邻近细胞的污染，单细胞提取后，往往还需进行 PCR 反应和 DNA 测序。这就对模板的量和纯度提出了较高的要求。与常规利用全组织提取 DNA 相比，单细胞 DNA 的纯度明显增高，但量相应减少，导致单细胞 PCR 的扩增效率低于全组织 PCR，增大了工作量。单细胞 PCR 的扩增效率较全组织 PCR 低，其原因有如下几点：

a. 从组织切片分离单个细胞时，5～10μm 的冷冻切片使单个细胞的细胞核发生部分丢失。细胞越大丢失成分越多，其弥补措施为增加冷冻切片的厚度，尽可能保证细胞核的完整性；

b. 单细胞操作不允许用苯酚、氯仿进行抽提，因为这会使本来已很微量的 DNA 丢失。采用蛋白酶 K 消化，然后再灭活蛋白酶 K 的纯化方法不能保证每个细胞的 DNA 都达到 PCR 扩增的要求；

c. 在吸取细胞时微吸管管尖因毛细吸附作用会引起缓冲液内流，若控制不好，内流增多，导致整个体系中缓冲液浓度改变，同样会得不到阳性结果[60]；

d. 切片、免疫组织化学、单细胞提取的过程需要较长的时间且步骤复杂，可能会使细胞 DNA 受到损伤。上述诸点造成单细胞扩增的效率一般最高仅为全组织的 50%左右。

五、应用

1. 单细胞 PCR 用于单精子的分型

利用单细胞 PCR 分析单个精子中连锁遗传标记的等位基因出现的频率，可以计算出相邻基因标记之间的重组频率，从而推算出连锁遗传标记之间距离，为构建哺乳动物基因组的遗传图谱提供了一个有力的方法[61]。尤其对那些不能大量繁殖或世代周期格外长的生物，制作这些物种的遗传图谱，单精子分型显得更为有效。

2. 单细胞 PCR 运用于淋巴结造血系统疾病的研究

如霍奇金病中里德-斯特恩伯格细胞（RS 细胞）的起源研究[62]。霍奇金病侵犯的淋巴结中，肿瘤性成分里德-斯特恩细胞常少于 1%，因而从组织中抽提的 DNA 实际上是肿瘤细胞 DNA 和其它细胞 DNA 的混合物，故这种抽提方法在检测 RS 细胞上是不适用的。免疫组化和原位杂交相结合，可以对单个霍奇金细胞和 RS 细胞进行基因表达的检测，但不能对其 DNA 进行更详细的研究。单个细胞 PCR 技术弥补了上述不足。Küppers 等从一例患硬化型霍奇金病的患者中分离出 RS 细胞，利用单细胞 PCR 获得了 12 个 IgH 基因重排产物，对其中 8 个产物进行的测序分析显示，7 个细胞具有完全一致的序列，提示该例患硬化型霍奇金病的患者中的 RS 细胞至少有一部分来源于克隆性 B 细胞[63]。在组织切片上进行单个细胞分离及 PCR，就方法学而言完全具有可行性，对淋巴造血系统病变的研究也是非常适宜的。单细胞研究还可被运用于淋巴结生发中心及其它类型恶性淋巴瘤的研究，因为只有通过单细胞研究，才能获得有关克隆相关性、克隆内差异和延续突变的信息。该方法加以改进还可用于其它各种肿瘤，尤其可用于对肿瘤细胞之间混有大量非肿瘤细胞的样品进行癌基因和抑癌基因的分析，以及肿瘤细胞的克隆性研究。

六、小结

包括癌症在内的许多恶性疾病的发生都是由单个细胞的分子改变引起的，因此准确地找到发生改变的细胞对于疾病的诊断、机理的研究以及防治都有重要意义。单细胞 PCR 技术与先进的流式细胞技术相结合，使得检测单个细胞的基因改变成为可能。利用流式细胞技术分离得到所需的单个细胞并进行 PCR 分析，可以提供大量的有关单个细胞的基因组信息，成为研究功能基因组学的有力工具。

第五节　PCR 检测肿瘤细胞端粒酶活性

一、引言

端粒是位于染色体末端的异染色质结构，由特异的蛋白质复合体结合的 DNA 串联重复序列组成，行使染色体末端保护功能，防止染色体末端被识别为断裂 DNA

链，抑制端粒间错误的同源重组以及染色体末端融合而导致的细胞丧失分裂增殖能力或细胞衰老。端粒的上述保护功能和机制的发现被评为2009年诺贝尔生理学或医学奖[64-67]。细胞分裂过程中，端粒会由于负责复制的DNA聚合酶不能完全复制线型染色体的3′末端而缩短，也就是出现"末端复制问题"[68]。基于此，Hayflick提出了"分子时钟"的概念，这一概念用以解释体外培养的细胞由于端粒逐渐缩短而具有有限的寿命，也被叫作"Hayflick limit"[69]。

不同于体细胞，肿瘤细胞具有相对稳定的端粒长度，理论上具有无限传代的能力。其中，90%的肿瘤细胞是通过端粒酶延伸端粒末端的，端粒酶是一种DNA逆转录聚合酶，含有蛋白质亚基TERT和RNA亚基TERC，其利用TERC作为RNA模板，在端粒上添加端粒DNA以弥补由细胞分裂造成的端粒损耗[70]。端粒酶活性的从无到有以及高低调节在肿瘤的发生发展中发挥重要作用，因此，对于端粒酶活性的检测具有重要的科研及临床意义。

基于PCR原理的端粒酶活性检测方法TRAP（端粒重复序列扩增技术，telomeric repeat amplification protocol）是最常用的细胞和组织端粒酶活性检测手段，已经用于20多种人类肿瘤端粒酶活性的检测。

二、基本原理

TRAP实验用到以下几条引物：

TS Primer：5′-AATCCGTCGAGCAGAGTT-3′

RP Primer：5′-GCGCGG $[CTTACC]_3$CTAACC-3′

TSK1 Primer：5′-AATCCGTCGAGCAGAGTTAAAAGGCCGAGAAGCGAT -3′

K1 Primer：5′-ATCGCTTCTCGGCCTTTT-3′

实验原理如图16-5所示，首先是收集具有端粒酶活性的细胞裂解物，其在体外能够在TS Primer的基础上合成并延伸端粒末端重复序列（telomeric repeats）；其次，RP Primer与端粒末端重复序列反向互补，和TS Primer一起，以第一步延伸得到的DNA序列为模板，在DNA聚合酶的催化下扩增，继而通过PAGE电泳分析扩增产物，判断端粒酶活性的水平。如图16-6所示，最下面的DNA条带为IC（internal control），是由TSK1 Primer和K1 Primer扩增得到，上面的阶梯状条带为TRAP产物，条带越亮，延伸的位置越高，说明端粒酶活性越强，图中样品1和6没有TRAP产物，提示样品不具有端粒酶活性，而样品2、3、4、5端粒酶活性逐渐降低。

三、材料

1. 试剂

① CHAPS细胞裂解缓冲液：10mmol/L Tris-HCl，pH7.5，1mmol/L $MgCl_2$，1mmol/L EGTA，0.1mmol/L盐酸苯甲脒，5mmol/L β-巯基乙醇，0.5% CHAPS，10%甘油。

② RNA酶抑制剂。

③ DEPC水。

④ PBS。

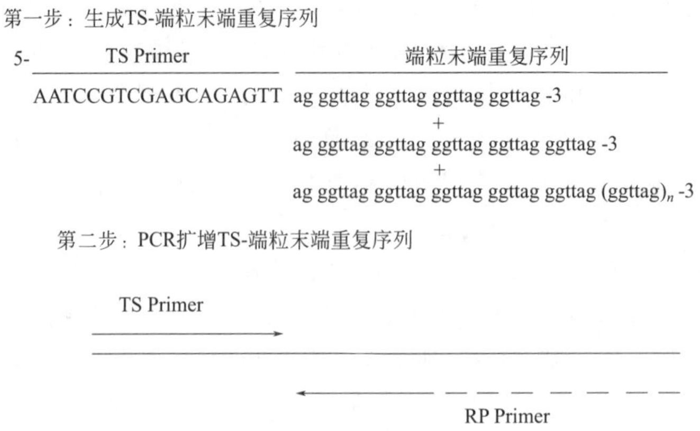

第一步：生成TS-端粒末端重复序列
5-
TS Primer
端粒末端重复序列
AATCCGTCGAGCAGAGTT
ag ggttag ggttag ggttag ggttag -3
+
ag ggttag ggttag ggttag ggttag ggttag -3
+
ag ggttag ggttag ggttag ggttag ggttag (ggttag)n -3
第二步：PCR扩增TS-端粒末端重复序列
TS Primer
RP Primer

图 16-5 TRAP 实验原理

1 2 3 4 5 6
TRAP产物
68bp
62bp
56bp
50bp
IC (36bp)

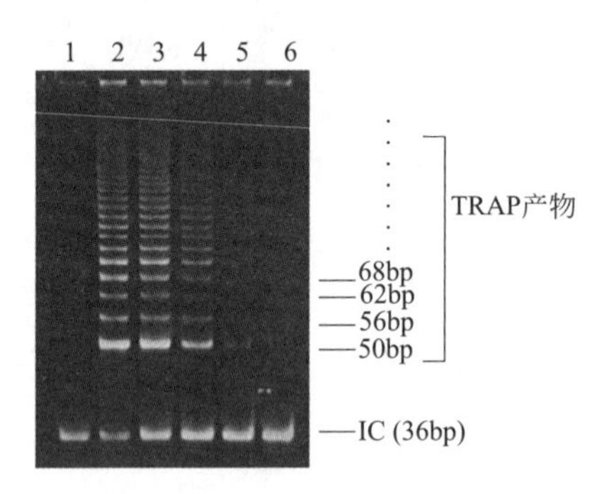

图 16-6 PAGE 胶分离 PCR 产物

⑤ 热启动 DNA 聚合酶。

⑥ TRAP 缓冲液：200mmol/L Tris-HCl，pH 8.3，15mmol/L $MgCl_2$，630mmol/L KCl，0.5% Tween 20，10mmol/L EGTA。

⑦ 50×dNTP 混合液（每种 dNTP 2.5mmol/L）。

⑧ 引物配制方法如下：DEPC H_2O 溶解 TS Primer 至终浓度为 0.1μg/μL；DEPC H_2O 溶解 RP Primer、TSK1 Primer、K1 Primer 至终浓度为 1μg/μL，取配制好的 RP Primer 10μL、TSK1 Template 1μL、K1 Primer 1μL，混匀后稀释至 100μL 作为 TRAP Primer Mix。

⑨ 10%非变性 DNA-PAGE 胶。

2. 仪器

PCR 仪、电泳槽、电源。

四、方法

1. 样品制备

① 取 12 孔板融合度为 100%细胞，用冰冷的 PBS 洗一遍，仔细吸取 PBS，加入 1mL PBS，收集细胞，2000r/min 离心 10min，去上清。

② 加入 200μL CHAPS 细胞裂解缓冲液，吹匀后冰浴 30min。

③ 12000r/min，4℃离心 20min，吸取上清至新管。

④ 测定蛋白质浓度。

2. TRAP反应

（1）样品制备　将实验样品用CHAPS细胞裂解缓冲液稀释至所需浓度，肿瘤细胞样品一般为10～50ng/μL（可将蛋白样品作一梯度稀释：250ng/μL，50ng/μL，10ng/μL）。

（2）TRAP反应的加样

10×TRAP缓冲液	5.0μL	RNA酶抑制剂	0.5μL
50×dNTP混合液	1.0μL	细胞裂解物	1μL
TS Primer(0.1μg/μL)	1.0μL	DEPC H_2O	39.1μL
TRAP Primer Mix	1.0μL	总体系	50μL
*Taq*聚合酶	0.4μL		

（3）TRAP反应　上述样品混合均匀后置于PCR仪中，30℃反应30min，此步骤用于端粒酶延伸端粒末端重复序列。然后进行PCR扩增：94℃ 30s，60℃ 30s，72℃ 30s，30个循环；72℃ 5min，4℃保存。

（4）PAGE凝胶配制

① 0.4kg/L PAM溶液配制（配制量1L）：380g丙烯酰胺，20g亚甲基双丙烯酰胺，加入600mL去离子水溶解，充分搅拌，定容到1L，0.45μm滤器滤去杂质，棕色瓶4℃保存。

② 5×TBE（1L）：54g Tris Base，27.5g硼酸，20mL 0.5mol/L EDTA，pH8.0，加入800mL去离子水，配好后pH应在8.1～8.5，一般不必调pH，用去离子水定容到1L。

③ 10% PAM：若配制400mL，需100mL 40% PAM溶液，40mL 5×TBE溶液，260mL去离子水。

④ 0.1kg/L AP：称取1g AP，加入10mL去离子水后搅拌溶解，4℃保存，只能保存两周，超期可能失效，－20℃长期保存。

⑤ 0.5mol/L EDTA（pH 8.0）：配制量1L，称取186.1g $Na_2EDTA \cdot 2H_2O$，置于1L烧杯中，加入约800mL的去离子水，充分搅拌，用NaOH调节pH至8.0（约20gNaOH，pH至8.0时EDTA才能完全溶解），加入去离子水定容到1L，高温高压灭菌，室温保存。

⑥ 10%非变性DNA-PAGE胶配制：每1.0mm厚的胶板配制总量为7.5mL的配胶溶液。若需配制50mL配胶溶液，需要加入49.5mL 10%PAM，0.5mL 10% AP，0.05mL TEMED。

（5）产物检测：用0.5×TBE作为电泳缓冲液，样品上样量为10～15μL，使用5×预染DNA上样缓冲液，200～300V，电泳至后面的蓝色条带接近电泳槽胶条处停止（约25～30min），使用Bio-Rad公司的凝胶成像系统拍照。

五、注意事项

① 由于端粒酶是蛋白RNA复合物，细胞裂解液中需要加入蛋白酶抑制剂和RNA酶抑制剂，而且操作需要严格在冰上进行，确保酶不降解。

② CHAPS细胞裂解液比较温和，不能使用RIPA等裂解液替代，会影响端粒酶的活性。

③ 由于PCR具有很高的灵敏度，操作过程中需要防止污染，最好有专门的房间

用于 TRAP 实验。

④ 每次电泳都需要更换电泳液，使用过的电泳液可能含有 PAGE 胶里出来的 DNA，造成后续污染。

⑤ TRAP 实验的结果需要电泳分析，受限于胶孔的数目，因此不适合高通量的分析，目前已经开发出了 TRAP-ELISA 和 TRAP-qPCR 方法，可以进行高通量的端粒酶活性检测。

六、应用

1. TRAP 用于对比癌和癌旁的端粒酶活性

除了干细胞、生殖细胞和部分血液细胞外，正常的组织细胞不表达 TERT，因此不具有端粒酶活性，而大部分肿瘤细胞为了维持永生，高表达 TERT，具有端粒酶活性。早期的研究对比 25 例宫颈癌标本和 14 例正常的子宫颈标本，发现 80%的肿瘤标本表达 TERT，并且具有端粒酶活性[71]。在前列腺癌及癌旁相对正常的组织里，端粒酶活性检测结果显示癌旁组织均没有端粒酶活性，而 84%的癌组织能检测到端粒酶活性，此外，该研究还发现前列腺良性增生的组织里没有检测到端粒酶活性，提示良性前列腺增生没有发生端粒酶的激活[72]。胰腺癌中也有类似的发现，43 例胰腺癌组织有 41 例能检测到端粒酶活性，11 例胰腺良性肿瘤均未检测到端粒酶活性。不过，36 例癌旁组织中，有 5 例具有端粒酶活性，可能是恶性肿瘤浸润导致癌和癌旁边界不清楚所致[71]。此外，在乳腺癌、头颈部肿瘤、消化系统肿瘤、肝癌、卵巢癌、睾丸癌、神经系统肿瘤、皮肤癌等肿瘤中，均发现肿瘤组织高表达端粒酶活性[73-75]，说明端粒酶的激活是肿瘤组织的常见特征。然而，与上述肿瘤不一样的是，仅有 12%的原发骨肿瘤能检测到端粒酶活性，后来的研究发现骨肿瘤可能主要通过另外一种机制（alternative lengthening of telomeres，ALT）延伸端粒末端[76]。

2. TRAP 用于分析端粒酶活性与肿瘤预后的关系

研究发现：端粒酶活性可能与肿瘤患者的预后有关。87 例结直肠癌患者的预后与端粒酶活性具有相关性，肿瘤组织端粒酶活性越高，患者的预后越差，无病生存期越短[77]。神经母细胞瘤和胃癌里也得到了相似的结论[78]。研究显示，肝细胞癌患者在肝切除术后，端粒酶活性高的患者复发的风险是端粒酶活性低的患者的 2.36 倍[79]。而乳腺癌中出现了相互矛盾的结论，有的研究显示端粒酶活性越高，患者预后越差[80,81]，而有的研究显示端粒酶活性的高低与患者预后没有关系，但是同时发现化疗后的组织端粒酶活性明显低于没有接受化疗的患者[82]。此外，循环肿瘤细胞作为近几年兴起的检测技术，对于预测肿瘤的预后有重要的意义，有研究检测了前列腺癌循环肿瘤细胞的端粒酶活性，分析其是否具有预测预后的作用，结果显示在含有 5 个以上的循环肿瘤细胞的患者中，端粒酶活性具有独立的总生存期预测作用[83]。

七、小结与展望

端粒酶的获得是大部分肿瘤细胞维持永生的必要条件，也是肿瘤细胞区别于正常细胞的重要特征。端粒酶活性的高低与肿瘤的发生、发展以及预后有密切的关系，端粒酶活性的检测可用于正常组织、良性肿瘤组织和恶性肿瘤组织的区分，也可以作为一个独立的预后因素，根据端粒酶活性的高低评估患者的预后。

肿瘤组织具有高度的特异性，有研究显示肿瘤起源于肿瘤干细胞，肿瘤干细胞可分化为肿瘤细胞及支持肿瘤生长的血管内皮细胞，这三类细胞间的端粒酶活性是否具有差异，产生差异的分子和细胞学基础是什么，这种差异具有什么生理病理意义？这些科学问题都有待研究。另外，端粒酶活性的检测目前基本还停留在实验室水平，上文提到的循环肿瘤细胞的端粒酶活性检测正在进行Ⅲ期临床研究。目前的检测方法需要准备样品、PCR 扩增、结果检测和分析等过程，费时费力，且不易实现准确的高通量检测方法，能否建立快速有效的端粒酶活性检测方法也是有待解决的问题。

参考文献

[1] Dahl C，Guldberg P. DNA methylation analysis techniques . Biogeron -tology，2003，4 (4)：233-250.

[2] 顾婷婷，张忠明，郑鹏生. DNA 甲基化研究方法的回顾与评价. 中国妇幼健康研究，2006，17 (6)：555-560.

[3] Frommer M，McDonald L E，Millar D S，et al. Agenomic sequencing protocol that yields a positive display of 5-methylcytosine residues in individual DNA strands. Proc Natl Acad Sci USA，1992，89：1827-1831.

[4] Herman J G，Graff J R，Myohanen S，et al. Methylation-specific PCR：a novel PCR assay for methylation status of CpG islands . Proc Natl Acad Sci USA，1996，93 (18)，9821-9826.

[5] 沈佳尧，侯鹏，祭美菊，等. DNA 甲基化方法研究现状 . 生命的化学，2003，23 (2)：149-151.

[6] 朱燕. DNA 的甲基化的分析与状态检测 . 现代预防医学，2005，32 (9)：1070-1073.

[7] Dahl C，Guldberg P. DNA methylation analysis techniques . Biogerontology，2003，4 (4)：233-250.

[8] 董玉玮，侯进慧，朱必才，等. 表观遗传学的相关概念和研究进展. 生命的化学，2005，22 (1)：1-3.

[9] 张永彪，褚嘉祐. 表观遗传学与人类疾病的研究进展 . 遗传，2005，27 (3)：466-472.

[10] Feinberg A P，Tycko B. The history of cancer epigenetic . Nat Rev Cancer，2004，4 (2)：143-153.

[11] 黄琼晓，金帆，黄荷凤. DNA 甲基化的研究方法学 . 国外医学遗传学分册，2004，27 (6)：354-358.

[12] Nuovo G J，Plaia T W，Belinsky S A，et al. In situ detection of the hypermethylation-induced inactivation of the p16 gene as an early event in oncogenesis . Proc Natl Acad Sci USA，1999，96：12754-12759.

[13] Soares J，Pinto A E，Cunha C V，et al. Global DNA hypomethylation in breast carcinoma：correlation with prognostic factors and tumor ptogression . Cancer，1999，85：112-118.

[14] Shinichi Toyooka，Nobuyoshi Shimizu. Models for studying DNA methylation in human cancer：a review of current status . Drug discovery today：Disease Model，2004，1 (1)：37-42.

[15] Cui H，Horon I L，Ohlsson R，et al. Loss of imprinting in normal tissue of colorectal cancer patients with microsatellite instability . Nat Med Nov，1998，4 (11)：1276-80.

[16] Uhlmann K，Rohde K，Zeller C，et al. Distinct methylation profiles of glioma subtypes. Int Cancer，2003，106 (1)：52-59.

[17] Wu C T，Morris J R. Genes，genetics and epigenetics：a correspondence . Science，2001，293：1103-1105.

[18] Liang P，ParBee A B. Differential display of eukaryotic messenger RNA by means of the polymerase chain reaction. Science. 1992，257：967-971.

[19] 萨姆布鲁克 J，拉塞尔 D W . 分子克隆实验指南. 第 3 版. 黄培堂，等译. 北京：科学出版社，2002.

[20] 刘厚淳，段发平. DD-PCR 及其在作物环境胁迫研究中的进展. 广西农业生物科学，2000，19 (4)：285-288.

[21] 程志强，董海涛，吴玉良，等. 水稻受白叶枯病菌诱导抗性相关基因片段的克隆. 农业生物技术学报，2000，8 (1)：45-48.

[22] 董海涛，何祖华，吴玉良，等. 水稻抗稻瘟病近等基因系 mRNA 差别显示分析. 农业生物技术学报，1998，6 (3)：223-228.

[23] 董继新，董海涛，吴玉良，等. 用 PCR 差别筛选法分离和克隆水稻受稻瘟病菌诱导的. c DNA 片段. 中国农业科学，1999，32 (3)：8-13.

[24] Kdayrzhanova D K，Vlachonasios K E，Ververidis P，et al. Molecular cloning of a novel heat induced/chilling tolerance related cDNA in tomato fruit by use of mRNA differential display. Plant Molecular

Biology，1998，36：885-895.

[25] Brosche M，Strid A. Cloning expression and molecular characterization of a small pea gene family regulated by low levels of ultraviolet Bradiation and other stresses. Plant physiology，1999，121（2）：479-487.

[26] 王兰芳，乐国伟. mRNA 差异显示技术在营养学研究中的应用. 动物科学与动物医学，2001，18（3）：15-16.

[27] Wang Y R，Wu J，Reaves S K，et al. Enhanced expression of hepaticgenein copper-deficient rats detected by the messenger RNA differential display method. Journal of Nutrition，1996，126：1772-1781.

[28] 王福，徐琪寿，赵法. mRNA 差异显示技术在维生素研究中的应用. 中华预防医学杂志，2000，34（2）：124-126.

[29] 王刚石，王孟薇. 差异显示技术在消化系统肿瘤研究中的应用. 国外医学·肿瘤学分册，2000，27（2）：85-87.

[30] Chen Y M，Shiu J Y，Tzeng S J，et al. Characterization of glycine-N-methyltransferase-gene expression in human hepatocellular carcinoma. International Journal of Cancer，1998，75（5）：787-793.

[31] Bertram J，Palfner K，Hiddemann W，et al. Overexpression of ribosomal proteins L4 and L5 and the putative alternative elongation factor PTI-1 in the doxorubicin resistant human colon cancer cell line LoVoDxR. European Journal of Cancer，1998，34（5）：731-736.

[32] Fournier M V，Guimaraes da C F，Paschoal M E，et al. Identification of a gene encoding a human oxysterol-binding protein-homologue：a potential general molecular marker for blood dissemination of solid tumors. Cancer Research，1999，59（15）：3748-3753.

[33] 孙岩秀，孙慧敏，袁佳琴. mRNA 差异显示技术的发展及其在眼科学的应用. 中国实用眼科杂志，2001，19（3）：163-166.

[34] Chiplunkar S，Chamblis K，Chwa M，et al. Enhanced expression of a transmembrane phosphotyrosine phosphatase（LAR）in keratoconus cultures and corneas. Experimental Eye Research，1999 ，68（3）：283-93.

[35] Kantorow M，Horwitz J，Carper D. Up-regulation of osteonectin/SPARC in age-related cataractous human lens epithelia. Molecular Vision，1998，4：17.

[36] Kantorow M，Kays T，Horwitz J，et al. Differential display detects altered gene expression between cataractous and normal human lenses. Investigative Ophthalmology & Visual Science，1998，39（12）：2344-2354.

[37] 郭清华，陆菊明，等. mRNA 差异显示技术在内分泌代谢性疾病研究中的应用. 国外医学·内分泌学分册，2001，21（5）：263-265.

[38] Lin T M，Chang C. Cloning and characterization of TDD5，an androgen target gene that is differentially repressed by testosterone and dihydrotestosterone. Proceedings of the National Academy of Sciences of the United States of America，1997，94（10）：4988-4993.

[39] Manir A，Alexander F M，John D I. Application of differential display to immunoloical research. Journal of Immunological Methods，2001，250：29-43.

[40] Jin F，Nathan C F，Ding A. Paradoxical preservation of a lipopolysaccharide response in C3H/HeJ macrophages：induction of matrix metalloproteinase-9. Journal of Immunology，1999，162：3596-3600.

[41] Amson R B，Nemani M，Roperch J P，et al. Isolation of 10 differentially expressed cDNAs in p53-induced apoptosis：activation of the vertebrae homologue of the Drosophila seven in absentia gene. Proceedings of the National Academy of Sciences of the United States of America，1996，93：3953-3957.

[42] Panayotis L，Hideyuki T，Tito F. Limitations of differential display. Biochemical and biophysical research communications，1998，251：653-656.

[43] Bauer D，Muller H，Reich J，et al. Identification of differentially expressed mRNA species by an improved display technique（DDRT-PCR）. Nucleic Acids Research，1993，21：4272-4260.

[44] Sung Y J，Denman R B，Use of two reverse transcriptase eliminates false-positive results in differential display. Biotechniques，1997，25：462-468.

[45] Mangalathu S R，Daya G R，Suanne D V，et al. Use of real-time quantitative PCR to validate the results of cDNA array and differential display PCR technologies. Methods，2001，25：443-451.

[46] Roland J, John W B. Long-distance DDRT-PCR and cDNA microarrays. Current Opinion in Microbiology, 2000, 3: 316-321.

[47] Daniel W D, Roert H R, Xavier Z K, et al. High-throughput confirmation of differential display PCR results using reverse Northern blotting. Journal of Neuroscience Methods, 2003, 123: 47-54.

[48] Irina G, Pavel G, Gulio E C. Identification of true differentially expressed mRNAs in a pair of human bladder transitional cell carcinomas using an improved differential display procedure. Electrophoresis, 1999, 20 : 241-248.

[49] Ains Worth P J, Surh L C, Coulter-Mackle MB, et al Dianognostic single strand conformational polymorphism (SSCP). Nucleic Acids Res, 1991, 19: 405.

[50] Kenshi Hayashi PCR-SSCP: A simple and sensitive method for detection of mutation in the genomic DNA 1: 34-38 c by cold spring harbor laboratory press. ISSN 1991: 1054-9803.

[51] 朱斌，张丽珊，黄鹰，等. 一种新的 LHOH 基因诊断方法——PCR-SSCP 银染技术. 中华医学遗传学杂志，1994，11 (3)：170-173.

[52] 林金容，姜泊，张亚历，等. 应用银染 PCR-SSCP 检测结直肠癌组织 MCC 突变. 解放军医学杂志，1998，23 (3).

[53] Koenig R. Detection of beet necrotic yellowvein virus stains variants and mixed infection by examining sigle strand comformation polymorphiams of immunocapture RT-PCR products. Journal of general virology, 1995, 76: 2051-2555.

[54] Wang X W, Stollar B D. Human immunoglobulin variable region gene analysis by single cell RT-PCR. J Immumnological Methods, 2000, 244: 217-225.

[55] Lindqvist N, Vidal-Sanz M, hallböö k F. Single cell RT-PCR analysis of tyrosine kinase receptor expression in adult rat retinal ganglion cells isolated by retinal sandwiching. Brain Research Protocols , 2002, 10: 75-83.

[56] Villegas-Perez M, Vidal-Sanz M, Rasminsky M, et al. Rapid and protracted phases of retinal ganglion cell loss follow axotomy in the optic nerve of adults rats. J Neurobiol, 1993, 24: 23-26.

[57] 杨文涛，许良中. 单细胞分离及单细胞 PCR 技术在淋巴结生发中心研究中的应用. 上海医科大学学报，2000，27 (6)：460-463.

[58] 杨文涛，许良中，张廷璆，等. 单细胞测序研究淋巴细胞免疫球蛋白基因重排. 中华病理学杂志，2001，30 (2)：141-143.

[59] Li HH, Gyllensten U B, Cui X F, et al. Amplification and analysis of DNA sequences in single human sperm and diploid cells. Nature , 1988, 335: 414-417.

[60] Deng F, Lu G, Li G. Hodgkin's disease: immunoglobulin heavy and light chain gene rearrangements revealed in single Hodgkin/Reed-Sternberg cells. J Clin Pathol : Mol Pathol, 1999, 52: 37-41.

[61] Boehnke M, Arnheim N. Li H, et al. Fine-structure genetic mapping of human chromosomes using the polymerase chain reaction on single sperm: experimental design considerations. Am J Hum Genet, 1989, 45 (1): 21-32.

[62] Braeuninger A, Küppers R, Strickler J G. Hodgkin and Reed-Sternberg cells in lymphocyte predominant Hodgkin disease represent clonal populations of germinal center-derived tumor B cells. Proc Natl Acad Sci USA, 1997, 94: 9337-9342.

[63] Küppers R, Rajewsky K, Zhao M. Hodgkin diseases: Hodgkin and Reed-Sternberg cells picked from histological sections show clonal immunoglobulin gene rearrangements and appear to be derived from B cells at various stages of development. Proc Natl Acad Sci USA, 1994, 91: 10962-10966.

[64] Doksani Y, Wu J, de Lange T et al. Super-resolution fluorescence imaging of telomeres reveals TRF2-dependent T-loop formation. Cell, 2013, 155: 345-356.

[65] Martinez P, et al. Mammalian Rap1 controls telomere function and gene expression through binding to telomeric and extratelomeric sites. Nat Cell Biol, 2010, 12: 768-780.

[66] de Lange T. How telomeres solve the end-protection problem. Science, 2009, 326: 948-952.

[67] de Lange T. Protection of mammalian telomeres. Oncogene 21: 532-540, doi: 10. 1038/sj. onc. 1205080 (2002).

[68] Watson J D. Origin of concatemeric T7 DNA. Nat New Biol，1972，239，197-201.

[69] Hayflick L，Moorhead P S. The serial cultivation of human diploid cell strains. Exp Cell Res，1961，25. 585-621.

[70] Greider C，Blackburn E. Identification of a specific telomere terminal transferase activity in Tetrahymena extracts. Cell，1985，43，405-413.

[71] Hiyama E，et al. Telomerase activity is detected in pancreatic cancer but not in benign tumors. Cancer Res，1997，57：326-331.

[72] Sommerfeld H J，et al. Telomerase activity：a prevalent marker of malignant human prostate tissue. Cancer Res，1996，56. 218-222.

[73] Mao L，et al. Telomerase activity in head and neck squamous cell carcinoma and adjacent tissues. Cancer Res，1996，56：5600-5604.

[74] Shay J W，Bacchetti S. A survey of telomerase activity in human cancer. Eur. J. Cancer，1997，33：787-791，doi：10. 1016/S0959-8049（97）00062-2.

[75] Minafra M，et al. Study of the role of telomerase in colorectal cancer：preliminary report and literature review. G Chir，2017，38. 213-218.

[76] Sotillo-Pineiro E，Sierrasesumaga L，Patinno-Garcia A. Telomerase activity and telomere length in primary and metastatic tumors from pediatric bone cancer patients. Pediatr. Res，2004，55：231-235，doi：10. 1203/01. PDR. 0000102455. 36737. 3C.

[77] Tatsumoto N，et al. High telomerase activity is an independent prognostic indicator of poor outcome in colorectal cancer. Clin. Cancer Res，2000，6：2696-2701.

[78] Poremba C，et al. Telomerase activity and telomerase subunits gene expression patterns in neuroblastoma：a molecular and immunohistochemical study establishing prognostic tools for fresh-frozen and paraffin-embedded tissues. J Clin Oncol，2000，18：2582-2592，doi：10. 1200/JCO. 2000. 18. 13. 2582.

[79] Kobayashi T，Kubota K，Takayama T. & Makuuchi，M. Telomerase activity as a predictive marker for recurrence of hepatocellular carcinoma after hepatectomy. Am J Surg，2001，181：284-288.

[80] Clark G M，Osborne C K，Levitt D，et al. Telomerase activity and survival of patients with node-positive breast cancer. J Natl Cancer Inst，1997，89：1874-1881.

[81] Hiyama，E. et al. Telomerase activity in human breast tumors. J Natl Cancer Inst，1996，88：116-122.

[82] Hoos A，et al. Telomerase activity correlates with tumor aggressiveness and reflects therapy effect in breast cancer. Int J Cancer，1998，79，8-12.

[83] Goldkorn A，et al. Circulating tumor cell telomerase activity as a prognostic marker for overall survival in SWOG 0421：a phase Ⅲ metastatic castration resistant prostate cancer trial. Int J Cancer，2015，136：1856-1862，doi：10. 1002/ijc. 29212.

第十七章
PCR 在动物学中的应用

自 Mullis 等于 1985 年创建聚合酶链式反应（PCR）技术以来，该技术经过三十几年的发展与完善，已在动物学研究领域得到了广泛应用。利用该技术，人类可在分子水平上认识动物、了解动物和利用动物，从而进一步推动动物学研究进展。本章就 PCR 技术在动物分类与进化、动物疾病诊断、转基因动物检测以及等温扩增技术的使用等方面作相应介绍。

第一节　微卫星 PCR 在动物分类和进化中的应用

一、引言

微卫星 DNA（microsatellite DNA）或简单重复序列（simple sequence repeat，SSR）、短串联重复序列（short tandem repeat，STR）和简单序列长度多态性（simple sequence length polymorphism，SSLP），是 20 世纪 80 年代末期发展起来的一种新型分子标记技术。目前，该方法在个体鉴别、分类和进化、群体遗传学等领域应用广泛[1-3]。微卫星 DNA 通常由 2～6 个碱基重复排列而形成，如 $(CA)_n$、$(GT)_n$、$(CAG)_n$、$(AGCT)_n$ 等，分布于真核生物基因组的不同位置，其两端有一段保守序列，利用保守序列设计引物进行 PCR 扩增，因重复单位数目的差异而呈现多态性。微卫星 DNA 的突变率为 5×10^{-4}～5×10^{-5}，可在品系中稳定遗传，是一种很好的遗传标志，具有高度多态性、能用 PCR 扩增、信息质量高、取材简便易行等多重优点。本节主要介绍微卫星在动物分类与进化研究中的应用。

二、基本原理

利用微卫星 DNA 研究动物遗传特性的主要过程是：选取该物种的微卫星位点；设计引物进行 PCR 扩增；分析扩增结果，筛选出其中扩增效率高、多态性良好、适于遗传检测的微卫星位点，分析该品系动物的遗传特性。

其中获得微卫星位点的方法主要有两种。一是数据库法，这是最方便、经济的方法。可以从已经发表的文献或公共的 DNA 序列数据库，如 GenBank、European Molecular Biology Laboratory（EMBL）、DNA Data Bank of Japan（DDBJ）中查找所要研究物种的微卫星位点和引物，另外基因组表达序列标签（expressed sequence tags，EST）数据库中也有大量的微卫星位点可供筛选使用。同时，由于近缘物种间

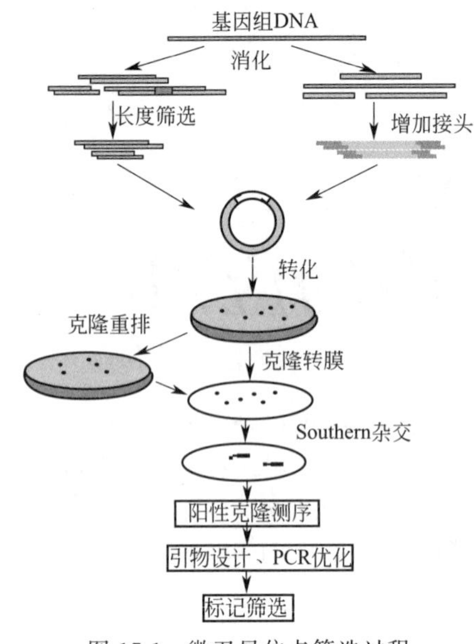

图 17-1　微卫星位点筛选过程

的序列相似性高，从一个物种筛选设计的特异性引物有时也能用于研究其它近缘物种，从而大大提高了微卫星研究的效率[4,5]。二是自筛法。对于许多稀有物种，需要自己设计引物，筛选位点。基本步骤（见图 17-1）：①提取所要研究物种的基因组 DNA；②使用限制性内切酶，将基因组 DNA 切割成均匀的小片段；③凝胶电泳，回收大小约 300～500bp 的片段；④将回收片段克隆放大，使用标记探针进行杂交；⑤筛选出含有重复序列的克隆，测序证实重复序列片段的存在；⑦在重复序列片段两端区域设计引物对，进行 PCR 扩增，检验引物的有效性；⑧对小量样本进行预试验，挑选出重复性好、具多态性的微卫星位点。

三、材料

Taq DNA 聚合酶、dNTP、10×PCR 缓冲液、DNA marker、丙烯酰胺-亚甲基双丙烯酰胺（19∶1）、尿素、过硫酸铵、TEMED、10%乙酸、硝酸银、甲醛、无水碳酸钠、硫代硫酸钠；PCR 扩增仪和电泳仪。

四、方法

1. 基因组 DNA 的分离和定量

常规酚-氯仿法提取动物 DNA 样本，用紫外分光光度计测量 OD_{260}/OD_{280} 值确定纯度，将样本稀释至 50ng/μL 作为 DNA 模板，4℃保存备用。

2. 微卫星位点的选择

根据 DNA 数据库和已有文献，选取等位基因多、核心序列重复率高的微卫星位点，同时兼顾生化标记分析位点所在的染色体。

3. PCR 反应体系

反应体系为 25μL，其中含①10×缓冲液 2.5μL；②25mmol/L $MgCl_2$，分成 0.5μL、1.0μL、1.5μL、2.0μL、2.5μL、3.0μL 6 个梯度；③2mmol/L dNTP 1μL；④50μmol/L 上游引物 0.25μL；⑤50μmol/L 下游引物 0.25μL；⑥样品 DNA 0.5μL；⑦*Taq* 酶 1U，最后用灭菌水补足。

4. PCR 反应条件

95℃预变性 5min；95℃变性 1min，退火设 50℃、53℃、56℃、59℃、62℃、65℃共 6 个梯度（由 PCR 仪一次设定）1min，72℃延伸 1min，设定 30 个循环；最后 72℃延长 5min。

5. PCR 结果的分析

（1）琼脂糖凝胶电泳　将所有位点扩增产物经 2%琼脂糖凝胶电泳后条带清晰，只有一条或两条，且条带大小位于 50～350bp 范围内的位点作为被选位点，进而优化

反应体系的 Mg^{2+} 浓度和退火温度，再通过琼脂糖凝胶电泳结果初步判断位点的多态性，将等位基因数大于3个的位点保留，淘汰其它位点。

（2）聚丙烯酰胺凝胶电泳　对琼脂糖凝胶电泳初筛得到的PCR扩增产物，取6μL于8%的聚丙烯酰胺凝胶，100V电泳1.5h，银染[6]，拍照。根据聚丙烯酰胺凝胶电泳图像结果，运用BIO-Profile Programe初步统计分析，得到各个位点的等位基因数目。

（3）银染检测方法　凝胶于固定液中固定20min，漂洗干净后进行硝酸银溶液染色30min，再漂洗后，于显色液中显色，条带清晰后用10%乙酸溶液终止显影，干燥后进行检测。

（4）结果判读　根据聚丙烯酰胺凝胶上DNA条带泳动距离进行结果判读，泳动距离最长的带设定英文字母a，依次为b、c、d……如果不同品系动物DNA条带泳动距离一致的，即表现为单态性，若有差异即为多态性。统计不同品系在研究位点上表现出多态性带的数目，扩增结果按Lynch法计算相似系数 $F=2N_{ab}/(N_a+N_b)$，其中 N_{ab} 为两个品系相同谱带数；N_a、N_b 为二者分别扩增带数，若无扩增带记为“—”。

五、注意事项

1. 模板

DNA模板的用量在25～100ng（25μL体系）均可获得较好的扩增条带，其中以50ng模板较适宜[7]。另外，小片段模板DNA的扩增效率通常优于大片段DNA。因此，有建议认为，在PCR反应前采用机械剪切或用稀有限制内切酶消化基因组DNA更为有利。

2. Mg^{2+} 浓度

Mg^{2+} 浓度是影响扩增效果的主要因素之一。对于微卫星PCR反应体系，$MgCl_2$ 的浓度通常以1.5mmol/L左右为宜。但对于不同引物和模板，需要设计不同梯度进行优化，方可取得理想结果。根据笔者的实践经验，*Taq* PCR mix并不适合所有的引物和模板。

3. 退火温度

退火温度对微卫星PCR反应的影响较大。在以寻找基因差异为目的的实验中，退火温度降低，效果较好。

六、应用

1. 遗传分析

徐玲玲等[8]从资料和GenBank中选取了扩增效果好、等位基因多、均匀分布于小型的猪18条常染色体和X性染色体上的100个微卫星位点，合成引物，对封闭群小型的基因组进行PCR扩增及条件优化，从中筛选出32个分布于不同染色体且等位基因多的微卫星位点，应用于封闭群小型猪的遗传检测。李瑞生等[9]选取大鼠7条染色体上的9个微卫星位点合成了10对引物，对国内北京和哈尔滨等4家单位提供的6个品系（SHR、SHRSP、LEW、RCS、WKY和F344）的8个近交系大鼠群体进行了DNA多态性分析的研究。结果表明9个微卫星位点具有显著多态性；不同品系个体之间具有多态性；同一群体不同个体之间除 SHR（哈尔滨）的 SMST 位点和 WKY（哈尔滨）的 AGT 位点出现一定的差异外，其它均没有差异；不同地区同一品系的不同个体之间也存在一定的差异。该方法能有效地对近交系与杂交系、品系与品系、品系与亚系加以区分。为开展近交系大鼠遗传作图、基因定位和为实验动物的遗传背景监测提供可靠的信息，为大鼠遗传基因的研究提供了一个快捷简便、特异准确的方法。

2. 亲缘关系的鉴定

Innocentiis 等[10] 利用 4 个高多态性的微卫星标记对意大利金头鲷（*Sparus aurata*）的两个养殖群体 BR1 的 39 尾个体和 BR2 的 59 尾个体进行了遗传分析，结果表明 BR2 群体，分别来自 5 个野生群体，而且其所占的百分比相差不大（10.3%～27.6%）；BR1 群体中的大部分（43.6%）个体来自大西洋种群，剩下的来自伊特鲁里亚海（20.5%）和撒丁运河（20.5%）。

七、小结

总之，微卫星 PCR 在未来保护遗传学中扮演着非常重要的角色，它在自然状态和笼养状态种群遗传差异性评估的应用上受到较少限制。尤其是微卫星 PCR 可用非损伤性取样法获得大量多态性标记，给濒危物种的研究带来了极大的方便。虽然有人认为微卫星 PCR 不适于种及种以上水平的研究，但 Goldstein 等研究表明，对于即使在几百万年之前已分化的物种，如果遗传距离是建立在重复数目上，微卫星可能仍是一个合适的分子生物学方法。当然在使用分子方法的时候，仍需要“量体裁衣”，即考虑用不同分子方法解决不同问题的有效性、可靠性和适用性。同时微卫星 PCR 法也存在一定的缺点，如①PCR 扩增条件需要花费大量时间进行探索才能摸清，②可判读的图带较少，③对于品系的特异性位点还不十分明确。

第二节　巢式 PCR 在动物疾病诊断中的应用

一、引言

目前，动物与人类的关系越来越密切，快速、准确地对动物的疾病做出诊断是兽医研究机构和动物卫生组织的重要任务[11,12]。已经有多种 PCR 技术出现在疾病诊断的过程中，如常规 PCR、实时 PCR、巢式 PCR、改良型原位杂交和原位 PCR。本节主要对巢式 PCR 做相关介绍。

二、基本原理

巢式 PCR 也称为嵌套 PCR[13] 原理是利用两套 PCR 引物对（巢式引物）进行两轮 PCR 扩增反应（见图 17-2），借以提高扩增的灵敏性和特异性。首先，以外引物（P1/P2）进行第一轮扩增；再以第一轮扩增产物为模板，利用内引物（P3/P4）进行第二轮扩增。由于巢

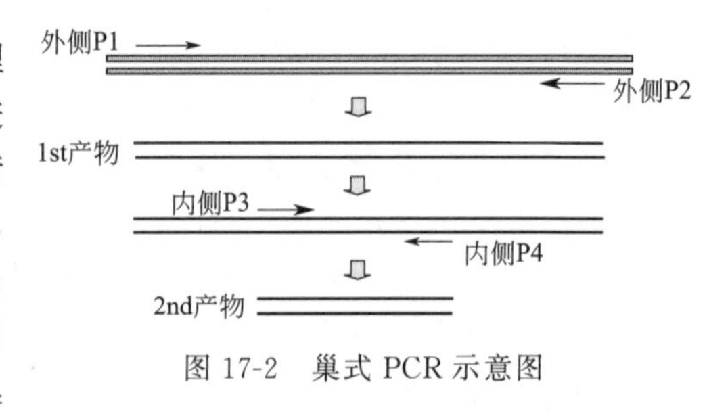

图 17-2　巢式 PCR 示意图

式PCR反应有两次扩增过程，因而增加了检测的敏感性，同时又因为使用了两对引物与检测模板配对，从而提高了检测的特异性。但是，两轮扩增会使检测结果放大很多倍，如果一旦出现污染，容易产生假阳性，所以控制污染是该方法成败的关键。

三、材料

DNA提取试剂盒DNAZol Reganet（Invitrogen）、*Taq*酶、dNTP、DNA-marker、琼脂糖、胰酶、蛋白酶K；PCR扩增仪、凝胶成像分析仪（美国BIO-RAD公司）。

四、方法

以猪圆环病毒的检测为例进行介绍[14]。

1. 靶基因和引物设计

靶基因的选择原则主要包括：①各菌毒种（或属）的扩增靶基因应具有种属特异性，即为种（或属）所共有且特异；②靶基因与其它基因应没有或仅有很低的同源性。从NCBI上下载靶基因序列，利用NTI9.0进行同源性比对，选择具有种（或属）特异性的靶基因序列，利用Primer5.0、Oligo6.0、Array Designer4.0等软件进行引物设计。

根据GenBank中已发表的PCV-2全基因序列，设计以下两套引物，序列和位置(见表17-1)，P1/P2为巢式PCR的外侧引物，扩增的基因片段长度为647bp；P3/P4为巢式PCR的内侧引物，扩增的基因长度为219bp。使用时引物稀释成20pmol/L。

表17-1　巢式PCR引物序列和位置

引物名称	引物序列	位　置
P1	5′-GGTTACACGGATATTGTAGTCC-3′	92～104nt
P2	5′-CGTTACCGCAGAAGAAGACAC-3′	717～738 nt
P3	5′-TGGGTCATAGGTTAGGGCATTG-3′	319～341nt
P4	5′-GCGGTGGACATGATGAGATTTA-3′	517～537nt

2. 模板制备

组织样品中加入3倍的Hank's液，充分研磨制成悬浮液，反复冻融3次，8000r/min离心5min，取上清200μL，加入800μL DNAZol室温放置5min，12000r/min离心10min，取950μL上清，加入500μL无水乙醇，放置5min，10000r/min离心5min；去上清，用1mL 75%乙醇洗涤，10000r/min离心3min，去上清，室温干燥，最后用200μL的8mmol/L NaOH溶解核酸，−20℃保存备用。

3. 巢式PCR扩增

（1）第一轮PCR扩增　PCR反应体系为25μL，反应成分如下：上下游引物P1/P2各0.5μL、2.5mmol/L dNTP 2μL、10×PCR缓冲液2.5μL、25mmol/L $MgCl_2$ 3μL、DNA模板3μL、*Taq*酶0.2μL（5U/μL），用灭菌双蒸水补足。反应条件：95℃预变性5min；94℃变性30s，54℃退火30s，72℃延伸1min，共进行30个循环；然后72℃延伸7min。PCR产物经1.5%～2%琼脂糖凝胶电泳检测。

（2）第二轮PCR扩增　PCR反应体系为25μL，反应成分如下：上下游引物P3/P4各0.5μL、2.5mmol/L dNTP 2μL、10×PCR缓冲液2.5μL、25mmol/L $MgCl_2$ 3μL、第一轮PCR扩增产物1μL（或100倍稀释）为模板、*Taq*酶0.2μL

(5U/μL)，用灭菌双蒸水补足。反应条件：95℃预变性 5min；94℃变性 30s，55℃退火 30s，72℃延伸 45s，共进行 30 个循环；然后 72℃延伸 7min。PCR 产物经 2%琼脂糖凝胶电泳检测。

五、注意事项

1. 模板污染控制

巢式 PCR 方法极为敏感，因此在采样或检验过程中要十分小心，以免样品污染后产生假阳性结果。将样品的处理、配制 PCR 反应液、PCR 循环扩增及 PCR 产物的鉴定等步骤分区或分室进行；吸样枪吸样要慢，吸样时尽量一次性完成，忌多次抽吸，以免交叉污染或产生气溶胶污染；同时设立适当的阳性对照和阴性对照，阳性对照以能出现扩增条带的最低量的标准病原体核酸为宜，并注意交叉污染的可能性，每次反应都应有一管不加模板的试剂对照及相应不含有被扩增核酸的样品的阴性对照。

2. 退火温度的确定

退火温度的选择原则是在引物 T_m 值允许范围内，选择较高的退火温度。通常第一轮反应可选用较低退火温度，确保目的条带的扩增；第二轮反应可以选用较高退火温度，提高特异性，消除非特异性结合。但是在单管巢式 PCR 反应中两对引物在同一管中，第一轮用较高退火温度的外引物扩增目的片段，然后降低退火温度使内引物以第一轮的产物为模板进行巢式扩增，提高敏感性。

六、应用

1. 无浆体病巢式 PCR 检测

无浆体病（anaplasmosis）主要由边缘无浆体（*Anaplasma marginale*）感染引起。中央无浆体（*A. centrale*）只引起轻微的无浆体病。绵羊无浆体（*A. ovis*）主要感染绵羊，但也感染山羊和其它一些野生动物。王贵强[15] 建立牛无浆体病套式 PCR 检测方法，可以检测和鉴别三种无浆体。根据无浆体 *msp4* 基因设计的套式 PCR 方法，扩增无浆体的片段长度为 716bp，边缘无浆体的片段长度为 431bp，中央无浆体的片段长度为 310bp，绵羊无浆体的片段长度为 584bp。该方法检测的最低 DNA 量为 200fg。msp4 套式 PCR 对牛巴贝斯虫、双芽巴贝斯虫、羊莫氏巴贝斯虫、山羊泰勒虫、温氏附红细胞体、东方巴贝斯虫、刚地弓形虫、伊氏锥虫 DNA 进行检测，无目的片段出现。检测 1119 份临床样品，阳性率为 9.4%。用建立的 msp4 套式 PCR 与 msp5 套式 PCR 比较，结果表明两者的符合率为 100%。自然感染条件下，三种无浆体可两两交叉感染。

2. 西尼罗病毒病巢式 PCR 检测

西尼罗病毒（WNV）是一种虫媒病毒，属于黄病毒科，黄病毒属。在自然界中，西尼罗病毒在鸟和蚊子（主要是库蚊）之间形成循环链，主要感染人和马。西尼罗病毒主要分布在非洲、中东、亚洲中西部、印度和欧洲。目前，该病仍没有有效的治疗措施，因此，建立有效的检测方法来预防西尼罗病毒侵入是非常重要的。宋捷[16] 等从 GenBank 上调取西尼罗病毒的基因序列，经过分析，设计并合成两套套式 RT-PCR 引物，分别对西尼罗病毒灭活苗进行扩增，结果能扩增出与目的片段大小一致的条带，建立了套式 RT-PCR 检测方法，经反应条件优化后，对乙型脑炎病毒（JEV）、黄热病毒（YFV）等 11 种相关病毒核酸进行扩增，发现具有良好的特异性，能分别扩增出 85 个拷贝和 62 个拷贝的双链 DNA，显示建立的套式 RT-PCR 检测方法具有高效、快速、特异、灵敏的特点，可用于口岸 WNV 的检测和监测。

3. 弓形虫巢式 PCR 检测

陈俏梅等[17] 在检测感染弓形虫的小鼠 DNA 中应用了常规 PCR 和巢式 PCR 方法，结果显示在感染 2d 和 3d 后的小鼠血液中，常规 PCR 检测率为 0，而巢式 PCR 的检测率分别为 33.3% 和 66.7%，感染 4d 的小鼠血液中，常规 PCR 的检测率为 16.7%，而巢式 PCR 为 83.3%。说明巢式 PCR 由于选用了两对引物，其敏感性比常规 PCR 提高 5 倍。试验中所有样品的检测均重复 3 次，结果一致，表明巢式 PCR 检测方法的重复性好。在试验中，阴性对照和其它对照物（疟原虫等）的检测结果均为阴性，表明巢式 PCR 检测方法的特异性强。

七、小结

巢式 PCR 技术已经在多种动物疾病检测中得到应用。由于其使用了两对引物，进行了二次 PCR，增加了检测的敏感性和特异性[18,19]，对疾病的确诊起到重要作用。不足之处是要进行两次 PCR，就要耗费较多的时间、人力和物力。所以到底用常规 PCR 还是用巢式 PCR，要全面衡量。

第三节　T 接头介导 PCR 在转基因动物外源基因定位中的应用

一、引言

转基因动物是指以实验方法导入外源基因，在基因组内稳定整合并能遗传给后代的一类动物[20]。当前，转基因动物已成为生命科学研究的有力手段，在医药用蛋白生产、疾病发生与防治、基因功能研究等方面发挥了重要作用[21,22]。但是，目前的转基因方法多为随机整合，受“位置效应”影响，不仅外源基因的表达差异很大，甚至还可能危及动物的发育和健康。分析外源基因的整合部位，既有利于获取高表达整合位点，同时也是对插入位点基因功能及表达调控研究的有效方法[23]。研究外源基因的定位，T 接头介导 PCR 方法简单易行、特异性强，本节对该 PCR 法做详细介绍。

二、原理

利用外源基因上的已知酶切位点，选择合适的酶对基因组 DNA 进行酶切，其中一些片段即包含部分外源基因序列。然后通过末端转移酶在 3′端加 poly d(T) 尾，以消除片段的 3′凹端或平端（因带有 3′凹端或平端的 DNA 片段在 *Taq* DNA 聚合酶作用下将被补平，且在末端加上 A 碱基）。再以外源基因的特异性引物 S1 进行单引物扩增，即可得到包含已知基因片段及旁侧序列的且 3′末端多出一个 A 的目标片段，而其它不包含已知基因的 DNA 片段保持不变（即不产生 3′-A 尾）。目标片段与 T 接头（T-linker，见表 17-2）在 T4 DNA 连接酶作用下进行连接。连接产物先以 S1/W1 进行第一轮扩增，再用 S2/W2 进行第二轮扩增，得到目的产物（见图 17-3）。对目的产物进行序列分析，即可确定外源基因的整合位点。

表 17-2　T 接头及其引物序列

T 接头 （双链结构）	5′-GTA GGT GTG TGG AGG ATG CTG AGC GAG GTA-3′ 3′-T CAT CCA CAC ACC TCC TAC GAC TCG CTC CA-5′
W1	5′-ACC TCG CTC AGC ATC CTC CAC-3′
W2	5′-TCA GCA TCC TCC ACA CAC CTA CT-3′

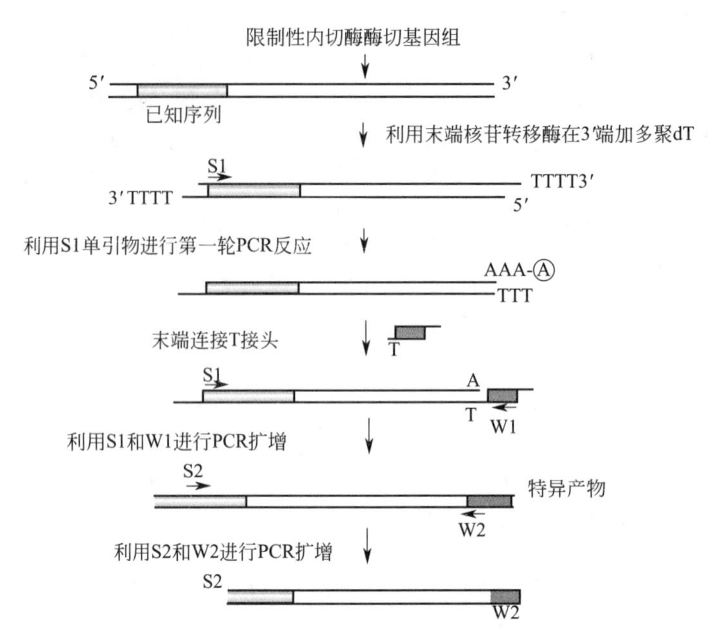

图 17-3　T 接头 PCR 扩增侧翼序列的示意图[24]

S1、S2 分别代表 2 条已知序列的特异引物；W1 和 W2 分别是 T 接头特异引物；A 和 T 分别表示目标分子和 T 接头的末端核苷酸

三、材料

末端转移酶（TdT）、产生 3′突出端限制性内切酶、牛血清白蛋白（BSA）、基因组 DNA（常规方法提取）、乙酸钠、乙醇；水浴锅和 PCR 仪。

四、方法

1. 引物设计

根据已知基因片段序列设计侧翼克隆每步需要的特异性引物 S1、S2 和 T 接头特异引物 W1、W2。

2. T 接头介导 PCR 反应步骤

（1）限制性内切酶酶切基因组　酶切反应：1μg DNA，1.5U 限制性内切酶，5μL 10×缓冲液，去离子水补足至 50μL；37℃ 孵育 20～30min。

（2）在模板 DNA 中用末端转移酶（TdT）加 poly(dT)$_n$尾

① 反应体系：1～5μg 酶切基因组 DNA，10～50U 的 TdT，5μL 10×TdT 缓冲液，5μL 10mmol/L dTTP，10μL 0.1% BSA，去离子水补足至 50μL；37℃ 孵育 30min。

② 加入乙醇混合液（100μL 乙醇 + 5μL 3mol/L 乙酸钠，pH 5.2）沉淀 DNA，然后重新溶解于灭菌水中（20μL）。

（3）用 LA *Taq* 聚合酶在靶分子的 3′末端特异性连接 A 碱基

① A 末端反应体系包括 8μL 2.5mmol/L dNTP（dATP、dTTP、dGTP、dCTP 的混合物，每种 2.5mmol/L），2U LA *Taq* 聚合酶，25μL 2×GC 缓冲液 Ⅰ，20pmol 引物 S1，10μL 消化 DNA［由（2）中②步获得］，去离子水补足至 50μL。然后进行单循环 PCR：94°C 变性 3min，55～60°C 退火 2min，72°C 延伸 6～8min，迅速置于冰上。

② 沉淀并重新溶解模板DNA于8μL灭菌水。

（4）靶分子和T接头的特异性连接　连接反应：7.5μL具有A尾的DNA，2pmol T接头，3U T4 DNA连接酶（Weiss），1μL 10×连接缓冲液，去离子水补足至10μL；16℃连接12～16h。

（5）第一轮巢式PCR扩增

① 反应体系Ⅰ：4μL 2.5mmol/L dNTP，1.25U LA *Taq* 聚合酶，12.5μL 2×GC缓冲液Ⅰ，10pmol引物S1，10pmol引物W1，1.5μL模板DNA［第（4）步产物］，去离子水补足至25μL。

② 反应条件为94℃预变性3min；94℃变性1min，55～60℃退火1min，72℃延伸3min，重复34循环；72℃最后延伸10min。

③ 用20～50μL灭菌水稀释1μL第一轮PCR产物。

（6）第二轮巢式PCR扩增

① 反应体系Ⅱ包括4μL 2.5mmol/L dNTP，1.25U LA *Taq* 聚合酶，12.5μL 2×GC缓冲液Ⅰ，10pmol引物S2，10pmol引物W2，1μL稀释PCR产物［第（5）③步产物］，去离子水补足至25μL。

② 体系Ⅱ的反应条件同第一轮PCR［第（5）②步］。

（7）PCR产物的克隆和测序　反应Ⅱ的产物经2%琼脂糖凝胶电泳分离特异性目的条带，然后将产物克隆并测序，即可确定外源基因整合位点。

五、注意事项

1. 限制性内切酶

限制性内切酶的选择是T接头PCR成功的关键，根据内切酶酶切位点和产生的末端来选择。在已知基因上选择单一内切酶，并且最好产生3′突出端，避免T接头与片段的非特异性结合。不同内切酶的酶切效率不同，具体见表17-3。

表17-3　3′突出端的限制性内切酶消化基因组DNA后产生的片段大小和分布

限制性内切酶和识别位点	基因组	平均长度/kb	片段比率/%	
			<1.5kb	<3kb
*Hsp*92ⅡCATG↓	大鼠	0.1889	99.77	99.99
	拟南芥	0.2370	99.59	99.99
*Hha*ⅠGCG↓C	大鼠	0.3362	88.46	93.57
	拟南芥	1.4236	70.39	84.45
*BeN*ⅠACTGGN↓	大鼠	1.4709	63.92	85.11
	拟南芥	1.8629	56.00	79.66
*BseG*ⅠGGATGN↓	大鼠	0.9046	79.42	94.58
	拟南芥	1.2885	66.80	88.54
*Nsi*ⅠATGCA↓T	大鼠	1.7320	58.58	79.40
	拟南芥	2.4772	50.46	71.28
*Pst*ⅠCTGCA↓G	大鼠	3.2440	41.37	60.42
	拟南芥	4.7246	36.52	50.15

2. 引物的设计

已知序列上的S1、S2两条引物的位置同巢式PCR的引物位置，S1在最外侧，S2在S1的里面；同理T接头处的W1和W2两引物也是W1在最外侧，W2在W1的里面。

3. 其它

条件优化主要考虑因素：接头的连接效率和选择合适的酶切位点，其非特异性产物主要来自单个接头引物的扩增。

六、应用

ϕC31 整合酶可高效介导外源基因特异、稳定地与哺乳动物基因组发生重组反应，基因组中被整合的位点为假 attP 位点。欧海龙等[25] 运用接头 PCR 的方法对 ϕC31 整合酶介导的含有 attB 序列及表达绿色荧光蛋白（GFP）的载体在牛基因组中的一个新的特异整合位点（假 attP 位点）进行扩增，结果显示载体的 attB 核心序列发生断裂并与牛基因组重组，其 attL、attR 结合点保持完整，与理论上的一致。这些结果表明外源载体与牛基因组发生了位点特异性重组，染色体上的被整合位点为假 attP 位点，其 39bp 核心序列为（5′GTTTCTCCCTAGAATACTTTAGGGTTTTTCAGAGTCCTT3′）与 39bp 的噬菌体 attP 核心序列（5′CCCCAACTGGGGTAACCTTTGAGTTCTCTCAGTTGGGGG3′）具有 36%（14/39）的相似性，其程度与从其它哺乳动物如小鼠、人等分离出的假 attP 位点相似[26]，该研究结果表明，接头 PCR 技术对于转基因动物中外源基因定位具有准确、灵敏等特点。

七、小结

T 接头 PCR 有很多优点：①特异性高；②有效性高；③扩增片段长。该技术属于染色体步移技术的一种，除可用于鉴定插入位点外，还可以获得新物种的基因序列，研究结构基因的表达调控等。随着该技术的不断改进和完善，将使转基因动物的鉴定趋于简洁、迅速和准确。

第四节　等温扩增技术在动物学中的应用

一、引言

2000 年 Notomi 等开发了一种新的核酸等温扩增方法，即环介导等温扩增法（loop-mediated isothermal amplification，LAMP），LAMP 最主要的优点是不需要昂贵的仪器设备、操作程序简单、扩增效率较高，适合各种条件下的快速检测，故其应用范围越来越广泛。

二、基本原理

DNA 在 65℃左右处于动态平衡状态，任何一个引物向双链 DNA 的互补部位进行碱基配对延伸时，另一条链就会解离，变成单链。基于 DNA 的上述特性，Notomi 于 2000 年首次报道了新型核酸扩增方法——LAMP。首先，在链置换型 DNA 聚合酶的作用下，内引物 FIP 与模板 DNA 结合，合成互补链；随后，新合成链在外引物 F3 的作用下被置换，而被置换的单链在 5′末端存在互补的 F1c 和 F1 区段，于是形成环状结构。然后，内引物 BIP 与该单链结合，在延伸过程中同时打开环状结构，形成双链 DNA。最后，外引物 B3 与该双链 DNA 的 B3c 结合，随着引物 B3 的不断延伸，两侧分别为 FIB 和 BIP 的完整单链被置换。由于该单链两端存在互补序列，于是形成“哑铃状”结构（引物示意图见图17-4，哑铃状结构形成见图17-5）。该结构是LAMP法基因扩增循环的起始结构。

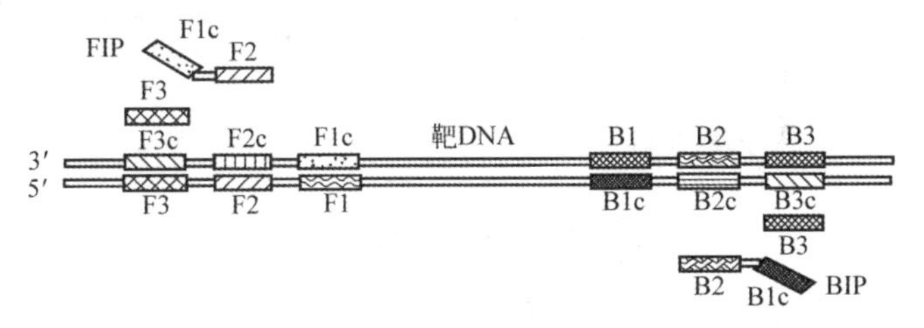

图17-4　引物设计示意图

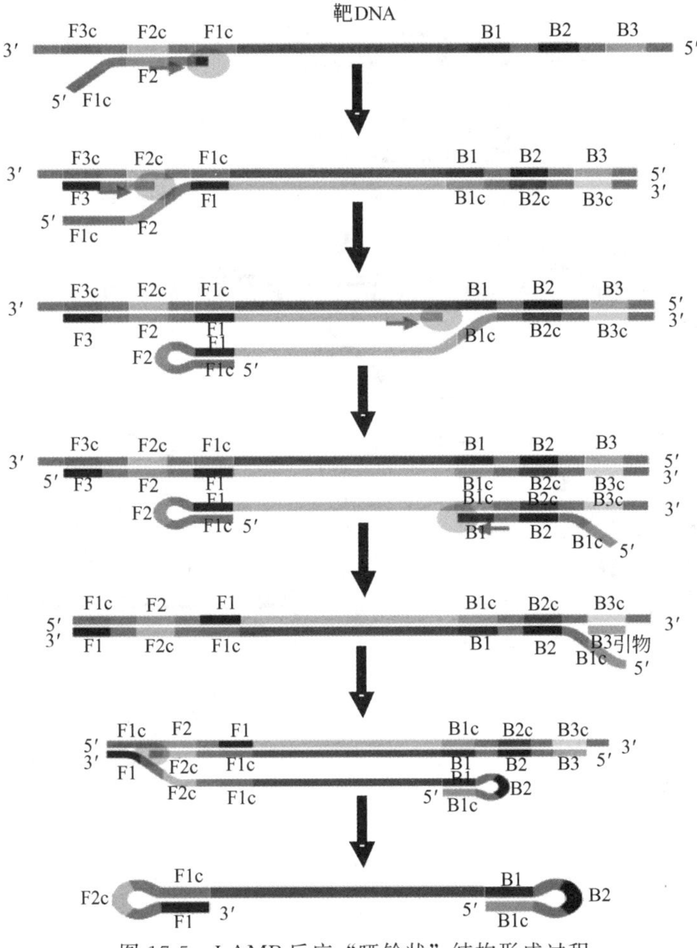

图17-5　LAMP反应“哑铃状”结构形成过程

LAMP法基因扩增循环：在哑铃状结构中，以3′端的F1区段为起点，以自身为模板，进行DNA合成延伸。与此同时，FIP引物上的F2与环上单链F2c结合，启动新一轮链置换反应，使F1区段新合成的链解离，解离出的单链再形成环状结构。该环状结构一方面以B1为引物进行延伸，使F2合成链解离（解离链进而形成哑铃状结构，重复上述过程）；另一方面，BIP引物上的B2与环上的B2c结合，启动新一轮扩增。再经过链解离、环状结构形成、环状结构自身扩增、单链置换等周而复始过程，最后形成大小不一的梯度结构（见图17-6）[27,28]。此外，在反应过程中产生大量的焦磷酸，与镁离子结合形成白色沉淀——焦磷酸镁，肉眼观察液体的浑浊变化，即可判定反应是否发生。反转录 LAMP（RT-LAMP）是基于 LAMP 建立的 RNA 分子检测技术，其灵敏度是 RT-PCR 的 100 倍。RT-LAMP 扩增原理与 LAMP 相同，但在反应体系中增加了反转录试剂，使 RNA 的反转录和 cDNA 的 LAMP 扩增在同一试管中完成，而不需要分步进行。

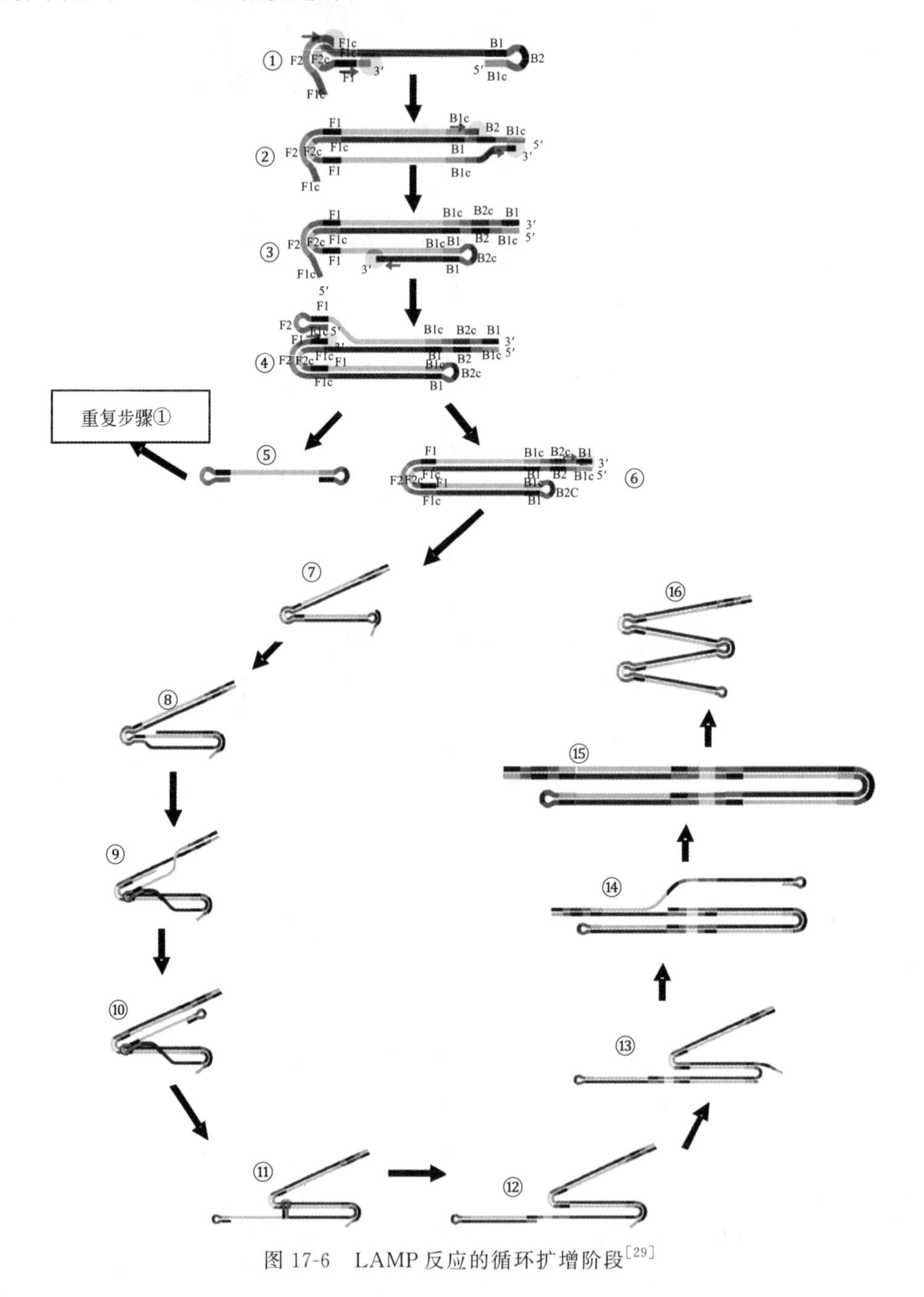

图 17-6　LAMP 反应的循环扩增阶段[29]

三、材料

Bst DNA 聚合酶大片段（New England Biolabs）、溴化乙锭（EB）；SYBR

Green染色液；Tris-HCl；EDTA；NaCl；SDS、Betaine（甜菜碱，5mol/L）购自Sigma公司；AMV反转录酶购自Sigma公司；PCR反应试剂购自Takara公司；10×ThermoPol缓冲液；琼脂糖；水浴锅和电泳仪。

四、方法

1. 模板制备

（1）DNA的提取　取组织匀浆液100μL加入20μL的裂解液（10mmol/L Tris-HCl，1mmol/L EDTA，15mmol/L NaCl，0.5% SDS），振荡混匀后，煮沸10min，最后12000r/min 4℃离心10min，取上清作为模板，进行LAMP。

（2）RNA的提取　参照Trizol Reagent（Invitrogen公司）的说明书，从组织样品中抽提RNA，最后将核酸沉淀于DEPC处理过的双蒸水中，－70℃保存作为LAMP扩增的模板。

2. 引物的设计

根据GenBank公布的目的基因序列，选择其中的保守区，运用Primer Explorer Version 3设计两套特异性引物，即类似于引物示意图（见图17-4）中的（F3和FIP、BIP和B3）。由于在LAMP扩增起始阶段需要4条引物结合到靶DNA上，所以要对引物的序列及大小进行选择，以便它们的融合温度都在一定范围内。内引物（FIP和BIP）的T_m值应高于外引物（F3和B3）的T_m值，并且扩增片段在300bp内。

3. 反应体系

（1）LAMP反应体系（25μL）　dNTP 1.4mmol/L 5μL、FIP/BIP 20umol/L 2μL、F3/B3 5μmol/L 0.5μL、Betaine 5mol/L 5μL、$MgCl_2$ 25mmol/L 2.5μL、*Bst* DNA聚合酶大片段2μL、10×ThermoPol缓冲液2.5μL、DNA模板1～5μg，加双蒸水补足至25μL；混匀后60～65℃温浴1h，85℃灭活5min。

（2）RT-LAMP反应体系（25μL）　AMV 0.5μL、RNasin Ri-bonuclease Inhibitor 0.5μL、10×ThermoPol缓冲液2.5μL、$MgCl_2$ 25mmol/L 2.5μL、dNTP 1.4mmol/L 5μL、*Bst* DNA聚合酶大片段2μL、FIP/BIP 20μmol/L 2μL、F3/B3 5μmol/L 0.5μL、模板DNA 2μg、Betaine 5mol/L 5μL，DEPC水补足至25μL；混匀后60～65℃温浴1h，85℃灭活5min。

4. 结果分析

（1）肉眼观察　在LAMP反应结束后，可以直接用肉眼观察反应管底部是否有白色沉淀（焦磷酸镁）产生，如反应管中出现沉淀，说明发生了扩增反应，即样品中有目的基因存在。

（2）琼脂糖凝胶电泳　LAMP反应的最终扩增产物是茎环DNA组成的混合物，即有若干倍茎长度的茎环结构和类似花椰菜的结构。因此，可将扩增产物于2%琼脂糖凝胶上进行电泳，电泳图为典型的梯状条带（见图17-7，M为Mark；1～8为LAMP产物典型的梯状条带）。

（3）荧光染料检测　在扩增产物中加入能掺入到双链DNA中的荧光染料SYBY GreenⅠ，在紫外灯或日光下通过肉眼进行扩增结果判定。如果含有扩增产物，反应混合物变绿；反之，则保持SYBR GreenⅠ的橙色不变（见图17-8，左边两管为阴性管，右边两管为阳性管，加入SYBY GreenⅠ后有目的片段的扩增产物呈绿色），并且荧光强度与扩增产物的量成正比。

（4）浊度仪进行检测　日本荣研株式会社利用 LAMP 反应过程中产生焦磷酸镁白色沉淀，研制出专门用于 LAMP 检测的实时终点浊度仪，以实现对 LAMP 扩增过程的实时监控，使扩增和检测同时完成。

五、注意事项

1. 引物浓度

引物浓度对 LAMP 的影响包括内引物和外引物两个方面，起主要作用的是内引物，外引物浓度相对影响不大。内外引物浓度的比例最适为（6∶1）～（10∶1），这个范围内都能取得很好的扩增效果。外引物在反应体系中的终浓度达到 0.2μmol/L 以上后，对反应效率就几乎没有提高；内引物的终浓度在 1.6～2.4μmol/L 这个范围内效果最好，超过 3.0μmol/L 时，会抑制反应。

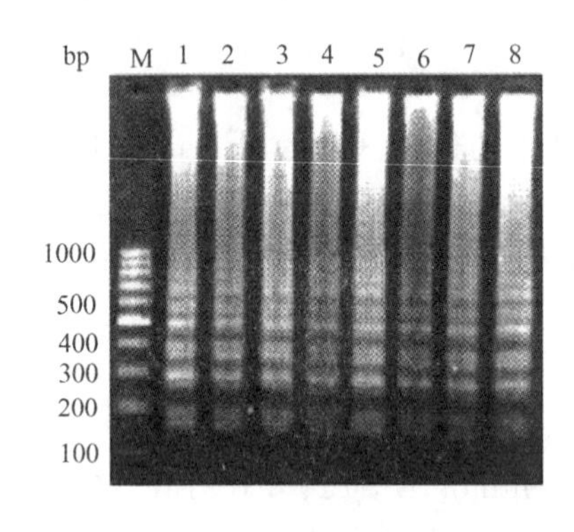

图 17-7　LAMP 电泳的梯状条带

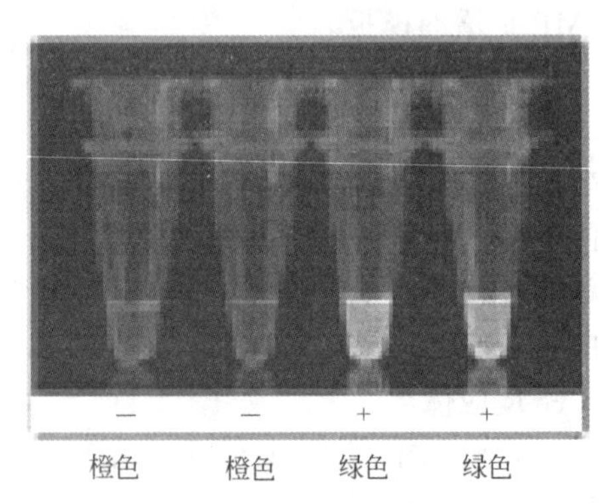

图 17-8　LAMP 荧光染色示意图

2. 温度

温度影响 LAMP 的方式与在 PCR 中不同，它不是作用于 DNA 而是作用于 *Bst* 酶。实际上当温度降到 58℃，反应仍能进行。只是此时酶的活性很弱，反应效率极低。在 *Bst* 酶活性范围内（60～65℃），温度对 LAMP 的影响不大。

3. 其它因素

甜菜碱及其它减少碱基堆积的化学物质如 L-脯氨酸也能影响 LAMP 的效率，不过它们同外引物一样，只是辅助作用，当浓度达到一定程度便没有影响了，起决定性的还是内引物，或者更确切地说内引物与模板的结合速率。*Bst* 酶自然也是影响反应速率的关键，但通常所用 8U 的酶（25μL 体系）已经完全满足了合成的需要，提高其浓度对扩增效率没有太大促进作用。

六、应用

1. 病原体检测（包括病毒、细菌、真菌、支原体、寄生虫等）

Enomoto 等[30] 及 Kaneko 等[31] 分别采用 LAMP 和聚合酶链反应（PCR）两种方法来扩增 7 型人类疱疹病毒（HHV-7）DNA，并采用焦磷酸镁浊度法进行检测。结果，反应 30min，LAMP 的检测灵敏性为每管 500 拷贝，60min 的灵敏性为每管 250 拷贝，而 HHV-6A、HHV-6B 和巨细胞病毒（HCMV）均未出现扩增反应。

夏永恒等[32] 利用 LAMP，建立了两种常见鸡免疫抑制病（鸡传染性贫血病、J 亚群白血病）的快速检测方法。结果表明 LAMP 的灵敏度可达 10 个拷贝，比 PCR

灵敏度高 10 倍，且具有特异性。同时，研究还对 LAMP 和 PCR 的结果进行了比较，发现两种方法的检测结果基本一致，但 LAMP 方法的阳性率较 PCR 高，且操作简便，无需昂贵设备，适用于临床快速诊断。

Poon 等[33] 采用 LAMP 和 PCR 方法分别对不同稀释度的禽流感病毒样本进行检测，PCR 只检测到 10^{-2}pfu，而 LAMP 可以检测到 10^{-3}pfu。而且 LAMP 操作简单，可以通过肉眼观察反应所生成的白色沉淀来快速诊断禽流感病毒，因此 LAMP 在对农场大规模家禽检测中很有应用前景。

2. 动物胚胎性别鉴定

Hirayama 等[34] 将 LAMP 方法用于牛胚胎性别鉴定，效果良好。作者先以切割胚胎提取 DNA，然后分 2 管进行 LAMP 扩增，其中一管为雄性特异性扩增（靶基因位于 Y 染色体上的 S4 雄性特异序列），另一管为内参照（靶基因为 1.715 卫星序列 DNA，雌雄共有）。当 2 个反应都为阳性时，胚胎为雄性；反之，仅内参照呈阳性，则为雌性胚胎；如内参照为阴性，则反应无效。检测结果表明，LAMP 具有很高的敏感性和准确性，用 3～5 个卵裂球即可准确鉴定胚胎性别，即使只使用 1～2 个细胞，准确性也达到 75.0%～94.4%。此外，该方法还具有简便、快速等优点，整个过程（包括 DNA 提取）在 1h 内即可完成，对产物的检测则可非常方便地利用其生成的白色沉淀进行浊度分析。

七、小结

LAMP 是一种新型的核酸扩增方法，由于研究时间短，可能还存在某些不足，但该方法凭借其操作简单、所需模板量少、特异性强以及可以快速获得大量特异性扩增产物等优点，必将成为核酸研究领域的重要工具。此外，该方法在扩增条件和结果检测上的特殊优势，对于基层和农村来说，具有极大的应用价值。

参考文献

[1] Rog M S，Geffen E，Smith D，et al. Patterns of differentiation and hybridization in North American wolfllike canids，revealed by analisis of microsatellite loci. Mol Biol Evol，1994，11：553-570.

[2] MacHugh D E，Loftus R T，Bradley D G，et al. Microsatellite DNA variation within and among European Cattle breeds. Proc R Soc Lond B，1994，256：25-31.

[3] Taylor A G，Sherwin W B，Wayne R K. Genitic variation of simple sequence loci in a bollleneched apecies：The decline of the northern hariy-nosed wombat（Lasiorhinus krefftii）. Mol Ecol，1994，3：277-290.

[4] Morin P A，Moore J J，Chakraborty R，et al. Kin selection，social structure，gene flow and the evolution of chimpanzees. Science，1994，265：1193-1201.

[5] Morin P A，Moore J J，Woodruff D S. Paternity exclusion in a commucity of wild chimpanzees using hypervariable simle sequence repeats. Mol Eco，1994，13：469-478.

[6] Bassam B J，Caetano-Anolls G，et al. Fast and sensitive silver staining of DNA in polyacrylamide gels . Analyt Biochem，1991，196：80-83.

[7] 萨姆布鲁克 J，拉塞尔 D W. 分子克隆实验指南. 第 3 版. 黄培堂，等译. 北京：科学出版社，2002.

[8] 徐玲玲，吴艳花，等. 筛选适用于小型猪遗传检测的微卫星位点. 中国比较医学杂志，2009，19（2）：11-16.

[9] 李瑞生，陈振文，等. PCR 扩增近交系大鼠微卫星位点 DNA 多态性的研究. 遗传，2001，23（6）：539-543.

[10] Innocentiis S D，Miggiano E，Ungaro A，et al. Geo-graphical origin of individual breeders from

giltheadsea bream（*Sparus auratus*）hatchery broodstocks inferred by microsatellite profiles . Aquaculture，2005，247：227-232.

[11] 陆承平. 兽医微生物学. 第3版. 北京：中国农业出版社，2001.

[12] Anonymous. Infections bovine rhinotracheitis/infectious pustular vulvovaginitis . Manual of Diagnostic Tests and Vaccines for Terrestrial Animals，OIE，2004：Chapter 2. 3. 5.

[13] Echaide S T，Knowles D P，Meguire T C，et al. Detection of cattle naturally infected with anaplasma marginale in a region of endemieity by nested PCR and a competitive enzyme-linked immunosothent assay using recombinant major surface proteins 5. Journal of Clinical Microbiology，1998，36（3）：777-782.

[14] 赵浩军，姜平. 不同猪群猪圆环病毒2型的检测及其全基因序列分析. 南京：南京农业大学，2006.

[15] 王贵强. 牛无浆体病套式PCR及实时荧光PCR检测方法的建立. 武汉：华中农业大学，2007.

[16] 宋捷. 西尼罗病毒套式RT-PCR和实时荧光RT-PCR检测方法的建立. 南京：南京农业大学，2007.

[17] 陈俏梅，张俐，何国声. 检测实验动物弓形虫感染的两种PCR方法的建立和比较. 中国兽医寄生虫病，2003，11（2）：5-9.

[18] 邓碧华，雷治海. 牛传染性鼻气管炎病毒套式PCR和荧光PCR检测方法的建立. 南京：南京农业大学，2006.

[19] Buckweitz S，Kleiboeker S，Marioni K，et al. Serological，reverse transcriptase-polymerase chain reaction and immunohistochemical detection of West Nile virus in clinically affected dog . J vet Diagn Invest，2003，15：324-329.

[20] 陈永福. 转基因动物. 北京：科学出版社，2002.

[21] Request for comments to the Proposed Draft Guideline for the Conduct of Food Safety Assessment of Foods Derived from Recombinant -DNA Animals. CL 2006/27-FBT July 2006.

[22] Karineh H，Jean-Marie B，Blandine L. Easy and rapid method of zygosity determination in transgenic mice by SYBR? Green real-time quantitative PCR with a simple data analysis. Transgenic Res，2007，16（1）：127-131.

[23] Liu Y G，Chen Y. High-efficiency thermal asymmetric interlaced PCR for amplification of unknown flanking sequences. Biotechniques，2007，43（5）：649-50，652，654.

[24] Yan Y X ，An Ch C，Li L，et al. T-linker-specific ligation PCR（T-linker PCR）：an advanced PCR technique for chromosome walking or for isolation of tagged DNA ends，Nucl Acid Res，2003，31（12）：e68.

[25] 欧海龙，黄英. 应用接头PCR的方法扩增假attP位点. 生命科学研究，2009，13（1）：11-15.

[26] Olivares E C，Hollis R P，Chalberg T W，et al. Site-specificgenomic integration produces therapeutic Factor Ⅸ levels in mice. Nat Biotechnol，2002，20（11）：1124-1128.

[27] Notomi T，Okayama H，Masubuchi H，et al. Loop-mediate isothermal amplification of DNA . Nucleic Acids Research，2000，28（12）：E63.

[28] Mori Y，Kitao M，Tomita N，et al. Real-time turbidimetry of LAMP reaction for quantifying template DNA. J Biochem Biophys Methods，2004，59（2）：145-157.

[29] Eiken Chemical Co Ltd. The principles of LAMP method [EB/OL]. http：//loopamp. eiken. co. ip/e/tech/index. html. 2003.

[30] Enomoto Y，Yoshikawa T，Ihira M，et al. Rapid diagnosis of herpes simplex virus infection by a loop-mediated isothermal amplification method. J Clin Microbiol，2005，43（2）：951-955.

[31] Kaneko H，Iida T，Aoki K，et al. Sensitive and rapid detection of herpes simplex virus and varicella-zoster virus DNA by loop-mediated isothermal amplification. J Clin Microbiol，2005，43（7）：3290-3296.

[32] 夏永恒，杨兵，张杰，等. 2种鸡免疫抑制性疾病LAMP检测方法的建立. 中国动物检疫，2009，29（5）：29-32.

[33] Poon L L，Leung C S，Chan K H，et al. Detection of human influen-za A viruses byloop-mediated isothermal amplification. J Clin Mi-crobiol，2005，43（1）：427-430.

[34] Hirayama H，Kageyama S，Moriyasu S，et al. Rapid sexing of bovine Preim Plantation embryos using loop-mediated isothermal amplification. Theriogenology，2004，62（5）：887-896.

第十八章 PCR技术在基因修饰动物研究中的应用

基因修饰动物，是指利用生物化学方法修改DNA序列，将目的基因片段导入动物体的细胞内，或者将特定基因片段从基因组中删除，从而培育出具体特定基因型的模式动物。动物基因修饰技术是分子生物学技术的拓展，是现代探索生命科学奥秘的有效工具，是推动人类社会进步的伟大技术。常见的基因修饰模式包括转基因动物、基因敲除动物、基因敲入动物、点突变动物等。利用基因修饰模式动物来认识基因功能、研究疾病发病机制、发现新的药物和药物靶点已成为世界各国生物医药研发的常规手段。

自1982年美国科学家Palmiter等[1]将大鼠生长激素（GH）基因导入小鼠受精卵中获得转基因“超级鼠”以来，基因修饰动物已成为当今生命科学中一个发展最快、最热门的领域。世界各国都争先开展此项技术的研究，并相继在兔、羊、猪、牛、鸡、鱼等动物获得基因修饰的成功。在基因修饰动物的研制、鉴定和表型分析等过程中，PCR方法在其中发挥了巨大的作用，本章将介绍一些PCR方法在动物基因修饰研究中的应用。本章采用的PCR方法在本书的前半部分有详细的介绍，读者在操作时可做参考。

第一节　PCR技术在基因修饰动物基因型鉴定中的应用

一、引言

基因修饰动物的基因型鉴定是基因修饰动物研究领域关键而重要的环节之一。准确、快捷地鉴定出基因修饰动物的基因型不仅是对前期基因修饰动物生产等一系列工作的强有力验证，而且也为后续的外源基因转录、转译水平的表达分析奠定基础。基因修饰动物的基因型鉴定技术主要包括以下两个方面：一是以分子杂交为基础的Southern杂交和斑点杂交。尽管Southern杂交方法操作繁琐、耗时、重现性差，方法本身也无法克服转印不彻底等原因导致的低拷贝数的基因修饰动物漏检的缺陷，但是这一技术依然被认为是最具权威的基因修饰动物的鉴定方法。与Southern杂交技术相比，斑点杂交操作较为简单，但是在基因修饰动物筛选时却常常由于这一技术本身存在的技术问题，如动物内源性基因与外源基因有同源性而导致检测结果假阳性，制备的基因组DNA过于黏稠及整合基因拷贝数低等原因造成的杂交结果不可靠，难以判断，现在很少有报道以此进行转基因动物的鉴定。以PCR技术为基础发展起来的鉴定方法，使繁重的基因修饰动物鉴定工作大大简化了，人们只需根据修饰基因设计特异的检测引物，对基因修饰动物的基因组DNA进行PCR扩增，通过PCR产物的大小就可以确定靶基因。

二、基本原理

PCR反应鉴定基因型的原理是首先设计能与引入的外源基因结合的特异性引物，扩增原本不存在于动物基因组中的DNA序列。扩增时，可以进行内源基因和外源基因成分的单一PCR检测，也可以进行多重PCR检测，同时检测一个基因修饰事件中的所有被修饰的基因结构，尽可能排除假阳性或假阴性，使检测结果更可靠。

三、材料

同常规PCR检测的材料。

四、方法

1. 引物设计

引物的设计很关键，转基因动物基因型分析的引物通常位于转基因内，一般选择特异性的DNA序列作为引物以确定转基因是否存在。在多数情况下，转基因的插入位点是未知的，难以设计引物以确定转基因是否为纯合子或杂合子。对于基因敲除和基因敲入动物，由于明确知道基因修饰的位置，可以设计野生型和突变型的引物以确定基因型是否为纯合子或杂合子。突变型引物对：一个引物位于同源重组短臂外；另一个位于引入的外源基因，如*Neo*基因内。野生型引物通常位于要敲除的DNA序列[2]。突变型和野生型PCR产物的大小应不同，在100～700bp之间，足以用凝胶电泳区别鉴定。引物的GC比例约为50%（40%～60%）。一般而言，针对不同基因修饰类型的动物，需要设计不同的引物来进行鉴定。

（1）长片段碱基序列缺失

这种突变类型的小鼠缺失碱基数目往往达到100bp以上，针对这一类型的突变，可以通过设计两对引物来检测基因型：

① 在突变区域两端设计PCR引物，使突变区域位于扩增片段内。由于缺失的DNA片段一般有成百甚至上千个碱基，这样可以通过PCR产物大小来区分突变型和野生型动物基因型。

② 设计时至少一个引物位于突变区域内，由于突变型动物该区域DNA已经缺失，纯合突变小鼠理论上不能扩增出相应条带，而杂合子虽能扩增出条带，但凝胶电泳检测后条带相对较弱。

③ 仍然使用①中的引物，同时在突变区域内存在特异性酶切位点，可通过PCR扩增后再进行酶切。而突变动物由于酶切位点的缺失，导致酶切后的电泳图谱与野生型有差异，这样也可以区分基因型。

（2）单碱基或少数碱基缺失、增加和替换

该类型的基因突变由于突变碱基数较少，通常不能直接通过PCR产物大小来判断。在鉴定动物基因型时一般在突变区域两端设计引物，扩增300～800bp DNA片段。如果突变刚好发生在野生型的酶切位点上，可通过酶切PCR产物后的图谱分析基因型。

（3）长片段DNA插入

这一类型的基因修饰是基因型鉴定中较为重要的部分，因为相对前两种类型的基因突变，大片段DNA插入检测难度相对更大。针对该类型的基因型鉴定，首先需要设计2～3对引物（防止假阳性），每对引物必须一个位于插入序列上，另一个位于同源臂以外的基因组序列上（图18-1）。如图18-1所示，使用P3/P4和P5/P6两对引物进行PCR扩增，理论上只有外源DNA序列正确插入后才能扩增出条带，即只有突变体有条带，而野生型则不会扩增出目的条带。最后将扩增出的条带进行测序鉴定，检测是否符合理论预期。同时设计一对引物，位于插入序列同源臂以外的两侧基因组序列，然后进行PCR扩增（图18-1中，P1/P2引物）。突变型小鼠由于插入了外源DNA序列，扩增的DNA片段应该明显大于野生型扩增片段（或扩增的DNA片段太长，没有扩增产物），可以通过凝胶电泳进行判断。

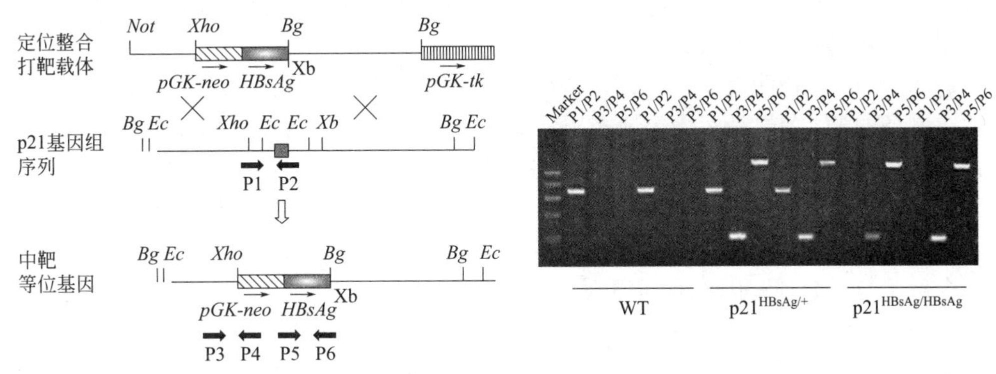

图18-1　*p21*定点整合*HBsAg*转基因小鼠的鉴定示意图[2]

P1/P2引物扩增野生型等位基因，P3/P4、P5/P6引物分别扩增外源插入的*neo*基因和*HbsAg*基因

2. 基因组DNA的提取

① 剪少量待检测的动物组织（尾巴尖或耳朵）放入1.5mL离心管中。

② 每管加入组织裂解缓冲液（0.5% SDS，0.1mol/L NaCl，0.05mol/L EDTA，0.01mol/L Tris-Cl pH8.0，蛋白酶K200μg/mL）400μL，50℃保温过夜。

③ 每管加入200μL饱和的NaCl（6mol/L）。

④ 将离心管置于纸盒中剧烈晃动200次。

⑤ 将离心管置于冰上，10min。

⑥ 室温12000r/min离心，10min。

⑦ 将上清500μL转移至干净的离心管中，每管加入1mL乙醇，混匀。

⑧ 12000r/min离心，5min。弃上清。

⑨ 将离心管口朝下，室温干燥，将DNA重悬于50～100μL TE中，37℃保温至DNA完全溶解后（24～48h）可用于PCR分析。

3. 单一PCR反应

PCR反应体系：10×PCR缓冲液2μL，dNTP（0.2μmol/L）0.4μL，模板DNA约50ng，*Taq* DNA聚合酶（5U/μL）0.4μL，加ddH_2O至终体积为20μL。

PCR反应条件：95℃预变性5min；95℃变性30s，50～60℃退火30s，72℃延伸

30s，30个循环；72℃ 5min。取10μL PCR产物，用1.8%琼脂糖凝胶电泳检测。

4. 多重PCR

采用20μL反应体系：分别加2μL 10×PCR缓冲液，dNTP 1.0μL，多重PCR反应各引物终浓度均为3pmol/μL，即0.5μL（引物贮存浓度为10pmol/μL），模板DNA约100ng，*Taq* DNA聚合酶0.4μL（2U），加ddH_2O至终体积为20μL。

PCR反应条件：95℃预变性5min；95℃变性30s，50～60℃退火30s，72℃延伸30s，30个循环；72℃ 5min。取10μL PCR产物，用1.8%琼脂糖凝胶电泳检测。

五、注意事项

① 基因型鉴定分析时，由于制备的基因组DNA的结构较为复杂，有时会得到一些非特异的扩增产物，PCR扩增重现性差。因而，在进行鉴定时要设立严格的阴性和阳性对照来监控PCR，确定PCR最佳反应体系和循环参数。PCR反应阳性对照，可选内源性看家基因如β-actin，以确定DNA质量和正确的扩增反应体系。阳性对照的每个DNA样本的PCR反应都应为阳性。阴性对照，通常指用水代替DNA模板的对照组，以排除污染和假阳性。

② 由于PCR检测灵敏度高，常常会因为引物缺乏特异性、反应体系或反应条件不适、制备的DNA样品污染等诸多因素造成的假阳性，致使检测结果的准确性、客观性受到怀疑，应尽可能排除假阳性或假阴性，使检测结果更可靠。增强PCR的特异性，这一点集中表现在PCR引物设计上。除了遵循常规PCR引物设计的基本原则外，应尽量寻找与内源性基因无同源性的区域作为扩增的片段，尤其是保证引物3′端的几个碱基与内源性基因没有同源性。

③ 多重PCR是在单一反应中同时扩增多个序列，有省时、省力、高效的特点，也正因为多序列同时扩增，也就使反应的特异性受到很多因素的影响，如不同引物对之间的相对浓度、PCR缓冲液的浓度、循环参数、退火温度等。引物的特异性是多重PCR扩增成功的关键，设计多重PCR反应引物时除了考虑引物特异性外，同时也尽量使设计的引物具有较宽的退火温度范围，以便兼容多对引物同时反应。

第二节　PCR技术用于转基因动物细胞中外源基因整合位点的分析

外源基因整合位点检测，是鉴定转基因动物的最基本、最重要步骤。整合位点侧翼序列是外源基因表型研究和功能探讨的前提条件，对目的基因正常转录和表达有重要影响。外源基因整合到宿主基因组发生在DNA复制S期，以多位点和单一位点形式随机插入受体基因组中的任意位置，存在毒性整合、有效整合和沉默整合三种整合状态，其表达水平不同。对于整合位点的检测，最直接和有效的方法就是克隆转基因整合位点序列，对整合前后转基因及其邻近宿主基因组的碱基排列顺序进行比较，以便了解转基因在整合和世代传递中所发生的种种事件。转基因整合位点与其表型之间的关系也是转基因研究者所关心的问题。目前在转基因整合位点的研究方面，主要通过分子生物学和细胞生物学方法进行检测，主要的方法有荧光原位杂交、个体基因组文库筛选法和PCR法，其中以PCR方法最为简单、快捷。人们以PCR技术为基础设计了很多种扩增未知序列的染色体步移方法，如反向 PCR 法（inverse PCR，IPCR)、连接介导的 PCR 法（ligation mediated PCR，LM-PCR）（又称接头 PCR)、锚定 PCR、热不对称交互式 PCR 法（thermal asymmetric interlaced PCR，TAIL-PCR）和高效热不对称交互式 PCR（hiTAIL-PCR)。

一、方案一：反向 PCR

（一）基本原理

反向 PCR 方法[3] 是目前检测整合位点常用的方法之一。该方法第一步是选择一种限制性内切酶酶切宿主基因组序列，要求这种内切酶对转入的含有外源基因的重组序列没有任何酶切位点。然后使用 DNA 连接酶使切开的片段自身环化形成环状的分子，以外源基因碱基为模板设计与其序列两端互补并向外扩增的引物，以连接成环状的 DNA 分子为模板进行特异性 PCR 扩增，便得到已知外源基因序列的旁侧碱基序列，再将所得到的序列测序后与 NCBI 上公布的宿主染色体序列进行 Blast 比对后分析，从而得到外源基因的整合位置（图 18-2)。与个体基因组文库筛选法比较，反向 PCR 更加简单、快速。该技术目前在检测外源片段整合位点的研究中已经被广泛应用。

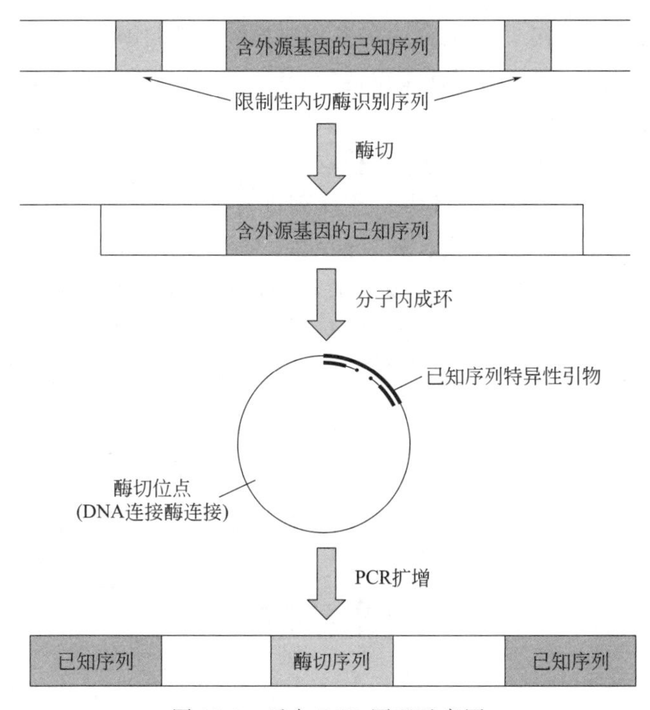

图 18-2　反向 PCR 原理示意图

（二）方法

① 基因组 DNA 的提取，方法同前面章节，并对基因组 DNA 进行定量。

② 选择合适的限制性内切酶（转入的外源基因不含此酶切位点)，将基因组 DNA 完全酶解（一般酶切过夜，电泳检测时，DNA 呈弥散性的条带)。

③ 酶切产物经酚-氯仿抽提和乙醇沉淀后，溶于适量无菌水中。

④ 取 10μL 溶解产物于 400μL 自连接体系，其中含 40μL 10×T4 DNA 连接缓冲液、300U T4 DNA 连接酶。16℃反应过夜，酚-氯仿抽提和乙醇沉淀后，溶于 20μL 无菌水中。

⑤ 利用已知序列中反向的 PCR 引物进行 PCR 反应，扩增已知序列的旁侧序列。

（三）注意事项

① 需要从许多酶中选择合适限制酶，或者说必须选择一种合适的酶进行酶切才能得到合理大小的 DNA 片段，选择的限制酶不能在非酶切位点切断靶 DNA。

② 基因组 DNA 必须酶切完全。

③ 为提高分子间连接的效率，连接反应中 DNA 的浓度要低，因为高浓度的 DNA 可能会提高非同源连接水平，从而产生非特异性扩增。

④ 成环的 DNA 进行裂解和变性比较重要，因为环状双链 DNA 分子易于形成超螺旋而不利于 PCR 反应，它只可以扩增出较短的 DNA 片段。碱变性法可以有效地使环化的双链 DNA 实现变性。

二、方案二：连接介导 PCR 法

（一）基本原理

LM-PCR 法（又称接头 PCR）的基本原理类似于反向 PCR，首先将基因组 DNA 用特异性内切酶进行酶切，而后连接单链、双链或部分双链的接头，再利用两个分别位于插入片段的序列特异引物和接头上的引物进行 PCR 扩增。通过对 PCR 扩增产物的克隆测序，即可获得外源基因的整合位点信息（图 18-3）。在接头 PCR 中，选择接头碱基时要事先将接头序列与宿主基因组序列进行比对，接头序列中不能有超过连续 10～15bp 的序列与宿主序列匹配，如果匹配率太高的话，就容易扩增到非特异性序列，影响整合位点的检测。在 PCR 反应过程中，易发生单链（或部分单链）接头的凹入末端被补平，或接头的单链部分被降解等现象，这些副反应都将导致非特异扩增的增加，而难以得到特异性产物。为降低副反应的发生从而提高产物的特异性，

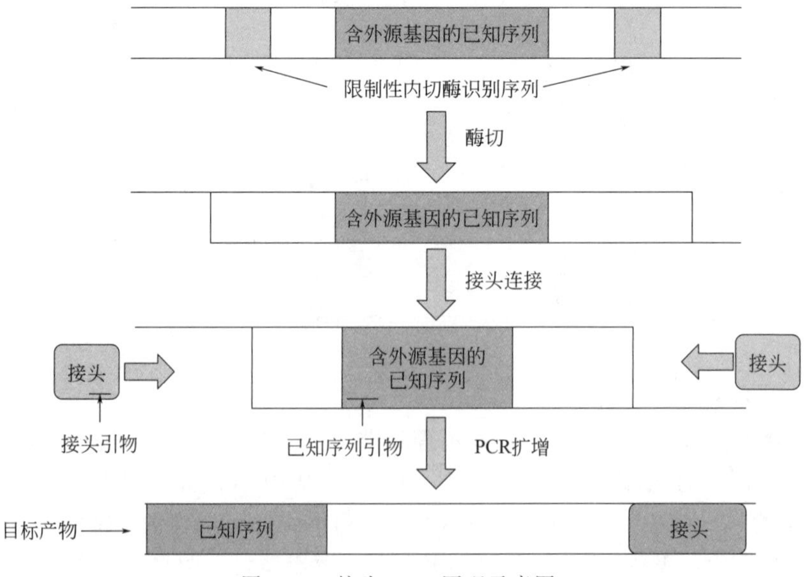

图 18-3 接头 PCR 原理示意图

TaKaRa 和 Clontech 公司都通过对接头进行氨基修饰以抑制接头引物的扩增。接头的5′末端没有磷酸基，所以不能与酶切基因组的3′末端连接，形成缺口，这样就可以高效且特异性地扩增外源基因侧翼序列。目前，LM-PCR 技术在外源基因定位方面应用较多，但是由于其扩增长度往往比较短（<1kb），若想获得更长的片段只能通过几次步移后才能得到[4,5]。

（二）方法

① 基因组 DNA 的提取，方法同前面章节，并对基因组 DNA 进行定量。

② 带有接头引物及特异性引物序列设计，可参考试剂盒内接头序列合成接头，如 Clontech 公司试剂盒内接头序列为：5′GTAATACGACTCACTATAGGGCACGCGTGGTCGACGGCCCGGGCTGGT 3′和 5′PO_4-ACCAGCCC-NH_2 3′；根据接头序列和插入的基因片段（已知序列）设计接头引物和特异性引物。

③ 基因组的酶切与纯化（同反向 PCR 中的操作）。

④ 纯化后的基因组 DNA 连接接头，连接体系为：4μL 纯化后的基因组 DNA，1.9μL 接头（25μmol/L），1.6μL 10×连接缓冲液，0.5μL T4 DNA 连接酶（6U/μL），16℃过夜连接。

⑤ 将上一步连接产物加入 72μL TE 稀释并在 70℃下 5min 终止反应，以此为 PCR 模板，以接头引物和特异性引物为引物进行 PCR 扩增。

⑥ 对扩增产物进行测序和比对。

（三）注意事项

在试验过程中，若一轮 PCR 扩增很难扩增出特异条带，可在第一轮扩增接头引物和特异性引物的内部再设计一对接头引物和特异性引物，以第一轮 PCR 反应的产物为模板，进行第二轮 PCR 扩增。

三、方案三：热不对称交错 PCR

（一）基本原理

热不对称交错 PCR（TAIL-PCR）是 Liu 和 Whittier 首创的一种用来分离与已知序列邻近的未知 DNA 序列的扩增技术[6]。利用目标序列旁的已知序列设计的 3 个退火温度相对较高的嵌套特异性引物（special primer，简称 SP，约 20bp）分别和 1 个 T_m 值较低的短的随机简并引物（arbitrary degenerate primer，AD，约 14bp）相组合，以基因组 DNA 为模板，进行 3 轮半巢式 PCR（nested PCR），从而获得目的产物（图 18-4～图 18-6）。巢式特异引物的退火温度至少要比 AD 引物的退火温度高 10℃，由于引物对的 T_m 存在明显差别，TAIL-PCR 通常被设计成热不对称的多级反应。其中，第 1 轮扩增包括 5 个使 SP 与已知序列基因退火并延伸的高严谨性循环、1 个使 AD 与未知序列模板退火并延伸的低严谨性循环及促使 2 种引物退火并延伸的 10 个较低严谨性循环和 12 个热不对称交错循环（图 18-4），在高严谨循环与低严谨循环交替进行时，由于引物退火温度的不对称，使得目标产物的量提高，随机引物自我配对扩增的非目标产物的量受到抑制。第 2 和 3 轮扩增则分别包括 10 个热不对称交错循环和 20 个较低严谨性循环，进一步提高目标产物的量，从而达到特异扩增目标产物的目的。高效热不对称交互式 PCR（hiTAIL-PCR）是为了获得更长的片段，对 TAIL-PCR 的引物设计及运行程序进行改善而建立的一种方法，且该方法特异性高，操作简单。该方法已被应用于转基因生物的检测中，可以有效、快捷地检测外源基因在基因组中的整合的具体位置，具有良好的应用前景。

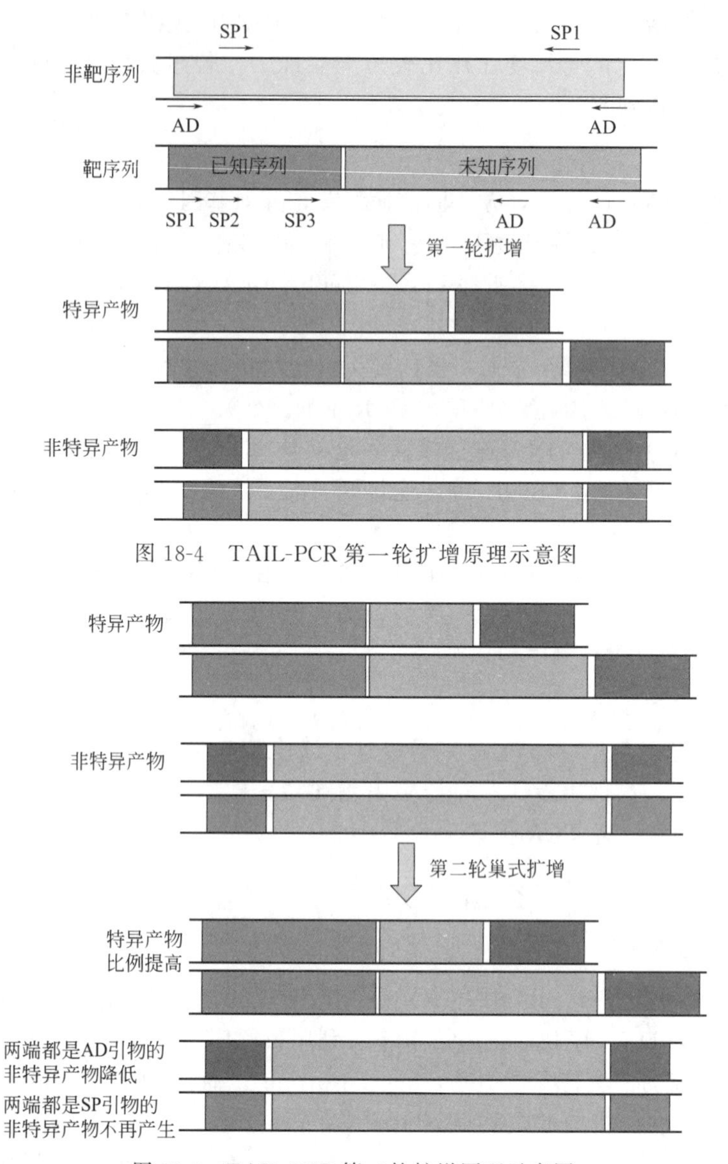

图 18-4　TAIL-PCR 第一轮扩增原理示意图

图 18-5　TAIL-PCR 第二轮扩增原理示意图

（二）引物设计

TAIL-PCR 反应对引物的要求比一般的 PCR 反应对引物的要求相对要高，所以 TAIL-PCR 引物的设计是很重要的。3 个嵌套的特异性引物长度和 T_m 值一般分别为 20～30bp 和 58～68℃，为了 PCR 扩增的有效性，SP1、SP2 和 SP3 之间最好相距 100bp 以上。简并引物的设计是按照物种普遍存在的蛋白质的保守氨基酸序列设计的，一般较短，长度和 T_m 值一般分别为 14bp 左右和 30～48℃之间。为了增加简并引物与目标序列间退火的可能性，除了 3′端的 3 个碱基以外，其它位置的碱基包含简并核苷酸。

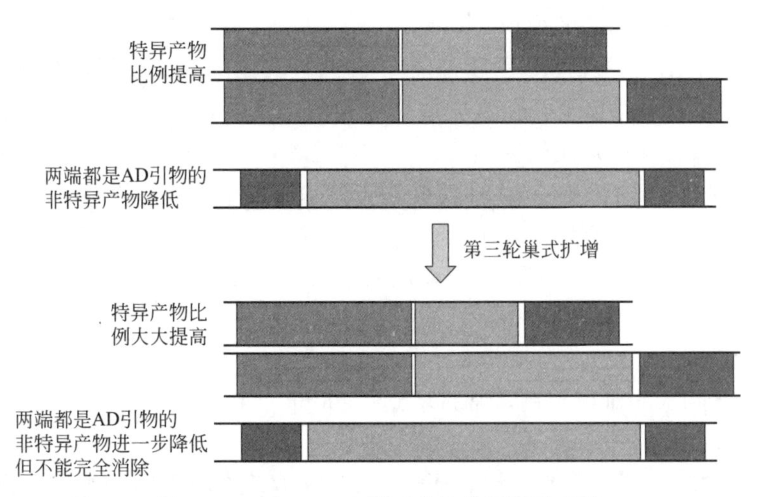

图 18-6　TAIL-PCR 第三轮扩增原理示意图

（三）反应过程

引物的设计在整个 TAIL-PCR 中固然重要，但是三个循环 PCR 的各组分的工作浓度也是不可忽视的。在经典的 TAIL-PCR 中，第 2、3 次反应的模板都由前一次 PCR 产物按 1/1000 进行稀释，但实验证明，在实际的 PCR 反应中，只有优化每一轮产物的稀释倍数才能得到更好的实验结果。在反应体系中，特异性引物的浓度与普通的 PCR 相同，但为了满足引物的结合效率，简并引物的浓度要相对较高，一般为 2.0～5.0mol/L。TAIL-PCR 过程中，会产生三种类型的扩增物：随机引物与特异引物扩增的目标产物（Ⅰ型），特异引物自为引物对扩增的非特异产物（Ⅱ型），以及由随机引物自为引物对扩增的非特异产物（Ⅲ型）。第一轮反应的前 5 个高严谨循环是为了提高目的模板的量，在高退火温度条件下，特异引物能较好地与 DNA 模板结合。为了提高Ⅰ型特异产物的量，把第一轮 TAIL-PCR 的产物稀释 50 倍，利用巢式特异引物与 AD 引物组合再进行一轮 TAIL-PCR。经过第二轮的 TAIL-PCR 反应，Ⅰ型特异产物的量超过Ⅲ型非特异产物的量，在琼脂糖凝胶上可以检测到，而Ⅲ型的非特异产物的量很低不能被检测出来。在这一轮的反应中，使用的特异引物是第二条的巢式引物 SP2，Ⅱ型非特异产物就不能再被扩增了。第二轮 TAIL-PCR 的产物再稀释 50 倍后作为模板，用第三条巢式特异引物 SP3 与 AD 引物组合在低严谨温度条件下，进行 20 个 PCR 反应，进一步提高目的产物的量。

（四）优缺点

TAIL-PCR 与反向 PCR、接头 PCR 等相比具有以下优点。

① 简便易行。只要用长的特异性巢式引物和随机简并引物组合，对模板 DNA 进行简单的 PCR 操作，就能达到扩增未知目标序列的目的。整个过程不需要事先对模板 DNA 进行酶切、连接、加尾等繁琐的操作，PCR 之后的产物直接回收便可用于测序。

② 周期短。整个 TAIL-PCR 反应能够在一天内完成，可快速得到目标片段。

③ 特异性高。TAIL-PCR 过程巧妙利用特异性巢式引物和随机简并引物退火温度的差异，设计不同退火温度 PCR 循环来达到目标产物大量扩增，在最终产物中占绝对优势，而非特异产物的量被抑制在一个较低的水平。目标产物的纯度很高，可直

接用来做探针标记或测序的模板。

④ 效率高。任何一个 AD 引物都能在 60%～80%的反应中扩增特异产物。一次 TAIL 用不同的 AD 引物即可有效扩增目标片段。而依赖接头的 PCR 方法，找到合适的酶切位点并且连接是比较麻烦的。

⑤ 灵敏度高。TAIL-PCR 方法能在复杂的基因组中有效扩增目的片段。

TAIL-PCR 的缺点有以下几个。

① AD 引物的结合位点有限，因而成功的概率不够高。

② 在第二及第三轮中仍可检测到非特异带，而理想的状况是要么出现特异带，要么没有任何带。

③ 特异产物大小难以控制，常扩增到<500bp 产物。

第三节　PCR 技术用于转基因动物细胞中外源基因整合拷贝数的分析

外源基因插入是建立动物模型、作物改良、新基因功能鉴定的重要方法。外源基因拷贝数通常会影响目的基因在转基因动植物中的表达水平，同时会影响转基因动物的遗传稳定性。因此，在转基因的相关研究中，外源基因拷贝数的鉴定就成为关键环节。外源基因拷贝数定量检测是了解和评价转基因动物的重要内容之一。通过对转基因动物外源基因拷贝数进行早期测定，及时了解转基因动物的基本特征，为转基因动物的后期培育和开发利用提供评价基础，避免人力、物力、财力的浪费。传统的外源基因拷贝数鉴定方法常为 Southern 杂交法。Southern 杂交法是分子生物学的经典实验方法，但耗时、费力并需要大量基因组。实时荧光定量 PCR 和微滴数字 PCR（droplet digital PCR，ddPCR）等定量 PCR 技术已广泛应用于 DNA、RNA 的定量检测，亦可应用于转基因外源基因拷贝数的检测，检测结果和 Southern 杂交法的检测结果十分接近[7]，与传统外源基因拷贝数的检测方法相比具有高特异性、高信噪比、高安全性、高效率、高通量、低成本等优点。

一、方案一：实时荧光定量 PCR 比较 C_T 法检测转基因动物中外源基因的拷贝数

（一）基本原理

实时荧光定量 PCR 技术是一种经典的 DNA 定量方法，最常用的方法主要有非特异性 SYBR Green Ⅰ染料法和特异性 TaqMan 探针法 2 种，其中 TaqMan 探针法是在定性 PCR 的基础上添加一条特异性的寡核苷酸荧光探针，其 5′端标记一个报告荧光基团，3′端标记一个猝灭荧光基团，两者之间构成能量传递结构。在探针完整时，报告基团发射的荧光信号被猝灭基团吸收，检测系统检测不到荧光信号。PCR 扩增时，*Taq* 酶的 5′→3′外切酶活性将与底物结合的探针酶切降解，使荧光基团和猝灭基团分离，荧光检测系统可以检测到荧光信号，即每扩增一条 DNA 链就有一个荧光分子形成，实现了荧光信号的累积与 PCR 产物形成完全同步，从而实现了定量。TaqMan 探针法的成功在于以下 2 个方面：一是 *Taq* 聚合酶所具有的双链特异性的 5′

→3′外切酶活性；二是利用荧光能量传递技术构建的双标记寡核苷酸探针。探针法由于增加了探针的识别步骤，特异性更高，但成本较高，且探针与模板结合有一定的要求（PCR 反应温度、反应液组成等）。非特异性荧光染料法价格低廉，简单易行。SYBR Green Ⅰ是目前最为常用的荧光染料，其作用原理为：SYBR-Green Ⅰ是一种只与双链 DNA 小沟结合的染料，并不与单链 DNA 链结合，而且在游离状态不发出荧光，只有掺入 DNA 双链中才可发光。因此，在 PCR 系统中，随着特异性 PCR 产物的指数扩增，每个循环的延伸阶段，染料掺入双链 DNA 中，其荧光信号强度与 PCR 产物的数量呈正相关，可以对目的基因进行准确定量，同时还可以测定扩增的目的 DNA 片段的熔解温度。

实时荧光定量 PCR 一般使用 C_t 值（每个反应荧光信号达到设定阈值所需的循环数）定量，C_t 值与模板初始拷贝数的对数呈线性关系，利用已知起始拷贝数的标准品可制作标准曲线，只要获得未知样品的 C_t 值，即可代入方程计算出该样品的起始拷贝数。实时荧光定量 PCR 检测外源基因拷贝数分为比较 C_t 法和标准曲线绝对定量法，比较 C_t 法是相对定量中最常用的方法。设计外源基因和内参基因的特异性检测引物，测定外源基因和内参基因的扩增效率，在保证两者扩增效率没有显著差别，且扩增效率都接近 100%的前提下，将阴性动物基因组与含有外源基因的质粒进行不同比例拷贝数的混合，作为系列参照样品。将待测样品的基因拷贝数与参照样品的基因拷贝数进行比较，并通过内参基因调整系统误差，从而计算出外源基因插入的精确拷贝数。

（二）引物设计与扩增效率的测定

引物设计参见实时荧光定量 PCR 章节，其中外源基因检测引物要结合基因型鉴定引物的设计原则，保证检测的特异性。分别以系列浓度的阳性和阴性动物 DNA 为模板，扩增外源基因和内参基因。制作实时荧光定量 PCR 的扩增曲线和熔解曲线验证引物的特异性和扩增效率。

（三）实时荧光定量 PCR 反应体系和条件

1. TaqMan 探针法

反应体系为 25μL，包含 12.5μL 2×TaqMan® Gene Expression Master Mix，10μmol/L 正向引物和反向引物各 1μL，10μmol/L 探针 0.5μL 和 DNA 模板 1μL（50～200ng）。

PCR 反应程序为：94℃，10min 预变性；94℃变性 15s，60℃（根据引物设定）退火 60s，共 45 个循环，在退火步骤中采集荧光信号。

每个模板重复 3 个平行扩增，重复 3 轮实验。扩增结束后使用配套分析软件分析实验数据，获得实时荧光定量 PCR 结果。

2. SYBR Green Ⅰ染料法

反应体系为 20μL，包含 4μL 5×Master Mix，10μmol/L 正向引物和反向引物各 1μL，SYBR Green Ⅰ染料 1μL 和 DNA 模板 1μL（50～200ng）。

PCR 反应程序为：预变性，95℃ 5min，95℃变性 10s，60℃（根据引物设定）退火 5s，72℃延伸 10s，同时在延伸过程中检测荧光信号变化，循环数 45；65℃延伸 1min 并进行熔解曲线分析。每个样品检测做 3 次平行试验，取其平均值进行计算，并在每批次试验中设置阴性对照，记录下各个样品 C_t 值。

（四）外源基因拷贝数的测定

将含有外源基因的表达载体进行稀释，形成 1、2、3、4、5、8、10、16、32 拷贝的多个稀释梯度，每个稀释梯度中加入 100ng 阴性基因组 DNA，形成 1～32 拷贝的标准样本。使用实时定量荧光 PCR 方法测定每个标准样本中外源基因的 C_t 值和内参基因的 C_t 值，两者相减，得到该标准样本的 ΔC_t 值，以 ΔC_t 值为横坐标，以上述已知拷贝数的对数为纵坐标，绘制直线图并得到回归方程及 R^2 值（R^2 值越接近 1 越好）。同时平行测定每个待测转基因样本的 ΔC_t 值，并代入回归方程中，求得每个转基因样本的拷贝数（图 18-7）。

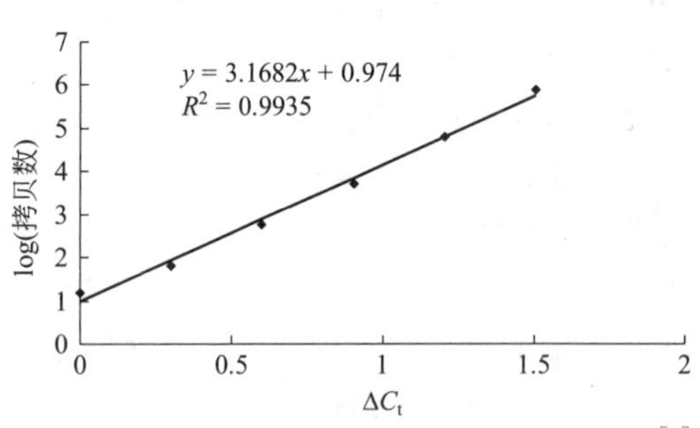

图 18-7　拷贝数测定标准直线及回归方程示例[8]

二、方案二：实时荧光定量 PCR 标准曲线绝对定量法检测转基因动物中外源基因的拷贝数

与比较 C_t 方法不同，标准曲线绝对定量法对内参基因和外源基因分别建立标准曲线，然后利用样品荧光定量数据分别根据标准曲线计算出内参基因和外源基因拷贝数，通过外源基因和内参基因的拷贝数比值来得到外源基因的拷贝数。这种方法排除了内参基因和外源基因引物扩增效率不一致对试验结果的影响，与比较 C_t 法相比更为精准[9]。

（一）外源基因标准品的计算与制备

利用 NCBI 基因组数据库查找待测动物种属的基因组大小和 GC 含量，通过 http：//www.bioinformatics.org 网站的 DNA 分子量在线分析工具计算与待测动物种属相对应的 GC 含量中，每 1000bp DNA 的分子量（g/mol），换算为待测动物种属基因组的分子量。同时计算出表达载体（含有待测外源基因片段的质粒）的分子量。测定稀释后的阴性动物基因组 DNA 质量浓度（A）。以此为标准，利用公式：表达载体质量浓度＝A×（表达载体分子量/基因组分子量）×模拟拷贝数，分别计算出与野生型 DNA 物质的量比为 0.5、1、2、4、8、16、32 的标准质粒浓度，并借助公式：表达载体质粒绝对拷贝数浓度（拷贝数/μL）＝6.02×10^{23}（拷贝/mol）×（表达载体浓度/表达载体分子量）/10^6，计算出其绝对拷贝数浓度。

（二）内参基因标准品的计算与制备

内参基因采用 2^n 梯度法稀释的野生型基因组作为标准品。以公式：内参基因绝对拷贝数浓度（拷贝/μL）＝2×6.02×10^{23}（拷贝/mol）×（基因组 DNA 浓度/基因组分子量）/10^6，计算出其绝对拷贝数浓度。

（三）标准曲线的建立

以外源基因与内参基因标准品为模板进行荧光定量 PCR，以外源基因标准品的绝对拷贝数取对数作为纵坐标，对应的荧光定量 PCR 反应的 C_t 值作为横坐标，建立外源基因的标准曲线，并通过线性回归得到标准曲线方程。内参基因定量作同样处理得到标准曲线和标准曲线方程。

（四）整合拷贝数计算

对于每个转基因样品，利用荧光定量扩增外源基因的 C_t 值和荧光定量扩增内参基因的 C_t 值，根据各自的标准曲线方程计算出外源基因的拷贝数和内参基因的拷贝数，将两者的比值乘以内参基因在基因组的拷贝数，即可得到转基因样品的拷贝数。

（五）注意事项

① 引物的特异性、内参基因的选择以及标准曲线的绘制对荧光定量 PCR 检测外源基因整合拷贝数的结果均有较大的影响。选用的外源基因引物和内参基因引物特异性要求较高，熔解曲线必须是单一峰形，不能出现非特异性扩增。内参基因要选择在物种中高度保守且拷贝数明确的基因。

② 影响反应重复性较为关键的因素就是其扩增效率，为了使反应体系达到最佳扩增效率，可以进行反应体系和条件的优化，即调整引物和探针的浓度、目的基因的初始浓度和纯度等等。若引物浓度太低，会导致反应不完全；引物浓度太高，则会发生错配而且产生非特异性产物的可能性大大增加；若探针浓度太低，荧光信号较弱；探针浓度太高，会影响信噪比。其优化的过程一般是通过一系列梯度浓度的探针和引物的正交预实验来确定两者的相对量，而每一个体系中，可以产生最高荧光信号和最低 C_t 值的引物和探针的最低浓度，即为最佳的引物和探针浓度。

③ 对于样品，首先要保证其纯度，DNA 提取过程中的氯仿-异戊醇的反复抽提有助于提高样品纯度。其次因初始拷贝数越高，结果的重复性越差，所以初始拷贝数不宜太高并使其满足 C_t 值在 20～35 之间，若小于 20 需稀释选择更低的样品浓度，若大于 35 需浓缩选择更高的样品浓度。外源基因标准品中的野生型 DNA 浓度与待测样品的 DNA 浓度尽量接近，得到外源基因标准曲线方程和外源基因的拷贝数也更为准确。

三、方案三：利用微滴数字 PCR 分析转基因动物中外源基因的拷贝数

（一）基本原理

实时荧光定量 PCR 方法在分析中需要构建标准曲线，由于利用标准曲线进行定量本身就是一种并不十分精确的相对定量方法，而且建立标准曲线的过程中需要在体系的摸索和优化上投入大量的时间和精力，致使试验周期比较长，所以荧光定量 PCR 不是理想的外源基因拷贝数分析方法[10]。数字 PCR（digital PCR）是近年来迅速发展起来的一种突破性的核酸定量分析技术。其技术原理是先将核酸模板进行大量稀释，使其分配到多个独立的反应单元中，每个反应单元中只有单个核酸模板分子，然后以每个独立的反应单元进行 PCR 扩增反应，扩增结束后对每个反应室的荧光信号进行统计学分析，最终实现对核酸的绝对定量。

微滴数字 PCR（ddPCR）是数字 PCR 技术的一种，包含两部分核心内容：微滴化和微滴分析。微滴化是将配好的包含模板、引物或探针、Mix 等成分的 20μL ddPCR 预混液制备成 20000 个均一的微滴，每个微滴约为 1 nL，微滴中或者含有一个至数个待检核酸靶分子，或者不含有靶分子，而且每个微滴均被微滴生成油所包裹

并作为一个独立的 PCR 反应器。区别于实时荧光定量 PCR 的实时检测，ddPCR 是在扩增结束后，在微滴分析仪中逐一对每个微滴的荧光信号进行采集，有荧光信号的说明含有目标靶分子，记为阳性微滴（判读为 1），没有荧光信号的说明没有目标靶分子，则记为阴性微滴（判读为 0），最终分析软件统计阳性微滴数占总微滴数的比例，结合泊松分布原理计算出目标靶分子的绝对浓度或拷贝数（拷贝/μL）。微滴数字 PCR 技术在转基因外源基因拷贝数分析方面具有诸多优点，与 Southern 杂交技术相比，它工作量小、周期短、操作要求低、准确性高；与实时荧光定量 PCR 相比，它灵敏度高、检测限度低至 $1/10^4$，无需标准品，不依赖于标准曲线，采用终点 PCR 信号计数检测、不依赖于 C_t 值，能有效克服 PCR 抑制剂的影响，是一种更加理想的进行外源基因拷贝数分析的新方法[11]。

（二）反应体系

总体积为 20μL，包括 2×ddPCR Supermix for probes（Bio-Rad）10μL，25mg/L DNA 模板（适当稀释后）2.0μL，10μmol/L 上下游引物和探针各 1.0μL，用 ddH_2O 补足 20μL。

（三）试验流程

1. 微滴生成

将配制好的 20μL 样品反应体系加到微滴发生卡（DG8 cartridge）中间一排的 8 个孔内，注意需缓慢打出液体以避免引入气泡；在微滴发生卡最底下一排 8 个孔中各加入 70μL 微滴生成油（DG oil）；盖上胶垫，注意两边的小孔都要钩牢；放入微滴生成仪中，一般需 2min 即可完成微滴生成；微滴生成于微滴发生卡最上面一排孔内，体积为 40μL，转移至 96 孔板相应位置孔内，用预热好的 PX1 热封仪进行封膜。

2. 微滴 PCR

在 PCR 仪上进行 PCR 扩增，注意升降温速度需低于 2.5℃/s。

3. 微滴分析

将 96 孔板放入微滴分析仪中，逐个分析读取微滴荧光信号，判断微滴阳性或阴性。

4. 结果分析

分析软件计算出每个样品中目的序列的拷贝数（拷贝/μL），然后根据内参基因的拷贝数计算得出待检测目的基因的拷贝数。

（四）优点

不依赖于扩增曲线的循环阈值，以分子计数的方式直接获得样本的拷贝数浓度，这样的绝对定量结果便于直接进行横向或纵向比较；更高的精确度，对同一个样本的技术重复的检测能获得一致的结果，变异系数小；更好的重复性，即在不同的实验室之间，或同一实验室不同的检测批次间，能对同一个样本获得一致的定量结果；更高的灵敏度，能更灵敏地检测出其它技术无法检出的或超低丰度的靶标序列；更高的准确度，更准确测定样本中靶标序列的真实含量，真正实现绝对定量分析。

（五）注意事项

利用 ddPCR 进行拷贝数检测时，待检测样品在反应室中随机、独立分布是单分子成功扩增和准确定量核酸靶分子拷贝数的关键因素，在设计试验时可选用合适的内切酶对基因组DNA进行预处理。另外可尝试在目的基因的不同位置设计引物进行检测，以保证目的基因拷贝数检测结果的准确性。

参考文献

[1] Palmiter R D, Brinster R L, Hammer R E, et al. Dramatic growth of mice that develop from eggs microinjected with metallothionein—growth hormone fusion genes. Nature, 1982, 300 (5893): 611-615.

[2] Wang Y, Cui F, Lv Y, et al. HBsAg and HBx knocked into the p21 locus causes hepatocellular carcinoma in mice. Hepatology, 2004, 39 (2): 318-324.

[3] Kleter B, van Doorn L J, Schrauwen L, et al. Development and clinical evaluation of a highly sensitive PCR-reverse hybridization line probe assay for detection and identification of anogenital human papillomavirus. J Clin Microbiol, 1999, 37 (8): 2508-2517.

[4] Redstone J S, Woodward M J. The development of a ligase mediated PCR with potential for the differentiation of serovars within Leptospira interrogans. Vet Microbiol, 1996, 51 (3-4): 351-362.

[5] Tormanen V T, Swiderski P M, Kaplan B E, et al. Extension product capture improves genomic sequencing and DNase I footprinting by ligation-mediated PCR. Nucleic Acids Res, 1992, 20 (20): 5487-5488.

[6] Liu Y G, Whittier R F. Thermal asymmetric interlaced PCR: automatable amplification and sequencing of insert end fragments from P1 and YAC clones for chromosome walking. Genomics, 1995, 25 (3): 674-681.

[7] Bubner B, Baldwin I T. Use of real-time PCR for determining copy number and zygosity in transgenic plants. Plant Cell Rep, 2004, 23 (5): 263-271.

[8] Zhou Y, Lin Y, Wu X, et al. The high-level accumulation of n-3 polyunsaturated fatty acids in transgenic pigs harboring the n-3 fatty acid desaturase gene from Caenorhabditis briggsae. Transgenic Res, 2014, 23 (1): 89-97.

[9] Hoebeeck J, Speleman F, Vandesompele J. Real-time quantitative PCR as an alternative to Southern blot or fluorescence in situ hybridization for detection of gene copy number changes. Methods Mol Biol, 2007, 353: 205-226.

[10] Whale A S, Huggett J F, Cowen S, et al. Comparison of microfluidic digital PCR and conventional quantitative PCR for measuring copy number variation. Nucleic Acids Res, 2012, 40 (11): e82.

[11] Pinheiro L B, Coleman V A, Hindson C M, et al. Evaluation of a droplet digital polymerase chain reaction format for DNA copy number quantification. Anal Chem, 2012, 84 (2): 1003-1011.

第十九章 实时荧光定量 PCR 在动物疫病定量检测中的应用

第一节 实时荧光定量 PCR 在大家畜（猪、牛、羊）传染病中的诊断应用

一、引言

实时荧光定量 PCR（ real-time fluorescent quantitative PCR，Real-time FQ - PCR）技术是美国 PE（PerkinElmer）公司 1995 年研制出来的一种新的核酸定量技术，最早称 TaqMan PCR，后来也叫 Real-Time PCR，该技术是在常规 PCR 基础上加入荧光标记探针或相应的荧光染料来实现其定量。实时荧光定量 PCR 技术是一种新型的核酸定量技术，与常规的 PCR 相比，实时荧光定量 PCR 有效解决了 PCR 污染问题，不用进行琼脂糖凝胶电泳、EB 染色，不用人工分析数据，具有特异性强、灵敏度高、重复性好、定量准确、自动化程度高、全封闭、无污染、快速反应等优点，克服了普通 PCR 的许多不足。目前该技术已经被广泛应用于基础科学、食品、医学、药物开发以及分子生物学等多个领域。在人类和动物疾病的快速检测、食品安全检测、定量分析、基因分型、基因表达研究以及疫苗效力测定中成为分子生物学研究的重要工具。本节主要对荧光定量 PCR 在大家畜（猪、牛、羊）传染病的诊断应用方面进行介绍。

二、原理

实时荧光定量 PCR 技术，是指在 PCR 反应体系中加入荧光基团，利用荧光信号的变化实时检测 PCR 扩增反应中每一个循环扩增产物量的变化，通过 C_t 值和标准曲线的分析对起始模板进行定量分析的方法。随着 PCR 反应的进行，PCR 反应产物不断累积，荧光信号强度也等比例增加。每经过一个循环，收集一个荧光强度信号，这样就可以通过荧光强度变化监测产物量的变化，从而得到一条荧光扩增曲线图。一般而言，荧光扩增曲线图可以分成四个阶段：基线期、指数增长期、线性增长期、平台期（详见图 19-1）。实时荧光定量 PCR 技术做到 PCR 每循环一次就收集一个数据，建立实时扩增曲线，准确地确定 C_t 值，从而根据 C_t 值确定起始 DNA 拷贝数，做到了真正意义上的 DNA 定量。荧光定量 PCR 可分为两大类，探针法（包括 TaqMan

探针和分子信标）和非探针法（SYBR GreenⅠ或其它特异性引物如LUX Primers）。

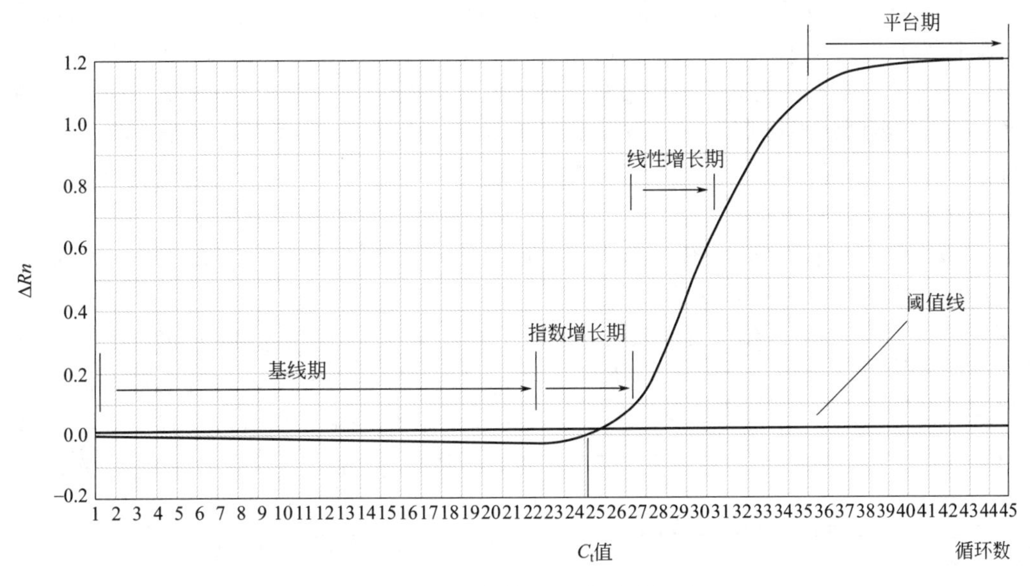

图19-1　荧光定量PCR扩增曲线图

在实时荧光定量PCR技术中有一个很重要的概念，即C_t值。C代表循环(cycle)，t代表阈值（threshold）。阈值：PCR扩增信号进入相对稳定对数增长期时的荧光值。C_t值是指每个反应管内的荧光信号到达设定的阈值时所经历的循环数。正常的C_t值范围在18～30之间，过大和过小都将影响实验数据的精度。研究表明每个模板的C_t值与该模板的起始拷贝数的对数存在线性关系。C_t值越小，模板DNA的起始拷贝数就越多；C_t值越大，模板DNA的起始拷贝数就越少。因此，要利用已知起始拷贝数的标准品作出标准曲线，再利用分析软件获得未知样品的值，便能根据标准曲线计算出该样品的起始拷贝数（详见图19-2）。

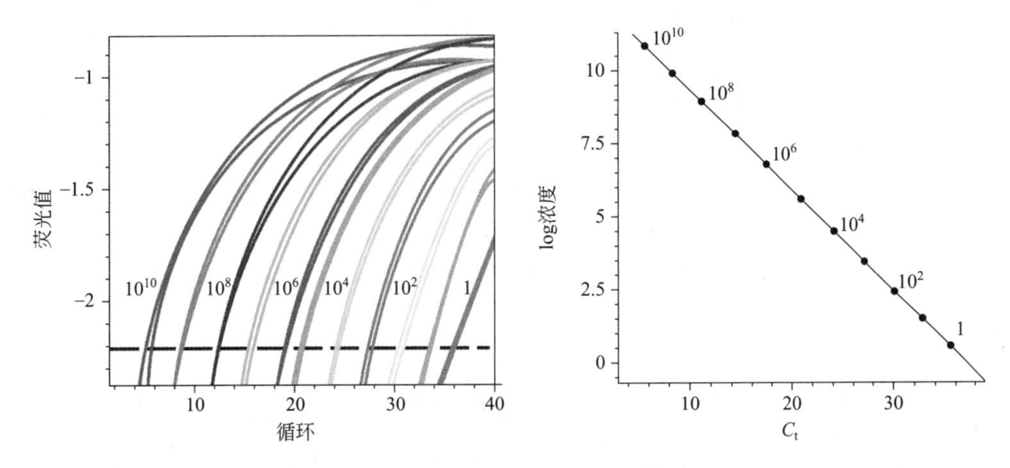

图19-2　实时荧光定量PCR扩增曲线图

从图19-2中可以看到模板DNA量越多，荧光达到阈值的循环数越少，即C_t值越小。图19-2是从10^{10}到1个拷贝的初始模板所得扩增曲线图（标准曲线回归系数R^2值为0.998），每个样本2个重复，从图19-2中可以看出随着初始模板拷贝数的减少，C_t 值逐渐增大。

在常规 PCR 基础上添加了荧光染料或荧光探针。而用于常规 PCR 的专门热循环仪配备荧光检测模块，可监测扩增时的荧光。荧光染料能特异性掺入 DNA 双链，发出荧光信号，而不掺入双链中的染料分子不发出荧光信号，从而保证荧光信号的增加与 PCR 产物增加完全同步。荧光探针法是指当标记在探针的 5′端的荧光报告基团（reporter R）未被标记在 3′端的猝灭基团（quencher Q）抑制时，可检测到报告基团的荧光信号。检测到的荧光信号的强度与 PCR 反应产物的量成正相关，即每扩增一条 DNA 链，就有一个荧光分子形成，实现了荧光信号的累积与 PCR 产物的形成完全同步。定量原理见图 19-3。

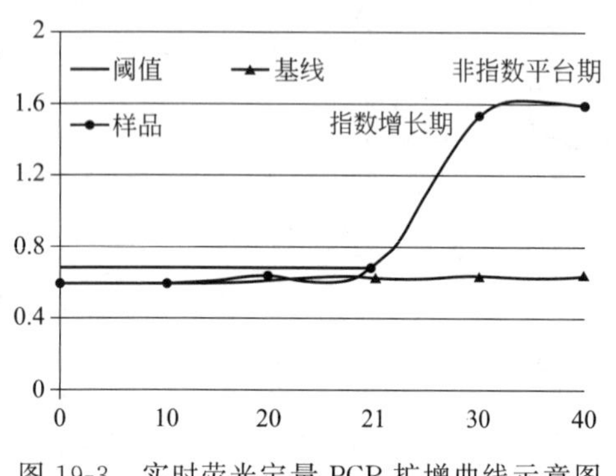

图 19-3　实时荧光定量 PCR 扩增曲线示意图

图 19-3 中 x 轴表示 PCR 循环数，y 轴表示扩增反应的荧光值，与反应管中扩增产物的量成比例关系。扩增曲线有指数增长期和非指数平台期两个阶段。在指数增长阶段，每个循环 PCR 产物量大约增加一倍。然而随着反应的进行，反应体系组成成分不断消耗，反应进入平台期（图 19-3 中 28～40 个循环）。

关于实时荧光定量 PCR 的工作原理可见本书的“第四章　实时荧光定量 PCR”。

三、器材

1. 材料

特定的反应板或微量离心管、微量移液器、枪头等。

2. 试剂（溶液和缓冲液）

Trizol、一步法荧光 RT-PCR 反应试剂、T7 体外转录试剂盒、质粒小量提取试剂盒、转录试剂盒、琼脂糖凝胶快速回收试剂盒、核酸电泳染料、RNA 酶抑制剂、DNase Ⅰ、*Taq* DNA 聚合酶、SYBR® Premix Ex Taq Ⅱ（Tli RNaseH Plus）、上下游引物、阳性对照、灭菌蒸馏水等。

3. 专用设备

紫外分光光度计、核酸提取仪、梯度 PCR 仪、电泳仪 、凝胶成像分析系统、荧光定量 PCR 仪（Roche LC480、ABI StepOne/Plus、ABI Prism7500、Stratagene Mx3000P、StratageneMx3005P 、Bio-Rad CFX96、Applied Biosystems 7300/7500 等）。

四、方法

以小反刍兽疫病毒（peste des petits ruminants virus，PPRV）荧光定量 RT-PCR 为例。

1. 引物和探针

引物和探针针对小反刍兽疫病毒（PPRV）*N* 基因保守序列区段设计，引物和探针的位置、序列和扩增产物的大小见表 19-1。

表 19-1　用于 PPRV 荧光定量 RT-PCR 检测的引物和探针

引物	目的	位置	序列(5′→3′)
PPRN8a	正向	1213～1233	CACAGCAGAGGAAGCCAAACT
PPRN9b	反向	1327～1307	TGTTTTGTGCTGGAGGAAGGA
PPRN10P	探针	1237～1258	FAM-5′-CTCGGAAATCGCCTCGCAGGCT-3′-TAMRA

2. PCR 反应体系

反应体系为 25μL：

2×Reaction Mix	12.5μL	SuperScript Ⅲ RT/Platium Taq Mix	0.5μL
探针 PPRN10P(10μmol/L)	0.5μL	ROXdye(1∶10)	0.5μL
正向引物 PPRN8a(10μmol/L)	1μL	RF H_2O	4μL
反向引物 PPRN9b(10μmol/L)	1μL		

分装至 PCR 反应管中，20μL/管，注意避光。然后再加入待检样品提取的 RNA 5μL。每次进行荧光定量 RT-PCR 时均设标准阳性、阴性及空白对照，阳性标准品浓度从 1.9×10^2～1.9×10^9 拷贝/μL 都可以。

3. PCR 反应条件

50℃反转录 15min；95℃，2min 进行 *Taq* 酶的激活；95℃，15s，60℃，1min 设定 45 个循环，每个循环在 60℃，1min 时收集荧光信号。

4. 结果分析

阳性对照样品可见特异性扩增曲线。读取每个样品的 C_t 值。

C_t 值≤30 判为小反刍兽疫病毒荧光定量 RT-PCR 扩增强阳性；30＜C_t 值≤40 判为小反刍兽疫病毒荧光定量 RT-PCR 扩增弱阳性；C_t 值＞40 判为小反刍兽疫病毒荧光定量 RT-PCR 扩增阴性。

五、注意事项

（一）引物设计的原则及注意事项

扩增片段长度在 75～200bp 之间，片段越短扩增效率越高；但如果片段小于 75bp，扩增产物很难与可能存在的引物二聚体区分。尽可能地避免产生二级结构。

引物设计遵循以下原则：引物的 GC 含量为 50%～60%，熔解温度（T_m）在 50～65℃之间，计算 T_m 时，建议使用 50mmol/L 盐浓度和 300nmol/L 核苷酸浓度；避免产生二级结构，必要时引物结合位置设计在目标序列二级结构区域之外；避免超过 3 个 G 或 C 重复片段；引物 3′末端碱基为 G 或 C；检查正向和反向引物确保 3′没有互补配对（避免引物二聚体形成）。

探针引物设计的原则：TaqMan 探针长度 25～32bp，T_m 在 68～72℃之间，确保比引物的 T_m 值高 5～10℃；GC 含量在 30%～80%，避免出现多个重复碱基；5′端不能为 G，G 能猝灭荧光信号；TaqMan 探针要靠近上游引物，最好只有一个碱基距离；避免探针与引物间形成二级结构；单核苷酸多态性（single nucleotide polymorphism，SNP）位点应设计在探针中间位置。

（二）无 C_t 值（信号）出现的原因

① 反应循环数不够：一般都要在 35 个循环以上，可根据实验情况增加循环，但

高于 45 个循环会增加过多的背景信号。

② 检测荧光信号的步骤有误：一般采用 72℃ 延伸时采集荧光，TaqMan 方法则一般在退火结束或延伸结束采集信号。

③ 引物或探针降解：可通过 PAGE 电泳检测其完整性。

④ 探针设计不佳：设计探针温度低于引物，造成探针未杂交上而产物已延伸。

⑤ 模板量少：对未知浓度的样品应从系列稀释样品的最高浓度做起。

⑥ 模板降解：避免样品制备中杂质的引入以及模板反复冻融的情况发生。

（三） C_t 值出现过晚

① 反应条件不佳：非最佳反应条件，可重新设计引物或探针，适当降低退火温度，增加镁离子浓度等。

② PCR 各种反应成分的降解或加样量不够。

③ 扩增产物片段过长：一般采用 100～200bp 的扩增长度。

（四）标准曲线的线性关系不佳

① 加样存在误差，标准品稀释不呈梯度。

② 标准品降解：标准品尽量避免反复冻融。

③ 引物或探针不佳：重新设计。

④ 模板中存在抑制物，或模板浓度过高。

（五）阴性对照液出现明显的扩增

① 荧光 PCR mix 或水被污染。

② 引物二聚体的出现：在 35 个循环后阴性对照出现扩增属正常情况，可配合溶解曲线进行分析。

③ 反应过程中探针降解：用 PAGE 电泳对探针进行检测。

（六）熔解曲线不止一个主峰

① 引物设计不佳：避免二聚体和发夹结构的出现。

② 引物浓度不佳：适当调整引物浓度。

③ 退火温度低：提高退火温度。

④ 镁离子浓度过高：适当降低镁离子浓度。

⑤ 模板中有基因组的污染：RNA 提取过程中避免基因组 DNA 的污染，或通过引物设计避免非特异扩增。

（七）扩增效率低

① 反应试剂中部分成分特别是荧光染料降解。

② 反应条件不佳：适当降低退火温度或改为三步扩增法。

③ 反应体系中有抑制物：一般为模板中引入，应先把模板适当稀释，再加入到体系中，减少抑制物的影响。

（八）重复性不好

① 加样不准确。

② 样品在仪器不同位置温度条件有差异，温度均一性不好。

③ 模板浓度低：样品初始浓度越低，重复性越差，应减少样品的稀释倍数。

（九）扩增曲线不正常，刚进入指数期就很快进入平台期并向右下弯曲

① 基线等设置不当：按仪器说明书重新操作。

② 模板量过多：当扩增曲线在 10 个循环内起峰时，应将模板稀释 100～1000 倍后使用。

（十）如何避免实时荧光定量 PCR 中基因组 DNA 扩增

① 引物设计时避免基因组 DNA 扩增。

② 在 RNA 提取过程中使用 DNase Ⅰ 处理去除 RNA 中混有的基因组 DNA。

（十一）如何确认模板中是否含有 PCR 反应阻害物质

有时 RNA 或 cDNA 模板中存在对反转录和荧光 PCR 反应的阻害物质。为了确认这样的阻害物质的有无，可以使用高浓度的模板按 3～4 个梯度稀释，并用其进行荧光定量 PCR 反应。如果无阻害物质存在，得到的 C_t 值就会依模板浓度的变化而变化；而如果模板中有阻害物质的存在，实验过程中我们就会发现高浓度的模板有反应性能下降的现象。

（十二）各孔间的荧光信号如何进行校正

由于加样操作的误差、离心管透光性能的差异、荧光激发效率的差异等偶然误差不可避免，仪器收集到的原始信号必须进行归一化校正，以消除这些因素对定量结果的影响。这种校正可以通过在反应体系中添加额外的荧光染料来实现，一般采用红色 ROX 荧光，称为阳性参比信号。ROX 在反应缓冲液中的浓度是固定的，因此其信号的强度与反应体系的总体积和总的荧光激发效率成正相关。ROX 校正可以提高定量数据的精度和重现性，减少孔间差异。

（十三）实时荧光定量 PCR C_t 值一般在多少后认为模板没扩增

当进入对数期的循环数大于 35 时，RT-PCR 检测无效，模板没有扩增；当进入对数的循环数为 32～35 个循环时，需要有至少 3 个重复才能判断是否能检测到模板的扩增。

六、应用

近年来，荧光定量 PCR 用于大家畜（猪、牛、羊）传染病的诊断研究非常多。

（一）实时荧光定量 PCR 在猪病诊断研究等方面的应用

劳秀杰等[1] 根据 GenBank 报道的猪流行性腹泻病毒（porcine epidemic diarrhea virus，PEDV）的 *N* 基因高度保守核苷酸序列，设计并合成一对引物。上下游引物与 GenBank 中登录的 153 株猪流行性腹泻病毒（PEDV）*N* 基因全长序列匹配度分别是 100%和 97%。以实验室以前分离的流行毒株为模板，利用 SYBR Green Ⅰ 荧光染料法进行 RT-PCR 扩增，获得扩增产物构建重组质粒作为阳性对照，建立检测 PEDV 的方法。同一样品进行 3 次重复试验，变异系数$<$0.9%。通过对临床样品进行检测和测序验证，核酸检测结果中的阳性样品准确率为 100%。建立的荧光定量 PCR 检测方法具有快速、灵敏、准确等优点，可用于临床 PEDV 的检测及分子流行病学调查。刘灿等[2] 根据 GenBank 公布的 24 株高致病性猪繁殖与呼吸综合征病毒（highly pathogenic porcine reproductive and respiratory syndrome virus，HP-

PRRSV）毒株和 5 株猪繁殖与呼吸综合征病毒（porcine reproductive and respiratory syndrome virus，PRRSV）经典毒株的保守区基因序列，使用 Primer Express 3.0 软件设计并合成实时荧光定量 PCR（Real-time FQ-PCR）的引物和探针，建立了 Real-time FQ-PCR 检测方法以鉴别检测高致病性猪繁殖与呼吸综合征病毒（HP-PRRSV）。用建立的检测方法以已定量的 10 倍倍比稀释的质粒 pGET-258 为标准品进行检测，并与常规 PCR 进行比较。结果显示，该 Real-time FQ-PCR 方法敏感度可达 1.5 个拷贝/μL，比常规 PCR 敏感度高 100 倍，且批内和批间重复性检测结果的变异系数均小于 2%。用该方法与常规 PCR 方法及病毒分离方法对 18 份临床样品进行对比检测，显示该方法灵敏度高、成本低，并且能够对样品中病毒进行定量，为高致病性猪繁殖与呼吸综合征的快速鉴别诊断提供了有效的技术手段。王建华等[3] 为建立同时检测非洲猪瘟病毒（African swine fever virus，ASFV）、猪瘟病毒（classical swine fever virus，CSFV）和高致病性猪繁殖与呼吸道综合征病毒（HP-PRRSV）的方法，根据 ASFV *CP530R* 基因、CSFV*5′UTR* 基因和 HP-PRRSV *NSP2* 基因，分别设计了 3 对特异性引物和 TaqMan 水解探针，建立了同时检测这 3 种病毒的多重荧光定量 RT-PCR 方法，并对其反应条件进行优化。结果表明，该方法仅对 ASFV、CSFV 和 HP-PRRSV 呈现特异性扩增，不与伪狂犬病毒、猪细小病毒和猪圆环病毒 2 型的 DNA 以及猪流行腹泻病毒和猪流感病毒的 cDNA 发生交叉反应；该方法对 ASFV、CSFV 和 HP-PRRSV 的最低检出量分别为 61 拷贝/μL、11 拷贝/μL 和 41 拷贝/μL；组内和组间重复性试验的 C_t 值变异系数均小于 2.5%，具有良好的重现性。用该方法对 276 份临床样品进行 ASFV、CSFV 和 HP-PRRSV 的检测，所有样品的 ASFV 检测结果均为阴性，CSFV 检测单阳性样品 6 份，HP-PRRSV 检测单阳性样品 22 份，CSFV 和 HP-PRRSV 检测双阳性样品 4 份。该研究建立的方法为临床样品中 ASFV、CSFV 和 HP-PRRSV 的同时检测提供了一种快速、敏感和特异的技术手段。具体方法参见相应的参考文献。

（二）实时荧光定量 PCR 在牛病诊断研究等方面的应用

乔波等[4] 为建立牛传染性鼻气管炎病毒（bovine infectious rhinotracheitis virus，IBRV）的 TaqMan 荧光定量 PCR 检测方法，根据 *IBRVgB* 基因保守区域设计特异性引物和 MGB 探针，并采用矩阵法优化了 PCR 反应条件。结果显示，标准曲线相关系数为 0.998，10^3～10^8 拷贝/μL 内具有较好的线性关系。对牛呼吸道合胞体、牛病毒性腹泻黏膜病 1 型、牛副流感病毒 3 型的 cDNA 进行检测，结果均为阴性，特异性良好。该方法对 IBRV 检测的灵敏度可达到 1.49×10^1 拷贝/μL，是常规 PCR 灵敏度的 100 倍，重复性试验表明该方法的组内和组间变异系数均小于 1.5%。应用建立的方法与普通 PCR 方法分别对 17 份疑似临床呼吸道症状牛鼻黏液拭子样品进行检测，该方法检测的阳性率比传统 PCR 法检测的阳性率提高了约 12%。研究表明建立的 IBRV TaqMan-MGB 荧光定量 PCR 方法灵敏、快速、特异性强、重复性好，适用于临床疑似样品的快速定量检测。亓文宝等[5] 建立了牛结核病荧光定量 PCR 快速检测方法。该方法根据分枝杆菌的插入序列 IS1081 设计引物和探针，优化反应条件，建立标准曲线，进行特异性、敏感性、重复性实验，并用所建立的方法对临床样品进行检测。结果该方法的敏感性达到了 10 拷贝/μL，且特异性高，重复性好。对 30 份 PPD 试验和巢式 PCR 检测都为阳性的临床样本进行荧光定量 PCR 检测的结果全部为阳性；而对 PPD 检测阳性，巢式 PCR 检测为阴性的 15 份临床样本进行检测时，2 份为阳性；对 2 份 PPD 检测阴性而巢式 PCR 检测阳性的临床样本的检测结果也为阳性。该研究成功建立了牛结核病实时荧光定量 PCR 快速检测方法，对临床样品的快速检测和牛结核病的早期诊断具有重要意义。

（三）实时荧光定量 PCR 在羊病诊断研究等方面的应用

2007 年 7 月我国西藏发生不明山羊疫情，王志亮等[6] 对当地动物疫病控制中心送检的 14 只病死山羊病料和一批血清样品分别进行病原学和血清学检测。利用较敏感的小反刍兽疫病毒（peste des petits ruminants virus，PPRV）特异性荧光定量 RT-PCR 方法，在 11 只病羊组织中检测到小反刍兽疫病毒核酸。赵文华等[7] 为实现山羊 2 种疫病病原体——小反刍兽疫病毒（PPRV）和山羊痘病毒（goat pox virus，GTPV）的同步快速检测，基于 PPRV 的 *N* 基因及 GTPV 的 *ITR* 基因，分别设计合成 2 套特异性引物及探针，探针分别用标记物进行标记以实现同步检测。试验结果显示，所建立的 N-ITR 二联探针实时荧光定量 RT-PCR 方法可同步检测 PPRV 和 GTPV，产生特异性荧光信号，而对禽痘病毒（fowlpox virus，FPV）、犬瘟热病毒（canine distemper virus，CDV）等相关病毒无荧光信号检出。以 PPRV-N 和 GTPV-ITR 的 pMD18-T 载体质粒为标准品，构建了二联标准曲线，N-ITR 探针对 PPRV 和 GTPV 的检测敏感度可分别达 10^2 和 10^3 拷贝/μL。该研究初步建立了可同步快速特异性检测 PPRV 和 GTPV 的二联实时荧光定量 RT-PCR 方法。

于恒智等[8] 研究建立了五种外来动物疫病并联荧光定量 PCR 检测方法，根据 GenBank 中发表的相关病毒的基因序列，通过分析比较小反刍兽疫病毒（PPRV）、非洲猪瘟病毒（ASFV）、西尼罗河热病毒（West Nile virus，WNV）、亨德拉病毒（Hendra virus，Hev）和尼帕病毒（Nipah virus，NiV）的保守区域，建立了 5 种外来动物疫病并联荧光定量 RT-PCR 检测方法。该方法具有鉴别诊断的特点，可以作为临床检测这 5 种病原体的参考方法。

以上仅列举了实时荧光定量 RT-PCR 在猪、牛、羊病诊断研究等方面的应用，详见相应的参考文献。

七、小结

荧光定量 PCR 已广泛应用于猪、牛、羊等动物疫病的检测诊断、鉴别诊断、大规模流行病学调查等。该方法克服了常规 PCR 的许多缺点，优点很多，如特异性强、灵敏度高、重复性好、快速反应、自动化程度高、全封闭、无污染、定量准确等，还可实现多重反应，且工作效率高，1～2h 可同步完成 96 个样品的扩增。该方法在兽医学领域的应用前景将更加广阔。

第二节　实时荧光定量 PCR 在家禽传染病（禽流感）中的诊断应用

一、引言

流感病毒属于正黏病毒科，单股负链 RNA 病毒，根据病毒核蛋白和基质蛋白抗原性的不同，分为 A、B、C 三型。A 型和 B 型流感病毒有 8 个独立的 RNA 片段，C 型只有 7 个片段。A 型流感病毒根据其表面血凝素（HA）、神经氨酸酶（NA）这两种糖蛋白抗原性的差异，进一步分为不同的亚型。A 型流感病毒可以引起人类和多种动物的急性呼吸道感染。作为首个全球范围监测的呼吸道传染病，A 型流感因其传播速度快、病毒极易变异等特点，每年都会发生不同规模的流行。根据 WHO 的公告，全球每年死于流感的人数约为 50 万～100 万。自 1878 年首次报道在意大利鸡群中暴发了禽流感，禽流感病毒至今仍在全球范围内严重影响着禽类的健康。在猪群中，猪流感是一种在养猪场中普遍存在且又难以根除的群发性疾病，也是诱导猪产生免疫抑制的主要原因之一。此外，动物源流感病毒跨种间传播而感染人类现象时有发生，对人类健康造成了极大的威胁[9]。因此，针对 A 型流感病毒建立快速、准确的检测方法具有十分重要的公共卫生学意义和经济价值。目前，已经有多种 PCR 技术出现在流感诊断过程中，如普通 RT-PCR、实时荧光定量 RT-PCR、巢式 RT-PCR、PCR-RFLP 等[10]。其中，实时荧光定量 RT-PCR 以其技术方法的优越性在流感病毒的快速检测中得到广泛应用，本章主要对这一技术方法做相关介绍。

检测流感病毒传统的方法是病毒分离、鉴定，但该方法耗时长，不适用于大量样品的快速诊断，且仅适用于活毒的检测。与之相比，RT-PCR 方法具有操作简单、灵敏度及特异性较高的优点，能够快速、准确地对临床疑似病例进行检测，缩短了检测时间。但该方法以 PCR 最终产物对样品进行定量，由于模板、试剂等因素会影响聚合酶反应，可导致 PCR 不再以指数形式进行而进入“平台期”，因此定量结果并不准确。实时荧光定量 RT-PCR 方法是在 PCR 指数扩增期，通过连续监测荧光信号出现的先后顺序以及信号强弱的变化，及时分析目的基因的拷贝数目，通过与已知量的标准品进行比较，可以实现实时定量。较之于普通 RT-PCR 技术，实时荧光定量 RT-PCR 具有明显的优势。首先，它操作简便、快速、高效，具有很高的敏感性和特异性；其次，在封闭的体系中完成扩增并进行实时测定，大大降低了污染的可能性。因此，实时荧光定量 RT-PCR 方法在流感病毒的检测中得到了更加广泛的认可。本章以 A 型流感病毒的检测为例，对该技术方法进行介绍。关于实时荧光定量 RT-PCR 的细节可参见本书第四章实时荧光定量 PCR。

二、原理

禽流感病毒是一种 RNA 病毒，RNA 反转录所产生的 cDNA 可以作为 PCR 模板进行扩增。采用 TaqMan 技术，针对流感病毒保守基因序列，设计一对（或多对）特异性引物和一条（或多条）特异性的荧光双标记探针。探针的 5′端标记报告荧光基团（R），3′端标记猝灭荧光基团（Q）。在 PCR 退火阶段，引物和探针同时与目的基因片段结合，此时探针上 R 基团发出的荧光信号会被 Q 基团所吸收，仪器检测不到 R 所发出的荧光信号；在 PCR 延伸阶段，DNA 聚合酶 *Taq* 酶在引物的引导下沿着模板链合成新链，当链的延伸进行到探针结合部位时，受到探针的阻碍而无法继续，*Taq* 酶发挥 5′→3′外切核酸酶的功能，将探针水解成单核苷酸，标记在探针上的 R 基团就游离出来，R 所发出的荧光不为 Q 所吸收而被检测仪所接收，随着 PCR 反应的进行，PCR 产物量与荧光信号呈现正比关系。

三、材料

（1）检测样品　疑似流感病例的待检病料样品。

（2）试剂

① 商品化的RNA提取试剂盒。

② A型流感病毒通用荧光RT-PCR检测引物、探针。针对流感病毒内部蛋白基因（例如*M*基因）的保守区序列设计相应的特异性引物和探针，序列示例见表19-2。若要同时进行多个病毒亚型的检测，则需分别针对不同亚型表面蛋白基因的保守区序列设计相应的特异性引物和探针，用于进行多重PCR。多重PCR引物的设计要保证所有引物有相近的T_m值，且引物之间不发生相互作用。

表19-2　A型流感病毒通用荧光RT-PCR检测引物、探针序列

名称	序列
上游引物	5′-GTC TTC TAA CCG AGG TCG AAA C-3′
下游引物	5′-AAG ATC TGT GTT CTT TCC TGC AAA-3′
探针	5′-(FAM)-CCC TCA AAG CCG AGA TCG C-(TAMRA)-3′

③ 一步法RT-PCR反应体系组成如下。

RNA	1pg～1ng	2×qPCR Mix	12.5μL
上游引物(10μmol/L)	0.5μL	One-Step Enzyme Mix	0.5μL
下游引物(10μmol/L)	0.5μL	RNase-free H_2O	加至25μL
探针(10μmol/L)	0.5μL		

④ PBS缓冲液。

⑤ 抗生素：青霉素、链霉素、庆大霉素和制霉菌素。

（3）设备　荧光PCR检测仪、高速微型离心机（离心速度12000r/min以上）、台式高速离心机（离心速度3000r/min以上）。

四、方法

1. 样品采集和处理

（1）病料采集　死禽采集气管、脾、肺、肝、肾或脑等组织样品；活禽采集样品应包括气管或泄殖腔拭子，尤其是以气管拭子为佳，将拭子头放入无菌离心管中，弃去尾部，旋紧管盖；小型珍禽用拭子取样易造成损伤，可采集新鲜粪便。对新鲜病料进行编号，于保温箱中加冰、密封，24h内运送至实验室。

（2）病料处理　每份病料加入1mL含有抗生素的等渗磷酸盐缓冲液（PBS）（无PBS可用25%～50%的甘油盐水）。组织和气管拭子悬液中应含有青霉素（2000U/mL）、链霉素（2mg/mL）、庆大霉素（50μg/mL）和制霉菌素（1000U/mL）；粪便和泄殖腔拭子所含的抗生素浓度应提高5倍，加入抗生素后pH应调至7.0～7.4。在室温放置1～2h后样品应尽快处理，若没有条件可于4℃存放数日，也可于低温条件下保存（－70℃贮存最佳）。样品液经1000r/min离心10min，取上清液作为样品。

（3）样品存放　样品在2～8℃条件下保存不应超过24h，若需长期保存应置－70℃以下，且应避免反复冻融（冻融不超过3次）。

2. RNA 提取

按照 RNA 提取试剂盒的说明书，提取样品和对照的 RNA。提取的 RNA 应立即进行检测，否则应于－70℃冻存。

3. 样品检测

（1）扩增试剂准备　在反应混合物配制区进行。荧光 RT-PCR 反应体系组成同上。若要进行针对多个基因片段的多重 RT-PCR 检测，则需在同一 RT-PCR 反应体系中加入多对特异性引物及多条探针。将反应体系充分混匀后，转移至样品处理区。

（2）加样　在样品处理区进行。在 PCR 管中分别加入等量的待测 RNA 溶液以及阳性、阴性对照标准品，盖紧管盖，500r/min 离心 30s。

（3）荧光 RT-PCR 反应　将离心后的 PCR 管放入荧光 RT-PCR 检测仪内，记录样品摆放顺序。循环条件设置：第一阶段，反转录 42℃ 30min；第二阶段，预变性 92℃ 3min；第三阶段，92℃ 10s，45℃ 30s，72℃ 1min，5 个循环；第四阶段，92℃ 10s，60℃ 30s，40 个循环。在第四阶段每个循环的退火延伸时收集荧光。试验检测结束后，根据收集的荧光曲线和 C_t 值判定结果。

五、结果分析

（1）结果分析条件设定　直接读取检测结果。阈值设定原则根据仪器噪声情况进行调整，以阈值线刚好超过正常阴性样品扩增曲线的最高点为准。

（2）质控标准　阴性对照无 C_t 值并且无扩增曲线；阳性对照的值＜28.0，并且出现典型的扩增曲线。当上述条件同时成立时，此次试验才有效，否则，此次试验视为无效。

（3）结果描述及判定

① 阴性：无 C_t 值并且无扩增曲线，判为阴性。

② 阳性：C_t 值≤30.0 并且出现典型的扩增曲线，判为阳性。

③ 有效原则：C_t 值＞30.0 的样品建议重做。重做结果无 C_t 值者为阴性，否则为阳性。

六、注意事项

1. 核酸提取

（1）避免污染　避免样品对操作人员的感染，避免操作人员对样品的污染，避免样品间的交叉污染。实验用品应为专用，实验前应将实验室用紫外线照射，以破坏环境中残留的 DNA 或 RNA。

（2）轻柔操作　核酸容易断裂，操作过程中有颠倒混匀等步骤动作要轻柔，剧烈振荡容易使核酸断裂或流失。

（3）减少 RNA 酶对核酸的降解　玻璃器皿、操作人员的皮肤、汗液以及毛发、被污染的试剂等均有可能带有 RNA 酶，可以使用 DEPC 水处理实验耗材，实验操作过程中应该佩戴口罩、帽子、手套，谨慎操作，减少核酸被 RNA 酶降解的概率。

（4）妥善保存 RNA　用水或 TE 溶解 RNA 沉淀并贮存于－70℃或更低温度，避免反复冻融，一般可以保存一年；RNA 沉淀在乙醇中在－20℃条件下可以保存一年；用去离子甲酰胺溶解 RNA 沉淀并贮存于－20℃，甲酰胺溶液可以使 RNA 免受 RNA 酶的降解，且不影响 RT-PCR 反应。

2. PCR 反应

（1）避免试剂污染　按照要求保存试剂，试剂可适量分装，不同批次试剂不宜混用。实验过程中必须设立阴性、阳性对照。为了避免交叉污染，最好先加阴性对照，然后加核酸样品，最后加阳性对照。

（2）避免荧光物质泄漏　反应液分装时应避免产生气泡，上机前检查各反应管是否盖紧，以免荧光物质泄漏污染仪器。

（3）按照实验室功能分区进行实验操作　例如在反应物配制区、样品处理区、扩增检测区进行检测活动。进入反应物配制区更换手套。配液前，将装有 PCR 试剂的离心管瞬时离心，减少手套接触试剂的机会。加完所有成分后加盖，混匀并瞬时离心去除管中气泡。

（4）cDNA 模板量的选择　当模板浓度低、片段较长或者较难扩增时，可加入较多的 cDNA 模板。

（5）假阳性的处理　如果出现假阳性，应该考虑环境污染，同时要兼顾试剂污染、耗材污染等因素。如果阳性对照 C_t 值大于质控标准，则应该考虑 RNA 的降解，并且确保所用耗材无 RNA 酶。

（6）反转录酶颗粒的保存　RT-PCR 反转录酶颗粒极易吸潮失活，应在室温条件下置于干燥器内保存，使用时取出所需量，剩余部分立即放回干燥器中。

七、应用

最初，实时荧光定量 RT-PCR 用于活禽市场禽流感病毒的检测，以利于控制家禽低致病性禽流感疫情在鸡群中的暴发。伴随着全球流感疫情的不断暴发，该技术逐渐成为普遍用于流感病毒检测的诊断方法。

在养禽场，利用实时荧光定量 PCR 对家禽群体进行禽流感的快速诊断，可利于及时采取疫病防控措施。杨玲玲等通过针对 H9N2 亚型禽流感病毒序列设计特异性引物建立了 H9N2 亚型禽流感荧光定量 RT-PCR 检测方法，该方法检测极限可达 10 拷贝质粒 DNA，重复性试验变异系数小于 1%，可作为一种敏感、快速的检测方法用于禽流感的早期检测，以便于及时采取措施，减轻禽流感病毒感染对养禽业造成的危害[11]。周其伟等针对 H7N9 亚型禽流感病毒的 HA 和 NA 序列分别设计特异性引物和探针，建立了一种快速检测 H7N9 禽流感病毒的方法。该方法对检测 H7N9 禽流感病毒的灵敏度达到 10pfu/mL，且与其它亚型流感病毒及呼吸道病原体无交叉反应[12]。秦智锋等建立了针对禽流感 H5、H7 和 H9 三种亚型的多重实时荧光 RT-PCR 检测方法，在临床诊断方面有重要作用[13]。

我国质检总局要求用于出口的家禽不得注射禽流感疫苗，利用实时荧光定量 RT-PCR 方法可以快速检测出口禽产品中可能存在的禽流感病毒，这将很好地促进我国禽产品的出口贸易。同时，对进口禽产品的快速检测、快速通关，可对防止禽流感病毒的传入发挥重要作用。张鹤晓等根据 A 型流感病毒的核酸保守区共有序列，设计并筛选引物和探针序列，建立了通用型一步法快速检测活禽或禽产品中 A 型禽流感病毒的荧光 RT-PCR 检测技术。该方法敏感性高、特异性强，可直接用于检测口咽或泄殖腔拭子和禽肉中的禽流感病毒，并将检测耗时大大缩短[14]。罗宝正等根据 H7N9 亚型禽流感病毒 HA 和 NA 序列设计了 2 套特异性引物和探针，建立了多重荧光 RT-PCR 快速检测 H7N9 亚型禽流感病毒方法。该方法不但能够区分禽流感病毒

H7 亚型与 H1、H3、H5、H6 和 H9 亚型，而且可将新型 N9 亚型禽流感病毒与原有 N9 亚型区分开来[15]。姜翠翠等分别通过设计通用型禽流感病毒、H5/H7/H9 亚型及通用型新城疫病毒 5 对特异性引物和 5 条 TaqMan 荧光标记核酸探针，建立了可同时检测禽流感和新城疫病毒的一步实时荧光 RT-PCR 方法[16]。

作为当前在流感病毒检测中应用最广的定量检测技术，实时荧光定量 RT-PCR 技术具有巨大的发展潜力和广阔的应用前景，具有重大的经济效益和社会效益。

八、小结

本节主要介绍了一种在流感病毒检测中广泛应用的 PCR 技术方法——实时荧光定量 RT-PCR。实时荧光定量 RT-PCR 融汇了普通 RT-PCR 技术快速灵敏性以及光谱技术高敏感性和高精确定量的优点，直接探测检测过程中荧光信号的变化以获得定量的结果，因而具有全封闭、检测速度快、灵敏度高、准确定量、特异性强、重复性好等优点。目前已有关于该技术应用在流感病毒定型与亚型检测、病毒耐药性监测、病毒载量监测等方面的众多文献报道。以实时荧光定量 RT-PCR 为代表的一系列 RT-PCR 技术省时省力、特异性强、敏感性高，在临床上用于对禽流感等流感病毒的诊断以及疗效的评价，可为流感疫情的监测及防控提供理想的技术手段。此外，在食品安全、科学研究、出入境检疫等领域，这些技术也都有着重要的应用价值。在实际工作中，我们要灵活选择和运用检测技术，通过发挥每种技术的优点，在保证检测结果准确性的前提下提高检测工作效率。

第三节　实时荧光定量 PCR 在水生动物疫病定量检测中的应用

一、引言

目前，水产养殖业处于飞速发展时期，水生动物与人类的关系越来越密切，快速、准确地对水生动物的疫病做出诊断是相关兽医研究机构和动物卫生组织的首要任务。已经有多种 PCR 技术出现在疫病诊断的过程中，如常规 PCR、巢式 PCR、实时荧光定量 PCR 等。本节主要对实时荧光定量 PCR 做相关介绍。该技术在分子诊断、动植物检疫等方面得到了广泛的应用。

二、基本原理

实时荧光定量 PCR 其基本原理如前所述：在 PCR 反应体系中加入荧光基团，运用 *Taq* 酶的 5′→3′外切酶活性和荧光能量传递技术，把核酸扩增、杂交、光谱分析和实时检测技术结合在一起，对整个 PCR 反应扩增过程进行了实时监测和连续地分析扩增相关的荧光信号，监测到的荧光信号随反应变化可以绘制成一条曲线，最后通过标准曲线对未知核酸模板进行定量分析。具体详见本书第四章实时荧光定量 PCR。

三、材料

Applied Biosystems™ 实时 PCR 系统、组织样本/细胞样本、CTAB 溶液［NaCl

8.19g，EDTA 0.744g，Tris 1.21g，水 60mL，充分混匀后，用浓 HCl 约 0.25～0.3mL 调节 pH 值至 7.5～8.0，加入 2g 十六烷基三甲基溴化铵（CTAB），完全溶解后定容至 100mL。使用前加巯基乙醇至终浓度为 0.25%]、酚/氯仿/异戊醇（25∶24∶1，体积比）、氯仿/异戊醇（24∶1，体积比）、无水乙醇、Qiagen Miniprep Kit、10×RT-PCR buffer、*Taq* 酶、逆转录酶。

四、方法

以病毒性出血性败血症病毒（viral hemorrhagic septicemiavirus，VHSV）的检测为例进行介绍[17]。

1. 靶基因、引物和探针设计

靶基因的选择原则主要包括：各菌毒种（或属）的扩增靶基因应具有种属特异性，即为种（或属）所共有且特异；靶基因与其它基因应没有或仅有很低的同源性。从 NCBI 上下载靶基因序列，进行同源性比对，选择具有种（或属）特异性的靶基因序列，利用 Primer Express 软件和其它公司提供的软件来设计引物和探针。探针的荧光标记选择 FAM 作为报告发光基团，BHQ1 为猝灭基团。为减少 PCR 扩增中产生的非特异产物，将 PCR 引物在 GenBank 中进行比对，不与其它病毒存在同源序列。

根据 GenBank 中已发表的 VHSV *N* 基因序列，设计引物和探针，序列和位置（见表 19-3），F/R 为荧光 RT-PCR 的上下游引物，扩增 *N* 基因 532～608bp 的位置，P 为荧光 RT-PCR 的探针。探针应高浓度保存（100pmol/μL），使用前稀释。

表 19-3　荧光定量 PCR 引物序列和位置

引物名称	引物序列	位置
F	5′-AAA-CTC-GCA-GGA-TGT-GTG-CGT-CC-3′	532～554bp
R	5′-TCT-GCG-ATC-TCA-GTC-AGG-ATG-AA-3′	586～608bp
P	5′-FAM-TAG-AGG-GCC-TTG-GTG-ATC-TTC-TG-BHQ1-3′	559～581bp

2. 模板制备

将病毒呈阳性的细胞悬液或出现典型临床症状的研磨组织样本悬液 450μL 加入 1.5mL 的离心管中，同时，设立阳性对照、阴性对照和空白对照。取含有已知 VHSV 参考株的细胞悬液或含有病毒目的片段的非感染性体外转录 RNA 作为阳性对照。取正常细胞悬液作为阴性对照。取等体积的水代替模板作为空白对照。然后将样品与对照同时加入 450μL CTAB 溶液用旋涡振荡器将其混匀，25℃作用 2.5h。

将上步处理好的样品离心管加入 600μL 抽提液Ⅱ（酚/氯仿/异戊醇），充分混合不少于 30s。12000r/min 离心 5min，取上层水相（约 800μL）。再加入 700μL 抽提液Ⅰ（氯仿/异戊醇），充分混合不少于 30s。12000r/min 离心 5min，小心取上层水相（约 600μL）。再加入－20℃预冷的 1.5 倍体积的无水乙醇（约 900μL），充分混匀后，－20℃ 8h 以上沉淀核酸。12000r/min 离心 30min，小心弃去上清，干燥后加入 11μL 经 DEPC 处理过的水，溶解后作为荧光 RT-PCR 模板溶液。也可以采用等效的商品化的总 RNA 提取试剂盒。

3. 荧光 RT-PCR 扩增

荧光 RT-PCR 反应体系为 25μL，反应成分如下：10×RT-PCR buffer 2.5μL、上下游引物 0.9μmol/L、探针 0.25μmol/L、*Taq* 酶 1U、逆转录酶 0.5U、模板

10μL，用灭菌双蒸水补足。反应体系中各试剂的量可根据具体情况或不同的反应总体积进行适当调整，也可采用商业荧光 RT-PCR 一步法试剂盒。反应条件：反转录50℃ 30min；预变性 95℃ 15min；94℃ 15s，60℃ 40s，72℃ 20s，共进行 40 个循环。不同的试剂盒可根据试剂盒要求将反应参数作适当调整。

五、注意事项

1. 模板污染控制

制备 RNA 时为防止所用器具及试剂中的 RNA 分解酶的污染，必须采取以下措施：戴一次性干净手套，使用 RNA 操作专用实验台，在操作过程中避免讲话。通过以上方法防止实验者的汗液、唾液中的 RNA 分解酶的污染。RNA 实验用的器具、试剂和无菌水都应专用，避免混用后交叉污染；尽量使用一次性塑料器皿，玻璃器皿需进行干热灭菌后使用。

2. 引物的设计

在设计引物时应注意以下几点：3′端应无二级结构、重复序列、回文结构和高度的变异；两条引物之间不能发生互补，尤其是在 3′端；两条引物中的 GC 含量应保持大体一致，其含量应占引物碱基的 40%～60%。

3. 标准曲线的制作

在制作标准曲线时，应至少选择 5 个稀释度的标准品，涵盖待测样本中目的基因量可能出现的浓度范围。最好选择保存相对稳定的纯化质粒 DNA 或是体外合成、转录的 RNA 作为标准品。

六、应用

1. 鱼类病毒病的定量检测

鱼类养殖是水产养殖的重要支柱产业，随着养殖环境恶化和养殖密度的增加，鱼的各类病害日益增多，给养殖业带来了巨大的损失，而鱼类病毒性疾病的危害也更加突出。因此对鱼类病害特别是鱼类病毒病的快速诊断及防治就显得更为重要。国外研究人员 Dhar 等[18] 建立了虹鳟（*Oncorhynchus mykiss*）传染性造血器官坏死病病毒（infectious hematopoietic necrosis virus，IHNV）的 SYBR Green Ⅰ实时荧光定量 RT-PCR 方法，该方法能从病鱼的肝、肾、脾、脂肪组织和胸鳍中检测到 IHNV。Bowers 等[19] 同样采用 SYBR Green Ⅰ荧光定量 PCR 方法对虹鳟传染性胰坏死病毒进行了定性和定量分析。此外，Dalla 等[20] 根据 β 野田村病毒（ betanodavirus）的保守序列设计了 2 对引物和探针，用 SYBR Green Ⅰ荧光定量 PCR 进行了检测和定量分析。Hick 等[21] 建立并优化了用于检测 β-诺达病毒的荧光定量 RT-PCR 方法，对引起鱼病毒性神经坏死症的 4 种诺达病毒基因型进行检测，结果显示该方法对红斑鲈神经性坏死病毒的检测效果最好，每个反应最低检出率＜0.4 $TCID_{50}$。Jonstrup 等[22] 建立了 VHSV 的荧光定量 TaqMan-PCR 检测方法，通过对 79 株 VHSV 分离株（覆盖不同基因型和亚型）的检测，扩增效率达到 100%。该方法的分析特异性和诊断特异性均接近 1，并且其分析敏感性和诊断敏感性与传统的细胞培养方法相似。目前该方法已作为 OIE 诊断手册中推荐的 VHSV 检测方法之一。国内也有诸多采用不同类型的荧光定量 PCR 对鱼类病毒进行检测分析的研究报道。Liu 等[23] 建立了可同时定量检测鲤春病毒血症病毒（spring viremia of carp virus，SVCV）、传染性造血器官坏死病病毒（IHNV）和病毒性出血性败血症病毒（VHSV）3 种杆状病毒的多重荧光定量 RT-PCR 方法，并进行了敏感性、特异性和干扰性试验。结果显示该方法对 SVCV、IHNV、VHSV 3 种病毒的最低检出限分别为 100、220、140 个拷贝数，与梭子鱼苗弹状病毒、传染性胰腺坏死病毒和草鱼呼肠孤病毒无交叉反应。李惠芳等[24] 建立了一种基于 TaqMan 探针的实时定量 PCR 方法来定量检测虹彩病毒蛙病毒属（Iridoviridae *Ranavirus*，IRV）病毒。结果显示，该方法对 IRV 成员（除新加坡石斑鱼虹彩病毒外）的检测有高度的特异性，检测总 DNA 灵敏度为 4.5×10^{-3}pg/μL，敏感度比传统 PCR 高出 100 倍，且有良好的重复性，可用于出入境检疫和动物防疫监督部门对虹彩病毒蛙病毒属病毒的疫情监测。周勇等[25] 建立的大鲵虹彩病毒 TaqMan 实时荧光定量 PCR 方法，检测反应的灵敏度可高达 10 个病毒核酸分子拷贝数，对大鲵虹彩病毒病的快速诊断与病毒病原定量检测具有重要意义。岳志芹等[26] 建立了 TaqMan 实时定量 RT-PCR 方法检测鱼类 IHNV，该方法灵敏度高，特异性好，可以进行定量分析，在鱼病的快速检测上具有重要意义。陈俊杰等[27] 以 KHV *Sph* 基因为靶序列设计特异性引物，通过条件优化建立了一种特异和敏感的检测锦鲤疱疹病毒（koi herpesvirus，KHV）潜伏感染的方法，该方法特异性强，最低检出率为 42 拷贝/μL，灵敏度高。用本方法对 63 份临床样品进行检测，有锦鲤疱疹病毒病（KHVD）病史的 18 份样品的检测结果全为阳性，阳性率为 100%；从有临床症状的鱼中得到的 15 份样品的检测结果全为阳性，阳性率为 100%；30 份无任何临床症状鱼中的 6 份被检测为阳性，阳性率为 20%。基因Ⅱ型草鱼呼肠孤病毒（GCRV-Ⅱ）是当前引起草鱼出血病暴发与流行的主要病原，黄琦雯等[28] 根据基因Ⅱ型草鱼呼肠孤病毒（GCRV-Ⅱ）*Rd Rp* 基因的保守区域序列设计引物及 TaqMan 探针，建立了检测 GCRV-Ⅱ的荧光定量 PCR 方法。该方法仅对 GCRV-Ⅱ的靶基因序列进行扩增，与其它非靶目标核酸均无交叉反应，其最低检出量为 3 拷贝/μL 病毒核酸，比普通 PCR 的敏感度高 100 倍，组内和组间重复试验变异系数均小于 1%。基因Ⅰ型草鱼呼肠孤病毒[29] 和大口黑鲈溃疡综合征病毒[30] 等的荧光定量 PCR 检测也已成功建立，这些均为我国的鱼类病毒病的快速诊断与病毒病原定量检测有重要意义。

2. 对虾病毒病的定量检测

近几年来威胁对虾养殖业的病毒病很多，给对虾养殖业造成了重大的经济损失。主要的病毒有 Taura 综合征病毒（Taura syndrome virus，TSV）、白斑综合征病毒（white spot syndrome virus，WSSV）、黄头病毒（yellow head virus，YHV）及传染性皮下和造血器官坏死病毒（infectious hypodermal and haematopoietic necrosis virus，IHHNV）4 种，其中 TSV、WSSV、YHV 均被世界动物卫生组织（OIE）列为必须申报的对虾疾病病原。随着对虾及其产品进出口贸易的增多以及对虾养殖的发展，为了快速、准确地检测对虾病毒，切断对虾病毒的传播途径，保护我国对虾养殖业的健康发展，real-time PCR 技术已成为对虾病毒病定量检测的主要手段。Dhar 等[31] 应用 SYBR Green Ⅰ染料建立了检测对虾 IHHNV 和 WSSV 的实时荧光定量 PCR 方法，其检测 IHHNV 和 WSSV 的极限值分别为 50pg 和 0.1pg。Tang 等[32] 根据 TSV 基因组 ORF1 片段设计 TaqMan 探针及一对扩增目的片段长度为 72bp 的引物，采用体外转录的 RNA 作为阳性标准品，建立了检测 TSV 的 TaqMan 实时荧光定量 RT-PCR 方法。该方法敏感性高，检出极限为 100 个拷贝数，线性范围宽、特异性强，组内和组间变异系数小、重复性好，应用建立的方法检测分别来自美国、墨西哥、印尼和泰国等的对虾样品，均能检测到 TSV。刘宝彬等[33] 采用荧光定量 PCR 方法对天津大港地区采集的 108 尾凡纳滨对虾仔虾样品进行单尾病原检测。结果显示 IHHNV 和虾肝肠胞虫（*Enterocytozoon hepatopenaei*，EHP）均有检出。IHHNV 阳性检出率 100%。对 IHHNV 和 EHP 阳性凡纳滨对虾样品进行生物学体长与病毒载量指数相关性分析，显示 IHHNV 载量指数与对虾生长速率呈正相关；EHP 的载量与对虾生长速率呈负相关关系。本研究数据为 IHHNV 和 EHP 病原混合感染流行情况及其对养殖育苗期仔虾生长的影响提供科学依据。王忠发等[34] 应用 TaqMan 探针技术建立了一种快速、特异、灵敏的荧光定量 PCR 检测对虾 WSSV 的方法，其灵敏度超过标准方法 $10^4 \sim 10^5$ 倍，特异性与标准方法 100%吻合，检测时间为标准方法的 1/24。此外，建立了 TaqMan 荧光定量 PCR 方法用于对虾 IHHNV 的检测，其灵敏度超过普通 PCR 的 100 倍，特异性高于普通 PCR，重复性极好，检测时间为普通 PCR 的 1/5，现场盲样 IHHNV 检出阳性率高于普通 PCR 26.0%，非常适用于 IHHNV 的早期诊断和疫情监测[35]。岳志芹等[36] 采用 TaqMan 探针技术建立了快速检测 TSV 的荧光定量 RT-PCR 方法，其反应的动力学范围可达 7 个数量级，检测灵敏度为 6 个病毒粒子，仅需 2h 便可完成 96 个样品的检测，适用于大批量对虾样品的 TSV 快速检测。谢芝勋等[37] 用 TaqMan 探针建立了可同时检测对虾 WSSV、IHHNV、TSV 3 种病毒的多重荧光定量 PCR 方法，对 WSSV、IHHNV、TSV 的最低检出限分别是 2000、20、2000 个拷贝数，具快速、敏感、特异等优点，使同时检测多种对虾病毒更加简便。

3. 贝类病毒病的定量检测

诺瓦克病毒（Norwalk virus，NV）存在于牡蛎等贝类中，是人-动物共患传染病的病原。Nishida 等[38] 根据 NV 的衣壳蛋白基因设计了序列特异性的 TaqMan 探针，建立了检测日本真牡蛎（*Crassostrea gigas*）NV 的荧光定量 PCR 技术，并应用于产品检测，其在牡蛎体内的最小检测量约为 100 个拷贝，具有较高的敏感性和特异性。Nenonen 等[39] 应用 TaqMan-PCR 分别检测可能食用污染有 NV 的生牡蛎而发生胃肠炎病人的排泄物和病人曾食用的生牡蛎，结果均检出 NV 阳性，并对两者的 NV 基因组进行系统进化分析，证实了此次发病是由于食用了污染 NV 的生牡蛎而引起。Sauvage 等[40] 将荧光定量 PCR 应用于牡蛎疱疹病毒（ostreid herpes virus 1，OsHV-1）的监测，通过人工感染牡蛎后每日定量检测病毒，结果表明机体内病毒含量日益增多才导致牡蛎死亡，活体牡蛎的病毒量远比死亡牡蛎低，并且不同家系的机体内病毒含量也不同，提示通过抗病选育有希望筛选到抗疱疹病毒的优良品种。以上仅对实时荧光 PCR 技术在鱼类、对虾及贝类病毒病方面的应用作了概述，有关细节读者可参阅相关文献。

七、小结

实时荧光定量 PCR 检测灵敏度比常规 PCR 高 $10^2 \sim 10^4$ 倍，能快速检测水生动物体内病毒并准确对其进行定量，在病原体的快速诊断及定量检测过程中将发挥重要的作用，且可以对水生动物的病毒感染状况及亚临床状态进行评估，为水生动物病毒病早期预防和控制提供有力的科学依据。实时荧光定量 PCR 技术不断发展，在医学和生物技术方面应用广泛，但在水生动物病害诊断和监测的应用比其它领域慢，这主要是一直以来多数水产养殖动物的价值和实时荧光定量 PCR 技术成本存在一定的差距。随着水产养殖规模不断扩大和集约化程度的不断提高，养殖环境也受到考验，各种病害接踵而至，给水产养殖生产造成了重大的经济损失，使得水生动物病害的防治工作也显得尤为重要和迫切。随着技术的不断改进与完善、新的荧光化学物质的不断开发以及其成本的不断降低，实时荧光定量 PCR 技术的应用越来越广泛，在科研和进出口检验检疫方面逐渐得到认可和应用，可在国内水生动物养殖病害监测和检测及进出境水生动物疫病的检疫中，对水生动物疾病的病原进行快速、准确的检测，并已成为病原体检测的重要手段，必将在水产养殖领域的病原监测和水生动物健康评价中发挥重要的作用，为水生动物病害的防治和防止水生动物重大疫病传入我国提供强有力的科学依据，从而保护我国水产养殖业的健康快速发展。

参考文献

[1] 劳秀杰，王静静，郑东霞，等.猪流行性腹泻病毒实时荧光定量 RT-PCR 检测方法的建立. 中国动物检疫，2016，1：62-66.

[2] 刘灿，孙丰廷，宁宜宝，等.高致病性猪繁殖与呼吸综合征病毒实时荧光定量 PCR 检测方法的建立.中国兽药杂志，2012，5：6-10.

[3] 王建华，陈小金，赵丹，等.非洲猪瘟病毒、猪瘟病毒和猪繁殖与呼吸综合征病毒多重 TaqMan 荧光定量 RT-PCR 检测方法的建立.中国预防兽医学报，2017，11：907-911.

[4] 乔波，陈楠楠，赵静虎，等.牛传染性鼻气管炎病毒 TaqMan MGB 荧光定量 PCR 方法的建立.中国预防兽医学报，2015，37（4）：282-285.

[5] 亓文宝，罗满林，周荣，等.牛结核病荧光定量 PCR 快速检测方法的建立及初步应用.中国人兽共患病学报，2007，23（9）：883-886.

[6] 王志亮，包静月，吴晓东，等.我国首例小反刍兽疫诊断报告.中国动物检疫，2007，8：24-26.

[7] 赵文华，杨仕标，高华峰，等.小反刍兽疫病毒及山羊痘病毒 N-ITR 基因二联实时荧光定量 RT-PCR 检测方法的建立.中国畜牧兽医，2014，3：65-71.

[8] 于恒智，刘晔，程玮，等.5 种外来动物疫病并联荧光定量 PCR 检测方法的研究.中国动物检疫，2016，33（11）：79-85.

[9] Nicholson K G，Wood J M，Zambon M. Influenza. Lancet 2003，362，1733-1745.

[10] 胡贞.PCR 技术及其在禽流感诊断中的应用.中国畜牧兽医文摘，2015：6464，16.

[11] 杨玲玲，牛凯，王涛，等. H9N2 亚型禽流感荧光定量 RT-PCR 检测方法的建立及应用.黑龙江畜牧兽医，2017，39-42.

[12] 周其伟，高秀洁，陈华云，等. H7N9 禽流感病毒实时荧光 RT-PCR 检测方法的建立与评价.热带医学杂志，2015，15.

[13] 秦智锋，吕建强，肖性龙，等.禽流感 H5、H7、H9 亚型多重实时荧光 RT-PCR 检测方法的建立.病毒学报，2006，22，131-136.

[14] 张鹤晓，赖平安，刘环，等.荧光 RT—PCR 检测活禽和禽组织中禽流感病毒的研究.检验检疫学刊，2004，14，1-5.

[15] 罗宝正，莫秋华，李儒曙，等.新型 H7N9 亚型禽流感病毒多重荧光 RT-PCR 快速检测方法的建立.病毒学报，2014，30，1-5.

[16] 姜翠翠，王泽，丁壮.同时检测禽流感和新城疫病毒的一步法荧光定量 RT-PCR 方法的建立.中国兽医学报，2013，33，1691-1695.

[17] Office international desépizooties. Manual of Diagnostic Tests for Aquatic Animals [EB/OL].[2017] http：//www. oie. int/en/international-standard-setting/aquatic-manual/access-online/.

[18] Dhar A K，Bowers R M，Licon K S，et al. Detection and quantification of infectious hematopoietic necrosis virus in rainbow trout（*Oncorhynchus mykiss*）by SYBR Green real-time reverse transcriptase-polymerase

chain reaction. J Virol Methods，2008，147（1）：157-166.

[19] Bowers R M，Lapatra S E，Dhar A K. Detection and quantitation of infectious pancreatic necrosis virus by real-time reverse transcriptase-polymerase chain reaction using lethal and non-lethal tissue sampling. J Virol Methods，2008，147（2）：226-234.

[20] Dalla V L，Toffolo V，Lamprecht M，et al. Development of a sensitive and quantitative diagnostic assay for fish nervous necrosis virus based on two-target real-time PCR. Vet Microbiol，2005，110（3-4）：167-179.

[21] Hick P，Whittington R J. Optimisation and validation of a real-time reverse transcriptase-polymerase chain reaction assay for detection of betanodavirus. J Virol Methods，2010，163（2）：368-377.

[22] Jonstrup S P，Kahns S，Skall H F，et al. Development and validation of a novel Taqman-based real-time RT-PCR assay suitable for demonstrating freedom from viral haemorrhagic septicaemia virus. J Fish Dis，2013，36（1）：9-23.

[23] Liu Z，Teng Y，Liu H，et al. Simultaneous detection of three fish rhabdoviruses using multiplex real-time quantitative RT-PCR assay. J Virol Methods，2008，149（1）：103-109.

[24] 李惠芳，刘荭，吕建强，等. TaqMan 实时荧光 PCR 快速检测斑点叉尾鮰病毒. 长江大学学报（自然科学版）农学卷，2008，(01)：42-46.

[25] 周勇，曾令兵，孟彦，等. 大鲵虹彩病毒 TaqMan 实时荧光定量 PCR 检测方法的建立. 水产学报，2012，36（05）：772-778.

[26] 岳志芹，刘荭，梁成珠，等. 实时定量 RT-PCR 检测鱼类传染性造血器官坏死病毒方法的建立与应用. 水生生物学报，2008（01）：91-95.

[27] 陈俊杰，李媛媛，阳瑞雪，等. 锦鲤疱疹病毒潜伏感染实时荧光定量 PCR 检测方法的建立. 湖南农业大学学报（自然科学版），2017，43（03）：310-314.

[28] 黄琦雯，王庆，王英英，等. 基因Ⅱ型草鱼呼肠孤病毒 TaqMan 荧光定量 PCR 检测方法的建立与应用. 中国预防兽医学报，2017，39（10）：804-809.

[29] 殷亮，王庆，曾伟伟，等. 基因Ⅰ型草鱼呼肠孤病毒 TaqMan Real-Time PCR 检测方法的建立及应用. 水产学报，2014，38（04）：569-575.

[30] 马冬梅，白俊杰，邓国成，等. 大口黑鲈溃疡综合征病毒 TaqMan-MGB 探针荧光定量 PCR 检测方法的建立. 华南农业大学学报，2011，32（02）：99-102.

[31] Dhar A K，Roux M M，et al. Detection and quantification of infectious hypodermal and hematopoietic necrosis virus and white spot virus in shrimp using real-time quantitative PCR and SYBR Green chemistry. J Clin Microbiol. 2001，39（8）：2835-2845.

[32] Tang K F，Wang J，Lightner D V. Quantitation of Taura syndrome virus by real-time RT-PCR with a TaqMan assay. J Virol Methods. 2004，115（1）：109-114.

[33] 刘宝彬，杨冰，吕秀旺，等. 凡纳滨对虾（Litopenaeus vannamei）传染性皮下及造血组织坏死病毒（IHHNV）及虾肝肠胞虫（EHP）的荧光定量 PCR 检测. 渔业科学进展，2017，38（02）：158-166.

[34] 王忠发，邵俊斌，沃健儿，等. TaqMan 实时荧光定量 PCR 快速检测白斑综合征病毒的方法研究. 中国卫生检验杂志，2005，15（6）：663-665 .

[35] 王忠发，王建跃，卢亦愚，等. 实时荧光定量 PCR 快速检测对虾 IHHNV 载量方法的建立和应用. 中国卫生检验杂志，2007，17（9）：1591-1593.

[36] 岳志芹，刘荭，梁成珠，等. 对虾 Taura 综合症病毒 TaqMan 实时定量 RT-PCR 检测方法的建立与应用. 中国预防兽医学报，2008，30（2）：141-144 .

[37] 谢芝勋，谢丽基，庞耀珊，等. 三种对虾病毒多重荧光 PCR 检测方法的建立. 农业生物技术学报，2008（05）：909-910.

[38] Nishida T，Kimura H，Saitoh M，et al. Detection，quantitation，and phylogenetic analysis of noroviruses in Japanese oysters. Appl Environ Microbiol，2003，69（10）：5782-5786.

[39] Nenonen N P，Hannoun C，Olsson M B，et al. Molecular analysis of an oyster-related norovirus outbreak. J Clin Virol，2009，45（2）：105-108.

[40] Sauvage C，Pépin J F，Lapègue S，et al. Ostreidherpes virus infection in families of the Pacific oyster，*Crassostrea gigas*，during a summer mortality outbreak：differences in viral DNA detection and quantification using real－time PCR. Virus Res. 2009，142（1-2）：181-187.

第二十章
PCR在植物学中的应用

第一节　ISSR-PCR在植物分类学中的应用

一、引言

近年来，植物的改造利用越来越频繁，可靠的品种鉴定对于区分品种，保持品种纯度和保护植物育种者的权利变得极为重要[1]。基于DNA标记的基本要求是高信息含量和可重复性，把握整个基因组的重复性和覆盖度的分子标记更适合用于了解植物基因组中的遗传变异，评估遗传多样性和亲缘关系。简单序列重复区间（inter-simple sequence repeat，ISSR）PCR是Zietkiewicz等[2] 于1994年基于简单重复序列（simple sequence repeat，SSR）发展起来的分子标记技术。SSR广泛分布于真核生物基因组中，是一类由几个（多为1～5个）碱基组成的串联重复序列，最常见是二核苷酸重复，如（CA）$_n$ 和（TG）$_n$。ISSR-PCR通过设计各种能够与SSR序列结合的引物，扩增两个相距较近、方向相反的SSR之间一的段短DNA序列，检测其长度多态性。ISSR因具有多态性水平高、检测技术简单、对DNA质量要求低等特点而成为植物种属鉴定最常用的方法。本节主要介绍ISSR-PCR在植物分类中的应用。

二、基本原理

利用基因组中存在的SSR设计引物，在SSR序列的3′或5′端加锚2～4个随机碱基，在PCR反应中，锚定引物可在特定位点退火，导致与锚定引物互补的间隔不太大的SSR序列之间的区段被扩增。SSR在真核生物中分布较广，并且变异速度快，锚定引物的ISSR-PCR可以检测基因组许多位点的差异。ISSR引物开发不像SSR引物那样需测序获得SSR两侧的单拷贝序列，开发费用低，而且不同物种间可以通用。所用的PCR引物长度在20bp左右，因此可以采用与常规PCR相同的条件，原理与随机扩增多态DNA（random amplified polymorphic DNA，RAPD）相似，比其引物序列长，退火温度较高，因而稳定性更好，另外信息量更大。ISSR标记呈典型的孟德尔式遗传，一般表现为显性或共显性[3]。其基本原理及PCR操作方法可参见本书第十三章第五节“简单序列重复区间PCR”。

三、材料

① 模板：基因组DNA。

② dNTP混合液。

③ 引物。

④ *Taq* DNA聚合酶。

⑤ 10×PCR缓冲液。

⑥ ddH_2O。

⑦ PCR扩增仪。

⑧ 分离DNA相关试剂及电泳仪等。

四、方法

1. 模板基因组DNA的抽提和定量

常用的CATB法、SDS法以及用试剂盒提取植物DNA样本，用NanoDrop测量OD_{260}/OD_{280}值确定纯度，确保处在1.8～1.9，用1×TE稀释调整DNA的量至200～500ng/μL左右，电泳鉴定完整性，－20℃保存备用，使用前稀释至50ng/μL。

2. 引物设计

运用ISSR-PCR技术时，并不是每个引物都适合所有物种，不同引物要求的反应条件也不同，因此筛选出多态性强、重复性好的引物是ISSR-PCR技术最关键的一步。引物总长度一般为16～18bp，基因组中SSR一般以1～5个寡聚核苷酸为重复单元，用于ISSR-PCR的引物常为5′或3′端加锚的二核苷酸、三核苷酸或四核苷酸重复序列，重复次数一般为4～8次。

① 植物基因组中最多的SSR是二核苷酸重复序列[2]，在选择ISSR-PCR引物时，应以二核苷酸重复序列为主。

② 确保引物的T_m值靠近退火温度，T_m值$=4(G+C)+2(A+T)$。

③ 引物尽量有锚定碱基，确保定位准确，结果稳定，可以避免引物在基因组上滑动。

④ 也有研究运用不同引物组合进行扩增，如$(CA)_n+(AC)_n$，$(AG)_n+(GA)_n$等。

⑤ 目前，国际主要采用加拿大哥伦比亚大学（UBC）研发的ISSR-PCR引物系列[4,5]。

3. PCR反应体系及PCR反应程序

详见具体实例，程序需要做预实验，对退火温度、热循环程序进行优化，以获得清晰、可重复、易统计的谱纹。

4. PCR结果分析

(1) 电泳分离　采用6％聚丙烯酰胺凝胶电泳分离，电泳缓冲液为1×TBE，220V，电泳2h。

(2) 银染　10％冰醋酸固定30min，蒸馏水冲洗凝胶3次；0.1％硝酸银200mL（含170μL甲醛）染色30min，蒸馏水快速冲洗凝胶1次；3％ Na_2CO_3 200mL（含0.05％甲醛，0.2％ $Na_2S_2O_3$）显色，轻轻摇晃至谱带显示清晰，10％的冰乙酸终止液终止。

(3) 数据统计分析　统计谱纹的有无及相对位置，然后根据研究目的，选择相应的统计软件处理分析。

五、注意事项

ISSR-PCR 也是一种基于 PCR 的扩增技术，扩增结果易受到反应体系和程序的影响，不同的种属需要对 PCR 反应体系和程序进行优化。通过 L16（45）正交试验设计方法对 dNTP 浓度、Mg^{2+} 浓度、*Taq* DNA 聚合酶的用量、引物浓度和模板 DNA 浓度设计 5 因素 4 水平试验，共 16 个处理，每个处理 2 个重复，来研究各因素对 ISSR-PCR 扩增的影响。另外还需要注意的问题有下面两点。

① 保证 DNA 模板的质量，根据植物的种属以及外壁属性采用不同的抽提方法，获得高纯度高产量的基因组 DNA。

② 引物的退火温度直接关系到引物与模板结合的特异性，温度过低可以增加产量但会造成引物与模板的错配，非特异性增加，易出现弥散的现象；温度过高可以提高引物与模板结合的准确性，但会降低扩增产率，减少条带数，每对引物的退火温度筛选十分重要。

六、应用

ISSR-PCR 引物总长度与普通 PCR 引物长度基本一致，实验操作简单，快速高效，经济便利，基因组覆盖度高，并呈孟德尔式遗传，这项技术一问世就受到广泛应用。

1. 建立遗传图谱和基因定位

下面详细地讲述赵方媛等[6] 和李冬梅[7] 在构建饲草型小黑麦遗传图谱及抗条锈病数量性状位点（quantitative trait locus，QTL）中 ISSR-PCR 的应用。

（1）实验材料及条锈病的田间接种　本实验以小黑麦品系 P2（父本）和 P1（母本）杂交获得包含 46 个真杂交种的 F1 群体，再自交得到 521 个 F2 代单株中表型性状差异较大的 184 个单株及亲本为材料。父母本为小黑麦品比圃中材料，2 个亲本均为基因纯合且性状稳定的品系，但对锈病的抵抗能力差异较大，其中父本抗锈病，母本对锈病敏感。

将收获的 F1 代单株的主穗种子按编号顺序播种，并将父母本材料各种 1 行，点播，形成 F2 代群体（521 个单株），在出苗后 20 天对每个单株进行标记，并采集单株幼嫩叶片，储存于－80℃冰箱中。

将锈病混合菌粉抖落在 F2 代群体周围诱发行上小黑麦旗叶内。在小黑麦锈病发生盛期（开花期），根据修改过的国际玉米小麦改良中心简介的叶部病害 0～9 级法，调查亲本及 F2 群体中 521 个单株对锈病的抗感性反应，并给出病害级别。

（2）遗传作图群体构建及基因组提取　开花期田间测定 F2 群体中每个单株的株高，成熟期按单株连根拔出，室内测定每个单株的分蘖数，之后剪掉根系，测定单株生物量。根据测定的株高、分蘖数、单株生物量以及锈病抗感性数据，每个指标中分别选取较大值和较小值单株各 30 株，一共 184 个单株（出现 56 个重复单株）用于构建遗传图谱。其中 30 株抗性较强和 30 株高敏感锈病单株同时用于抗条锈病数量性状位点定位。

用 CTAB 法提取小黑麦 F2 代 184 个单株的全基因组 DNA。提取之后通过 1%琼脂糖凝胶电泳检测 DNA 质量，DNA 出现清晰的电泳谱带（图 20-1），表明质量较好。并利用紫外分光光度计检测 DNA 质量 OD_{260}/OD_{280} 介于 1.7～1.9 之间，OD_{260}/OD_{230} 的比值在 2 左右，表明纯度较高，样品于－20℃保存，准备进行下一步实验。

图 20-1 小黑麦 F2 代群体部分单株提取 DNA 的电泳检测

(3) ISSR-PCR 反应　采用本团队前期筛选的小黑麦最优的反应体系及 14 对多态性引物（见下表 20-1）进行 ISSR-PCR 扩增。

表 20-1 ISSR 分析所用引物序列

引物	序列	退火温度/℃	扩增位点
UBC807	$(AG)_8T$	52.30	5
UBC808	$(AG)_8C$	56.20	9
UBC810	$(GA)_8T$	50.70	3
UBC815	$(CT)_8G$	57.30	6
UBC822	$(TC)_8A$	52.30	6
UBC825	$(AC)_8T$	56.20	6
UBC826	$(AC)_8C$	58.00	6
UBC834	$(AG)_8YT$	52.30	4
UBC835	$(AG)_8YC$	54.40	3
UBC847	$(CA)_8YA$	56.20	3
UBC849	$(CT)_8YA$	56.20	7
UBC857	$(AC)_8YG$	56.20	4
UBC860	$(TG)_8RA$	54.40	3
UBC873	$(GATA)_4$	50.67	3

最佳反应体系（20μL）为：2μL 10×PCR 缓冲液（不含 Mg^{2+}），1.9mmol/L Mg^{2+}、0.2mmol/L dNTP、0.65μmol/L 引物、2U *Taq* DNA 聚合酶。

PCR 的反应程序为：94℃预变性 5min；94℃变性 30s，52.3℃退火 30s，72℃延伸 1min，30 个循环；72℃再延伸 7min。

通过 1.5%琼脂糖凝胶电泳检测 PCR 产物，以 TBE（1×）为缓冲液，在 80V 电压下电泳 45min，最后利用凝胶成像系统观察、照相。

(4) 小黑麦 F2 群体遗传连锁图谱构建与分析　利用 14 对 ISSR 多态性引物对 184 个 F2 群体进行基因多态性型检测，不同引物的扩增片段大小不同，在 250～2000bp 之间均有分布，每个引物平均可扩增出 6.7 个条带。引物 UBC815 的部分 F2 代群体的带型见图 20-2。

对 ISSR 标记所获得的 F2 代群体的多态性条带进行统计。条带统计方法：各个单株若在该位点的带型与母本相同记为“A”，若该位点带型与父本相同记为“B”，同时具有父母本双亲带型的记为“H”，缺失的带型记为“－”。以 F2 群体 184 个单株的田间表型数据为基础，利用 Joinmap 4.0 作图软件，进行遗传连锁分析作图，构建了 1 张遗传连锁图谱（图 20-3）。步骤如下：①打开软件，通过菜单 File 建立 New

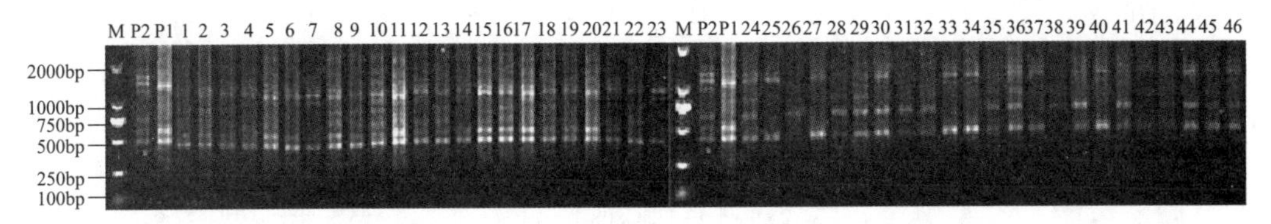

图 20-2　小黑麦 F2 群体 ISSR 带型多态性（引物 UBC815）
M：DNA Marker　P1：母本　P2：父本　1～46：小黑麦 F2 代

Project；②在 Dataset 菜单下的 Create New Dataset 创建数据表格，按照软件要求导入 F2 群体的基因型数据；③点击菜单 Calculate 下的命令，主界面生成 grouping tree，设置 LOD≥2，步长为 1.0，在 2.0～10.0 的 LOD 值范围内对标记进行分组（右键点击，选中的分组会变成红色），其余参数值为软件默认参数；④点击菜单 Population 选择 Create Groups Using the Groupings Tree；⑤在生成的 Grouping 选项中，点击菜单 Group，选择 Calculate map 自动形成连锁图谱；⑥点击 map 命令查看图谱。

由图 20-3、表 20-2 可以看出，本连锁图谱包含 7 个连锁群（命名为 LG1 ～ LG7），涉及 ISSR 分子标记共 92 个，标记间平均距离为 5.90cM，图谱总长度为 542.9cM。各连锁群上的分子标记数存在差异，变化范围为 9～18 个；各连锁群对应的空隙数目也各不相同，变化范围为 8～17 个；各连锁群上标记间隔在 9.6～15.0cM 之间；连锁群上标记间平均距离变异范围在 4.93～7.80cM 之间；各连锁群的长度在 54.7～124.8cM 之间。

表 20-2　小黑麦 7 个连锁群的特性

连锁群	标记群	平均标记/cM	空隙数	标记间距/cM	平均距离	长度/cM
LG1	12	0.16	11	11.6	6.21	74.5
LG2	15	0.19	14	15.0	5.31	79.6
LG3	18	0.19	17	10.4	5.17	93.1
LG4	16	0.13	15	11.9	7.80	124.8
LG5	12	0.20	11	9.6	4.93	59.2
LG6	10	0.18	9	10.2	5.70	57.0
LG7	9	0.16	8	10.9	6.08	54.7
总计	92	0.17	85	—	5.90	542.9

（5）小黑麦 F2 群体田间条锈病抗性鉴定　在小黑麦开花后对 F2 代群体进行抗条锈病鉴定。将小黑麦条锈病抗性的调查结果记录于 Microsoft Office Excel 软件中，利用 SPSS20.0 软件对表型数据进行正态分布检验。由图 20-4 可知，小黑麦 F2 代单株在田间对条锈病的抗感性峰度为 3，偏度>1，该结果基本表现为连续正态分布，因此，适宜于进一步的抗条锈病 QTL 定位分析。

（6）小黑麦 F2 群体抗锈病基因的 QTL 定位　运用 MapQTL6.0 软件，步骤如下：①打开软件，通过菜单 File 建立 New Project；②将图谱构建结果文件“X.loc”和“X.map”分别导入软件中的 Populations 和 Maps 中，将发病情况的田间统计数据以文件“X.qua”的格式导入 Populations 中；③将 3 个文件“X.loc”“X.map”“X.qua”

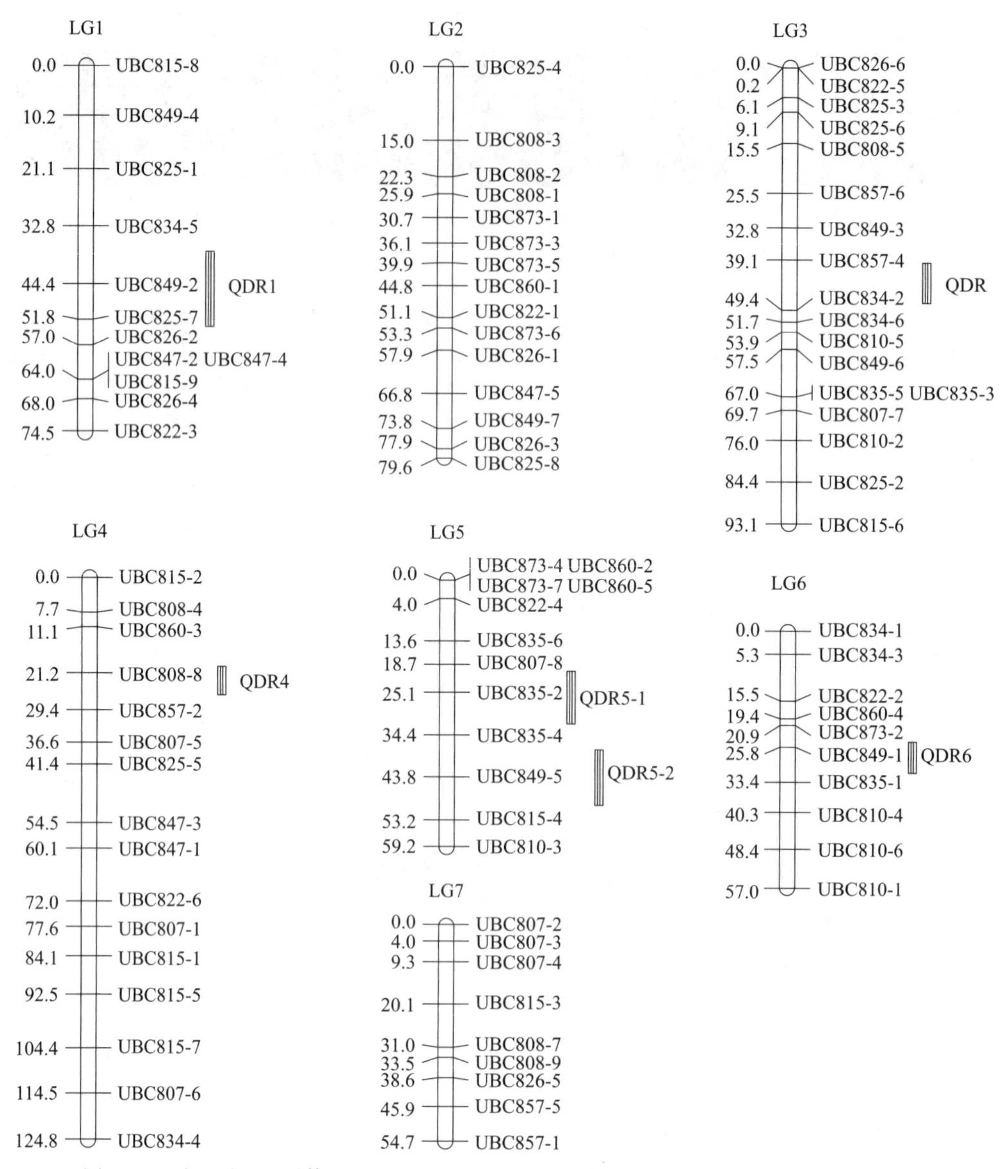

图 20-3 小黑麦 F2 群体 ISSR-PCR 遗传连锁图谱的构建及条锈病抗性的 QTL 定位

QDR1，QDR3，QDR4，QDR5-1，QDR5-2，QDR6：检测到的 6 个抗条锈病相关的 QTL 位点

（右键点击，选中会变成红色）选中，在菜单 Options 下的 Analysis options 里设置 1cM 的步长，在 $P=0.02$ 的水平上，以 5cM 的距离扫描整个基因组，利用 Permutation 检验法重复检验 1000 次。将 LOD 阈值设定为 2.0 来确定 QTL 在连锁群上的位置及数目；④利用区间作图法（interval mapping，IM）进行 QTL 定位分析。

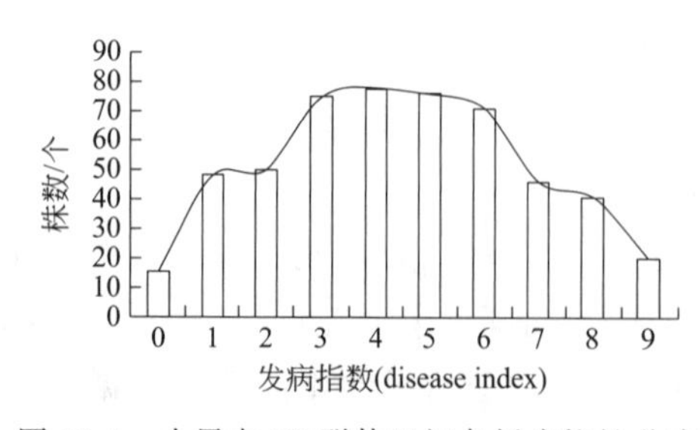

图 20-4 小黑麦 F2 群体田间条锈病抗性分布

以 LOD≥2.0，对小黑麦 F2 群体的抗条锈病基因进行 QTL 定位分析，共检测到 6 个 QTLs，贡献率在 5.1%～11.2%，分布在 5 个连锁群上，平均每个连锁群 1.2 个，QTLs 在 5 个连锁群上的分布不均匀，连锁

群LG5上分布最多，有2个QTL（表20-3，图20-3），分别分布在除LG2和LG7外的连锁群上，分别命名为QDR1、QDR3、QDR4、QDR5-1、QDR5-2和QDR6（图20-3）；共检测到6个控制抗条锈病的QTL位点（表20-3；图20-5），QTL位点所在的标记区间如表20-3所示；对应的遗传距离（cM）分别为44.38、39.07、21.24、25.07、43.76和25.76；对应的LOD值分别为3.34、2.09、2.79、4.74、2.70和2.85；其中QDR5-1的贡献率最大（11.2%），为主效QTL；加性效应的变化范围在−0.18～0.27之间。

表20-3　小黑麦F2代群体抗锈病QTL定位结果

位点	连锁群	区间	位置/cM	连锁系数	贡献率/%	加性效应
QDR1	LG1	UBC834-5～826-2	44.38	3.34	8.0	−0.17
QDR3	LG3	UBC857-4～834-2	39.07	2.09	5.1	0.21
QDR4	LG4	UBC860-3～857-2	21.24	2.79	6.7	0.27
QDR5-1	LG5	UBC807-8～835-4	25.07	4.74	11.2	−0.18
QDR5-2	LG5	UBC835-4～815-4	43.76	2.70	6.5	−0.16
QDR6	LG6	UBC873-2～835-1	25.76	2.85	6.9	0.24

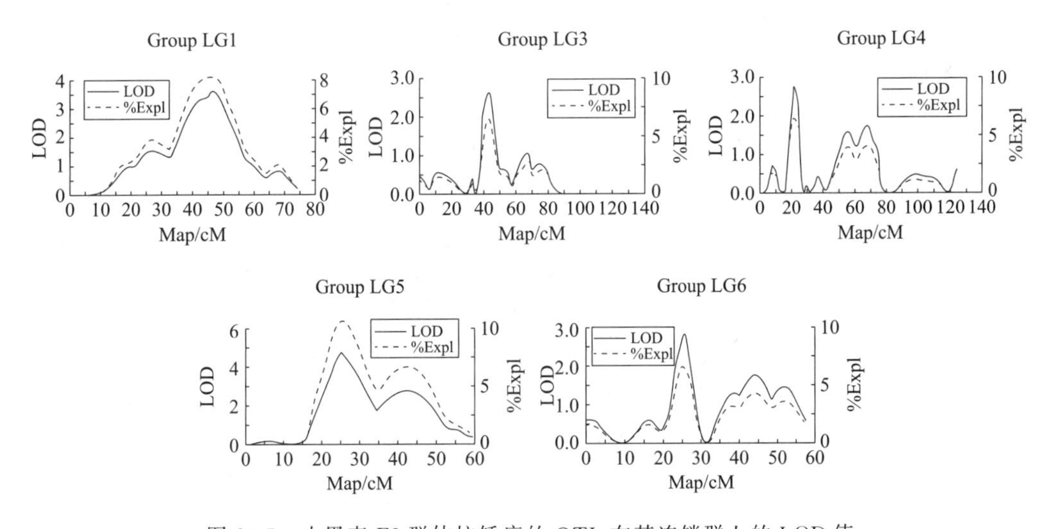

图20-5　小黑麦F2群体抗锈病的QTL在其连锁群上的LOD值

Abdi等[8]研究了28个棉花品种（包括8个伊朗棉花品种）的耐盐性（NaCl）。用14对ISSR引物扩增产生了65个多态性DNA片段。根据ISSR标记将28个棉花品种分为三个亚群（耐盐品种、盐敏感品种和中间品种），并且找到与盐（NaCl）处理后表型相关的3个分子标记。曹娴[9]用ISSR分子标记技术鉴定出草莓的一个与抗灰霉病基因连锁的标记UFFa01H05，该标记与抗性基因间的遗传距离为15.9cM。

2. 遗传多样性和亲缘关系的研究

下面详细地介绍郝久程等[10]应用ISSR-PCR探究大连地区岛屿与大陆玉竹种群遗传多样性。

（1）DNA的提取　研究对象是玉竹，实验材料于2016年5～6月份别采自大连地区9个不同的地点，分单株采集，样品间距离不少于20m，采样时记录周边环境，折断茎部整株采集，采集后带回实验室进行二次鉴定，确保采集样品的准确性，然后将材料的嫩叶采集后用封口带单株封装，保存于实验室−20℃冰柜中，详细的采集信息见表20-4。玉竹样基因组DNA的提取采取改良的CTAB法。粗提DNA样品进一步纯化处理后，进行琼脂糖凝胶电泳，用美国冷泉港P41G型凝胶成像系统照相。采用Gel Pro1.1软件对比样品条带与DL15000分子量标准及含量，确定DNA的含量和分子量，用双蒸水稀释成统一浓度后作为PCR反应的模板。

表20-4　玉竹样品数量及采集地

种群编号	样品数	纬度	经度	地理位置
SD	30	38°57.083′	120°58.937′	旅顺，蛇岛（海岛）
XS	26	38°55.513′	121°29.283′	甘井子，西山（大陆）
XRD	34	39°59.020′	122°57.450′	庄河，仙人洞（大陆）
GLD	29	39°38.752′	123°02.032′	庄河，蛤蜊岛（海岛）
WJD	28	39°26.753′	123°05.243′	庄河，王家岛（海岛）
SCD	30	39°31.175′	122°59.561′	庄河，石城岛（海岛）
XHS	25	39°18.276′	121°54.449′	金州，小黑山（大陆）
XPD	29	38°50.640′	121°28.920′	高新区，小平岛（大陆）
DCS	31	39°15.051′	122°34.925′	长海，大长山岛（海岛）

（2）ISSR-PCR反应　ISSR-PCR引物为上海生工生物公司合成，稀释成10μmol/L备用。对合成的27个引物进行了筛选，选取扩增条带稳定、清晰、数量适中的10条引物作为本研究的引物，对全部样品进行扩增。具体引物名称及退火温度见表20-5。

本实验参考陈玉秀等[11]的优化结果，并通过各组成成分的梯度实验，最终确定反应体系如下：总体积25μL，包括10ng模板DNA，0.4μmol/L ISSR引物，10×PCR缓冲液2.5μL，0.2mmol/L dNTPs混合物，2.0mmol/L $MgCl_2$，1.0U *Taq* DNA聚合酶，最后加ddH_2O补齐至25μL。

表20-5　引物名称、扩增位点数及最佳退火温度

引物	序列	扩增位点数	退火温度/℃
UBC817	$(CA)_8A$	11	52.0
UBC818	$(CA)_8G$	14	51.3
UBC841	$(GA)_8YC$	12	52.5
UBC843	$(CT)_8RA$	11	50.3
UBC844	$(CT)_8RC$	12	52.0
UBC845	$(CT)_8RG$	9	48.5
UBC853	$(TC)_8RT$	11	52.5
UBC855	$(AC)_8YT$	13	53.0
UBC856	$(AC)_8YA$	12	53.0
UBC857	$(AC)_8YG$	15	50.8

使用英国 TECHNE TC-512 型 PCR 循环仪进行 PCR 扩增，玉竹的 ISSR-PCR 反应程序为：94℃ 5min 进行预变性；94℃变性 45s，48.5～53.0℃，退火 45s（退火温度因引物不同而有差异），72℃延伸 90s，35 个循环；最后在 72℃保持 7min 使扩增的片段充分延伸。

（3）扩增产物的检测及数据统计分析　PCR 反应结束后，采用水平板琼脂糖凝胶电泳来检测扩增结果。具体操作为：1×TBE 电泳缓冲液，凝胶浓度为 1.2%，以 DL2000 作为分子量标准，80V 稳压电泳 2.5h。电泳结束后用凝胶成像系统照相，记录电泳结果。

根据电泳结果，选取多个位点记录不同物种的同一位点上的条带分布情况。记录时只记录那些电泳条带清晰，并能在重复实验中稳定出现的位点，有带的记为“1”，无带的记为“0”，不确定的记为“.”，最后形成数据库，经 POPGENE 1.32 软件进行遗传多样性分析，得出多态性条带百分率（*PPB*）、Nei's 基因多样性指数（*h*）、Shannon 信息指数（*I*）、群体总基因多样性（*Ht*）、群体内基因多样性（*Hs*）、遗传分化系数（*Gst*）和基因流（*Nm*）等，同时利用软件对玉竹种群进行聚类分析。

本实验用筛选出的 10 条引物对大连地区的 9 个玉竹天然种群共 262 个个体进行了 PCR 扩增，选出的 10 条引物共检测到 120 个位点，每条引物检测到的位点数介于 9～15 个，扩增的 DNA 片段长度在 150～2000bp，平均每个引物检测到 12 个位点。在检测到的 120 个位点中多态位点为 110 个，其种内多态位点比率为 91.67%，9 个种群内多态位点比率在 69.17%～87.50%，其中多态位点比率最高的是 SCD（石城岛）种群，最低的是 XHS（小黑山）种群（表 20-6），引物 UBC845 的部分扩增结果见图 20-6。

表 20-6　在种群和物种水平上玉竹遗传多样性 ISSR-PCR 分析结果

种群名称	扩增位点数	多态位点比率	Nei's 指数	Shannon 指数
WJD	96	80.00	0.3163(0.1853)	0.4625(0.2583)
XHS	83	69.17	0.2524(0.1987)	0.3746(0.2809)
XS	89	74.17	0.2771(0.1972)	0.4085(0.2765)
SCD	105	87.50	0.3308(0.1673)	0.4880(0.2270)
SD	95	79.17	0.3011(0.1814)	0.4448(0.2546)
XPD	101	84.17	0.3215(0.1748)	0.4737(0.2402)
GLD	99	82.50	0.3103(0.1767)	0.4585(0.2463)
DCS	97	80.83	0.3120(0.1816)	0.4589(0.2525)
XRD	101	84.17	0.3206(0.1754)	0.4718(0.2427)
物种水平	110	91.67	0.3460(0.1532)	0.5108(0.2039)

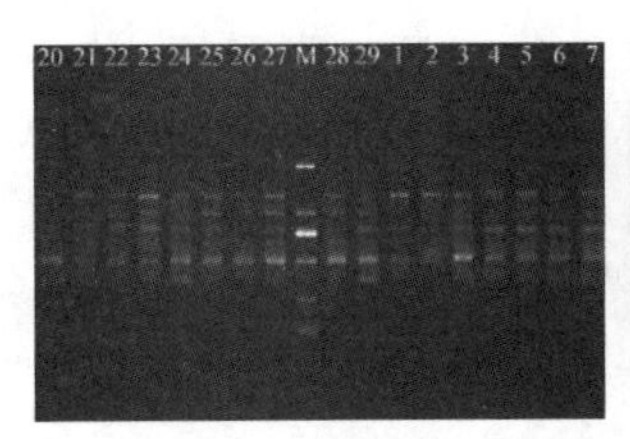

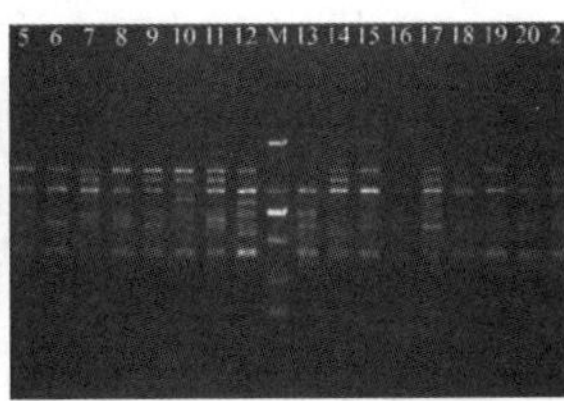

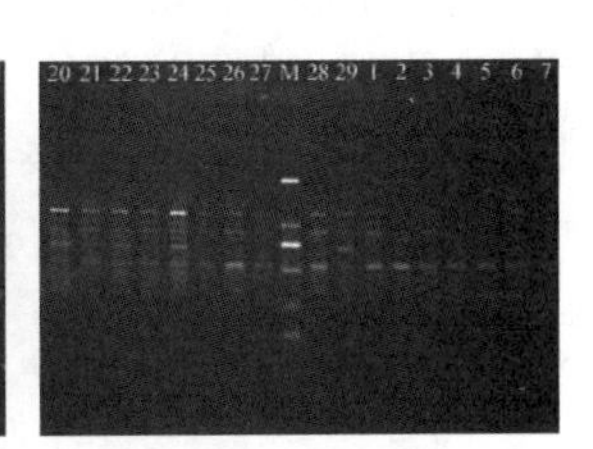

图 20-6　部分玉竹种群 ISSR-PCR 电泳图谱 M. DL2000

根据 POPGENE1.32 软件分析，9 个玉竹种群的遗传分化计算结果为玉竹种群的 Ht 为 0.3452，Hs 为 0.3047，遗传分化系数 Gst=0.1174，说明有 11.74%的遗传变异发生在种群间，玉竹的遗传变异主要发生在种群内，占总的遗传变异的 88.26%。基因流（Nm）较大为 3.7585，说明种群间基因交流比较频繁。

遗传距离（D）和遗传一致度（I）是衡量玉竹种群间的遗传差异和遗传相似性的重要指标，本研究运用 POPGENE1.32 软件进行计算，得到 9 个玉竹种群间的遗传距离（D）和遗传一致度（I）。如表 20-7 所示，GLD 与 XRD 的遗传一致度最高，为 0.9782；XHS 与 SD 的遗传一致度最低，为 0.8870。

表 20-7　玉竹种群的遗传距离（星号 * 下）与遗传一致度（星号 * 上）

种群名称	WJD	XHS	XS	SCD	SD	XPD	GLD	DCS	XRD
WJD	* * *	0.9134	0.9329	0.9731	0.9141	0.9498	0.9588	0.9533	0.9549
XHS	0.0906	* * *	0.9317	0.9168	0.8870	0.9327	0.9191	0.9247	0.9327
XS	0.0695	0.0707	* * *	0.9399	0.8876	0.9695	0.9456	0.9556	0.9474
SCD	0.0272	0.0869	0.0620	* * *	0.9377	0.9587	0.9703	0.9541	0.9662
SD	0.0898	0.1199	0.1192	0.0643	* * *	0.9303	0.9246	0.9168	0.9343
XPD	0.0515	0.0697	0.0310	0.0421	0.0723	* * *	0.9688	0.9639	0.9718
GLD	0.0421	0.0844	0.0559	0.0302	0.0784	0.0337	* * *	0.9702	0.9782
DCS	0.0478	0.0782	0.0454	0.0470	0.0869	0.0368	0.0303	* * *	0.9664
XRD	0.0462	0.0696	0.0540	0.0343	0.0679	0.0286	0.0220	0.0342	* * *

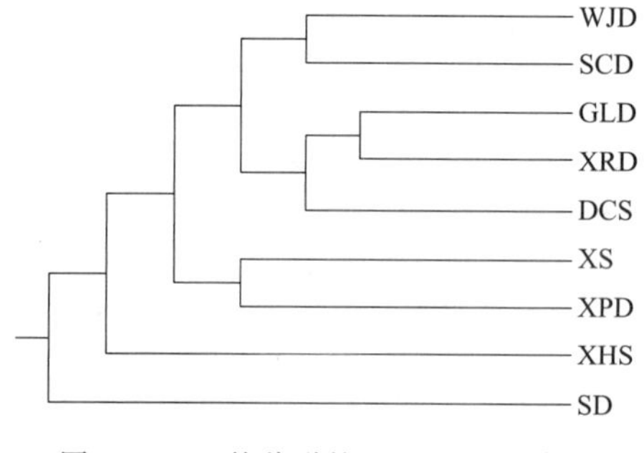

图 20-7　玉竹种群的 UPGMA 聚类图

根据所得到的 Nei's 遗传距离（D）的数据，利用 POPGENE1.32 软件，采用非加权组平均法（unweighted pair-group method with arithmetic means，UPGMA），对 9 个玉竹种群进行聚类分析，从而得到种群间的遗传关系聚类图（图 20-7）。从图中可以看出，9 个玉竹种群被分为 4 个主要集群，其中 SD 和 XHS 种群为独立的两个集群，XS 和 XPD 聚为一个集群，其它种群构成一个集群。

采用 ISSR-PCR 分子标记技术以来自大连地区 5 个海岛和 4 个大陆种群的 262 个玉竹个体为研究对象，进行遗传多样性的比较和分析。从 10 条筛选出的 ISSR-PCR 引物扩增得到 120 个位点信息，其中多态性条带比例为 91.67%，Nei's 基因多样性指数（h）为 0.3460，Shannon 信息指数（I）为 0.5108。其遗传分化系数（Gst）为 0.1174，基因流（Nm）为 3.7585。研究结果表明玉竹天然种群的遗传多样性较为丰富，种群间基因交流较为频繁，遗传距离与地理距离具有一定的相关性。

Nie C 等[12] 基于 ISSR 分析，评估安徽北部桔梗种质资源。张贺等[13] 对全国主要香蕉产区 95 个香蕉枯萎病菌菌株进行 ISSR 分析，了解其遗传多样性，为香蕉品种的合理布局及枯萎病的防治提供理论依据。

七、小结

ISSR-PCR 技术已经广泛应用于植物的种质鉴定与分类、遗传多样性与亲缘关系分析等，在分子水平上该方法比基因测序等新手段更加经济便利。但 ISSR-PCR 扩增

结果易受到 Mg^{2+}、dNTP、引物及 *Taq* DNA聚合酶、模板DNA等因素的影响，需要优化ISSR-PCR反应体系和反应程序，确保ISSR-PCR实验结果的可靠性。正交实验设计能用较少处理组合获得各因素不同水平对扩增结果的影响，已经应用在很多植物种属的ISSR-PCR反应体系优化实验中。另外，ISSR-PCR大多是显性标记，不能区分显性纯合基因型和杂合基因型。

第二节　TAIL-PCR在转基因植物研究中的应用

一、引言

近年来，转基因植物走进了我们的生活，越来越受到人们的关切，也引发人们担忧。交错式热不对称PCR（thermal asymmetric interlaced PCR，TAIL-PCR）是一种用来分离与已知序列邻近的未知DNA序列的分子生物学技术。该技术由YG L等[14]报道后，使分子生物学研究工作者能够简单有效地从已知序列分离到其邻近的未知侧翼序列，可以检测转基因作物目的基因插入位点。侧翼序列作为分子特征的重要指标之一，它的获取是分析转基因作物中T-DNA插入位点的有效方法，也是转基因作物在申请专利保护时的重要证据。鉴定外源基因插入作物基因组的位点有着非常重大的意义，可以确定外源基因是否整合在植物基因组上，还可判断出外源基因对受体基因组是否有影响。侧翼序列的分析已经应用在基因的克隆、转基因植物研究以及新品种的培育等等，这对转基因作物研究有很大的促进作用。

二、基本原理

TAIL-PCR技术是随机引物PCR的一种，以基因组DNA作为模板，利用3个依据目标片段旁的已知序列设计的嵌套高特异性引物（简称sp1、sp2、sp3，约20bp）分别和1个较短且 T_m 值较低的随机简并引物（简称AD，约14bp）组合起来进行PCR反应，以基因组DNA为模板，选择适当热不对称的退火温度，经过3轮循环的分级反应，对目标片段进行PCR扩增，获得已知序列的侧翼序列。

图20-8中，利用一组巢式的特异引物和一条任意引物，通过三个PCR反应扩增已知序列的侧翼序列。实心箭头表示特异性引物，可以与目的片段一侧的已知序列特异性结合，空心箭头表示任意引物AD，在低严紧性循环下可以与侧翼序列的一个或多个位点结合。第一轮反应通过5次高特异性的反应，使sp1与已知的序列（载体或T-DNA等）退火并延伸，提高目标序列的浓度。1次低特异性的反应使简并引物结合到较多的目标序列上，10次较低特异性的反应使两种引物均能与模板退火，随后进行12次TAIL循环。经过上述反应后得到了不同浓度的3种类型产物：Ⅰ型产物是指特异性引物与非特异性引物共同引导合成的片段，Ⅱ型产物指的是仅由特异性引物引导合成的DNA片段，而Ⅲ型产物仅由任意引物引导合成。第二轮扩增用稀释后的第一轮扩增产物作为模板，运用sp2和随机引物AD通过10轮的超级循环使特异产物选择性地大量扩增，非特异产物浓度大大低于特异产物。第三轮用第二轮稀释产物作模板，运用sp3和随机引物AD扩增，使非特异产物相对浓度进一步降低。通过3次特异性引物对扩增产物的筛选，最终获取插入位点的侧翼序列。TAIL-PCR反应流程图见图20-8。

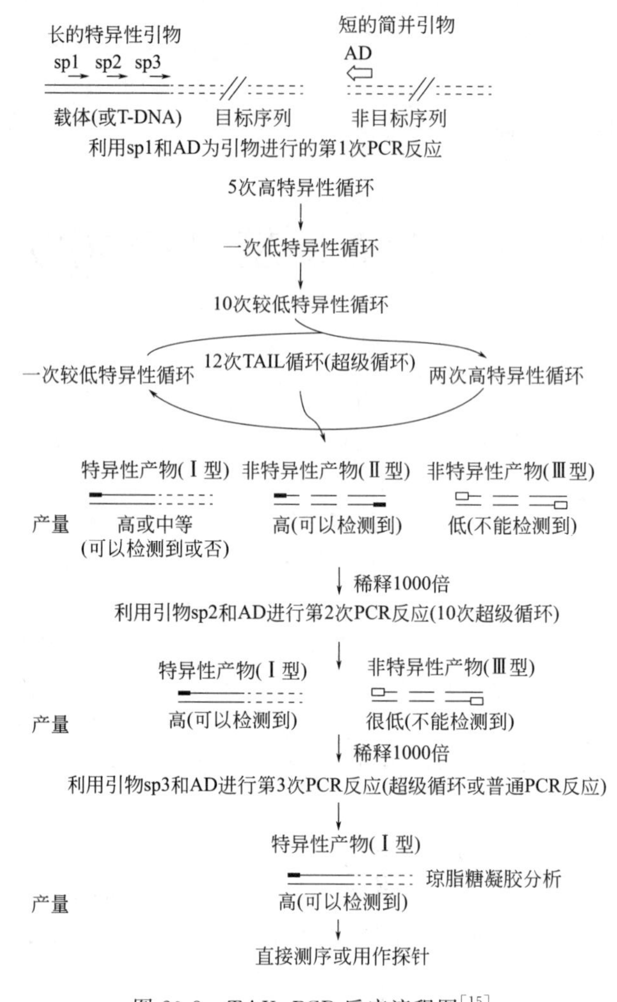

图 20-8 TAIL-PCR 反应流程图[15]

三、材料

基因组 DNA，*Taq* 酶，dNTP，10×PCR 缓冲液，特异性引物，随机引物，DNA marker，PCR 扩增仪，凝胶成像分析仪。

四、方法

1. 基因组 DNA 的提取

一般采用改良的 CTAB 法抽提植物基因组 DNA，以基因组 DNA 作为第一轮 PCR 反应模板。

CTAB 法植物组织基因组提取方法[16]：剪取转基因植株叶片 0.2g，放于 2mL 装有小钢珠的离心管中，迅速置于液氮中冷冻 2min，在研磨机上进行研磨；叶片研成粉末后，向每个离心管中加入 600μL 裂解液［CTAB 30g/L，NaCl 1.4mol/L，EDTA（pH 8.0）20mmol/L，Tris-HCl（pH 8.0）100mmol/L，β-巯基乙醇 2mg/mL，混匀后置于 65℃水浴 30min，期间轻柔摇晃数次；水浴后 12000r/min 离心 15min，取上清于新的1.5mL的离心管中，加等体积酚/氯仿/异戊醇，上下颠倒充分混匀；12000r/min离心15min，吸取上清，加等体积氯仿/异戊醇，充分混匀；12000r/min离心10min，吸取上清，加入－20℃提前预冷的异丙醇，使之与上清体积相等，轻柔地混合均匀，－20℃冰箱放置20min；12000r/min离心5min，弃上清，75%的乙醇洗涤沉淀1次，无水乙醇洗1次，室温晾干；待管壁无残留液体、DNA呈半透明状时，加50μL TE溶解，－20℃保存。

2. 已知序列的验证

在进行交错式热不对称PCR之前必须对已知序列进行验证，以确认已知序列的正确性。根据已知序列设计特异性引物，扩增产物长度控制在500bp以内，扩增后对产物进行测序，再与参考序列比较确保已知序列的正确性。

3. 引物的设计

TAIL-PCR反应对引物的要求很高，3个嵌套的特异性引物长度一般在20～30bp之间，T_m值一般设为58～68℃。3个高特异性嵌套引物之间最好相距100bp以上以便在电泳时更容易区分3轮PCR产物。随机引物是遵照物种普遍存在的蛋白质的保守氨基酸编码序列设计的，相对较短，长度一般是14bp左右，T_m值介于30～48℃。

4. 反应体系[17]

第一轮TAIL-PCR（10μL）：

0.5μL基因组DNA（1-2μg），1.0μL 10×Ex *Taq*缓冲液，0.8μL 2.5mmol/L dNTP，0.2μL特异引物1（10μmol/L），0.5μL随机引物（100μmol/L），0.1μL Ex *Taq*聚合酶（5U/μL）6.9μL ddH_2O。

第二轮TAIL-PCR（10μL）：

0.5μL 1/10稀释的初始PCR产物，1.0μL 10×Ex *Taq*缓冲液，0.8μL 2.5mmol/L dNTP，0.2μL特异引物2（10μmol/L），0.4μL随机引物（100μmol/L），0.1μL Ex *Taq*聚合酶（5U/μL），7.0μL ddH_2O。

第三轮TAIL-PCR（10μL）：

0.5μL 1/10稀释的第二次PCR产物，1μL 10×Ex *Taq*缓冲液，0.8μL 2.5mmol/L dNTP，0.2μL特异引物3（10μmol/L），0.4μL随机引物（100μmol/L），0.1μL Ex *Taq*聚合酶（5U/μL），7.0μL ddH_2O。

5. 反应程序

三轮PCR扩增反应，TAIL-PCR整个过程都是高低退火温度交错的，反应程序和条件参考应用部分实例。

6. 扩增产物检测

扩增结束使用1%～2%的琼脂糖凝胶，在TBE缓冲液中进行电泳查看，产物直接测序并与参考序列比对。

五、注意事项

① 引物设计。引物是所有PCR反应的关键因素，特异引物与随机引物T_m值要求至少相差10℃以上。特异性引物和随机引物的选择直接影响扩增的效果。AD引物存在不同的有限的结合位点，需要设计较多的引物组合。此外，随机引物是否最佳与它的简并度、引物的长度和核苷酸序列的组成有很大关系。为了更好地与目标序列退

火，首先尽量选择简并度低的氨基酸区域作为引物设计区；其次，充分考虑物种对于密码子的偏好性，选择该物种使用频率高的密码子，以降低引物的简并性；最后，避免3′末端的简并。TaKaRa Genome Walking Kit（Code No. 6108）提供了一些随机引物。

② 高特异性循环的退火温度尽可能高。

③ 特异性引物应该保持较低的浓度（0.15～0.2μmol/L），避免错配。

④ 反应条件设置需要精细，因为TAIL-PCR是3轮连续的嵌套反应。若是其中一轮反应出现失误，将会直接影响下一轮循环的工作。第一轮TAIL-PCR是保证有效扩增的关键，需要多做预实验。

六、应用

TAIL-PCR操作简单快速，成本较低，设计好引物后PCR可直接筛选到目标序列；特异性强，长短引物相组合通过交错式不对称温度反应和分级反应，有利于特异引物的扩增；高灵敏度，使用任何一个AD引物，在60%～80%的反应中能够扩增出特异产物，运用不同的AD引物就能够有效地扩增到目标片段。这些优点使得其广泛应用于基因的全长克隆及转基因作物基因侧翼序列克隆的研究中。

1. 分析突变体插入位点的侧翼序列

下面我们详细地讲述李丕顺等[18] 关于在红莲型水稻不育系特异片段HL-sp1侧翼序列分析中TAIL-PCR的应用。

（1）线粒体基因组DNA的提取　以暗室中培养（30℃）8～10天的水稻黄化苗为材料，经过差速和蔗糖密度梯度离心分离无叶绿体污染的纯线粒体，采用分光光度计法（即测定线粒体悬浮液的OD_{260nm}/OD_{280nm}的比值）测定线粒体的纯度。利用OD_{260nm}/OD_{280nm}在1.04左右的线粒体提取线粒体DNA。SDS裂解法提取线粒体DNA，用1.5%琼脂糖凝胶电泳检测其大小在30kb以上，表明提取的线粒体基因组DNA质量较好。

（2）利用TAIL-PCR技术从线粒体基因组DNA中扩增HL-sp1的侧翼序列。根据已经获知的HL-sp1的序列，在其两侧的5′和3′末端边界200～300bp的区域内各设计3条向外的特异性巢式引物LSP1、LSP2、LSP3和RSP1、RSP2、RSP3，在末端设计用于检测特异性的引物LSPR和FSPR。作者未展示引物序列。再参照Liu[19-21] 的文献设计3个随机简并引物AD1～AD3（表20-8），以总量20～40ng的线粒体基因组DNA为模板，3个特异性巢式引物与随机引物按照表20-9程序进行TAIL-PCR扩增。将第1轮PCR反应产物稀释50～100倍作为第2轮反应的模板，将第2轮反应的产物稀释10～20倍用作第3轮的模板。用1.5%的琼脂糖凝胶电泳检测扩增产物。

表20-8　随机引物序列

引物	引物序列(5′→3′)
AD1	NTCGA(G/C)T(A/T)T(G/C)G(A/T)GTT
AD2	NGACGA(G/C)(A/T)GANA(A/T)GAA
AD3	AG(A/T)GNAG(A/T)ANCA(A/T)AGG

表 20-9　TAIL-PCR 反应程序

PCR	反应步骤	循环数	反应条件
第 1 轮	1	1	95℃,1min
	2	5	94℃,15s;63℃,1min,72℃,2min
	3	1	94℃,15s;30℃,3min,以 0.2℃/s 上升至 72℃,72℃,2min
	4	10	94℃,15s,45℃,1min,72℃,2min
	5	12	94℃,15s,62℃,1min,72℃,2min 94℃,15s,62℃,1min,72℃,2min 94℃,15s,44℃,1min,72℃,2min
	6	1	72℃,8min
第 2 轮	1	1	95℃,1min
	2	25	94℃,15s,60℃,1min,72℃,2min 94℃,15s,62℃,1min,72℃,2min 94℃,15s,44℃,1min,72℃,2min
	3	1	72℃,8min
第 3 轮	1	1	95℃,1min
	2	25	94℃,15s,60℃,1min,72℃,2min 94℃,15s,62℃,1min,72℃,2min 94℃,15s,44℃,1min,72℃,2min
	3	1	72℃,7min

(3) TAIL-PCR 扩增结果分析　TAIL-PCR 第 1～3 轮扩增产物各取适量分别在 1.5%的琼脂糖凝胶上电泳检测，如图 20-9、图 20-10。结果表明，对于 5′端，用 AD1 进行 TAIL-PCR 结果较理想，理想的结果是第 3 轮产物大于 1400bp，且比第 2 轮产物略小（图 20-9）。对于 3′端，用 AD2 扩增了一个大于 2000bp 的片段，结果较理想，见图 20-10。为了进一步验证所得到的片段是我们所需的目的片段，以第 3 轮的扩增产物为模板，用 2 条特异性的引物进行 PCR 扩增（图 20-11），结果表明，5′端和 3′端均出现了与阳性对照相同的带形，初步证明所得到的片段是我们所预期的。

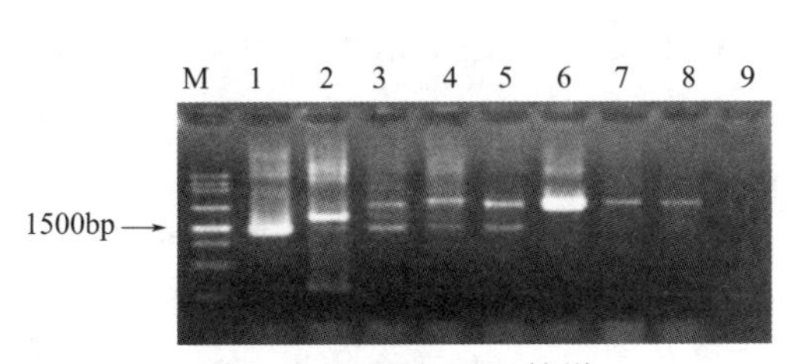

图 20-9　TAIL-PCR 扩增 HL-sp1 5′端侧翼序列

M 是 250bp Ladder DNA Marker；1～3 分别是 AD1 第 1～3 轮 TAIL-PCR 产物；4～6 分别是 AD2 第 1～3 轮 TAIL-PCR 产物；7～9 分别是 AD3 第 1～3 轮 TAIL-PCR 产物

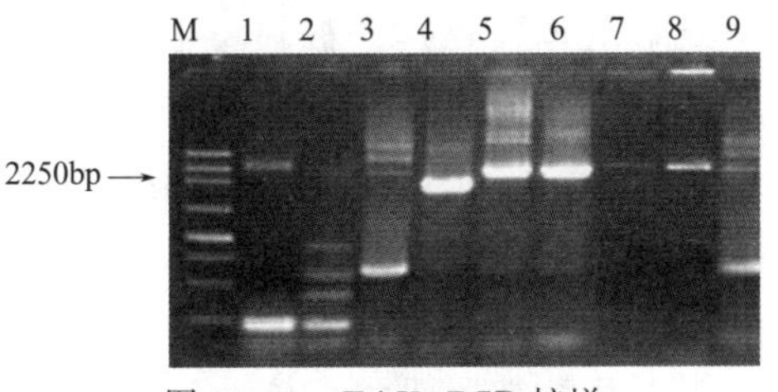

图 20-10　TAIL-PCR 扩增 HL-sp1 3′端侧翼序列

M 是 250bp Ladder DNA Marker；1～3 分别是 AD1 第 1～3 轮 TAIL-PCR 产物；4～6 分别是 AD2 第 1～3 轮 TAIL-PCR 产物；7～9 分别是 AD3 第 1～3 轮 TAIL-PCR 产物

(4) HL-sp1 侧翼序列分析　通过 TAIL-PCR 第 3 轮的扩增得到了较明确的目标带，电泳回收目的片段，进行 TA 克隆，酶切鉴定后测序。对已克隆的侧翼片段序列

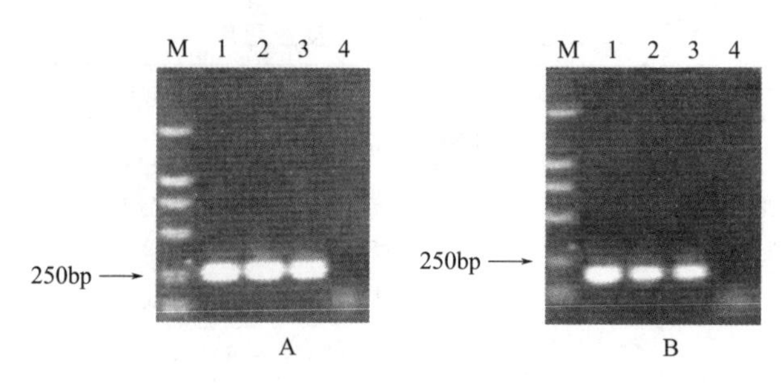

图 20-11 特异性引物鉴定 TAIL-PCR 产物

A 为 HL-sp1 5′端；B 为 HL-sp1 3′端；M 为 DL 2000 Marker；1 为 PCR 产物稀释 50 倍；2 为凝胶回收产物；3 为阳性对照；4 为阴性对照

进行分析的结果表明，新克隆的 5′端侧翼片段与原核心片段有 270bp 的重叠，3′端侧翼片段与原核心片段有 200bp 的重叠，并且在 GenBank 中搜索发现均为水稻线粒体的序列。至此得到了 5′端约 1500bp，3′端约 2800bp 的片段，结合原核心序列，共得到了 6714bp 的 HL-sp1 序列，这便成功地完成了 HL-sp1 侧翼序列的延伸。

Hanhineva 等[22] 通过农杆菌介导的基因转移，在临时侵入式生物反应器中开发了潮霉素抗性草莓，利用 TAIL-PCR 快速验证 T-DNA 整合并检测单个基因转移的情况，检测到几种不同类型的侧翼序列排列。这些技术结合起来明显促进了转基因草莓的产生。田蕾等[23] 在研究与维管发育相关的基因时筛选到一花发育明显变异的拟南芥突变体，属于 *At1g52910* 基因的 Ds 单位点插入转座突变，突变纯合体后代出现表型分离。通过 TAIL-PCR 从突变体中扩增出 Ds 插入位点侧翼序列，为进一步探明突变体变异位点奠定基础，也为其它转基因植物 Ds 插入位点的侧翼序列分析提供参考。

2. 基因克隆

下面我们详细地讲述侯雷平等[24] 在扩增蓝猪耳 T-DNA 侧翼序列中 TAIL-PCR 的应用。

(1) 实验材料和 DNA 提取　植物材料为以含双元载体 pCAMBIA1301 的根癌农杆菌菌系 LBA4404 成功转化获得的转基因蓝猪耳植株。该载体包含有潮霉素抗性基因和 *GUS* 基因，基因表达由组成型启动子 CaMV35S 调控，*GUS* 基因包含一个内含子。取转基因植株生长旺盛的叶片 200mg，按照 CTAB 法提取基因组 DNA，参考 Fang 等的方法[25] 进行进一步的提纯。

(2) TAIL-PCR　TAIL-PCR 先以左右边界引物与随机引物进行不同组合的扩增，比较不同组合的扩增效果，从中选择最佳的引物组合进行大量植株的扩增分析。

特异引物按照双元载体 pCAMBIA1301 的 T-DNA 左右两个边界（L、R）进行设计，引物 1（Pr1）与引物 2（Pr2）有 3 个碱基的重合，引物 3 与引物 2 之间相距 60 个碱基。左边界和右边界特异引物如下：

LPr1：5′TCT gTC gAT CgA CAA gCT CgA gT 3′

LPr2：5′gAg TTT CTC CAT AAT AAT gTg Tg 3′

LPr3：5′CgC TCA TgT gTT gAg CAT ATA Ag 3′

RPr1：5′AAg ATT gAA TCC TgT TgC Cgg TC 3′

RPr2：5′gTC TTg CgA TgA TTA TCA TAT AA 3′

RPr3：5′gCA TgA CgT TAT TTA TgA gAT gg 3′

随机引物直接采用文献 Liu 等的 3 条随机引物（AD）[21]。

用左右边界的特异性引物分别与不同的随机引物组合进行扩增时，右边界引物与 AD2 组合的扩增效果最佳，因此采用反应体系为 RPr＋AD2 组合的反应体系。

第 1 轮 PCR（TAIL-PCR 1）以 10ng 的 DNA 作为模板，在 20μL 的反应体系中，包含 1×*Taq* 酶缓冲液，200μmol/L 的 dNTP，0.15μmol/L 的特异引物，3μmol/L 的随机引物和 0.2U 的 *Taq* 酶（TaKaRa）。特异引物为左右边界的第一条引物 LPr1（RPr1），随机引物其中的一条作为反向引物。

在第 2 轮 PCR（TAIL-PCR 2）中，将第一轮的产物稀释 50 倍，取 1μL 作为模板。特异引物采用 LPr2（RPr2），随机引物同前。在 20μL 的反应体系中，含特异引物 0.2μmol/L，随机引物 1.8μmol/L，其它成分同前。

第 3 轮（TAIL-PCR 3）的反应体系与第 2 轮完全相同，只是模板为 TAIL-PCR 2 产物稀释后的样品，特异引物由 LPr2（RPr2）换为 LPr3（RPr3），随机引物不变。反应程序见表 20-10。

表 20-10　TAIL-PCR 反应参数设置

PCR	反应步骤	循环数	反应条件
第 1 轮	1	1	94℃,2min;95℃,1min
	2	5	94℃,1min;61℃,1min,72℃,2.5min
	3	1	94℃,1min;25℃,3min,0.2℃/s 上升至 72℃
			72℃,2.5min
	4	15	94℃,30s,67℃,1min,72℃,2.5min
			94℃,30s,67℃,1min,72℃,2.5min
			94℃,30s,44℃,1min,72℃,2.5min
	5	1	72℃,7min
			8℃,至结束
第 2 轮	1	1	94℃,30s
	2	12	94℃,30s,60℃,1min,72℃,2.5min
			94℃,30s,60℃,1min,72℃,2.5min
			94℃,30s,44℃,1min,72℃,2.5min
	3	1	72℃,7min
			8℃,至结束
第 3 轮	1	20 or 24	94℃,1min;44℃,1min,72℃,2.5min
	2	1	72℃,7min
			8℃,至结束

（3）TAIL-PCR 扩增条带电泳检测及测序结果　当 3 轮 PCR 进行完毕，取 TAIL-PCR 第 2、3 轮的产物各 15μL 进行电泳检测，比较两次产物的电泳迁移距离，第 2 轮的产物稍滞后于第 3 轮的产物，说明扩增的产物就是所要的目的扩增片段，如图 20-12。实验中用左边界引物、右边界引物和 3 种随机引物进行不同组合 TAIL-PCR 扩增的结果表明，右边界引物和 AD2 组合扩增效果最好，和 AD1 组合次之。因此实验一般先以右边界引物和 AD2 组合进行扩增，如果扩增结果不理想，再采用右

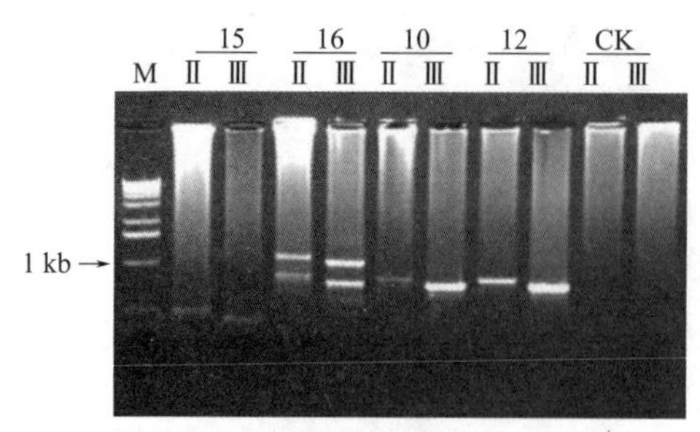

图 20-12 转基因蓝猪耳 TAIL-PCR 产物琼脂糖凝胶电泳分析

M：1kb DNA ladder marker；Ⅱ、Ⅲ：TAIL-PCR 第 2、3 轮产物；10、12、15、16：转基因植株编号；CK：非转基因植株

边界引物和 AD1 组合再次扩增。22 株转基因植株中有 3 株没有成功扩增出产物，其它植株都扩增出了相应的产物。扩增条带有的有 1 条，有的为 2 条以上。片段大小范围为 200～2000bp，大多数片段在 400bp 和 800bp 左右。

对扩增的 PCR 产物测序的结果显示，扩增片段长度为 400bp 的片段多数为载体序列，不过 800bp 左右的片段多数测出的植物序列比较长，有少数扩出的仍为载体序列，说明这些转基因植株插入的 T-DNA 为串联的重复结构。分析总的扩增片段和测序结果，扩增的成功率为 36.37%（含植物序列片段数/转基因植株数）。

（4）分析 T-DNA 整合的特点　第 3 轮扩增的 100μL TAIL-PCR 产物，琼脂糖凝胶电泳检测后用 TaKaRa Agarose Gel DNA Purification Kit Ver. 2.0 试剂盒按照说明书步骤进行切胶回收，回收后的 PCR 产物用 50μL 水溶解，点样 7μL 检测回收成功后，取 30μL 送上海生工生物测序公司直接进行测序。对转基因植株 TAIL-PCR 扩增产物测序后的序列进行分析和比较，发现 T-DNA 右边界对于不同转基因株系 T-DNA 在基因组 DNA 上的整合位点不完全相同，有的整合位点位于右边界内，有的在右边界外，大致范围从右边界内 46bp 到右边界外 234bp。不过尽管不同的转基因株系 T-DNA 整合位点不完全相同，但其位置主要集中在几个区域，具有一定规律。整合位点集中在距右边界 15～18bp 处的扩增片段占总扩增片段的 47.62%；另一个区域主要集中在右边界外 234bp 处，占总扩增片段的 38.1%（这种插入位点的植物进行 TAIL-PCR 扩增时扩增的片段大多为 400bp 的片段，多数为载体序列，扩增到的植物序列只有 10～20bp）。另外在距右边界 33bp 和 46bp 处和右边界外 163bp 处插入有一个片段。插入位点在碱基的偏好性上没有发现规律，各种碱基都有，以上结果总结如图 20-13。

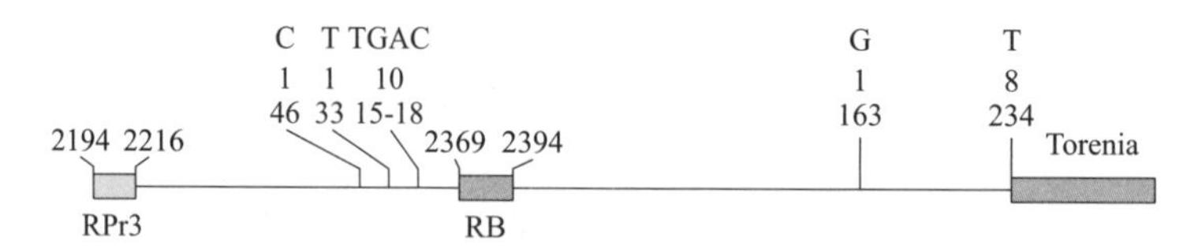

图 20-13 转基因蓝猪耳 T-DNA 整合位点示意图

2194～2394：在载体上的碱基序列号；CTAG：整合位点碱基种类；15～234：距右边界的距离（bp）；1～10：该整合位点扩增片段数

（5）T-DNA 插入位点植物基因序列 BLAST 分析　TAIL-PCR 扩增的具有较长植物序列的片段通过 GenBank 进行核苷酸和氨基酸序列比对的结果显示，多数片段与拟南芥和水稻有同源的核苷酸和氨基酸序列，有的片段同源的序列比较长，有的片段同源的序列比较短（表 20-11）。5 号转基因植株扩增序列编码的氨基酸与拟南芥富含亮氨酸跨膜蛋白激酶和类受体蛋白激酶，具有 142 个氨基酸的同源序列，同源性高达 72%；与水稻和其它植物富含亮氨酸的类受体蛋白激酶也具有很高的同源性。说

明扩增的 5 号序列为蓝猪耳类似蛋白的编码基因序列，T-DNA 正好插入在该基因的阅读框内。通过 GenBank 提交扩增的蓝猪耳基因组序列共 7 条：AY922977～AY922983。

表 20-11　TAIL-PCR 扩增产物植物序列 BLAST 分析

GenBank 提交序列及片段长度	BLAST 分析结果
AY922977(639bp)	与拟南芥和水稻有 20bp 的同源核苷酸序列，没有氨基酸同源序列
AY922978(550bp)	与拟南芥 T24H18.90 蛋白和水稻的一个推测蛋白同源 30 氨基酸，同源性 56%
AY922981(562bp)	与拟南芥富含亮氨酸跨膜蛋白激酶和类受体蛋白激酶具有 142 氨基酸的同源氨基酸序列，同源性高达 72%。与水稻和其它植物的富含亮氨酸的类受体蛋白激酶也具有很高的同源性
AY922982(545bp)	与嗜血杆菌属的 RecB 家族预测的核酸酶同源 33 氨基酸，同源性为 44%
AY922983(641bp)	与拟南芥和水稻有 20bp 的同源核苷酸序列，没有氨基酸同源序列
AY922980(949bp)	与水稻基因组 DNA 具有 60bp 的同源核苷酸序列，没有氨基酸同源序列
AY922979(626bp)	与锌指蛋白 451 同源 50 氨基酸，同源性 33%

该实验成功地通过 TAIL-PCR 对转基因蓝猪耳植株 T-DNA 插入位点的侧翼序列进行了分析，进一步证实通过 T-DNA 标签和 TAIL-PCR 可以成功进行植物基因的克隆和功能分析，而且可将该方法应用到花卉植物中，不局限于模式生物中，这为利用 T-DNA 插入突变进行蓝猪耳基因克隆和功能分析提供了实验技术上的保证，也为其它植物的研究提供一个可以借鉴的方法。

梁成真等[26] 利用优化后的 TAIL-PCR 技术，成功获得棉花中依赖 ABA 的逆境信号传导途径中起重要作用的三个家族成员编码基因，为棉花抗逆基因工程提供了候选基因源，为克隆棉花中目的基因提供了一种简便高效的方法。程丹等[27] 利用甘露醇模拟干旱环境，筛选出获得一个 T-DNA 插入的拟南芥抗旱突变体，再利用 TAIL-PCR 技术克隆拟南芥抗旱相关的 *cms2* 基因。

七、小结

TAIL-PCR 技术既能够获得克隆载体上的序列，也能够用于基因组小的物种如拟南芥、水稻和基因组大的物种如小麦等已知序列侧翼序列的检测，对于转基因植物外源基因插入位点侧翼序列的分离也非常有效。TAIL-PCR 既不需要在 PCR 前进行任何 DNA 操作，也不需要在 PCR 后进行筛选工作，操作起来非常方便，采用的特殊的热循环程序使得 PCR 扩增高度特异。当然也存在一定的不足，如反应体系和过程还需要优化，但随着该技术不断地应用和发展，以后会在转基因植物领域发挥更大的作用。

第三节　多重 PCR 在植物基因检测中的应用

一、引言

聚合酶链式反应（PCR）是 20 世纪 80 年代发展起来的一项应用最为广泛的分子生物学技术。随着该技术的发展和创新，目前已开发出适用于不同研究目的的 PCR

新技术，如RT-PCR、实时荧光定量PCR、差异显示PCR、着色互补PCR、巢式PCR、免疫PCR、多重PCR等[28]。而多重PCR（multiplex-PCR，MPCR）也称复合PCR，是在常规PCR的基础上发展起来的一种新型PCR技术。即在一个反应体系中加入两对以上的引物，同时扩增出多个核苷酸片段。该技术是Chambehian于1988年首次提出，该方法可节省时间，降低成本，提高效率，加快实验进程[28]。目前该技术在动物、微生物及人类研究方面得到了广泛运用。但是在植物生物学上的研究起步较晚，研究应用相对较少。随着对多重PCR技术认识的加深和研究的深入，多重PCR在植物中的应用也开始越来越广泛。

二、基本原理

多重PCR原理与常规PCR相同，区别是在同一个反应体系中加入两对以上的引物，但是由于作为各种生命遗传物质的核酸序列是完全不同和高度保守的，其特异性决定了各种物种的特异性。各种生物体基因组中存在20～30个连续相同的碱基对的概率几乎为零。同时DNA聚合酶具有极高的复制准确性，所以多重PCR反应体系中各引物交叉结合而产生非特异性扩增的可能性非常小，这就保证了多重PCR的特异性和敏感性[29]。因此能在同一个反应体系中同时扩增出多条不同长度的核苷酸片段，如图20-14[30]。

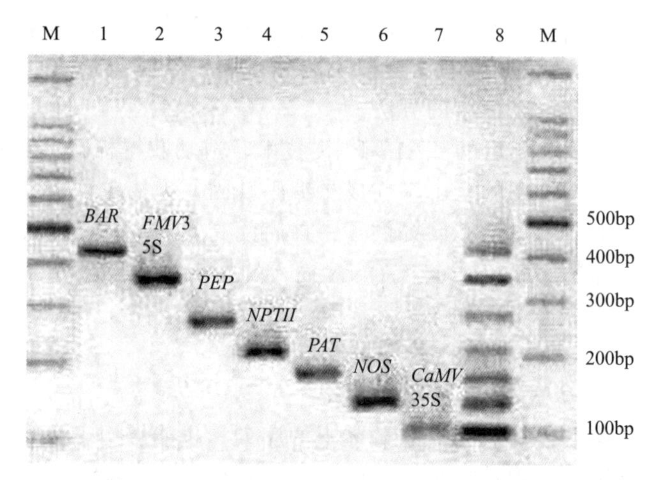

图20-14　菜籽粕转基因成分的单一检测和多重检测结果

1～7分别为*BAR*、*FMV35S*、*PEP*、*NPTⅡ*、*PAT*、*NOS*、*CaMV35S*基因的单一PCR产物。8为上述7个基因的多重PCR产物

三、多重PCR的实验方法

下面以陈贞[30]的实验为例进行说明，该实验以玉米内源基因*IVR*、外源抗除草剂基因（*PAT*）、抗虫基因*CryAb*、筛选基因*NPTⅡ*、*CaMV3JS*启动子和*NOS*终止子为检测的目的片段，通过研究较佳引物终浓度配比和退火温度，建立了玉米转基因成分七重PCR检测体系。用多重PCR同时检测内源基因和转基因成分及对该方法的可行性、效率和稳定性进行评估。

1. 基因组DNA提取方法

采用改进的Promega试剂盒提供的方法提取DNA，步骤如下。

① 称样：用2mL EP管（高压灭菌之后使用）称取样品40～50mg。

② 破壁：在管中加入Nuclei Lysis Solution（核酸裂解液）600μL，弹EP管底，放入65℃水浴孵育15min（可延长至30～40min）。

③ 除RNA：加入3μL RNase，用手指剧烈弹EP管，37℃水浴15min，冷却至室温。

④ 除蛋白：加入Protein Precipitation Solution（蛋白质沉淀液）200μL，混匀，14000×g离心5min，将上清液转移至新的EP管中。

⑤ 沉淀：加入600μL异丙醇，颠倒混匀，放置40min，使DNA沉淀。

⑥ 脱盐：加入600μL 70%乙醇，离心1min（14000×g），倒掉液体。

⑦ 溶解：待DNA干燥呈透明状后加入30～50μL（根据浓度需要）的DNA Rehydration Solution（DNA再水合溶液），65℃恒温水浴放置40min～1h，用手指弹EP管底部，使底部沉淀弹起来，置微型离心机离心几秒，把粘在管壁上的液体离心下来。

⑧ 保存：放置在4℃冰箱过夜。

⑨ 测浓度和纯度：提取后的DNA在紫外分光光度计上测定其浓度和纯度。

上述步骤与原Promega试剂盒（A1120，美国）说明书附录3的区别之处在于，本方法根据农作物基因组DNA的特点，有以下改进：

① 将原来的裂解水浴时间由20min延长至40min～1h。

② 除蛋白离心时间由5min延长至8min。

2. 多重PCR的反应体系和程序

多重PCR采用50μL反应体系：

酶	25μL Mix2(含缓冲液、dNTP、$MgCl_2$，来自Multiplex Assay Kit) 0.25μL Mix1(含*Taq*™聚合酶，来自Multiplex Assay Kit)
引物	12.5μL Primer Mix(包括*BAR*、*PAT*、*CryIAb*、*NPTII*、*NOS*、*CaMV35S*基因的正反向引物各1μL，*IVR*基因的正反向引物各0.25μL，其中引物的浓度均为20μmol/L)
模板	模板DNA 4μL(约80ng/μL)
ddH_2O	补足50μL

PCR扩增程序：

变性	94℃，1min
退火	94℃ 30s，60.4℃ 90s，72℃ 90s，40个循环
延伸	72℃，10min

取8μL PCR产物在2.5%琼脂糖凝胶上进行电泳，利用凝胶成像系统进行观察，结果见图20-15。

四、多重PCR设计方法及注意事项

由于多重PCR要求在同一反应体系中进行多个位点的特异性扩增，因而技术难度增大，一个理想的多重PCR反应体系，并非单一PCR的简单混合，所以多重PCR的难度要比单一PCR要大得多。需要针对目标产物，进行全面分析、反复试验，建

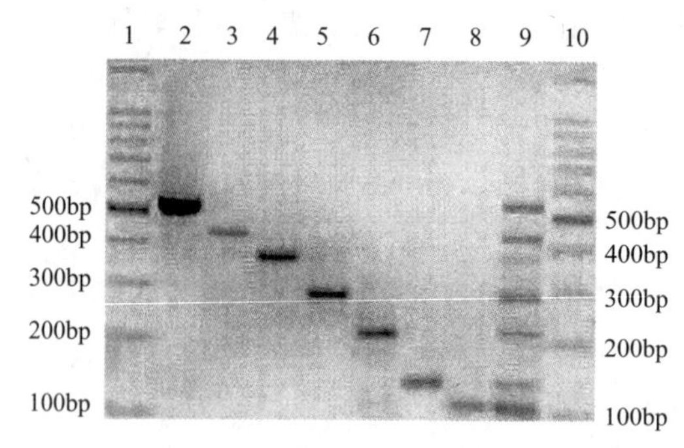

图 20-15　玉米转基因成分的单一 PCR 和多重 PCR 检测结果

1，10 为 100bp Ladder DNA Marker；2～8 分别为 *IVR*、*BAR*、*PAT*、*CryIAb*、*NPTII*、*NOS*、*CaMV35S* 基因的单一 PCR 产物；9 为上述七个基因的多重 PCR 产物［注：2，3，5～8 是转基因玉米 1 的 PCR 产物；4 是转基因玉米 3（*Btll*）中 *PAT* 基因的 PCR 产物；9 是以已知的转基因玉米 1 和转基因玉米 3 混合作为模板的七重 PCR 扩增产物］

立适宜的反应体系和反应条件。多重 PCR 的技术要素主要包括目的片段选择、引物设计、复性温度和时间、延伸温度和时间、各反应成分的用量等。

首先是片段的选择。多重 PCR 的目标是多个目的片段的扩增，因此目的片段的选择是核心。目的片段必须具有高度特异性，才能保证基因检测的准确性，避免目的片段间的竞争性扩增，实现高效灵敏的扩增反应。此外各个目的片段之间需具有明显的长度差异，以利于鉴别。

其次引物的设计是 PCR 反应成败的关键，对多重 PCR 尤其重要。多重 PCR 包含多对引物，各个引物必须高度特异，避免非特异性扩增；不同引物对之间互补的碱基不能太多，否则引物之间相互缠绕，严重影响反应结果。

再次复性温度与时间取决于引物的长度、碱基组成及其浓度，还有目的片段的长度。在多重 PCR 反应中，不同目的片段、不同引物对所要求的复性温度各不相同，这种差异是影响多重 PCR 特异性的较重要因素。综合各个解链温度 T_m，在 T_m 值允许范围内，选择较高的复性温度以减少引物和模板间的非特异性结合，确保 PCR 反应的特异性。然而，由于引物之间的内在干扰和竞争，在多重 PCR 反应中可同时扩增的目标 DNA 片段的数量是有限的。但是最近，开发了多重串联 PCR（multiplexed tandem PCR，MT-PCR），其允许同时检测和分析众多目标[31]。该方法将反转录 PCR、多重 PCR、巢式 PCR 和实时 PCR 组合为可用于检测和分析 RNA 或 DNA 靶标，特别是只有少量起始 RNA 或 DNA 可用的情况下。现在，该方法已被用于检测病原菌、病毒和真菌。同时复性时间略微延长，以使引物与模板之间完全结合。多重 PCR 延伸反应的时间要根据待扩增片段的长度而定，延伸时间不宜过长，否则会导致非特异性扩增带的出现，同时还要确保各个引物的退伙温度相近，但是扩增片段的长度不宜相差太小，以便在 PCR 结果分析的时候能通过简单的琼脂糖凝胶电泳区分出来。

最后反应体系中各个反应成分也需要进行调整，适当增大模板 DNA、引物、聚合酶、dNTP 的用量，调整缓冲液组分，以获得最佳扩增效果。总之，在单一 PCR 的基础上，遵循引物组合的一般原则，适当调整反应条件，建立多重 PCR 反应体系并非难事[32]。

五、多重 PCR 在植物生物学研究中的应用

1. 植物种质纯度和属性鉴定

近几十年来，许多国家的市场上都有大量的转基因生物。根据国际农业生物技术应用服务组织（ISAAA）的统计，截至 2016 年，全世界已有 29 种品种和 489 种转基因品种在全球范围内开发和商业化。有几个国家已对来自欧盟（EU）成员国等国的转基因植物的食品实施强制性标签，规定含有超过 0.9% 转基因材料的产品必须根据现行法规进行标识。然而，未经授权的转基因生物（UGMs）偶尔会被放入市场[33]。因此为保护消费者的合法权益，建立一套方便、快捷的转基因产品检测技术是贯彻标识制度的重要前提。而多重 PCR 技术已成为植物种质纯度、血统归属辨别方面一种高效快捷的手段，能够将非转基因与转基因物种快捷精准地区别开来。在鉴定玉米的转基因时，Basak 等[34] 已开发出一种多重 PCR 用于同时检测八个转基因玉米品种，但由于 PCR 产物需要进一步的琼脂糖凝胶电泳分析以确认结果，故耗时且限制了产量。为了提高多重 PCR 的能力，开发了结合多重 PCR 的新策略，如毛细管凝胶电泳（CGE）或微阵列杂交[34]，然而，这种改进也受到单管中多重 PCR 容量的限制。为了增加多重 PCR 的多重性，又开发了通用引物多重 PCR（UP-M-PCR），多重微滴 PCR 实施毛细管凝胶电泳（MPIC），芯片上多重扩增，可读出寡核苷酸微阵列（MACRO）[35]，这些方法可以同时检测多个目标，例如。UP-M-PCR 约同时检测 15 个目标，MPIC 24 个目标和 MACRO 91 个目标。有人[32] 开发一种低成本，高通量多重串联 PCR 用于筛选遗传改良玉米的方法。检测目标包括 7 个筛选元件（*CaMV35S*、*FMV35S*、*NOS*、*NPTⅡ*、*Cry1Ab*、*Bar* 和 *Pat*），6 个转基因玉米元件（*NK603*、*BT11*、*MON810*、*MON88017*、*T25* 和 *TC1507*）和玉米参考基因（*IVR*）。上述七种筛选元件已用于转基因生物筛选，其中最常见的元件被应用于中国 94%（16/17）转基因玉米事件[33]。随着多重 PCR 技术的发展，会有越来越多的新技术应用于转基因实验。

2. 在植物病害及抗病基因检测方面的应用

在生物体疾病诊断或检测上，多重 PCR 的应用是从人类开始的，所以在人类和动物上有着非常广泛的应用，并取得了巨大的成就。相比之下，多重 PCR 在植物病虫害检测上的应用研究较少，但是由于多重 PCR 自身快捷高效的特点，此方法在植物中的应用也越来越广泛。如 2011 年，赵芹等[35] 用多重 PCR 同时检测出 3 种病毒；Chen 等[36] 通过此方法同时检测出了小麦茎锈病、小麦叶锈病和小麦白粉病三种病毒，体现了多重 PCR 的优越性。而在多重 PCR 的基础上开发的多重 RT-PCR，更是提高了检测的效率。如 Kwak 等[37] 可以简单同时检测甘薯羽毛斑驳病毒（SPFMV）和甘薯病毒 C（SPVC）、甘薯无症病毒 1（SPSMV-1）、甘薯病毒 G（SPVG）、甘薯卷叶病毒（SPLCV）、甘薯病毒 2（SPV2）、甘薯褪绿斑点病毒（SPCFV）和甘薯潜伏病毒（SPLV）八种甘薯病毒。Zhang 等[38] 用四重 RT-PCR 测定法测试食品和环境中的百合症状病毒（LSV）、黄瓜花叶病毒（CMV）、百合斑驳病毒（LMoV）和弯曲杆菌噬菌体。

3. 在植物育种及其它方面的应用

随着分子生物学技术的发展，植物育种技术也由常规育种开始逐渐转变为分子水平的育种。多重 PCR 高效快捷、灵敏、特异度高，实验成本比较低，尤其是能加快

实验进程的特点引起了广大植物学家的注意。普通小麦（*Triticum aestivum* L.）中淀粉粒束缚态淀粉合成酶Ⅰ（granules-bound starch synthaseⅠ，GBSSⅠ）是淀粉合成过程中的关键酶，又称蜡质蛋白或Wx蛋白，含有Wx-A1、Wx-B1和Wx-D1三个亚基，分别由*Wx-A1*、*Wx-B1*和*Wx-D1* 3个基因编码，Wx蛋白控制籽粒中直链淀粉的合成，单个亚基或全部Wx蛋白的缺失均会影响小麦籽粒的直链淀粉含量。所以这三个基因对于小麦育种非常重要。Lu等[39]采用多重PCR的方法，对其反应条件进行优化，以获得用于小麦糯性（腓）基因分析的稳定PCR体系。应用两对引物，分别扩增小麦*Wx-A1*、*Wx-B1*，*Wx-D1*基因，目的片段大小分别为230bp/265bp、854bp和204bp。经反复验证，结果准确可靠，重复性好，成本低，可以在同一PCR反应体系中对3个*Wx*基因进行同时筛选鉴定。该体系可用于Wx蛋白基因的分子标记辅助选择，可以提高小麦淀粉品质评价和糯麦选育的效率。在水稻中，广泛兼容性和直立穗是水稻杂种优势和理想株型育种的重要特性，因此是提高水稻产量的目标。Li等[40]用多重PCR系统同时鉴定广泛兼容性等位基因*S5-n*和直立穗等位基因*dep1*的基因型。利用该系统确定了中国黄淮海地区的49个水稻品种。33个品种包含直立穗等位基因*dep1*，两个品种包含广泛兼容性等位基因*S5-n*，*dep1*频率明显高于*S5-n*频率。使用F-2分离群体也测试了多重PCR方法，发现其简单、高效且可靠，能够简便高效地鉴定出水稻的广泛兼容性和直立穗，从而更快找到育种的理想株型。此外多重PCR在基因合成方面也有了一定的应用。2007年陈波[41]用多重PCR合成了植物甜蛋白*brazzein*基因。2009年赵莹等[42]用多重PCR的方法合成植物偏爱密码子优化后的HPV18L1的全长基因。

六、多重PCR应用前景

近年来，随着分子生物学技术的迅猛发展和新技术的不断涌现，基于传统的多重PCR原理已开发出一系列的新技术，目前多重RT-PCR应用最为广泛，但多重PCR生物芯片技术、双寡聚核苷酸引物多重PCR技术、AFLP多重PCR、巢式多重PCR、实时多重PCR技术、荧光定量多重PCR等也在慢慢地崛起，以满足实践中不同研究和应用的需求[43,44]。

参考文献

[1] Tiwari A K，Kumar G，Tiwari B，et al. Optimization of ISSR－PCR system and assessing genetic diversity amongst turf grass（Cynodon dactylon）mutants. Indian Journal of Agricultural Sciences，2016. 86（12）：1571-1576.

[2] Zietkiewicz E，Rafalski A，Labuda D. Genome fingerprinting by simple sequence repeat（SSR）-anchored polymerase chain reaction amplification. Genomics，1994. 20（2）：176-183.

[3] Ratnapharhe M B，Tekeoglu M，Muehlbauer F J. Inter-simple-sequence-repeat（ISSR）polymorphisms are useful for finding markers associated with disease resistance gene clusters. Theoretical and Applied Genetics，1998，97（4）：515-519.

[4] 吴涛，陈海云，陈少瑜，等. 八角ISSR-PCR反应体系的建立及引物筛选研究. 西部林业科学，2013，42（2）：8-13.

[5] 李硕，李敏，卢道会，等. 当归ISSR-PCR反应体系的建立优化及引物筛选. 时珍国医国药，2015，（2）：373-376.

[6] 赵方媛，李冬梅，田新会，等. 饲草型小黑麦遗传图谱的构建及抗条锈QTL定位. 农业生物技术学报，2018，26（4）：576-584.

[7] 李冬梅. 饲草型小黑麦的遗传图谱构建及草产量和抗锈病相关基因的QTL定位. 2016，甘肃农业大学.

[8] Abdi A A，Sofalian O，Asghari A，et al. Inter-simple sequence repeat (ISSR) markers to study genetic diversity among cotton cultivars in associated with salt tolerance. Notulae Scientia Biologicae，2012，17 (8)：e18-20.

[9] 曹娴. 草莓抗灰霉病基因定位及榉树种质资源多样性的ISSR分析. 2011，上海交通大学.

[10] 郝久程. 大连地区岛屿与大陆玉竹种群遗传多样性的ISSR分析. 2017，辽宁师范大学.

[11] 陈玉秀，周日宝，潘清平，等. 玉竹ISSR反应体系的优化. 湖南中医药大学学报，2008，28 (2)：37-39.

[12] Nie C，Liu R，Li S，et al. Assessment of Platycodon grandiflorum germplasm resources from northern Anhui province based on ISSR analysis. Molecular Biology Reports，2014，41 (12)：8195-8201.

[13] 张贺，张欣，蒲金基，等. 利用ISSR-PCR技术分析香蕉枯萎病菌的遗传多样性. 微生物学报，2015，55 (6)：691-699.

[14] Liu Y G，Whittier R F. Thermal asymmetric interlaced PCR：automatable amplification and sequencing of insert end fragments from P1 and YAC clones for chromosome walking. Genomics，1995，25 (3)：674-81.

[15] 罗丽娟，施季森. 一种DNA侧翼序列分离技术——TAIL-PCR. 南京林业大学学报（自然科学版），2003，27 (4)：87-90.

[16] Levdikov V M，Blagova E V，Brannigan J A，et al. The Structure of the Oligopeptide-binding Protein，AppA，from Bacillus subtilis in Complex with a Nonapeptide. Journal of Molecular Biology，2005，345 (4)：879-892.

[17] Fujimoto S，Matsunaga S，Murata M，Mapping of T-DNA and Ac/Ds by TAIL-PCR to Analyze Chromosomal Rearrangements. Methods in Molecular Biology，2016，1469：207.

[18] 李丕顺，刘学群，王春台，等. TAIL-PCR对红莲型水稻不育系特异片段HL-spl侧翼序列的分析. 湖北农业科学，2008，47 (2)：123-126.

[19] Liu Y G，Whittier R F. Thermal asymmetric interlaced PCR：automatable amplification and sequencing of insert end fragments from P1 and YAC clones for chromosome walking. Genomics，1995，25 (3)：674-81.

[20] Liu Y G，Ning H. Efficient Amplification of Insert End Sequences from Bacterial Artificial Chromosome Clones by Thermal Asymmetric Interlaced PCR. Plant Molecular Biology Reporter，1998，16 (2)：175-175.

[21] Liu Y G，Misukawa N，Oosumi T，et al. Efficient isolation and mapping of Arabidopsis thaliana T-DNA insert junctions by thermal asymmetric interlaced PCR. Plant Journal，1995. 8 (3)：457-463.

[22] Hanhineva K J，Kärenlampi S O. Production of transgenic strawberries by temporary immersion bioreactor system and verification by TAIL-PCR. Bmc Biotechnology，2007，7 (1)：11-11.

[23] 田蕾，郭妍君，任丽，等. 利用TAIL-PCR技术分析拟南芥At1g52910突变体插入位点的侧翼序列. 中国野生植物资源，2016，35 (4)：23-25.

[24] 侯雷平，王小菁，李洪清，等. 应用Tail-PCR扩增蓝猪耳T-DNA侧翼序列. 应用与环境生物学报，2009，15 (6)：871-874.

[25] Fang M C，Mei-Ru L I. A Simple and Highly Efficient Method for Cloning Telomere Associated Sequences from Oryza sativa. Plant Physiology Communications，2004，62 (8)：2599-2613.

[26] 梁成真，张锐，孙国清，等. 优化TAIL-PCR方法克隆棉花抗逆相关转录因子编码基因. 棉花学报，2010，22 (3)：195-201.

[27] 程丹，陈光朗，孙成磊，等. 利用TAIL-PCR技术克隆拟南芥抗旱相关的*csm2*基因. 合肥工业大学学报（自然科学版），2014，(2)：229-231.

[28] 任素贤，艾鹏飞，宋层孝，等. 多重PCR技术在植物生物学研究中的应用进展. 安徽农业科学，2015，93-95.

[29] 刘正斌，高庆荣，王瑞霞，等. 多重PCR技术在植物生物学研究中的应用. 分子植物育种，2005，3：261-268.

[30] 陈贞. 转基因作物的多重PCR检测体系的研究：暨南大学，2011.

[31] KK S，E S. Multiplexed tandem PCR：gene profiling from small amounts of RNA using SYBR Green detection. Nucleic Acids Research，2005，33：e180.

[32] 陈明洁，方倜，柯涛，等. 多重 PCR——一种高效快速的分子生物学技术. 武汉理工大学学报 2005；27：33-36.

[33] Wei S，Wang C，Zhu P，et al. A high-throughput multiplex tandem PCR assay for the screening of genetically modified maize. LWT -Food Science and Technology，2018，87：169-176.

[34] Basak S，Ehtesham N Z，Sesikeran B，et al. Detection and identification of transgenic elements by fluorescent-PCR-based capillary gel electrophoresis in genetically modified cotton and soybean. Journal of AOAC International，2014，97：159-165.

[35] 赵芹，李华平，谢大森，等. 侵染节瓜的 3 种病毒多重 PCR 检测体系的建立. 园艺学报，2011，38：2215-2222.

[36] Chen S，Cao Y Y，Li T Y，et al. Simultaneous detection of three wheat pathogenic fungal species by multiplex PCR. Phytoparasitica 2015；43：449-460.

[37] Kwak H R，Kim M K，Shin J C，et al. The current incidence of viral disease in korean sweet potatoes and development of multiplex rt-PCR assays for simultaneous detection of eight sweet potato viruses. Plant Pathology Journal，2014，30：416-424.

[38] Zhang Y，Wang Y，Xie Z，et al. The occurrence and distribution of viruses infecting Lanzhou lily in northwest，China. Crop Protection 2018；110：73-6.

[39] Lu L D，Hou C L，Chen L，et al. Molecular identification on Waxy genes in wheat using multiple-PCR. Hereditas ，2009，31：844-848.

[40] Li J Z，Cao Y R，Li M Q，et al. A multiplex PCR system for detection of wide compatibility allele S5-n and erect panicle allele dep1 in rice. Crop Breeding & Applied Biotechnology，2017，17：250-258.

[41] 陈波. 用重叠 PCR 合成植物甜蛋白 brazzein 基因. 生物技术，2007，17：43-45.

[42] 赵莹，张丽仪，刘昌政，等. 植物偏爱密码子优化 HPV18L1 全长基因的重叠 PCR 合成. 南方医科大学学报，2009，29：387-392.

[43] 许瑾，徐涛，朱水芳. 多重 PCR 技术在鉴定菜豆中的应用. 检验检疫学刊，2010，20：8-10.

[44] 李荣岭，解相林，郭彦斌，等. 荧光标记多重 PCR 技术的优化研究. 山东农业大学学报（自然科学版），2008，39：243-246.

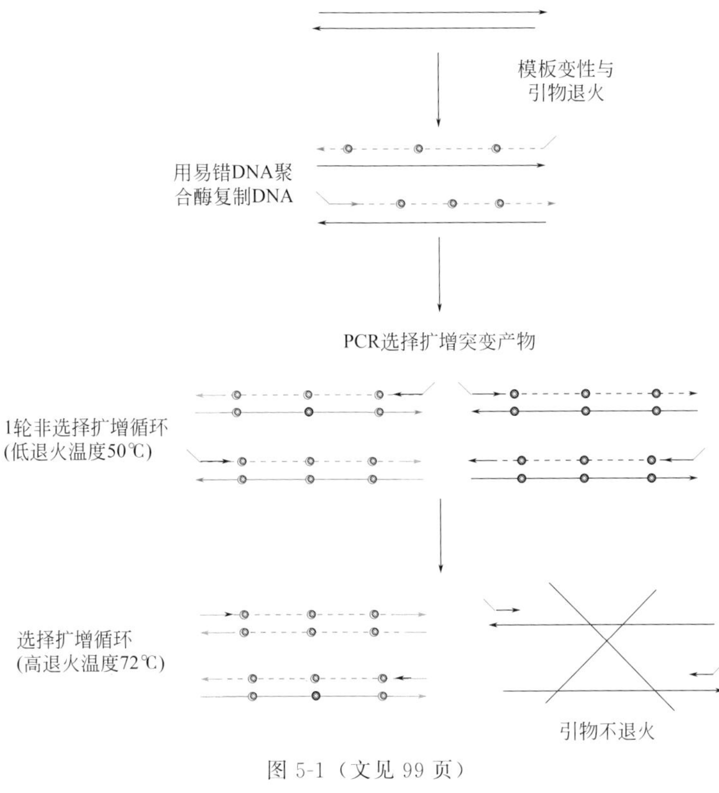

图 5-1（文见 99 页）

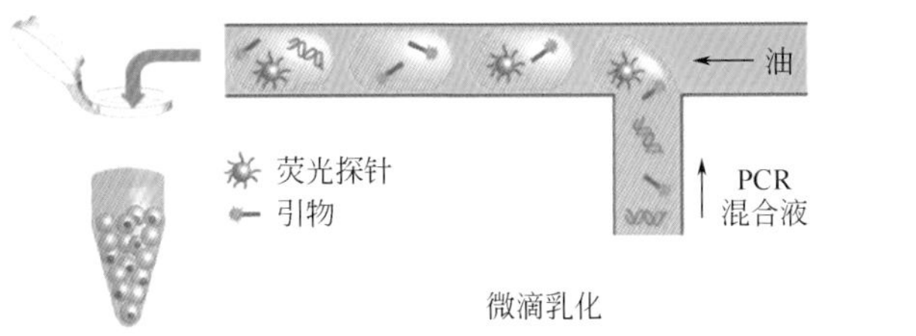

图 10-10（文见 254 页）

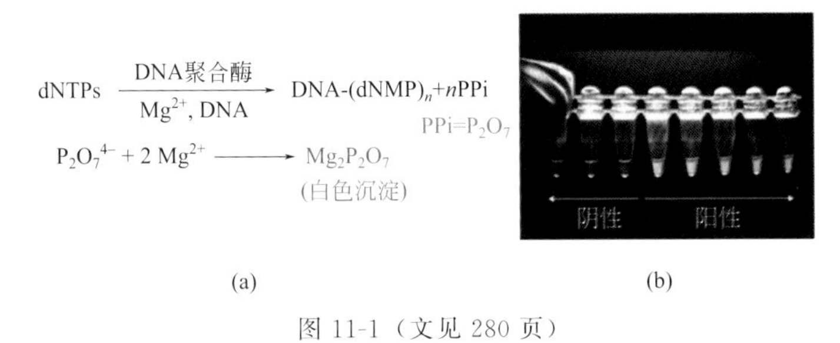

图 11-1（文见 280 页）

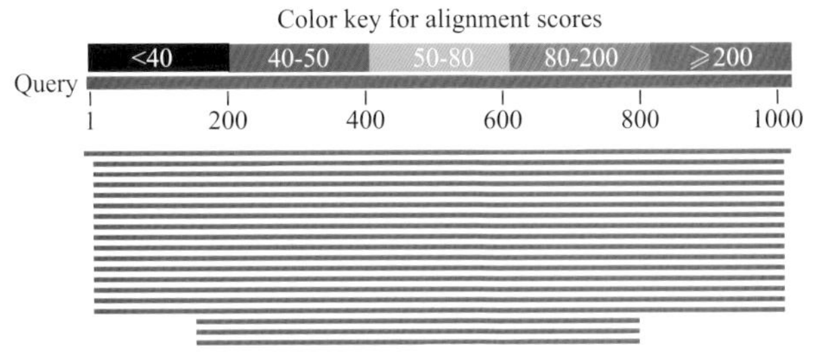

图 11-4（文见 283 页）

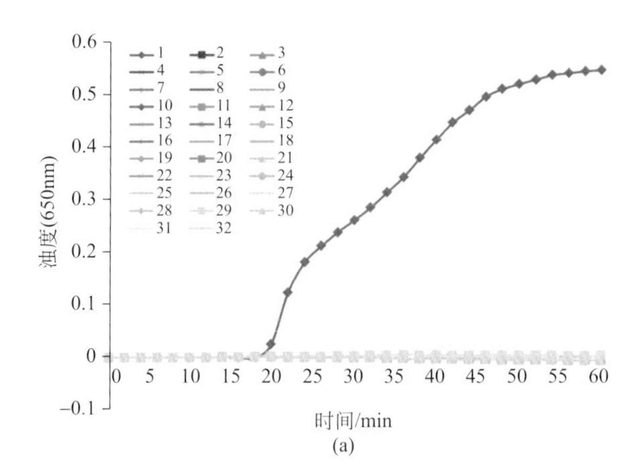

(a)

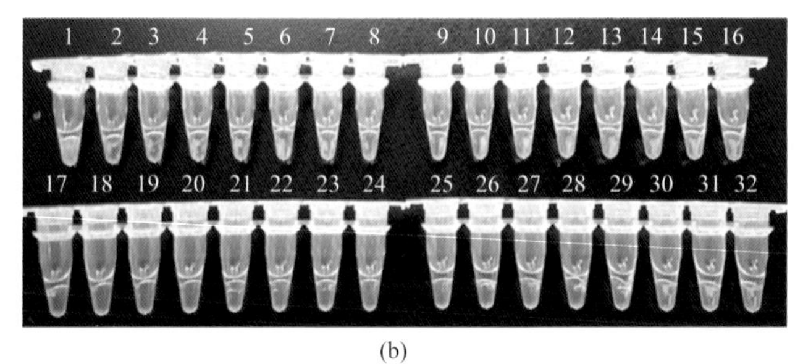

(b)

图 11-7（文见 287 页）

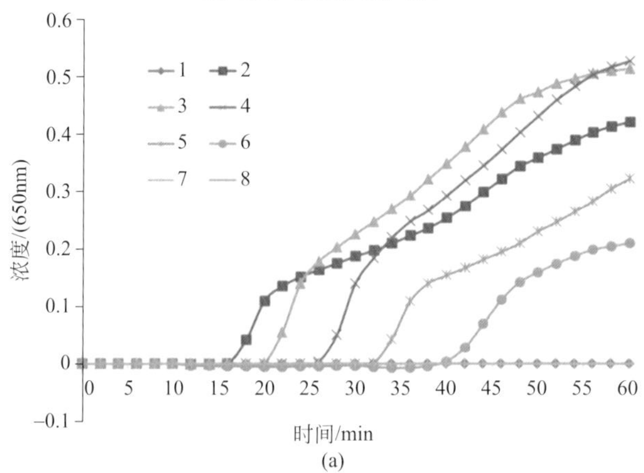

(a)

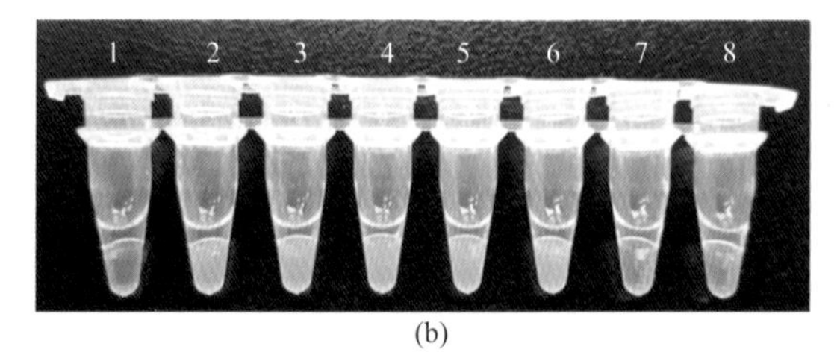

(b)

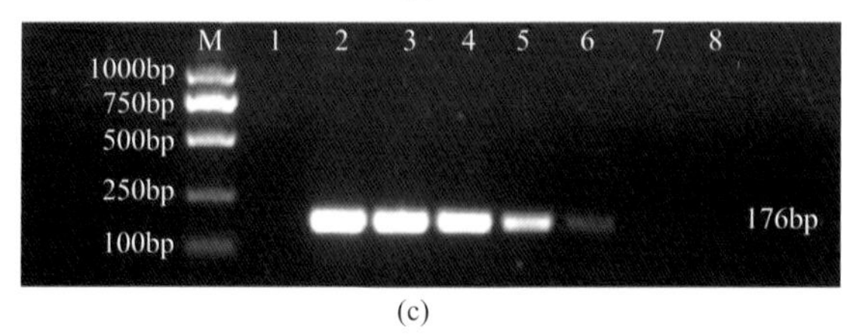

(c)

图 11-8（文见 288 页）

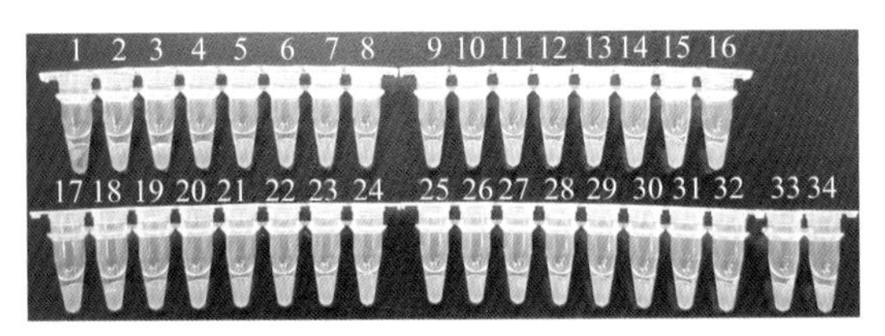

图 11-9（文见 289 页）

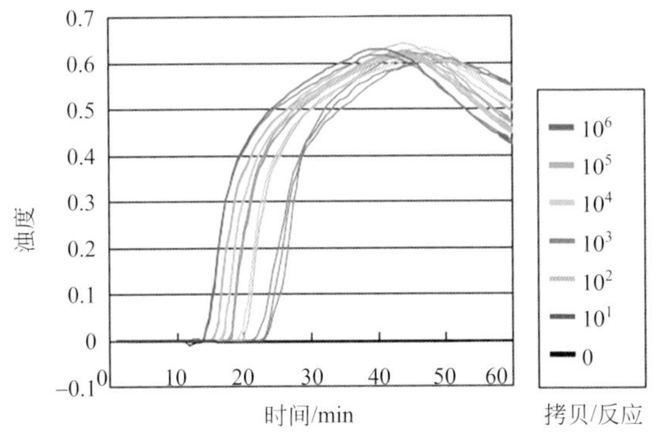

Real-time turbidimeter
LA-320c

图 11-12（文见 294 页）

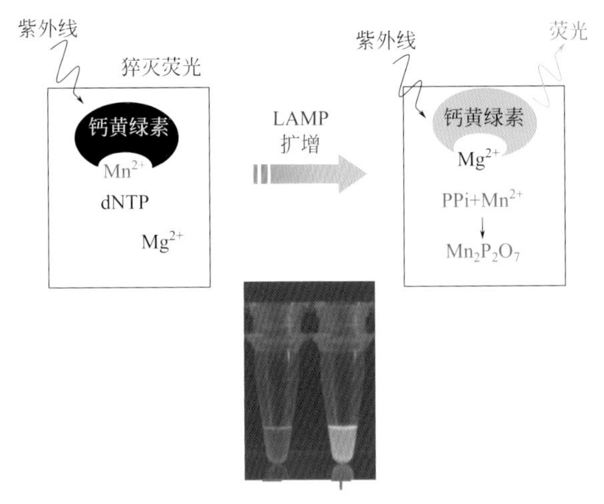

图 11-13（文见 294 页）

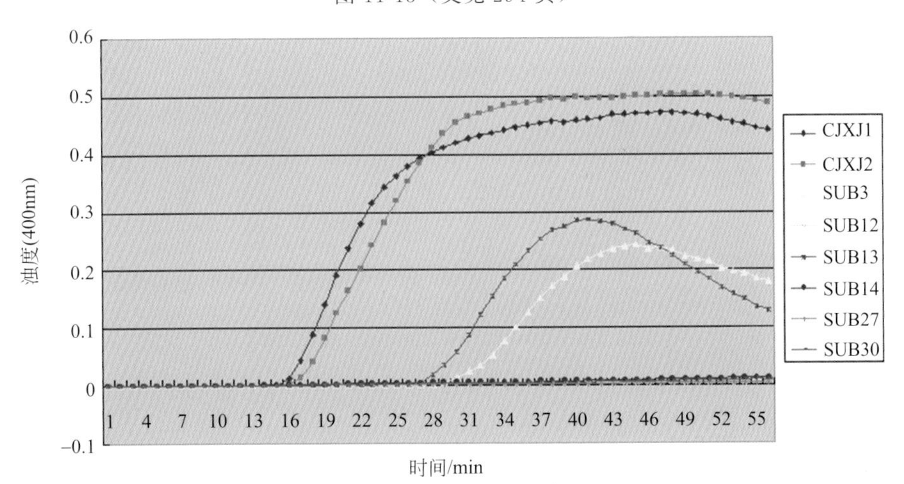

图 11-14（文见 299 页）

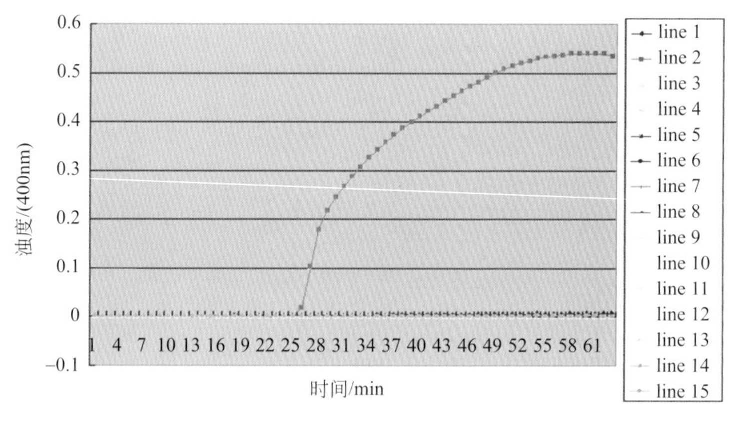

图 11-15（文见 300 页）

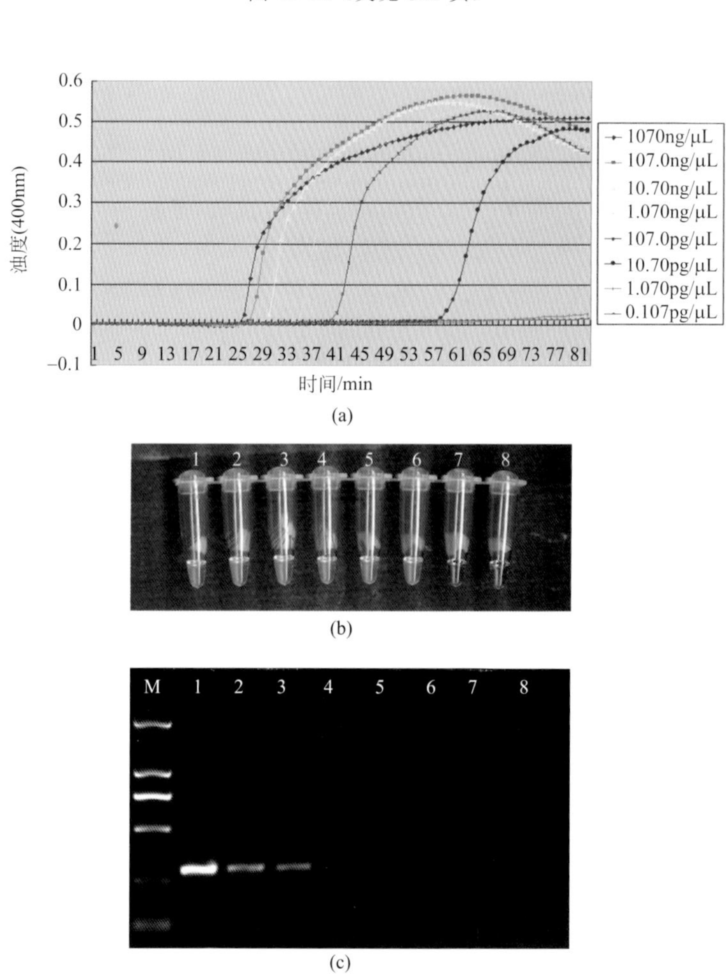

图 11-16（文见 300 页）

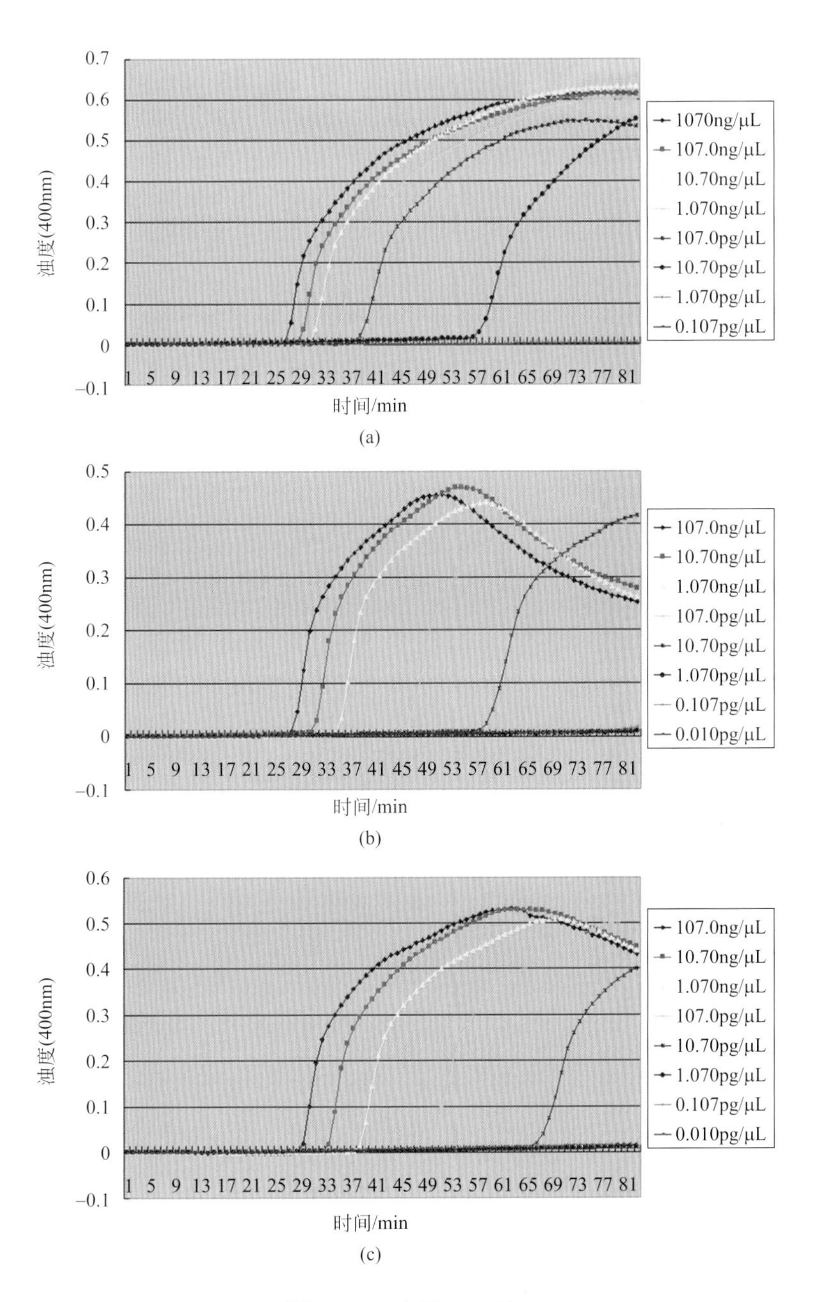

图 11-17（文见 301 页）

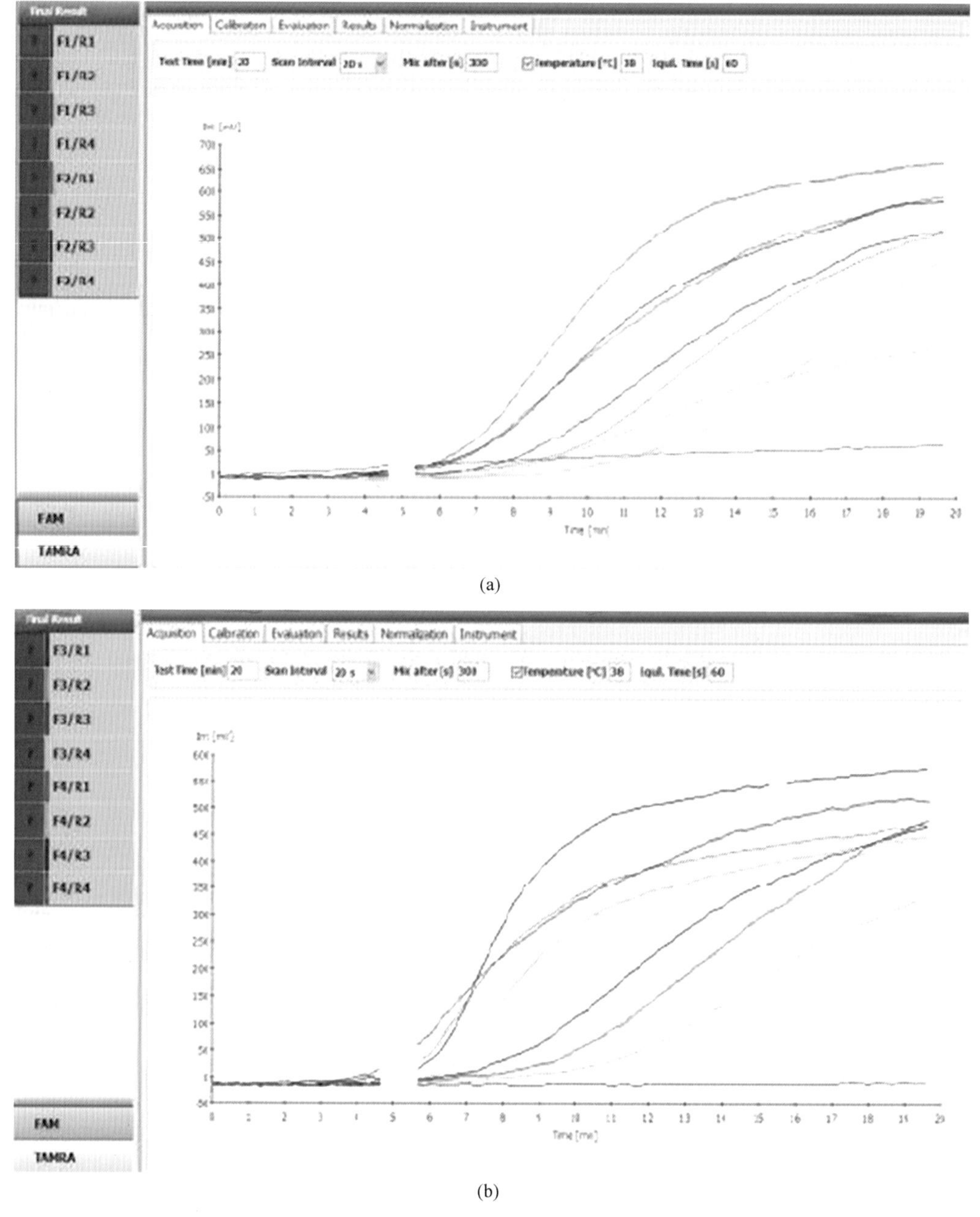

图 11-20（文见 309 页）